武亚磊 杨俊杰
|
编著

土体固化剂

材料·作用机理·应用

Materials, Mechanism and Applications

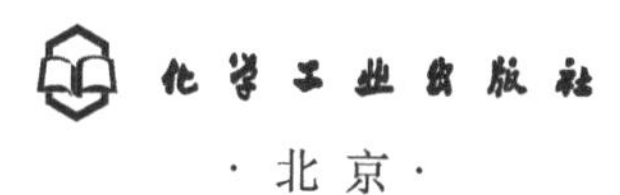

·北京·

内容简介

本书基于作者研究成果及目前土体固化剂发展现状，以土体固化剂的种类为主线，系统阐述了各种土体固化剂的原材料来源、制备过程、生命周期评价、作用机理及其在土体加固、废土材料化、污染土修复、止水防渗和防水堵漏等方面的应用。涉及的土体固化剂包括水泥类、石灰类、水玻璃类、磷酸盐类、碱激发类、镁质类、离子土类、环氧树脂类、丙烯酰胺类、聚氨酯类、无机-无机复合类、无机-有机复合类、生物酶类、生物菌类等。

本书可供从事岩土工程和环境工程及相关专业的科技人员、管理人员及相关专业学生阅读和参考。

图书在版编目（CIP）数据

土体固化剂：材料 · 作用机理 · 应用 / 武亚磊，杨俊杰编著. —北京：化学工业出版社，2022.4（2023.8 重印）

ISBN 978-7-122-41295-9

Ⅰ. ①土… Ⅱ. ①武… ②杨… Ⅲ. ①土体-交联剂 Ⅳ. ①TQ330.38

中国版本图书馆 CIP 数据核字（2022）第 069671 号

责任编辑：韩霄翠　仇志刚
文字编辑：张瑞霞
责任校对：刘曦阳
装帧设计：刘丽华

出版发行：化学工业出版社
（北京市东城区青年湖南街 13 号　邮政编码 100011）
印　　装：北京科印技术咨询服务有限公司数码印刷分部
787mm×1092mm　1/16　印张 31¾　字数 760 千字
2023 年 8 月北京第 1 版第 3 次印刷

购书咨询：010-64518888
售后服务：010-64518899
网　　址：http://www.cip.com.cn
凡购买本书，如有缺损质量问题，本社销售中心负责调换。

定　　价：198.00 元

京化广临字 2022——16

前言

土是岩石风化的产物，具有非连续性、不均匀性和三相性。

将土颗粒人工胶结的材料称为土体固化剂。

由于土的种类繁多，物理、化学性质千差万别，选取或研制合适的固化剂是一个复杂的问题，不仅需要考虑工程要求和土质条件，还需要综合考虑水文地质条件、环境条件、经济效益、环境效益和社会效益等因素。充分了解固化剂的特性是选取或研制合适固化剂的基础，而固化剂的组成材料与制备过程、固化剂与各类土的作用机理决定固化剂特性及其在土体中的应用技术。

笔者在对各类土体固化剂进行梳理、汇总的基础上，介绍了各种固化剂的原材料来源、制备过程、生命周期评价、作用机理及其在土体加固、废土材料化、污染土修复、止水防渗和防水堵漏等方面的应用。

希望本书能为新型固化剂的研究与制备提供思路，为固化剂的合理选取提供理论依据和技术支撑。

本书共 15 章，由武亚磊和杨俊杰编著。本书部分内容是国家自然科学基金资助项目（No. 51779235；52078474）和课题组的研究成果，在此特别感谢国家自然科学基金委员会的支持，特别感谢课题组毕业生及在校生的研究工作。同时，特别感谢化学工业出版社的支持和编辑的辛勤付出。

由于笔者水平有限，书中不足之处在所难免，恳请专家和读者批评指正。

编著者
于中国海洋大学
2022 年 1 月

目　录

14 生物酶类固化剂

15 生物菌类固化剂

0 绪论

土体固化剂是采用化学方法或生物方法将土颗粒胶结的材料。通过在土体中掺入固化剂，可以在设计要求的时间内达到提高土体强度、减小土体变形、降低土体渗透性的目的。

土体固化剂的主要应用技术有土体加固技术、废土材料化技术、污染土修复技术、止水防渗技术和防水堵漏技术。例如，以旋喷搅拌法为代表的原位地基处理属于土体加固技术；将适量的固化剂掺入工程废土或疏浚清淤土后用于填筑工程则属于废土材料化技术；污染土修复技术中的固化/稳定化技术利用的是固化剂固化土体的性能；隔离屏障、止水帷幕等工程属于止水防渗技术；用于渗漏或涌水基体的防水堵漏技术常常利用的是固化剂浆体具有迅速凝结的特点。

由此可见，固化剂在土体中的应用极其广泛。

随着经济建设的发展和科学技术的进步，研发的固化剂种类越来越多，使用的范围也越来越广泛。作为处理对象的土是自然界产物，具有非连续性、不均匀性和三相性，而且其种类繁多，物理、化学性质千差万别。

因此，影响固化剂选取的因素较多，合理地选取合适的固化剂是一个复杂的问题。选取固化剂时，需要综合考虑工程要求、土质条件、水文地质条件、环境条件、经济效益、环境效益和社会效益等因素。

（1）土体常用固化剂及其分类

土体常用固化剂种类繁多，但没有统一的分类。如《软土固化剂》（CJ/T 526—2018）中的固化剂指的是无机类非水泥固化剂；《土壤固化外加剂》（CJ/T 486—2015）中的固化剂主要有无机类、有机高分子类、有机-无机复合类和离子类；《土壤固化剂应用技术标准》（CJJ/T 286—2018）将土壤固化剂分为A类和B类，A类固化剂（粉体或液体）可与无机结合料（水泥、石灰、粉煤灰及其他工业废渣组成的混合材料）共同作用，B类固化剂（粉体）则可直接用于土体，仅适用于城市道路建设，而在铁路、水利、建筑等工程及土质改良、乡村道路、土建建筑、防渗结构、地基加固、污染土修复、半固化材料化应用等相关方面未作规定。

上述标准或规范缺乏针对新型固化剂的准入条件，如磷酸盐类、碱激发类、镁质类、生物酶类及生物菌类等新型固化剂，导致固化剂的研发与应用受到制约。

本书按照固化剂的化学性质，将土体固化剂分为四大类，即无机类、有机类、复合类和生物类，如表0-1所示。无机类分为水泥类、石灰类、水玻璃类、磷酸盐类、碱激发类和镁质类；有机类分为离子土类、环氧树脂类、丙烯酰胺类、聚氨酯类和其他有机类；复合类分为有机-无机复合类和无机-无机复合类；生物类分为生物酶类和生物菌类。

表 0-1 土体固化剂类型、组分及其材料来源与工业产品组分原材料

固化剂类型		固化剂组分	固化剂组分的材料来源		工业产品组分原材料
			工业产品	非工业产品	
无机类	水泥类	水泥+火山灰质材料	水泥为主，外掺火山灰质材料①	火山灰质材料②	石灰质原料、硅铝质原料、校正原料、其它辅助原料等原料，燃料
	石灰类	石灰+火山灰质材料	石灰为主，外掺火山灰质材料	火山灰质材料②	石灰石、贝壳、白垩等原料，燃料
	水玻璃类	水玻璃③+硬化剂	水玻璃为主剂，外掺氯化钙、铝酸钠、混合钠剂、有机胶凝剂、CO_2等	/	石英砂、纯碱等原料，燃料
	磷酸盐类	（磷酸盐+镁质组分+缓凝组分+改性组分）、（磷酸/磷酸盐+Si/Al组分+添加组分）	磷酸盐、重烧氧化镁、硼砂、硼酸等	火山灰质材料②	磷酸/磷酸盐，镁质原料，硼砂、硼酸等生产原料
	碱激发类	碱激发剂+火山灰质材料	碱激发剂：水泥熟料、石灰、石膏、碱金属氢氧化物、硅酸盐（水玻璃④等），Na_2CO_3、Na_2SO_4、活性MgO等；火山灰质材料①	碱激发剂：碱渣、电石渣等；火山灰质材料②	碱激发剂、火山灰质材料生产原材料
	镁质类	氯氧镁水泥、活性氧化镁碳化、硫氧镁等	活性氧化镁、氯化镁、CO_2、硫酸镁等	火山灰质材料②	镁质原料等
有机类	离子土类	有机活性成分、离子成分	磺化油等有机活性成分，K^+、Na^+、Ca^{2+}、Mg^{2+}等，Cl^-、NO_3^-等	/	植物油或鱼油，硫酸等原料，其他离子成分
	环氧树脂类	环氧树脂、固化剂、稀释剂、其它助剂	环氧树脂为主剂，外掺脂肪族胺类、芳香族胺类及各种胺改性物、有机酸及其酸酐、树脂类等固化剂	/	环氧氯丙烷、双酚A、氢氧化钠等原料
	丙烯酰胺类	丙烯酰胺+外加剂	丙烯酰胺为主剂，外掺交联剂、促进剂和引发剂等	/	丙烯腈、硫酸、催化剂（骨架铜催化剂或生物酶催化剂）等
	聚氨酯类	有机异氰酸酯、多元醇化合物、助剂	二异氰酸酯、多异氰酸酯、聚醚多元醇、聚酯多元醇、交联剂与扩链剂、增塑剂、催化剂、填料等	/	异氰酸酯、低聚物多元醇和其他助剂等
	其他有机类	脲醛树脂、木质素类、丙烯酸盐类等	脲醛树脂（尿素、甲醛）、木质素类、丙烯酸盐类等	/	详见其他原材料
复合类	无机-无机复合类	碱激发胶凝材料+石灰、水泥+水玻璃等	碱激发剂、水泥、水玻璃等为主剂，外掺火山灰质材料	火山灰质材料②	详见其他原材料

续表

固化剂类型		固化剂组分	固化剂组分的材料来源		工业产品组分原材料
			工业产品	非工业产品	
复合类	无机-有机复合类	ISS+水泥、ISS+石灰、丙烯酰胺+水泥等	ISS、丙烯酰胺、水泥、石灰等	/	详见其他原材料
生物类	生物酶类	生物固化酶+有机化合物	/	/	生物酶、蛋白质等
	生物菌类	矿化菌液+细菌胶结液	矿化菌液、底物、诱导沉淀盐（钙盐、钡盐）等	/	微生物菌株、培养液等

① 火山灰质材料：为工业产品，主要为煅烧黏土类，包含偏高岭土、烧页岩等；为固化剂组分或者为固化剂的外掺组分。

② 火山灰质材料：为非工业产品，主要有天然火山灰、工业副产品、农林副产品和市政固体废物等。天然火山灰有火山灰、浮石、细浮石、凝灰岩、蛋白石、硅藻土等；工业副产品有高炉矿渣、粉煤灰、钢渣、粒化磷渣、硅灰、镍渣、铜渣、镁渣、炉渣、锂渣及其他废渣等；农林副产品有稻壳灰、甘蔗渣焚烧灰、椰子壳焚烧灰、玉米芯焚烧灰、废木焚烧灰、竹叶焚烧灰等生物质焚烧灰；市政固体废物有废玻璃粉（钠钙玻璃）、城市垃圾焚烧灰、污泥焚烧灰等。作为固化剂组分或者为固化剂的外掺组分。

③ 水玻璃：为硅酸盐（包括硅酸钠、硅酸钾、硅酸锂等）在水中溶液（离子和分子分散）与胶体溶液（胶体分散）并存的材料体系，主要包含钠水玻璃、钾水玻璃、锂水玻璃、铷水玻璃和季铵水玻璃。在使用过程中需要外掺氯化钙、铝酸钠、磷酸、草酸、硫酸铝、混合钠剂、有机胶凝剂（醋酸、有机酸酯、醛类、聚乙烯醇等）、CO_2等胶凝剂。

④ 水玻璃：材料来源与③相同。属于碱激发类固化剂中的碱激发剂组分。

在表 0-1 中给出了各类型固化剂的组分及组分的材料来源。组分的材料来源分为工业产品和非工业产品两大类，与工业产品相应的原材料如表中最右列所示。

（2）土体固化剂应用技术与对应的研究对象和研究内容

如图 0-1 所示，笔者将固化剂在土体中的应用技术归纳为土体加固、废土材料化、污染土修复、止水防渗、防水堵漏等五种；研究的对象归结为净浆、固化土、半固化土和固化/稳定化污染土；室内主要研究内容包括施工和易性、反应机理、固化机理、固化/稳定化机理、强度、强度与变形、微观特性、渗透特性、浸出特性、劣化特性与耐久性。应用技术与研究对象的对应关系、研究对象与室内主要研究内容的对应关系，如图 0-1 所示。

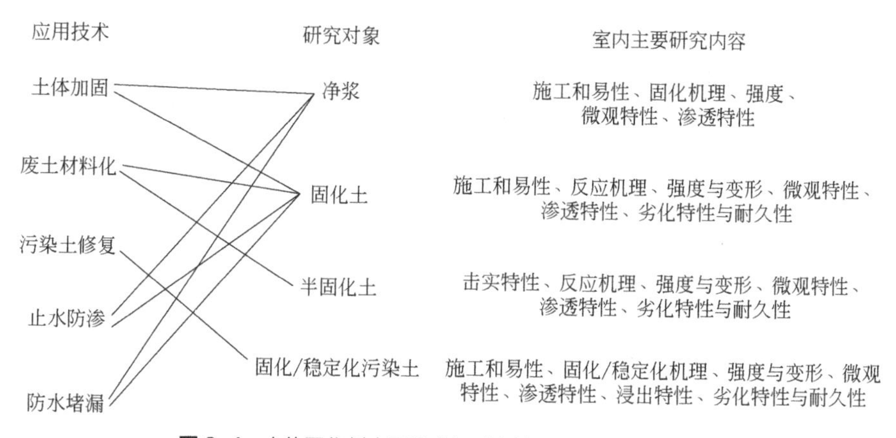

图 0-1 土体固化剂应用技术与对应的研究对象和研究内容

（3）影响因素

室内试验条件下，影响固化土、半固化土和固化/稳定化污染土的反应机理、宏观力学特性和微观特性的因素可分为原土条件［颗粒粒组及含量（氧化物及含量）、含水量（包括水灰比中的水）、水溶盐、酸碱度、污染成分及含量、有机质种类及含量等］、固化剂条件（固化剂种类和掺量、外掺组分和掺量等）和养护条件（养护方式、温度和龄期等）。

根据土体颗粒中的粗粒和细粒的质量百分比将土分为粗粒土和细粒土（图 0-2）。粗粒指粒径大于 0.075mm、细粒指粒径小于 0.075mm 的颗粒。如图 0-3 所示，粗粒包括砾粒和砂粒，细粒包括粉粒和黏粒；砾粒、砂粒、粉粒属于原生矿物，黏粒属于次生矿物。

固化剂与土的反应机理可归结为固化剂与土体中的矿物、水溶盐、酸碱成分、污染成分和有机质等的反应问题。

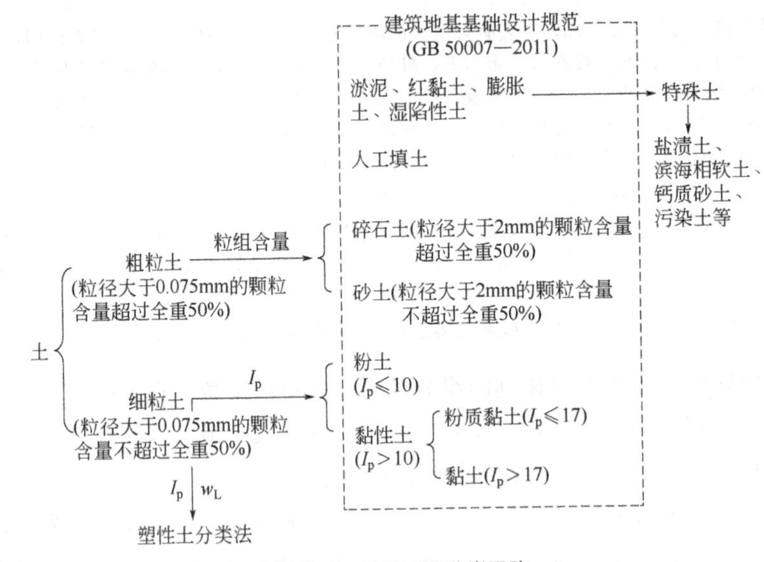

图 0-2　土的工程分类思路

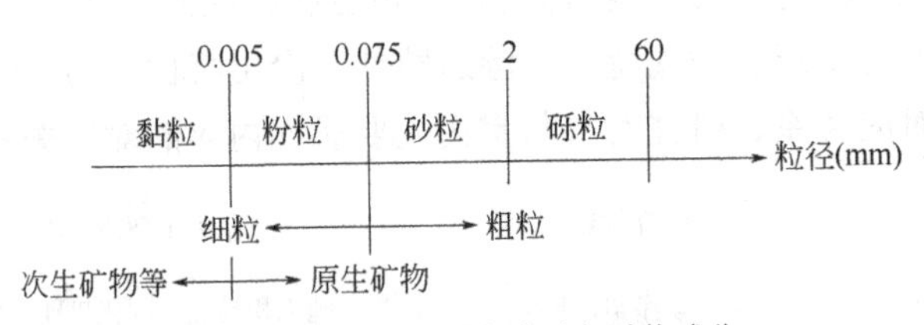

图 0-3　土颗粒的粒组名称与矿物成分

1

水泥类固化剂

水泥是岩土工程中应用范围最为广泛、使用量最大的传统固化剂。作为传统的固化剂，水泥在土体加固、废土材料化、污染土修复、止水防渗、防水堵漏等方面均得到广泛应用，对应的研究对象为净浆、固化土、半固化土和固化/稳定化污染土。

如图 1-1 所示，水泥是由原材料经过干燥混合、粉磨形成生料，生料经预热预分解、煅烧、冷却后生成块状熟料，块状熟料再经过粉磨后添加一定量的石膏或石膏和混合材料共同磨细而成的胶凝材料。

原材料 $\xrightarrow{\text{干燥混合、粉磨}}$ 生料 $\xrightarrow{\text{预热预分解、煅烧、冷却}}$ 块状熟料 $\xrightarrow{\text{粉磨}}$ +石膏(+混合材料) $\xrightarrow{\text{粉磨}}$ 水泥

图 1-1 水泥生产过程示意

水泥的种类通常按熟料中的水硬性胶凝矿物进行划分，主要分为硅酸盐系水泥、铝酸盐系水泥、硫铝酸盐系水泥、铁铝酸盐系水泥、磷酸盐系水泥等。岩土工程中最常用的是硅酸盐系水泥，简称硅酸盐水泥。如无特别说明，本书中所述水泥类固化剂均指硅酸盐水泥。

1.1 概述

1.1.1 原材料

如图 1-2 所示，硅酸盐水泥的原材料可分为粉磨后的水泥熟料和其他原料。生产水泥熟料的原材料包括石灰质原料、硅铝质原料、校正原料、辅助原料和燃料；其他原料包括石膏和混合材料。

1.1.1.1 水泥熟料的原材料

水泥熟料中的胶凝成分有硅酸三钙（$3CaO \cdot SiO_2$，简写为 C_3S）、硅酸二钙（$2CaO \cdot SiO_2$，简写为 C_2S）、铝酸三钙（$3CaO \cdot Al_2O_3$，简写为 C_3A）和铁铝酸四钙（$4CaO \cdot Al_2O_3 \cdot Fe_2O_3$，简写为 C_4AF）。水泥熟料中的主要化学成分占熟料总质量的百分比如下：氧化钙（CaO）62%～67%、二氧化硅（SiO_2）20%～24%、氧化铝（Al_2O_3）4%～7%、氧化铁（Fe_2O_3）2.5%～6%，CaO 与 SiO_2 的质量比不小于 2.0。水泥熟料中硅、铝、铁、钙、氧五种元素占

到熟料质量的95%以上，其他组分为氧化镁（MgO）、氧化磷（P_2O_5）、碱金属氧化物（K_2O、Na_2O）、氧化钛（TiO_2）及硫酐（SO_3）等氧化物。

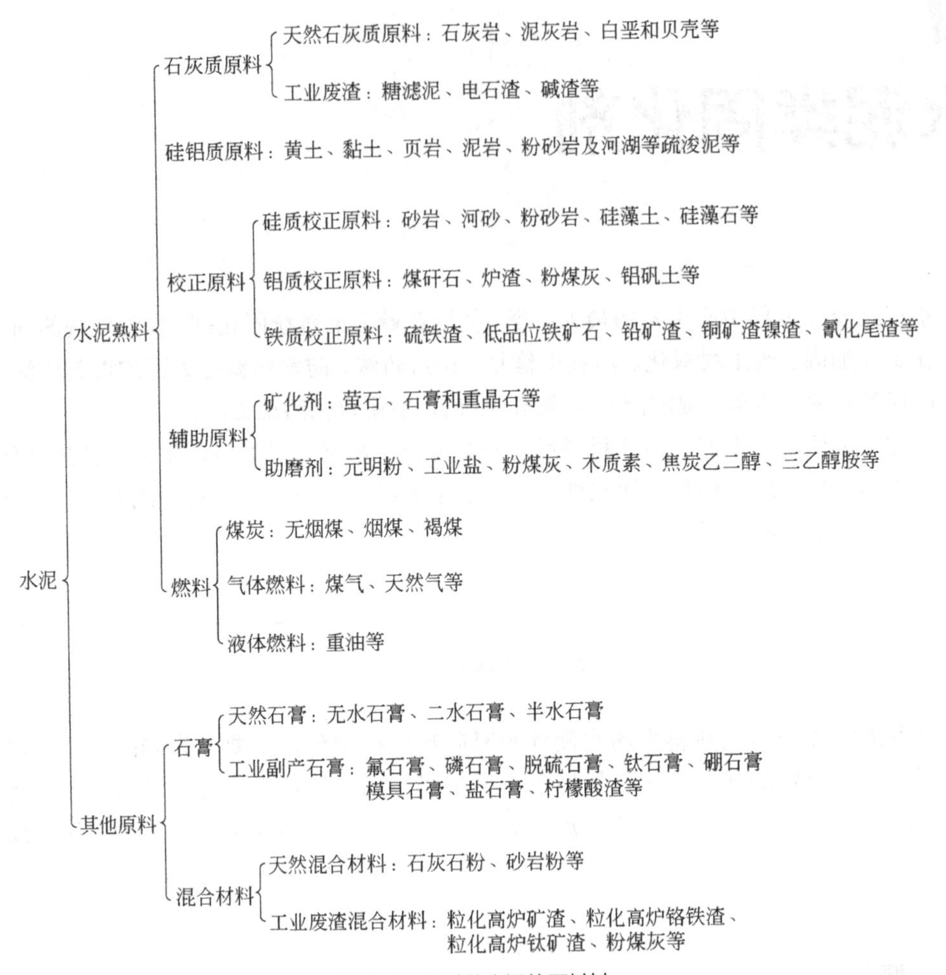

图1-2　硅酸盐水泥的原材料

理论上，所有能够提供CaO、SiO_2、Al_2O_3、Fe_2O_3等氧化物的原材料均可用于生产水泥，但是，需要通过原材料的易烧性和易磨性进行筛选。

生产水泥熟料时，图1-2所示的原材料各成分的配比可通过控制原材料中CaO、SiO_2、Al_2O_3、Fe_2O_3之间的质量比关系［式（1-1）～式（1-3）］确定。

$$SM=\frac{SiO_2}{Al_2O_3+Fe_2O_3} \tag{1-1}$$

式中，SM为硅酸率，表示水泥熟料中生成硅酸盐矿物（C_2S、C_3S之和）与中间相矿物（C_3A、C_4AF之和）的相对含量之间的比值，应控制在1.7～2.7之间。

SM过高时，表明中间相矿物较少，回转窑不易结窑皮，煤耗高，生产的熟料凝结硬化较快；SM过低时，表明中间相矿物过高，回转窑中易结大块，生产的熟料强度较低、凝结硬化快。

$$IM=\frac{Al_2O_3}{Fe_2O_3} \tag{1-2}$$

式中，IM 为铝氧率，表示铝酸盐矿物（C_3A）与铁铝酸盐矿物（C_4AF）相对含量之间的比值，应控制在0.9～1.7之间。

当原材料配比一定时，IM 越高则表明 C_3A 含量越高、C_4AF 含量越低，回转窑中液相黏度增加，不利于 C_2S 进一步与CaO反应生成 C_3S，导致熟料凝结时间缩短、早期强度高、后期强度低；IM 过低则会降低液相黏度，有利于 C_3S 生成，但不利于回转窑结粒，导致水泥早期强度低。

但是，硅酸率 SM、铝氧率 IM 只表示熟料矿物相中各氧化物之间的相对含量，不是各矿物相之间的关系，因此结合各矿物相组成，引入了石灰饱和系数 KH。

$$KH=\frac{CaO-(1.65Al_2O_3+0.35Fe_2O_3+0.70SO_3)}{2.80SiO_2} \tag{1-3}$$

式中，KH 为石灰饱和系数，表示水泥熟料中总的CaO含量减去饱和酸性氧化物（Al_2O_3、Fe_2O_3、SO_3）所需CaO的含量，与理论上 SiO_2 全部生成 C_3S 所需的CaO的含量的比值。

当熟料中 SiO_2 全部用于生成 C_3S 时，$KH=1$；当熟料中没有 C_3S 生成时，$KH=0.667$，所以，理论上 KH 介于0.667和1之间。当 KH 在0.667～1之间时，会有游离氧化钙存在，即含有未完全参与反应的活性氧化钙（f-CaO）。在生产过程中，为了控制f-CaO，一般要求 KH 控制在0.86～0.95之间。KH 越高，则 C_3S 含量越高、C_2S 含量越低，此时得到的熟料凝结硬化速度较快、强度高，但不利于水泥窑的正常运行；KH 低，则表明 C_2S 含量高、C_3S 含量低，虽然水泥窑生产控制容易，但生成的熟料性能不佳。

因此，通过硅酸率 SM、铝氧率 IM、石灰饱和系数 KH 三者之间的关系，即可控制水泥熟料中原材料的配比和煅烧过程。

（1）石灰质原料

石灰质原料分为天然石灰质原料和工业废渣（图1-2），其主要成分为CaO、$Ca(OH)_2$ 或 $CaCO_3$，用于提供熟料所需的CaO。

石灰质原料是水泥熟料生产过程中需求量最大的原材料，每生产1t水泥熟料大约需要消耗1.2t的石灰质原料。水泥企业选址应就近考虑石灰质原料资源所在的位置以降低原材料的运输成本，并且要求矿山资源储量不低于一定的使用年限。

天然石灰质原料有石灰岩（也称石灰石）、泥灰岩、白垩和贝壳等，工业废渣有糖滤泥、电石渣、碱渣等（图1-2）。

（2）硅铝质原料

硅铝质原料用于提供 SiO_2、Al_2O_3 及少量 Fe_2O_3，一般为天然矿产资源。硅铝质原料是生产水泥熟料过程中需求量第二位的原材料，占水泥熟料原材料总量的10%～17%，每生产1t水泥熟料大约需要消耗0.3t的硅铝质原料。

如图1-2所示，常用的硅铝质原料主要有黄土、黏土、页岩、泥岩、粉砂岩及河湖等疏浚泥等。但是随着土地保护政策的实施，国内越来越多的省区禁止使用黄土和黏土，当前主要以页岩、泥岩、粉砂岩、河湖等疏浚泥等作为硅铝质原料。

硅铝质原料主要影响硅酸率 *SM*、铝氧率 *IM* 等指标，因此 *SM*、*IM* 常作为生产控制指标。此外，考虑水泥窑安全稳定运行、水泥产品的安定性等问题，往往还会限制生料中 R_2O、Cl^-、P_2O_5、SO_3、MgO 等含量。

（3）校正原料

一般而言，上述的石灰质原料和硅铝质原料往往不能满足生产需要的硅酸率 *SM*、铝氧率 *IM*、石灰饱和系数 *KH* 等的要求，在实际生产水泥熟料时会通过添加校正原料来调整 CaO 、SiO_2 、Al_2O_3 、Fe_2O_3 之间的比例，进而控制水泥熟料的产品质量。按照校正原料提供的主要成分的类别，校正原料可分为硅质校正原料、铝质校正原料和铁质校正原料（图 1-2）。

（4）辅助原料

如图 1-2 所示，辅助原料主要为矿化剂、助磨剂，其中矿化剂主要用于加快水泥熟料固相反应进程、降低煅烧温度，助磨剂则用于改善水泥粉磨效果和性能。

（5）燃料

燃料是为生产水泥熟料过程提供能源的原材料，水泥熟料原材料的干燥、预热、分解和煅烧等过程所需要的热量均由燃料提供（图 1-2）。目前所用的燃料主要为煤炭，极少水泥企业采用气体燃料和液体燃料。为提高燃烧效率，一般对煤炭的细度、水分、挥发分、灰分、固定碳和热值等均有要求。

生产水泥熟料的原材料的主要质量指标均应满足《水泥工厂设计规范》（GB 50295—2016）相应要求[1]。

1.1.1.2 其他原料

其他原料是指除水泥熟料以外的水泥原材料，主要有石膏和混合材料（图 1-2）。

（1）石膏

石膏作为缓凝剂，主要用于调节和控制水泥凝结时间，提高水泥的早期强度和耐腐蚀性能。石膏可分为天然石膏和工业副产石膏（图 1-2）。工业副产石膏作为缓凝剂应满足《用于水泥中的工业副产石膏》（GB/T 21371—2019）中相应的性能指标要求[2]。

（2）混合材料

混合材料是指粉磨后的水泥熟料与石膏混合、粉磨的过程中掺加的矿物质材料（图 1-1）。根据成因可分为天然混合材料和工业废渣混合材料[3]。天然混合材料有石灰石粉、砂岩粉等；工业废渣混合材料有粒化高炉矿渣、粒化高炉铬铁渣、粒化高炉钛矿渣、粉煤灰等火山灰质材料（图 1-2）。混合材料的性能指标应满足《通用硅酸盐水泥》（GB 175—2007）中相关活性要求[4]，其他指标应符合 GB/T 2847—2005[3]和 GB/T 1596—2017[5]的相关规定。

1.1.2 生产过程与生命周期评价

1.1.2.1 生产过程

水泥的生产工艺，一般依据原材料的处理方法和熟料煅烧窑的结构命名。目前主流的水泥生产工艺采用的是新型干法回转窑法，图 1-3 是典型的硅酸盐水泥新型干法回转窑生产工艺流程及其产排污环节。

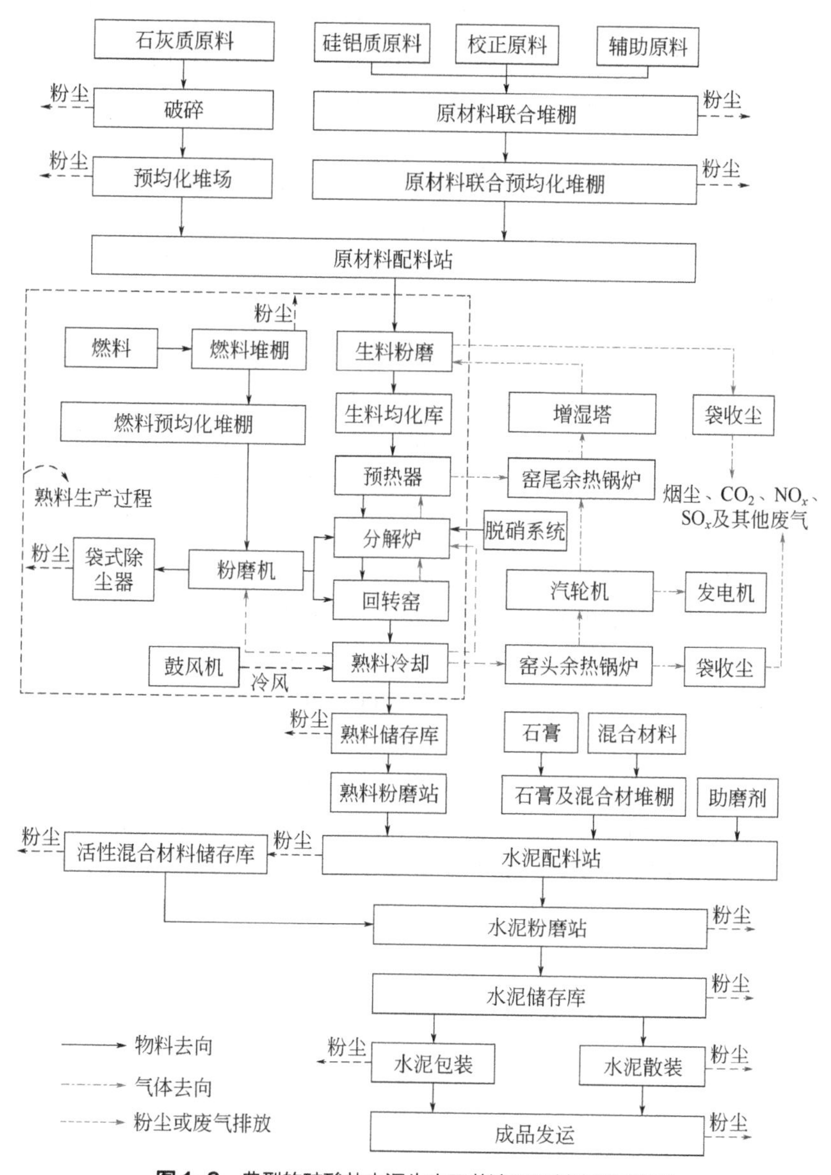

图 1-3 典型的硅酸盐水泥生产工艺流程及其产排污环节

生料制备过程需要石灰质原料、硅铝质原料、校正原料、辅助原料等原材料；预热预分解、煅烧阶段需要添加燃料作为热源；冷却阶段为防止缓慢冷却导致提供胶凝性的 β 型 C_2S 向易粉化、无胶凝性的 γ 型 C_2S 转变，需要鼓风机通过篦式冷却机鼓入大量冷风使得物料从 1450℃迅速降低到 200℃以下；形成水泥制品则需要添加助磨剂以提高粉磨效率，添加石膏、混合材料等原材料是为了制备出符合性能要求的水泥产品。

如图 1-3 和图 1-1 所示，水泥是由水泥熟料掺入助磨剂经粉磨后与石膏或石膏和混合材料混合、磨细而成的胶凝材料，这一过程是简单的物理过程，因此，水泥熟料的生产过程是水泥生产过程的关键控制环节，它决定了水泥的质量和强度等级。

如图 1-4 所示，水泥熟料的生产过程分为 5 个阶段，原材料经过干燥混合和粉磨（一磨）后得到生料，生料经过预热预分解、煅烧（一烧）、冷却和粉磨（二磨）后成为熟料，即，水泥熟料生产经过俗称的“两磨一烧”过程。在生料生成熟料的整个阶段，物料的温度从 200℃左右持续增加到 1450℃后经骤冷降至 200℃以下。

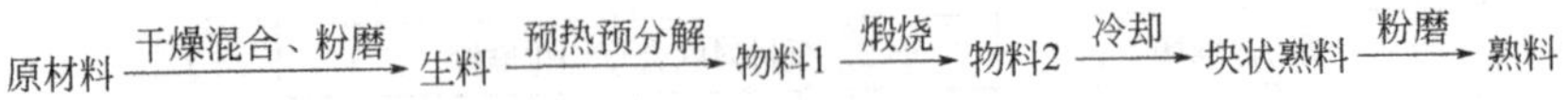

原材料 —干燥混合、粉磨→ 生料 —预热预分解→ 物料1 —煅烧→ 物料2 —冷却→ 块状熟料 —粉磨→ 熟料

图 1-4 水泥熟料的生产过程

1.1.2.2 生命周期评价

生命周期评价（life cycle assessment，LCA）是一种评价产品、工艺过程或活动从原材料的采集和加工，到与生产、运输、销售、使用、回收、养护、循环利用和最终处理整个生命周期（即从摇篮到坟墓）系统有关的环境负荷的过程[6]。生命周期评价最早出现于 20 世纪 60 年代末，针对包装品的分析和评价（即清单分析）。最开始焦点聚集在包装品及废弃物问题，之后逐步延伸到产品生产过程中的能源、资源以及固体废物排放等。早期的研究主要侧重于产品或服务在整个生命周期的能源、原材料使用，废气、废水和固体废物等污染物的排放分析，现在已延伸到这些输入/输出环境影响的评价方面[7]。

国际环境毒理学与化学学会（SETAC）提出的 LCA 方法论框架，将生命周期评价的基本结构归纳为四个有机联系部分：定义目标与确定范围、清单分析、影响评价和改善评价，其相互作用关系如图 1-5 所示。

ISO 14040 将生命周期评价分为互相联系的、不断重复进行的四个步骤，包括目的与范围确定、清单分析、影响评价和结果解释。ISO 组织取消了改善分析，添加了结果解释环节，通过生命周期解释不断调整，更利于开展生命周期评价的研究与应用[8]。ISO 14040 生命周期评价框架见图 1-6。

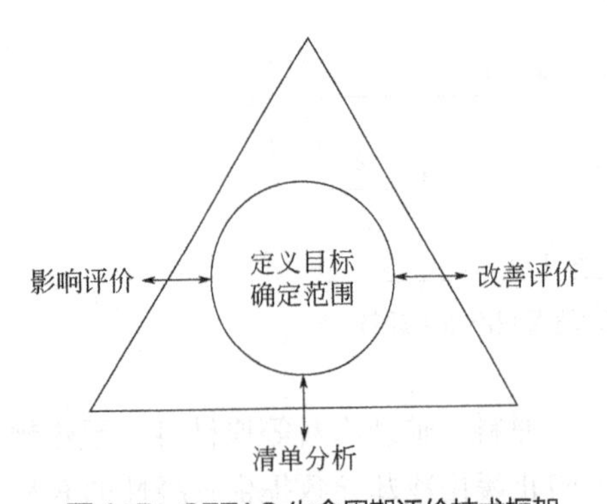

图 1-5 SETAC 生命周期评价技术框架

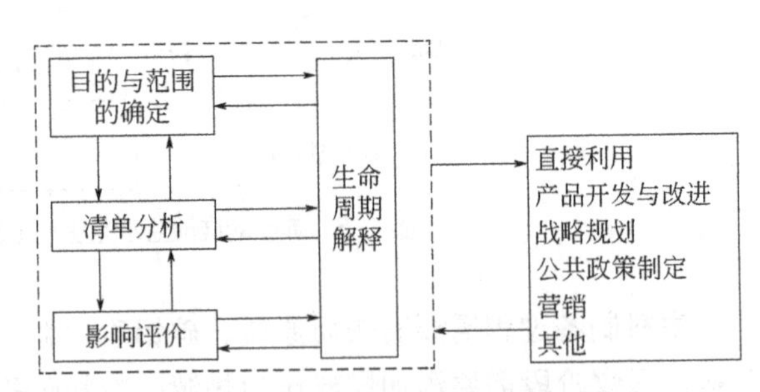

图 1-6 ISO14040 生命周期评价框架

LCA 方法在材料中的应用，是基于性能需求对材料产品或系统的环境影响进行综合、系统的分析，获得定量结果，帮助辨识流程中环境负荷重点工序，优选技术改进方案，研制开发先进技术，指导节能减排[9]。生命周期评价首先是确定研究目的与界定研究范围，针对产品的生产工艺确定所要研究的数据，收集的数据需具有代表性、准确性和完整性，

确定产品的功能单位，在清单分析前将收集的数据换算成功能单位，以便对产品系统的输入和输出进行标准化；清单分析则是LCA基本数据的表达，要对产品、工艺或活动在其整个生命周期阶段的资源、能源消耗和环境影响排放进行数据量化分析，是影响评价阶段的基础，同时也是确定已界定的研究范围边界是否合适的关键环节；影响评价阶段是对清单分析阶段的数据进行定性或定量排序的一个过程，通过影响分类、特征化和量化得到产品对总的环境影响水平的过程；最终，通过生命周期解释，以透明的方式来分析结果、形成结论、解释局限性、提出建议并报告生命周期解释的结果，尽可能提供对生命周期评价研究结果的易于理解的、完整的和一致的说明[8]。

环境影响类型、范围及负荷项目如表1-1所示。

表1-1　环境影响类型、范围及负荷项目汇总情况

环境影响类型	影响范围	影响负荷项目
不可再生资源消耗	全球	矿物资源、化石燃料
可再生资源消耗	区域	水
温室效应	全球	CO_2、乙烷及其他碳基气体
臭氧层破坏	全球	含氟氯等挥发性有机物
人体健康损害	当地	污染物质进入空气、土壤、水体
生态毒性影响	当地	污染物质进入空气、土壤、水体
酸化效应	区域	SO_2、NO_x、HCl、HF、NH_4^+
富营养化	区域	氨盐、磷酸盐、硝酸盐等

我国水泥行业的LCA最初于1998年提出并应用[10]。通过考察水泥整体生产行为与环境的相互作用评价、分析和解决环境问题，发现水泥的主要环境污染在于电力生产及水泥制造阶段，主要影响为能耗及温室效应，认为水泥环境性能改善的关键在于提高能效、降低碳酸盐原材料用量及改造工业燃烧技术，单纯减少水泥生产阶段煤耗而提高电耗并不能改善水泥的环境性能。研究成果为我国水泥工业新品种、新工艺和新设备的研究和开发提供了思路。

董世根等[11]将水泥生命周期评价的研究范围限定为从原材料的开采到水泥产品过程，而水泥生产流程分为原材料开采、生料制备、燃料制备、熟料烧成和制成水泥（图1-7），即图1-6中的目的与范围的确定；根据质量守恒定律量化物料平衡和煅烧工艺的化学平衡（图1-8），结合已有的电耗指标、一般运输距离、燃料消耗、污染物排放等数据进行分析，即图1-5中的清单分析；参照ISO14040（图1-6）和国际环境毒理学与化学学会（图1-5）建立的生命周期评价框架及丹麦工业产品环境设计方法，建立了新型干法水泥生命周期影响评价的公共体系（该体系包含分类、特征化、标准化和加权评估等内容），将新型干法水泥的环境影响分为资源消耗（含石灰石、铁矿石、石膏、煤等不可再生资源的消耗）和生态破坏（含全球变暖、酸化、富营养化及烟尘、粉尘等的排放）两个方面，通过加权评估确定各类型的环境影响的权重，汇总成总的环境影响值，即图1-5中的影响评价，在此过程得到了水泥生产资源能源消耗清单（表1-2）、水泥全过程环境排放清单（表1-3）；最终，识别出新型干法水泥生产影响环境的薄弱环节和潜在的改善机会，为达到环境最优化的目的而提出改进建议，即图 1-5 中的改善评价。

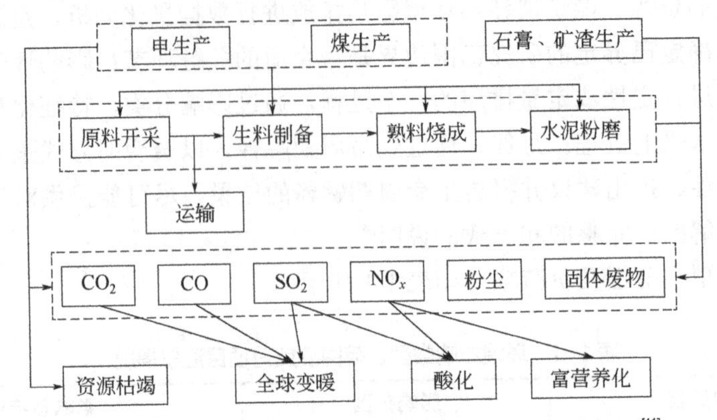

图 1-7　水泥生命周期评价目标范围界定及环境影响类别图[11]

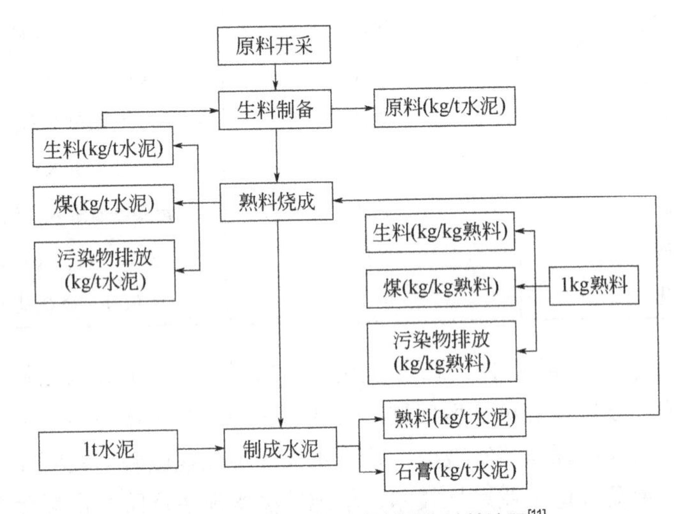

图 1-8　熟料烧成部分物料平衡计算流程[11]

表 1-2　水泥生产资源能源消耗清单[11]　　单位：kg/t 水泥

原材料	石灰石	黏土	铁粉	石膏	煤	电
消耗量	1239.231	242.0963	31.77514	40.0064	145	121.58

表 1-3　水泥全过程环境排放清单[11]　　单位：kg/t 水泥

排放阶段	排放物							
	CO_2	SO_2	NO_x	CO	COD	SS	油	粉尘
生产过程	811.71	1.856	0.697	0.381	0.226	0.226	0.0188	1.8
运输过程	1.85	0.014	0.059	0.214	/	/	/	/
电力生产	459.91	0.416	2.102	1.117	0.013	0.079	0.004	3.848
煤生产	3.80	0.037	0.009	0.005	0.002	0.003	0	0.015
总计	1277.27	2.323	2.867	1.717	0.241	0.308	0.023	5.663

经计算，生产 1t 水泥耗煤 145kg，折合能量 4249.66MJ，耗电 121.58kW·h，折合能量 1450MJ，即 5699.66MJ。水泥的资源耗竭计算结果表明，石灰石分解影响最大，占到了 89%；水泥全过程环境排放清单中 CO_2 排放量最多，达到了 1277.27kg/t 水泥。

1.1.3 反应机理与微观表征

水泥熟料中的矿物相遇水后即被水化生成水化硅酸钙（C-S-H）、水化铝酸钙（C-A-H）、氢氧化钙（CH）、单硫型水化硫铝酸钙（AFm）和多硫型水化硫铝酸钙（AFt，也称钙矾石）等水化产物。随着时间的推延，初始形成的浆状体经过凝结硬化，由可塑体逐渐转变为坚固的硬化体。对于这个转变过程的机理研究已有一百多年的历史，主要围绕熟料矿物的水化和水泥的硬化两个方面进行。关于熟料矿物如何进行水化有两种不同的观点，一种是液相水化论，也叫溶解-结晶理论；一种是固相水化论，也叫局部化学反应理论。液相水化论于 1887 年由 Le Chatelier 提出，认为无水化合物先溶于水，与水反应生成的水化物由于溶解度小于反应物而结晶沉淀。固相水化论于 1892 年由 Michaelis 提出，认为水化反应是固液相反应，无水化合物无须经过溶解过程，而是固相直接与水就地发生局部化学反应，生成水化产物。随着材料分析测试方法的发展，通过 SEM 等表征手段证实了在水泥水化硬化过程中同时存在着凝聚和结晶两种结构，水化初期溶解-结晶过程占主导，在水化后期，当扩散作用难于进行时，局部化学反应发挥主要作用[12]。

1.1.3.1 水泥的基本性质

（1）物理性质

密度可分为真实密度、表观密度和堆积密度。真实密度是指在绝对密实的状态下材料的质量与体积之间的比值，即，去除材料内部孔隙或者颗粒间的孔隙后的密度，可以认为是水泥颗粒的密度，一般为 3.1～3.2g/cm^3；表观密度，也称视密度，是指在自然状态下材料的质量与表观体积（系指材料排开水的体积）的比值，水泥的表观密度一般为 1.4～1.7g/cm^3；堆积密度是指材料自由填充于某一容器中，在填充完毕后测得的质量与堆积体积的比值，水泥的堆积密度一般为 0.9～1.3g/cm^3。

细度是粉状物料的粗细程度，是水泥常用的物理控制指标，与水泥的使用性能有着密切关系，影响水泥的凝结时间、流动度、强度、水化放热速率。水泥的细度用不同的指标来表征，如比表面积、筛余量、粒径级配等，细度指标应满足《通用硅酸盐水泥》（GB 175—2007）[4]的规定。

（2）工程性质

凝结时间是指采用标准法维卡仪试验时，试针沉入水泥标准稠度净浆至一定深度所需的时间。凝结时间分初凝时间和终凝时间。初凝时间是水泥标准稠度净浆从加水拌和开始至失去塑性所需的时间，初凝表示水泥浆体失去流动性和塑性，开始凝结；终凝时间是水泥标准稠度净浆从加水拌和开始至硬化状态所需的时间，终凝表示水泥浆体逐渐硬化，开始具有一定的力学性能。凝结时间满足《通用硅酸盐水泥》（GB 175—2007）[4]规定。

水泥净浆标准稠度需水量是指以标准法维卡仪试验达到统一规定的水泥净浆的可塑性程度所需的加水量，即，水泥净浆处于特定的可塑状态。

流动度是水泥、标准砂和水按一定比例拌制而成的水泥胶砂的流动性的一种指标，常用作反映水泥浆体拌合物易于施工操作（搅拌、运输、成型等）并获得质量均匀的性能。

强度是水泥质量最重要的评价指标。在一定的时间内，水泥浆体的强度是逐渐增长的。水泥浆体强度并不是水泥生成的水化产物强度之间的简单叠加，而是多种因素耦合的结果。

安定性用于反映水泥浆体硬化后，因体积膨胀不均匀而发生变形的程度。影响安定性的因素有游离氧化钙、氧化镁等。

水化热就是由水泥在水化过程中释放的热量，遇水后发生化学反应释放热量的速率称为水化放热速率。

体积变化是指由于水泥在水化过程中各种水化产物生成前后温度、湿度等外界条件的改变引起的硬化体体积的变化，如收缩和膨胀，其中收缩可分为自收缩、碳化收缩和干燥收缩。自收缩是碳化收缩和干燥收缩的宏观表现，主要是由水泥水化反应引起的体积减小；碳化收缩是指水泥水化产物与环境中的二氧化碳反应引起的收缩；干燥收缩是指水泥水化后因干燥失水导致的收缩。硬化体的体积变化会影响硬化体的质量，引起结构的耐久性问题。

耐久性包括抗渗性、抗冻性、耐热性、抗蚀性等。抗渗性是水泥硬化体毛细孔吸收水或油饱和后，在液体压力下抵抗渗透的能力。抗冻性是水泥硬化体抵抗冻融循环破坏的能力。水泥硬化体中水的存在形式有化学结合水、吸附水（含凝胶水和硬化体孔隙中的毛细水）和自由水。化学结合水不会结冰，凝胶水只有在极低温度（低于−70℃）下才会结冰，在自然条件下只有毛细水和自由水才会结冰。毛细水中存在碱液、盐类等物质，其冰点在−5℃以下；由于毛细水受到表面张力作用，孔径越小，冰点越低。自由水是影响水泥硬化体抗冻性的主要原因，自由水结冰时体积膨胀约 9%，导致水泥硬化体因膨胀应力而产生破裂。

耐热性是指水泥硬化体抵抗受热破坏的能力。水泥硬化体在受热过程中，在不同的温度下会发生不同程度的脱水、分解反应，最终导致硬化体结构的破坏。水泥浆硬化后随升温过程逐步发生如下反应：0～160℃，失去自由水；160～300℃，C-S-H 结合水脱水；275～370℃，C-A-H 结合水脱水；400～590℃，CH 分解；810～870℃，$CaCO_3$ 分解。

抗蚀性是指水泥硬化体抵抗腐蚀离子侵蚀的能力，主要是指水泥硬化体在胁迫性环境（如海水、酸碱侵蚀介质、其他污染物等腐蚀介质）作用下，抵抗环境介质（如氯离子、硫酸根离子、酸碱度、重金属离子等）侵蚀的性能。这些环境介质在一定的条件下会同水泥水化产物发生物理化学反应，从而破坏硬化体的结构。

1.1.3.2 水化反应

在探究水泥水化、硬化反应机理前，应首先明确水泥各相成分之间的矿物相及其关系。图 1-9 是$(CaO+MgO)-(Al_2O_3+Fe_2O_3)-SiO_2$ 体系，表示能生成具有水硬性及潜在水硬性矿物相的$(CaO+MgO)$、$(Al_2O_3+Fe_2O_3)$、SiO_2 三者之间的组成关系。位于图 1-9 左下方的为钙氧化物或镁氧化物组成的碱性氧化物，而在图右侧和上方的则为硅氧化物、铝氧化物或铁氧化物组成的酸性氧化物。利用$(CaO+MgO)-(Al_2O_3+Fe_2O_3)-SiO_2$ 体系可直观看出不同材料中硅铝酸盐等矿物相的组成，越靠近三角坐标轴表明该材料中该物质含量越高，如图中 OPC（ordinary portland cement，普通硅酸盐水泥）位于左下方，表明 OPC 主要由碱性氧化物组成（OPC 水化后 pH 值高达 12），其矿物组成以 CaO+MgO 为主（OPC 中 CaO 含量超过其总质量的 60%），主要矿物相由 C_3S、C_2S、C_3A、C_4AF 等组成。图中 Λ（图中虚线）为钙所占质量比，如 C_3S（Ca_3SiO_5），$\Lambda_{Ca_3SiO_5}=\frac{3}{5}\Lambda_{CaO}+\frac{2}{5}\Lambda_{SiO_2}=0.792$[13]。

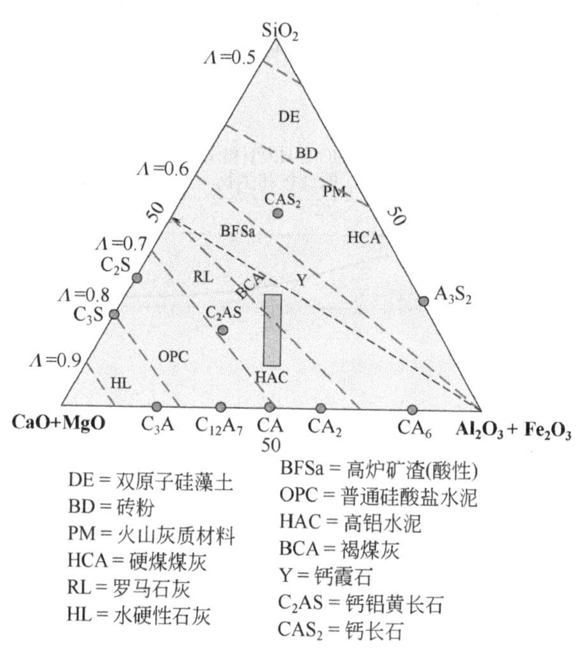

图 1-9 (CaO+MgO)-(Al_2O_3+Fe_2O_3)-SiO_2 体系[13,14]

水泥中主要矿物相有 C_3S、C_2S、C_3A、铁相固溶体、碱、硫酸钙、游离氧化钙、氧化镁、含硫酸盐相等，在发生水化反应的过程中会产生复杂的物理变化、化学反应及其耦合，且持续时间较长并伴随着水化放热和体积变化等现象，直接通过研究水化过程和水化产物来探究水泥的水化、硬化反应机理十分困难。因此，通常先分别研究各水泥单一矿物的水化反应，然后综合研究硅酸盐水泥总的水化硬化过程[15]。

水泥中的水化反应包含两部分，一部分是水泥熟料矿物相自身的水化反应，另一部分是水泥熟料水化产物与石膏中的硫酸钙、混合材料中的活性成分发生的水化反应。本书根据水泥水化的反应步骤，首先讨论水泥熟料矿物相中 C_3S、C_2S、C_3A 及 C_4AF 的水化，以及水泥熟料中其他矿物相的水化反应，其次探讨熟料的水化产物（C-S-H、C-A-H、AFm）与石膏、混合材料活性成分之间的水化反应，最终归纳水泥的水化反应过程。

（1）熟料矿物相的水化

① 硅酸三钙。水泥熟料中 C_3S 的含量一般超过 50%，有时甚至高达 60%，水泥浆体的水化产物、水化进程、微观结构和硬化后强度（尤其是早期强度）主要取决于 C_3S 的水化作用。

在常温条件下，C_3S 的水化反应如式（1-4）所示。

$$3CaO\cdot SiO_2+nH_2O \longrightarrow xCaO\cdot SiO_2\cdot yH_2O+(3-x)Ca(OH)_2 \quad (\Delta H=-121kJ/mol) \tag{1-4}$$

式中，n 表示参与水化反应的水含量；x、y 分别表示 C-S-H 的 CaO/SiO_2 分子比（即 C/S 比）和 H_2O/SiO_2 分子比（即 H/S 比）。

C-S-H 是一种组分不固定的无定形胶凝物质，通常写作 $3CaO \cdot 2SiO_2 \cdot 3H_2O$（简写为 $C_3S_2H_3$），属于晶状柱硅钙石，是常温下存在的稳定产物，只有特定的成核反应才能生成[14]。采用准等温传导量热仪对水固比小于 1.0（即 W/S<1.0）的 C_3S 浆体水化过程中水化放热量和水化产物类型进行表征，得到的示意图如图 1-10 所示。

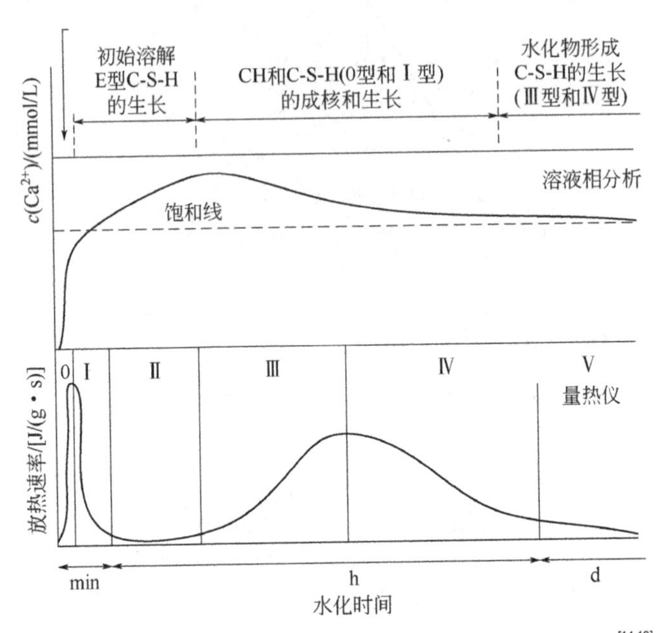

图 1-10 C_3S 浆体（W/S<1.0）水化放热、水化产物变化示意图[14,16]

从图 1-10 中可看出，C_3S 水化过程可明显分为六个阶段：初始快速反应期、减速期、诱导期、加速期、二次减速期、慢速稳定期，各个阶段对应的制作过程、化学过程和动力学性能如表 1-4 所示。

表 1-4 低 W/S 下 C_3S 浆体水化过程各反应阶段变化情况

反应阶段	浆体的制作过程	化学过程	动力学性能
初始快速反应期	初加水	表面水解，各种离子溶出	非常迅速，放热性溶解
减速期	加水搅拌	C_3S 覆盖在颗粒表面，延缓了离子溶出、接触和反应	通过非均质成核速率控制水化反应的进行
诱导期	搅拌、运输、成型等	成核反应被延缓，溶解逐步加速	通过水化物的成核控制水化反应的进行
加速期	凝结中，初始养护	水化产物加速生成	水化产物自动生长
二次减速期	养护中	水化产物继续生成，C_3S 被渐渐消耗殆尽	开始通过扩散控制水化反应的进行
慢速稳定期	缓慢硬化过程	剩余的 C_3S 逐步发生水化反应，CH 再晶化	受扩散控制，但水化产物未必相同

图 1-11 示出了 C_3S 各阶段水化反应情况。

a．初始快速反应期。由于 C_3S 极其易溶，其初始快速反应期的反应速率难以定量，C_3S 与水一接触即可触发该阶段反应的进行，表层的钙、氧、硅酸盐离子随即开始水化，并快速形成简单的水合离子类物质，如式（1-5）所示。

$$3CaO \cdot SiO_2(Ca^{2+};O^{2-};SiO_4^{4-})+nH_2O \longrightarrow 3Ca^{2+}+4OH^-+H_2SiO_4^{2-} \tag{1-5}$$

b．减速期。减速期也称诱导前期。当 C_3S 中的钙、硅溶解度达到临界值，即可发生水化产物的成核和沉积。在成核和沉积的过程中，C_3S 表面逐渐失去活性，水化反应的速度开始降低，即开始进入减速阶段。该阶段形成的原因被认为是形成了亚稳态的 C-S-H，它可在 C_3S 颗粒周边形成一个物理屏障，阻碍水化反应的继续进行。

c．诱导期。诱导期也可称为静止期。减速期结束时，式（1-5）的反应仍在继续进行，溶解生成的 Ca^{2+}、OH^-逐渐超出理论上的 CH 饱和度，E 型 C-S-H 继续在 C_3S 表面形成，浆体中 CH 逐渐核化，初始的 C-S-H（Ⅰ型）逐渐向 C-S-H（Ⅱ型）转化，C-S-H 逐步核化。该阶段即诱导期，为加速期水化反应的进行提供了充足的物质条件，一般发生在 C_3S 与水接触的几十分钟内。在 0 阶段、Ⅰ阶段、Ⅱ阶段（图 1-10）形成的 C-S-H 以 E 型为主，该阶段生成的 C-S-H 形貌呈网状或花边状。

d．加速期。C_3S 在加速期的反应速度明显加快，如图 1-10 所示，出现了第 2 个放热峰，在达到放热峰之前该阶段结束。加速期的开始与 CH、C-S-H 的成核生长和亚稳态 C-S-H 物理屏障的破坏形成稳态的 C-S-H 有关，该阶段一般为与水接触的 5～10h，此时终凝时间已过，浆体逐步开始硬化。该阶段生成的 C-S-H 在扫描电镜下观察呈针状体，由颗粒向外以针状形式辐射。

e．二次减速期。二次减速期由于 C_3S 的水化消耗而出现，该阶段的反应速率很慢，受扩散速率的控制，一般能够持续 12～24h。该阶段生成的 C-S-H 在扫描电镜下呈球状团聚物。

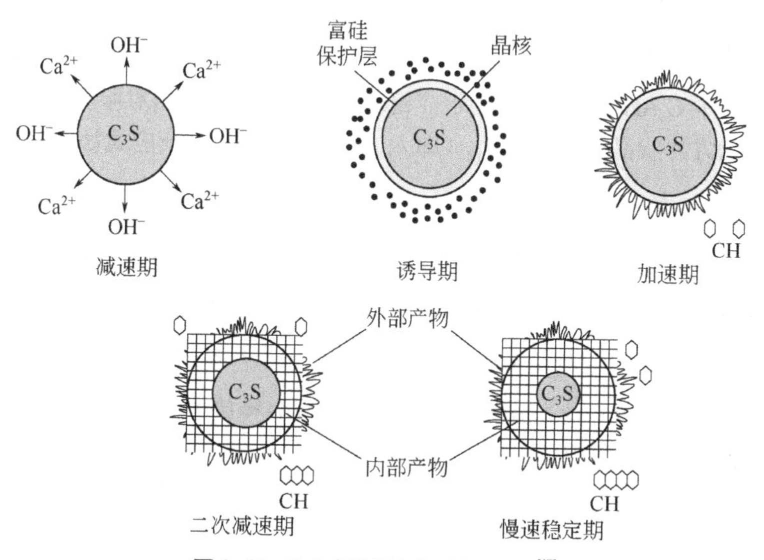

图 1-11 C_3S 各阶段水化反应示意图[17]

f. 慢速稳定期。慢速稳定期的水化作用基本达到稳定，水化作用完全受扩散速率的控制。在这个阶段虽然钙离子仍能向外扩散，但硅离子却逐步形成原硅酸酯单聚物，钙离子扩散后形成 CH。

② 硅酸二钙。水泥熟料中的 C_2S 多以 β-C_2S 形式存在，其水化反应方程如式（1-6）所示。

$$2CaO \cdot SiO_2 + nH_2O \longrightarrow xCaO \cdot SiO_2 \cdot yH_2O + (2-x)Ca(OH)_2 \quad (\Delta H = -43kJ/mol) \tag{1-6}$$

式中，n 表示参与水化反应的水含量；x、y 分别表示 C-S-H 的 CaO/SiO_2 分子比（即 C/S 比）和 H_2O/SiO_2 分子比（即 H/S 比）。

C_2S 水化过程与 C_3S 较为相似，均可分为六个阶段，但是由于水化放热较低，水化动力学过程较为缓慢。初始快速反应期与 C_3S 相似，均存在钙离子、硅离子向外溶出的过程，但溶出速率较 C_3S 慢；Ⅰ开始减速期，同样由于亚稳态 C-S-H 的形成，延缓了水化速率；Ⅱ诱导期，与 C_3S 不同，从 9h～20d 不等，变化范围大；Ⅲ加速期、Ⅳ二次减速期、Ⅴ慢速稳定期，C_2S 水化过程 CH、C-S-H 的成核生长及形貌成分与 C_3S 差别较大。

③ 铝酸三钙。在水泥熟料矿物相中，C_3A 反应活性最大，对水泥浆体的流变性能影响显著，其各阶段水化反应示意图如图 1-12 所示。

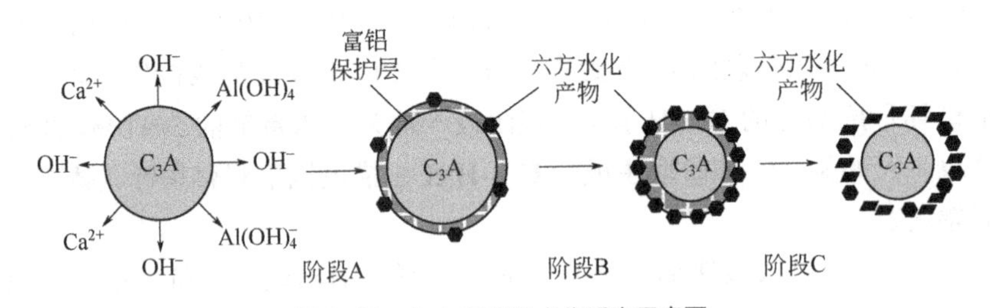

图1-12 C_3A 各阶段水化反应示意图

在常温条件下，C_3A 水化反应迅速，反应方程式如式（1-7）所示。

$$2(3CaO \cdot Al_2O_3) + 27H_2O \longrightarrow 4CaO \cdot Al_2O_3 \cdot 19H_2O + 2CaO \cdot Al_2O_3 \cdot 8H_2O \tag{1-7}$$

六方片状晶体 C_4AH_{19} 在常温下处于介稳状态，当环境条件相对湿度低于 85%时会失水而生成同样是六方片状晶体的 C_4AH_{13}（即六方型水化产物），反应式如式（1-8）所示。

$$4CaO \cdot Al_2O_3 \cdot 19H_2O \longrightarrow 4CaO \cdot Al_2O_3 \cdot 13H_2O + 6H_2O \tag{1-8}$$

生成的 C_4AH_{13} 和同为六方片状晶体的 C_2AH_8 在常温下均为介稳状态，会进一步发生反应生成稳态的等轴晶体 C_3AH_6（即立方型水化物），化学反应方程如式（1-9）所示。

$$4CaO \cdot Al_2O_3 \cdot 13H_2O + 2CaO \cdot Al_2O_3 \cdot 8H_2O \longrightarrow 2(3CaO \cdot Al_2O_3 \cdot 6H_2O) + 9H_2O \tag{1-9}$$

式（1-7）～式（1-9）均为放热反应，反应过程会释放大量的热，有时会使 C_3A 与水直接生成 C_3AH_6，化学反应方程如式（1-10）所示。

$$3CaO \cdot Al_2O_3 + 6H_2O \xrightarrow{35℃} 3CaO \cdot Al_2O_3 \cdot 6H_2O \tag{1-10}$$

④ 铁铝酸四钙。C_4AF 并不是按化学组分计量的熟料矿物，其物相化学通式为

$Ca_4Fe_{2-x}Al_xO_{10}$，x 的范围为 0～1.4，C_4AF 恰好是 x 取值为 1.0 时的铁酸盐相，铁含量会阻碍 C_4AF 的水化反应。C_4AF 在与水接触时溶解出 $Fe_2O_3 \cdot 3H_2O$，水化过程与 C_3A 极为相似，水化产物中的铁置换部分铝，形成 C-A-H 和水化铁酸钙的固溶体，但是其水化反应速率较慢且水化放热量较小。C_4AF 在有无氢氧化钙时，水化反应不同，但最终的水化产物均为水化铁铝酸钙的固溶体。

a．无氢氧化钙的水化反应。当水化过程无氢氧化钙存在时，C_4AF 可直接与水发生水化反应，化学反应方程如式（1-11）所示。

$$\begin{aligned}&8(3CaO \cdot Al_2O_3 \cdot Fe_2O_3)+60H_2O \longrightarrow 2[2CaO \cdot (Al_2O_3,Fe_2O_3) \cdot 8H_2O]+\\&\quad 2[4CaO \cdot (Al_2O_3,Fe_2O_3) \cdot 19H_2O]+4[(Fe_2O_3,Al_2O_3) \cdot 3H_2O]\\&\longrightarrow 4[3CaO \cdot (Al_2O_3,Fe_2O_3) \cdot 6H_2O]+2[(Fe_2O_3,Al_2O_3) \cdot 3H_2O]+24H_2O\end{aligned} \tag{1-11}$$

b．有氢氧化钙的水化反应。C_4AF 与氢氧化钙及水之间的水化反应，如式（1-12）所示。

$$4CaO \cdot Al_2O_3 \cdot Fe_2O_3+4Ca(OH)_2+22H_2O \longrightarrow 2[4CaO \cdot (Al_2O_3,Fe_2O_3) \cdot 13H_2O] \tag{1-12}$$

反应生成的 $C_4(A,F)H_{13}$ 在温度较低的环境下可稳定存在，当温度超过 20℃时则会转化为 $C_3(A,F)H_6$。

⑤ 游离氧化钙。游离氧化钙（f-CaO）在与水接触的过程中发生化学反应[式（1-13）]。

$$CaO+H_2O \longrightarrow Ca(OH)_2 \tag{1-13}$$

游离氧化钙由于经历高温煅烧，结晶细小，水化反应缓慢，水化生成的氢氧化钙晶体细小，能够增强水泥硬化体的早期强度（28d 以前）。随着水化反应的继续，游离氧化钙不断水化，因其分布较为集中，导致生成的氢氧化钙晶体局部集中，随着氢氧化钙晶体的逐渐长大会对周围的水化产物产生挤压作用。此外，游离氧化钙水化生成氢氧化钙，体积膨胀量达 98%，由于其水化缓慢，使得已经硬化的水泥石局部产生膨胀应力，最终导致水泥石变形和开裂。

⑥ 游离氧化镁。游离氧化镁（f-MgO）大多存在于熟料硅酸盐固溶体中，与水接触时发生水化反应［式（1-14)］。

$$MgO+H_2O \longrightarrow Mg(OH)_2 \tag{1-14}$$

游离氧化镁的性质与游离氧化钙相似，均是高温煅烧后得到的氧化物，结晶细小，水化反应缓慢，水化生成氢氧化镁的体积膨胀量达 148%，易引发安定性不良问题。

（2）熟料水化产物与石膏、混合材料活性成分之间的水化反应

① 水化产物与石膏之间的水化反应。石膏作为水泥中的调凝剂，其主要作用是调节水泥水化的凝结时间，从而控制水化进程。在对水泥水化过程调凝时，由于 C_3A 水化极快，石膏主要是与 C_3A 水化产物 C-A-H、C_4AF 发生水化反应，生成 AFt，AFt 和 CH 能够通过延缓水化反应来控制水化进程。

a．C_3A 水化产物与石膏之间的水化反应。C_3A 水化反应速度极快，与水接触后立即发生式(1-7)所示的水化反应。水泥中的石膏可与 C_3A 的水化产物 C_4AH_{13}、水发生如式(1-15)所示的化学反应。

$$4CaO\cdot Al_2O_3\cdot 13H_2O+3(CaSO_4\cdot 2H_2O)+14H_2O \longrightarrow Ca(OH)_2+ 3CaO\cdot Al_2O_3\cdot 3CaSO_4\cdot 32H_2O \quad (1\text{-}15)$$

当石膏含量较少时，C_3A 的水化产物 C_4AH_{13} 可与 AFt 继续发生水化反应，生成 AFm，化学反应式如式（1-16）所示。

$$2(4CaO\cdot Al_2O_3\cdot 13H_2O)+3CaO\cdot Al_2O_3\cdot 3CaSO_4\cdot 32H_2O \longrightarrow 2Ca(OH)_2+20H_2O+3(3CaO\cdot Al_2O_3\cdot CaSO_4\cdot 12H_2O) \quad (1\text{-}16)$$

b．铁铝酸四钙与石膏之间的水化反应。C_4AF 水化反应较慢，在水泥水化时可直接与石膏、氢氧化钙、水发生如式（1-17）所示的化学反应。

$$4CaO\cdot Al_2O_3\cdot Fe_2O_3+2Ca(OH)_2+6(CaSO_4\cdot 2H_2O)+50H_2O \longrightarrow 2[3CaO\cdot (Al_2O_3,Fe_2O_3)\cdot 3CaSO_4\cdot 32H_2O] \quad (1\text{-}17)$$

当石膏含量较少时，C_4AF 的水化产物 $C_4(A,F)H_{13}$ 可与 AFt 继续发生水化反应，生成 AFm，化学反应式如式（1-18）所示。

$$2[4CaO\cdot (Al_2O_3,Fe_2O_3)\cdot 13H_2O]+3CaO\cdot (Al_2O_3,Fe_2O_3)\cdot 3CaSO_4\cdot 32H_2O \longrightarrow 3[3CaO\cdot (Al_2O_3,Fe_2O_3)\cdot CaSO_4\cdot 12H_2O]+2Ca(OH)_2+20H_2O \quad (1\text{-}18)$$

② 水化产物与混合材料中的活性成分之间的水化反应。水泥中混合材料参与的水化反应是水化过程最后阶段才开始进行的，掺入的混合材料（含粒化高炉矿渣、粉煤灰、火山灰质混合材料、石灰石、砂岩、窑灰等）中的活性成分可与水化产物发生反应，按其与水泥熟料水化产物的反应机理可分为两类：火山灰反应和似连串反应。

a．火山灰反应。混合材料中的活性氧化硅（硅氧玻璃体物质）和活性氧化铝（铝氧玻璃体物质）、水泥遇水后浆体中 CH 逐渐饱和，溶液中的 pH 值可高达 12.7 以上。在适宜的碱环境下，混合材料中的活性成分逐渐被分解为 SiO_4^{4-} 和 AlO_2^-，与熟料水化过程生成的 CH 发生火山灰反应生成二次水化产物 C-S-H、C-A-H 等，在降低 CH 含量的同时加速 C_3S 和 C_3A 的水化。火山灰反应化学反应式如式（1-19）所示。

$$\left.\begin{array}{l} SiO_2+xCa(OH)_2+mH_2O \longrightarrow xCaO\cdot SiO_2\cdot mH_2O \\ Al_2O_3+yCa(OH)_2+nH_2O \longrightarrow yCaO\cdot Al_2O_3\cdot nH_2O \end{array}\right\} \quad (1\text{-}19)$$

式中，x、y 分别表示 C-S-H、C-A-H 的 CaO/SiO_2 分子比（即 C/S 比）和 CaO/Al_2O_3 分子比（即 C/A 比）；m、n 表示参与水化反应的水含量，为 H_2O/SiO_2 分子比（即 H/S 比）。

b．似连串反应。混合材料中的非活性物质，如石灰石粉、砂岩粉等在水泥熟料水化过程中可起到微集料效应、晶核效应和缓凝效应。微集料效应是熟料的水化产物在石灰石粉、砂岩粉表面聚集，改善浆体颗粒表面形态，提高水化产物之间的胶结性和致密性；晶核效应是石灰石粉、砂岩粉为熟料水化产物 C-S-H、CH 等提供无数的晶核，降低水泥浆体液相中的 Ca^{2+}浓度，加速水化反应的进行；缓凝效应主要是针对熟料中的 C_3A，石灰石粉可与 C_3A、水反应生成针状的碳铝酸钙，降低 C_3A 水化速度的同时，有助于水泥强度的发展。

需要说明的是，混合材料中的活性与非活性是依据粒化高炉矿渣、粉煤灰等具有火山灰质特性的混合材料在特定条件下参与水化反应的数量来确定的，即使是非活性的火山灰质材料同样具有潜在的水硬性（或火山灰活性），非活性材料对水泥水化硬化发展的贡献低于活性材料，但是在适宜的环境条件下可改善水泥浆体长期性能。

（3）水化反应过程

学者们探究了水泥水化反应过程，并提出诸多水化机理的理论模型[18-26]。这些模型可归纳为两类：保护层理论模型和延迟成核理论模型。随着材料表征手段的进步，各种表征方法被用于描述水泥水化进程。水泥的水化过程难以通过某一指标作为依据进行区分，但不同的方法均将水化反应过程分为五个阶段。

图 1-13 是采用量热仪描述的水泥水化过程随水化时间变化的放热速率曲线[14,16,27]。

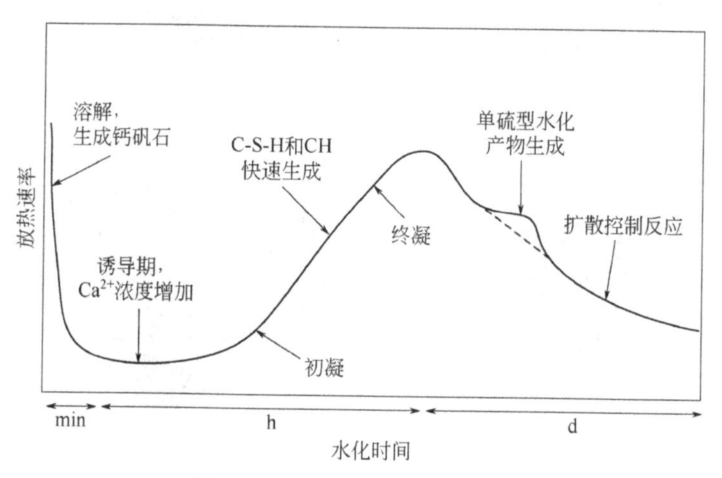

图 1-13 水泥水化过程放热示意图

首先，水泥熟料中的游离氧化钙、C_3A 与石膏中的硫酸盐在与水接触后立刻溶解出 Ca^{2+}、OH^-、$Al(OH)_4^-$、SO_4^{2-}等，水化反应生成 AFt 的同时熟料中的 C_3S 逐步开始溶解；其次，C_3S 的保护层（亚稳态的 C-S-H）逐步成核生长，大量的 Ca^{2+}开始溶出，Ca^{2+}浓度开始增加；随后，水化生成的 C-S-H、C-A-H、AFt 等水化产物开始增加，水泥浆体开始失去塑性和流动性，即此时水化时间可认为是初凝时间，大量的 C-S-H、CH 开始生成，水化反应放热量持续增加，水化放热速率达到峰值左右对应的水化时间被认为是终凝时间；再次，随着 C_2S 和 C_3S 的消耗，C-S-H、CH 的形成速率开始减缓，铝盐酸水化产物与石膏二次水化生成 AFm；最后，随着水化产物的进一步消耗，放热速率逐步下降，水泥浆体内的孔隙率也逐步减小，水化反应进入扩散控制反应阶段。

需要注意的是，水化放热速率与水化程度、水泥性能指标的发展并不是呈正比趋势变化的，实际工程中水化进程并不一定按照该趋势发展，但水化时间与水化放热量之间的关系可通过放热速率示意图进行表述。

吕鹏等[28]通过环境扫描电镜（ESEM）连续观察水化 0～3d 的水化过程，并概括出硅酸盐水泥早期水化机理图（图 1-14）。

硅酸盐水泥水化过程按水泥水化理论分为 5 个阶段，即Ⅰ溶解期、Ⅱ诱导期、Ⅲ加速期、Ⅳ减速期和Ⅴ稳定期（图 1-15）。

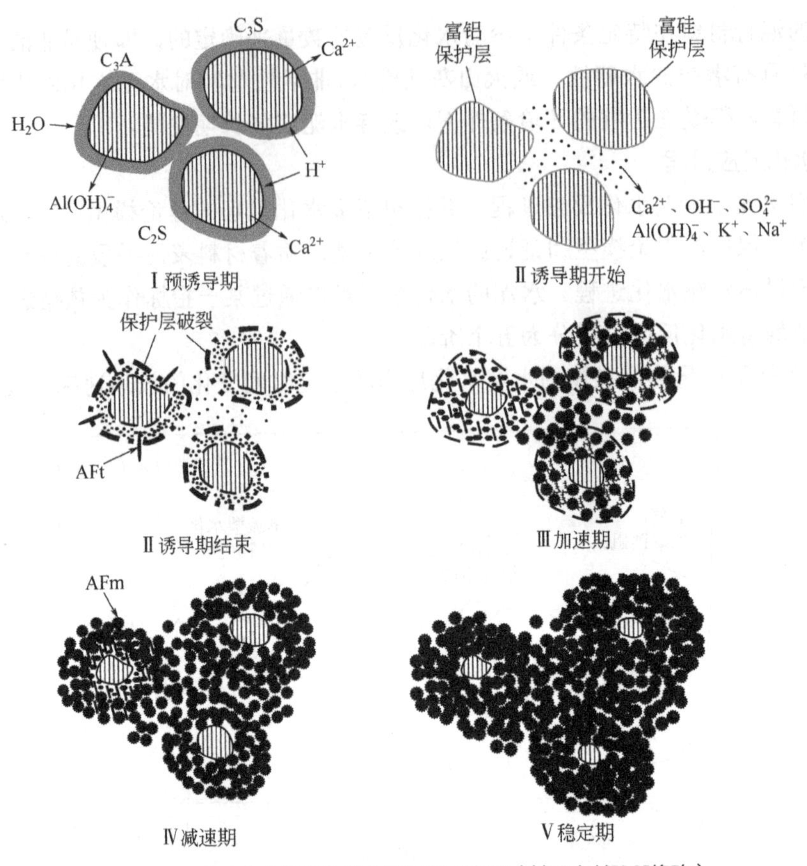

图1-14 硅酸盐水泥各阶段水化机理示意图（基于文献[28]修改）

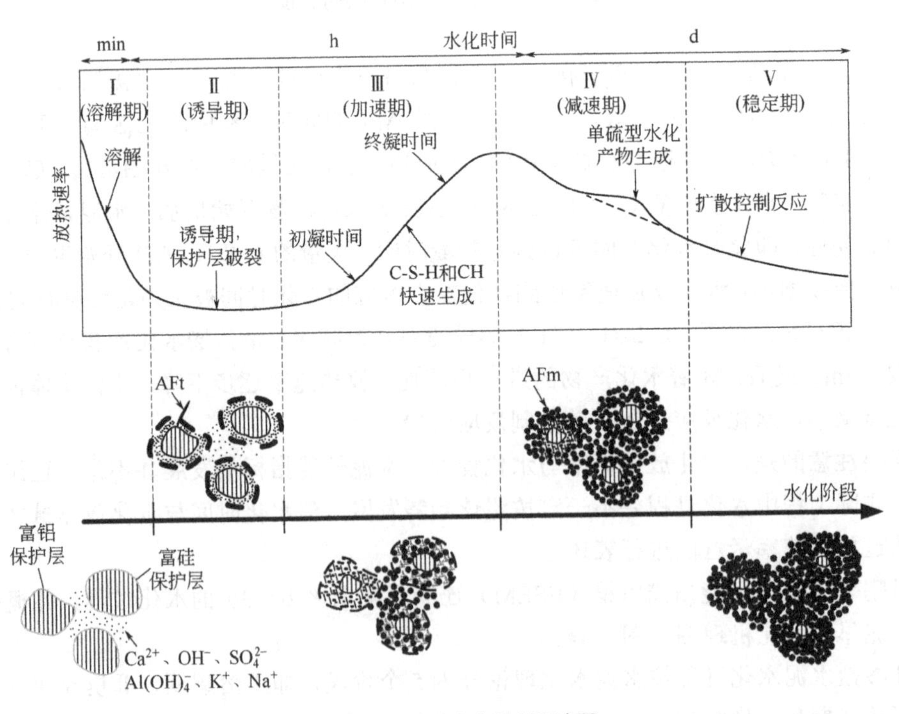

图1-15 水泥水化各阶段示意图

Ⅰ溶解期。水泥颗粒与水接触后立即发生水化反应，固相和液相之间就开始以离子形式发生物质交换。水分子向物质表面提供 H^+，为保持电价平衡，Ca^{2+}进入溶液，同时由于溶液中 H^+浓度降低，OH^-浓度升高，原来 C_3S 表面结构被破坏，转变成一层无定形态的表面层，该表面层含有 Ca^{2+}、硅酸盐阴离子以及水分子，是一种固液混合相。由于熟料中 Ca^{2+}被某些溶解度高的组分溶解，特别是 C_3A 释放出 Ca^{2+}和 $Al(OH)_4^-$，石膏释放出 Ca^{2+}和 SO_4^{2-}后，液相中的 Ca^{2+}、OH^-、SO_4^{2-}、$Al(OH)_4^-$、K^+和 Na^+的浓度迅速增大，生成针状水化产物（即 AFt），同时生成的水化物 C-S-H（富硅保护层）、C-A-H（富铝保护层）保护膜将熟料矿物相和液相隔开，阻碍离子的溶出，大大减缓水化反应速度。

在溶解期，C_3S、C_2S、C_3A 和 C_4AF 水化化学反应过程如式（1-20）～式（1-23）所示。

$$\left.\begin{array}{r}C_3S/SiO_2\cdot 3(O\text{-}Ca)+H_2O\longrightarrow C_3S/SiO_2(O\text{-}H)\cdot 2(O\text{-}Ca)+Ca^{2+}+OH^-\\ C_3S/SiO_2(O\text{-}H)\cdot 2(O\text{-}Ca)+H_2O+OH^-\longrightarrow C_3S/SiO_2 2(O\text{-}H)\cdot (O\text{-}Ca)+Ca(OH)_2\end{array}\right\}\tag{1-20}$$

$$C_2S+H_2O\longrightarrow Ca^{2+}+OH^-+H_4SiO_4\longrightarrow C\text{-}S\text{-}H+Ca(OH)_2\tag{1-21}$$

$$\left.\begin{array}{r}C_3A+H_2O\longrightarrow Ca^{2+}+OH^-+Al(OH)_4^-\longrightarrow\\ C_4AH_{19}+C_4AH_{13}+C_2AH_8\longrightarrow C_3AH_6+Al(OH)_3\\ C_3A+Ca(OH)_2+H_2O\longrightarrow C_4AH_{19}+C_4AH_{13}\longrightarrow C_3AH_6+Al(OH)_3\end{array}\right\}\tag{1-22}$$

$$\left.\begin{array}{r}C_4AF+H_2O\longrightarrow Ca^{2+}+OH^-+Al(OH)_4^-+Fe(OH)_3\\ \longrightarrow C_4(A,F)H_{19}+C_4(A,F)H_{13}+C_2(A,F)H_8\\ \longrightarrow C_3(A,F)H_6+Al(OH)_3+Fe(OH)_3\\ C_4AF+C\underline{S}H_2+H_2O\longrightarrow C_6(A,F)\underline{S}_3H_{32}+Al(OH)_3+Fe(OH)_3\\ C_4AF+C_6(A,F)\underline{S}_3H_{32}+H_2O\longrightarrow C_4(A,F)\underline{S}H_{12}+Al(OH)_3+Fe(OH)_3\end{array}\right\}\tag{1-23}$$

富硅保护层和富铝保护层的形成，标志着溶解期的结束，但是溶解过程仍在继续，只是溶解的速率慢慢降低，水泥的水化过程开始进入诱导期。

Ⅱ诱导期。富硅保护层和富铝保护层是一种半透膜，Ca^{2+}可以通过此膜向外扩散，但有一部分又会被过量的负电荷吸附在保护层表面，形成扩散双电层。位于保护层内部的未水化矿物晶核溶解出的硅酸盐离子则无法通过渗透膜，使保护层渗透压力增加。当保护层内部的渗透压力过大时，保护层薄弱处发生破裂，缺钙的硅酸盐离子就被挤入液相，并和 Ca^{2+}结合生成各种无定形的 C-S-H。富硅保护层和富铝保护层主要由扩散过程控制，反应速率慢，保护层的破裂标志着诱导期的结束，水泥的水化过程进入加速期。

Ⅲ加速期。进入加速期后，水泥水化生成大量树枝分叉状的 C-S-H，在颗粒表面附近形成类似于网状形貌的产物，而在颗粒间的原充水空间里形成近球状产物。C-S-H 成核过程有两种方式，一种是在熟料矿物相表面（即异质成核），另一种在水泥浆体溶液里（即同质成核）。水泥浆体溶液中的硅酸盐离子浓度较矿物相表面低，而且同质成核较异质成核更为困难，因而 C-S-H 首先在颗粒表面形成。加速期主要由化学反应控制，反应速率快，水化产物在空间生长受到明显的阻碍之前，生长速度呈指数增长，水化反应速率控制的主要因素是 C-S-H 的生长速度。

Ⅳ减速期。随着水泥熟料颗粒周围水化物厚度增加，溶解和水化产物成核生长速度减缓。水化物层继续向颗粒间的空间扩充，逐渐填充水化产物层内的间隙，微结构逐渐发展，使得水泥浆体越来越致密，渗透系数逐渐降低，水泥水化过程进入稳定期。减速期主要由化学和扩散控制，反应速率适中。

Ⅴ稳定期。水泥水化过程进入稳定期后，水化产物逐渐成核长大，微观结构越来越致密，该阶段的水化反应主要是溶出的离子在固溶体中的运移、重排。稳定期水化速率主要由扩散控制，逐渐趋于平缓。

1.1.3.3 微观特性

（1）熟料矿物相的微观特性[29,30]

利用石灰石（石灰质原料）、黏土（硅铝质原料）、硅石（硅铝质原料）、铜矿渣（铁质校正原料）、煤灰（煤粉在950℃焚烧至恒重）作为生料[29,30]，按照水泥易烧性试验方法煅烧成熟料（硅酸率 *KM*=2.616、铝氧率 *IM*=1.301、石灰饱和系数 *KH*=0.895）。

1450℃煅烧得到的熟料XRD图谱如图1-16所示。

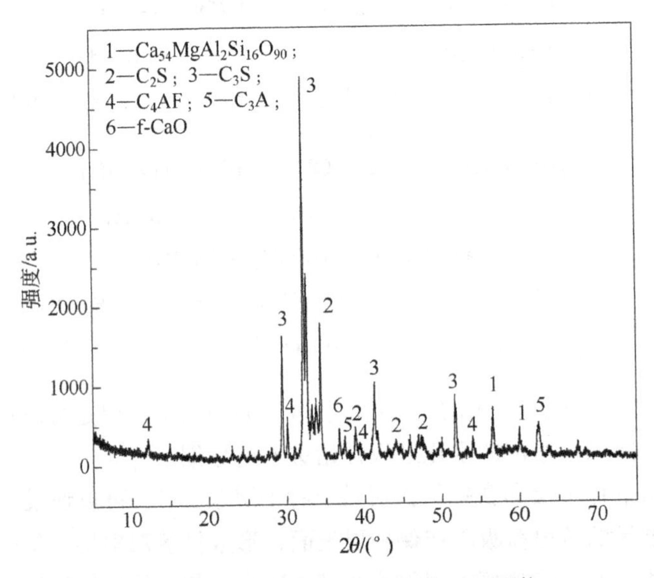

图1-16 1450℃煅烧得到的熟料XRD图谱

从图中可以看出，水泥熟料的主要矿物相为：C_3S、C_2S、C_3A和C_4AF。

水泥熟料的扫描电镜照片如图1-17所示。阿利特矿（Alite，即A矿）的包裹物一般为C_3S、MgO、CaO，有时还会包裹Al_2O_3、Na_2O、SO_3等物质。晶体外形通常为假六方片状［图1-17（a）］或板状，有时还会出现短柱状等。A矿是水泥熟料的主要矿物，特别是对早期强度起着重要作用。贝利特矿（Blite，即B矿）的包裹物一般为C_2S（β型），同时还会固溶少量的MgO、CaO、Al_2O_3等氧化物，通常呈圆粒状［图1-17（b）］。

水泥熟料岩相结构照片如图1-18所示。在光学显微镜下，不同熟料矿物相的岩相结构特征不同，A矿（阿利特矿，C_3S固溶体）呈完整形的柱状、六方片状或板状，边缘整齐，无圆形或不规则的晶体，矿物颗粒大小均齐；B矿（贝利特矿，C_2S固溶体）多为圆形，有锐角交叉的双晶条纹，矿物颗粒均齐；中间相（C_3A、C_4AF 固溶体）一般呈白色或黑色。

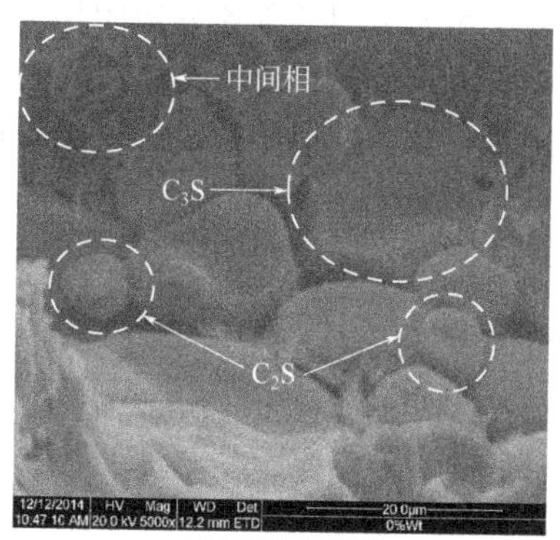

(a) C_3S及中间相

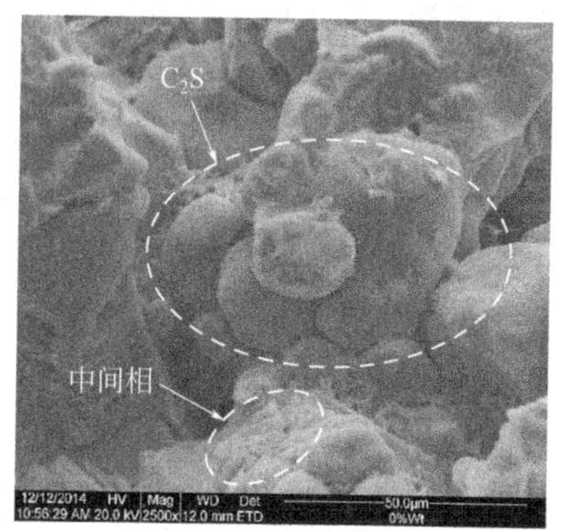

(b) C_2S及中间相

图 1-17 水泥熟料的扫描电镜照片

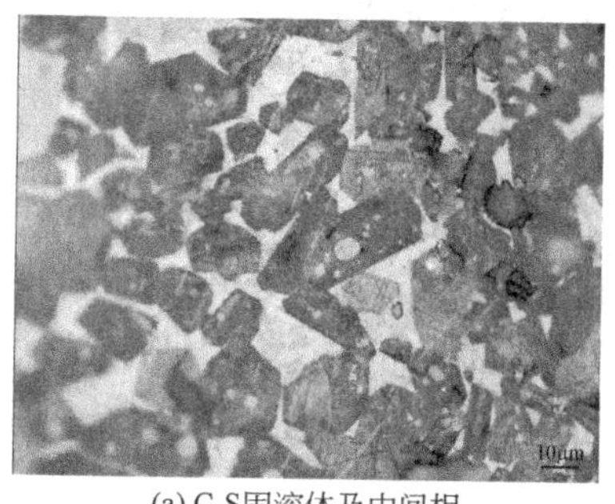

(a) C_3S固溶体及中间相

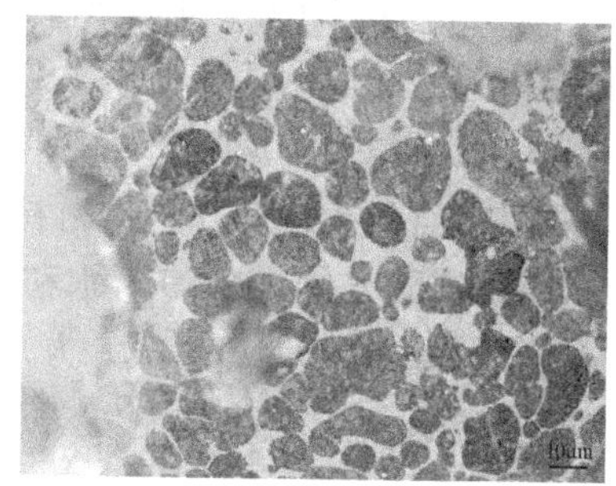

(b) C_2S固溶体及中间相

图 1-18 水泥熟料岩相结构照片

水泥熟料 ^{29}Si NMR 谱图如图 1-19（a）所示，分峰拟合处理后的 ^{29}Si MAS NMR 谱图如图 1-19（b）所示。

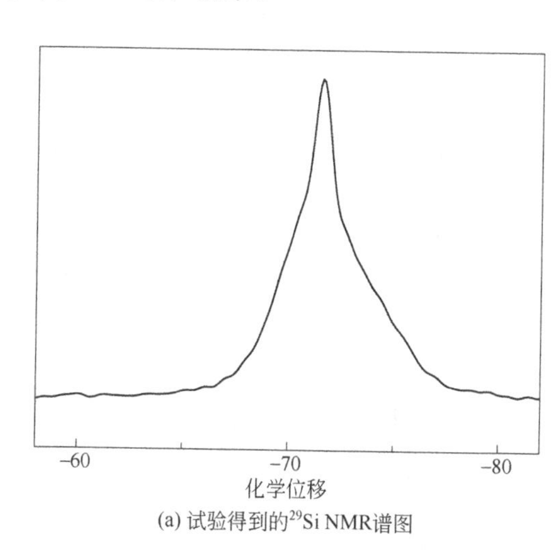

(a) 试验得到的^{29}Si NMR谱图

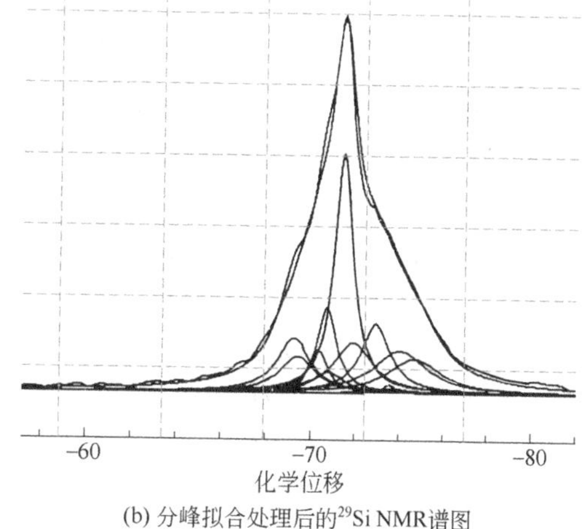

(b) 分峰拟合处理后的^{29}Si NMR谱图

图 1-19 水泥熟料的 ^{29}Si NMR 谱图

C_2S、C_3S 是硅酸盐水泥熟料的主要矿物成分。C_2S 有四种晶型，分别为 α-C_2S、α'L-C_2S、β-C_2S 和 γ-C_2S，每种晶型、对应的化学位移分别为−70.7、−70.8、−71.4 和−73.5，属于孤立的硅氧四面体结构；C_3S 在不对称单元中有 9 个 Si 位，在 NMR 波谱中化学位移分别对应−69.2、−71.9、−72.9、−73.6、−73.8、−74.0 及−74.7 这 7 个位置[31,32]。

利用核磁共振谱仪分析软件中的分峰拟合工具将原 ^{29}Si MAS NMR 谱图分成若干个单一峰［图 1-19（b）］，根据积分面积计算出 C_2S、C_3S 的相对百分含量分别为 56.36%、37.89%。

（2）硬化水泥浆体的微观特性

硬化水泥浆体中的水化产物主要有 C-S-H、C-A-H、CH、AFm、AFt 等。

① C-S-H。C-S-H 在电子显微镜下有以下几种形态[27,33-35]：

Ⅰ型：纤维状（柱状、棒状、管状、卷曲片状等）。

Ⅱ型：网状结构（交错状或蜂窝状）。

Ⅲ型：小而不规则的扁平颗粒。

Ⅳ型：内部产物，由于小颗粒或规则孔隙的紧密排布而呈微凹的外形。

水泥水化早期 C-S-H 以Ⅰ型、Ⅱ型形态存在，Ⅰ型纤维状为主导形态，长度可达到 2μm，Ⅱ型多以交错状、蜂窝状的网状结构存在；水泥水化后期及稳定期，C-S-H 主要以Ⅲ型、Ⅳ型的形态存在，且Ⅲ型、Ⅳ型只在稳定期存在[27]。

② C-A-H。C-A-H 具有六方层状结构，在水泥浆体中含量较少，一般以六方片状（C_4AH_{13}、C_2ASH_8）或立方体（C_3AH_6、水和铝酸三钙）的形式存在。其反应过程大致如下：在 C_3A 与水接触的初始阶段即可生成六方片状的 C_2AH_8 和 C_4AH_{19}，随后失去结合水成为同样为六方片状的 C_4AH_{13}，最终转变成立方状的 C_3AH_6。C-A-H 可与石膏反应生成 AFm、AFt 等水化产物。

③ CH。CH 的原子结构是六方的，其形态极易辨认，在电子显微镜下为六方板状或片状。

④ AFm 相。AFm 相具有六方层状结构，在电子显微镜下呈片状体，与 CH 有着较为相似的结构，有时很难将其与 CH 区分开。

⑤ AFt 相。AFt 相表面具有完好的针状物，其在电子显微镜下呈针状，也称“水泥杆菌”。

1.1.3.4 表征方法

常见的测试手段有光谱分析（X 射线光谱、红外光谱、紫外光谱、荧光光谱、激光拉曼光谱等）、波谱分析（核磁共振波谱等）、质谱分析、色谱分析（气相色谱、液相色谱等）、热谱分析（差热分析、差示扫描量热分析、热重分析等）、能谱分析（X 射线光电子能谱等）、X 射线衍射分析、光学显微分析、透射电镜显微分析、扫描电镜显微分析、扫描隧道显微分析和场离子显微分析等[36]。

随着材料测试手段和表征方法发展，越来越多的测试手段被用于材料检测。目前，水泥、水泥浆体、水泥加固处理土及固化/稳定化污染土的结构和性能的表征内容包括化学成分组成、物相组成、形貌特征、微观结构（孔结构、矿物相结构及分子结构）等。

（1）化学组成

X 射线荧光光谱（XRF）分析是以元素的特征 X 射线光谱线的波长和强度测量为依据

的仪器分析方法。X 射线是一种波长较短的电磁辐射，通常是指能量范围在 0.1～100keV 的光子。当用能量足够高的初级 X 射线光子辐照分析试样时，若入射的 X 射线能量高于被辐照原子内层电子的结合能，就能使内层电子激发，处于激发态的原子将发射出元素的特征 X 射线光量子，发射出二次 X 射线（或称 X 射线荧光），通过分析试样中不同元素产生的二次 X 射线波长和强度，可以获得试样中的元素组成和含量信息，达到定性定量分析的目的[37]。

XRF 已广泛用于水泥生料配比计算和熟料化学成分定量分析，XRF 测得的元素以氧化物计算。普通硅酸盐水泥采用 XRF 得到的物质组成范围如表 1-5 所示。

表 1-5　普通硅酸盐水泥组成范围[37]

组成	SiO_2	Al_2O_3	Fe_2O_3	CaO	MgO	SO_3	Na_2O
含量/%	20～23	3～6	2～4	61～67	0.5～4	2～4.5	0.1～0.5
组成	K_2O	TiO_2	P_2O_5	SrO	Mn_2O_3	LOI	/
含量/%	0.1～0.3	0.2～0.3	0.1～0.25	0.05～0.3	0.05～0.3	1～2	/

注：LOI 表示烧失量。

（2）物相组成

① X 射线衍射（XRD）。XRD 分析是最常用的物相分析技术，能够对物相定性、定量分析，得到待测晶体的结构特征（如晶胞参数、结晶度、晶粒大小等）。物相的衍射谱线与物相内部的晶体结构有关，每种结晶物质都有其特定的结构参数，包括晶体结构类型，晶胞大小，晶体中原子、离子、分子的位置和数目等。因此，每个晶体都有一套独特的衍射谱线，且多种晶体的衍射图谱为其各自衍射峰的叠加而互不影响，这也是能够对任意组合的晶体样品进行物相定性分析的原理。

水泥的主要矿物相为 C_3S、C_2S、C_3A、C_4AF、硫酸钙等，水泥水化浆体主要矿物相则是 C-S-H、C-A-H、AFm、AFt、CH、未水化的水泥矿物相等，C-S-H 凝胶则一般为无定形矿物，很难在水化后的硬化浆体衍射图谱中找到，一般会以驼峰的形式展现，C-S-H 出现的位置大约在 2θ 衍射角 25°～35° 范围[38]。常见的水泥水化产物衍射峰如表 1-6 所示。

表 1-6　常见的水泥水化产物衍射峰[39]

晶面间距/nm	矿物相名称（rel. I）	中文名称	化学式	ICDD	ICSD
12.57	Strätlingite(100)	水化钙铝黄长石	$Ca_2Al(AlSi)_{1.11}O_2(OH)_{12}(H_2O)_{2.25}$	29-285	69413
9.72	Ettringite(100)	钙矾石	$Ca_6Al_2(SO_4)_3(OH)_{12}(H_2O)_{26}$	41-1451	155395
9.55	Thaumasite(100)	碳硫硅钙石	$Ca_3Si(OH)_6(CO_3)(SO_4)(H_2O)_{12}$	74-3266	98394
8.9	Monosulphoaluminate(100)	单硫型水化硫铝酸盐	$Ca_4Al_2(SO_4)_3(OH)_{12}(H_2O)_6$	83-1289	100138
8.2	Hemicarboaluminate(100)	半碳铝酸盐	$Ca_4Al_2(OH)_{12}(OH)(CO_3)_{0.5}(H_2O)_4$	41-0221	/
7.92	C_4AH_{13}(100)	水化铝酸钙	/	/	/
7.58	Hydrotalcite(100)	水滑石	$Mg_2Al(OH)_6(CO_3)_{0.5}(H_2O)_{1.5}$	42-588	63251

续表

晶面间距/nm	矿物相名称（rel. I）	中文名称	化学式	ICDD	ICSD
7.57	Monocarboaluminate(100)	单碳铝酸盐	$Ca_4Al(OH)_{12}(CO_3)(H_2O)_5$	87-0493	59327
5.13	Katoite(100)	加藤石	$Ca_3Al_2(OH)_{12}$	74-3032	94630
4.89	Portlandite(70-100)	氢氧化钙	$Ca(OH)_2$	202220	4-733
4.77	Brucite(80)	水镁石	$Mg(OH)_2$	79031	7-239
4.45	Monosulphoaluminate(30)	单硫型水化硫铝酸盐	/	/	/
4.18	Strätlingite(50)	水化钙铝黄长石	/	/	/
4.1	Hemicarboaluminate(90)	半碳铝酸盐	/	/	/
3.99	C_4AH_{13}(80)	水化铝酸钙	/	/	/
3.99	Monosulphoaluminate(30)	单硫型水化硫铝酸盐	/	/	/
3.88	Ettringite(50)	钙矾石	/	/	/
3.79	Hydrotalcite(50)	水滑石	/	/	/
3.79	Thaumasite(40)	碳硫硅钙石	/	/	/
3.78	Monocarboaluminate(90)	单碳铝酸盐	/	/	/
2.88	Hemicarboaluminate(50)	半碳铝酸盐	/	/	/
2.88	Monosulphoaluminate(30)	单硫型水化硫铝酸盐	/	/	/
2.87	C_4AH_{13}(60)	水化铝酸钙	/	/	/
2.87	Strätlingite(50)	水化钙铝黄长石	/	/	/
2.81	Katoite(100)	加藤石	/	/	/
2.62	Portlandite(100)	氢氧化钙	$Ca(OH)_2$	202220	4-733
2.57	Hydrotalcite(30)	水滑石	/	/	/
2.56	Ettringite(30)	钙矾石	/	/	/
2.37	Brucite(100)	水镁石	$Mg(OH)_2$	79031	7-239
2.295	Katoite(20)	加藤石	/	/	/
2.28	Hydrotalcite(30)	水滑石	/	/	/
1.93	Hydrotalcite(40)	水滑石	/	/	/
1.92	Portlandite(40)	氢氧化钙	/	/	/
1.79	Brucite(50)	水镁石	/	/	/
1.79	Portlandite(30)	氢氧化钙	/	/	/
1.66	C_4AH_{13}(30)	水化铝酸钙	/	/	/
1.57	Brucite(30)	水镁石	/	/	/

② 热重（TG）。材料在受热的过程中会产生一系列如晶型转变、熔融、升华和吸附等物理变化，及如脱水、分解、氧化和还原等化学变化。不同的物质有不同的热性质，可用各种热分析方法跟踪这种变化来进行物相分析。其中热重法、差热分析和差示扫描量热法应用最为广泛。

图 1-20 是硅酸盐水泥净浆水化 28d 的热重分析曲线。在 100℃左右的失重是由可蒸发的自由水失水引起的，100～200℃的持续失重是水化产物 C-S-H、C-A-H、AFt、AFm 等中的结合水失水导致的，450℃左右则是氢氧化钙（CH）脱水造成的，850℃左右则是碳酸钙（Cc，$CaCO_3$）的分解引起的。

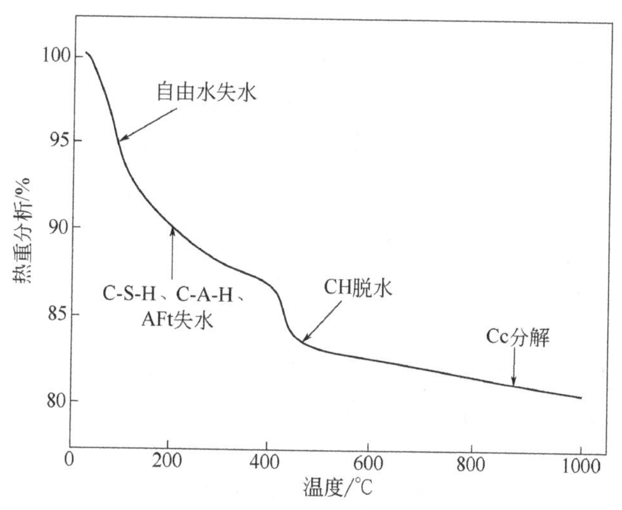

图 1-20 硅酸盐水泥净浆水化 28d 的热重（TG）分析曲线

（3）形貌特征

扫描电子显微镜（SEM）是水泥类固化剂微观分析中最常用的表征手段，通过扫描电镜可以得到材料的形貌特征、颗粒尺寸、空间分布信息等。

对于导电性差的材料，在进行 SEM 试验前需要先镀上一层厚度 10～20nm 的导电层（导电层一般为碳或金，在真空条件下喷镀）。水泥基材料 SEM 样品制备方便，一般需取新鲜断面，干燥去掉自由水后即可喷镀导电层。SEM 照片放大倍数范围广，可放大 25～650000 倍，主要用于分析材料形貌、结构特征、矿物相分布方式、表面微缝、孔隙孔径等，也可通过不同养护龄期水泥水化产物来判断微观结构的发展和变化情况。

（4）微观结构

① 压汞法（MIP）。MIP 是目前应用最多、最为有效的表征孔径级配的方法。其测孔机理在于汞不能湿润固体，即汞与固体材料之间的接触角大于 90°，必须在外力作用下才能使汞进入待测样品的微孔内。利用待测样品毛细孔中汞受力平衡状态（图 1-21），即待测样品毛细孔中汞的表面张力[式(1-24)左侧]与外加压力[式(1-24)

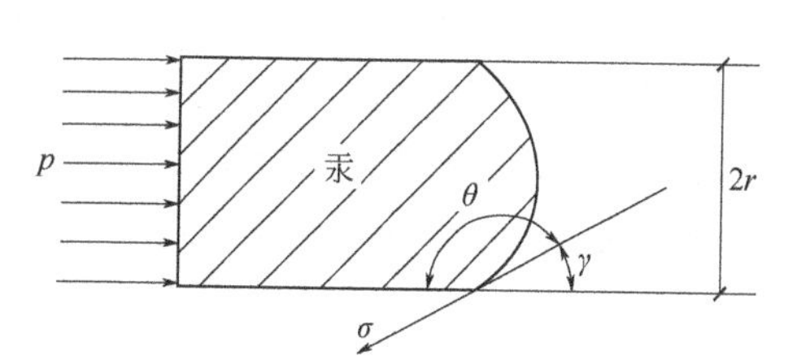

图 1-21 待测样品毛细孔中汞的受力情况

右侧］相等的原理，只需测得外加压力即可计算出进入待测样品的孔的最小直径［式(1-25)］。

$$2\pi r\sigma\cos\gamma=\pi r^2 p \tag{1-24}$$

式中，r 为待测样品毛细孔半径，Å（1Å=10^{-10}m，下同）；σ 为表面张力，N/m；θ 为待测样品毛细管孔中汞的接触角(即汞在固体材料表面形成的角度)，一般介于 125°～150°之间；γ 为汞的润湿角（$\gamma=\pi-\theta$），(°)；p 为对汞施加的外力，N。

$$d=-\frac{4\sigma\cos\gamma}{p} \tag{1-25}$$

式中，d 为待测样品毛细管孔的直径，Å。

如式（1-25）所示，只需知道测孔压力即可求得最小孔直径 d，大于 d 的孔均被汞填充。改变测孔压力之后，又可测得对应的 d。通过不同测孔压力差及对应的压入孔内的汞体积，即可求得不同孔径对应的孔中汞的含量，最终求得待测样品的孔径分布。

材料的孔结构包括孔隙率、孔的形貌、尺寸大小、分布、相互连通情况等。ISO 15901：2017、《压汞法和气体吸附法测定固体材料孔径分布和孔隙度 第 1 部分：压汞法》（GB/T 21650.1—2008）[40]，将材料中的孔按其尺寸大小分为微孔（孔径小于 2nm 的孔）、介孔（孔径介于 2nm 和 50nm 之间的孔）和大孔（孔径大于 50nm 的孔），按其孔隙特征可分为连通孔（含盲孔、内连孔、开孔和通孔）和闭孔。其中，盲孔是指与外表面只有一路连接的开孔，内连孔是指与一个或多个其他孔相连的孔，开孔是指与外表面相连的空腔或通道，通孔是指完全穿过样品的孔，闭孔是指与外表面不相连的空腔（MIP 无法测得）。

② 固体核磁共振（NMR）。NMR 是在强磁场作用下，电磁波与原子核自旋之间产生相互作用的物理现象。核磁共振波谱技术已成为鉴定材料微观结构分析的主要表征手段。核磁共振技术是指置于电磁场中具有磁性的原子核经过电磁波照射吸收能量进行跃迁，最终产生共振信号的一种波谱学方法。NMR 技术就是通过魔角旋转、交叉极化、强功率去耦等技术消除各向异性。利用核磁共振技术可以分析某一元素（如 H、Si、Al 等）组成的物质在该材料中的组成结构，及该元素在材料中的键接方式，如孤立状或单体（Q^0）、组群状或二聚体（Q^1）、链环状或链状（Q^2）、层状或双链状（Q^3）、架状或网络状（Q^4）等，从而为微观结构研究提供科学依据。

③ 傅里叶变换红外光谱仪（FTIR）。FTIR 用于材料分子结构和物相组成分析，通过测定分子的键长、键角，可推断出分子的立体构型，也可通过红外光谱吸收峰的位置和形状来判断材料结构并结合吸收峰的强度初步判定其含量。

FTIR 可分为定性分析和定量分析。定性分析不仅可用于已知物及其纯度的鉴定，也可通过参考图谱的解析及与标准图谱的对比确定未知物的结构。定量分析则根据材料的吸收峰强度及 Beer-Lambert 定律［式（1-26）］来进行分析。

$$A=\lg(\frac{I_0}{I})=k_a cL \tag{1-26}$$

式中，A 为吸光度；I_0 和 I 分别为入射光和透射光强度；k_a 为摩尔吸光系数；c 为样品浓度，mol/L；L 为样品槽厚度。

FTIR 用于表征无机材料时，红外光谱较为简单，吸收峰多出现在低频区。红外光谱中的每一个吸收谱带都对应于某化合物的质点或基团振动的方式，无机材料中红外区的吸收主要由阴离子的晶格振动引起，与阳离子的关系较小，因此在对无机材料进行红外分析时应关注阴离子的振动频率。最常用的不同状态的水、硅酸盐矿物、水泥熟料、水泥水化产物的振动频率分布范围如下：

a. 不同状态的水。一个孤立的水分子有 3 个基本振动，水的不同状态会影响 O—H 的振动频率。游离水中 O—H 伸缩振动频率为 $3756cm^{-1}$，吸附水中 O—H 伸缩振动频率为 $3435cm^{-1}$，结晶水中 O—H 伸缩振动频率范围为 3250～$3200cm^{-1}$，结构水（即羟基水）中 O—H 伸缩振动频率约为 $3720cm^{-1}$。

在氢氧化合物中，水主要以 OH^- 的形式存在，碱性氢氧化物中 OH^- 的伸缩振动频率范围为 3720～$3550cm^{-1}$，两性氢氧化物一般在 $3660cm^{-1}$ 以下，氢氧化锌、氢氧化铝中对应的伸缩振动频率分别为 $3260cm^{-1}$、$3420cm^{-1}$。

b. 硅酸盐矿物。硅酸盐主要研究 SiO_4 四面体阴离子基团为结构单元的硅酸盐矿物，硅酸盐中 Si—O 键伸缩振动因其结构不同，伸缩振动频率差异较大。孤立硅氧四面体中 Si—O 键伸缩振动频率范围为 1000～$800cm^{-1}$，聚合硅氧四面体中 Si—O 键伸缩振动频率范围为 950～$800cm^{-1}$，链状 Si—O 键伸缩振动频率范围为 1100～$800cm^{-1}$，层状聚合 Si—O 键伸缩振动频率范围为 1150～$900cm^{-1}$，架状 Si—O 键伸缩振动频率范围为 1200～$950cm^{-1}$。

c. 水泥熟料。水泥熟料中的主要矿物相为 C_3S、C_2S、C_3A 和 C_4AF，基本阴离子基团为 SiO_4^{4-} 和 AlO_4^{5-}，受其他阳离子的影响，SiO_4^{4-} 和 AlO_4^{5-} 基团振动会发生偏移。

C_3S 中 SiO_4^{4-} 基团 Si—O 键的基本振动有对称伸缩振动（振动频率 $740cm^{-1}$）、不对称伸缩振动（振动频率为 $925cm^{-1}$）、面外弯曲振动（振动频率 $555cm^{-1}$）、面内弯曲振动（振动频率＜$500cm^{-1}$）。

C_2S 中 SiO_4^{4-} 基团 Al—O 键的基本振动有对称伸缩振动（振动频率范围为 950～$850cm^{-1}$）、不对称伸缩振动（振动频率范围为 1000～$999cm^{-1}$）、弯曲振动（振动频率约为 $840cm^{-1}$）。

C_3A 中 AlO_4^{5-} 基团 Al—O 键的基本振动有对称伸缩振动（振动频率 $740cm^{-1}$）、不对称伸缩振动（振动频率为 $895cm^{-1}$、$860cm^{-1}$、$840cm^{-1}$）、面外弯曲振动（振动频率 $540cm^{-1}$、$523cm^{-1}$、$516cm^{-1}$）、面内弯曲振动（振动频率 $412cm^{-1}$）。

C_4AF 的红外光谱振动频率较为集中，处于 $810cm^{-1}$ 和 $740cm^{-1}$ 位置。

d. 水泥水化产物。普通硅酸盐水泥的水化产物主要为 C-S-H、C-A-H、CH、AFm 和 AFt 等，水化产物中硅酸盐、硫酸盐及结合水的红外光谱吸收带波数可反映其水化产物的结构组成。

C-S-H 吸收峰的振动频率有 $3420cm^{-1}$、$1420cm^{-1}$、$1020cm^{-1}$（钙硅比 1.6 的托勃莫来石）、$990cm^{-1}$（钙硅比 1.0 的托勃莫来石）、$870cm^{-1}$（钙硅比 0.99）、$480cm^{-1}$（钙硅比 0.6）、$470cm^{-1}$（钙硅比 0.99）、$450cm^{-1}$。

AFt 及其转化物的特征波数为 3635cm^{-1}、3420cm^{-1}、1640cm^{-1}、1120cm^{-1}、870cm^{-1}、620cm^{-1}、550cm^{-1}和 420cm^{-1}。

1.2 水泥与土中成分的作用机理

固化剂与土的作用机理可归结为固化剂与土中矿物、水溶盐、酸碱成分、污染成分和有机质等的作用。

1.2.1 水泥与矿物的作用机理及固化模型

矿物分原生矿物和次生矿物。粉粒、砂粒和砾粒属于原生矿物；黏粒属于次生矿物。

1.2.1.1 水泥与原生矿物的作用机理及固化结构模型

（1）水泥与原生矿物的作用机理

粉粒、砂粒和砾粒的粒径范围分别为 0.005～0.075mm、0.075～2mm、2～60mm。

粉粒虽然属于细粒，但是，其主要是由石英、长石和云母组成，是未风化的原生矿物，颗粒之间不存在静电引力，抗风化能力较砂粒和砾粒弱，亲水性较差。粉粒在扫描电镜下的照片如图 1-22 所示。

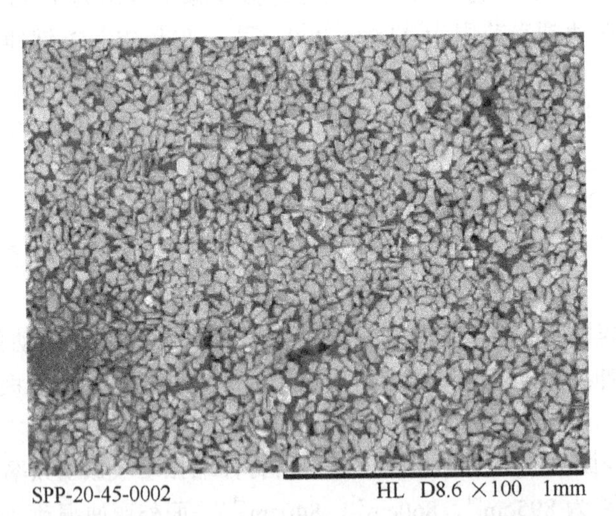

图1-22 粉粒（粒径 0.025～0.045mm）的扫描电镜照片[41]

砂粒和砾粒与粉粒的矿物组成相似，主要由石英、长石、角闪石、云母、方解石、白云石等原生矿物组成，不同的是砂粒和砾粒颗粒粗大、不均匀，物理、化学性质较粉粒稳定，具有较强的抗水性和抗风化能力，亲水性较弱[42]。砂粒在扫描电镜下的照片如图 1-23 所示。

水泥与原生矿物之间不会发生化学反应，因此水泥与原生矿物之间的反应机理可看作是水泥自身的水化、水泥固化土与外界环境之间的化学反应。

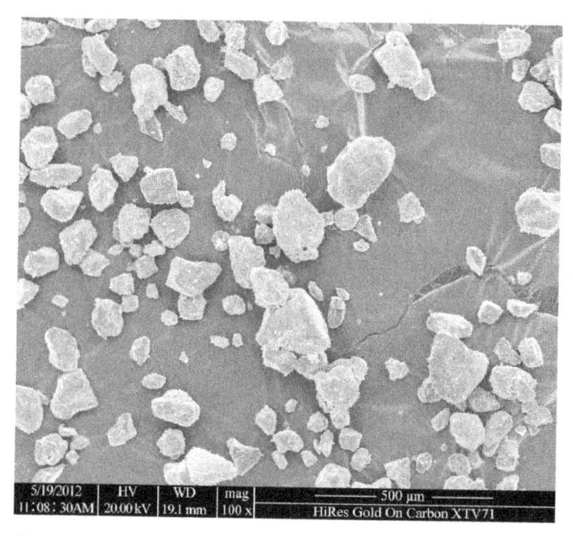

图1-23 特细砂粒（0.075~0.5mm）的扫描电镜照片[43]

水泥自身的水化是其主要矿物相 C_3S、C_2S、C_3A、C_4AF 和硫酸钙等的水化反应。C_3S、C_2S 水化反应如式（1-4）、式（1-6）所示，C_3A、C_4AF 和硫酸钙发生的水化反应如式（1-15）、式（1-17）所示，当石膏消耗殆尽的时候会发生如式（1-16）、式（1-18）所示的化学反应。水化反应生成的水化产物有 C-S-H、C-A-H、AFm、AFt、CH 等，这些水化产物与粒径大小不同的粉粒、砂粒和砾粒之间的胶结作用形成具有一定强度的结构整体。水泥固化土与外界环境之间的化学反应是水泥水化产物中的 CH 与外界环境中的 CO_2 发生碳化反应，进一步提高水泥固化土的强度。

（2）固化结构模型

① 粉粒的固化结构模型。水泥固化粉粒可看出是通过水泥水化产物胶结松散的粉粒。为得到密实坚硬的粉粒固化土，不仅要使松散的粉粒与水泥水化产物充分黏结，还要使粉粒之间的孔隙充分被水化产物填充。宁建国和黄新[44]通过不同掺量的水泥固化粉土试验，提出粉土的固化结构模型。该模型将粉粒作为球形颗粒，粉土颗粒与包裹其表面的水泥浆膜视为复合球形土颗粒，相互接触的复合土颗粒构成假想的颗粒堆积体系。借鉴 Stovall 等人推导的连续粒径分布球形颗粒体系的堆积密度计算模型，建立复合土颗粒体系的堆积密度计算公式，结合粉粒的颗粒粒径分布，计算出水泥浆液完全包裹粉粒以及完全填充孔隙所需要的水泥浆液量。并通过三种粒径分布不同的粉土样，结合不同水泥掺量与粉土固化土强度增长关系及相应的微观结构，验证粉土固化结构模型，如图 1-24 所示。

如图 1-24 所示，对于粉粒固化土，粉粒与水泥浆液拌和后，在其表面形成水泥浆膜包裹粉粒，被水泥浆膜包裹的粉粒颗粒相互接触使其交接在一起，但粉粒之间仍有大量的孔隙。随着水泥浆液含量的增加和水化反应的进行，多余的浆液生成的水化产物会填充粉土孔隙，形成密实的粉粒固化土。

② 砂粒和砾粒的固化结构模型。砂粒固化土和砾粒固化土是通过水泥净浆硬化后形成的水泥石（主体强度）、水泥与土颗粒之间的界面过渡区形成的固化体。由图 1-22、图 1-23 可知，粉粒颗粒粒径更为均匀，而砂粒、砾粒颗粒粒径不一，因此砂粒和砾粒固化

结构模型与粉粒固化结构模型存在差异。砂粒和砾粒的固化结构模型可认为是以砂粒和砾粒大粒径的颗粒为骨架，小粒径的颗粒填充在大颗粒骨架孔隙，硬化后的水泥浆体不仅对砂粒和黏粒有胶结作用，还有部分填充作用。水泥水化前，砾粒和砂粒、水、水泥、孔隙组成的结构模型如图 1-25（a）所示；水泥水化后，水化产物填充在孔隙中，其结构模型如图 1-25（b）所示。

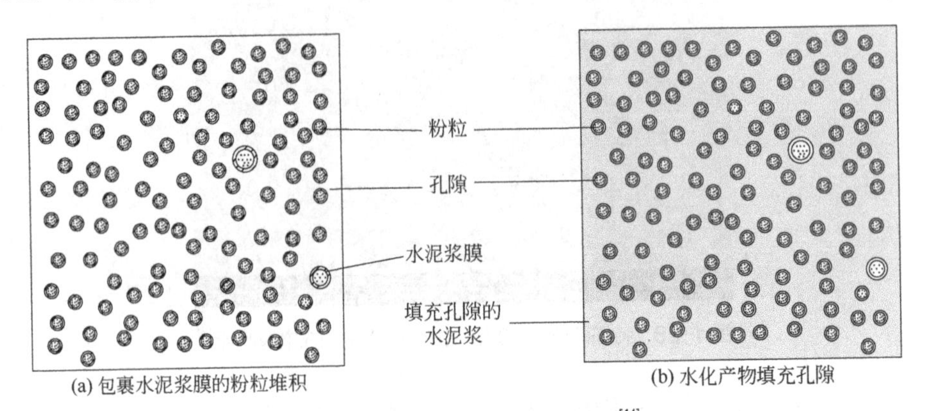

图 1-24 粉粒固化结构模型示意图[44]

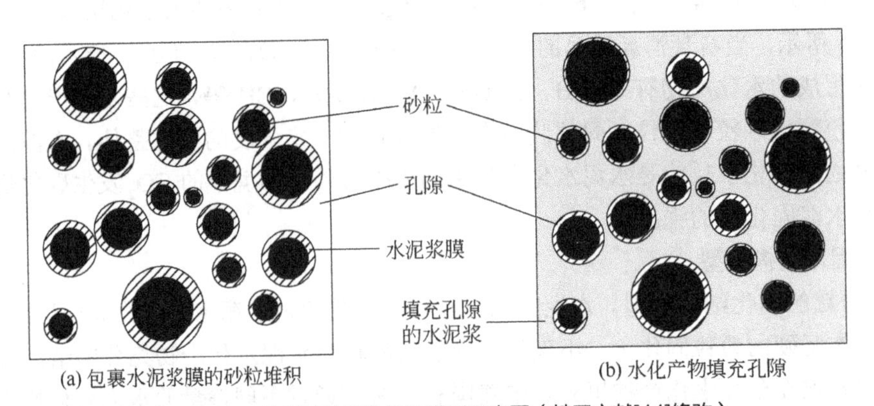

图 1-25 砾粒和砂粒固化结构模型示意图（基于文献[44]修改）

1.2.1.2 水泥与次生矿物的作用机理及固化结构模型

（1）水泥与黏粒的作用机理

黏粒的粒径小于 0.005mm，主要以黏土矿物（高岭石、蒙脱石、伊利石）为主，黏土矿物属于不可溶的次生矿物；另外，还有少量的不可溶的次生二氧化硅和游离氧化物，以及可溶性次生矿物。当黏粒与水相互作用时，黏土矿物以离子静电的方式胶结起来，使土体具有较强的结构强度。黏粒与黏粒之间在有水存在的情况下，黏粒的结构强度主要受黏土矿物中的结合水、黏粒之间孔隙的结合水（强结合水和弱结合水）和非结合水等存在形式和结合程度控制。本节所述反应机理是指水泥与黏土矿物成分之间的固化机理。

水泥固化黏粒的固化反应可分为三个部分：水泥自身的水化反应、水泥水化产物与黏土矿物之间的物理化学反应和水泥固化土与外界环境之间的化学反应。固化反应首先是水泥自身的水化反应，水泥的水化反应会产生具有胶凝性的 C-S-H 凝胶、C-A-H 凝胶等水化产物，水化胶凝产物与黏粒共同形成具有一定强度的结构整体；其次是水泥水化反应生成的钙离子等与黏粒表面的钠离子、钾离子等发生离子交换反应，进一步提高土体的强度，过剩的钙离子在水泥水化形成的碱环境下进一步发生类似火山灰反应的硬凝反应；最后，水泥固化土中剩余的 CH 与外界环境中的二氧化碳发生碳化反应，提高水泥固化土的强度。

黏粒中的矿物有着强烈吸附钙离子的能力，这种吸附一般是通过黏粒表面的离子交换反应实现的。所以水泥掺入软土中一旦遇到水立即开始水化，进入水中的钙离子很快被黏土表面吸附，影响纤维状 C-S-H 的生成，直接影响加固效果[45]。

水泥与黏粒在强度发展过程中发生的物理化学反应如下：

① 水泥自身的水化反应。如 1.1.3.2 节所述，硅酸盐水泥中主要矿物相由 C_3S、C_2S、C_3A、C_4AF 和石膏等组成。C_3S、C_2S 水化反应如式（1-4）、式（1-6）所示，C_3A、C_4AF 和石膏发生的水化反应如式（1-15）、式（1-17）所示，当石膏含量消耗殆尽的时候会发生如式（1-16）和式（1-18）所示的化学反应。水化反应生成的水化产物有 C-S-H、C-A-H、CH、AFm、AFt 等。

水泥水化过程生成的胶凝物质能够在黏粒表面形成水泥浆浆膜，浆膜包裹的黏粒之间相互接触，水泥浆体硬化后把土体中碎屑和集料组成的骨架胶结在一起，构成“粒状、镶嵌、胶结”的空间结构。随着水泥水化时间的推移，水化产物逐渐填充在黏粒团粒之间的孔隙。水泥与黏粒之间的水化反应可用图 1-26 所示的示意图解释。

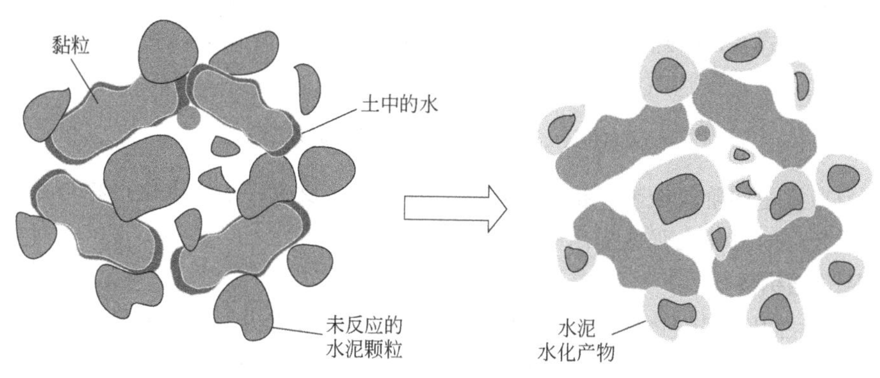

图 1-26 水泥与黏粒之间的水化反应示意图

② 水泥水化产物与黏土矿物的反应。当水泥的各水化产物生成后，一部分会继续发生水化反应，硬化后的水泥石与黏粒共同形成固化土的骨架，提高固化土的强度；另一部分水化产物则与周围的黏土矿物成分发生反应，如离子交换反应和火山灰反应。

土作为多相分散体系，具有一定的胶体特征，构成黏土矿物的是以 SiO_2 为骨架的硅酸胶体颗粒，黏粒表面带有游离的钠离子（Na^+）和钾离子（K^+），在干燥的黏土中阳离子吸附在胶体黏粒表面，在水中与水分子（即前文所述结合水）结合而被吸引到黏土表面形成扩散双电层，双电层的厚度决定了黏土的塑性[46]。在土体中二价阳离子的吸附性优于单价阳离子，因此，水泥的水化产物氢氧化钙具有强吸附性，当钙离子与黏粒中游离的钠离子和钾离子共存时，极易发生离子交换反应，从而进行等量吸附交换，离子交换反应的示意图如图 1-27 所示。

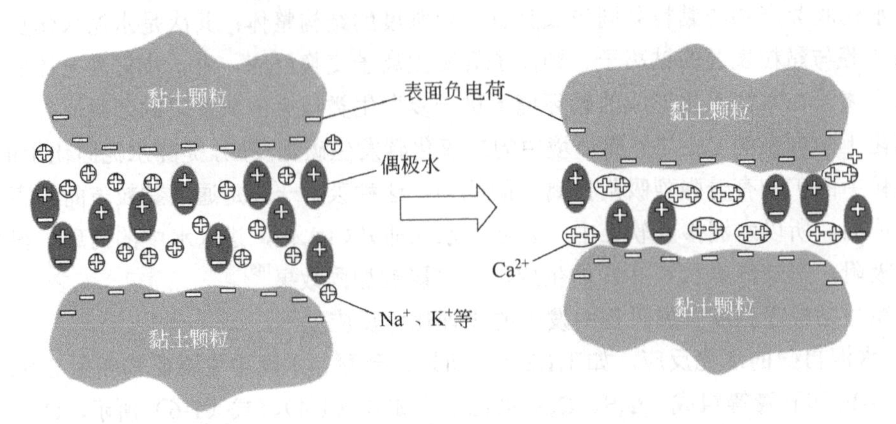

图1-27 水泥水化产生的Ca^{2+}与黏粒发生离子交换反应的示意图

黏粒表面的钠离子、钾离子与氢氧化钙中的钙离子发生当量吸附交换的同时，能够显著降低土体的孔隙率，将细小的黏粒凝聚起来形成凝聚体或小的土体骨架。随着水泥水化过程溶出的氢氧化钙含量的增加，钙离子的数量超过离子交换反应所需的量时，氢氧化钙会与黏粒中的活性矿物成分发生化学反应生成C-S-H和C-A-H，如式（1-19）所示。

③ 水泥固化土与外界环境之间的碳化反应。水泥水化过程产生的氢氧化钙在与黏粒中活性成分发生化学反应过程中，也会不断吸收空气中的二氧化碳和水中的碳酸盐，并发生碳化反应［式（1-27）］生成坚硬的$CaCO_3$填充固化土的孔隙，进一步提高固化土的强度。

$$Ca(OH)_2+CO_2 \longrightarrow CaCO_3\downarrow+H_2O \tag{1-27}$$

碳化反应发生的阶段较晚，相比于水泥自身的水化反应、水泥水化产物与黏土矿物的反应，碳化反应对固化土强度提高的幅度有限。

（2）固化结构模型

黄新等[47]利用水泥固化黏性土试验提出固化结构的形成模型，认为黏性土固化结构是通过水泥水化物包裹胶结黏土团粒、填充黏土团粒孔隙、挤压填充黏土团粒内孔隙而构成。随着水泥水化产物的增加，水泥浆液在黏粒表面形成的水泥浆膜逐渐填充在黏粒团粒中间的孔隙，直至填满孔隙为止。

水泥与黏粒的固化结构模型如图1-28所示。

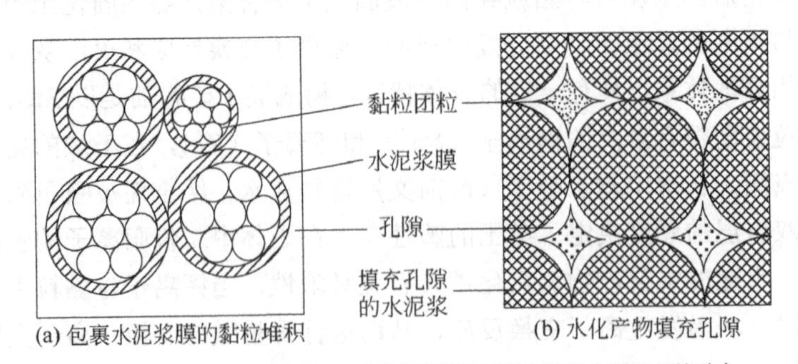

图1-28 水泥与黏粒的固化结构模型示意图（基于文献[47]修改）

黏粒团粒由多个黏粒组成，其中仍有孔隙，水泥水化物通过挤压黏粒和填充黏粒团粒孔隙的方式提高黏粒固化土的强度。此外，水泥浆液包裹黏粒团粒发生水化反应时，不仅要通过水泥自身水化反应产生的水化产物、离子交换反应、火山灰反应来提高强度，还要对黏粒团粒间的孔隙、团粒内的孔隙进行挤压和填充才能形成密实、坚硬的黏粒固化结构。

因此，水泥固化土体时，水泥水化过程产生的胶结水化产物无法有效挤压黏粒团粒、填充团粒间孔隙，随着土体中黏粒含量的增加，水泥固化的作用效率越来越低，固化效果越来越差。土体中黏粒含量高，水泥的水化产物不仅要含有胶结性水化产物、膨胀性水化产物，还要保证提供具有一定的碱环境。需要说明的是，水泥与黏粒发生反应的初期，周边的黏粒会阻碍水泥水化反应的进程，这也是导致水泥固化黏粒早期强度低的原因。

1.2.2 水泥与水溶盐的作用机理

土中的水溶盐主要由化学性质活泼的 K^+、Na^+、Ca^{2+}、Mg^{2+}、CO_3^{2-}、HCO_3^-、Cl^-、SO_4^{2-} 等阳离子和阴离子组成。影响水泥固化性能的主要水溶盐为氯离子和硫酸根离子，但是目前的研究多集中在外渗性离子的侵蚀，对内掺氯盐和硫酸盐与水泥中的产物转变的机理研究较少。

本书主要关注内掺氯离子、硫酸根离子与水泥水化产物之间的反应机理，水泥净浆固化体硬化后受到外界腐蚀离子（如 Cl^-、SO_4^{2-} 等）侵蚀的反应机理不在本书的研究范围内。

1.2.2.1 水泥水化产物与氯离子的作用

水泥水化产物与氯离子之间的作用可归纳为物理吸附、化学结合和存储[48]，物理吸附和化学结合可以降低存储于孔溶液中的自由氯离子浓度。

大量研究表明[49-52]，水泥中影响氯离子物理吸附的主要矿物相为 C_3S 和 C_2S，决定氯离子化学结合的主要矿物相为 C_3A 和 C_4AF。需要说明的是，水泥浆体中的其他阴离子（如 SO_4^{2-}、OH^- 等）也会干扰氯离子与水泥净浆之间的反应，降低水泥与氯离子的反应效率。

（1）物理吸附

水化产物中氯离子物理吸附主要通过 C_3S、C_2S 的水化产物 C-S-H 凝胶与氯离子间的静电作用或范德华力来完成，C-S-H 的比表面积大，被认为是物理吸附氯离子的主要原因[53]。不同钙硅比的 C-S-H 吸附能力有着明显差异，高钙硅比吸附能力明显优于低钙硅比[54]。大多数物理吸附的氯离子被吸附在 C-S-H 离子交换处，具有一定的可逆性[55]，被物理吸附的氯离子一部分会渗透进入 C-S-H 层间结构内，一部分会吸附在胶凝晶格上[56]。

C-S-H 表面带有负电荷[57]，对水化过程产生的阳离子有着吸附作用，形成 Stern 层[50]，Stern 层导致 C-S-H 表面带正电，从而形成双电子层（即 Stern 双电层模型），这也解释了 C-S-H 凝胶表面能够物理吸附氯离子的机理[57]。需要说明的是，双电层中的吸附能力由 C-S-H 表面积、Stern 层、扩散层的 Zeta 电位共同决定[58]。

（2）化学结合

水泥与氯离子的化学结合由三部分组成，C_3A 和 C_4AF 与氯离子的化学结合、AFm 与氯离子的化学结合和氢氧化钙与氯离子的化学结合。

C_3A 和 C_4AF 化学结合氯离子是通过与氯离子、水发生水化反应，生成 $C_3A \cdot CaCl_2 \cdot 10H_2O$

（即 Friedel's 盐）[59]或类 Friedel's 盐的 $C_3F\cdot CaCl_2\cdot 10H_2O$，水化反应方程如式（1-28）所示。

$$\left.\begin{aligned} Ca(OH)_2+2Cl^- &\longrightarrow CaCl_2+2OH^- \\ C_3A+CaCl_2+10H_2O &\longrightarrow C_3A\cdot CaCl_2\cdot 10H_2O \\ C_4AF+CaCl_2+10H_2O &\longrightarrow C_3F\cdot CaCl_2\cdot 10H_2O+C\text{-}A\text{-}H \end{aligned}\right\} \quad (1\text{-}28)$$

AFm 是相同结构水化产物的统称，主要有 SO_4-AFm（$C_3A\cdot CaSO_4\cdot 14H_2O$）、$CO_3$-AFm（$C_3A\cdot CaCO_3\cdot 10H_2O$）和 HO-AFm［$C_3A\cdot 3Ca(OH)_2\cdot 12H_2O$］，以及上述水化产物混合物的固溶体[50,58]。在与氯离子接触的过程中，AFm 相能够通过化学结合的方式将孔隙溶液中的 Cl^- 置换到 AFm 结构中 SO_4^{2-}、CO_3^{2-}、OH^- 的位置，从而生成 $C_3A\cdot CaCl_2\cdot 10H_2O$（Friedel's 盐）或 $C_3A\cdot 1/2CaCl_2\cdot 1/2CaSO_4\cdot 10H_2O$（Kuzel's 盐）等，$SO_4^{2-}$ 被置换后 AFm 相会同氢氧化钙继续反应生成 AFt［式（1-29）］，CO_3^{2-} 被 Cl^- 置换后生成 Friedel's 盐及其相似物［式（1-30）］，OH^- 被置换后［式（1-31）］能够提高溶液 pH 值，加快水化反应进程[60-62]。

$$\left.\begin{aligned} &C_3A\cdot CaSO_4\cdot 12H_2O+2Cl^- \xrightarrow{OH^-} C_3A\cdot CaCl_2\cdot 10H_2O+SO_4^{2-}+2H_2O \\ &C_3A\cdot CaSO_4\cdot 14H_2O+2SO_4^{2-}+2Ca(OH)_2+20H_2O \longrightarrow \\ &C_3A\cdot 3CaSO_4\cdot 32H_2O(AFt)+4OH^- \end{aligned}\right\} \quad (1\text{-}29)$$

$$C_3A\cdot CaCO_3\cdot 10H_2O+2Cl^- \longrightarrow C_3A\cdot CaCl_2\cdot 10H_2O+CO_3^{2-} \quad (1\text{-}30)$$

$$C_3A\cdot Ca(OH)_2\cdot 12H_2O+2Cl^- \longrightarrow C_3A\cdot CaCl_2\cdot 10H_2O+2OH^-+2H_2O \quad (1\text{-}31)$$

Cl^- 具有很强的渗透性[63]，可渗透到水泥基质内部同水化产物发生化学反应。其中，HO-AFm 中 OH^- 被 Cl^- 置换的离子交换机理如图 1-29 所示。

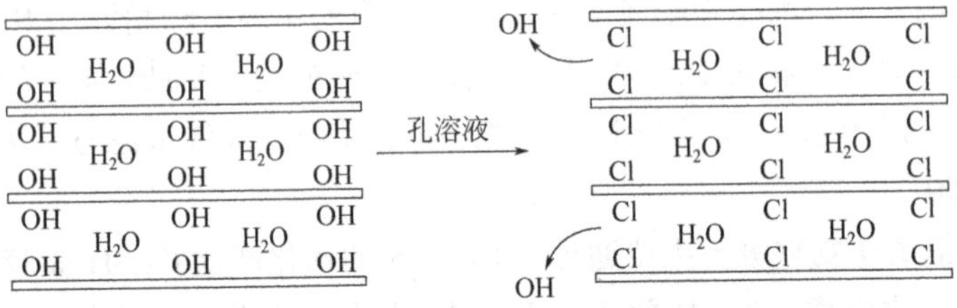

图 1-29 HO-AFm 相层间层中 Cl^- 与 OH^- 离子交换示意图[60]

氢氧化钙与 Cl^- 的化学结合主要通过水化反应来进行[64]，其化学反应方程如式（1-32）所示。

$$CaCl_2+3Ca(OH)_2+12H_2O \longrightarrow CaCl_2\cdot 3Ca(OH)_2\cdot 12H_2O \quad (1\text{-}32)$$

值得注意的是，氢氧化钙与氯离子水化产物 $CaCl_2\cdot 3Ca(OH)_2\cdot 12H_2O$ 非常不稳定，在湿度较低环境下即可发生分解[65]。

（3）存储

除物理吸附和化学结合外，剩余部分的氯离子则以自由氯离子的形式存储在孔隙溶液中，孔溶液中自由氯离子的浓度会影响 Cl^- 物理吸附量和化学结合量。当孔溶液中氯离子浓度降低时，物理吸附氯离子的解吸附作用会发生，化学结合的氯离子含量也会降低。此外，当溶液中同时存在CO_3^{2-}、SO_4^{2-}、Cl^-时，CO_3^{2-}、SO_4^{2-}会影响氯离子的化学结合能力和反应进程。

1.2.2.2 水泥水化产物与硫酸根离子的作用

水泥中与硫酸根离子发生反应的矿物相主要为C_3A和C_3S，硫酸根离子可与C_3S水化反应得到的氢氧化钙生成硫酸钙（即石膏），硫酸钙则与C_3A、水进一步水化生成AFt，反应方程如式（1-33）所示。

$$\left.\begin{array}{r}SO_4^{2-}+Ca(OH)_2 \longrightarrow CaSO_4+2OH^- \\ C_3A+3CaSO_4+32H_2O \longrightarrow C_3A \cdot 3CaSO_4 \cdot 32H_2O(AFt)\end{array}\right\} \quad (1\text{-}33)$$

此外，当反应温度（0～5℃）较低时，水泥水化产物C-S-H可与SO_4^{2-}、CO_3^{2-}发生反应生成碳硫硅钙石（$CaCO_3 \cdot CaSO_4 \cdot CaSiO_3 \cdot 15H_2O$）[66]。

硫酸根离子在与水泥接触过程中发生反应时，并不是直接对水泥固化体造成破坏，而是通过物理侵蚀和化学侵蚀双重侵蚀使得已经硬化的水泥固化体发生膨胀破坏。物理侵蚀是指硫酸根离子与阳离子（钙离子、镁离子、钠离子等）结合后，生成没有胶凝性的硫酸钙、硫酸镁、硫酸钠等硫酸盐，不仅硫酸盐本身会以晶体形式析出，有时还会生成水化物并以晶体形式析出（即盐析现象）。化学侵蚀是指硫酸根离子可与CH、C-S-H、C_3A及其水化产物发生反应生成石膏、AFt、碳硫硅钙石等晶体，这些晶体不断生长累积且体积远大于水泥自身的水化产物，导致水泥固化体发生膨胀破坏。

1.2.3 水泥与酸碱成分的作用机理

水泥水化产物包括C-S-H、CH、C-A-H、AFm和AFt等，其中生成CH量约为水化产物总质量的20%～25%，C-S-H质量约为水化产物总质量的60%～70%，其他水化产物约为5%～15%，水化产物中的结合水多以OH^-的形式存在，因此水泥基材料呈碱性或弱碱性，生成的水化产物只能在碱性环境存在。各水化产物稳定存在的pH值见表1-7。

表1-7 水泥各水化产物稳定存在的pH值[67]

水化产物	C-S-H	CH	C-A-H	AFm、AFt
pH值	10.4	12.23	11.4	10.7

各水化产物在酸性环境中易发生“中和反应”或“分解反应”。一般来说，水化产物中CH先同H^+发生中和反应，导致水泥浆体pH值的下降，而水泥水化的各种产物只有在一定的碱性条件才能存在（该条件主要通过CH来维持），当pH值低于表1-7中的值时，氢离子将直接与水泥水化产物发生反应。

H^+与水化产物发生的化学反应方程如式（1-34）～式（1-37）所示。

$$xCaO \cdot SiO_2 \cdot yH_2O+2xH^+ \longrightarrow xCa^{2+}+SiO_2 \cdot yH_2O+H_2O \quad (1\text{-}34)$$

$$3CaO \cdot Al_2O_3 \cdot 6H_2O+12H^+ \longrightarrow 3Ca^{2+}+2Al^{3+}+6H_2O \quad (1\text{-}35)$$

$$3CaO \cdot Al_2O_3 \cdot CaSO_4 \cdot 12H_2O+12H^+ \longrightarrow 3Ca^{2+}+2Al^{3+}+CaSO_4+12H_2O \quad (1\text{-}36)$$

$$3CaO \cdot Al_2O_3 \cdot 3CaSO_4 \cdot 32H_2O+12H^+ \longrightarrow 3Ca^{2+}+2Al^{3+}+3CaSO_4+32H_2O \quad (1\text{-}37)$$

需要说明的是，水化产物中 CH 会在 pH 值低于 12 时开始分解，而 C-S-H 在 pH 值降低时会发生钙溶出现象并在 pH 值低于 9 时发生分解，C-A-H、AFm、AFt 在 pH 值降低时也会发生相应的分解反应[68]。

当然，水泥水化产物自身需要碱性环境才能稳定存在，因此水泥水化产物能够有效抵抗碱性物质的侵蚀，但处于较高浓度（OH^-＞10%）的含碱溶液中也会发生化学反应，其化学反应式如式（1-38）～式（1-41）所示。

$$x\mathrm{CaO}\cdot\mathrm{SiO_2}\cdot y\mathrm{H_2O}\xrightarrow{\mathrm{OH^-}}x\mathrm{Ca(OH)_2}+\mathrm{SiO_2}\cdot(y-x)\mathrm{H_2O} \tag{1-38}$$

$$3\mathrm{CaO}\cdot\mathrm{Al_2O_3}\cdot6\mathrm{H_2O}\xrightarrow{\mathrm{OH^-}}3\mathrm{Ca(OH)_2}+2\mathrm{Al(OH)_3} \tag{1-39}$$

$$3\mathrm{CaO}\cdot\mathrm{Al_2O_3}\cdot\mathrm{CaSO_4}\cdot12\mathrm{H_2O}\xrightarrow{\mathrm{OH^-}}3\mathrm{Ca(OH)_2}+2\mathrm{Al(OH)_3}+\mathrm{CaSO_4}+6\mathrm{H_2O} \tag{1-40}$$

$$3\mathrm{CaO}\cdot\mathrm{Al_2O_3}\cdot3\mathrm{CaSO_4}\cdot32\mathrm{H_2O}\xrightarrow{\mathrm{OH^-}}3\mathrm{Ca(OH)_2}+2\mathrm{Al(OH)_3}+3\mathrm{CaSO_4}+26\mathrm{H_2O} \tag{1-41}$$

1.2.4 水泥与污染成分的作用机理

土中的污染成分可归纳为重金属污染物（Cu、Pb、Cr、Cd、Zn、Ni、Hg 等）、非金属污染物（As 等）、有机物污染物［COD、酚类、苯类、有机氰化物（腈类）、腐蚀性有机物、农药、石油类污染物、苯及其衍生物、多环芳烃（PAHs）、多氯联苯类（PCBs）、二噁英、呋喃等］、氨氮、总磷、总氮、有害微生物（大肠杆菌等）、放射性元素（^{137}Cs、^{90}Sr 等）。

水泥类固化剂净浆与土体中污染成分的作用包括与重金属污染物和有机污染物的作用。

1.2.4.1 水泥与重金属污染物的作用机理

如图 1-30 所示，重金属离子溶解在水泥净浆中，并能够通过吸附、沉淀、离子交换等方式影响水泥水化过程，通过氢氧化物沉淀、化学结合形成的络合物存在于水泥水化产物结构中。此外，水泥水化产物中的 C-S-H、CH、AFm、AFt 等相互交错咬合形成的致密结构能够对重金属离子起到胶体固封、物理包裹的作用[69]。

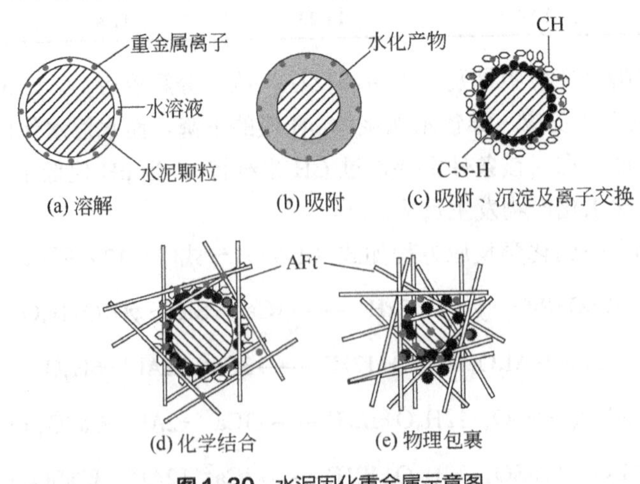

图 1-30 水泥固化重金属示意图

(1)吸附作用

吸附作用包含物理吸附和化学吸附。

① 物理吸附。物理吸附是利用水泥水化产物的多孔隙、高比表面积等特点[70]，依靠分子间的范德华力或异电荷之间的吸引力，将重金属污染物吸附在水化产物颗粒表面[71,72]。

② 化学吸附。化学吸附是水化产物与重金属离子之间的共价键连接作用[73,74]，如式(1-42)所示。

$$\equiv SOH + M^{+} \longrightarrow \equiv SO \cdot M + H^{+} \tag{1-42}$$

式中，$\equiv SOH$ 为水泥水化产物颗粒表面化学吸附点；M^{+}为重金属离子或离子团；$\equiv SO \cdot M$ 为吸附 M^{+}的水化产物颗粒表面。

(2)沉淀作用

沉淀作用是利用污染物离子不同形态化合物溶解度低的特点，使其形成沉淀，最终被稳定化。利用重金属的化合物（主要是重金属氢氧化物）在 pH 值 9～12 范围内溶解度最低的特性，使污染物生成不同氢氧化物或盐类沉淀，得以稳定化。

图 1-31 为重金属氢氧化物的溶解度随 pH 值的变化情况。重金属氢氧化物溶解度最低的位置大致在 pH 值为 10 左右，当环境中 pH 值＜10 时，重金属氢氧化物溶解度随着 pH 值的增加而迅速降低；当环境中 pH 值＞10 时，重金属氢氧化物溶解度随着 pH 值的增加而快速升高。

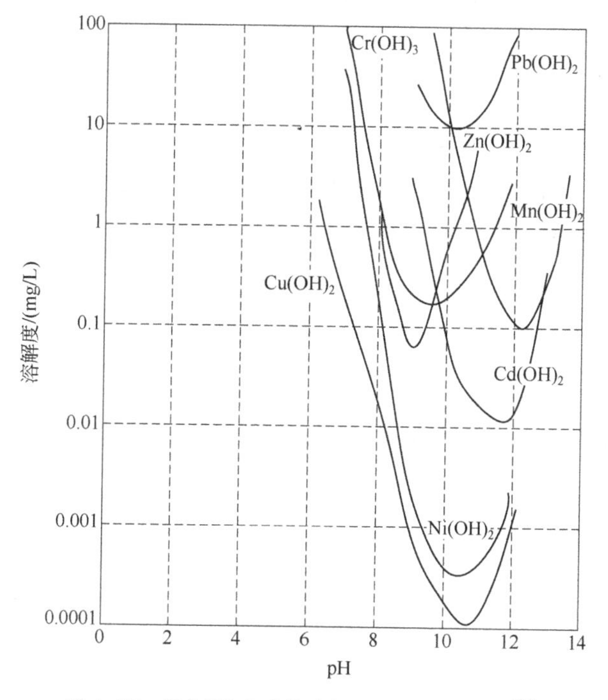

图 1-31 重金属氢氧化物溶解度随 pH 值的变化[75]

水泥水化产物形成的碱环境（pH 值＞13.0）为重金属生成氢氧化物沉淀提供大量的 OH^{-}，Zn、Pb、Cu、Cd、Ni 等重金属在不同的 pH 值环境下溶解度也会发生变化，最终生成难溶的氢氧化物沉淀［式（1-43）］。随着水化反应的进行，水化产物中的OH^-快速消耗，pH值逐渐降低，重金属氢氧化物沉淀量逐渐增加。

$$M+OH^- \longrightarrow MOH\downarrow \tag{1-43}$$

重金属离子与水化产物中的$Ca(OH)_2$、石膏溶解得到的SO_4^{2-}发生共沉淀反应生成复合盐沉淀[76]［式（1-44）］。

$$M+Ca^{2+}+OH^-+SO_4^{2-} \longrightarrow 复合盐\downarrow \tag{1-44}$$

除了上述氢氧化物沉淀和复合盐沉淀外，水泥类固化剂与重金属还能生成碳酸盐沉淀、磷酸盐沉淀、硅酸盐沉淀、硫酸盐沉淀和金属氧化物沉淀等[77-82]。

（3）化学结合作用

化学结合作用包括离子交换反应和化学反应。

① 离子交换反应。离子交换反应是水泥水化产物与重金属离子之间的离子交换。如Zn^{2+}、Cu^{2+}、Mn^{2+}、Co^{2+}、Pb^{2+}、Cd^{2+}、Ni^{2+}、Sr^{2+}、Ba^{2+}、Co^{2+}等可与水化产物C-S-H中的Ca^{2+}进行离子交换[83-87]，Cr^{3+}、Fe^{3+}、Mn^{3+}、Ni^{3+}、Co^{3+}、Ti^{3+}等可与AFt中的Al^{3+}进行离子交换。AsO_4^{3-}、CrO_4^{2-}等可与AFt中的SO_4^{2-}发生离子交换。Pb^{2+}、Cd^{2+}、Ni^{2+}等可与AFt中的Ca^{2+}发生离子交换。

② 化学反应。水泥与重金属的化学反应有加成反应和置换反应。Bhatty[88]结合水泥水化反应过程，提出重金属离子被C-S-H固化的化学反应机理，加成反应如式（1-45）所示，置换反应如式（1-46）所示。

$$C\text{-}S\text{-}H+M \longrightarrow M\text{-}C\text{-}S\text{-}H \tag{1-45}$$

$$C\text{-}S\text{-}H+M \longrightarrow M\text{-}C\text{-}S\text{-}H+Ca^{2+} \tag{1-46}$$

Chen[89]提出有重金属存在的情况下C_3S的水化反应，认为重金属不仅能够生成重金属氢氧化物沉淀，还能够替代C-S-H中的Ca^{2+}，如式（1-47）所示。

$$\begin{aligned} &mC_3S+M^{2+}+H_2O \longrightarrow (yM,Ca)(OH)_2+ \\ &Ca_xH_{2(m+1-x)}Si_mO_{3m+1}\cdot z(M,Ca)(OH)_2\cdot nH_2O \end{aligned} \tag{1-47}$$

式中，m=3，4，5，6，7，8…；n，x，$y>0$；$z>1$。

需要说明的是，水化产物C-S-H是按照三元重复形式排列的，其硅氧四面体单元结构如图1-32所示。

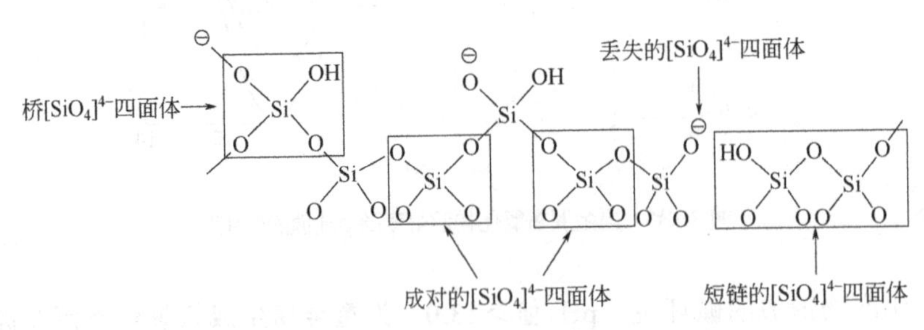

图1-32 C-S-H中$[SiO_4]^{4-}$四面体单元结构示意图

可以看出，起连接作用的$[SiO_4]^{4-}$四面体为“桥$[SiO_4]^{4-}$四面体”，与桥$[SiO_4]^{4-}$四面体连接的为“成对的$[SiO_4]^{4-}$四面体”，发生断裂后会产生“丢失的$[SiO_4]^{4-}$四面体”和“短链的$[SiO_4]^{4-}$四面体”。

C-S-H 的结构示意图如图 1-33（a）所示，当重金属离子发生化学反应后 C-S-H 的结构示意图如图 1-33（b）所示。

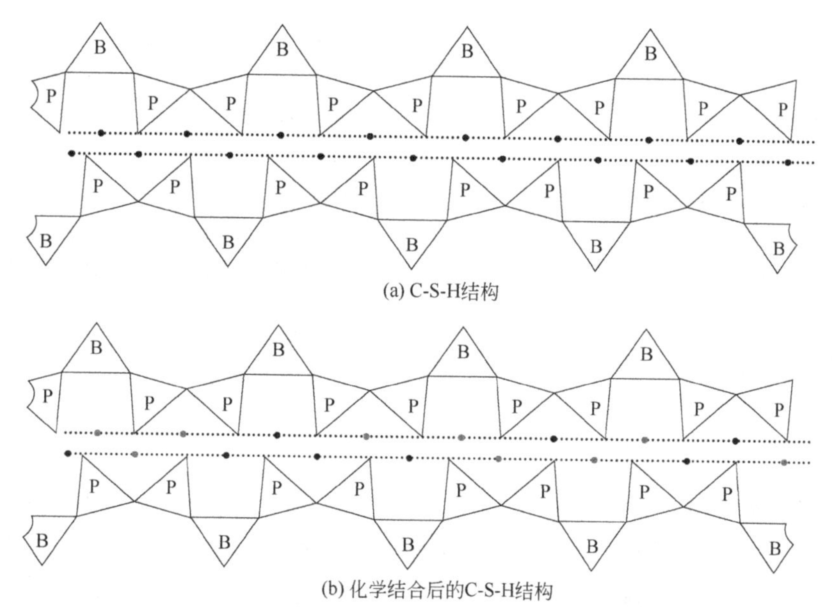

(a) C-S-H结构

(b) 化学结合后的C-S-H结构

图 1-33　重金属离子与 C-S-H 化学反应过程的结构示意图

△—$[SiO_4]^{4-}$四面体；B—桥$[SiO_4]^{4-}$四面体；P—成对的$[SiO_4]^{4-}$四面体；•—钙离子；•—重金属离子

（4）包裹作用

包裹作用包括物理包裹和物理包覆。

① 物理包裹。物理包裹是水泥水化产物成核、结晶生长过程，将重金属污染物包裹在絮凝结构内部，使重金属离子失去迁移性。

② 物理包覆。物理包覆是利用水化产物之间交错生长形成的致密结构，将重金属污染物包裹在硬化体结构之间。水化生成的 C-S-H、AFt 等水化产物逐渐生长（图 1-15），水化产物逐渐填充由水占据的空间，薄片状、纤维状、针状、网络状等无定形的 C-S-H 交叉攀附，针状、棒状的 AFt 相互搭接，其他水化产物也生长填充在孔隙中，共同构成一个三维空间牢固结合、致密的整体，重金属离子逐步被包裹在水化后的硬化浆体中[图 1-30(e)]。

当然，重金属离子的存在会延缓水化反应的进行，其作用机理如下：如式（1-20）～式（1-23）所示，水泥水化过程会生成大量的可溶性氢氧化钙（Ca^{2+}、OH^-），当周围有重金属离子存在时，尤其是可与 OH^-反应生成氢氧化物的重金属离子，不溶的重金属氢氧化物通过沉淀作用吸附在水泥熟料矿物颗粒表面（图 1-14）阻碍矿物颗粒内 Ca^{2+}、OH^-、SiO_4^{4-}、$Al(OH)_4^-$等的溶出，导致无法生成 C-S-H、C-A-H 等水化产物，从而延缓水化反应的进程。

在重金属离子存在的条件下，Taylor[27]提出水泥水化反应的五个阶段（初始期、诱导期、加速期、减速硬化期和养护期）的水化动力学反应及特征（表 1-8），刚好与硅酸盐水泥水化过程的五个阶段相对应，即Ⅰ溶解期、Ⅱ诱导期、Ⅲ加速期、Ⅳ减速期和Ⅴ稳定期（图 1-15）。

表 1-8　重金属离子存在条件下水泥水化阶段及反应特征[27,73]

阶段	水化反应	水化时间及反应特征
初始期	水泥颗粒表面润湿并逐步溶解，AFt、CH 在溶液和溶液与固体界面的成核	0～15min；水化反应控制，重金属离子会影响 C-S-H、CH 和 AFt 的成核
诱导期	在水泥颗粒表面富硅层上针状 AFt 的生长、C-S-H 凝胶的沉淀	15min～4h；水化反应控制，重金属离子会加速或延缓水化反应的进程
加速期	水化富硅、富铝保护层由于内部渗透压导致的破裂，C-S-H 和 CH 快速生长	4～8h；水化反应控制，重金属离子会影响 C-S-H、CH 和 AFt 的共沉淀
减速硬化期	AFt 相向 AFm 相的转变	8～24h；扩散控制，重金属离子会影响水化产物的转变过程、凝结过程，加快水泥水化期间的碳化过程
养护期	持续的水化反应，水化产物的转变和生成	几天；扩散控制，重金属离子会影响水化产物的力学性能和渗透性能

1.2.4.2　水泥与有机污染物的作用机理

① 物理吸附作用。水泥水化产物能够通过吸附、挥发方式的与有机污染物发生反应，有机污染物能够通过与水化产物之间的静电作用力、氢键作用力、化学结合及疏水性作用力等吸附在未反应的水泥颗粒表面，因此，可通过添加外加剂来促进水解、氧化、还原和生成无害盐等化学反应的进行[77]。值得注意的是，水泥固化有机物时往往需要添加外加剂，单独采用水泥作为固化剂的固化效果较差。

水泥水化产物与有机污染物接触后，有机污染物会吸附在水化产物表面从而阻碍水化反应的进行，延缓水泥水化凝结，因此添加硅灰、飞灰等火山灰质材料可以提供有机物的吸附点位，进而提高有机污染物吸附量。此外，水泥水化过程释放的水化热会加速挥发性有机物的挥发，同样地，有机污染物也能干扰水泥自身的水化反应、水化产物与重金属之间的反应进程等。

② 化学结合作用。化学结合作用是水泥水化产物 $Ca(OH)_2$ 和 C-S-H 凝胶中的羟基化学键与有机污染物通过羟基结合，实现有机物的固化/稳定化。

1.2.5　水泥与有机质的作用机理

有机质由一系列组成和结构不均一，主要成分为 C、N、H 和 O 的有机化合物组成。有机质的成分包括糖类（单糖、多糖等）、腐殖质（胡敏酸、富里酸、胡敏素等），及植物残体降解产物、根系分泌物和菌丝体。有机质中最具有代表性的成分为富里酸和胡敏酸[90,91]。

腐殖质（humic substances，HS）是一类呈棕黑色或棕褐色、无定形、酸性、亲水性、多分散的有机物质。根据溶解性，腐殖质可分为 3 类：富里酸（fulvic acid，FA，又称黄腐酸，既溶于酸又溶于碱），腐殖酸（humic acid，HA，又称胡敏酸，只溶于碱不溶于酸）和胡敏素（humin，又称腐殖素、腐黑物，酸碱都不溶）[92,93]。其中可提取的腐殖质（HA+FA）

组成复杂，含有氨基、羟基、醌基、羰基和甲氧基等多种基团（图 1-34、图 1-35）。

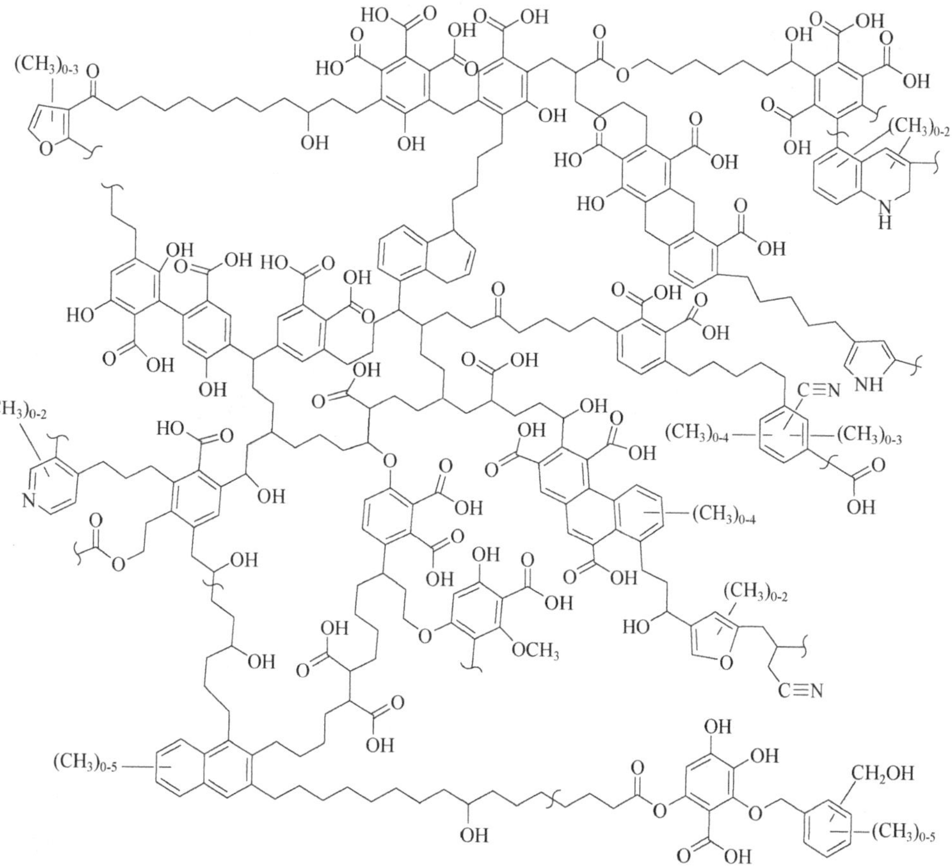

图 1-34 胡敏酸分子结构图[94]

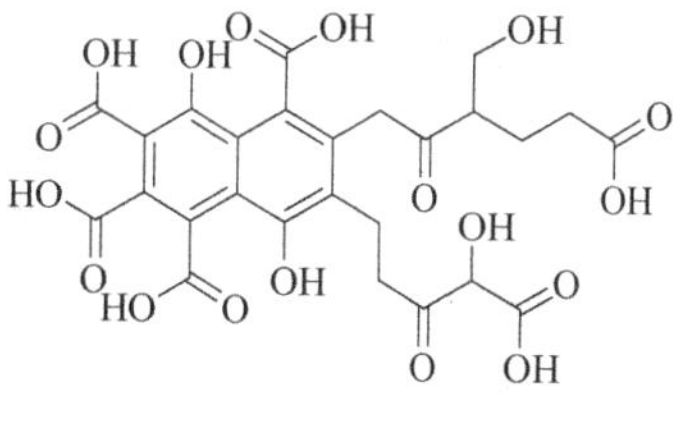

胡敏酸和富里酸溶于水后具有较大的比表面积，一般呈链状联结，具有很强的持水性和吸附性，通过氢键、配体交换表面配位、疏水作用以及金属离子桥键作用的方式对水化产物产生很强的吸附作用，抑制 $Ca(OH)_2$ 的结晶成核作用，阻碍水化产物的生成［图 1-36（a)］，从而延缓水泥水化进程。

图 1-35 富里酸分子结构图[95]

胡敏酸分子含多共轭缩合结构，具有给-受电子性和离子交换性的结构，分子中有羟基、酚羟基、醇羟基、甲氧基和羰基等含氧官能团，其中羟基和酚羟基中的氢能进行置换反应，这些基团的存在使腐殖酸具有酸性及交换容量，可以与阳离子进行离子交换和络合作用[96]。胡敏酸中这些基团的存在会阻碍水化过程中硅铝矿物相的溶解和扩散，延缓水化反应的进展。胡敏酸溶于碱而不溶于酸，且其分子结构中有多价酸根，离子交换后的一价盐类（K^+、Na^+等）可溶于水，离子交换后的二价盐类（主要是 Ca^{2+}）和三价盐类（主要为 Al^{3+}）不溶于水，同水化产物 C-S-H、CH、AFm、AFt 等反应的生成物对水化产物影响较小。

富里酸分子结构中含有大量的羧基和羰基，在与水化产物接触时能够吸附在水泥颗粒表面延缓水化反应的进程，由于富里酸酸性强于胡敏酸，对水泥水化产物具有较强的分解作用。富里酸的分解作用会使已生成的C-A-H、AFm、AFt及水化铁铝酸钙固溶体等水化产物结晶体［图1-36（b）］。

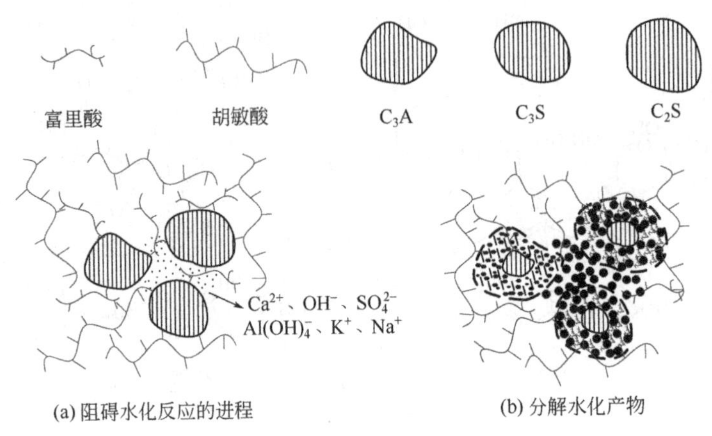

图1-36 有机质固化结构模型示意图

1.2.6 小结

水泥与黏粒、粉粒、砂粒和砾粒、水溶盐、酸碱成分、污染成分和有机质的反应机理不仅受水泥中主要矿物相（C_3S、C_2S、C_3A、C_4AF 和 $CaSO_4$ 等）水化反应的影响，同样会受到微量成分的影响，如游离氧化钙和游离氧化镁等。水泥中过量的游离氧化钙和游离氧化镁均会造成加固土体积安定性不良，从而引发结构破坏。过量的含碱矿物和玻璃体则会在湿润环境下与活性矿物成分发生火山灰反应，引起加固土的膨胀破坏。

1.3 固化土

固化土是将固化剂浆液或干粉与待固化土体进行混合，或与原位天然地基土混合，使固化剂与土体发生物理化学反应，而形成的具有一定强度的硬化体。

水泥固化土被广泛应用在特殊土、人工填土、粗粒土和细粒土等的地基加固工程。

根据《建筑地基处理技术规范》（JGJ 79—2012）要求[97]，在现场施工前应开展室内配比试验，为工程设计提供依据。

如前文所述，影响水泥固化土力学特性和微观特性的因素可分为待固化土条件［含水量（包括水灰比中的水）、颗粒粒组及含量（氧化物及含量）、水溶盐、酸碱度、污染成分及含量、有机质种类及含量等］、固化剂条件（水泥种类和掺量、外加剂种类和掺量等）和养护条件（养护方式、温度和龄期等）。

在进行固化土室内试验时，一般试验步骤为：对待固化土进行预处理→制备固化土试样→养护至设定龄期→宏观力学试验和渗透试验→微观试验。

《水泥固化土配合比设计规程》(JGJ/T 233—2011)[98]中对待固化土预处理的方式和固化土试样制备方法作出了规定。待固化土预处理的方式：将待固化土进行干燥、碾碎并通过 5mm 筛。固化土试样制备方法：①风干土和水泥应先均匀混合，再洒水搅拌直至均匀；②拌合水可一次加入，也可逐次加入。当逐次加入时，应逐次拌和 1min。从加水起至搅拌均匀，搅拌时间不应少于 10min，且不应超过 20min。

养护方式分标准养护、自然养护、标准水中养护、原土养护、胁迫环境下养护（干湿循环养护、冻融循环养护、侵蚀性环境养护等）。

固化土的宏观力学试验一般采用无侧限抗压强度试验。图 1-37 为中国海洋大学和南京中之岩测控有限公司研制的无侧限抗压强度试验仪。该设备可实现应变控制或应力控制，最大量程为 30kN，分辨率为 1N，应变控制的加载速率可在 0.002～4mm/min 范围选择设定；用刚性力学传感器替代应力环，可忽略加载过程中因传感器变形引起的加载速率的变化；电脑控制试验、参数、记录数据，并自动保存应力和压力最大值。

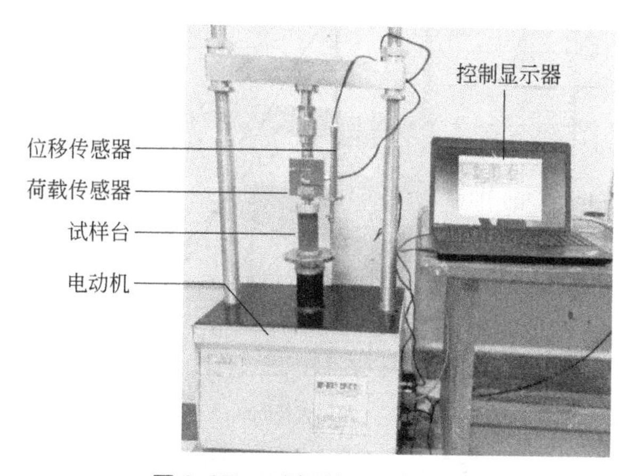

图 1-37 无侧限抗压强度试验仪

微观试验用于研究固化剂与土体的作用机理。随着材料表征手段的进步，水泥固化土的性能表征逐渐从宏观层次到细观层次再到微观层次。水泥固化土的宏观层次一般是厘米量级的，主要研究水泥固化土中水泥水化产物胶结土体颗粒的宏观表现，研究水泥固化土在荷载作用下的破坏过程、强度增长规律；细观层次一般是毫米量级的，主要研究水泥固化土微裂缝的分布及其内部孔隙分布情况，可采用 MIP 测得孔隙分布情况；微观层次一般是纳米量级至微米量级的，属于材料学科的研究范畴，采用 X 射线衍射技术、电子显微技术、热分析技术、核磁共振技术及红外波谱技术表征分析，研究水化产物的矿物相组成、水化产物微观形貌特征和分布情况、水化产物矿物相成分含量、水化产物的微观结构组成及化学键联结方式。

1.3.1 强度与变形

（1）应力-应变曲线

待固化土的基本物理性质见表 1-9。粒径级配曲线如图 1-39 所示。根据《土的工程分类标准》(GB/T 50145—2007)[99]对土料进行分类，胶州湾软土属于低液限黏土（以下称胶州湾黏土），东营港软土属于低液限粉土（以下称东营港粉土）。根据《建筑地基基础设计规范》（GB 50007—2011）[101]的分类方法，胶州湾软土属于粉质黏土，东营港软土属于黏质粉土。石英砂细度模数为 2.78，含泥量 0%，为Ⅱ区中砂。

表 1-9　待固化土基本物理性质[102,103]

待固化土	塑限/%	17mm 液限/%	塑性指数	初始含水量/%
高岭土	33.15	72.1	38.94	0.19
胶州湾黏土	21.0	31.3	10.3	46.9
东营港粉土	26.5	29.7	3.1	44.5
石英砂	—	—	—	0

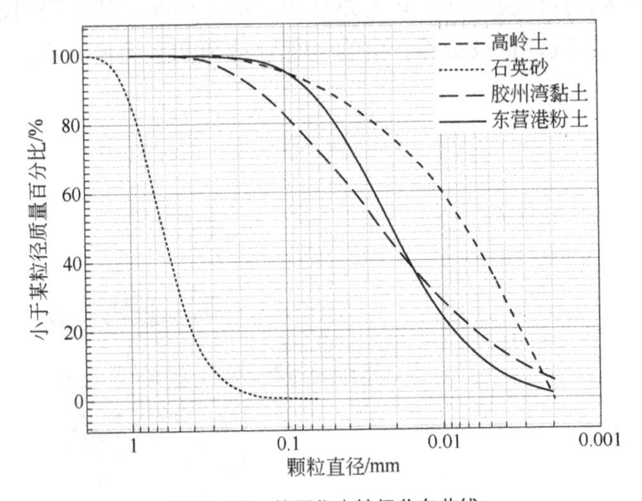

图 1-38　待固化土粒径分布曲线

水泥选用的是 42.5 号普通硅酸盐水泥（P.O 42.5）。

水泥掺入比定义为水泥与待固化土（湿土）质量之比，其计算式见式（1-48）。

$$\alpha_w=\frac{m_c}{m}=\frac{m_c}{m_s(1+w)} \tag{1-48}$$

式中，α_w 为水泥掺入比，%；m_c 为待固化土中掺入水泥的质量，g；m 为待固化土的质量，g；m_s 为待固化土干土的质量，g；w 为待固化土的含水量，%。

得到的水泥固化土的应力-应变曲线如图 1-39 所示。由图可知，与待固化土的土质、含水量、水泥掺入比和龄期无关，水泥固化土的应力-应变曲线性状相似，均出现较为明显的峰值应力，固化土破坏形式均呈现出典型的脆性变形特征。

水泥固化土的应力在达到峰值前随应变增加而增大，到达峰值后应力随应变增加而减小，属加工软化型曲线。水泥固化石英砂和水泥固化东营港粉土在达到峰值应力后，应力急剧降低，而水泥固化胶州湾黏土和水泥固化高岭土则在达到峰值应力后仍保持较高的残余强度，主要原因是石英砂、东营港粉土自身不具有胶凝性，而胶州湾黏土和高岭土中土颗粒之间有一定的结构强度，可有效承担固化土部分荷载。

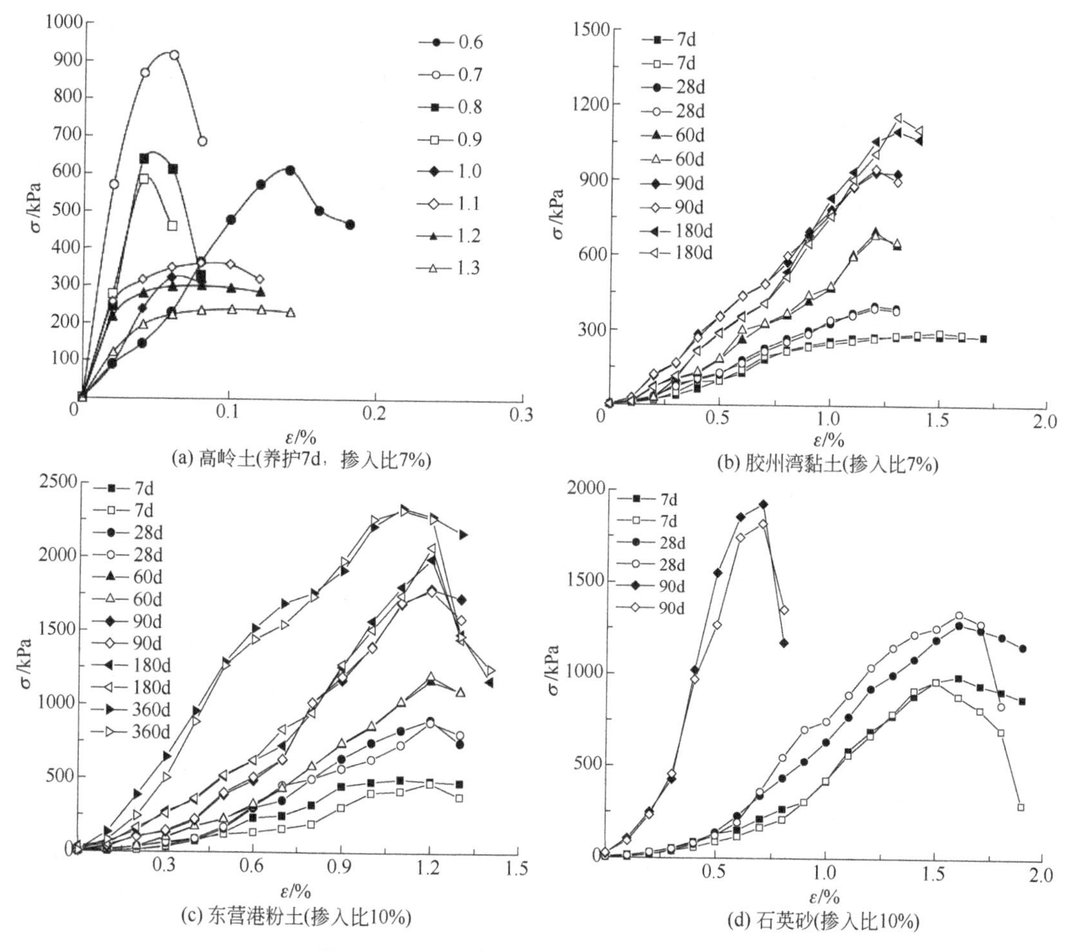

图 1-39　典型的水泥固化土应力-应变曲线[100]

图（a）中，0.6~1.3 为含水比，即含水量与高岭土液限之比；

图（c）~（d）中数据为两个平行试样的试验结果

水泥固化土的破坏应变是与峰值应力对应的应变值，也是衡量水泥固化土塑性变形或脆性变形的重要指标。

不同因素对水泥固化土应力-应变曲线性状的影响如图 1-40 所示。由图 1-40（a）可知，当水泥掺入比（α_w=7%、10%）较小时，峰值应力小、破坏应变不明显，固化土表现出塑性材料的性质。随着水泥掺入比（α_w=15%、20%）的增大，峰值应力趋于明显且逐渐增大，对应的破坏应变逐渐减小，固化土逐渐表现出脆性材料的性质。由图 1-40（b）可知，随着养护龄期的增加，水泥固化土破坏应变整体趋势为逐渐减小。由图 1-40（c）可知，土质不同破坏应变不同，固化土破坏应变从小到大依次为石英砂、东营港粉土、胶州湾黏土。一般而言，待固化土中粗粒含量越多，对应的破坏应变越小。

综上，对于同一种土质的水泥固化土，与水泥掺入比、含水量（或灰水比）无关，随着养护龄期的增加，水泥固化土峰值应力逐渐增加，而峰值应力对应的应变（即破坏应变）随之减小。另外，同一养护龄期时，随着水泥掺入比的增加，水泥固化土峰值应力逐渐增大，在抵抗变形过程呈现的脆性特征越来越明显；同一水泥掺入比，随着养护龄期的增加，水泥固化土破坏特征由塑性向脆性发展。对于不同土质水泥固化土，应力-应变关系表现出不同的变形特征，水泥固化高岭土和水泥固化胶州湾黏土则在高水泥掺入比和长养护龄期时表现出明显的脆性变形特征，低水泥掺入比（10%以下）和短养护龄期（28d 以下）条件下具有明显的塑形变形特征，而水泥固化东营港粉土、水泥固化石英砂在不同养护龄期和水泥掺入比条件下均具有明显的脆性变形特征。

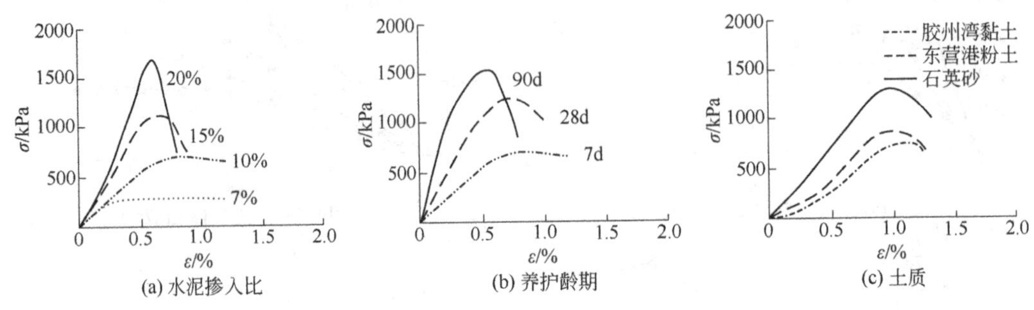

图 1-40 不同因素对水泥固化土应力-应变曲线性状的影响

不同待固化土质的水泥固化土变形特征存在差异的原因，如 1.2 节中水泥与矿物的作用机理所述，在于水泥与不同矿物成分的反应机理不同。高岭土和胶州湾黏土以黏粒为主，东营港粉土以粉粒为主，石英砂则与砾粒和砂粒的性质较为接近。水泥与高岭土和胶州湾黏土之间的水化反应包含水泥自身的水化反应、水泥水化产物与待固化土体中活性矿物之间的物理化学反应和水泥固化土与外界环境之间的化学反应，在水泥水化反应初期，黏粒的存在会阻碍水化反应的进程，若水泥水化过程产生的胶结水化产物无法有效挤压黏粒团粒、填充团粒间孔隙（即水泥水化胶结产物少或无膨胀性水化产物），则水泥固化效率低，固化效果差，因此呈现出明显的塑性变形特征；而水泥与东营港粉土和石英砂之间的水化反应以水泥自身的水化为主，因此其水泥固化土强度发展较快，除养护龄期 7d、水泥掺入比 7%的固化土应力-应变特征以塑性变形为主外，其他养护龄期和水泥掺入比条件下均呈现出明显的脆性变形特征。

（2）破坏形态

图 1-41 为水泥固化土在水泥掺入比 10%时的破坏形态。图中白色虚线标识部分为水泥固化土破坏断裂面。破坏形态在一定程度上也能够反映出水泥固化土的变形特征，通过水泥固化土破坏时形成的破坏断裂面可判断其破坏模式。

在养护龄期 7d 时，固化土破坏断裂面接近水平，呈现出明显的塑性破坏；随着待固化土粗粒含量的增多（黏土→粉土→石英砂，图 1-39），固化土破坏断裂面与水平方向的夹角逐渐增大。但是，在养护龄期达到 28d 时，不同种类固化土的破坏断裂面与水平方向的夹角均增大，约为 45°，并且均呈现出明显的脆性剪切破坏，表明随着固化土强度的增高，待固化土粒径级配不再是固化土变形特征的主要决定因素。固化土在养护龄期 90d 时，破坏断裂面接近荷载方向，均呈现出明显的脆性张裂破坏，且该现象与待固化土质无关。随着养护龄期的增加，固化土破坏断裂面与水平方向的夹角逐渐增大，由近乎平行于水平方向逐渐增加到荷载方向，表明固化土破坏形态逐渐由塑性破坏转变为脆性破坏，且这一规律与待固化土质无关。

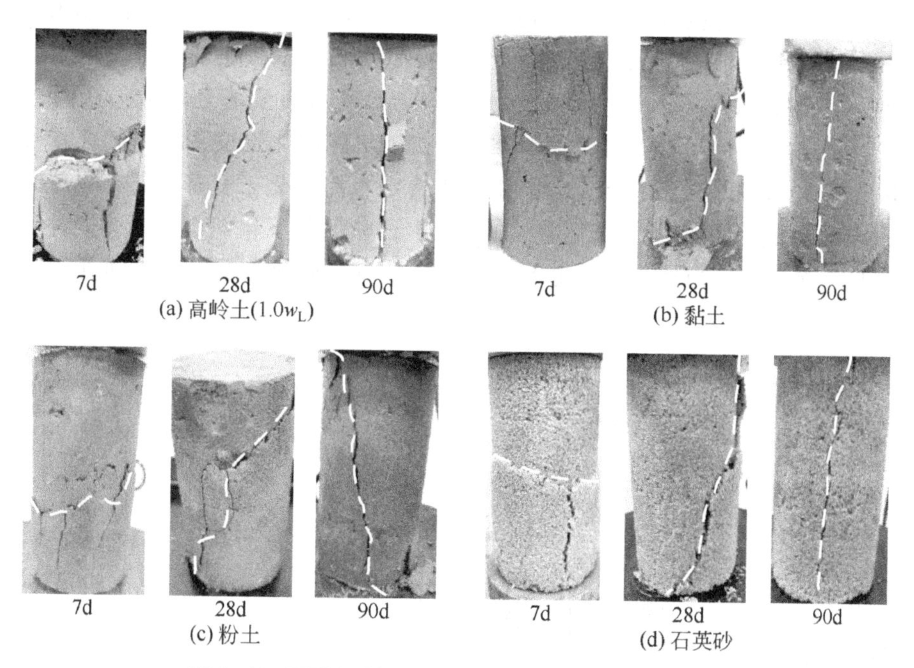

图1-41 不同土质水泥固化土破坏形态照片（a_w=10%）

综上，养护龄期为7d时，固化土破坏形态随着待固化土粗粒含量的增加，破坏断裂面与水平方向的夹角逐渐增大，待固化土粗粒含量越多，脆性破坏形态越明显；养护龄期达到28d后，待固化土级配对破坏形态的影响不明显。随着固化土养护龄期的增加，破坏形态由塑性向脆性转变，且与待固化土质无关。上述结果进一步验证粗粒含量越多、养护龄期越长，固化土抵抗荷载时脆性特征越明显，该结果与应力-应变曲线得到的结论一致。

（3）变形模量 E_{50}

变形模量是反映水泥固化土变形特性的重要指标之一。将应力-应变曲线峰值应力定义为无侧限抗压强度，1/2无侧限抗压强度与对应的应变之比定义为变形模量，即为1/2无侧限抗压强度的割线模量，也称变形系数[104]，用 E_{50} 表示［图1-42和式（1-49）］。

$$E_{50}=\frac{\frac{1}{2}q_u}{\varepsilon_{50}} \tag{1-49}$$

式中，E_{50} 为变形模量，MPa；q_u 为无侧限抗压强度，MPa；ε_{50} 为1/2无侧限抗压强度对应的应变，%。

变形模量 E_{50} 越大，则对应水泥固化土的脆性特性越明显，水泥固化土在抵抗荷载过程中以脆性变形为主；反之，变形模量 E_{50} 越小，对应水泥固化土的塑性特性越明显，水泥固化土在抵抗荷载过程中以塑性变形为主。

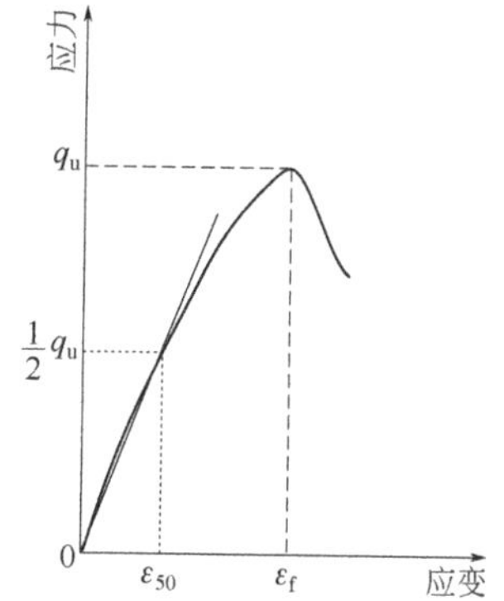

图1-42 应力-应变曲线中无侧限抗压强度 q_u 及变形模量 E_{50} 的定义

图 1-43 为不同土质水泥固化土的变形模量，其中图 1-43（a）为水泥固化高岭土，图 1-43（b）为水泥固化胶州湾黏土、东营港粉土和石英砂。在同一待固化土质、养护龄期条件下，随着水泥掺入比的增加，水泥固化土变形模量随之增加；在同一待固化土质、水泥掺入比条件下，随着养护龄期的增加，水泥固化土变形模量随之增加；在同一养护龄期、水泥掺入比条件下，待固化土质决定水泥固化土变形模量，也就是说，待固化土的级配决定水泥固化土的变形模量，在本试验条件下粗粒含量越多，对应的水泥固化土变形模量越大。当然，待固化土的粗粒含量与水泥固化土强度之间并不是正相关关系。

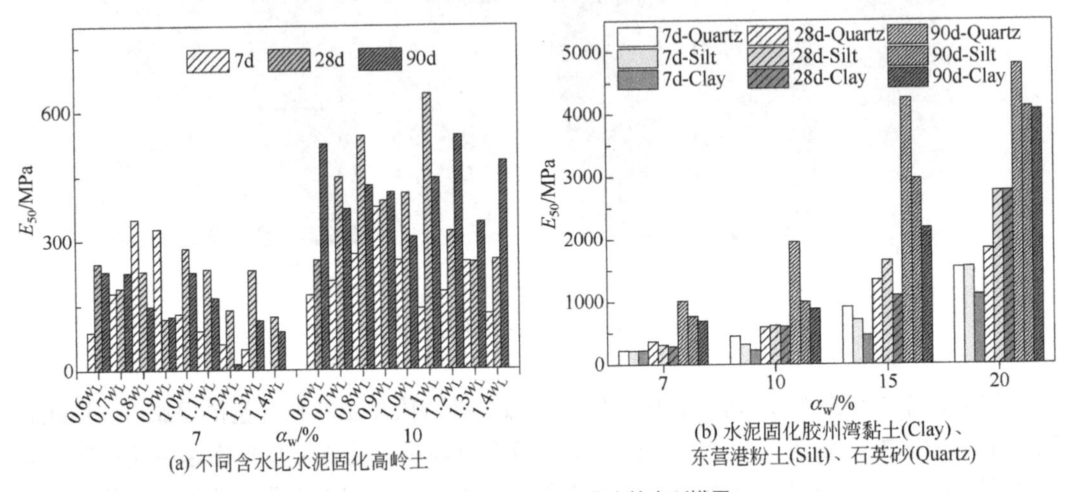

(a) 不同含水比水泥固化高岭土

(b) 水泥固化胶州湾黏土(Clay)、东营港粉土(Silt)、石英砂(Quartz)

图 1-43 不同土质水泥固化土的变形模量

图 1-44 给出了不同土质的水泥固化土的变形模量 E_{50} 与无侧限抗压强度 q_u 的关系。与待固化土质、含水量、养护龄期、水泥掺入比无关，水泥固化土的变形模量与无侧限抗压强度近似呈线性关系。

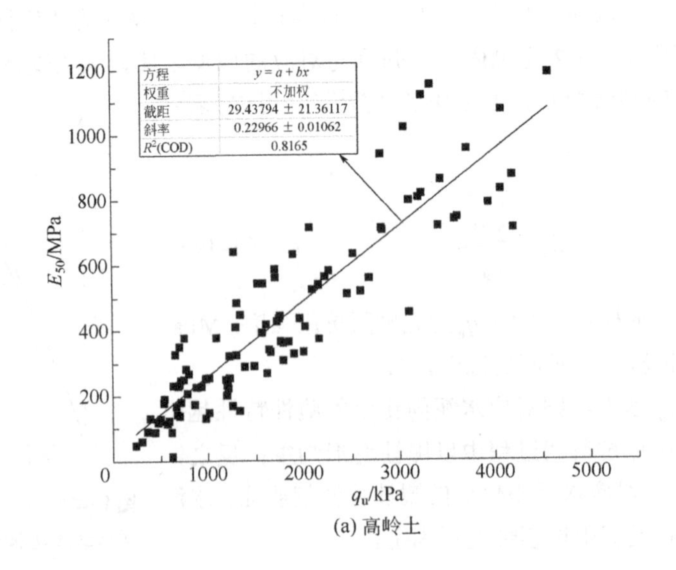

(a) 高岭土

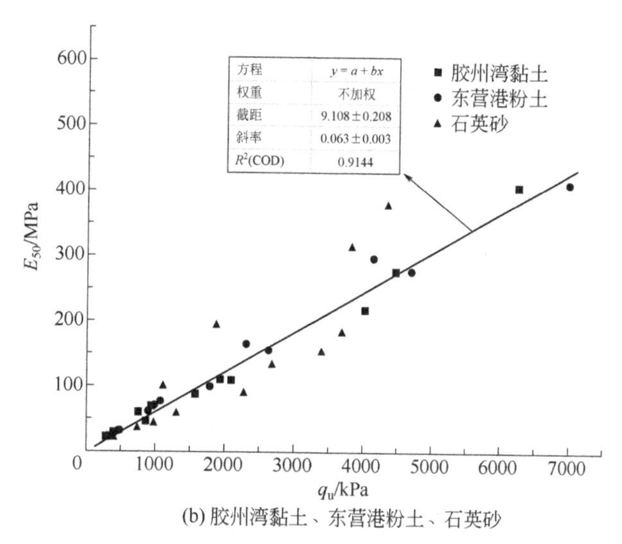

(b) 胶州湾黏土、东营港粉土、石英砂

图 1-44 不同土质水泥固化土变形模量 E_{50} 与无侧限抗压强度 q_u 的关系

综上所述，水泥固化土变形特性指标主要有应力-应变曲线性状、破坏应变、破坏形态和变形模量。与待固化土质、养护龄期无关，随着水泥掺入比的增加，应力-应变曲线性状由塑性变形特征转变为脆性变形特征，破坏应变逐渐减小，破坏形态由塑性破坏形式过渡为脆性破坏形式，变形模量逐渐增大；与待固化土质、水泥掺入比无关，随着养护龄期的增加，应力-应变曲线性状由塑性变形特征转变为脆性变形特征，破坏应变逐渐减小，破坏形态由塑性破坏形式过渡为脆性破坏形式，变形模量逐渐增大；与水泥掺入比、养护龄期无关，待固化土质会影响水泥固化土的变形特性，即待固化土粒径级配决定水泥固化土的变形特性，在本书试验条件下粗粒含量越多，对应的水泥固化土应力-应变曲线性状脆性变形越明显，破坏应变越小，破坏形态呈现出脆性破坏形式，变形模量越大。

（4）抗压强度特性

① 水泥掺入比对水泥固化土抗压强度的影响。无侧限抗压强度与水泥掺入比的关系如图 1-45 所示。与待固化土质、养护龄期无关，水泥固化土无侧限抗压强度随水泥掺入比增加大致呈线性增加，且减缓趋势不明显。

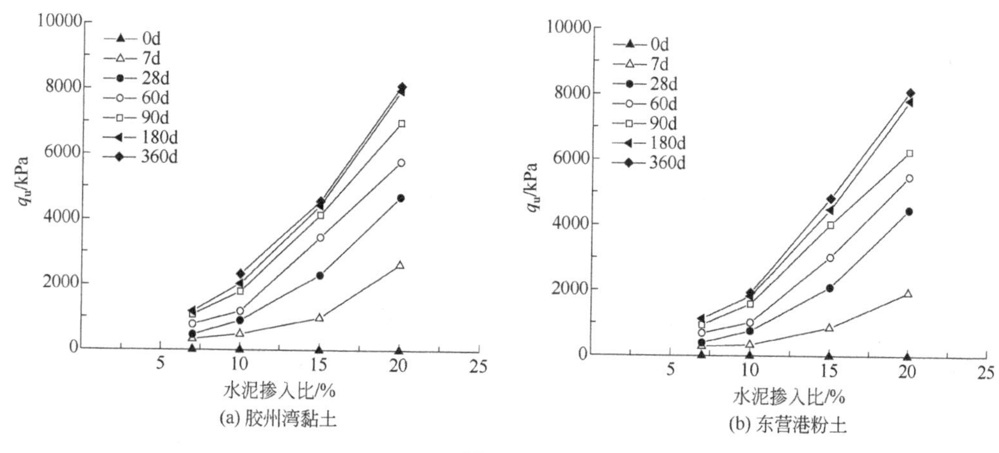

(a) 胶州湾黏土　　(b) 东营港粉土

图 1-45

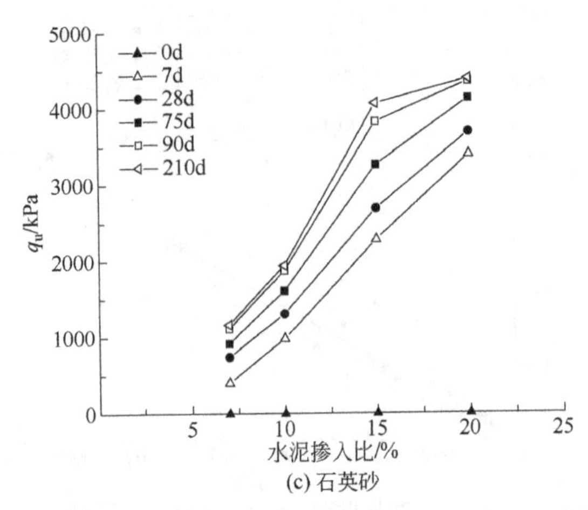

(c) 石英砂

图 1-45 水泥固化土的无侧限抗压强度与水泥掺入比的关系[103]

② 养护龄期对水泥固化土抗压强度特性的影响。水泥固化土无侧限抗压强度 q_u 与养护龄期 t 的关系如图 1-46 所示。与待固化土质、水泥掺入比无关，强度随龄期增加而增加，初期增加速度较快，而后逐渐变慢，并趋于平缓；与水泥掺入比无关，胶州湾黏土和东营港粉土固化土强度在养护龄期为 180d 后趋于平缓，而石英砂固化土强度在 90d 后趋于平缓。180d 强度随龄期变化关系符合指数区间为 0～1 的幂函数增长趋势。总的来说，不同待固化土水泥固化土强度与水泥水化反应程度密切相关，反应程度则由养护龄期决定。

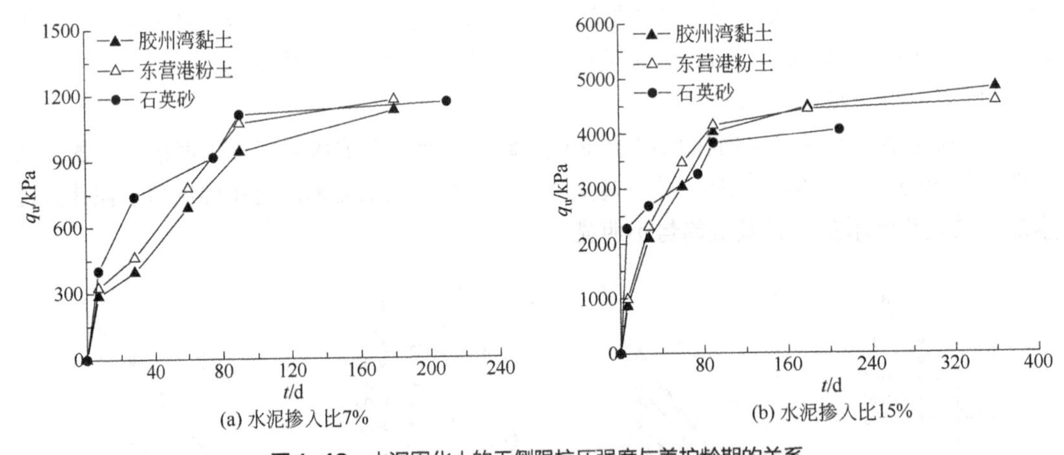

图 1-46 水泥固化土的无侧限抗压强度与养护龄期的关系

③ 灰水比 R 对水泥固化土抗压强度特性的影响。无侧限抗压强度 q_u 与灰水比 R 的关系如图 1-47 所示。与待固化土质、养护龄期无关，对不同灰水比时的抗压强度作线性拟合，水泥固化土的无侧限抗压强度 q_u 均与灰水比 R 呈线性关系；随着养护龄期的增加，水泥固化土抗压强度拟合直线的斜率随之增加。

④ 待固化土质对水泥固化土强度的影响。图 1-48 为水泥固化土的无侧限抗压强度与

待固化土质的关系。与水泥掺入比、养护龄期无关，水泥固化土表现出相似的强度增长规律，但是，水泥固化胶州湾黏土的无侧限抗压强度均小于水泥固化东营港粉土。而水泥固化石英砂的强度变化受水泥掺入比、养护龄期等条件影响与水泥固化胶州湾黏土和水泥固化东营港粉土的强度变化趋势不同。水泥固化石英砂在养护龄期 0d 到 7d 强度增长幅度最大，在水泥掺入比为 7%时，水泥固化石英砂的强度在各个养护龄期均明显高于水泥固化胶州湾黏土和水泥固化东营港粉土；在水泥掺入比达到 15%时，水泥固化石英砂的 7d 强度和 28d 强度明显高于水泥固化胶州湾黏土、水泥固化东营港粉土，但 90d 强度则低于水泥固化胶州湾黏土、水泥固化东营港粉土。

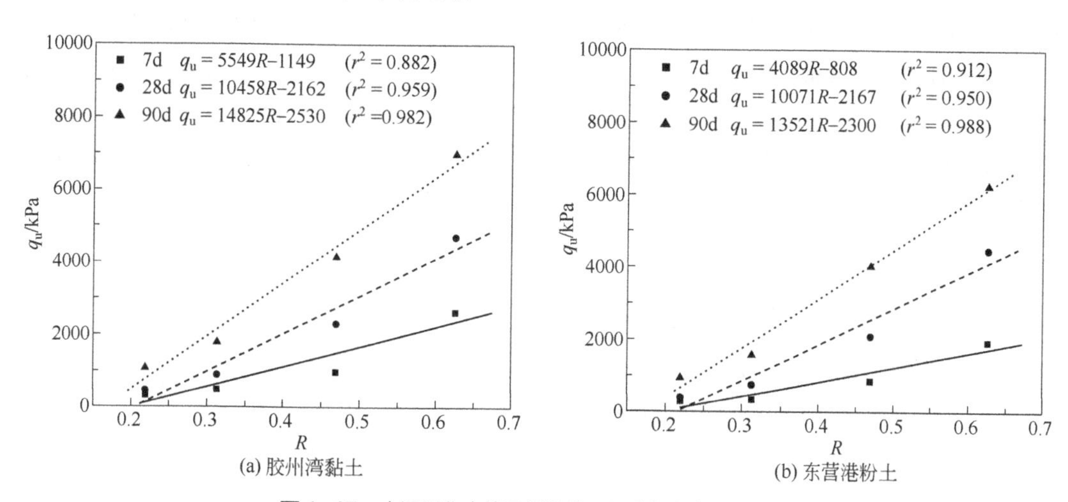

图 1-47 水泥固化土的无侧限抗压强度与灰水比的关系

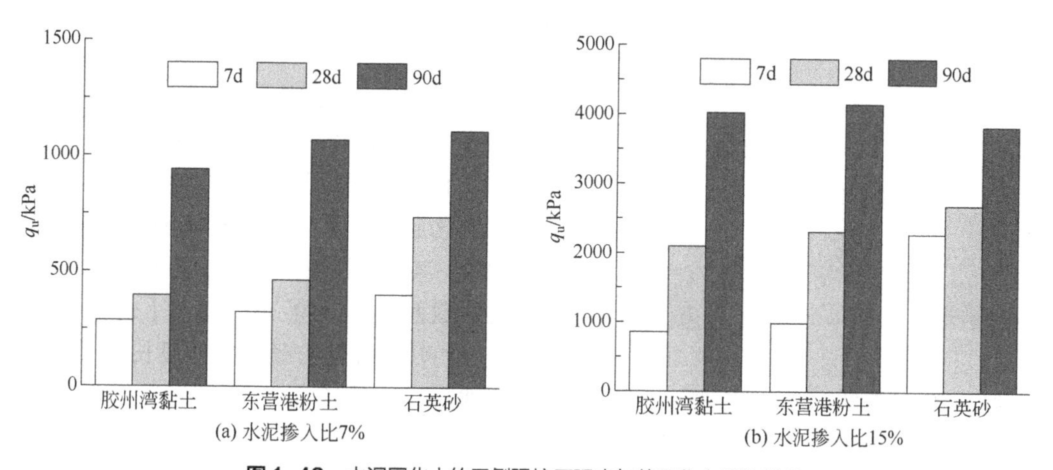

图 1-48 水泥固化土的无侧限抗压强度与待固化土质的关系

如 1.2 节所述的水泥固化土与不同矿物成分的作用机理，在水泥掺入比（5%）较低时，水泥水化产物不能完全填充土颗粒的孔隙，对于以次生矿物黏粒为主的胶州湾黏土来说，水化胶凝产物不能完全胶结黏粒，无法对黏粒团粒形成有效的填充和挤压作用，因此水泥固化胶州湾黏土的强度最低；在水泥掺入比（15%）较高时，水泥水化过程生成的水化产物含量增加，大量的水化产物能够起到填充和挤压作用，因此水泥固化胶州湾黏土的强度明显增加。东营港粉土、石英砂主要是原生矿物为主的粉粒、砂粒，但其水泥固化土未表现出相似的强度增长规律，这与东营港粉土中含有一定量的黏粒有关。水泥固化石英砂是以石英砂为骨架，水泥水化胶结产物胶结石英砂颗粒形成硬化体，其强度主要是依靠水泥自身反应产物的胶结作用，因此水泥固化石英砂的强度与水泥水化进程呈正相关，影响水泥固化石英砂强度的因素主要是颗粒粒径级配和水泥掺入比。

（5）抗拉强度特性与变形特性

图 1-49 是中国海洋大学和南京中之岩测控有限公司研制的单轴拉伸强度试验设备。该设备包括单轴拉伸仪、计算机（数据输出）、数据采集仪、模具及夹具。其中，单轴拉伸仪为卧式结构，利用光滑导轨消除拉伸时的摩擦力，以等应变控制方式对试样施加拉力；计算机控制试验、参数、数据输出，并自动保存应力和拉力最大值；数据采集仪采集的数据发送至计算机，试验过程可实时查看拉应力-应变数据；模具用于单轴抗拉强度试样制备，夹具用于对试样施加拉力[105]。图 1-50 为水泥固化土单轴抗拉强度试样，试样是厚度 20mm 的“8 字形”，中间为长 5mm、宽 20mm 的拉伸段，其两侧为与轴向拉伸方向呈一定角度的过渡段[106]。

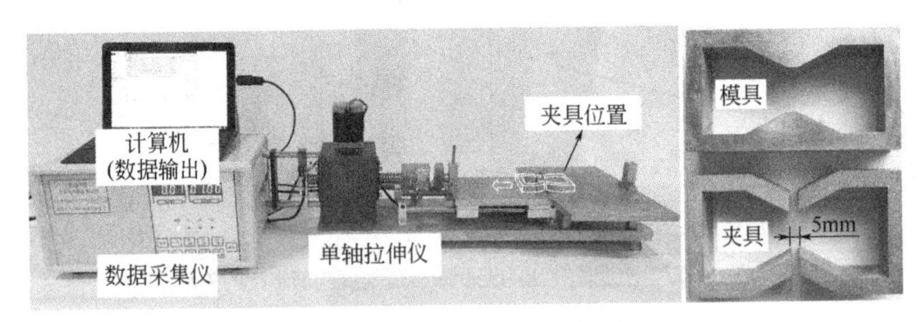

图 1-49　单轴拉伸强度试验设备

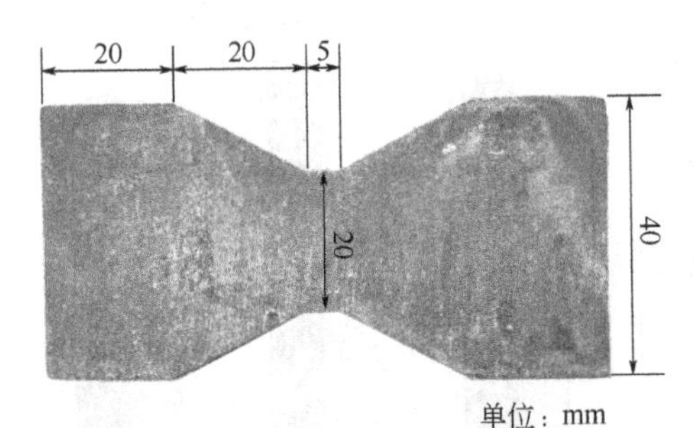

图 1-50　水泥固化土单轴抗拉试验试样

① 拉应力-应变曲线。待固化土的基本物理性质见表 1-9，粒径级配曲线如图 1-38 所示。图 1-51、图 1-52 分别为单轴拉伸强度试验得到的水泥固化胶州湾黏土和东营港粉土的拉应力-应变曲线。其中，拉应力 σ 为拉力与试样颈部拉伸段的横截面积（$4\times10^{-4}m^2$）之比［式（1-50）］，拉应变 ε 为轴向位移与颈部拉伸段长度（5mm）之比［式（1-51）］。

$$\sigma=\frac{F}{A_1} \tag{1-50}$$

式中，σ 为拉应力，kPa；F 为对试样施加的拉力，N；A_1 为垂直于拉伸方向的拉伸段横截面积，m^2。

$$\varepsilon=\frac{\Delta l}{l} \tag{1-51}$$

式中，ε 为拉应变，%；Δl 为拉伸方向上的位移，m；l 为拉伸段的长度，m。

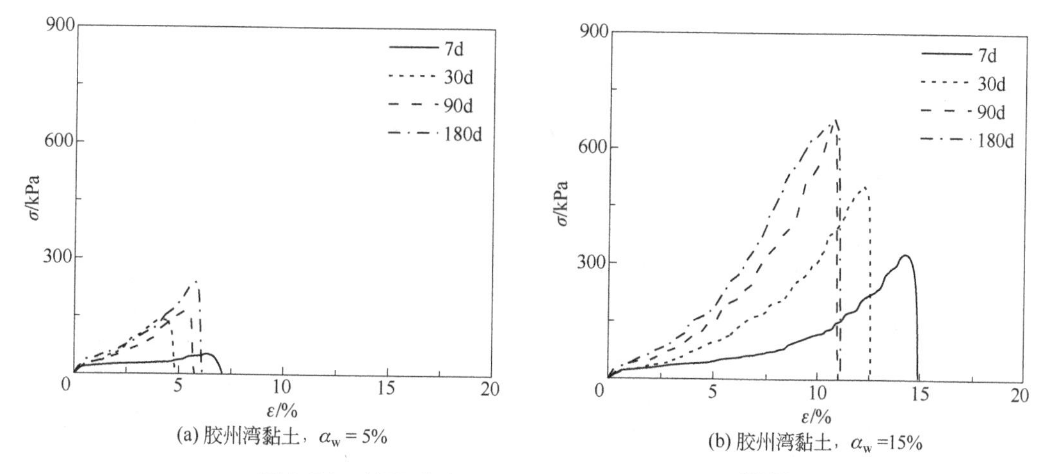

(a) 胶州湾黏土，$\alpha_w = 5\%$　(b) 胶州湾黏土，$\alpha_w = 15\%$

图 1-51 水泥固化胶州湾黏土拉应力-应变曲线关系[105,106]

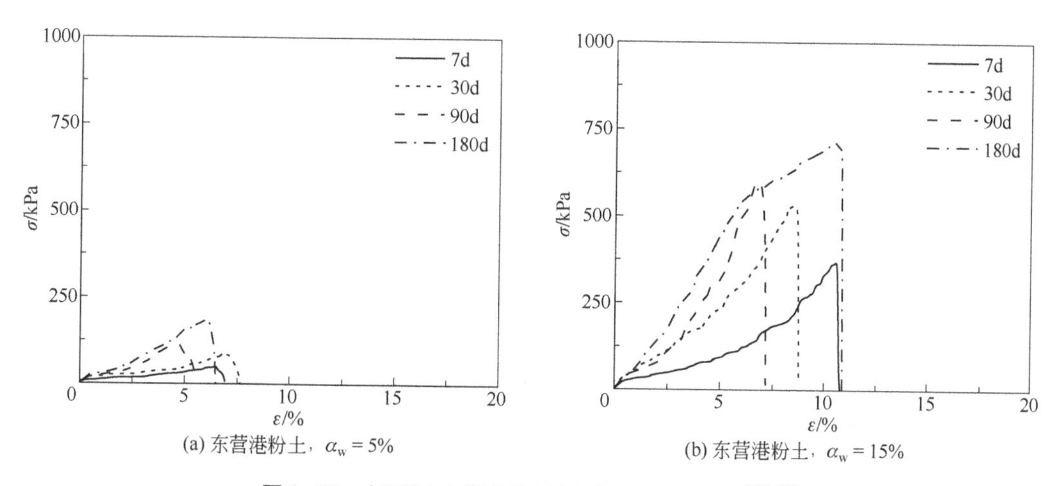

(a) 东营港粉土，$\alpha_w = 5\%$　(b) 东营港粉土，$\alpha_w = 15\%$

图 1-52 水泥固化东营港粉土拉应力-应变曲线关系[105,106]

由图 1-51、图 1-52 可知，与待固化土的土质、水泥掺入比和龄期无关，拉应力-应变曲线性状相似，均出现明显的峰值拉应力，拉应力达到峰值前，随应变快速增大；应力达到峰值后固化土突然断裂，且伴随断裂声，破坏形式呈现出典型的脆性变形特征。

② 拉伸破坏形态。图 1-53 为试样的拉伸破坏形态。试样的破坏位置均被限于试样中间 5mm 长的颈部拉伸段，破坏面垂直于拉伸方向，且基本平整，属于典型的脆性拉伸破坏。

③ 抗拉强度。取拉应力-应变曲线中应力峰值为抗拉强度 q_t。

a. 水泥掺入比对水泥固化土抗拉强度特性的影响。水泥固化土的抗拉强度 q_t 与水泥掺入比 α_w 的关系如图 1-54 所示。抗拉强度随水泥掺入比的增加而增加，该趋势与水泥固化土无侧限抗压强度随水泥掺入比的增加趋势一致。另外，当水泥掺入比为 5%时水泥固化胶州湾黏土抗拉强度均大于水泥固化东营港粉土抗拉强度，但水泥掺入比≥10%后，水泥固化胶州湾黏土抗拉强度总体上小于水泥固化东营港粉土抗拉强度，即胶州湾黏土抗拉强度增长受限，强度增长减缓。上述结果表明，土质在水泥固化土的水泥掺入比较低时对抗拉强度影响较大。

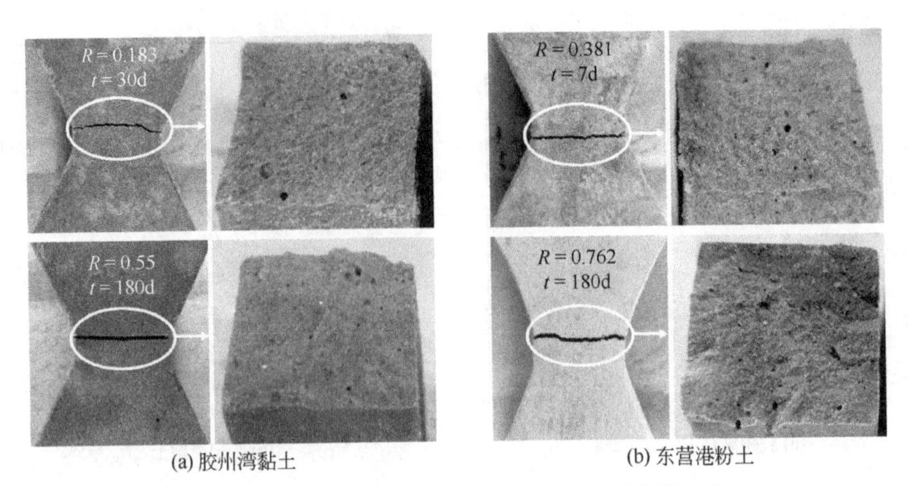

图 1-53 水泥固化土的单轴拉伸破坏形态[105,106]

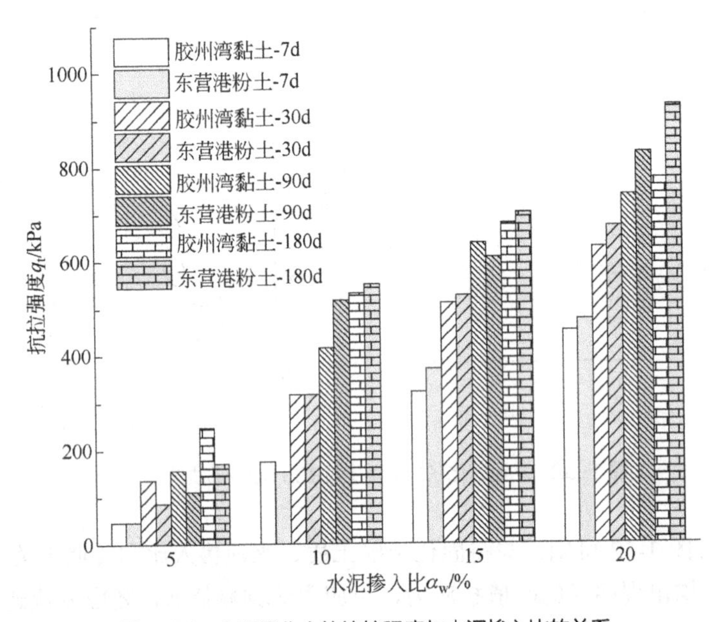

图 1-54 水泥固化土的抗拉强度与水泥掺入比的关系

b．养护龄期对水泥固化土抗拉强度特性的影响。水泥固化土的抗拉强度 q_t 与养护龄期 t 的关系如图 1-55 所示。抗拉强度随养护龄期的增加而增长，短龄期内（30d）抗拉强度增长较快，30d 后抗拉强度增长趋势逐渐变缓，90d 后抗拉强度增长幅度较小且有趋于稳定的趋势。

c．灰水比对水泥固化土抗拉强度特性的影响。水泥固化土的抗拉强度 q_t 与灰水比 R 的关系如图 1-56 所示。与待固化土质、养护龄期无关，抗拉强度均与灰水比近似呈线性关系，相关系数 r^2 均大于 0.93；随着养护龄期的增加，抗拉强度拟合直线的斜率随之增加，且水泥固化东营港粉土抗拉强度拟合直线的斜率明显高于同条件下胶州湾黏土固化土，表明粉粒含量越高，抗拉强度增长越快。

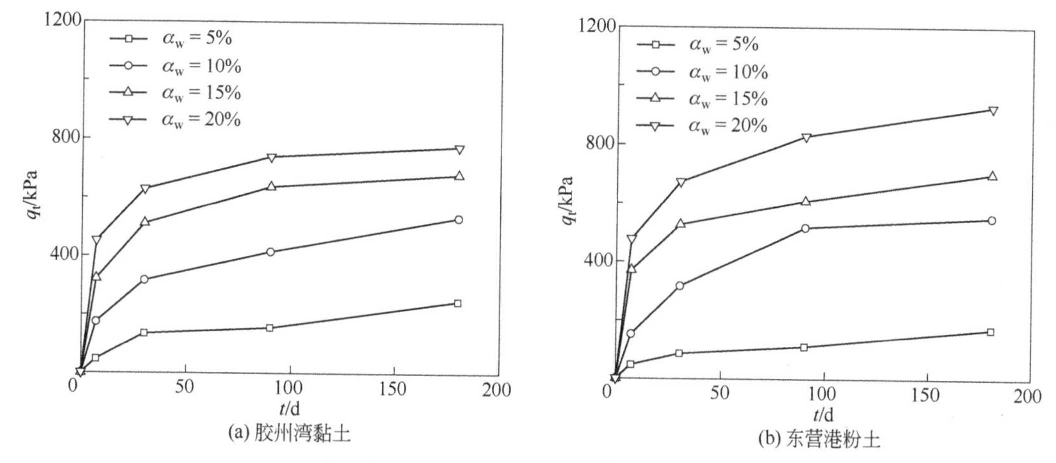

(a) 胶州湾黏土　(b) 东营港粉土

图 1-55　水泥固化土的抗拉强度与养护龄期的关系

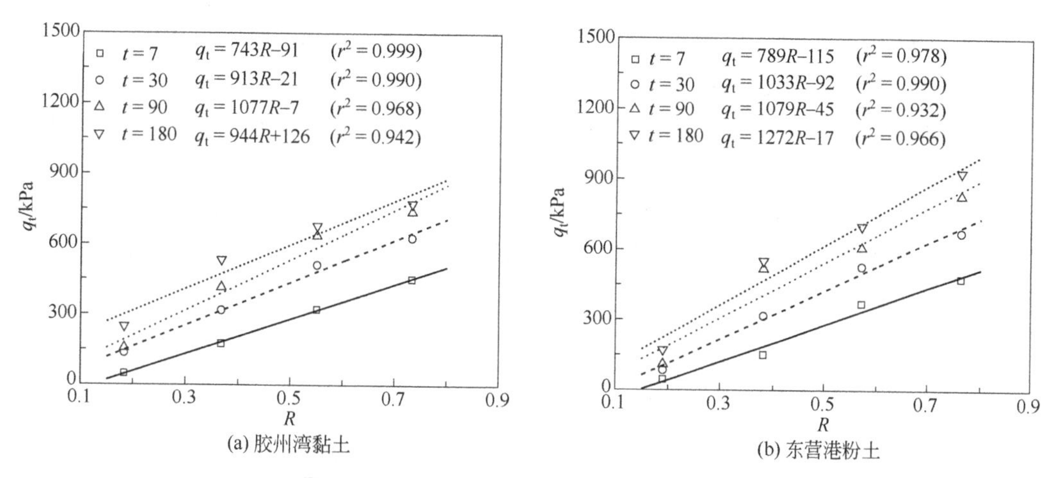

(a) 胶州湾黏土　(b) 东营港粉土

图 1-56　水泥固化土的抗拉强度与灰水比的关系

④ 拉伸模量 $E_{t_{50}}$。水泥固化土的刚度采用拉伸模量 $E_{t_{50}}$ 衡量，$E_{t_{50}}$ 是应力为 50%抗拉强度时的割线模量，利用式（1-52）计算。

$$E_{t_{50}} = \frac{\sigma_{50}}{\varepsilon_{50}} \tag{1-52}$$

式中，$E_{t_{50}}$ 为拉伸模量，kPa；σ_{50} 为 50%抗拉强度，kPa；ε_{50} 为与 σ_{50} 对应的应变。

图 1-57 为拉伸模量 $E_{t_{50}}$ 与龄期 t 的关系。水泥固化胶州湾黏土、水泥固化东营港粉土的拉伸模量随龄期的增长趋势基本相同；在同一水泥掺入比条件下，拉伸模量 $E_{t_{50}}$ 随龄期 t 的增加而增大，短龄期内的增长幅度较大，7d 后增长幅度随龄期增加而逐渐减小，90d 后增长幅度较小且有趋于稳定的趋势。

⑤ 断裂能。断裂能是试样从开始拉伸到破坏全过程在拉伸面上消耗的能量，用单位拉伸面（即断裂面）上拉力做的功表示[105]。断裂能表征材料的韧性，断裂能越大，材料韧性越强，常用于评价混凝土[107]、纤维水泥土[108]的韧性。断裂能可通过式（1-53）计算。

$$G_F = l\int_0^{\varepsilon_{max}} \sigma \mathrm{d}\varepsilon \tag{1-53}$$

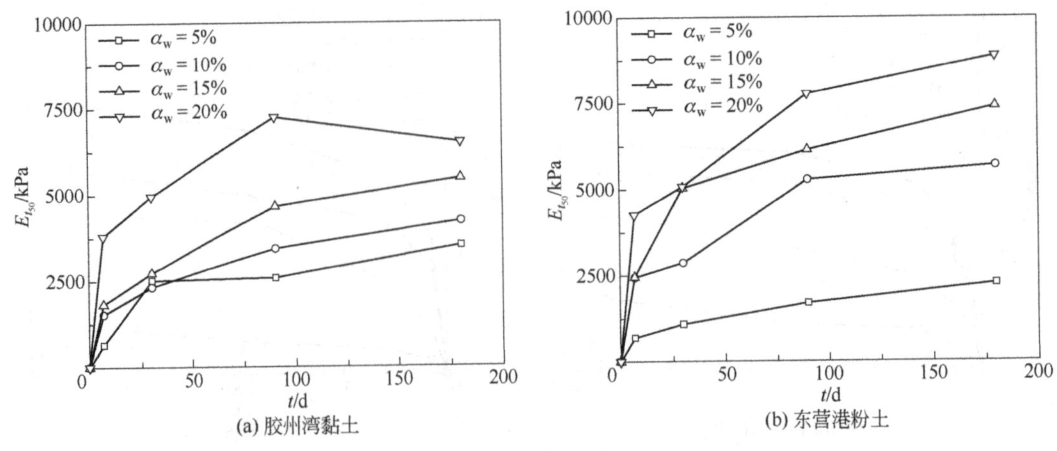

图1-57 水泥固化土的拉伸模量与龄期的关系

式中，G_F为断裂能，kJ/m^2；l为试样拉伸段长度；ε_{max}为破坏时的拉应变，%；σ为拉应力，kPa；ε为拉应变，%。

图1-58为水泥固化土的断裂能G_F与水泥掺入比α_w的关系。龄期一定时，水泥固化胶州湾黏土断裂能在水泥掺入比15%范围内增长较快[图1-58（a）]，当水泥掺入比大于15%后，断裂能趋于稳定，即随着水泥掺入比的增加，水泥固化胶州湾黏土的韧性先增强后减弱；水泥固化东营港粉土断裂能随水泥掺入比的增加而增大[图1-58（b）]，表明其韧性随水泥掺入比的增加而增强。

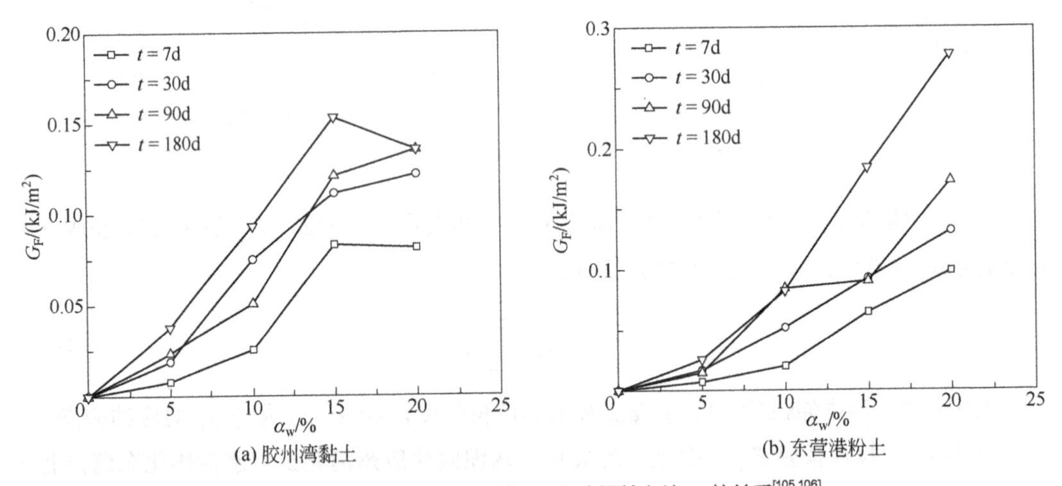

图1-58 水泥固化土的断裂能G_F与水泥掺入比α_w的关系[105,106]

值得注意的是，抗拉强度、拉伸模量无法反映拉应力随拉应变的变化过程，表现出与断裂能不同的变化规律，断裂能可以更好地反映拉应力随拉应变的动态变化过程，可用作固化土的韧性评价指标[105]。

⑥ 抗拉强度与抗压强度的关系。由图1-47和图1-56可知，与待固化土质、养护龄期等无关，抗拉强度q_t与灰水比R、无侧限抗压强度q_u与灰水比R之间均呈线性相关关系，可以推断，抗拉强度q_t与无侧限抗压强度q_u之间也呈线性关系，设抗拉强度q_t与无侧限抗

压强度 q_u 的比值为拉压比 β［式（1-54）］[105]，则

$$\beta=\frac{q_t}{q_u} \tag{1-54}$$

式中，β 为固化土的拉压比，无量纲；q_t、q_u 分别为同一条件下固化土的抗拉强度和无侧限抗压强度，kPa。

笔者课题组将14种固化土的抗拉强度与无侧限抗压强度的试验结果整理在图1-59中。抗拉强度与无侧限抗压强度回归得到的拉压比为0.15，且线性关系良好（r^2=0.918）。即与待固化土质、固化剂种类及掺入比、养护龄期等无关，固化土的拉压比 β 可取0.15。可利用式（1-54）根据水泥固化土的无侧限抗压强度估算相应的抗拉强度。

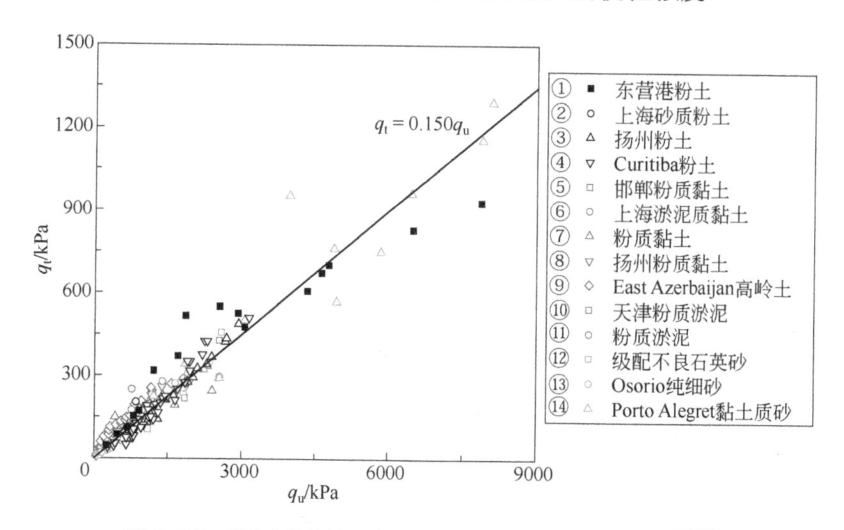

图1-59 固化土的抗拉强度 q_t 与无侧限抗压强度 q_u 的关系[105,106]

1.3.2 渗透特性

渗透特性也是水泥固化土的主要力学性质之一。渗透性表现在各种势能作用下，固化土孔隙中的流体的流动过程及其规律性。固化土的渗透性一般较小，所以，渗透试验采用变水头试验或高压渗透试验。

（1）灰水比 *R* 对水泥固化土渗透系数的影响

灰水比 R 是水泥质量与待固化土中的水及水泥浆中的水质量之和的比值，包含所有水的质量，因此在某种程度上，灰水比是影响水泥固化土强度和渗透性的关键因素[109-116]。如图1-60所示，与待固化土质无关，同一龄期水泥固化土的渗透系数随灰水比的增大线性减小。水泥固化粉土的渗透系数大于相同灰水比、相同龄期水泥固化高岭土的渗透系数（图1-60中椭圆区）。

（2）养护龄期对水泥固化土渗透系数的影响

水泥固化土的渗透系数与养护龄期的关系如图1-61所示。与待固化土质无关，渗透系数随龄期的增加逐渐降低。在龄期小于28d时，渗透系数随龄期的增加降低速率较大，但是这一趋势随灰水比增大变得不明显，即低掺入比的水泥固化土渗透系数在龄期较小

时降低速率较大；当龄期超过 28d 后，渗透系数降低趋于平缓，这一趋势受水泥掺入比的影响不大。

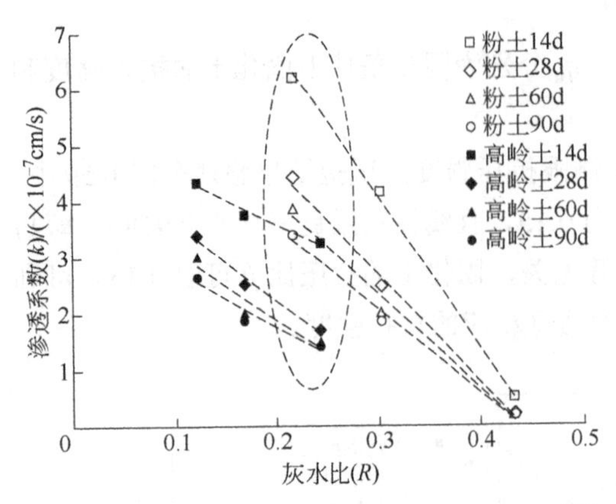

图 1-60 水泥固化土渗透系数与灰水比的关系[117]

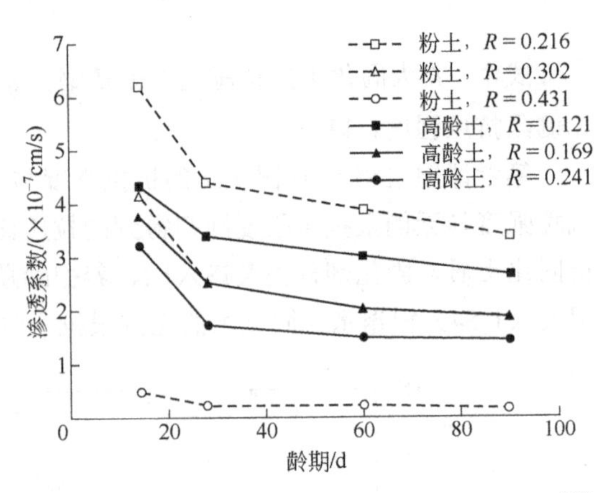

图 1-61 水泥固化土渗透系数与养护龄期的关系[117]

1.3.3 劣化特性与耐久性

水泥固化土常用于复合地基、基坑工程中的挡墙或防渗止水帷幕，以及路基或堤基工程中的大体积稳定土[118-120]，如果水泥固化土长期处于海水[121,122]、盐渍土和污染环境[123]等腐蚀场地，会与混凝土、钢材等建筑材料一样不可避免地受到腐蚀作用，从而发生强度降低、渗透性增大的劣化现象。劣化的发生严重影响水泥固化土的使用寿命[124-127]，导致水泥固化土的耐久性变差。

笔者课题组[128,129]根据工程背景将水泥固化土劣化问题分成两类。图 1-62 为劣化问题分类及其相应的研究方法。水泥固化土在非腐蚀场地形成后因场地受到污染而发生的劣化问题属于第一类，污染场地的形成除工业、农业及生活污染源外，酸雨、盐渍化、潮汐及海水侵入等均可导致场地污染。如图 1-62 左列所示，第一类劣化问题可采用先将自来水制备的水泥固化土标准养护一定时间再与腐蚀环境接触的方式进行模拟。在污染场地、滨海场地等腐蚀场地形成的水泥固化土，其形成强度的同时即受到腐蚀介质的侵蚀，这类劣化问题属于第二类，如图 1-62 右列所示，为符合实际情况，采用将腐蚀溶液制备的水泥固化土不经标准养护立即使其与腐蚀环境接触的方式进行模拟。现场养护则综合了如水动力条件、温度变化、潮汐作用等诸多因素的影响。

结合“1.2 水泥与土中成分的作用机理”，水泥固化土的劣化实质上是与腐蚀性物质发生物理化学反应演变的结果，水泥固化土的劣化机理可用图 1-63 阐述。第一类劣化问题的劣化机理：腐蚀性物质与硬化的水泥固化土固化体接触后发生物理化学反应，诱发已成型的水化产物分解、溶出而失去胶凝性，或使得水化产物体积增大引发膨胀等，即图 1-62 左列；第二类劣化问题的劣化机理：腐蚀性物质直接与未水化的水泥接触，参与水泥的水化反应，在水泥水化反应的过程中腐蚀性物质与控制水化反应的中间产物结合，从而抑制水化胶凝产物的形成，或阻碍水泥矿物相的溶解、成核、沉淀，进而延缓水化进程（如 1.1.3.2 节所述），或诱发已成型的水化产物分解、溶出而失去胶凝性等，即图 1-62 右列。

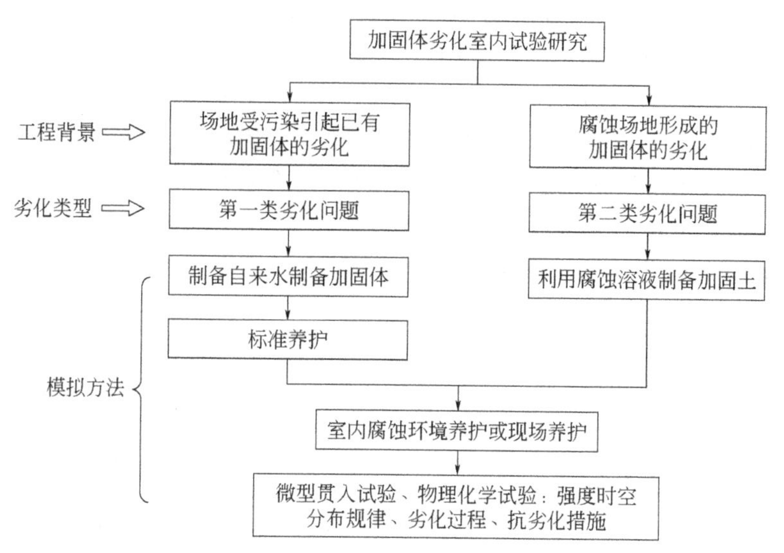

图 1-62 水泥固化土劣化问题分类及研究方法[128-130]

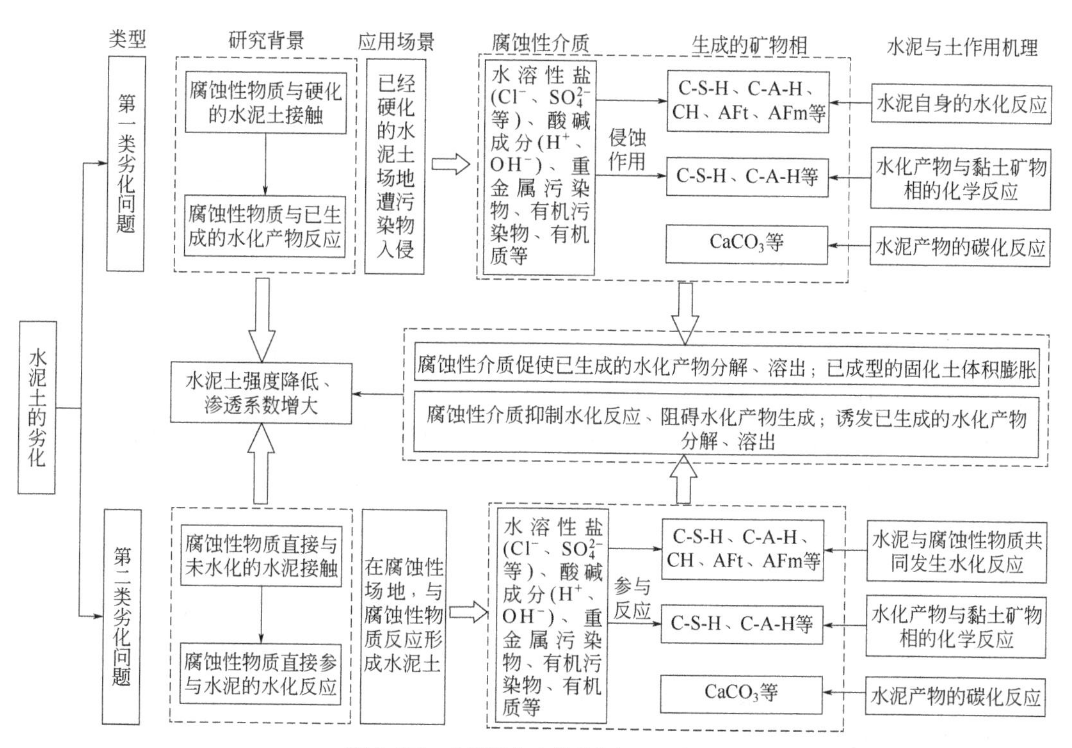

图 1-63 水泥固化土的劣化机理示意图

1.3.4 微观特性

（1）矿物相组成

胶州湾黏土及水泥固化土 XRD 图谱如图 1-64 所示，胶州湾黏土中主要的矿物相有钠长石（albite，A）、钙长石（anorthite，An）、绿泥石（chlorite，Ch）、白云石（dolomite，D）、伊利石（illite，I）、高岭石（kaolinite，K）、白云母（muscovite，Mu）和石英（quartz，Q），这一结果与图 1-39 胶州湾黏土中含有黏粒、粉粒、砂粒的结果相一致；水泥固化胶州湾黏土主要矿物相有 C-A-H、方解石（calcite，Cc）、CH、C-S-H 和 AFt（ettringite，E）等。

由图 1-64 可知，胶州湾黏土含有绿泥石、白云石、伊利石、高岭石、白云母等大量的黏土矿物相；加入水泥养护 28d 后，固化土水化产物有 C-S-H、C-A-H、CH、AFt 等，表明水泥水化过程发生式（1-4）、式（1-6）、式（1-10）、式（1-12）、式（1-15）等的水化反应，这一结果与 1.2.1 节中水泥自身水化反应一致。

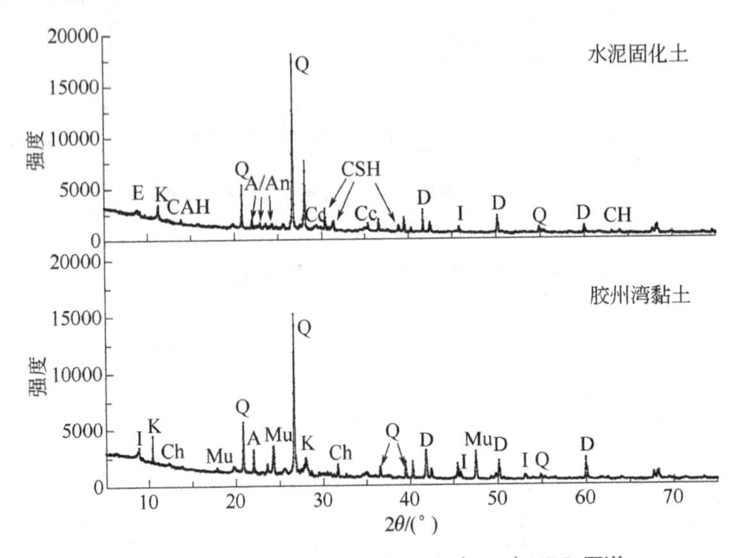

图 1-64 胶州湾黏土及水泥固化土（28d）XRD 图谱

与胶州湾黏土中的黏土矿物相相比，固化土中伊利石（2θ 衍射峰位置约 8.0°、45.6°）、高岭石（2θ 衍射峰位置约 10.2°、45.6°）、钠长石（2θ 衍射峰位置约 22.0°）、白云石（2θ 衍射峰位置约 41.7°、60.0°）等黏土矿物相衍射峰强度减弱，白云母（2θ 衍射峰位置约 17.5°、24.0°、47.5°）、绿泥石（2θ 衍射峰位置约 12.3°、31.6°）等黏土矿物衍射峰几乎消失，表明胶州湾黏土中黏土矿物相与水泥水化产物之间发生物理化学反应，导致黏土矿物相衍射峰强度降低甚至消失不见，这一现象证实了 1.2.1.2 节中水泥水化产物与黏土矿物之间发生物理化学反应的作用机理；水泥水化产物氢氧化钙能够与空气中的 CO_2 发生碳酸化反应，生成新的矿物相方解石（2θ 衍射峰位置约 35.6°），这一现象验证了 1.2.1 节中水泥水化产物会与外界环境中 CO_2 发生碳酸化反应的作用机理。

（2）微观形貌

胶州湾黏土及水泥固化土的微观形貌照片如图 1-65 所示。

胶州湾黏土中含有片状、凝块状、卷曲状的黏土矿物相次生矿物，及碎屑状、颗粒大小不均一的原生矿物，这一结果与 XRD 图谱相一致，表明胶州湾黏土主要由黏土矿物相的次生矿物和未经风化的原生矿物组成；水泥固化胶州湾黏土中有板片、凝胶状结构的 C-A-H，相互交错网状、絮凝状的 C-S-H，及零散或聚集分布的针状 AFt，这一现象证实 XRD 图谱中水化产物的矿物相组成与水泥自身水化反应结果相一致；絮凝状的 C-A-H 和网状、絮凝状的 C-S-H 能够胶结土体颗粒形成较为致密的固化土结构，板片状、针状的 AFt 填充土颗粒孔隙进一步提高水泥固化土强度，该现象解释了水泥固化胶州湾黏土强度特性、变形特性演变规律（1.3.1 节）。

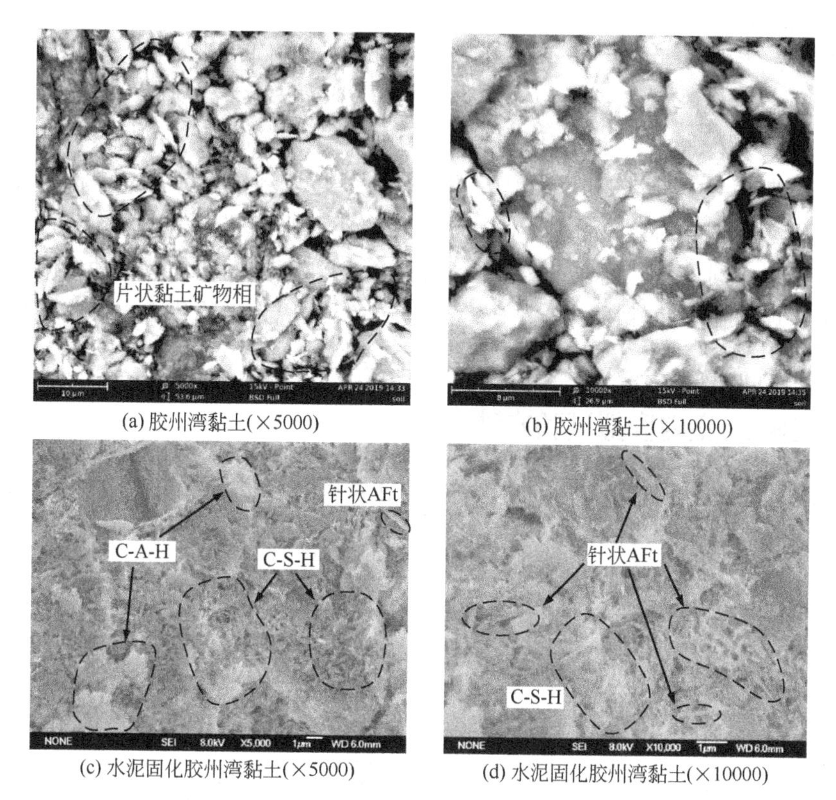

(a) 胶州湾黏土(×5000)　(b) 胶州湾黏土(×10000)

(c) 水泥固化胶州湾黏土(×5000)　(d) 水泥固化胶州湾黏土(×10000)

图 1-65　胶州湾黏土及水泥固化土（28d）SEM 照片

1.3.5　固化机理

结合水泥净浆的反应机理（1.1.3.2 小节）、水泥与土中成分的反应机理（1.2 节）、固化土微观特性（1.3.4 节）及相关研究，水泥固化土体的作用机理主要为水泥自身水化反应，水化产物的胶结作用、填充作用、骨架作用，水化产物 $Ca(OH)_2$ 与黏土矿物之间的离子交换作用、火山灰作用、碳酸化作用等。

1.4　半固化土

固化处理和半固化处理是废土作为土工材料资源化利用的两种主要处理方式。废土是指开挖滨海相淤泥、疏浚土、泥水平衡盾构渣土等高含水量、无法直接利用的废弃的土。固化处理是在废土中掺入较多量固化剂，经拌和浇筑、养护后，硬结成为整体坚硬的硬化体，即固化土。固化处理土强度高、变形小，当废土中含有污染物时对污染物具有稳定和包裹作用，既可解决废土对环境的危害问题，又可将固化处理土用于填筑和填方工程。半固化处理土是将少量固化剂与废土拌和，并结合碾压用于填筑工程的可储存、可运输、可重复利用的土工材料，也可称为稳定土、改性土[131]、材料化处理土[132]、土壤化土等，本书称为半固化处理土，简称半固化土。碾压后的半固化土具有更加密实的结构，强度特性甚至优于固化土。

影响半固化土的力学特性的因素与固化土影响因素相同，即待处理土条件[含水量（包括水灰比中的水）、颗粒粒组及含量（氧化物及含量）、水溶盐、酸碱度、有机质种类及含量等]、固化剂条件（固化剂种类和掺量、外加剂种类和掺量等）、养护条件（养护方式、温度、闷料龄期和养护龄期等）。但是，与固化土的直接利用不同，半固化处理的目标是将废土处理成易于碾压的填筑材料。固化剂掺量过小，半固化土无法击实；反之固化剂掺量过大，可能形成固化土，同样击实效果不显著。即，存在固化剂掺量的上限，超过该上限，处理土呈现固化土的性质；略小于该上限，处理土成为半固化土，其击实特性得到显著改善[133,134]。

1.4.1 半固化土室内模拟试验方法

半固化土（即废土土工材料化）的实现需要在室内开展基础性研究，研究思路如图 1-66 所示。

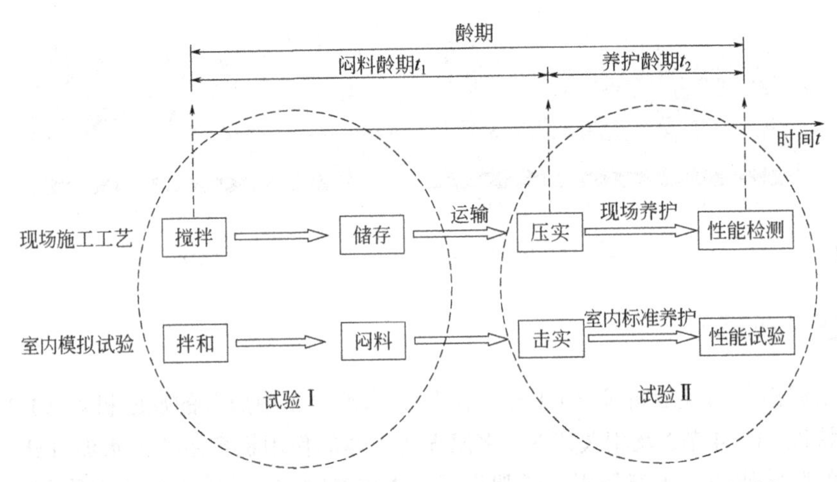

图 1-66 半固化土室内研究与填筑工程施工工艺的对比（基于文献[135]修改）

现场施工工艺分为搅拌、储存、运输、压实、现场养护及性能检测，对应的室内试验以拌和、闷料、击实、室内标准养护及性能试验进行模拟。因此，半固化土的龄期分为两部分，龄期 t_1 为素土与固化剂搅拌后，从储存、运输到压实前的时间，对应室内模拟试验则为拌和后到击实前的闷料时间，即半固化土的养护时间，称之为闷料龄期。龄期 t_2 为从现场压实后到性能检测前的养护时间，对应室内模拟试验为从击实后到性能试验前的养护时间，即半固化击实土的养护时间，称之为养护龄期。

因此，试验Ⅰ（素土与固化剂拌和试验，形成半固化土）考虑的影响因素有：素土的基本物理化学性质、固化剂的组分与配比、固化剂的掺量；半固化土的闷料制度与闷料龄期 t_1。

试验Ⅱ（半固化土的击实试验，形成半固化击实土；半固化土实土的性能试验）考虑的影响因素有：素土的基本物理化学性质、固化剂的组分与配比、固化剂掺量；半固化土的闷料制度与闷料龄期 t_1；半固化土的基本物理化学性质、击实方式、半固化击实土的养护制度与养护龄期 t_2。

1.4.2 废土与固化剂拌和试验

（1）水泥掺入比对处理土物理性质的影响

① 含水量。图 1-67 为处理土含水量 w 随水泥掺入比 α_s（定义为水泥质量与干土质量之比）的变化关系。与待处理土的土质、初始含水量 w 及闷料龄期 t_1 无关，处理土的含水量随水泥掺入比 α_s 的增加而降低。

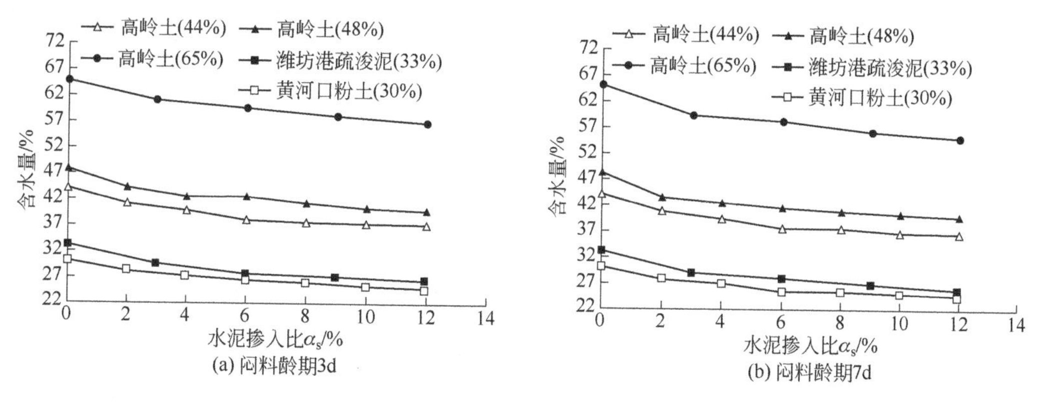

图 1-67 处理土的含水量与水泥掺量的关系[134,135]

② 液限、塑限、塑性指数。图 1-68 为处理土的液限、塑限、塑性指数随着水泥掺入比 α_s 的变化曲线。相比于素土的液限、塑限及塑性指数（对应图中的上、中、下三条虚线），处理土的液限、塑限及塑性指数随闷料龄期变化不明显；塑限随水泥掺入比基本不变；液限和塑性指数随掺入比增大而减小。

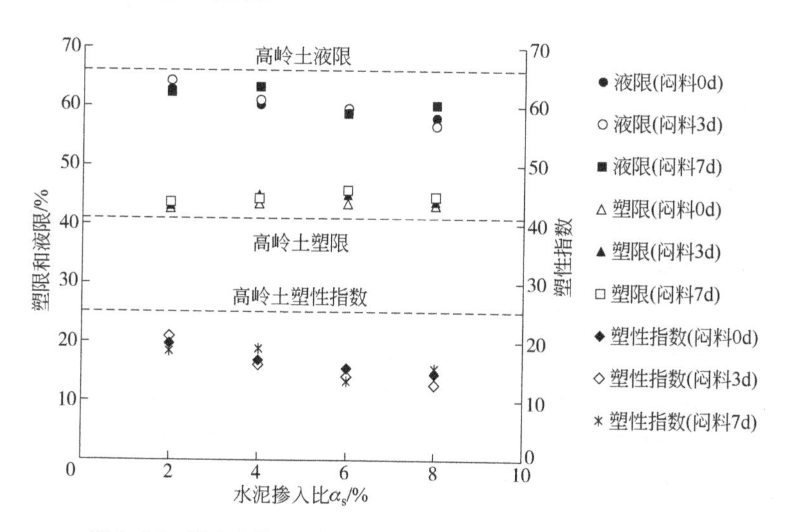

图 1-68 处理土的界限含水量及塑性指数与水泥掺量的关系[134,135]

（2）闷料龄期 t_1 对处理土含水量的影响

图 1-69 和图 1-70 为处理土含水量随闷料龄期的变化曲线。

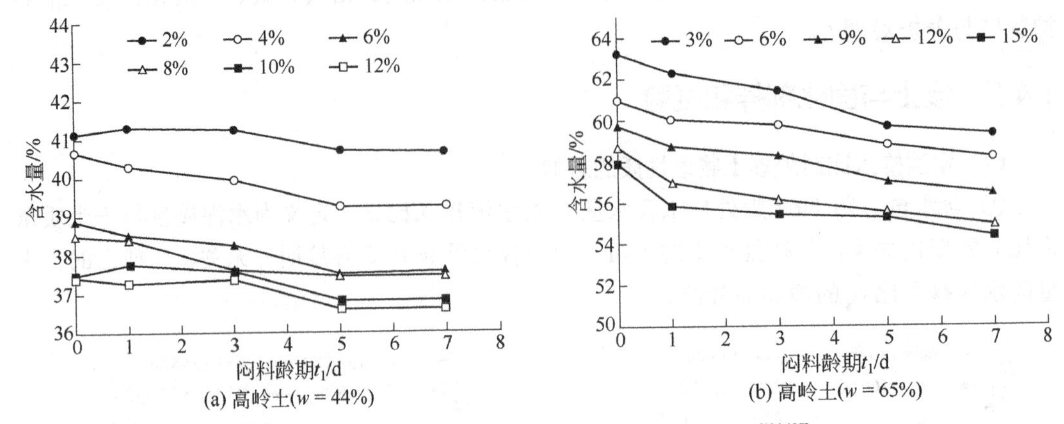

图 1-69 高岭土处理土的含水量随闷料龄期 t_1 的变化[134,135]

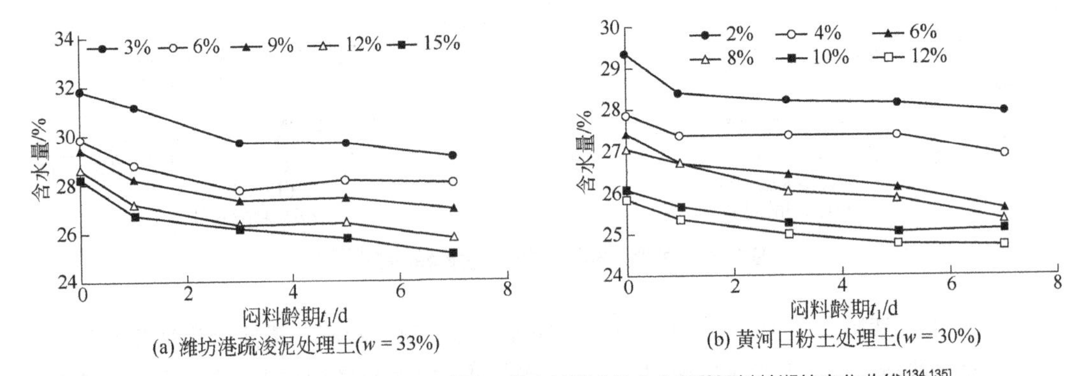

图 1-70 潍坊港疏浚泥处理土和黄河口粉土处理土的含水量随闷料龄期的变化曲线[134,135]

与待处理土质、水泥掺入比、待处理土初始含水量无关，处理土含水量随闷料龄期 t_1 的增加而降低，随后逐渐趋于稳定。

1.4.3 半固化土的击实与性能试验

（1）击实试验

高岭土处理土的击实曲线如图 1-71 所示。处理土的击实曲线性状与高岭土（即 α_s=0）类似，随着含水量的增加，干密度先增加后减小，存在一个最优含水量和最大干密度。随着水泥掺入比 α_s 的增加，击实曲线向左上方移动。

图 1-72 为高岭土处理土的最大干密度和最优含水量随水泥掺入比的变化曲线。处理土的最优含水量随水泥掺入比的增加而降低；最大干密度随水泥掺入比的增加而增大。

处理土的最大干密度和最优含水量随着闷料龄期 t_1 的变化如图 1-73 所示，最大干密度随闷料龄期总体上变化不大，集中在 1.26～1.28g/cm^3 范围；最优含水量随着闷料龄期延长有微小增大趋势。

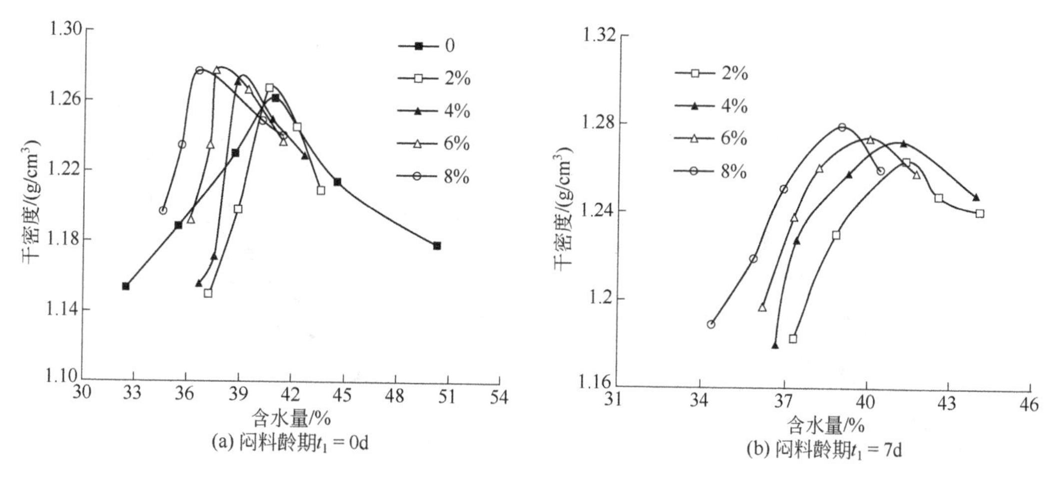

图 1-71 高岭土处理土的击实曲线[134,135]

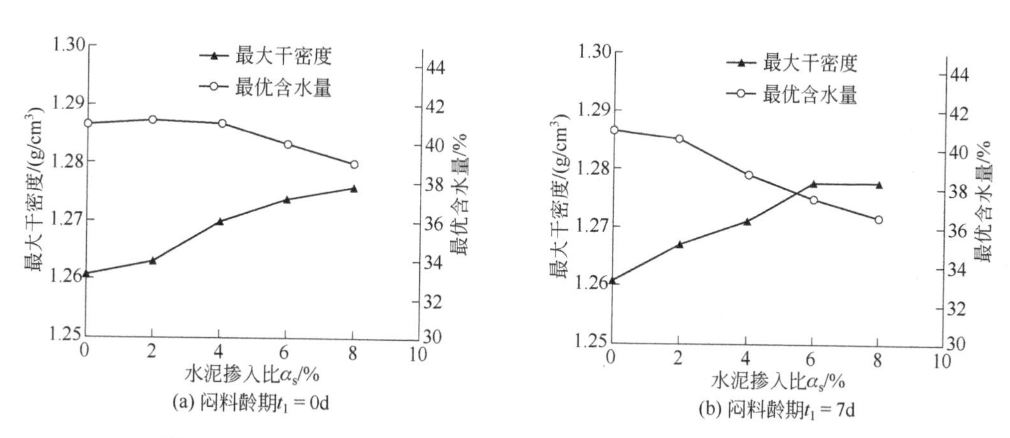

图 1-72 高岭土处理土最优含水量和最大干密度与水泥掺入比的关系[134,135]

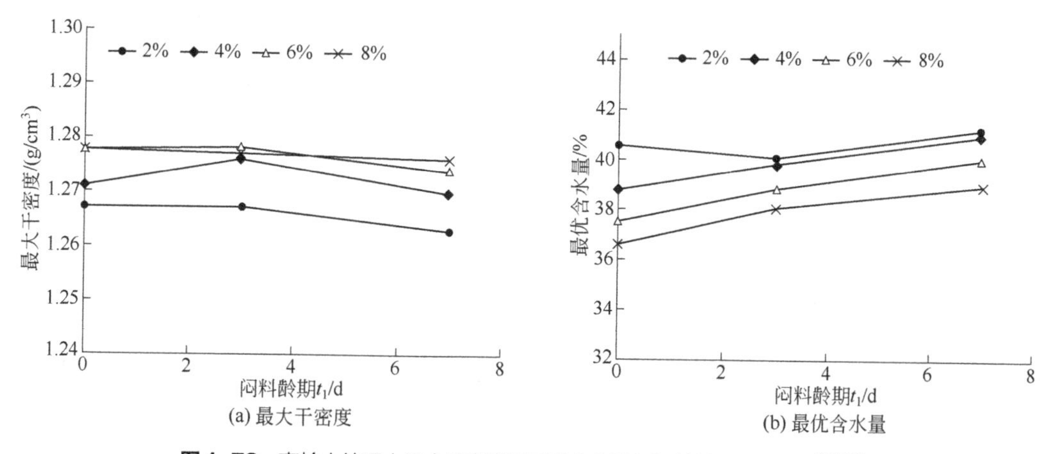

图 1-73 高岭土处理土最大干密度和最优含水量与闷料龄期 t_1 的关系[134,135]

（2）无侧限抗压强度试验

图 1-74 为击实高岭土处理土的应力-应变关系曲线。与待处理土初始含水量、处理土养护龄期 t_2 无关，高岭土处理土的应力-应变曲线形状相同，呈现出明显的脆性特性，均具

有明显的峰值应力，将此应力峰值作为无侧限抗压强度。

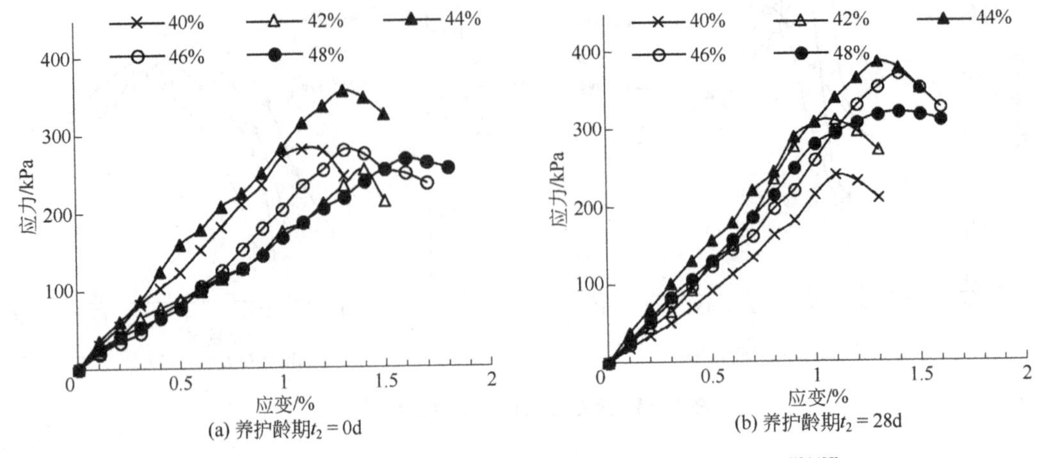

图 1-74 击实高岭土处理土应力-应变曲线（α_s=4%，t_1=0d）[134,135]

图 1-75 为击实高岭土处理土的无侧限抗压强度与水泥掺入比 α_s 的关系曲线。养护龄期 t_2 为 0d 时［图 1-75（a）］，初始含水量（42%、44%）较低时，无侧限抗压强度随水泥掺入比的变化不太明显，初始含水量较高时（46%、48%），无侧限抗压强度随着掺入比（2%～6%）的增加而增大，但是随着水泥掺入比的继续增大而逐渐趋于稳定；当养护龄期为 28d 时［图 1-75（b）］，无侧限抗压强度随着水泥掺入比的增加而增大。

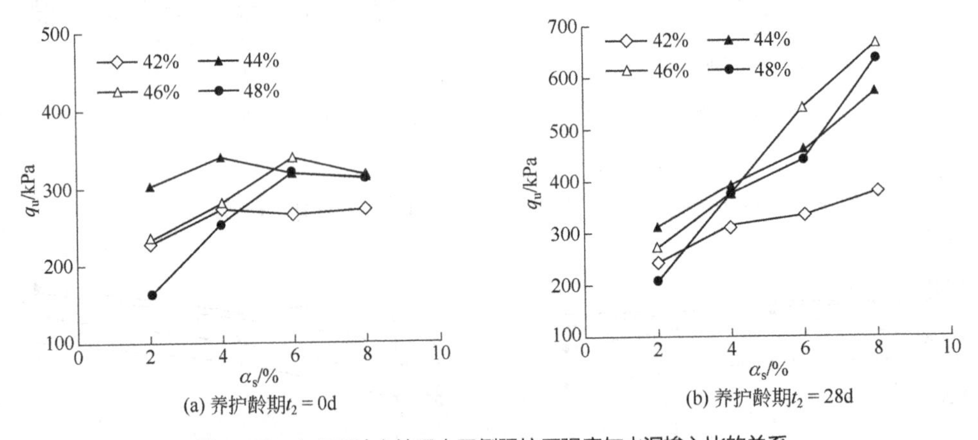

图 1-75 击实高岭土处理土无侧限抗压强度与水泥掺入比的关系

击实高岭土处理土的无侧限抗压强度随闷料龄期 t_1（养护龄期 t_2=0d）的变化规律如图 1-76 所示。初始含水量为 44%时，不同水泥掺入比的击实处理土的无侧限抗压强度随着闷料龄期的增加均呈现下降的趋势；初始含水量为 48%时，无侧限抗压强度随闷料龄期的变化规律不明显。

击实高岭土处理土的无侧限抗压强度与养护龄期 t_2（闷料龄期 t_1=0d）的关系曲线如图 1-77 所示。不同初始含水量的击实处理土的无侧限抗压强度随养护龄期的变化规律相似。水泥掺入比较小时，无侧限抗压强度随养护龄期变化不大；掺入比较大时，无侧限抗压强度随养护龄期增长趋势显著，可以认为处理土开始呈现出固化土的性质。

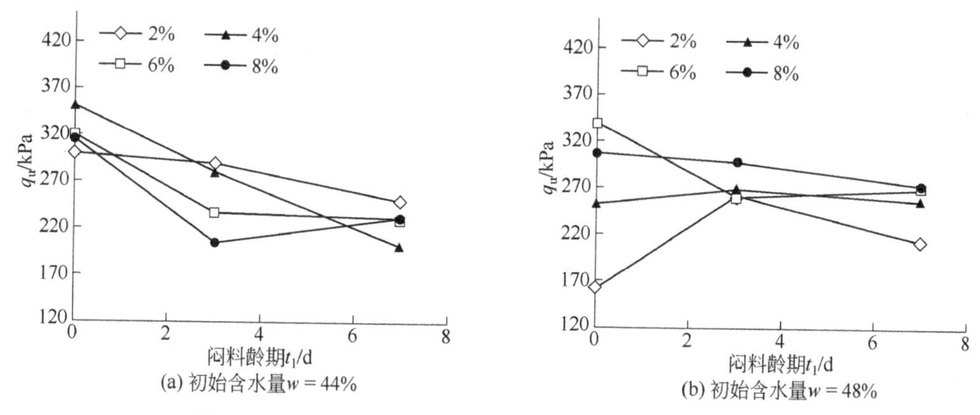

图 1-76 击实高岭土处理土无侧限抗压强度与闷料龄期 t_1 的关系

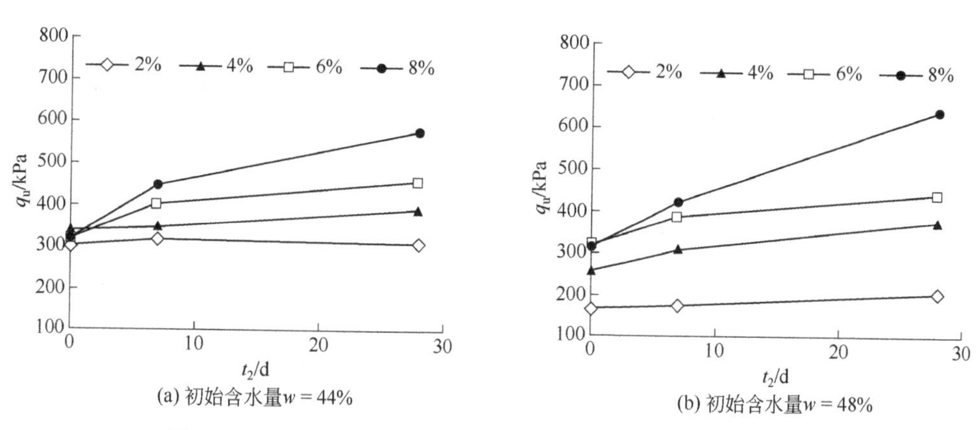

图 1-77 击实高岭土处理土无侧限抗压强度与养护龄期 t_2 的关系[134,135]

击实处理土的无侧限抗压强度与初始含水量的关系如图 1-78 所示。与水泥掺入比、养护龄期无关，无侧限抗压强度随着初始含水量的增加呈现先增大后减小的趋势，存在最优初始含水量。

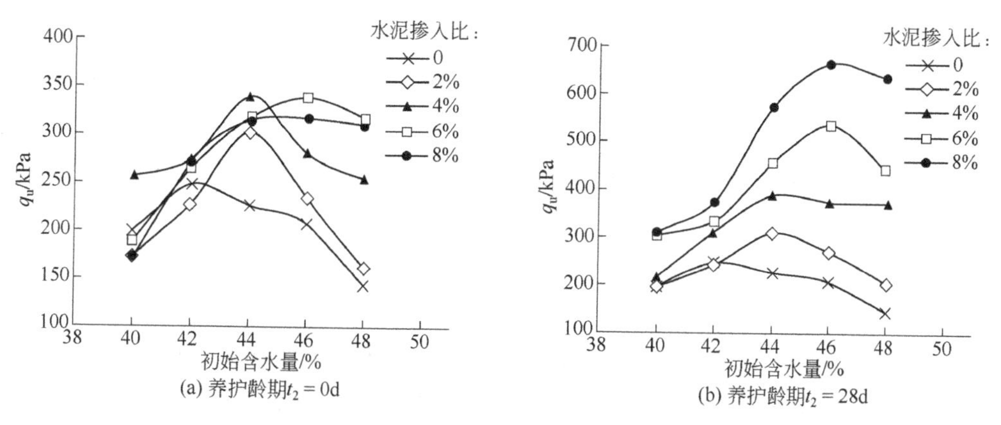

图 1-78 初始含水量与无侧限抗压强度的关系[134,135]

1.4.4 固化剂掺量界限范围的确定

根据处理土含水量随水泥掺入比的变化趋势，引入含水量降低率 D_w 的概念[136]，如式（1-55）所示。

$$D_w=\frac{w_n-w_T}{w_n}\times100\% \tag{1-55}$$

式中，D_w 为含水量降低率，%；w_n 为待处理土的初始含水量，%；w_T 为处理土的含水量，%。

图 1-79 为处理土的含水量降低率 D_w 和水泥掺入比 α_s 的关系。含水量降低率随水泥掺入比的增加呈现上升并最终趋于平缓的趋势。

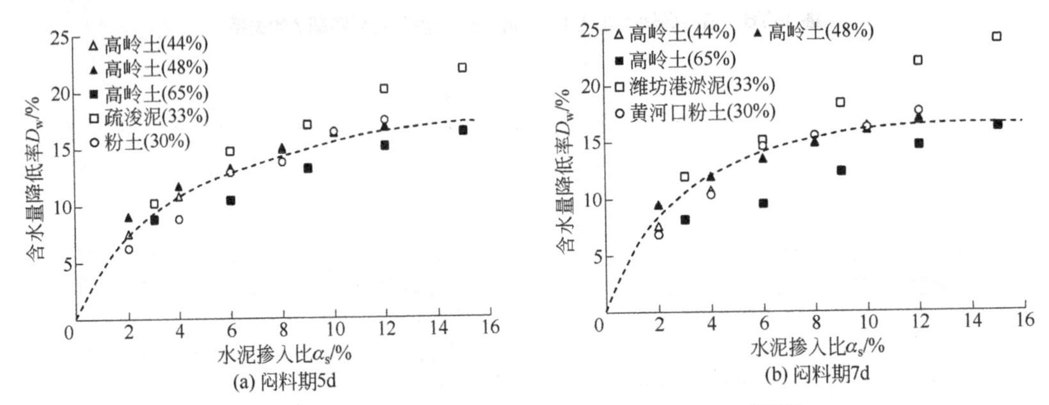

图 1-79 处理土的含水量降低率与水泥掺入比的关系[134,135]

利用双曲线对含水量降低率进行拟合，如式（1-56）所示，将双曲线的初始切线与渐近线的交点对应的横坐标作为处理土的水泥掺入比的界限掺入比[136]，如式（1-57）所示。

$$D_w=\frac{\alpha_s}{A+B\alpha_s} \tag{1-56}$$

$$\alpha_{s0}=\frac{A}{B} \tag{1-57}$$

式中，α_s 为固化剂掺入比，%；A，B 为回归系数，根据试验数据确定；α_{s0} 为处理土的界限掺入比。

α_s 是固化剂质量与干土质量之比，与 α_c（固化剂质量与湿土质量之比）的关系如式（1-58）所示。

$$\alpha_c=\frac{\alpha}{1+w_n} \tag{1-58}$$

将确定的干土界限掺入比 α_{s0} 代入式（1-58），可得到湿土界限掺入比 α_{c0}。图 1-80 为界限掺入比 α_{c0} 与待处理土含水比（初始含水量 w_n 与液限 w_L 之比）的关系。图 1-81 为固化处理与半固化处理区分图[134-136]。已知待处理土的初始含水量及液限，即可计算出该土半固化处理的固化剂界限掺入比，当固化剂掺入比大于该掺入比时，处理土为固化土。

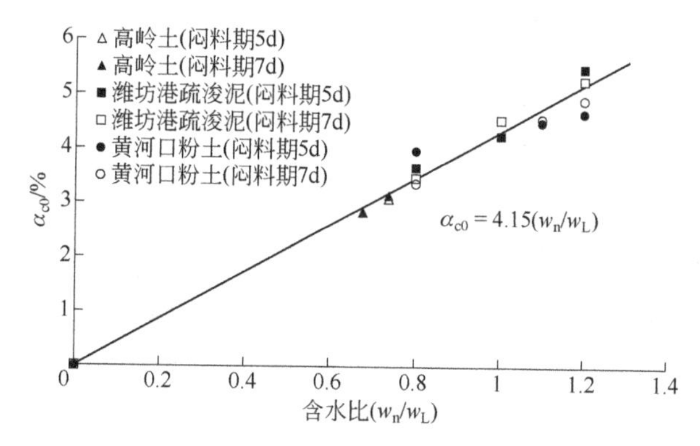

图 1-80 处理土界限掺入比 α_{c0} 与含水比的关系[134,135]

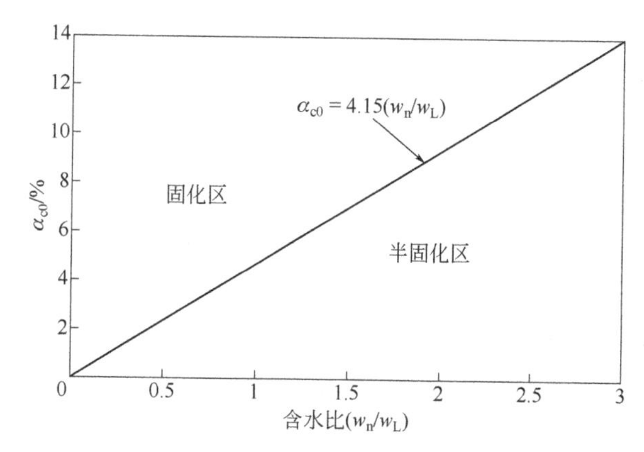

图 1-81 固化处理与半固化处理区分图[134,135]

当固化剂掺量很小时，即使待处理土含水比较小，处理土无法达到半固化的效果，但是，该初始条件的坐标点仍然落在图 1-81 的半固化区域，很显然这是不合常理的。可以认为，与达到半固化效果对应的固化剂掺量是随着含水比的增大而增大的，即可用图 1-82 区分固化和半固化区。固化与半固化回归直线用 $\alpha_{c0}=\kappa(w_n/w_L)$表达，$\kappa$ 是与待处理土质和固化剂种类有关的待定参数。与该直线平行的虚线表达式为 $\alpha_c=\kappa(w_n/w_L)-b$，理论上虚线与横轴的交点 b/κ 是素土是否能够击实的上限含水比，可认为是一个小于 1.0 的常数，即设 $b/\kappa=\delta w_n/w_L$，其中 $0<\delta<1$，则 $b=\delta\kappa w_n/w_L$。实线表示固化的最小固化剂掺量，也是半固化的最大固化剂掺量；虚线表示半固化的最小固化剂掺量。实线以上为固化区，实线和虚线之间为半固化区，虚线下方为无处理效果区。当含水比一定时，固化剂掺入比大于 α_{c0}，即固化剂掺入比在实线上方时属于固化土；固化剂掺入比在实线下方和虚线上方时属于半固化土，在虚线下方时添加的固化剂掺量达不到处理效果。

（1）处理土的击实性质

处理土的干密度 ρ 随水泥掺入比 α_c 的变化曲线如图 1-83 所示。水泥掺入比 α_c 在半固化区范围内，干密度随着水泥掺入比 α_c 的增大而增大且增幅比较明显，当水泥掺入比在固化区范围内时，处理土的干密度随着水泥掺入比增大的变化趋势不明显，甚至会随着掺入比的增大而降低，此时的水泥掺量超过半固化处理所需掺量，击实可能对处理土的整体性造成破坏导致干密度不再增加甚至降低。

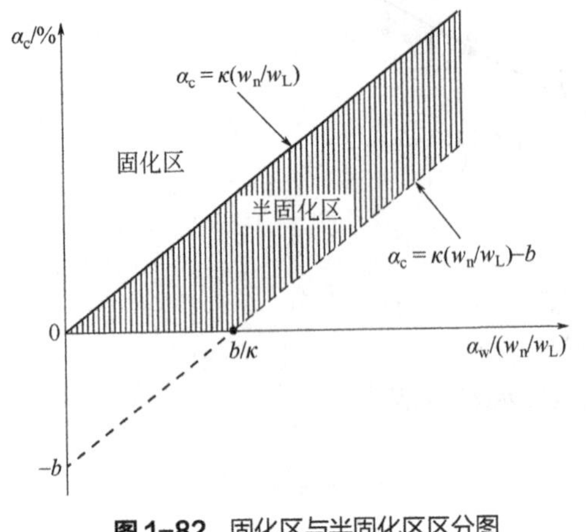

图1-82 固化区与半固化区区分图

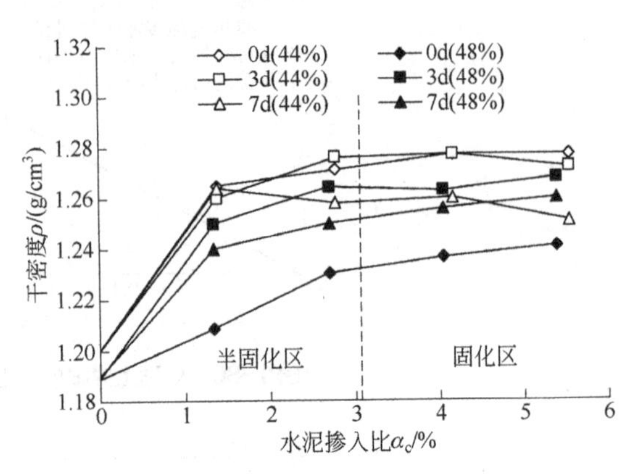

图1-83 击实高岭土处理土干密度随水泥掺入比 α_c 的变化曲线[134,135]

（2）处理土的强度性质

击实处理土的无侧限抗压强度随水泥掺入比 α_c 的变化曲线如图 1-84 所示。水泥掺入比在半固化区范围内，无侧限抗压强度随水泥掺入比的增大而增大，超过半固化范围在固化范围时，处理土的无侧限抗压强度几乎不再增加甚至出现强度下降现象，可知当水泥掺入比超过界限值时，处理土已经基本接近固化程度。

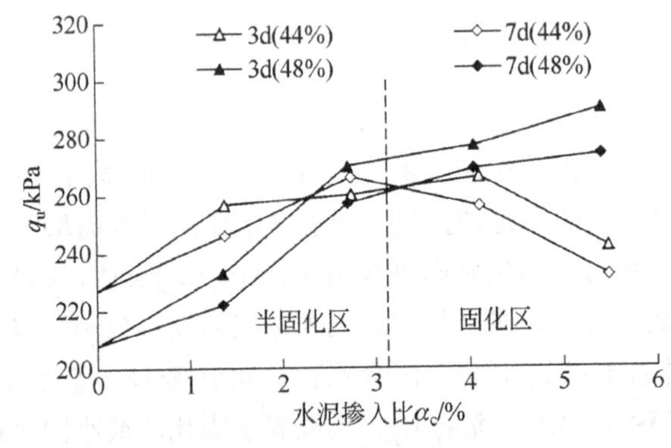

图1-84 击实高岭土处理土无侧限抗压强度随水泥掺入比 α_c 的变化曲线[134,135]

总体而言，目前半固化处理土没有相关的配合比设计规程，对半固化处理土的研究也多侧重于物理性质（含水量、液限、塑限、塑性指数等）、击实特性（最大干密度、最优含水量等）和强度特性（应力-应变关系、破坏形态、无侧限抗压强度等），有关半固化土渗透特性、劣化和耐久性及微观特性方面的研究较为匮乏，尤其是缺少从微观方面揭示半固化土宏观特性的相关研究。半固化土作为优质的填筑工程材料，能够有效实现废土资源材料化，仍有大量的相关研究亟须开展。

1.5 固化/稳定化污染土

随着我国经济建设的快速发展，为加速产业结构调整和城市发展转型，提高土地的周转率，解决城市化进程中土地再开发利用需求的迫切问题，对位于城市中心或近郊的工业企业实施退城进园、关停并转政策。原有化工、焦化、钢铁、金属冶炼、电镀和机械加工等污染企业场地的再利用面临重金属、有机物等污染土的修复问题。

污染物在污染土中的存在形式取决于污染物的类型、程度、土的矿物成分、有机质成分及 pH 值等，包括如图 1-85 所示的六种形式[137-139]。

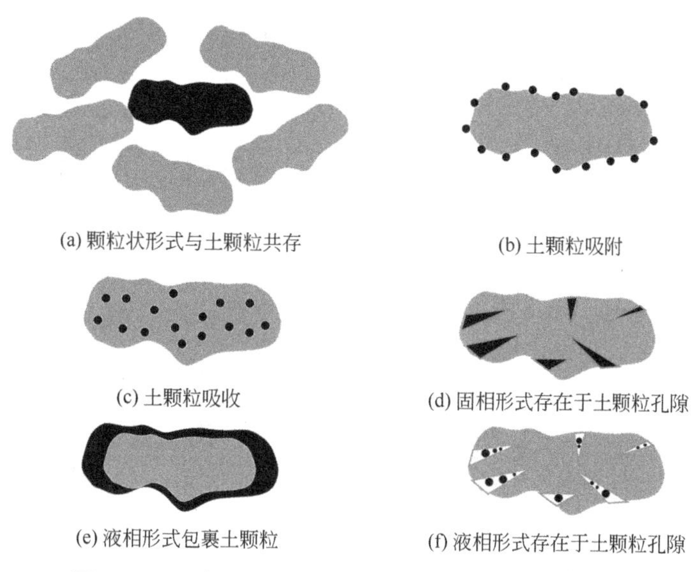

图 1-85 污染物（图中黑色部分）在土中的存在形式[137-139]

目前常用的污染土修复技术分类如图 1-86 所示。其中，固化/稳定化技术是将固化剂与污染土充分混合，利用固化剂与污染土之间的物理化学反应，使污染土成为低渗透性的固化体，达到降低污染土中污染物的迁移、扩散能力的目的，或者通过化学反应形成晶格结构、化学键改变污染土中污染物的化学状态，从而降低污染土中污染物移动或浸出特性。利用水泥作为固化/稳定化固化剂已有超过半世纪的历史[73,77,140,141]，在修复工程量方面，从单个工程数百到数十万立方米；在污染物修复类型方面，不仅适用于固化/稳定化汞、锌、镉、铬、铅、镍、铜等重金属和砷等非金属，同样在 NAPLs、多氯联苯、多环芳烃、农药、石油类、表面活性剂等有机污染物中得到应用；在修复应用领域方面，不仅在污染场地修复中广泛应用，河道污染底泥、疏浚泥、沉积物等处理，有毒有害废弃物和放射性废物的固化等也有大量的应用案例；修复后去向方面，固化/稳定化后的土壤和底泥采用填埋处置、原地阻隔和用作路基材料等资源化再利用。

水泥固化/稳定化污染土机理包括吸附作用、沉淀作用、离子交换作用、化学结合作用、物理包裹作用等（1.2.4 节）。Shi 等[142]认为水泥固化/稳定化污染物的机理包含以下三个方面：

水泥的水化反应产物（如 C-S-H、C-A-H、CH 等）与污染物相互作用，对污染物进行化学固定；利用各类水化产物凝胶表面多孔的特性对污染物进行物理吸附；对污染物物理包裹。

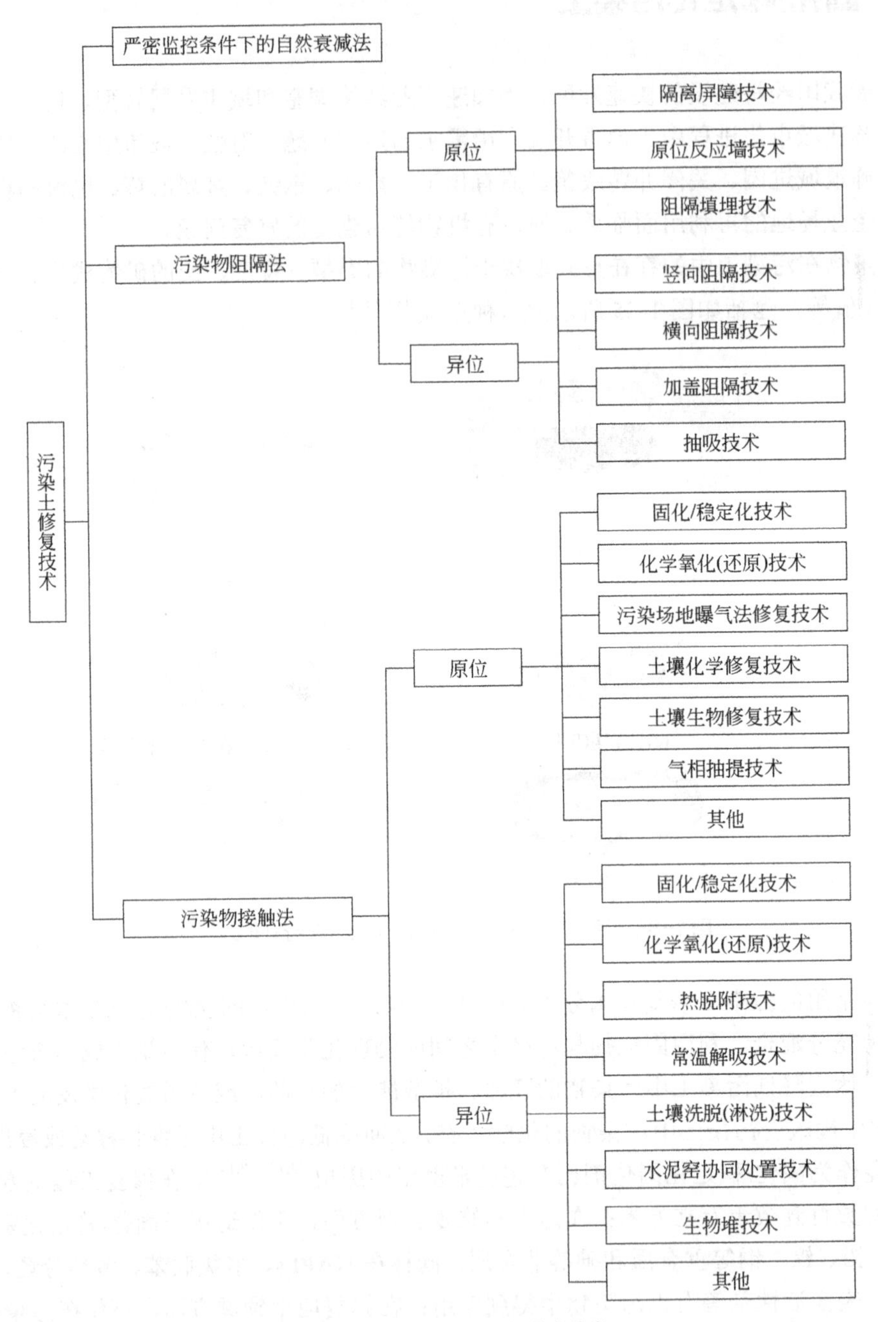

图 1-86 常用污染土修复技术分类

1.5.1 室内试验研究方法及评价标准

目前，没有固化/稳定化污染土制样方法的标准。一般而言，制样方法应考虑污染物在土体中的存在形式（图 1-85）。重金属污染物在土体中以离子形态存在，有机污染物则多附着在土体颗粒表面，二者均具有一定的生态毒害性。腐殖质类、糖类、植物根系分泌物、菌丝体等有机质不具有生态毒性，不属于有机污染物。

对于重金属污染土，固化/稳定化制样步骤为：土的风干、粉磨筛分→制备污染物溶液→配制污染土→与固化剂搅拌或焖土后与固化剂搅拌→制样→养护[137,143-147]。需要强调的是，由于重金属氯化物、硫酸盐会与水化产物发生反应［式（1-29）～式（1-33)]，在制样时一般掺入对水泥水化产物影响较小的重金属硝酸盐。此外，重金属含量（或浓度）通常以重金属离子与干土的质量之比表示。对于有机污染土，固化/稳定化制样步骤为：制备有机污染物→将其溶于丙酮溶剂或甲醇溶剂（可确保污染物能够均匀分布于土体中）→配制污染土（有机污染物与土体混合搅拌并静置一定时间）→与固化剂搅拌→制样→养护[148]。可以看出，在重金属污染土固化/稳定化制样时，重金属采用离子态形式掺入，这与重金属硝酸盐可直接溶于水有关；而有机污染物一般不溶于水，因此，制样时需要加入一定的溶剂。

针对污染土固化/稳定化效果评价的内容，一般包括宏观力学特性、浸出特性（或称溶出特性）、渗透特性，环境胁迫条件下的耐久性（含抗干-湿性能、抗冻-融性能、抗腐蚀性能及耐热性等）以及微观特性等方面。当前固化/稳定化效果评价标准体系并没有统一的标准，不同的国家依据固化/稳定化污染土最终去向制定了不同的标准和规范[149]。

（1）宏观力学特性

固化/稳定化污染土的宏观力学特性采用无侧限抗压强度试验结果表征，包括应力-应变关系、破坏应变、破坏形态、无侧限抗压强度、变形模量等力学特性，通常用无侧限抗压强度作为固化效果的评价指标。一般来说，固化/稳定化污染土强度越高，固化效果越好，相应的稳定化效果也越好。对于固化/稳定化污染土的强度要求，不同去向、不同国家采用的强度限值不同。

① 固化/稳定化污染土用于填埋。对于用作填埋的固化/稳定化污染土的28d无侧限抗压强度，美国要求高于350kPa[150]，荷兰和法国要求高于1MPa[151]，加拿大要求高于3.5MPa[152]，同时需要考虑上覆压力。我国执行《生活垃圾卫生填埋处理技术规范》(GB 50869)，要求无侧限抗压强度大于50kPa[153]。

② 固化/稳定化污染土用于路基材料。对于用作公路路基的固化/稳定化污染土，英国要求7d无侧限抗压强度为4.5～15MPa[154]，荷兰要求用作道路基层的无侧限抗压强度为3～5MPa[155]。我国规定用作公路建筑材料采用7d无侧限抗压强度作为评价指标，城市快速路、主干路，基层为3.0～4.0MPa，底基层为1.5～2.5MPa；城市其他等级道路，基层为2.5～3.0MPa，底基层为1.5～2.0MPa[156]。

（2）浸出特性（或溶出特性）

固化/稳定化污染土的浸出特性采用浸出试验结果表征，常用浸出浓度作为稳定化效果的评价指标。浸出浓度越低，表明稳定化效果越好。考虑到污染土固化/稳定化处置的目的是消除土中污染物对周边环境的影响，因此，固化/稳定化污染土毒性浸出试验模拟的正是固化/稳定化污染土处于胁迫环境下的浸出行为，如填埋场渗滤液环境、酸雨条件、地下水或地表水浸沥等过程，浸出试验也可用于反映污染物在固化体中由固相转移到液相的程度。由于早期污染土壤固化/稳定化后一般直接用于填埋处置，污染土壤固化/稳定化后的浸出方法多采用固体废物的毒性浸出方法，即浸提剂与待测样品按一定质量或体积比接触一定时间，试验过程不再添加浸提剂的萃取试验。随着污染场地修复工程的增多及修复后的土方量不断增加，填埋已不能满足固化/稳定化处置的需求，资源化再利用成为欧美国家处置污染土壤固化/稳定化产物的发展方向。欧美国家正着力于建立并完善以修复后最终处置或再利用方式为基础的情景模拟浸出方法体系[157]。基于此，各个国家的浸出试验开始考虑采用修复后最终处置或再利用方式为基础的情景模拟浸出特性，即浸提剂与待测样品按一定质量或体积比接触一定时间，试验过程连续或间歇性地添加浸提剂的动态试验，保证浸提剂的浓度和 pH 值更接近实际环境状况。

固化/稳定化污染土的浸出试验需要制备固化/稳定化污染土浸出液，并对浸出液中污染物浓度进行检测，因此，浸出液的制备会影响污染物最终的浸出浓度，不同的国家有着不同的浸出方法。值得说明的是，对于同一待测试样采用不同的毒性浸出方法所得到的结果也会存在显著的差异，因此，在进行浸出特性试验时必须采用标准毒性浸出方法制备浸出液，再根据浸出液中污染物的测定值与相应的毒性浸出标准值进行比较[158]。

国内外毒性浸出测定方法如表 1-10 所示。

表 1-10　国内外毒性浸出测定方法（基于文献[158]修改）

<table>
<tr><th colspan="2">国家</th><th>样品质量/g</th><th>液固比①/（L/kg）</th><th>浸提剂</th><th>浸提时间/h</th><th>试验温度/℃</th></tr>
<tr><td rowspan="2">中国旧标准</td><td>翻转法</td><td>70</td><td>10∶1</td><td>去离子水或蒸馏水</td><td>18</td><td>室温</td></tr>
<tr><td>水平振荡法</td><td>100</td><td>10∶1</td><td>醋酸溶液 pH=4.93±0.05
乙酸溶液 pH=2.88±0.05</td><td>8</td><td>室温</td></tr>
<tr><td rowspan="2">中国新标准</td><td>醋酸缓冲溶液法</td><td>75～100</td><td>20∶1</td><td>醋酸溶液 pH=4.93±0.05
乙酸溶液 pH=2.64±0.05</td><td>18±2</td><td>23±2</td></tr>
<tr><td>硫酸硝酸法</td><td>40～50②
150～200③</td><td>10∶1</td><td>硫酸/硝酸溶液 pH=3.20±0.05（测定金属和半挥发性有机物）
试剂水（测定氰化物和挥发性有机物）</td><td>18±2</td><td>23±2</td></tr>
<tr><td rowspan="6">美国</td><td>TCLP</td><td>100</td><td>20∶1</td><td>醋酸溶液 pH=4.93±0.05（非碱性物质）
醋酸溶液 pH=2.88±0.05（碱性物质）</td><td>18±2</td><td rowspan="6">18～25</td></tr>
<tr><td>SPLP</td><td>100</td><td>20∶1</td><td>硫酸/硝酸溶液 pH=4.20±0.05（密西西比河东岸）
硫酸/硝酸溶液 pH=5.00±0.05（密西西比河西岸）</td><td>18±2</td></tr>
<tr><td>Method 1313</td><td>20</td><td>10∶1</td><td>硝酸-氢氧化钠溶液 pH=2～12</td><td>18～72</td></tr>
<tr><td>Method 1314</td><td>300</td><td>不固定</td><td>蒸馏水</td><td>10d</td></tr>
<tr><td>Method 1315</td><td>500</td><td>10mL/cm²</td><td>场地内的水或 ASTM D1193 typeⅡ</td><td>循环④</td></tr>
<tr><td>Method 1316</td><td>20</td><td>0.5∶1、1∶1、2∶1、5∶1、10∶1</td><td>去离子水</td><td>18～72</td></tr>
</table>

续表

国家	样品质量/g	液固比①/（L/kg）	浸提剂	浸提时间/h	试验温度/℃
日本	50	10：1	盐酸溶液 pH=5.8～6.3 或 pH=7.8～8.3	6	室温
南非	150	10：1	去离子水	1	23
德国	100	10：1	去离子水	24	室温
澳大利亚	350	4：1	去离子水	48	室温
法国	100	10：1	含饱和 CO_2 及空气的去离子水	24	18～25
英国	400	20：1	去离子水	5	室温
意大利	100	20：1	去离子水以 0.5mol/L 醋酸维持其 pH=5.0±0.2	24	25～30

① 液固比是指在给定时间内和测试样品接触的浸提剂的量（L）与测试样品的量（kg）之比。

② 测定挥发性有机物需要的测试样品质量。

③ 测定其他污染物需要的测试样品质量。

④ 浸提时间为 2h、25h、48h、7d、14d、28d、42d、49d、63d。

综上所述，根据浸出试验过程是否需要添加或更换浸提剂，可将浸出试验分为萃取浸出试验（即不再添加浸提剂）和动态浸出试验（即添加或更换浸提剂）。

① 萃取浸出试验

萃取浸出试验是指用浸提剂与待测样品按一定质量比或体积比接触一定的时间，整个试验过程不再添加浸提剂，在试验结束后假定整个萃取过程已达到平衡。常见的萃取浸出试验有 TCLP（toxic characteristic leaching procedure，毒性淋滤试验）、SPLP（synthetic precipitation leaching procedure，合成沉降淋滤试验）、欧盟的振荡浸出试验、日本的振荡浸出试验，及我国的《固体废物浸出毒性浸出方法　水平振荡法》（HJ 557）、《固体废物浸出毒性浸出方法　硫酸硝酸法》（HJ/T 299）、《危险废物填埋污染控制标准》（GB 18598）等。

a．TCLP。TCLP（毒性淋滤试验）是美国国家环境保护局（US EPA）指定的污染物释放效应的评价方法[159]，用来检测在振荡浸出试验中液相、固相和多相废弃物中污染物的迁移性和溶出性。

TCLP 模拟固化/稳定化后的固体废弃物（5%）与城市垃圾（95%）一起填埋处置条件下，由于城市垃圾分解产生的有机酸向地下水中渗滤污染物的过程，主要目标是保护地下水。开展 TCLP 试验时，待测试样粒径应小于 9.5mm，试样质量取 100g，浸提剂与待测试样混合的液固比为 20：1，试验方式为翻转振荡，转速为(30±2)r/min，如表 1-10 所示，对于非碱性物质采用 pH 为 4.93±0.05 的醋酸缓冲溶液；对于碱性物质，采用 pH 为 2.88±0.05 的醋酸缓冲溶液，提取时间均为(18±2)h。

b．SPLP。由于 TCLP 方法主要用于评估废弃物填埋处置时的浸出行为，US EPA 又推出 SPLP（US EPA 1312）方法[160]，用以模拟废弃物在酸雨条件下（pH 值＜5.6）的暴露和迁移特征，主要目的是保护地表水和地下水。

开展 SPLP 试验时，待测试样粒径应小于 9.5mm，试样质量取 100g，浸提剂与待测试样混合的液固比为 20∶1，试验方式为翻转振荡，转速为(30±2)r/min，如表 1-10 所示，用于评估密西西比河东岸土壤和废物的浸出能力时，采用 pH 为 4.20±0.05 的硫酸/硝酸溶液作为浸提剂；用于评估密西西比河西岸土壤和废物的浸出能力时，采用 pH 为 5.00±0.05 的硫酸/硝酸溶液作为浸提剂，提取时间均为(18±2)h。

需要说明的是，《危险废物鉴别标准浸出毒性鉴别》GB 5085.3—2007[161]中要求采用的浸出方法是与 US SPLP 方法类似的《固体废物　浸出毒性浸出方法硫酸硝酸法》HJ/T 299—2007[162]。如表 1-10 所示，用于测定样品中重金属和半挥发性有机物的浸出毒性时，采用 pH 为 3.20±0.05 的硫酸/硝酸溶液作为浸提剂；用于测定氰化物和挥发性有机物的浸出毒性时，采用试剂水作为浸提剂。此外，选取的液固比和试验条件略有差异。

c．振荡浸出试验。欧盟制定用于评估固化/稳定化产物受到非酸性地表水或地下水浸沥时，其中无机污染物浸出特征的试验方法 BS EN 12457[163]。该方法未考虑非极性有机物和生物可降解有机物的浸出特征，主要目的是保护地表水和地下水。欧盟振荡浸出试验方法包括四部分，均采用去离子水作为浸提剂，形成无缓冲能力的浸出体系，土水比分别为 1∶2、1∶10、1∶(2+8)和 1∶10，浸出时间为 24h，其中第三部分分为两个阶段，为加速浸出前期的浸出速度，在第一阶段设置较高的土水比。

日本振荡浸出试验方法[164]采用盐酸溶液作为浸提剂，其中，pH=5.8～6.3 用于模拟陆地水体对固化/稳定化产物的浸出情况，pH=7.8～8.3 用于模拟海水对固化/稳定化产物的浸出情况。如表 1-10 所示，待测试样粒径应小于 0.5mm，试样质量取 50g，浸提液与待测试样混合的液固比为 10∶1，室温下振荡 6h 后，测试浸提剂中污染物的浓度。

d．LEAF。美国范德堡大学联合荷兰能源研究中心提出新的浸出评估方法体系（leaching environmental assessment framework，LEAF），其中多级 pH 值提取试验（Method 1313）[165]和不同液固比平行浸出试验（Method 1316）[166]为萃取试验。多级 pH 值提取试验考虑短期内不同 pH 值（2、4、5.5、7、8、9、10.5、12、13）对浸出效果的影响，通过建立液固两相的浓度曲线（liquid-solid partitioning curve，LSP）来评估待测样品的浸出特性。不同液固比平行浸出试验则是采用粉状颗粒待测样品与去离子水以不同的液固比（0.5mL/g、1mL/g、2mL/g、5mL/g、10mL/g）翻转混合，通过浸出液的 pH 值、电导率、污染物浓度等指标判定待测样品的浸出特性。

② 动态浸出试验

动态浸出试验是指用浸提剂与待测样品先按一定质量比或体积比接触一定的时间，试验过程连续或间歇性地添加浸提剂的动态试验，保证浸提剂的浓度和 pH 值，模拟过程更接近实际环境状况。常见的动态浸出试验有 ANS16.1[167]、荷兰的块体淋滤扩散试验[168]、CEN 块体水槽试验（monolithic tank test）[169]、美国 ASTM 标准土柱淋滤试验（up-flow percolation test）[170]、LEAF 柱淋溶测试（Method 1314）[171]和块状水槽扩散试验（Method 1315）[172]、欧洲标准土柱淋滤试验（up-flow percolation test）[173]、修正的荷兰环境署长期淋滤试验（土柱试验）（EA NEN 7343）[174]等，这些试验的对象均为块体材料，属于基于物质迁移速率的淋滤试验，通过同时考虑废弃物的物理化学特性来研究污染物的浸出浓度，可用来模拟未损坏的完整产物的短期淋滤过程[137]。

目前，我国浸出试验标准方法采用的是萃取浸出试验（包括水平振荡法和翻转振荡法），用该法测定出的结果与实际的工程数据之间存在着明显的差距，为了在工程评价或设计工作中得到较为接近实际情况的数据，还需要积极开展土柱淋滤的动态试验或块体水槽淋滤的半动态试验研究，并与静态淋滤试验结果比较。然而到目前为止，我国尚未制定出动态淋滤试验和块体水槽淋滤试验的标准和规范[175,176]。

固化/稳定化污染土浸出浓度采用的标准一般为饮用水标准限值[77]，我国结合当前固化/稳定化修复效果评估需求和现有国家规范标准要求，根据固化/稳定化污染土的最终去向与用途，可选择适当的浸出试验方法对固化/稳定化污染土进行浸出效果评估，评估标准按照固化/稳定化污染土接收地的相关要求确定。对于稳定化后原位回填、作为建筑材料等再利用，固化/稳定化污染土浸出试验的评估方法可参照《固体废物　浸出毒性浸出方法　水平振荡法》（HJ 557—2010）[177]，评估标准采用《地表水环境质量标准》（GB 3838—2002）[178]中相关标准限值要求；对于用于填埋的固体废物，其浸出毒性的评估方法可参照《固体废物　浸出毒性浸出方法　硫酸硝酸法》（HJ/T 299—2007）[162]，评估标准可参考《危险废物填埋污染控制标准》（GB 18598—2019）[179]。

（3）渗透特性

渗透特性反映固化/稳定化污染土的稳定化效果，常用渗透试验得到的渗透系数作为评价指标[180]。渗透试验一般采用变水头法。渗透系数越低，表明稳定化效果越好。对于固化/稳定化污染土的渗透系数，US EPA 要求堆放至填埋场时不大于 1.0×10^{-9}m/s[181]，我国《生活垃圾卫生填埋处理技术规范》（GB 50869—2013）规定低于 1.0×10^{-7}m/s 才能进行填埋[153]。《生活垃圾填埋场污染控制标准》（GB 16889—2008）[182]和《固体废物处理处置工程技术导则》（HJ 2035—2013）[183]中要求固化/稳定化污染土用于防渗衬层的渗透系数应低于 1.0×10^{-9}m/s。

（4）环境胁迫条件下的耐久性

固化/稳定化污染土长期处在大气、腐蚀土、水（含淡水、海水等）等环境胁迫条件下，经受空气、温度、湿度、水位变化和腐蚀性物质的侵蚀，引起碳化侵蚀、冻融交替、干湿交替、水的渗透和腐蚀性物质侵蚀等劣化问题，导致固化/稳定化作用失效，污染物再度释放到环境中，污染周围水体和土壤环境。

固化/稳定化污染土失效过程如图 1-87 所示，固化/稳定化污染土在外界水体水分传输作用下因水的渗透、蒸发等迁移作用发生物质交换；在外部环境中的 H_2O、H^+、OH^-、CO_2、Cl^-、SO_4^{2-}、重金属污染物、有机污染物等（图 1-87 左侧）与固化/稳定化污染土发生水解反应、氧化还原反应、碳化反应、氯离子侵蚀、硫酸根侵蚀、置换反应、分解反应及络合反应等化学作用，及由此导致如污染物解吸作用、干湿交替、冻融交替、盐的结晶、体积膨胀、上覆荷载的压力等物理作用，从而使固化/稳定化污染土中 OH^-，Ca^{2+}、Mg^{2+}等可溶盐，被固化的重金属、有机污染物及固化剂基质成分浸出，引起固化体的开裂和内部裂纹的形成等一系列劣化问题。

基于上述外部影响因素，采用不同的固化/稳定化污染土模拟试验评价固化/稳定化效果。如外部因素为空气中 CO_2 时采用碳化试验，受温度影响时采用冻融循环试验，受湿度、水位变化影响时采用干湿循环试验、抗水渗透试验，受腐蚀性物质侵蚀时采用渗透试验和侵蚀试验。国外耐久性试验标准有 US ASTM D559 方法[186]、ASTM D560 方法[187]。我国一般参考混凝土的耐久性能试验方法，如《普通混凝土长期性能和耐久性能试验方法标准》（GB/T 50082—2009）[188]中的碳化试验、冻融循环试验、干湿循环试验、抗水渗透试验、抗氯离子渗透试验和抗硫酸盐侵蚀试验等试验方法。碳化试验通过对比分析不同碳化环境下碳化至不同龄期的碳化深度，分析碳化作用对固化/稳定化污染土作用机理；冻融循环试验、干湿循环试验通过对比分析试验前与试验后质量、体积、强度等损失程度，探究冻融、干湿循环胁迫环境下固化/稳定化污染土的耐久性机理。

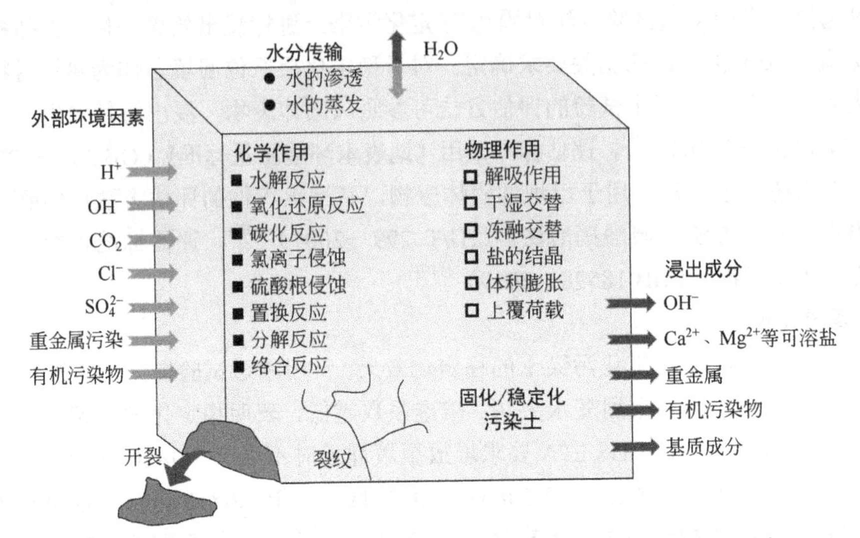

图1-87 固化/稳定化污染土失效过程示意图（基于文献[184]和[185]修改）

综上，固化/稳定化污染土处于胁迫环境下的耐久性能是限制固化/稳定化技术在污染土修复领域应用的重要因素，目前我国土壤污染治理与修复的技术和工程技术仍处于探索、实践、总结和完善阶段，亟须探明影响固化/稳定化污染土的内部因素和外部环境因素，并基于影响因素的作用机理指导固化/稳定化技术的应用，从而实现固化/稳定化污染土安全、稳定、高效地再利用。

（5）微观特性

微观特性也没有统一的评价标准。在进行污染土固化/稳定化效果分析时，一般更加注重宏观力学性能、浸出特性、渗透特性及环境胁迫条件下的耐久性等。从材料学研究角度，固化/稳定化污染土是由固相、液相和气相组成的非均质的复合材料，其中，固相包括固化剂、土颗粒［含污染成分，图 1-85（a）、（b）、（c）］、水化产物等，气相为孔隙中的挥发性有机物，液相是指存在于孔隙中的液体［含污染成分，图 1-85（e）、（f）］。由于固化/稳定化污染土的三相性和非均质性及胁迫环境的复杂性，需要利用微观结构特性为揭示宏观力学性能、浸出特性、渗透特性及环境胁迫条件下的耐久性演化规律提供科学依据。

固化/稳定化污染土微观特性研究的手段与固化土相同，对于矿物相组成可采用 XRD 进行分析，一般采用 Cu 靶，衍射角度 2θ 扫描范围为 5°～75°。对于微观形貌可采用 SEM 分析，通过不同的放大倍数分析固化/稳定化污染土的形貌特征（一维、二维、三维）、矿物相尺寸、分布情况；对于特殊形貌，如能够吸附污染物的 C-S-H 胶凝产物，可通过 SEM-EDS 聚焦电子束在特定点位激发待测样品的特征 X 射线，对该点位的化学成分进行分析，判定污染物是否吸附在C-S-H胶凝产物上。对于某一区域，如C-S-H团簇吸附或化学结合的污染物，可通过SEM-Mapping聚焦电子束在某一待测区域做二维光栅扫描，能谱仪处于某一探测元素特征X射线状态，通过用输出的脉冲信号调制同步扫描的显像管亮度，待测区域内每产生一个X射线光量子，表明探测器输出一个脉冲，则相应的该探测元素就处在区域内（如图1-88所示）。对于孔隙率和孔径分布可采用MIP进行表征，固化/稳定化污染土的孔隙率和孔结构能够反映稳定化效果，即污染物的浸出特性和渗透特性。MIP能够测定连通孔隙和半通孔等开口孔隙[189]，可测量的孔隙范围：5nm～360μm[39,190]。采用MIP表征固化/稳定化污染土孔结构形态的参数有总孔隙体积、比表面积、孔径分布、孔隙率、平均孔径、最概然孔径、临界孔径等，其中，总孔隙体积为孔径分布微分曲线与横轴包纳的面积，一般而言，孔径分布微分曲线峰值越高，总孔隙体积越大；孔径分布微分曲线对应的孔径峰值为最概然孔径，即小于该孔径则无法形成连通孔道；临界孔径为孔隙率曲线上斜率突变点，即压入汞的体积明显增加时对应的最大孔径[39]。

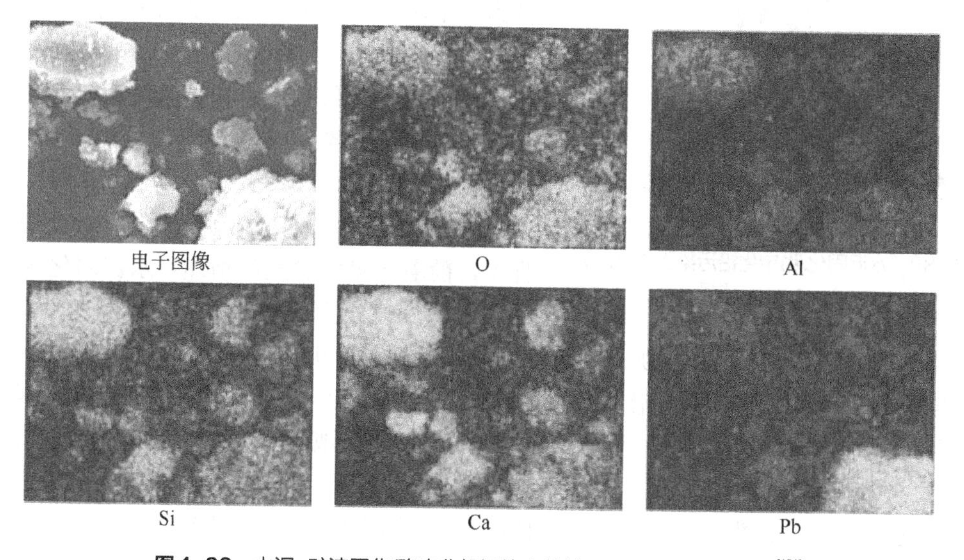

图1-88 水泥-矿渣固化/稳定化铅污染土养护28d形貌及元素分析[191]

另外，X射线吸收精细结构（X-ray absorption fine structure，XAFS）利用一定能量范围内逐步增强的X射线对样品进行扫描，当入射X射线光子能量（E）接近待测元素内壳K、L层电子的束缚能时，样品对入射光强（I_0）的吸收和散射荧光强度（I_f）均会增加，用探测器连续捕捉透射X射线光强（I_t）或散射荧光强度信号，对每个入射X射线能量点处的相关信号进行记录以后，可形成样品吸收系数（μ）随入射X射线能量E变化的谱线[192]。随着X射线能量E增加，吸收系数μ起始阶段连续减小，但是在达到内层电子束缚能时，吸收系数会发生突跃性增大，此时对应的能量点称为吸收边。XAFS谱重点关注吸收边附件及其高能扩展段，一般由若干分立的峰或起伏振荡组成，这被称为X射线的精细结构，通常XAFS谱图可分为两部分，即X射线吸收近边结构（X-ray absorption near-edge structure，XANES）和扩展X射线吸收精细结构（extended X-ray absorption fine structure，EXAFS）[193]。XANES能量一般从吸收边开始的−50eV到+200eV，EXAFS能量一般为吸收边到+800eV[194]。XANES

与待测元素氧化状态和配体的电负性有关，目前主要作为半定量的分析工具。EXAFS 与待测元素周围的近邻环境密切相关，可提供配位化学信息，包括配位原子的种类、数量和间距等。因此，XAFS 可用于重金属存在形态、分布特征、固-液微界面状态及过程机制研究，分析重金属污染在分子、原子级别的微观化学结构[194]。

1.5.2 宏观力学特性

（1）变形特性

① 应力-应变曲线。研究表明，有无污染物、污染物种类和含量等对应力-应变曲线性状没有影响。图 1-89 为水泥固化/稳定化铅污染土的应力-应变曲线，图中 C10 表示水泥掺入比 α_s 为 10%，Pb0、Pb0.01、Pb0.1、Pb1、Pb3 表示污染土中 Pb^{2+}的质量分别为干土质量的 0、0.01%、0.1%、1%、3%。应力-应变全过程大致可分为三个阶段[195]：第一阶段为加载初始阶段，此时应力-应变曲线近似为一条直线；第二阶段应力-应变曲线进入非线性上升段，应力逐渐增大并达到峰值；第三阶段为应力-应变曲线的陡降段，即材料的破坏阶段。

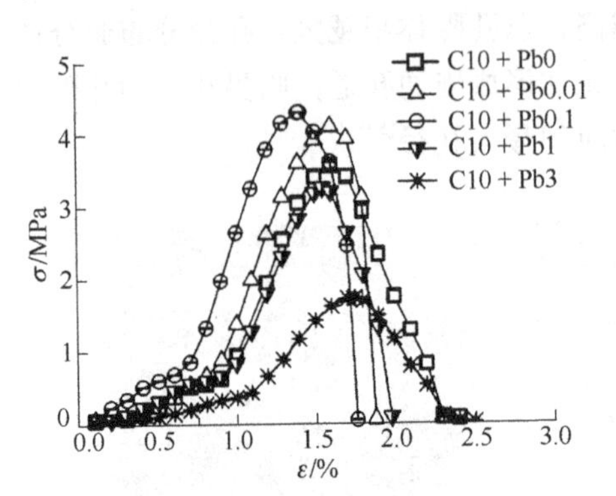

图 1-89 水泥固化/稳定化铅污染土（28d）应力-应变曲线[195]

② 破坏应变。研究表明，在同一水泥掺量条件下，随着污染物含量的增加，水泥固化/稳定化污染土的峰值应力逐渐减小，破坏应变没有明显的变化规律，但整体大致呈增加的趋势；同一水泥掺量、相同污染物含量条件下，随着养护龄期的增加，水泥固化/稳定化污染土的峰值应力逐渐增大，破坏应变呈减小的趋势。此外，水泥固化/稳定化铅污染土、锌污染土的破坏应变与无侧限抗压强度之间均存在幂函数关系[195,196]。

③ 变形模量。污染物会降低无侧限抗压强度（即峰值应力），但不会改变变形模量 E_{50} 与无侧限抗压强度之间存在的线性相关性。

（2）强度特性

影响水泥固化/稳定化污染土强度的因素有待处理土条件［含水量（包括水灰比中的水），颗粒粒组及含量（氧化物及含量），水溶盐、酸碱度、污染成分及含量、有机质种类及含量等］、固化剂条件（固化剂种类和掺量，外加剂种类和掺量等）和养护条件（养护方式、温度和龄期等）。其中，对于水泥固化/稳定化污染土，当前的研究多关注污染土土质、污染物种类及含量、水泥种类及掺量、养护龄期等对其强度特性的影响。

① 污染土土质。污染土土质对固化/稳定化效果影响很大。目前已开展的污染土种类有纯砂[197,198]、粗砂土[199]、黏质砂土[200]、砂质黏土[201]、砂质壤土[202]（由 68%砂土、26%粉土、6%黏土组成）、人造土[203]（由 50%砂土、50%黏土组成）、粉质砂砾[204]、膨胀土[205]、高岭土[206,207]、蒙脱土[207]、红黏土[208]等。

② 污染物种类及含量。刘松玉等[175]对重金属含量对水泥固化/稳定化污染土无侧限抗压强度的影响规律进行归纳，如图 1-90 所示。图中，q_u 为水泥固化/稳定化污染土无侧限

抗压强度，w(M)为污染物含量，可以看出，随着污染土中污染物含量的增加，水泥固化/稳定化污染土强度先增高后降低；此外，与水泥固化未污染土相比，污染物含量对强度的影响存在一个“临界浓度［w(Mc)］”，当污染物含量低于该临界浓度，水泥固化/稳定化污染土强度大于水泥固化非污染土，当污染物含量大于该浓度时，水泥固化/稳定化污染土强度急剧降低。污染物含量较低时，污染物含量对水泥固化/稳定化污染土早期强度产生显著影响，但对长期强度污染物只是延缓水化进程，对长期强度影响较小，随着水泥水化反应的进行，长期强度逐渐增高；当污染物含量较高时，水泥固化/稳定化污染土早期强度和长期强度均急剧降低，说明污染物能够明显抑制水泥水化反应导致水化胶凝产物无法生成或分解水化胶凝产物，最终导致较低的长期强度。

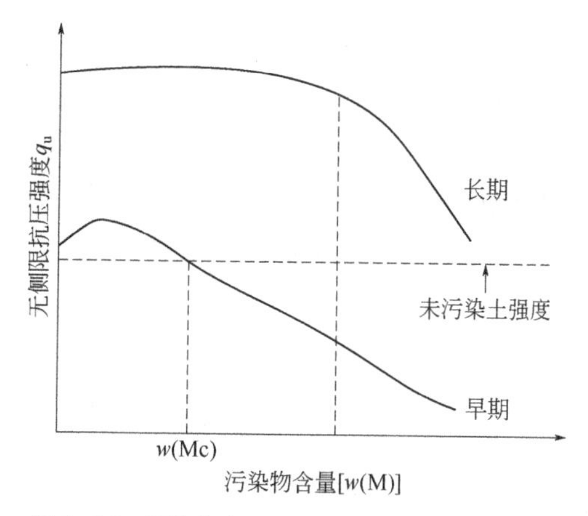

图 1-90 污染物含量对水泥固化/稳定化污染土的强度影响示意图[175]

如 1.2 节所述，重金属离子可与水泥水化过程生产的 OH^-反应生成不溶的重金属氢氧化物，不溶的重金属氢氧化物吸附在水泥熟料矿物颗粒表面（图 1-14）阻碍水化过程 Ca^{2+}、OH^-、SiO_4^{4-}、$Al(OH)_4^-$等离子的溶出，导致无法生成 C-S-H、C-A-H 等水化胶凝产物，从而降低水泥的固化效果。值得一提的是，不同的重金属氢氧化物在不同的 pH 值条件下溶解度不同（图 1-31），即在水泥固化/稳定化污染土中沉淀程度不同，这也导致不同重金属离子对水泥固化/稳定化污染土强度影响的程度不同。Poon 等[209,210]发现难溶的重金属氢氧化物会延缓水泥的水化反应进程，易溶的重金属氢氧化物会轻微延缓水化进程，极易溶的重金属氢氧化物则会加速水化反应进程，造成延缓的机理是难溶的氢氧化物或胶凝性产物沉淀在水泥颗粒表面，阻碍水化反应的进一步发展。

当然，重金属离子能够同 OH^-生成氢氧化物沉淀，也可直接吸附在水化胶凝产物表面、同水化产物发生加成反应及置换反应、被水化产物物理包裹（含被包裹在水泥基体内部）等，还能够生成碳酸盐沉淀、硫酸盐沉淀、硅酸盐沉淀等[78,211-213]。其中，重金属氢氧化物需要合适的 pH 值条件才能沉淀（图 1-31），相比较氢氧化物沉淀，重金属更容易以碳酸盐形式沉淀[214,215]，重金属硫酸盐则更易在固体颗粒表面沉淀[216]，重金属硅酸盐沉淀则容易在硅酸相物质表面生成[73]。因此，需要综合考虑重金属，尤其是多种重金属同时存在时，对水泥固化/稳定化污染土的影响。

研究表明[27,212,213,217,218]，重金属离子能够阻碍水泥水化进程，从而导致凝结时间增加、强度增长缓慢、氢氧化钙富集沉淀及水化热释放等问题，但是并不一定会同时引发上述问题[73]。另外，微量的 Cu^{2+}、Pb^{2+}、Cr^{3+}、Cd^{2+}、Ni^{2+}等重金属离子能够通过水解生成的 H^+及生成双氢氧化物［$Ca(OH)_2 \cdot xM(OH)_z \cdot yH_2O$］参与反应消耗 $Ca(OH)_2$和为 C_3S 提供成核点位进而加速 C_3S 的水化[219,220]，能够提高水泥固化/稳定化污染土早期强度，其中，Cu^{2+}、Pb^{2+}、Cr^{3+}等重金属离子可以在 C-S-H 表面替代 Ca^{2+}，Cr^{3+}还能够替代 C-S-H 中的 Si[221,222]；而 Zn^{2+}同水化产物反应生成的 $Ca(OH)_2 \cdot 2Zn(OH)_2 \cdot 2H_2O$［式（1-59）］在 pH 值低于 12 时即可形成沉淀，但 $Ca(OH)_2$ 在 pH 值低于 12 时需要累积足够的量方可沉淀[73]，沉淀后的 $Ca(OH)_2 \cdot 2Zn(OH)_2 \cdot 2H_2O$ 能够阻碍水泥的进一步水化，Taylor[223,224]发现水泥水化过程 OH^- 从水泥颗粒内部向表面的溶出并不是以 OH^- 形式迁移，而是 H^+ 通过与不同的 O^{2-} 结合的方式向表面扩散，最终在水泥颗粒表面结合生成 C-S-H，因此，溶液中的 Zn^{2+} 也会阻碍 OH^- 在水泥颗粒表面的扩散，影响水化反应的进程。

$$
\begin{gathered}
Zn^{2+} + 2H_2O \longrightarrow Zn(OH)_2 + 2H^+ \\
Zn(OH)_2 + 2OH^- \longrightarrow 2H_2O + ZnO_2^{2-} \\
2ZnO_2^{2-} + C_3S/O\text{-}Ca^{2+} + 6H_2O \longrightarrow C_3S/O\text{-}CaZn_2(OH)_6 \cdot 2H_2O + 2OH^-
\end{gathered}
\tag{1-59}
$$

当污染土中浓度较高时，即污染物含量较高，水泥固化/稳定化污染土的强度会大大降低，这是由于上述反应（生成重金属氢氧化物沉淀、吸附作用、同水化产物的置换反应及加成反应）在未水化的水泥颗粒周边形成致密的不透水层[175,220,225]，阻碍水化反应的进程，水化胶凝产物不能与土体有效胶结形成强度。

③ 水泥种类及掺量。用于固化/稳定化的水泥类固化剂有普通硅酸盐水泥、硫铝酸盐水泥、铁铝酸盐水泥、镁质水泥［氯氧镁水泥、硫氧镁水泥、磷氧镁水泥（即磷酸盐类，具体内容详见第 4 章磷酸盐类固化剂）等］及铝酸盐水泥等。为提高固化/稳定化效果，通常在普通硅酸盐水泥中添加火山灰质材料，形成水泥-燃煤灰渣、水泥-矿渣、水泥-粉煤灰等[226,227]，也有水泥-稻壳灰、水泥-生物质焚烧灰、水泥-锂渣，水泥-粉煤灰-脱硫石膏[147]，水泥-炉窑灰、水泥-石灰-燃煤灰渣、水泥-石灰-矿渣、水泥-石灰-粉煤灰、水泥-石灰-炉窑灰等[228]水泥类固化剂。水泥固化/稳定化污染土的强度主要由水泥自身水化形成的水泥石、水泥水化产物与土体之间的胶结两部分提供，硬化水泥石作为骨架结构，但土体颗粒强度较低，当水泥掺量过高时，水泥水化产物与土体之间的胶结将会影响固化体强度的发挥，水泥掺量的增加不能有效提高固化/稳定化污染土的强度。因此，水泥类固化剂达到一定的掺量时固化/稳定化污染土强度趋于稳定值，增加水泥掺量并不一定能提高污染土固化/稳定化效果，应结合污染土土质、污染物种类及含量、固化/稳定化污染土最终去向等因素选择合适的水泥种类及掺量[229]。此外，水泥-矿渣与水泥在相同掺量条件下固化/稳定化同一污染土取得更为优异的效果，尤其是随着养护龄期的增加，水泥-矿渣固化/稳定化效果明显优于同条件水泥固化剂，这一结果与矿渣缓慢地发生火山灰反应有关[230]。

除水泥种类和掺量的影响外，水泥常用的添加剂也会对水泥固化/稳定化效果产生影响，如石膏、氯化钙、碳酸钠、氢氧化钙及活性炭等[77]。

④ 养护龄期。养护龄期对不同重金属含量的水泥固化/稳定化污染土无侧限抗压强度的影响示意图如图 1-91 所示。在相同养护龄期条件下，无侧限抗压强度从高到低的顺序依次为 $q_{w(M)<w(Wc)} > q_{w(M)=0} > q_{w(M)>w(Wc)} > q_{w(M)\gg w(Wc)}$，即污染物含量低于临界浓度［$w(M)<w(Wc)$］的水泥固化/稳定化污染土强度最高，污染物含量远大于临界浓度［$w(M)\gg w(Wc)$］的水泥固化/稳定化污染土强度最低；随着养护龄期的增加，除污染物含量远大于临界浓度［$w(M)\gg w(Wc)$］的水泥固化/稳定化污染土强度出现先增加后减小的现象，其他均为逐渐增加，其中污染物含量低于临界浓度［$w(M)<w(Wc)$］的水泥固化/稳定化污染土强度增长率最大，但在一定龄期后强度趋于稳定；对于污染物含量大于临界浓度［$w(M)>w(Wc)$、

w(M)≫w(Wc)］的固化/稳定化污染土，在养护龄期较短时，污染物含量对其强度影响不大，随着养护龄期的逐渐增加，污染物含量高的水泥固化/稳定化污染土出现强度降低的现象，而对污染物含量较低的水泥固化/稳定化污染土，长期强度接近水泥固化非污染土强度，表明污染物含量在一定范围内只会延缓水泥强度的水化进程，超过该范围则污染物将破坏水泥固化/稳定化污染土胶凝结构。Al-Tabbaa 等[201]通过现场固化/稳定化污染土发现，现场养护 5a 的强度是养护 56d 强度的 3～6 倍，表明现场养护水泥固化/稳定化污染土强度仍在持续增长。

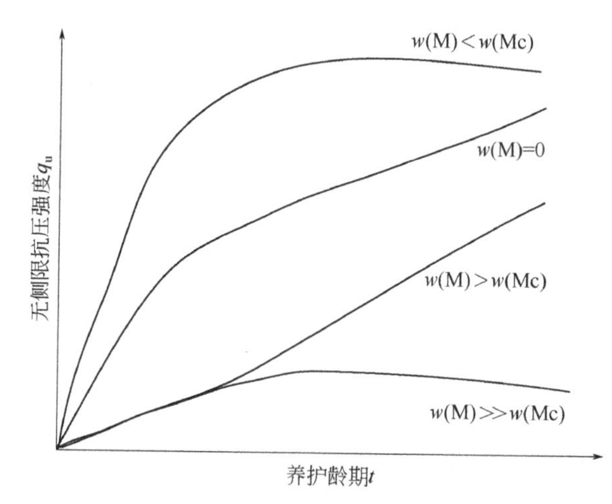

图 1-91 养护龄期对水泥固化/稳定化污染土的强度影响示意图[175]

1.5.3 浸出特性

水泥固化/稳定化污染土主要存在以下缺陷[138]：

① 对污染物含量高的污染土固化/稳定化效果较差，存在浸出浓度超标、强度低等问题；

② 固化/稳定化污染土在胁迫环境（如酸雨、干湿、冻融、侵蚀等条件）下发生劣化现象，导致污染物再次浸出，对周围环境造成污染；

③ 水泥类固化剂属于高碱性材料（pH 值一般大于 11），内部碱性物质的溶出会对周边土体、水体造成二次污染。

因此，解决水泥固化/稳定化污染土固化/稳定化缺陷的实质就是控制污染物从固化/稳定化后的固化体中浸出，通过改变固化剂的性质来控制作用效果，如重金属的浸出特性受环境 pH 值和重金属氢氧化物溶解性控制[231]。

值得注意的是，如 1.5.1 节中（2）浸出特性所述，不同学者得到的固化/稳定化污染土浸出特性存在很大的差异，即取用的污染土土质、污染物含量、固化剂种类及含量等均不同；同时，选用的浸出方法不同，不同的浸出试验方法模拟的浸出情景不同，相应的样品形式（如块状、粉末状）有所差异，实施浸出试验过程采用的液固比、浸提剂、浸提时间、试验温度等均不同（表 1-10），不同浸出方法的示意图如图 1-92 所示。因此，直接无法直接对比分析固化/稳定化污染土的浸出特性及相应的处理效果，但是不同固化/稳定化污染土强度、浸出液 pH 值、渗透系数等固化/稳定化指标与浸出浓度之间的关系及预测有待深入研究。

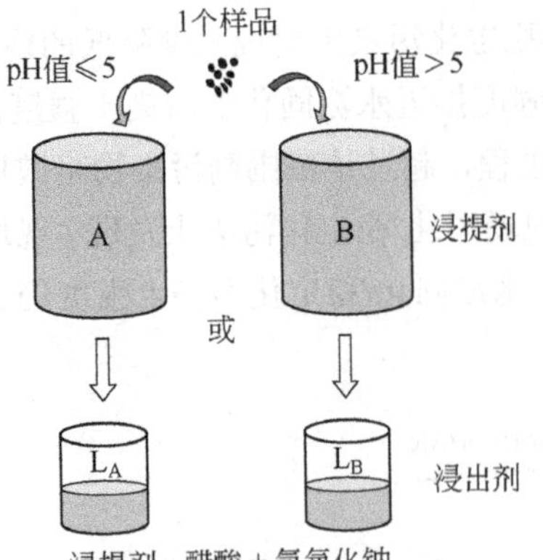

浸提剂：醋酸+氢氧化钠

A：pH值=4.93±0.05

B：pH值=2.88±0.05

液固比：20mL/g

浸提次数：1

浸提时间：(18±2)h

(a) TCLP

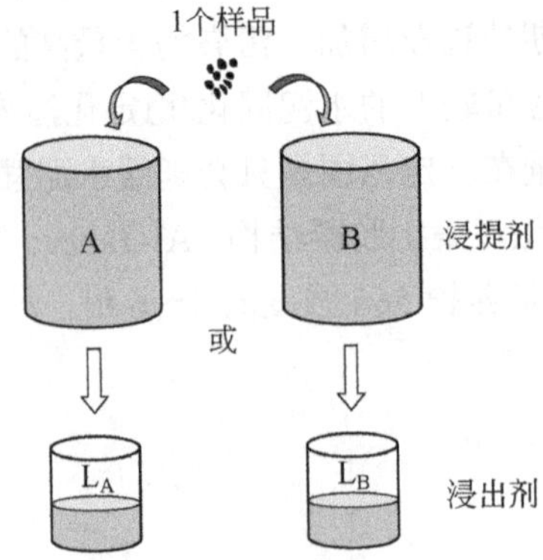

浸提剂：硫酸+硝酸

A：pH值=5.00±0.05

B：pH值=4.20±0.05

液固比：20mL/g

浸提次数：1

浸提时间：(18±2)h

(b) SPLP

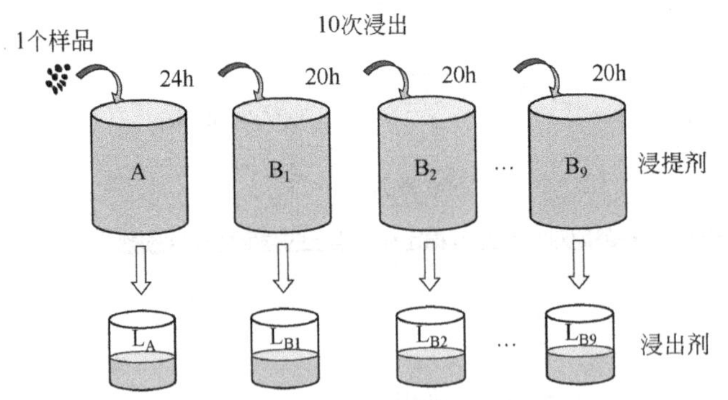

浸提剂：醋酸；硫酸+硝酸

A：醋酸，pH值=5.0±0.2

B：硫酸+硝酸，pH值=3.0+0.2

液固比：20mL/g

浸提次数：10

浸提时间：(18±2)×10h

(c) MEP

9个pH值平行浸出

*n*个样品

S_1 S_2 S_9

A B … C 浸提剂

L_A L_B … L_n 浸出剂

pH值范围：2、4、5.5、7、8、9、10.5、12、13

浸提剂：HNO_3/NaOH

液固比：10mL/g

浸提时间：18～72h

(d) Method 1313

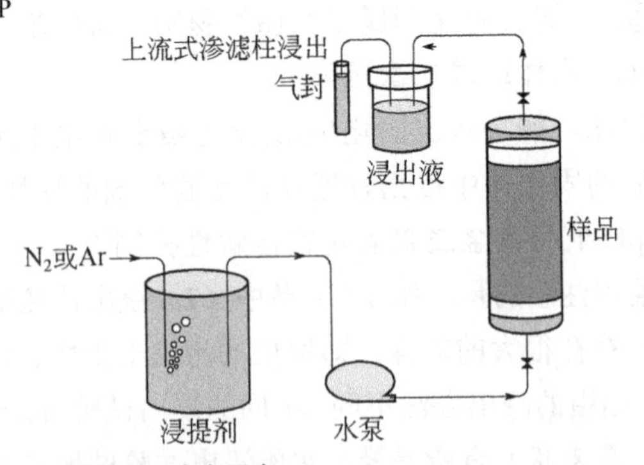

浸提剂：去离子水

液固比：0.2mL/g、0.5mL/g、1mL/g、1.5mL/g、2mL/g、4.5mL/g、5mL/g、9.5mL/g、10mL/g

浸提液流量：(0.75±0.25)mL/g

(e) Method 1314

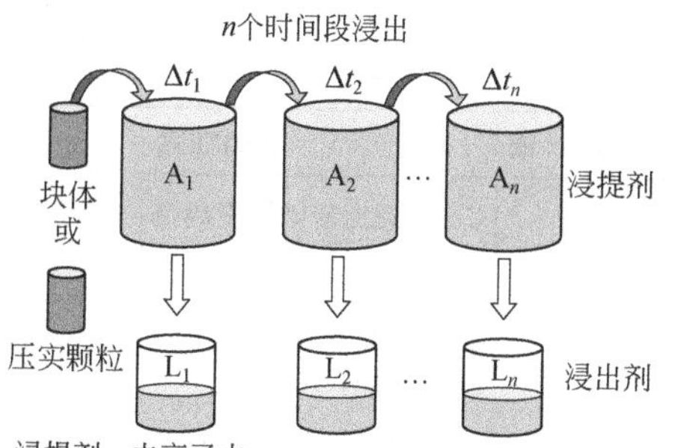

浸提剂：去离子水
间隔时间：2h、25d、48h、7d、14d、28d、49d、63d
单位面积浸提液量：$(9\pm0.1)mL/cm^2$
(f) Method 1315

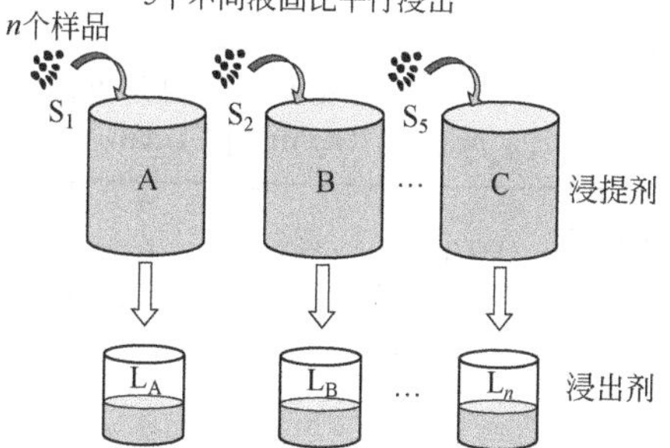

浸提剂：HNO_3/NaOH
液固比：0.5mL/g、1mL/g、2mL/g、5mL/g、10mL/g
浸提时间：18～72h
(g) Method 1316

图1-92 不同浸出方法的示意图

表1-11为水泥固化/稳定化污染土不同浸出试验条件及浸出特性汇总表。

表1-11 水泥固化/稳定化污染土浸出试验条件及浸出特性

来源	q_u/MPa (a_w/%)	密度/(kg/m³)	渗透系数/(m/s)	浸出特性		
				浸出方法	浸出液pH值	浸出性能
Lin等[232]	4.73(13%); 7.47(16.7%) 8.74(20%) 10(23.1%)	2.11	2.6×10^{-9}	TCLP	/	所有水泥固化/稳定化Pb污染土试样均满足TCLP低于5mg/L的标准； 总石油烃类的存在对水泥固化/稳定化铅的浸出性能有不利影响； 未检出总石油烃类
Day等[233]	4.7(35%) 5.2(45%)	/	/	TCLP	/	水泥固化/稳定化Cd污染土在35%、45%掺量的浸出浓度分别为0.8mg/kg、8.8mg/kg
Sanchez等[234]	/	/	/	ANC	2～13	Pb具有两性金属特性，在pH值为9时溶解度最低； 当固化/稳定化Pb污染土pH值为5～8或>12时，固化/稳定化效果最差
Al-Tabbaa等[200,201]	1.30(56d) 3.25(784d) 2.97(1826d)	/	0.7×10^{-9} 0.15×10^{-9} 0.31×10^{-9}	TCLP 分批渗滤	10.6(56d) 7.5(784d) /(1826d)	TCLP未检测出重金属污染物； 1826d以后分批渗滤结果：Cu、Ni、矿物油的浸出浓度分别为4.9mg/kg、1.2mg/kg、0.16mg/kg，Zn<0.05mg/kg，Cd、Pb的浸出浓度低于检出限
Sanchez等[235]	/	/	/	ANC	4～12.5	pH>11时，Cd的浸出浓度随着pH值的升高而升高；pH值<11时，Cd的浸出浓度随着pH值的升高而降低； pH值>9时，Pb的浸出浓度随着pH值的升高而降低
Yilmaz等[236]	1.15(10%) 2.52(20%)	/	/	TCLP 分批渗滤	6.1～6.8 8.1～9.5	重金属Cd、Cu、Cr、Pb、Zn等固化/稳定化效率均高于90%； 水泥掺入比10%的固化/稳定化Cd污染土浸出浓度高于EPA标准值（1mg/L）

续表

来源	q_u/MPa（α_w/%）	密度/(kg/m³)	渗透系数/（m/s）	浸出特性		
				浸出方法	浸出液pH值	浸出性能
Shawabkeh等[237]	11(/)	/	/	TCLP	/	Cd污染土初始浓度越高，则浸出浓度越高
Moon等[238]	/	/	/	TCLP	5.5 6.5 7.1 8.0 9.8 10.9	随着水泥掺入比的增加，浸出液pH值随之增加； 不同水泥掺入比的Zn浸出浓度在7d、28d没有显著区别； 淋滤液pH值为4.5时，Zn浸出浓度达到892mg/kg； 水泥掺入比为5%时，Zn浸出浓度为440mg/kg；超过水泥掺入比5%后，Zn浸出浓度小于4mg/kg；水泥掺入比为25%～30%时，未检测出Zn
Voglar等[239]	2.15	/	/	TCLP 分批渗滤 桶槽试验	/	TCLP和分批渗透浸出结果表明，水泥固化/稳定化Cd、Pb、Ni、Zn的浸出浓度显著降低或低于检出限
Kogbara等[204,226,240]	28d： 0.33(5%) 1.68(10%) 1.83(15%) 2.24(20%) 84d： 0.4(5%) 1.68(10%) /(15%) /(20%)	28d： 1.79 1.81 1.87 1.74 84d： 1.79 1.91 / /	28d： 9.7×10^{-9} 9.5×10^{-9} 4.5×10^{-9} 3.5×10^{-9} 84d： 17×10^{-9} 14×10^{-9} / /	ANC 桶槽试验	6.2～12.8	含水量对重金属浸出浓度没有显著影响； 浸出机理以表面冲刷为主
李江山等[241]	/	1.70	/	ANS 16.1	3.2～4.4	淋滤液pH值为2时，Pb的释放机理为溶解控制； 淋滤液pH值为3时，Pb的释放机理先为溶解控制再为表面冲刷； 淋滤液pH值为5时，Pb的释放机理为扩散控制

1.5.4 渗透特性

污染物导致渗透系数增加1～2个数量级。通过掺入水泥等固化剂可以显著降低污染土的渗透系数，即降低污染物从固化/稳定化污染土溶出的风险。

研究发现，随着渗透压、污染物含量的增加，渗透系数随之升高；随着固化剂掺量、养护龄期的增加，渗透系数随之降低；渗透压、污染物含量与渗透系数有很好的正相关关系，固化剂掺量、养护龄期与渗透系数有很好的负相关关系；其中，强度与渗透系数之间有很好的线性相关性。此外，渗透压对固化/稳定化污染土的渗透系数的影响作用最为明显[242]。

1.5.5 劣化特性与耐久性

（1）碳化作用

固化/稳定化污染土能够同环境空气中的二氧化碳发生反应：空气中的二氧化碳溶于水生成碳酸后电解成氢离子和碳酸根离子，碳酸根离子与固化土中的钙离子反应生成 $CaCO_3$，使得水泥水化产物［如 $Ca(OH)_2$、C-S-H 和 C-A-H 等］随之消耗，水泥水化产物的分解导致其强度的降低。此外，水化产物的消耗还会导致固化土溶液的 pH 值和酸中和能力也随之降低，重金属的赋存形态随之发生改变，如原先以氢氧化物等形态存在的重金属逐步转化为碳酸盐[243]。

需要注意的是，重金属的溶解度（即在固化/稳定化污染土中的稳定性）会随着周围环境 pH 值的变化而发生改变[244]，如图 1-31 所示。由于碳化反应产物诱发体积膨胀，碳化反应产物较少时，生成物填充于固化土孔隙内部，能够提高固化土的密实度、改善内部结构，提高固化土强度，降低固化土渗透系数，改善固化/稳定化污染土的耐久性能；碳化反应产物过多时，则引起固化土内部微裂隙的生成，导致固化土强度降低、渗透系数增加，使固化/稳定化污染土发生明显的劣化现象，耐久性能明显变差。

（2）冻融循环

冻融循环作为一种温度变化的具体形式，可以被理解为一种特殊的强风化作用形式，对土的物理力学性质有着强烈的影响[245]。冻融循环过程中，随着周围温度的正负波动，反复冻融作用下引发固化/稳定化污染土中水的相变及迁移，使其周期性地由液态水变成固态冰，再由固态冰变成液态水。由于水与冰的密度不同，固态冰的体积大于同质量液态水的体积，当液态水转变为固态冰时，冰晶生长、体积膨胀，对已硬化的固化土结构内部产生挤压作用，改变固化土内部孔径分布；当固态冰转变为液态水时，体积减小，导致内部产生微裂缝。虽然结合水较难结冰，但是结合水膜的厚度会随着冻融次数的增加而变薄，变薄的结合水膜会影响内部孔隙改变，使得土体颗粒小孔隙减少，大孔隙增加。因此，除能够使固化土内部产生微裂缝外，冻融循环还会引起其内部孔隙率的改变[191,246-248]，从而增加固化/稳定化污染土中污染物的浸出风险。

固化/稳定化污染土的耐久性能与密实度、含水量、重金属种类及含量、水泥掺量、冻融循环次数、冻融温度等有关。含水量越高，越容易遭受冻融侵蚀影响；密实度越高，耐久性能越好；反之，则越差[249]；水泥掺量越高，耐久性能越好；重金属含量也存在“临界浓度”，重金属含量在临界浓度［$w(M) \approx w(Wc)$］附近抵抗冻融循环的能力明显优于低含量［$w(M) < w(Wc)$］或高含量［$w(M) > w(Wc)$］[250]的水泥固化/稳定化污染土。

（3）干湿循环

随着干湿循环次数的增加，固化/稳定化污染土微裂缝不断扩展，固化体的结构逐渐破坏，质量损失率逐渐升高，孔隙率（主要是孔径较大的孔隙）逐渐升高，强度逐渐降低，渗透系数逐渐增大，固化土中的盐溶质、已被固化的污染物会发生流失，导致劣化现象的发生。

（4）腐蚀性物质侵蚀

如 1.2 节所述，固化/稳定化污染土在腐蚀性离子存在的环境下会发生如式（1-29）～式（1-33）所示的化学反应，生成没有胶凝性的物质或膨胀性物质。如浸泡在 NaCl 溶液中的水泥固化铅污染土，在浸泡一段时间后出现土体结构疏松，孔隙增多，土体强度逐渐减小等现象[251]。

研究表明[146,242,252]，水泥固化/稳定化污染土长期处在胁迫环境条件下，发生强度降低、渗透系数升高、浸出浓度增大等劣化现象，在此阶段水泥水化反应仍会继续。

1.5.6 微观特性

如 1.5.1 节所述，水泥固化/稳定化污染土微观特性常用的研究手段有 XRD、SEM、SEM-EDS、SEM-Mapping、MIP、XAFS（X-ray absorption fine structure）及 RS（Raman spectroscopy）等。

（1）XRD

利用 XRD 试验，并结合 XRD 图谱中 2θ 晶体矿物相衍射峰位置，初步判断固化/稳定化污染土中污染物的存在形式，用于表征污染物固化/稳定化作用机理。

活性 MgO、CaO 和水泥固化/稳定化不同重金属污染土 XRD 图谱见图 1-93，其中，Pb、Cu、Cd、Mn 污染物浓度为 16000mg/kg，分别以 $Pb(NO_3)_2$、$Cu(NO_3)_2\cdot 3H_2O$、$CdCl_2\cdot H_2O$、$MnSO_4\cdot H_2O$ 形式掺入土中；Ni 污染物浓度为 24000mg/kg，以 $NiSO_4\cdot 6H_2O$ 形式掺入土中；Zn 污染物浓度为 32000mg/kg，以 $ZnCl_2$ 形式掺入土中。活性 MgO 和 CaO 水化产物分别为 $Mg(OH)_2$ 和 $Ca(OH)_2$，水泥水化产物主要为 C-S-H（C-S-H 胶凝产物）和 E（ettringite，即 AFt）。

可以看出，与污染物种类无关，固化/稳定化重金属污染土均检测出重金属氢氧化物，即 LH［$Pb(OH)_2$］、CuH［$Cu(OH)_2$］、ZH［$Zn(OH)_2$］、NH［$Ni(OH)_2$］、CdH［$Cd(OH)_2$］和 MnH［$Mn(OH)_2$］；此外，XRD 结果证实了不同固化/稳定化重金属污染土氢氧化物络合物的生成，如活性 MgO、CaO 和水泥固化/稳定化 Cu 污染土中 CuHN［$Cu_2NO_3(OH)_3$］、Cd 污染土中 CdClH（CdOHCl）、Mn 污染土中 MnHS［$7Mn(OH)_2\cdot 2MnSO_4\cdot H_2O$］，活性 MgO 和水泥固化/稳定化 Pb 污染土中的 P/C［$2PbSO_4\cdot Pb(OH)_2$］、Zn 污染土中 ZClH（ZnOHCl）。

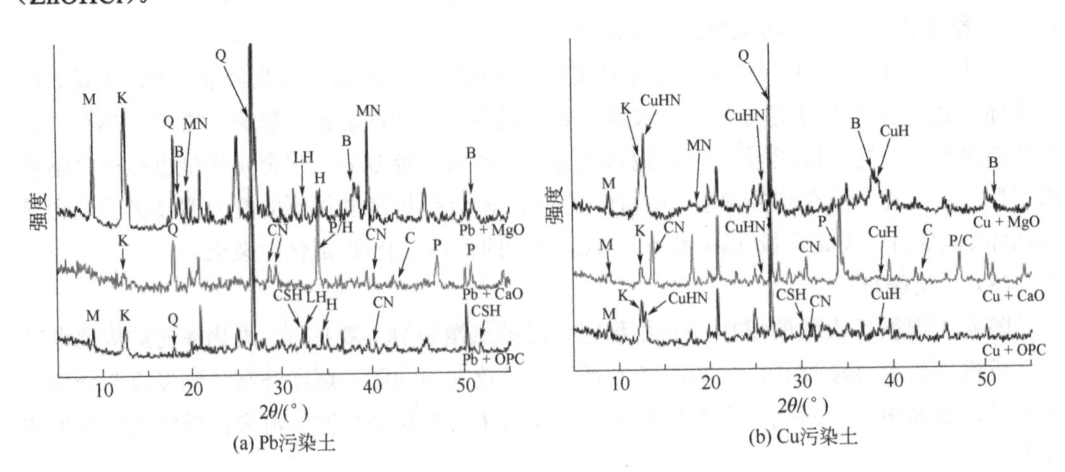

(a) Pb污染土

(b) Cu污染土

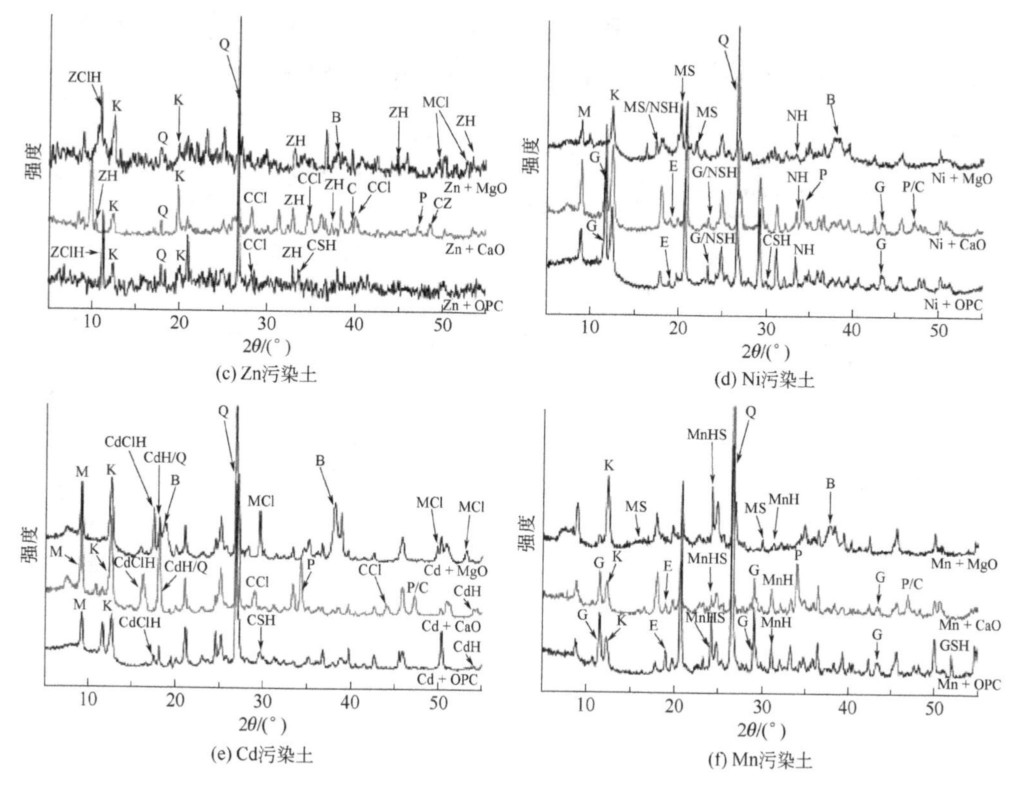

(c) Zn污染土　(d) Ni污染土

(e) Cd污染土　(f) Mn污染土

图1-93 活性MgO、CaO和水泥固化/稳定化不同重金属污染土XRD图谱[253]

（2）SEM、SEM-EDS、SEM-Mapping

SEM常常与SEM-EDS、SEM-Mapping等表征手段联用。

水泥固化/稳定化不同含量锌污染土（28d）微观形貌（SEM）如图1-94所示。图1-94（a）中不添加Zn，水泥固化土中含有大量的水化产物，絮凝状的C-S-H凝胶、网状C-S-H和针状AFt；图1-94（b）中可看到立方C_3AH_6、网状C-S-H和针状AFt；图1-94（c）中有少量的立方C_3AH_6、网状C-S-H和针状AFt，以及重金属氢氧化物络合物$CaZn_2(OH)_6\cdot 2H_2O$ [$Ca(OH)_2\cdot 2Zn(OH)_2\cdot H_2O$]；图1-94（d）中有$CaZn_2(OH)_6\cdot 2H_2O$及未水化的水泥熟料颗粒。可以看出，随着Zn含量的增加，水化产物含量减少，水化反应逐渐被抑制；Zn的固化/稳定化机理包括氢氧化物沉淀和络合物沉淀等。

水泥固化/稳定化铅污染土的SEM、SEM-Mapping及SEM-EDS照片如图1-95所示。图1-95（a）、（b）分别为水泥基体（即水化产物）胶结土颗粒、碱性环境下的土颗粒形貌，可以看出土颗粒被水化产物胶结在一起形成整体；图1-95（c）为Pb污染土包裹未完全水化的水泥颗粒，其中椭圆状矿物、块状（即箭头指向的矿物）是未参与水化反应的水泥矿物相形貌，通过对图1-95（c）进行Mapping分析得到图1-95（d）；图1-95（d）为Pb的Mapping分布结果，其中椭圆状、块状孔隙部分为未完全反应的水泥颗粒，也有部分为孔隙（白色虚线部分），墨绿色部分为含有Pb元素的污染土；图1-95（e）为水泥颗粒被富铅成分包裹的形貌，红色范围内灰白色为水泥水化产物，内部为未反应水泥颗粒，对灰白色区域进行EDS分析，得到的结果见图1-95（f），可以看出水化产物中含有Ca、Si、Pb等元素，表明水泥水化胶凝产物对Pb有固化/稳定化作用。

(a) 0%Zn污染土　(b) 0.02%Zn污染土　(c) 0.2%Zn污染土　(d) 2%Zn污染土

图1-94　水泥固化/稳定化不同含量锌污染土（28d）微观形貌[254]

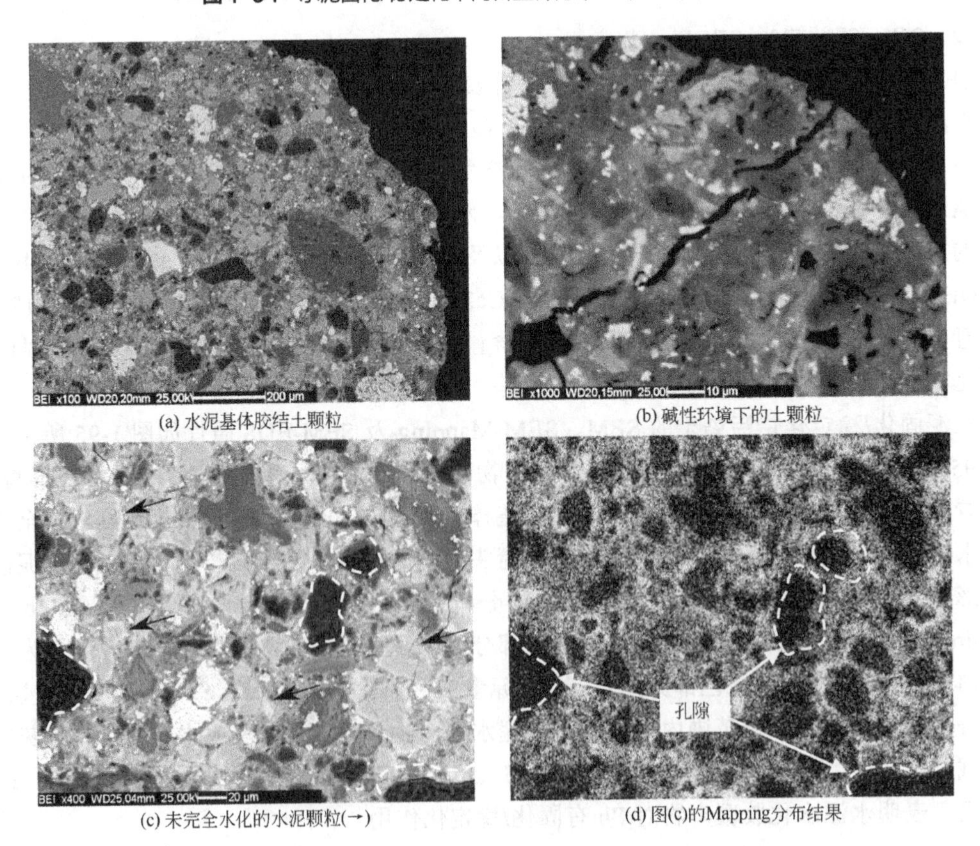

(a) 水泥基体胶结土颗粒　(b) 碱性环境下的土颗粒　(c) 未完全水化的水泥颗粒(→)　(d) 图(c)的Mapping分布结果

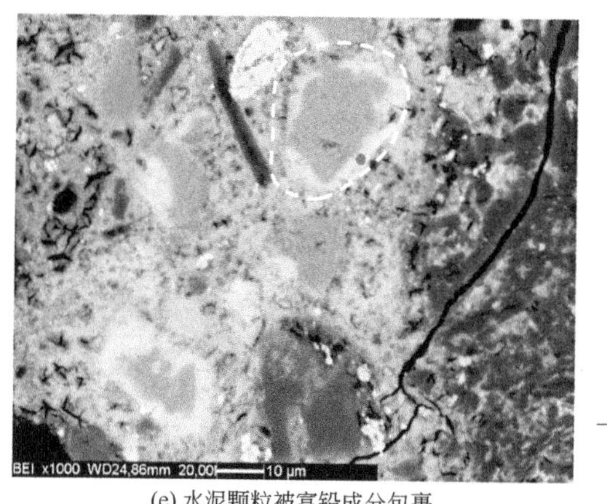

(e) 水泥颗粒被富铅成分包裹

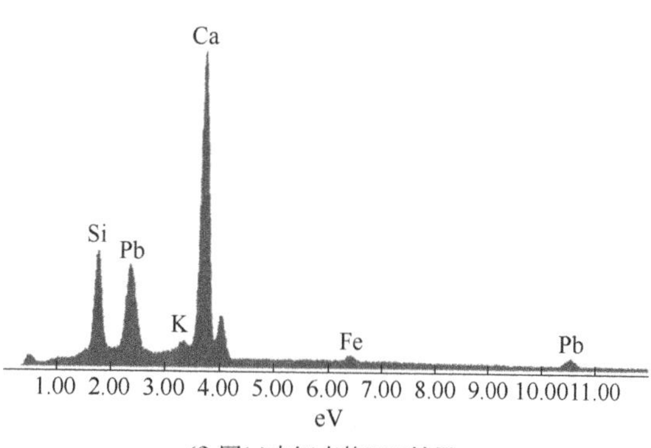

(f) 图(e)中红点的EDS结果

图 1-95 水泥固化/稳定化铅污染土 SEM、SEM-Mapping 及 SEM-EDS 照片[255]

（3）MIP

水泥固化/稳定化不同含量锌污染土（28d）孔结构的微分分布曲线如图 1-96 所示。可以看出，随着 Zn 含量的增加，水泥固化/稳定化污染土总孔隙体积显著增加，最概然孔径也随之增加，介孔（0.002～0.05μm）显著减少，大孔径（大于 0.05μm）显著增加，这一结果证实重金属能够显著延缓水化反应，降低水化产物的生成量[254]。

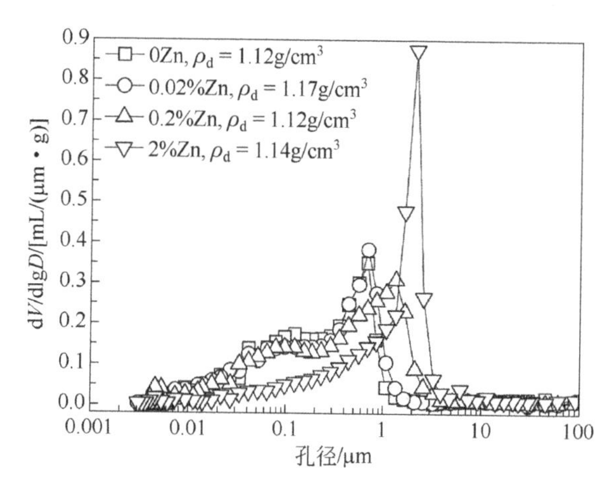

图 1-96 水泥固化/稳定化不同含量锌污染土（28d）孔结构的微分分布曲线[254]

（4）XAFS

铅污染土和不同固化剂固化/稳定化铅污染土拟合后的 Pb-L$_{III}$边 XANES 光谱如图 1-97 所示，拟合曲线与实测数据线基本吻合，表明拟合结果较为准确。可以看出，图 1-97（a）Pb 污染土中 Pb 的形态以 FeO_x+Pb、$PbSO_4$ 和金属 Pb 为主，含量分别为 78.6%、16.7%和 3.8%；图 1-97（b）水泥固化/稳定化 Pb 污染土中 Pb 的形态，89.1%为 C_3S+Pb，10.9%为未固化稳定的 Pb 形态；图 1-97（c）铝酸钙水泥固化/稳定化 Pb 污染土中 Pb 的形态，74.0%为 CAC+Gy+Pb，26.0%为 $PbSO_4$；图 1-97（d）碱激发偏高岭土固化/稳定化 Pb 污染土中 Pb 的形态，62.5%为 MK+NaOH+Pb，24.2%为 PbO，13.3%为 Pb。

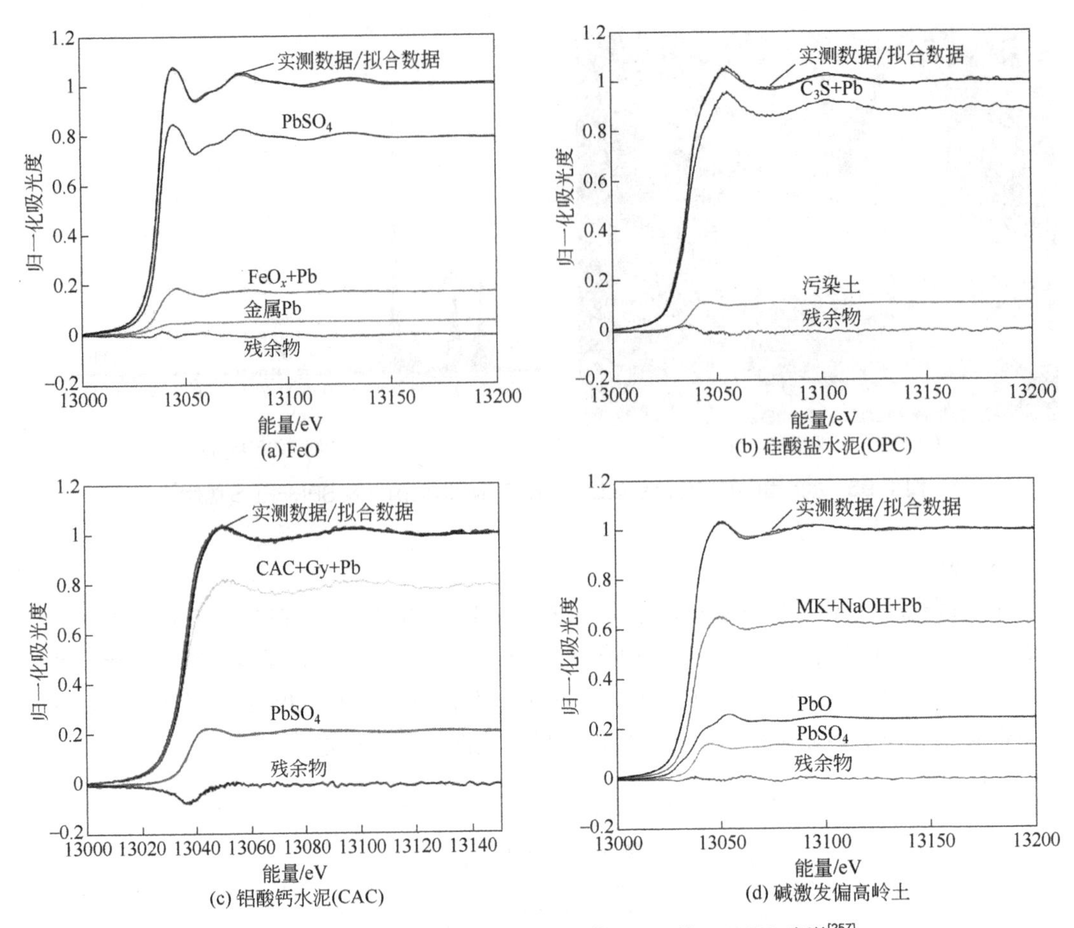

图 1-97 固化/稳定化铅污染土拟合后的 Pb-L_{III}边 XANES 光谱[257]

究其原因，FeO 处理 Pb 污染土，FeO 具有强吸附 Pb 能力[256]，而 Pb 金属形态的检出与土体自身性质有关[257]；硅酸盐水泥中的 C_3S+Pb 表明水化产物 C-S-H 对固化/稳定化 Pb 具有优异的效果，这与 Pb 可替代 C-S-H 中 Ca 有关；铝酸盐水泥 CAC+Gy+Pb 与硅酸盐水泥作用机理相似，均是水化产物对 Pb 的稳定作用；碱激发偏高岭土生成的产物主要无定形胶凝产物，目前作用机理尚不明确。

1.5.7 固化/稳定化机理

水泥固化/稳定化重金属污染土与有机污染土的作用机理不同，这与重金属有机污染物在土体中的存在形态有关，重金属以离子形态存在，而有机污染物则多附着在土体颗粒表面。

（1）重金属污染土

水泥类固化剂固化/稳定化重金属污染土的机理，包括水泥与土体中的重金属污染物的作用机理（吸附、沉淀、化学结合和包裹等作用机理）（1.2.4 节）以及土体中的黏土矿物对重金属的作用。土体中的黏土矿物对重金属有吸附、孔道过滤、结构调整、离子交换等物理化学作用[258]。

（2）有机物污染土

水泥类固化剂固化/稳定化有机污染土的机理，主要是水泥类固化剂对有机污染物的物理吸附和化学结合作用（1.2.4 节），土体中的矿物不参与反应。

1.6 结语

水泥作为土体中最常用的固化剂，以其稳定的强度性能、耐久性能、低廉的价格等优势，自问世以来在大量的工程中得以应用。但是，由于水泥水化产物 C-S-H、C-A-H、AFt、AFm 及 CH 等只有在高碱性环境才能稳定存在，所以水泥在应用过程中处在胁迫环境（如酸雨、干湿、冻融、侵蚀等条件）下发生的强度降低、耐久性能变差等劣化问题越来越受到关注；此外，水泥生产过程带来的资源和能源消耗、环境污染问题日益突出，科研工作者正在尝试研发各种可用于替代水泥的固化剂，并取得大量的科研成果。结合我国发展现状，基于固体废弃物性能特征，开展研发能够通过调制固化剂原材料成分控制水化产物组成，满足力学性能、耐久性能等不同应用场景要求的生态友好型环保固化剂迫在眉睫。

参考文献

[1] 中国国家标准化管理委员会. 水泥工厂设计规范: GB 50295—2016[S]. 北京: 中国标准出版社, 2016.

[2] 中国国家标准化管理委员会. 用于水泥中的工业副产石膏: GB 21371—2019[S]. 北京: 中国标准出版社, 2019.

[3] 中国国家标准化管理委员会. 用于水泥中的火山灰质混合材料: GB/T 2847—2005[S]. 北京: 中国标准出版社, 2005.

[4] 中国国家标准化管理委员会. 通用硅酸盐水泥: GB 175—2007[S]. 北京: 中国标准出版社, 2007.

[5] 中国国家标准化管理委员会. 用于水泥和混凝土中的粉煤灰: GB 1596—2017[S]. 北京: 中国标准出版社, 2017.

[6] Consoli F D, Alien D, Bousted I, et al. Guidelines for life-cycle assessment: a code of practice[M]. Pensacola: STEAC, 1993.

[7] 邓南圣, 王小兵. 生命周期评价[M]. 北京: 化学工业出版社, 2003.

[8] 樊庆锌, 敖红光, 孟超. 生命周期评价[J]. 环境科学与管理, 2007, 32(6): 177-180.

[9] 杨建新, 徐成, 王如松. 产品生命周期评价方法及其应用[M]. 北京: 气象出版社, 2002.

[10] 刘顺妮, 林宗寿, 张小伟. 硅酸盐水泥的生命周期评价方法初探[J]. 中国环境科学, 1998, 18(4): 328-332.

[11] 董世根, 李小冬, 张智慧. 新型干法水泥生命周期环境影响评价[J]. 环境保护, 2008(10): 39-42.

[12] 李林香, 谢永江, 冯仲伟, 等. 水泥水化机理及其研究方法[J]. 混凝土, 2011(6): 76-80.

[13] Gartner E M, MacPhee D E. A physico-chemical basis for novel cementitious binders[J]. Cement and Concrete Research, 2011, 41(7): 736-749.

[14] Barnes P, Bensted J. Structure and performance of cements[M]. Second Edition. BoCa Raton: CRC Press: 2014.

[15] 林宗寿. 水泥工艺学[M]. 武汉: 武汉理工大学出版社, 2012.

[16] (英)本斯迪德, (英)巴恩斯. 水泥的结构和性能[M]. 2 版. 廖欣, 译. 北京: 化学工业出版社, 2009.

[17] 林宗寿. 胶凝材料学[M]. 武汉: 武汉理工大学出版社, 2014.

[18] Skalny J, Young J F. 波特兰水泥水化的机理[A]//第七届国际水泥化学会议论文选集[C]. 北京: 中国建筑工业出版社, 1985: 169-214.

[19] Su Z, Sujata K, Bijen J M, et al. The evolution of the microstructure in styrene acrylate polymer-modified cement pastes at the early stage of cement hydration[J]. Advanced Cement based Materials, 1996 (3): 87-93.

[20] Sujata K, Jennings H M. Formation of a protective layer during the hydration of cement[J]. Journal of the

American Ceramic Society, 1992, 75(6): 1669-1673.

[21] Meredith P, Donald A M, Luke K. Pre-induction and induction hydration of tricalcium silicate: an environmental scanning electron microscopy study[J]. Journal of Materials Science, 1995, 39: 1921-1930.

[22] Tennisa P D, Jennings H M. A model for two types of calcium silicate hydrate in the microstructure of portland cement pastes[J]. Cement and Concrete Research, 2000, 30(6): 855-863.

[23] Gartner E M. A proposed mechanism for the growth of C-S-H during the hydration of tricalcium silicate[J]. Cement and Concrete Research, 1997, 27(5): 665-672.

[24] Double D, Hellawell A. The hydration of Portland cement[J]. Nature, 1976, 216(10): 486-488.

[25] JENNINGS H M. A model for the microstructure of calcium silicate hydrate in cement paste[J]. Cement and Concrete Research, 2000, 30(1): 101-116.

[26] Ghost S N. 水泥技术进展[M]. 北京: 中国建筑工业出版社, 1986: 203-303.

[27] Taylor H F W. Cement chemistry[M]. Second Edition. London: Thomas Telford Press, 1997.

[28] 吕鹏, 翟建平, 聂荣, 等. 环境扫描电镜用于硅酸盐水泥早期水化的研究[J]. 硅酸盐学报, 2004(4): 530-536.

[29] 武亚磊. 利用水泥窑系统雾化干化及焚烧污泥技术工业试验[D]. 西安: 西安建筑科技大学, 2016.

[30] 武亚磊, 查少翔, 张伟伟, 等. 污泥灰替代粘土制备水泥熟料的试验研究[J]. 硅酸盐通报, 2018, 37(6): 1881-1886.

[31] Grimmer A R. Structural investigation of calcium silicates from ^{29}Si chemical shift measurements[M]// Colombet P, Grimmer A R(Eds.). Application of NMR Spectroscopy to Cement Science. London: Gordon and Breach, 1994: 113-151.

[32] Johansson K, Larsson C, Antzutkin O N, et al. Kinetics of the hydration reactions in the cement paste with mechanochemically modified cement ^{29}Si magic-angle- spinning NMR study[J]. Cement and Concrete Research, 1999, 29: 1575-1581.

[33] Xu Z, Viehland D. Observation of amesostructure in calciumsilicate hydrate gels of Portland cement[J]. Physics Review Letters 1996, 77 (5): 52-955.

[34] Famy C, Scrivener K L, Crumbie A K. What causes differences of C-S-H gel grey levels in backscattered electron images?[J]. Cement and Concrete Research, 2002, 32(9): 1465-1471.

[35] Famy C, Scrivener K L, Atkinson A, et al. Effects of an early or a late heat treatment on the microstructure and composition of inner C-S-H products of Portland cement mortars[J]. Cement and Concrete Research. 2002, 32(2): 269-278.

[36] 金祖权, 张苹. 材料科学研究方法[M]. 哈尔滨: 哈尔滨工业大学出版社, 2018.

[37] 罗立强, 詹秀春, 李国会. X 射线荧光光谱仪[M]. 北京: 化学工业出版社, 2008.

[38] Geng J, Zhou M, Li Y X, et al. Comparison of red mud and coal gangue blended geopolymers synthesized through thermal activation and mechanical grinding preactivation[J]. Construction and Building Materials, 2017, 153: 185-192.

[39] 史才军, 元强编著. 水泥基材料测试分析方法[M]. 北京: 中国建筑工业出版社, 2018.

[40] 中国国家标准化管理委员会. 压汞法和气体吸附法测定固体材料孔径分布和孔隙度 第 1 部分: 压汞法: GB/T 21650. 1—2008[S]. 北京: 中国标准出版社, 2008.

[41] 马富丽. 基于微-纳观结构分析的黄土状粉土压实机理研究[D]. 太原: 太原理工大学, 2017.

[42] 唐大雄, 刘佑荣, 张文殊, 等. 工程岩土学[M]. 2 版. 北京: 地质出版社, 1999.

[43] 宓永宁, 张颖, 张玉清, 等. 基于 SEM 图像的辽河特细砂粒度分布及形态特征的研究[J]. 水利水电技术, 2013, 44(12): 75-78.

[44] 宁建国, 黄新. 固化土结构形成及强度增长机理试验[J]. 北京航空航天大学学报, 2006(1): 97-102.

[45] 高国瑞, 李俊才. 水泥加固(改良)软土地基的研究[J]. 工程地质学报, 1996(1): 45-52.

[46] 丁毅. 土壤固化及其应用 筑路材料与技术的变革[M]. 北京: 中国大地出版社, 2009.

[47] 黄新, 宁建国, 许晟, 等. 固化土结构的形成模型[J]. 工业建筑, 2006(7): 1-6.

[48] Li Z J. Advanced concrete technology[M]. John Wiley & Sons, 2011.

[49] Yuan Q, Shi C J, De Schutter G, et al. Chloride binding of cement-based materials subjected to external chloride environment: a review[J]. Construction & Building Materials, 2009, 23(1): 1-13.

[50] Florea M V A, Brouwers H J. H. Chloride binding related to hydration products: part Ⅰ: ordinary portland cement[J]. Cement & Concrete Research, 2012, 42(2): 282-290.
[51] De Weerdt K, Colombo A, Coppola L, et al. Impact of the associated cation on chloride binding of Portland cement paste. [J]. Cement & Concrete Research, 2015: 196-202.
[52] De Weerdt K, Orsakova D, Geiker M R. The impact of sulphate and magnesium on chloride binding in Portland cement paste[J]. Cement & Concrete Research, 2014: 30-40.
[53] Diamond S. Chloride concentrations in concrete pore solutions resulting from calcium and sodium chloride admixtures[J]. Cement, Concrete and Aggregates, 1986, 8(2): 6.
[54] Zibara H, Hooton R D, Thomas M D A, et al. Influence of the C/S and C/A ratios of hydration products on the chloride ion binding capacity of lime-SF and lime-MK mixtures[J]. Cement and Concrete Research, 2008, 38(3): 422-426.
[55] Tang L P, Nilsson L O. Chloride binding capacity and binding isotherms of OPC pastes and mortars[J]. Cement and Concrete Research, 1993, 23(2): 247-253.
[56] Ramachandran V S. Possible states of chloride in the hydration of tricalcium silicate in the presence of calcium chloride[J]. Matériaux et Construction. 1971, 4(1): 3-12.
[57] Chatterji S, Kawamura M. Electrical double layer, ion transport and reactions in hardened cement paste[J]. Cement and Concrete Research, 1992, 22(5): 774-782.
[58] 王小刚，史才军，何富强，等. 氯离子结合及其对水泥基材料微观结构的影响[J]. 硅酸盐学报，2013，41(2): 187-198.
[59] Ben-Yair M. The effect of chlorides on concrete in hot and arid regions[J]. Cement and Concrete Research, 1974(3): 405-416.
[60] Glasser F. Role of chemical binding in diffusion and mass transport [C]. Toronto: International Conference on Ion and Mass Transport in Cement-Based Materials, 1999: 129-154.
[61] Balonis M, Lothenbach B, Le Saout G, et al. Impact of chloride on the mineralogy of hydrated Portland cement systems[J]. Cement and Concrete Research, 2010(7): 1009-1022.
[62] Suryavanshi A K, Scantlebury J D, Lyon S B. Mechanism of Friedel's salt formation in cements rich in tri-calcium aluminate[J]. Cement and Concrete Research, 1996, 26(5): 717-727.
[63] Malliou O, Katsioti M, Georgiadis A, et al. Properties of stabilized/solidified admixtures of cement and sewage sludge[J]. Cement and Concrete Composites, 2007, 29(1): 55-61.
[64] Markova O A. Physicochemical study of calcium hydroxide chlorides [J]. Zh. Fiz. Khim., 1973, 47(4): 1065.
[65] Shi C J. Formation and stability of $3CaO \cdot CaCl_2 \cdot 12H_2O$[J]. Cement and Concrete Research, 2001, 31(9): 1373-1375.
[66] Santhanam M, Cohen M D, Olek J. Sulfate attack research - whither now?[J]. Cement and Concrete Research, 2001, 31(6): 845-851.
[67] 莫斯克文. 混凝土和钢筋混凝土的腐蚀及其防护方法[M]. 倪继水，译. 北京：化学工业出版社，1988.
[68] Shi C J, Stegemann J A. Acid corrosion resistance of different cementing materials[J]. Cement and Concrete Research, 2000, 30(5): 803-808.
[69] 袁晓露，周世华. 水泥制品中重金属元素的溶出性能及机理分析[J]. 混凝土，2019(8): 24-27.
[70] 刘新，冯攀，沈叙言，等. 水泥水化产物——水化硅酸钙(C-S-H)的研究进展[J]. 材料导报，2021，35(9): 9157-9167.
[71] Qiao X C, Poon C S, Cheeseman C R. Investigation into the stabilization/solidification performance of Portland cement through cement clinker phases[J]. Journal of Hazardous Materials, 2007, 139(2): 238-243.
[72] Hong S Y, Glasser F P. Alkali sorption by C-S-H and C-A-S-H gels[J]. Cement and Concrete Research, 2002, 32 (7): 1101–1111.
[73] Chen Q Y, Tyrer M, Hills C D, et al. Immobilisation of heavy metal in cement-based solidification/stabilisation: a review[J]. Waste Management, 2009, 29(1): 390-403.
[74] Merritt S D. Immobilization of uranium and nickel in sludges treated by solidification and stabilization[M]. Texas

A&M University, 1996.
[75] Paria S, Yuet P K. Solidification-stabilization of organic and inorganic contaminants using portland cement: a literature review[J]. Environmental Reviews. 2006, 14(4): 217-255.
[76] Thevenin G, Pera J. Interactions between lead and different binders[J]. Cement and Concrete Research, 1999, 29(10): 1605-1610.
[77] Conner J R. Chemical fixation and solidification of hazardous wastes[M]. New York: Van Nostrand Reinhold, 1990.
[78] Conner J R, Hoeffner S L. The history of stabilization/solidification technology[J]. Critical Reviews in Environmental Science and Technology, 1998, 28: 352-396.
[79] Gougar M L D, Scheetz B E, Roy D M. Ettringite and C-S-H Portland cement phases for waste ion immobilization: a review[J]. Waste Management, 1996, 16(4): 295-303.
[80] Conner J R. Guide to improving the effectiveness of cement-based stabilization-solidification, Portland cement association[J]. Engineering Bulletin EB211, 1997.
[81] Conner J R, Hoeffner S L. A critical review of stabilization/solidification technology[J]. Critical Reviews in Environmental Science and Technology, 1998, 28(4): 397-462.
[82] Li X D, Poon C S, Sun H, et al. Heavy metal speciation and leaching behaviors in cement based solidified/stabilized waste materials[J]. Journal of Hazardous Materials, 2001, 82(3): 215-230.
[83] Richardson I G, Groves G W. The incorporation of minor and trace elements into calcium silicate hydrate(C-S-H) gel in hardened cement pastes[J]. Cement and Concrete Research, 1993, 23(1): 131-138.
[84] Ziegler F, Scheidegger A M, Johnson C A, et al. Sorption mechanism of zinc to calcium silicate hydrate: X-ray absorption fine structure(XAFS) investigation[J]. Environmental Science & Technology, 2001, 35: 1550-1558.
[85] Yousuf M, Mollah A, Rajan K, et al. The interfacial chemistry of solidification/stabilisation of metals in cement and pozzolanic material systems [J]. Waste Management, 1995, 15: 137-148.
[86] Gineys N, Aouad G, Damidot D. Managing trace elements in Portland cement——part Ⅰ: Interactions between cement paste and heavy metals added during mixing as soluble salts[J]. Cement and Concrete Composites, 2010, 32(8): 563-570.
[87] Gineys N, Aouad G, Damidot D. Managing trace elements in Portland cement——part Ⅱ: comparison of two methods to incorporate Zn in a cement[J]. Cement and Concrete Composites, 2011, 33(6): 629-636.
[88] Bhatty M S Y. Fixation of metallic ions in Portland cement[C]. Proceedings of 4th National Conference on Hazardous Wastes and Hazardous Materials, 1987: 1140-1145.
[89] Chen Q Y. Examination of hydrated and accelerated carbonated cement-heavy metal mixtures[D]. London: University of Greenwich, 2004.
[90] 陈慧娥. 有机质影响水泥加固软土效果的研究[D]. 长春: 吉林大学, 2006.
[91] 徐日庆, 郭印, 刘增永. 人工制备有机质固化土力学特性试验研究[J]. 浙江大学学报(工学版), 2007(1): 109-113.
[92] Kipton H, Powell J, Fenton E. Size fractionation of humic substances: effect protonation and metal binding properties[J]. Analytica Chimica Acta, 1996, 334: 27-38.
[93] Koivula N, Hänninen K. Concentrations of monosaccharides in humic substances in the early stages of humification[J]. Chemosphere, 2001, 44: 271- 279.
[94] Schulten H R. The 3-dimensional structure of humic substances and soil organic matter studied[J]. Fresenius Journal of Analytical Chemistry, 1995, 351(1): 62-73.
[95] Gong G Q, Zhao Y F, Zhang Y J, et al. Establishment of a molecular structure model for classified products of coal-based fulvic acid[J]. Fuel, 2020: 117210.
[96] 贺婧, 颜丽, 杨凯, 等. 不同来源腐殖酸的组成和性质的研究[J]. 土壤通报, 2003(4): 343-345.
[97] 中华人民共和国住房和城乡建设部. 建筑地基处理技术规范: JGJ 79—2012 [S]. 北京: 中国建筑工业出版社, 2012.
[98] 中华人民共和国住房和城乡建设部. 水泥固化土配合比设计规程: JGJ/T 233—2011 [S]. 北京: 中国建筑工

业出版社, 2011.
[99] 中华人民共和国住房和城乡建设部. 土的工程分类标准: GB/T 50145—2007 [S]. 北京: 中国计划出版社, 2007.
[100] 王达爽, 杨俊杰, 董猛荣, 等. 水泥土强度预测室内试验研究[J]. 中国海洋大学学报(自然科学版), 2018, 48(7): 96-102.
[101] 中华人民共和国住房和城乡建设部. 建筑地基基础设计规范: GB 50007—2011 [S]. 北京: 中国计划出版社, 2012.
[102] 王达爽. 水泥固化土强度特性及预测研究[D]. 青岛: 中国海洋大学, 2017.
[103] 王曼. 固化土强度特性及强度-龄期关系预测[D]. 青岛: 中国海洋大学, 2020.
[104] 汤怡新, 刘汉龙, 朱伟. 水泥固化土工程特性试验研究[J]. 岩土工程学报, 2000, 22(5): 549-554.
[105] 李斯臣, 杨俊杰, 武亚磊, 等. 水泥固化软土抗拉特性研究[J]. 中南大学学报(自然科学版), 待刊.
[106] 李斯臣. 水泥固化软土抗拉特性研究[D]. 青岛: 中国海洋大学, 2021.
[107] 吴锋. 混凝土单轴抗拉应力-应变全曲线的试验研究[D]. 长沙: 湖南大学, 2006.
[108] Tran K Q, Satomi T, Takahashi H. Tensile behaviors of natural fiber and cement reinforced soil subjected to direct tensile test[J]. Journal of Building Engineering, 2019, 24: 100748.
[109] 杨俊杰, 王曼, 董猛荣, 等. 一种水泥固化土长期强度实用预测式探讨[J]. 地基处理, 2017, 28(3): 65-72.
[110] Yang J J, Dong M R, Sun T, et al. Forecast formula for strength of cement-treated clay [J]. Soils and Foundations, 2019, 59(4): 920-929.
[111] 杨俊杰, 刘浩, 刘强, 等. 一种水泥固化软土全龄期强度预测式[J]. 地基处理, 2019, 1(1): 37-41.
[112] Yang J J, Liu H, Liu Q, et al. Prediction formula for unconfined compressive strength of cement treated soft soil during full age[J]. Lowland Technology International, 2019, 21(3): 143-150.
[113] Liu S Y, Zhang D W, Liua Z B, et al. Assessment of unconfined compressive strength of cement stabilized marine clay[J]. Marine Georesources & Geotechnology, 2008, 26(1): 19-35.
[114] 储诚富, 洪振舜, 刘松玉, 等. 用似水灰比对水泥固化土无侧限抗压强度的预测[J]. 岩土力学, 2005, 26(4): 645-649.
[115] Horpibulsuk S, Miura N, Nagaraj T S. Clay-water/cement ratio identity for cement admixed soft clays[J]. Journal of Geotechnical and Geoenvironmental Engineering, 2005, 131(2): 187-192.
[116] Sakka H, Ochiai H, Yasufuku K, et al. Evaluation of the improvement effect of cement-stabilized soils with different cement-water ratios[C]//Proceedings of the International Symposium on Lowland Technology. Japan: Saga University, 2000, 161-168.
[117] 焦德才, 杨俊杰, 董猛荣, 等. 水泥土的长期渗透特性研究[J]. 中国海洋大学学报(自然科学版), 2021, 51(2): 112-118.
[118] 郑刚, 顾晓鲁, 姜忻良. 水泥搅拌桩复合地基承载力辨析[J]. 岩土工程学报, 2000, 22(4): 487-489.
[119] 刘松玉, 钱国超, 章定文. 粉喷桩复合地基理论与工程应用[M]. 北京: 中国建筑工业出版社, 2006.
[120] 中华人民共和国国家质检总局. 岩土工程勘察规范: GB 50021—2001[S]. 北京: 中国建筑工业出版社, 2001.
[121] Yang J J, Yan N, Liu Q, et al. Laboratory test on long-term deterioration of cement soil in seawater environment [J]. Transactions of Tianjin University, 2016, 22(2): 132-138.
[122] 柳志平. 海水侵蚀环境下水泥固化土的力学性质试验研究及耐久性分析[D]. 武汉: 武汉大学, 2013.
[123] 尚金瑞, 杨俊杰, 董猛荣, 等. 表层劣化对桩承载性状影响的室内模拟试验[J]. 岩土工程学报, 2013, 35(s2): 857-861.
[124] Ikegami M, Ichiba T, Terashi M. The simple prediction method on the deterioration of cement treated soil[J]. Society of Civil Engineers Annual Conference (CD-ROM), 2004, 29(Disk 1): 3-537.
[125] Hayashi H, Nishimoto S, Ohishi K. Long-term characteristics on strength of cement treated soil (Part 1) [R]. Civil Engineering Research Institute of Hokkaido Development Monthly Report, 2004(611): 11-19.
[126] Hayashi H, Nishimoto S, Ohishi K. Long-term characteristics on strength of cement treated soil (Part 2)[R]. Civil Engineering Research Institute of Hokkaido Development Monthly Report, 2004(612): 28-36.

[127] Hara H, Hayashi S, Suetsugu D, et al. Study on the property changes of Lime-treated soil under sea water [J]. Journal of Geotechnical Engineering C, JSCE, 2010, 66(1): 21-31.
[128] 杨俊杰，孙涛，张玥宸. 腐蚀性场地形成的水泥固化土的劣化研究[J]. 岩土工程学报, 2012(1): 130-138.
[129] 杨俊杰，董猛荣，孙涛，等. 现场条件下水泥固化土劣化试验及劣化深度预测[J]. 中国水利水电科学研究院学报. 2017(04): 297-302.
[130] 王晓倩，杨俊杰，王曼，等. 场地环境变化引起的水泥固化土劣化深度及预测[J]. 中国海洋大学学报(自然科学版), 2019, 49(11): 102-110.
[131] 郭爱国，孔令伟，胡明鉴，等. 石灰改性膨胀土施工最佳含水率确定方法探讨[J]. 岩土力学，2007，28(3): 517-521.
[132] 邓东升，张铁军，洪振舜. 河道疏浚废弃淤泥改良土的强度变化规律探讨[J]. 防灾减灾工程学报，2008，28(2): 167-170.
[133] 何毅，杨俊杰，张富有，等. 疏浚淤泥半固化效果及无侧限抗压强度分析[J]. 水电能源科学，2012，30(7): 127-129.
[134] 苏晓腾. 水泥半固化处理土工程性质研究[D]. 青岛：中国海洋大学, 2018.
[135] 苏晓腾，杨俊杰，董猛荣，等. 水泥半固化处理土工程性质研究[J]. 中国海洋大学学报(自然科学版), 2020, 50(6): 134-140.
[136] Yang J J, Ochiai H, Suzuki A, et al. Evaluation of the bearing capacity of geogrid reinforced foundation ground using the velocity field method[J]. Technical Reports of the Kumamoto University, 1994, 43: 129-148(1-20).
[137] 陈蕾. 水泥固化稳定重金属污染土机理与工程特性研究[D]. 南京：东南大学, 2010.
[138] 刘松玉，杜延军，刘志彬. 污染场地处理原理与方法[M]. 南京：东南大学出版社, 2018.
[139] Rulkens W H, Grotenhuis J T C, TichýR. Methods for cleaning contaminated soils and sediments[M]//Förstner U, Salomons W, Mader P. (eds) Heavy Metals. Environmental Science. Berlin: Springer, 1995.
[140] Alunno V, Medici F. Inertization of toxic metals in cement matrices: effects on hydration, setting and hardening[J]. Cement and Concrete Research, 1995, 25(6): 1147-1152.
[141] Malviya R, Chaudhary R. Factors affecting hazardous waste solidification/stabilization: a review[J]. Journal of Hazardous Materials, 2006, 137(1): 267-276.
[142] Shi C J, Spence R. Designing of cement-based formula for solidification/stabilization of hazardous, radioactive, and mixed wastes[J]. Critical Reviews in Environmental Science & Technology, 2004, 34(4): 391-417.
[143] 章定文，项莲，曹智国. CaO对钙矾石固化/稳定化重金属铅污染土的影响[J]. 岩土力学, 2018, 39(1): 29-35.
[144] Wang Z, Wei B, Wu X, et al. Effects of dry-wet cycles on mechanical and leaching characteristics of magnesium phosphate cement-solidified Zn-contaminated soils[J]. Environmental Science and Pollution Research, 2021, 28: 18111-18119.
[145] Li J S, Xue Q, Wang P, et al. Effect of drying-wetting cycles on leaching behavior of cement solidified lead-contaminated soil[J]. Chemosphere, 2014, 117: 10-13.
[146] Yang Z P, Li X Y, Li D H, et al. Effects of long-term repeated freeze-thaw cycles on the engineering properties of compound solidified/stabilized pb-contaminated soil: deterioration characteristics and mechanisms[J]. International Journal of Environmental Research and Public Health, 2020, 17(5): 1798.
[147] Wang Q, Li M, Yang J, et al. Study on mechanical and permeability characteristics of nickel-copper-contaminated soil solidified by CFG[J]. Environmental Science and Pollution Research, 2020: 1-15.
[148] Ghavami M, Yousefi Kebria D, Javadi S, et al. Cement-organobentonite admixtures for stabilization/solidification of PAH-contaminated soil: a laboratory study[J]. Soil and Sediment Contamination: An International Journal, 2019, 28(3): 304-322.
[149] Perera A S R, Al-Tabbaa A, REID J M, et al. State of practice report UK stabilization/solidification treatment and remediation partⅣ: testing and performance criteria[C]. London: Proceedings of the International Conference on Stabilization/Solidification Treatment and Remediation, 2005: 415-435.
[150] US EPA. Method 9100: saturated hydraulic conductivity, saturated leachate conductivity, and intrinsic permeability[R]. Bristol: US EPA, 1986.

[151] Perera A S R, Al-Tabbaa A, Reid J M, et al. PartⅣ: testing and performance criteria[J]. Stabilisation/Solidification Treatment and Remediation Advances in S/S for Waste and Contaminated Land, 2005: 415-435.
[152] Wastewater Technology Centre. Proposed evaluation protocol for cement-based solidified wastes[R]. Quebec: Environment Canada, 1991.
[153] 中华人民共和国住房和城乡建设部，国家质量监督检验检疫总局. 生活垃圾卫生填埋处理技术规范: GB 50869—2013[S]. 北京: 中国计划出版社, 2013.
[154] UK Department of Transport. Specification for highway works(16th edition) [M]. London: Department of Transport, 1986.
[155] Sherwood P T. Soil stabilization with cement and lime [M]. London: Her Majesty Stationary Office, 1993.
[156] 中华人民共和国住房和城乡建设部. 城镇道路工程施工与质量验收规范: CJJ 1—2008[S]. 北京: 中国建筑工业出版社, 2008.
[157] 谷庆宝，马福俊，张倩，等. 污染场地固化/稳定化修复的评价方法与标准[J]. 环境科学研究，2017, 30(5): 755-764.
[158] 席永慧. 环境岩土工程学[M]. 上海: 同济大学出版社, 2019.
[159] US EPA. Method 1311: toxicity characteristic leaching procedure [S]. Washington DC: US EPA, 2003.
[160] US EPA. Method 1312: synthetic precipitation leaching procedure [S]. Washington DC: US EPA, 2003.
[161] 国家环境保护总局，国家质量监督检验检疫总局. 危险废物鉴别标准浸出毒性鉴别: GB 5085. 3—2007[S]. 北京: 中国环境科学出版社, 2007.
[162] 国家环境保护总局. 固体废物浸出毒性浸出方法硫酸硝酸法: HJ/T 299—2007 [S]. 北京: 中国环境科学出版社, 2007.
[163] British Standards Institution. BS EN 12457: characterization of waste: leaching-compliance test for leaching of granular wastematerials and sludges [S]. London: Environment Agency, 2002.
[164] 田中腾. 日、美及欧盟的产业废弃物处理: 各国制度实际[M]. 日本: 国立工业卫生院(废弃物工学部), 1996: 15-18.
[165] US EPA. Method 1313: liquid-solid partitioning as a function of extract ph using a parallel batch extraction procedure[S]. Washington DC: Office of Land and Environmental Management, 2017.
[166] US EPA. Method 1316: liquid-solid partitioning as a function of liquid-to-solid ratio in solid materials using a parallel batch procedure[S]. Washington DC: Office of Land and Environmental Management, 2017.
[167] ANS. ANSI/ANS-16. 1-2003, Measurement of the leachability of solidified low level radioactive wastes by a short-term test procedure[S]. American Nuclear Society, La Grange Park, IL, 2003.
[168] EA NEN 7375: 2004. Leaching characteristics of moulded or monolithic building and waste materials, Determination of leaching of inorganic components with the diffusion test, The tank test. [S]. 2005.
[169] CEN/TC292. CEN/TS14405: 2004 Characterization of waste-leaching behaviour tests-up-flow percolation test[S]. Brussels: European Committee for Standardization, 2004.
[170] ASTM. Test method D4874-95: Standard Test Method for Leaching Solid Material in a Column Apparatus[S]. 2002, 11(04): 81-88.
[171] US EPA. Method 1314: liquid-solid partitioning as a function of liquid-solid ratio for constituents in solid materials using an up-flow percolation column procedure[S]. Washington DC: Office of Land and Environmental Management, 2017.
[172] US EPA. Method 1315: mass transfer rates of constituents in monolithic and compacted granular materials using a semi-dynamic tank leachingprocedure[S]. Washington DC: Office of Land and Environmental Management, 2017.
[173] prEN14405. Characterisation of waste. Leaching behaviour test. Up-flow percolation test[S]. CEN/TC292, 2002.
[174] EA NEN 7343. Netherlands Normalisation Institute. Leaching characteristics of earthy and stony building and waste materials. Leaching tests. Determination of the leaching of inorganic.
[175] 杜延军，金飞，刘松玉，等. 重金属工业污染场地固化/稳定处理研究进展[J]. 岩土力学，2011, 32(1): 116-124.

[176] 赵由才. 危险废物处理技术[M]. 北京: 化学工业出版社, 2003.
[177] 中华人民共和国环境保护部. 固体废物浸出毒性浸出方法水平振荡法: HJ 557—2010 [S]. 北京: 中国环境科学出版社, 2010.
[178] 国家环境保护总局, 国家质量监督检验检疫总局. 地表水环境质量标准: GB 3838—2002 [S]. 北京: 中国环境科学出版社, 2002.
[179] 国家环境保护总局, 国家质量监督检验检疫总局. 危险废物填埋污染控制标准: GB 18598—2019 [S]. 北京: 中国环境科学出版社, 2001.
[180] 刘松玉. 污染场地测试评价与处理技术[J]. 岩土工程学报, 2018, 40(01): 1-37.
[181] Center for Environmental Research Information and Risk Reduction Engineering Laboratory Office of Research and Development, US Environmental Protection Agency. Stabilization/ solidification of CERCLA and RCRA wastes: physical tests, chemical testing procedures, technology Screening and Field Activities[R]. Cincinnati: US EPA, 1989.
[182] 环境保护部, 国家质量监督检验检疫总局. 生活垃圾填埋场污染控制标准: GB 16889—2008 [S]. 北京: 中国环境科学出版社, 2008.
[183] 环境保护部. 固体废物处理处置工程技术导则: HJ 2035—2013 [S]. 北京: 中国环境科学出版社, 2013.
[184] Kosson D S, Garrabrants A C. Leaching processes and evaluation tests for inorganic constituent release from cement-based matrices[J]. In: Spence R D, Shi C J. Stabilization and Solidification of Hazardous, Radioactive, and Mixed Wastes, 2004: 229-280.
[185] Hiroshi Hasegawa, Ismail Md, Mofizur Rahman, et al. Environmental remediation technologies for metal-contaminated soils[M]. Springer Japan, 2016: 125-146.
[186] ASTM. Test method D559-15: standard test methods for wetting and drying compacted soil-cement mixtures[S]. West Conshohocken, PA: ASTM International, 2015.
[187] ASTM. Test method D560-15: Standard test methods for freezing and thawing compacted soil-cement mixtures[S]. West Conshohocken, PA: ASTM International, 2015.
[188] 中华人民共和国住房和城乡建设部, 国家质量监督检验检疫总局. 普通混凝土长期性能和耐久性能试验方法标准: GB/T 50082—2009[S]. 北京: 中国建筑工业出版社, 2009.
[189] 陈悦, 李东旭. 压汞法测定材料孔结构的误差分析[J]. 硅酸盐通报, 2006(4): 198-201+207.
[190] 廉慧珍, 童良, 陈恩义. 建筑材料物相研究基础[M]. 北京: 清华大学出版社. 1996.
[191] Wang L, Yu K Q, Li J S, et al. Low-carbon and low-alkalinity stabilization/solidification of high-Pb contaminated soil[J]. Chemical Engineering Journal, 2018: 418-427.
[192] Zhao F J, Moore K L, Lombi E, et al. Imaging element distribution and speciation in plant cells[J]. Trends in Plant Science, 2014, 19(3): 183-192.
[193] 宋文成. X射线光谱学研究水中Co(Ⅱ)、Eu(Ⅲ)、As(Ⅴ)和U(Ⅵ)的富集机理[D]. 合肥: 中国科学技术大学, 2015.
[194] 赵永红, 张涛, 成先雄. XAFS 分析在土壤重金属污染化学研究中的应用[J]. 应用化工, 2021, 50(4): 1064-1068.
[195] 陈蕾, 杜延军, 刘松玉, 等. 水泥固化铅污染土的基本应力-应变特性研究[J]. 岩土力学, 2011, 32(3): 715-721.
[196] 魏明俐, 杜延军, 张帆. 水泥固化/稳定锌污染土的强度和变形特性试验研究[J]. 岩土力学, 2011, 32(S2): 306-312.
[197] Lin S L, Cross W H, Chian E S K, et al. Stabilization and solidification of lead in contaminated soils[J]. Journal of Hazardous Materials, 1996, 48(1-3): 95-110.
[198] Sanchez F, Gervais C, Garrabrants A C, et al. Leaching of inorganic contaminants from cement-based waste materials as a result of carbonation during intermittent wetting[J]. Waste Management, 2002, 22(2): 249-260.
[199] Day S R, Zarlinski S J, Jacobson P. Stabilization of cadmium-impacted soils using jet-grouting techniques[J]. Geotechnical Special Publication, 1997: 388-402.
[200] Al-Tabbaa A, Evans C W. Pilot in situ auger mixing treatment of a contaminated site. Part 3. Time-related

performance[J]. Proceedings of the Institution of Civil Engineers-Geotechnical Engineering, 2000, 143(2): 103-114.

[201] Al-Tabbaa A, Boes N. Pilot in situ auger mixing treatment of a contaminated site. Part 4. Performance at five years[J]. Proceedings of the Institution of Civil Engineers-Geotechnical Engineering, 2002, 155(3): 187-202.

[202] Sanchez F, Barna R, Garrabrants A, et al. Environmental assessment of a cement-based solidified soil contaminated with lead[J]. Chemical Engineering Science, 2000, 55(1): 113-128.

[203] Shawabkeh R A. Solidification and stabilization of cadmium ions in sand–cement–clay mixture[J]. Journal of hazardous materials, 2005, 125(1-3): 237-243.

[204] Kogbara R B, Yi Y, Al-Tabbaa A, et al. Process envelopes for stabilised/solidified contaminated soils: Initiation work[C]//Proceedings of the 5th International Conference on Environmental Science & Technology (Sorial G A, Hong J, eds.). Houston: American Science Press, 2010, 2: 90-96.

[205] Gupta M K, Singh A K, Srivastava R K. Kinetic sorption studies of heavy metal contamination on Indian expansive soil[J]. E-Journal of Chemistry, 2009, 6(4): 1125-1132.

[206] Awad A M, Shaikh S M R, Jalab R, et al. Adsorption of organic pollutants by natural and modified clays: a comprehensive review[J]. Separation and Purification Technology, 2019, 228: 115719.

[207] Bhattacharyya K G, Gupta S S. Adsorption of a few heavy metals on natural and modified kaolinite and montmorillonite: a review[J]. Advances in colloid and interface science, 2008, 140(2): 114-131.

[208] Li J, Tang S, Chen X. Analysis of the mechanical properties and mechanism of zinc ion-contaminated red clay[J]. Advances in Materials Science and Engineering, 2021.

[209] Poon C S, Peters C J, Perry R, et al. Mechanisms of metal stabilization by cement based fixation processes[J]. Science of the Total Environment, 1985, 41(1): 55-71.

[210] Poon C S, Clark A I, Perry R, et al. Permeability study on the cement based solidification process for the disposal of hazardous wastes[J]. Cement and Concrete Research, 1986, 16(2): 161-172.

[211] James B R. Peer reviewed: the challenge of remediating chromium-contaminated soil[J]. Environmental Science & Technology, 1996, 30(6): 248A-251A.

[212] Hills C D, Sollars C J, Perry R. A calorimetric and microstructural study of solidified toxic wastes-Part 1: a classification of OPC/waste interference effects[J]. Waste Management, 1994, 14(7): 589-599.

[213] Hills C D, Sollars C J, Perry R. A calorimetric and microstructural study of solidified toxic wastes-Part 2: a model for poisoning of OPC hydration[J]. Waste Management, 1994, 14(7): 601-612.

[214] Asavapisit S, Fowler G, Cheeseman C R. Solution chemistry during cement hydration in the presence of metal hydroxide wastes[J]. Cement and Concrete Research, 1997, 27(8): 1249-1260.

[215] Lange L C, Hills C D, Poole A B. The effect of accelerated carbonation on the properties of cement-solidified waste forms[J]. Waste Management, 1996, 16(8): 757-763.

[216] Kulik D A, Kersten M. Aqueous solubility diagrams for cementitious waste stabilization systems: Ⅱ, end - member stoichiometries of ideal calcium silicate hydrate solid solutions[J]. Journal of the American Ceramic Society, 2001, 84(12): 3017-3026.

[217] Cocke D L, Ortego J D, McWhinney H, et al. A model for lead retardation of cement setting[J]. Cement and Concrete Research, 1989, 19(1): 156-159.

[218] Chen Q Y, Hills C D, Tyrer M, et al. Hydration and carbonation of tricalciumsilicate in the presence of heavy metals[J]. UK: Proceeding of the 23rd Cement and Concrete Science, Leeds, 2003: 9-14.

[219] Cartledge F K, Butler L G, Chalasani D, et al. Immobilization mechanisms in solidifiction/stabilization of cadmium and lead salts using portland cement fixing agents[J]. Environmental Science & Technology, 1990, 24(6): 867-873.

[220] Chen Q Y, Hills C D, Tyrer M, et al. Characterisation of products of tricalcium silicate hydration in the presence of heavy metals[J]. Journal of Hazardous Materials, 2007, 147(3): 817-825.

[221] Ivey D B, Heinmann R B, Neuwirth M, et al. Electron microscopy of heavy metal waste in cement matrices[J]. Journal Materials Science Letters, 1990, 25: 5055-5062.

[222] Lin C K, Chen J N, Li C C. NMR, XRD and EDS study of solidification/stabilisation of chromium with Portland cement and C_3S[J]. Journal of Hazardous Materials, 1997, 56: 21-34.

[223] Taylor H F W. Proposed structure for calcium silicate hydrated gel[J]. Journal of American Ceramic Society, 1986, 69 (6): 464-467.

[224] Taylor H F W. Nanostructure of C-S-H: current status[J]. Advanced Cement Based Materials, 1993, 1(1): 38-46.

[225] Cocke D L. The binding chemistry and leaching mechanisms of hazardous substances in cementitious solidification/stabilization systems[J]. Journal of Hazardous materials, 1990, 24(2-3): 231-253.

[226] Kogbara R B. Process envelopes for and biodegradation within stabilised/solidified contaminated soils[D]. Cambridge: University of Cambridge, 2011.

[227] Al-Tabbaa A, Perera A S R. Part Ⅲ: binders and technologies-Applications[C]//Stabilisation/ Solidification Treatment and Remediation: Advances in S/S for Waste and Contaminated Land-Proc. of the International Conf. on Stabilisation/Solidification Treatment and Remediation, 2005: 399-413.

[228] 杨洁，黄沈发，曹心德，等. 建设用地重金属污染土壤固化稳定化效果评估方法与标准[M]. 上海：上海科学技术出版社, 2020.

[229] Kogbara R B. A review of the mechanical and leaching performance of stabilized/solidified contaminated soils[J]. Environmental Reviews, 2014, 22(1): 66-86.

[230] Oner A, Akyuz S. An experimental study on optimum usage of GGBS for the compressive strength of concrete[J]. Cement and Concrete Composites, 2007, 29(6): 505-514.

[231] Malviya R, Chaudhary R. Leaching behavior and immobilization of heavy metals in solidified/stabilized products[J]. Journal of hazardous materials, 2006, 137(1): 207-217.

[232] Lin S L, Cross W H, Chian E S K, et al. Stabilization and solidification of lead in contaminated soils[J]. Journal of Hazardous Materials, 1996, 48(1-3): 95-110.

[233] Day S R, Zarlinski S J, Jacobson P. Stabilization of cadmium-impacted soils using jet-grouting techniques[C]// In Proceedings of ASCE Specialty Conference on In-situ Remediation of the Environment. Edited by J. C. Evans. Geotechnical Special Publication, 1997: 388-402.

[234] Sanchez F, Barna R, Garrabrants A, et al. Environmental assessment of a cement-based solidified soil contaminated with lead[J]. Chemical Engineering Science, 2000, 55(1): 113-128.

[235] Sanchez F, Gervais C, Garrabrants A C, et al. Leaching of inorganic contaminants from cement-based waste materials as a result of carbonation during intermittent wetting[J]. Waste Management, 2002, 22(2): 249-260.

[236] Yilmaz O, Çokça E, Ünlü K. Comparison of two leaching tests to assess the effectiveness of cement-based hazardous waste solidification/stabilization[J]. Turkish Journal of Engineering and Environmental Sciences, 2003, 27(3): 201-212.

[237] Shawabkeh R A. Solidification and stabilization of cadmium ions in sand-cement-clay mixture[J]. Journal of Hazardous Materials, 2005, 125(1-3): 237-243.

[238] Moon D H, Lee J R, Grubb D G, et al. An assessment of Portland cement, cement kiln dust and Class C fly ash for the immobilization of Zn in contaminated soils[J]. Environmental Earth Sciences, 2010, 61(8): 1745-1750.

[239] Voglar G E, Leštan D. Solidification/stabilisation of metals contaminated industrial soil from former Zn smelter in Celje, Slovenia, using cement as a hydraulic binder[J]. Journal of Hazardous Materials, 2010, 178(1-3): 926-933.

[240] Kogbara R B, Al-Tabbaa A, Yi Y, et al. pH-dependent leaching behaviour and other performance properties of cement-treated mixed contaminated soil[J]. Journal of Environmental Sciences, 2012, 24(9): 1630-1638.

[241] 李江山，王平，张亭亭，等. 酸溶液淋溶作用下重金属污染土固化体浸出特性及机理[J]. 岩土工程学报, 2017, 39(s1): 135-139.

[242] Li M, Wang Q, Yang J D, et al. Experimental study on the permeability of Pb-contaminated silt solidified by CFG[J]. Environmental Technology, 2020: 1-13.

[243] 章定文，张涛，刘松玉，等. 碳化作用对水泥固化/稳定化铅污染土溶出特性影响[J]. 岩土力学, 2016, 37(1): 41-48.

[244] van Gerven T, Moors J, Dutre V, et al. Effect of CO_2 on leaching from a cement-stabilized MSWI fly ash[J]. Cement and Concrete Research, 2004, 34(7): 1103-1109.

[245] 郑郧，马巍，邴慧．冻融循环对土结构性影响的试验研究及影响机制分析[J]．岩土力学，2015，36(5): 1282-1287.

[246] Ding M T, Zhang F, Ling X Z, et al. Effects of freeze-thaw cycles on mechanical properties of polypropylene fiber and cement stabilized clay[J]. Cold Regions Science and Technology, 2018, 154: 155-165.

[247] Liu J J, Zha F S, Xu L, et al. Zinc leachability in contaminated soil stabilized/solidified by cement-soda residue under freeze-thaw cycles[J]. Applied Clay Science, 2020, 186: 105474.

[248] Wu H L, Jin F, Bo Y L, et al. Leaching and microstructural properties of lead contaminated kaolin stabilized by GGBS-MgO in semi-dynamic leaching tests[J]. Construction and Building Materials, 2018, 172: 626-634.

[249] 李江山，王平，张亭亭，等．铅污染土固化体冻融循环效应和微观机制[J]．岩土工程学报，2016，38(11): 2043-2050.

[250] 王强，尹钰婷，崔进杨，等．冻融循环条件下水泥固化铅污染土强度模型研究[J]．冰川冻土，2017，39(3): 623-628.

[251] 查甫生，刘晶晶，郝爱玲，等．NaCl 侵蚀环境下水泥固化铅污染土强度及微观特性试验研究[J]．岩石力学与工程学报, 2015, 34(2).

[252] Wang F, Al-Tabbaa A. Leachability of 17-year-old stabilized/solidified contaminated site soils[C]//Geo-Congress 2014: Geo-characterization and Modeling for Sustainability, 2014: 1612-1624.

[253] Li W T, Ni P P, Yi Y L. Comparison of reactive magnesia, quick lime, and ordinary Portland cement for stabilization/solidification of heavy metal-contaminated soils[J]. Science of The Total Environment, 2019, 671: 741-753.

[254] Du Y J, Jiang N J, Liu S Y, et al. Engineering properties and microstructural characteristics of cement-stabilized zinc-contaminated kaolin[J]. Canadian Geotechnical Journal, 2014, 51(3): 289-302.

[255] Contessi S, Calgaro L, Dalconi M C, et al. Stabilization of lead contaminated soil with traditional and alternative binders[J]. Journal of Hazardous Materials, 2020, 382: 120990.

[256] Benjamin M M, Leckie J O. Multiple-site adsorption of Cd, Cu, Zn, and Pb on amorphous iron oxyhydroxide[J]. Journal of Colloid and Interface Science, 1981, 79(1): 209-221.

[257] Contessi S, Dalconi M C, Pollastri S, et al. Cement-stabilized contaminated soil: understanding Pb retention with XANES and Raman spectroscopy[J]. Science of The Total Environment, 2021, 752: 141826.

[258] 黄占斌，王平，李昉泽．环境材料在矿区土壤修复中的应用[M]．北京：科学出版社, 2020.

2 石灰类固化剂

石灰类固化剂与水泥类固化剂同属传统的、应用广泛的无机钙质固化剂，其原料来源广泛、生产工艺简单、成本低廉，主要用于土体加固、废土材料化、污染土修复等方面。石灰类固化剂按照化学成分可分为以氧化钙（CaO）为主要成分的生石灰，以及生石灰加水消化得到的以氢氧化钙［$Ca(OH)_2$］为主要成分的消石灰（也称熟石灰）。按照固化剂凝结硬化条件和使用特性，分为气硬性石灰和水硬性石灰。气硬性石灰只能在空气中凝结硬化；水硬性石灰不仅能在空气中凝结硬化，在水中同样能够产生强度，国内习惯称之为天然水硬性石灰，是由 Natural Hydraulic Lime（NHL）直译而来，本书亦将水硬性石灰称为天然水硬性石灰。

2.1 概述

2.1.1 原材料

生产石灰的原材料是碳酸钙原料和燃料。生产 1t 生石灰需 1.78t 碳酸钙原料，同时消耗 4.12×10^6kJ 热量[1]。

（1）碳酸钙原料

生产气硬性石灰的原材料有石灰石、白云石、白垩、贝壳等碳酸钙原料。

富含黏土质的碳酸钙原料经煅烧生成天然水硬性石灰。

（2）燃料

常用的燃料有焦炭、无烟煤、重油、天然气等。无论哪种燃料，燃烬后的灰分主要成分均是 CaO、SiO_2、Al_2O_3 等，与石灰类固化剂相同，所以，燃料种类对石灰类固化剂化学成分影响不大。

2.1.2 生产过程与生命周期评价

2.1.2.1 生产过程

（1）气硬性石灰

气硬性石灰分为生石灰［式（2-1）］和消石灰［式（2-2）］。

$$CaCO_3+178kJ \xrightarrow{约900℃} CaO+CO_2\uparrow \tag{2-1}$$

$$CaO+H_2O \longrightarrow Ca(OH)_2+64.9kJ \quad (2\text{-}2)$$

根据石灰所处的状态，又可分别称作块状生石灰、生石灰粉、消石灰粉和石灰浆。块状生石灰是碳酸钙原料煅烧得到的未经任何处理的产品；生石灰粉是将块状生石灰磨细而得的细粉产品，细度一般要求 0.08mm 方孔筛筛余量小于 15%；消石灰粉是生石灰消化后，经风选、筛选或研磨得到的粉状产品；石灰浆是生石灰用过量水消化而得的浆体，主要成分为 $Ca(OH)_2$ 和水（H_2O）；加入生石灰体积 3～4 倍的水得到的白色悬浊状石灰浆称为石灰乳；石灰乳沉淀后去除表面多余的水分，得到的黏稠膏状浆体称为石灰膏。

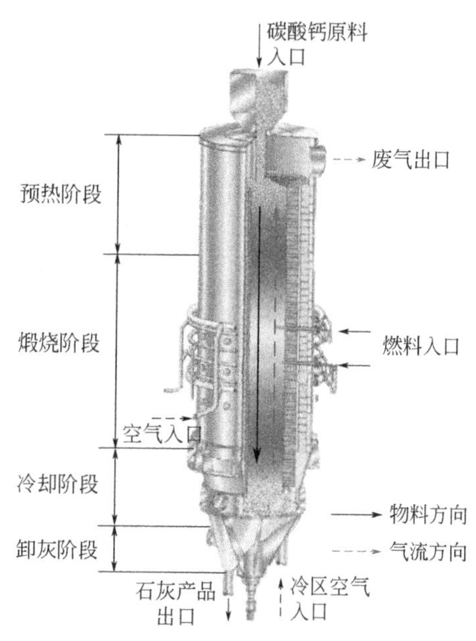

图 2-1 气硬性石灰的生产阶段及工艺流程

气硬性石灰的生产工艺一般依据石灰窑的窑型命名，最常见的窑型有竖窑、回转窑和套筒窑，生产过程均可分为预热阶段、煅烧阶段、冷却阶段和卸灰阶段，其中预热阶段、煅烧阶段、冷却阶段均在石灰窑中完成。以常见的麦尔兹石灰竖窑为例，石灰的生产阶段及工艺流程如图 2-1 所示。碳酸钙原料由顶部喂入石灰窑炉，物料经预热、煅烧、冷却、卸灰等过程得到石灰产品；气流与物料方向相反，分为两股：一股为煅烧阶段提供充足的氧气，另一股为冷却阶段提供冷空气。

气硬性石灰（含生石灰和消石灰）的分类标准依据石灰中氧化镁（MgO）含量而定[2,3]，其性能指标应满足《建筑生石灰》[2]技术指标要求或《建筑消石灰》[3]技术指标要求。

（2）天然水硬性石灰

自 2006 年起，我国引进天然水硬性石灰应用于广西花山岩画、平遥古城及其他历史建筑的修复[4]。截至目前，我国尚无大规模生产天然水硬性石灰的案例，主要依靠进口。我国学者对制备天然水硬性石灰进行了室内研究[5-12]，采用的原材料包括泥灰岩、石灰岩、姜石、寒武纪灰岩、阿嘎土（硅质石灰石）、料姜石（黏土质石灰石）、石灰石、黏土等。制备天然水硬性石灰的方法均可概括为：采用高含量氧化钙、低含量氧化硅为原材料，在 900～1250℃煅烧一定时间，然后进行破碎、粉磨、消化。

我国尚无天然水硬性石灰分类标准，一般借鉴欧洲标准 EN459-1[13]，根据天然水硬性石灰砂浆 28d 抗压强度分为 NHL2（强度 2～7MPa）、NHL3.5（强度 3.5～10MPa）和 NHL5（强度 5～15MPa），其他性能指标应满足 EN459-1[13]。

2.1.2.2 生命周期评价

石灰在生产过程中排放大量的 CO_2［式（2-1）］，每生产 1t 石灰能够排放 1.2t CO_2[14,15]。消石灰生命周期评价目标范围界定及环境影响类别如图 2-2 所示，消石灰石煅烧需要的高温条件和石灰石分解均排放大量的 CO_2。

消石灰的物料平衡计算流程如图 2-3 所示，环境排放清单见表 2-1。

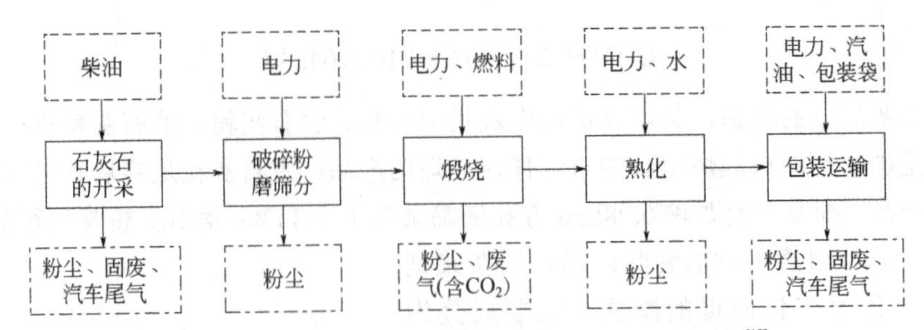

图 2-2　石灰生命周期评价目标范围界定及环境影响类别[16]

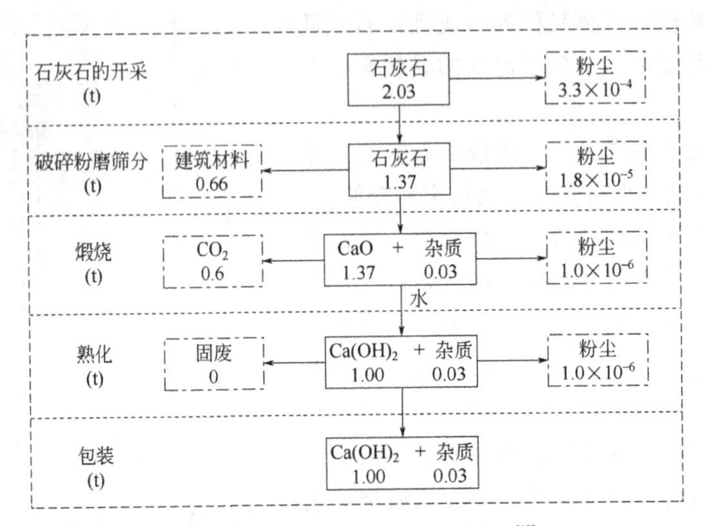

图 2-3　消石灰的物料平衡计算流程[16]

表 2-1　消石灰的环境排放清单[16]

阶段	排放物					能源消耗/MJ	电力/kW·h
	CO_2/kg	SO_2/kg	NO_x/kg	CO/kg	粉尘/kg		
石灰石的开采	/	/	/	/	0.46	151	/
破碎粉磨筛分	/	/	/	/	0.03	/	1.78
煅烧	973	0.87	0.87	58.8	1.74	4481	19.8
熟化	/	/	/	/	51	/	13.6
包装运输	/	/	/	/	/	/	0.3
总计	973	0.87	0.87	58.8	53.23	4632	35.48

经计算，生产 1t 消石灰消耗能量 4632MJ，耗电 35.48kW·h，折合能量 423.15MJ，即 5055.15MJ。

2.1.3　反应机理与微观特性

2.1.3.1　水化反应

（1）气硬性石灰

气硬性石灰的水化反应较为简单，主要是石灰与水的化学反应［式（2-2）］。此外，

$Ca(OH)_2$与空气中的CO_2发生碳化反应［式（2-3）］，进一步提高硬化强度。

$$Ca(OH)_2+CO_2+nH_2O \longrightarrow CaCO_3+(n+1)H_2O \tag{2-3}$$

气硬性石灰的水化硬化过程分为：结晶硬化过程和碳化硬化过程。结晶硬化过程主要是游离水分的蒸发，$Ca(OH)_2$在石灰浆液中由过饱和转变为结晶析出，这也是气硬性石灰只能在空气中硬化的原因；碳化硬化过程则是$Ca(OH)_2$碳化生成$CaCO_3$，$CaCO_3$结构更为致密、强度更高，因此可提高其硬化强度。

（2）天然水硬性石灰

天然水硬性石灰的水化反应包括石灰与水的化学反应［式（2-2）］、$Ca(OH)_2$与CO_2的碳化反应［式（2-3）］及硅酸钙组分（C_2S、C_2AS）的水化反应［式（2-4）］，这也是天然水硬性石灰不仅能在空气中硬化，也能在水中发生硬化的原因。

$$\left.\begin{aligned} &2(2CaO\cdot SiO_2)+4H_2O \longrightarrow 3CaO\cdot 2SiO_2\cdot 3H_2O+Ca(OH)_2 \\ &2CaO\cdot Al_2O_3\cdot SiO_2+8H_2O \longrightarrow 2CaO\cdot Al_2O_3\cdot SiO_2\cdot 8H_2O \end{aligned}\right\} \tag{2-4}$$

2.1.3.2 微观特性

（1）气硬性石灰

① 矿物相组成。气硬性石灰净浆硬化后的XRD图谱如图2-4所示。气硬性石灰净浆主要矿物相成分为$Ca(OH)_2$（portlandite，P）和$CaCO_3$（calcite，C），这一结果验证了气硬性石灰的水化反应机理。

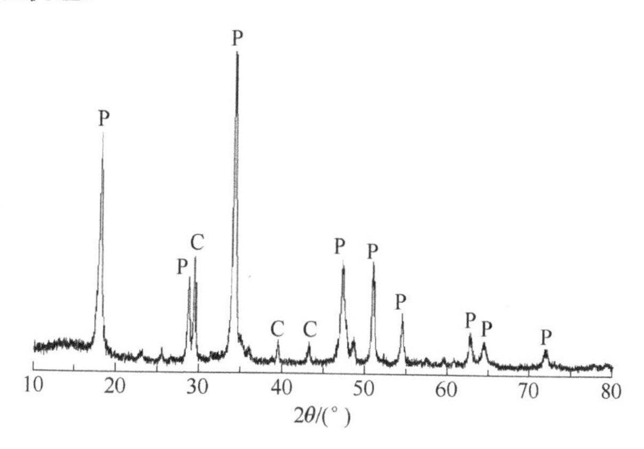

图2-4 气硬性石灰净浆硬化后的XRD图谱[17]

② 微观形貌。气硬性石灰净浆硬化后的SEM图片如图2-5所示。气硬性石灰净浆中含有板状、短柱状的$Ca(OH)_2$，球状、片状、不规则多面体结构的$CaCO_3$，这一结果与XRD图谱结果一致。

（2）天然水硬性石灰

① 矿物相组成。水化前后天然水硬性石灰的XRD图谱如图2-6所示。未水化的天然水硬性石灰中矿物相成分有SiO_2、CaO、$2CaO\cdot SiO_2$、钙铝黄长石（C_2AS，$2CaO\cdot Al_2O_3\cdot SiO_2$）；水化后的天然水硬性石灰净浆中除含有不参与水化反应的SiO_2，未完全参与反应的CaO、C_2S、C_2AS等矿物相外，还有水化产物$Ca(OH)_2$、$CaCO_3$、C-S-H等矿物相[11]，这一结果验证了天然水硬性石灰水化反应机理。

图 2-5 气硬性石灰净浆硬化后的 SEM 图片[17]

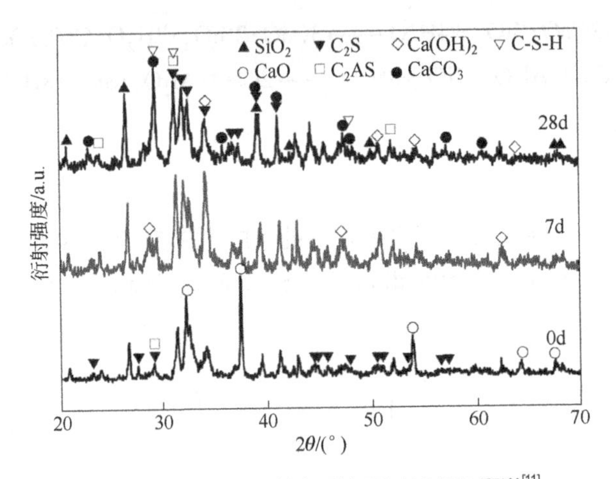

图 2-6 水化前后天然水硬性石灰的 XRD 图谱[11]

② 微观形貌。天然水硬性石灰净浆的 SEM 图片如图 2-7 所示。龄期 7d 的净浆结构较为松散，存在短柱状的 $Ca(OH)_2$、针状结构的 C-S-H［图 2-7（a）］；龄期 28d 的净浆结构较为致密，同时含有大量针棒状的 $CaCO_3$ 晶体［图 2-7（b）］，SEM 结果证实了 XRD 图谱分析结果[11]。

(a) 龄期7d

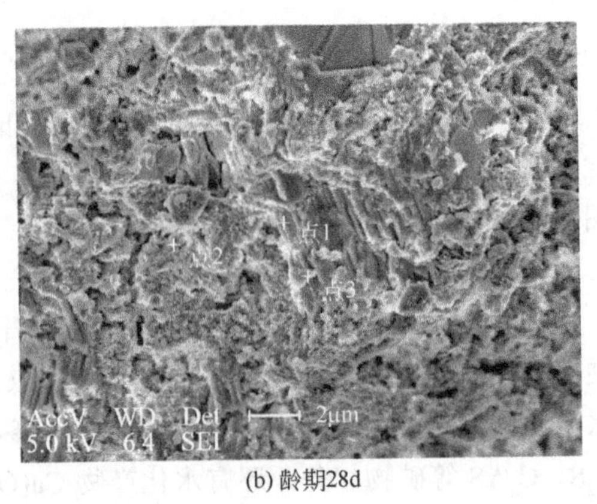

(b) 龄期28d

图 2-7 天然水硬性石灰净浆的微观形貌图[11]

不同水灰比的天然水硬性石灰净浆 SEM 图如图 2-8 所示。不同水灰比、不同养护龄期时，天然水硬性石灰净浆水化产物形态存在显著差异；相同水灰比条件下，随着养护龄期的增加，水化产物逐渐长大，进一步交错生成；相同养护龄期条件下，随着水灰比的增加，净浆中的 C-S-H 由纺锤状转变为针棒状，结构更为致密。

图 2-8 不同水灰比天然水硬性石灰净浆 SEM 图[18]

2.2 固化土

气硬性石灰作为传统石灰，早在罗马帝国时期已有应用案例，我国商朝时期开始采用石灰固化土筑路；天然水硬性石灰则属于新型石灰，始于 20 世纪 70 年代，兼具石灰和水泥的优点[7]，具有低收缩、透气、抗盐、抗冻及适中的抗压抗拉强度等优异性能，且不含对石质文物本体有害的水溶性盐，与文物本体兼容性好，适于修复石质文物[19]。

气硬性石灰被广泛用于固化淤泥、红黏土、膨胀土、湿陷性黄土、盐渍土、滨海相软土等，天然水硬性石灰通过固化遗址土、粗粒土等用于文物修复、历史建筑修缮加固。

2.2.1 气硬性石灰固化土

（1）强度与变形

图 2-9 为石灰固化盐渍土的应力-应变曲线。素盐渍土表现出塑性变形破坏，石灰固化盐渍土为脆性变形破坏；存在最佳的石灰掺入比，低于最佳掺入比时，固化土强度随掺入

比的增加而增加，这一现象可能与石灰水化产物胶结土体颗粒，且水化产物体积增大能够有效填充固化土孔隙有关；高于最佳掺入比，过量石灰无法参与水化反应起到胶结、骨架支撑作用，且破坏固化盐渍土的联结，导致固化土强度降低[20]。

（2）渗透特性

图 2-10 为石灰固化黄土的渗透系数与石灰掺入比的关系。素黄土的渗透系数为 73.6×10^{-7}cm/s，数量级为 10^{-6}cm/s，石灰固化黄土的渗透系数降低了一个数量级，基本均为 10^{-7}cm/s；固化土的渗透系数随着石灰掺入比和养护龄期增加而降低，这与石灰水化产物的增多有关；水化产物越多，其充填胶结作用越强，土颗粒之间的渗透路径减少，石灰固化黄土渗透系数降低。

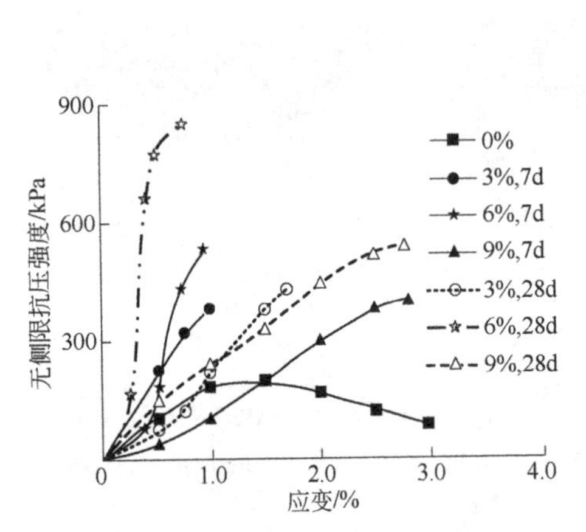

图 2-9 石灰固化盐渍土应力-应变曲线[20]

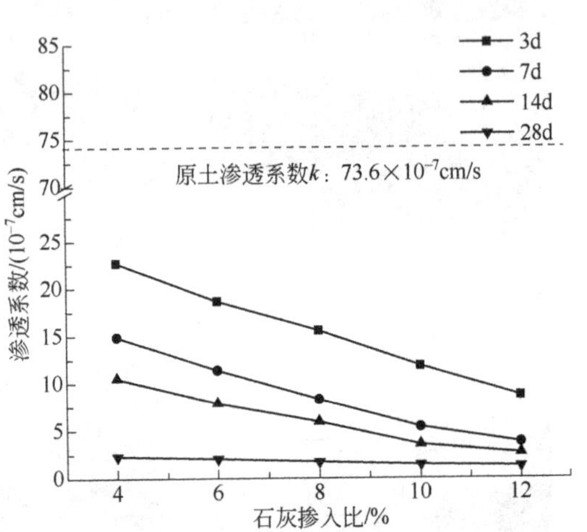

图 2-10 石灰固化黄土的渗透系数（基于文献[21]数据）

（3）劣化特性与耐久性

图 2-11 和图 2-12 分别为石灰固化盐渍土强度和含水量随浸水时间和干湿循环次数的变化规律。对石灰固化盐渍土强度和含水量影响最大的浸水时间均为 1d，其强度损失率最高、含水量增加最多，此后固化土强度和含水量趋于稳定；干湿循环条件下，对石灰固化

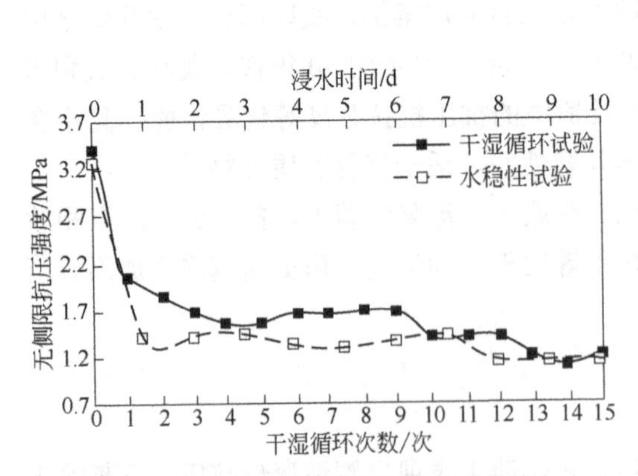

图 2-11 浸水和干湿条件下石灰固化盐渍土强度变化规律（基于文献[22]整理）

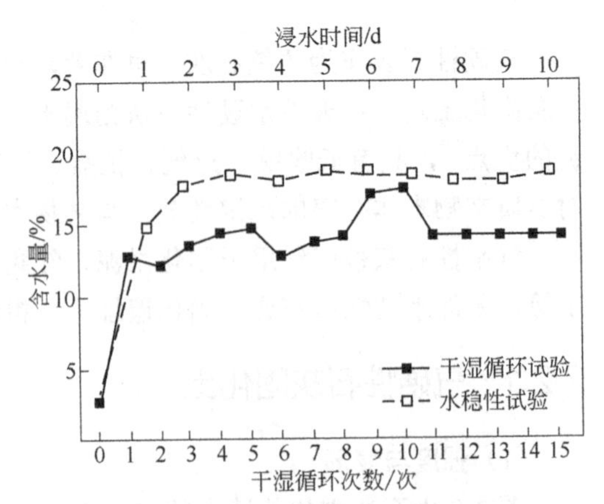

图 2-12 浸水和干湿条件下石灰固化盐渍土含水量变化规律（基于文献[22]整理）

盐渍土强度和含水量影响最大的循环次数为第 1 次循环，其强度损失率最高、含水量增加最多，此后固化土强度和含水量趋于稳定；浸水和干湿循环条件对石灰固化盐渍土强度和含水量的影响规律相同，均与固化土吸水有关。

（4）微观特性

① 孔隙结构。石灰固化盐渍土的孔隙率与石灰掺入比的关系如图 2-13 所示。随着石灰掺入比的增加，固化土的孔隙率呈先减小后增加的趋势，石灰掺入比为 6%时的孔隙率最小[20]；孔隙率的变化趋势与强度变化趋势呈现出负相关，从微观结构特性角度解释了上述石灰固化盐渍土强度的变化规律。

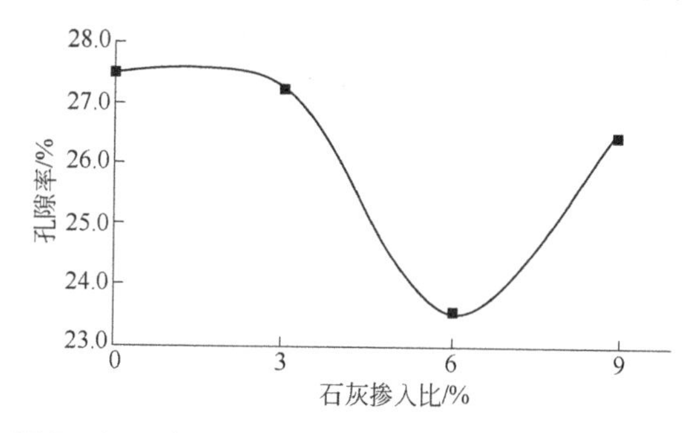

图 2-13 石灰固化盐渍土的孔隙率与石灰掺入比的关系[20]

② 微观形貌。图 2-14 为石灰固化盐渍土的 SEM 图。素盐渍土中土颗粒以胶结连接和结合水连接为主，土颗粒粒径细小、定向排列性差且孔隙较多、结构疏松，土颗粒结构类型为团聚-絮凝状结构；固化土结构密实，孔隙较少，石灰石灰掺入比 9%时孔隙增加、大量裂隙发育。微观形貌结果进一步证实了固化土存在最佳石灰掺入比，这一结果与强度和孔隙率结果相一致。

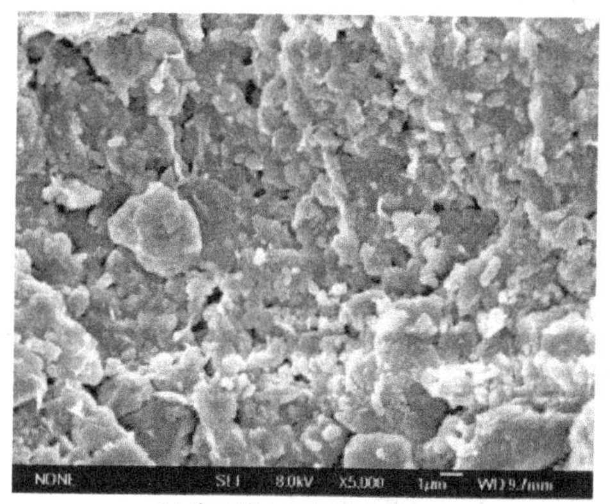
(a) 素盐渍土(石灰掺入比0%)

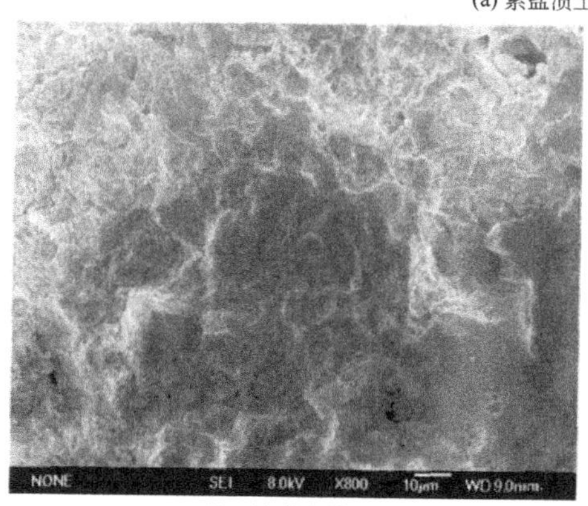
(b) 石灰掺入比6%

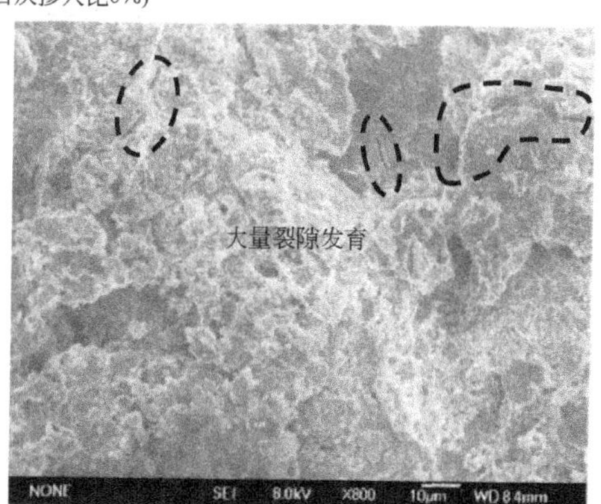

(c) 石灰掺入比9%

图 2-14 不同石灰掺入比时石灰固化盐渍土的 SEM 图[20]

2.2.2 天然水硬性石灰固化土

（1）强度特性

天然水硬性石灰固化粗粒土的抗压强度和抗拉强度随龄期的变化规律如图 2-15 所示。随着养护龄期的增加，固化土的抗压强度逐渐增加，达到 28d 龄期后强度增长有趋于平稳的趋势，强度增长规律与天然水硬性石灰水化过程有关；固化土抗拉强度的变化规律与抗压强度相似，拉压比近乎为定值，表明天然水硬性石灰固化粗粒土的抗拉强度与抗压强度之间的关系与水泥固化土相似（详见第 1 章 1.3.1 节）。

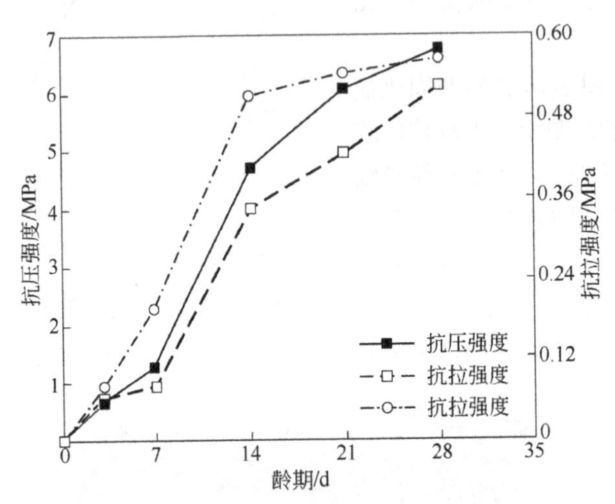

图 2-15 天然水硬性石灰固化粗粒土的抗压强度和抗拉强度与养护龄期关系（基于文献[8]和[11]的数据）

（2）劣化特性与耐久性

李悦等[23]利用高炉矿渣、外加剂、聚乙烯醇纤维等添加材料，改善天然水硬性石灰固化粗粒土（采用标准砂作为待加固土）的耐久性能。0 为天然水硬性石灰，A 为天然水硬性石灰+高炉矿渣，B 为天然水硬性石灰+高炉矿渣+外加剂，C、D、E、F 分别为 B 添加 0.25%、0.5%、0.75%、1.0%的聚乙烯醇纤维。

① 浸水特性。图 2-16 给出了浸水前后天然水硬性石灰固化粗粒土强度的变化情况。浸水前添加高炉矿渣和外加剂的试样抗压强度和抗折强度均升高，添加聚乙烯醇纤维后试样抗折强度升高；浸水后，天然水硬性石灰固化粗粒土抗压强度均出现降低的现象，但抗折强度有所改善且存在最佳聚乙烯醇纤维掺量。浸水后，聚乙烯醇纤维部分溶于水形成水溶性化合物[23]，使其在固化土中起到“桥接”作用，进一步提高试样的抗折强度，因此浸水后试样强度出现增加的现象。

② 抗硫酸盐侵蚀特性。图 2-17 为硫酸钠溶液浸泡前后天然水硬性石灰固化粗粒土强度的变化情况。改性后的天然水硬性石灰有着优异的抗硫酸盐侵蚀能力，硫酸钠能够协同激发高炉矿渣中的活性成分生成 AFt 等水化产物膨胀并填充固化土孔隙；硫酸钠结晶产生膨胀应力，进一步提高固化土强度。

③ 抗干湿循环特性。图 2-18 为干湿循环前后天然水硬性石灰固化粗粒土强度的变化

情况。经干湿循环后，除 A、B、C 组的固化土强度降低外，添加高炉矿渣、外加剂和超过 0.5%聚乙烯醇纤维（D、E、F）的固化土干湿循环后强度均出现不同程度的升高；相比于抗折强度，固化土抗压强度增长率较低。

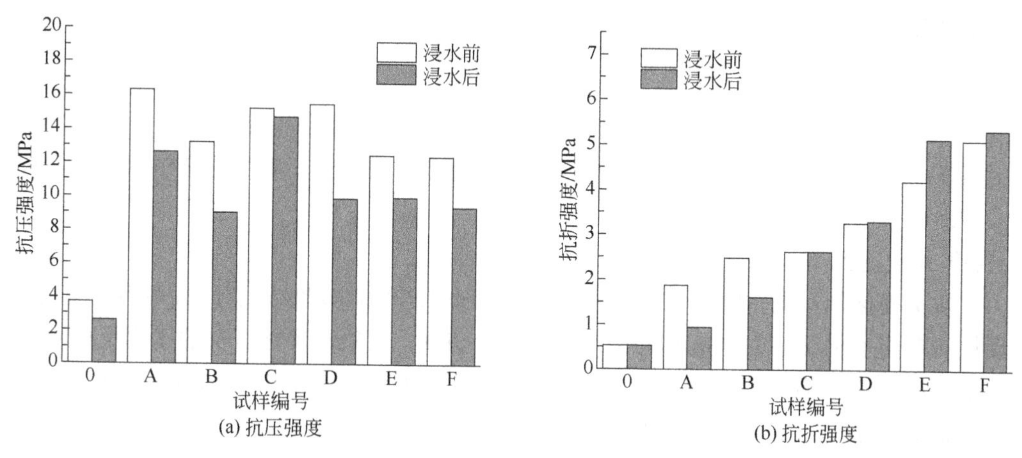

图 2-16 浸水前后天然水硬性石灰固化粗粒土强度的变化（基于文献[23]数据）

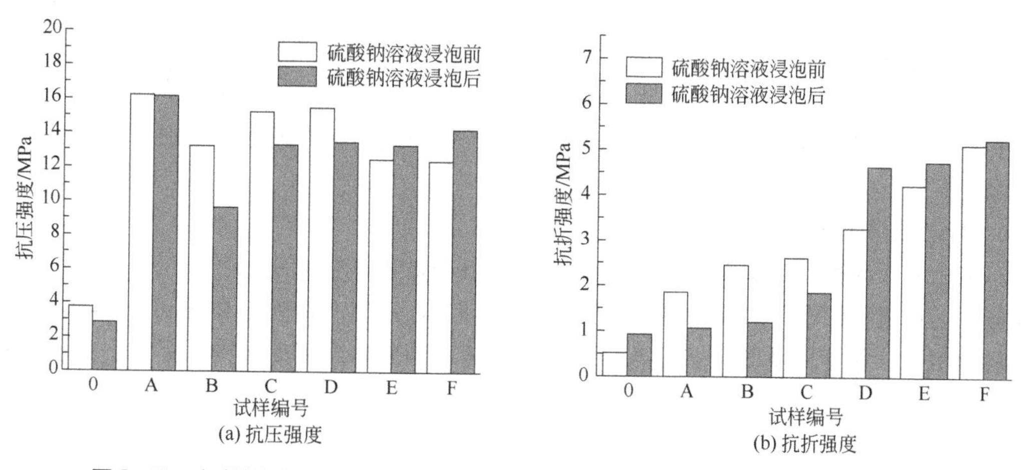

图 2-17 硫酸钠溶液浸泡前后天然水硬性石灰固化粗粒土强度的变化（基于文献[23]数据）

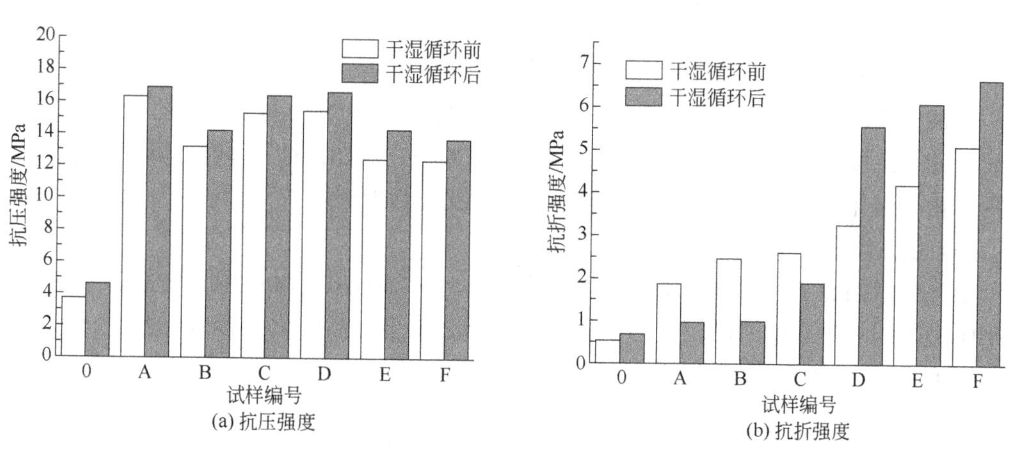

图 2-18 干湿循环前后天然水硬性石灰固化粗粒土强度变化（基于[23]数据）

（3）**微观特性**

目前学者们多关注天然水硬性石灰固化土的强度特性、劣化特性与耐久性，关于微观特性方面的研究未见报道，有待进一步深入研究，从而为文物修复、历史建筑修缮加固提供科学支撑和技术依据。

2.2.3 固化机理

石灰类固化剂与土体之间的固化机理可归纳为：水化反应、离子交换作用、火山灰反应、碳酸化作用、填充作用等。

（1）**水化反应**

石灰类固化剂与土体发生水化反应，生成的水化产物能够胶结土颗粒，从而产生强度。气硬性石灰的水化反应主要是 CaO 水化生成 $Ca(OH)_2$；天然水硬性石灰的水化反应除了生成 $Ca(OH)_2$ 外，还有硅酸钙组分［硅酸二钙（C_2S）、硅铝酸二钙（C_2AS）］的水化，水化产物包括 $Ca(OH)_2$、C-S-H、C-A-H。

（2）**离子交换作用**

离子交换作用是石灰类固化剂水化产物 $Ca(OH)_2$ 电离得到的 Ca^{2+}与土体中的 Na^+、K^+等离子之间的等电荷交换，由于 Ca^{2+}结合水膜的厚度远大于 Na^+、K^+等，因此，离子交换作用降低了黏土颗粒的结合水水膜层厚度；另外，二价的 Ca^{2+}的正电荷平衡了黏土矿物颗粒表面的负电荷，使土颗粒电位降低，颗粒间结构更为致密，增加了固化土的早期强度[24-27]。

（3）**火山灰反应**

火山灰反应是指石灰类固化剂水化产物 $Ca(OH)_2$ 电离得到的 OH^-与土体中的活性氧化硅、活性氧化铝组分之间的硬凝反应［式（2-5）］，反应产物为 C-S-H 和 C-A-H。火山灰反应缓慢，往往需要数月甚至数年，能够显著改善固化土后期结构，提高固化土后期强度。

$$\left.\begin{aligned} SiO_2(\text{活性})+Ca(OH)_2+H_2O &\longrightarrow \text{C-S-H} \\ Al_2O_3(\text{活性})+Ca(OH)_2+H_2O &\longrightarrow \text{C-A-H} \end{aligned}\right\} \quad (2\text{-}5)$$

（4）**碳酸化作用**

碳酸化作用是指石灰类固化剂水化产物 $Ca(OH)_2$、$Mg(OH)_2$ 与空气中的 CO_2 之间发生碳化反应，生成高强度的 $CaCO_3$ 和 $MgCO_3$。$CaCO_3$ 和 $MgCO_3$ 对土体颗粒具有一定的胶结作用，由于碳化反应过程较长，碳酸化作用主要提高后期强度[28,29]。

（5）**填充作用**

填充作用指石灰类固化剂水化产物晶体组分，如 $Ca(OH)_2$、$Mg(OH)_2$、$CaCO_3$、$MgCO_3$、C-S-H、C-A-H 等通过结晶，填充在固化土孔隙进一步提高固化土强度。此外，$Ca(OH)_2$ 也能以 $Ca(OH)_2 \cdot nH_2O$ 结晶水形式存在［式（2-6）］[27]。

$$Ca(OH)_2+nH_2O \longrightarrow Ca(OH)_2 \cdot nH_2O \quad (2\text{-}6)$$

2.3 半固化土

2.3.1 界限含水量

桂跃等[30]统计分析了国内外石灰半固化土的含水量与塑限之间的关系，如图 2-19 所示。经生石灰处理的高含水量疏浚淤泥含水量大部分高于待半固化土的塑限，而半固化土最优含水量低于塑限[30-36]，因此半固化土的含水量高于最优含水量，这在现场施工是不被允许的[30]。

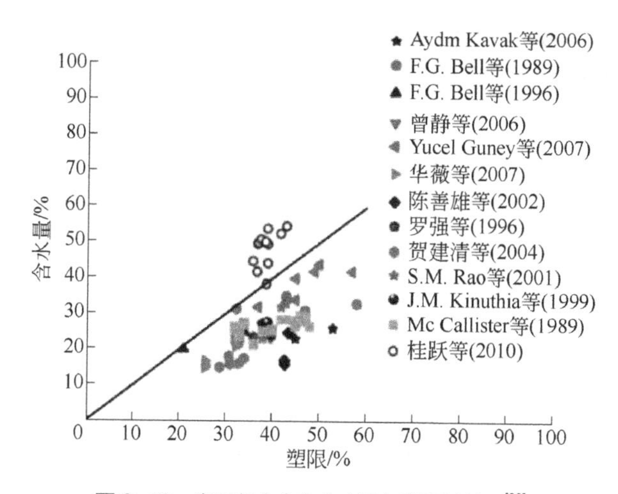

图 2-19 半固化土击实含水量与塑限的关系[30]

图 2-20 给出了石灰半固化土界限含水量和塑性指数与石灰掺入比的关系。随着石灰掺入比的增加，塑限逐渐增加，液限和塑性指数逐渐降低，这一结论与桂跃等[30]的石灰掺入比为 9%、15%、24%时的结果一致。

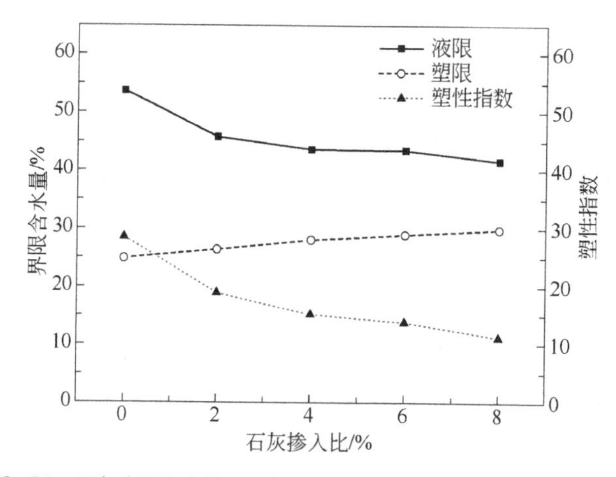

图 2-20 石灰半固化土的界限含水量和塑性指数与石灰掺入比的关系[37]

2.3.2 击实特性

图 2-21 为石灰半固化膨胀土的击实曲线。随着含水率 w 的增加，半固化土的干密度 ρ_d 先增加后减小，且此规律与石灰掺入比无关；随着石灰掺入比的增加，半固化土的最大干密度 ρ_{dmax} 逐渐降低，对应的最优含水量 w_{op} 逐渐增加，这一结论在隋军等[38]、程涛等[39]、郭爱国等[40]、胡再强等[41]的研究中均得到了证实。究其原因，石灰掺入细粒土土体后，经过物理、化学反应，石灰半固化土发生团聚并产生胶凝物质，形成胶凝团聚结构，导致黏土颗粒减少，团聚体内孔隙增多，也就是说土体内部孔隙体积增加了，因此最大干密度随石灰掺入比的增加而减小；与此同时，团聚体内孔隙吸收更多的水分，吸收的水分还可与石灰发生水化反应，使得最优含水量随石灰掺量的增加而递增[37]。此外，土质、初始含水量、闷料龄期（t_1，图 1-66）、击实能量、击实方式（湿法击实或干法击实）等也会对石灰半固化土击实特性产生影响。

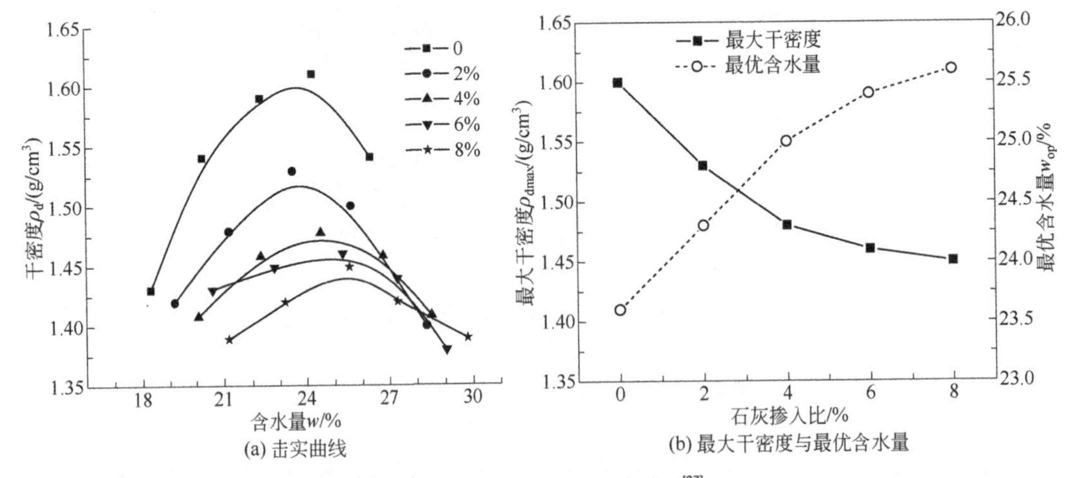

图 2-21 半固化膨胀土击实曲线[37]

2.3.3 强度特性

图 2-22 为相同闷料龄期（7d）条件下不同石灰掺入比击实处理土的应力-应变曲线。当初始含水量 w_0 分别为 92.6%、80.2%、72.8%时，石灰掺入比分别不大于 15%、12%、6%的应力-应变曲线性状为典型塑性破坏变形，此后应力-应变曲线性状为脆性破坏变形；初始含水量、石灰掺入比对石灰击实处理土的应力-应变曲线性状影响显著，初始含水量越低、石灰掺入比越高，石灰击实处理土脆性破坏变形的趋势越明显，反之则塑性破坏变形的趋势越明显。

图 2-23 为不同闷料龄期条件下，不同石灰掺入比击实处理土的应力-应变曲线。随着闷料龄期的增加，应力-应变曲线也由强度低、变形大的塑性状态转变为强度高、变形小的脆性状态。石灰击实处理土也存在界限掺入比 a_{c0}，具体确定方法可参考 1.4.4 节；低于界限掺入比则土性改善缓慢，需要较长的闷料龄期；高于界限掺入比的石灰击实处理土，较小闷料龄期的处理土改良效果显著[42]。

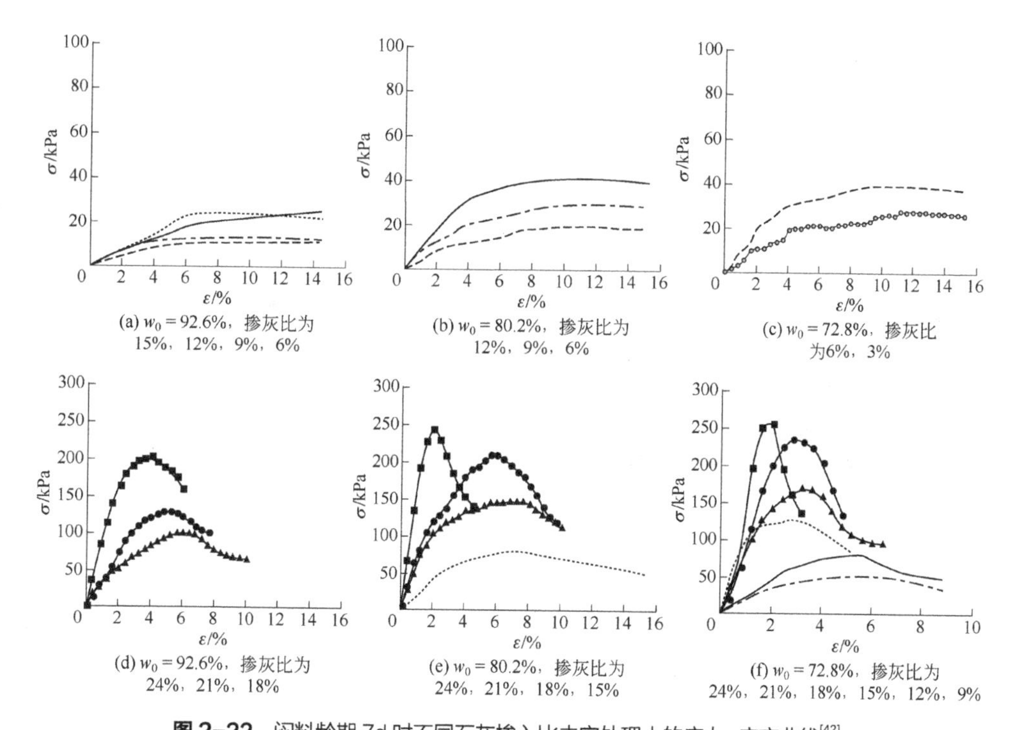

图 2-22 闷料龄期 7d 时不同石灰掺入比击实处理土的应力-应变曲线[42]

掺灰比 3%　掺灰比 6%　掺灰比 9%　掺灰比 12%　掺灰比 15%　掺灰比 18%　掺灰比 21%　掺灰比 24%

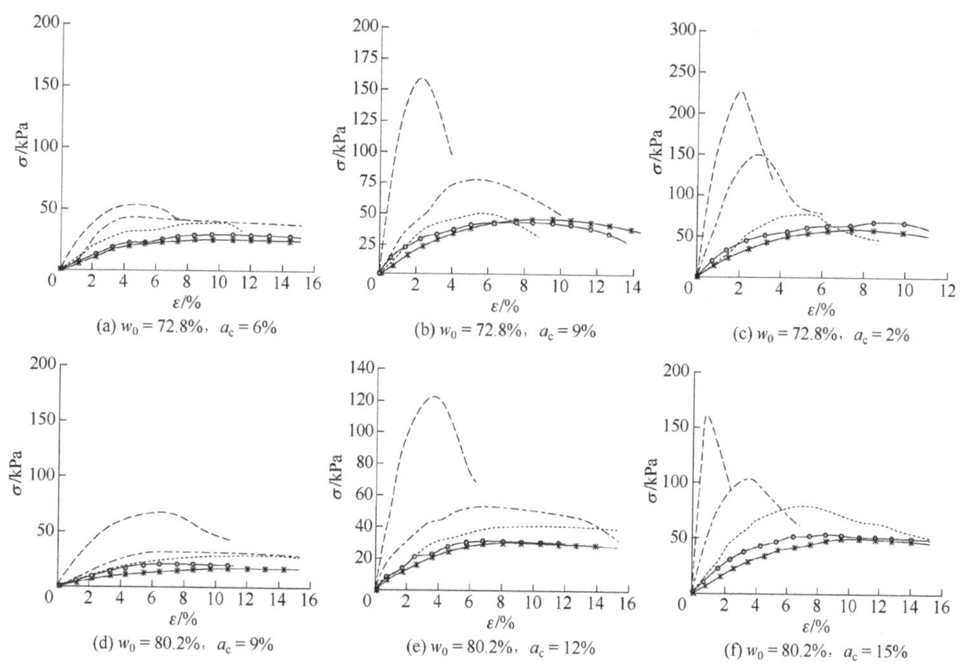

图 2-23 不同闷料龄期条件下不同石灰掺入比击实处理土的应力-应变曲线[42]

闷料龄期 1d　闷料龄期 3d　闷料龄期 7d　闷料龄期 14d　闷料龄期 28d

图 2-24 和图 2-25 分别给出了石灰击实处理土的无侧限抗压强度与石灰掺入比和闷料龄期的关系。相同初始含水率时，随着石灰掺入比和闷料龄期的增加，石灰击实处理土的强度均逐渐增加。

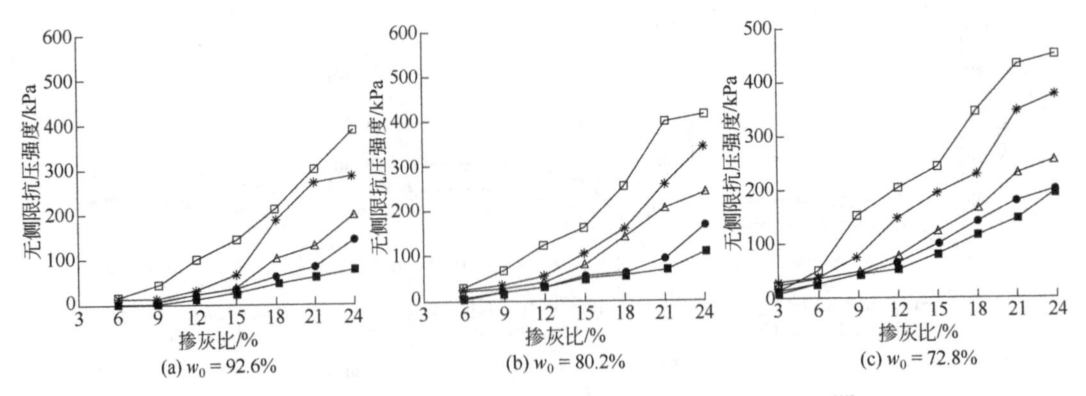

图 2-24 石灰击实处理土的无侧限抗压强度与石灰掺入比的关系[42]

-■-闷料龄期 1d -●-闷料龄期 3d -△-闷料龄期 7d -*-闷料龄期 14d -□-闷料龄期 28d

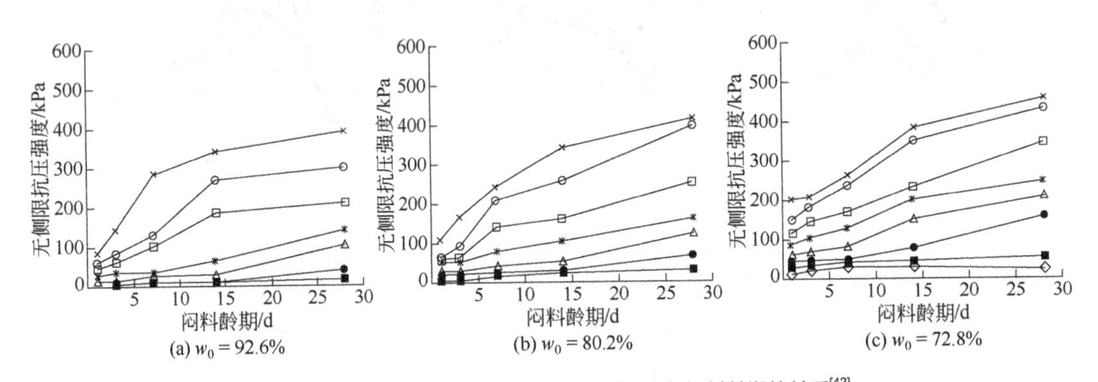

图 2-25 石灰击实处理土的无侧限抗压强度与闷料龄期的关系[42]

-◇-掺灰比 3% -■-掺灰比 6% -●-掺灰比 9% -△-掺灰比 12% -*-掺灰比 15%
-○-掺灰比 18% -□-掺灰比 21% -×-掺灰比 24%

2.3.4 渗透特性

图 2-26 给出了石灰处理土的饱和渗透系数 k_{sat} 与孔隙比 e 的关系。石灰击实处理土的渗透系数均随孔隙比 e 的增大而增大，两者在半对数坐标中呈线性关系，且各拟合直线相互平行[38]。

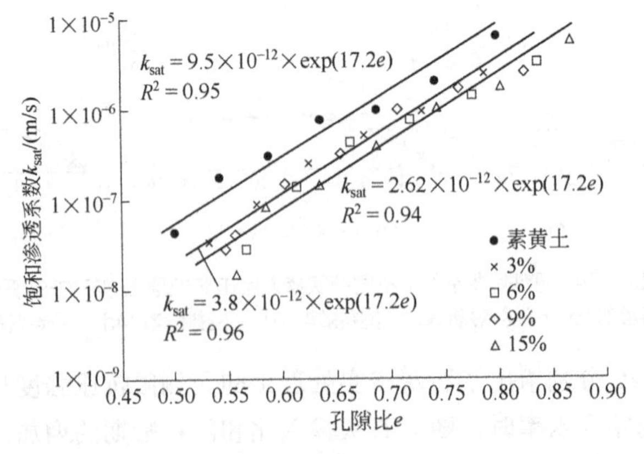

图 2-26 不同石灰掺入比时石灰击实处理土饱和渗透系数与孔隙比的关系[38]

2.3.5 劣化特性与耐久性

（1）水稳性

石灰处理膨胀土的无侧限抗压强度与浸水时间之间的关系如图 2-27 所示。随着浸水时间的增加，处理土强度逐渐降低，但有趋于稳定的趋势[43]。

（2）干湿循环特性

石灰处理膨胀土的无侧限抗压强度与干湿循环次数的关系如图 2-28 所示。随着干湿循环次数的增加，石灰处理土强度逐渐降低，干湿循环导致其稳定性变差[44]。

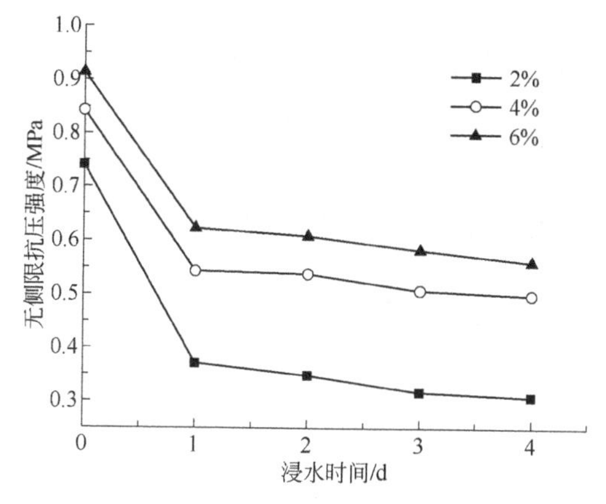

图 2-27 石灰处理膨胀土的无侧限抗压强度与浸水时间的关系[43]

图 2-28 石灰处理膨胀土的无侧限抗压强度与干湿循环次数的关系[44]

（3）冻融循环特性

冻融循环作用下，石灰处理低液限黏土的无侧限抗压强度与冻融循环次数、石灰掺入比之间的关系如图 2-29 所示。随着冻融循环次数的增加，处理土的强度均逐渐降低，强度损失率在第 1 次冻融循环时最大，随后逐渐趋于稳定［图 2-29（a）］，且这一规律与石灰掺入比无关，表明冻融循环使其稳定性变差；随着石灰掺入比的增加，石灰处理土的强度损失率先快速降低，随后逐渐趋于稳定［图 2-29（b）］；素土强度损失率最大，掺入石灰后，处理土强度损失率在相同冻融循环次数时几乎不变。

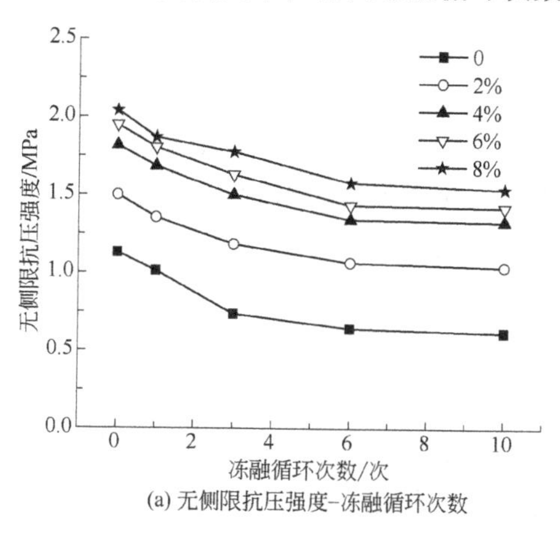

(a) 无侧限抗压强度-冻融循环次数

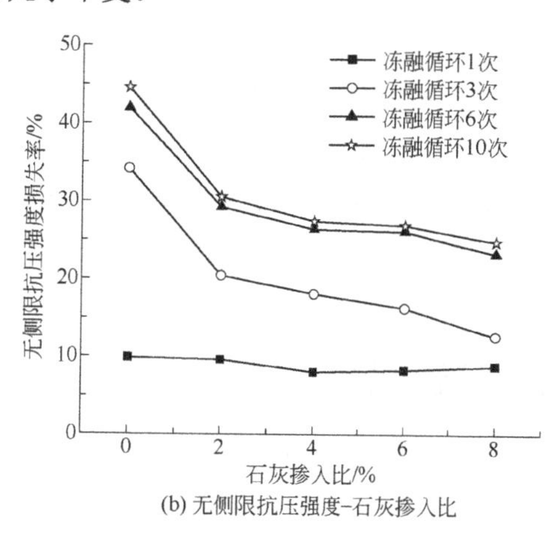

(b) 无侧限抗压强度-石灰掺入比

图 2-29 冻融循环作用对石灰处理土无侧限抗压强度的影响[45]

2.3.6 微观特性

半固化处理前后土体的微观结构如图 2-30 所示。素土中含有大量片状、扁平状的黏土矿物颗粒，聚集形成絮凝状结构或呈颗粒状；经石灰半固化处理后，生成的水化胶凝产物和碳酸钙填充在土颗粒之间，共同提高半固化土的强度。

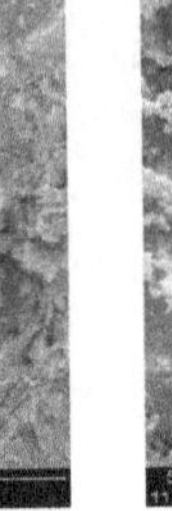

(a) 素土 (b) 石灰半固化土

图 2-30 半固化处理前后土体的微观形貌[46]

2.4 固化/稳定化污染土

石灰作为传统且古老的固化剂，可以说约 2000 年前就已经用于污染土改良，如农业酸性土壤的改良等，即现代的污染土酸性物质的稳定化处理。

根据作用机理，石灰在污染土中的作用可分为土壤改良和污染土固化/稳定化，两者均有稳定化作用，但是目的有所不同，石灰的掺入比也不同。土壤改良的机理是基于降低污染物生态毒性的稳定化处理，而污染土固化/稳定化则是基于固化技术的稳定化处理。

① 基于降低污染物生态毒性的稳定化处理。石灰添加到污染土中，以降低污染物浓度、迁移性等方式消除污染物对土壤的生态毒性，达到污染物的稳定化处理的目的。通过提高土壤 pH 值，降低土壤交换性酸和交换性铝含量，有效缓解 Al 和其他重金属毒害；引入的 Ca^{2+}增加土壤阳离子交换量，使重金属在土壤中以吸附、沉淀、络合等作用形式得以稳定。

② 基于固化技术的稳定化处理。石灰添加到污染土中，不仅要达到降低污染物浓度、迁移性等稳定化处理的目的，还要满足岩土工程力学性能、浸出浓度、耐久性等方面的要求。

本节所述石灰在固化/稳定化污染土中的应用，是基于固化技术的稳定化处理。需要说明的是，气硬性石灰被广泛用于固化/稳定化污染土；天然水硬性石灰属于新型钙基固化剂，尚未有在污染土修复中的应用案例。

2.4.1 强度特性

与水泥类固化剂相似，石灰类固化剂固化/稳定化重金属污染土和有机污染土的作用机理也不相同。重金属污染土中重金属以离子形态存在，有机污染土中有机污染物则多附着在土体颗粒表面。

（1）重金属污染土

① 养护龄期对强度特性的影响。图2-31为石灰固化/稳定化Cu污染红黏土和Zn污染红黏土的无侧限抗压强度与养护龄期之间的关系。石灰固化/稳定化Cu污染土和Zn污染土的无侧限抗压强度均低于1MPa，但远高于卫生填埋要求的50kPa[48]；随养护龄期的增加，石灰固化/稳定化Cu污染土和Zn污染土的强度总体趋势均为先升高后稳定，石灰掺入比越高，固化/稳定化污染土的强度增长率越高。

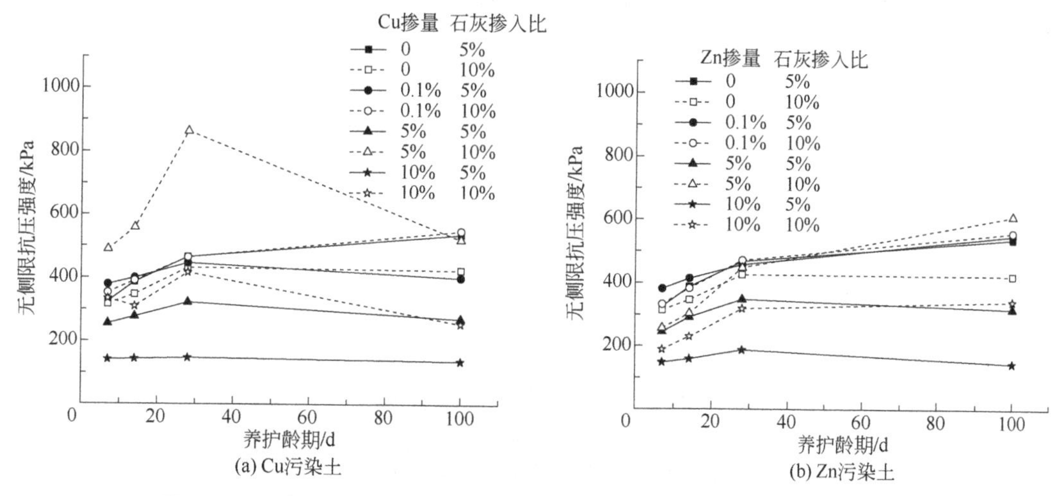

图2-31 石灰固化/稳定化污染土的强度与养护龄期的关系（基于文献[47]数据）

② 重金属掺量（浓度）对强度特性的影响。图2-32给出了石灰固化/稳定化Cu污染土和Zn污染土的无侧限抗压强度与Cu和Zn浓度之间的关系。随重金属掺量的增加，石灰固化/稳定化重金属污染土的强度先升高后降低，表明固化/稳定化重金属污染土存在“临界浓度”；低于“临界浓度”时，随着重金属掺量的增加，强度逐渐升高，高于“临界浓度”时，随着重金属掺量的增加，强度逐渐降低，这一结果与Li等[49]的结果相一致。此外，重金属“临界浓度”并非定值，随着石灰掺入比的增加，“临界浓度”有增加的趋势且养护龄期越长增加趋势越显著。

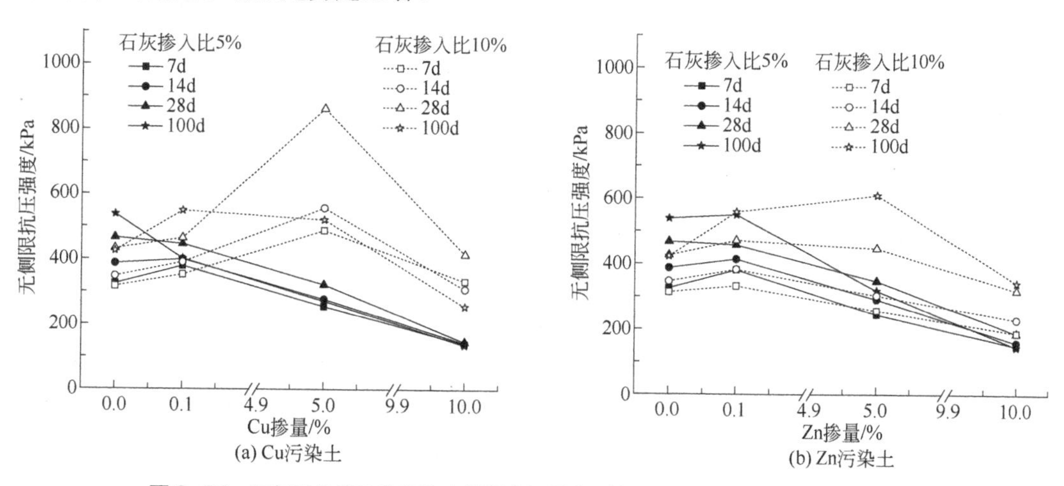

图2-32 石灰固化/稳定化污染土的强度与重金属掺量的关系（基于文献[47]数据）

③ 重金属种类对强度特性的影响。图 2-33 给出了石灰固化/稳定化污染土的强度与重金属类别之间的关系。当重金属掺量为 0、0.1%时，强度展现出相似的增长规律，随着养护龄期的增加而逐渐升高；当重金属掺量为 5%、10%时，石灰固化/稳定化 Cu 污染土和 Zn 污染土在低掺入比（5%）时呈现出相似的增长规律，均随养护龄期的增加先升高后降低，在高石灰掺入比（10%）时石灰固化/稳定化 Cu 污染土强度随养护龄期的增加先增加后降低，而石灰固化/稳定化 Zn 污染土强度则持续增加，表明不同重金属种类对强度增长影响规律不同，这一现象与重金属的固化/稳定化机理有关。

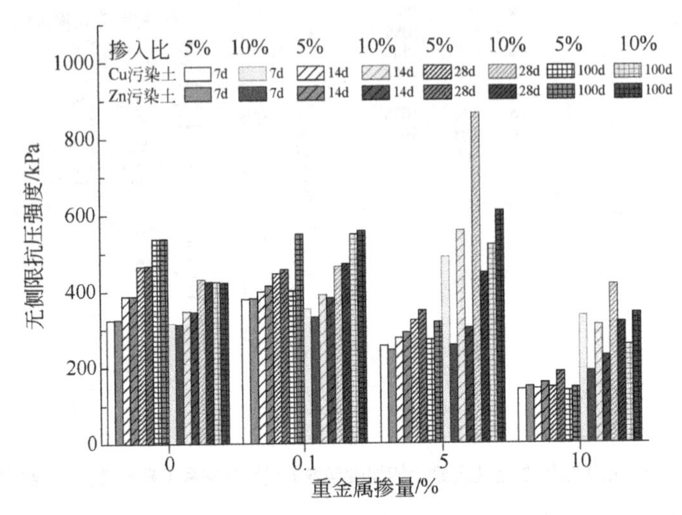

图 2-33 石灰固化/稳定化污染土的强度与重金属类别的关系（基于文献[47]数据）

（2）有机污染土

Nezhad 等[50]采用 1%、2%、3%掺入比的石灰分别固化/稳定化 0、3%、6%、9%汽油掺量的黏土污染土（以下简称石灰固化/稳定化有机污染土），探讨了石灰掺入比、养护龄期、有机物掺量对石灰固化/稳定化有机污染土的强度特性的影响。

① 石灰掺入比对强度特性的影响。石灰固化/稳定化有机污染土的强度与石灰掺入比的关系如图 2-34 所示。随着石灰掺入比的增加，石灰固化/稳定化有机污染土强度的变化规律与养护龄期有关；当养护龄期为 7d 时，随着石灰掺入比的增加，强度逐渐升高；当养护龄期为 14d、28d 时，随着石灰掺入比的增加，强度逐渐降低，且上述强度变化规律与有机物污染物掺量无关。

② 养护龄期对强度特性的影响。石灰固化/稳定化有机污染土的强度与养护龄期之间的关系如图 2-35 所示。随着养护龄期的增加，石灰固化/稳定化有机污染土的强度逐渐增加，且石灰掺入比越高，后期（14d→28d）强度增长率越大；有机物掺量为 3%时强度最高，明显高于有机物掺量 0、6%、9%的强度。

③ 有机物掺量对强度特性的影响。图 2-36 给出了石灰固化/稳定化污染土的强度与有机物掺量之间的关系。随着有机物掺量（0→3%→6%→9%）的增加，石灰固化/稳定化有机污染土的强度先升高后降低，表明固化/稳定化有机污染土中有机物也存在“临界浓度”，其强度高于石灰处理非污染土。

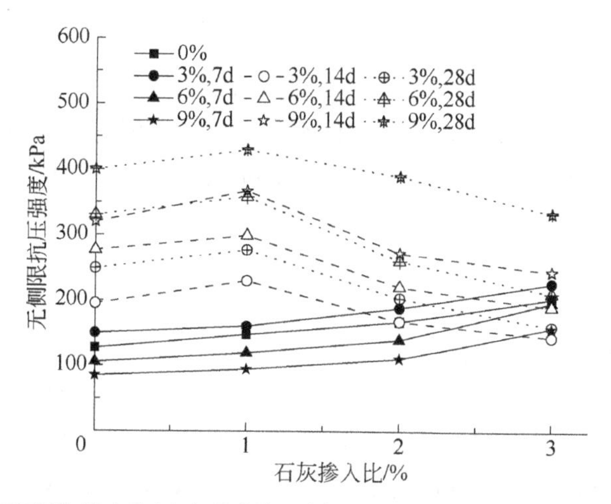

图 2-34 石灰固化/稳定化有机污染土的强度与石灰掺入比的关系（基于文献[50]数据）

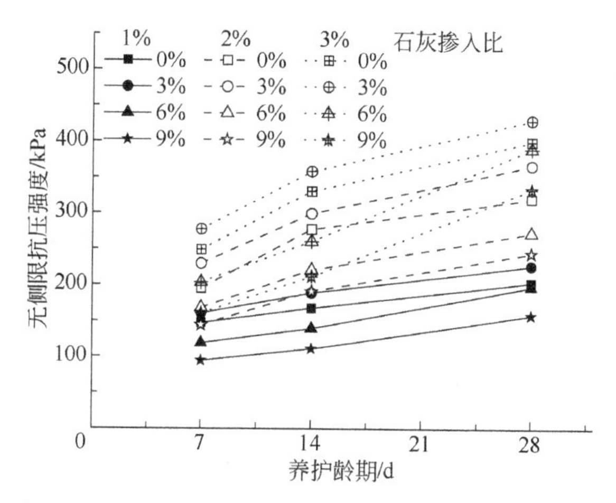

图 2-35 石灰固化/稳定化有机污染土的强度与养护龄期的关系（基于文献[50]数据）

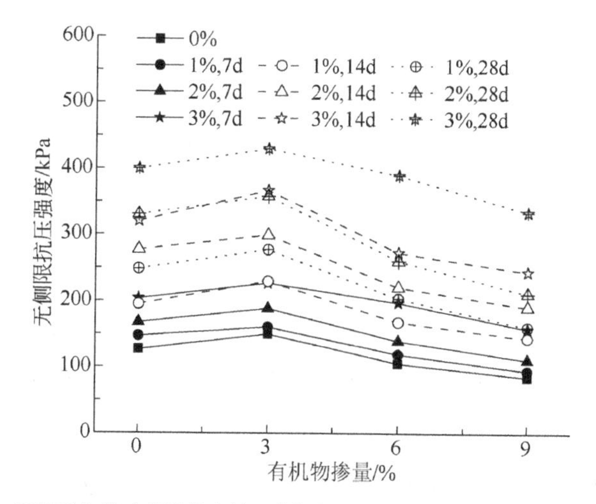

图 2-36 石灰固化/稳定化污染土的强度与有机物掺量的关系（基于文献[50]数据）

2.4.2 浸出特性

Li 等[49]采用 5%石灰掺入比分别固化/稳定化不同掺量的 Pb、Cu、Zn、Ni、Cd、Mn 污染混合土（砂土∶黏土=9∶1），石灰固化/稳定化污染土浸出特性如下：石灰对 Pb 污染土的固化/稳定化效果最差，浸出浓度远高于 300mg/kg；对 Cu 污染土和 Zn 污染土的固化稳定化效果较好，Cu 污染土和 Zn 污染土浸出浓度约为 10mg/kg；对 Ni 污染土和 Cd 污染土的固化稳定化效果较佳，Ni 污染土和 Cd 污染土浸出浓度约为 0.5mg/kg；对 Mn 污染土的固化稳定化效果最佳，Mn 污染土浸出浓度低于 0.01mg/kg。上述结果与固化/稳定化污染土的 pH 值和重金属特性有关，如图 1-31 所示，5%石灰掺入比的固化/稳定化污染土 pH 值约为 12.0[49]，$Pb(OH)_2$ 溶解度最低的 pH 值约 10.0，固化/稳定化效果最差；$Zn(OH)_2$ 溶解度在 pH 值 12.0 时较低，固化/稳定化效果较好；$Cu(OH)_2$、$Ni(OH)_2$ 溶解度最低的 pH 值约 10.6，其最低溶解度均远低于 0.001mg/L，固化/稳定化效果较佳；$Cd(OH)_2$、$Mn(OH)_2$ 溶解度最低的 pH 值约 12.0，固化/稳定化效果最佳。

2.4.3 劣化特性与耐久性

（1）干湿循环

干湿循环条件下石灰固化/稳定化 Cd 污染土的黏聚力 c 和内摩擦角 φ 与石灰掺入比之间的关系见图 2-37。当干湿循环次数为 0、5 时，随着石灰掺入比的增加，黏聚力快速升高；当干湿循环次数达到 10 次后，干湿循环破坏了石灰与污染土之间的黏聚力，黏聚力几乎不受石灰掺量影响；当干湿循环次数低于 10 次，石灰固化/稳定化 Cd 污染土的内摩擦角在 18°～22°范围波动，几乎不受石灰掺入比影响；干湿循环次数超过 15 次后，随着石灰掺入比的增加，内摩擦角快速降低，掺入比越高内摩擦角降低幅度越大，20 次循环后降低到 8°以下。

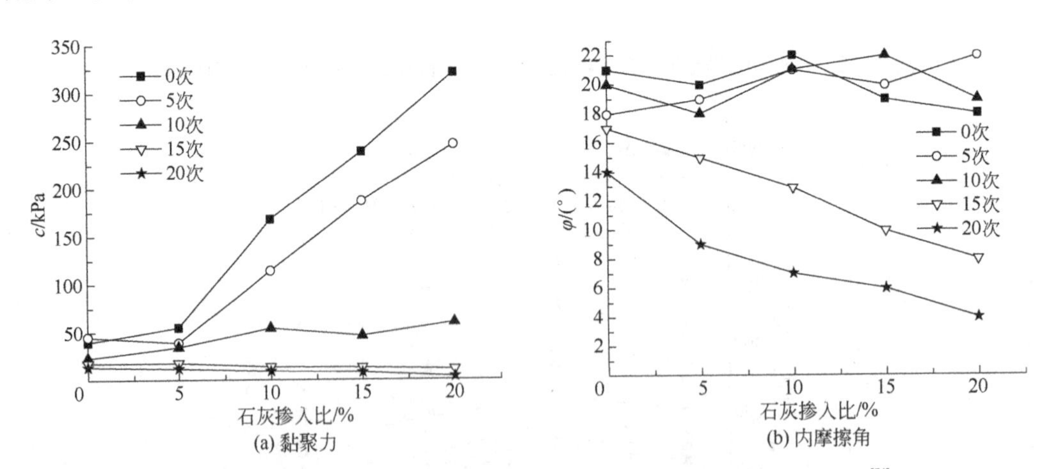

图 2-37 石灰固化/稳定化 Cd 污染土黏聚力、内摩擦角与石灰掺入比的关系[51]

（2）碳化作用

碳化前后石灰固化/稳定化 Pb 污染膨胀土的强度和密度如图 2-38 所示。完全碳化的石灰固化/稳定化 Pb 污染土的强度低于标准养护固化/稳定化 Pb 污染土强度，随着 Pb 掺量的增加，标准养护、完全碳化的石灰固化/稳定化 Pb 污染土强度均逐渐降低，但密度均逐渐增加，表明 Pb 能够改变土体结构，显著降低土体之间的黏聚力。

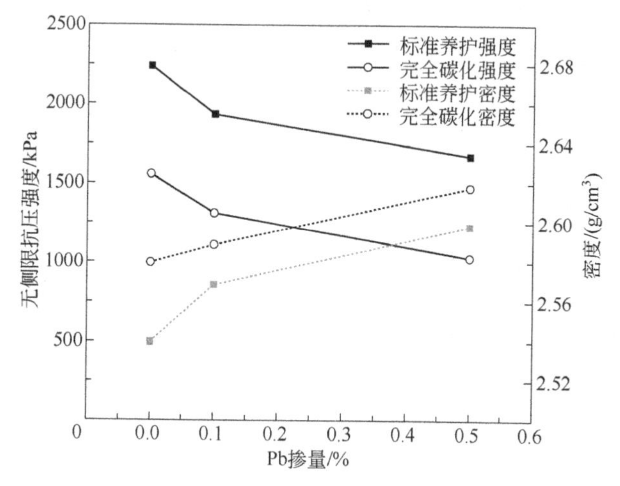

图 2-38 碳化前后石灰固化/稳定化 Pb 污染土的强度和密度（基于[52]数据）

2.4.4 微观特性

（1）矿物相组成

碳化前后石灰固化/稳定化 Pb 污染土的 XRD 图谱如图 2-39 所示，石灰固化剂掺入比为 8%、Pb^{2+}掺量为 0.5%。标准养护得到的石灰固化/稳定化 Pb 污染土中主要矿物相有 SiO_2、$Ca(OH)_2$、C-S-H、氢氧化铅［$Pb(OH)_2$］、氧化铅（PbO），石灰中的 $Ca(OH)_2$ 与活性黏土矿物组分反应生成的 C-S-H、与 Pb^{2+}反应生成的 $Pb(OH)_2$ 和 $CaPb(OH)_6$；碳化养护后生成 $CaCO_3$、碳酸铅（$PbCO_3$）及钙镁橄榄石（Pb_2OCO_3）。上述结果表明，石灰对 Pb 污染土的固化/稳定化作用有生成氢氧化物沉淀、碳酸盐沉淀等作用。

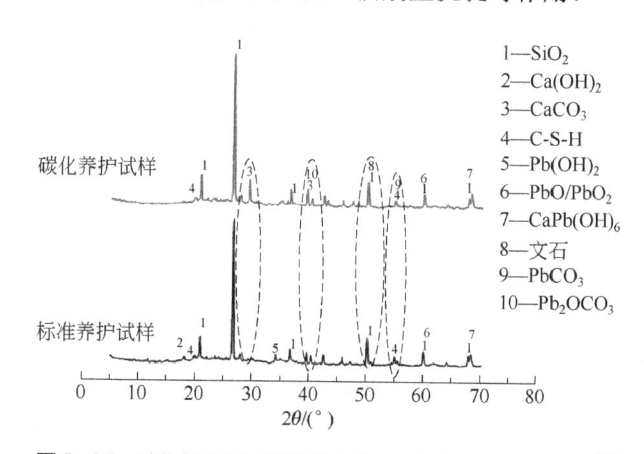

图 2-39 碳化前后石灰固化/稳定化 Pb 污染土的 XRD 图谱[52]

（2）微观形貌

碳化养护前后石灰固化/稳定化 Pb 污染土的 SEM 照片如图 2-40 所示。标准养护条件下，石灰固化/稳定化 Pb 污染土主要是絮状的 C-S-H，珊瑚状 Pb-CSH 凝胶体的存在证实了 Pb^{2+}被 C-S-H 固化；碳化养护水化产物变成了针状的文石（vaterite）及纤维状的方解石，方解石可能是由结晶不良的文石转化而来[52]。上述试验结果进一步证实了 XRD 试验结果，并证实石灰对 Pb 污染土的固化/稳定化作用还有 C-S-H 的吸附、化学结合或物理包裹等。

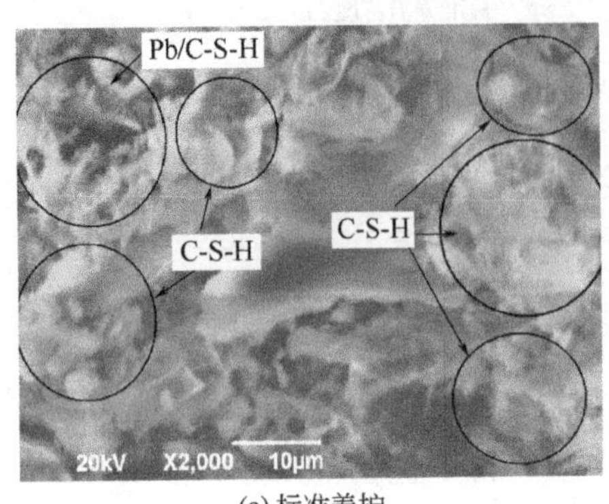

(a) 标准养护

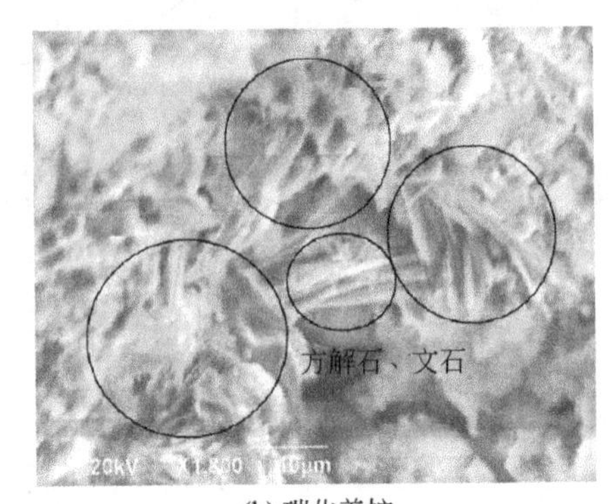

(b) 碳化养护

图 2-40 碳化养护前后石灰固化/稳定化 Pb 污染土的 SEM 照片[52]

2.4.5 固化/稳定化机理

石灰固化/稳定化污染土的作用机理可归纳为：氢氧化物沉淀作用、火山灰反应、化学结合、包裹作用、碳酸盐沉淀等。

（1）氢氧化物沉淀作用

氢氧化物沉淀作用是基于重金属氢氧化物在不同 pH 值时的溶解度（图 1-31），利用石灰中 $Ca(OH)_2$ 电离得到的 OH^-与重金属生成氢氧化物沉淀，使重金属得以稳定化。

（2）火山灰反应

火山灰反应是指石灰类固化剂水化产物 $Ca(OH)_2$ 电离得到的 OH^-与土体中的活性氧化硅、活性氧化铝组分之间的硬凝反应［式（2-5）］，火山灰反应生成 C-S-H 和 C-A-H。火山灰反应产物不仅能够提高固化/稳定化污染土强度，通过水化产物的化学结合作用还能实现污染物的稳定化。

（3）化学结合

石灰固化/稳定化污染土的化学结合主要是火山灰反应水化产物 C-S-H 对污染土的加成反应和置换反应，使污染物与 C-S-H 反应生成 M-C-S-H 产物［见式（1-45）、式（1-46）］，具体作用机理详见第 1 章 1.2.4 节。

（4）包裹作用

包裹作用主要是利用薄片状、纤维状、针状、网络状等无定形的 C-S-H 交叉攀附构成一个三维空间牢固结合、致密的整体，将重金属离子包裹在其中，从而使其失去迁移性和生态毒害性。

（5）碳酸盐沉淀

碳酸盐沉淀是指较高溶解性的重金属氢氧化物与空气中的 CO_2 之间的碳化反应，生成具有低溶解度的碳酸盐。

2.5 结语

石灰类固化剂在土体加固、废土材料化、污染土固化/稳定化方面已有大量研究成果。在加固土体方面，石灰与土体各组分（不同土质、颗粒粒组组成、不同化学成分等）之间的反应机理尚不清晰，缺乏固化土长期力学性能、强度-龄期之间关系等相关研究；在废土材料化方面，缺少半固化土与固化土界限掺入比范围界定的研究，半固化机理以及击实对半固化土结构的作用机理尚不清晰，缺乏半固化击实处理土动、静力学特性的研究，未有半固化土长期力学性能、强度-龄期之间关系等相关研究；在固化/稳定化污染土方面，已有大量关于气硬性石灰，以及气硬性石灰与水泥、石膏、火山灰质材料等复合固化剂固化/稳定化有机污染土、重金属污染土的室内和现场试验研究，缺乏天然水硬性石灰固化/稳定化方面的相关研究。

目前石灰类固化剂应用的主要限制因素，有石灰在生产过程中带来的资源、能源消耗和环境污染问题，以及石灰发挥固化作用时间较长，需要协同其他材料共同作用。

参考文献

[1] 郭建国，张洋，杨红亮，等. 工业石灰窑生产技术评述[J]. 盐科学与化工, 2021, 50(2): 1-4+13.
[2] 中华人民共和国工业和信息化部. 建筑生石灰: JG/T 479—2013[S]. 北京: 中国建材工业出版社, 2013.
[3] 中华人民共和国工业和信息化部. 建筑消石灰: JC/T 481—2013[S]. 北京: 中国建材工业出版社, 2013.
[4] 兰明章，聂松，王剑锋，等. 古建筑修复用石灰基砂浆的研究进展[J]. 材料导报, 2019, 33(9): 1512-1516.
[5] 李黎，赵林毅，王金华，等. 我国古代建筑中两种传统硅酸盐材料的物理力学特性研究[J]. 岩石力学与工程学报, 2011, 30(10): 2120-2127.
[6] 沈雪飞，薛群虎，徐亮，等. 利用铅锌尾矿制备天然水硬性石灰可行性研究[J]. 硅酸盐通报, 2013, 32(10): 1973-1978.
[7] 张云升，王晓辉，肖建强，等. 古建水硬性石灰材料的制备与耐久性能[J]. 建筑材料学报, 2018, 21(1): 143-149.
[8] 杨建林，宋文伟，王来贵，等. 姜石合成水硬性石灰及物理力学性能研究[J]. 岩石力学与工程学报, 2018, 37(7): 1766-1775.
[9] 王琳琳，刘泽，王栋民，等. 泥灰岩制备天然水硬性石灰工艺优化及性能[J]. 硅酸盐通报, 2019, 38(3): 853-857.
[10] 刘泽，王琳琳，姜启衔，等. 水泥用石灰岩制备天然水硬性石灰 NHL2 的工艺优化与性能研究[J]. 硅酸盐通报, 2019, 38(8): 2513-2517.
[11] 杨建林，宋文伟，王来贵，等. 水硬性石灰合成及拉破坏特性试验研究[J]. 实验力学, 2020, 35(2): 319-326.
[12] 刘广英，郭向宇，戴仕炳，等. 煅烧温度对天然水硬石灰物理力学特性影响研究[J]. 硅酸盐通报, 2021, 40(3): 883-888.
[13] EN B S. 459-1. Building lime-part 1: definitions, specifications and conformity criteria[S]. Brussels, Belgium: BSI, 2015: 52.
[14] George P A O, Gutiérrez A S, Martínez J B C, et al. Cleaner production in a small lime factory by means of process control[J]. Journal of Cleaner Production, 2010, 18(12): 1171-1176.
[15] European Commission. Integrated Pollution Prevention and Control (IPPC). Reference Document on Best Available Techniques in the Cement and Lime Manufacturing Industries. 2001, Available from: www. epa.

ie/downloads/advice/brefs/cement. pdf.
[16] Gutiérrez A S, van Caneghem J, Martínez J B C, et al. Evaluation of the environmental performance of lime production in Cuba[J]. Journal of Cleaner Production, 2012, 31: 126-136.
[17] Arandigoyen M, Bernal J L P, López M A B, et al. Lime-pastes with different kneading water: pore structure and capillary porosity[J]. Applied Surface Science, 2005, 252(5): 1449-1459.
[18] Xu S Q, Wang J L, Sun Y Z. Effect of water binder ratio on the early hydration of natural hydraulic lime[J]. Materials and Structures, 2015, 48(10): 3431-3441.
[19] Maravelaki-Kalaitzaki P, Bakolas A, Karatasios I, et al. Hydraulic lime mortars for the restoration of historic masonry in Crete[J]. Cement and Concrete Research, 2005, 35(8): 1577-1586.
[20] 孙东彦. 冻融循环下镇赉地区非饱和盐渍土及石灰固化土的力学特性及机理研究[D]. 长春: 吉林大学, 2017.
[21] 王银梅, 高立成. 固化黄土渗透特性的试验研究[J]. 太原理工大学学报, 2013, 44(1): 63-66.
[22] 周琦, 邓安, 韩文峰, 等. 固化滨海盐渍土耐久性试验研究[J]. 岩土力学, 2007(6): 1129-1132.
[23] 李悦, 于鹏超, 刘金鹏, 等. 改性水硬性石灰基材料的制备与耐久性[J]. 北京工业大学学报, 2017, 43(2): 269-277.
[24] Moore R K. Lime stabilization: reactions, properties, design and construction. State of the Art Report, No. 5[J]. Washington: Transportation Research Board, National Research Council, 1987.
[25] Sherwood P. Soil stabilization with cement and lime[M]. London: Transport Research Laboratory, 1993.
[26] Little D N. Stabilization of pavement subgrades and base courses with lime[M]. USA: Lime Association of Texas, 1995.
[27] Boardman D I, Glendinning S, Rogers C D F. Development of stabilisation and solidification in lime–clay mixes[J]. Geotechnique, 2001, 51(6): 533-543.
[28] 边加敏, 蒋玲, 王保田. 石灰改良膨胀土强度试验[J]. 长安大学学报(自然科学版), 2013, 33(2): 38-43.
[29] 赵红华, 龚壁卫, 赵春吉, 等. 石灰加固膨胀土机理研究综述和展望[J]. 长江科学院院报, 2015, 32(4): 65-70.
[30] 桂跃, 杜国庆, 张勤羽, 等. 高含水率淤泥生石灰材料化土击实方法初探[J]. 岩土力学, 2010, 31(S1): 127-137.
[31] Osula D O A. A comparative evaluation of cement and lime modification of laterite[J]. Engineering Geology, 1996, 42(1): 71-81.
[32] Bell F G. Lime stabilisation of clay soils[J]. Bulletin of the International Association of Engineering Geology-Bulletin de l'Association Internationale de Géologie de l'Ingénieur, 1989, 39(1): 67-74.
[33] Bell F G. Lime stabilization of clay minerals and soils[J]. Engineering Geology, 1996, 42(4): 223-237.
[34] Kinuthia J M, Wild S, Jones G I. Effects of monovalent and divalent metal sulphates on consistency and compaction of lime-stabilised kaolinite[J]. Applied Clay Science, 1999, 14(1-3): 27-45.
[35] Rao S M, Reddy B V V, Muttharam M. The impact of cyclic wetting and drying on the swelling behaviour of stabilized expansive soils[J]. Engineering Geology, 2001, 60(1-4): 223-233.
[36] Guney Y, Sari D, Cetin M, et al. Impact of cyclic wetting–drying on swelling behavior of lime-stabilized soil[J]. Building and Environment, 2007, 42(2): 681-688.
[37] 符策岭, 曾召田, 莫红艳, 等. 石灰改良膨胀土的工程特性试验研究[J]. 广西大学学报(自然科学版), 2019, 44(2): 524-533.
[38] 隋军, 高振宇, 张颖, 等. 石灰改良黄土渗透特性试验研究[J]. 人民长江, 2020, 51(5): 197-202+209.
[39] 程涛, 晏克勤. 不同工业废渣石灰稳定土力学性质对比分析[J]. 建筑材料学报, 2011, 14(2): 212-216.
[40] 郭爱国, 孔令伟, 胡明鉴, 等. 石灰稳定均匀级配砾石土的路用性能试验研究[J]. 岩石力学与工程学报, 2005(S2): 5641-5647.
[41] 胡再强, 梁志超, 吴传意, 等. 冻融循环作用下石灰改性黄土的力学特性试验研究[J]. 土木工程学报, 2019, 52(S1): 211-217.
[42] 桂跃, 高玉峰, 宋文智, 等. 高含水率疏浚淤泥生石灰材料化土闷料期内强度变化规律[J]. 河海大学学报

(自然科学版), 2010, 38(2): 185-190.
[43] 边加敏. 石灰改良膨胀土的水稳定性研究[J]. 长江科学院院报, 2016, 33(1): 77-82.
[44] 杨成斌, 查甫生, 崔可锐. 改良膨胀土的干湿循环特性试验研究[J]. 工业建筑, 2012, 42(1): 98-102+12.
[45] 韩春鹏, 何东坡, 贾艳敏. 冻融循环作用下石灰改良粘土无侧限抗压强度试验研究[J]. 中外公路, 2013, 33(4): 273-277.
[46] 祝艳波, 余宏明, 杨艳霞, 等. 红层泥岩改良土特性室内试验研究[J]. 岩石力学与工程学报, 2013, 32(2): 425-432.
[47] Saeed K A, Eisazadeh A, Kassim K A. Lime stabilized Malaysian lateritic clay contaminated by heavy metals[J]. Electronic Journal of Geotechnical Engineering, 2012, 17: 1807-1816.
[48] 中华人民共和国住房和城乡建设部, 国家质量监督检验检疫总局. 生活垃圾卫生填埋处理技术规范: GB 50869—2013[S]. 北京: 中国计划出版社, 2013.
[49] Li W T, Ni P P, Yi Y L. Comparison of reactive magnesia, quick lime, and ordinary Portland cement for stabilization/solidification of heavy metal-contaminated soils[J]. Science of the Total Environment, 2019, 671: 741-753.
[50] Nezhad R S, Nasehi S A, Uromeihy A, et al. Utilization of nanosilica and hydrated lime to improve the unconfined compressive strength (UCS) of gas oil contaminated clay[J]. Geotechnical and Geological Engineering, 2021, 39(3): 2633-2651.
[51] 张传成, 姜清辉. 石灰固化镉污染高岭土干湿循环特征的试验研究[J]. 科学技术与工程, 2015, 15(23): 50-54+86.
[52] 潘东冬. 固化铅污染膨胀土的碳化效应研究[D]. 合肥: 合肥工业大学, 2019.

3 水玻璃类固化剂

水玻璃是碱金属硅酸盐水溶液的总称，属于气硬性硅酸盐类胶凝材料，具有可溶性，其主要成分是碱金属氧化物、活性二氧化硅、水。水玻璃来源丰富、成本低廉、用途广泛，被广泛用于化学化工、冶金工业、轻工业、机械铸造等领域，水玻璃类固化剂初期在土体中的应用主要是用作灌浆材料，目前主要用于土体加固、止水防渗和防水堵漏等方面。

3.1 概述

3.1.1 水玻璃的分类

水玻璃的化学表达式为 $R_2O\cdot nSiO_2\cdot mH_2O$，其中 n、m 分别为 SiO_2：R_2O、H_2O：R_2O 的摩尔比。n 值也可称为水玻璃的模数 M_s，n 值越大，则水玻璃的黏结能力越强，相应的强度、耐酸性、耐热性能越高，但在水中的溶解度也随之降低。水玻璃可按水玻璃模数 M_s 值的大小分为碱性水玻璃（$n>3$）和中性水玻璃（$n<3$），实际上，中性水玻璃溶液呈弱碱性。水玻璃也可按碱金属的氧化物（简写为 R_2O）进行分类，如锂水玻璃（$Li_2O\cdot nSiO_2\cdot mH_2O$）、钠水玻璃（$Na_2O\cdot nSiO_2\cdot mH_2O$）、钾水玻璃（$K_2O\cdot nSiO_2\cdot mH_2O$）、铷水玻璃（$Rb_2O\cdot nSiO_2\cdot mH_2O$）。需要说明的是，在土体中最常用的水玻璃是钠水玻璃。

按照水玻璃作用机理，本书将水玻璃类固化剂分为以下四种类别（图 3-1）。

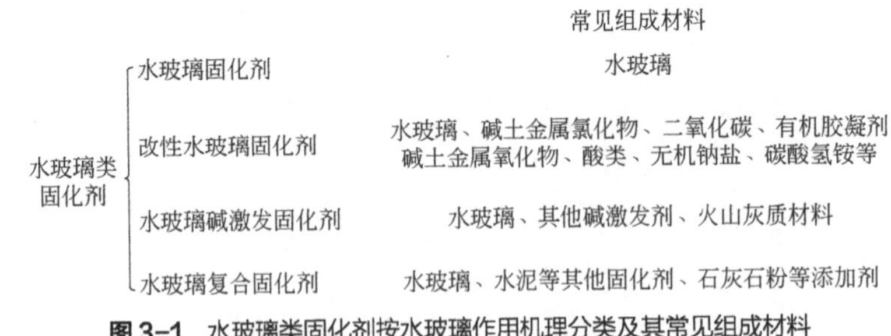

图 3-1 水玻璃类固化剂按水玻璃作用机理分类及其常见组成材料

第一类是水玻璃固化剂，即固化剂中只含水玻璃。利用水玻璃水解生成的硅酸凝胶与土颗粒组成团粒，团粒具有较高的整体性和强度，未完全反应的硅酸凝胶则填充在土体孔隙，进一步提高固化土强度；另外，水玻璃水解得到的硅酸根离子（$[SiO_4]^{4-}$）能够与黏土矿物相离子发生离子交换，水玻璃水解得到的氢氧根离子（OH^-）能够与黏土矿物相中的活性硅铝质成分、易溶盐中的钙镁离子等生成水化硅酸钙（镁）凝胶起到化学加固的作用。

第二类是改性水玻璃固化剂，即经物理或化学改性的水玻璃。物理改性包括加热[1]、微波[2]、磁场[3]等，化学改性则是添加改性材料。本书所述改性水玻璃固化剂是属于化学改性的固化剂，利用水玻璃与改性材料之间的反应生成胶凝作用更强的胶凝产物，用于改善水玻璃的凝结时间、黏度、硬化强度等。

第三类是水玻璃碱激发固化剂，即将水玻璃作为碱激发剂的碱激发类固化剂。该种固化剂中水玻璃既可作为碱激发剂提供碱性环境，也可作为火山灰质材料提供活性硅铝质成分［式（3-1）］，有时也会添加氢氧化钠溶液（NaOH）联合水玻璃作为碱激发剂。利用水玻璃水解后呈碱性的特点水解得到的OH^-侵蚀火山灰质材料中的硅铝相玻璃体结构，解聚出大量的$[SiO_4]^{4-}$四面体、$[AlO_4]^{5-}$四面体，见式（3-1）；最终发生碱激发反应生成 C-S-H 凝胶、C-A-H 凝胶，见式（3-2）。

$$\left.\begin{aligned}\equiv Si—O—Si\equiv(\text{火山灰质材料})+3OH^-(\text{水玻璃})&\longrightarrow[SiO(OH)_3]^-\\ \equiv Al—O—Al\equiv(\text{火山灰质材料})+4OH^-(\text{水玻璃})&\longrightarrow[Al(OH)_4]^-\\ \equiv Si—O—Al\equiv(\text{火山灰质材料})+7OH^-(\text{水玻璃})&\longrightarrow[SiO(OH)_3]^-+[Al(OH)_4]^-\end{aligned}\right\}\quad(3\text{-}1)$$

$$\left.\begin{aligned}xCa^{2+}+y[SiO(OH)_3]^-+(z-x-y)H_2O+(2x-y)OH^-&\longrightarrow C_x\text{-}S_y\text{-}H_z(\text{C-S-H凝胶})\\ 4Ca^{2+}+2[Al(OH)_4]^-+6H_2O+6OH^-&\longrightarrow C_4AH_{13}(\text{C-A-H凝胶})\end{aligned}\right\}\quad(3\text{-}2)$$

第四类是水玻璃复合固化剂，即水玻璃与其他固化剂复配的复合固化剂。该种固化剂是将水玻璃与其他固化剂联合使用，最常见的有水泥+水玻璃、水泥（+纤维+其他添加剂）+水玻璃、石灰+水玻璃、石灰（+纤维+其他添加剂）+水玻璃、石灰+石灰石粉+水玻璃、镁质类固化剂+水玻璃等无机-无机复合类固化剂。

水玻璃碱激发固化剂是将水玻璃用作碱激剂的碱激发类固化剂，见第 5 章碱激发类固化剂；水玻璃复合固化剂见第 12 章无机-无机复合类固化剂。水玻璃固化剂和改性水玻璃固化剂在本章阐述。

3.1.2 原材料与改性材料

如图 3-1 所示，水玻璃固化剂的原材料是水玻璃，改性水玻璃固化剂的原材料除水玻璃，还需添加改性材料。

3.1.2.1 水玻璃生产原材料

（1）锂水玻璃

锂水玻璃生产方法分为硅胶法［式（3-3）］、硅溶胶法［式（3-4）］和离子交换法［式（3-5）］。硅胶法采用钠水玻璃（$Na_2O\cdot nSiO_2\cdot mH_2O$）、硫酸（$H_2SO_4$）和氢氧化锂（LiOH）为原材料；硅溶胶法采用钠水玻璃、H 型离子交换树脂（H^+R^-）和氢氧化锂为原材料；离子交换法则采用碳酸锂（Li_2CO_3）、硫酸锂（Li_2SO_4）、阳离子型离子交换树脂（Li 型树脂）为原材料。

$$\left.\begin{array}{l} Na_2O\cdot nSiO_2+mH_2SO_4 \longrightarrow nSiO_2\cdot mH_2O+Na_2SO_4 \\ nSiO_2\cdot mH_2O+2LiOH \longrightarrow Li_2O\cdot nSiO_2\cdot mH_2O \end{array}\right\} \tag{3-3}$$

$$Na_2O\cdot nSiO_2\cdot mH_2O+H^+R^- \longrightarrow SiO_2\cdot xH_2O+Na^+R^- \tag{3-4}$$

$$\left.\begin{array}{l} Li_2CO_3+2M^+R^- \longrightarrow M_2CO_3+2Li^+R^- \\ Na_2O\cdot nSiO_2\cdot mH_2O+2Li^+R^- \longrightarrow Li_2O\cdot nSiO_2\cdot mH_2O+2Na^+R^- \end{array}\right\} \tag{3-5}$$

由于固态的锂水玻璃（硅酸锂）不能溶于水，因此不能采用碳酸锂与石英粉共热的固相法制取；晶态的石英粉也不溶于氢氧化锂溶液，因此也无法采用氢氧化锂溶液与石英粉共热的液相法制备锂水玻璃[4]。

（2）钠水玻璃

钠水玻璃（硅酸钠溶液）是最常用的水玻璃，又称“泡花碱”，其来源丰富，成本低廉。当水玻璃模数 n 为 1 时，水玻璃能溶于常温的水；当 $n>3$ 时，需要在 4×10^5Pa 大气压以上的蒸汽中才能溶解。同一模数的水玻璃，浓度越高，对应的密度越大，黏结力越强，溶解度也越低。

钠水玻璃的生产方法分为湿法和干法。其中湿法有传统湿法压蒸工艺［式（3-6）］和活性 SiO_2 湿法常压生产工艺［式（3-7）］；干法分为碳酸钠法［式（3-8）］、硫酸钠法［式（3-9）］和氯化钠法［式（3-10）］。

传统湿法压蒸工艺的原材料有石英砂（SiO_2）和苛性钠（NaOH）溶液，活性 SiO_2 湿法常压生产工艺的原材料为工业副产品（含活性 SiO_2）和烧碱（Na_2CO_3）溶液；碳酸钠法的原材料为石英砂和固体烧碱（Na_2CO_3）；硫酸钠法（也称元明粉法、无水芒硝法）的原材料为石英砂、煤粉和元明粉（Na_2SO_4）；氯化钠法的原材料为石英砂和氯化钠（NaCl）。生产高模数水玻璃采用干法，生产低模数水玻璃采用湿法。

$$2NaOH+nSiO_2 \xrightarrow{\text{压蒸条件}} Na_2O\cdot nSiO_2+H_2O \tag{3-6}$$

$$\left.\begin{array}{l} Na_2CO_3+nSiO_2 \xrightarrow{\text{常压条件下加热至150℃}} Na_2O\cdot nSiO_2+CO_2\uparrow \\ Na_2O\cdot nSiO_2+mH_2O \xrightarrow{\text{过滤、浓缩等}} Na_2O\cdot nSiO_2\cdot mH_2O \end{array}\right\} \tag{3-7}$$

$$Na_2CO_3+nSiO_2 \xrightarrow{1300\sim1400℃} Na_2O\cdot nSiO_2+CO_2\uparrow \tag{3-8}$$

$$2Na_2SO_4+C+2nSiO_2 \xrightarrow{890\sim1200℃} 2(Na_2O\cdot nSiO_2)+CO_2\uparrow+2SO_2\uparrow \tag{3-9}$$

$$2NaCl+H_2O+nSiO_2 \xrightarrow{\text{高温蒸压}} Na_2O\cdot nSiO_2+2HCl \tag{3-10}$$

水玻璃的模数 M_s 决定水玻璃的性质。当 $M_s<2$ 时，水玻璃溶液是一种纯离子溶液，几乎不含任何胶体粒子，浓度高时则析出水合硅酸钠晶体或无水硅酸钠晶体，不会生成胶体粒子；当 $2<M_s<4$ 时，水玻璃溶液中开始出现胶体粒子，胶体粒子直径（约为 1～2nm）小，且胶体粒子含量随着模数 M_s 的增加而增加，此时溶液是离子溶液和胶体溶液并存的体系；当 $M_s\geqslant4$ 时，钠水玻璃基本呈现出硅溶胶化，胶体粒径可达到 100nm。水玻璃中离子溶液占比越大，则水玻璃越稳定，胶体溶液占比越大则越容易凝胶化固化。高模数的钠水玻璃易凝结而不稳定，既有胶体溶液性质（丁达尔效应），也有离子溶液性

质（电泳现象）。

为控制水玻璃的性质，可在水玻璃中添加氢氧化钠溶液提高水玻璃模数［式（3-11）］，也可加入稀盐酸或氯化铵溶液，降低水玻璃模数［式（3-12）］，但是添加盐酸或氯化铵会生成 NaCl，可通过加入无定形 SiO_2 来提高钠水玻璃模数。此外，也可通过向高模数的钠水玻璃中添加低模数钠水玻璃来降低模数，反之亦然。

$$2NaOH+nSiO_2 \longrightarrow Na_2O \cdot nSiO_2+H_2O \tag{3-11}$$

$$\left.\begin{aligned} Na_2O+2HCl &\longrightarrow 2NaCl+H_2O \\ Na_2O+2NH_4Cl &\longrightarrow 2NaCl+H_2O+2NH_3\uparrow \end{aligned}\right\} \tag{3-12}$$

钠水玻璃 Na_2O-SiO_2-H_2O 三元相图如图 3-2 所示，阴影区域范围内为普通工业用钠水玻璃，水玻璃模数为 2.0～3.3，密度为 1.2～1.7g/cm^3（波美度 24.0° Bé～59.5° Bé）。

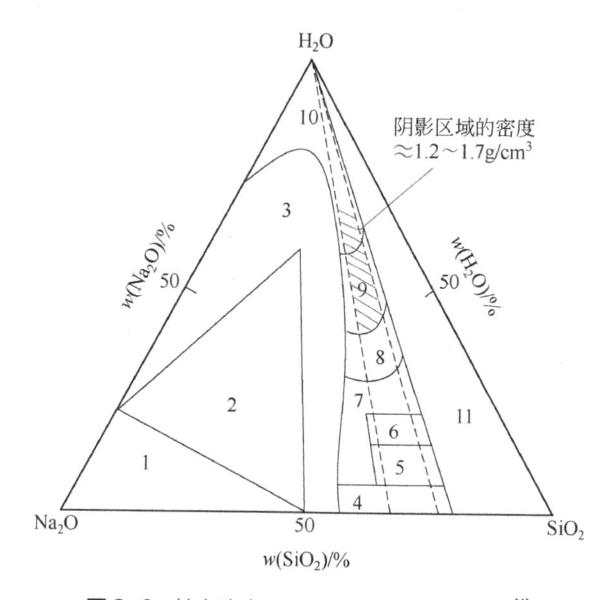

图 3-2 钠水玻璃 Na_2O-SiO_2-H_2O 三元相图[4]

1—无水正硅酸钠和氢氧化钠的混合物；2—硅酸钠晶体；3—硅酸钠晶体混合物；4—玻璃体；5—水解玻璃；6—脱水玻璃；7—半固体；8—黏稠液体；9—普通液体；10—稀淡液体；11—不稳定液体和凝胶

（3）钾水玻璃

钾水玻璃（硅酸钾溶液）与钠水玻璃性质相似，模数 M_s 越大黏结能力越强，相应的强度、耐酸性、耐热性能越高，但在水中的溶解度也随之降低。

钾水玻璃的生产方法分为湿法［式（3-13）］和干法［式（3-14）］。湿法的原材料是氢氧化钾（KOH）和石英砂，干法的原材料是碳酸钾（K_2CO_3）和石英砂。一般而言，低模数的钾水玻璃采用湿法，高模数则采用干法。

$$2KOH+nSiO_2+mH_2O \xrightarrow{\text{蒸压加热}} K_2O \cdot nSiO_2 \cdot mH_2O \tag{3-13}$$

$$\left.\begin{aligned} K_2CO_3+nSiO_2 &\xrightarrow{\text{蒸压共熔}} K_2O \cdot nSiO_2+CO_2\uparrow \\ K_2O \cdot nSiO_2+mH_2O &\xrightarrow{\text{加热}} K_2O \cdot nSiO_2 \cdot mH_2O \end{aligned}\right\} \tag{3-14}$$

钾水玻璃是硅酸钾的水溶液，分为原硅酸钾（$2K_2O \cdot SiO_2$）、偏硅酸钾（$K_2O \cdot SiO_2$）和多硅酸钾（如四硅酸钾 $K_2O \cdot 4SiO_2$）。钾水玻璃与钠水玻璃的性质存在一定的差异，这与水玻璃中 K^+、Na^+半径和阴离子配位数等有关，钠水玻璃的模数 M_s 一般在 2～4 之间，而钾水玻璃的模数 M_s 一般在 2.7～5.3 之间。K^+的水合能力强于 Na^+，因此钾水玻璃的老化速度慢于钠水玻璃。

3.1.2.2 水玻璃改性材料

常见的改性材料有偏硅酸钾、氧化钙、氧化镁、氯化钙、铝酸钠、磷酸、草酸+硫酸铝、无机钠盐（氟硅酸钠、硫酸氢钠、磷酸钠等）、有机胶凝剂（有机酯类、乙酸乙酯、醋酸、醛类、聚乙烯醇等）、二氧化碳、硫酸镁、氯化镁、碳酸氢铵等，除了二氧化碳需要进行捕集（详见第 6 章 镁质类固化剂）获得外，其他改性材料均为化工产品，需要通过消耗大量的资源能源获得。其中，采用偏硅酸钾为改性材料时，其与钠水玻璃的混合并不是简单的机械混合，改性水玻璃固化剂的胶凝结构在混合后会发生异变，改性后性能优于水玻璃固化剂性能[5-7]。

3.1.3 制备过程与生命周期评价

水玻璃固化剂的原材料即为水玻璃，是单一产品，生产方法见 3.2.1 节，在此不再赘述。

改性水玻璃固化剂中的改性材料能够加速改性水玻璃固化剂的凝结硬化反应，大大缩短凝结时间。因此，改性水玻璃固化剂的制备一般是在使用前将水玻璃与改性材料进行混合即可。

生命周期评价以钠水玻璃为例，根据 Fawer 等[8]统计的水玻璃环境影响清单，生产 1t 水玻璃（100%浓度）需要 638kg 岩盐（以 NaCl 为主）、772kg 石英砂、510kg 石灰岩和 400kg 苏打（Na_2CO_3）等原材料；电耗 477MJ、煤耗 4501MJ、其他能源消耗 5975MJ，合计 10953MJ；固废排放 127kg 废石；废气排放 0.237kg 氨、1066.022kg 二氧化碳、3.748kg 一氧化碳、3.886kg 粉尘、0.666kg 甲烷、3.606kg 氮氧化物、4.699kg 硫氧化物及 1.035kg 非挥发性有机物等；废水排放 0.122kg 氨氮、0.0004kg 生化需氧量、0.004kg 化学需氧量、374.589kg 氯离子、229.533kg 无机盐及酸、28.752kg 悬浮物等。

3.1.4 反应机理与微观特性

3.1.4.1 水化反应

水玻璃固化剂的水化反应主要是水玻璃自身水化反应，改性水玻璃固化剂的水化反应除了水玻璃自身水化反应之外，另外有水玻璃与改性材料之间的反应。

（1）水玻璃固化剂

水玻璃固化剂溶液包含 SiO_4^{4-}、$HSiO_4^{3-}$、$H_2SiO_4^{2-}$、$H_3SiO_4^-$、SiO_3^{2-}、$HSiO_3^-$ 等硅酸盐离子，OH^-，H_4SiO_4、H_2SiO_3 等硅酸分子，聚合物胶粒及无定形硅等，硅酸盐离子水解反应［式（3-15）］如下[9,10]：

$$\left.\begin{array}{r}HSiO_4^{3-}+H_2O \longrightarrow H_2SiO_4^{2-}+OH^- \\ H_2SiO_4^{2-}+H_2O \longrightarrow H_3SiO_4^-+OH^- \\ H_3SiO_4^-+H_2O \longrightarrow H_4SiO_4+OH^- \\ SiO_3^{2-}+H_2O \longrightarrow HSiO_3^-+OH^- \\ HSiO_3^-+H_2O \longrightarrow H_2SiO_3+OH^-\end{array}\right\} \quad (3\text{-}15)$$

硅酸盐离子之间发生缩聚反应［式（3-16）］，形成链状或环状低聚合物［式（3-17）］，这些低聚合物进一步缩聚生成 Si—O—Si 网络结构胶核［式（3-18）］[11,12]。Si—O—Si 的网络结构末端有硅醇键（Si—OH），这些硅醇键属于极性分子键，能够吸附水玻璃溶液中的水合氢离子（H_3O^+）、阳离子（R^+）形成胶粒，导致水玻璃形成胶体并含有大量的多种粒子结构。

$$\equiv Si—OH+OH—Si\equiv \longrightarrow \equiv Si—O—Si\equiv +H_2O \quad (3\text{-}16)$$

$$=\underset{\underset{OH}{|}}{Si}-O-\underset{\underset{OH}{|}}{Si}= \longrightarrow =Si\langle{}^{O}_{O}\rangle Si=+H_2O \quad (3\text{-}17)$$

$$n=Si\langle{}^{O}_{O}\rangle Si= \xrightarrow{\text{缩聚}} \begin{array}{c} | \quad\quad | \quad\quad | \quad\quad | \\ -Si-O-Si-O-Si-O-Si- \\ | \quad\quad | \quad\quad | \quad\quad | \\ O \quad\quad O \quad\quad O \quad\quad O \\ | \quad\quad | \quad\quad | \quad\quad | \\ -Si-O-Si-O-Si-O-Si- \\ | \quad\quad | \quad\quad | \quad\quad | \\ O \quad\quad O \quad\quad O \quad\quad O \\ | \quad\quad | \quad\quad | \quad\quad | \\ -Si-O-Si-O-Si-O-Si- \\ | \quad\quad | \quad\quad | \quad\quad | \end{array} \quad (3\text{-}18)$$

水玻璃固化剂作为气硬性胶凝材料，其硬化主要是吸收空气中的二氧化碳，生成碳酸钠和无定形的硅酸［式（3-19）］。反应过程中，水分逐渐被消耗或蒸发，水玻璃中的硅酸盐离子逐渐凝聚成硅酸凝胶，最终凝结硬化。

$$Na_2O\cdot nSiO_2\cdot mH_2O+CO_2 \longrightarrow Na_2CO_3+nSiO_2\cdot mH_2O\text{（无定形硅酸）} \quad (3\text{-}19)$$

（2）改性水玻璃固化剂

① 水玻璃+氧化钙。添加氧化钙（CaO）可调节水玻璃的酸碱度、加速水玻璃的水解、促进硅酸钙凝胶的生成，从而提高固化剂的力学性能和耐久性能。CaO 与水玻璃的反应过程可分为 CaO 的水解和硅酸钙凝胶［$CaO\cdot nSiO_2\cdot(m-1)H_2O$］的生成，见式（3-20），上述化学反应总式可归纳为式（3-21）[13-15]。

$$\left.\begin{array}{r}Na_2O\cdot nSiO_2\cdot mH_2O+CaO \longrightarrow Na_2O\cdot nSiO_2\cdot(m-1)H_2O+Ca(OH)_2 \\ Na_2O\cdot nSiO_2\cdot(m-1)H_2O+Ca(OH)_2 \longrightarrow CaO\cdot nSiO_2\cdot(m-1)H_2O+2NaOH\end{array}\right\} \quad (3\text{-}20)$$

$$Na_2O\cdot nSiO_2\cdot mH_2O+CaO \longrightarrow CaO\cdot nSiO_2\cdot(m-1)H_2O+2NaOH \quad (3\text{-}21)$$

② 水玻璃+氯化钙。氯化钙（$CaCl_2$）可加速水玻璃的水解和硅酸钙凝胶（$CaO\cdot SiO_2\cdot xH_2O$）的生成，见式（3-22）、式（3-23）。

$$Na_2O \cdot nSiO_2 \cdot mH_2O + CaCl_2 \longrightarrow nSiO_2 \cdot (m-1)H_2O + NaCl + Ca(OH)_2 \quad (3\text{-}22)$$

$$SiO_2 \cdot xH_2O + Ca(OH)_2 \longrightarrow CaO \cdot SiO_2 \cdot xH_2O \quad (3\text{-}23)$$

③ 水玻璃+氟硅酸钠。氟硅酸钠（Na_2SiF_6）改性水玻璃是通过加速硅酸凝胶的析出，促进水玻璃的硬化，详见式（3-24）。

$$2(Na_2O \cdot nSiO_2 \cdot mH_2O) + Na_2SiF_6 \longrightarrow (2n+1)SiO_2 \cdot 2mH_2O + 6NaF \quad (3\text{-}24)$$

④ 水玻璃+有机酯类。有机酯类（R—COOR′）通过提高水玻璃的模数加速水玻璃的硬化，这与有机酯的形成过程有关。有机酯类是有机酸（羧酸）与醇发生脱水反应生成的，可看作是羧酸（R—COOH）羧基（—COOH）中的氢被醇（R′—OH）中的烃基（R′）取代而来，即 R—COOR′。水玻璃+有机酯类的反应过程可分为有机酯类在水玻璃提供的碱性环境中的水解、水玻璃模数的升高和水玻璃的失水硬化，反应过程如下：添加有机酯类后，有机酯类在水玻璃提供的碱性环境中发生水解，生成 R—COOH 和 R′—OH［式（3-25）］；R—COOH 与水玻璃中的 Na_2O 生成 R—COONa［式（3-26）］，提高水玻璃的模数，加速水玻璃的分解；R—COONa 吸收水玻璃中的水分结晶，R′—OH 则进一步吸收水玻璃溶液中的水分，上述反应提高了水玻璃模数，进一步导致水玻璃失水，加速了水玻璃的失水硬化。

$$R'\text{—}COOR' + H_2O \xrightarrow{OH^-} R\text{—}COOH + R'\text{—}OH \quad (3\text{-}25)$$

$$xR\text{—}COOH + Na_2O \cdot nSiO_2 \cdot mH_2O \rightleftharpoons (1-\frac{x}{2})Na_2O \cdot nSiO_2 \cdot (1+\frac{x}{2})H_2O + xR\text{—}COONa \quad (3\text{-}26)$$

⑤ 水玻璃+二氧化碳。向水玻璃中通入二氧化碳（CO_2）后的反应过程可分为水玻璃的分解、硅酸凝胶的形成和硅酸凝胶的失水硬化。即 CO_2 加速水玻璃的分解［式（3-19）］，得到无定形的硅酸凝胶（$nSiO_2 \cdot mH_2O$），水玻璃分解是放热反应，放出的热量加速硅酸凝胶的失水［式（3-27）］、硬化，生成高模数的水玻璃。

$$nSiO_2 \cdot mH_2O \longrightarrow nSiO_2 \cdot yH_2O + (m-y)H_2O\uparrow \quad (3\text{-}27)$$

⑥ 水玻璃+碳酸氢铵。碳酸氢铵（NH_4HCO_3）改性水玻璃是通过加速硅酸凝胶的析出，从而促进水玻璃的硬化。但该过程会释放对人体有害的氨气，详见式（3-28）。

$$Na_2O \cdot nSiO_2 \cdot mH_2O + 2NH_4HCO_3 \longrightarrow nSiO_2 \cdot (m+1)H_2O + 2NaHCO_3 + 2NH_3\uparrow \quad (3\text{-}28)$$

综上所述，改性水玻璃固化剂的作用机理主要是利用改性材料与水玻璃之间的反应，通过加速水玻璃自身的水解、促进硅酸凝胶的生成、加速水玻璃的失水或提高水玻璃的模数等方式，加速水玻璃的凝结硬化。

3.1.4.2 微观特性

（1）矿物相组成

图 3-3 为水玻璃固化剂、CaO 改性水玻璃固化剂净浆硬化后的 XRD 谱图。水玻璃固化剂净浆硬化后的主要矿物相成分为无定形的硅酸凝胶，其 2θ 衍射峰范围为 20°～35°

弥散驼峰[16,17]，这一结果验证了 3.1.4.1 节中水玻璃水化反应产物为无定形硅酸凝胶 $n\mathrm{SiO_2}\cdot m\mathrm{H_2O}$［式（3-19）］；CaO 改性水玻璃固化剂中有明显的晶体矿物相特征衍射峰，2θ 衍射峰为 17.94°、28.63°、33.99°、46.90°、50.71°等位置处对应的物质为 $Ca(OH)_2$，证实了 CaO 改性水玻璃固化剂发生式（3-20）中 CaO 的水解反应；2θ 衍射峰为 29.58°位置处为 C-S-H 晶体，2θ 衍射峰范围为 20°～40°弥散驼峰为无定形的 C-S-H 凝胶[18,19]，证实 CaO 改性水玻璃固化剂发生式（3-20）中硅酸钙凝胶的生成。

（2）微观结构

① FTIR 分析。水玻璃固化剂净浆、CaO 改性水玻璃固化剂净浆硬化后的 FTIR 谱图如图 3-4 所示。水玻璃固化剂净浆、CaO 改性水玻璃固化剂净浆硬化后的 FTIR 谱吸收峰之间存在显著的差异。

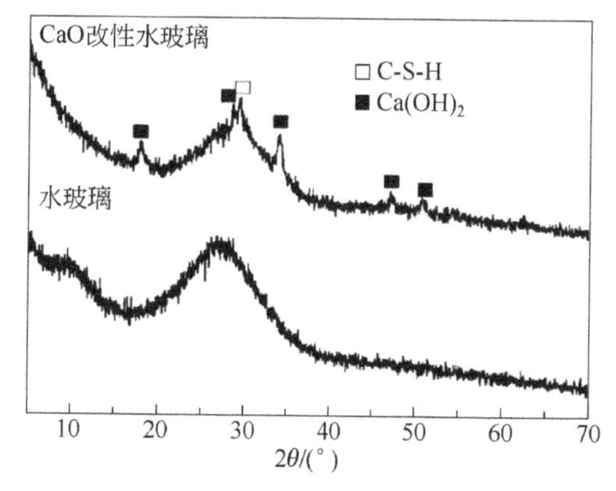

图 3-3 水玻璃固化剂、CaO 改性水玻璃固化剂净浆硬化后的 XRD 谱图[18]

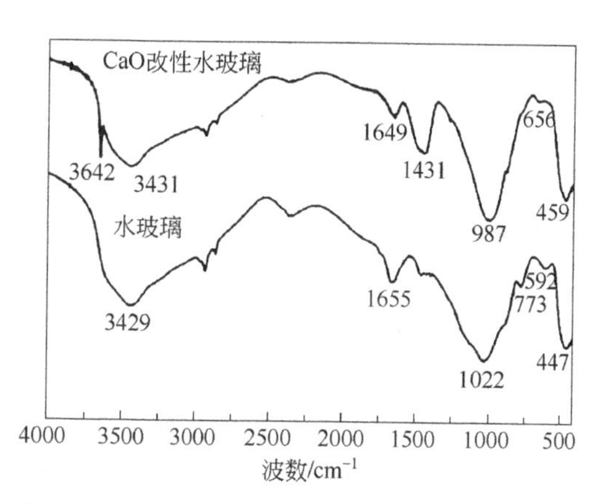

图 3-4 水玻璃固化剂净浆、CaO 改性水玻璃固化剂净浆硬化后的 FTIR 谱图[18]

水玻璃固化剂净浆在 3429$\mathrm{cm^{-1}}$ 附近出现的吸收峰为较弱键力（可能为氢键或配位共价键）的缔合羟基基团的伸缩振动峰；在 1655$\mathrm{cm^{-1}}$ 处吸收峰为 H_2O 分子的变形振动峰；在 1022$\mathrm{cm^{-1}}$ 处宽阔的吸收峰为 Si—O—Si 基团非对称伸缩振动峰，表明水玻璃固化剂净浆硬化后硅酸凝胶结构中具有层状或双链状结构的 Q^3 和架状或网络状结构的 Q^4 含量明显多于具有孤立状或单体结构的 Q^0、组群状或二聚体结构的 Q^1 和链环状或链状结构的 Q^2[20]；位于 773$\mathrm{cm^{-1}}$、592$\mathrm{cm^{-1}}$、447$\mathrm{cm^{-1}}$ 处对应的峰值分别为 O—Si—O 非对称变形振动峰、O—Si—O 非对称弯曲振动峰和对称弯曲振动峰[18]。

CaO 改性水玻璃固化剂净浆在 3642$\mathrm{cm^{-1}}$ 附近出现新的尖锐吸收峰，该峰为 $Ca(OH)_2$ 中自由羟基基团的伸缩振动峰[21]，为 CaO 水解反应产物；在 3431$\mathrm{cm^{-1}}$ 附近出现的吸收峰发生偏移，且缔合羟基基团的伸缩振动峰明显变弱，表明 CaO 改性水玻璃固化剂的含水量明显降低[22]；在 1649$\mathrm{cm^{-1}}$ 处出现的吸收峰为 H_2O 分子的变形振动峰，相比于水玻璃固化剂发生了偏移且振动峰明显减弱，表明 CaO 改性过程促进了水分的消耗、蒸发等，即改性过程加快水玻璃溶液中 H_2O 分子的耗散；在 1431$\mathrm{cm^{-1}}$ 处出现新的吸收峰，为非对称 C—O 伸缩振动峰[23]，改性后水玻璃固化剂净浆吸收空气中的 CO_2[18]；在 987$\mathrm{cm^{-1}}$ 处的吸收峰为以硅氧聚合体 Q^2 四面体为主的 Si—O—Si 基团非对称伸缩振动峰[24]，表明 CaO 改性水玻璃固化剂净浆硬化后出现了 C—S—H 凝胶的 Q^2 链环状或链状结构的 Si—O—Si 基团伸缩振动峰[20]，为生成的硅酸钙凝胶；$656cm^{-1}$、$459cm^{-1}$ 处对应的峰值分别为 C—S—H 凝胶的 O—Si—O 非对称变形振动峰、Si—O—Si 对称弯曲振动峰[25]，相比于水玻璃固化剂净浆硬化后在 $773cm^{-1}$、$592cm^{-1}$、$447cm^{-1}$ 处硅酸凝胶 O—Si—O 非对称变形振动峰、O—Si—O 非对称弯曲振动峰和对称弯曲振动峰发生显著偏移，这与部分 Si—O 键中 O 元素被 Ca 元素替代有关[18]。

上述结果表明，CaO 改性水玻璃固化剂的改性机理是：限制硅酸凝胶聚合体聚合，即使水玻璃净浆中大量的 Q^3 结构和 Q^4 结构转变为 Q^2 结构[18,26]；诱导硅酸凝胶的解聚和重组，使其生成大量胶凝强度更高的 C-S-H 凝胶。

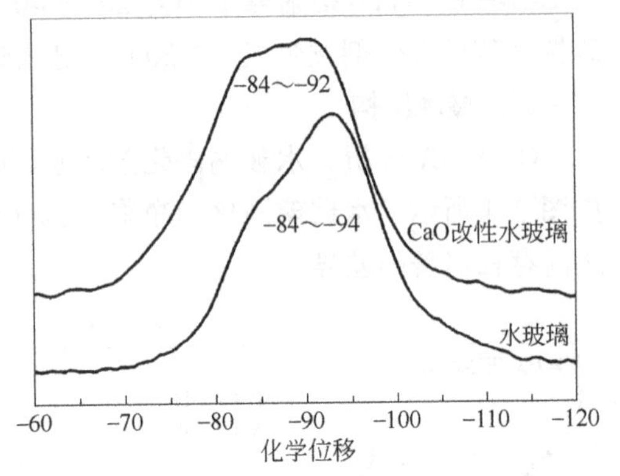

图 3-5 水玻璃固化剂净浆、CaO 改性水玻璃固化剂净浆硬化后的 ^{29}Si NMR 谱图[18]

② NMR 分析。图 3-5 为水玻璃固化剂净浆、CaO 改性水玻璃固化剂净浆硬化后的 ^{29}Si NMR 谱图。水玻璃固化剂净浆、CaO 改性水玻璃固化剂净浆硬化后 ^{29}Si NMR 谱图化学位移范围之间存在显著的差异。其中，化学位移峰范围与硅氧聚合体类型 Q^n 之间的对应关系如下[27]：

-65～-74 化学位移范围，对应硅氧聚合体 Q^0 结构（单体）；

-75～-85 化学位移范围，对应硅氧聚合体 Q^1 结构（二聚体）；

-85～-92 化学位移范围，对应硅氧聚合体 Q^2 结构（链状）；

-93～-102 化学位移范围，对应硅氧聚合体 Q^3 结构（双链状）；

-107～-115 化学位移范围，对应硅氧聚合体 Q^4 结构（空间网状）。

水玻璃固化剂净浆硬化后的化学位移范围在-84～-94，且靠近-94 明显高于-84，可推断出硅氧聚合体 Q^3 结构含量高于 Q^2 结构含量；CaO 改性水玻璃固化剂净浆硬化后化学位移范围在-84～-92，且化学位移峰分布较为均匀，可推断出硅氧聚合体主要以 Q^2 结构形式存在，上述结果与 FTIR 分析结果相一致，证实 CaO 改性过程中生成 C-S-H 凝胶［式（3-20)］。

3.2 固化土

水玻璃固化剂、改性水玻璃固化剂被广泛用于固化黄土、盐渍土、膨胀土、有机质土等特殊土，及粉土、黏土等细粒土，也有古遗址加固的案例[28]。

3.2.1 水玻璃固化剂

（1）强度特性

水玻璃固化黄土 20℃养护 30d 的无侧限抗压强度试验结果如图 3-6 所示。随着水玻璃浓度（即波美度，°Bé）的增加，固化土强度几乎呈线性增加。周刚[29]、吕擎峰等[30]也得到了相同的结果。波美度越高，水玻璃固化剂能够析出的硅酸凝胶也越多，因此水玻璃固化土强度越高。

（2）劣化特性与耐久性

① 水稳性。水玻璃固化黄土浸水前后的应力-应变曲线如图 3-7 所示。浸水后固化土强度降低，表明黄土中的易溶盐减弱了土颗粒间的联结，导致固化土中未被固化的土体遇水后崩解，使其凝胶强度降低[31]。但浸水后的固化土强度仍达天然黄土强度的 6 倍以上[31]，表明黄土经水玻璃自渗注浆加固后具有良好的水稳性，这是由于黄土中的易溶盐 $MgSO_4$、$MgCl_2$、$CaCl_2$ 等析出的 Ca^{2+}、Mg^{2+} 与水玻璃中的硅酸盐离子发生化学反应，生成难溶性的硅酸钙（镁）凝胶[30,31]，不仅充填了固化土的孔隙，并且生成的凝胶薄膜包裹土颗粒，增加土粒间的胶结力，使土体硬化且具有足够的坚固性、水稳性[7,32]。

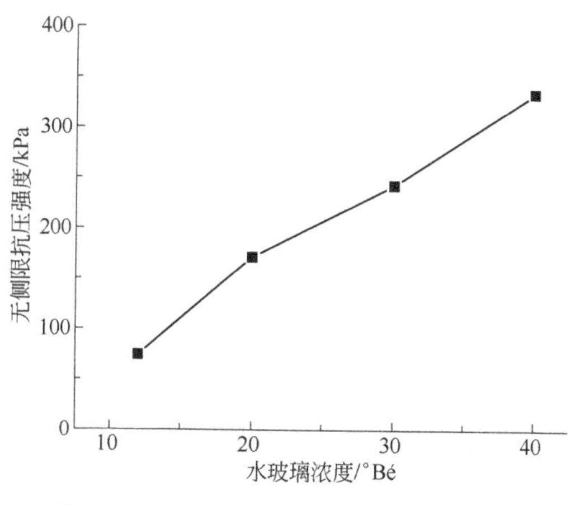

图 3-6 水玻璃固化黄土的无侧限抗压强度与水玻璃浓度的关系[1]

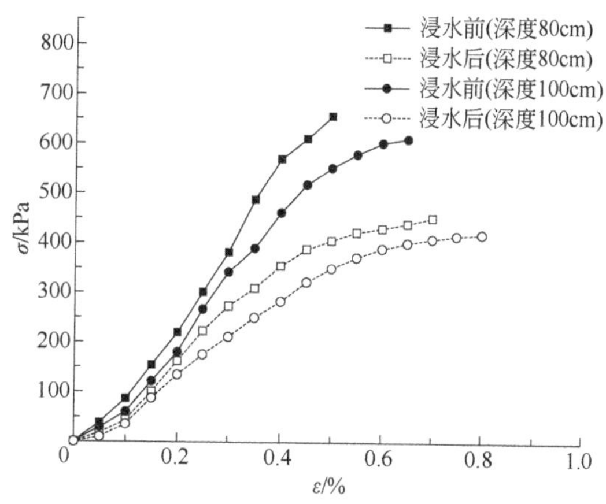

图 3-7 水玻璃固化黄土浸水前后的应力-应变曲线[31]

② 抗冻融循环特性。素黄土、水玻璃固化土强度和质量损失率随冻融循环次数的变化规律见图 3-8。随着冻融循环次数的增加，素黄土和固化土的强度逐渐降低，质量损失率逐渐增加，且冻融循环次数为 1 次时强度降低率和质量损失率最大，冻融循环次数为 5 次的强度降低率和质量损失率次之；素黄土冻融循环 20 次后强度降低率仅为 26.29%[32]，表明冻融循环对素黄土的影响较小；固化土冻融循环 5 次后强度降低率达到 71.34%，表明冻融过程破坏了固化土之间的胶结力，使紧密的结构膨胀疏松，固化土的质量损失率随之增加。

（3）微观特性

① 矿物相组成。素黄土和水玻璃固化黄土的 XRD 谱图如图 3-9 所示。素黄土和固化土的主要矿物相成分均为石英、长石、云母、方解石、白云石、伊利石、绿泥石等，两者 XRD 谱图矿物相成分一致，没有新的晶体矿物相生成；水玻璃固化黄土在 2θ 衍射角 25°、32° 左右位置出现了弥散峰，表明生成了无定形硅酸凝胶，从微观特性方面证实水玻璃固化土的固化机理有硅酸凝胶的胶结作用。

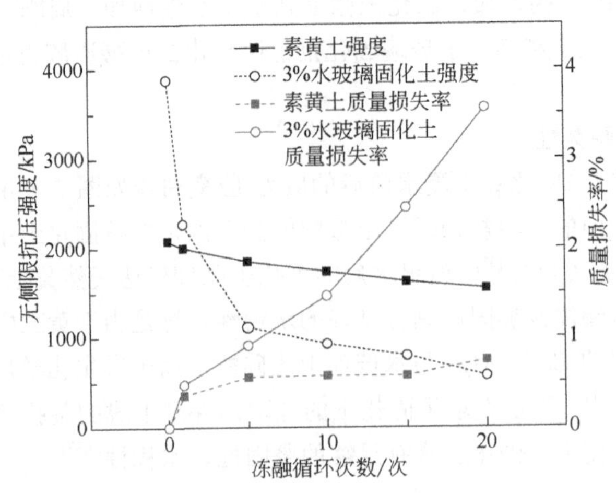

图 3-8 冻融循环作用对素黄土和水玻璃固化黄土的影响（基于文献[32]整理）

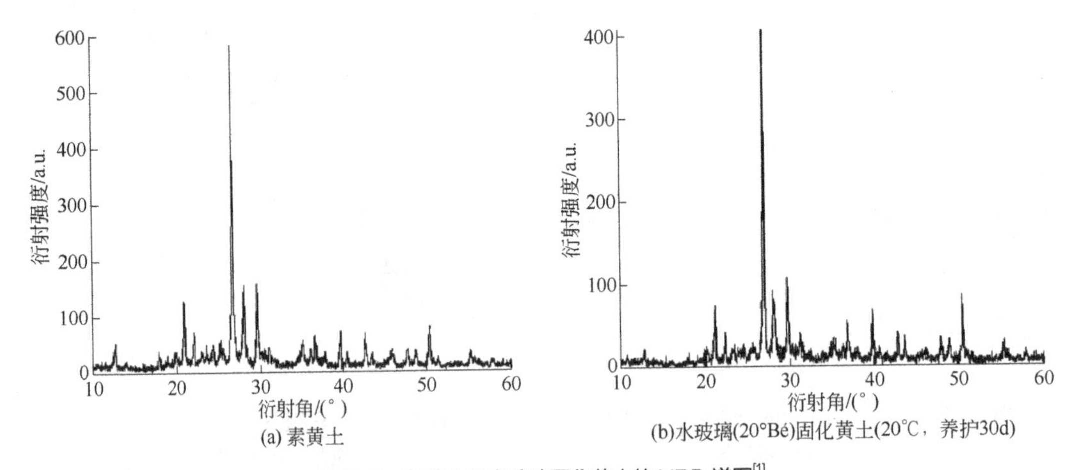

图 3-9 素黄土和水玻璃固化黄土的 XRD 谱图[1]

② 微观形貌。水玻璃固化黄土的微观形貌如图 3-10 所示。固化土中含有大量尺寸不一、呈颗粒状的土颗粒，颗粒形态以棱角状、椭圆状为主，土颗粒之间以点接触为主且含有大量的孔隙，水玻璃固化剂硬化后得到的硅酸凝胶包覆在土颗粒表面使原本点接触的土颗粒转变为面接触，增大土颗粒之间的接触面积、胶结能力，增强颗粒组成的骨架结构的稳定性[1]。上述现象证明固化土中无定形硅酸凝胶的生成，进一步证实水玻璃固化土中硅酸凝胶的胶结作用。

图 3-10 水玻璃（20°Bé）固化黄土的微观形貌（20℃）[1]

上述结果表明，水玻璃固化黄土的主要强度来源为水玻璃固化剂凝结硬化得到的硅酸凝胶的胶结作用和填充作用。

3.2.2 改性水玻璃固化剂

如上所述，可用作改性水玻璃固化剂的方式和改性材料的种类繁多，本节仅叙述最常见的偏硅酸钾和二氧化碳改性水玻璃固化剂在固化土中的应用。

（1）强度特性

① 偏硅酸钾改性水玻璃。不同钠水玻璃浓度条件下，偏硅酸钾掺量对偏硅酸钾改性水玻璃固化黄土强度的影响如图 3-11 所示。水玻璃固化黄土强度明显低于偏硅酸钾改性水玻璃固化黄土强度，表明改性水玻璃固化剂固化效果优于水玻璃固化剂；相同偏硅酸钾掺量时，水玻璃浓度越高（即波美度越大），改性水玻璃固化土强度越高[33]，这一现象与水玻璃固化土强度增长规律相一致；相同水玻璃浓度时，随着偏硅酸钾掺量的增加，偏硅酸钾改性水玻璃固化黄土强度先增加后趋于稳定，存在最佳的偏硅酸钾掺量。

② 二氧化碳改性水玻璃。采用二氧化碳改性水玻璃固化剂加固黄土地基浸水下沉的已建办公楼，加固步骤如下：向待加固地基灌注 CO_2 气体→灌注钠水玻璃溶液→向待加固黄土地基灌注 CO_2 气体[34]。加固深度 5.5～6.0m，在不同深度的 CO_2 改性水玻璃固化黄土强度见图 3-12，其中，30d、13a、19a、24a 分别表示现场养护 30 天、13 年、19 年、24 年的强度数据。随着龄期的增加，CO_2 改性水玻璃固化黄土强度总体呈增长趋势；随着深度的增加，强度呈降低趋势，无规律的波动与固化剂注浆不均匀有关。

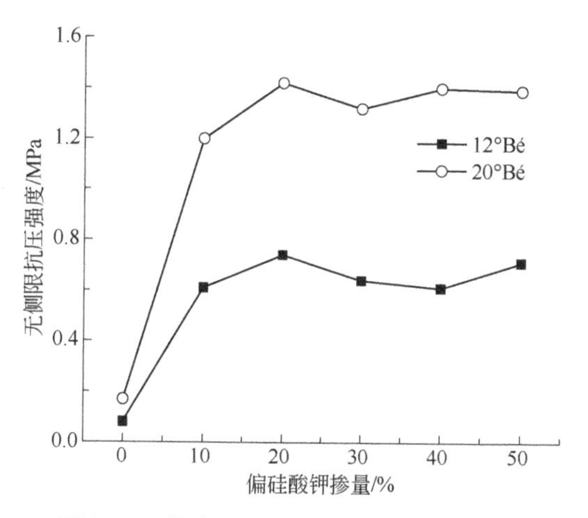

图 3-11 偏硅酸钾掺量对偏硅酸钾改性水玻璃固化黄土强度的影响[7,33]

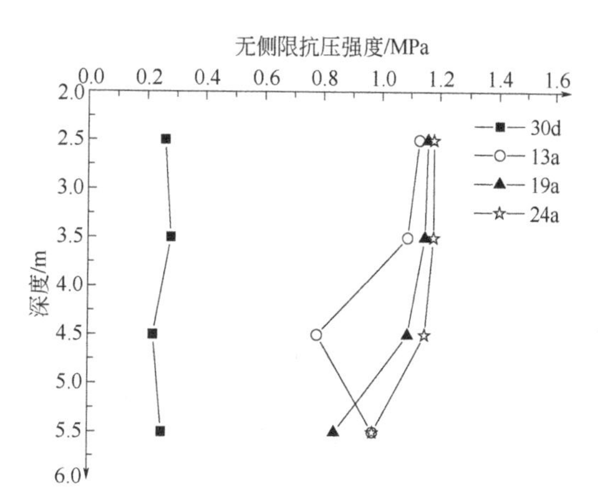

图 3-12 不同深度二氧化碳改性水玻璃固化黄土强度（基于文献[34]数据）

（2）劣化特性与耐久性

冻融循环作用下，偏硅酸钾改性水玻璃固化黄土的强度和质量损失率的变化规律见图 3-13。随着冻融循环次数的增加，固化土的强度逐渐降低、质量损失率不断增加；钠水玻璃浓度越高，固化土强度越高、质量损失率越低，抗冻融耐久性越好。

（3）微观特性

① 偏硅酸钾改性水玻璃

a. 矿物相组成。图 3-14 为素黄土、水玻璃固化黄土和偏硅酸钾改性水玻璃固化黄土的 XRD 谱图。素黄土主要矿物相为石英、长石、云母、方解石、白云石，及黏土矿物相如伊利石、绿泥石等；水玻璃固化黄土和偏硅酸钾改性水玻璃固化黄土与素黄土的 XRD 谱图基本吻合，表明水玻璃固化黄土和偏硅酸钾改性水玻璃固化黄土不会生成新的矿物相晶体，但 2θ 衍射角 25°～32° 位置均出现了弥散峰，说明水玻璃和改性水玻璃与黄土矿物均生成无定形硅酸凝胶，水玻璃具有非晶质胶结作用[7]。

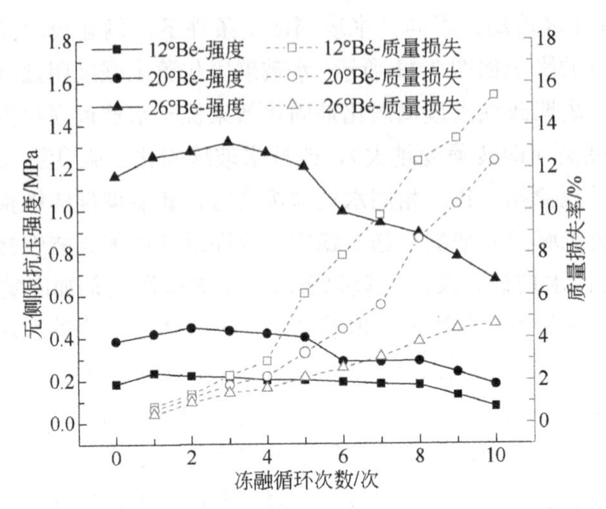

图 3-13 冻融循环作用对改性水玻璃固化黄土的影响（基于文献[35]数据）

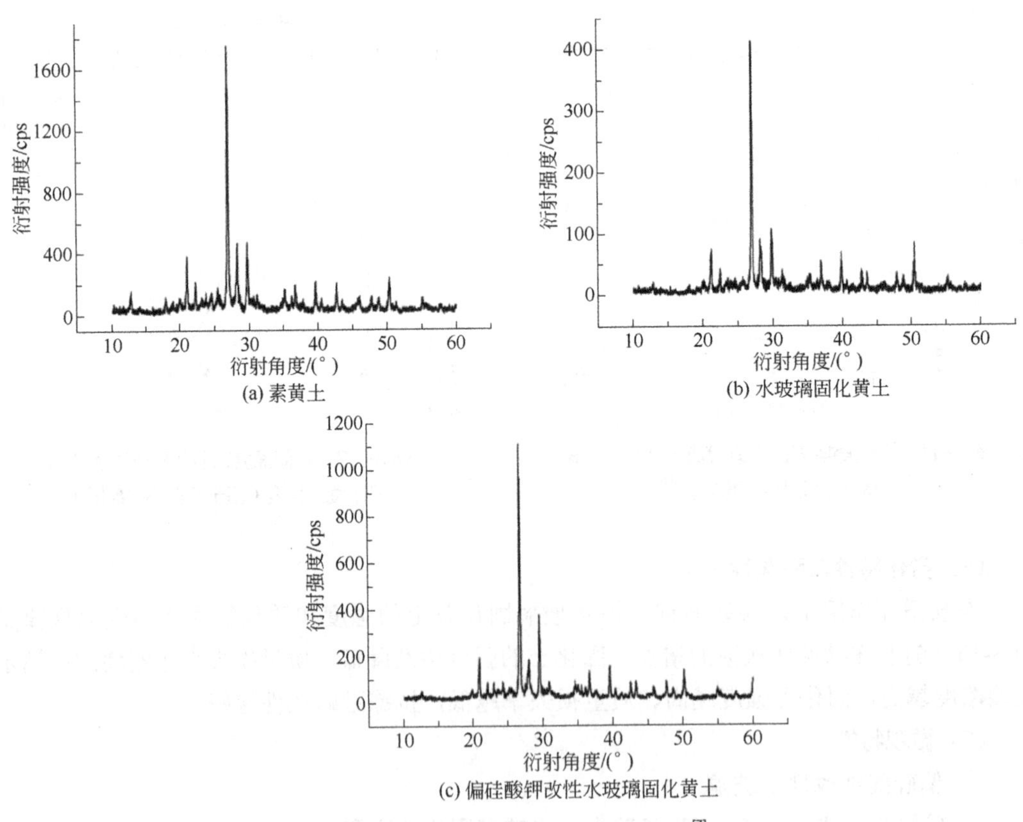

图 3-14 黄土与固化黄土的 XRD 谱图[7]

b．微观形貌。图 3-15 给出了水玻璃固化黄土和偏硅酸钾改性水玻璃固化黄土的微观形貌。水玻璃固化黄土中土体颗粒以单粒为主，尺寸较为均匀，粒径主要在 10～50μm，且多呈棱角状，颗粒表面光滑，硅酸凝胶包裹在土颗粒接触面[6]；偏硅酸钾改性水玻璃固化土中土体颗粒则以聚集态为主，尺寸大小不均且无规则，有小于 10μm 的细颗粒，也有大于 50μm 的聚集颗粒，颗粒表面粗糙且含有大量的絮凝状物质，絮凝状物质和片状黏土矿物被硅酸凝胶吸附在土颗粒表面[6]，硅酸凝胶纵横搭接形成网状结构且有裂纹发育。

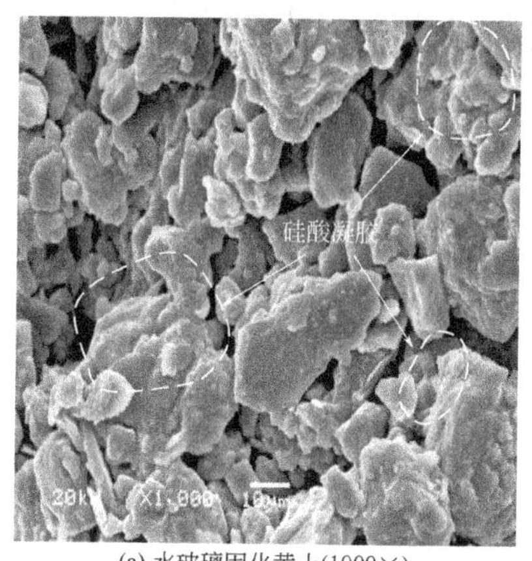

(a) 水玻璃固化黄土(1000×)　　(b) 偏硅酸钾改性水玻璃固化黄土(1000×)

图 3-15 水玻璃固化黄土和偏硅酸钾改性水玻璃固化黄土的微观形貌[6]

上述结果表明，偏硅酸钾改性水玻璃固化黄土的主要作用机理也是硅酸凝胶的胶结作用，不同之处在于偏硅酸钾改性水玻璃固化剂的改性化学反应生成更多的胶凝产物，强化了对土体骨架颗粒的胶结作用，使其成为一个空间网状整体。此外，改性水玻璃固化剂对黏土矿物有强吸附作用，进一步加强了固化土的整体强度。

② 二氧化碳改性水玻璃

a．矿物相组成。素黄土和 CO_2 改性水玻璃固化黄土的 XRD 谱图如图 3-16 所示。素黄土的主要矿物相为石英、长石、云母、方解石、白云石、伊利石、绿泥石等，CO_2 改性水玻璃固化黄土与素黄土的 XRD 谱图基本吻合，表明固化土未生成新的矿物相晶体，2θ 衍射角 25°～32° 位置的弥散峰证明也是以无定形硅酸凝胶的胶结作用为主，且 24 年龄期内没有新的晶体矿物相生成[34]。

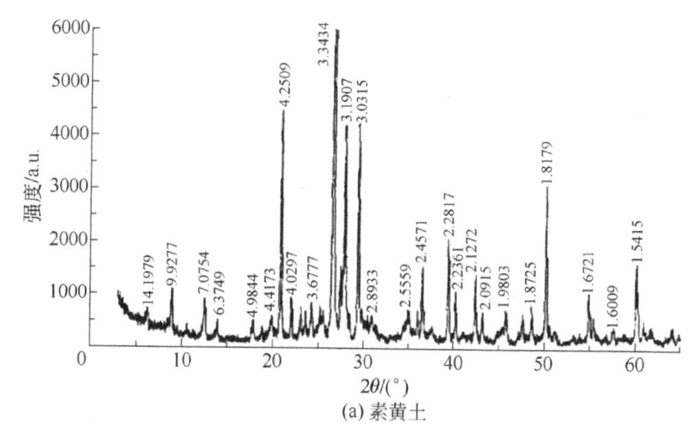

(a) 素黄土

图 3-16

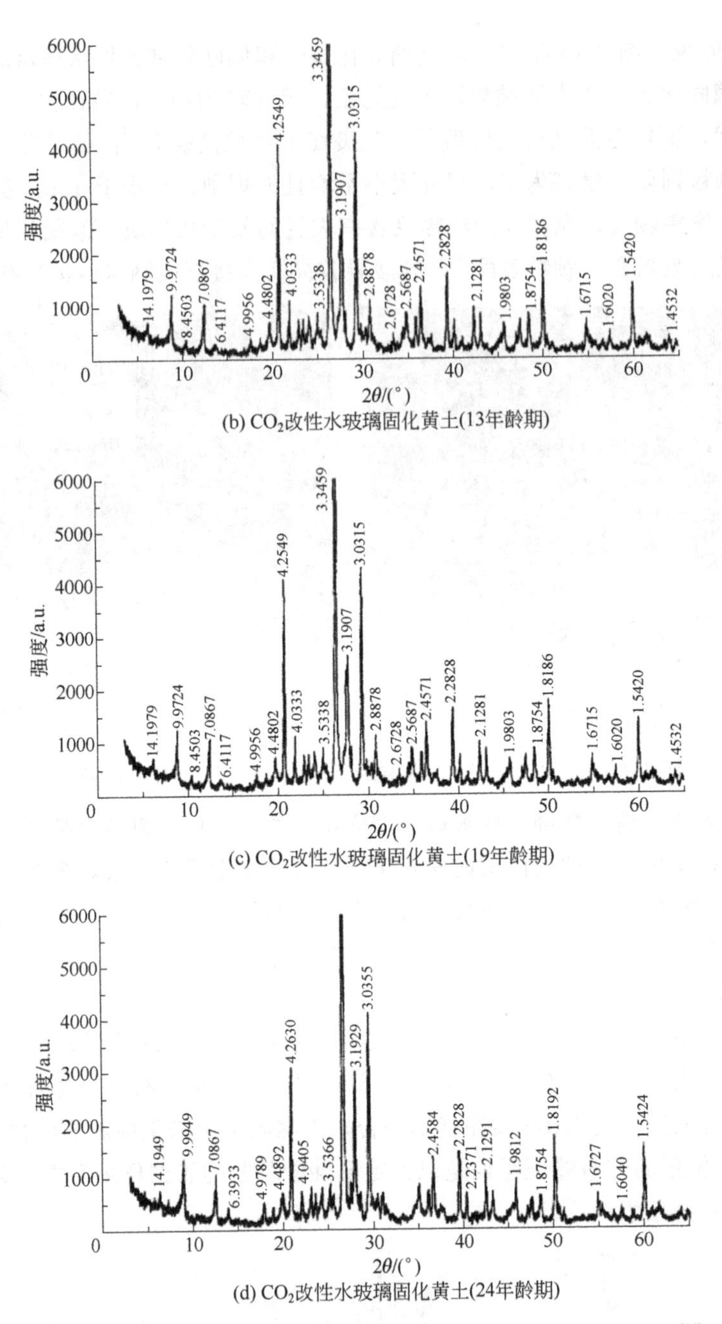

(b) CO_2改性水玻璃固化黄土(13年龄期)

(c) CO_2改性水玻璃固化黄土(19年龄期)

(d) CO_2改性水玻璃固化黄土(24年龄期)

图 3-16 素黄土和不同龄期二氧化碳改性水玻璃固化黄土的 XRD 谱图[34]

b．微观形貌。图 3-17 为素黄土和 CO_2 改性水玻璃固化黄土的 SEM 图。素黄土主要为单颗粒，颗粒形态以棱角状和次棱角状为主，球状、短棱柱状的原生矿物与片状的黏土矿物相互堆叠在一起形成骨架，骨架颗粒的微结构为粒状、架空、点接触结构[34]。CO_2 改性水玻璃固化黄土的微结构与素黄土颗粒的点接触为主不同，固化土以面接触为主，硅酸凝胶包裹在土颗粒表面，增加了土颗粒之间的接触面积，并通过凝胶物质将土颗粒连接成空间网状整体，固化土的微结构为粒状、架空、面接触结构[34]。

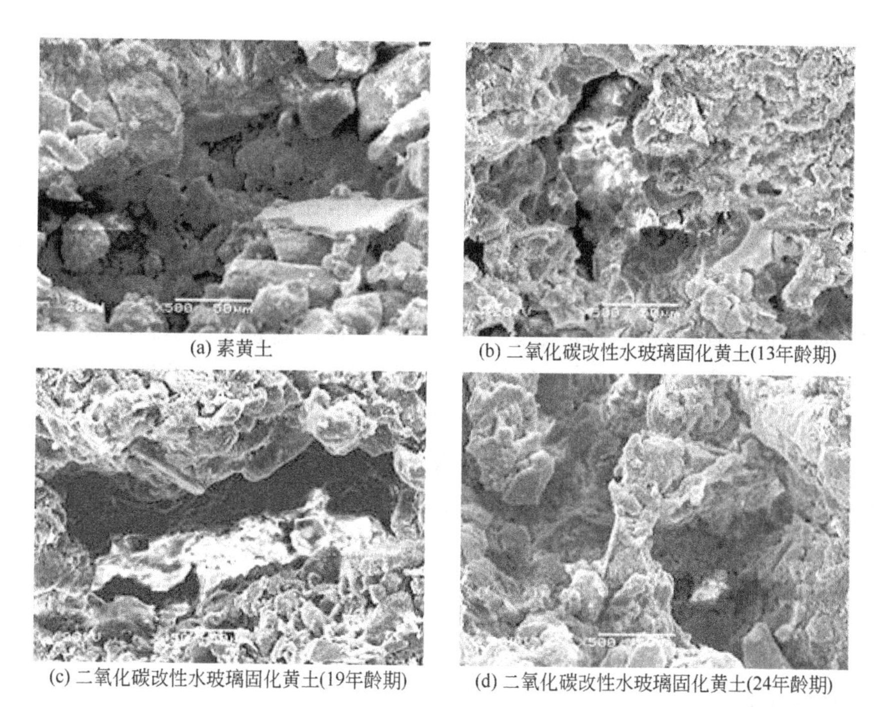

(a) 素黄土　(b) 二氧化碳改性水玻璃固化黄土(13年龄期)

(c) 二氧化碳改性水玻璃固化黄土(19年龄期)　(d) 二氧化碳改性水玻璃固化黄土(24年龄期)

图 3-17　素黄土和 CO_2 改性水玻璃固化黄土的 SEM 图（×500）[34,36]

上述结果表明，CO_2 改性水玻璃固化黄土的作用机理也是硅酸凝胶的胶结作用，但改性水玻璃固化剂的改性化学反应能够生成大量的胶凝产物，使土体颗粒之间原本的点接触结构转变为面接触，将骨架颗粒黏结成为一个空间网状整体。

3.2.3　固化机理

水玻璃固化剂和改性水玻璃固化剂与土体之间的固化机理可归纳为：

（1）自身水化反应

水玻璃自身的水化反应，生成的硅酸凝胶能够胶结土体颗粒，从而产生强度。

（2）改性反应

水玻璃的改性反应机理已在 3.1.4 改性水玻璃的反应机理中详述，此处不再赘述。

（3）水玻璃与土体中可溶盐之间的胶凝反应

水玻璃中的硅酸盐离子（SiO_4^{4-}、$HSiO_4^{3-}$、$H_2SiO_4^{2-}$、$H_3SiO_4^-$、SiO_3^{2-}、$HSiO_3^-$ 等）能够与土体中含有碱土金属的易溶盐（Ca^{2+}、Mg^{2+}、Ba^{2+}）发生化学反应，生成水合硅酸钙（镁、钡）凝胶，从而进一步提高固化土强度。

（4）填充作用

水玻璃自身水化反应、水玻璃与改性材料之间的改性反应以及水玻璃与土体中可溶盐之间的胶凝反应等生成的胶凝物质填充在固化土孔隙，起到填充作用。

（5）水玻璃与黏土矿物之间的物理化学作用

水玻璃硅酸盐离子结构中的 Si—OH（硅醇）与黏土矿物结构中的 Al—OH（铝醇）发生缩合反应，化学反应式见式（3-29）。水玻璃与黏土矿物之间的反应减小了黏土矿物之间的层间距，增强了骨架颗粒的胶结能力，提高了固化土强度。

$$\rangle Al—OH_2 + OH—\overset{|}{\underset{|}{Si}}— \rightleftharpoons \rangle Al—O—\overset{|}{\underset{|}{Si}}— + H_2O \quad (3\text{-}29)$$

（6）吸附作用

吸附作用是水玻璃中的硅酸盐离子、硅酸凝胶吸附在黏土矿物表面，如蒙脱石的晶层平面与端面存在复杂的吸附作用，形成团粒，具有很大表面能的团粒进一步失水缩聚，形成晶质黏土矿物和非晶质硅酸盐凝胶共存的网状结构产物，从而限制了黏土矿物的活性。盐渍土中的石英、长石骨架颗粒表面未吸附胶结物的位置，其表面晶格缺陷处存在 Si—OH。水玻璃和凝胶同样也存在 Si—OH。凝胶是一种致密体，除填充在固化土的孔隙外，大量凝胶通过氢键键合作用和吸附作用包裹在骨架颗粒（石英、长石）表面[30,34]。

综上所述，水玻璃固化剂固化土和改性水玻璃固化剂固化土的微结构为粒状、架空、面接触结构；水玻璃固化剂和改性水玻璃固化剂自身以及与土体反应生成的胶凝产物，如硅酸凝胶、水合硅酸钙（镁）凝胶等包裹在土体颗粒表面，将土体骨架颗粒连接形成空间网络整体，剩余部分则填充在孔隙，最终形成结构致密、稳定的硬化体。

3.3 半固化土

3.3.1 界限含水量

水玻璃半固化土的界限含水量和塑性指数与水玻璃固化剂掺入比的关系，如图 3-18 所示。随着水玻璃固化剂掺入比的增加，半固化土的液限、塑性指数逐渐降低，塑限逐渐增加。半固化后土体的可塑性发生改变，土颗粒的亲水性显著变弱[37]，土体工程的性质得到显著改善。

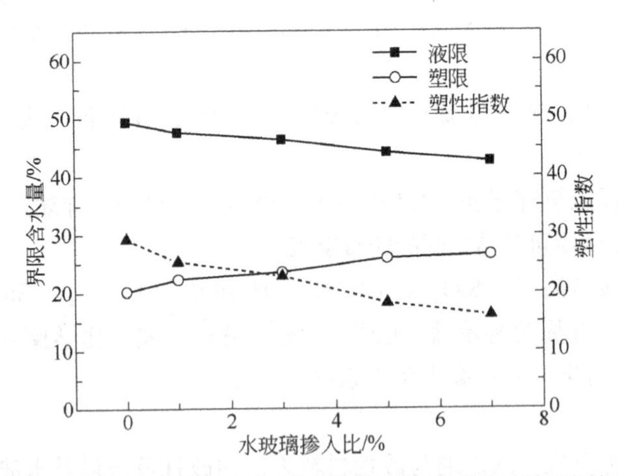

图 3-18 水玻璃半固化土的界限含水量和塑性指数的变化规律（基于文献[37]数据）

3.3.2 击实特性

（1）半固化膨胀土

图 3-19 为水玻璃半固化膨胀土的击实曲线。随着水玻璃固化剂掺入比的增加，半固化

土的最大干密度不断降低，最优含水量逐渐增大[37]。

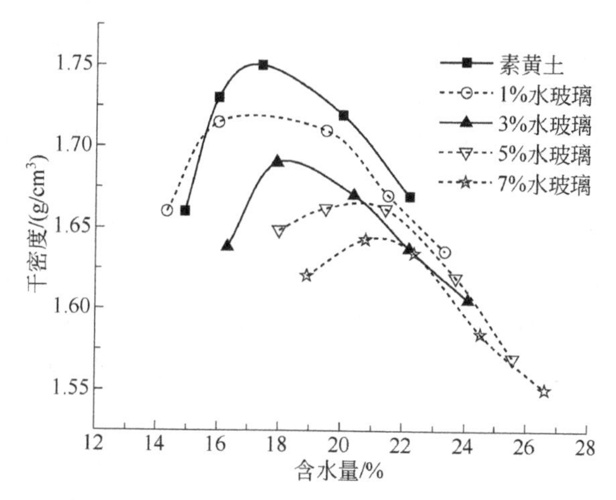

图 3-19 水玻璃固化剂半固化膨胀土的击实曲线（基于文献[37]数据）

（2）半固化低液限粉土

图 3-20 为水玻璃半固化低液限粉土的击实曲线。与水玻璃模数 M_s 无关，随着水玻璃固化剂掺入比的增加，半固化土的最大干密度均是先减小后增大，最优含水量均是先增大后减小，没有明显的变化规律。

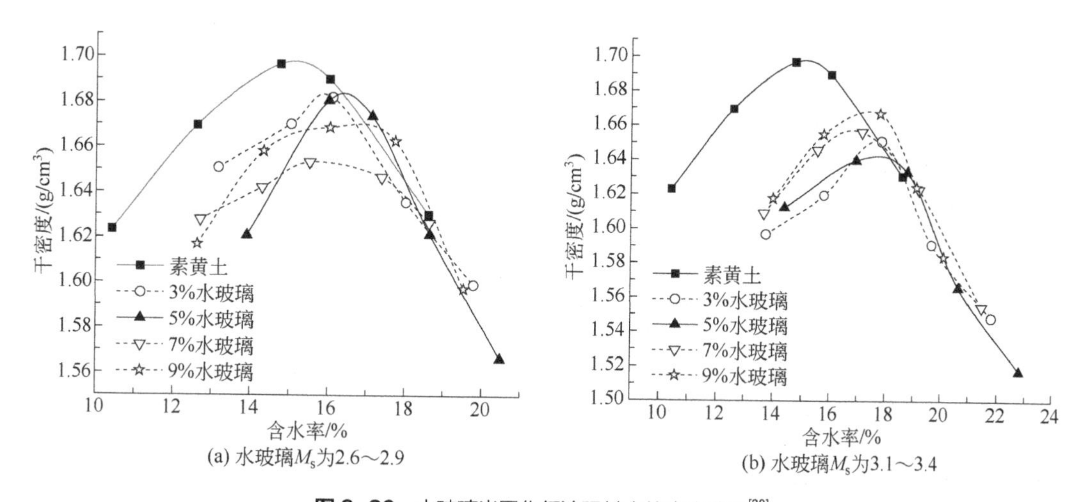

图 3-20 水玻璃半固化低液限粉土的击实曲线[38]

综上所述，不同土质的水玻璃半固化土的击实特性存在显著的差异，这与土体中的原生矿物、次生矿物含量等有关，不同土质的击实特性有待进一步深入研究。

3.4 结语

水玻璃类固化剂在土体加固、废土材料化、污染土固化/稳定化、止水防渗、防水堵漏方面已有研究成果。在加固土体方面，水玻璃类固化剂与土体各组分（不同土质、颗粒粒组组成、不同化学成分等）之间的反应机理尚不清楚，缺乏固化土长期力学性能、强度-龄期之间关系、渗透特性等相关研究；在废土材料化方面，缺少水玻璃半固化土与固化土的水玻璃界限掺入比范围界定，半固化机理以及击实对半固化土结构的作用机理尚不清晰，缺乏半固化击实处理土的动、静力学特性的研究，未有半固化土长期力学性能、强度-龄期之间关系、渗透特性、劣化特性与耐久性等相关研究；在固化/稳定化污染土方面，当前研究主要偏重于水玻璃类固化剂中的水玻璃碱激发固化剂和水玻璃复合固化剂，缺乏水玻璃固化剂和改性水玻璃固化剂固化/稳定化方面的相关研究；止水防渗、防水堵漏方面，多采用水泥-水玻璃防渗灌浆材料，缺少复杂环境下的长期力学性能、强度-龄期之间关系、长期劣化特性与耐久性等方面的研究，而改性水玻璃固化剂的相关研究较少。目前水玻璃类固化剂应用的主要限制因素是水玻璃固化剂的施工和易性和力学性能较差，需要协同其他材料；水玻璃具有一定的强碱性，存在污染周边土体的风险。

参考文献

[1] 吕擎峰，吴朱敏，王生新，等．温度改性水玻璃固化黄土机制研究[J]．岩土力学, 2013, 34(5): 1293-1298.

[2] 车广东，刘向东，郭刚，等．水玻璃砂微波硬化强度的试验研究[J]．铸造技术, 2006(10): 1052-1053.

[3] 方晟，黄雪峰，张彭成，等．电场改性水玻璃固化黄土机理研究[J]．材料导报, 2017, 31(22): 135-141.

[4] 樊自田，朱以松，董选普，等．水玻璃砂工艺原理及应用技术[M]. 2 版．北京：机械工业出版社, 2016.

[5] 吕擎峰，刘鹏飞，吴朱敏，等．复合改性水玻璃固化黄土冻融特性试验研究[J]．科学技术与工程，2014, 14(31): 95-99.

[6] 吴朱敏，吕擎峰，王生新．复合改性水玻璃加固黄土微观特征研究[J]．岩土力学, 2016, 37(S2): 301-308.

[7] 吕擎峰，吴朱敏，王生新．复合改性水玻璃固化黄土机理研究[J]．工程地质学报, 2013, 21(2): 324-329.

[8] Fawer M, Concannon M, Rieber W. Life cycle inventories for the production of sodium silicates[J]. The International Journal of Life Cycle Assessment, 1999, 4(4): 207-212.

[9] Babushkin V I, Matveev G M, Mchedlov-Petrosi O P. Thermodynamics of silicates[M]. Berlin: Springer Verlag, 1985.

[10] Harris D C. Quantitative chemical analysis[M]. Lordon: Macmillan, 2010.

[11] Iler K R. The chemistry of silica: solubility, polymerization, colloid and surface properties and biochemistry of silica[M]. New JerSey: Wiley-Interscience Imprint, John Wiley & Sons, Incorporated, 1979.

[12] Mel'nikova I M, Zhdanov S P. Vacuum thermal dehydration of leached binary alkali silicate glasses and products of their crystallization[J]. Glass Physics and Chemistry, 1998, 24(5): 463-470.

[13] Thompson J L R, Silsbee M R, Gill P M, et al. Characterization of silicate sealers on concrete[J]. Cement and Concrete Research, 1997, 27(10): 1561-1567.

[14] Jiang L H, Xue X, Zhang W D, et al. The investigation of factors affecting the water impermeability of inorganic sodium silicate-based concrete sealers[J]. Construction and Building Materials, 2015, 93: 729-736.

[15] Song Z N, Xue X, Li Y W, et al. Experimental exploration of the waterproofing mechanism of inorganic sodium silicate-based concrete sealers[J]. Construction and Building Materials, 2016, 104: 276-283.

[16] 杨儒，张广延，李敏，等．超临界干燥制备纳米 SiO_2 粉体及其性质[J]．硅酸盐学报, 2005, 33(3): 281-286.

[17] Nordström J, Nilsson E, Jarvol P, et al. Concentration-and pH-dependence of highly alkaline sodium silicate solutions[J]. Journal of Colloid and Interface Science, 2011, 356(1): 37-45.

[18] 李茂红，温静，李依芮，等．控制聚合与沉淀协同作用改善高铁轨道板涂料用水玻璃性能[J]．材料导报，2019, 32(24): 4264-4268.

[19] Guo X L, Shi H S, Dick W A. Compressive strength and microstructural characteristics of class C fly ash geopolymer[J]. Cement and Concrete Composites, 2010, 32(2): 142-147.
[20] Dimas D, Giannopoulou I, Panias D. Polymerization in sodium silicate solutions: a fundamental process in geopolymerization technology[J]. Journal of Materials Science, 2009, 44(14): 3719-3730.
[21] 胡志波，演阳，郑水林，等. 硅藻土/重质碳酸钙复合调湿材料的制备及表征[J]. 无机材料学报, 2016, 31(1): 81-87.
[22] 许进. 改性水玻璃的红外光谱分析[J]. 铸造, 2008(8): 834-837.
[23] Lo Y, Lee H M. Curing effects on carbonation of concrete using a phenolphthalein indicator and Fourier-transform infrared spectroscopy[J]. Building and Environment, 2002, 37(5): 507-514.
[24] Smith B C. Fundamentals of Fourier transform infrared spectroscopy[M]. BoCa Raton: CRC Press, 2011.
[25] Del Bosque I F S, Martínez-Ramírez S, Blanco-Varela M T. FTIR study of the effect of temperature and nanosilica on the nano structure of C–S–H gel formed by hydrating tricalcium silicate[J]. Construction and Building Materials, 2014, 52: 314-323.
[26] Paiste P, Liira M, Heinmaa I, et al. Alkali activated construction materials: assessing the alternative use for oil shale processing solid wastes[J]. Construction and Building Materials, 2016, 122: 458-464.
[27] Cai X H, He Z, Shao Y X, et al. Macro-and micro-characteristics of cement binders containing high volume fly ash subject to electrochemical accelerated leaching[J]. Construction and Building Materials, 2016, 116: 25-35.
[28] 蔡东艳，韩晓雷. 水玻璃加固土的特性研究[J]. 西安建筑科技大学学报(自然科学版), 2004(2): 233-235.
[29] 周刚. 固化硫酸盐渍土微观特征研究[D]. 兰州：兰州大学, 2018.
[30] 吕擎峰，申贝，王生新，等. 水玻璃固化硫酸盐渍土强度特性及固化机制研究[J]. 岩土力学，2016，37(3): 687-693+727.
[31] 金鑫，王铁行，于康康，等. 水玻璃自渗注浆加固原状黄土效果及评价[J]. 西安建筑科技大学学报(自然科学版), 2016, 48(4): 516-521.
[32] 侯鑫，马巍，李国玉，等. 冻融循环对硅酸钠固化黄土力学性质的影响[J]. 冰川冻土, 2018, 40(1): 86-93.
[33] 吴朱敏. 改性水玻璃固化黄土研究[D]. 兰州：兰州大学, 2013.
[34] 王生新. 硅化黄土的机理与时效性研究[D]. 兰州：兰州大学, 2005.
[35] 吕擎峰，刘鹏飞，吴朱敏，等. 复合改性水玻璃固化黄土冻融特性试验研究[J]. 科学技术与工程，2014，14(31): 95-99.
[36] 尹亚雄，王生新，韩文峰，等. 加气硅化黄土的微结构研究[J]. 岩土力学, 2008(6): 1629-1633.
[37] 康靖宇，王保田，单熠博，等. 水玻璃改良膨胀土的室内试验研究[J]. 科学技术与工程，2019，19(5): 267-271.
[38] 姜冲，黄珂，杜伟，等. 水玻璃改良低液限粉土的室内试验研究[J]. 河北工程大学学报(自然科学版), 2016, 33(4): 42-46.

4 磷酸盐类固化剂

磷元素与硅元素均位于元素周期表中第 3 周期，磷元素属于第ⅤA 族，原子序数为 15，属于非金属。磷的化合物主要以+3 价和+5 价等价态形式存在，形成的氧化物为 P_2O_3 和 P_2O_5，其中 P_2O_5 具有一定的胶结性且耐高温，可用作胶结材料，溶于水后生成正磷酸（也称磷酸，H_3PO_4）。与硅酸盐水泥相似，磷酸盐可制备成固化剂，且具有凝结速度快、强度高等特点[1]。

磷酸盐类固化剂由磷酸盐组分、镁质组分、缓凝组分及火山灰质材料按一定比例配制而成。在酸性条件下，磷酸盐类固化剂可与水混合后发生酸碱反应生成以磷酸盐为黏结相的无机胶凝材料，即磷酸盐与重烧 MgO 反应可生成具有胶凝性的产物[2]。此外，由于磷酸镁类固化剂兼具水泥、陶瓷和耐火材料的优点，具有可塑性、快硬早强、低温硬化、耐急冷急热性好等优点，也常被称作化学键合陶瓷（chemically bonded ceramics，CBC）。磷酸盐类固化剂具有早期强度高、凝结硬化快、耐热抗冻性能优异、体积稳定性好等优点，而且制备工艺简单，不需高温煅烧过程，也不需要特制的生产线及特殊生产设备。因此，国内外学者针对磷酸盐类固化剂开展大量的研究并取得了可观的研究成果。

最常见的磷酸盐类固化剂有磷酸镁水泥（magnesium phosphate cement，MPC）、磷酸铵镁水泥（magnesium ammonium phosphate cement，MAPC）、磷酸钠镁水泥（magnesium sodium phosphate cement，MNPC）、磷酸钾镁水泥（magnesium potassium phosphate cement，MKPC）和磷酸铝镁水泥（magnesium alumina phosphate cement，MAlPC）等基于酸碱反应快速凝结硬化产生强度的磷酸盐水泥（MPCs），以及基于酸激发火山灰质材料的磷酸盐激发地聚物［silico-aluminophosphate (SAP) geopolymers，SAP geopolymers，也可称为酸激发固化剂］等。需要强调的是，上述中的“水泥”指的是胶凝材料，并非传统的“水泥”。

4.1 概述

4.1.1 原材料

4.1.1.1 磷酸盐水泥生产原材料

磷酸盐水泥（MPCs）由磷酸盐组分、镁质组分、缓凝组分及改性组分组成。磷酸盐组分提供酸性环境和磷酸根等离子，一般占到固化剂总质量的 15%～30%；镁质组分常用重烧 MgO，提供碱土金属离子 Mg^{2+}，占固化剂总质量的 60%～90%；缓凝组分主要用于延缓酸碱反应凝结硬化进程，低于固化剂总质量的 10%；改性组分主要是火山灰质材料，用于提供活性玻璃体相，部分替代重烧 MgO，掺量可达固化剂总质量的 50%。

（1）磷酸盐组分

常用的磷酸及磷酸盐如表 4-1 所示。

表 4-1　常用的磷酸及磷酸盐[3,4]

名称	分子式	代号	缩写	颜色状态	溶解度
磷酸	H_3PO_4	PH_3	/	液态	85.7
磷酸二氢铵	$NH_4H_2PO_4$	(Am）PH_2	ADP（或 MPA）	白色晶体	37.4
磷酸氢二铵	$(NH_4)_2HPO_4$	（Am）$_2PH$	DAP	白色晶体	69.0
磷酸铵	$(NH_4)_3PO_4$	/	APP	无色或白色片状	20.3
正磷酸铝	$Al(H_2PO_4)_3$	AP_3H_6	AOP	白色粉状	/

注：所述溶解度，除磷酸为 24.3℃时 100mL 水中的溶解度（g/mL），其他磷酸盐均为 20℃时 100mL 水中的溶解度（g/mL）。

磷酸是磷酸盐化工生产基本原料，磷酸-铵盐（含磷酸二氢铵、磷酸氢二铵、磷酸铵）、正磷酸铝等磷酸盐均是以磷酸为原料制得的。磷酸中磷原子以+5 价形式存在，其他价态的磷酸化合物分别为 H_3PO_3（+3 价）、H_3PO_2（+1 价），其和酸性较弱的硅酸（H_4SiO_4）的化学结构如图 4-1 所示。H_3PO_4 中 P 与 O 的配位数为 4，可形成$[PO_4]^{3-}$四面体，而 H_3PO_3 和 H_3PO_2 中 P—O 键被 P—H 键取代，无法形成$[PO_4]^{3-}$四面体。

值得注意的是，$[SiO_4]^{4-}$四面体中每个 Si—O 键的化学性质是相同的，均属于 sp^3 杂化键，即 Si 原子形成配位时，各个 Si—O 键可以相互混合产生新的轨道，这个轨道是由 1/4 s 轨道、3/4 p 轨道组合而成的杂化轨道。一般而言，两个相同或不同的原子的轨道沿着成键原子的核间连线的方向接近，发生呈轴对称的电子云相互重叠而形成的共价键为 σ 键；而两个原子的轨道从垂直于成键原子的核间连线的方向接近，发生呈镜像对称的电子云相互重叠而形成的共价键为 π 键。因此，在$[SiO_4]^{4-}$四面体中每个 Si—O 键均为 σ 键，但在$[PO_4]^{3-}$四面体中有 3 个 σ 键和 1 个 π 键，其中 P=O 的成键是 3d 轨道参与成键，与 p 轨道形成 d-pπ 杂化键，这点与$[SiO_4]^{4-}$四面体 sp^3 杂化键大为不同，因此其化学性质存在一定的差异[1]。$[PO_4]^{3-}$和$[SiO_4]^{4-}$均可形成桥氧键（bridging oxygens，BOs），不同的是 Si—O 键均可参与聚合反应过程，而 P=O 键则在反应过程中保持中不变（图 4-2）。

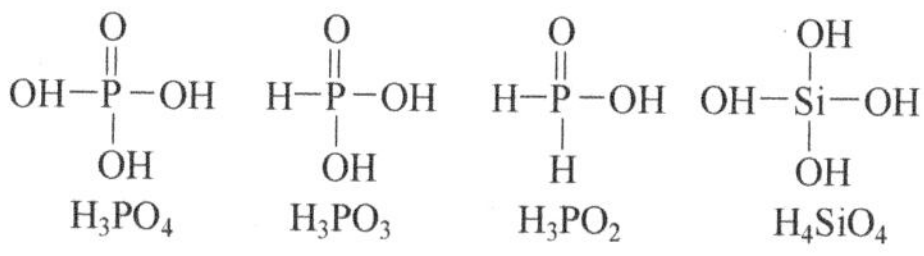

H_3PO_4　H_3PO_3　H_3PO_2　H_4SiO_4

图 4-1　不同价态磷酸化合物和硅酸化合物的化学结构

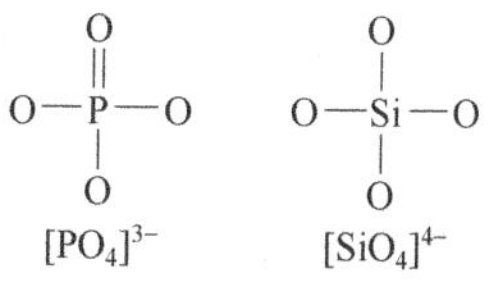

$[PO_4]^{3-}$　$[SiO_4]^{4-}$

图 4-2　$[PO_4]^{3-}$四面体和$[SiO_4]^{4-}$四面体的化学结构

在参与磷酸盐类固化剂的酸碱化学反应时，不同$[PO_4]^{3-}$四面体的聚合形式和聚合度有所不同，$[PO_4]^{3-}$四面体聚合形式有孤立的磷酸盐离子（$[PO_4]^{3-}$四面体，图 4-2）、组群状的磷酸盐离子（二聚磷酸离子、三聚磷酸离子和四聚磷酸离子）、高聚合磷酸化合物和超磷酸盐，如图 4-3 所示。聚磷酸盐二聚体结构有三种形式，分别为非直线形的二聚磷酸盐［图 4-3（a）］、P=O 键在同一方向的顺式二聚磷酸盐［图 4-3（b）］和 P=O 键不在同一方向的反式二聚磷酸盐［图 4-3（c）］，其中非直线形的二聚磷酸盐和顺式二聚磷酸盐均属于顺式结构，此类结构不稳定，易参与反应，2 个$[PO_4]^{3-}$聚合时，P=O 键不在一个方向，因此反式二聚磷酸盐相对较为稳定；环形三聚磷酸盐属于三聚体结构，由 3 个$[PO_4]^{3-}$聚合形成$[P_3O_{10}]^{5-}$，如图 4-3（d）所示；环形四聚磷酸盐属于四聚体结构，由 4 个$[PO_4]^{3-}$四面体聚合得到，存在顺式结构和反式结构，最简单的环形四聚体结构如图 4-3（e）所示；聚合度较高的聚磷酸盐多为直线链状聚磷酸盐［图 4-3（f）］，另一种聚合度高的聚磷酸盐则为含支链的聚合磷酸盐［图 4-3（g）］，其结构与$[SiO_4]^{4-}$四面体的聚合形式较为相似，不同的是，$[PO_4]^{3-}$四面体只与周围 3 个$[PO_4]^{3-}$四面体共享 O 原子［而$[SiO_4]^{4-}$四面体则与周围 4 个$[SiO_4]^{4-}$四面体共享 O 原子］，除 P=O 双键外其他 P—O 键均形成了桥氧。

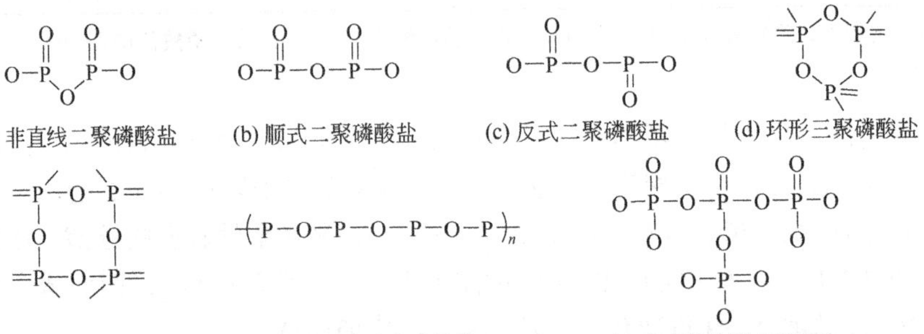

(a) 非直线二聚磷酸盐　(b) 顺式二聚磷酸盐　(c) 反式二聚磷酸盐　(d) 环形三聚磷酸盐

(e) 环形四聚磷酸盐　(f) 直线链状聚磷酸盐　(g) 含支链的聚合磷酸盐

图 4-3　不同聚合形式的聚磷酸盐结构

磷酸最常见的生产方法有湿法、热法和窑法。湿法的原材料为盐酸、硫酸、硝酸、氟硅酸、硫酸氢铵等无机酸和天然磷矿石，反应过程见式（4-1）～式（4-5）；热法的原材料为黄磷、氧气和水；窑法的原材料为煤、硅石、磷矿石等。

$$Ca_5(PO_4)_3F+10HCl \longrightarrow 3H_3PO_4+5CaCl_2+HF \quad (4-1)$$

$$Ca_5(PO_4)_3F+5H_2SO_4+nH_2O \longrightarrow 3H_3PO_4+5CaSO_4\cdot nH_2O+HF \quad (4-2)$$

$$Ca_5(PO_4)_3F+10HNO_3 \longrightarrow 3H_3PO_4+5Ca(NO_3)_2+HF \quad (4-3)$$

$$Ca_5(PO_4)_3F+5H_2SiF_6 \longrightarrow 3H_3PO_4+5CaSiF_6+HF \quad (4-4)$$

$$\begin{aligned}&Ca_5(PO_4)_3F+10NH_4HSO_4+nH_2O \longrightarrow \\ &3H_3PO_4+5CaSO_4\cdot nH_2O+HF+5(NH_4)_2SO_4\end{aligned} \quad (4-5)$$

由于磷酸极易溶于水，溶解度高且溶解速率快，在与镁质组分接触时能迅速发生水化反应（或称酸碱反应）并释放出大量的水化热，水化热又会进一步加速水化反应和凝结硬化，导致硬化体内部遗留大量由于水分蒸发而形成的孔隙，因此，磷酸盐酸性、溶解度更低的磷酸盐逐渐得到关注。

磷酸二氢铵、磷酸氢二铵、磷酸铵等磷酸-铵盐是由工业产品磷酸（H_3PO_4）和氨（NH_3）

制成的。磷酸中三个氢离子（H^+）逐渐被氨所中和，生成磷酸二氢铵、磷酸氢二铵、磷酸铵［式（4-6）］。

$$\left.\begin{array}{r}H_3PO_4+NH_3 \longrightarrow NH_4H_2PO_4 \\ NH_4H_2PO_4+NH_3 \longrightarrow (NH_4)_2HPO_4 \\ (NH_4)_2HPO_4+NH_3 \longrightarrow (NH_4)_3PO_4\end{array}\right\} \tag{4-6}$$

磷酸二氢钾最常见的生产方法是中和法［式（4-7）］、复分解法［式（4-8）］和离子交换法［式（4-9）］。中和法的原材料有磷酸、氢氧化钾或碳酸钾；复分解法的原材料有磷酸、氨和氯化钾；离子交换法的原材料有离子交换树脂、氯化钾和磷酸。

$$\left.\begin{array}{r}H_3PO_4+KOH \longrightarrow KH_2PO_4+H_2O \\ 2H_3PO_4+K_2CO_3 \longrightarrow 2KH_2PO_4+H_2O+CO_2\uparrow\end{array}\right\} \tag{4-7}$$

$$NH_4H_2PO_4+KCl \longrightarrow KH_2PO_4+NH_4Cl \tag{4-8}$$

$$\left.\begin{array}{r}NH_4R+K^++Cl^- \longrightarrow KR+NH_4Cl \\ NH_4^++H_2PO_4^-+KR \longrightarrow KH_2PO_4+NH_4R\end{array}\right\} \tag{4-9}$$

磷酸二氢钠最常见的生产方法是中和法［式（4-10）］和萃取法［式（4-11）］。中和法的原材料有磷酸和碳酸钠，萃取法的原材料有磷酸、氯化钠和萃取剂（M）。

$$2H_3PO_4+Na_2CO_3 \longrightarrow 2NaH_2PO_4+H_2O+CO_2\uparrow \tag{4-10}$$

$$H_3PO_4+NaCl+M \longrightarrow NaH_2PO_4+M\cdot HCl \tag{4-11}$$

磷酸二氢铝常见的生产方法是中和法［式（4-12）］，原材料有磷酸和氢氧化铝。

$$3H_3PO_4+Al(OH)_3 \xrightarrow{200\sim250℃} Al(H_2PO_4)_3+3H_2O \tag{4-12}$$

（2）镁质组分

镁质组分是磷酸盐类固化剂用量最多的原材料。通常镁质组分与磷酸盐的水化反应速度过快，往往在几十分钟之内就能完全凝结硬化，因此，镁质组分选用反应活性较低的重烧氧化镁或死烧氧化镁。

影响氧化镁活性的主要因素有原材料、煅烧温度和粉磨细度。盐湖制得的氧化镁活性低，菱镁矿制得的氧化镁活性高；煅烧温度低于 1200℃得到的轻烧氧化镁具有活性高、比表面积大、结晶度低、表面缺陷多等特点，煅烧温度在 1400～1700℃得到的重烧氧化镁活性较低、比表面积小、结晶完整、分散度高，一般不与水直接发生反应。Soudée 等[5]发现不同煅烧温度得到的氧化镁活性差异巨大，1250℃以上煅烧温度得到的重烧 MgO 活性较低，适合制备磷酸盐水泥。重烧氧化镁是采用菱镁矿（$MgCO_3$）在高温（1400～1700℃）下煅烧得到的结晶度高、缺陷少的氧化镁颗粒［式（4-13）］。粉磨细度的指标是比表面积，比表面积越大，氧化镁颗粒的活性越高，比表面积越小，则反应活性越低。为得到合适的早期水化速率和较高的后期强度，MgO 的比表面积应控制在合适范围内。

$$MgCO_3(\text{菱镁矿}) \xrightarrow{1400\sim1700℃} MgO+CO_2\uparrow \tag{4-13}$$

（3）缓凝组分

即使使用反应活性较低的重烧氧化镁或死烧氧化镁，其与磷酸盐的水化反应速度仍然较快，因此，可添加缓凝组分进一步延缓磷酸盐类固化剂的水化反应速度，以得到凝结时间可控且具有适宜工作性能的磷酸盐类固化剂。

最常见的缓凝组分有硼砂（$Na_2B_4O_7 \cdot 10H_2O$）、硼酸（H_3BO_3）、三聚磷酸钠（$Na_5P_3O_{10}$）、乙酸（CH_3COOH）等，这些缓凝组分能够快速与 Mg^{2+}反应，生成沉淀物阻碍 MgO 的继续溶解，从而延缓磷酸盐与 MgO 颗粒进一步反应[2,6-11]，达到延缓凝结时间的效果。

硼砂最常见的生产方法是碳碱法［式（4-14）］，原材料为硼镁矿石、纯碱、石灰石和水。

$$2(2MgO \cdot B_2O_3)+Na_2CO_3+2CO_2+nH_2O \longrightarrow Na_2B_4O_7+4MgO \cdot 3CO_2 \cdot nH_2O\downarrow \tag{4-14}$$

硼酸被称为生产硼化学品的母体原料[12]，常见的生产方法有硫酸法［式（4-15）］、盐酸法［式（4-16）］、硼砂硫酸中和法［式（4-17）］等。硫酸法的原材料有硼镁矿石（$2MgO \cdot B_2O_3 \cdot H_2O$）和硫酸，盐酸法的原材料有硼镁矿石和盐酸，硼砂硫酸中合法的原材料有硼砂和硫酸。

$$2MgO \cdot B_2O_3 \cdot H_2O+2H_2SO_4 \xrightarrow{90\sim100℃} 2H_3BO_3+2MgSO_4 \tag{4-15}$$

$$2MgO \cdot B_2O_3 \cdot H_2O+4HCl \longrightarrow 2H_3BO_3+2MgCl_2 \tag{4-16}$$

$$Na_2B_4O_7 \cdot 10H_2O+H_2SO_4 \longrightarrow 4H_3BO_3+Na_2SO_4+5H_2O \tag{4-17}$$

需要特别指出的是，硼酸的分子式为 H_3BO_3，看起来是三元酸，应该有三级电离平衡常数，实际上硼元素是以三个 sp^2 杂化轨道与氧原子形成共价键，空余的 p 轨道处于缺电子状态，溶于水后更容易结合水中的 OH^-，因此硼酸的酸性并不是自身酸式电离提供的，而是溶于水后水解得到的 H_3O^+，硼酸水解过程反应式见式（4-18）或式（4-19）。

$$H_3BO_3+H_2O \rightleftharpoons H_2BO_3^-+H_3O^+ \tag{4-18}$$

$$H_3BO_3[\text{看作}B(OH)_3]+H_2O \rightleftharpoons B(OH)_4^-+H_3O^+ \tag{4-19}$$

三聚磷酸钠（sodium triphosphate，STP）通常采用热法磷酸工艺生产［式（4-20）］，主要原材料为磷酸和纯碱。

$$\left.\begin{aligned}6H_3PO_4+5Na_2CO_3 &\longrightarrow 4Na_2HPO_4+2NaH_2PO_4+5CO_2\uparrow+5H_2O\\ 2Na_2HPO_4+NaH_2PO_4 &\xrightarrow{\text{高温}} Na_5P_3O_{10}+2H_2O\end{aligned}\right\} \tag{4-20}$$

STP 是一类无定形水溶性线聚磷酸盐，其分子结构式如图 4-4 所示，常用作 pH 调节剂和金属螯合剂，具有良好的络合金属离子能力，能与 Mg^{2+}、Ca^{2+}、Fe^{2+}等金属离子络合生成可溶性络合物。STP 通过物理吸附作用吸附在结晶体表面阻碍晶体矿物的成核和生长[13]，并通过螯合作用同 Mg^{2+}生成可溶性复盐的方式来延缓水化进程，进一步阻碍水分与 MgO 颗粒的接触[14]。

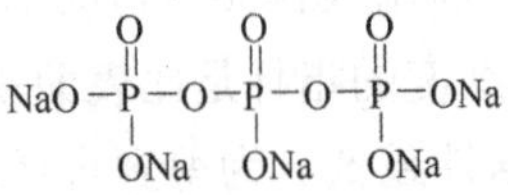

图 4-4　三聚磷酸钠分子结构式

STP 对镁离子的络合作用（或称螯合作用）化学方程式如式（4-21）所示。

$$\left.\begin{array}{l}5Mg^{2+}+2Na_5P_3O_{10} \rightleftharpoons Mg(P_3O_{10})_2+10Na^+ \\ Mg(P_3O_{10})_2+3Na_5P_3O_{10} \rightleftharpoons 5Na_3MgP_3O_{10}\end{array}\right\} \quad (4\text{-}21)$$

乙酸最常用的生产方法有轻烃液相氧化法、乙醛氧化法、乙炔直接氧化法、甲醇羰基合成法和乙炔选择性催化氧化法等。乙酸通过溶解电离得到的醋酸根离子（CH_3COO^-）与早期水化过程 MgO 颗粒溶解的 Mg^{2+}反应生成醋酸镁复盐成分（complex compound）（图 4-5）沉淀在 MgO 颗粒表面阻碍 MgO 的溶解反应，最终达到延缓 MgO 与磷酸盐之间水化反应进程的目的。

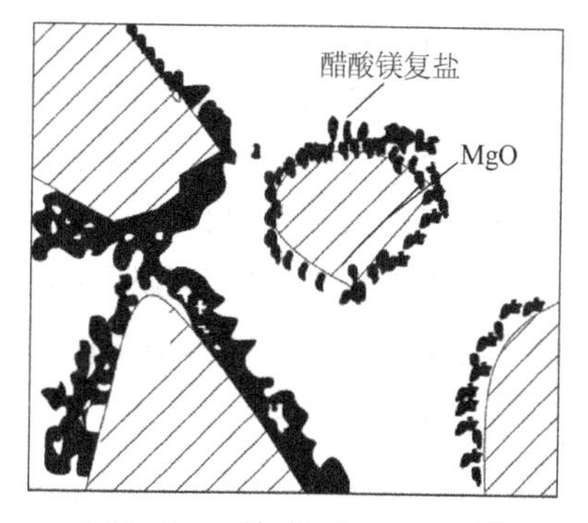

图 4-5 乙酸缓凝作用示意图[15]

（4）改性组分

利用火山灰质材料的填充效应和火山灰效应，可改善硬化体孔结构、抗高温性能和抗腐蚀性能[16-24]，降低早期水化阶段的水化热[20,25,26]，改善浆体的工作性能[17,20,25-27]，使其凝结时间可调控并提高浆体的流动度[19,28]，提高强度[19,20,25-27]，降低渗透系数[25,27]，提高抗磨强度、抗冻性能[29]等。另外，添加火山灰质材料也能大幅降低磷酸盐类固化剂的生产成本[25]，提高固体废物的综合利用率，减少由于生产磷酸盐类固化剂带来的能源资源消耗、环境污染等问题。

火山灰质材料的来源、产生过程、冷却方式及化学组成和矿物相组成详见第 5 章。

4.1.1.2 磷酸盐激发地聚物生产原材料

磷酸盐激发地聚物（SAP geopolymers，也称酸激发固化剂）主要由活性 Si-Al 组分、磷酸盐组分和添加组分组成。Si-Al 组分掺量约为 50%；磷酸盐组分掺量较 Si-Al 组分少；添加组分掺量最少，一般低于 2%。

（1）活性 Si-Al 组分

活性 Si-Al 组分主要是含有活性 Si 质、Al 质玻璃体相的火山灰质材料，在磷酸盐激发地聚物中主要提供能够参与酸激发反应的$[SiO_4]^{4-}$四面体和$[AlO_4]^{5-}$四面体，最常见的活性 Si-Al 组分有偏高岭土、烧页岩、高炉矿渣、粉煤灰、钢渣、硅灰等，其原材料详见第 5 章。

（2）磷酸盐组分

磷酸盐组分主要提供酸性环境（H^+）和参与酸激发反应的$[PO_4]^{3-}$，常见的磷酸盐组分有磷酸、磷酸二氢铝等磷酸/磷酸盐。

（3）添加组分

添加组分主要是金属氧化物，如氧化镁、氧化钙、氧化铝、氧化铁等。其中，氧化镁是由菱镁矿在 1400～1700℃煅烧得到的，氧化钙是石灰石在 1000℃左右煅烧得到的，氧化铝和氧化铁则是由金属矿石冶炼而得。

氧化铝作为典型的两性氧化物，既可通过酸溶液提取，也可从碱溶液中与其他杂质分离出来得到纯净的氧化铝，还可采用电炉熔炼的方法得到高品位的氧化铝渣，再通过酸法或碱法得到高纯度的氧化铝。目前，除碱法生产氧化铝在工业上得到应用外，酸法和电炉熔炼法均未在工业上应用[30]。碱法生产氧化铝的原理是向采选后的铝土矿添加氢氧化钠或碳酸钠溶液得到铝酸钠溶液［式（4-22)］，铝酸钠溶液经净化处理后，经降温或碳化等方法强制分解

（即晶种分解）得到氢氧化铝［式（4-23）］，再经高温焙烧脱水得到氧化铝产品。

$$Al_2O_3 \cdot H_2O(或Al_2O_3 \cdot 3H_2O)+NaOH \longrightarrow NaAl(OH)_4 \tag{4-22}$$

$$NaAl(OH)_4 \rightleftharpoons Al(OH)_3+NaOH \tag{4-23}$$

式中，铝酸钠溶液铝酸根离子基本形态是 AlO_2^- 还是 $Al(OH)_4^-$ 一直有争论[31]，本书以最常见的 $Al(OH)_4^-$ 来表示铝酸根离子形态。

当然，磷酸类固化剂的性能与原材料的种类、性质、来源和配合比关系密切，可通过调整各组分之间的配比来满足流动性能、凝结时间、强度、孔结构、耐久性能要求。原材料的基本性质和各组分间的作用机理是设计固化剂的关键。

与水泥、石灰等传统固化剂相比，磷酸盐类固化剂成本普遍偏高，在土体中的应用也处于起步阶段。通过火山灰质固体废物的资源化利用，可改善磷酸盐类固化剂作用性能、大幅降低生产成本。

4.1.2 制备过程与生命周期评价

4.1.2.1 制备过程

磷酸盐水泥（MPCs）和磷酸盐激发地聚物（SAP geopolymers）制备工艺流程如图 4-6 所示。

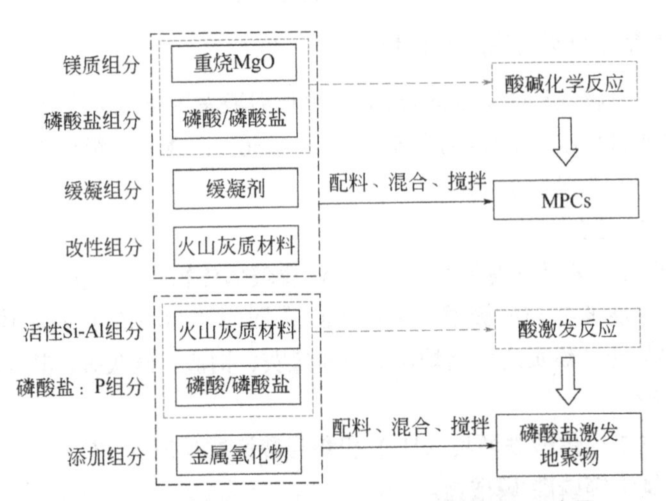

图 4-6 MPCs 和磷酸盐激发地聚物制备工艺流程示意图

原材料成分中的重烧 MgO 能够大量吸收空气中的 CO_2 生成碳酸镁沉淀，因此磷酸盐类固化剂也常被作为“碳中和”水泥[10,32]。

（1）MPCs 配比设计方法

MPCs 的配比设计应考虑以下方面：

① 磷酸盐/氧化镁（P/M）。有时也称为酸碱比例，在一定程度上决定了水化产物的含量和反应程度，影响水泥水化速率、凝结时间和强度。大量研究表明，最佳的 P/M 范围为 1/5～1/4[33,34]。

② 氧化镁活性。氧化镁的活性越高，则 MPCs 凝结硬化时间越短，工作性能越差，后期强度无法持续增加，最终硬化体强度越低。

③ 氧化镁细度。氧化镁比表面积越大，MPCs 凝结硬化时间越短，工作性能越差，随着比表面积的增加，早期强度随之增加，但对后期强度影响不明显。

④ 缓凝剂掺量。缓凝剂能够延缓 MPCs 的凝结硬化速度，延长凝结时间，降低 MPCs 早期强度，但不影响后期强度发展。

⑤ 用水量。可用液固比表示，用水量影响 MPCs 强度。MPCs 水化反应过程中，水分不仅是磷酸盐和氧化镁溶解的媒介，也是参与水化反应的反应物。

⑥ 火山灰质材料。火山灰质材料具有形态效应、填充效应、“稀释”效应、吸附效应和火山灰质活性反应效应等，在 MPCs 中添加适量火山灰质材料不仅能降低成本、延长凝结时间、改善耐久性能，对其强度性能也无负面作用。

⑦ 养护温度。随着环境温度的升高，MPCs 凝结时间显著缩短[35,36]；零下 10℃低温下，MPCs 仍能保持快凝快硬的特点[3]。

综上所述，进行 MPCs 的配合比设计时，一般以镁质组分（M）质量为基准，磷酸盐组分（P）、缓凝组分（R）、改性组分（火山灰质材料）（A）等的质量分别按照所需的水化产物矿物相组成进行配比设计，即确定出 P/M、R/M、A/M 和水胶比（W/C）。

（2）磷酸盐激发地聚物配比设计方法

磷酸盐激发地聚物中火山灰质材料提供活性硅铝相$[SiO_4]^{4-}$四面体和$[AlO_4]^{5-}$四面体等，磷酸提供酸性环境（H^+）和反应物$[PO_4]^{3-}$四面体（HPO_4^{2-}和$H_2PO_4^-$等）；通过酸激发剂溶解的 H^+侵蚀活性硅铝相，使原本无定形的硅铝网状结构解聚得到大量的$[SiO_4]^{4-}$四面体、$[AlO_4]^{5-}$四面体，在酸性环境下$[PO_4]^{3-}$四面体、$[SiO_4]^{4-}$四面体、$[AlO_4]^{5-}$四面体等发生缩聚反应，生成具有胶凝性的 Si—O—Al—O—P 等网络絮凝结构，$[PO_4]^{3-}$四面体还可替代碱金属离子嵌入 Si—O—Al—O—P 网络结构[37]。

因此，磷酸盐激发地聚物的配比设计方法，可采用 Si/P 摩尔比设计原材料之间的配比[38,39]，也可采用 P/Al 摩尔比进行配比设计[40]。

4.1.2.2 生命周期评价

与水泥、石灰等传统固化剂相比，磷酸盐类固化剂的生产使用过程不经高温等过程，可以大幅度降低温室气体（GHGs）等的排放。但是，磷酸盐类固化剂的原材料，如磷酸盐组分、镁质组分、缓凝组分，在生产过程需要消耗大量资源和能源，部分也会引起环境污染等问题，但鲜有学者对其深入研究。

以 MKPC 为例，其主要原材料有重烧 MgO、KH_2PO_4和改性组分（火山灰质材料）。生产 1t MgO 的能耗为 6110MJ，GHGs 排放量为 1t；生产 1t KH_2PO_4的能耗为 7698MJ，GHGs 排放量为 0.66t；粉煤灰、高炉矿渣、钢渣等火山灰质材料的能耗和 GHGs 排放量均为 0。作为对比，生产 1t 普通硅酸盐水泥的能耗为 4800MJ，GHGs 排放量为 0.85t（仅熟料煅烧过程）[41]。因此，MPCs 的环境影响取决于原材料的配比，不添加火山灰质材料的 MPCs 的能耗和 GHGs 排放量远高于普通硅酸盐水泥。为降低 MPCs 的成本和环境影响，应提高火山灰质材料的用量，已有研究表明，重烧 MgO∶KH_2PO_4∶粉煤灰为 1∶3∶6 制得的 MPCs 强度并未大幅降低。

4.1.3 反应过程与微观特性

磷酸盐水泥和磷酸盐激发地聚物的反应机理不同，表 4-2 是磷酸盐类固化剂及其水化产物。

表 4-2 磷酸盐类固化剂及其水化产物

磷酸盐类固化剂类别		水化产物
名称	主要反应物	
MPC	MgO、H_3PO_4	$Mg(H_2PO_4)_2 \cdot 2H_2O$、$Mg(H_2PO_4)_2 \cdot 4H_2O$ 或 $MgHPO_4 \cdot 3H_2O$ 等
MAPC	MgO、$NH_4H_2PO_4$	$MgNH_4PO_4 \cdot 6H_2O$、$MgNH_4PO_4 \cdot H_2O$、$Mg(NH_4)_2H_2(PO_4)_2 \cdot 6H_2O$ 等
MKPC	MgO、KH_2PO_4	$MgKPO_4 \cdot 6H_2O$、$MgKPO_4 \cdot H_2O$ 等
MNPC	MgO、NaH_2PO_4	$MgNaPO_4 \cdot nH_2O$、无定形产物等
MAlPC	MgO、$Al(H_2PO_4)_3$	$MgHPO_4 \cdot 3H_2O$、$AlPO_4 \cdot nH_2O$ 等
磷酸盐激发地聚物	火山灰质玻璃体相、磷酸盐等	SAP 凝胶、$AlPO_4 \cdot nH_2O$ 等

4.1.3.1 反应过程

（1）磷酸盐水泥

① 磷酸基 MPC 水化反应过程

磷酸（H_3PO_4）与水接触后，快速溶解得到 $H_2PO_4^-$、HPO_4^{2-}、H^+、PO_4^{3-} 等离子［式（4-24）］。当 pH 值小于 2.15 时，溶液中主要成分为 H_3PO_4，磷酸基本不发生电离反应；当 pH 值在 2.15～7.2 范围内，溶液中主要成分为 $H_2PO_4^-$，仅有少量的 H_3PO_4 和 HPO_4^{2-}；当 pH 值高于 7.2，溶液中主要成分为 HPO_4^{2-}，$H_2PO_4^-$ 和 PO_4^{3-} 含量较少。因此，磷酸的 pH 值并不是越高越好或越低越好，pH 值范围在 2.15～7.2 时最为理想，在该范围内碱金属氧化物或碱土金属氧化物可与酸溶液发生酸碱反应；重烧氧化镁溶解得到 Mg^{2+}［式（4-25）］；Mg^{2+} 与磷酸电离得到的 $H_2PO_4^-$、HPO_4^{2-} 迅速反应生成 $Mg(H_2PO_4)_2 \cdot 2H_2O$、$MgHPO_4 \cdot 3H_2O$ 或 $Mg(H_2PO_4)_2 \cdot 4H_2O$，如式（4-26）、式（4-27）所示。MgO 与 H_3PO_4 的起始摩尔比会影响水化产物类型，当 MgO∶H_3PO_4 起始摩尔比为 1∶1 时，水化产物为可溶性产物；当 MgO∶H_3PO_4 摩尔比达到 1∶2 时，化学反应式如式（4-27）所示[42]。因此，为得到不可溶的胶凝产物 $MgHPO_4 \cdot 3H_2O$，则需要 MgO∶H_3PO_4 起始摩尔比为 1∶2～1∶1[43]。

$$\left.\begin{aligned} H_3PO_4 &\rightleftharpoons H_2PO_4^- + H^+,\ 2.15<pH<7.2 \\ H_2PO_4^- &\rightleftharpoons HPO_4^{2-} + H^+,\ 7.2<pH<12.37 \\ HPO_4^{2-} &\rightleftharpoons PO_4^{3-} + H^+,\ pH>12.37 \end{aligned}\right\} \tag{4-24}$$

$$\left.\begin{aligned} MgO + H_2O &\longrightarrow MgOH^+ + OH^- \\ MgOH^+ + 2H_2O &\longrightarrow Mg(OH)_2 + H_3O^+ \\ Mg(OH)_2 &\longrightarrow Mg^{2+} + 2OH^- \end{aligned}\right\} \tag{4-25}$$

$$H_3PO_4+MgO+2H_2O \longrightarrow MgHPO_4 \cdot 3H_2O \tag{4-26}$$

$$\left.\begin{aligned} 2H_3PO_4+MgO+H_2O &\longrightarrow Mg(H_2PO_4)_2 \cdot 2H_2O \\ 2H_3PO_4+MgO+3H_2O &\longrightarrow Mg(H_2PO_4)_2 \cdot 4H_2O \end{aligned}\right\} \tag{4-27}$$

② 磷酸二氢铵基 MAPC 水化反应过程

磷酸二氢铵基 MAPC 水化过程可分为三个阶段，即早期水化阶段、中期水化阶段和后期水化阶段，其凝结硬化过程如图 4-7 所示。早期水化阶段［图 4-7（a）］，磷酸二氢铵会快速溶解形成酸性水溶液，得到 $H_2PO_4^-$、NH_4^+、H^+、PO_4^{3-}等［式（4-28）］，重烧氧化镁溶解得到 Mg^{2+}［式（4-25）］，Mg^{2+}与 NH_4^+、PO_4^{3-}迅速反应生成无定形的磷铵镁盐络合物水化凝胶 $MgNH_4PO_4 \cdot 6H_2O$［struvite gel，俗称鸟粪石，见式（4-29）］；进入中期水化阶段［图 4-7（b）］，MPC 净浆中的水分逐渐被消耗，水化过程释放的水化热也会蒸发部分水分，随着水化反应的继续，磷铵镁盐络合物水化凝胶含量逐渐增加，生成的凝胶产物逐渐聚合；进入后期水化阶段［图 4-7（c）］，聚合的胶凝产物逐渐包裹住 MgO 颗粒，延缓了 MgO 颗粒的溶解反应［式（4-25）］，阻碍了水化进程，水化反应速率逐渐降低，水化热逐渐减少，当磷酸盐电解离子消耗殆尽后水化反应停止，水化产物开始生长、结晶并与未完全参与反应的 MgO 颗粒共同形成网状结构，并凝结硬化产生强度。

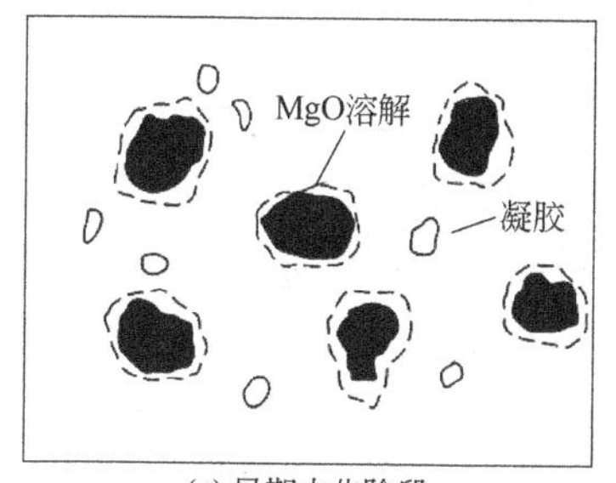

(a) 早期水化阶段

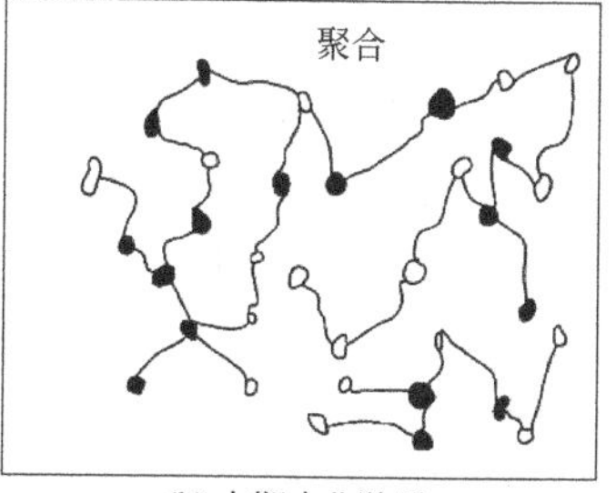

(b) 中期水化阶段

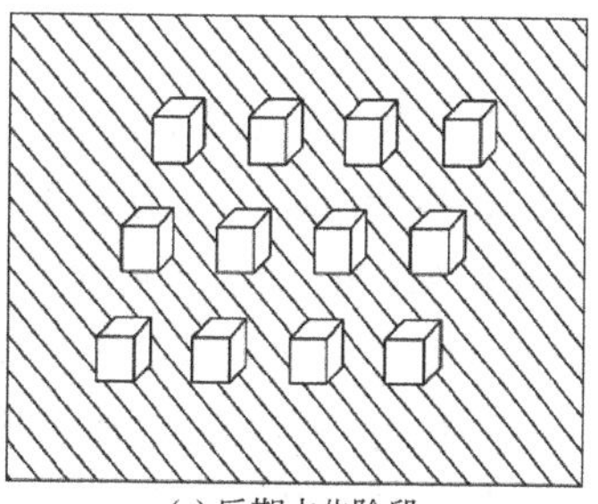
(c) 后期水化阶段

图 4-7 MPC 水化凝结硬化示意图[15]

$$\left.\begin{aligned} NH_4H_2PO_4 &\rightleftharpoons H_2PO_4^- + NH_4^+ \\ H_2PO_4^- &\rightleftharpoons HPO_4^{2-} + H^+ \\ HPO_4^{2-} &\rightleftharpoons PO_4^{3-} + H^+ \end{aligned}\right\} \tag{4-28}$$

$$\left.\begin{aligned} 2NH_4H_2PO_4+MgO+3H_2O &\longrightarrow Mg(NH_4)_2(HPO_4)_2 \cdot 4H_2O \\ Mg(NH_4)_2(HPO_4)_2 \cdot 4H_2O+MgO+7H_2O &\longrightarrow 2(MgNH_4PO_4 \cdot 6H_2O) \end{aligned}\right\} \tag{4-29}$$

由于 MAPC 在使用过程中会产生大量的氨气（NH_3），污染环境，因此有学者开始尝试采用磷酸二氢钾、磷酸二氢钠等替代传统磷酸铵盐，制备性能更为优异的磷酸镁水泥。

③ 磷酸二氢钾基 MKPC 水化反应过程

磷酸二氢钾基 MKPC 和磷酸二氢钠基 MNPC 水化反应过程相似，在处仅详述磷酸二氢钾基 MKPC 水化反应情况，磷酸二氢钠基 MNPC 不再赘述。

MKPC 水化过程升温曲线示意图如图 4-8 所示，其中，黑色实线为未添加缓凝组分、

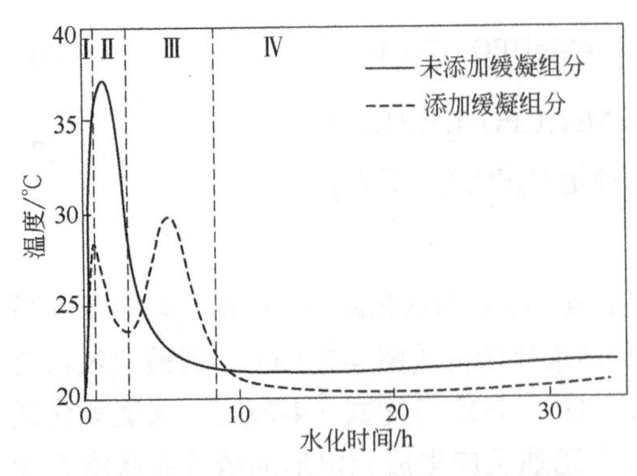

图4-8 MKPC 水化过程升温曲线示意图

黑色虚线为添加缓凝组分后的 MKPC 水化升温曲线。结合 MKPC 净浆水化过程温升分析及水化产物 $MgKPO_4 \cdot 6H_2O$（K-Struvite，MKP）生成量变化情况，可将 MKPC 净浆水化过程分为溶解放热阶段、水化过渡阶段、加速水化阶段和水化衰减阶段[32,44-45]。

Ⅰ. 溶解放热阶段。溶解放热阶段主要是 KH_2PO_4 的溶解［式（4-30）］和 MgO 颗粒溶解并释放热量；重烧 MgO 溶解得到 Mg^{2+}［式（4-25）］，释放大量热量，溶解速率越快放热量越高；$H_2PO_4^-$、HPO_4^{2-} 与 Mg^{2+} 发生反应生成 MKP［式（4-31）］。

$$\left.\begin{aligned} KH_2PO_4 &\longrightarrow H_2PO_4^- + K^+,\ \Delta H = 19.6\text{kJ/mol} \\ H_2PO_4^- &\rightleftharpoons HPO_4^{2-} + H^+,\ \Delta H = 4.2\text{kJ/mol} \end{aligned}\right\} \tag{4-30}$$

$$\left.\begin{aligned} H_2PO_4^- + K^+ + Mg^{2+} + 6H_2O &\longrightarrow MgKPO_4 \cdot 6H_2O + 2H^+,\ \Delta H = -368.4\ \text{kJ/mol} \\ HPO_4^{2-} + K^+ + Mg^{2+} + 6H_2O &\longrightarrow MgKPO_4 \cdot 6H_2O + H^+,\ \Delta H = -372.6\ \text{kJ/mol} \\ KH_2PO_4 + MgO + 5H_2O &\longrightarrow MgKPO_4 \cdot 6H_2O \end{aligned}\right\} \tag{4-31}$$

Ⅱ. 水化过渡阶段。在水化过渡阶段，MKP 大量生成，缓凝组分开始起作用，MKP 的生成和析出速率缓慢下降，水化反应进程减缓，MKP 随着时间缓慢增长[46-48]。当然，并非所有 MKPC 均经历水化过渡阶段，该阶段时间长短与原材料的成分和性质有关，不掺缓凝组分则无水化过渡阶段（图 4-8 实线）；随着 MgO 比表面积的增加，过渡阶段时间明显缩短，超过一定比表面积范围后 MKPC 也可不经水化过渡阶段直接进入加速水化阶段[32]。

Ⅲ. 加速水化阶段。在加速水化阶段，水化产物 MKP 生成量不断增加，缓凝组分的缓凝作用逐渐减弱，MKPC 进入 MKP 达到饱和并快速析出，该阶段释放大量的水化热。

Ⅳ. 水化衰减阶段。在水化衰减阶段，MKP 耗尽水分并渐渐包裹 MgO 颗粒，降低 MgO 颗粒的溶解速率，水化反应速率由成核结晶控制转变为溶出扩散控制。MKP 生成速率缓慢，渐渐形成以 MgO 颗粒为核心，MKP 生长结晶与周围物质形成空间网络结构。

此外，也有学者结合水化放热过程，将 MKPC 水化过程分为 KH_2PO_4 水解期、MgO 溶解期、$Mg(H_2O)_6^{2+}$ 增长期、$MgKPO_4 \cdot 6H_2O$ 增长加速期、$MgKPO_4 \cdot 6H_2O$ 增长减速期以及稳定期六个阶段[8,41,49]，MKPC 水化特征放热曲线如图 4-9 所示。MKPC 水化过程存在三个峰值，有一个吸热峰和两个放热峰，整个水化过程以放热为主。

值得一提的是，Struvite 系产物，包括 Struvite（$MgNH_4PO_4 \cdot 6H_2O$）、K-Struvite（$MgKPO_4 \cdot 6H_2O$）、Na-Struvite（$MgNaPO_4 \cdot 6H_2O$）等，均可用 $M1M2A \cdot 6H_2O$ 表示，其分子结构如图 4-10 所示。其中，M1 表示单价阳离子，可用 NH_4^+、K^+、Na^+、Rb^+、Cs^+、Tl^+等替代；M2 既可表示二价阳离子，可用 Mg^{2+}、Ni^{2+}、Zn^{2+}、Co^{2+}、Cd^{2+}、Mn^{2+}等替代，或单价阳离子 VO_2^+ 等替代，也可用三价阳离子 Cr^{3+}替代；A 则表示三价含氧阴离子，可用 PO_4^{3-}、AsO_4^{3-} 等代替[50-57]。

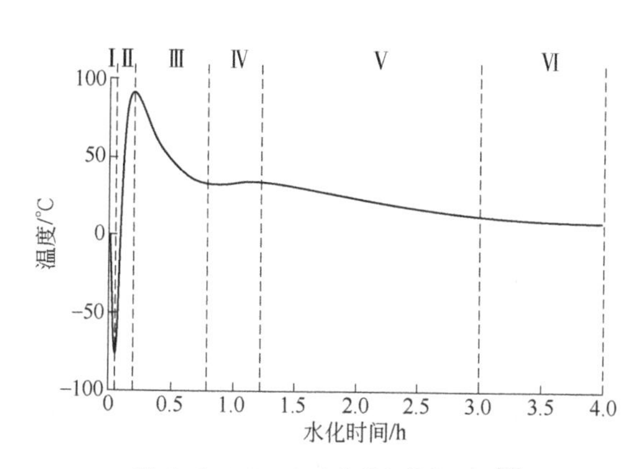

图 4-9 MKPC 水化特征放热曲线[49]

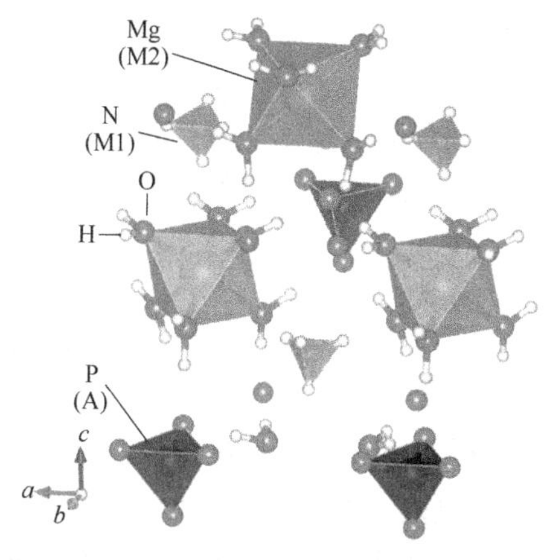

图 4-10 M1M2A·$6H_2O$ 结构示意图[10,58]

④ 磷酸铝盐基 MAlPC 水化反应过程

磷酸铝盐［$Al(H_2PO_4)_3$，AOP］与 MgO 之间的反应与 H_3PO_4、$NH_4H_2PO_4$、KH_2PO_4、NaH_2PO_4 等均不同，Finch 和 Sharp[42]发现 $Al(H_2PO_4)_3$ 和 MgO 反应物中没有检测到如 $Al(MgPO_4)_3 \cdot nH_2O$，同时包含 Al、Mg 元素的矿物相，但检测到无定形矿物相 $AlPO_4 \cdot nH_2O$ 和晶体相 $MgHPO_4 \cdot 3H_2O$ 等矿物相，这与铝盐中最稳定的矿物相为 $AlPO_4$ 有关。研究发现，$Al(H_2PO_4)_3$ 与 MgO 之间的化学反应取决于 MgO/AOP 摩尔比，两者的化学方程式如式（4-32）、式（4-33）所示，当 MgO/AOP 摩尔比为 2∶1 时化学反应为式（4-32），当 MgO/AOP 摩尔比为 4∶1 时则为式（4-33）。而当 MgO/AOP 摩尔比为 3∶1 时未检测到未参与反应的 MgO，因此 MgO 应该是被无定形矿物相所包裹，形成了新的矿物相体系 Al_2O_3-MgO-P_2O_5-H_2O，如式（4-34）所示。

$$Al(H_2PO_4)_3+2MgO \xrightarrow{+H_2O} 2MgHPO_4 \cdot 3H_2O+AlPO_4 \cdot nH_2O \tag{4-32}$$

$$Al(H_2PO_4)_3+4MgO \xrightarrow{+H_2O} 2MgHPO_4 \cdot 3H_2O+AlPO_4 \cdot nH_2O+2MgO \tag{4-33}$$

$$Al(H_2PO_4)_3+pMgO \xrightarrow{+H_2O} qMgHPO_4 \cdot 3H_2O+tMgO+\left[\frac{1}{2}Al_2O_3\text{-}rMgO\text{-}\frac{1}{2}P_2O_5\text{-}sH_2O\right] \tag{4-34}$$

式中，$r \leqslant 1$，$t=0(p>3)$，但只有 $p \geqslant 2$ 时，MAlPC 才能产生强度。

也有学者[59]采用中性氧化铝和重烧 MgO 作为镁质组分，磷酸盐组分为磷酸和磷酸二氢钾，三聚磷酸钠和硼砂为缓凝剂，粉煤灰作为火山灰质材料掺合料制备 MAlPC，发现氧化铝缩短凝结时间使其工作性能变差，但是明显改善了 MAlPC 的强度和耐水性，降低了孔隙率。水化反应过程生成了无定形矿物 $AlPO_4 \cdot nH_2O$ 和 KMP 产物。MAlPC 的结构模型示意图如图 4-11 所示。图 4-11（a）为$(MgNH_4PO_4 \cdot 6H_2O)_n$ 结构，PO_4 中三个 O 充当桥氧，另外一个 P=O 则为非桥氧，Mg 原子则连接 PO_4 形成网络结构；图 4-11（b）是 SiO_4 形式的磷酸盐共价结构模型，Al 原子与 Mg 原子共享桥氧；图 4-11（c）为 Al 原子替代 Mg 原子嵌入$(MgNH_4PO_4 \cdot 6H_2O)_n$ 结构模型，此结构模型与磷酸盐激发地聚物较为相似。

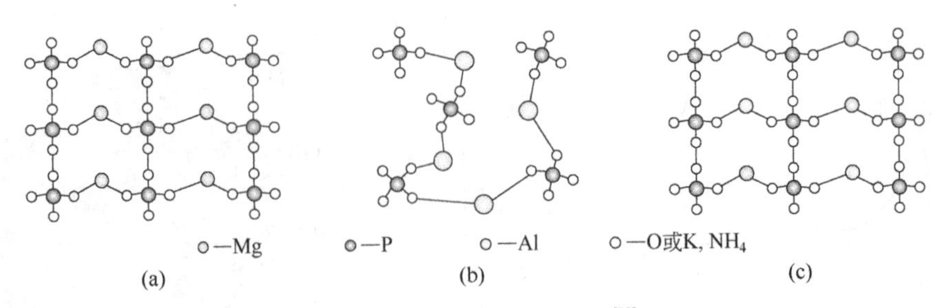

图 4-11 MAlPC 的结构模型[59]

（2）**磷酸盐激发地聚物**

无机聚合物反应最早由法国学者 Davidovits[60]提出，碱激发活性硅铝质原料的碱激发反应化学式如式（4-35）所示。磷酸盐激发活性硅铝质火山灰质材料的作用机理与碱激发反应机理相似［式（4-35）］，同样发生缩聚反应[60-63]。以磷酸二氢铝激发活性硅铝物质为例，其酸激发反应表达式如式（4-36）[63]所示，生成的产物可用$[\text{—(Si—O)}_z\text{—Al—O—P—}]_n \cdot m\text{H}_2\text{O}$表示。此外，活性金属氧化物作为添加组分也可参与反应，金属氧化物经水解得到金属离子，金属离子进一步水解可得到$[\text{M(H}_2\text{O)}]_q^{p+}$，$[\text{M(H}_2\text{O)}]_q^{p+}$与磷酸盐电离得到的$\text{H}_n\text{PO}_4^{-(3-n)}$发生酸碱反应生成 Struvite 系产物，如式（4-37）所示，整个反应过程均属于放热反应，可加速磷酸/磷酸盐激发活性硅铝质火山灰质材料反应进程。

$$\equiv\text{Si—OH+HO—Al}\equiv \xrightarrow{\text{碱性环境}} \equiv\text{Si—O—Al}\equiv\text{+H}_2\text{O} \tag{4-35}$$

$$\text{Al(H}_2\text{PO}_4)_3\text{+Al}_2\text{O}_3\cdot 2\text{SiO}_2 \xrightarrow{\text{酸性环境}} \text{Al}_2\text{O}_3\cdot 2\text{SiO}_2\cdot \text{P}_2\text{O}_5\cdot n\text{H}_2\text{O+AlH}_3(\text{PO}_4)_2\cdot 3\text{H}_2\text{O} \tag{4-36}$$

$$\left.\begin{aligned} \text{MO}_{\frac{p}{2}}+\frac{p}{2}\text{H}_2\text{O} &\longrightarrow \text{M}^{p+}+p\text{OH}^- \\ \text{M}^{p+}+q\text{H}_2\text{O} &\longrightarrow [\text{M(H}_2\text{O)}]_q^{p+} \\ \text{H}_n\text{PO}_4^{-(3-n)}+[\text{M(H}_2\text{O)}]_q^{p+} &\longrightarrow [\text{M(H}_3\text{PO}_4)]^{n+p-3}+q\text{H}_2\text{O} \end{aligned}\right\} \tag{4-37}$$

磷酸盐激发地聚物反应机理如图 4-12 所示。$[\text{PO}_4]^{3-}$可替代碱金属离子，也可部分替代$[\text{SiO}_4]^{4-}$嵌入 Si—O—Al 结构中，通过火山灰质材料或添加组分中的金属离子来维持网络结构的电荷平衡。

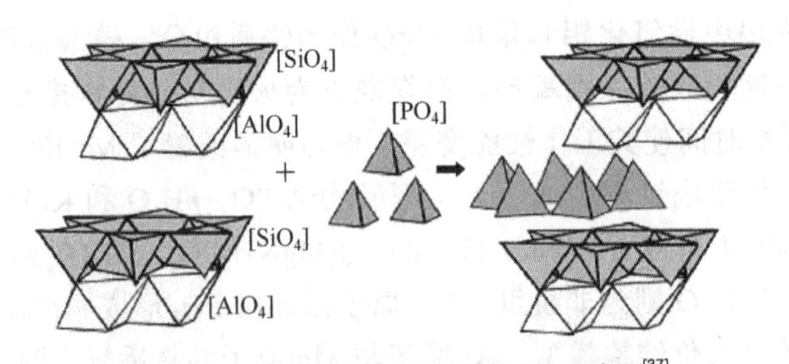

图 4-12 磷酸盐激发地聚物反应机理示意图[37]

以 H_3PO_4 激发偏高岭土（metakaolin，MK）为例，通过不同的 P/Al 摩尔比制备得到磷

酸盐激发地聚物，结合 FTIR、^{29}Si NMR、^{27}Al NMR、^{31}P NMR 等试验结果分析得到磷酸盐激发地聚物缩聚反应过程结构示意图，如图 4-13 所示。MK 和 H_3PO_4的结构示意图见图 4-13 上方，不同 P/Al 摩尔比时生成的产物有一定的差异（见图 4-13 下方）。H_3PO_4和 MK 接触后，Si—O—Al 结构在 H^+侵蚀作用下溶解、解聚，铝离子最先与磷酸根离子反应形成 P—O—Al 结构，$[PO_4]^{3-}$四面体占据 MK 活性硅铝相网络结构$[AlO_4]^{5-}$四面体的位置，与$[SiO_4]^{4-}$四面体通过桥氧形成 Si—O—P 结构。在 P/Al 摩尔比（0.64～0.84）较高时，能够生成亚稳态中间体 P—O—P 结构，见图 4-13 右下方；随着磷酸根离子的消耗，P—O—P 结构逐渐转变为 P—O—Al 结构，形成 $Al_{Ⅳ}$—O—P 四面体结构和 $Al_{Ⅵ}$—O—P 八面体结构，随着 P/Al 摩尔比的增加，$Al_{Ⅳ}$—O—P 四面体结构逐渐转变为 $Al_{Ⅵ}$—O—P 八面体结构。最终，形成 P—O—Al、Si—O—P—O—Al 和 Si—O—Al—O—P 等结构单元体[40]。

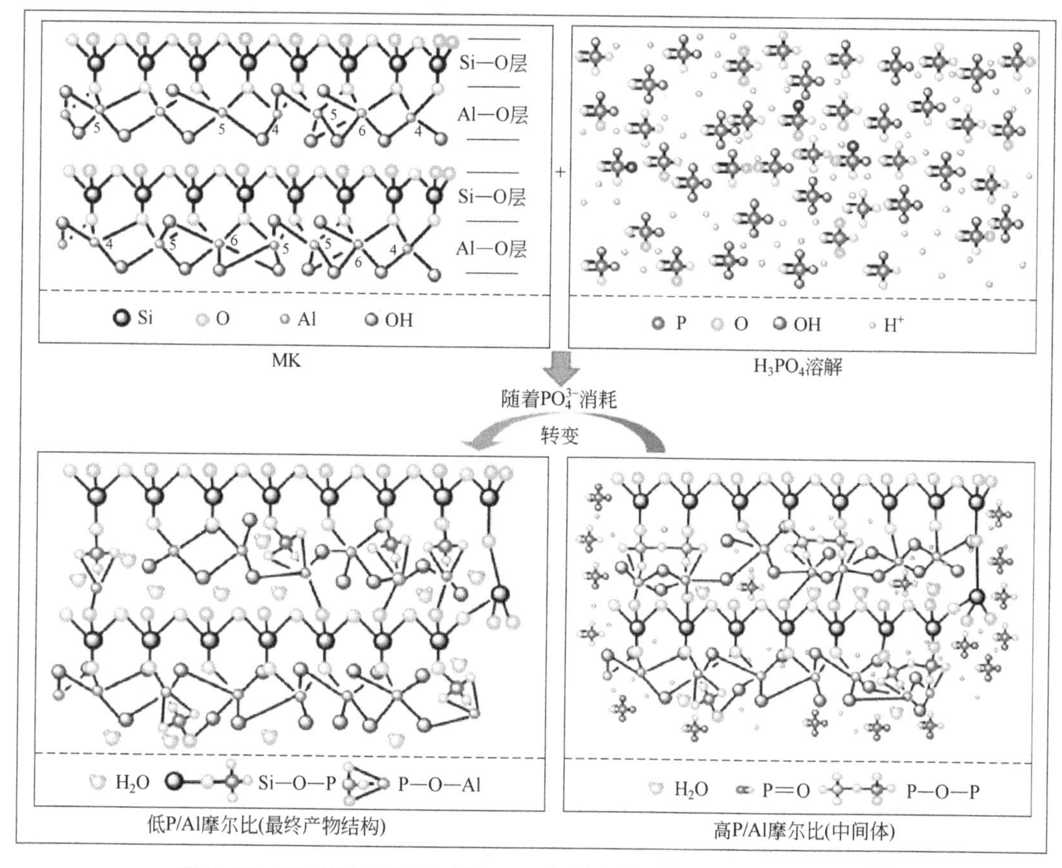

图 4-13 磷酸盐激发地聚物（以 MK+磷酸为例）缩聚反应过程结构示意图[41]

磷酸盐激发地聚物反应过程如图 4-14 所示。磷酸盐激发地聚物与水接触后，磷酸/磷酸盐最先溶解得到$[H_nPO_4]^{3-n}$和 H^+，在酸性环境（H^+）下火山灰质材料中的活性硅铝质玻璃体相溶解，溶解得到的铝酸盐、硅酸盐与磷酸盐等反应生成 SAP 凝胶，磷酸盐溶解后也可结晶或形成无定形磷酸盐 $AlPO_4 \cdot nH_2O$。此外，磷酸/磷酸盐（P 组分）与活性 Si-Al 组分需要适宜的 pH 值和 M/P（M 为金属离子）摩尔比，才能生成磷酸盐晶体或无定形磷酸盐[62]。

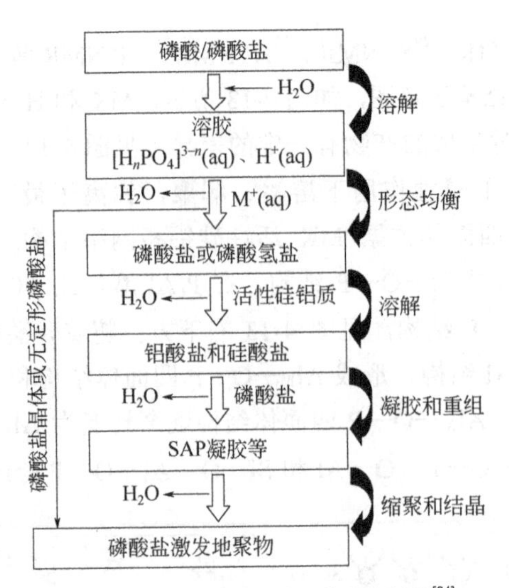

图 4-14　磷酸盐激发地聚物反应过程[64]

以 MK+磷酸制备得到的磷酸盐激发地聚物为例。Mathivet 等[65]根据 FTIR、NMR、XRD、TG 等分析结果，结合不同反应过程的特征及其作用情况，将酸激发反应过程分为四个阶段，即溶解阶段（0～4d）、加速缩聚阶段（4～11d）、结晶成核阶段（11～16d）和网络结构完成阶段（16d 以后），见图 4-15。

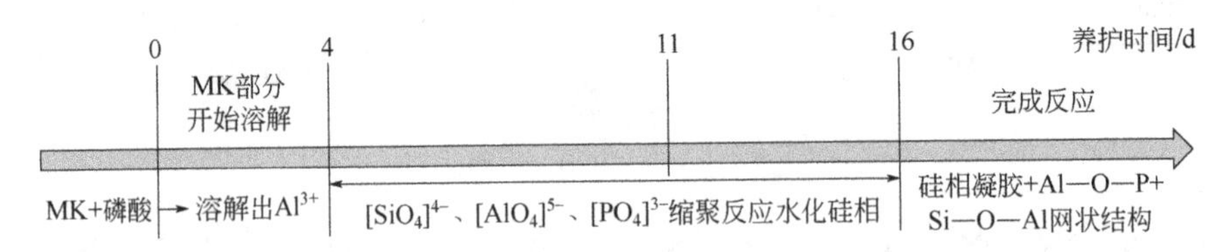

图 4-15　磷酸盐激发地聚物（以 MK+磷酸为例）反应阶段[65]

4.1.3.2　微观特性

（1）MPCs 净浆微观特性

① 矿物相组成

a．磷酸二氢钾基 MKPC。MKPC 净浆 X 射线衍射图谱如图 4-16 所示。MKPC 原材料为 KH_2PO_4、重烧 MgO 和 $Na_2B_4O_7 \cdot 10H_2O$，MKPC 净浆水化产物以晶体矿物相 $MgKPO_4 \cdot 6H_2O$（K-Struvite）为主，P/M =1/2 中还有未完全反应的 MgO，P/M=1/5 中则还有未完全反应的 MgO、KH_2PO_4。MgO 与 KH_2PO_4 之间理论上最优的 M/P 摩尔比为 1［式（4-31）］，即最优 P/M 质量比为 3.4∶1。实际上，部分 MgO 需要吸水放热确保反应物能够参与反应[66]，部分 MgO 则充当成核场所，被 MKP 产物包裹未能参与反

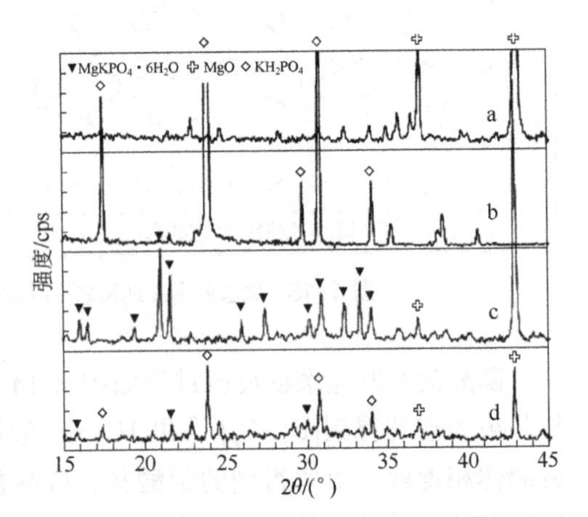

图 4-16　MKPC 净浆 X 射线衍射图谱[66]

a—重烧 MgO；b—KH_2PO_4；c—P/M =1/2；d—P/M=1/5

应；另外，MgO 颗粒溶解度较低，大部分 MgO 未能参与酸碱反应。因此，实际上 P/M 质量比远低于 3.4∶1，最佳 P/M 范围为 1/5～1/4[33,34]。

b．磷酸铝盐基 MAlPC。图 4-17 为 MAlPC 净浆 X 射线衍射图谱。MAlPC 原材料为中性氧化铝、重烧 MgO、H_3PO_4、KH_2PO_4、$Na_5P_3O_{10}$ 和 $Na_2B_4O_7 \cdot 10H_2O$，粉煤灰作为火山灰质材料掺合料。不掺中性氧化铝的 MAlPC 净浆主要矿物相成分为无定形矿物相（amorphous）、Struvite 产物（Struvite 和 K-Struvite）、未完全参与反应的 MgO；掺中性氧化铝的净浆还有无定形矿物 $AlPO_4 \cdot nH_2O$ 检出（2θ 衍射峰：15°～18°），这与其他 MPCs 有着显著区别，MPC、MAPC、MKPC、MNPC 等主要产物均为 Struvite 系产物，不含无定形矿物；随着中性氧化铝掺量的增加，MgO 的衍射峰强度逐渐减弱，Struvite 和 K-Struvite 的衍射峰强度稍有增强。

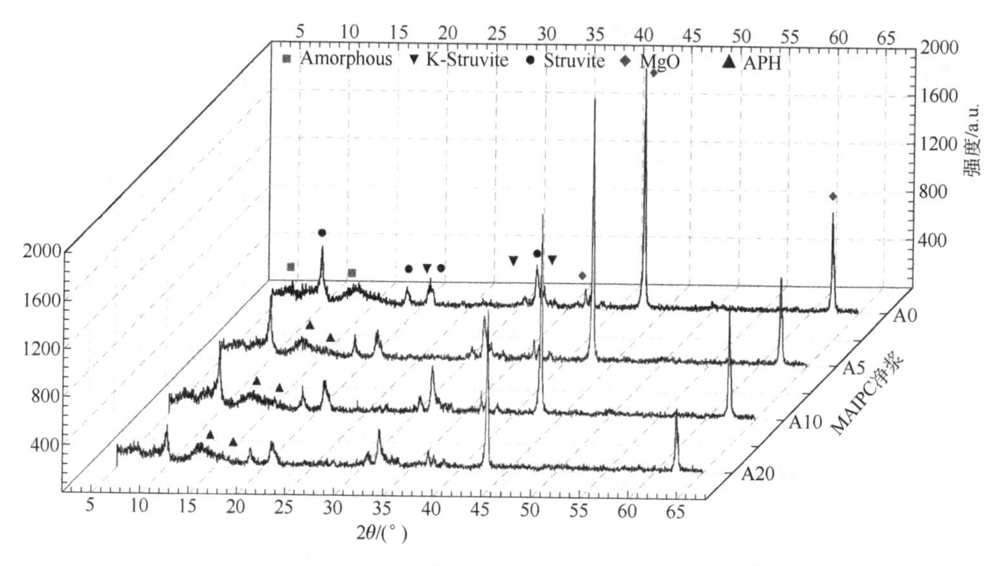

图 4-17 MAlPC 净浆（养护龄期 7d）X 射线衍射图谱[59]

② 微观形貌

a．磷酸二氢钾基 MKPC。MKPC 净浆 SEM 图如图 4-18 所示。图 4-18（a）中放大倍数为 1000 倍，MKPC 净浆中有两种矿物相，左侧为大量针状多晶体，右侧为巨大的表面致密、平整光滑的矿物相。结合 EDS 结果分析发现，左侧针状多矿物相为典型的 MKP 产物（即 Struvite 系产物）；右侧光滑平整矿物相为未参与反应的 KH_2PO_4 晶体。图 4-18（b）为图 4-18（a）中针状晶体与光滑平整晶体交界区域放大照片，放大倍数为 10000 倍，针状晶体的尺寸大约为 0.5μm 宽、15μm 长。

图 4-19 表示 MKPC 净浆形貌及其 MKP 产物生成过程。大量未完全反应的 MgO 颗粒被 MKP 水化产物包裹，结合 EDS 分析发现，水化产物主要为 MKP 产物［$MgKPO_4 \cdot 6H_2O$、$Mg_2KH(PO_4)_2 \cdot 15H_2O$］和磷酸镁产物［$MgHPO_4 \cdot 3H_2O$、$MgHPO_4 \cdot 7H_2O$、$Mg_3(PO_4)_2 \cdot 22H_2O$ 等］[69]；MKP 产物生成过程是 KH_2PO_4 电离得到的 H^+、K^+、$H_2PO_4^-$、HPO_4^{2-}、PO_4^{3-} 对 MgO 颗粒的侵蚀，并与 MgO 颗粒溶解的 $Mg(H_2O)_6^{2+}$ 反应，MgO 被消耗或包裹，最终得到 Ⅰ 型、Ⅱ 型 MKP 产物[70]。

其中 MgO 的活性决定了反应的速率[67,68]。

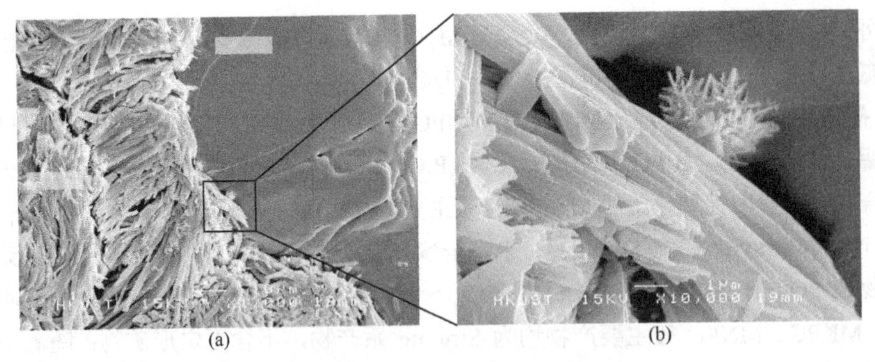

图 4-18 MKPC 净浆 SEM 图[66]

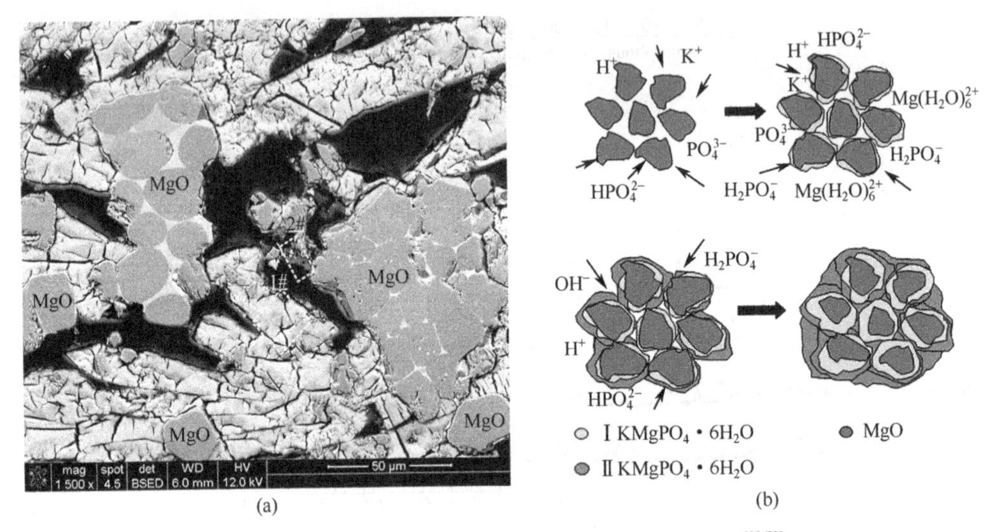

图 4-19 MKPC 净浆形貌及 MKP 产物生成过程示意图[69,70]

b．磷酸铝盐基 MAlPC。MAlPC 净浆 SEM 图如图 4-20 所示，MAlPC 净浆主要矿物相为块状和表面粗糙平整致密矿物相，结合 EDS 分别对图 4-20（a）、（b）块状和表面粗糙平整致密矿物相进行化学元素分析，发现块状晶体为典型的 Struvite 系产物；表面粗糙平整致密矿物相属于无定形的 $AlPO_4 \cdot nH_2O$，进一步证实了图 4-17 中无定形矿物相 $AlPO_4 \cdot nH_2O$ 的生成，这点与其他 MPCs 不同。

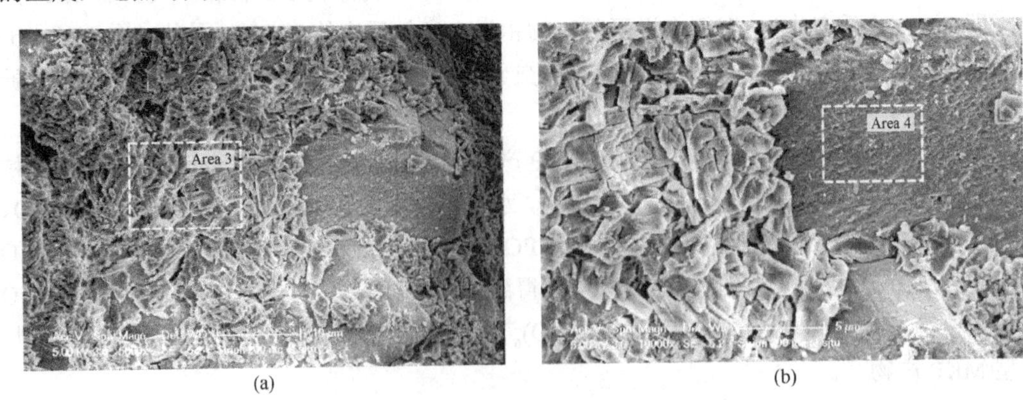

图 4-20 MAlPC 净浆（养护龄期 14d）SEM 图[60]

(2) 磷酸盐激发地聚物净浆微观特性

① 矿物相组成

a. MK-磷酸基磷酸盐激发地聚物。MK-磷酸基磷酸盐激发地聚物净浆 X 射线衍射图谱如图 4-21 所示，MK-磷酸基磷酸盐激发地聚物原材料为 MK、磷酸，按照 Si/P 摩尔比 1.25、1.5 和 1.75 分别进行配制。磷酸盐激发地聚物净浆主要矿物相有 MK 中未参与反应的 SiO_2，酸激发反应生成的 $CaHPO_4$、Al_2PO_4、$AlPO_4$ 以及无定形胶凝矿物相（2θ 弥散峰：22°～35°），其中 12°～15°（2θ）弥散峰为偏高岭土煅烧过程形成的无定形矿物相，MK 与磷酸反应后生成新的矿物相 $CaHPO_4$。

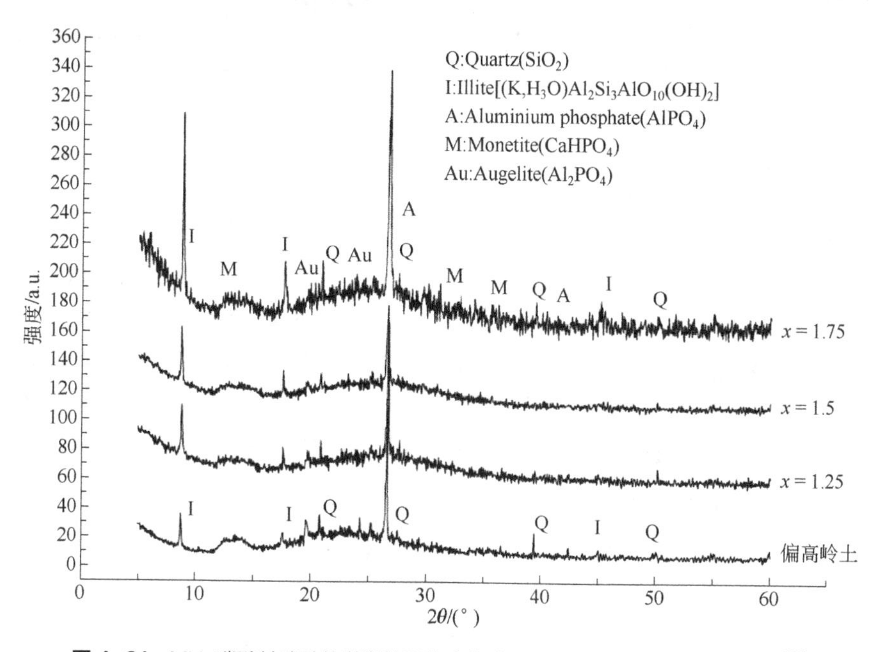

图 4-21 MK-磷酸基磷酸盐激发地聚物净浆（养护龄期 7d）X 射线衍射图谱[38]

b. MK-CFA-磷酸基磷酸盐激发地聚物。MK-CFA-磷酸基磷酸盐激发地聚物净浆 X 射线衍射图谱如图 4-22 所示，MK-CFA-磷酸基磷酸盐激发地聚物原材料为 MK、CFA（粉煤灰，coal fly-ash）和磷酸。磷酸盐激发地聚物中，分别以 10%、20%、30%的 CFA 替代 MK，其中 LCFA、HCFA 为低钙粉煤灰和高钙粉煤灰。MK-LCFA-磷酸盐激发地聚物净浆除了 MK 和 LCFA 中未被磷酸激发的莫来石和石英外，不含新的矿物相晶体，表明酸激发反应产物主要为 S-P、A-P、S-A-P 等无定形凝胶[38,71,72]；而 MK-HCFA-磷酸盐激发地聚物净浆通过 CaO 与磷酸之间的酸碱反应生成 $CaHPO_4$、$CaHPO_4 \cdot H_2O$，及碳化反应生成 $CaCO_3$ 等。HCFA 不仅含有大量的活性硅铝相组分（用作 Si-Al 组分参与酸激发反应），还含有较高含量的活性钙组分（钙组分可与磷酸发生类似于 MPCs 的酸碱反应生成磷酸钙 C-P-H 凝胶）[式（4-38）]。此外，CFA 的形态效应、微集料效应也能改善磷酸盐激发地聚物的使用性能。

$$2PO_4^{3-}+3Ca^{2+}+H_2O \longrightarrow 3CaO\text{-}P_2O_5\text{-}H_2O\ (\text{C-P-H gel}) \tag{4-38}$$

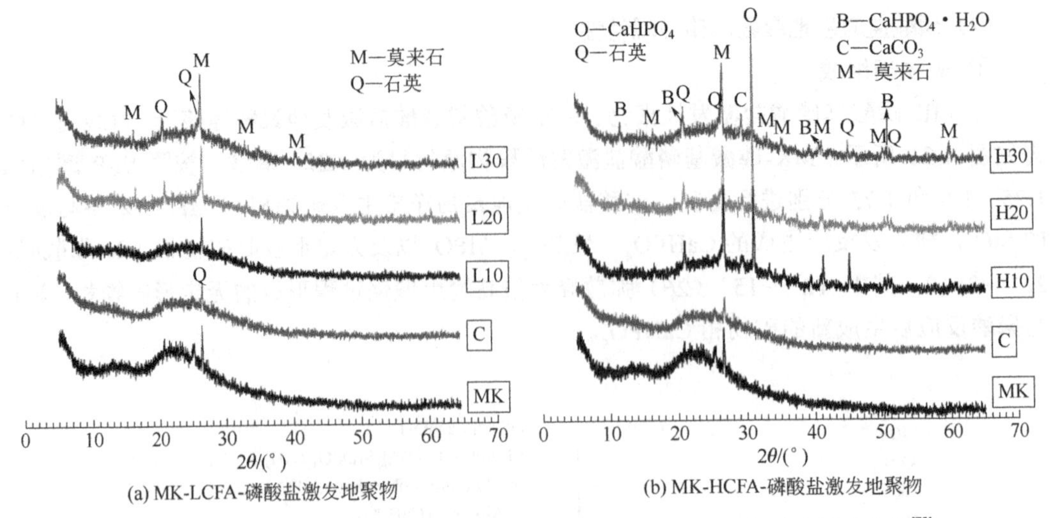

图 4-22 MK-CFA-磷酸基磷酸盐激发地聚物净浆（养护龄期 28d）X 射线衍射图谱[73]

② 微观形貌

a．MK-SF-磷酸二氢铝基磷酸盐激发地聚物。图 4-23 为 MK-SF-$Al(H_2PO_4)_3$ 基磷酸盐激发地聚物净浆 SEM 图，(a)、(b)、(c) 原材料均为 $Al(H_2PO_4)_3$、MK 和 SF，(d)、(e)、(f) 则均为 $Al(H_2PO_4)_3$ 和 MK。添加 SF 前后，磷酸盐激发地聚物净浆均含有大量无定形 S-A-P 胶凝相，但添加 SF 的磷酸盐激发地聚物净浆有更多致密块状矿物相，结合 EDS 分析，其反应产物为 S-A-P 胶凝相和 $AlH_3(PO_4)_2 \cdot 3H_2O$ 晶体矿物相［式（4-39）］。

$$SiO_2(SF)+Al_2O_3 \cdot 2SiO_2(MK)+Al(H_2PO_4)_3 \xrightarrow{\text{酸性环境}} Al_2O_3 \cdot 2SiO_2 \cdot P_2O_5 \cdot nH_2O+AlH_3(PO_4)_2 \cdot 3H_2O \quad (4\text{-}39)$$

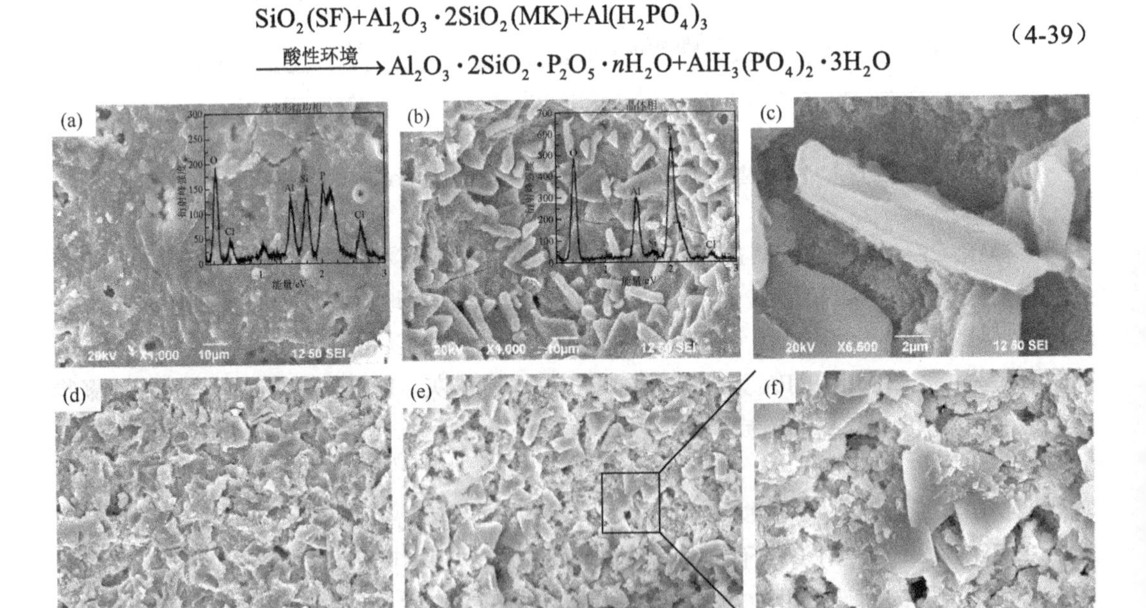

图 4-23 MK-SF-磷酸二氢铝基磷酸盐激发地聚物（养护龄期 28d）微观形貌照片[63]

b．CFA-磷酸基磷酸盐激发地聚物。图 4-24 为 MK-CFA-磷酸基磷酸盐激发地聚物净浆 SEM 图。磷酸盐相 S-P、A-P、S-A-P 等凝胶将 CFA 球状颗粒联结在一起，其中 MK-LCFA-

磷酸基磷酸盐激发地聚物净浆中含有大量的纤维状凝胶；结合 EDS 分析，高钙 CFA 形成的 MK-HCFA-磷酸基磷酸盐激发地聚物净浆含有磷酸钙等矿物相。

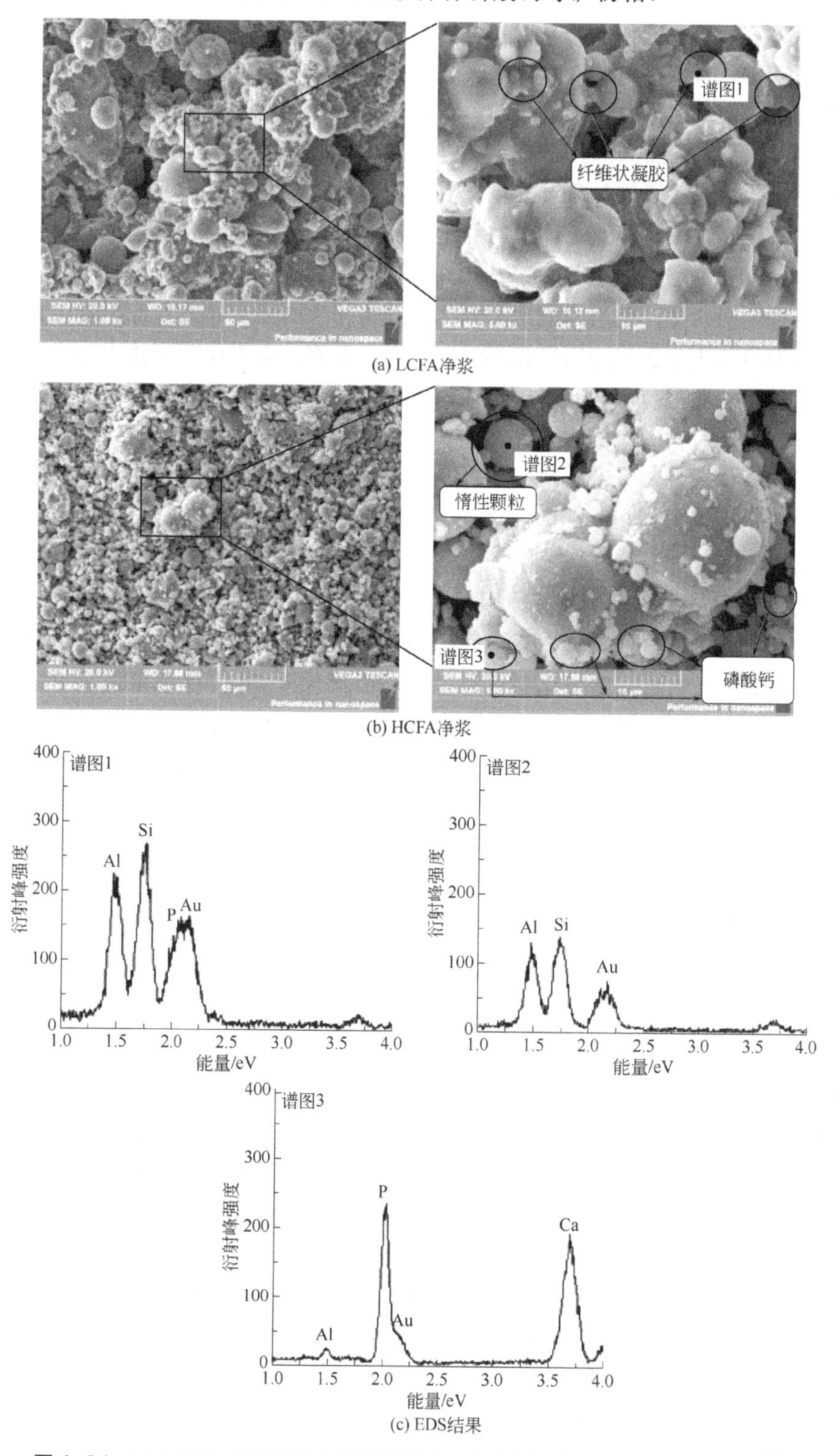

图 4-24 MK-CFA-磷酸基磷酸盐激发地聚物净浆（养护龄期 28d）微观形貌照片[73]

4.2 固化土与半固化土

目前，MPCs 固化土研究处于起步阶段，磷酸盐激发地聚物固化土鲜有研究，而磷酸盐类固化剂半固化土则尚未有相关研究。磷酸盐类固化剂加固土体的应用研究较少，一方面在于成本问题，磷酸盐类固化剂成本往往不低于普通硅酸盐水泥，其中，MPCs 成本远高于普通硅酸盐水泥，磷酸盐激发地聚物成本与普通硅酸盐水泥接近；另一方面，磷酸盐类固化剂的水稳性较差，易受土体中的腐殖酸等影响，力学性能和耐久性能有待进一步提高和改善。

需要特别说明的是，采用磷酸盐类固化剂固化和半固化土体的反应机理相似，均是固化剂与土体中的各成分之间的物理化学作用。有关磷酸盐类固化剂固化土与半固化土的反应机理、力学特性、微观特性、渗透特性和劣化特性与耐久性等方面的研究工作有待进一步深入研究，为镁质类固化剂在土体加固、废土材料化、止水防渗、防水堵漏等技术的工程应用提供理论依据。

俞良晨等[74]采用 KH_2PO_4、重烧 MgO 和硼砂制备的 MKPC 加固低液限黏土，同掺量的普通硅酸盐水泥（P.O 42.5）作为对比，研究了不同有机质含量（腐殖酸：土=0、3%、9%、12%）对固化效果的影响及其作用机理，结果表明：有机质含量对 MKPC 固化土和 P.O 水泥固化土的影响规律相似，均随腐殖酸含量的增加，固化土强度逐渐降低，腐殖酸含量超过 6%以后固化土强度变化不明显；MKPC 固化土 7d 固化效果优于 P.O 水泥固化土，但养护龄期超过 7d 后则明显不如 P.O 水泥固化土，这与 MKPC 固化土水化产物含量和微观结构变化规律有关，MKPC 水化产物更少、微观结构较为疏松，其固化效果不如同掺量 P.O 水泥。

4.3 固化/稳定化污染土

目前利用磷酸盐类固化剂固化/稳定化污染土的研究较少。

4.3.1 强度与变形

图 4-25 为不同 MKPC 掺量固化 Pb 污染土的应力-应变曲线，MKPC 固化剂添加量分别为干土质量的 30%（C30）、40%（C40）、50%（C50）、60%（C60）和 70%（C70）。固化污染土的应力应变曲线随 MKPC 掺量增加逐渐呈现脆性破坏特征，峰值应力增加、破坏应变减小。

此外，Pb^{2+}含量对 MKPC 固化污染土强度与变形的影响规律与水泥固化污染土相似，均存在“临界浓度”[75]。低于临界浓度，抗压强度 q_u 和变形模量 E_{50} 随着 Pb^{2+}含量增加而增加；高于临界浓度，则随之增加而降低，表明 Pb^{2+}干预 MKPC 水化反应，含量较低时能够促进水化反应，高含量则起到阻滞作用。其他 MPCs 固化重金属污染土也呈现出相似的规律[76,77]。

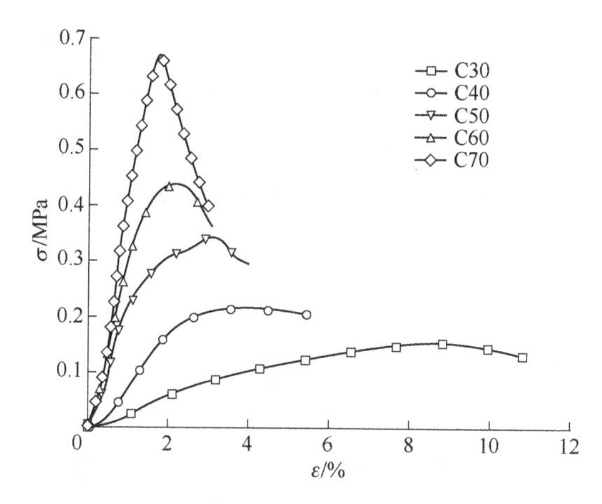

图 4-25 不同 MKPC 掺量固化污染土的应力-应变曲线[75]

4.3.2 浸出特性和渗透特性

对于 MPCs 固化污染土，随着固化剂掺量的增加，MPCs 水化产物 MKP 等显著增加，固化污染土孔隙体积显著减小，土颗粒变得更为密实，胶结程度加强，固化污染土强度增加，浸出浓度降低[78]，渗透系数减小[79]。养护龄期对浸出特性和渗透特性的影响亦是如此[80]。

当然，污染土中重金属污染物含量对固化土浸出特性和渗透特性的影响也存在临界值。当污染物含量低于该临界值，固化污染土的浸出浓度、渗透系数随着污染物含量的增加而减小，原因是 MPCs 能够通过形成重金属磷酸盐沉淀、化学结合重金属、吸附重金属、包裹重金属等方式降低重金属自由离子的迁移性，从而减小浸出浓度；但当污染物含量超过该临界值，过高的离子浓度能够阻碍 MPCs 水化反应，降低 MKP 等水化产物的生成，从而增大固化土孔隙，影响 MKP 等水化产物对污染物的化学结合、物理吸附和包裹作用，导致污染物浸出浓度和渗透系数的增加。

4.3.3 劣化特性与耐久性

随着冻融循环次数、干湿循环次数、浸水时间、腐蚀性物质侵蚀时间及碳化时间的增加，固化污染土呈现出强度降低、浸出浓度增大、渗透系数增大的劣化现象[81-88]，这与复杂环境下固化污染土水化反应受阻、孔隙增加、结构完整性破坏、固化/稳定化效果（沉淀、化学结合、物理吸附、包裹等作用）劣化等有关。

4.3.4 固化/稳定化机理

MPCs 稳定化机理含有物理吸附、物理包裹等机制，但主要是络合作用、化学沉淀和共沉淀的作用。在实际固化/稳定化作用过程，固化与稳定化是相互促进的，并非简单的叠加作用，固化剂的固化作用中水化反应产物能够胶结土颗粒，形成良好的骨架结构，增大土颗粒之间的黏结力，. 加快土颗粒团聚化，大量反应产物填充固化土孔隙，形成具有较高强度的密实结构，降低固化污染土渗透系数；稳定化作用可通过与污染物发生化学反应形成磷酸盐沉淀、氢氧化物沉淀，或发生离子交换反应、络合反应等，或通过胶凝产物对污染物进行包裹、吸附作用。固化作用形成的低孔隙率致密结构和强度能够有效封存污染物，降低污染物浸出风险和渗透风险，稳定化作用则使污染物从溶解态、可浸出的离子形态或高危害的离子价态转变为不可溶沉淀、稳定不可浸出或无生态毒害性的离子价态。固化作用提高了稳定化效果，稳定化作用则加强了固化作用。

4.4 结语

磷酸盐类固化剂在土体加固和污染土固化/稳定化应用方面仍处于起步阶段，室内试验研究也较少。加固土体方面，磷酸盐类固化剂与土体各组分（不同土质、颗粒粒组组成、不同化学成分等）之间的反应机理有待研究，固化土长期力学性能未见相关报道，宏观、微观特性之间的相互作用机理也不清晰；固化/稳定化污染土方面，磷酸盐类固化剂固化/稳定化机理及其耐久性方面的研究尚未成体系，碳化作用、腐蚀性介质等对固化/稳定化污染土的劣化机理鲜有报道，长期耐久性能也缺乏相应数据支撑。截至目前，已有 MPCs 在土体加固、污染土固化/稳定化方面的相关研究，而在 Web of Science、Engineering Village、Science Direct、Springer、ASCE、中国知网、万方数据库等常见数据库和学术网站均未找到磷酸盐激发地聚物在土体加固、污染土修复等方面的相关研究报道，磷酸盐激发地聚物与碱激发类固化剂作用机理相似，却缺乏关注，目前多被用于固废、危险废物及核废料的固化/稳定化。

近年来，学者们尝试研究基于磷酸盐的 MPCs，开发适用于土体加固、污染土固化/稳定化的固化剂，并取得了优异的加固效果、固化/稳定化效果，但是 MPCs 多是采用工业产品，价格昂贵，固化剂的成本仍是限制其规模化应用的主要因素。磷酸盐激发地聚物可利用大量固体废物，具有显著的环境效益且成本相对较低，其在土体中的应用有待进一步深入研究。

磷酸盐类固化剂中 MPCs 具有凝结硬化快、早期强度高、抗冻融性能好、体积稳定性好等优点，其在土体加固、污染土固化/稳定化中取得了优异的效果，逐渐得到岩土专业学者们的关注；磷酸盐激发地聚物具有强度高、抗干湿循环和抗冻融循环性能好、固废使用量大等特点，在土体中的应用有待进一步探究。

目前，磷酸盐类固化剂应用的主要限制因素有：

① 成本问题。磷酸盐类固化剂原材料多为工业产品，其原料价格昂贵，成本比传统固化剂（如石灰、硅酸盐水泥等）更高，且地域资源不均衡。

② LCA 问题。磷酸盐类固化剂的制备过程主要为原材料的配料、混合、搅拌，不涉及高温煅烧等过程，但磷酸盐类固化剂的原材料，如 MPCs 的镁质组分、磷酸盐组分、缓凝组分、改性组分（偏高岭土）等，及磷酸盐激发地聚物的活性 Si-Al 组分（偏高岭土）、磷酸盐-P 组分、添加组分等，在生产过程中不仅消耗大量的资源和能源，还排放出大量污染物。

③ 没有标准或规范。

参考文献

[1] 杨南如. 非传统胶凝材料化学[M]. 武汉：武汉理工大学出版社, 2018.

[2] Abdelrazig B E I, Sharp J H, El-Jazairi B. The chemical composition of mortars made from magnesia-phosphate cement[J]. Cement and Concrete Research, 1988, 18(3): 415-425.

[3] 汪宏涛. 高性能磷酸镁水泥基材料研究[D]. 重庆：重庆大学, 2006.

[4] Sharp J H, Windows H D. Magesia-phosphate cement. Cement research progress(Edited by Brown P W)[M]. Ohio: American Ceramic Society, 1989: 233-262.

[5] Soudée E, Péra J. Influence of magnesia surface on the setting time of magnesia–phosphate cement[J]. Cement and Concrete Research, 2002, 32(1): 153-157.

[6] Sugama T, Kukacka L E. Magnesium monophosphate cements derived from diammonium phosphate solutions[J]. Cement and Concrete Research, 1983, 13(3): 407-416.

[7] Sugama T, Kukacka L E. Characteristics of magnesium polyphosphate cements derived from ammonium polyphosphate solutions[J]. Cement and Concrete Research, 1983, 13(4): 499-506.

[8] Wagh A S, Jeong S Y. Chemically bonded phosphate ceramics: I, a dissolution model of formation[J]. Journal of the American Ceramic Society, 2003, 86(11): 1838-1844.

[9] Formosa J, Chimenos J M, Lacasta A M, et al. Interaction between low-grade magnesium oxide and boric acid in chemically bonded phosphate ceramics formulation[J]. Ceramics International, 2012, 38(3): 2483-2493.

[10] Walling S A, Provis J L. Magnesia-based cements: a journey of 150 years, and cements for the future?[J]. Chemical Reviews, 2016, 116(7): 4170-4204.

[11] Lahalle H, Coumes C C D, Mesbah A, et al. Investigation of magnesium phosphate cement hydration in diluted suspension and its retardation by boric acid[J]. Cement and Concrete Research, 2016, 87: 77-86.

[12] 郑学家主编. 硼化合物生产与应用[M]. 北京：化学工业出版社, 2008.

[13] Hall D A, Stevens R, El-Jazairi B. The effect of retarders on the microstructure and mechanical properties of magnesia–phosphate cement mortar[J]. Cement and Concrete Research, 2001, 31(3): 455-465.

[14] Abdelrazig B E I, Sharp J H, Siddy P, et al. Chemical reactions in magnesia-phosphate cement[J]. Proc Br Ceram Soc, 1984 (35): 141.

[15] Li J, Ji Y S, Huang G D, et al. Retardation and reaction mechanisms of magnesium phosphate cement mixed with glacial acetic acid[J]. RSC Advances, 2017, 7(74): 46852-46857.

[16] Rukzon S, Chindaprasirt P. Strength, porosity, and chloride resistance of mortar using the combination of two kinds of pozzolanic materials[J]. International Journal of Minerals, Metallurgy, and Materials, 2013, 20(8): 808-814.

[17] Gardner L J, Bernal S A, Walling S A, et al. Characterisation of magnesium potassium phosphate cements blended with fly ash and ground granulated blast furnace slag[J]. Cement and Concrete Research, 2015, 74: 78-87.

[18] 杨建明，杜玉兵，徐选臣. 石灰石粉对磷酸镁胶结材料浆体性能的影响[J]. 建筑材料学报, 2015, 18(1): 38-43.

[19] Lu X, Chen B. Experimental study of magnesium phosphate cements modified by metakaolin[J]. Construction and Building Materials, 2016, 123: 719-726.

[20] Xu B W, Ma H Y, Shao H Y, et al. Influence of fly ash on compressive strength and micro-characteristics of magnesium potassium phosphate cement mortars[J]. Cement and Concrete Research, 2017, 99: 86-94.

[21] 吴凯，叶钰燕，施惠生，等. 钢渣对磷酸盐水泥基材料性能的影响机制[J]. 同济大学学报(自然科学版), 2018, 46(1): 87-93.

[22] Haque M A, Chen B. Research progresses on magnesium phosphate cement: a review[J]. Construction and Building Materials, 2019, 211: 885-898.

[23] 刘志宁，何富强，卓卫东，等. 偏高岭土/粉煤灰-磷酸钾镁水泥体系早期水化研究[J]. 硅酸盐通报，2020, 39(5): 1397-1402+1407.

[24] 刘俊霞，李忠育，张茂亮，等. 矿物掺合料改性磷酸镁水泥研究进展[J]. 无机盐工业, 2022(1): 18-23.

[25] Ahmad M R, Chen B. Effect of silica fume and basalt fiber on the mechanical properties and microstructure of magnesium phosphate cement (MPC) mortar[J]. Construction and Building Materials, 2018, 190: 466-478.

[26] Xu B W, Lothenbach B, Ma H Y. Properties of fly ash blended magnesium potassium phosphate mortars: effect of the ratio between fly ash and magnesia[J]. Cement and Concrete Composites, 2018, 90: 169-177.

[27] Li Y, Chen B. Factors that affect the properties of magnesium phosphate cement[J]. Construction and Building Materials, 2013, 47: 977-983.

[28] Caliskan S. Aggregate/mortar interface: influence of silica fume at the micro-and macro-level[J]. Cement and Concrete Composites, 2003, 25(4-5): 557-564.

[29] 陶涛，杨建明，李涛，等. 偏高岭土和粉煤灰对大流动性磷酸钾镁水泥抗盐冻性能的影响[J]. 混凝土，2021(4): 87-90+95.

[30] 王捷编. 氧化铝生产工艺[M]. 北京：冶金工业出版社, 2006.

[31] 李洁，陈启元，尹周澜，等. 过饱和铝酸钠溶液结构性质与分解机理研究现状[J]. 化学进展，2003(3): 170-177.

[32] 常远，史才军，杨楠，等. 不同细度 MgO 对磷酸钾镁水泥性能的影响[J]. 硅酸盐学报, 2013, 41(4): 492-499.

[33] 汪宏涛，钱觉时，王建国. 磷酸镁水泥的研究进展[J]. 材料导报, 2005(12): 46-47+51.

[34] Li Y, Sun J, Chen B. Experimental study of magnesia and M/P ratio influencing properties of magnesium phosphate cement[J]. Construction and Building Materials, 2014, 65: 177-183.

[35] Li Z J, Ding Z, Zhang Y S. Development of sustainable cementitious materials[C]. Beijing: Proceedings of International Workshop on Sustainable Development and Concrete Technology, 2004: 55-76.

[36] Yang Q, Zhu B, Wu X. Characteristics and durability test of magnesium phosphate cement-based material for rapid repair of concrete[J]. Materials and Structures, 2000, 33(4): 229-234.

[37] Cui X M, Liu L P, He Y, et al. A novel aluminosilicate geopolymer material with low dielectric loss[J]. Materials Chemistry and Physics, 2011, 130(1-2): 1-4.

[38] Douiri H, Louati S, Baklouti S, et al. Structural, thermal and dielectric properties of phosphoric acid-based geopolymers with different amounts of H_3PO_4[J]. Materials Letters, 2014, 116: 9-12.

[39] Louati S, Hajjaji W, Baklouti S, et al. Structure and properties of new eco-material obtained by phosphoric acid attack of natural Tunisian clay[J]. Applied Clay Science, 2014, 101: 60-67.

[40] Lin H, Liu H, Li Y, et al. Properties and reaction mechanism of phosphoric acid activated metakaolin geopolymer at varied curing temperatures[J]. Cement and Concrete Research, 2021, 144: 106425.

[41] Wagh A S. Chemically bonded phosphate ceramics: twenty-first century materials with diverse applications (Second edition)[M]. Amsterdam: Elsevier, 2016.

[42] Finch T, Sharp J H. Chemical reactions between magnesia and aluminium orthophosphate to form magnesia-phosphate cements[J]. Journal of Materials Science, 1989, 24(12): 4379-4386.

[43] Hipedinger N E, Scian A N, Aglietti E F. Magnesia–phosphate bond for cold-setting cordierite-based refractories[J]. Cement and Concrete Research, 2002, 32(5): 675-682.

[44] 沈卫，刘昌胜，顾燕芳. 磷酸钙骨水泥的水化反应、凝结时间及抗压强度[J]. 硅酸盐学报, 1998(2): 3-9.

[45] Soudée E, Péra J. Mechanism of setting reaction in magnesia-phosphate cements[J]. Cement and Concrete Research, 2000, 30(2): 315-321.

[46] Qiao F, Chau C K, Li Z J. Calorimetric study of magnesium potassium phosphate cement[J]. Materials and Structures, 2012, 45(3): 447-456.

[47] 杨建明，钱春香，焦宝祥，等. 缓凝剂硼砂对磷酸镁水泥水化硬化特性的影响[J]. 材料科学与工程学报, 2010, 28(1): 31-35+75.

[48] 杨建明，钱春香，焦宝祥，等. $Na_2HPO_4 \cdot 12H_2O$ 对磷酸镁水泥水化硬化特性的影响[J]. 建筑材料学报, 2011, 14(3): 299-304.

[49] 戴丰乐，汪宏涛，丁建华，等. 氧化镁与磷酸盐质量比对磷酸镁水泥水化历程的影响[J]. 硅酸盐学报，2017, 45(8): 1144-1152.
[50] Banks E, Chianelli R, Korenstein R. Crystal chemistry of struvite analogs of the type $MgMPO_4 \cdot 6H_2O$ (M+= potassium (1+), rubidium (1+), cesium (1+), thallium (1+), ammonium (1+))[J]. Inorganic Chemistry, 1975, 14(7): 1634-1639.
[51] Ravikumar R, Rao S N, Reddy B J, et al. Electronic spectra of hexa aqua coordinated transition metal doped zinc struvite[J]. Ferroelectrics, 1996, 189(1): 139-147.
[52] Stefov V, Šoptrajanov B, Najdoski M, et al. Infrared and Raman spectra of magnesium ammonium phosphate hexahydrate (struvite) and its isomorphous analogues. Ⅴ. Spectra of protiated and partially deuterated magnesium ammonium arsenate hexahydrate (arsenstruvite)[J]. Journal of Molecular Structure, 2008, 872(2-3): 87-92.
[53] Cahil A, Šoptrajanov B, Najdoski M, et al. Infrared and Raman spectra of magnesium ammonium phosphate hexahydrate (struvite) and its isomorphous analogues. PartⅥ: FT-IR spectra of isomorphously isolated species. NH_4^+ ions isolated in $MKPO_4 \cdot 6H_2O$ (M= Mg; Ni) and PO_4^{3-} ions isolated in $MgNH_4AsO_4 \cdot 6H_2O$[J]. Journal of Molecular Structure, 2008, 876(1-3): 255-259.
[54] Stefov V, Cahil A, Šoptrajanov B, et al. Infrared and Raman spectra of magnesium ammonium phosphate hexahydrate (struvite) and its isomorphous analogues. Ⅶ: spectra of protiated and partially deuterated hexagonal magnesium caesium phosphate hexahydrate[J]. Journal of Molecular Structure, 2009, 924: 100-106.
[55] Stefov V, Koleva V, Najdoski M, et al. Infrared and Raman spectra of magnesium ammonium phosphate hexahydrate (struvite) and its isomorphous analogues. Ⅹ. Vibrational spectra of magnesium rubidium arsenate hexahydrate and magnesium thallium arsenate hexahydrate[J]. Macedonian Journal of Chemistry and Chemical Engineering, 2020, 39(2): 239-249.
[56] Ravikumar R, Chandrasekhar A V, Reddy B J, et al. X-ray powder diffraction, DTA and vibrational studies of $CdNH_4PO_4 \cdot 6H_2O$ crystals[J]. Crystal Research and Technology: Journal of Experimental and Industrial Crystallography, 2002, 37(10): 1127-1132.
[57] Abdija Z, Najdoski M, Koleva V, et al. Preparation, structural, thermogravimetric and spectroscopic study of magnesium potassium arsenate hexahydrate[J]. Zeitschrift Für Anorganische Und Allgemeine Chemie, 2014, 640(15): 3177-3183.
[58] Ferraris G, Fuess H, Joswig W. Neutron diffraction study of $MgNH_4PO_4 \cdot 6H_2O$ (struvite) and survey of water molecules donating short hydrogen bonds[J]. Acta Crystallographica Section B: Structural Science, 1986, 42(3): 253-258.
[59] Fan S J, Chen B. Experimental research of water stability of magnesium alumina phosphate cements mortar[J]. Construction and Building Materials, 2015, 94: 164-171.
[60] Davidovits J. Geopolymer chemistry and applications[M]. 5th ed. France: Saint Quentin, 2020.
[61] Liu L P, Cui X M, Qiu S H, et al. Preparation of phosphoric acid-based porous geopolymers[J]. Applied Clay Science, 2010, 50(4): 600-603.
[62] Guo C M, Wang K T, Liu M Y, et al. Preparation and characterization of acid-based geopolymer using metakaolin and disused polishing liquid[J]. Ceramics International, 2016, 42(7): 9287-9291.
[63] Wang Y S, Dai J G, Ding Z, et al. Phosphate-based geopolymer: formation mechanism and thermal stability[J]. Materials Letters, 2017, 190: 209-212.
[64] Wang Y S, Alrefaei Y, Dai J G. Silico-aluminophosphate and alkali-aluminosilicate geopolymers: a comparative review[J]. Frontiers in Materials, 2019, 6: 106.
[65] Mathivet V, Jouin J, Gharzouni A, et al. Acid-based geopolymers: understanding of the structural evolutions during consolidation and after thermal treatments[J]. Journal of Non-Crystalline Solids, 2019, 512: 90-97.
[66] Chau C K, Qiao F, Li Z. Microstructure of magnesium potassium phosphate cement[J]. Construction and Building Materials, 2011, 25(6): 2911-2917.
[67] 刘进，呙润华，张增起. 磷酸镁水泥性能的研究进展[J]. 材料导报, 2021, 35(23): 23068-23075.

[68] Yang N, Shi C J, Yang J M, et al. Research progresses in magnesium phosphate cement–based materials[J]. Journal of Materials in Civil Engineering, 2014, 26(10): 04014071.
[69] Xu B W, Lothenbach B, Leemann A, et al. Reaction mechanism of magnesium potassium phosphate cement with high magnesium-to-phosphate ratio[J]. Cement and Concrete Research, 2018, 108: 140-151.
[70] Wang A J, Song N, Fan X J, et al. Characterization of magnesium phosphate cement fabricated using pre-reacted magnesium oxide[J]. Journal of Alloys and Compounds, 2017, 696: 560-565.
[71] Wang Y S, Provis J L, Dai J G. Role of soluble aluminum species in the activating solution for synthesis of silico-aluminophosphate geopolymers[J]. Cement and Concrete Composites, 2018, 93: 186-195.
[72] Douiri H, Louati S, Baklouti S, et al. Structural and dielectric comparative studies of geopolymers prepared with metakaolin and Tunisian natural clay[J]. Applied Clay Science, 2017, 139: 40-44.
[73] Wang Y S, Alrefaei Y, Dai J G, et al. Influence of coal fly ash on the early performance enhancement and formation mechanisms of silico-aluminophosphate geopolymer[J]. Cement and Concrete Research, 2020, 127: 105932.
[74] 俞良晨，闫超，郭书兰，等. 有机质含量对磷酸镁水泥固化土性质的影响研究[J]. 工程地质学报，2020, 28(2): 335-343.
[75] 张亭亭，李江山，王平，等. 磷酸镁水泥固化铅污染土的应力-应变特性研究[J]. 岩土力学，2016，37(S1): 215-225.
[76] 侯世伟，张飞，高广亮，等. 磷酸镁水泥固化铜污染土的工程特性[J]. 科学技术与工程，2021，21(5): 2105-2111.
[77] 魏明俐. 新型磷酸盐固化剂固化高浓度锌铅污染土的机理及长期稳定性试验研究[D]. 南京：东南大学，2017.
[78] 魏明俐，杜延军，刘松玉，等. 磷矿粉稳定铅污染土的溶出特性研究[J]. 岩土工程学报，2014，36(4): 768-774.
[79] 张亭亭，李江山，王平，等. 磷酸镁水泥固化铅污染土的力学特性试验研究及微观机制[J]. 岩土力学，2016, 37(S2): 279-286.
[80] 张亭亭，王平，李江山，等. 养护龄期和铅含量对磷酸镁水泥固化/稳定化铅污染土的固稳性能影响规律及微观机制[J]. 岩土力学, 2018, 39(6): 2115-2123.
[81] 赵三青. 干湿循环对 Pb 污染土固化体力学和浸出特性的影响[J]. 环境工程学报, 2018, 12(1): 220-226.
[82] 侯世伟，张瑀哲，李宏男，等. 冻融循环下磷酸镁水泥固化铜污染土的淋滤特性研究[J]. 科学技术与工程，2020, 20(5): 1993-1999.
[83] 魏明俐，伍浩良，杜延军，等. 冻融循环下含磷材料固化锌铅污染土的强度及溶出特性研究[J]. 岩土力学，2015, 36(S1): 215-219.
[84] 王哲，丁耀堃，许四法，等. 酸雨环境下磷酸镁水泥固化锌污染土溶出特性研究[J]. 岩土工程学报，2017, 39(4): 697-704.
[85] 陶妍艳，贺瑶瑶. 冻融侵蚀作用下工业矿渣固化/稳定化铅污染土固化体的工程特性[J]. 科学技术与工程，2020, 20(14): 5864-5869.
[86] 侯世伟，张皓，杨镇吉，等. 磷酸镁水泥固化铜污染土的冻融稳定性研究[J]. 岩石力学与工程学报，2020, 39(S1): 3123-3129.
[87] 李江山，王平，张亭亭，等. 铅污染土固化体冻融循环效应和微观机制[J]. 岩土工程学报，2016，38(11): 2043-2050.
[88] 李江山，王平，张亭亭，等. 酸溶液淋溶作用下重金属污染土固化体浸出特性及机理[J]. 岩土工程学报，2017, 39(S1): 135-139.

5 碱激发类固化剂

碱激发类固化剂（alkali-activated binders）用于混凝土时被称为碱激发胶凝材料（alkali-activated materials），在岩土工程中常被称为碱激发固化剂或地质聚合物（geopolymer）、矿物键合陶瓷材料（chemically bonded ceramic material）等。

碱激发类固化剂是指具有潜在水化反应活性（如矿渣、粉煤灰、炉渣等）或潜在水硬性（如钢渣、硅钙渣等高温淬冷材料）的火山灰质材料在碱性激发剂作用下，可以生成水硬性胶结物质的固化剂。碱激发过程可看作碱激发剂对火山灰质材料中硅铝质玻璃体矿物相的化学激发过程，并将硅铝质玻璃体（也可称亚稳态结构）转变为密实的胶凝结构[1-5]，反应产物为无定形的碱硅铝相凝胶[6,7]。

碱激发类固化剂制备工艺简单、无需高温煅烧过程，还可利用固体废物作为主要原材料，因此具有低能耗、无污染等特点[3]，且与硅酸盐水泥相比，在力学性能、耐久性能、成本方面均有显著的优势[8-11]，被认为是最有可能替代水泥的生态友好型胶凝材料[1,8,12-20]。

碱激发类固化剂与石灰、硅酸盐水泥、硫铝酸盐水泥、铝酸盐水泥、氯氧镁水泥等均是以 $CaO-SiO_2-Fe_2O_3-Al_2O_3-MgO-M_2O$ 体系为主（M 为金属 Metal 的缩写，如 Na、K 等）的固化剂，各种固化剂的化学组成如图 5-1 所示。相比于硅酸盐水泥、石灰、硫铝酸盐水

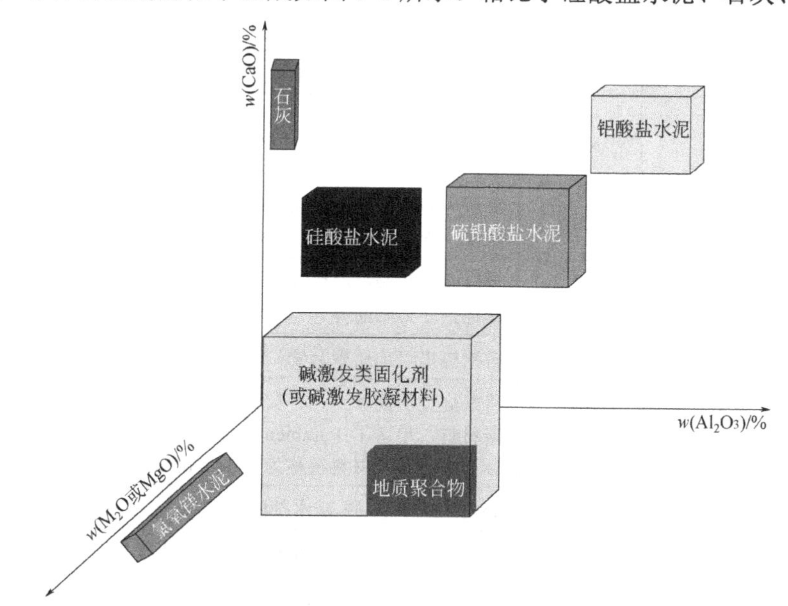

图 5-1 $CaO-Al_2O_3-M_2O$（或 MgO）体系的固化剂化学组成（基于文献[21]修改）

泥、铝酸盐水泥，碱激发类固化剂具有 CaO 低、M_2O 或 MgO 高的特点，这与碱激发类固化剂原材料不需煅烧反应，主要通过碱激发作用形成强度的机理有关；而地质聚合物属于碱激发类固化剂中的一种，与其他碱激发类固化剂相比，具有 CaO 低，Al_2O_3、M_2O 或 MgO 高的特点；石灰中 CaO 含量最高；硅酸盐水泥、硫铝酸盐水泥和铝酸盐水泥基本不含 M_2O 和 MgO，M_2O 和 MgO 在水泥中属于有害杂质成分，在水泥硬化后会发生碱-集料反应，影响水泥基材料的耐久性；铝酸盐水泥中 Al_2O_3 含量最高（约为熟料总质量的 50%），具有快硬、早强、耐热等特性，硫铝酸盐水泥中 Al_2O_3 含量次之，硅酸盐水泥含量最低；氯氧镁水泥（magnesium oxychloride cement，或称镁水泥、Sorrel 水泥）是以一定浓度的氯化镁（$MgCl_2$）溶液拌和轻烧氧化镁（即活性 MgO，菱镁矿或白云石矿在 600～850℃煅烧）而得的一种气硬性胶凝材料，其化学组成以 MgO 为主，基本不含 CaO、Al_2O_3、M_2O 等（详见第 6 章）。

碱激发类固化剂的重要发展历程如表 5-1 所示。

表 5-1　碱激发固化剂的重要发展历程（基于文献[21]～[25]修改）

年份	研究者	国家	主要成果
1908	Kühl	德国	矿渣在氢氧化钾溶液中的凝结特性
1937	Chassevent	未知	用氢氧化钠/钾的溶液来测试矿渣活性
1939	Feret	未知	首次将矿渣应用到水泥基材料，但主要是用作辅助胶凝材料，而非碱激发胶凝材料
1940	Purdon	比利时	研究了由矿渣和氢氧化钠或由矿渣、碱及碱性盐组成的无熟料水泥，利用 NaOH 溶液、$NaOH-Ca(OH)_2$ 组分及不同的碱金属盐（主要是钠盐）激发超过 30 种高炉矿渣，部分强度可达到水泥强度
1957	Glukhovsky	苏联	用含水和无水的铝硅酸盐（玻璃质岩石、黏土、冶金矿渣）合成了胶凝材料，发现并提出了 $M_2O-M_2O_3-Si_2O-H_2O$ 和 $M_2O-MO-M_2O_3-Si_2O-H_2O$ 两大胶凝体系理论，并命名为“土壤水泥（soil-cements）”
1959			提出了碱激发作用理论体系
1962	/	苏联	正式投入使用
1964			工业化生产
1965	Glukhovsky	苏联	命名为碱水泥（alkaline cements），并成功应用到公共建筑、铁路轨枕、管道、排水渠道及灌溉渠道等
1970	/	波兰	将碱激发胶凝材料用作灌浆材料、固废固化/稳定化、铁路轨枕及其他预应力制品等
1979	Davidovits	法国	首次提出“地质聚合物”
1982			将煅烧过的高岭土、石灰石和白云石混合物与碱溶液混合得到胶凝材料，申请了 Pyrament、Geopolycem、Geopolymite 等不同商标，并将该类材料统称为“Geopolymer”
1983	Forss	未知	提出基于矿渣-碱-减水剂的 F-Cement
1986	Malek	美国	研制了可用于固化放射性废物的碱激发胶凝材料
1991	王绍东	中国	总结了早期中国碱激发胶凝材料的发展情况，采用冶金废渣制备高强、低能耗胶凝材料

续表

年份	研究者	国家	主要成果
1994	Krivenko	乌克兰	发现碱溶液与碱的硅酸盐、铝酸盐、硅铝酸盐、黏土矿物、天然的或人造的玻璃体均可反应生成水化硅铝酸碱或水化硅铝酸-碱土金属水化物等水化产物，这些水化产物的结构与天然沸石和云母有相似之处
1996	史才军	中国	碱激发矿渣的强度、孔结构和渗透性
1997	Fernández-Jiménez、Puertas	西班牙	碱激发矿渣水泥的动力学研究
2003	Palomo 等	西班牙	危险废物的固化/稳定化
2008	Hajimohammadi 等	澳大利亚	提出了“One-part geopolymer”，即直接加水的地质聚合物
2009	Provis、van Deventer	澳大利亚	地质聚合物的结构、形成、特性及工业应用

5.1 概述

5.1.1 原材料

5.1.1.1 原材料的分类

目前没有针对组成碱激发类固化剂原材料的统一的分类方法。

Garcia-Lodeiro 等[26]将碱激发类固化剂原材料分为碱激发剂和胶凝材料组分两大部分。其中，碱激发剂指的是含碱化学试剂或水化水解能够释放大量 OH^-的含碱物质，没有进一步对碱激发剂进行分类；胶凝材料组分按水硬性分为胶凝材料、天然火山灰材料、人工火山灰材料和工业副产物，未考虑不同火山灰质材料的反应活性，目前多数火山灰质材料的反应活性较低，在该分类中没有体现。

Glukhovsky[1,27,28]将碱激发剂分为苛性碱（MOH 等）、非硅酸盐弱酸盐（M_2CO_3、M_2SO_3、M_3PO_4、MF 等）、硅酸盐（$M_2O\cdot nSiO_2$）、铝酸盐（$M_2O\cdot nAl_2O_3$）、铝硅酸盐［$M_2O\cdot Al_2O_3\cdot(2\sim6)SiO_2$］和非硅酸盐强酸盐（$M_2SO_4$），该分类没有考虑碱激发剂与火山灰质材料的适配性。

史才军等[22]基于 ASTM C 618[29]对火山灰的定义和特定的碱激发剂将火山灰质材料分为天然火山灰质材料和人工火山灰质材料。

胶凝材料组分的实质是含有活性钙、硅、铝等无定形玻璃体相的火山灰质材料，其自身不具有胶凝性，需要在碱激发环境中才能发挥其胶凝特性，因此，笼统地将火山灰质材料概括为胶凝组分并不严谨。火山灰质材料中玻璃体相结构分为网络形成体、网络改性体和网络中间体[30]。其中，网络形成体是玻璃体相的网络主体，以网络形成阳离子（Si^{4+}、P^{5+}等）为结构主体，阴离子配位组成的多面体与其结合形成三维网络结构，Si—O 键、P—O 键的单键能达到 444kJ/mol、369～465kJ/mol；网络改性体则不能形成网络结构，但影响网络形成体的网络结构，网络改性体中的网络改性阳离子（Ca^{2+}、Na^+、K^+等）也会与阴离子配位组成结构，但是，Ca—O 键、Na—O 键、K—O 键的单键能特别低，只有 134kJ/mol、84kJ/mol、54kJ/mol；网络中间体介于网络形成体和网络改性体之间，既能形成网络形成体，也能形成网络改性体，中间体阳离子（Al^{3+}等）能够同阴离子形成配位键，配位数为 6，Al—O 键的单键能达到了 250kJ/mol。因此，通过火山灰质材料中玻璃体相结构组成情况即可判断其反应活性，由玻璃体相结构单键能可知，网络形成体单键能＞网络中间体单键能＞网络改性体单键能。玻璃体相结构中网络形成体和网络中间体越多，反应活性越低；反之，网络改性体越多，则反应活性越高。另外，部分固体废物自身不是以 $CaO\text{-}Al_2O_3\text{-}SiO_2$ 体系（简写 CAS 体系）化学成分为主，在产生的过程中也未经过煅烧、冷却等过程，但在粉磨至一定细度后可用于改善碱激发类固化剂的工作性、力学性能和耐久性等，却未将其在上述原材料中归类。

综上所述，上述分类方法没有考虑碱激发剂和火山灰质材料的特性，不便于固化剂原材料的选取，且均是基于混凝土的胶凝材料进行的分类。

笔者结合国内外研究现状及已有研究成果，将碱激发类固化剂原材料分为碱激发剂（alkali activators，AAs）、火山灰质材料（pozzolanic materials，PMs）和辅助材料（supplementary materials，SMs），各组分及其作用如图 5-2 所示。

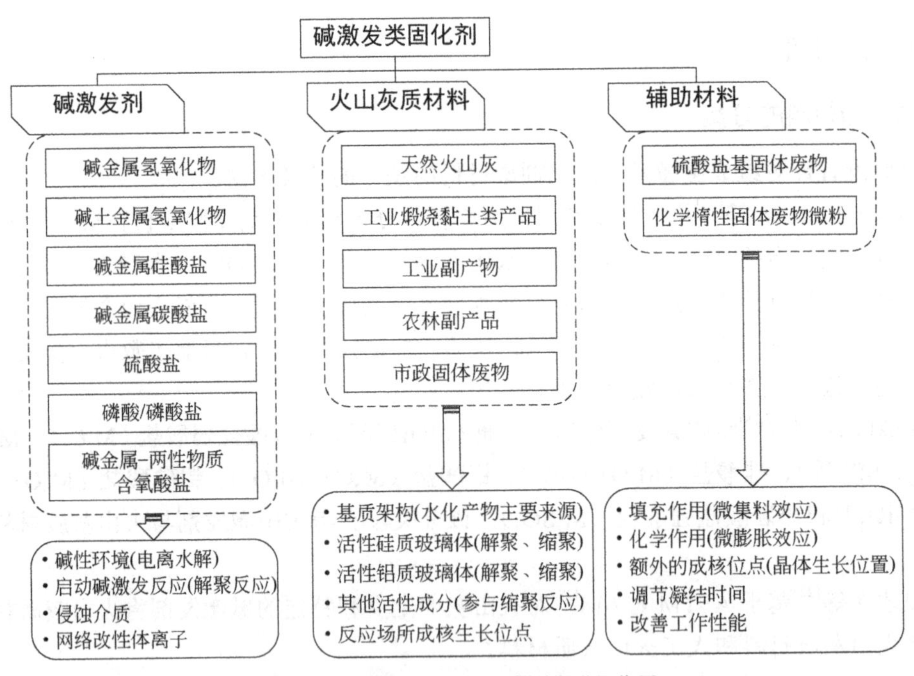

图 5-2　碱激发固化剂原材料的组分及作用

根据碱激发剂的主要作用成分，将其分为碱金属氢氧化物、碱土金属氢氧化物、碱金属硅酸盐、碱金属碳酸盐、硫酸盐、磷酸/磷酸盐和碱金属-两性物质含氧酸盐。碱激发剂在碱激发类固化剂中的主要作用有以下几个方面：碱激发剂通过电离或水解过程得到的 OH^-可为碱激发反应提供碱性环境，为溶解阶段创造环境条件；大量的 OH^-具有很高的反应势能，为启动火山灰质材料的解聚反应提供了条件；侵蚀性介质（OH^-为主）可使火山灰质材料活性硅铝质玻璃体中 Si—O—Si 键、Al—O—Al 键、Si—O—Al 键断裂，得到具有反应活性的 Si—O—和 Al—O—结构；碱激发剂水解过程得到的阳离子能够参与缩聚反应，生成胶凝性水化产物。

根据火山灰质材料的来源，将火山灰质材料分为天然火山灰、工业煅烧黏土类产品、工业副产物、农林副产物和市政固体废物等。理论上讲，只要含有硅铝相矿物相组成的材料均可以被碱激发，从而制备碱激发类固化剂[31]。火山灰质材料在碱激发类固化剂中的主要作用有以下几个方面：提供基质架构，碱激发反应主要为基于火山灰质材料矿物相自身的硅铝质玻璃体相结构，在此基础上发生缩聚反应得到具有胶凝性的水化产物；提供活性硅质玻璃体、铝质玻璃体和其他活性物质（如氧化钙、氧化镁等），在碱激发剂作用下发生缩聚反应，在碱性环境中进一步发生缩聚反应生成具有胶凝性的水化产物；为碱激发反应提供反应场所，在侵蚀介质作用下，碱激发缩聚反应逐步在火山灰质材料颗粒表面生成水化产物，并逐步向颗粒内部侵蚀。

根据辅助材料的来源，将辅助材料分为硫酸盐基固体废物和化学惰性固体废物微粉。辅助材料在碱激发类固化剂中的主要作用有以下几个方面：填充在硬化体孔隙，具有微集料填充作用；硫酸盐基固体废物可参与碱激发反应生成多硫型水化硫铝酸钙（AFt）和低硫型水化硫铝酸钙（AFm），具有微膨胀作用；微粉为碱激发反应提供额外的结晶成核点位，为晶体生长提供位置，使溶解状态的水化产物与辅助材料微粒接触并快速沉淀，从而加速缩聚反应的进程，实现调节凝结时间（含初凝时间和终凝时间）的作用；改善流动性；提高硬化体强度；提高耐久性；改善收缩膨胀性能。需要说明的是，辅助材料多为化学惰性固体废物微粉，在一般条件下难以实现资源化利用，通过在碱激发类固化剂中添加一定量的辅助材料，不仅可以实现上述作用功能，还能降低成本，提高化学惰性固体废物的利用率。

由图 5-2 可知，固体废物可作为碱激发类固化剂的原材料，具有广泛的应用前景。在此，根据不同行业产生的固体废物，对可用于制备碱激发类固化剂的固体废物进行整理并汇总，如表 5-2 所示。

表 5-2　可用作制备碱激发类固化剂的不同来源固体废物

来源	产生的固体废物
采矿工业	各种矿产资源开采过程产生的废石、尾矿，采煤过程产生的煤矸石等
冶金工业	钢渣、高炉矿渣、铜渣、硅灰、有色金属渣、镁渣、赤泥、红渣、钨渣、锰渣、镍铁渣、铁合金渣等
热电工业	飞灰、炉渣、烟气脱硫石膏等
化学工业	电石渣、碱渣、磷渣、磷石膏、木质素、糠醛渣等
建材工业	石灰、石膏、窑灰、玻璃等
市政固废	废玻璃、市政垃圾及污泥焚烧灰、废弃建筑物、砖、瓦等
农林生产	农作物壳皮、玉米芯、甘蔗、棕榈油、椰子壳、废木等的焚烧灰

基于图 5-2 和表 5-2，将碱激发类固化剂进行分类（图 5-3）。碱激发类固化剂由碱激发剂、火山灰质材料和辅助材料组成。碱激发剂分为工业产品、工业副产物、固废制备碱

激发剂；火山灰质材料分为天然火山灰、煅烧黏土类产品、工业副产物、农林副产物、市政固体废物；辅助材料分为硫酸盐基固体废物、化学惰性固体废物微粉。该碱激发类固化剂分类方法是基于各组分的作用及其原材料的来源进行划分的，因此，方便用于碱激发类固化剂的研发及应用。

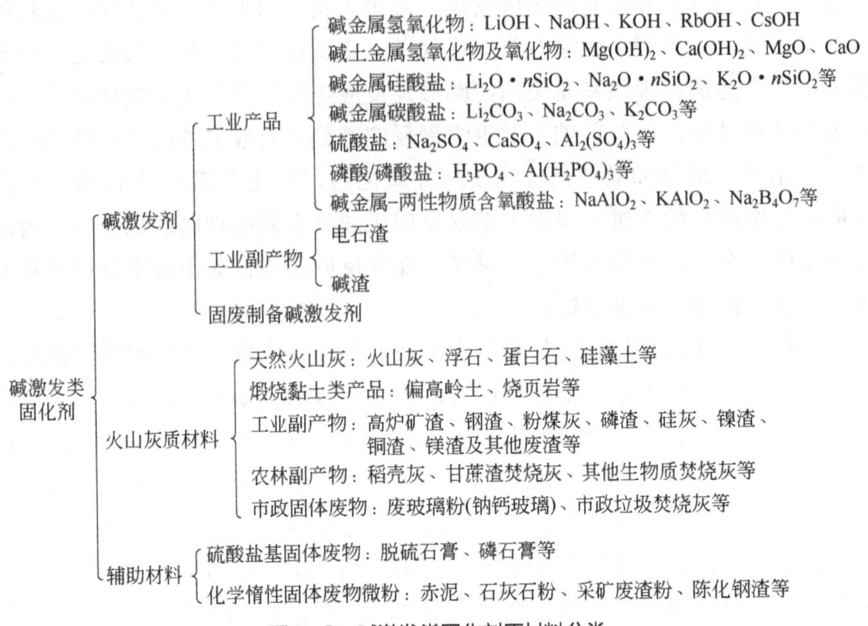

图 5-3　碱激发类固化剂原材料分类

5.1.1.2　碱激发剂

AAs 为碱激发类固化剂提供碱性反应环境（OH^-、H_2O）并充当火山灰质材料中活性硅铝质矿物相的网络改性体改性离子[32]，如 Na^+、K^+、Mg^{2+}、Ca^{2+}等。以氢氧化钠用作碱激发剂为例，NaOH 碱溶液能够提供 OH^-、Na^+和 H_2O（即溶解反应），OH^-能够直接侵蚀火山灰质材料的活性硅铝质矿物相使其 Si—O—Si 键、Al—O—Al 键、Si—O—Al 键断裂得到具有反应活性的 Si—O—结构（$[SiO_4]^{4-}$四面体）和 Al—O—结构（$[AlO_4]^{5-}$四面体）（即发生解聚反应），这些结构能够通过共氧原子连接具有反应活性的$[SiO_4]^{4-}$四面体和$[AlO_4]^{5-}$四面体[33,34]，形成具有胶凝性的硅铝酸盐凝胶（即缩聚反应）。

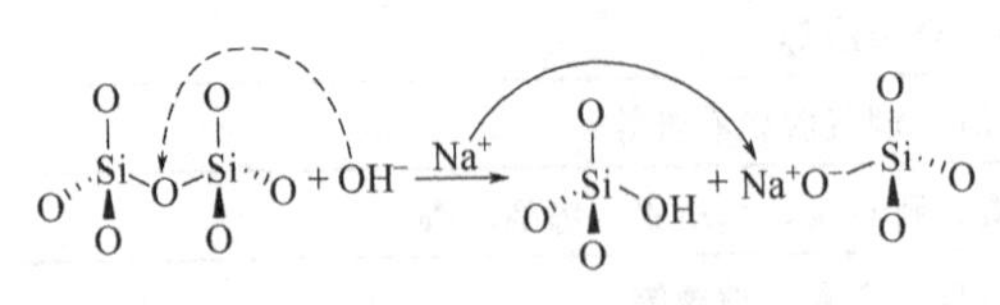

图 5-4　碱激发剂对火山灰质材料的解聚作用机理（以 NaOH 为例）

图 5-4 为碱激发剂对火山灰质材料的解聚作用机理。OH^-会使火山灰质材料中的活性矿物相中 Si—O—Si 键断裂，生成 Si—OH 和 Si—O^-，改性离子 Na^+的存在能够保证硅铝质矿物相中 pH 值接近碱激发剂溶液中的 pH 值[35]，从而加速碱激发反应，反应过程见式（5-1）。在碱激发反应过程中，改性离子 Na^+最终进入具有反应活性的玻璃体相结构，与溶液中 H_2O 的反应，多余部分的 Na^+最终再次形成 NaOH。

$$Na^+(玻璃体相结构)+H_2O(溶液)\longrightarrow H^+(玻璃体相结构)+NaOH(溶液) \quad (5-1)$$

另外，在碱性环境中，解聚得到的≡Si—OH结构和≡Al—OH结构发生缩聚反应生成聚合物，如式（5-2）所示。

$$\equiv Si—OH + \equiv Al—OH \xrightarrow{\text{碱性环境下}} \equiv Si—O—Al\equiv + H_2O \quad (5\text{-}2)$$

可用作碱激发剂原材料的工业产品、工业副产物和固废制备碱激发剂如图5-3所示。

（1）工业产品

工业产品类碱激发剂最为常见，如水泥、水泥熟料、石灰、消石灰、活性MgO以及NaOH、KOH、Na_2CO_3、$Na_2O \cdot nSiO_2$（即水玻璃）、Na_2SO_4等。其中的水泥、水泥熟料、石灰、水玻璃等的原材料见第1章、第2章、第3章。

① 碱金属氢氧化物

如图5-3所示，碱金属氢氧化物（即苛性碱）有LiOH、NaOH、KOH、RbOH和CsOH。其中，NaOH、KOH、RbOH和CsOH属于强碱，具有强腐蚀性，而RbOH和CsOH价格昂贵。

a. 氢氧化锂。LiOH生产方法和使用的原材料如下：

压煮法［式（5-3）］，原材料有锂云母（$Li_2O \cdot Al_2O_3 \cdot 4SiO_2 \cdot 7CaO$）和燃料；苛化法［式（5-4）、式（5-5）］，原材料有精制石灰乳、碳酸锂或硫酸锂；离子膜电解法［式（5-6）］，原材料为精制氯化锂；硅酸锂转化法［式（5-7）］，原材料有碳酸锂和硅酸；铝酸盐锂沉淀法［式（5-8）］，原材料有精制氯化锂、氢氧化铝和苛性碱。

$$Li_2O \cdot Al_2O_3 \cdot 4SiO_2 \cdot 7CaO + 7H_2O \xrightarrow{\text{约150℃}} 2LiOH + 4(CaO \cdot SiO_2) + 3CaO \cdot Al_2O_3 \cdot 6H_2O \quad (5\text{-}3)$$

$$Li_2CO_3 + Ca(OH)_2 \longrightarrow 2LiOH + CaCO_3 \downarrow \quad (5\text{-}4)$$

$$Li_2SO_4 + 2NaOH + 10H_2O \longrightarrow 2LiOH + Na_2SO_4 \cdot 10H_2O \quad (5\text{-}5)$$

$$2LiCl + 2H_2O \xrightarrow{\text{电解}} 2LiOH + Cl_2 \uparrow + H_2 \uparrow \quad (5\text{-}6)$$

$$\begin{aligned} Li_2CO_3 + H_2SiO_3 &\longrightarrow Li_2SiO_3 + CO_2 \uparrow + H_2O \\ Li_2SiO_3 + 2H_2O &\longrightarrow 2LiOH + H_2SiO_3 \end{aligned} \quad (5\text{-}7)$$

$$2Al(OH)_3 + Li^+ + Cl^- + nH_2O \xrightarrow{\text{约90℃}} LiCl \cdot 2Al(OH)_3 \cdot nH_2O \quad (5\text{-}8)$$

b. 氢氧化钠。NaOH（俗称火碱或烧碱，也称苛性钠）是最常用的碱激发剂，生产方法及使用的原材料如下：

苛化法［式（5-9）］，原材料有碳酸钠溶液和石灰；离子膜电解法［式（5-10）］，原材料为氯化钠溶液；离子交换膜法则采用全氟磺酸阳离子交换膜电解氯化钠溶液。

$$Na_2CO_3 + Ca(OH)_2 \longrightarrow 2NaOH + CaCO_3 \downarrow \quad (5\text{-}9)$$

$$2NaCl + 2H_2O \xrightarrow{\text{电解}} 2NaOH + Cl_2 \uparrow + H_2 \uparrow \quad (5\text{-}10)$$

c. 氢氧化钾。KOH（也称苛性钾或钾灰）生产方法和使用的原材料如下：

隔膜电解法［式（5-11）］，原材料有氯化钾、碳酸钾、苛性钾和氯化钡；水银电解法［式（5-12）］，原材料有氯化钾、碳酸钾、苛性钾、氯化钡和钾汞齐。上述碳酸钾和氯化钡是通过沉淀作用去除钙、镁、硫酸根等杂质，苛性钾则用于精制。

$$2KCl+2H_2O \xrightarrow{电解（70\sim75℃）} 2KOH+Cl_2\uparrow+H_2\uparrow \tag{5-11}$$

$$\left.\begin{aligned} 2KCl+2Hg_2 &\xrightarrow{电解} 2KHg_2+Cl_2\uparrow \\ 2KHg_2+2H_2O &\xrightarrow{电解} 2KOH+H_2\uparrow+4Hg \end{aligned}\right\} \tag{5-12}$$

② 碱土金属氢氧化物及氧化物

如图 5-3 所示，碱土金属氢氧化物及氧化物有 $Mg(OH)_2$、$Ca(OH)_2$、MgO 和 CaO，其中 MgO、CaO 遇水反应即可生成 $Mg(OH)_2$、$Ca(OH)_2$。$Mg(OH)_2$、$Ca(OH)_2$ 水溶液呈弱碱性。

a．氢氧化镁。$Mg(OH)_2$（也称苛性镁石或轻烧镁砂）的生产方法和使用的原材料如下：

氢氧化钙法［或石灰乳法，式（5-13）］，原材料有净化卤水和氢氧化钙；氨法［式（5-14）］，原材料有净化卤水和氨水；氢氧化钠法［式（5-15）］，原材料有卤水和氢氧化钠；天然矿物破碎法，原材料为天然水镁石；氧化镁水化法，原材料为轻烧氧化镁（即活性氧化镁，菱镁矿或白云石矿在 600～850℃煅烧）。其中，氢氧化钠法和氧化镁水化法得到的 $Mg(OH)_2$ 具有较高的碱激发活性，可用作碱激发剂。

$$Mg^{2+}+Ca(OH)_2 \longrightarrow Mg(OH)_2\downarrow+Ca^{2+} \tag{5-13}$$

$$Mg^{2+}+2(NH_3\cdot H_2O) \longrightarrow Mg(OH)_2\downarrow+2NH_4^+ \tag{5-14}$$

$$Mg^{2+}+2NaOH \longrightarrow Mg(OH)_2\downarrow+2Na^+ \tag{5-15}$$

b．氢氧化钙。$Ca(OH)_2$ 的原材料为生石灰，详见第 2 章。

c．氧化镁。根据煅烧温度的不同，MgO 分为轻烧 MgO（700～1000℃）、重烧 MgO（1000～1400℃）和死烧 MgO（1400～2000℃）。轻烧 MgO 具有活性高、比表面积大和结晶度低等特点，分散度高，能够与水发生反应生成具有反应活性的 $Mg(OH)_2$；重烧 MgO 活性较低、比表面积小，不能与水发生反应；死烧 MgO 不仅活性低、比表面积小，而且结晶度高，基本没有反应活性。根据碘吸附性能指标（吸碘值），活性 MgO 可分为高活性 MgO（超轻质氧化镁）、中活性 MgO（中轻质 MgO）和低活性 MgO（轻质 MgO），对应的吸碘值分别为 120～180mg I_2/g、50～80mg I_2/g、19～43mg I_2/g。

本书所述的 MgO 是指具有碱激发反应活性的活性 MgO，也称轻烧氧化镁、轻质氧化镁或苛性氧化镁。

活性 MgO 的生产方法和使用的原材料如下：

煅烧法［式（5-16）］，原材料为菱镁矿或白云石或水镁石；沉淀法［式（5-17）］，原材料有镁源［$MgCl_2$、$MgSO_4$、$Mg(NO_3)_2\cdot6H_2O$ 等］、氨水、氢氧化钠、碳酸钾、碳酸氢铵、尿素和六亚甲基四胺；碳化法［式（5-18）］，原材料有菱镁矿和白云石；气相法，原材料有硝酸镁和钼[36]或金属镁蒸气和氧气[37]；高温水解法［式（5-19）］，原材料为水氯镁石（bischofite，$MgCl_2\cdot6H_2O$）。

$$\left.\begin{aligned} MgCO_3(菱镁矿) &\longrightarrow MgO+CO_2\uparrow \\ n\mathrm{Ca}\cdot Mg(CO_3)_2(白云石) &\longrightarrow (n-1)MgO+MgCO_3\cdot n\mathrm{CaCO_3}+(n-1)CO_2\uparrow \\ MgCO_3\cdot n\mathrm{CaCO_3} &\longrightarrow MgO+n\mathrm{CaO}+(n+1)CO_2\uparrow \\ Mg(OH)_2(水镁石) &\longrightarrow MgO+H_2O\uparrow \end{aligned}\right\} \tag{5-16}$$

$$
\left.\begin{aligned}
4MgCO_3\cdot Mg(OH)_2\cdot 4H_2O &\xrightarrow{200℃} 4MgCO_3+Mg(OH)_2+4H_2O\uparrow \\
Mg(OH)_2\cdot 4H_2O &\xrightarrow{250℃} MgO+5H_2O\uparrow \\
MgCO_3 &\xrightarrow{约500℃} MgO+CO_2\uparrow
\end{aligned}\right\} \quad (5\text{-}17)
$$

$$
\left.\begin{aligned}
MgCO_3 &\longrightarrow MgO+CO_2\uparrow(煅烧反应) \\
MgO+H_2O &\longrightarrow Mg(OH)_2(消化反应) \\
Mg(OH)_2+2CO_2 &\longrightarrow Mg(HCO_3)_2(碳化反应) \\
4Mg(HCO_3)_2+Mg(OH)_2 &\longrightarrow 4MgCO_3\cdot Mg(OH)_2\cdot 4H_2O+4CO_2\uparrow(热解)
\end{aligned}\right\} \quad (5\text{-}18)
$$

$$
\left.\begin{aligned}
MgCl_2\cdot 6H_2O \xrightarrow{160℃} MgCl_2\cdot 4H_2O \xrightarrow{190℃} MgCl_2\cdot 2H_2O &\xrightarrow{240℃} MgCl_2\cdot H_2O \\
MgCl_2\cdot H_2O &\xrightarrow{500℃} Mg(OH)Cl+HCl \\
Mg(OH)Cl &\xrightarrow{>510℃} MgO+HCl
\end{aligned}\right\} \quad (5\text{-}19)
$$

活性氧化镁的反应活性主要来源是氧化镁雏晶（细小结晶物）表面价键的不饱和性导致晶格的畸变、缺陷，活性的差异由雏晶的大小及不完整结构等因素而定，当雏晶结构松弛、晶格畸变缺陷较多时，表面不饱和价键随之增加，则氧化镁活性越高，越容易参与碱激发反应；反之，氧化镁晶粒较大、结构致密、晶格完整、晶体发育良好，则氧化镁活性较低。

d．氧化钙。CaO（也称生石灰），见第 2 章。

③ 碱金属硅酸盐

碱金属硅酸盐有锂水玻璃（$Li_2O\cdot nSiO_2\cdot mH_2O$）、钠水玻璃（$Na_2O\cdot nSiO_2\cdot mH_2O$）、钾水玻璃（$K_2O\cdot nSiO_2\cdot mH_2O$）、铷水玻璃（$Rb_2O\cdot nSiO_2\cdot mH_2O$）、铯水玻璃（$Cs_2O\cdot nSiO_2\cdot mH_2O$）等。$Li_2O\cdot nSiO_2\cdot mH_2O$ 溶解度低；$Rb_2O\cdot nSiO_2\cdot mH_2O$ 和 $Cs_2O\cdot nSiO_2\cdot mH_2O$ 成本高、产量少。最常用的碱激发固化剂是 $Na_2O\cdot nSiO_2\cdot mH_2O$ 和 $K_2O\cdot nSiO_2\cdot mH_2O$（图 5-3），其原材料、生产方法见第 3 章。

④ 碱金属碳酸盐

如图 5-3 所示，碱金属碳酸盐有碳酸锂（Li_2CO_3）、碳酸钠（Na_2CO_3）和碳酸钾（K_2CO_3）等[38]。

a．碳酸锂。Li_2CO_3 的生产方法有矿石提取法（图 5-5）和盐湖卤水提取法。矿石提取法采用含锂矿石（如锂云母、锂辉石、透锂长石、锂磷铝石等）、硫酸和硫酸钠为原材料，盐湖卤水提取法一般采用盐湖卤水和碳酸钠为原材料。

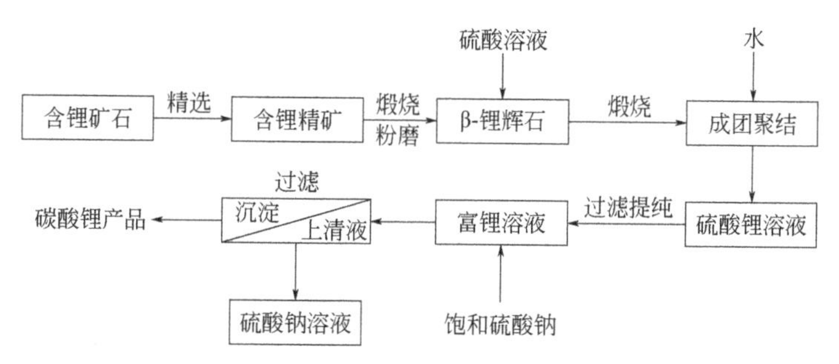

图 5-5　含锂矿石硫酸法制备碳酸锂产品工艺流程

b．碳酸钠。Na_2CO_3（也称纯碱、苏打或石碱）的生产方法有路布兰制碱法［式（5-20）］、氨碱法［也称索尔维制碱法，式（5-21）］和侯氏制碱法［式（5-22）］。路布兰制碱法使用的原材料有氯化钠、硫酸、焦炭、石灰石等；氨碱法采用氯化钠、二氧化碳、氨、石灰乳等为原材料；侯氏制碱法的原材料与氨碱法相同，不同之处在于氨为合成氨厂的副产物，氨不再循环利用而是以氯化铵形式作为肥料，煅烧得到的二氧化碳也可循环利用。

$$\left.\begin{aligned}2NaCl+H_2SO_4 &\longrightarrow Na_2SO_4+2HCl\\ Na_2SO_4+2C &\longrightarrow Na_2S+2CO_2\uparrow\\ Na_2S+CaCO_3 &\longrightarrow Na_2CO_3+CaS\end{aligned}\right\}\tag{5-20}$$

$$\left.\begin{aligned}CaCO_3 &\xrightarrow{\text{高温煅烧}} CaO+CO_2\uparrow\\ NaCl+NH_3+CO_2+H_2O &\longrightarrow NaHCO_3+NH_4Cl\\ 2NaHCO_3 &\xrightarrow{\text{高温}} Na_2CO_3+CO_2\uparrow+H_2O\\ 2NH_4Cl+Ca(OH)_2\text{(石灰乳)} &\xrightarrow{\Delta} CaCl_2+2NH_3\uparrow+2H_2O\end{aligned}\right\}\tag{5-21}$$

$$\left.\begin{aligned}NaCl\text{(过量)}+NH_3+CO_2+H_2O &\longrightarrow NaHCO_3+NH_4Cl\text{(工业副产物)}\\ 2NaHCO_3 &\xrightarrow{\text{高温}} Na_2CO_3+CO_2\uparrow\text{(重复利用)}+H_2O\end{aligned}\right\}\tag{5-22}$$

Na_2CO_3-$NaHCO_3$-H_2O 体系的三元相图见图 5-6。Na_2CO_3 能够吸收 CO_2 生成 $NaHCO_3$ 沉淀，且 Na_2CO_3 的溶解度易受温度影响，当温度低于 35.4℃时，随着温度的升高，Na_2CO_3 溶解度逐渐升高；当温度超过 35.4℃时，随着温度的升高，Na_2CO_3 溶解度随之逐步降低。当温度低于 32℃时，饱和碳酸钠溶液逐渐转变为十水碳酸钠（$Na_2CO_3\cdot 10H_2O$）；温度为 32～35.4℃时，碳酸钠向七水碳酸钠（$Na_2CO_3\cdot 7H_2O$）转变；温度高于 35.4℃后，碳酸钠逐渐转变为一水碳酸钠（$Na_2CO_3\cdot H_2O$）。其中，Na_2CO_3-$NaHCO_3$-H_2O 三元共存温度为−3.3℃，虚线为 25℃、30℃等温线。

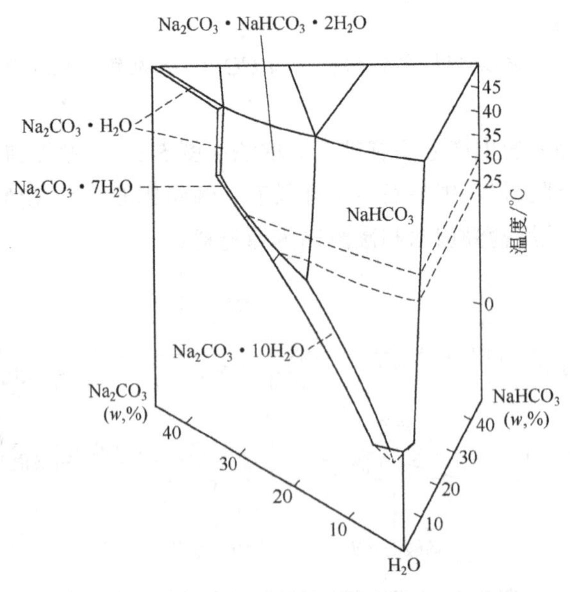

图 5-6 Na_2CO_3-$NaHCO_3$-H_2O 体系的三元相图[21]

c．碳酸钾。K_2CO_3的生产方法和使用的原材料如下：

离子交换法［式(5-23)］，原材料有氯化钾、碳酸氢铵和二氧化碳；路布兰法［式(5-24)］，原材料有硫酸钾、煤粉、石灰石和二氧化碳；有机胺法［式(5-25)］，原材料有有机胺（NR_3，如异丙胺、三乙胺、环六甲亚胺等）、氯化钾、二氧化碳和石灰乳；离子膜电解法［式(5-26)］，原材料有氯化钾和二氧化碳。

$$\left.\begin{array}{r} KCl+NH_4HCO_3 \longrightarrow KHCO_3+NH_4Cl \\ 2KHCO_3 \xrightarrow{CO_2} K_2CO_3+CO_2\uparrow(\text{可重复利用})+H_2O \end{array}\right\} \tag{5-23}$$

$$\left.\begin{array}{r} K_2SO_4+2C+CaCO_3 \longrightarrow K_2CO_3+CaS+2CO_2\uparrow \\ K_2CO_3+CO_2+H_2O \longrightarrow 2KHCO_3 \\ 2KHCO_3 \xrightarrow{\text{煅烧}} K_2CO_3+CO_2\uparrow+H_2O \end{array}\right\} \tag{5-24}$$

$$\left.\begin{array}{r} KCl+CO_2+NR_3+H_2O \longrightarrow NR_3\cdot HCl+KHCO_3 \\ 2NR_3\cdot HCl+Ca(OH)_2+H_2O \xrightarrow{\text{蒸馏}} 2NR_3+3H_2O+CaCl_2 \end{array}\right\} \tag{5-25}$$

$$\left.\begin{array}{r} 2KCl+2H_2O \xrightarrow{\text{电解}} 2KOH+Cl_2\uparrow+H_2\uparrow \\ 2KOH+CO_2 \xrightarrow{\text{高温碳化}} K_2CO_3+H_2O \\ 2KOH+2CO_2 \xrightarrow{\text{过饱和}CO_2} 2KHCO_3 \\ 2KHCO_3 \xrightarrow{\text{煅烧}} K_2CO_3+CO_2\uparrow+H_2O \end{array}\right\} \tag{5-26}$$

⑤ 硫酸盐

如图 5-3 所示，硫酸盐激发剂主要是硫酸钠（Na_2SO_4）、硫酸钙（$CaSO_4$）和硫酸铝［$Al_2(SO_4)_3$］，硫酸钾及其他碱金属硫酸盐不用于制备碱激发固化剂[39]。

a．硫酸钠。Na_2SO_4（也称元明粉或精制芒硝）的生产方法分为全溶蒸发法、热熔法、盐析法和冷冻法等，采用的原材料均为芒硝（$Na_2SO_4\cdot 10H_2O$）。

b．硫酸钙。$CaSO_4$（也称石膏）的生产方法主要是加热法，采用天然二水石膏为原材料。$CaSO_4$一般与其他激发剂联合作为碱激发剂。

c．硫酸铝。$Al_2(SO_4)_3$（也称明矾）的生产原理见式（5-27），采用铝矾土、苛性钠和硫酸为原材料。

$$\left.\begin{array}{r} Al_2O_3+2NaOH \longrightarrow 2NaAlO_2+H_2O \\ NaAlO_2+2H_2O \longrightarrow Al(OH)_3+NaOH \\ 2Al(OH)_3+3H_2SO_4 \longrightarrow Al_2(SO_4)_3+6H_2O \end{array}\right\} \tag{5-27}$$

⑥ 磷酸/磷酸盐

如图 5-3 所示，磷酸/磷酸盐有磷酸（H_3PO_4）、磷酸二氢铝［$Al(H_2PO_4)_3$］等，原材料见第 4 章。

⑦ 碱金属-两性物质含氧酸盐

如图 5-3 所示，碱金属-两性物质含氧酸盐激发剂有碱金属铝酸盐（$NaAlO_2$、$KAlO_2$）

和碱金属硼酸盐（$Na_2B_4O_7$）等。

a．碱金属铝酸盐。$NaAlO_2$（也可用 $Na_2O\cdot Al_2O_3$、$Na_2Al_2O_4$、$Na[Al(OH)_4]$ 等分子式表示）的生产方法有高温压煮法［也称拜耳法，式（5-27）］和高温烧结法［式（5-28）］。高温压煮法采用铝矾土和固体烧碱为原材料；高温烧结法采用铝矾土、烧碱和石灰石为原材料。$KAlO_2$ 与 $NaAlO_2$ 的生产方法相似，不再赘述。

$$\left.\begin{aligned} CaCO_3 &\xrightarrow{900℃以上} CaO+CO_2\uparrow \\ Al_2O_3+Na_2CO_3 &\longrightarrow 2NaAlO_2+CO_2\uparrow \end{aligned}\right\} \quad (5\text{-}28)$$

b．碱金属硼酸盐。$Na_2B_4O_7$ 也称硼砂，其生产方法见第 4 章。

（2）工业副产物

如图 5-3 所示，用作碱激发剂的工业副产物有电石渣和碱渣等。

① 电石渣

电石渣是电石水解生产乙炔过程产生的废渣［式（5-29）］，属于一般工业固废。

$$\underset{电石}{CaC_2} + 2H_2O \longrightarrow \underset{乙炔}{HC\equiv CH\uparrow} + \underset{电石渣}{Ca(OH)_2} + 130kJ/mol \quad (5\text{-}29)$$

电石渣一般呈灰白色。不同乙炔生产工艺产生的电石渣含水量相差较大，干法乙炔法产生的电石渣含水量在 2%～5%之间；湿法产生的电石渣含水量一般约为 30%。生产工艺和技术不同，电石渣的产生量也不同。每生产 1t 的聚氯乙烯（PVC）伴随产生约 1.2t 的干态的电石渣，2016 年我国电石渣的产生量达到了 2800 万吨[40,41]。

表 5-3 是某湿法乙炔法产生的电石渣化学成分组成。

表 5-3 电石渣化学成分分析[42]

CaO/%	Al_2O_3/%	Si_2O/%	Fe_2O_3/%	MgO/%	SO_3/%	K_2O/%
68.80	1.56	3.59	0.09	1.21	0.75	0.028

② 碱渣

碱渣是氨碱法制碱产生的废料，俗称“白泥”。制备 1t 纯碱，排放 0.3～0.35t 的碱渣，其中含有部分原盐[43]。

表 5-4 为碱渣主要化学成分组成。

表 5-4 碱渣的主要化学组成[43]

$CaCO_3$/%	$CaCl_2$/%	CaO/%	$CaSO_4$/%	NaCl/%	Al_2O_3/%	Fe_2O_3/%	SiO_2/%	$Mg(OH)_2$/%
45.6	10.5	10.3	3.9	2.7	3.0	0.7	7.8	9.0

除电石渣和碱渣外，原则上添加水溶解后能够达到一定 pH 值的含碱工业副产物均可作为碱激发剂。含碱副产物来源分类如表 5-5 所示。

表 5-5　含碱副产物来源分类[22,44]

工业生产过程	类别			
	Ⅰ	Ⅱ	Ⅲ	Ⅳ
金属加工、机械制造和铸造工业				
酸洗制陶，模具烧砂后的外壳	√	√		
用碱金属熔体去锈				
碱溶液中金属氧化	√			
氢氧化钠溶液中金属去油	√			
碱溶液中化学切割	√			
铝的碱蚀	√			
化学产品、有机化学产品和生物化学工业				
己内酰胺（kaprolactam，即尼龙-6）	√			
氮肥（nitrogen fertilizers）	√	√		√
纯碱（soda）	√		√	
异丙醇（isopropyl alcohol）	√			
氨（ammonia）	√			
无水硫酸钠（anhydrous sodium sulphate）	√			
聚丙烯酸类塑料（acrylic plastic）	√			
氧气（oxygen）	√			
金属钠（metallic sodium）	√			
阳离子表面活性剂（cation-active surfactant）	√			
多亚乙基多胺（polyethylenepolyamines）	√			
乙烯（ethylene）	√			
染料（dyes）	√			
亚硫酸钠（sodium sulfite）	√			
化学纤维（chemical fibres）		√		
氯甲烷（chlor-methane）		√		
碳酸氢钠（sodium bicarbonate）	√			
萘（naphthol）	√	√		
苯（benzol）		√		
过磷酸盐（superphosphate）		√		
叶酸（pteroylglutamic）		√		
黏胶高模短纤维（viscose high-modulus staple fibres）				√
间苯二酚（resorcinol）				√
钡盐（barium salts）	√			
纸和纤维制造行业				
纤维制造	√			√
水泥工业				
水泥窑灰	√			
冶金工业				
氧化铝	√			√
二氧化钛	√			

续表

工业生产过程	类别			
	Ⅰ	Ⅱ	Ⅲ	Ⅳ
石油炼制工业				
从含硫化合物中提炼直馏汽油馏分		√		
生产铝硅酸盐催化剂			√	
食品工业				
再生离子交换树脂		√		
清洗工作服		√		
清洗容器和设备，等等		√		

如表 5-5 所示，Ⅰ类副产物不需任何预处理，可直接用作碱激发剂，如苏打碱熔融物（来自生产己内酰胺的工业副产物），清洗金属铸件用过的碱性溶液和熔融体等；Ⅱ类副产物通常含碱量较低，需要浓缩和除去可能影响碱激发反应的杂质，如己二酸的钠盐需要加热去除其中的有机物；Ⅲ类为泥浆且含有毒成分的副产物，只有去除有毒成分才能作为碱激发剂，如生产硫化钠、异丙醇和苯酚过程产生的泥浆等；Ⅳ类副产物包括制铝工业的固废，其中应用最为广泛的是硫酸钠废渣[22]。

（3）固废制备碱激发剂

碱激发剂是启动碱激发反应程序的“主要动力”，而且是参与反应的主要原材料，在碱激发类固化剂中成本最高、对环境影响最大。为此，学者尝试采用与碱激发剂相似化学组成和矿物成分的固废制备碱激发剂。

目前利用固废制备的碱激发剂主要是以钠水玻璃为主的碱金属硅酸盐。其生产工艺有水化热法和热化学-熔融法（图 5-7）。

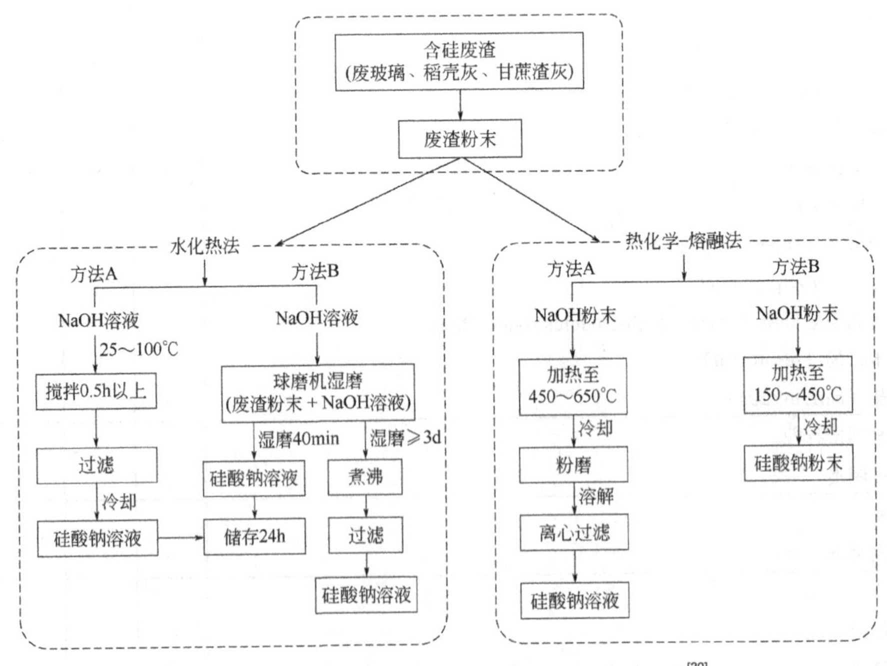

图 5-7 利用含硅废渣制备硅酸钠激发剂的工艺流程图[20]

表 5-6 给出了含硅废渣制备硅酸钠激发剂的工艺条件及合成参数。

表 5-6 含硅废渣制备硅酸钠激发剂的工艺条件及合成参数

文献来源	含硅废渣			合成工艺条件			
	来源	SiO_2 /%	粒径 /mm	碱来源	浓度 /(mol/L)	温度/℃	时间/h
König 等[45]	废玻璃粉	72.37	<90	NaOH	10	120	4、24
Vinai 等[46]	废玻璃粉	71.51	12	NaOH	/	150、250、330、450	1、2、4
Puertas 等[47]	废玻璃粉	70.71	<45	$NaOH/Na_2CO_3$	/	80	6
Torres-Carrasco 等[48]	废玻璃粉	72.1	<45	$NaOH/Na_2CO_3$	/	室温	24
Torres-Carrasco 等[49]	废玻璃粉	69.9～71.4	<125	NaOH $NaOH/Na_2CO_3$	4	22、80	10min、2、4、6
Torres-Carrasco 等[50]	废玻璃粉	70.71	<45	NaOH	10	80	6
Tchakouté 等[51]	稻壳灰	93.49	/	NaOH	/	80	2
Hajimohammadi 等[52]	稻壳灰	56.22	8	$NaAlO_2$	/	室温	/
He 等[53]	稻壳灰	91.5	25、35	NaOH	2、4、6	室温	15min
Mejía 等[54]	稻壳灰	94	<39.5	NaOH	/	室温	/
Mejía 等[55]	稻壳灰	90.91	4.6	NaOH	/	室温	24
Sturm 等[56]	稻壳灰	88.49	11.1	$NaAlO_2$	/	室温	/
Geraldo 等[57]	稻壳灰	89.51	20.4	NaOH	/	室温、90	30min
Başgöz 等[58]	稻壳灰	85.14	/	NaOH	1	95	/
El-Naggar 等[59]	废玻璃粉	82.52	<125	NaOH	/	550	/
Passuello 等[60]	稻壳灰	97.3	9.87	NaOH	/	100	1
Alam 等[61]	炉底灰	58.8	<125	NaOH	/	20、75、90	24、48、72
Rodríguez 等[62]	纳米硅粉	/	/	NaOH、KOH	/	/	/

5.1.1.3 火山灰质材料

火山灰质材料（PMs）是指自身具有一定的水硬胶凝活性或反应活性，主要矿物相以 CAS 体系玻璃体相为主，含有活性硅质、活性硅铝质或活性硅铝钙质成分的粉体材料。火山灰质材料的主要化学成分与水泥相似，均属 CAS 体系。但是，火山灰质材料与水泥的煅烧温度、煅烧氛围和冷却方式不同；比水泥的 CaO 含量低、Al_2O_3 含量高[63]。这是由于水泥作为工业产品，是通过控制原材料的化学组成和煅烧冷却制度得到的 CAS 体系胶凝矿物相，而火山灰质材料属于天然火山灰材料或副产物等，不是通过控制胶凝材料矿物相配比得到的 CAS 体系。因此，火山灰质材料只是具备水硬活性或潜在反应活性，在水中无法快速获得胶凝性，需要一定的手段激发其火山灰反应活性（或称胶凝反应活性），如化学激发（碱激发、酸激发）、水热激发、机械活化激发（或称物理激发）、微波激发等。

从材料的矿物成分角度分析，只要含有活性硅质、活性硅铝质或活性硅铝钙质成分的火山灰质材料均可作为固化剂原材料。

(1)天然火山灰

如图 5-3 所示，天然火山灰有火山灰、浮石、蛋白石、硅藻土等。天然火山灰广泛分布于世界各地，主要集中在环太平洋火山带、大西洋火山带、地中海火山带和东非火山带四个区域[64]。巴西、欧洲、印度、肯尼亚、阿尔及利亚、伊朗和土耳其等国家和地区拥有丰富的天然火山灰资源[65,66]，我国天然火山灰资源主要分布在吉林长白山，内蒙古，云南腾冲、江腾、龙陵，新疆伊宁及川藏等地区[64]。

表 5-7 给出了我国部分天然火山灰的化学组成。

表 5-7 天然火山灰的化学组成(质量分数)

来源产地	化学成分/%						
	CaO	Al_2O_3	SiO_2	MgO	Fe_2O_3	Na_2O	K_2O
吉林[67]	8.85	13.33	43.06	6.23	18.05	4.27	2.0
新疆[68]	3.60	22.20	66.80	0.59	/	0.17	1.21
川藏[64]	19.81	13.60	43.57	4.54	10.55	4.86	0.66
云南[69]	4.80	16.95	62.66	2.34	4.98	/	/

为评价天然火山灰的反应活性，Hasani 等[70]采用分子动力学模型模拟表征矿物相的火山灰反应活性，计算了水和矿物表面的相互作用，并提出矿物活性指数的计算方法，得到 SiO_2、Al_2O_3、Fe_2O_3 的活性指数分别为 15.89、0.56、0.51，三者活性指数之和为 16.96。元强等[64]基于 Hasani 等[70]的研究方法，考虑各氧化物在火山灰中所占的实际比例，Al_2O_3 和 Fe_2O_3 含量较少，计算时将 Al_2O_3 和 Fe_2O_3 的活性指数扩大十倍，即 Al_2O_3、Fe_2O_3 的活性指数增大至 5.6、5.1，并结合三种主要成分在火山灰中的实际比例，提出以 SiO_2、Al_2O_3、Fe_2O_3 的总活性指数 16.96 为基准，分别与各主要成分的活性指数作除并取整，计算火山灰中的活性成分系数。划分天然火山灰所属类型的方式如下：

a. 火山灰中的 SiO_2 含量最大，为硅质火山灰；若 $3Al_2O_3$ 含量最大，为铝质火山灰；若 $3.3Fe_2O_3$ 含量最大，则为铁质火山灰。

b. 若 SiO_2 含量与 $3Al_2O_3$ 或 $3.3Fe_2O_3$ 相差在 3%内，则分别将其划分为铝硅质或铁硅质火山灰。

(2)煅烧黏土类产品

如图 5-3 所示，煅烧黏土类产品主要有偏高岭土和烧页岩等。此外，以 $xAl_2O_3 \cdot ySiO_2 \cdot zH_2O$ 为主的黏土矿物(含伊利石、蒙脱石、蛋白石、绿泥石、凹凸棒石、硅藻土等)在特定的高温(500～1000℃)作用下，脱除游离水(或自由水)、结合水(或羟基水)后得到的无定形高活性硅铝质玻璃体相，在合适温度范围内煅烧得到的具有晶格缺陷的玻璃体相也可用作火山灰质材料。

① 偏高岭土

偏高岭土(metakaolin，$Al_2O_3 \cdot 2SiO_2$，简写 MK)是高岭土在 500～800℃煅烧得到的火山灰活性材料，含有大量的硅铝质活性矿物[71,72]。MK 可与氢氧化钙(CH)发生火山灰反应生成 C-S-H 凝胶以及 C_4AH_{13}、C_3AH_6、C_2ASH_8 等 C-A-H 胶凝产物[73,74]。

高岭土的矿物分子结构如图 5-8 所示。矿物相结构呈层状，单层结构由 Si—O 四面体亚层和 Al—O 八面体亚层通过顶端 O 离子连接，双层之间通过氢键连接，OH^-在其中结合得较为牢靠。

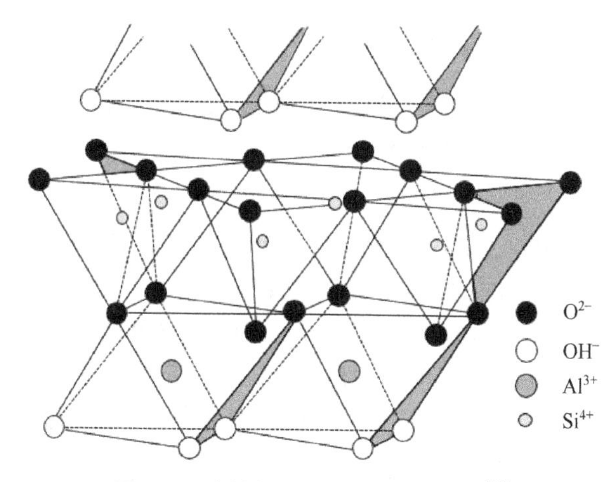

图 5-8 高岭土的矿物分子结构示意图[75]

图 5-9 为高岭土的 TG/DTA 曲线。低于 450℃，高岭土没有明显的失重，该阶段主要为游离水的蒸发，失重对应的温度范围为 80～450℃[76]；超过 450℃后，质量损失率快速增加，该阶段主要是结合水的去除（或脱 OH^-过程），失重对应的温度范围为 450～650℃，脱除 OH^-后得到的 MK 含有大量的无定形硅铝质玻璃体［式（5-30）］；650～1000℃，质量几乎不变，但在 1000℃左右有明显的放热峰，主要为无定形活性矿物晶体再结晶过程释放的热量。因此，高岭土脱羟基过程基本反映了 MK 的反应活性，在 20～450℃范围内基本上无脱羟基现象，MK 活性最低；450～650℃范围内脱羟基速率最高，MK 无定形硅铝质玻璃体含量最高，火山灰反应活性也最高。当然，不同来源的高岭土最佳脱羟基温度不同，也有 500～750℃[77,78]、750℃[79]、800℃[80]等；煅烧温度超过 950℃后，高温会使偏高岭土中的晶格缺陷消除，晶体重结晶，逐渐失去火山灰反应活性。

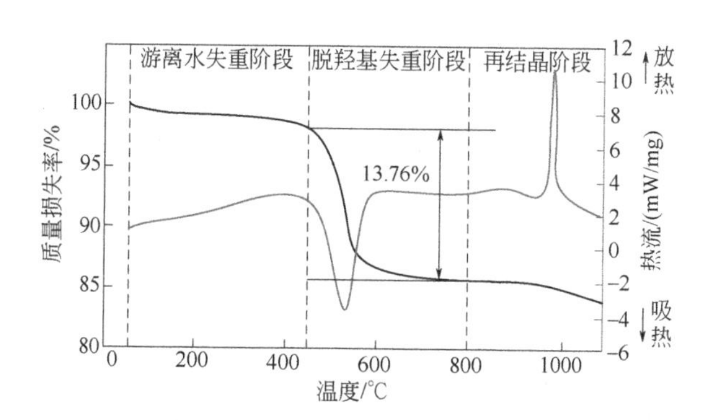

图 5-9 高岭土 TG/DTA 曲线（基于文献[76]修改）

$$Al_2O_3 \cdot SiO_2 \cdot 2H_2O \longrightarrow Al_2O_3 \cdot SiO_2 + 2H_2O \tag{5-30}$$

MK 的主要化学成分为 SiO_2 和 Al_2O_3，含有微量的 CaO、Fe_2O_3、K_2O 等，如表 5-8 所示。

表 5-8 偏高岭土的化学组成（质量分数）

文献来源	CaO/%	Al_2O_3/%	SiO_2/%	MgO/%	Fe_2O_3/%	TiO_2/%	R_2O/%	LOI/%
Ambroise 等[81]	2.00	40.18	51.52	0.12	1.23	2.27	0.61	2.01
Zhang 等[82]	2.43	41.05	48.34	/	4.44	3.44	0.31	0.62
Zhu 等[83]	0.04	42.25	55.87	0.04	0.38	0.20	0.57	0.61

注：R_2O 为 Na_2O、K_2O；LOI（loss on ignition），即烧失量。

② 烧页岩

烧页岩（calcined shale，CCS）是指页岩在一定的煅烧温度条件下得到的火山灰活性材料[84]。常温条件下 CCS 可与 CH 发生碱激发反应。

页岩的 TG/DSC 曲线如图 5-10 所示。其中，200℃、798℃存在的吸热峰分别为游离水蒸发和碳酸盐分解。页岩在不同温度的煅烧-失重-热分析过程与高岭土相似，均可分为三个阶段：第一阶段为游离水失重阶段，温度范围为 20～450℃，该阶段主要是游离水的蒸发，此时 CCS 矿物相种类与页岩矿物相一致；第二阶段为热处理活化阶段，温度范围为 450～850℃，该阶段为脱 OH^-过程，CCS 的矿物相晶格产生缺陷，原来正常结晶的矿物相逐渐转变为无定形玻璃体，在该阶段得到的 CCS 可用作火山灰质材料；第三阶段为再结晶失重阶段，温度范围为 850℃以上，超过该煅烧温度将导致有晶格缺陷的无定形活性硅铝质玻璃体相重新结晶，生成晶格完整的晶体，得到的烧页岩完全失去火山灰反应活性。

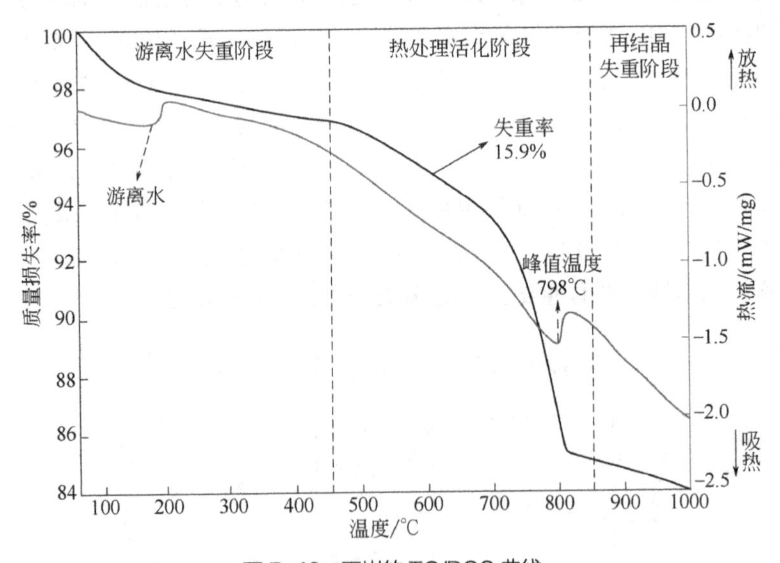

图 5-10 页岩的 TG/DSC 曲线

综上所述，页岩最佳煅烧温度为 800～850℃，该温度范围内的 CCS 反应活性最高，煅烧过程得到大量的活性硅铝质玻璃体。

（3）工业副产物

如图 5-3 所示，用作火山灰质材料的工业副产物有高炉矿渣、钢渣、粉煤灰、磷渣、硅灰、镍渣、铜渣、镁渣及其他废渣，这些废渣均经过了高温煅烧（高于 1000℃）过程且化学组成以 $CaO-Al_2O_3-SiO_2$（CAS）体系为主。

① 高炉矿渣

高炉矿渣与钢渣均是钢铁冶炼过程产生的工业副产物，高炉矿渣是在高炉炼铁的过程中产生的废渣，钢渣是高炉炼铁得到的生铁精炼至钢的过程中产生的废渣（图 5-11），均由典型的 CAS 体系矿物相组成。高炉矿渣一般在产生过程进行水淬粒化，因此称为粒化高炉矿渣微粉（ground granulated blast furnace slag，GGBS）。

a．高炉矿渣的产生。如图 5-11 左图所示，高炉炼铁的原材料为铁矿石或废铁、焦炭、石灰石、助熔剂和煤粉等，炼铁过程的化学反应如式（5-31）所示。铁矿石中含有 Si、Mg、Ti、Mn、S 等杂质化合物需要去除，须通过与 CaO 发生“造渣反应”生成类似于硅酸盐水泥熟料的硅酸钙类物质［如式（5-32）所示］。这些熔融物质熔点低、密度小，在高炉炼铁过程中浮于熔融态铁液上方，通过高度不同的排放口将熔融高炉矿渣与熔融生铁进行分离，即可得到纯度高的熔融生铁。因此，熔融高炉矿渣中含有 CaO、SiO_2、Al_2O_3、MgO、MnO_2，及少量的 P_2O_5、S 等的化合物[23]。在高炉炼铁过程中，每生产 1t 生铁，将产生 0.5t 矿渣。

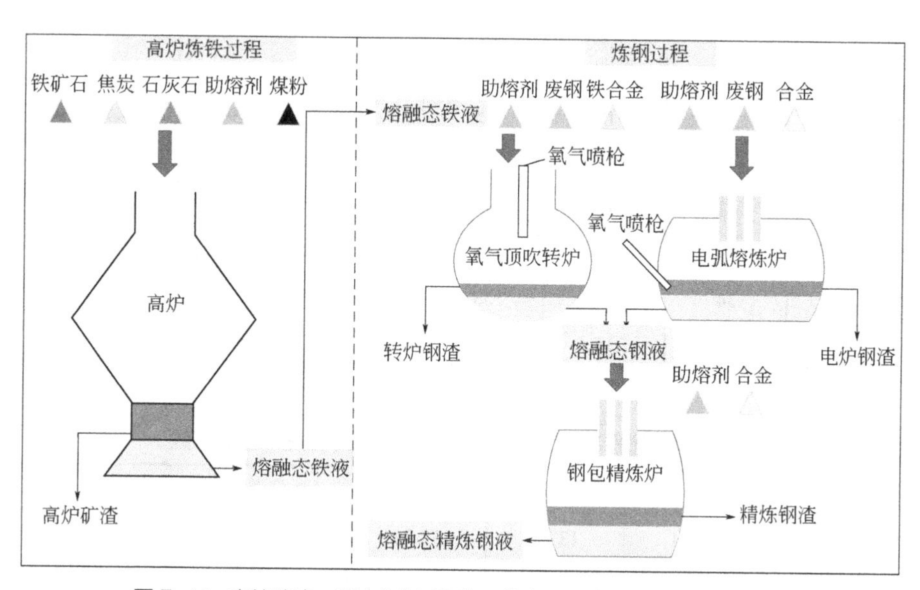

图 5-11 高炉矿渣、钢渣产生过程的工艺流程图（基于文献[85]修改）

$$\left.\begin{aligned}2C+O_2 &\longrightarrow CO_2\\ Fe_2O_3+CO &\longrightarrow 2FeO+CO_2\\ FeO+CO &\longrightarrow Fe+CO_2\end{aligned}\right\}\tag{5-31}$$

$$\left.\begin{aligned}SiO_2+2CaO &\longrightarrow Ca_2SiO_4(C_2S,\text{硅酸二钙})\\ SiO_2+3CaO &\longrightarrow Ca_3SiO_5(C_3S,\text{硅酸三钙})\end{aligned}\right\}\tag{5-32}$$

b．高炉矿渣的冷却。熔融高炉矿渣一般采用快速冷却的方式保存其无定形玻璃体相。目前，最常用的快冷方式是，采用 0.6MPa 高压冷水直接喷射到熔融高炉矿渣，使其形成颗粒状的水淬高炉矿渣。水淬高炉矿渣中的矿物相在快冷过程中来不及结晶，以 CaO、SiO_2、Al_2O_3、Fe_2O_3、MgO、MnO_2、TiO_2 等多种化合物共融的方式存在。水淬后高炉矿渣的含水量（即水的质量与水淬高炉矿渣质量之比）约为 30%，水淬 1t 矿渣需要消耗约 $3m^3$ 的水。

若熔融高炉矿渣从炼铁高炉排出后缓慢冷却，则形成坚硬的块状固体，其内部的矿物相逐渐结晶生成晶体化合物，如钙黄长石、镁黄长石、钙镁橄榄石等没有胶凝性的物质，仅有少量的硅酸钙类物质具有水硬性，其力学性质与玄武岩接近[86]，不能作为火山灰质材料。

c. 高炉矿渣的基本性质。

i. 化学成分。GGBS 的化学成分主要由原材料中的成分所决定，还与炼铁方法、工艺控制等有关。部分国家产生的 GGBS 化学成分如表 5-9 所示，我国部分钢铁企业产生的 GGBS 化学成分见表 5-10。不同来源的 GGBS 中 CaO 和 SiO_2 含量相差不大，但 Al_2O_3、MgO、Fe_2O_3 及 R_2O 等组分含量变化很大。

表 5-9　部分国家产生的 GGBS 化学成分（质量分数）[23]

矿渣来源	CaO/%	Al_2O_3/%	SiO_2/%	MgO/%	Fe_2O_3/%	MnO_2/%	S/%
英国	40	16	35	6	0.8	0.6	1.7
加拿大	40	8	37	10	1.2	0.7	2.0
法国	43	12	35	8	2.0	0.5	0.9
德国	42	12	35	7	0.3	0.8	1.6
日本	43	16	34	5	0.5	1.1	1.1
俄罗斯	39	14	34	9	1.3	1.1	1.1
南非	34	16	33	14	1.7	0.5	1.0
美国	41	10	34	11	0.8	0.5	1.3

表 5-10　我国部分钢铁企业产生的 GGBS 化学成分（质量分数）[23]

矿渣来源	CaO/%	Al_2O_3/%	SiO_2/%	Fe_2O_3/%	R_2O/%	总和/%
马鞍山	35.51	13.32	33.26	1.66	11.20	94.95
南京	37.87	12.19	32.48	1.74	11.33	95.61
水城	39.23	13.87	33.51	2.09	8.38	97.08
潍坊	39.21	13.43	32.48	1.94	8.04	95.10
安阳	42.48	12.48	35.00	1.00	5.76	96.72
龙潭	36.28	12.37	34.09	0.63	10.15	93.52

注：表中所列氧化物总和均不足 100%，未列入 MgO、TiO_2、硫化物等组分。

ii. 矿物相组成。图 5-12 给出了 GGBS 的 XRD 谱图。弥散峰是由玻璃体引起的，GGBS 中存在大量的非晶相玻璃体矿物相，除钙硅相的镁黄长石（akermanite）和钙铝黄长石（gehlenite）外几乎没有晶体的特征峰[42]。

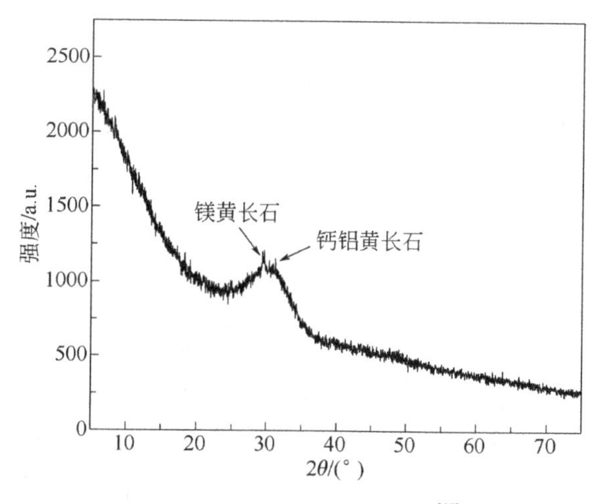

图 5-12 GGBS 的 XRD 谱图[42]

玻璃体是由于高温熔融态经过快速冷却而得到的非晶态固体，与晶态物质不同，玻璃体不存在完整的长程有序排列，但是也会有短程有序排列[87]。GGBS 内的玻璃体正是通过快速冷却得到的，熔融态矿渣来不及结晶，因此冷却后能够保存高温熔融体的结构，这也是 GGBS 的 XRD 图谱中基本找不到晶体特征衍射峰的原因。

iii. 反应活性。GGBS 的反应活性可参考第 1 章$(CaO+MgO)$-$(Al_2O_3+Fe_2O_3)$-SiO_2体系中水硬性及潜在水硬性矿物相进行判别，也可通过碱性系数 M_0，即 GGBS 的碱性氧化物与酸性氧化物质量之比来判定，计算公式如式（5-33）所示。$M_0>1$ 时，GGBS 呈碱性；$M_0=1$ 时，为中性；$M_0<1$ 时，为酸性。GGBS 为碱性时，其火山灰反应活性较高，方可用作火山灰质材料。

$$M_0=\frac{w(CaO)+w(MgO)}{w(SiO_2)+w(Al_2O_3)} \tag{5-33}$$

式中，M_0 为碱性系数，无量纲；$w(CaO)$、$w(MgO)$、$w(SiO_2)$、$w(Al_2O_3)$ 分别为 GGBS 中 CaO、MgO、SiO_2、Al_2O_3 的质量分数，%。

此外，在我国的相关标准中，也用质量系数 K 评定 GGBS 的反应活性，其计算式如式（5-34）所示。当采用 K 评价反应活性时，K 大于 1.2 才能用作火山灰质材料。

$$K=\frac{w(CaO)+w(MgO)+w(Al_2O_3)}{w(SiO_2)+w(MnO_2)+w(TiO_2)} \tag{5-34}$$

式中，K 为质量系数，无量纲；$w(MnO_2)$、$w(TiO_2)$ 分别为 GGBS 中 MnO_2、TiO_2 的质量分数，%。

上述 GGBS 的火山灰反应活性评价方法中，不论是碱性系数 M_0 还是质量系数 K，均是将化学成分中某些特定氧化物含量的比值作为依据的，这种单纯把化学组成中某些氧化物占比作为标准的方式无法准确反映其反应活性。GGBS 的火山灰反应活性的来源是水淬过程得到的玻璃体相，因此，采用玻璃体相含量评价 GGBS 的反应活性更具有代表性[42]。

GGBS 中玻璃体相含量通过 XRD 试验得到的 XRD 谱图测定，计算方法见式（5-35）[88]。

$$w_{glass}=\frac{m_{gp}}{m_{gp}+m_{cp}}\times 100 \tag{5-35}$$

式中，w_{glass}为GGBS中玻璃体相含量，%；m_{gp}为玻璃体相的纸质量，g；m_{cp}为晶体部分的纸质量，g。

也有学者指出，影响火山灰反应活性的决定因素不是玻璃体相含量，而是GGBS的玻璃体结构状态和化学成分[23]。

利用^{29}Si NMR表征发现，作为网络结构主要形成阳离子的Si在火山灰质材料中有五种存在形式：①孤立的$[SiO_4]^{4-}$四面体（Q^0，化学位移范围：−68～−76）；②与一个$[SiO_4]^{4-}$相连的硅氧四面体，即$[Si_2O_7]^{6-}$二聚体或高聚体直链末端的硅氧四面体（Q^1，化学位移范围：−76～−82）；③与两个$[SiO_4]^{4-}$相连的硅氧四面体，即$[Si_3O_9]^{6-}$直链中间或环状结构中的硅氧四面体（Q^2，化学位移范围：−82～−88）；④与三个$[SiO_4]^{4-}$相连的硅氧四面体，即$[Si_4O_{12}]^{8-}$有链的分支，双链聚合结构或层状结构（Q^3，化学位移范围：−88～−98）；⑤每个$[SiO_4]^{4-}$四面体的顶角与相邻的四个$[SiO_4]^{4-}$四面体共用形成类似于石英结构的三维架状结构（Q^4，化学位移范围：−98～−129），架状结构中有部分$[SiO_4]^{4-}$四面体被$[AlO_4]^{5-}$四面体替代，从而使氧离子剩余电荷与结构外其他氧离子结合。玻璃体相中的Si主要由孤立的$[SiO_4]^{4-}$四面体（Q^0）、$[Si_2O_7]^{6-}$二聚体或高聚体直链末端的硅氧四面体（Q^1）及$[Si_3O_9]^{6-}$直链中间或环状结构中的硅氧四面体（Q^2）组成。

除^{29}Si NMR外，也有采用^{17}O NMR测定桥氧、非桥氧与金属氧的含量之间的关系，即聚合度，表征GGBS的反应活性[89,90]。GGBS的聚合度在一定程度上决定玻璃体相中非桥氧原子的数量和结构单元，其计算公式见式（5-36）。

$$f_{Si}=\frac{w(SiO_2)}{w(M_2O)+w(MO)+3w(M_2O_3)+2w(MO_2)+5w(M_2O_5)}\times 100\% \tag{5-36}$$

式中，f_{Si}为GGBS中$[SiO_4]^{4-}$的聚合度，%；$w(SiO_2)$、$w(M_2O)$、$w(MO)$、$w(M_2O_3)$、$w(MO_2)$、$w(M_2O_5)$分别为高炉矿渣中SiO_2、M_2O、MO、M_2O_3、MO_2、M_2O_5的质量分数，%。

根据GGBS的聚合度大小，将GGBS分为以下四类[22]：

正硅酸盐矿渣：聚合度为0.25～0.286，由被阳离子Ca^{2+}隔离的孤立的$[SiO_4]^{4-}$四面体组成。

黄长石型矿渣：聚合度为0.286～0.333，由部分$[SiO_4]^{4-}$四面体相互连接形成$[Si_2O_7]^{6-}$二聚体，或者由部分$[SiO_4]^{4-}$四面体连接$[AlO_4]^{5-}$四面体而形成Si—O—Al—O。

钙硅石型矿渣：聚合度为0.286～0.333，由环状或链状$[SiO_4]^{4-}$四面体组成的$[Si_3O_9]^{6-}$和$[Si_4O_{12}]^{8-}$，当单位摩尔质量的（SiO_2+2/3Al_2O_3）＜50%时，GGBS主要由孤立的$[SiO_4]^{4-}$四面体和$[Si_2O_7]^{6-}$二聚体组成；当单位摩尔质量的（SiO_2+2/3Al_2O_3）＞50%时，则为有限的网状结构。

钙长石型矿渣：聚合度为0.286～0.333，由三维架状结构的$[SiO_4]^{4-}$四面体和$[AlO_4]^{5-}$四面体组成，结构孔隙则由阳离子填充。

需要特别说明的是，GGBS玻璃体相中网络形成体离子$[SiO_4]^{4-}$、$[AlO_4]^{5-}$和$[MgO_4]^{6-}$可通过网络改性体离子的嵌入达到电平衡[91]。此外，Al在玻璃体中以$[AlO_4]^{5-}$四面体形式存在，引入 Al^{3+}导致的电荷不平衡可由 Ca^{2+}补偿，$[SiO_4]^{4-}$四面体和$[AlO_4]^{5-}$四面体形成的框架结构也可由 Ca^{2+}和 Mg^{2+}连接[92]，但是$[SiO_4]^{4-}$四面体和$[AlO_4]^{5-}$四面体优先以 Si—O—Al 形式连接，$[AlO_4]^{5-}$四面体可以连接多个$[SiO_4]^{4-}$四面体，而$[SiO_4]^{4-}$四面体只能连接一个$[AlO_4]^{5-}$四面体。

总体而言，GGBS 具有极高的玻璃体相含量和火山灰反应活性，但是 GGBS 加水却不能直接用作固化剂，这是由于水中离子无法破坏 GGBS 颗粒表面 Si—O—Si、Al—O—Al、Si—O—Al 结构的单键能，水化反应十分缓慢或难以反应，需要 20 年才能形成硬化体[93]。但是在碱性环境条件下，碱激发剂水解或电离得到的 OH^-（溶解阶段）能够使 GGBS 玻璃体中的 Si—O—Si 键、Al—O—Al 键、Si—O—Al 键断裂得到 Si—O—和 Al—O—结构，且 GGBS 的高反应活性与玻璃体相中 Ca 的存在有关，玻璃体相中的 Ca 能够加速$[SiO_4]^{4-}$四面体结构的缩聚反应。

GGBS 用作碱激发类固化剂原材料时，除了满足 GB/T 18046[88] S95 以上等级的相关指标外，我国现有标准《用于耐腐蚀水泥制品的碱矿渣粉煤灰混凝土》（GB/T 29423）[94]要求 GGBS 还应满足碱性系数 $M_0 \geqslant 0.95$，比表面积为 $400m^2/kg+80m^2/kg$；《碱矿渣混凝土应用技术标准》（JGJ/T 439）[95]要求其他性能指标也应符合现行 GB/T 18046[88]的规定。

② 钢渣

钢渣（steel slag，SS）按照炼钢工艺和炼钢炉的炉型分为转炉钢渣（basic oxygen furnace slag，BOFS）、电炉钢渣（electric arc furnace slag，EAFS）和精炼钢渣（ladle furnace slag，LFS）。不同炼钢炉型产生的钢渣量不同。2018 年我国钢渣产生量已远超 1×10^8t，但钢渣综合利用率不足 30%，钢渣存量问题日趋严重[96]。

a．钢渣的产生。如图 5-11 右图所示，SS 是在 1600℃将生铁精炼至钢的过程中产生的废渣。

BOFS 是将高炉得到的熔融态铁液、助熔剂（石灰、白云石等）、废钢等在氧气顶吹转炉中进一步冶炼，通过导管向炉中注入高压氧气，通过氧气与原材料中的杂质发生化学反应，去除的杂质同助熔剂形成的废渣。生产 1t 钢排放 110kg BOFS。

EAFS 也是通过氧气与原材料中的杂质发生化学反应，去除的杂质同助熔剂形成的废渣。与氧气顶吹转炉不同，电弧熔炼炉炼钢实质就是废钢的循环利用，炼钢用的原材料并非熔融态铁液，而是废钢与助熔剂或其他合金元素等。生产 1t 钢排放 70kg EAFS。

LFS 则是对熔融态钢液进一步精炼产生的废渣。采用的原材料为熔融态钢液、助熔剂、合金等，在精炼过程中加入的助熔剂会产生 LFS。生产 1t 钢排放 40kg LFS，远小于 BOFS 和 EAFS。BOFS 和 EAFS 的产生过程较为接近，化学性质和矿物相组成比较相似，而 LFS 有着显著不同的化学性质和矿物相组成。

b．钢渣的冷却。熔融态钢渣从炉腔中排出时需要进行冷却处理，目前最常用的冷却方法有空气中自然冷却、空气淬冷、喷水冷却、水淬、热焖及热泼等。不同的冷却方法不改变钢渣的化学成分，但对其矿物相组成有很大的影响。

i．空气中自然冷却。空气中自然冷却就是让熔融钢渣自然冷却，冷却过程中钢渣中的氧化物发生结晶现象生成大量晶体，其中生成的具有胶凝性的 β-C_2S 由于未经过骤冷处理会向 γ-C_2S 晶型转变，导致钢渣胶凝性变差，伴随晶体粉化现象。

ii. 空气淬冷。空气淬冷是利用高压空气将从炉腔中流出的熔融钢渣急速冷却的同时，将打散的矿渣在水中进一步淬冷。在该过程中虽然保留了大量的玻璃体，但其易磨性较差，难于粉磨。

iii. 喷水冷却及水淬。喷水冷却与水淬的冷却方式基本是相同的，均属于骤冷处理，不同之处在于喷水冷却需要先将钢渣在空气中冷却到一定的温度，而水淬则直接作用于熔融态钢渣。喷水冷却、水淬和空气淬冷能够较好地保存钢渣中的玻璃体相，防止具有胶凝性的β-C_2S向会导致钢渣粉化的γ-C_2S晶型转变，使其具有较好的水硬性能。

iv. 热焖及热泼。热焖及热泼均是将熔融钢渣存储在冷却坑中，之后将其封盖、注水，使钢渣处于水热处理的状态，大约 1d 的时间其温度降至常温。热焖及热泼过程钢渣缓慢冷却充分结晶，钢渣中游离 CaO 和游离 MgO 得到有效消解，其火山灰反应活性较差，只能用作建筑骨料。

c. 钢渣的基本性质。SS 与硅酸盐水泥熟料基本性质相似、化学成分和矿物相组成接近，可看作弱水泥熟料（weak cement clinker）[97]。

i. 化学成分。表 5-11 是 SS 的化学成分。SS 以 CaO、SiO_2、Fe_xO_y、Al_2O_3、MgO 等氧化物为主，占到总质量的 90%以上，但是，不同 SS 之间存在一定的差异，BOFS 和 LFS 的 CaO 含量明显高于 EAFS，EAFS 和 LFS 的 Al_2O_3 含量明显高于 BOFS，这与三大炼钢炉型采用的原材料、造渣剂、炉膛内气氛、钢产品种类等有关（图 5-11）。

表 5-11 钢渣的化学成分组成（质量分数）

文献	钢渣类型	成分/%							
		CaO	Al_2O_3	SiO_2	MgO	FeO	Fe_2O_3	MnO	f-CaO
Poh 等[98]	BOFS	52.2	1.3	10.8	5.04	17.2	10.1	2.5	10.2
Shen 等[99]		39.30	0.98	7.80	8.56	/	38.06	4.20	/
Tossavainen 等[100]		45.0	1.9	11.1	9.6	10.7	10.9	3.1	/
Waligora 等[101]		47.7	3.0	13.3	6.4	/	24.4	2.6	9.2
Barra 等[102]	EAFS	29.50	7.60	16.10	5.00	/	32.56	4.50	/
Luxán 等[103]		24.4	12.2	15.4	2.9	34.4	/	5.6	/
Manso 等[104]		23.9	7.4	15.3	5.1	/	42.5	4.5	0.5
Tsakiridis 等[105]		35.7	6.3	17.5	6.5	/	26.4	2.5	/
Nicolae 等[106]	LFS	49.6	25.6	14.7	7.9	0.44	0.22	0.4	/
Shi[107]		30～60	5～35	2～35	1～10	0～15	/	0～5.0	/
Qian 等[108]		49.5	12.3	19.59	7.4	/	0.9	1.4	2.5
Tossavainen 等[100]		42.5	22.9	14.2	12.6	0.5	1.1	0.2	/

注：“/”为文献中未给出。

除上述常见的氧化物外，SS 中还可能含有少量的 P_2O_5、SO_3、BaO、TiO_2、Cr_2O_3 等氧化物，这些氧化物有一部分是铁矿石中的伴生矿物，有一部分是由助熔剂或燃料引入的。

ii. 矿物相组成。表 5-12 为 BOFS 与水泥熟料、GGBS、粉煤灰（CFA）的主要化学组成的对比。BOFS 与水泥熟料极为相似，化学成分均为 $CaO-Al_2O_3-SiO_2-Fe_2O_3$ 体系，熔融温度与水泥熟料煅烧温度相近，不同之处在于产生过程的反应氛围不同。

表 5-12 BOFS 与水泥熟料、GGBS、CFA 主要化学组成对比[22,109-111]

材料类别	化学成分（质量分数）/%						
	CaO	Al_2O_3	SiO_2	MgO	Fe_2O_3	FeO	P_2O_5
BOFS	30～55	1～6	8～20	3～13	3～9	7～20	1～4
水泥熟料	62～68	4～7	20～24	1～2	2.5～6.5	/	微量
GGBS	30～50	7～20	26～42	1～18	/	0.2～1	/
CFA	2～7	15～40	40～60	0.2～5	4～20	/	/

表 5-13 为 BOFS、EAFS 和 LFS 主要矿物相组成，炼钢炉型对 SS 化学成分和矿物相组成影响显著。SS 中除了无定形的玻璃体相和蔷薇辉石（$3CaO\cdot MgO\cdot 2SiO_2$，$C_3MS_2$）、橄榄石（$2MgO\cdot 2FeO\cdot SiO_2$）、硅酸三钙（$3CaO\cdot SiO_2$，$C_3S$）、β 型硅酸二钙（$2CaO\cdot SiO_2$，$\beta$-$C_2S$）、γ 型硅酸二钙（$2CaO\cdot SiO_2$，$\gamma$-$C_2S$）、铁酸二钙（$2CaO\cdot Fe_2O_3$，$C_2F$）、铁铝酸四钙（$4CaO\cdot Al_2O_3\cdot Fe_2O_3$，$C_4AF$）等胶凝性物质外，还含有游离氧化钙（f-CaO）和方镁石（f-MgO）、赤铁矿（Fe_2O_3）、磁铁矿（Fe_3O_4）、单质铁（Fe）和 RO 相（即二价金属氧化物固溶体，CaO-MgO-FeO-MnO 固溶体）等[107,108,112,113]。其中，RO 相、f-CaO、f-MgO 等成分是造成 SS 体积安定性不良的主要原因，这些物质在 SS 硬化后能与水缓慢反应生成氢氧化物并引起体积膨胀。

表 5-13 不同钢渣主要晶体矿物相组成

文献	钢渣类型	矿物相组成
Poh 等[98]	BOFS	C_3S、β-C_2S、γ-C_2S、C_4AF、C_2F、$Ca_2Mg(Si_2O_7)$
Tossavainen 等[100]	BOFS	β-C_2S、(Fe,Mg,Mn)O、f-MgO
Waligora 等[101]	BOFS	β-Ca_2SiO_4、$Ca_2(Al,Fe)_2O_5$、$Ca_2Fe_2O_5$、FeO、f-CaO
Barra 等[102]	EAFS	C_2S、$Ca_2Al(AlSiO_7)$、$CaCO_3$、FeO、f-MgO、Fe_2O_3
Luxán 等[103]	EAFS	C_2S、$Ca_2Al(AlSiO_7)$、Fe_2O_3、$Ca_{14}Mg_2(SiO_4)_8$、$MgFe_2O_4$、Mn_3O_4、MnO_2
Tossavainen 等[100]	EAFS	β-C_2S、(Fe,Mg,Mn)O、$(Mg,Mn)(Cr,Al)_2O_4$、$Ca_2(Al,Fe)_2O_5$、C_3MS_2
Tsakiridis 等[105]	LFS	C_3S、C_2S、C_4AF、$Ca_2Mg(Si_2O_7)$、$Ca_2(Al,Fe)_2O_5$、C_2AS、FeO、Fe_2O_3、Fe_3O_4、f-MgO、SiO_2
Nicolae 等[106]	LFS	β-$CaO\cdot SiO_2$、CAS_2、CaS、α-Al_2O_3
Qian 等[108]	LFS	γ-C_2S、C_3MS_2、f-MgO
Tossavainen 等[100]	LFS	β-C_2S、γ-C_2S、$Ca_2Al(AlSiO_7)$、f-MgO、$Ca_{12}Al_{14}O_{33}$

总体而言，SS 中的矿物相组成可分为四大类：无定形玻璃体相、硅酸盐相、RO 相和游离态氧化物。无定形玻璃体相赋予 SS 潜在反应活性，其组成主要由化学成分和冷却方式共同决定，冷却速度越快，熔融态物质来不及结晶，则 SS 越容易得到无定形玻璃体相，冷却

速度缓慢有利于结晶过程，则 SS 越容易得到晶体相；硅含量较高时得到的是无定形玻璃体相，而钙含量较高时转变为硅酸盐相、RO 相或 f-CaO[114]。硅酸盐相赋予 SS 水硬性，钢渣中主要硅酸盐相有 C_3S、C_2S、C_3MS_2、$Ca_2Mg(Si_2O_7)$、$Ca_2Al(AlSiO_7)$、CAS_2 及 CaS 等。RO 相和游离态氧化物导致 SS 具有体积安定性不良问题，SS 中 RO 相、f-CaO 和 f-MgO 等水化缓慢，待硬化后生成 $Ca(OH)_2$、$Mg(OH)_2$ 会引起体积膨胀（体积分别增加 98%和 148%）。

iii. 反应活性。SS 反应活性由熔融态钢渣的冷却方式和化学成分共同决定。由于 SS 冷却方式多为缓慢冷却，化学成分属于低钙铝硅、高铁镁的 $CaO-Al_2O_3-SiO_2-Fe_2O_3-MgO$ 体系，SS 中矿物相晶粒粗大、结晶程度高、晶体缺陷少，同时硅铝酸盐矿相含量少，导致 SS 水化反应活性低、水化速度慢。

评价 SS 反应活性时，一般采用 SS 的碱度 R［式（5-37）］作为指标[115]。按照碱度值将 SS 分为低碱度钢渣（$R<1.8$）、中碱度钢渣（$1.8<R<2.5$）和高碱度钢渣（$R>2.5$）[116]。一般而言，R 越高 SS 反应活性越高，但超过一定的碱度值后 SS 出现体积不安定问题，如 R 为 3.1～3.5 时含有 7%～13%的 f-CaO 引起膨胀破坏，但也有研究发现 R 为 3.0～4.5 时 SS 反应活性最高[117]。因此，R 只适用于大致判断反应活性，无法较为准确地反映 SS 真实的反应活性。

$$R=\frac{w(CaO)}{w(SiO_2)+w(P_2O_5)} \tag{5-37}$$

式中，R 为钢渣碱度，无量纲；$w(CaO)$、$w(SiO_2)$、$w(P_2O_5)$ 分别为钢渣中 CaO、SiO_2、P_2O_5 的质量分数，%。

有学者提出采用活性系数（hydration activity idex，*HAI*）作为评价依据[118]，见式（5-38）。*HAI* 是 SS 中胶凝组分氧化物与惰性组分氧化物之间的比例，*HAI* 越高 SS 反应活性越高。

$$HAI=\frac{w(SiO_2)+w(Al_2O_3)}{w(FeO)+w(Fe_2O_3)+w(MgO)+w(MnO)} \tag{5-38}$$

式中，*HAI* 为活性系数，无量纲；$w(SiO_2)$、$w(Al_2O_3)$、$w(FeO)$、$w(Fe_2O_3)$、$w(MgO)$、$w(MnO)$ 分别为 SS 中 SiO_2、Al_2O_3、FeO、Fe_2O_3、MgO、MnO 的质量分数，%。

目前，现行国家标准《用于水泥和混凝土中的钢渣粉》中删除了碱度的定义和指标，并规定了用于水泥和混凝土时对活性指数的要求，同时对钢渣中游离氧化钙含量（≤4.0%）、三氧化硫（≤4.0%）、安定性等作了相应要求[119]。

综上所述，SS 中 CAS 体系活性成分含量较低，矿物相结晶完整且晶粒粗大，铁、锰等惰性氧化物成分含量较多，RO 相和游离氧化物引起的体积安定性问题突出，水化反应较慢，需要采用某种方式激发 SS 的反应活性。目前，提高 SS 反应活性的方式可概括为以下四种：一是化学激发活化。引入一定量的激发组分加快 SS 中活性组分的水化硬化。二是高温激发活化。提高反应温度，加速矿物结构中 Si—O 键、Al—O 键等的断裂和重构，加快 SS 的水化反应，或是在提高反应温度的同时引入改性组分，通过改变钢渣的组成与结构提高 SS 的反应活性。三是机械激发活化。如提高 SS 的细度改善其物理性能，即通过增大 SS 的比表面积，破坏其晶体结构使其发生位错、缺陷、畸变、重结晶等，改善钢渣的反应活性。四是相分离活化。如通过特定的分选工艺实现钢渣中活性矿物与非活性矿物的相分离或对 SS 采用磁选等手段，提高 SS 的水化活性和水化反应速率。

③ 粉煤灰

粉煤灰（coal fly ash，CFA）是以煤为燃料的火力发电厂排出的废弃物，实际上由煤中未燃尽的炭和不可燃烧的无机矿物组分组成，属于 CAS 体系火山灰质材料。

全球每年 CFA 的产量高达 7.8 亿吨[120]。我国作为世界上最大的煤炭产出国和消费国，2017 年中国煤炭产量和消耗量分别占到全球的 47.7%和 50.0%，这与我国“富煤贫油少气”的能源结构特点有关[121]。据 2019 年生态环境部统计[122]，重点调查工业企业粉煤灰产生量为 5.4 亿吨，综合利用量为 4.1 亿吨（含往年储量 213 万吨），综合利用率仅有 74.7%。

a．粉煤灰的产生。CFA 是煤粉进入 1300～1500℃的炉膛，在悬浮燃烧后随高温烟气上升，经过热器、省煤器及空气预热器后，通过旋风除尘器+袋式除尘器分离处理后收集得到的飞灰。CFA 在空气骤冷过程中来不及结晶，保留熔融状态的玻璃体，在表面张力作用下其颗粒表面呈光滑球状（图 5-13）。

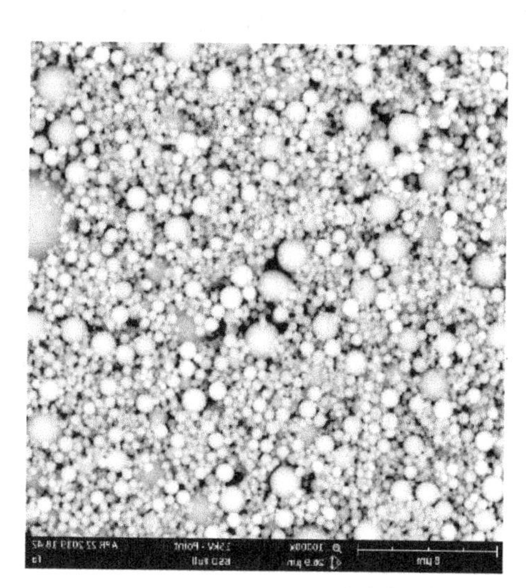

图 5-13 粉煤灰微观形貌[42]

CFA 的形成是煤粉颗粒在锅炉不同温度条件下转变的结果，可分为三个阶段。在多孔碳粒阶段，煤粉在初始燃烧时，煤粉中挥发分的逸出使燃烧的煤粉逐渐成为多孔球状碳粒，随着温度的升高，多孔碳粒形态逐渐向碎屑状碳粒过渡；在多孔玻璃体阶段，多孔球状碳粒和碎屑状碳粒中有机质燃尽，煤粉中的无机矿物质结合水脱水、分解、氧化生成无机氧化物，无机氧化物逐渐成熔融态多孔玻璃体；在玻璃珠阶段，随着温度继续升高，熔融态多孔玻璃体逐渐收缩成球状颗粒，孔隙率不断降低，圆度不断提高，粒径不断减小，形成密实球体（密实玻璃珠，即微珠），部分在快速冷却过程把残留的空气包裹在内，生成空心的球体颗粒（空心玻璃珠，即漂珠），部分由于煤粉中黏土矿物含量高，无机氧化物通过固相反应生成硅铝酸盐玻璃体（因其表面粗糙，呈海绵状不规则微珠，也称海绵状玻璃体），也有部分由于煤粉铁含量较高冷却过程发生聚集，由于铁化物冷却过程容易析出，使其玻璃微珠表面有一定的磁性，即生成磁性玻璃微珠（高铁微珠，或磁性微珠）。

b．粉煤灰的冷却。CFA 的冷却主要是依靠空气预热器来完成冷热交换，由于未经过水淬或大量冷空气骤冷处理，因此在冷却过程中有一部分熔融无机物会发生结晶作用。

但是，CFA 仍是以玻璃体为主，晶体矿物相含量为 11%～48%[123]。

c．粉煤灰的基本性质。

i．化学成分。CFA 的化学成分与燃煤品质有关，燃煤中除可燃烧炭、有机物外，还有一部分不可燃烧的黏土类矿物、石英、长石等，这些不可燃物质在炭燃烧发热的过程中形成熔融态，经冷却后存在于粉煤灰中。

CFA 可根据 CaO 含量分为高钙粉煤灰（HCFA，CaO 含量＞10%）和低钙粉煤灰（LCFA，

CaO 含量<10%)。其中，高钙粉煤灰主要是褐煤和亚沥青质煤，低钙粉煤灰主要是由无烟煤和沥青质煤燃烧得到的。

我国几类 CFA 的化学成分如表 5-14 所示。

表 5-14 我国几类 CFA 的化学成分（质量分数）[124,125]

类别	化学成分/%							
	CaO	Al_2O_3	SiO_2	MgO	Fe_2O_3	SO_3	R_2O	LOI
低钙粉煤灰	8.7	25.8	54.9	1.8	6.9	0.6	0.6	—
高钙粉煤灰	24.5	16.7	39.9	4.6	5.8	3.3	1.3	—
波动范围	1～30	16～34	31～55	0.7～2.0	1.5～10	0～2.5	1～2.5	1～15

注：LOI（loss on ignition），即烧失量，主要是未燃尽的炭含量。

美国 ASTM 用硅铝铁含量进行分类[126]。$w(SiO_2+Al_2O_3+Fe_2O_3)>70\%$的 CFA 为 F 级，$50\%<w(SiO_2+Al_2O_3+Fe_2O_3)<70\%$的 CFA 为 C 级。

我国根据燃煤品质[127]，将无烟煤或烟煤煅烧收集的 CFA 规定为 F 级，由褐煤或次烟煤煅烧收集的 CFA 为 C 级。

ii．矿物相组成。表 5-15 给出了 CFA 中晶体矿物相组成及其化学式。LCFA 以莫来石、石英、磁铁矿及无水石膏等为主，而 HCFA 则以硅酸盐、铁酸盐、铝酸盐、石灰、方镁石及无水石膏等为主。

表 5-15 CFA 中晶体矿物相组成及化学式[128]

粉煤灰类别	晶体矿物	化学式
LCFA	莫来石	$3Al_2O_3\cdot 2SiO_2$
	石英	SiO_2
	磁铁矿-铁酸盐	Fe_3O_4-(Mg,Fe)(Fe,Mg)$_2$O$_4$
	磁铁矿	Fe_3O_4
	无水石膏	$CaSO_4$
HCFA	钙铝、镁黄长石	Ca,Mg,Al(Si_2O_7)
	铁酸盐-尖晶石	(Mg,Fe)(Fe,Mg)$_2$O$_4$
	默硅镁钙石	$Ca_3Mg(SiO_4)_2$
	白、斜硅钙石	Ca_2SiO_4
	石灰	CaO
	方镁石	MgO
	方石英/石英	SiO_2
	长石类	(Na,Ca,Al)SiO_4
	硅酸三钙	Ca_3SiO_5
	铝酸三钙	$Ca_3Al_2O_6$
	无水石膏	$CaSO_4$

iii．反应活性。CFA 作为人造硅铝酸火山灰材料，自身胶凝性十分微弱或没有，但在细分散状态和潮湿环境中，常温条件下即可与 $Ca(OH)_2$ 发生化学反应生成水化胶凝产物。CFA 中的玻璃体相结构与矿渣玻璃体相结构化学组成不同，GGBS 成分以钙硅为主，CFA 成分以硅铝为主，虽然 HCFA 中 CaO 含量超过 20%，但仍远低于 GGBS 的 40%左右。CFA 中的主要成分为 SiO_2 和 Al_2O_3，玻璃体相结构中主要成分也是以 SiO_2 和 Al_2O_3 为主，因此也常称其为活性氧化硅和活性氧化铝。但是，粉煤灰的化学组成与反应活性之间的关系尚未明确[8]。

CFA 中玻璃体相结构和含量在一定程度上决定了反应活性，根据网络改性体含量可将 CFA 玻璃体分为Ⅰ型玻璃体和Ⅱ型玻璃体。Ⅰ型玻璃体也称硅铝酸盐玻璃体，具有较低的网络改性体含量，$w(CaO+MgO+Na_2O+K_2O)\approx8\%$，通常出现在 LCFA 中；Ⅱ型玻璃体也称硅铝酸钙玻璃体，具有较高的网络改性体含量，$w(CaO+MgO+Na_2O+K_2O)\approx27\%$，通常出现在 HCFA。网络改性体组分（$CaO+MgO+Na_2O+K_2O$）与网络形成体组分（$SiO_2+Al_2O_3+Fe_2O_3$）的比值也可作为活性评价指标，该比值与 CFA 反应活性呈线性关系[129]。也有学者通过研究碱激发 CFA 的强度特性，认为影响 CFA 活性最主要的因素有活性硅含量、玻璃体矿物相含量和细度，而铁、钙含量不影响反应活性，水化产物中也未发现铁、钙元素[130]；但是也有学者得到了相反的结果：高钙含量的粉煤灰强度更高[131]。

如前所述，与 GGBS 相似，CFA 的反应活性无法仅仅根据化学成分或玻璃体相含量评价，还需通过 CFA 中玻璃体相化学组成及其结构来判定，但是 CFA 玻璃体相化学结构是很难直接测得的，需要借助一定的手段来实现。目前，CFA 反应活性的测定方法有化学萃取法、强度法和 X 射线衍射-Rietveld 定量法。化学萃取法利用添加化学试剂使 CFA 中的玻璃体相与晶体矿物相分离，分别测量玻璃体相与晶体矿物相的含量；强度法是用 w(水泥)∶w(粉煤灰)=70∶30 制备的砂浆与水泥砂浆养护 28d 的抗压强度比值作为 CFA 的活性指数[88]，活性指数越大，对应的 CFA 反应活性越高；X 射线衍射-Rietveld 定量法通过在 CFA 中掺入 20%的 $\alpha\text{-}Al_2O_3$ 作为内标物，得到 CFA 中各晶体矿物相的含量，剩余部分即为玻璃体相含量。

由于 CFA 中球形玻璃体相表面致密的氧化物壳层，在常温常压下有很好的化学稳定性，碱性较低的激发剂激发效果不理想，需要进一步激发 CFA 的反应活性。激发 CFA 的反应活性有三个基本思路[132]：其一是“补钙”，CFA 属于 CAS 体系火山灰质材料，但我国 CFA 中 CaO 含量往往低于 10%，需要添加 CaO 提高 CaO/SiO_2 比；其二是破坏 CFA 球形玻璃体表面致密氧化物壳层，Si—O—Si 网络结构和 Si—O—Al 网络结构断裂，活性物质得到释放；其三是复合激发剂共同作用，增强水化反应的势能。

CFA 用作碱激发类固化剂时，我国现有且仅有一部标准，即 GB/T 29423[94]要求 CFA 除满足 GB/T 18046[88]规定的 F 类Ⅰ级、Ⅱ级相关指标外，SiO_2 和 Al_2O_3 含量应分别高于 40% 和 20%，SO_3 含量和烧失量应分别低于 3.0%和 6.0%。

④ 磷渣

磷渣（phosphorus slag，PS）是电炉法制取黄磷过程中产生的废渣。我国和摩洛哥是世界上磷矿储量最多的国家，占世界磷矿资源储量的 68.4%。生产 1t 黄磷约产生 8t 磷渣。我国每年磷渣的产生量远超 8000 万吨[133-135]。

a．磷渣的产生。PS 产生的工艺流程如图 5-14 所示。磷矿石为原材料，焦炭为还原剂，硅石则为造渣剂。磷矿石中 P 以磷酸盐矿物［$Ca_3(PO_4)_2$］形式存在，P 和 O 之间的化学键结合紧密，提取过程较为困难。通过焦炭中的 C 还原磷酸根（PO_4^{3-}），再将由还原反应带入的碳酸盐等杂质去除，主要化学反应在电炉内完成。电炉中排出的熔融废渣温度大约在 1350℃，经过冷却处理后即为 PS。

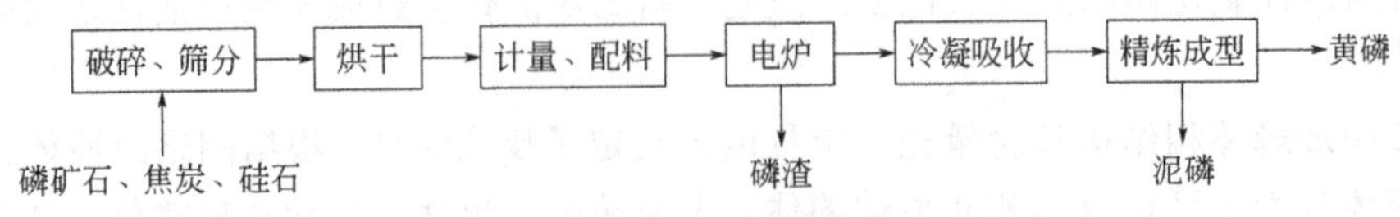

图 5-14 PS 产生的工艺流程

电炉内发生的化学反应过程分为三个部分：

电炉生料层中下部、热交换和粉尘过滤区域（700～1000℃），主要是偏磷酸盐的还原、一氧化碳的分解和氧化铁的还原，如式（5-39）所示。

$$\left.\begin{aligned}Ca_3(PO_4)_2+2C &\longrightarrow Ca_3(PO_3)_2+2CO\uparrow\\ 2CO &\longrightarrow C+CO_2\uparrow\\ 3Fe_2O_3+CO &\longrightarrow 2Fe_3O_4+CO_2\uparrow\end{aligned}\right\}\tag{5-39}$$

熔化层上部的过渡区域（1000～1300℃），主要是磷矿石的还原、固相扩散、还原等反应，如式（5-40）所示。

$$\left.\begin{aligned}Ca_3(PO_4)_2+CO+SiO_2 &\longrightarrow Ca_3(PO_3)_2+P_2+CO_2+m CaO\cdot n SiO_2\\ Ca_3(PO_4)_2+C+SiO_2 &\longrightarrow Ca_3(PO_3)_2+P_2+CO_2+m CaO\cdot n SiO_2\\ C+CO_2 &\longrightarrow 2CO\\ Ca_3(PO_4)_2+2H_2 &\longrightarrow Ca_3(PO_3)_2+2H_2O\end{aligned}\right\}\tag{5-40}$$

熔化层固相、液相和气相反应区域（1300～1500℃），主要是还原物熔化和磷生成等反应，如式（5-41）所示。

$$\left.\begin{aligned}Ca_3P_2O_8 &\rightleftharpoons 3Ca^{2+}+2PO_4^{3-}\\ PO_4^{3-}+C &\longrightarrow PO_3^{3-}\longrightarrow PO\longrightarrow P\longrightarrow \frac{1}{2}P_2+4CO\\ m CaO+n SiO_2 &\longrightarrow m CaO\cdot n SiO_2\end{aligned}\right\}\tag{5-41}$$

b．磷渣的冷却。熔融废渣的冷却方式有空气冷却和水淬冷却，而水淬冷却是目前的主要冷却方式。水淬骤冷得到的 PS 玻璃体相含量高，可达到 90%，具有较高的反应活性。而空气冷却得到的 PS 的矿物相为晶体相，几乎没有反应活性。

c．磷渣的基本性质。

i．化学成分。表 5-16 为不同地区 PS 的化学成分。PS 是以 CAS 体系为主的火山灰质材料，CaO 和 SiO_2 总含量超过 80%，而 Al_2O_3 小于 7%，同时含有少量的 MgO、P_2O_5、Fe_2O_3、K_2O 和 F 元素等。

表 5-16 部分地区 PS 的主要化学成分（质量分数）[133]

磷渣来源	化学成分/%							
	CaO	Al_2O_3	SiO_2	MgO	P_2O_5	K_2O	F	K
湖北	45.70	2.57	40.80	3.32	3.91	1.01	/	1.16
贵州	50.11	3.18	37.51	1.70	3.28	0.42	1.85	1.35
陕西	50.0	6.2	39.5	0.3	1.0	0.7	2.6	1.4
云南	49.13	3.98	36.60	0.33	/	0.52	/	1.46

注：K 为质量系数，代表 PS 的反应活性，K 越大，则 PS 反应活性越大。

《矿物掺合料应用技术规范》（GB/T 51003）[136]按照 PS 28d 活性指数（≥70%、≥85%、≥95%）将其分为三个等级，即 L70、L85 和 L95，并对 PS 中 P_2O_5、碱含量（Na_2O+0.658K_2O）、氯离子含量及玻璃体相含量等作出要求。

ii. 矿物相组成。水淬冷却的 PS 中熔融态物质来不及结晶，得到大量的玻璃体相，具有潜在的火山灰反应活性[135,137,138]。除了无定形的玻璃体相外，PS 中还存在微量的枪晶石、硅酸二钙、石英、假硅灰石、方解石、氟化钙等晶体相。PS 的 XRD 图谱如图 5-15 所示。PS 的矿物相组成以无定形玻璃体相为主。

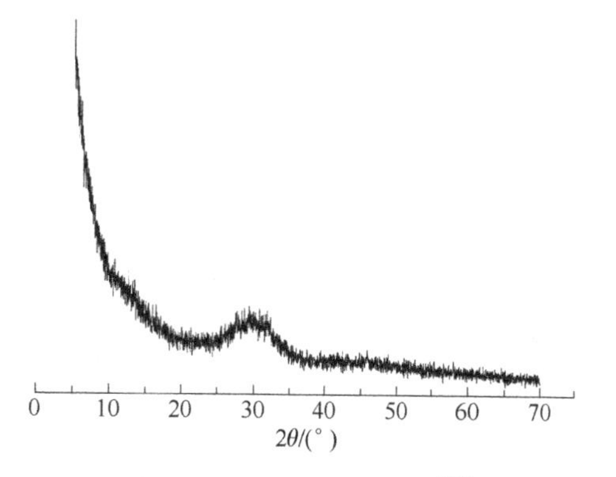

图 5-15 PS 的 XRD 图谱[135]

iii. 反应活性。评价 PS 反应活性时，一般采用质量系数 K［式（5-42）］作为指标。与 GGBS、CFA、SS 相似，仅仅通过质量系数 K 无法准确反映 PS 的反应活性，可借助 PS 中玻璃体相结构的成分含量评价。PS 玻璃体相中网络形成体离子 Si、P 含量较高，网络中间体离子 Al 等含量过低，网络改性体离子 Ca 和 K 等含量较高，而 Si—O—Si 键、P—O 键、Al—O 键的单键能较高不易断裂，即缺少具有反应活性的 SiO_2 和 Al_2O_3，Ca^{2+}虽易溶于水但确实无法与其他活性物质发生反应，导致 PS 水硬性较差。

$$K=\frac{w(CaO)+w(MgO)+w(Al_2O_3)}{w(SiO_2)+w(P_2O_5)} \tag{5-42}$$

式中，K 为 PS 质量系数，无量纲；$w(CaO)$、$w(MgO)$、$w(Al_2O_3)$、$w(SiO_2)$、$w(P_2O_5)$ 分别为 PS 中 CaO、MgO、Al_2O_3、SiO_2、P_2O_5 的质量分数，%。

此外，PS 中 P_2O_5 和 F 元素会延缓水化反应，低 Al_2O_3、MgO 含量和高 SiO_2 含量等化学组成进一步降低其反应活性[139]，导致 PS 玻璃体相含量高但反应活性较低。因此，需要通过某种方式激发 PS 的反应活性，激发方式概括为四个方面[133,135,137,138,140-142]：一是机械激发活化，通过提高 PS 的细度增加参与反应的接触面积，同时细小的颗粒也能起到填充作用；二是化学激发活化，通过引入一定量的激发组分促进 PS 中玻璃体解聚，或促进水化产物的生成，或促进网络结构的形成，进而加速 PS 自身 Si—O—Si、Si—O—Al、Al—O—Al 等桥氧键的断裂和断裂后的网络体重组；三是高温激发活化，通过提高反应温度加速矿物结构中 Si—O 键、Al—O 键等的断裂和重构，同时引入添加剂组分改变 PS 的化学组成与结构提高其反应活性；四是复合激发活化，通过复合上述激发方式提高 PS 的反应活性，如机械激发活化与化学激发活化联用，或多种化学激发剂复合激发。虽然 PS 中玻璃体相含量较高、矿物相组成以 CAS 体系为主，但其“多硅多磷、缺铝少镁”的特点使其反应活性较差，也适合用作辅助材料。

⑤ 硅灰

硅灰（silica fume，SF）是生产工业硅或硅铁合金过程产生的工业副产物，全称为冷凝硅烟灰，也称凝聚硅灰、硅烟灰或微氧化硅。据统计，我国每年硅灰的产量大约为 200 万吨[143]。

a．硅灰的产生。生产工业硅或硅铁合金时，利用温度高达 2000℃的电弧炉，将石英砂中的 SiO_2 还原为 Si 单质，此时部分硅蒸气混入烟气并氧化、空气冷却生成粉末状 SiO_2，即 SF。

b．硅灰的冷却。SiO_2 在骤冷过程来不及结晶，所以 SF 中的 SiO_2 呈无定形非晶态。SF 颗粒在表面张力作用下呈现出光滑球状。因此，SF 具有很好的球形度，球形颗粒直径约为 0.1μm，而且比表面积（15000～25000m^2/kg）大，达到水泥比表面积的 6 倍以上[144]，是一种超细的火山灰质材料。

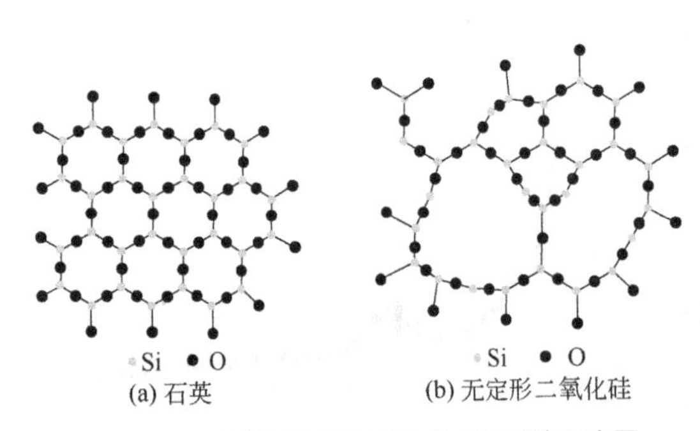

图 5-16 石英和无定形 SiO_2 的分子结构示意图

图 5-16 为石英和无定形 SiO_2 的分子结构。石英是以结晶完整的形式存在，Si—O 键相互连接，形成规整的架状结构；而无定形 SiO_2 则是不规则的结构组成，有明显的位错、点缺陷等，使得其具有较高的反应活性，更易发生 Si—O 键断裂。

c．硅灰的基本性质。

i．化学成分。表 5-17 为 SF 的化学组成。SF 中主要成分为 SiO_2，生产硅铁合金排放的 SF 中 SiO_2 含量超过 80%[145]，生产工业 Si 单质排放的 SF 中 SiO_2 的含量超过 90%，甚至可达到 98%。

表 5-17　硅灰的化学组成（质量分数）

参考文献	化学成分/%							
	CaO	Al_2O_3	SiO_2	MgO	Fe_2O_3	SO_3	Na_2O	K_2O
Köksal 等[146]	0.80	4.48	81.35	1.34	0.80	1.34	/	/
Hooton 等[147]	0.31	0.23	96.65	0.04	0.07	0.17	0.15	0.56
Yazıcı 等[148]	0.49	0.89	92.26	0.96	1.97	0.33	0.42	1.31
Cong 等[149]	/	0.27	94.50	0.97	0.83	/	0.54	/

ii．矿物相组成。SF 的 XRD 图谱如图 5-17 所示，SF 中没有明显的晶体衍射峰，其矿物相以无定形 SiO_2 组成的非晶态玻璃体相为主。

iii. 反应活性。SF在与含碱物质接触过程中，无定形玻璃体相立即溶解出大量的$[SiO_4]^{4-}$四面体。SF用作碱激发类固化剂原材料时，并没有明确的反应活性参数指标。但是，用作水泥砂浆和混凝土的矿物掺合料时，一般要求SF中SiO_2含量不低于85.0%，比表面积（BET法）不低于$15000m^2/kg$，活性指数（7d快速法）不低于105%。此外，固含量（液料）、总碱量、氯含量、含水率（粉料）、烧失量、需水量比、放射性、抑制碱骨料反应性、抗氯离子渗透性等均应满足相应指标要求[151]。

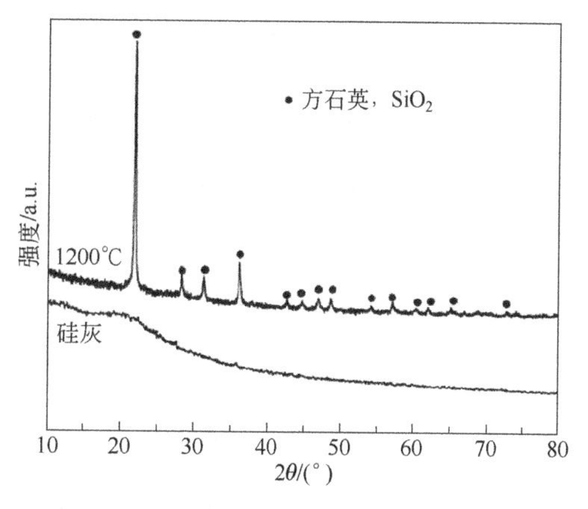

图5-17　SF的XRD图谱[150]

⑥ 镍渣

镍渣（nickel slag，NS）是冶炼铁镍合金过程排放的工业副产物。目前NS的综合利用率较低，仅有10%左右[152]。国内堆存的NS已超过4000万吨，每年新增NS量约为200万吨[153]。

a. 镍渣的产生。自然界中的镍矿通常有三类，即硫化镍矿、氧化镍矿和砷化镍矿。我国镍矿多为硫化镍矿，尤其以硫化铜镍矿最多，其中有价金属含量较低、化学成分复杂、伴生脉石多、难溶物料多，直接入炉冶炼能耗大，因此首先需要进行选矿富集。一般来说，含镍量大于7%的矿石可直接送去冶炼，小于3%的矿石则需要进行选矿富集[154]。在选矿过程中，每生产1t镍产生95t左右的尾矿；镍冶炼过程每生产1t镍约排放6～16t NS。根据生产工艺的不同，将NS分为高炉镍渣和电炉镍渣，两者钙含量不同，高炉镍渣中的钙含量远高于电炉镍渣[155,156]。

b. 镍渣的冷却。冷却方式有水淬冷却和风冷却，水淬冷却得到的NS可用作火山灰质材料。

c. 镍渣的基本性质。

i. 化学成分。表5-18为NS的化学组成，NS的主要化学成分为SiO_2和MgO，两者质量占比达到80%左右，MgO的含量达到30%，而CaO和Al_2O_3的含量之和低于10%。相比于GGBS、CFA、SS和SF，NS中CaO、Al_2O_3含量过低，SiO_2含量偏高，反应活性较低。

表5-18　不同镍渣的化学组成（质量分数）

镍渣种类	化学成分/%						
	CaO	Al_2O_3	SiO_2	MgO	Fe_2O_3	Na_2O	TiO_2
水淬镍渣[157]	2.40	6.60	44.89	26.89	15.59	0.11	/
水淬镍渣[158]	1.03	4.59	50.37	33.77	8.21	/	0.12
风冷镍渣[157]	1.36	5.02	50.97	29.91	7.76	2.59	0.10
风冷镍渣[158]	1.52	3.66	51.23	31.91	8.06	0.28	0.14

ii. 矿物相组成。图5-18为水淬镍渣（WNS）和风冷镍渣（ANS）的XRD图谱。NS

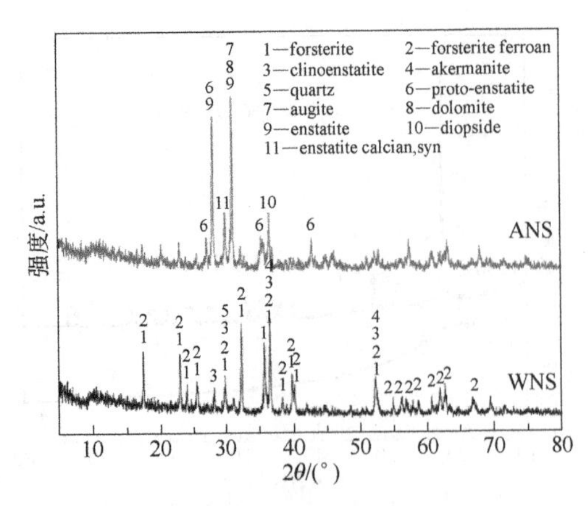

图 5-18 水淬镍渣（WNS）和风冷镍渣（ANS）的XRD图谱[157]

的化学成分较为接近，不同冷却方式得到的NS矿物相组成存在显著差异。WNS中的晶体矿物相主要为镁橄榄石（forsterite）和镁铁橄榄石（forsterite ferroan），另含有斜顽辉石（clinoenstatite）、镁黄长石（akermanite）、石英（quartz）；而ANS的晶体矿物相为原顽火辉石（proto-enstatite）、斜辉石（augite）、白云石（dolomite）、顽火辉石（enstatite）和透辉石（enstatite calcian）。

iii. 反应活性。水淬冷却过程熔融废渣来不及结晶，因此WNS中含有大量的无定形玻璃体相，具有较高的反应活性。风冷过程熔融废渣会充分结晶，因此ANS中形成大量晶体矿物，几乎没有反应活性。张长森等[157]通过对WNS和ANS活性测试，发现WNS中的无定形SiO_2和Al_2O_3含量均远高于ANS，WNS的活性率为58.4%，而ANS的活性率仅为24.3%。

⑦ 铜渣

铜渣（copper slag，CS）是铜冶炼和精炼过程产生的工业副产物[159]，属于有色金属废渣。每生产1t精炼铜产生2.2～3t CS[160]。我国是世界上主要铜生产国，每年精炼铜产量高达517.9万吨，产生CS 1500万吨以上[161]。目前CS的处理方式仍以堆放为主[162]，堆放的CS超过5000万吨[163]。

a. 铜渣的产生。火法冶炼工艺中炼炉内高温（约1200℃）环境下，各种氧化物相互熔融形成共熔体，经冷却后形成CS。

b. 铜渣的冷却。冷却方式有水淬冷却和自然冷却。水淬冷却得到水淬铜渣（WCS）；自然冷却得到自然冷却铜渣（ACS）。

c. 铜渣的基本性质。

i. 化学成分。表5-19为CS的化学成分。CS中主要的化学成分为Fe、CaO、SiO_2、Al_2O_3等，其中Fe含量较高，CaO、Al_2O_3含量较低。

表 5-19 不同铜冶炼工艺产生的铜渣化学成分（质量分数）[164]

冶炼工艺	化学成分/%						
	Fe	Cu	CaO	Al_2O_3	SiO_2	MgO	S
密闭鼓风炉	25～33	0.35～2.4	6～19	4～12	31～39	0.8～7.0	0.2～0.45
诺兰达法	33～40	3.4	0.5～1.0	0.5	22～25	1.0～1.5	5.2～7.9
瓦纽科夫法	37～40	2.53	1.1～2.4	1.2～4.5	22～25	1.2～1.6	0.55～0.65
三菱法	39～45	2.14	5～8	2～6	30～35	/	0.55～0.65
艾萨法	31～35	1.0	2.3	0.2	31～34	2.0	2.8
Inco闪速熔炼	37～40	0.9	1.73	4.72	33	1.61	1.1
闪速熔炼	29～42	0.17～0.33	5～15	2～12	28～38	1～3	0.46～0.79
转炉	37～43	4.6	9.3	0.8	26.5	7	0.8

ii. 矿物相组成。图 5-19 为 WCS 的 XRD 图谱。WCS 主要矿物相为无定形的玻璃体相，结晶矿物相有铁橄榄石（$2FeO \cdot SiO_2$）和磁铁矿（FeO 和 Fe_2O_3）。此外，WCS 中还含有钙铁辉石（$CaO \cdot FeO \cdot 2SiO_2$）、石英（$SiO_2$）及铜硫相（$Cu_2S$-FeS 固溶体）等[159]。

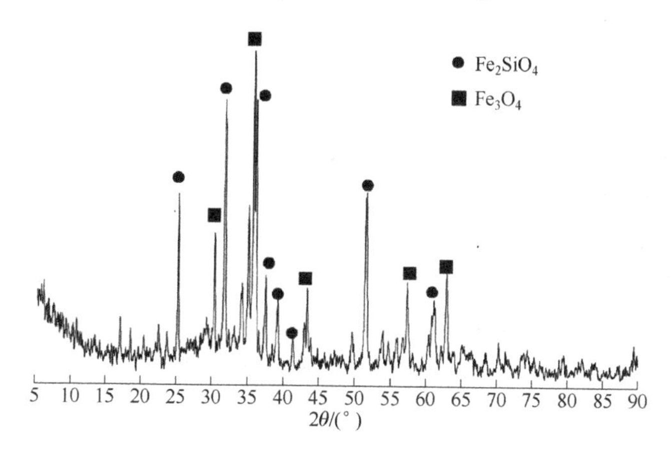

图 5-19 水淬铜渣的 XRD 谱图[165]

iii. 反应活性。CS 中主要反应活性的来源为玻璃体，但伴生的重金属成分较高且复杂，导致 CS 的反应活性受到影响。WCS 的玻璃体相含量可达到 99.3%[166]，高于 GGBS 玻璃体含量（85%～90%）[145]，其火山灰反应活性强于 GGBS[167]。而 ACS 冷却缓慢，冷却过程缓慢结晶，含有大量致密的晶体矿物，反应活性远低于 WCS，但具有火山灰质材料的潜力[168]。

⑧ 镁渣

镁渣（magnesium slag，MS）是冶炼镁过程中排出的废渣，也称还原渣。我国超过 90% 的炼镁企业利用皮江法炼镁工艺生产金属镁，采用该技术每生产 1t 镁排出 6.5～8.0t 的 MS[169]，我国每年 MS 产生量约 800 万吨[170]。

a. 镁渣的产生。图 5-20 为 MS 产生工艺。将白云石（$MgCO_3 \cdot CaCO_3$）破碎粉磨后在回转窑内煅烧至 1150～1250℃［式（5-43）］，煅烧后得到的白云石锻白与硅铁［Si(Fe)］、萤石（CaF_2，主要充当溶剂）混合破碎粉磨、制球（制球压力 9.8～29.4MPa），在高炉内还原制得粗镁［式（5-44）］，高炉煅烧温度约 1200℃、压力＜10Pa。还原炉内残余的废渣即为 MS，高炉精炼得到的废渣为精炼渣。

$$MgCO_3 \cdot CaCO_3 \xrightarrow{1150℃\sim1250℃} MgO+CaO+2CO_2\uparrow \tag{5-43}$$

$$MgO+CaO+Si(Fe) \xrightarrow{1200℃、<10Pa} Mg+CaO \cdot SiO_2 \tag{5-44}$$

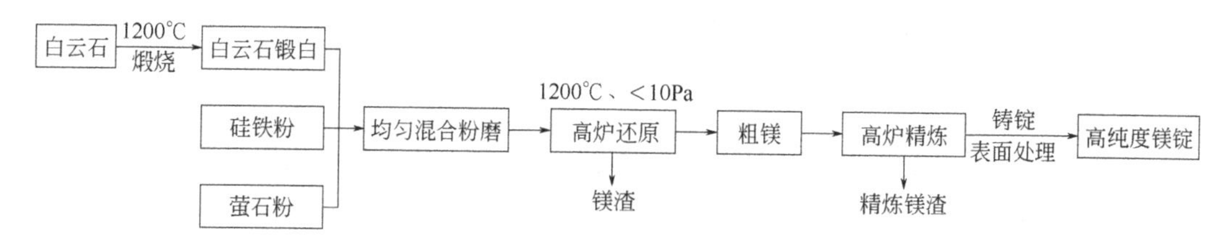

图 5-20 MS 产生工艺流程图

b．镁渣的冷却。缓慢冷却得到的 MS 基本不具有火山灰质材料特性，急速冷却得到的 MS 能够增加其玻璃体相含量、降低游离 MgO 含量，降低 MS 后续的膨胀性。因此，为得到可用作火山灰质材料的 MS，应对高炉还原工序得到的熔融镁渣做快速冷却处理。

c．镁渣的基本性质。

i．化学成分。MS 的化学成分的波动范围如下，CaO：40%～50%、SiO_2：20%～30%、Al_2O_3：2%～5%、MgO：6%～10%、Fe_2O_3：约 9%。除了 MgO 含量比水泥高外，MS 其他组分含量均与水泥相差不大，但其产生过程煅烧温度低于水泥。

ii．矿物相组成。MS 的矿物相组成与原材料的化学成分［式（5-43）、式（5-44）］、煅烧制度（煅烧温度、还原气氛等）和冷却方式等有关。熔融镁渣缓慢降温时，融熔镁渣中 C_2S 逐渐由 α′-C_2S 向介稳态的 β-C_2S 转变，当温度低于 600℃后，介稳态的 β-C_2S 则向常温稳定态 γ-C_2S 转变，导致 MS 的粉化膨胀、失去反应活性，得到的矿物相为 β-CA_2S、γ-C_2S、C_3S、MgO、CaO 等（图 5-21）。快速冷却时，熔融镁渣中 β-C_2S 来不及转变为 γ-C_2S 而以介稳态 β-C_2S 方式保持下来，同时快速降温也能增加玻璃体相含量[171]，得到的 MS 中的主要矿物相为 β-C_2S、MgO、CaO、无定形玻璃体相等。

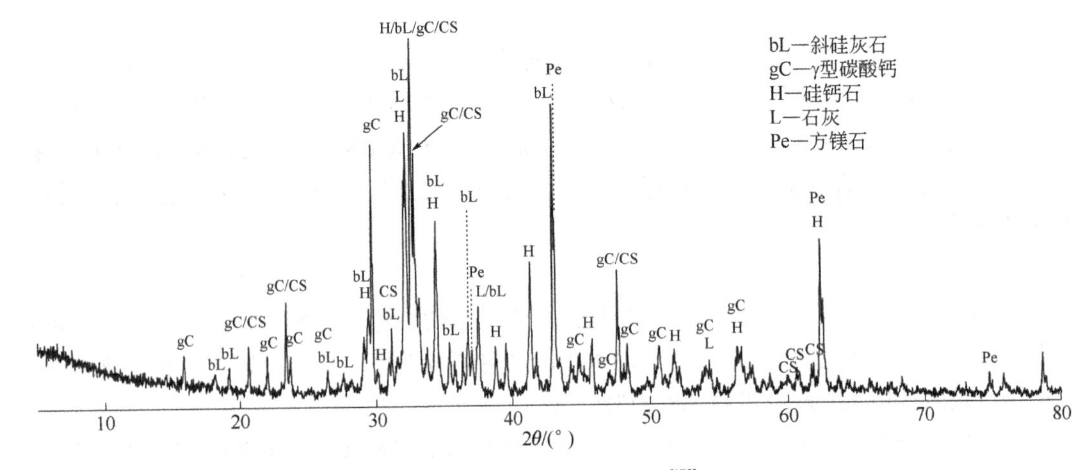

图 5-21 MS 的 XRD 谱图[170]

⑨ 其他废渣

除了常见的 GGBS、CFA、SS、PS、SF、NS、CS、MS 等工业副产物外，水淬硅锰渣（silico-manganese slag）、锂渣（lithium slag）等工业副产物，与水泥有着相似的化学成分，也经历过高温煅烧、快速冷却等过程，均可用作火山灰质材料。

（4）农林副产物

如图 5-3 所示，用作火山灰质材料的农业副产物有稻壳灰、甘蔗渣焚烧灰、其他生物质焚烧灰等。

① 稻壳灰

稻壳灰（rice husk ash，RHA）是生物质发电厂采用稻壳作为燃料焚烧燃尽得到的灰渣。

a．稻壳灰的产生。稻壳是水稻脱壳后残留的谷壳，含有 50%的纤维素、25%～30%的木质素及不可燃物质[145]。稻壳的主要化学成分是 C（39%～42%）、O（30%～34%）、H（5%

左右）和 N（约 0.6%）[172]以及 Si（15%～20%）[145]。

RHA 是稻壳在稀氧环境下焚烧（550～700℃）产生的灰渣，纤维素和木质素被燃烧氧化以气体氧化物的形式排放，Si 物质则形成无定形的玻璃体相。当焚烧温度超过一定的范围后，稻壳灰中的无定形硅物质被氧化成氧化硅晶体，因此应控制稻壳灰的形成温度，从而得到具有反应活性的 RHA。燃烧完全的 RHA 呈灰色或白色，未燃尽的 RHA 中由于含有炭会呈现出黑色。燃烧温度越高，燃烧的时间越长，则稻壳中的炭燃烧越完全，稻壳灰的颜色越浅。

b．稻壳灰的冷却。RHA 不需经过骤冷过程也能得到较高的反应活性，但需要在特定的燃烧条件下才能获得高反应活性[173,174]。这与工业副产物产生的熔融废渣不同。

c．稻壳灰的基本性质。

i．化学成分。表 5-20 为 RHA 的化学成分。RHA 的主要化学成分为 SiO_2，其含量超过 85%，CaO、Al_2O_3、MgO、Fe_2O_3 含量均低于 2%。

表 5-20　不同 RHA 的化学成分（质量分数）

参考文献	化学成分/%								
	CaO	Al_2O_3	SiO_2	MgO	Fe_2O_3	Na_2O	K_2O	SO_3	LOI
Mehta[174]	0.55	0.15	87.2	0.35	0.16	1.12	3.68	0.24	8.55
Ganesan 等[175]	0.48	0.22	87.32	0.28	0.28	1.02	3.14	/	2.10
Bui 等[176]	1.40	0.84	86.98	0.57	0.73	0.11	2.46	/	5.14
Hwang 等[177]	0.8	/	88.0	0.2	0.1	0.7	2.2	/	8.1
王昌义等[178]	1.60	1.23	88.05	0.50	0.69	0.25	2.28	0.40	5.82

注：LOI 主要为未燃尽的炭。

ii．矿物相组成。RHA 晶体矿物相是石英（quartz）、方石英（cristobalite）和碳（carbon），非晶体矿物相是非晶态或无定形 SiO_2。石英由少量硅结晶而来，方石英则是亚稳条件下由无定形 SiO_2 结晶而来，碳则是未燃尽的炭。非晶体矿物相决定了 RHA 的反应活性。

iii．反应活性。RHA 的反应活性主要来源于大量的无定形硅玻璃体相、超高的比表面积和颗粒自身的多孔结构[174,179]。

我国尚未有关于 RHA 用作火山灰质材料的标准。ASTM C618 对 RHA 中各成分作出要求[29]：化学性能方面，玻璃体相含量≥70%，SO_3 含量≤4%，含水率≤3%，烧失量≤6%；物理性能方面，强度活性指数≥75%。

② 甘蔗渣焚烧灰

甘蔗渣焚烧灰（sugar-cane bagasse ash，SCBA）是甘蔗制糖废渣用作热电联产燃料焚烧（600～800℃）发电过程得到的固体废物，其产生过程见图 5-22。

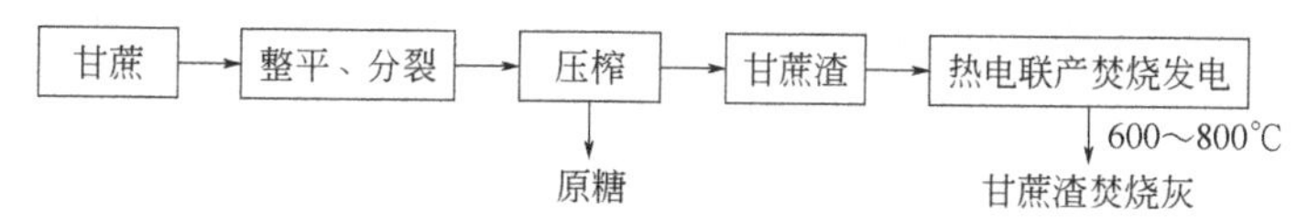

图 5-22　甘蔗渣焚烧灰的产生过程

表 5-21 为 SCBA 的化学成分，其化学组成属于 CAS 体系。

表 5-21 不同甘蔗渣焚烧灰的化学组成（质量分数）

参考文献	化学组成/%								
	CaO	Al_2O_3	SiO_2	MgO	Fe_2O_3	Na_2O	K_2O	P_2O_5	LOI
Ganesan 等[180]	8.14	9.05	64.15	2.85	5.52	0.92	1.35	/	4.90
Cordeiro 等[181]	5.97	0.09	60.96	8.65	0.09	0.70	9.02	8.34	5.70
Somna 等[182]	10.5	4.7	59.9	1.3	3.1	/	/	0.91	19.6
Rattanashotinunt 等[183]	11.0	5.1	55.0	0.9	4.1	0.2	1.2	/	19.6

图 5-23 给出了甘蔗渣的 TG/DTA 曲线。在 20～200℃，甘蔗渣失去自由水；200～600℃，甘蔗渣中可燃物质燃烧，并排放出大量的 CO_2；600～800℃，甘蔗渣的热活化阶段，该阶段得到的 SCBA 具有火山灰反应活性；800℃以上，活化的无定形钙硅铝质玻璃体相逐渐开始结晶，超过该焚烧温度得到的 SCBA 几乎丧失反应活性。即焚烧温度低于 600℃，SCBA 中含有未燃尽的炭，影响 SCBA 火山灰质材料性能；焚烧温度超过 800℃，SCBA 几乎失去火山灰反应活性[184]，只能用作辅助材料。因此，在用作火山灰质材料时，甘蔗渣较为合理的煅烧温度区间为 600～800℃。

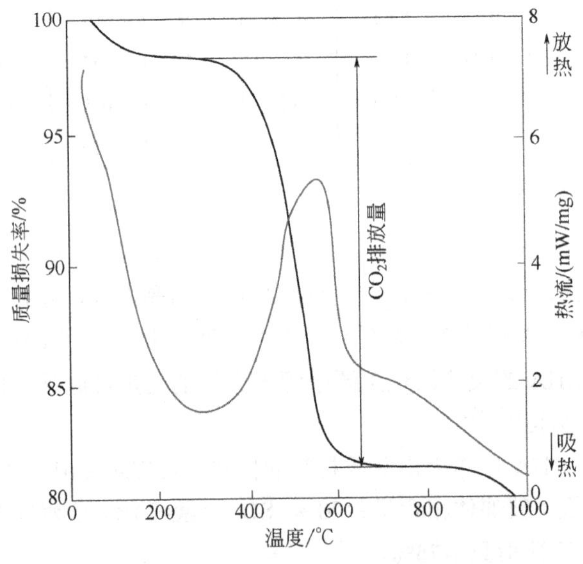

图 5-23 甘蔗渣的 TG/DTA 曲线

③ 其他生物质焚烧灰

棕榈油焚烧灰（palm oil fuel ash，POFA）是棕榈油工业产生的废弃物，如棕榈油纤维、棕榈仁、棕榈壳等在焚烧发电过程收集得到的飞灰[185]，在马来西亚、印度尼西亚、泰国、非洲、拉丁美洲等热带地区较多，我国基本没有该类固体废物。

玉米芯焚烧灰（corn cob ash，CCA）是脱除玉米粒后得到的玉米芯焚烧发电过程产生的固体废物。CCA 中仅 SiO_2-Al_2O_3 的含量就超过了 70%[186]，可用作火山灰质材料。

废木焚烧灰（wood waste ash，WWA）是利用林业生物质、木材加工过程产生的废弃木材进行焚烧发电产生的固体废物。WWA 中 $CaO-SiO_2-Al_2O_3-Fe_2O_3$ 含量超过了 70%[187]。

竹叶焚烧灰（bamboo leaf ash，BLA）是竹叶焚烧发电过程产生的固体废物，其 SiO_2 含量超过 80%，且焚烧过程（约 600℃）得到的 BLA 中主要是无定形的玻璃体相（2θ=20°～30°），基本不含结晶矿物相[188]，BLA 的 XRD 图谱见图 5-24。

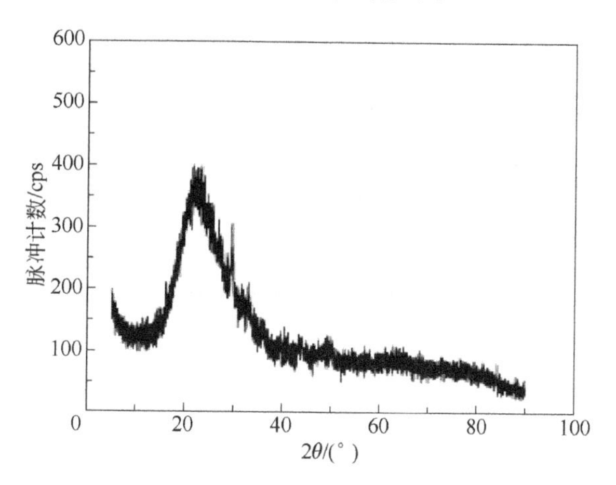

图 5-24 竹叶焚烧灰（BLA）的 XRD 谱图[188]

综上所述，稻壳灰、甘蔗渣焚烧灰以及其他生物质焚烧灰均是可燃烧的生物质燃料焚烧后得到的焚烧灰，这些生物质燃料中主要成分为可燃物质（如 C、N、S、H 等）和不可燃物质（如 Ca、Si、Al、Fe、Mg、K、Na 等），可燃物质焚烧后以废气的形式排放，不可燃物质焚烧后则留在焚烧灰内。因此，生物质焚烧灰实际也是以 CAS 体系化学成分为主的火山灰质材料，但是不同生物质燃料焚烧过程最佳焚烧温度范围存在差异，过低的焚烧温度会残留大量未燃尽的炭且无定形玻璃体相活性成分含量较低，过高的焚烧温度则使无定形玻璃体相活性物质再结晶，失去反应活性。因此，为得到具有高火山灰反应活性的生物质焚烧灰，必须结合生物质燃料自身特性，保证生物质焚烧过程的温度在最佳焚烧温度范围内。

（5）市政固体废物

如图 5-3 所示，常用作火山灰质材料的市政固体废物有废玻璃粉（钠钙玻璃）、市政垃圾焚烧灰等。这些固体废物与天然火山灰、煅烧黏土类产品、工业副产物和农林副产物均有着相似的化学组成和煅烧、冷却过程，因此也可用作火山灰质材料。

① 废玻璃粉（钠钙玻璃）

废玻璃粉（waste glass powder，WGP）是废弃玻璃粉磨后得到的玻璃粉末。废玻璃来自建筑物门窗、汽车门窗、玻璃容器等，是主要的市政固体废物。全球每年废弃垃圾总量约为 200 亿吨，废玻璃量占到固废垃圾总量的 7%[189]，但仅少部分被回收利用，绝大多数废玻璃被填埋[190]。我国每年城市废玻璃的产生量约为 450 万～750 万吨，占城市固体垃圾总量的 3%～5%[191]，废玻璃的处置已成为影响城市发展的主要问题之一[192]。

生产玻璃的主要原材料为石英砂、纯碱、长石、石灰石等，与其他火山灰质材料相同，玻璃生产过程也经过高温（约 1600℃）熔融、冷却。冷却后通过固化得到透明非晶态无机硅酸盐材料，主要化学成分是 SiO_2、CaO、Al_2O_3、Fe_2O_3、Na_2O 及少量 K_2O 和 MgO 等。

根据化学成分，玻璃分为硅质玻璃、碱硅酸玻璃、钠钙玻璃等，其中钠钙玻璃使用量占到玻璃制品总量的 80%[63]。

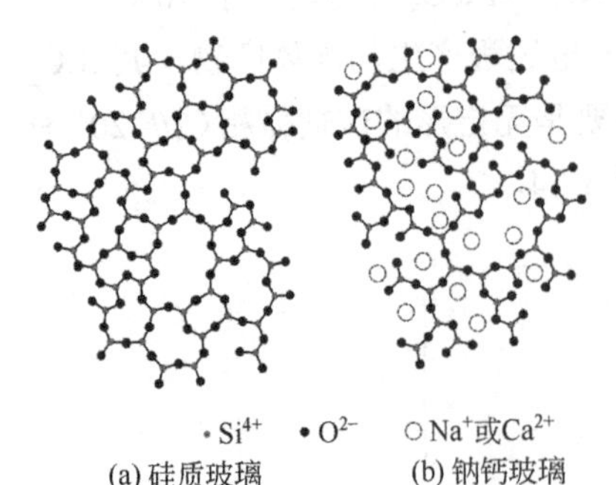

图 5-25 硅质玻璃和钠钙玻璃的矿物相结构[194]

图 5-25 为硅质玻璃和钠钙玻璃的矿物相结构（粉磨前后矿物相结构不变）。WGP 由无定形、无序的硅氧结构组成，硅质玻璃矿物相结构有序、晶体缺陷少；钠钙玻璃矿物相结构整体无序、缺陷较多，Na^+、Ca^{2+}镶嵌在硅氧结构中，具有较高的反应活性，可用作火山灰质材料[193]。粉磨可使 Si—O—Si 键、Al—O—Al 键、Si—O—Al 键断裂，碱性环境下可以加速化学键的断裂，并发生式（5-47）所示的化学反应。此时，镶嵌在钠钙玻璃中的 Na^+、Ca^{2+}得以溶出，并作为网络改性体离子，参与碱激发缩聚反应，生成胶凝性水化产物 N-A-S-H、C-A-S-H 等。

WGP 的化学成分如表 5-22 所示。WGP 是以 CAS 体系化学成分为主的火山灰质材料，CAS 含量达到 80%以上。

表 5-22 WGP 的化学成分（质量分数）

文献来源	化学成分/%								
	CaO	Al_2O_3	SiO_2	MgO	Fe_2O_3	Na_2O	K_2O	SO_3	LOI
He 等[195]	8.96	2.69	70.21	0.85	1.87	9.87	0.83	0.08	2.89
Aliabdo 等[196]	11.20	2.54	71.40	1.60	0.37	12.25	0.36	0.16	0.82
Torres-Carrasco 等[197]	10.48	0.73	73.50	1.25	0.38	12.74	0.69	/	/
Elaqra 等[198]	18.55	1.81	64.94	3.12	1.97	9.16	0.44	/	/
Rahman 等[199]	19.03	4.31	62.98	0.20	6.25	3.53	2.14	/	2.01
Patel 等[200]	6.28	2.83	67.21	3.41	0.40	7.56	/	0.32	1.46

② 市政垃圾焚烧灰

市政垃圾焚烧灰（municipal solid waste incinerator ash，MSWIA）是市政垃圾焚烧发电过程排出的飞灰，也是市政垃圾减量化程度最高的处理方法。其作为市政垃圾处理后污染物的最终载体，含有高浸出毒性的重金属、二噁英类及呋喃等有毒有害污染物[201]，常被当作危险废物，其安全处置问题日趋迫切。截止到 2019 年，我国 MSWIA 年产生量超过 1000 万吨[202]。但经过高温煅烧的 MSWIA 含有大量的硅钙铝等活性物质，可用作火山灰质材料[203,204]。目前，我国最常用的处置方法是采用水泥固化/稳定化后直接填埋[205]，未能实现 MSWIA 的资源化利用，不仅花费巨大且占用大量的土地资源[206]。

图 5-26 为循环流化床焚烧系统工艺流程图。根据飞灰收集装置的不同，MSWIA 分为电除尘飞灰和布袋除尘飞灰。其中，电除尘飞灰是利用直流高压电源产生的强电场使烟气电离而收集到的飞灰，布袋除尘飞灰则是通过滤袋将气流中的粉尘阻截捕集下来的飞灰，两者捕集原理不同，导致 MSWIA 颗粒粒径、表面特征、矿物相组成、重金属/有机污染

物含量等不同。电除尘飞灰粒径分布集中在9.8～120.6μm，布袋除尘飞灰则为3.8～72.8μm，电除尘飞灰矿物相组成以SiO_2为主，布袋除尘飞灰还含有$Ca(OH)_2$、NaCl、KCl等[207]。一般而言，MSWIA约占垃圾焚烧量的3%～5%[208]。

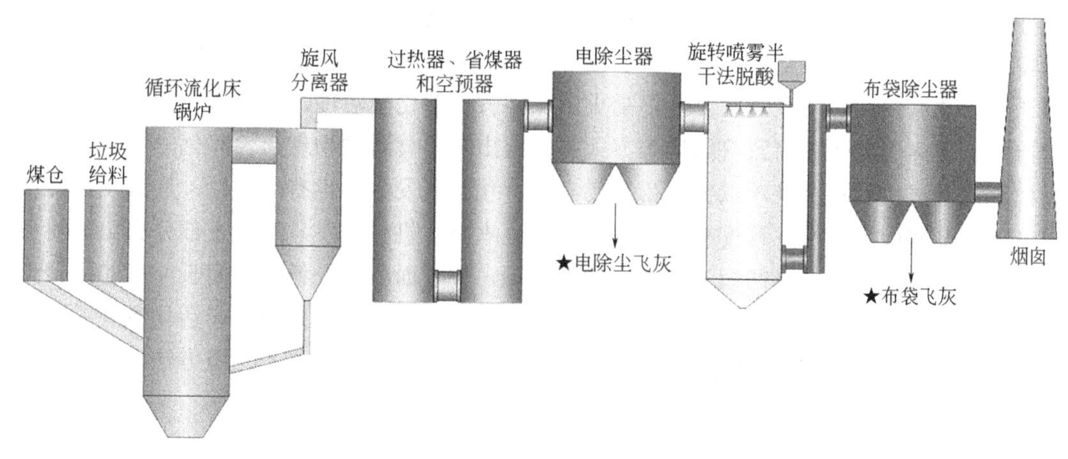

图5-26 循环流化床焚烧系统工艺流程图[207]

MSWIA及其经900℃煅烧后的X射线衍射图谱如图5-27所示。MSWIA中的主要矿物为伊利石、钙长石、方解石和硅钙石等，属于$CaO-SiO_2-Al_2O_3$系，经900℃再次煅烧后矿物相组成基本不变，其中2θ衍射峰在5°～25°之间的弥散峰主要为玻璃相矿物，也是其火山灰活性的来源。因此，煅烧对MSWIA的火山灰活性没有影响。MSWIA具有一定的火山灰质材料特性，可用作集料或辅助胶凝材料，部分替代水泥制备混凝土[209,210]，也可用作路基材料[211]。

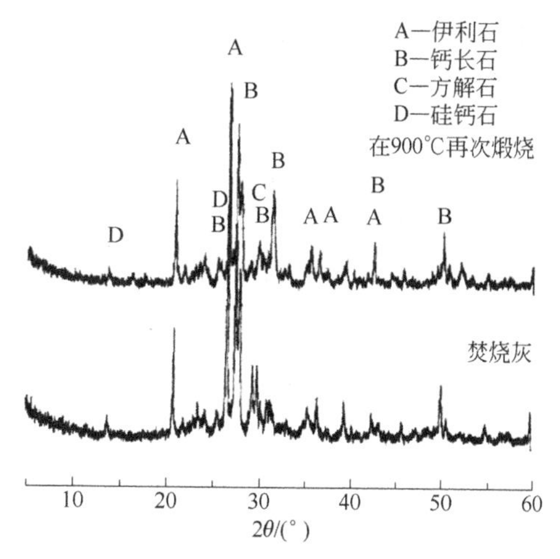

图5-27 垃圾焚烧灰及其经900℃煅烧后的XRD谱[212]

表5-23给出了MSWIA、污泥焚烧灰、建筑垃圾的化学成分范围。市政固体废物化学成分波动大，不同类别的市政固废差异较大，且相同种类不同批次的市政固废也存在显著区别[213]。

表5-23 垃圾焚烧灰、污泥焚烧灰、建筑垃圾的化学成分范围[213]

类别	化学成分/%						
	CaO	Al_2O_3	SiO_2	MgO	Fe_2O_3	K_2O	SO_3
垃圾焚烧灰	25.50～44.70	3.32～12.0	9.20～26.8	1.30～3.49	0.50～4.25	0.93～8.10	4.45～8.80
污泥焚烧灰	5.51～13.63	13.40～39.90	21.25～38.50	0.58～3.63	3.96～32.50	0.38～2.03	1.23～7.87
建筑垃圾	1.73～20.64	10.34～20.52	41.15～70.25	1.40～3.35	5.80～12.57	0.36～4.48	0.21～0.42

理论上，以 $CaO(MgO)-Al_2O_3-SiO_2-Fe_2O_3$ 体系矿物相组成为主，经过高温煅烧、快速冷却过程的材料，均可用作碱激发类固化剂的火山灰质材料。

火山灰质材料的反应活性由物理活性和化学活性组成。火山灰质材料的形态效应、填充效应赋予其物理活性，化学活性则由活性钙硅铝质玻璃体相提供。目前，最常用的活化激发方法有热激发（煅烧、提高养护温度等）、化学激发（酸激发、碱激发等）[214,215]和机械激发。热激发和化学激发主要是提高火山灰质材料的化学活性，机械激发则通过改善颗粒级配、破坏玻璃体表面致密结构等方式提高火山灰质材料的物理活性和化学活性。热激发能耗高且提供养护温度难以在施工现场实现；化学激发方式也有局限性，酸激发易腐蚀设备，氯盐和硫酸盐激发程度有限，有机溶剂成本高；机械激发只适用于部分火山灰质材料，比表面积小（粉磨时间短）则激发效果有限，比表面积大（粉磨时间长）引起团聚现象，容易导致无效粉磨。综上，火山灰质材料进行活性激发时，采用单一活化激发手段往往存在成本高、活化程度低等问题，有时还需要配合其他活化方法，这些方法可充分激发火山灰质材料的潜在反应活性，提高其综合利用效率。

5.1.1.4 辅助材料

CAS 体系材料分为水硬性、潜在水硬性和化学惰性[216]。辅助材料（SMs）与混凝土的辅助胶凝材料（supplementary cementitious materials，SCMs）不同，SCMs 是具有一定的水硬胶凝活性或反应活性，主要矿物相以 CAS 体系玻璃体相为主，含有可溶性硅质、硅铝质或硅铝钙质成分的粉体材料。SCMs 用于替代部分水泥制备混凝土，降低生产成本的同时减缓水泥带来的环境污染、资源消耗、能源消耗等问题，并能够改善工作性能、提高强度，通过火山灰反应改善耐久性，减少水化热和收缩[63,145,217,218]。本书所述 SMs 具有化学惰性，一定量（一般小于 20%）的 SMs 能够改善碱激发类固化剂的性能并降低成本。

CAS 材料分类见表 5-24。其中，用作 SMs 的原材料有硫酸盐基固体废物和化学惰性固体废物微粉（图 5-3）。

表 5-24　CAS 材料的胶凝性及其分类

类别	材料	胶凝性
激发剂（AAs）	硅酸盐水泥熟料	水硬性，完全胶凝性
火山灰质材料（PMs）	高炉矿渣	潜在反应活性，部分有微弱的水硬性
	低钙粉煤灰（F 类）	微弱的潜在反应活性，无水硬性
	高钙粉煤灰（C 类）	潜在反应活性，无水硬性
	钢渣	潜在反应活性，部分有水硬性
	磷渣、硅灰、镍渣、铜渣、生物质焚烧灰等	潜在反应活性，无水硬性
辅助材料（SMs）	脱硫石膏、磷石膏	无反应活性，但能够与水化产物发生反应生成膨胀性水化产物
	赤泥	部分有潜在反应活性，可与活性材料协同反应
	石灰石粉、采矿废渣粉	化学惰性，主要起填充作用和提供反应场所

（1）**硫酸盐基固体废物**

用作辅助材料的硫酸盐基固体废物主要有脱硫石膏和磷石膏等（图 5-3 和表 5-24），另外含有少量的氟石膏、柠膏渣、硼石膏和模型石膏等工业副产物石膏[219]。其中，脱硫石膏和磷石膏占工业副产物石膏总量的 80%以上[220]。

① 脱硫石膏

a．脱硫石膏的产生。脱硫石膏（fuel gas desulfurization gypsum，FDG）是石灰（石）-石膏法烟气脱硫工艺的脱硫产物，其主要成分为 $CaSO_4 \cdot 2H_2O$。仅 2014～2018 年，我国 FDG 产量超过 7000 万吨[220]。目前，FDG 多用于水泥熟料的缓凝剂、助磨剂或建筑石膏，但仍有大量的 FDG 未能得到有效利用，不得不弃置或堆放。

b．脱硫石膏的基本性质。

i．化学成分。表 5-25 为 FDG 的化学成分。FDG 的主要成分为 $CaSO_4$，此外还有少量的 Al_2O_3、SiO_2、MgO、Fe_2O_3、Na_2O、K_2O 等。

表 5-25　脱硫石膏的化学成分（质量分数）[220]

石膏类别	化学成分/%								
	CaO	Al_2O_3	SiO_2	MgO	Fe_2O_3	Na_2O	K_2O	SO_3	LOI
脱硫石膏	31.42	1.38	3.12	0.35	0.34	≤0.1	≤0.4	44.72	18.04

ii．矿物相组成。FDG 的主要矿物相组成为晶体矿物相，由于未经过高温煅烧骤冷过程，基本不含玻璃体相。晶体矿物相主要为 $CaSO_4 \cdot 2H_2O$、γ-$CaSO_4$、$CaSO_4$、未完全反应的 $CaCO_3$ 及其他杂质成分带入的矿物相。

② 磷石膏

a．磷石膏的产生。磷石膏（phosphogypsum，PG）是生产磷酸过程中磷矿石与硫酸反应得到的以 $CaSO_4 \cdot nH_2O$ 为主要成分的工业副产物石膏，其化学反应见式（5-45）[221]。生产 1t 磷酸会产生约 5t 的 PG[221]。

$$Ca_5F(PO_4)_3+5H_2SO_4+10H_2O \longrightarrow 5CaSO_4 \cdot nH_2O+3H_3PO_4+HF\uparrow \tag{5-45}$$

我国 PG 产生量占全世界总产生量的 44.83%[222]。全世界每年 PG 的产生总量达到了 1.6 亿吨，但仍有 85%的 PG 未得到有效处置，多采用堆放的方式进行处理[223,234]。因此，将 PG 用作胶凝材料成分是最有效的处理方式[225]。

b．磷石膏的基本性质。

i．化学成分。表 5-26 是 PG 的化学成分。PG 的主要成分为 $CaSO_4 \cdot 2H_2O$，含量高达 90%，还有少量的 Al_2O_3、SiO_2、P_2O_5 及微量的 MgO、Fe_2O_3、Na_2O、K_2O 等。其中，磷（以 H_3PO_4、$H_2PO_4^-$、HPO_4^{2-} 等形式存在）、氟（NaF）、碱金属盐、有机物（以乙二醇甲醚乙酸酯、异硫氰甲烷等为主）等属于可溶性杂质；磷矿中未分解的无机矿物成分和不溶性的磷酸盐、氟化物等属于不溶性杂质。由于含有磷酸、硫酸等酸性物质，PG 呈酸性，一般 pH 值在 3.0 以下。

表 5-26　不同磷石膏的化学成分（质量分数）

参考文献	化学成分/%									
	CaO	Al_2O_3	SiO_2	MgO	Fe_2O_3	P_2O_5	Na_2O	K_2O	SO_3	LOI
Min 等[226]	29.05	0.43	1.25	/	0.21	3.50	0.51	/	42.19	19.48
Ajam 等[227]	32.80	0.11	1.37	0.007	0.03	1.69	/	/	44.40	22.30
Huang 等[228]	34.52	1.09	3.21	0.06	0.31	1.10	/	/	47.30	11.01
Rashad[229]	32.14	0.29	8.82	0.09	0.35	1.72	/	/	34.51	21.00
Zhao 等[230]	32.12	0.50	5.94	0.30	1.54	1.39	/	/	46.02	/
Hua 等[231]	30.15	4.38	4.86	0.26	/	3.57	/	0.41	30.95	/
Huang 等[232]	31.64	0.35	2.30	0.29	0.27	1.05	0.12	0.17	42.10	21.19
Li 等[233]	38.39	0.35	1.37	0.12	0.45	2.26	0.07	0.12	56.68	/

ii．矿物相组成。PG 与 FDG 的化学成分和矿物相组成较为接近，产生过程均未经过高温熔融骤冷等过程，矿物相组成以晶体矿物为主，不含无定形玻璃体相。PG 中矿物相主要是二水石膏、氟硅酸钠（Na_2SiF_6）等[234]。

（2）化学惰性固体废物微粉

化学惰性固体废物微粉有赤泥、石灰石粉、采矿废渣粉、陈化钢渣等（图 5-3）。

① 赤泥

赤泥（red mud 或 bauxite residue，RM）是采用碱法处理铝土矿提取氧化铝过程中排放的工业副产物，由于 Fe_2O_3 含量高，一般呈红色或褐色。目前生产氧化铝的工艺有拜耳法、烧结法和拜耳-烧结联合法。其中，拜耳法是我国最常用的方法，约占我国 RM 产生量的 90%。生产 1t 氧化铝产生 1.0～1.5t 的 RM[235]，全球 RM 产生量约为 1.2 亿吨[236]。

a．赤泥的产生。采用拜耳法生产氧化铝时，将铝土矿、苛性液和石灰混合，利用氢氧化钠（NaOH）溶液溶出铝土矿中的氧化铝，在保持 100℃左右温度下完成预脱硅过程，生成铝酸钠（$Na_2O \cdot Al_2O_3$）溶液，通过加入氢氧化铝晶体使铝酸钠溶液分解析出氢氧化铝[237]，最后在 950～1200℃条件下煅烧得到氧化铝。从铝酸钠溶液中分离排放的残渣即为拜耳法赤泥，我国拜耳法赤泥占总产量的 90%以上。由于未经过高温阶段，且铝土矿溶出试剂为强碱，因此，拜耳法赤泥具有高碱性、高含铁量、低反应活性的特点。

采用烧结法生产氧化铝时，将铝土矿［以埃洛石 $Al_2Si_2O_5(OH)_4$ 为例］、纯碱（Na_2CO_3）、石灰（或石灰石）在高温（1200～1250℃）下混合烧结，从埃洛石中分离出的 SiO_2 与石灰烧结生成 β-C_2S。之后加入稀碱溶液（NaOH）溶出可溶性铝酸钠并排出 RM。铝酸钠碳酸化分解后中和苛性碱、析出氢氧化铝晶体（铝酸钠易溶于水和碱溶液），最后焙烧得到氧化铝。因此，烧结法赤泥中钙硅含量高、铁铝含量低，具有一定的水硬性。

b．赤泥的基本性质。RM 具有颗粒细小、持水能力强等特点，由于生产过程引入大量的碱性离子，导致其碱性偏高，pH 值一般为 10～13[238]。RM 的高含水量、高碱性、低放射性等特点导致其处置利用率较低，目前我国赤泥利用率仅有 4%左右[239]。

i．化学成分。我国 RM 的化学成分如表 5-27 所示。不同生产工艺得到的 RM 化学成分差异较大，拜耳法赤泥 Al_2O_3、Fe_2O_3 和 Na_2O 含量高，而烧结法赤泥 CaO 和 SiO_2 含量明显高于拜耳法赤泥。

表 5-27 不同工艺及产地赤泥的化学成分（质量分数）[240]

工艺/产地		化学成分/%									
		CaO	Al_2O_3	SiO_2	MgO	Fe_2O_3	Na_2O	TiO_2	K_2O	LOI	合计
拜耳法	山东	1.57	18.32	22.30	0.1	37.11	5.20	2.87	0.17	11.40	99.04
	山西	20.24	23.60	17.44	/	4.18	8.57	6.94	/	11.51	92.48
	河南	17.80	22.62	17.88	1.34	14.03	5.95	3.73	1.62	13.30	98.27
	广西	20.12	19.20	7.39	0.72	24.92	3.23	6.52	0.67	15.72	98.49
	贵州	17.25	23.92	23.03	1.10	8.23	3.04	5.46	1.17	14.53	97.73
	平均	15.39	21.53	17.60	0.81	17.69	5.19	5.10	0.90	13.29	97.20
烧结法	山东	41.90	6.40	22.0	1.70	9.02	2.80	3.20	0.30	11.70	99.02
	贵州	38.40	8.50	25.9	1.50	5.0	3.10	4.40	0.20	11.10	98.10
	山西	46.8	8.22	21.43	2.03	8.12	2.60	2.90	0.20	8.0	100.30
	平均	42.37	7.71	23.11	1.74	7.38	2.83	3.50	0.23	10.27	99.14
联合法	河南	44.10	7.00	20.50	2.00	8.10	2.40	7.30	0.50	8.3	100.20
	山西	45.63	9.20	20.63	2.05	8.10	3.15	2.89	0.20	8.06	99.91
	平均	44.87	8.10	20.57	2.03	8.10	2.78	5.10	0.35	8.18	100.06

ii. 矿物相组成。RM 中的矿物相元素有 Fe、Al、Ti、Si、Na、Ca 及其他元素，烧结法赤泥中含有微量玻璃体及硅酸钙等反应活性的矿物相，拜耳法赤泥则基本不含玻璃体相和水化活性反应矿物相，RM 中不同元素对应的晶体矿物相如表 5-28 所示。

拜耳法赤泥未经过高温煅烧阶段，具有与高炉矿渣、粉煤灰等火山灰质材料较为相似的化学成分组成，即富含 CaO、SiO_2、Al_2O_3、Fe_2O_3 等氧化物，但是，拜耳法赤泥自身并不含有活性硅质、铝质或钙硅铝质玻璃体相，在用作火山灰质材料时应作高温活化（600℃以上）等预处理，否则会起到相反的作用。

表 5-28 赤泥中不同元素对应的晶体矿物相及化学式汇总表[241-243]

元素	晶体矿物相	化学式
Fe	赤铁矿（hematite）	α-Fe_2O_3
	针铁矿（goethite）	α-FeOOH
	磁铁矿（magnetite）	Fe_3O_4
	钛铁矿（ilmenite）	$FeO\cdot TiO_2$
	褐铁矿（ferryhydrite）	$Fe_2O_3\cdot 0.5H_2O$
	磁赤铁矿（maghemite）	γ-Fe_2O_3
Al	三水铝石（gibbsite）	α-$Al_2O_3\cdot 3H_2O$
	勃姆石（boehmite）	α-$Al_2O_3\cdot H_2O$
	硬水铝石（diaspore）	β-$Al_2O_3\cdot H_2O$

续表

元素	晶体矿物相	化学式
Ti	锐钛矿（anatase）	TiO_2
	金红石（rutile）	TiO_2
	钙钛矿（perovskite）	$CaTiO_3$
	钛铁矿（ilmenite）	$FeO \cdot TiO_2$
Si、Al、Na、Ca	石英（quartz）	SiO_2
	高岭土（kaolinite）	$Al_2Si_2O_5(OH)_4$
	硅线石（sillimanite）	Al_2SiO_5
	埃洛石（halloysite）	$Al_2Si_2O_5(OH)_4$
	方钠石（sodalite）	$Na_8(Al_6Si_6O_{24})Cl_2$
	钙霞石（cancrinite）	$Na_6Ca_2[(CO_3)_2\|Al_6Si_6O_{24}] \cdot 2H_2O$
其他元素	独居石（monazite）	$(Ce,La,Pr,Nd,Th,Y)PO_4$
	磷钇石（xenotime）	YPO_4
	氟碳钙铈矿［synchysite-(Ce)］	$CaCe(CO_3)_2F$

综上所述，拜耳法赤泥自身不具备作为火山灰质材料的条件，但是具有高碱性、颗粒较细、更加均匀且易分散等优势，可作为辅助材料。烧结法赤泥虽具有一定的水硬性，但是，颗粒细度不均匀、易团聚，作为辅助材料应适当降低掺入量。

也有学者通过减小颗粒粒径、提高煅烧温度、延长煅烧时间、添加高碱性激发剂等方式提高 RM 反应活性，但是该过程增加处置成本并消耗能源。

② 石灰石粉

a．石灰石粉的产生。石灰石粉（limestone powder，LP）是采石场破碎石灰石或生产机制砂、观赏石等过程产生的工业副产物。石灰石粉颗粒粒径一般为 0～0.5μm。

b．石灰石粉的基本性质。

i．化学成分。LP 的主要成分为 $CaCO_3$，此外还含有微量的 SiO_2、Al_2O_3、Fe_2O_3 及 MgO。

ii．矿物相组成。LP 的主要矿物成分为方解石和白云石。由于高度结晶，LP 不含具有反应活性的矿物相。

iii．作用机理。LP 分为方解石为主的碳酸盐、白云石为主的碳酸盐及方解石与白云石混合的碳酸盐[244]。在碱激发类固化剂中 LP 的作用机理尚不明确，不同的学者提出不同的观点，总结起来可归为填充效应（即物理作用）[245-248]、微膨胀效应（即化学作用）[249-252]或物理化学联合效应[253-255]。

③ 采矿废渣粉

采矿废渣粉（mine wastes，MWPs）是矿石采选过程产生的废渣粉和尾矿或废石等粉磨后的废渣粉。全球矿冶固废每年的产生量约 200 亿～250 亿吨，其中 MWPs 达到了 50 亿～70 亿吨[256]。

采矿过程产生的废石[257]颗粒较大，破碎、粉磨后成为 MWPs；选矿过程产生的尾矿即为 MWPs。冶炼过程产生的废渣粉即为 MWPs，其中火法冶炼因为经过高温和快速冷却过程，得到的 MWPs 具有较高火山灰反应活性，可用作火山灰质材料；湿法冶炼产生的 MWPs 中 CAS 体系含量为 60%～90%[258]，但未经高温煅烧过程，其火山灰反应活性较低[259]，一般用作辅助材料[260]。有学者尝试通过对湿法冶炼产生的 MWPs 进行机械活化激发、热激发或化学激发等方式，降低其结晶度后用作火山灰质材料[261-264]。

④ 陈化钢渣

钢渣浸水一定时间（即陈化或陈伏）后成为陈化钢渣。陈化消除了钢渣中具有膨胀性的活性 CaO、活性 MgO 并生成 $Ca(OH)_2$、$Mg(OH)_2$，同时发生使钢渣失去水硬性的水化反应。因此，陈化钢渣可用作辅助材料，无法作为火山灰质材料。

值得注意的是，当前碱激发剂多为工业产品，如 NaOH、KOH、Na_2SiO_3、Na_2CO_3 等，这些工业产品需要消耗大量的资源、能源，而且，NaOH、Na_2SiO_3 等在使用过程中会带来环境影响问题，如臭氧层破坏、生理毒性等[265]，生产 1t NaOH 排放 1.1t CO_2，生产 1t Na_2SiO_3 排放 1.448t CO_2[266,267]。碱激发剂是碱激发类固化剂主要的成本（约占总成本的 80%）[268]和碳足迹来源。火山灰质材料对环境的影响可以忽略，却在固废综合利用方面有着较大的经济效益、环境效益和社会效益。

5.1.2 制备过程与生命周期评价

5.1.2.1 制备过程

碱激发类固化剂的制备过程较为简单，主要是火山灰质材料的预处理、原材料混合和搅拌。火山灰质材料中天然火山灰、工业副产物中的冶炼废渣、市政固体废物中的废玻璃等，由于颗粒较大，不能直接利用，需要进行烘干、粉磨等预处理。碱激发类固化剂各组分在混合搅拌之前不发生水化反应，混合搅拌后则快速发生反应，养护龄期 3d 或 7d 的强度即可达到同掺入比水泥 28d 的强度。当然，与水泥熟料经过干燥、黏土矿物脱水、预热预分解、高温煅烧反应和冷却等制备过程不同，碱激发类固化剂原材料中火山灰质材料经历了高温煅烧、冷却过程，碱激发剂的作用更多的是“启动”水化反应。

碱激发类固化剂与土体的混合搅拌方式有直接混合搅拌和间接混合搅拌。直接混合搅拌是指将碱激发类固化剂各组分直接与待加固土体混合搅拌，间接混合搅拌则是先将碱激发类固化剂各组分混合搅拌，再与待加固土体混合搅拌。

5.1.2.2 生命周期评价

表 5-29 给出了具有代表性的碱激发类固化剂原材料从摇篮到大门的环境影响值。其中，偏高岭土可代表如烧页岩等煅烧黏土类产品，以无定形 Al_2O_3-SiO_2 相为主且在特定高温（500～1000℃）煅烧后得到的产品；高炉矿渣、粉煤灰可代表火山灰质材料中的工业副产物，以 CAS 体系矿物相为主且也经过高温煅烧过程；氢氧化钠可代表碱激发剂中碱金属氢氧化物产品，钠水玻璃则可代表碱激发剂中碱金属硅酸盐工业产品。火山灰质材料中对环境影响最大的是煅烧黏土类产品，与水泥相当。碱激发剂工业产品对环境的影响程度甚至高于水泥，如氢氧化钠温室效应当量为 1390kg CO_2-e/t，远高于水泥的 895kg CO_2-e/t；氢氧化钠和钠水玻璃生产过程的 ODP、AP、ADP（能源）、ADP（元素）均高于水泥。

表 5-29　原材料从摇篮到大门（cradle-to-gate）的环境影响值[269]

原材料	GWP /kg CO_2-e	ODP /kg R11-e	AP /kg SO_2-e	ADP（能源）/MJ	ADP（元素）/kg Sb-e	HTP /kg DCB_2-e
偏高岭土	778	1.94×10^{-11}	7.08	7.82×10^{3}	9.46×10^{-6}	292
高炉矿渣	37.1	6.61×10^{-13}	1.2×10^{3}	611	3.89×10^{-6}	527
粉煤灰	63.1	1.69×10^{-13}	0.546	632	1.72×10^{-7}	24.3
氢氧化钠	1390	1.94×10^{-9}	2.83	1.6×10^{4}	0.0165	62.4
钠水玻璃	696.7	1.29×10^{-11}	5.07	8.37×10^{3}	3.83×10^{-3}	123
水泥	895	2.08×10^{-11}	2.66	6.09×10^{3}	1.8×10^{-3}	279

注：GWP（global warming potential）为温室效应；ODP（ozone depletion potential）为臭氧消耗潜值；AP（acidification potential）为环境酸化；ADP（abiotic depletion potential）为不可再生资源消耗；HTP（human toxicity potential）为人体健康损害。

常见的碱激发类固化剂原材料从摇篮到大门流程如图 5-28 所示。火山灰质材料，以常见的高炉矿渣、粉煤灰为例，经运输送至碱激发类固化剂制备厂区内，部分火山灰质材料需要经过破碎、粉磨等预处理过程，按照设计的配合比进行混合、搅拌，搅拌均匀后的火山灰质材料暂放在密封的储存罐内；碱激发剂，以氢氧化钠-钠水玻璃联合固化剂为例，经运输送至厂内，这些强碱溶液需要加强储存期间的风险管理和管控，存放期间由专人管理，首先将片状或粉状的氢氧化钠与水在耐碱腐蚀的储存罐内混合均匀，之后根据碱激发剂的配合比将钠水玻璃溶液、外加剂、氢氧化钠溶液在激发剂预拌罐混合均匀，并存放至储存罐；最后，在现场使用前将碱激发剂和火山灰质材料混合搅拌均匀，即可制得碱激发类固化剂。除了制备过程外，运输、搅拌等也会对环境产生影响。

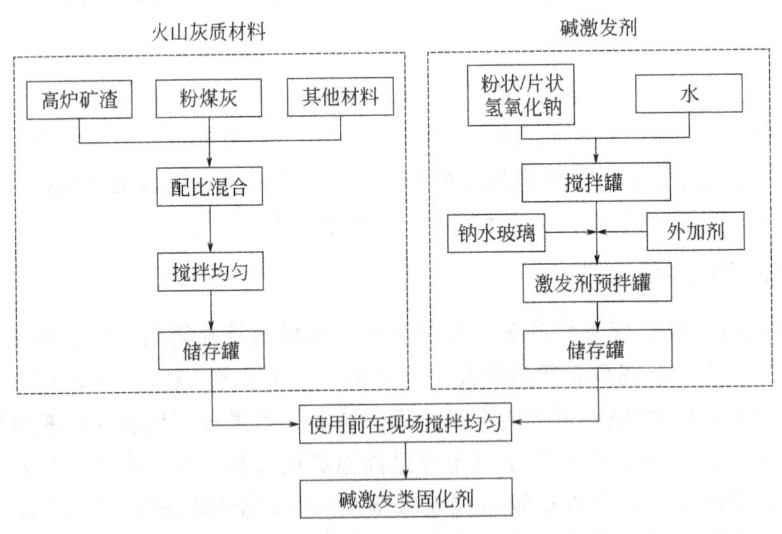

图 5-28　常见的碱激发类固化剂原材料从摇篮到大门流程（基于文献[269]修改）

碱激发类固化剂中对环境影响最大的是碱激发剂，工业产品碱激发剂在生产过程中会造成资源和能源消耗及环境污染，因为强碱性物质在使用过程中需要注意人员防护和风险管控，还可能存在污染环境等危害。因此，选择合适的碱激发剂，可以在一定程度上减小对环境的影响程度。

5.1.3 反应机理与微观特性

5.1.3.1 碱激发类固化剂的基本性质

（1）物理性质

① 密度

密度常用相对密度，相对密度不仅影响碱激发类固化剂的配料、配比、施工和易性[270]，更会影响碱激发反应进程，最终影响硬化体的强度和耐久性能。

② 细度

细度一般用作评价火山灰质材料的基本性能，细度越小，反应活性和强度越高[12,270,271]。但当细度超过某一临界值后，硬化体强度因需水量的增加而降低[22]。另外，固体碱激发剂的细度也会影响碱激发反应进程，目前该方面研究较少。

（2）化学性质

碱激发类固化剂与水泥类固化剂的主要化学成分相似，除了组成胶凝成分体系的 CaO、SiO_2、Al_2O_3、Fe_2O_3、MgO、Na_2O、K_2O 外，还含有氢氧化物、碳酸盐、硫酸盐等，其中 CaO、SiO_2、Al_2O_3、MgO、Na_2O、K_2O 在碱激发反应过程会生成 C-S-H、C-A-H、C-A-S-H、M-S-H、C-(N-A-)S-H、N-A-S-H、AFt、AFm 等胶凝型产物、填充型产物或膨胀性产物。

烧失量（loss on ignition，LOI）是火山灰质材料的重要评价指标之一，与水泥、石灰等传统固化剂不同，火山灰质材料虽然也经历煅烧、冷却等过程，由于煅烧过程未能完全参与燃烧反应，部分未燃尽的炭遗留在火山灰质材料内部。值得一提的是，当用作土体加固时，未燃尽的炭会阻碍碱激发反应进行，还会影响固化土强度发展和耐久性能；而用作固化/稳定化污染土时，未燃尽的炭则可吸附重金属、有机污染物等，提高固化/稳定化效果。

（3）工程性质

① 凝结时间

凝结时间是碱激发类固化剂的重要性能之一，凝结时间的控制也是实际工程应用需特别注意的问题。凝结时间不仅与碱激发剂的碱激发效果（碱激发剂种类、碱含量、掺量等）有关，还与火山灰质材料中钙硅质或硅铝质玻璃体相含量及玻璃体相成分结构（网络形成体、网络改性体和网络中间体之间的比例）有关。碱激发类固化剂的凝结时间差异较大，快的在几分钟之内凝结，慢的需要 3d 以上。

② 强度

强度是碱激发类固化剂工程性质的最重要评价指标，也是设计和施工控制的核心指标。

③ 耐热性

耐热性是指碱激发类固化剂在常温下、高温下和高温后的力学性能。由于碱激发类固化剂产物主要以致密的类沸石相等结构为主，在较高温度下才能被破坏，因此具有优异的耐热性[272]。

④ 抗渗性

碱激发类固化剂的抗渗性优于水泥类固化剂，这与碱激发类固化剂优异的抵抗腐蚀性离子渗透能力等有关。碱激发类固化剂的孔隙率更小，孔结构更为致密，限制了腐蚀性离子的扩散和流动，使腐蚀性离子难以渗透到基体内部[22]。

⑤ 抗冻融性

材料的抗冻融性取决于孔溶液的化学成分和孔结构，而碱激发类固化剂内部含有大量的 OH^-、网络改性体离子 Na^+、K^+等，这些离子的存在能够显著降低冰点[273]，密实的结构也能大幅度提高其抗冻融性。

⑥ 体积稳定性

体积稳定性是指材料的膨胀收缩等性能，收缩包括化学收缩和干燥收缩及自收缩（化学收缩和干燥收缩综合作用的宏观表现）。碱激发类固化剂净浆的自身收缩远高于水泥[274,275]，一部分是由于干燥失水导致的干燥收缩，另一部分则是碱激发产物与空气中的二氧化碳等发生化学反应引起的化学收缩。

5.1.3.2 碱激发反应机理

目前，碱激发类固化剂的反应机理尚不明确，不同碱激发剂的作用机理存在一定的差异，不同火山灰质材料的溶解和缩聚过程也存在争议。

（1）碱激发剂作用机理

碱激发剂是碱激发反应的“动力燃料”，添加碱激发剂前，具有反应活性的火山灰质材料基本不发生水化反应，添加碱激发剂后快速启动碱激发反应，并迅速发展强度。碱激发剂在碱激发反应过程中主要提供碱性环境及侵蚀离子（水解或电离得到 OH^-）和启动碱激发反应，实际参与碱激发反应的成分为碱激发剂水解或电离得到的 OH^-和网络改性体改性离子，碱激发剂的作用机理与其化学成分有关。

① 碱金属氢氧化物

碱金属氢氧化物电离后的主要成分为碱金属离子（M^+）和氢氧根离子（OH^-），其中碱金属是指元素周期表中ⅠA 族除氢（H）外的六个金属元素，即锂（Li）、钠（Na）、钾（K）、铷（Rb）、铯（Cs）、钫（Fr），其氢氧化物（MOH）化学性质接近，均属于强碱，极易溶于水并电离得到 M^+和 OH^-。

碱金属氢氧化物的作用机理详见图 5-4、式（5-1）和式（5-2）。

② 碱土金属氢氧化物

碱土金属氢氧化物电离后的主要成分为碱土金属离子（M^{2+}）和氢氧根离子（OH^-），其中碱土金属是指元素周期表中ⅡA 族的六个金属元素，即铍 Be、镁 Mg、钙 Ca、锶 Sr、钡 Ba、镭 Ra，Be 为轻稀有金属，Ra 具有放射性，$Mg(OH)_2$和 $Ca(OH)_2$均属中强碱，$Sr(OH)_2$和 $Ba(OH)_2$属于强碱。

以 CaO 为例，CaO 水解后得到 $Ca(OH)_2$，在此过程释放大量热的同时，pH 值达到 12.5，并分解出大量的 Ca^{2+}、OH^-［式（5-46）］；OH^-侵蚀火山灰质材料中的硅铝质玻璃体相结构，解聚出大量的$[SiO_4]^{4-}$和$[AlO_4]^{5-}$四面体［式（5-47）］，同时火山灰质材料中的网络改性体离子 Ca^{2+}、K^+、Na^+、Al^{3+}等溶出；解聚后的活性$[SiO_4]^{4-}$和$[AlO_4]^{5-}$单聚体之间及其与网络改性体离子之间发生缩聚反应［式（5-48）］生成 C-S-H 凝胶和 C-A-H 凝胶。

$$CaO+H_2O \longrightarrow Ca(OH)_2 \longrightarrow Ca^{2+}+2OH^- \tag{5-46}$$

$$\left.\begin{aligned} \equiv Si—O—Si\equiv +3OH^- &\longrightarrow [SiO(OH)_3]^- \\ \equiv Al—O—Al\equiv +4OH^- &\longrightarrow [Al(OH)_4]^- \\ \equiv Si—O—Al\equiv +7OH^- &\longrightarrow [SiO(OH)_3]^-+[Al(OH)_4]^- \end{aligned}\right\} \tag{5-47}$$

$$\left.\begin{aligned} xCa^{2+}+y[SiO(OH)_3]^-+(z-x-y)H_2O+(2x-y)OH^- &\longrightarrow C_x\text{-}S_y\text{-}H_z(\text{C-S-H凝胶}) \\ 4Ca^{2+}+2[Al(OH)_4]^-+6H_2O+6OH^- &\longrightarrow C_4\text{-}A\text{-}H_{13}(\text{C-A-H凝胶}) \end{aligned}\right\} \tag{5-48}$$

近年来，活性 MgO 得到了学者们的关注[276-281]，活性 MgO 激发火山灰质材料的实质，是活性 MgO 与水反应生成的活性 $Mg(OH)_2$ 碱溶液激发火山灰质材料得到具有胶凝性的水化产物，这与 CaO 作用机理相同。

③ 碱金属硅酸盐

碱金属硅酸盐属于强碱弱酸盐，水解后的主要成分为硅酸盐离子（$[SiO_4]^{4-}$四面体）、碱金属离子（M^+）、氢氧根离子（OH^-）和硅酸系产物（$nSiO_2 \cdot mH_2O$）。其中，$nSiO_2 \cdot mH_2O$ 极不稳定，常温条件下即可生成具有反应活性的硅溶胶（即 $nSiO_2$），见式（5-49）。

以钠水玻璃为例，其水解过程生成 NaOH 和硅酸盐离子，硅酸盐离子能够提供大量新分解的、具有反应活性的$[SiO_4]^{4-}$四面体，从而加速$[SiO_4]^{4-}$和$[AlO_4]^{5-}$四面体与 Ca^{2+}、Al^{3+} 等离子之间的缩聚反应，最终得到具有胶凝性的水化产物。因此，碱金属硅酸盐对火山灰质材料具有双重激发效应。

$$\left.\begin{aligned} M_2O\cdot nSiO_2+(m+1)H_2O &\longrightarrow 2MOH+nSiO_2\cdot mH_2O \\ nSiO_2\cdot mH_2O &\longrightarrow nSiO_2(\text{反应活性})+mH_2O \end{aligned}\right\} \tag{5-49}$$

钠水玻璃作为激发剂最主要的参数是水玻璃模数 M_s 及其浓度（即固体含量，可用密度或波美度表示），M_s 越高则硅酸盐含量越高，越易引起硅酸盐结构自身的聚合反应[282-284]。$M_s<0.5$ 时，水玻璃中硅酸盐结构主要以解聚态硅酸盐为主，即含有大量的 Q^0、Q^1；$0.5<M_s<1$ 时，非桥氧（non-bridging oxygens，NBOs）硅酸盐结构 Q^0 的含量最高[285]，NBOs 含量越高则碱激发反应活性越高；$M_s>1$ 时，水玻璃中含有大量的 Q^2、Q^3 和微量的 Q^4，硅酸盐结构中 Q^0、Q^1 转变为不易发生缩聚反应的 Q^2、Q^3[282,286]，这与水玻璃中存在 Q^2、Q^3 的链环状结构有关[287,288]。当 M_s 减小时，架状结构 Q^4 中的 Si—O 键会断裂生成 Q^3 和直链结构的 Q^1 或 Q^2。因此，钠水玻璃用作碱激发剂时，一般加入适量的 NaOH 溶液，降低水玻璃的 M_s，OH^-可以快速解聚火山灰质材料中的玻璃体相结构，并激发活性参与缩聚反应生成具有胶凝性的水化产物[285]。有学者认为最佳的钠水玻璃模数 M_s 为 1～2[21]，也有学者认为水玻璃溶液模数 M_s 应小于 0.5[289]。通过 ^{29}Si NMR 研究结果发现，水玻璃中硅酸盐结构 Q^n（$n\leqslant 2$）含量越高，则越容易发生缩聚反应，缩聚反应速率越快[290,291]。水玻璃的溶解度也会影响碱激发反应过程。

④ 碱金属碳酸盐

碱金属碳酸盐属于强碱弱酸盐，水解电离后的主要成分为碳酸根离子（CO_3^{2-}）、碱金属离子（M^+）和氢氧根离子（OH^-），碱金属碳酸盐 M_2CO_3 化学性质接近，均属于弱碱，极易溶于水并水解得到CO_3^{2-}、M^+和 OH^-，化学反应如式（5-50）所示。其中，CO_3^{2-}在溶液水解过程中得到HCO_3^-和 OH^-，OH^-与 M^+结合生成 MOH 提高溶液的 pH 值。

$$\left.\begin{aligned}CO_3^{2-}+H_2O &\rightleftharpoons HCO_3^-+OH^- \\ HCO_3^-+H_2O &\rightleftharpoons H_2CO_3+OH^-\end{aligned}\right\} \tag{5-50}$$

以 Na_2CO_3 为例，作为碳酸盐碱激发固化剂中最常用的碱激发剂，2mol/L Na_2CO_3 溶液的 pH 值可高达 12.3[292]。Na_2CO_3 主要依靠 OH^-激发解聚火山灰质材料中硅铝质玻璃体相及玻璃体相中的网络改性体离子 Ca^{2+}、K^+、Na^+、Al^{3+}等；而能够通过水解提供碱性环境的CO_3^{2-}实际却并未参与碱激发反应，被遗留在水化产物空隙，最终同玻璃体相中的网络改性体离子生成碳酸钙等碳酸盐沉淀[293,294]，并进一步填充孔隙、降低孔隙率[292]，提高固化体强度。此外，Na^+则作为网络改性体离子，参与缩聚反应。

需要指出的是，碱金属碳酸盐的碱性和碱激发活性均低于碱金属氢氧化物、碱金属硅酸盐，单独用作碱激发剂时需要反应活性高、玻璃体相含量高的火山灰质材料，如高反应活性的高炉矿渣、硅灰等；而利用反应活性低、玻璃体含量较低的火山灰质材料时，如偏高岭土、低钙粉煤灰、磷渣、镍渣等，一般需要同其他碱激发剂联合作用。

⑤ 硫酸盐

硫酸盐中 Na_2SO_4 属于强碱强酸盐，$Al_2(SO_4)_3$ 则属于弱碱强酸盐，水解电离后的主要成分为硫酸根离子（SO_4^{2-}）、金属离子（Na^+或 Al^{3+}）和氢氧根离子（OH^-）。

a．硫酸钠。采用 Na_2SO_4 为碱激发剂时，Na_2SO_4 溶液的 pH 值较低，约为 8.0[295]，碱激发反应过程缓慢且得到的碱激发固化剂硬化体强度较低。因此，Na_2SO_4 用作碱激发剂时有两种思路：其一，单独作为碱激发剂；其二，联合其他碱激发剂。

i．单独作为激发剂。Na_2SO_4 单独作为碱激发剂时，需选择具有水硬性的火山灰质材料（如水淬钢渣、镍渣等），或高钙、高反应活性的高炉矿渣等。水硬性的火山灰质材料在无激发剂的条件下可缓慢发生水化反应，添加 Na_2SO_4 后进一步加速水化反应进程；高钙、高反应活性的火山灰质材料，遇水后 pH 值可达到 8～10[296]，Na_2SO_4 中的 Na^+通过式（5-1）离子交换反应提高孔隙溶液的 pH 值，进而提高碱激发反应速率，而 SO_4^{2-}（过量）则与水化产物生成 AFt、AFm 等[297]。

ii．联合其他碱激发剂。Na_2SO_4 联合其他碱激发剂时，一般与有效作用成分为 $Ca(OH)_2$ 的碱激发剂联合作用。如 Na_2SO_4 联合水泥熟料、生石灰、消石灰的碱激发效果优异[22]，Na_2SO_4 能够促进 AFt 和 AFm 的生成，从而提高固化体强度。

以 Na_2SO_4 联合石灰为例，Na_2SO_4 与 $Ca(OH)_2$ 发生化学反应［式（5-51）］[298]，向石灰中掺入 4%的 Na_2SO_4 可使 $Ca(OH)_2$ 溶液的 pH 值从 12.5 提高到 12.75[299]，且新生成的 NaOH 反应活性、溶解度均高于 $Ca(OH)_2$，能够明显提高硅铝质玻璃体相的解聚速率和网络改性体离子的溶解速率，但不会改变解聚反应产物［式（5-47）］；SO_4^{2-}改变缩聚反应过程，使原本生成 C-S-H、C-A-H 的缩聚反应［式（5-48）］滞后，这是由于≡Al—O—Al≡的断裂键能低于≡Si—O—Si≡的键能、反应活性更高，优先与溶液中的 SO_4^{2-}（过量）、Ca^{2+}、OH^-等发生化学反应生成 AFt［式（5-52）］；随着反应的进行，AFt 逐渐转变为 AFm，见式（5-53）。

值得一提的是，早期碱激发反应过程生成的 AFt、AFm 能够分别使固相体积膨胀 164%、79.2%，从而减少硬化体内部的孔隙、提高早期强度，若后期发生该反应则会导致试样膨胀破坏。

$$Ca(OH)_2+2H_2O+Na_2SO_4 \longrightarrow CaSO_4 \cdot 2H_2O+2NaOH \quad (5\text{-}51)$$

$$2[Al(OH)_4]^-+6Ca^{2+}+3SO_4^{2-}+4OH^-+26H_2O \longrightarrow 3CaO \cdot Al_2O_3 \cdot 3CaSO_4 \cdot 32H_2O \quad (5\text{-}52)$$

$$\begin{aligned}&3CaO \cdot Al_2O_3 \cdot 3CaSO_4 \cdot 32H_2O+6Ca^{2+}+4[Al(OH)_4]^-+8OH^- \longrightarrow \\ &3(3CaO \cdot Al_2O_3 \cdot CaSO_4 \cdot 12H_2O)+8H_2O\end{aligned} \quad (5\text{-}53)$$

b. 硫酸铝。$Al_2(SO_4)_3$ 属于强酸弱碱盐，极易溶于水，水解后可生成 $Al(OH)_3$，呈酸性，水解反应过程如式（5-54）所示。因此，硫酸铝无法单独作为激发剂，一般需要联合其他激发剂共同作用，由其他激发剂提供碱性环境激发火山灰质材料中的活性矿物成分。

$$Al_2(SO_4)_3+6H_2O \longrightarrow 2Al(OH)_3+6H^++3SO_4^{2-} \quad (5\text{-}54)$$

$Al_2(SO_4)_3$ 属于硫酸盐类碱激发剂，但其作用机理与 Na_2SO_4 差异较大。这与 $Al_2(SO_4)_3$ 水解过程生成的 $Al(OH)_3$ 有关，$Al(OH)_3$ 在碱性环境中会生成活性铝质成分 $Al(OH)_4^-$[20]，降低 pH 值［式（5-55）］；但是，$Al(OH)_4^-$ 能够参与碱激发反应过程[300,301]，SO_4^{2-} 也能够参与化学反应生成 AFt 和 AFm［式（5-52）、式（5-53）］，这与 Na_2SO_4 的作用机理一致。添加活性铝质成分［$Al(OH)_4^-$］能够加速碱激发反应进程，但过量 $Al(OH)_4^-$ 会阻碍活性硅质成分的解聚和溶出[302]，影响后期水化硅酸钙等产物的生成，从而降低后期强度。

$$Al(OH)_3+OH^- \longrightarrow Al(OH)_4^- \quad (5\text{-}55)$$

⑥ 磷酸/碱金属磷酸盐

严格意义上讲，磷酸/磷酸盐属于酸激发剂，H_3PO_4 属于弱电解质的中强酸，$Al(H_2PO_4)_3$ 溶于水后呈酸性。最常用的 H_3PO_4 电离过程如式（5-56）所示，电离后的主要成分为磷酸二氢根离子（$H_2PO_4^-$）、磷酸一氢根离子（HPO_4^{2-}）、磷酸根离子（PO_4^{3-}）和氢离子（H^+）。

$$\left.\begin{aligned}H_3PO_4 &\longrightarrow H^++H_2PO_4^-,\ K=7.6\times10^{-3}\\ H_2PO_4^- &\longrightarrow H^++HPO_4^{2-},\ K=6.3\times10^{-8},\ K=7.6\times10^{-3}\\ HPO_4^{2-} &\longrightarrow H^++PO_4^{3-},\ K=4.4\times10^{-13}\\ H_2O &\longrightarrow H^++OH^-,\ K=1.0\times10^{-14}\end{aligned}\right\} \quad (5\text{-}56)$$

与经典的无机三维网状高聚物 $M_n[—(Si—O_2)_z—Al—O]_n \cdot wH_2O$[303]相似，磷酸/碱金属磷酸盐基激发类固化剂也为三维网状聚合物 $[—(Si—O)_z—Al—O—P]_n \cdot wH_2O$[304,305,306]，反应模型见图 4-12。如图 5-29 所示，利用磷酸/碱金属磷酸盐激发硅铝质玻璃体相火山灰质材料时，通过解聚反应得到 $[SiO_4]^{4-}$、$[AlO_4]^{5-}$、$[PO_4]^{3-}$ 等具有反应活性的单元体[307]，除 $[SiO_4]^{4-}$ 和 $[AlO_4]^{5-}$ 自身缩聚反应及相互之间的缩聚反应可得到 Si—O—Si、Al—O—Al 和 Si—O—Al 结构外，$[PO_4]^{3-}$ 替代 $[SiO_4]^{4-}$ 结构产生八面体结构（六个共价键）或五面体结构（四个共价键）的 Si—O—P 和 Al—O—P 等具有胶凝性的无定形磷酸盐凝胶或晶体[308,309]，具体内容详见第 4 章。

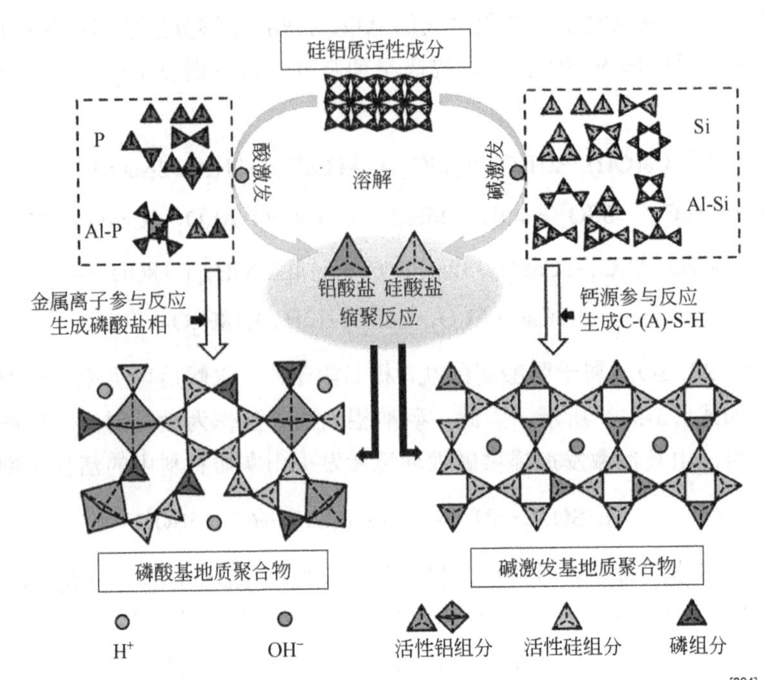

图 5-29 磷酸/磷酸盐激发、碱激发硅铝质玻璃体相火山灰质材料的反应过程[304]

⑦ 碱金属-两性物质含氧酸盐

碱金属-两性物质含氧酸盐中 $NaAlO_2$ 和 $KAlO_2$ 属于两性金属酸盐，$Na_2B_4O_7$ 属于两性非金属酸盐，Al 与 B 均属第Ⅲ主族元素，具有相似的性质。

$NaAlO_2$ 和 $KAlO_2$ 电离后得到 AlO_2^-［式（5-57）］，进一步水解后生成 OH^- 和 $Al(OH)_3$[20]［式（5-58）］，$Al(OH)_3$ 与 Na^+、K^+反应得到碱性更强的 NaOH、KOH［式（5-59）］。因此，$NaAlO_2$ 电离水解得到 AlO_2^-、OH^-和网络改性离子（Na^+、Al^+）。NaOH、KOH 的作用机理不再赘述；AlO_2^- 也可形成三维网状共顶点的$[AlO_4]^{5-}$，Na^+、K^+等离子嵌入层间或空位来维持电荷平衡[310,311]，处于碱性环境中的 $Al(OH)_3$ 也能进一步转化成高活性 $Al(OH)_4^-$，从而参与碱激发反应生成 C-A-H 等水化产物。

$$NaAlO_2 \longrightarrow Na^+ + AlO_2^- \quad (5\text{-}57)$$

$$AlO_2^- + 2H_2O \longrightarrow Al(OH)_3 + OH^- \quad (5\text{-}58)$$

$$Al(OH)_3 + 3Na^+(\text{或}K^+) \xrightarrow{OH^-} 3NaOH\ (\text{或}KOH) + Al^{3+} \quad (5\text{-}59)$$

$Na_2B_4O_7$ 属于硼酸的共轭碱，与 $NaAlO_2$ 相同，水解后也可转化生成 NaOH，pH 值达到 9.2～9.3。但 $Na_2B_4O_7$ 无法单独作为激发剂，需要联合 NaOH 等强碱溶液使用。联合作为碱激发剂时，$Na_2B_4O_7$ 的掺量可达到 70%[312]，其在水解过程中可生成$[BO_4]^{5-}$，处于碱性环境可进一步转化为高活性的 $B(OH)_4^-$，且高活性的 $B(OH)_4^-$ 更易在高钙硅铝质玻璃体相火山灰质材料中替代铝相物质[313]。

综上所述，除了磷酸/碱金属磷酸盐激发剂主要作用成分为 H^+外，其他激发剂主要作用成分均为 OH^-，其中，碱金属氢氧化物、碱土金属氢氧化物和碱金属硅酸盐直接电离

得到 OH^-，而碱金属碳酸盐、硫酸盐、碱金属-两性物质含氧酸盐则是通过水解反应得到 OH^-。

根据激发剂电离或水解后得到的其他离子（OH^-、H^+除外）是否参与碱激发反应，将碱激发剂分为碱催化激发剂和碱反应激发剂，其作用方式如下：

碱催化激发剂是指激发剂在碱激发反应过程中主要起类似于催化剂的作用，除 OH^-参与反应外，其他离子不参与碱激发反应或作为改性离子维持胶凝产物的电荷平衡，如碱金属氢氧化物激发剂，实际参与碱激发反应的只有 OH^-，碱金属离子 M^+不直接参与反应，但 M^+的存在能够维持玻璃体相中 pH 值接近碱激发剂溶液中的 pH 值[35]，为碱激发反应的继续提供强碱环境。此外，碱金属碳酸盐除 OH^-参与反应外，电离得到的 CO_3^{2-} 也不直接参与碱激发反应，可生成碳酸盐沉淀填充孔隙。

碱反应激发剂是指碱激发剂用作反应物并参与碱反应的激发剂，除侵蚀性介质 OH^-、H^+参与碱激发反应外，激发剂电离或水解得到的其他离子也参与碱激发反应。如碱土金属氢氧化物电离得到的 Ca^{2+}和碱金属硅酸盐水解得到的$[SiO_4]^{4-}$四面体可参与 C-S-H 的生成，硫酸盐电离得到的SO_4^{2-}可与碱激发胶凝产物 C-A-H 生成 AFm-SO_4 或 AFt-SO_4，磷酸/碱金属磷酸盐电离得到的$[PO_4]^{3-}$可以替代$[SiO_4]^{4-}$结构生成具有胶凝性的无定形磷酸盐凝胶或晶体[308]，碱金属-两性物质含氧酸盐电离得到的$[AlO_4]^{5-}$结构生成 C-A-H 等水化产物。

（2）火山灰质材料的作用机理

碱激发反应产物是以玻璃体相网络形成体结构中的 SiO_2、Al_2O_3 等为基质架构（图 5-2），网络改性体离子 CaO 等嵌入基质架构得到的胶凝产物。因此，可采用活性氧化硅与活性氧化铝的比值［即 $(SiO_2/Al_2O_3)_{Reactive}$，也可称活性 Si/Al 比］或活性氧化钙与活性氧化硅的比值［即 $(CaO/SiO_2)_{Reactive}$，也可称活性 Ca/Si 比］为控制指标，这些活性物质之间的关系在一定程度上影响着碱激发反应程度和碱激发胶凝产物的化学组成和结构[26]。

① 活性氧化硅与活性氧化铝的比值

对于低钙（镁）的火山灰质材料［钙（镁）含量低于 20%］，如偏高岭土、烧页岩、低钙粉煤灰（F 级）、硅灰、铜渣、镁渣、循环流化床飞灰、稻壳灰、棕榈油焚烧灰、其他生物质焚烧灰、废玻璃、市政垃圾焚烧灰等，可采用活性 Si/Al 比作为评价指标。但是，玻璃体相结构中的活性硅铝质成分并非全部参与碱激发反应，经激发剂解聚得到的$[SiO_4]^{4-}$和$[AlO_4]^{5-}$四面体才能参与缩聚反应。

火山灰质材料与碱激发剂接触后，碱激发剂电离水解得到如图 5-29 所述的离子会对硅铝质为主的玻璃体相进行侵蚀，使玻璃体相内原本组成无定形网络状网络形成体的 Si—O—Si 键和 Al—O—Al 键断裂，位于玻璃体相中的网络改性体离子（如 CaO、MgO、Na_2O、K_2O 等）逐渐溶出，网络形成体中的$[SiO_4]^{4-}$和$[AlO_4]^{5-}$四面体结构直接决定碱激发胶凝产物的含量。由于低钙火山灰质材料玻璃体相结构多为网络形成体结构，玻璃体相相对较为稳定，不易发生解聚反应。因此，选用碱激发剂时，应选择侵蚀性更强的强碱类激发剂，如碱金属氢氧化物、碱金属硅酸盐。

如上所述，火山灰质材料中形成碱激发产物的成分主要为玻璃体相内的活性氧化硅和活性氧化铝，活性 Si/Al 比基本能反映碱激发反应程度、碱激发反应得到的胶凝产物成分、组成及结构，以及碱激发硬化体强度和耐久性等。活性 Si/Al 比可通过 1%HF 侵蚀试验获得[314]，晶体相的硅铝质不可溶，即非活性的硅铝质不可溶，溶解后得到的硅铝质溶液可通过 ICP（inductive coupled plasma emission spectrometer，电感耦合等离子体光谱发生仪）测得浓度，即可得到活性硅铝质含量。已有研究表明，最佳活性 Si/Al 比范围为 2.0～4.0[315-318]，这是由碱激发反应不同阶段生成的胶凝产物及其强度发展规律决定的。

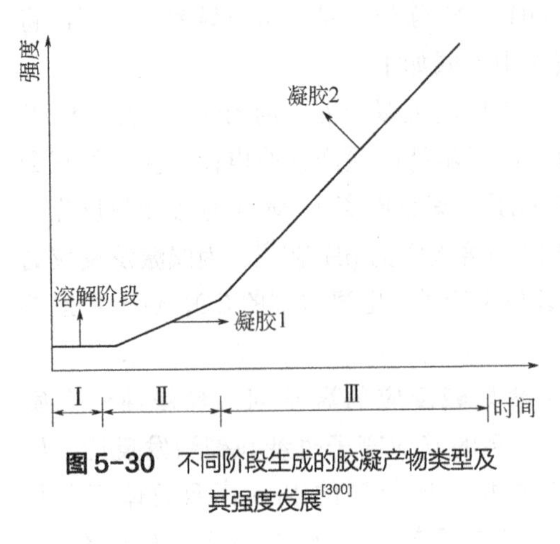

图 5-30 不同阶段生成的胶凝产物类型及其强度发展[300]

图 5-30 给出了低钙火山灰质材料的碱激发过程。Ⅰ.溶解阶段，在碱激发剂作用下硅铝质玻璃体相逐步溶解，Si—O—Si、Si—O—Al、Al—O—Al 等共价键开始断裂，但尚未形成强度。Ⅱ.诱导阶段（也称凝胶 1 生成阶段），由于富铝相凝胶（凝胶 1）为亚稳态凝胶，亚稳态的 Si—O—Al 键更易生成［形成亚稳态的 Si—O—Al 键由易到难的顺序依次为：Si Q^4(4Al)、Si Q^4(3Al)、Si Q^4(2Al)、Si Q^4(Al)、Si Q^4(0Al)］，富铝相凝胶 1 开始沉淀，但其强度远远低于富硅相凝胶 2，因此处于该阶段的碱激发类固化剂强度较低。Ⅲ.硅嵌入阶段（也称凝胶 2 阶段），该阶段$[SiO_4]^{4-}$四面体逐渐替代$[AlO_4]^{5-}$四面体，富铝相凝胶 1 开始向富硅相凝胶 2 转变，凝胶 2 含量越高则形成的硬化体强度越高。虽然凝胶 2 含量越高，最终形成的硬化体强度也越高，但活性 Si/Al 比并非越高越好。

对于低钙火山灰质材料，碱激发反应过程中活性 Si/Al 比过高则会延缓凝胶 1 向凝胶 2 转变，导致碱激发凝结时间增加、强度降低。活性 Si/Al 比过低，则加速碱激发反应过程的溶解阶段和凝胶 1 生成阶段，但延缓凝胶 2 阶段，凝胶 1 生成阶段产生的富铝相胶凝材料沉积在硅铝质玻璃相表面，减缓$[SiO_4]^{4-}$四面体溶解，阻碍富铝相凝胶 1 向富硅相凝胶 2 转变，碱激发反应晶体相产物增加、胶凝性产物减少[319]，导致凝结时间过快，但硬化体强度较低且耐久性差。

② 活性氧化钙与活性氧化硅的比值

对于高钙（镁）含量的火山灰质材料，如高炉矿渣、高钙粉煤灰（C 级）、钢渣、粒化磷渣、镍渣（CaO 含量低，但 MgO 含量高）等，采用活性 Ca/Si 比为评价指标。

高钙火山灰质材料的碱激发机理与低钙火山灰质材料相同，但是高钙火山灰质材料玻璃体相网络形成体含量低、低网络改性体含量高。因此，高钙火山灰质材料选用碱激发剂时，既可选择高反应活性的激发剂，如碱金属氢氧化物、碱金属硅酸盐等，也可选用中、低反应活性的激发剂，如碱土金属氢氧化物、碱金属碳酸盐、硫酸盐、碱金属磷酸/碱金属磷酸盐和碱金属-两性物质含氧酸盐等。通过碱激发反应得到的胶凝产物以 C-(N-)S-H、C-(N-)A-H 为主，C-(N-)S-H 凝胶中的 Ca/Si 比低于水泥水化产物 C-S-H[26]。

一般而言，火山灰质材料玻璃体相中活性 Ca/Si 比过高（即活性氧化钙含量高），则碱激发溶解阶段和凝胶 1 生成阶段经历的时间缩短。活性 Ca/Si 比过低，则火山灰质材料中玻璃体相的硅链延长[320]，碱激发反应进程明显减缓，碱激发胶凝产物凝胶 2 含量减少。不同碱激发胶凝产物的Ca/Si比存在一定的差异，一般来说Ca/Si比的范围为0.83～1.7。

相同碱激发剂条件下，通过控制火山灰质材料中的活性Ca/Si比（图5-30），调控碱激发胶凝产物类型，从而满足强度设计要求。如适当提高$[SiO_4]^{4-}$单聚体的含量，使替代$[AlO_4]^{5-}$四面体的$[SiO_4]^{4-}$四面体增加，为生成更多的凝胶2提供物质基础[321]，从而显著提高硬化体的致密性和力学性能[130,322]。

调整碱激发类固化剂活性Ca/Si比的方法：

i. 改变火山灰质材料种类，通过添加高钙火山灰质材料来提高活性Ca/Si比，或通过添加低钙火山灰质材料来降低活性Ca/Si比；

ii. 改变碱激发剂种类，碱激发剂若以氢氧化钙成分为主，则可提高碱激发类固化剂总的钙含量，从而提高活性Ca/Si比，或掺入高模数的水玻璃（$M_2O \cdot nSiO_2$）降低活性Ca/Si比，或添加MOH等碱金属氢氧化物减小碱激发剂中水玻璃的模数进而提高活性Ca/Si比；

iii. 添加外加剂，掺入富含溶解性硅酸盐的外加剂，提高活性Ca/Si比。

③ 火山灰质材料组分作用机理小结

根据化学组成的不同，可将火山灰质材料分为低钙（镁）火山灰质材料和高钙（镁）火山灰质材料。不同类别火山灰质材料选用碱激发剂时，应结合火山灰质材料中玻璃体相结构化学成分和含量予以确定。

图5-31给出了$CaO-Al_2O_3-SiO_2$体系水化或碱激发反应产物。其中，箭头所指的方向为该物质含量增加的方向，$CaO-Al_2O_3-SiO_2$体系反应产物以C-S-H系胶凝为主，低钙火山灰质材料得到的胶凝产物大多位于右侧（即$Al_2O_3-SiO_2$轴），主要为N-A-S-H、N-(C-)A-S-H等胶凝产物（其中，N为NaOH，可代表碱金属离子M^+），高钙火山灰质材料得到的胶凝产物则位于左侧（即靠近$CaO-SiO_2$轴）和下侧（即靠近$CaO-Al_2O_3$轴），主要为C-S-H、C-A-S-H、C-(N-)A-S-H、C-(N-A-)S-H系产物。

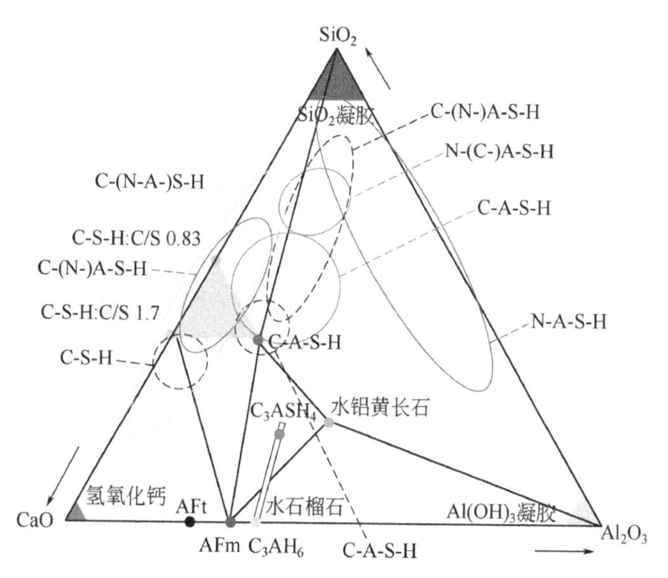

图5-31 $CaO-Al_2O_3-SiO_2$体系水化或碱激发反应产物[11,21,63,323-327]

随着玻璃体相中 CaO 含量的增加，胶凝产物 C-S-H 中 Ca/Si 比逐渐增加，对应的火山灰质材料更易发生水化或碱激发反应，所需碱激发剂碱性逐渐降低（水泥、石灰等不需碱激发剂），原本由掺杂有碱金属离子的 N-A-S-H、N-(C-)A-S-H 等产物逐渐转变为 C-S-H、C-A-S-H，这与高钙火山灰质材料不需强碱性碱激发剂有关，高钙火山灰质材料优先与活性氧化钙生成 C-S-H 系胶凝产物，而碱金属离子在其中主要起电荷平衡的作用[310,311]；随着玻璃体相中 Al_2O_3 含量的增加，水化或碱激发反应产物由最初的 C-S-H 逐渐转变为 C-A-S-H，反应产物中$[AlO_4]^{5-}$四面体逐渐置换$[SiO_4]^{4-}$四面体，得到以 C-A-S-H 为主的反应产物；随着 SiO_2 含量的增加，火山灰质材料玻璃体相中 Ca/Si 比逐渐减小，火山灰反应活性逐渐降低，在碱性更强的环境下才能发生水化或碱激发反应，且反应过程首先得到 C-A-H，$[SiO_4]^{4-}$四面体再逐步取代$[AlO_4]^{5-}$四面体得到 C-A-S-H、C-S-H，随着 SiO_2 含量的继续增加，在适宜的钙含量和 pH 值条件下，碱金属离子可以嵌入胶凝结构形成钠沸石（natrolite）。

水钙铝榴石（C_3AH_6，katoite）只有在硅减少的区域（Si-dificient regions）才会生成（因其矿物相组成中不含硅，且 Ca/Al=3.0），而其他水化铝酸钙系（C-A-H 系）产物在硫酸盐、碳酸盐等存在的情况下会生成低硫型水化硫铝酸钙系（AFm-CO_3 或 AFm-SO_4）或多硫型水化硫铝酸钙系产物（AFt-CO_3 或 AFt-SO_4），但 C_3AH_6 可以不受硫酸盐或碳酸盐侵蚀，即在其侵蚀环境下不会发生相转变。此外，C_3AH_6 是水化铝酸钙系矿物（C-A-H 系）最稳定的矿物相，其他 C-A-H 系矿物在常温下即可脱水向 C_3AH_6 转变[328]，如式（5-60）所示。

$$\left.\begin{aligned} CAH_{10} &\longrightarrow C_3AH_6+Al(OH)_3+H_2O \\ CAH_{10} &\longrightarrow C_2AH_8/C_2AH_{7.5}+Al(OH)_3+H_2O \\ C_2AH_8/C_2AH_{7.5} &\longrightarrow C_3AH_6+Al(OH)_3+H_2O \end{aligned}\right\} \tag{5-60}$$

CaO-Al_2O_3-SiO_2 体系作为组成碱激发类固化剂胶凝产物的主要成分，任何过量的单一成分都会使碱激发类固化剂产生性能缺陷，如过量 CaO 会产生大量具有反应活性的 $Ca(OH)_2$，过量的 Al_2O_3 会遗留大量微结晶 $Al(OH)_3$，过量的 SiO_2 会残余大量无定形玻璃相 SiO_2，这些过量的成分不仅会降低硬化体力学强度，也会影响硬化体的耐久性能，因水化碳化等反应引起诸如膨胀、收缩等劣化现象。

（3）辅助材料作用机理

辅助材料有硫酸盐基固体废物和化学惰性固体废物微粉，硫酸盐基固体废物能够参与碱激发反应过程，与 C-A-H 反应生成膨胀性胶凝产物 AFm 相（AFm-CO_3 或 AFm-SO_4）或 AFt 相（AFt-CO_3 或 AFt-SO_4），起到化学作用和微膨胀作用；化学惰性固体废物微粉主要起填充作用。此外，辅助材料还能为碱激发胶凝产物的沉淀提供位置，并为碱激发反应提供成核结晶点位，从而加速碱激发反应[63]。

（4）碱激发反应过程

不同的学者尝试用碱激发固化剂原材料揭示碱激发反应机理，并解释碱激发反应过程。

Purdon[12]最早提出了碱激发反应机理，认为碱激发剂主要是起催化激发作用，将 NaOH 对高炉矿渣的作用过程归纳为：NaOH 先将高炉矿渣中的硅铝酸盐溶解，形成硅酸钠和偏铝酸钠，再进一步与 $Ca(OH)_2$ 反应生成硅酸钙和铝酸钙等水化胶凝产物，在此过程重新释放出的 NaOH 继续参与下一轮的碱催化激发反应。碱催化激发作用的反应过程如图 5-32 所示。

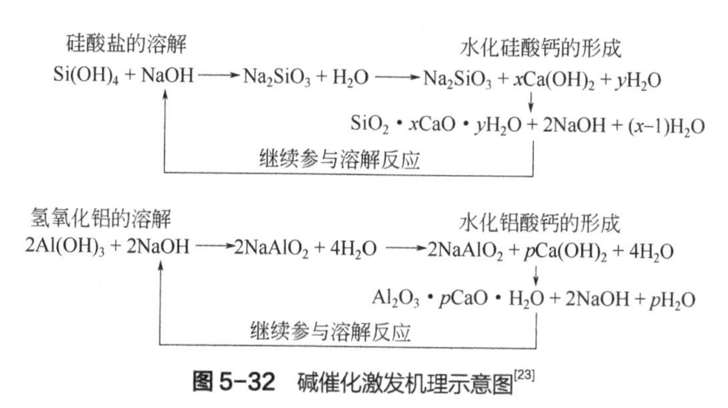

图 5-32 碱催化激发机理示意图[23]

Glukhovsky[13]研究 M_2O-MO-M_2O_3-SiO_2-H_2O 体系与碱激发剂溶液的物理化学性质、碱激发产物及其物理化学性质等，提出了第 IA 族元素（K、Na 等）能够与火山灰质材料生成胶凝产物，突破原有胶凝材料认知的范围[23]，提出碱激发铝硅酸盐体系玻璃体的机理，将碱激发反应过程分成三个阶段：碱激发剂作用下的硅铝酸盐矿物相的溶解、溶解出的 $[SiO_4]^{4-}$和$[AlO_4]^{5-}$四面体之间的缩聚反应和胶凝网络结构之间进一步的重组、聚合、结晶和硬化。

Davidovits[303]利用 NaOH、KOH 作碱激发剂，偏高岭土作为火山灰质材料，提出经典的解聚-缩聚模型，将碱激发火山灰质材料的反应过程归纳为：硅酸盐矿物相在碱性环境下的解聚；解聚作用下 Si—O—Si、Al—O—Al 和 Si—O—Al 键断裂，得到 Si—O—和 Al—O—结构，通过缩聚反应聚合生成 Si—O—Si 骨架结构或 Si—O—Al 骨架结构，并形成三维网状结构的无机高聚物 $M_n[-(Si-O_2)_z-Al-O]_n \cdot wH_2O$（M 为 K、Na 等碱金属元素，为连接键；$z$ 可取 1、2、3，为连接的硅氧四面体结构单元；n 为聚合度；w 为水化物中结合水含量）；进一步脱水聚合硬化，形成硬化体。硅铝酸盐 Si—O—Al—O 四面体构型、离子概念见图 5-33。

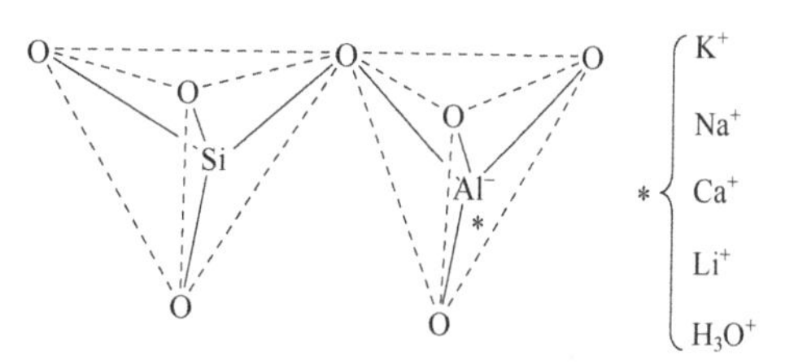

图 5-33 硅铝酸盐 Si—O—Al—O 四面体构型、离子概念[329]

Palomo 等[3,6]分别采用 NaOH、KOH、NaOH/$Na_2O \cdot nSiO_2$（$Na_2O \cdot 1.23SiO_2$）、KOH/$K_2O \cdot nSiO_2$（$K_2O \cdot 0.63SiO_2$）作碱激发剂，粉煤灰为火山灰质材料，研究了不同养护温度（65℃、85℃）下碱激发固化剂的强度特性，通过量热仪实时监测碱激发放热过程，并将碱激发过程分为三个阶段：溶解阶段，碱激发剂的溶解和玻璃相中 Si—O—Si、Al—O—Al 等共价键的断裂，释放出大量的热；诱导阶段，断裂后的 Si—O—和 Al—O—结构在基体中累积，该阶段几乎不放热；缩聚结晶阶段，释放出大量的热，并生成大量的无定形结构，产生强度。值得注意的是，温度对碱激发反应进程影响显著，温度越高碱激发反应速度越快，相应的强度增长速率越快；碱激发剂类型在一定程度上决定了反应进程和强度特性，硅酸盐可以明显加速反应进程、提高强度，相同条件下，含硅酸盐的碱激发固化剂硬化体强度更高。此外，碱激发反应过程粉煤灰中的富铝相玻璃体最先被解聚生成铝酸盐凝胶，之后逐渐被富硅相替代。

van Deventer 等[8]比较了偏高岭土、粉煤灰等火山灰质材料的碱激发过程，认为两者反应机理相似，均经历溶解阶段-定向分布阶段-硬化阶段等反应过程；对比研究偏高岭土基碱激发固化剂和粉煤灰基碱激发固化剂 ^{29}Si NMR，发现去除粉煤灰中不参与碱激发反应的石英和莫来石后，两者具有相似的 ^{29}Si NMR 波谱，硅酸盐基胶凝产物的结构相同，并用 SEM 微观形貌验证了这一观点；基于此，提出碱激发反应过程（图 5-34）如下：i. 固相硅铝质材料在碱激发剂溶液的溶解作用下得到硅酸盐单体和铝酸盐单体，其中硅酸盐单体也可通过低聚物的硅酸盐得到，如碱激发剂中 Na_2SiO_3 的分解；ii. 硅酸盐单体和铝酸盐单体通过低聚作用生成硅铝酸盐低聚物；iii. 硅铝酸盐低聚物能够发生两种反应，一是通过缩聚反应得到无定形的硅铝相聚合物，二是通过成核作用得到硅铝酸盐晶核；iv. 在iii的基础上发生反应，无定形的硅铝相聚合物进一步凝胶化得到无定形硅铝相凝胶，而硅铝酸盐晶核则进一步结晶得到沸石相纳米晶体；v. 无定形硅铝相凝胶在适宜的环境下会发生相转变，转变为沸石相纳米晶体。

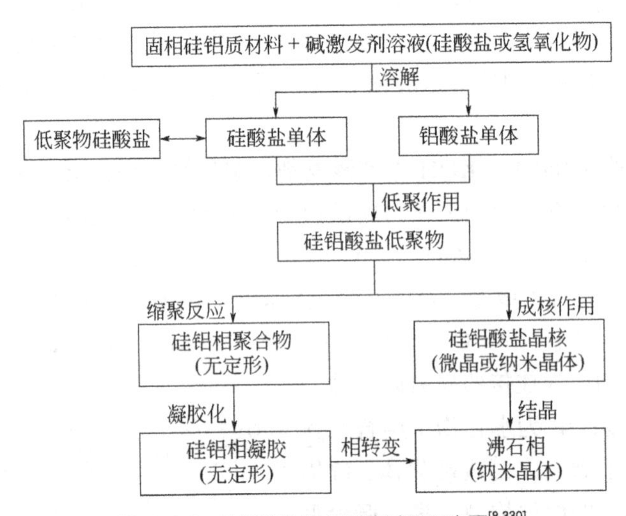

图 5-34 硅铝酸盐聚合反应过程示意图[8,330]

Fernández-Jiménez 等[7]采用 NaOH 作为碱激发剂，粉煤灰为火山灰质材料，研究了碱激发粉煤灰在 85℃条件下养护 5h、24h 和 60d 后水化产物的微观结构变化（图 5-35），提出碱激发粉煤灰反应模型：粉煤灰颗粒在 OH^-侵蚀离子作用下破裂［图 5-35（a)］；粉煤灰颗粒破裂后，直径大的密实玻璃珠包裹着的小玻璃珠可以与侵蚀离子接触发生反应，生成的产物则取代原包裹玻璃珠的表面壳层［图 5-35（b)、(c)、(e)］；碱激发反应产物逐步开始占据粉煤灰颗粒内部和外部，直到粉煤灰颗粒完全或几乎完全参与反应［图 5-35（c）和（d)］，胶凝产物填充在粉煤灰颗粒周围，形成致密的微观结构；最后，生成的碱激发胶凝产物覆盖在粉煤灰颗粒表面，阻碍了粉煤灰颗粒碱激发反应，碱激发反应逐渐停止，但硬化体强度会继续增加。

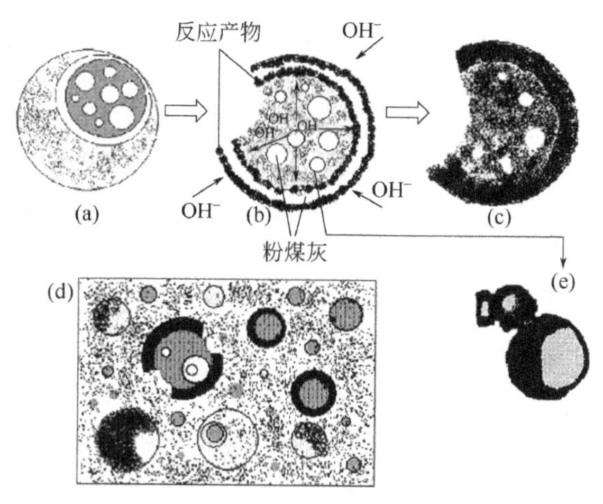

图 5-35 碱激发（NaOH）粉煤灰反应过程的模型[7]

此后，Fernández-Jiménez 等[300]在 NaOH 激发粉煤灰的基础上进一步研究了粉煤灰中的 Al 成分对碱激发反应过程的影响，并将碱激发反应过程分为三个阶段，如图 5-36 所示。Ⅰ.溶解阶段（dissolution stage），在 OH^-的作用下无定形玻璃体溶解，Si—O—Si、Si—O—Al、Al—O—Al 等共价键开始断裂，其中，Al 的溶解速率远远大于 Si 的溶解速率（即 Al—O 键断裂速率较 Si—O 键更快），该阶段绝大多数的 Al 已溶解，得到大量的 Al—OH 及少量的 Si—OH 等，但尚未形成强度；Ⅱ.诱导阶段（induction period），该阶段大量的亚稳态凝胶（metastable gel，也被称为凝胶 1，Gel-1）开始沉淀，凝胶 1 含量逐渐增加并覆盖在粉煤灰颗粒表面，硅氧四面体溶解速率较慢，在该阶段未参与反应；Ⅲ.硅嵌入阶段（silicon incorporation stage），溶解速率较慢的$[SiO_4]^{4-}$四面体会逐步替代$[AlO_4]^{5-}$四面体生成富含硅相的凝胶 2（Gel-2），即凝胶 1 转变为凝胶 2，在该阶段碱激发固化剂硬化体强度快速增长，且凝胶 2 含量越高则形成的材料强度越大。

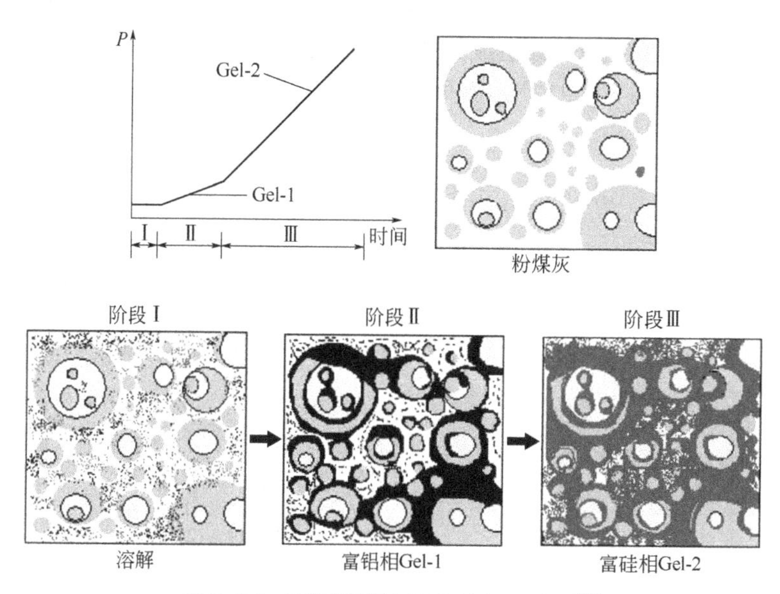

图 5-36 碱激发粉煤灰的反应过程示意图[300]

Duxson 等[9]对比分析了偏高岭土、粉煤灰、矿渣等火山灰质材料的矿物相组成和化学结构，发现矿物结构和化学性质只影响凝结时间、工作性、碱激发产物的物理化学性质，其中铝硅酸盐结构变化过程基本一致（图 5-37），均分为五个阶段：①溶解阶段，火山灰质材料玻璃体相硅铝酸盐溶解得到硅酸盐和铝酸盐，该过程碱激发剂的水解或电离和玻璃体相的溶解会消耗大量的水，碱激发剂中 OH^-侵蚀硅铝质材料使其分解得到$[SiO_4]^{4-}$、$[AlO_4]^{5-}$；②形态均衡阶段，硅酸盐和铝酸盐通过低聚作用生成硅铝酸盐低聚物，即$[SiO_4]^{4-}$、$[AlO_4]^{5-}$发生缩聚反应释放出水分子；③生成凝胶阶段，该阶段产生大量的富铝相凝胶 1；④凝胶重组阶段，富铝相凝胶 1 向富硅相凝胶 2 转变；⑤缩聚硬化阶段，富硅相凝胶 2 能够进一步发生缩聚反应生成沸石相晶体，碱激发类固化剂逐渐硬化形成强度。这一结论与水泥基材料中水化反应得到具有胶凝性的水化产物不同，碱激发反应过程中，水的作用更像是充当反应介质，只有溶解阶段需要消耗水分来电离或水解碱激发剂并用于溶出硅酸盐、铝酸盐，其他阶段的反应均产生水。

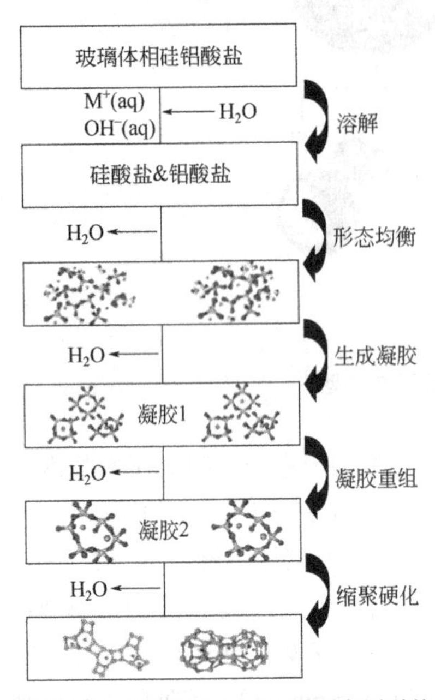

图 5-37 碱激发聚合反应过程中铝硅酸盐结构变化示意图[9]

Duxson 等[331]分析了高炉矿渣、粉煤灰（C 级、F 级）作为火山灰质材料，提出钙硅铝酸盐玻璃体相的溶解机理如图 5-38 所示。图 5-38（a）是钙硅铝质玻璃体相与碱激发剂刚接触时的离子交换过程，该过程主要是网络改性体离子 Ca^{2+}、Na^+与 H^+之间的交换，玻璃体相中的改性体离子不在网络结构内，在侵蚀性环境内最先溶出；随着碱激发反应的进行，玻璃体相表面 pH 值逐渐升高，在碱性环境下 Al—O—Si 键发生水解［图 5-38（b）］；碱性环境下 OH^-继续对玻璃体相侵蚀，Al—O—Si 组成的玻璃体相网络结构逐渐开始断裂［图 5-38（c）］；玻璃体相网络结构断裂后，$[SiO_4]^{4-}$四面体、$[AlO_4]^{5-}$四面体相继溶出［图 5-38（d）］。

pH≈7～10

(a) H^+与Ca^{2+}、Na^+的离子交换

pH≈11～12

(b) Al-O-Si键的水解

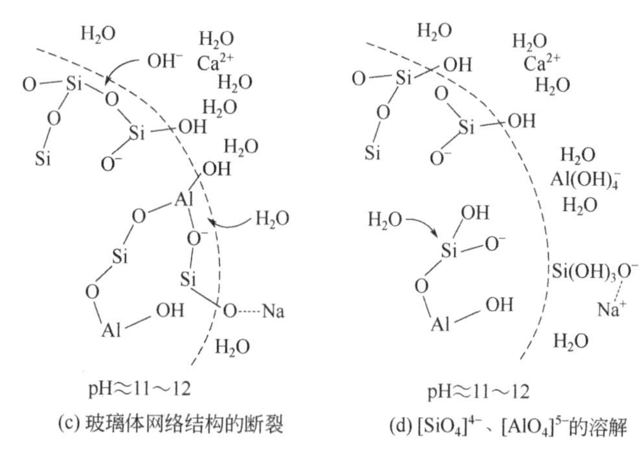

(c) 玻璃体网络结构的断裂　　(d) $[SiO_4]^{4-}$、$[AlO_4]^{5-}$的溶解

图 5-38　碱激发反应早期阶段钙硅铝质玻璃体相溶解机理示意图[331]

Šmilauer 等[332]采用粉煤灰、偏高岭土作为火山灰质材料，$NaOH/Na_2SiO_3$ 作为碱激发剂，通过净浆碱激发过程细观力学特征及粉煤灰的空隙率、未参与反应的火山灰质材料骨架、硅铝相凝胶组分和开口孔隙的体积变化规律，提出了碱激发过程体积分数量化模型，该体积模型的线性方程组如式（5-61）所示。

$$\left.\begin{array}{c}
\mathrm{DoR}=\dfrac{0.8}{1+\left(0.17-0.17\ln\left(\dfrac{t}{10^4}\right)\right)^{4.477}} \\
f_{\mathrm{FA,MK}}^{\mathrm{Skel}}(\mathrm{DoR})=f_{\mathrm{FA,MK}}^{\mathrm{Skel}}(0^+)[1-\mathrm{DoR}] \\
f_{\mathrm{SGP}}(\mathrm{DoR})=[f_{\mathrm{FA,MK}}^{\mathrm{Skel}}(0^+)+\alpha]\mathrm{DoR} \\
f_{\mathrm{FA,MK}}^{\mathrm{Skel}}(\mathrm{DoR})=f_{\mathrm{FA,MK}}^{\mathrm{Voids}}(0^+)-\beta\mathrm{DoR} \\
f_{\mathrm{OP}}(\mathrm{DoR})=1-f_{\mathrm{FA,MK}}^{\mathrm{Voids}}(\mathrm{DoR})-f_{\mathrm{FA,MK}}^{\mathrm{Skel}}(0^+)-\alpha\mathrm{DoR}
\end{array}\right\}\qquad(5\text{-}61)$$

式中，DoR（degree of reaction）为碱激发反应程度，%；t 为碱激发反应时间，h；$f_{\mathrm{FA,MK}}^{\mathrm{Skel}}$ 为粉煤灰或偏高岭土的绝对密实体积分数，%；$f_{\mathrm{FA,MK}}^{\mathrm{Voids}}$ 为粉煤灰或偏高岭土的孔隙率，%；f_{SGP} 为硅铝相凝胶组分体积分数，%；f_{OP} 为开口孔隙体积分数，%；α、β 为待定参数，与原材料种类有关，无量纲。

依据式（5-61）建立体积分数量化模型（以粉煤灰基碱激发固化剂为例，图 5-39）。通过该模型可直接计算碱激发反应的反应程度，进而计算碱激发类固化剂各项成分体积分数。该模型具有普适性，适用于任一碱激发反应过程，在一定程度上能够反映出碱激发反应各阶段不同组分的变化情况。

Živica 等[333]将碱激发反应看作是硅氧化物与铝氧化物在强碱作用下生成硅铝相凝胶的过程。

Nath 等[334]采用 NaOH 作为碱激发剂，F 级粉煤灰作为火山灰质材料，研究了不同养护温度（34℃、39℃、45℃、52℃、60℃）下的碱激发反应动力学，并将碱激发反应过程分为溶解阶段、沉淀阶段、重组阶段、胶凝阶段和缩聚阶段。

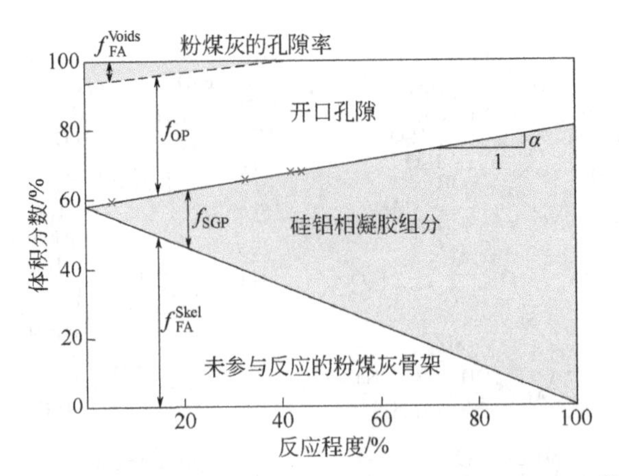

图 5-39 体积分数量化模型（×：实测的开口孔隙体积分数）[332]

郑文忠等[272,335]研究了钾水玻璃作为碱激发剂、高炉矿渣作为火山灰质材料的碱激发过程，认为矿渣玻璃体的主要结构单位为$[SiO_4]^{4-}$和$[AlO_4]^{5-}$四面体，碱激发剂先将玻璃体硅铝四面体结构解离，然后重新排列组合生成水化硅酸盐凝胶和水化铝酸盐凝胶，并将钾水玻璃激发高炉矿渣的过程分为三个阶段：i. 反应初期，钾水玻璃先水解［式（5-62)］，此时矿渣尚未参与碱激发反应过程；ii. 反应早期，钾水玻璃继续水解，高炉矿渣玻璃体开始溶解、分散［式（5-63)］；iii. 反应中后期，硅酸开始脱水，矿渣完全水化、硬化［式（5-64)］。

$$2K_2O\cdot nSiO_2+2(n+1)H_2O \longrightarrow 4KOH+nSi(OH)_4 \tag{5-62}$$

$$O-\overset{\displaystyle O}{\underset{\displaystyle O}{\overset{|}{\underset{|}{Si}}}}-O-Ca-O-\overset{\displaystyle O}{\underset{\displaystyle O}{\overset{|}{\underset{|}{Si}}}}-O+2KOH \longrightarrow 2O-\overset{\displaystyle O}{\underset{\displaystyle O}{\overset{|}{\underset{|}{Si}}}}-O-K + Ca(OH)_2 \tag{5-63}$$

$$\left.\begin{array}{r}Si(OH)_4 \longrightarrow SiO_2+2H_2O\\ SiO_2+m_1Ca(OH)_2+m_2H_2O \longrightarrow m_1CaO\cdot SiO_2\cdot(m_1+m_2)H_2O\\ Al_2O_3+n_1Ca(OH)_2+n_2H_2O \longrightarrow n_1CaO\cdot Al_2O_3\cdot(n_1+n_2)H_2O\end{array}\right\} \tag{5-64}$$

综上所述，碱激发类固化剂的水化反应是一个复杂的多相反应过程，不同的学者的研究结果存在差异，但有着较为相似的反应过程和反应产物。碱激发反应可概括为溶解、解聚、缩聚和结晶硬化四个阶段。溶解阶段主要是碱激发剂、火山灰质材料玻璃体矿物相的溶解，碱激发能够加快水解或电离，因此该阶段以火山灰质材料玻璃体矿物相的溶解为主；解聚阶段是火山灰质材料中硅铝相单聚体解聚的过程，原本三维结构的硅铝质玻璃体相解聚得到大量的活性$[SiO_4]^{4-}$和$[AlO_4]^{5-}$四面体；缩聚阶段是解聚后的活性$[SiO_4]^{4-}$和$[AlO_4]^{5-}$四面体的再聚合，生成大量的水化硅酸盐凝胶和水化铝酸盐凝胶；结晶硬化阶段是水化硅酸盐凝胶和水化铝酸盐凝胶的结晶、硬化，最终将散体材料黏结成硬化的完整体材料。碱激发反应过程各阶段的进程分别由以下几个方面控制：玻璃体矿物相的溶解、初始固相的成核和生长、新生成相在界面处的机械咬合和相互作用以及水化反应产物的扩散和化学平衡[336-338]。

此外，通过协调火山灰质材料中活性 Ca/Si 比和活性 Si/Al 比控制凝胶 1、凝胶 2 的生成量。胶凝产物中凝胶 1 含量高于凝胶 2 时，即少量的活性$[SiO_4]^{4-}$四面体替代了活性$[AlO_4]^{5-}$四面体，硬化体强度较低；当凝胶 1 含量低于凝胶 2 时，即大量的活性$[SiO_4]^{4-}$四面体替代了活性$[AlO_4]^{5-}$四面体，硬化体强度较高。

5.1.3.3 微观特性

笔者课题组基于碱激发作用机理研制了 CGFP 系列全固废固化剂[42]，在此以 CGF442、CGF541、CGF442P10 和 CGF541P10 为例分别叙述其微观特性。

（1）原材料微观特性

① 基本物理化学性质

CGFP 系列全固废固化剂由原状电石渣（CCR，碱激发剂）、高炉矿渣（GGBS，火山灰质材料）、粉煤灰（CFA，火山灰质材料）、原状磷石膏（PG，辅助材料）组成（图 5-40）。其中，原状 CCR 含水量为 30.6%，原状 PG 含水量为 32.9%。

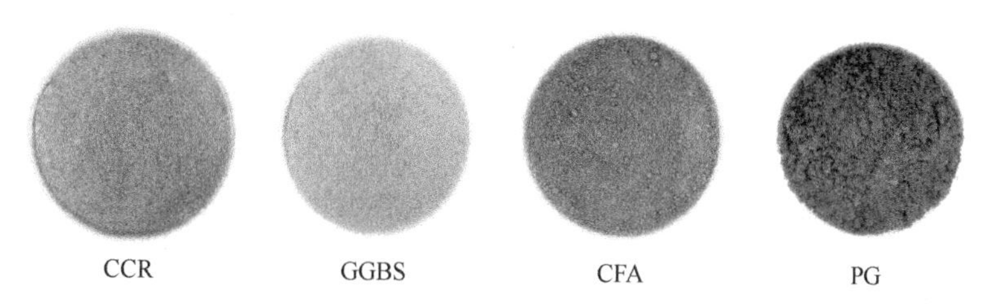

图 5-40 CGFP 系列全固废固化剂原材料组成

X 射线荧光光谱（XRF）测得的化学成分见表 5-30。CCR 中主要成分为$Ca(OH)_2$（以 CaO 计），pH 值约为 12.73；GGBS 和 CFA 中 $CaO-SiO_2-Al_2O_3$ 含量均超过 80%，其中 CFA 中 $w(SiO_2+Al_2O_3+Fe_2O_3)>70\%$，属于 F 级粉煤灰；PG 中硫酸盐（以 SO_3 计）含量达到 47.23%，$CaO-SiO_2-Al_2O_3$ 含量则达到 48.5%，含有一定的磷酸盐（以 P_2O_5 计）。

表 5-30 CGFP 系列全固废固化剂原材料的化学成分

类别名称	化学成分/%								
	CaO	Al_2O_3	SiO_2	MgO	Fe_2O_3	Na_2O	K_2O	SO_3	P_2O_5
CCR	90.80	1.85	2.77	0.227	0.247	1.01	0.007	2.3	0.05
GGBS	41.17	13.61	29.47	8.04	0.425	0.676	0.354	4.9	0.03
CFA	6.60	12.66	61.29	0.02	4.48	3.75	1.32	0.66	0.01
PG	33.73	1.62	13.15	0.263	0.742	0.151	0.31	47.23	1.82

激光粒度分析仪（laser particle size analyzer，LPSA）测得的原材料的颗粒级配曲线如图 5-41 所示，原材料粒径小于水泥颗粒。其中，CCR 颗粒粒径最小，主要集中在 0.3～4.0μm，GGBS、CFA、PG 颗粒粒径均小于 100μm。

② 矿物相组成

CGFP 系列全固废固化剂原材料的 XRD 图谱见图 5-42。CCR 中主要矿物相为$Ca(OH)_2$和 $CaCO_3$，属于碱土金属氢氧化物类激发剂；GGBS 和 FA 中主要矿物相均为无定形玻璃体相，GGBS 中除了钙铝黄长石几乎没有晶体矿物相，FA 中无晶体矿物相；PG 中主要成分为 $CaSO_4 \cdot 2H_2O$、$CaPO_3(OH)$及 $CaAl_2Si_2O_8 \cdot 4H_2O$ 等。

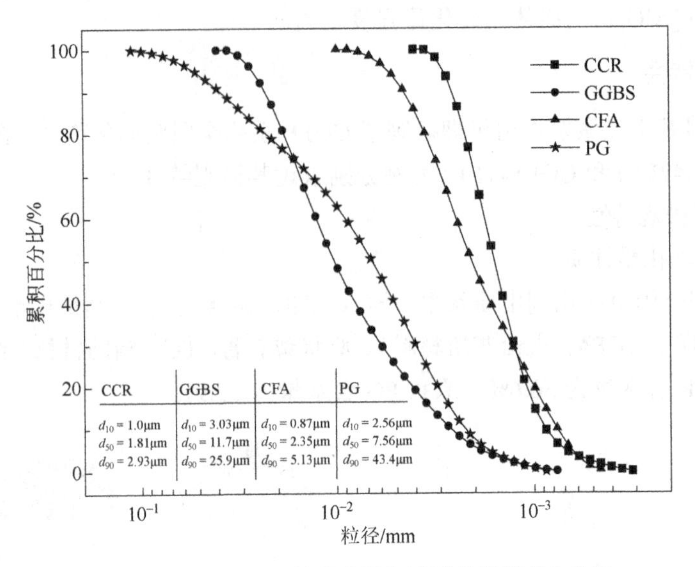

图 5-41 CGFP 系列全固废固化剂原材料颗粒分布曲线

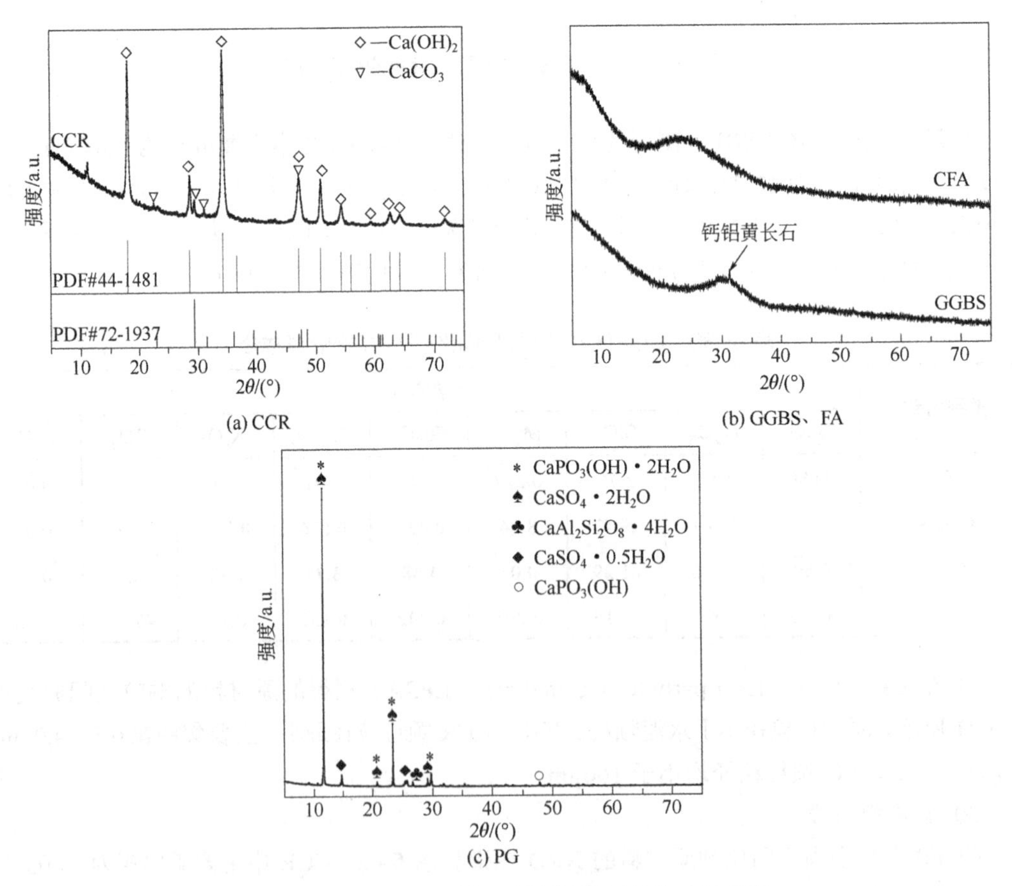

(a) CCR

(b) GGBS、FA

(c) PG

图 5-42 CGFP 系列全固废固化剂原材料的 XRD 图谱

图 5-43 为 CCR 和 PG 的 TG-DTG-DSC 图。

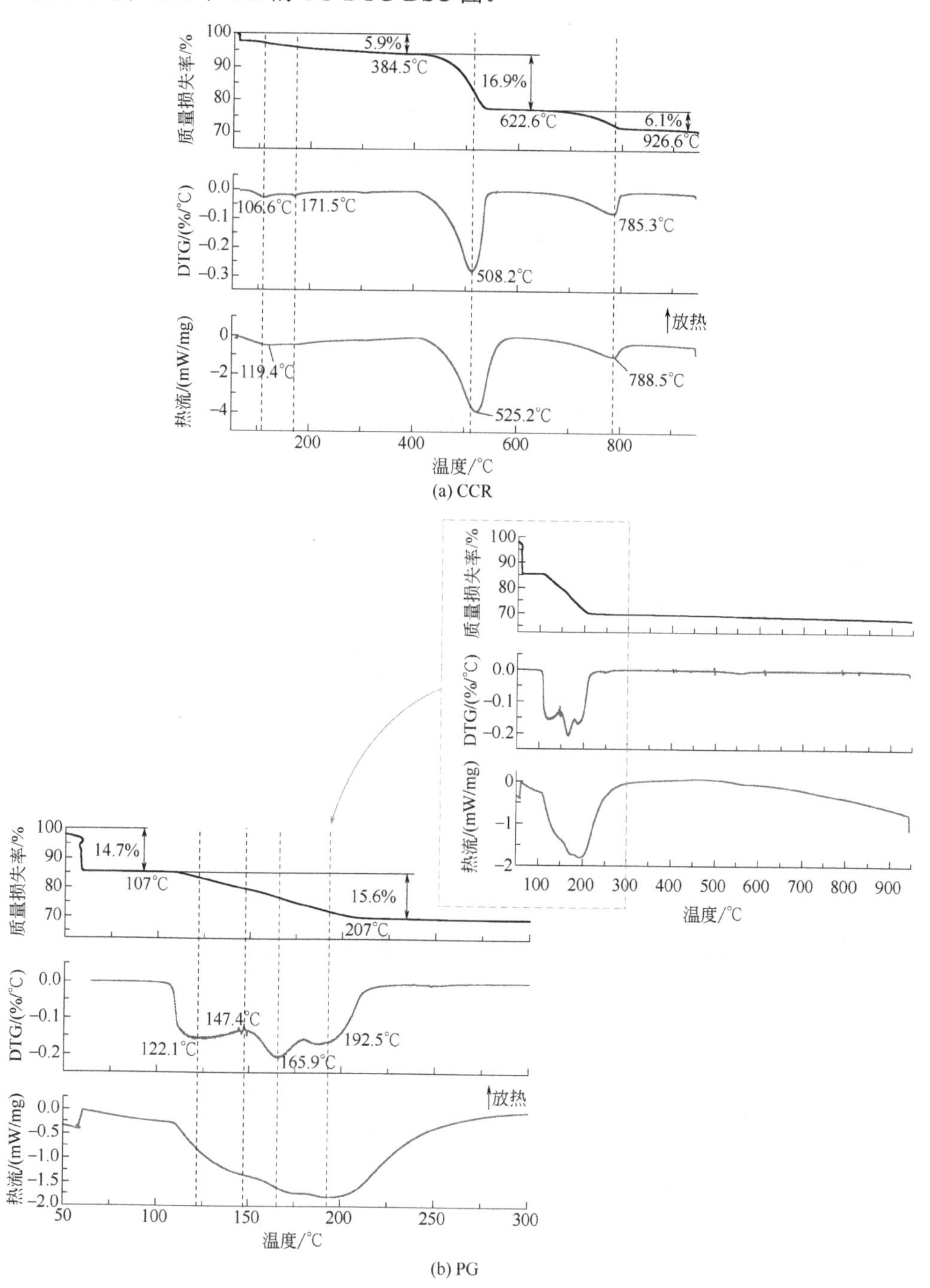

图 5-43 CCR 和 PG 的 TG-DTG-DSC 曲线

CCR 在热解过程的失重曲线（TG）出现三个质量损失段：第一阶段为 384.5℃前，失重量为 5.9%，主要是少量附着水和内部结合水所致；第二阶段在 384.5～622.6℃，失重量为 16.9%，由 $Ca(OH)_2$ 分解所致；第三阶段在 622.6～926.6℃，失重量为 6.1%，由 $CaCO_3$ 分解所致。微商热重曲线（DTG）出现 3 个失重谷，分别为三个阶段失重速率最大的温度，即结合水蒸发、$Ca(OH)_2$分解和$CaCO_3$分解等阶段失重速率最快的温度，分别为106.6℃、508.2℃和785.3℃，对应的吸热峰峰值温度分别为119.4℃、525.2℃和788.5℃。

PG在热解过程的TG曲线出现两个质量损失段：第一阶段在约107℃前，失重量为14.7%，主要是$CaSO_4\cdot 2H_2O$的脱水所致［式（5-65）］；第二阶段在107～207℃，失重量为15.6%，由$\alpha\text{-}CaSO_4\cdot\frac{1}{2}H_2O$进一步脱水所致［式（5-66）］[339]。DTG曲线出现多个失重谷，均为$\alpha\text{-}CaSO_4\cdot\frac{1}{2}H_2O$失重，对应的DSC曲线则一直为吸热过程。

$$CaSO_4\cdot 2H_2O \longrightarrow \alpha\text{-}CaSO_4\cdot\frac{1}{2}H_2O+\frac{3}{2}H_2O\uparrow \tag{5-65}$$

$$\alpha\text{-}CaSO_4\cdot\frac{1}{2}H_2O \longrightarrow \alpha\text{-}CaSO_4(\text{Ⅲ})+\frac{1}{2}H_2O\uparrow \tag{5-66}$$

③ 微观形貌

图5-44为CGFP系列全固废固化剂原材料的SEM图。CCR中的主要矿物相$Ca(OH)_2$

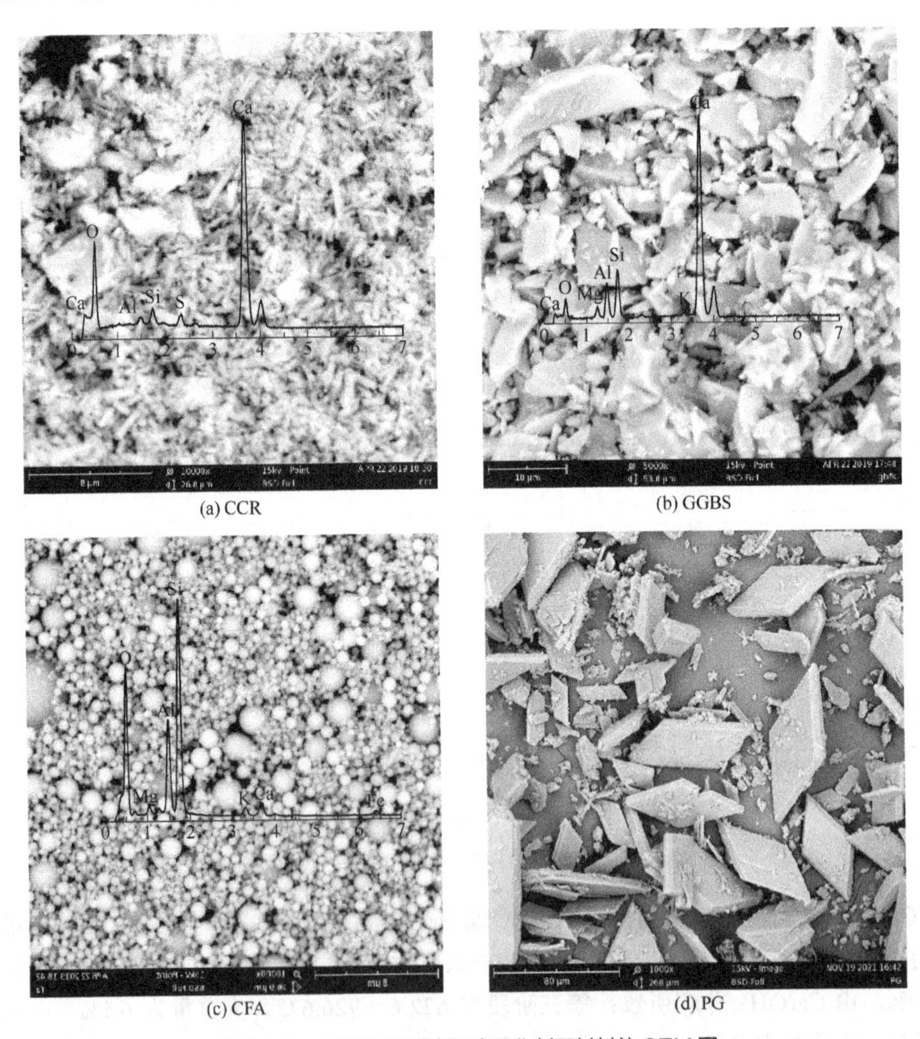

(a) CCR (b) GGBS (c) CFA (d) PG

图5-44 CGFP系列全固废固化剂原材料的SEM图

大部分以六棱柱状形态存在，小部分以板状结构存在；GGBS 中存在大量碎散的非晶相物质，属于典型的水淬矿渣，该分相结构的玻璃态物质水硬活性比均质玻璃态和晶态矿渣活性高；CFA 中分布着大量表面形貌光滑、球形度极好的玻璃体相，玻璃体相以硅铝氧化物的形式存在，含有微量的铁、镁和钙，这一结果与原材料的 XRF、XRD 图谱一致，表明 CFA 中含有大量的硅铝质非晶相玻璃体；PG 中 $CaSO_4 \cdot 2H_2O$ 晶体以平行四边形板状存在，此外还含有微细矿泥颗粒。

（2）**净浆微观特性**

CGFP 系列全固废固化剂净浆硬化后的微观特性包括物相组成、微观形貌和微观结构等。

① 物相组成

图 5-45 为 CGF 全固废固化剂净浆与水泥净浆的 XRD 图谱，其中 CGF442 净浆和 CGF541 净浆的 CCR∶GGBS∶CFA 质量比分别为 4∶4∶2、5∶4∶1。CGF442 和 CGF541 净浆的矿物相组成相同，均为 $CaCO_3$、C-A-H、$Ca(OH)_2$、C-S-H、C-A-S-H、水滑石或类水滑石矿物相（hydrotalcite、hydrotalcite-like，简写为 HT、HT-like）及单碳水化铝酸钙（monocarbonaluminate，简写 CAFm），表明 CGF 全固废固化剂净浆发生式（5-48）所示的化学反应；水泥净浆的矿物相组成为 $CaCO_3$、$Ca(OH)_2$、C-A-H、C-S-H、C-A-S-H 和 AFt。

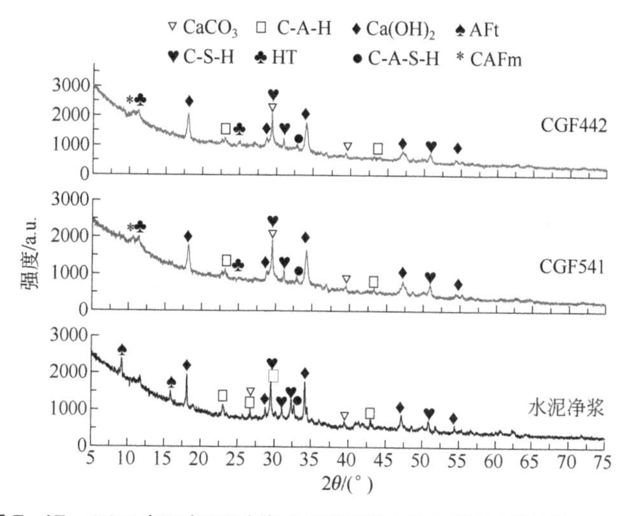

图 5-45 CGF 全固废固化剂与水泥净浆的 XRD 图谱（养护龄期 7d）

为进一步得到矿物相成分含有 AFt 的全固废固化剂，向 CGF 全固废固化剂中添加 PG 得到 CGFP 系列全固废固化剂，其中 CGF442P10、CGF541P10 分别是 CGF442 和 CGF541 固化剂中添加质量占比 10%的 PG。

图 5-46 为 CGFP 系列全固废固化剂和水泥净浆的 XRD 图谱。添加 PG 后，全固废固化剂净浆的碱激发产物矿物相组成为 $CaCO_3$、C-A-H、$Ca(OH)_2$、C-S-H、C-A-S-H、HT、HT-like、CAFm 和 AFt，表明全固废固化剂净浆发生式（1-15）所示的化学反应；CGF541P10 净浆中含有未完全参与反应的 $CaSO_4 \cdot 2H_2O$，表明其反应程度不如 CGF442P10 净浆。

图 5-47 为 CGF442 净浆养护 7d 的 TG-DTG-DSC 曲线。CGF442 净浆 TG 曲线分四个阶段：第一阶段在 20～200℃，失重量为 26.2%，主要是碱激发产物 C-S-H、C-A-H 结合水

失水所致；第二阶段在 200～400℃，失重量为 3.1%，为 HT、HT-like 失水所致[340,341]；第三阶段在 400～600℃，失重量为 3.9%，由 $Ca(OH)_2$ 分解所致；第四阶段在 600～900℃，失重量为 1.7%，由 $CaCO_3$ 分解所致。DTG 曲线出现 3 个失重谷，分别为结合水蒸发、$Ca(OH)_2$ 分解和 $CaCO_3$ 分解等阶段失重速率最快的温度，即 125.8℃、497.6℃和 737.7℃，对应的吸热峰峰值温度分别为 142.4℃、506.8℃和 744.9℃。

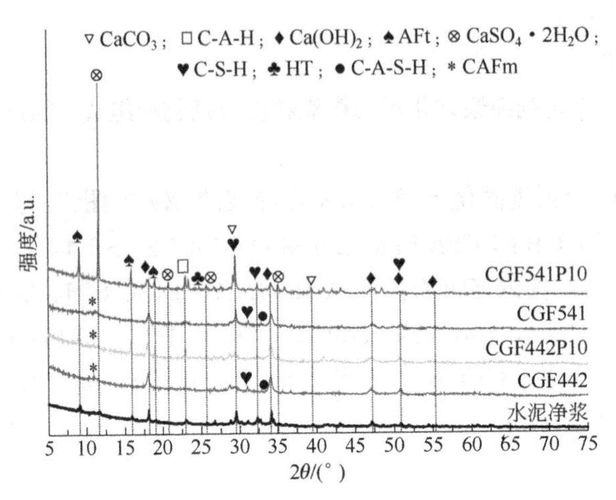

图 5-46 CGFP 系列全固废固化剂、水泥净浆的 XRD 图谱（养护龄期 7d）

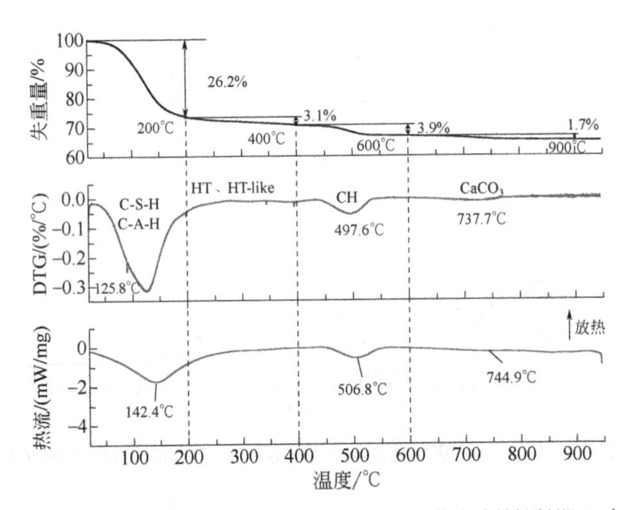

图 5-47 CGF442 净浆的 TG-DTG-DSC 曲线（养护龄期 7d）

图 5-48 为 CGF442P10 净浆养护 7d 的 TG-DTG-DSC 曲线。CGF442P10 净浆的 TG-DTG-DSC 曲线与 CGF442 净浆相似，TG 曲线也分四个阶段：第一阶段在 20～200℃，失重量为 12.2%，主要是碱激发产物 C-S-H、C-A-H、AFt 和 $CaSO_4 \cdot 2H_2O$ 结合水失水所致；第二阶段在 200～400℃，失重量为 2.8%，由 HT、HT-like 失水所致；第三阶段在 400～600℃，失重量为 4.0%，由 $Ca(OH)_2$ 分解所致；第四阶段在 600～900℃，失重量为 3.1%，由 $CaCO_3$ 分解所致。DTG 曲线出现 3 个失重谷，分别为结合水蒸发、$Ca(OH)_2$ 分解和 $CaCO_3$ 分解等阶段失重速率最快的温度，即 133.1℃、481.6℃和 731.5℃，对应的吸热峰峰值温度分别为 146.0℃、491.7℃和 736.5℃。

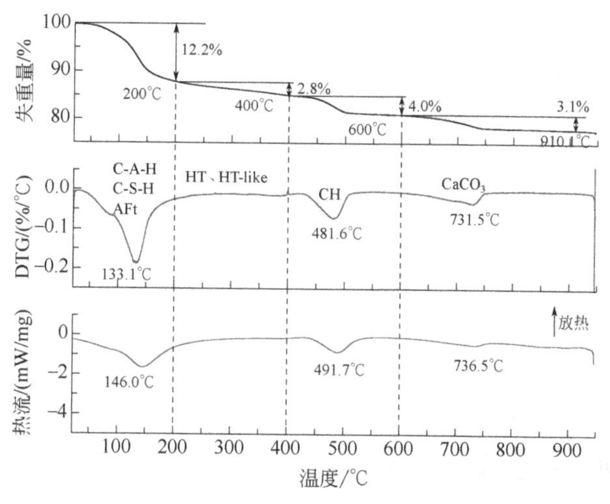

图 5-48 CGF442P10 净浆的 TG-DTG-DSC 曲线（养护龄期 7d）

② 微观形貌

图 5-49 为 CGF442 和 CGF442P10 净浆的 SEM-EDS 图。CGF442 净浆中有大量无定形胶凝状物质，部分覆盖在碎散态玻璃体相表面，部分在球状玻璃体相表面，还有未参与反应的碎散态玻璃体相 GGBS、球状玻璃体相 CFA；结合 EDS 分析可知，球状物质为 CAS 玻璃体相，片状物质为镁铝水滑石相（Mg-Al HT），无定形物质为碱激发胶凝产物 C-A-S-H 和 C-S-H。CGF442P10 净浆中不仅含有大量无定形胶凝物质，还有大量的针状晶体、未参与反应的片状 CH 晶体和平行四边形板状 $CaSO_4 \cdot 2H_2O$ 晶体；结合 EDS 分析结果，球状物质为 CAS 玻璃体相，无定形物质为碱激发胶凝产物 C-A-S-H，针状晶体为 AFt。上述结果与 XRD 结果相吻合，表明 CGF 全固废固化剂净浆碱激发产物主要为 C-A-S-H、C-S-H、Mg-Al HT 等，CGFP 全固废固化剂净浆中生成 AFt 矿物相。

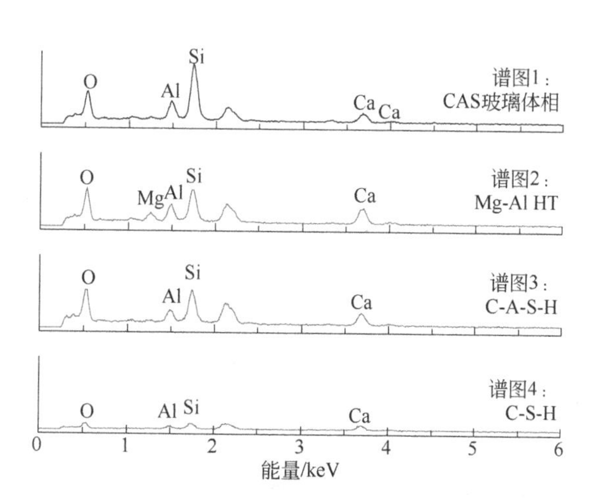

(a) CGF442

图 5-49

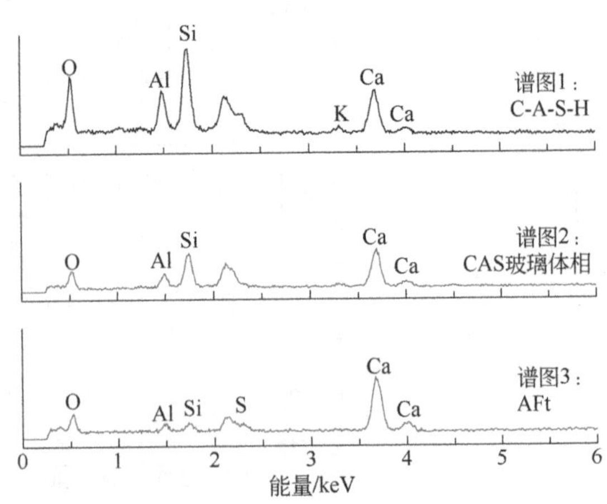

(b) CGF442P10

图 5-49 CGF442 和 CGF442P10 净浆的 SEM-EDS 图

③ 微观结构

图 5-50 为 CGF 与 CGFP 全固废固化剂和水泥净浆的 FTIR 图谱。3640cm^{-1} 处的振动峰由 CH 中—OH 引起[342]，3435cm^{-1} 和 1638cm^{-1} 处的弯曲振动分别对应于碱激发产物中结合水的氢键和 H—O—H[340]，1420cm^{-1} 和 870cm^{-1} 处分别对应 HT 和 $CaCO_3$ 中 CO_3^{2-} 的吸收峰，1110cm^{-1} 处的弯曲振动是由 AFt 中 SO_4^{2-} 的 S—O 所致，967cm^{-1} 处的伸缩振动由 C-S-H 或 C-A-S-H 中的 Si—O—T（T 为 Si 或 Al）引起，967cm^{-1} 处的振动峰与 HT 中的 Al—O 或 Mg—O 有关。上述结果与 XRD、SEM-EDS 相互验证，CGFP 系列全固废固化剂净浆的主要碱激发产物为 C-A-S-H、C-S-H、HT 和 AFt 等。

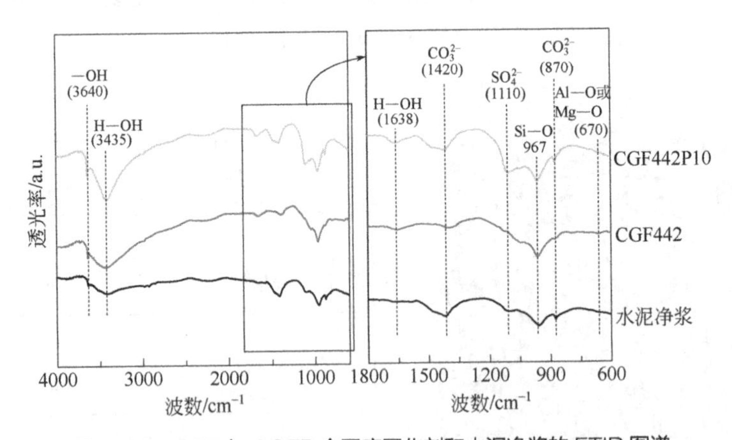

图 5-50 CGF 与 CGFP 全固废固化剂和水泥净浆的 FTIR 图谱

5.2 碱激发类固化剂设计方法

碱激发类固化剂中碱激发剂和火山灰质材料必不可少，有时也添加辅助材料。原材料来源广泛、化学组成差异大，目前，没有统一的碱激发类固化剂配比设计方法。常用的方法是室内配比试验，即制订碱激发类固化剂各种原材料之间的配比方案，利用固化土的强度试验确定最佳原材料配比。此外，还有基于固化土结构、水泥三率值和活性指数的固废基固化剂组分设计方法、正交试验法、响应面法、智能算法遗传树和投影寻踪回归等。

黄新等[343,344]结合固化土结构模型，提出利用固体废物制备高效的固化剂时，应能够提供胶结性组分、膨胀性组分和碱性组分，并建立了固化剂设计方法。胶结性组分与土样液限 W_L 和液性指数 I_L 的关系；膨胀性组分与土体孔隙率 n 的关系；碱性组分与土体离子交换容量、pH 值和活性硅铝含量的关系。基于上述内容，制备出煅烧煤矸石、电石渣和磷石膏为原材料的固化剂。

邓永锋等[345-347]基于水泥胶凝成分硅酸三钙、硅酸二钙、铝酸三钙和铁铝酸四钙，利用水泥生产过程熟料的硅酸率（*SM*）、铝氧率（*IM*）和石灰饱和系数（*KH*）等三率值之间的关系控制固化剂中的 $CaO-SiO_2-Al_2O_3$ 的含量，并通过水泥三率值和活性指数双参数控制固化剂强度、膨胀性产物控制密度，提出固废基固化剂组分配比设计方法。设计步骤：选择具有潜在活性的待利用固废→通过 X 射线荧光映射（XRF）确定主要氧化物含量→测定活性指数并确定出活性氧化物含量→根据水泥三率值和活性指数确定固废组分配比→确定石膏掺量→得到绿色高效软土地基固化剂组分配比。据此利用粉煤灰、钢渣、底灰、碱渣、赤泥和脱硫石膏为原材料制备了固化剂。

Liu 等[348]通过正交试验针对高炉矿渣、转炉钢渣、精炼钢渣和脱硫石膏四个组分，确定出固化剂最优配比为高炉矿渣 56%、转炉钢渣 19%、精炼钢渣 15%、脱硫石膏 10%。Li 等[349]通过正交试验针对脱硫石膏、粉煤灰和钢渣三个组分，确定出回填材料所用的固化剂最佳配比为脱硫石膏 20%、粉煤灰 40%、钢渣 40%。宫经伟等[350]利用正交试验方法设计全固废固化剂固化盐渍土，选取电石渣掺量、火山灰质材料（高炉矿渣和粉煤灰）掺量、矿渣占比（矿渣占火山灰质材料的比值）和硫酸盐含量 4 个因素作为影响因素，每个因素选取 5 个水平，确定出最优的全固废固化剂配比为电石渣掺量 4%、火山灰质材料掺量 24%、矿渣占比 0.5。Wu 等[351]采用正交试验设计方法，通过净浆标准稠度需水量、凝结时间和砂浆流动度、坍落度、抗压抗折强度等试验结果，确定出电石渣、粉煤灰、高炉矿渣和脱硫石膏最优配比为 12.1∶60.6∶18.2∶9.1。冯亚松[352]采用正交试验设计方法，通过固化/稳定化重金属污染土的无侧限抗压强度、重金属离子浸出浓度，确定出电石渣、转炉钢渣和磷石膏最优配比为 3∶6∶1。

Chen 等[353]采用钠水玻璃和氢氧化钠为碱激发剂，高炉矿渣和粉煤灰为火山灰质材料制备固化剂固化粉质黏土，选用碱当量、激发剂模数、矿渣占比作为影响因素，基于 Box-Behnken 三维空间中心组合实验设计原理，分别以碱当量和激发剂模数、碱当量和矿渣占比、激发剂模数和矿渣占比为影响因子，固化剂净浆 3d 和 28d 无侧限抗压强度为响应值，确定出最优配比为碱当量 9.988%、激发剂模数 1.030、矿渣占比 0.328。刘树龙等[354]研发以高炉矿渣、钢渣、脱硫石膏为主要组分的固化剂，添加高钙石灰为碱激发剂，基于 Box-Behnken 试验设计固化剂组分配比，28d 抗压强度为响应值，得出固化剂最优配比为钢渣 40%、高钙石灰 6%、脱硫石膏 12%、矿渣 42%。Rivera 等[355]选用粉煤灰和冶金炉渣作为火山灰质材料，氢氧化钠和钠水玻璃作为碱激发剂，采用火山灰质材料的 SiO_2/Al_2O_3

和 Na_2O/SiO_2 摩尔比作为影响因素，7d 和 28d 强度作为响应值，利用方差分析评价响应面法的有效性，结果表明，最优配比：粉煤灰 SiO_2/Al_2O_3 为 5.35、Na_2O/SiO_2 为 0.2，冶金炉渣 SiO_2/Al_2O_3 为 5.7、Na_2O/SiO_2 为 0.16。

Sun 等[356]选取矿渣和粉煤灰为火山灰质材料，氢氧化钠和钠水玻璃为碱激发剂，化学惰性材料煤矸石作为填充材料，采用固体含量（固体材料质量占回填材料质量的比值）、煤矸石含量和粉煤灰含量作为影响因素，回填材料 28d 强度和坍落度作为响应值，基于 Box-Behnken 试验响应面法确定出最优配比为固体含量 79.65%、煤矸石含量 57.19%、粉煤灰含量 15.67%。

李立涛等[357]以脱硫石膏、钢渣微粉、粉煤灰和矿渣微粉为固化剂组分制备回填材料，基于均匀设计方法确定固化剂组分配比方案并实施强度试验，利用智能算法遗传树表征回填材料强度与固化剂组分之间的关系，并采用遗传算法确定出固化剂最优配比为脱硫石膏 20%、钢渣微粉 33%、粉煤灰 25%、矿渣微粉 22%。

王亮等[358]采用电石渣为碱激发剂、粉煤灰和高炉矿渣为火山灰质材料的固化剂固化盐渍土，基于投影寻踪回归（PPR）计算模型确定出固化盐渍土的固化剂最优配比为电石渣掺量 4%、粉煤灰掺量 12%、高炉矿渣 12%。

笔者课题组基于各组分反应机理，提出了碱激发类固化剂设计原理与方法（图 5-51）。

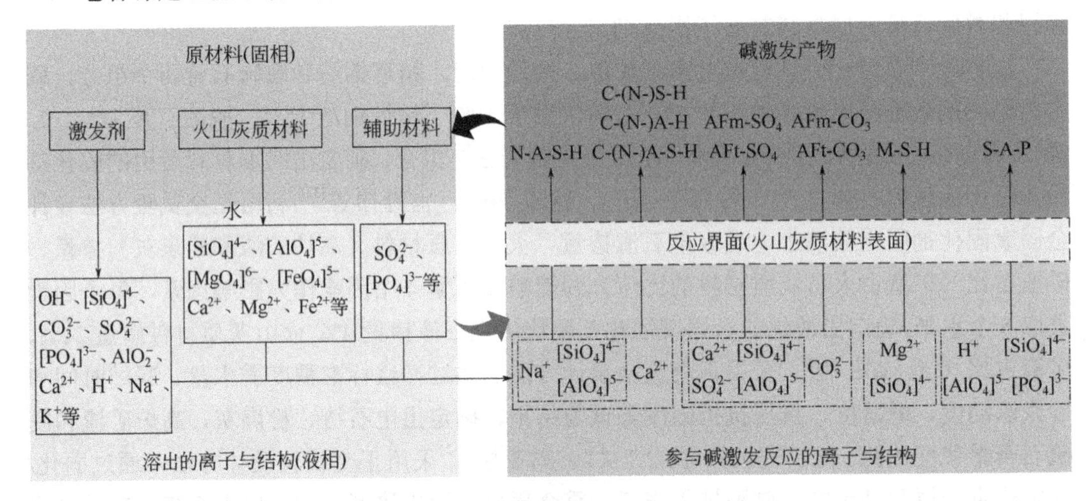

(a) 设计原理

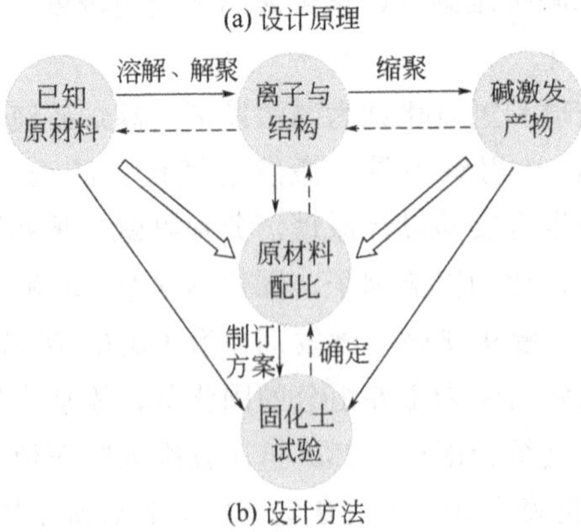

(b) 设计方法

图 5-51 基于反应机理的碱激发类固化剂设计原理与方法

如图 5-51（a）左图所示，加水后原材料之间发生碱激发反应。其中，碱激发剂的作用是提供 OH^-、$[SiO_4]^{4-}$、CO_3^{2-}、SO_4^{2-}、AlO_2^-、K^+、Na^+、Ca^{2+}等，火山灰质材料的作用是提供$[SiO_4]^{4-}$、$[AlO_4]^{5-}$、$[FeO_4]^{5-}$、$[MgO_4]^{6-}$等网络形成体结构和 Ca^{2+}、Mg^{2+}、Fe^{2+}等网络改性体离子，辅助材料的作用是提供SO_4^{2-}、$[PO_4]^{3-}$等。这些离子或结构通过碱激发反应可生成 N-A-S-H、C-(N-)S-H、C-(N-)A-H、C-(N-)A-S-H、AFm-SO_4、AFt-SO_4、AFm-CO_3、AFt-CO_3、M-S-H、S-A-P 等具有胶凝性或填充性或微膨胀性的碱激发产物［图 5-51（a）右侧］。原材料各组分通过水解、电离或溶解解聚等反应，分解出大量能够参与碱激发反应的离子与结构，这些离子与结构在火山灰质材料表面发生碱激发反应，生成碱激发产物。图 5-51（b）为碱激发类固化剂设计方法。对于给定的原材料，利用室内试验分析其化学组成、无定形玻璃体含量、玻璃体相结构状态（含玻璃体相结构成分和含量）、玻璃体相中非桥氧状态（以非桥氧数量和结构单元计，也称聚合度）等，进而计算出原材料溶解、解聚等作用得到的离子与结构含量，从而得到完全参与缩聚反应的碱激发产物种类与产生量。基于原材料离子与结构含量和碱激发产物种类与产生量，推导出原材料的最佳配比范围，并制订固化土试验方案。根据试验结果得到的碱激发产物含量、实际参与反应的离子与结构含量和碱激发产物之间的关系，并结合固化土试验结果，最终确定出最佳原材料配比。

5.3 碱激发类固化剂与土中成分的作用机理

同水泥类固化剂与土体的作用机理相似，碱激发类固化剂与土体作用的机理也可归结为与土中矿物、水溶盐、酸碱成分、污染成分和有机质等的作用。只是碱激发类固化剂与水泥在作用机理和反应过程方面略有差异，这与水泥是首先经水化反应生成相关水化产物有关。

5.3.1 与矿物的作用机理

（1）与次生矿物的作用机理

次生矿物能够参与反应的成分主要是黏土矿物（高岭石、蒙脱石、伊利石）。碱激发类固化剂与黏土矿物的化学反应分为两部分：碱激发剂与黏土矿物之间的物理化学反应和固化土与外界环境之间的化学反应。

① 碱激发剂与黏土矿物之间的物理化学反应

碱激发剂与黏土矿物的活性成分之间发生物理化学反应，包括以离子交换反应为主的物理反应和以火山灰反应为主的化学反应。即碱土金属氢氧化物激发剂中的碱土金属离子（Ca^{2+}、Mg^{2+}等）与黏粒内部的可溶性单价阳离子（K^+、Na^+等）之间的离子交换反应（示意图见图 1-31）；碱激发剂中的 OH^-与黏土矿物中的活性$[SiO_4]^{4-}$和$[AlO_4]^{5-}$四面体发生类似于碱激发反应的火山灰反应，如式（5-47）、式（5-48）所示。

② 固化土与外界环境之间的化学反应

当固化土中的碱激发剂过量时，在适宜的温度和湿度条件下，已经硬化的固化土会不断吸收空气中的二氧化碳和水中的碳酸盐，并发生碳酸化反应，生成坚硬的碳酸钙或碳酸镁（$CaCO_3$或$MgCO_3$）填充土体，进一步提高固化土的强度。碳酸化反应的程度与火山灰质材料的种类有关[359]，也与碱激发剂的种类和含量等有关[360,361]。

（2）与原生矿物的作用机理

粉粒、砂粒和砾粒未经风化，属于原生矿物。碱激发类固化剂与原生矿物不发生化学反应，原生矿物颗粒起到骨架作用，碱激发胶凝产物起黏结固化作用，碱激发膨胀性产物则起挤密和填充作用。

以粉煤灰基碱激发类固化剂固化黄土为例（图 5-52）。黄土中含有黏粒和粉粒，固化前，黏粒之间的吸附作用力将粉粒聚集在一起，土体中有大量孔隙；固化后，碱激发胶凝产物（geopolymer gel）替代黏粒将土颗粒胶结在一起（图 5-52 右侧浅灰色区域），并可与黏粒中的活性矿物成分发生反应，碱激发膨胀性产物填充孔隙形成细小微孔，未参与碱激发反应的火山灰质材料填充在土颗粒间提高密实度，进一步提高土体骨架和碱激发胶凝产物形成的固化土强度。

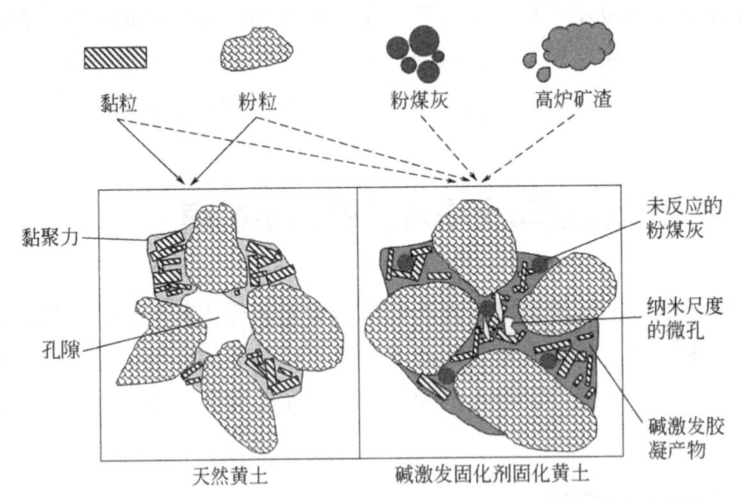

图 5-52 碱激发类固化剂与黄土（含次生、原生矿物）反应的示意图[362]

5.3.2 与水溶盐的作用机理

影响固化土强度的水溶盐主要是氯离子和硫酸根离子。

水泥类固化剂的水化机理和水化产物较为相似，而碱激发类固化剂因原材料种类不同，固化剂的作用机理存在差异，碱激发产物不尽相同。因此，碱激发类固化剂与氯离子、硫酸根离子的作用机理不能一概而论。

（1）与氯离子的作用机理

影响氯离子结合能力的因素有胶凝产物、氯离子浓度、温度、OH^-浓度、氯盐阳离子种类、外界环境等[363,364]，在此简述氯离子的作用机理。

碱激发胶凝性产物和碱激发膨胀性产物与氯离子的化学反应无法类比，但是，这些碱激发产物与氯离子的作用机理可归纳为物理吸附和化学结合。

① 物理吸附

碱激发产物对氯离子的物理吸附主要是通过胶凝产物与氯离子间的静电作用或范德

华力来完成，高钙胶凝产物［如 C-S-H、C-A-S-H、C-(N-)A-S-H 等］、低钙胶凝产物［如 N-A-S-H、N-(C-A-)S-H 等］、沸石相、水滑石等，这些具有一定胶凝性的碱激发产物的微观结构和形貌会影响氯离子吸附效率。高钙胶凝产物微观形貌与水泥类固化剂中水化硅酸钙（C-S-H）相似，结构较为致密，而低钙胶凝产物的结构较为疏松，吸附能力会强于高钙胶凝产物，但抵抗氯离子的侵蚀能力则明显劣于高钙胶凝产物。这些胶凝产物与氯离子之间的作用机理与水泥水化产物相似，此处不再详述，具体内容可参照 1.2.2.1。

② 化学结合

碱激发固化剂与氯离子的化学作用机理尚不明确，不同学者对碱激发产物与氯离子的化学反应有着不同的说法，水泥水化产物 C-A-H 可与氯离子通过化学反应生成 $C_3A\cdot CaCl_2\cdot 10H_2O$（即 Friedel's 盐），而碱激发产物与氯离子的反应并未得到 Friedel's 盐[365-368]，但采用碳酸钠激发矿渣的碱激发固化剂却得到类似于 $Ca_2Al(OH)_6Cl\cdot 2H_2O$ 的 $^{R}AFm\text{-}(CO_3^{2-},Cl^-)$ 和 $^{M}AFm\text{-}(CO_3^{2-},Cl^-)$等 Friedel's 盐相似物[369]。也有研究发现，内掺氯离子时，氯离子含量与含铝酸盐产物的质量呈正相关[216]。

因此，研究碱激发类固化剂与氯离子的反应机理，需要考虑不同碱激发胶凝产物与氯离子的物理化学反应，富含硅酸盐的碱激发产物主要起物理吸附作用，而富含铝酸盐的碱激发产物，如 C-A-H、N-A-S-H、AFm、AFt 等，能够通过化学结合反应生成 Friedel's 盐或其相似物。

（2）与硫酸根离子的作用机理

碱激发产物与硫酸根之间的反应机理尚不明确[370]，与水泥类固化剂相比，水泥中的 C_3A 和 C_3S 能够与硫酸根发生反应，C_3A 与硫酸根离子生成 AFt，C_3S 的水化产物 CH 是生成 AFt、石膏的反应物[371]；而碱激发类固化剂与硫酸根反应取决于碱激发产物，低钙碱激发产物与硫酸根反应不会生成诸如 AFt、石膏等的二次产物，高钙碱激发产物 C-S-H、C-(A-)S-H、C-(N-)A-S-H 中的 Ca/Si 比低于水泥水化产物 C-S-H，更难与硫酸根离子发生化学反应，因此低钙碱激发产物具有优异的抗硫酸盐侵蚀能力[372,373]。

综上所述，不同火山灰质材料，即不同的 $CaO\text{-}SiO_2\text{-}Al_2O_3$ 玻璃体相，能够生成不同的碱激发产物；不同的碱激发剂，通过碱激发反应生成的碱激发产物也不相同。特别值得注意的是，水泥水化过程产生的胶凝产物 C-S-H 和 C-A-H 均是无定形胶凝产物，而碱激发反应过程得到的胶凝产物 C-(A-)S-H、N-(C-A-)S-H 等胶凝结构组成与水泥水化产物不同，碱激发产物胶凝结构以三维网络状结构为基体，有序度更高。相对而言，碱激发产物较难与氯离子、硫酸根离子发生化学反应，低钙碱激发产物比高钙碱激发产物更难发生反应。

5.3.3 与酸碱成分的作用机理

碱激发类固化剂和水泥类固化剂均是碱性材料，碱性环境能促进碱激发反应或水化反应的进程。在酸性环境下，水泥水化过程产生的 CH、C-S-H 和 C-A-H 发生中和反应，水化产物分解，生成可溶性物质，失去胶凝性、降低硬化体强度；碱激发类固化剂的碱激发产物同样发生中和反应，但是，由于碱激发产物结构更为致密、中和反应较弱，硬化体表现出较强的抗酸侵蚀能力[374-376]。

5.3.4 与污染成分的作用机理

碱激发类固化剂净浆与土体中的污染成分的作用包括与重金属污染物和有机污染物的作用。

（1）与重金属污染物的作用机理

重金属离子与碱激发类固化剂净浆一经接触，可通过生成氢氧化物沉淀、化学结合形成络合物等方式嵌入碱激发产物结构[377,378]，被无定形的胶凝产物吸附[379-381]，也可被相互交错咬合的碱激发产物致密结构固封或物理包裹，或通过离子交换反应能够使重金属污染物得以固化，但重金属也会延缓碱激发反应进程[377,382]。

① 化学沉淀作用

碱激发类固化剂对重金属离子的沉淀作用可分为四个方面：形成难溶的氢氧化物沉淀、碳酸盐及碱式碳酸盐沉淀、硅酸盐沉淀和磷酸盐、硫酸盐沉淀。

a．氢氧化物沉淀。重金属离子在碱性环境下能够生成重金属氢氧化物沉淀，重金属氢氧化物沉淀随 pH 值的变化情况如图 1-32 所示，化学反应式见式（1-43）。

b．碳酸盐、碱式碳酸盐沉淀。碱环境条件下，空气中的二氧化碳能够参与化学反应，生成碳酸盐，重金属离子同碳酸盐反应生成碳酸盐沉淀或碱式碳酸盐［式（5-67）］。

$$\left.\begin{aligned} 2OH^- + CO_2 &\longrightarrow CO_3^{2-} + H_2O \\ M^{2+} + CO_3^{2-} &\longrightarrow MCO_3 \\ xM^{2+} + CO_3^{2-} + yOH^- &\longrightarrow M_xCO_3(OH)_y \end{aligned}\right\} \tag{5-67}$$

c．硅酸盐沉淀。含水玻璃的碱激发剂能够提供大量的硅酸根离子，重金属离子与硅酸根离子会发生化学反应生成硅酸盐沉淀，如式（5-68）所示。此外，在碱激发剂的侵蚀作用下，活性硅铝质玻璃体相发生解聚，解聚得到的活性硅物质与重金属离子能够生成硅酸盐沉淀，如 M_3SiO_5 沉淀物[383]。

$$M^{2+} + SiO_3^{2-} \longrightarrow MSiO_3 \tag{5-68}$$

d．磷酸盐、硫酸盐沉淀。重金属离子与碱激发类固化剂中的磷酸盐和硫酸盐发生反应，生成磷酸盐、硫酸盐沉淀得以稳定化。

② 化学结合作用

化学结合作用包括离子交换反应和化学反应。

a．离子交换反应。重金属离子（以二价重金属离子 M^{2+}为例）可通过离子交换反应嵌入碱激发胶凝产物结构内[377,384,385]，替代原本用于铝氧四面体电荷平衡的网络改性体 Na^+、K^+等，其作用机理示意图如图 5-53 所示[386]。当然，重金属离子也可与 Ca^{2+}等网络改性体离子发生离子交换反应，最终被固定在碱激发产物的结构内部。

b．化学反应。碱激发类固化剂与重金属离子之间的化学反应主要是通过重金属离子与碱激发产物形成离子共价键，也可称为化学固化[384,385,387]。有学者采用 FTIR、XRD 分析发现[388]，重金属离子能够改变碱激发产物结构，在$[AlO_4]^{5-}$四面体周围形成复杂的阳离子相互作用层，改变了$[SiO_4]^{4-}$和$[AlO_4]^{5-}$四面体的共价键形式，并通过 XRD 验证了 Si—O—Si 或 Al—O—Si 衍射峰的改变。

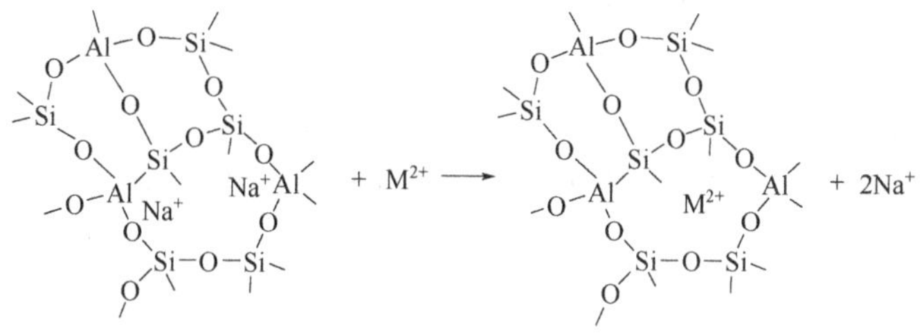

Al—O—Si, O, Si, O, Si, O, Si, O, Na⁺ Al, —O—Al Na⁺, O, Si—O—Si, O + M^{2+} ⟶ Al—O—Si, O, Si, O, Si, O, Si, O, Al, —O—Al M^{2+}, O, Si—O—Si, O + $2Na^{+}$

图 5-53 碱激发固化剂与重金属之间的离子交换反应示意图[386]

重金属（以二价重金属离子 M^{2+}为例）与碱激发不同硅铝质玻璃体相之间的反应机理，如图 5-54 所示。重金属离子 M^{2+}可通过离子交换作用，替换原本的网络改性体离子 Na^{+}、K^{+}等，以电荷平衡的形式将重金属固定在碱激发产物内；重金属离子也可通过共价键结合的形式，参与碱激发化学反应，替代原来的桥氧，连接$[SiO_4]^{4-}$或$[AlO_4]^{5-}$四面体，碱激发产物与重金属离子化学反应的示意图如图 5-55 所示。

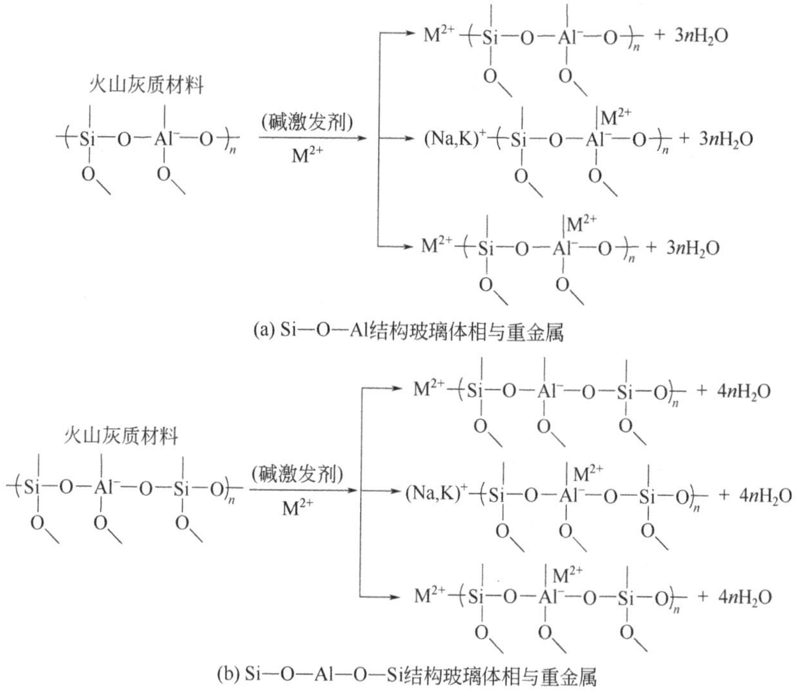

火山灰质材料

$-\!(Si—O—Al^{-}—O)_n-$ $\xrightarrow[M^{2+}]{(碱激发剂)}$

M^{2+} $-\!(Si—O—Al^{-}—O)_n-$ + $3nH_2O$

$(Na,K)^{+}$ $-\!(Si—O—Al^{-}(M^{2+})—O)_n-$ + $3nH_2O$

M^{2+} $-\!(Si—O—Al^{-}(M^{2+})—O)_n-$ + $3nH_2O$

(a) Si—O—Al结构玻璃体相与重金属

火山灰质材料

$-\!(Si—O—Al^{-}—O—Si—O)_n-$ $\xrightarrow[M^{2+}]{(碱激发剂)}$

M^{2+} $-\!(Si—O—Al^{-}—O—Si—O)_n-$ + $4nH_2O$

$(Na,K)^{+}$ $-\!(Si—O—Al^{-}(M^{2+})—O—Si—O)_n-$ + $4nH_2O$

M^{2+} $-\!(Si—O—Al^{-}(M^{2+})—O—Si—O)_n-$ + $4nH_2O$

(b) Si—O—Al—O—Si结构玻璃体相与重金属

图 5-54 碱激发不同玻璃体相与重金属反应示意图（基于[389,390]修改）

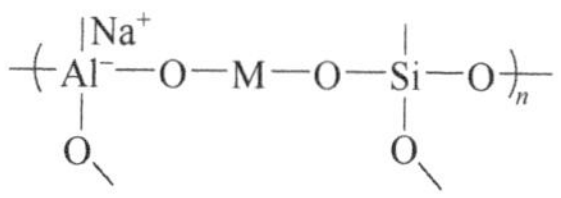

$-\!(Al^{-}(Na^{+})—O—M—O—Si—O)_n-$

图 5-55 重金属离子与碱激发产物以共价键形式化学反应的示意图

③ 吸附作用

吸附作用包括物理吸附和化学吸附。

a．物理吸附。物理吸附是利用碱激发产物C-S-H、C-A-S-H等胶凝产物的高比表面积特性，依靠分子间的范德华力或异电荷之间的吸引力将重金属吸附在胶凝产物表面。

另外，含未燃尽炭的粉煤灰、稻壳灰、甘蔗渣焚烧灰以及其他生物质焚烧灰、市政垃圾焚烧灰和城市污泥焚烧灰等火山灰质材料，也可通过具有较大比表面积的未燃尽炭吸附重金属污染物等。

b．化学吸附。化学吸附主要是依靠碱激发产物与重金属离子之间的共价键连接作用，将重金属吸附在碱激发产物表面［式（1-59）］。

④ 包裹作用

包裹作用是指C-S-H、C-A-S-H、C-A-H、AFt等碱激发产物对重金属离子的内部包裹和外部包覆。其中，内部包裹是碱激发产物成核、结晶生长过程，将重金属污染物包裹在胶凝结构内部；外部包覆是碱激发产物之间交错生长并形成致密的三维网状结构，从而将重金属污染物包覆在网络结构之间。

除了上述的化学沉淀、化学结合、吸附和包裹等作用外，重金属钝化、配位络合等作用也可实现重金属的固化/稳定化。

（2）与有机污染物的作用机理

土体中常见的有机污染物有乙酸（aceticacid）、乳酸（lacticacid）、丙酸（propionicacid）、丁酸（butyricacid）、苹果酸（malicacid）、柠檬酸（citricacid）和草酸（oxalicacid）等，均属于弱酸，可与碱激发产物发生中和反应，导致碱激发产物失去胶凝性。

5.3.5 与有机质的作用机理

影响土体固化效果的有机质主要为腐殖质（humic substances，HS）。腐殖质中最常见的是富里酸（fulvic acid，FA）和胡敏酸（humic acid，HA）。FA和HA均属于钙离子、铝离子及可溶性硅物质的强络合剂，因此在碱激发过程中能够严重阻碍碱激发反应的继续，减缓碱激发反应进程。

FA和HA不仅能够与以水玻璃作为碱激发剂的碱激发类固化剂中的可溶性硅酸盐直接发生络合反应生成络合物[391]，也可与碱激发剂侵蚀火山灰质材料玻璃体相得到的可溶性钙、铝或硅物质发生络合反应，从而阻碍早期碱激发反应。随着养护龄期的增加，长期处于碱性环境的FA和HA发生自氧化反应，分子结构遭到破坏，络合反应能力逐渐丧失，硅钙相物质开始沉淀生成碱激发产物。

5.4 固化土

5.4.1 强度与变形

（1）应力-应变曲线

图5-56为CGF442（CCR∶GGBS∶CFA质量比为4∶4∶2）全固废固化土的无侧限抗压强度试验结果。

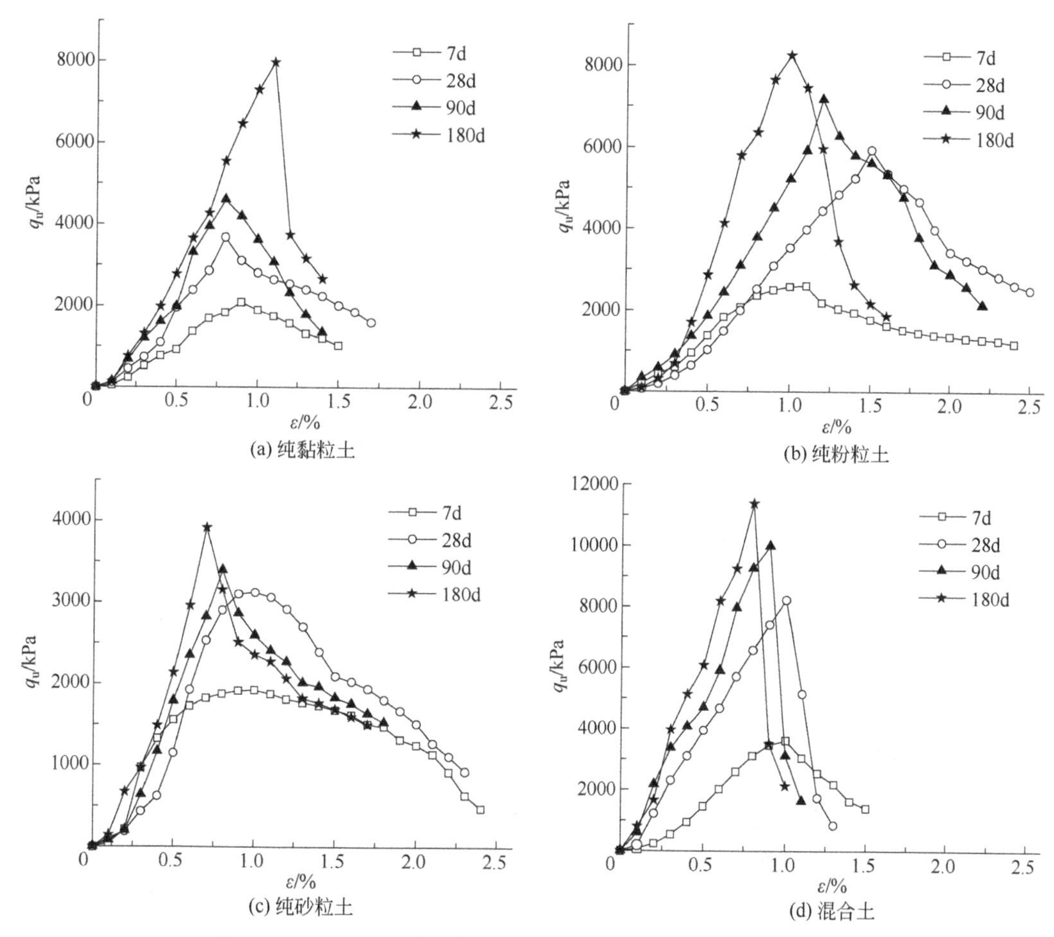

图 5-56 CGF442 全固废固化土的应力-应变曲线（掺入比 15%）

待固化土分别为商用高岭土（纯黏粒土）、取自山东省东营市黄河口的粉土（纯粉粒土）、商用标准石英砂（纯砂粒土）以及按纯黏粒土：纯粉粒土：纯砂粒土质量比 1：1：1 混合而得的混合土。待固化土的基本物理性质见表 5-31，土颗粒的粒径级配累计曲线见图 5-57。根据《土的工程分类标准》（GB/T 50145—2007）[392]，纯黏粒土属于高液限黏土、纯粉粒土属于低液限粉土、纯砂粒土属于级配不良砂、混合土属于低液限粉土。根据《建筑地基基础设计规范》（GB 50007—2011）[393]的分类方法，纯黏粒土属于黏土、纯粉粒土属于粉土、纯砂粒土属于细砂、混合土属于粉土。

表 5-31　待固化土基本物理性质

试验用土	塑限/%	17mm 液限/%	塑性指数
纯黏粒土	33.2	72.1	38.9
纯粉粒土	22.7	31.6	8.9
纯砂粒土	—	—	—
混合土（黏粒：粉粒：砂粒=1：1：1）	16.3	17.7	1.4

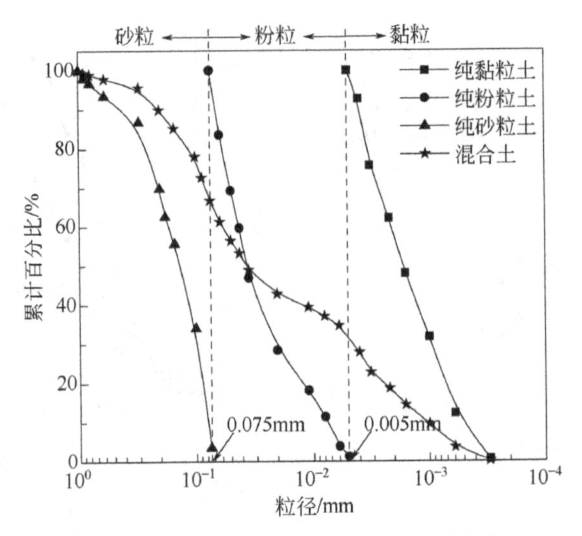

图 5-57 待固化土颗粒的粒径级配累计曲线

由不同土质的 CGF442 全固废固化土应力-应变曲线可知，与待固化土种类和龄期无关，固化土的应力-应变曲线性状相似，均出现较为明显的峰值应力，呈现出典型的脆性变形特征。

（2）破坏形态

图 5-58 为 CGF442 全固废固化土的破坏形态，均出现肉眼可见的破裂面。

图 5-58 CGF442 全固废固化土破坏形态（α_w=15%）

(3) 抗压强度特性

① 固化剂掺入比对固化土抗压强度的影响

图 5-59 给出了无侧限抗压强度与固化剂掺入比的关系。除去养护龄期为零的情况，与待固化土种类无关，固化土强度随固化剂掺入比的增加而增加。

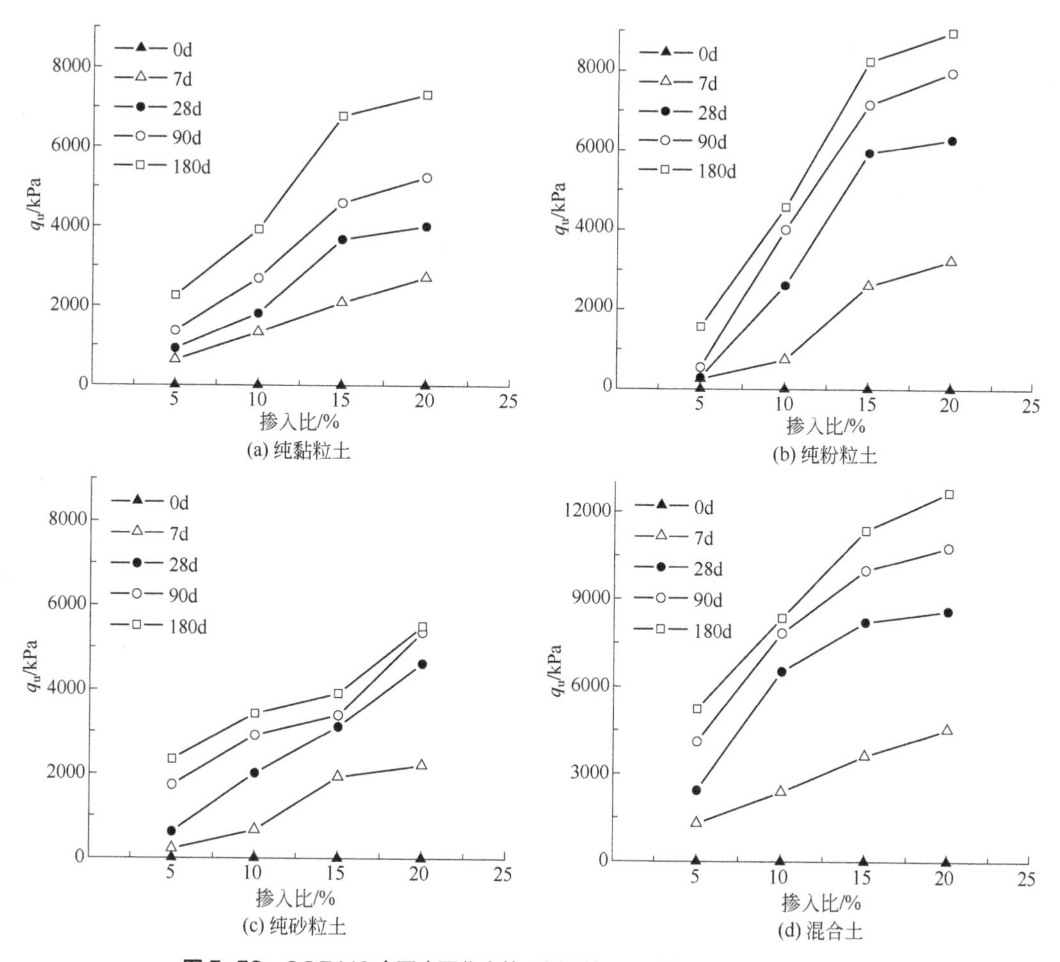

图 5-59 CGF442 全固废固化土的无侧限抗压强度与固化剂掺入比的关系

② 养护龄期对固化土抗压强度特性的影响

固化土无侧限抗压强度与养护龄期的关系如图 5-60 所示。与待固化土种类、固化剂掺入比无关，固化土强度随龄期增加而增加，养护初期增加速度较快，而后逐渐变慢，并趋于平缓；在 180d 养护龄期范围内，固化土强度随养护龄期变化关系符合指数区间为 0～1 的幂函数增长趋势。

③ 灰水比 R 对固化土抗压强度特性的影响

无侧限抗压强度与灰水比 R 的关系如图 5-61 所示。与待固化土种类、养护龄期无关，对不同灰水比时的抗压强度作线性拟合，固化土强度 q_u 均与灰水比 R 呈线性关系；随着养护龄期的增加，固化土抗压强度拟合直线的斜率随之增加。灰水比对全固废固化土抗压强度特性的影响规律与水泥固化土相似，表明灰水比也可用作全固废固化土的强度评价指标。

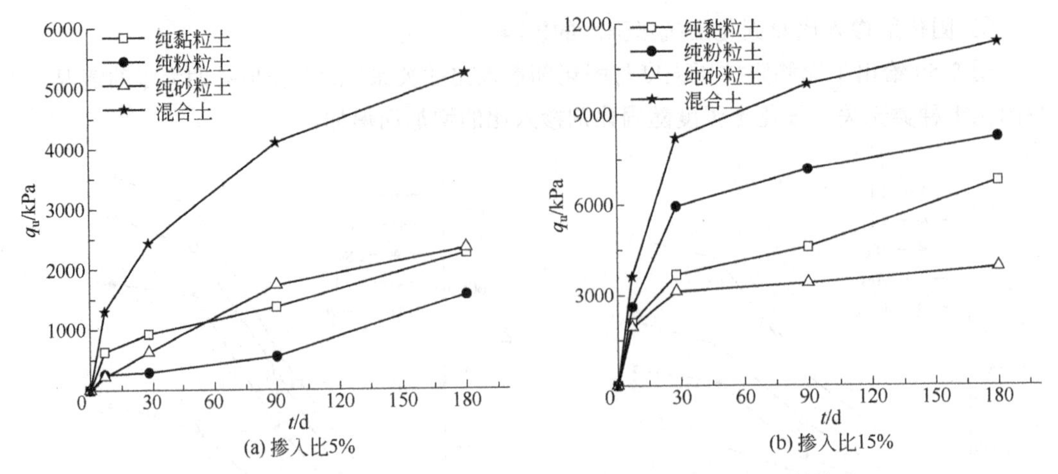

图 5-60 CGF442 全固废固化土的无侧限抗压强度与养护龄期的关系

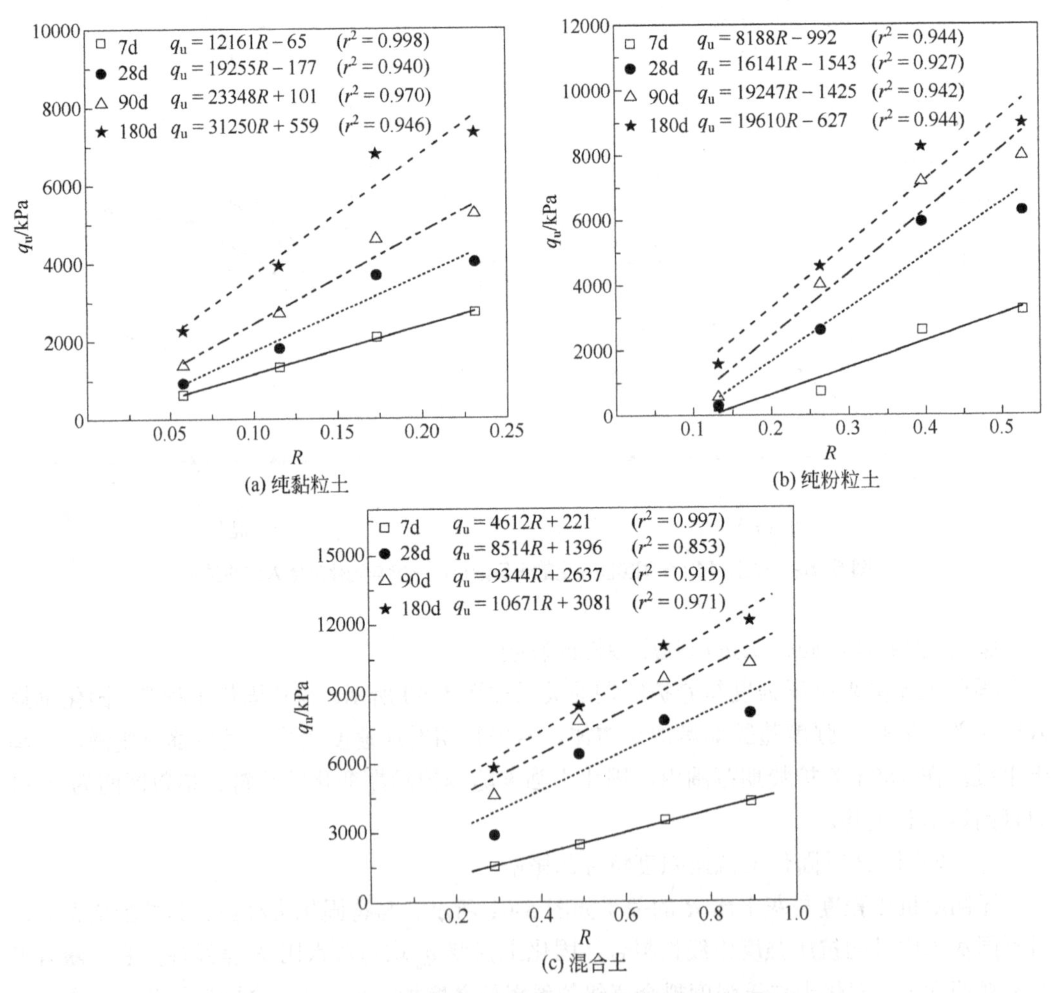

图 5-61 CGF442 全固废固化土的无侧限抗压强度与灰水比的关系

④ 待固化土种类对固化土强度的影响

图 5-62 为固化土的无侧限抗压强度与待固化土种类的关系。与掺入比、养护龄期无关，固化土表现出相似的强度增长规律，但是，混合土固化土的强度均大于纯黏粒土、纯粉粒土和纯砂粒土。在固化剂掺入比为 5%时，纯黏粒土固化土强度快速增长，纯粉粒土和纯砂粒土固化土强度增长缓慢；固化剂掺入比为 15%时，纯黏粒土和纯粉粒土固化土强度增长规律相似，且均大于纯砂粒土强度。

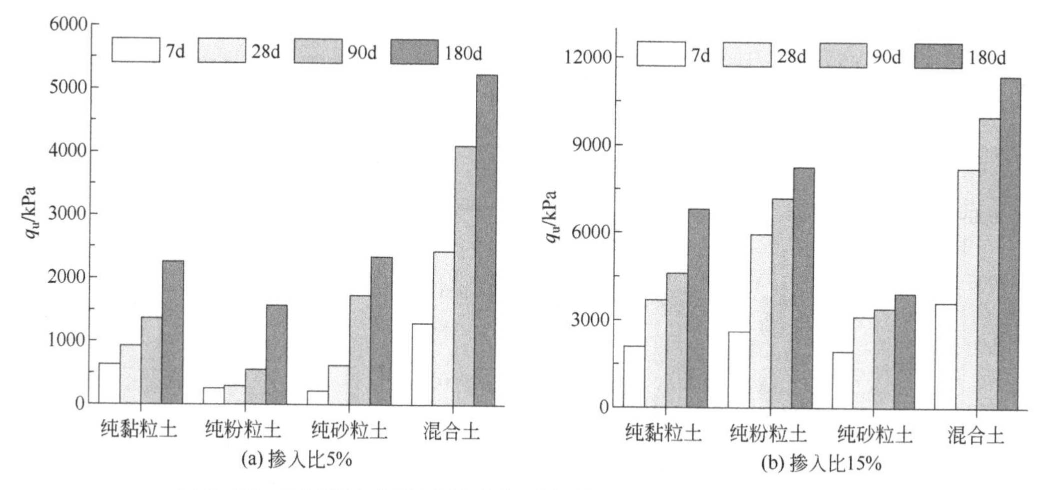

图 5-62 CGF442 全固废固化土的无侧限抗压强度与待固化土种类的关系

5.4.2 渗透特性

图 5-63 为 CGF442 全固废固化土的渗透系数与养护龄期的关系。与待固化土种类无关，渗透系数随养护龄期的增加逐渐降低。在养护龄期小于 28d 时，渗透系数随养护龄期增加快速降低，混合土降低幅度最大，表明待固化土的粒径级配分布对渗透系数影响显著；当龄期超过 28d 后，渗透系数降低趋于平缓，这一趋势与固化土中碱激发反应程度有关。

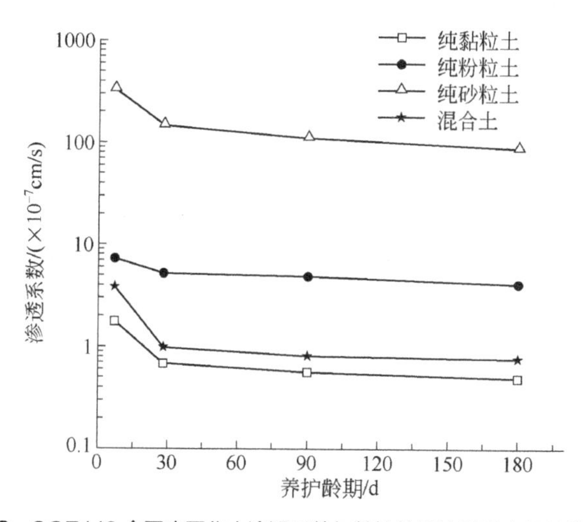

图 5-63 CGF442 全固废固化土渗透系数与养护龄期的关系（15%掺入比）

5.4.3 劣化特性与耐久性

图 5-64 为 CGF442 全固废固化土标准养护与浸水养护的强度对比。浸水养护方式是将标准养护 7d 后的固化土放置在水中浸泡，浸泡时间即为浸水养护龄期。标准养护龄期（实际养护时间减去 7d）与浸水龄期相同。浸水后固化土强度降低，浸水时间越长强度降低幅度越大；不同种类固化土强度降低程度不同，纯黏粒土和混合土固化土强度损失率较小，纯粉粒土固化土强度损失较大，纯砂粒土固化土强度损失最大，这与固化土自身渗透性有关。总体而言，固化土强度损失率较小，表明 CGF442 全固废固化土具有较好的水稳性。

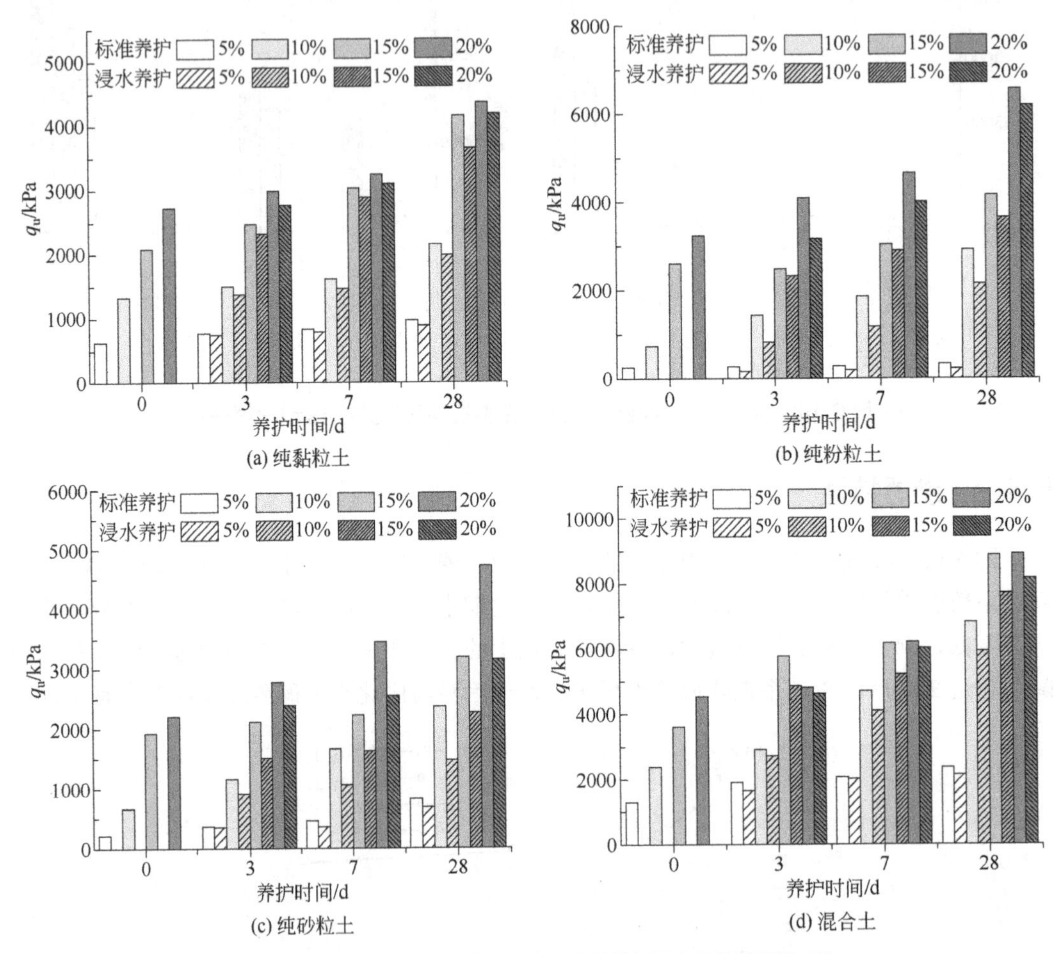

图 5-64 CGF442 全固废固化土标准养护与浸水养护的强度对比

5.4.4 微观特性

（1）矿物相组成

① 纯黏粒土及其固化土

图 5-65 为纯黏粒土及固化土的 XRD 图谱。纯黏粒土以次生矿物相［高岭石（K）和伊利石（I）］为主，仅含有微量的原生矿物（云母，M）；CGF442 全固废固化土主要矿物相为 CH、

C-S-H、C-A-H、HT 和 C-A-S-H 等，水泥固化土主要矿物相为 CH、C-S-H、C-A-H、C-A-S-H 和 AFt(E)等。

养护 28d 后的 CGF442 全固废固化土水化产物有 C-S-H、C-A-H、HT 和 C-A-S-H 等，表明碱激发反应过程发生式（5-48）的化学反应，这一结果与图 5-45 中净浆水化反应结果相吻合。

与纯黏粒土矿物相相比，全固废固化土中的高岭石、伊利石等黏土矿物相衍射峰强度减弱，部分 2θ 衍射峰位置约 16.4°、20.8°和 61.2°的衍射峰几乎消失，表明黏土矿物与全固废固化剂发生化学反应，导致黏土矿物相衍射峰强度降低甚至消失，这一现象证实全固废固化剂与黏土矿物之间发生了化学反应。

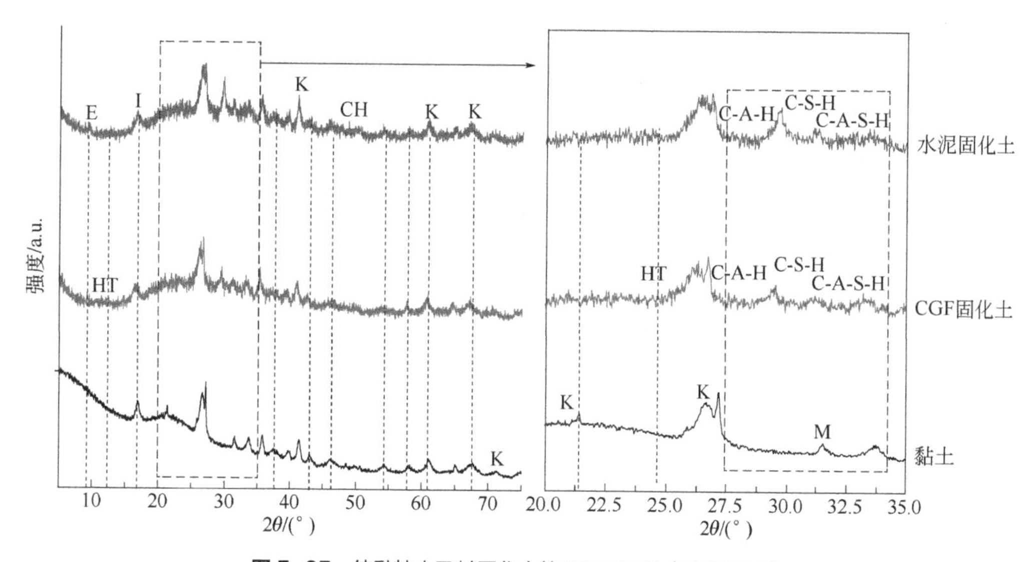

图 5-65 纯黏粒土及其固化土的 XRD 图谱（养护 28d）

② 纯粉粒土及其固化土

图 5-66 为纯粉粒土及固化土的 XRD 图谱。纯粉粒土以原生矿物相（石英、白云石和云母）为主，仅含有微量的次生矿物（高岭石和伊利石）。纯粉粒土固化土的矿物相与纯黏粒土固化土相同，没有生成新的矿物相。

与纯粉粒土中的矿物相相比，固化土中的原生矿物石英（2θ 衍射峰位置约 26.6°、39.4°、42.4°、55.3°、59.9°）、白云石（2θ 衍射峰位置约 29.3°、41.7°、50.1°）和云母（2θ 衍射峰位置约 17.5°、24.0°、47.5°）衍射峰强度不变，表明全固废固化剂与原生矿物不发生化学反应。固化土中次生矿物高岭石（2θ 衍射峰位置约 10.2°、20.8°、45.6°）、伊利石（2θ 衍射峰位置约 8.0°、25.7°）等黏土矿物相衍射峰强度减弱，部分 2θ 衍射峰位置约 8.0°、10.2°、25.7°和 45.6°的衍射峰几乎消失，表明黏土矿物与全固废固化剂发生化学反应，导致黏土矿物相衍射峰强度降低甚至消失不见，这一现象证实全固废固化剂与纯粉粒土中的微量黏土矿物之间发生了化学反应。

③ 纯砂粒土及其固化土

图 5-67 为纯砂粒土及固化土的 XRD 图谱。纯砂粒土中主要的矿物相有石英，无其他

矿物相。固化土中的矿物相与固化剂净浆水化产物相同，均为 CH、C-S-H、C-A-H、HT 和 C-A-S-H 等，表明固化剂不与纯砂粒土发生化学反应，全固废固化剂固化纯砂粒土主要依靠碱激发产物的胶结作用。

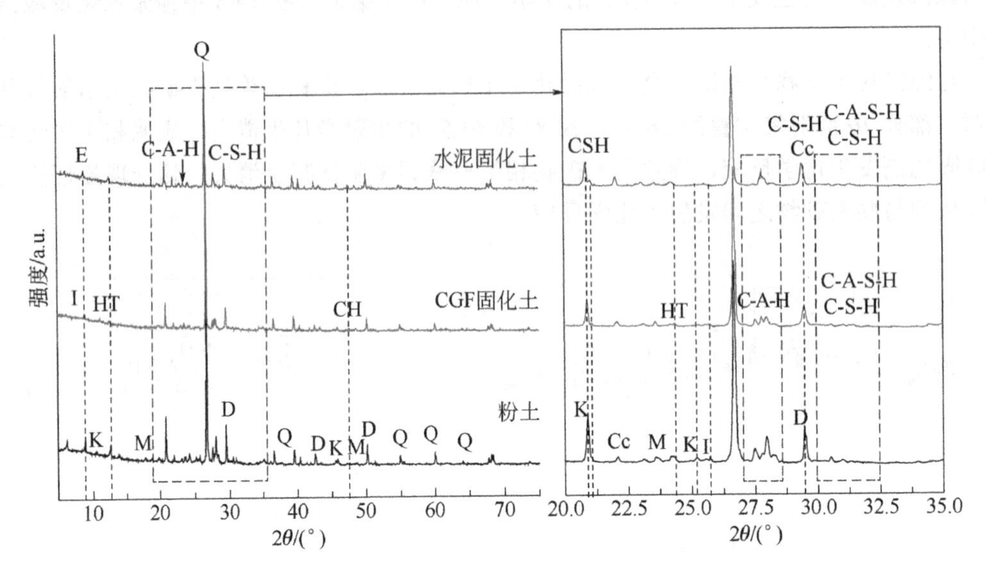

图 5-66 纯粉粒土及其固化土的 XRD 图谱（养护 28d）

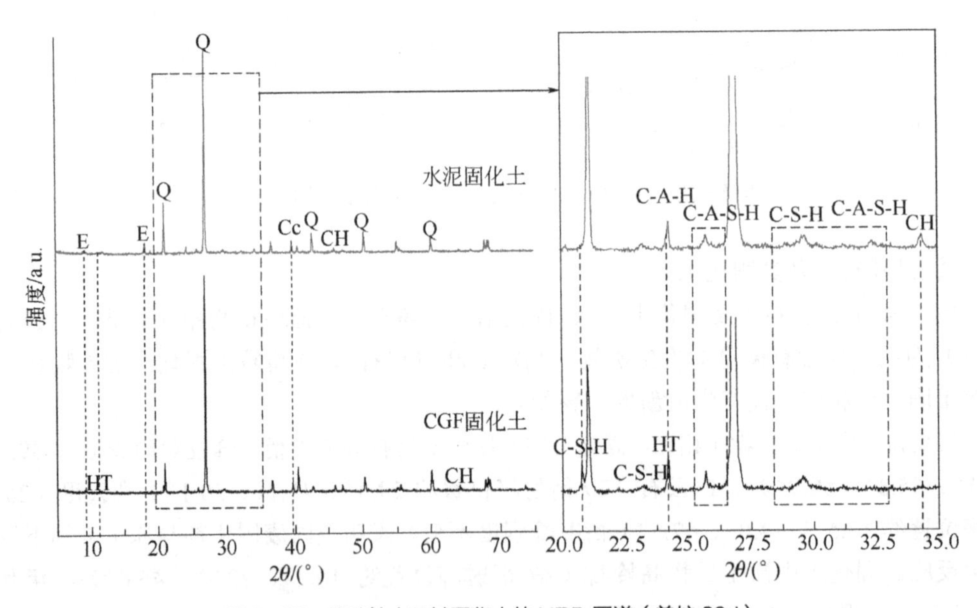

图 5-67 纯砂粒土及其固化土的 XRD 图谱（养护 28d）

（2）微观形貌

① 纯黏粒土及其固化土

纯黏粒土及 CGF442 全固废固化土 SEM 图如图 5-68 所示。纯黏粒土颗粒形态有片状和粒状，主要以片状团粒聚集结构为主，土颗粒之间存在大量的孔隙；CGF422 固化土中生成大量的絮凝状 C-S-H 等碱激发产物，这些产物覆盖在黏土颗粒表面起到胶结作用。此外，活性黏土矿物的$[SiO_4]^{4-}$和$[AlO_4]^{5-}$与 CCR 水解得到的 OH^-、Ca^{2+}发生类似于碱激发反应的火山灰反应，如式（5-47）、式（5-48）所示。

(a) 纯黏粒土

(b) CGF442固化土

图 5-68 纯黏粒土及其 CGF442 全固废固化土 SEM 图

② 纯粉粒土及其固化土

图 5-69 为纯粉粒土及 CGF442 全固废固化土 SEM 图。纯粉粒土颗粒形态以碎散状原生矿物为主，颗粒之间存在大量孔隙，颗粒之间无胶结作用，呈分散颗粒态分布；CGF422 固化土中生成大量的絮凝状 C-S-H 等碱激发产物，这些胶凝产物将土颗粒胶结在一起，部分填充在纯粉粒土孔隙。

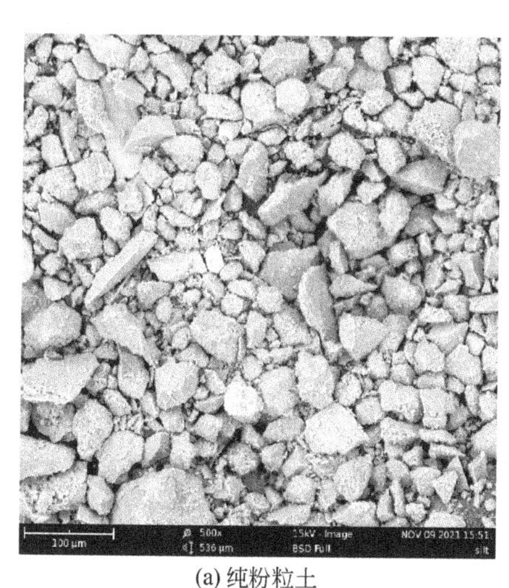

(a) 纯粉粒土

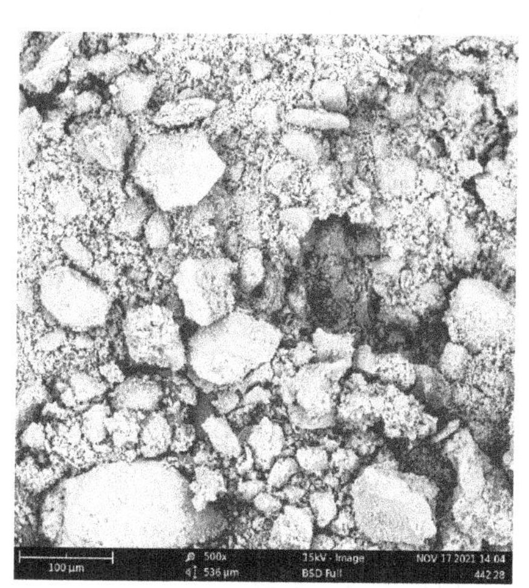

(b) CGF442固化土

图 5-69 纯粉粒土及其 CGF442 全固废固化土 SEM 图

③ 纯砂粒固化土

图 5-70 为 CGF442 固化纯砂粒土 SEM 图。CGF422 固化土含有大量的絮凝状 C-S-H 等，这些胶凝产物将砂粒胶结在一起，部分填充在固化土孔隙。

图 5-70 CGF442 固化纯砂粒土 SEM 图

5.4.5 固化机理

如 5.3 节所述，碱激发固化剂与土中不同成分的反应机理不同。对于纯黏粒土，黏粒以片状颗粒为主，颗粒之间团聚形成平片叠聚式团粒，其微观结构由团粒聚集结构、孔隙和散乱的片状颗粒组成（图 5-68）。因此，固化纯黏粒土依靠固化剂碱激发胶凝产物对土颗粒的胶结作用和在土颗粒孔隙的填充作用，以及碱激发膨胀性产物对团粒集聚体的微膨胀挤压作用。在固化剂掺入比较低时（5%），碱激发产物不能完全胶结黏粒、填充土颗粒孔隙，更无法对黏粒团粒结构形成有效的膨胀挤压作用，固化土强度较低；掺入比（15%）较高时，固化剂碱激发产物含量增加，并起到胶结、填充和挤压作用，固化土强度显著增加。

对于纯粉粒土和纯砂粒土，土颗粒以碎散状为主，颗粒之间存在大量孔隙，其微观结构由碎散状颗粒和孔隙组成（图 5-69）。因此，固化纯粉粒土和纯砂粒土依靠碱激发胶凝产物的胶结作用和填充作用。在固化剂掺入比（5%）较低时，纯粉粒土比纯砂粒土颗粒粒径小，需要更多的胶凝产物才能起到胶结作用，因此纯粉粒土固化土强度低于纯砂粒土固化土强度；固化剂掺入比较高时（15%），固化剂碱激发胶凝产物含量增加，并起到胶结和填充作用，纯粉粒固化土强度明显高于纯砂粒固化土强度（图 5-62），此时，决定固化土强度的因素主要为颗粒粒径级配。

综上所述，碱激发类固化剂固化土体的作用机理主要为固化剂自身的碱激发反应，碱激发产物的胶结作用、填充作用、骨架作用和微膨胀作用，碱激发剂与活性黏土矿物之间的离子交换作用、火山灰作用、碳酸化作用等。

（1）固化剂自身的碱激发反应

固化剂自身碱激发反应是指碱激发剂、火山灰质材料和辅助材料之间的反应，以 CGFP 系列全固废固化剂为例，碱激发过程发生式（5-48）、式（1-15）所示的化学反应，最终生成的碱激发产物有 C-S-H、C-A-H、C-A-S-H、AFt、HT 和 CAFm 等。

（2）碱激发产物的胶结作用、填充作用、骨架作用和微膨胀作用

碱激发胶凝产物一部分胶结土颗粒形成固化土骨架结构，起到胶结作用和骨架作用；

另一部分则填充在固化土孔隙，起到填充作用。碱激发膨胀性产物则通过微膨胀作用，进一步挤压固化土，从而提高固化土强度。

（3）碱激发剂与黏土矿物的离子交换作用、火山灰作用、碳酸化作用

碱激发剂的 Ca^{2+}与黏土矿物中 Na^{+}、K^{+}等发生离子交换（图 1-27），减薄黏土双电层的同时进一步降低固化土孔隙率，增加固化土强度，即离子交换作用。

碱激发剂的 OH^{-}能够与黏土矿物中的活性矿物成分发生火山灰反应生成 C-S-H 和 C-A-H［式（5-48）］，通过火山灰作用（也可称硬凝作用）进一步提高固化土强度。

碱激发剂吸收空气中的二氧化碳或土中的碳酸盐，发生碳酸化作用［式（1-27）］，生成的 $CaCO_3$ 填充固化土孔隙，进一步提高固化土的强度。

5.5 固化/稳定化污染土

5.5.1 强度与变形

（1）应力-应变曲线

图 5-71、图 5-72 分别为 CGF442 全固废固化/稳定化 Cu 污染土、Ni 污染土的应力-应

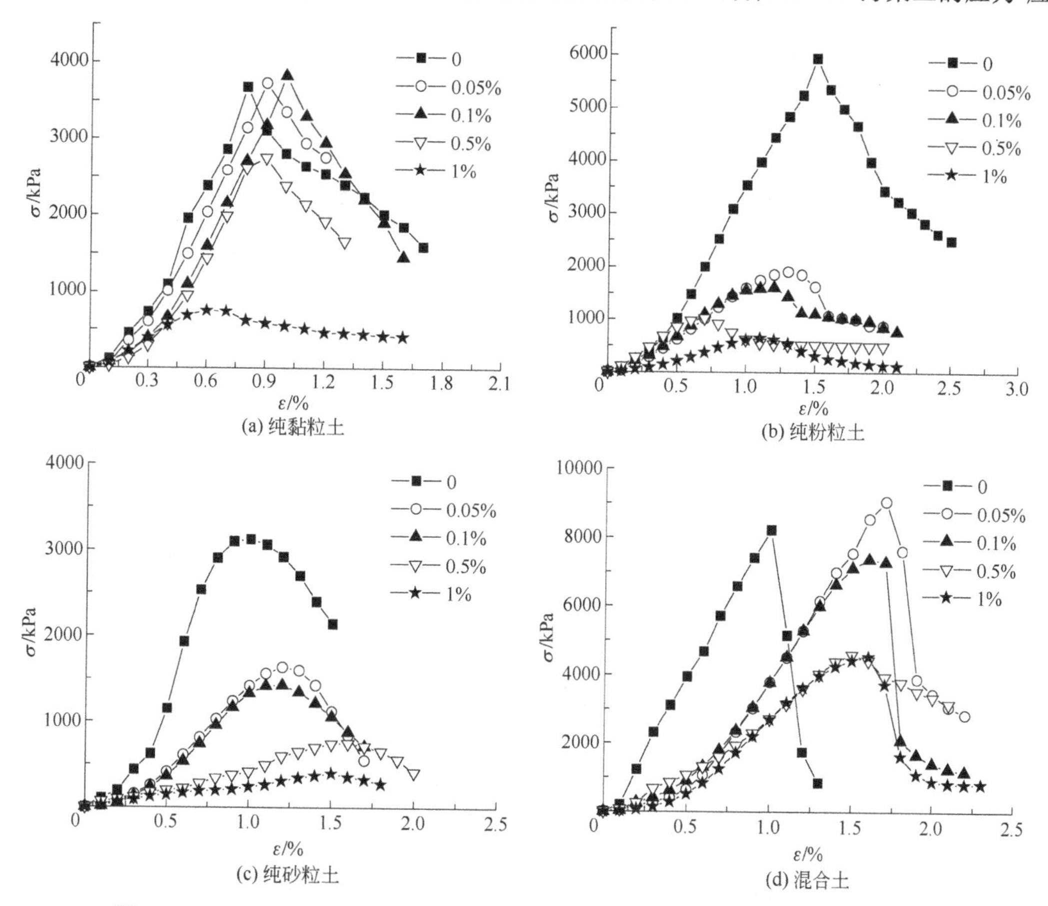

图 5-71 CGF442 全固废固化/稳定化 Cu 污染土应力-应变曲线（掺入比 15%，28d）

变曲线，其中Cu^{2+}和Ni^{2+}分别以$Cu(NO_3)_2 \cdot 3H_2O$和$Ni(NO_3)_2 \cdot 6H_2O$的形式掺入，掺量均为干土质量的0、0.05%、0.1%、0.5%和1%，即0mg/kg、500mg/kg、1000mg/kg、5000mg/kg、10000mg/kg，固化/稳定化Cu污染土和Ni污染土分别命名为Control、Cu0.05和Ni0.05、Cu0.1和Ni0.1、Cu0.5和Ni0.5及Cu1.0和Ni1.0。

如图5-71所示，固化/稳定化Cu污染土的应力-应变曲线均出现了峰值。但是，不含Cu的固化土应力-应变曲线在达到峰值后应力急剧下降，与峰值应力相比残留强度降低幅度较大，呈脆性破坏。含有Cu的固化/稳定化土应力-应变曲线的残留强度降低幅度因Cu含量不同而不同。当Cu含量较小时，应力-应变曲线与不含Cu的固化土相似，与峰值应力相比残留强度降低幅度较大，呈脆性破坏；当Cu含量超过某一值（纯黏粒土：Cu含量1%；纯粉粒土：Cu含量0.05%；纯砂粒土：Cu含量0.5%；混合土：Cu含量0.5%）时，应力-应变曲线呈现出与不含Cu的固化土不同的性状，与峰值应力相比残留强度降低幅度不大，出现塑性破坏特征。

固化/稳定化Ni污染土的应力-应变曲线同样均出现了峰值。但是，是否含有Ni及Ni含量的多少对固化/稳定化土的应力-应变曲线性状没有显著影响（图5-72）。

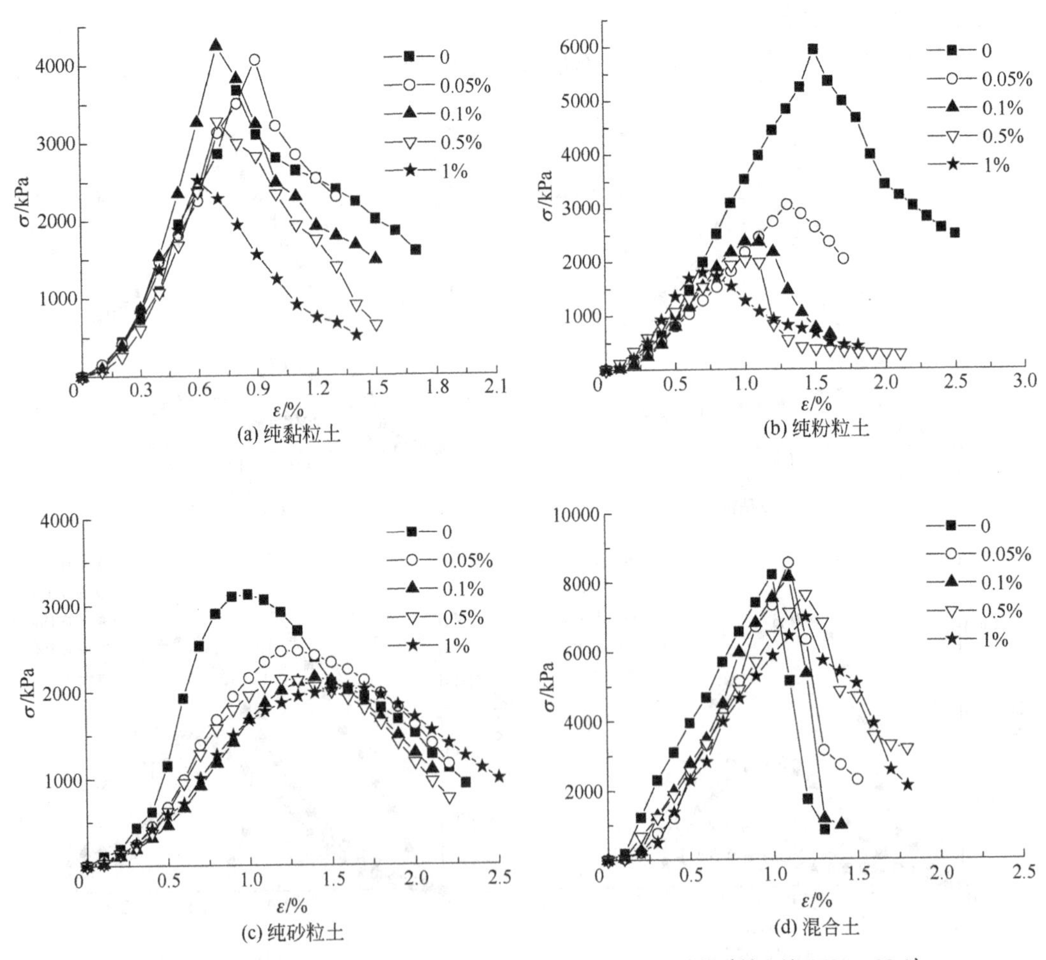

图5-72 CGF442全固废固化/稳定化Ni污染土应力-应变曲线（掺入比15%，28d）

（2）破坏形态

图 5-73 为 CGF442 全固废固化/稳定化 Cu 污染土的破坏形态。不含 Cu 的固化土破坏形态与土的种类无关，均为脆性破坏。纯黏粒土 Cu0.5、纯砂粒土 Cu0.1、混合土 Cu0.1 等固化/稳定化污染土破坏后存在明显的主裂缝，破裂面沿着主裂缝发展，破坏形态均为脆性破坏。纯黏粒土 Cu1、纯粉粒土 Cu0.05 和 Cu0.1、纯砂粒土 Cu0.5、混合土 Cu0.5 等固化/稳定化污染土破坏后试样存在多条裂缝，主裂缝不显著，试样被压缩、鼓胀至一定程度后发生破坏，表现出塑性破坏的特性。这一结论与当纯黏粒土的 Cu 含量超过 1%、纯粉粒土的 Cu 含量超过 0.05%、纯砂粒土的 Cu 含量超过 0.5%、混合土的 Cu 含量超过 0.5%时，从应力-应变曲线性状判断得到的破坏特征开始向塑性过渡的结论基本对应（图 5-71）。

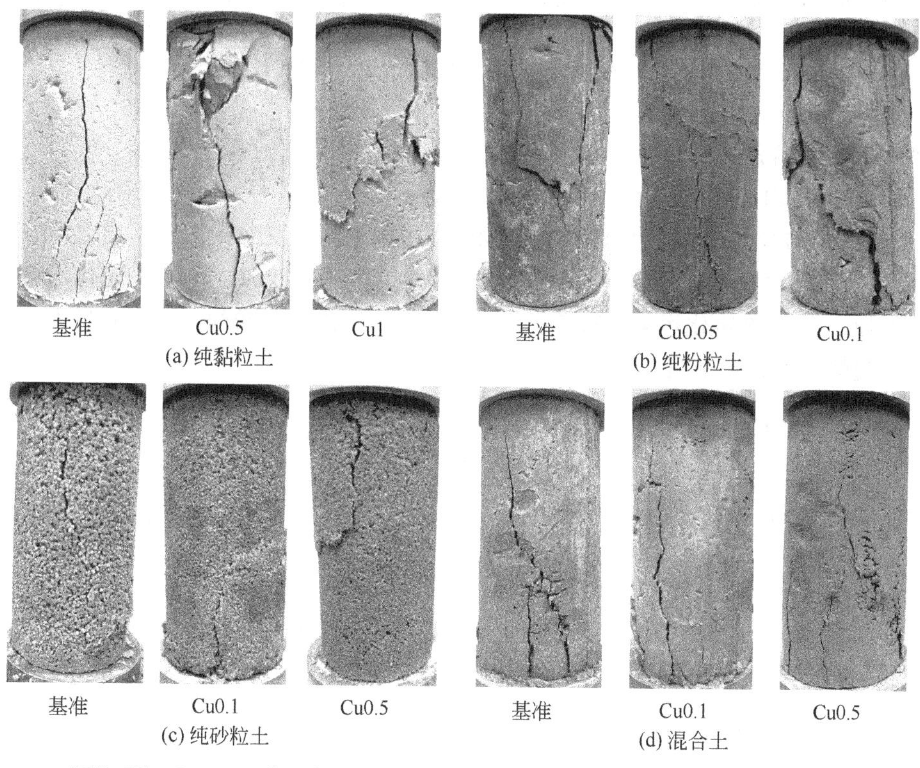

图 5-73 CGF442 全固废固化/稳定化 Cu 污染土破坏形态照片（α_w=15%，28d）

（3）变形模量

图 5-74 为 CGF442 全固废固化/稳定化 Cu 污染土和 Ni 污染土的变形模量。在同一养护龄期、固化剂掺入比条件下，重金属种类和掺量对固化/稳定化污染土的变形模量影响显著。随着 Cu 含量的增加，固化/稳定化 Cu 污染土的变形模量逐渐降低，且降低幅度受土的种类影响，纯黏粒土降低程度较小，纯粉粒土和纯砂粒土降低幅度较大，这一现象与黏粒能够吸附 Cu^{2+}有关。随着 Ni 含量的增加，除纯黏粒土 Ni0.1 的变形模量增加外，其他固化/稳定化 Ni 污染土的变形模量均逐渐降低，但固化/稳定化 Ni 污染土的变形模量降低幅度较小且不同 Ni 含量 E_{50} 相差不大，表明 Ni 含量对固化/稳定化污染土的变形特性影响较小。

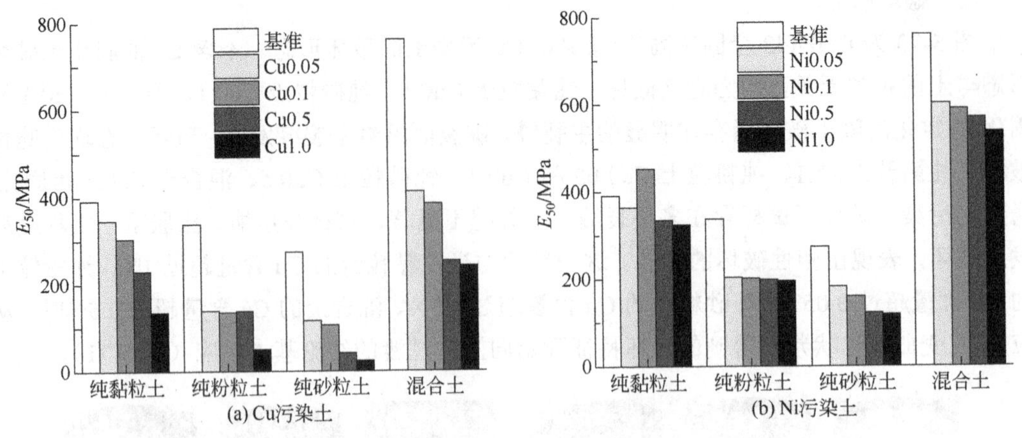

图 5-74 CGF442 全固废固化/稳定化污染土的变形模量（α_w=15%，28d）

（4）抗压强度特性

① 养护龄期对固化/稳定化污染土强度的影响

CGF442 全固废固化/稳定化 Cu 污染土和 Ni 污染土的强度与养护龄期的关系如图 5-75 所示。与待固化土种类和污染物种类无关，随着养护龄期的增加，固化/稳定化污染土的强度逐渐增加；固化/稳定化污染土在养护龄期 0～28d 强度增长较快，在养护龄期 28～90d 强度增长趋势逐渐趋于平缓。

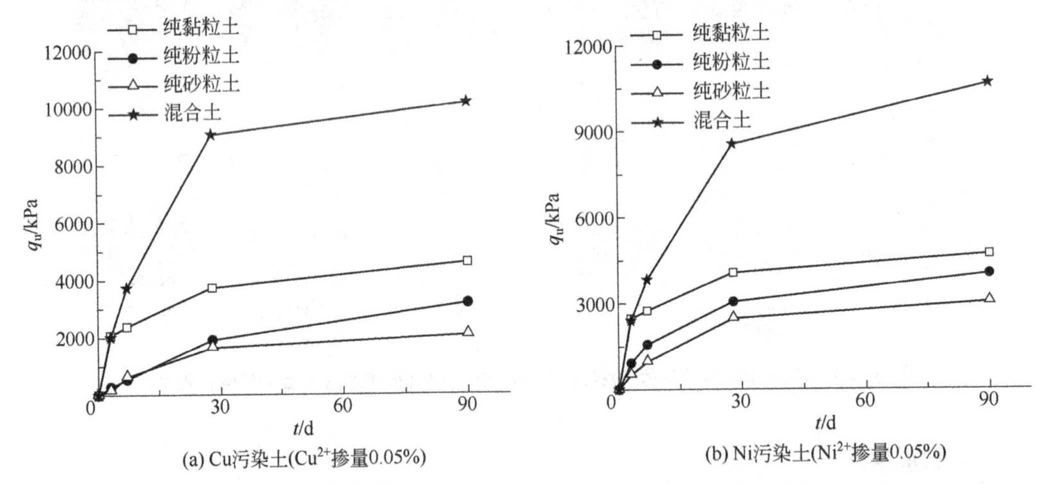

图 5-75 CGF442 全固废固化/稳定化 Cu 污染土和 Ni 污染土的强度与养护龄期的关系（α_w=15%）

② 土的种类对固化/稳定化污染土强度的影响

图 5-76 为固化/稳定化污染土的无侧限抗压强度与土的种类的关系。在相同养护龄期、固化剂掺入比和污染物条件下，固化/稳定化纯黏粒污染土和混合污染土的强度均随重金属含量的增加，呈现出先增加后减小的趋势；固化/稳定化纯粉粒和纯砂粒污染土的强度均随重金属含量的增加呈现出逐渐降低的趋势。上述结果表明，土的种类决定了固化/稳定化污染土的强度变化规律，这一现象与土中次生矿物吸附重金属有关。

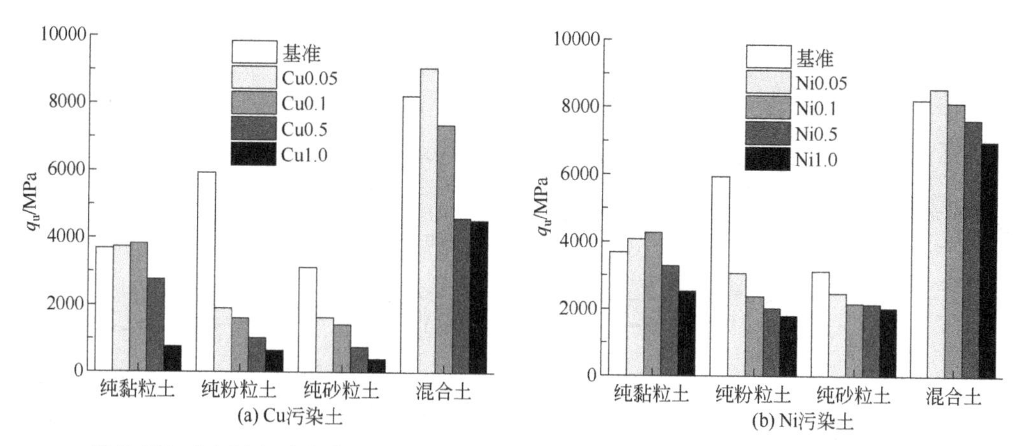

图 5-76 CGF442 全固废固化/稳定化污染土的强度与土的种类的关系（α_w=15%，28d）

③ 重金属掺量对固化/稳定化污染土强度的影响

图 5-77 和图 5-78 为 CGF442 全固废固化/稳定化污染土的无侧限抗压强度与污染物含量的关系。对于纯黏粒和混合土的污染土，随着 Cu 和 Ni 含量的增加，固化/稳定化污染土强度均先增加后减小，存在 Cu 和 Ni 临界含量，低于临界含量，固化/稳定化污染土强度随着 Cu 和 Ni 含量增加而增加；高于临界含量，固化/稳定化污染土强度随着 Cu 和 Ni 含量的增加而降低。

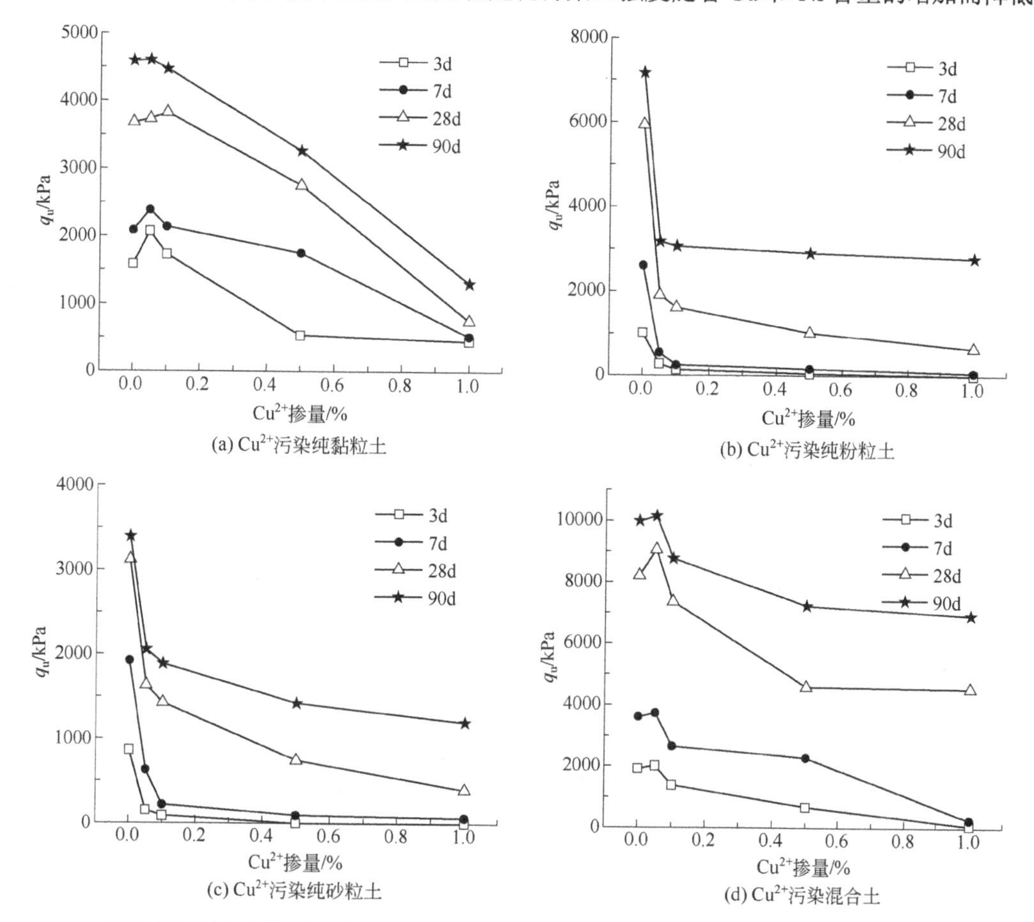

图 5-77 CGF442 全固废固化/稳定化 Cu 污染土强度与污染物含量的关系（α_w=15%）

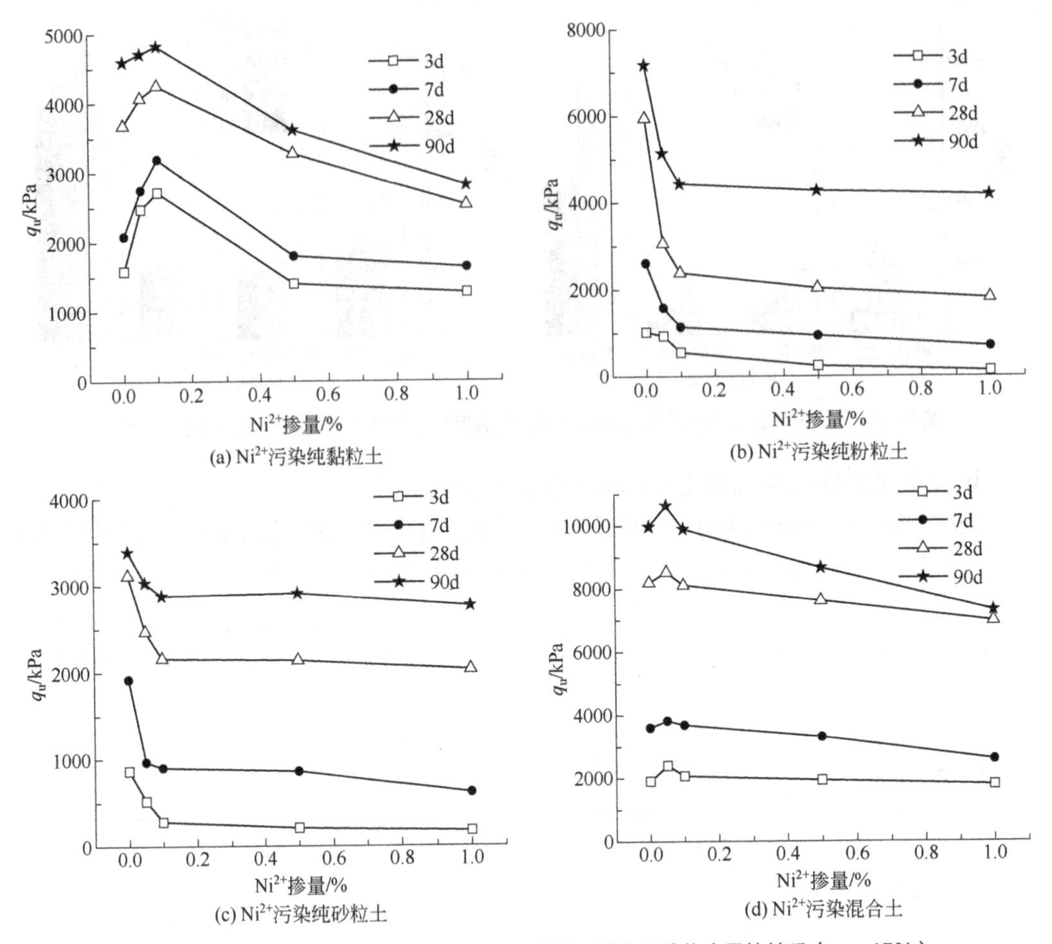

图 5-78 CGF442 全固废固化/稳定化 Ni 污染土强度与污染物含量的关系（α_w=15%）

对于纯粉粒和纯砂粒的污染土，随着 Cu 和 Ni 含量的增加，固化/稳定化污染土强度均降低，在重金属含量达到 0.1%后强度有趋于稳定的趋势。污染物与纯粉粒土和纯砂粒土不发生反应，且纯粉粒和纯砂粒土渗透系数较高。污染物含量为 0.05%、0.1%、0.5%和 1%的固化/稳定化纯粉粒和纯砂粒土（α_w=15%），可看作是将质量占比 0.33%、0.67%、3.33%和 6.67%的 Cu^{2+}和 Ni^{2+}直接掺入全固废固化剂中。因此，随着 Cu 和 Ni 含量的增加，纯粉粒和纯砂粒的污染土强度均骤然下降，在 0.05%～1%含量范围内不存在临界含量。

5.5.2 浸出特性

图 5-79 为 CGF442 全固废固化/稳定化污染土的浸出浓度与重金属污染物掺量的关系。同一污染物种类条件下，固化/稳定化纯黏粒土与混合土、固化/稳定化纯粉粒土与纯砂粒土的浸出特性相同。但是，不同污染物种类的固化/稳定化污染土的浸出浓度变化规律不同。

对于 CGF442 全固废固化/稳定化 Cu 污染土［图 5-79（a)]，随着 Cu^{2+}含量的增加，不同种类土的浸出浓度均逐渐增加，纯黏粒土和混合土污染土的浸出浓度均远低于惰性材料标准限值 2mg/kg[394]，而纯粉粒土和纯砂粒土污染土的浸出浓度均超过惰性材料限值，这一现象与土颗粒对污染物的吸附性有关。其中，纯粉粒土和纯砂粒土的 Cu0.5 和 Cu1.0 等污染土浸出浓度均无法满足危险废物标准要求，即 50mg/kg[394]。

对于 CGF442 全固废固化/稳定化 Ni 污染土［图 5-79（b）］，随着 Ni^{2+}含量的增加，不同种类土的浸出浓度变化规律不同，纯黏粒土和混合土污染土的浸出浓度先减小后增加，但均远低于惰性材料限值 0.04mg/kg，而纯粉粒土和纯砂粒土污染土的浸出浓度逐渐增加且均超过该限值。其中，纯粉粒土和纯砂粒土的 Ni0.5 和 Ni1.0 污染土浸出浓度均无法满足危险废物标准要求，即 10mg/kg[394]。

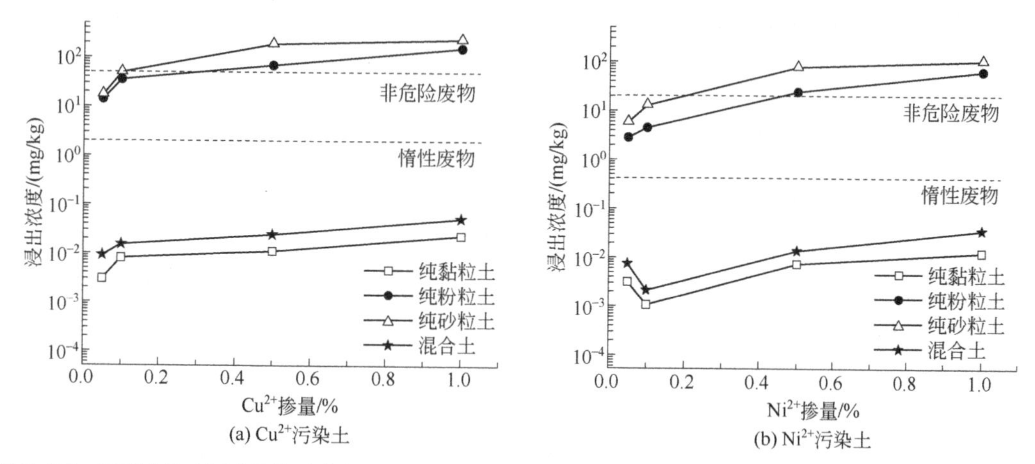

图 5-79 CGF442 全固废固化/稳定化 Cu 污染土和 Ni 污染土的浸出浓度与污染物掺量的关系（α_w=15%，28d）

5.5.3 渗透特性

图 5-80 为 CGF442 全固废固化/稳定化 Cu 污染土的渗透系数与养护龄期的关系。随养护龄期的增加，固化/稳定化污染土渗透系数逐渐降低，固化/稳定化纯黏粒土和混合土的渗透系数，较固化/稳定化纯粉粒土渗透系数低 2 个数量级，比固化/稳定化纯砂粒土低 3 个数量级。

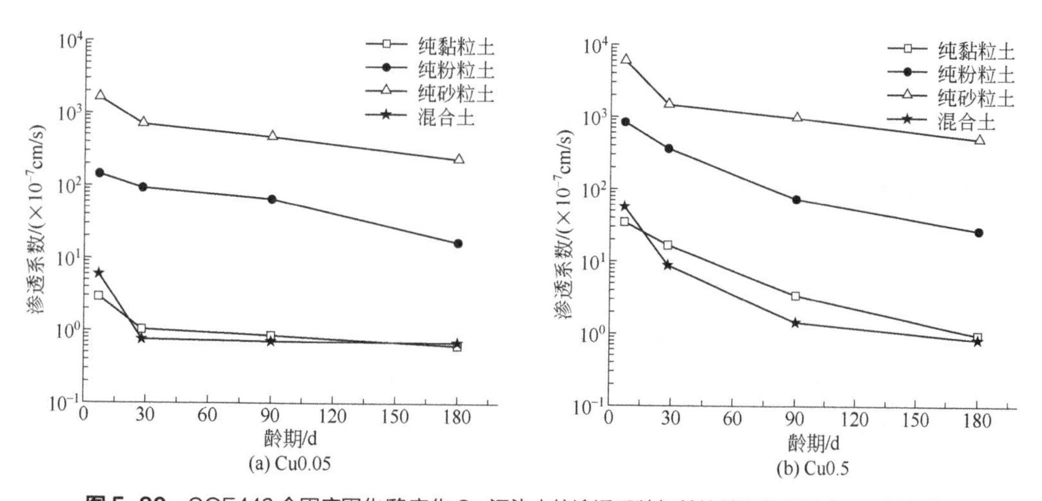

图 5-80 CGF442 全固废固化/稳定化 Cu 污染土的渗透系数与养护龄期的关系（α_w=15%）

固化/稳定化 Cu0.05 污染土的渗透系数在龄期 7d→28d 时显著降低；养护龄期超过 28d 后，固化/稳定化纯黏粒土和混合土的渗透系数均趋于平稳，达到 10^{-7}cm/s，而固化/稳定化纯粉粒土和纯砂粒土在龄期 90d→180d 仍有大幅下降，但其渗透系数仍大于 10^{-6}cm/s。这与土的种类有关，固化/稳定化纯黏粒土和混合土中的黏土矿物对重金属具有优异的吸附性能[395]。

固化/稳定化 Cu0.5 污染土的渗透系数在养护龄期 7d→180d 持续降低；固化/稳定化纯黏粒土和混合土的渗透系数在 180d 达到 10^{-7}cm/s，而固化/稳定化纯粉粒土和纯砂粒土的渗透系数分别达到 10^{-5}cm/s、10^{-4}cm/s。上述结果表明重金属含量对固化/稳定化污染土的渗透系数影响显著。

5.5.4 劣化特性与耐久性

图 5-81 为 CGF442 全固废固化/稳定化 Cu 污染土标准养护与浸水养护的强度对比。浸水养护方式及浸水养护龄期与 CGF442 全固废固化土相同。浸水后固化/稳定化污染土强度降低，浸水时间越长强度降低幅度越大。总体而言，固化/稳定化污染土的强度损失率较小，表明 CGF442 全固废固化/稳定化 Cu 污染土具有较好的水稳性。

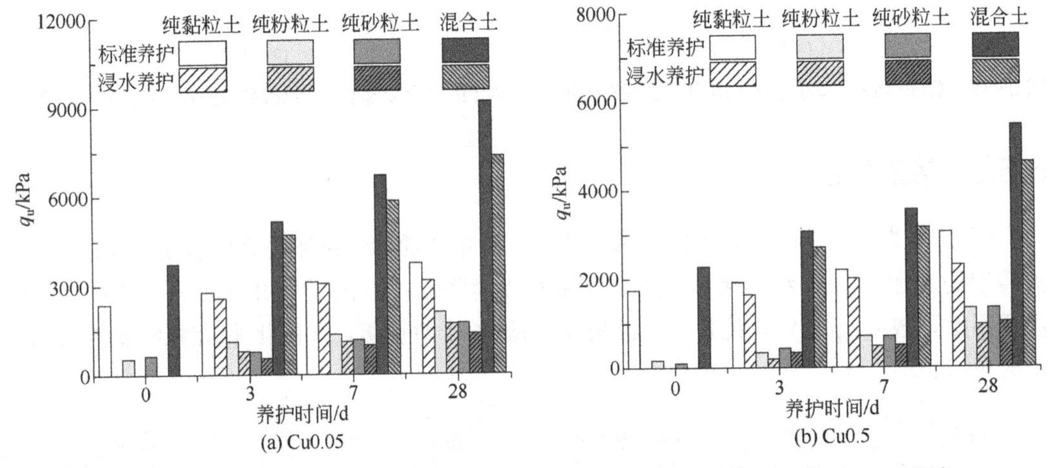

图 5-81 CGF442 全固废固化/稳定化 Cu 污染土标准养护与浸水养护强度对比（α_w=15%）

5.5.5 微观特性

（1）XRD

① 重金属溶液制备的 CGF442 净浆

图 5-82 为 Cu^{2+}、Ni^{2+}、Pb^{2+}溶液制备的 CGF442 净浆 XRD 图谱。不同重金属 CGF442 净浆的矿物相组成相同，均为 $CaCO_3$、C-A-H、$Ca(OH)_2$、C-S-H、HT、C-A-S-H。Cu^{2+}溶液制备的 CGF442 净浆中生成了 $Cu_2NO_3(OH)_3$、$Cu(OH)_2$ 等氢氧化物沉淀，Ni^{2+}溶液制备的 CGF442 净浆中生成了 $Ni(OH)_2$ 氢氧化物沉淀，Pb^{2+}溶液制备的 CGF442 净浆中生成了 $Pb(OH)_2$、$Pb_3(CO_3)_2(OH)_2$ 等氢氧化物、碱式碳酸盐沉淀。上述结果表明，CGF 固化剂提供

的 OH^-与重金属离子发生反应，生成氢氧化物沉淀、碱式碳酸盐沉淀等并将重金属离子稳定化。

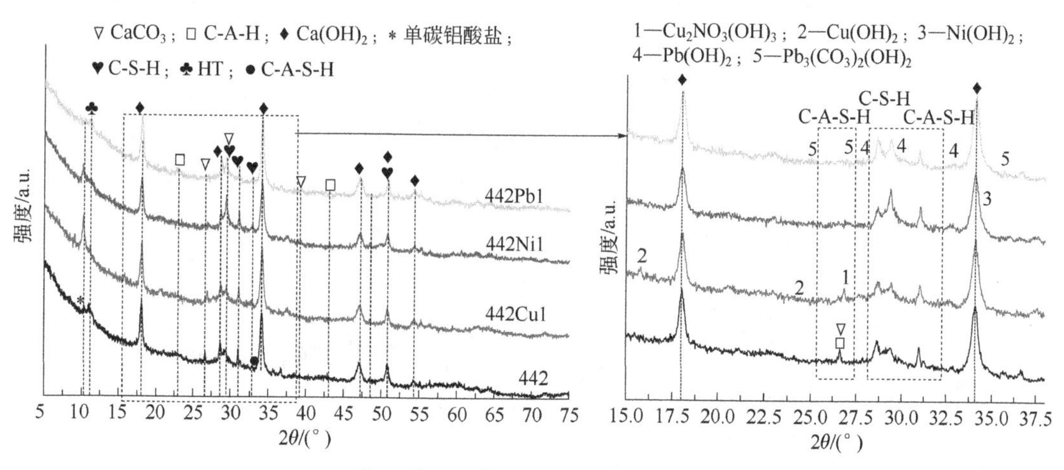

图 5-82 Cu^{2+}、Ni^{2+}、Pb^{2+}溶液制备的 CGF442 净浆 XRD 图谱

② 重金属溶液制备的 CGF422P10 净浆

图 5-83 为 Cu^{2+}、Ni^{2+}、Pb^{2+}溶液制备的 CGF422P10 净浆 XRD 图谱。不同重金属制备的 CGF442P10 净浆的矿物相组成均为 $CaCO_3$、C-A-H、$Ca(OH)_2$、C-S-H、C-A-S-H、HT 和 AFt。Cu^{2+}、Ni^{2+}、Pb^{2+}溶液制备的 CGF442P10 净浆分别生成 $Cu_2NO_3(OH)_3$、$Cu(OH)_2$、$Ni(OH)_2$、$Pb(OH)_2$、$Pb_3(CO_3)_2(OH)_2$ 等氢氧化物、碱式碳酸盐沉淀，此外，还有 $Ni(SO_4)_{0.3}(OH)_{1.4}$ 硫酸盐沉淀。

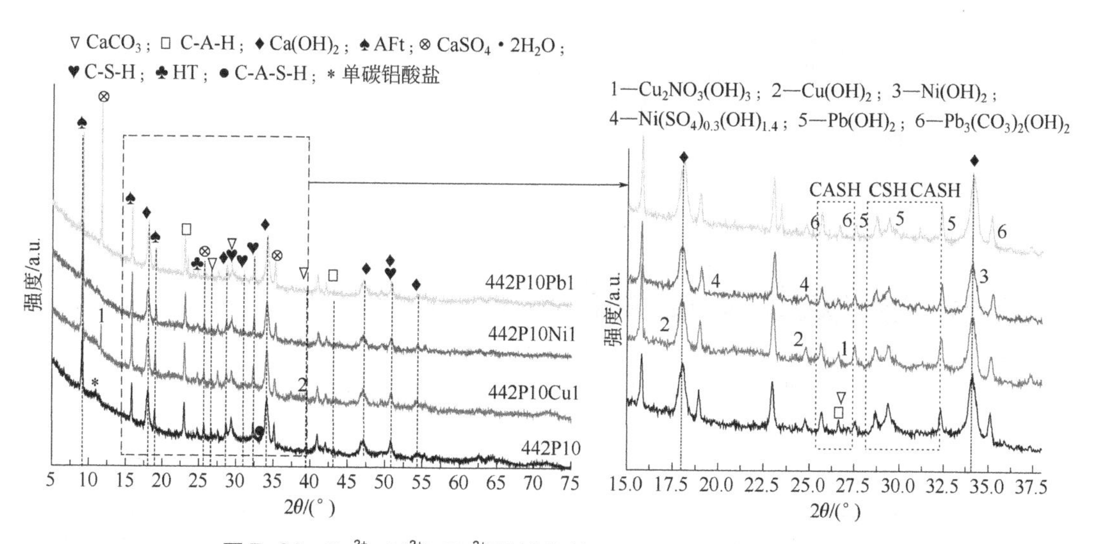

图 5-83 Cu^{2+}、Ni^{2+}、Pb^{2+}溶液制备的 CGF422P10 净浆 XRD 图谱

（2）SEM-EDS

图 5-84 为 CGF442 固化稳定化 Cu 污染土的 SEM-EDS 图。污染土为纯砂粒土，其中

Cu 含量为纯砂粒土质量的 1%，固化剂掺入比为 15%。砂粒表面有大量胶凝产物，还有未参与反应的碎散态玻璃体相 GGBS、球状玻璃体相 CFA；结合 EDS 分析发现，无定形胶凝物质为碱激发产物 C-A-S-H 和 C-S-H，这些胶凝物通过吸附作用、包裹作用和化学结合作用使 Cu^{2+}稳定化。

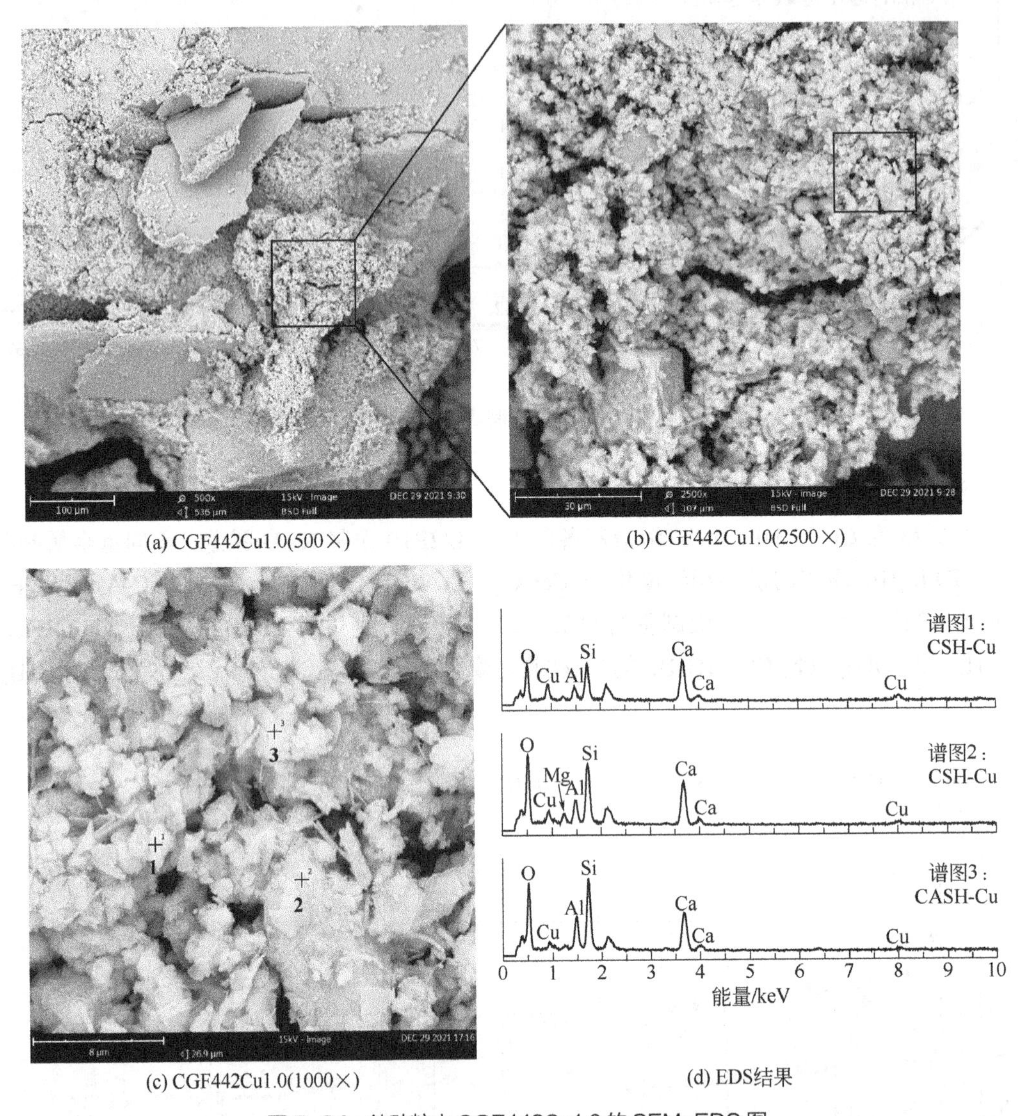

(a) CGF442Cu1.0(500×)　(b) CGF442Cu1.0(2500×)

(c) CGF442Cu1.0(1000×)　(d) EDS结果

图 5-84　纯砂粒土 CGF442Cu1.0 的 SEM-EDS 图

图 5-85 为 CGF442P10 固化稳定化 Cu 污染土的 SEM-EDS 图。CGF442P10 在砂粒表面生成大量碱激发胶凝产物，这些产物以絮凝状、针状和片状形式存在，絮凝状产物部分覆盖在 GGBS 的碎散态玻璃体相表面和 FA 的球状玻璃体相表面，针状产物则填充在孔隙中；结合 EDS 结果发现，点位 1 的针状晶体为 AFt，点位 2 的絮凝状产物为以 CAS 玻璃体相为基质生成的 C-S-H，点位 3 的絮凝状产物为 C-A-S-H，且胶凝产物通过吸附作用、包裹作用和化学结合作用使 Cu^{2+}稳定化。

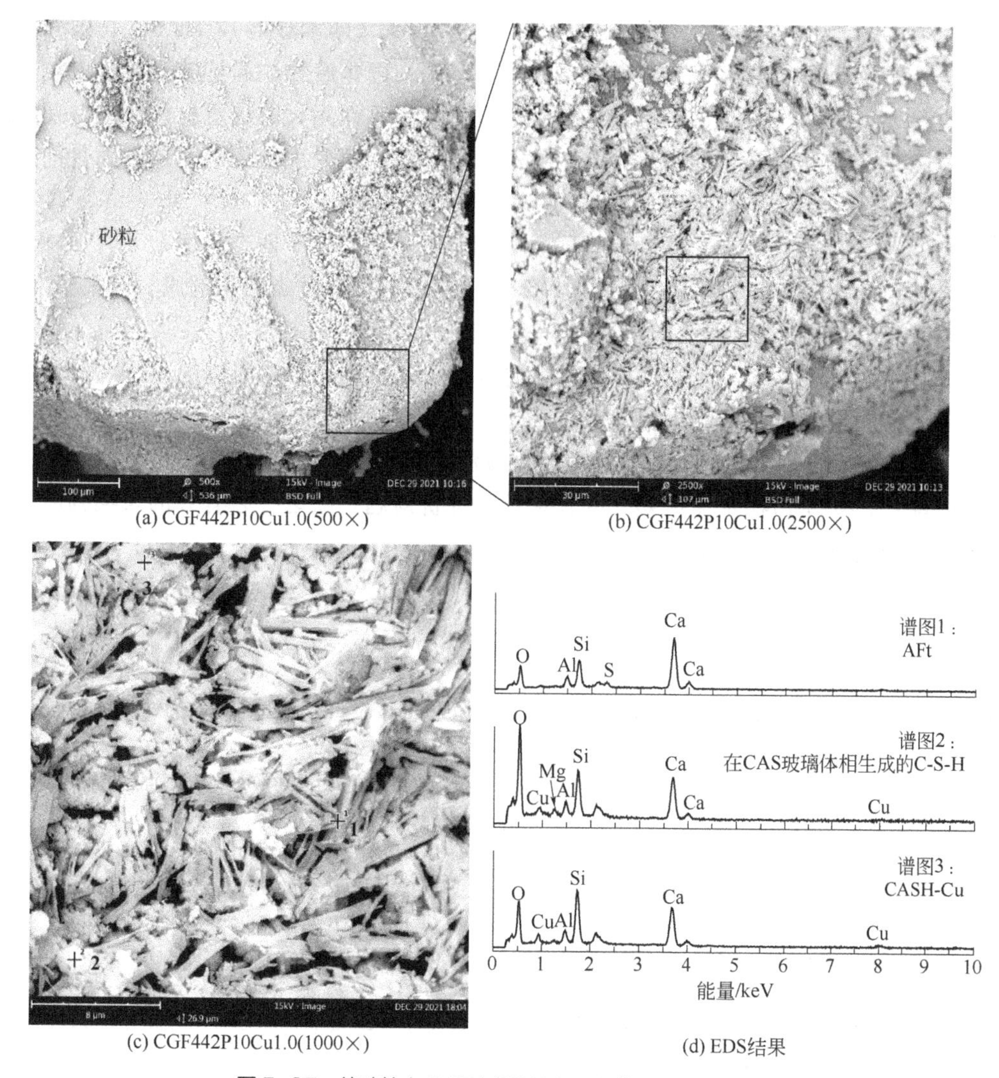

(a) CGF442P10Cu1.0(500×)
(b) CGF442P10Cu1.0(2500×)
(c) CGF442P10Cu1.0(1000×)
(d) EDS结果

图 5-85 纯砂粒土 CGF442P10Cu1.0 的 SEM-EDS 图

5.5.6 固化/稳定化机理

碱激发类固化剂固化/稳定化重金属污染土的机理，包括碱激发固化剂与土体中的重金属污染物的作用机理（化学沉淀、化学结合、吸附和包裹、重金属钝化、配位络合等作用机理）（5.3.4 节）以及土体中的黏土矿物对重金属的作用。土体中的黏土矿物对重金属有吸附、孔道过滤、结构调整、离子交换等物理化学作用[396]。

5.6 结语

目前，利用固体废物制备土体碱激发类固化剂的基础研究尚处于起步阶段，应用也仅限于软土固化处理、路基加固、污染土治理等方面。当水泥、水泥熟料、石灰、消石灰、石膏、活性 MgO、NaOH、KOH、Na_2CO_3、$Na_2O \cdot nSiO_2$（即水玻璃）、Na_2SO_4、碱渣、电石渣等一种或多种材料复合作为碱激发剂时，大多采用固体废物如高炉矿渣、粉煤灰、钢渣、粒化磷渣、硅灰、镍渣、铜渣、镁渣、废玻璃粉末等作为火山灰质材料，也有采用偏高岭土、高岭土、纳米硅粉等作为火山灰质材料，目前的研究主要集中在该类固化剂固化土的力学特性、微观结构、水稳定性、固化机理等方面。

限制碱激发类固化剂在土体中应用的主要因素可归纳为以下四个方面：

① 力学性能、渗透性能、耐久性能等不稳定问题。碱激发类固化剂原材料来源广泛、成分复杂，缺少稳定有效的固化剂设计方法。

② 强度等级问题。现有碱激发类固化剂多关注能否替代传统固化剂，鲜有碱激发类固化剂与传统固化剂强度等级对应关系的研究。

③ 缺乏有效的外加剂，以针对性地改善碱激发类固化剂的性能。

④ 固化土和固化/稳定化污染土的长期性能评价问题。缺乏行之有效的长期强度、耐久性能及全寿命周期评价与预测。

参考文献

[1] Glukhovsky V D, Rostovskaja G S, Rumyna G V. High strength slag-alkaline cements[C]//Proceedings of the Seventh International Congress on the Chemistry of Cement, 1980, 3: 164-168.

[2] Krivenko P V. Alkaline cements[C]//Proceedings of the 1st International Conference on Alkaline Cements and Concretes, Kiev, Ukraine, 1994. VIPOL Stock Company, 1994, 1: 11-129.

[3] Palomo A, Grutzeck M W, Blanco M T. Alkali-activated fly ashes: a cement for the future[J]. Cement and Concrete Research, 1999, 29(8): 1323-1329.

[4] Xu H, van Deventer J S J. Microstructural characterisation of geopolymers synthesised from kaolinite/stilbite mixtures using XRD, MAS-NMR, SEM/EDX, TEM/EDX, and HREM[J]. Cement and Concrete Research, 2002, 32(11): 1705-1716.

[5] Fernández-Jiménez A M, Palomo A, Lopez-Hombrados C. Engineering properties of alkali-activated fly ash concrete[J]. ACI Materials Journal, 2006, 103(2): 106.

[6] Palomo Á, Alonso S, Fernández-Jiménez A, et al. Alkaline activation of fly ashes: NMR study of the reaction products[J]. Journal of the American Ceramic Society, 2004, 87(6): 1141-1145.

[7] Fernández-Jiménez A, Palomo A, Criado M. Microstructure development of alkali-activated fly ash cement: a descriptive model[J]. Cement and Concrete Research, 2005, 35(6): 1204-1209.

[8] van Deventer J S J, Provis J L, Duxson P, et al. Reaction mechanisms in the geopolymeric conversion of inorganic waste to useful products[J]. Journal of Hazardous Materials, 2007, 139(3): 506-513.

[9] Duxson P, Fernández-Jiménez A, Provis J L, et al. Geopolymer technology: the current state of the art[J]. Journal of Materials Science, 2007, 42(9): 2917-2933.

[10] Provis J L. Alkali-activated materials[J]. Cement and Concrete Research, 2018, 114: 40-48.

[11] Xiao R, Jiang X, Zhang M M, et al. Analytical investigation of phase assemblages of alkali-activated materials in CaO-SiO_2-Al_2O_3 systems: the management of reaction products and designing of precursors[J]. Materials & Design, 2020, 194: 108975.

[12] Purdon A O. The action of alkalis on blast-furnace slag[J]. Journal of the Society of Chemical Industry, 1940, 59(9): 191-202.

[13] Glukhovsky V D. Soil silicates. Their properties, technology and manufacturing and fields of application[D]. Kiev: Civil Engineering Institute, 1965.

[14] Glukhovskij V D, Zaitsev Y, Pakhomov V. Slag-alkaline cements and concretes-structure, properties, technological and economical aspects of the use[J]. Silicates Industriels, 1983, 48(10): 197-200.

[15] Davidovits J. Geopolymer chemistry and applications[M]. 5th edition. Saint Quentin: Geo Polymer Institute, 2020.

[16] Pacheco-Torgal F, Castro-Gomes J, Jalali S. Alkali-activated binders: a review: Part 1. historical background, terminology, reaction mechanisms and hydration products[J]. Construction and Building Materials, 2008, 22(7): 1305-1314.

[17] Provis J L, Bernal S A. Geopolymers and related alkali-activated materials[J]. Annual Review of Materials Research, 2014, 44: 299-327.

[18] Provis J L, Palomo A, Shi C J. Advances in understanding alkali-activated materials[J]. Cement and Concrete Research, 2015, 78: 110-125.

[19] Walkley B, San Nicolas R, Sani M A, et al. Structural evolution of synthetic alkali-activated CaO-MgO-Na_2O-Al_2O_3-SiO_2 materials is influenced by Mg content[J]. Cement and Concrete Research, 2017, 99: 155-171.

[20] Adesanya E, Perumal P, Luukkonen T, et al. Opportunities to improve sustainability of alkali activated materials: review of side-stream based activators[J]. Journal of Cleaner Production, 2020: 125558.

[21] Provis J L, van Deventer J S J, eds. Alkali activated materials: state-of-the-art report, RILEM TC 224-AAM[M]. Berlin: Springer Science & Business Media, 2013.

[22] 史才军, 巴维尔·克利文科, 黛拉·罗伊, 等. 碱-激发水泥和混凝土[M]. 北京: 化学工业出版社, 2008.

[23] 杨南如. 非传统胶凝材料化学[M]. 武汉: 武汉理工大学出版社, 2018.

[24] Roy D M. Alkali-activated cements opportunities and challenges[J]. Cement and Concrete Research, 1999, 29(2): 249-254.

[25] Pacheco-Torgal F, Labrincha J, Leonelli C, et al. Handbook of alkali-activated cements, mortars and concretes[M]. Amsterdam: Elsevier, 2014.

[26] Garcia-Lodeiro I, Palomo A, Fernández-Jiménez A. Crucial insights on the mix design of alkali-activated cement-based binders[M]//Handbook of alkali-activated cements, mortars and concretes. Sawston: Woodhead Publishing, 2015: 49-73.

[27] Glukhovsky V D. Soil silicate articles and structures[J]. Russian, Budivel'nyk Publish., Kiev, 1967.

[28] Glukhovsky V D. Ancient, modern and future concretes[C]. Kiev: Proceedings of the First International Conference on Alkaline Cements and Concretes, 1994: 1-9.

[29] ASTM C 618. Standard specification for coal fly ash and raw or calcined natural pozzolan for use as a mineral admixture in concrete[S]. Philadelphia: Annual Book of ASTM Standards, 1993.

[30] Zachariasen W H. The atomic arrangement in glass[J]. Journal of the American Chemical Society, 1932, 54(10): 3841-3851.

[31] Pacheco-Torgal F, Castro-Gomes J, Jalali S. Alkali-activated binders: a review. Part 2. About materials and binders manufacture[J]. Construction and Building Materials, 2008, 22(7): 1315-1322.

[32] Newlands K C, Foss M, Matchei T, et al. Early stage dissolution characteristics of aluminosilicate glasses with blast furnace slag-and fly-ash-like compositions[J]. Journal of the American Ceramic Society, 2017, 100(5): 1941-1955.

[33] Davidovits J. Geopolymers: man-made rock geosynthesis and the resulting development of very early high strength cement[J]. Journal of Materials Education, 1994, 16: 91-91.

[34] Wang H L, Li H L, Yan F Y. Synthesis and mechanical properties of metakaolinite-based geopolymer[J]. Colloids and Surfaces A: Physicochemical and Engineering Aspects, 2005, 268(1-3): 1-6.

[35] Doremus R H. Interdiffusion of hydrogen and alkali ions in a glass surface[M]. Amsterdam: Elsevier, 1975: 137-144.

[36] Li H J, Li M J, Qiu G J, et al. Synthesis and characterization of MgO nanocrystals for biosensing applications[J]. Journal of Alloys and Compounds, 2015(632): 639-644.

[37] Tamboli S H, Jatratkar A, Yadav J B, et al. Ageing and vapor chopping effect on the properties of MgO thin films[J]. Journal of Alloys and Compounds, 2014(588): 321-326.

[38] He T S, Da Y Q, Xu R S, et al. Effect of multiple chemical activators on mechanical property of high replacement high calcium fly ash blended system[J]. Construction and Building Materials, 2019, 198: 537-545.

[39] Provis J L, van Deventer J S J 主编. 碱激发材料[M]. 刘泽，彭桂云，王栋民，王群英主译. 北京：中国建材工业出版社, 2019.

[40] Lang L, Chen B, Li N. Utilization of lime/carbide slag-activated ground granulated blast-furnace slag for dredged sludge stabilization[J]. Marine Georesources & Geotechnology, 2020: 1-11.

[41] Meng J, Zhong L, Wang L, et al. Contrasting effects of alkaline amendments on the bioavailability and uptake of Cd in rice plants in a Cd-contaminated acid paddy soil[J]. Environmental Science and Pollution Research, 2018, 25(9): 8827-8835.

[42] Wu Y L, Yang J J, Li S C, et al. Experimental study on mechanical properties and micro-mechanism of all-solid-waste alkali activated binders solidified marine soft soil[J]. Materials Science Forum, 2021, 1036: 327-336.

[43] 左丽明，刘春原. 近岸海域碱渣排放堆填场生态环境保护与修复技术[M]. 北京：地质出版社, 2018.

[44] Glukhovsky V D, Krivenko P V, Rumyna G V, et al. Manufacture of concretes and structures from slag alkaline binders[J]. Budivelnyk Publish, 1988.

[45] König K, Traven K, Pavlin M, et al. Evaluation of locally available amorphous waste materials as a source for alternative alkali activators[J]. Ceramics International, 2021, 47(4): 4864-4873.

[46] Vinai R, Soutsos M. Production of sodium silicate powder from waste glass cullet for alkali activation of alternative binders[J]. Cement and Concrete Research, 2019, 116: 45-56.

[47] Puertas F, Torres-Carrasco M. Use of glass waste as an activator in the preparation of alkali-activated slag. Mechanical strength and paste characterisation[J]. Cement and Concrete Research, 2014, 57: 95-104.

[48] Torres-Carrasco M, Tognonvi M T, Tagnit-Hamou A, et al. Durability of alkali-activated slag concretes prepared using waste glass as alternative activator[J]. ACI Mater J, 2015, 112(6): 791-800.

[49] Torres-Carrasco M, Palomo J G, Maroto F P. Sodium silicate solutions from dissolution of glasswastes. Statistical analysis[J]. Materiales de Construcción, 2014 (314): 3.

[50] Torres-Carrasco M, Puertas F. Waste glass in the geopolymer preparation. Mechanical and microstructural characterisation[J]. Journal of Cleaner Production, 2015, 90: 397-408.

[51] Tchakouté H K, Rüscher C H, Kong S, et al. Synthesis of sodium waterglass from white rice husk ash as an activator to produce metakaolin-based geopolymer cements[J]. Journal of Building Engineering, 2016, 6: 252-261.

[52] Hajimohammadi A, van Deventer J S J. Solid reactant-based geopolymers from rice hull ash and sodium aluminate[J]. Waste and Biomass Valorization, 2017, 8(6): 2131-2140.

[53] He J, Jie Y X, Zhang J H, et al. Synthesis and characterization of red mud and rice husk ash-based geopolymer composites[J]. Cement and Concrete Composites, 2013, 37: 108-118.

[54] Mejía J M, Mejía de Gutiérrez R, Puertas F. Rice husk ash as a source of silica in alkali-activated fly ash and granulated blast furnace slag systems[J]. Materiales de Construcción, 2014, 63(311): 361-375.

[55] Mejía J M, de Gutiérrez R M, Montes C. Rice husk ash and spent diatomaceous earth as a source of silica to fabricate a geopolymeric binary binder[J]. Journal of Cleaner Production, 2016, 118: 133-139.

[56] Sturm P, Gluth G J G, Brouwers H J H, et al. Synthesizing one-part geopolymers from rice husk ash[J]. Construction and Building Materials, 2016, 124: 961-966.

[57] Geraldo R H, Fernandes L F R, Camarini G. Water treatment sludge and rice husk ash to sustainable geopolymer production[J]. Journal of Cleaner Production, 2017, 149: 146-155.

[58] Başgöz Ö, Güler Ö. The unusually formation of porous silica nano-stalactite structure by high temperature heat treatment of SiO_2 aerogel synthesized from rice hull[J]. Ceramics International, 2020, 46(1): 370-380.

[59] El-Naggar M R, El-Dessouky M I. Re-use of waste glass in improving properties of metakaolin-based geopolymers: mechanical and microstructure examinations[J]. Construction and Building Materials, 2017, 132: 543-555.

[60] Passuello A, Rodríguez E D, Hirt E, et al. Evaluation of the potential improvement in the environmental footprint of geopolymers using waste-derived activators[J]. Journal of Cleaner Production, 2017, 166: 680-689.
[61] Alam Q, Hendrix Y, Thijs L, et al. Novel low temperature synthesis of sodium silicate and ordered mesoporous silica from incineration bottom ash[J]. Journal of Cleaner Production, 2019, 211: 874-883.
[62] Rodríguez E D, Bernal S A, Provis J L, et al. Effect of nanosilica-based activators on the performance of an alkali-activated fly ash binder[J]. Cement and Concrete Composites, 2013, 35(1): 1-11.
[63] Lothenbach B, Scrivener K, Hooton R D. Supplementary cementitious materials[J]. Cement and Concrete Research, 2011, 41(12): 1244-1256.
[64] 元强，杨珍珍，史才军，等. 天然火山灰在水泥基材料中的应用基础[J]. 硅酸盐通报，2020, 39(8): 2379-2392.
[65] Cavdar A, Yetgin S. Availability of tuffs from northeast of Turkey as natural pozzolan on cement, some chemical and mechanical relationships[J]. Construction and Building Materials, 2007, 21(12): 2066-2071.
[66] Choucha S, Benyahia A, Ghrici M, et al. Effect of natural pozzolan content on the properties of engineered cementitious composites as repair material[J]. Frontiers of Structural and Civil Engineering, 2018, 12(3): 261-269.
[67] 董刚，任雪红，张文生，等. 不同火山灰质材料的火山灰反应效益研究[J]. 新型建筑材料, 2019(2): 1-5.
[68] 赵明. 新疆和田地区磨细天然火山灰岩在水泥混凝土中应用的可行性研究[D]. 乌鲁木齐：新疆农业大学, 2015.
[69] 王永海，周永祥. 天然火山灰质材料及其在混凝土中的应用研究[C]//2011 年混凝土与水泥制品学术讨论会论文集. 无锡：混凝土与水泥制品学术讨论会, 2011: 277-286.
[70] Hasani M, Tarighat A. Proposing new pozzolanic activity index based on water adsorption energy via molecular dynamics simulations[J]. Construction and Building Materials, 2019, 213: 492-504.
[71] Mo L W, Lyu L M, Deng M, et al. Influence of fly ash and metakaolin on the microstructure and compressive strength of magnesium potassium phosphate cement paste[J]. Cement and Concrete Research, 2018, 111: 116-129.
[72] Mobili A, Belli A, GiosuèC, et al. Metakaolin and fly ash alkali-activated mortars compared with cementitious mortars at the same strength class[J]. Cement and Concrete Research, 2016, 88: 198-210.
[73] He C L, Osbaeck B, Makovicky E. Pozzolanic reactions of six principal clay minerals: activation, reactivity assessments and technological effects[J]. Cement and Concrete Research, 1995, 25(8): 1691-1702.
[74] Zhang M H, Malhotra V M. Characteristics of a thermally activated alumino-silicate pozzolanic material and its use in concrete[J]. Cement and Concrete Research, 1995, 25(8): 1713-1725.
[75] Ruiz Santaquiteria Gómez C. Materias primas alternativas para el desarrollo de nuevos cementos: activación alcalina de vidrios silicoaluminosos[D]. Spain: Universidad Autónoma de Madrid, 2013.
[76] Shvarzman A, Kovler K, Grader G S, et al. The effect of dehydroxylation/amorphization degree on pozzolanic activity of kaolinite[J]. Cement and Concrete Research, 2003, 33(3): 405-416.
[77] Cioffi R, Maffucci L, Santoro L. Optimization of geopolymer synthesis by calcination and polycondensation of a kaolinitic residue[J]. Resources, Conservation and Recycling, 2003, 40(1): 27-38.
[78] Chareerat T, Lee-Anansaksiri A, Chindaprasirt P. Synthesis of high calcium fly ash and calcined kaoline geopolymer mortar[C]//International Conference on Pozzolan, Concrete and Geopolymer, 2006: 24-25.
[79] Alshaaer M, Alkafawein J, Al-Fayez Y, et al. Synthesis of geopolymer cement using natural resources for green construction materials[C]//Recent Advances in Earth Sciences, Environment and Development. Konya: Proceedings of the 8th International Conference on Engineering Mechanics, Structures, Engineering Geology (EMESEG'15), 2015.
[80] Zibouche F, Kerdjoudj H, de Lacaillerie J B E, et al. Geopolymers from Algerian metakaolin. Influence of secondary minerals[J]. Applied Clay Science, 2009, 43(3-4): 453-458.
[81] Ambroise J, Maximilien S, Pera J. Properties of metakaolin blended cements[J]. Advanced Cement Based Materials, 1994, 1(4): 161-168.

[82] Zhang C S, Wang X, Hu Z C, et al. Long-term performance of silane coupling agent/metakaolin based geopolymer[J]. Journal of Building Engineering, 2021, 36: 102091.

[83] Zhu H J, Liang G W, Li H X, et al. Insights to the sulfate resistance and microstructures of alkali-activated metakaolin/slag pastes[J]. Applied Clay Science, 2021, 202: 105968.

[84] 苗琛，冯春花，李东旭. 烧页岩作为水泥混合材的研究[J]. 硅酸盐通报, 2010(6): 1397-1401.

[85] Yildirim I Z, Prezzi M. Chemical, mineralogical, and morphological properties of steel slag[J]. Advances in Civil Engineering, 2011.

[86] Shi C J, Krivenko P V, Roy D. Alkali-activated cements and concretes[M]. Taylor & Francis, 2006.

[87] 曾燕伟. 无机材料科学基础[M]. 武汉：武汉理工大学出版社, 2011.

[88] 中国国家标准化管理委员会. 用于水泥、砂浆和混凝土中的粒化高炉矿渣粉：GB/T 18046—2017[S]. 北京：中国标准出版社, 2017.

[89] Lee S K, Stebbins J F. Disorder and the extent of polymerization in calcium silicate and aluminosilicate glasses: O-17 NMR results and quantum chemical molecular orbital calculations[J]. Geochimica et Cosmochimica Acta, 2006, 70(16): 4275-4286.

[90] Allwardt J R, Lee S, Stebbins J. Bonding preferences of non-bridging oxygens in calcium aluminosilicate glass: evidence from O-17 MAS and 3QMAS NMR on calcium aluminate glass[C]//AGU Fall Meeting Abstracts. 2001, 2001: V32B-0964.

[91] Garcia-Lodeiro I, Palomo A, Fernández-Jiménez A. An overview of the chemistry of alkali-activated cement-based binders[M]//Handbook of alkali-activated cements, mortars and concretes. Woodhead Publishing, 2015: 19-47.

[92] Shimoda K, Tobu Y, Kanehashi K, et al. Total understanding of the local structures of an amorphous slag: perspective from multi-nuclear (^{29}Si, ^{27}Al, ^{17}O, ^{25}Mg, and ^{43}Ca) solid-state NMR[J]. Journal of Non-Crystalline Solids, 2008, 354(10-11): 1036-1043.

[93] Bernal S A, Provis J L, Fernández-Jiménez A, et al. Binder chemistry-high-calcium alkali-activated materials[M]//Alkali activated materials: state-of-the-art report, RILEM TC 224- AAM. Springer Science & Business Media, 2013: 59-91.

[94] 中华人民共和国国家质量监督检验检疫总局，中国国家标准化管理委员会. 用于耐腐蚀水泥制品的碱矿渣粉煤灰混凝土：GB/T 29423—2012[S]. 北京：中国标准出版社, 2012.

[95] 中华人民共和国住房与城乡建设部. 碱矿渣混凝土应用技术标准：JGJ/T 439—2018[S]. 北京：中国建筑工业出版社, 2019.

[96] 吴跃东，彭犇，吴龙，等. 钢渣基胶结材料及应用前景[J]. 科学技术与工程, 2020, 20(22): 8843-8848.

[97] Emery J J, Drysdale R G, Nicholson P S. Steel slag asphalt mixes[J]. Canadian Technical Asphalt Association, Proceeding, 1973.

[98] Poh H Y, Ghataora G S, Ghazireh N. Soil stabilization using basic oxygen steel slag fines[J]. Journal of materials in Civil Engineering, 2006, 18(2): 229-240.

[99] Shen D H, Wu C M, Du J C. Laboratory investigation of basic oxygen furnace slag for substitution of aggregate in porous asphalt mixture[J]. Construction and Building Materials, 2009, 23(1): 453-461.

[100] Tossavainen M, Engstrom F, Yang Q, et al. Characteristics of steel slag under different cooling conditions[J]. Waste Management, 2007, 27(10): 1335-1344.

[101] Waligora J, Bulteel D, Degrugilliers P, et al. Chemical and mineralogical characterizations of LD converter steel slags: a multi-analytical techniques approach[J]. Materials characterization, 2010, 61(1): 39-48.

[102] Barra M, Ramonich E V, Munoz M A. Stabilization of soils with steel slag and cement for application in rural and low traffic roads[C]//Beneficial Use of Recycled Materials in Transportation ApplicationsUniversity of New Hampshire. Durham, 2001.

[103] Luxán M P, Sotolongo R, Dorrego F, et al. Characteristics of the slags produced in the fusion of scrap steel by electric arc furnace[J]. Cement and Concrete Research, 2000, 30(4): 517-519.

[104] Manso J M, Polanco J A, Losanez M, et al. Durability of concrete made with EAF slag as aggregate[J]. Cement

and Concrete Composites, 2006, 28(6): 528-534.
[105] Tsakiridis P E, Papadimitriou G D, Tsivilis S, et al. Utilization of steel slag for Portland cement clinker production[J]. Journal of Hazardous Materials, 2008, 152(2): 805-811.
[106] Nicolae M, Vîlciu I, Zaman F. X-ray diffraction analysis of steel slag and blast furnace slag viewing their use for road construction[J]. UPB Sci. Bull, 2007, 69(2): 99-108.
[107] Shi C J. Steel slag-its production, processing, characteristics, and cementitious properties[J]. Journal of Materials in Civil Engineering, 2004, 16(3): 230-236.
[108] Qian G R, Sun D D, Tay J H, et al. Hydrothermal reaction and autoclave stability of Mg bearing RO phase in steel slag[J]. British Ceramic Transactions, 2002, 101(4): 159-164.
[109] 袁润章. 胶凝材料学[M]. 武汉: 武汉工业大学出版社, 1996.
[110] Wu X Q, Zhu H, Hou X K, et al. Study on steel slag and fly ash composite Portland cement[J]. Cement and Concrete Research, 1999, 29(7): 1103-1106.
[111] 赵铁军. 混凝土渗透性[M]. 北京: 科学出版社, 2006.
[112] Shen H T, Forssberg E, Nordström U. Physicochemical and mineralogical properties of stainless steel slags oriented to metal recovery[J]. Resources, Conservation and Recycling, 2004, 40(3): 245-271.
[113] Qian G R, Sun D D, Tay J H, et al. Autoclave properties of kirschsteinite-based steel slag[J]. Cement and Concrete Research, 2002, 32(9): 1377-1382.
[114] Reddy A S, Pradhan R, Chandra S. Utilization of basic oxygen furnace (BOF) slag in the production of a hydraulic cement binder[J]. International Journal of Mineral Processing, 2006, 79(2): 98-105.
[115] Mason B. The constitution of some open-heart Slag[J]. Journal of Iron Steel Inst, 1994 (11): 69-80.
[116] Motz H, Geiseler J. Products of steel slags an opportunity to save natural resources[J]. Waste Management, 2001, 21(3): 285-293.
[117] 吴启帆，包燕平，林路，等. 转炉钢渣的物相及其冷却析出研究[J]. 武汉科技大学学报，2014, 37(6): 411-414.
[118] 王强. 钢渣的胶凝性能及在复合胶凝材料水化硬化过程中的作用[D]. 北京: 清华大学, 2010.
[119] 中华人民共和国国家质量监督检验检疫总局，中国国家标准化管理委员会. 用于水泥和混凝土中的钢渣粉: GB/T 20491—2017[S]. 北京: 中国标准出版社, 2017.
[120] John S K, Nadir Y, Girija K. Effect of source materials, additives on the mechanical properties and durability of fly ash and fly ash-slag geopolymer mortar: a review[J]. Construction and Building Materials, 2021, 280: 122443.
[121] 王建新，李晶，赵仕宝，等. 中国粉煤灰的资源化利用研究进展与前景[J]. 硅酸盐通报，2018, 12: 3833-3841.
[122] 中华人民共和国生态环境部. 2020 年全国大、中城市固体废弃物污染环境防治年报[OL]. [2020-12-28]. http://www. mee. gov. cn/hjzl/sthjzk/gtfwwrfz/.
[123] 钱觉时，吴传明，王智. 粉煤灰的矿物相组成(上)[J]. 粉煤灰综合利用, 2001, 1: 26-31.
[124] 诸培南，翁臻培. 无机非金属材料显微结构图册[M]. 武汉: 武汉工业大学出版社, 1994.
[125] 黄士元. 近代混凝土技术[M]. 西安: 陕西科学技术出版社, 1998.
[126] ASTM Committee C-09 on Concrete and Concrete Aggregates. Standard specification for coal fly ash and raw or calcined natural pozzolan for use in concrete[M]. ASTM International, 2013.
[127] 中华人民共和国国家质量监督检验检疫总局，中国国家标准化管理委员会. 用于水泥和混凝土中的粉煤灰: GB/T 1596—2017[S]. 北京: 中国标准出版社, 2017.
[128] Rohatgi P K, Huang P, Guo R, et al. Morphology and selected properties of fly ash[J]. Special Publication, 1995, 153: 459-478.
[129] Cho Y K, Jung S H, Choi Y C. Effects of chemical composition of fly ash on compressive strength of fly ash cement mortar[J]. Construction and Building Materials, 2019, 204: 255-264.
[130] Fernández-Jiménez A, Palomo A. Characterisation of fly ashes. Potential reactivity as alkaline cements[J]. Fuel, 2003, 82(18): 2259-2265.

[131] van Jaarsveld J G S, van Deventer J S J, Lukey G C. The characterisation of source materials in fly ash-based geopolymers[J]. Materials Letters, 2003, 57(7): 1272-1280.
[132] 马鹏传，李兴，温振宇，等. 粉煤灰的活性激发与机理研究进展[J]. 无机盐工业, 2021, 53(10): 28-35.
[133] 陈明，孙振平，刘建山. 磷渣活性激发方法及机理研究进展[J]. 材料导报, 2013, 27(21): 112-116.
[134] Allahverdi A, Pilehvar S, Mahinroosta M. Influence of curing conditions on the mechanical and physical properties of chemically-activated phosphorous slag cement[J]. Powder Technology, 2016, 288: 132-139.
[135] Yang R, Yu R, Shui Z H, et al. Low carbon design of an ultra-high performance concrete (UHPC) incorporating phosphorous slag[J]. Journal of Cleaner Production, 2019, 240: 118157.
[136] 中华人民共和国住房和城乡建设部，中华人民共和国国家质量监督检验检疫总局. 矿物掺合料应用技术规范: GB/T 51003—2014[S]. 北京：中国标准出版社, 2014.
[137] Peng Y Z, Zhang J, Liu J Y, et al. Properties and microstructure of reactive powder concrete having a high content of phosphorous slag powder and silica fume[J]. Construction and Building Materials, 2015, 101: 482-487.
[138] Allahverdi A, Mahinroosta M. Mechanical activation of chemically activated high phosphorous slag content cement[J]. Powder Technology, 2013, 245: 182-188.
[139] Zhang Z Q, Wang Q, Yang J. Hydration mechanisms of composite binders containing phosphorus slag at different temperatures[J]. Construction and Building Materials, 2017, 147: 720-732.
[140] Shi C J, Li Y Y. Investigation on some factors affecting the characteristics of alkali-phosphorus slag cement[J]. Cement and Concrete Research, 1989, 19(4): 527-533.
[141] Mehdizadeh H, Kani E N, Sanchez A P, et al. Rheology of activated phosphorus slag with lime and alkaline salts[J]. Cement and Concrete Research, 2018, 113: 121-129.
[142] Razak H A, Sajedi F. The effect of heat treatment on the compressive strength of cement-slag mortars[J]. Materials & Design, 2011, 32(8-9): 4618-4628.
[143] Zhong Y W, Qiu X L, Gao J T, et al. Chemical structure of Si—O in silica fume from ferrosilicon production and its reactivity in alkali dissolution[J]. ISIJ International, 2019, 59(6): 1098-1104.
[144] Panjehpour M, Ali A A A, Demirboga R. A review for characterization of silica fume and its effects on concrete properties[J]. International Journal of Sustainable Construction Engineering and Technology, 2011, 2(2).
[145] Siddique R, Khan M I. Supplementary cementing materials[M]. Springer Science & Business Media, 2011.
[146] Köksal F, Altun F, Yiğit İ, et al. Combined effect of silica fume and steel fiber on the mechanical properties of high strength concretes[J]. Construction and Building Materials, 2008, 22(8): 1874-1880.
[147] Hooton R D, Titherington M P. Chloride resistance of high-performance concretes subjected to accelerated curing[J]. Cement and Concrete Research, 2004, 34(9): 1561-1567.
[148] Yazıcı H. The effect of silica fume and high-volume Class C fly ash on mechanical properties, chloride penetration and freeze–thaw resistance of self-compacting concrete[J]. Construction and building Materials, 2008, 22(4): 456-462.
[149] Cong P L, Mei L N. Using silica fume for improvement of fly ash/slag based geopolymer activated with calcium carbide residue and gypsum[J]. Construction and Building Materials, 2021, 275: 122171.
[150] 徐慢，王昭，王树林，等. 硅灰为原料制备类球形亚微米碳化硅粉体[J]. 中国陶瓷, 2017, 53(12): 74-78.
[151] 中华人民共和国国家质量监督检验检疫总局，中国国家标准化管理委员会. 砂浆和混凝土用硅灰: GB/T 27690—2011[S]. 北京：中国标准出版社, 2011.
[152] 殷素红，马健，颜波，等. 几种不同镍渣的特性及其用于水泥和混凝土中的可行性[J]. 硅酸盐通报, 2019, 38(7): 2268-2273+2280.
[153] 李小明，沈苗，王翀，等. 镍渣资源化利用现状及发展趋势分析[J]. 材料导报, 2017, 31(5): 100-105.
[154] 李林波，王斌，杜金晶. 有色冶金环保与资源综合利用[M]. 北京：冶金工业出版社, 2017.
[155] Juenger M C G, Winnefeld F, Provis J L, et al. Advances in alternative cementitious binders[J]. Cement and Concrete Research, 2011, 41(12): 1232-1243.
[156] Lemonis N, Tsakiridis P E, Katsiotis N S, et al. Hydration study of ternary blended cements containing

ferronickel slag and natural pozzolan[J]. Construction and Building Materials, 2015, 81: 130-139.
[157] 张长森，朱宝贵，李杨，等. 镍渣/偏高岭土基地聚合物的制备与表征[J]. 材料导报, 2017, 31(23): 193-197.
[158] 戴硕，诸华军，钱丽英，等. 钢渣对镍渣碱激发胶凝材料抗压强度的影响[J]. 非金属矿, 2020, 43(5): 84-86.
[159] Davenport W G, King M, Schlesinger M E, et al. Extractive metallurgy of copper[M]. Amsterdam: Elsevier, 2002.
[160] Shi C J, Meyer C, Behnood A. Utilization of copper slag in cement and concrete[J]. Resources, Conservation and Recycling, 2008, 52(10): 1115-1120.
[161] 姚春玲，刘振楠，滕瑜，等. 铜渣资源综合利用现状及展望[J]. 矿冶, 2019, 28(2): 77-81.
[162] 何伟，周予启，王强. 铜渣粉作为混凝土掺合料的研究进展[J]. 材料导报, 2018, 32(23): 4125-4134.
[163] 王林松，高志勇，杨越，等. 铜渣综合回收利用研究进展[J]. 化工进展, 2021, 40(10): 5237-5250.
[164] 朱祖泽，贺家齐. 现代铜冶金学[M]. 北京：科学出版社, 2003.
[165] Ma Q M, Du H Y, Zhou X Z, et al. Performance of copper slag contained mortars after exposure to elevated temperatures[J]. Construction and Building Materials, 2018, 172: 378-386.
[166] Boakye D M. Durability and strength assessment of copper slag concrete[D]. Johannesburg: University of the Witwatersrand, 2014.
[167] 李锋. 水淬铜渣的火山灰活性[J]. 福州大学学报(自然科学版), 1999(2): 87-91.
[168] Douglas E, Mainwaring P R. Hydration and pozzolanic activity of nonferrous slags[J]. American Ceramic Society Bulletin, 1985, 64(5): 700-706.
[169] Halmann M, Frei A, Steinfeld A. Magnesium production by the pidgeon process involving dolomite calcination and MgO silicothermic reduction: thermodynamic and environmental analyses[J]. Industrial & Engineering Chemistry Research, 2008, 47(7): 2146-2154.
[170] Mo L W, Hao Y Y, Liu Y P, et al. Preparation of calcium carbonate binders via CO_2 activation of magnesium slag[J]. Cement and Concrete Research, 2019, 121: 81-90.
[171] 崔自治，杨建森. 镁渣水化惰性机理研究[J]. 新型建筑材料, 2007(11): 54-55.
[172] 刘宇翼. 电石渣-稻壳灰基胶凝材料固化膨胀土机理及其物理力学特性研究[D]. 徐州：中国矿业大学, 2019.
[173] Bui D D, Hu J, Stroeven P. Particle size effect on the strength of rice husk ash blended gap-graded Portland cement concrete[J]. Cement and Concrete Composites, 2005, 27(3): 357-366.
[174] Mehta P K, Folliard K J. Rice husk ash: a unique supplementary cementing material: durability aspects[J]. Special Publication, 1995, 154: 531-542.
[175] Ganesan, K, Rajagopal, K, Thangavel, K. Rice husk ash blended cement: assessment of optimal level of replacement for strength and permeability properties of concrete[J]. Construction Building Materials, 2008, 22(8), 1675-1683.
[176] Bui D D. Rice husk ash as a mineral admixture for high performance concrete[D]. The Netherlands: Delft University, 2001.
[177] Hwang C L, Bui Le A T, Chen C T. Effect of rice husk ash on the strength and durability characteristics of concrete[J]. Construction and Building Materials, 2011, 25(9): 3768-3772.
[178] 王昌义，赵翠华，王家顺. 稻壳灰水泥和混凝土的研究[J]. 混凝土, 1991, 2: 27-34.
[179] Cook D J. Development of microstructure and other properties in rice husk ash-OPC systems[C]. Sydney: Australasian Conference on the Mechanics of Structures and Materials, 9th, 1984.
[180] Ganesan K, Rajagopal K, Thangavel K. Evaluation of bagasse ash as supplementary cementitious material[J]. Cement and Concrete Composites, 2007, 29(6): 515-524.
[181] Cordeiro G C, Toledo Filho R D, Fairbairn E M R. Effect of calcination temperature on the pozzolanic activity of sugar cane bagasse ash[J]. Construction and Building Materials, 2009, 23(10): 3301-3303.
[182] Somna R, Jaturapitakkul C, Amde A M. Effect of ground fly ash and ground bagasse ash on the durability of recycled aggregate concrete[J]. Cement and Concrete Composites, 2012, 34(7): 848-854.
[183] Rattanashotinunt C, Thairit P, Tangchirapat W, et al. Use of calcium carbide residue and bagasse ash mixtures as

a new cementitious material in concrete[J]. Materials & Design, 2013, 46: 106-111.
[184] Baguant B K. Properties of concrete with bagasse ash as fine aggregate[J]. Special Publication, 1995, 153: 315-338.
[185] Hamada H M, Jokhio G A, Yahaya F M, et al. The present state of the use of palm oil fuel ash (POFA) in concrete[J]. Construction and Building Materials, 2018, 175: 26-40.
[186] Adesanya D A, Raheem A A. Development of corn cob ash blended cement[J]. Construction and Building Materials, 2009, 23(1): 347-352.
[187] Cheah C B, Ramli M. The implementation of wood waste ash as a partial cement replacement material in the production of structural grade concrete and mortar: an overview[J]. Resources, Conservation and Recycling, 2011, 55(7): 669-685.
[188] Villar-Cociña E, Morales E V, Santos S F, et al. Pozzolanic behavior of bamboo leaf ash: characterization and determination of the kinetic parameters[J]. Cement and Concrete Composites, 2011, 33(1): 68-73.
[189] 陈宜东，黄达，刘光焰，等. 废弃玻璃在混凝土中应用进展[J]. 混凝土, 2019(10): 135-139.
[190] Manikandan P, Vasugi V. A critical review of waste glass powder as an aluminosilicate source material for sustainable geopolymer concrete production[J]. Silicon, 2021: 1-15.
[191] 曲超，高志扬，刘数华，等. 废弃玻璃粉在活性粉末混凝土中的应用研究[J]. 混凝土, 2011(8): 82-84.
[192] Tan K H, Du H J. Use of waste glass as sand in mortar: Part Ⅰ-fresh, mechanical and durability properties[J]. Cement and Concrete Composites, 2013, 35(1): 109-117.
[193] Shi C J, Zheng K R. A review on the use of waste glasses in the production of cement and concrete[J]. Resources, Conservation and Recycling, 2007, 52(2): 234-247.
[194] Liu Y W, Shi C J, Zhang Z H, et al. An overview on the reuse of waste glasses in alkali-activated materials[J]. Resources, Conservation and Recycling, 2019, 144: 297-309.
[195] He Z H, Zhan P M, Du S G, et al. Creep behavior of concrete containing glass powder[J]. Composites Part B: Engineering, 2019, 166: 13-20.
[196] Aliabdo A A, Abd Elmoaty M, Aboshama A Y. Utilization of waste glass powder in the production of cement and concrete[J]. Construction and Building Materials, 2016, 124: 866-877.
[197] Torres-Carrasco M, Puertas F. Waste glass in the geopolymer preparation. Mechanical and microstructural characterisation[J]. Journal of Cleaner Production, 2015, 90: 397-408.
[198] Elaqra H A, Abou Haloub M A, Rustom R N. Effect of new mixing method of glass powder as cement replacement on mechanical behavior of concrete[J]. Construction and Building Materials, 2019, 203: 75-82.
[199] Rahman A, Barai A, Sarker A, et al. Light weight concrete from rice husk ash and glass powder[J]. Bangladesh Journal of Scientific and Industrial Research, 2018, 53(3): 225-232.
[200] Patel D, Tiwari R P, Shrivastava R, et al. Effective utilization of waste glass powder as the substitution of cement in making paste and mortar[J]. Construction and Building Materials, 2019, 199: 406-415.
[201] Liu F, Liu H Q, Yang N, et al. Comparative study of municipal solid waste incinerator fly ash reutilization in China: environmental and economic performances[J]. Resources, Conservation and Recycling, 2021, 169: 105541.
[202] Wang B M, Fan C C. Hydration behavior and immobilization mechanism of $MgO-SiO_2-H_2O$ cementitious system blended with MSWI fly ash[J]. Chemosphere, 2020, 250: 126269.
[203] Quina M J, Bontempi E, Bogush A, et al. Technologies for the management of MSW incineration ashes from gas cleaning: new perspectives on recovery of secondary raw materials and circular economy[J]. Science of the Total Environment, 2018, 635: 526-542.
[204] Rehman A U, Lee S M, Kim J H. Use of municipal solid waste incineration ash in 3D printable concrete[J]. Process Safety and Environmental Protection, 2020, 142: 219-228.
[205] Ma W C, Chen D M, Pan M H, et al. Performance of chemical chelating agent stabilization and cement solidification on heavy metals in MSWI fly ash: a comparative study[J]. Journal of Environmental Management, 2019, 247: 169-177.

[206] Ma W C, Fang Y H, Chen D M, et al. Volatilization and leaching behavior of heavy metals in MSW incineration fly ash in a DC arc plasma furnace[J]. Fuel, 2017, 210: 145-153.
[207] 李文瀚，马增益，杨恩权，等. 循环流化床垃圾焚烧系统电除尘飞灰和布袋飞灰特性研究[J]. 中国电机工程学报, 2019, 39(5): 1397-1405.
[208] Wang L, Jin Y Y, Nie Y F. Investigation of accelerated and natural carbonation of MSWI fly ash with a high content of Ca[J]. Journal of Hazardous Materials, 2010, 174(1-3): 334-343.
[209] Collivignarelli C, Sorlini S. Reuse of municipal solid wastes incineration fly ashes in concrete mixtures[J]. Waste Management, 2002, 22(8): 909-912.
[210] van der Sloot H A, Kosson D S, Hjelmar O. Characteristics, treatment and utilization of residues from municipal waste incineration[J]. Waste Management, 2001, 21(8): 753-765.
[211] Singh D, Kumar A. Geo-environmental application of municipal solid waste incinerator ash stabilized with cement[J]. Journal of Rock Mechanics and Geotechnical Engineering, 2017, 9(2): 370-375.
[212] 张文生，隋同波，姚燕，等. 垃圾焚烧灰作为水泥混合材的研究[J]. 硅酸盐学报, 2006(2): 229-232.
[213] 余春松，张玲玲，郑大伟，等. 固废基地质聚合物的研究及其应用进展[J]. 中国科学：技术科学: 1-18.
[214] Shi C J, Day R L. Comparison of different methods for enhancing reactivity of pozzolans[J]. Cement and Concrete Research, 2001, 31(5): 813-818.
[215] Shi C J. An overview on the activation of reactivity of natural pozzolans[J]. Canadian Journal of Civil Engineering, 2001, 28(5): 778-786.
[216] Neville A M. Properties of concrete[M]. London: Longman, 1995.
[217] Juenger M C G, Snellings R, Bernal S A. Supplementary cementitious materials: new sources, characterization, and performance insights[J]. Cement and Concrete Research, 2019, 122: 257-273.
[218] Snellings R. Assessing, understanding and unlocking supplementary cementitious materials[J]. RILEM Technical Letters, 2016, 1: 50-55.
[219] 张凡凡，陈超，张西兴，等. 不同来源石膏的性能特点与应用分析[J]. 无机盐工业, 2017, 49(8): 10-13.
[220] 刘林程，左海滨，许志强. 工业石膏的资源化利用途径与展望[J]. 无机盐工业, 2021, 53(10): 1-9.
[221] Tayibi H, Choura M, López F, et al. Environmental impact and management of phosphogypsum[J]. Journal of Environmental Management, 2009, 90(8): 2377-2386.
[222] Department of the Interior. Mineral Commodity Summaries[EB/OL]. U. S. Geological Survey, 2016, pp. 1-202. https: //minerals. usgs. gov/minerals/pubs/mcs/2016/mcs2016.
[223] Rashad A M. Phosphogypsum as a construction material[J]. Journal of Cleaner Production, 2017, 166: 732-743.
[224] Kelly A R, Tingzong G, Roger K S. Stabilization of phosphogypsum using class C fly ash and lime: assessment of the potential for marine applications[J]. Journal of Hazardous Materials, 2002, 93(2): 167-186.
[225] Magallanes-Rivera R X, Juarez-Alvarado C A, Valdez P, et al. Modified gypsum compounds: an ecological-economical choice to improve traditional plasters[J]. Construction and Building Materials, 2012, 37: 591-596.
[226] Min Y, Qian J S, Pang Y. Activation of fly ash–lime systems using calcined phosphogypsum[J]. Construction and building materials, 2008, 22(5): 1004-1008.
[227] Ajam L, Ouezdou M B, Felfoul H S, et al. Characterization of the Tunisian phosphogypsum and its valorization in clay bricks[J]. Construction and Building Materials, 2009, 23(10): 3240-3247.
[228] Huang Y, Lin Z S. Investigation on phosphogypsum–steel slag–granulated blast-furnace slag-limestone cement[J]. Construction and Building Materials, 2010, 24(7): 1296-1301.
[229] Rashad A M. Potential use of phosphogypsum in alkali-activated fly ash under the effects of elevated temperatures and thermal shock cycles[J]. Journal of Cleaner Production, 2015, 87: 717-725.
[230] Zhao L J, Wan T M, Yang X S, et al. Effects of kaolinite addition on the melting characteristics of the reaction between phosphogypsum and CaS[J]. Journal of Thermal Analysis and Calorimetry, 2015, 119(3): 2119-2126.
[231] Hua S D, Wang K J, Yao X, et al. Effects of fibers on mechanical properties and freeze-thaw resistance of phosphogypsum-slag based cementitious materials[J]. Construction and Building Materials, 2016, 121: 290-299.

[232] Huang Y Q, Lu J X, Chen F X, et al. The chloride permeability of persulphated phosphogypsum-slag cement concrete[J]. Journal of Wuhan University of Technology-Mater. Sci. Ed., 2016, 31(5): 1031-1037.

[233] Li X B, Du J, Gao L, et al. Immobilization of phosphogypsum for cemented paste backfill and its environmental effect[J]. Journal of Cleaner Production, 2017, 156: 137-146.

[234] Kacimi L, Simon-Masseron A, Ghomari A, et al. Reduction of clinkerization temperature by using phosphogypsum[J]. Journal of Hazardous Materials, 2006, 137 (1): 129-137.

[235] Zhang R, Zheng S L, Ma S H, et al. Recovery of alumina and alkali in Bayer red mud by the formation of andradite-grossular hydrogarnet in hydrothermal process[J]. Journal of Hazardous Materials, 2011, 189(3): 827-835.

[236] Li Z F, Zhang J, Li S C, et al. Effect of different gypsums on the workability and mechanical properties of red mud-slag based grouting materials[J]. Journal of Cleaner Production, 2020, 245: 118759.

[237] Khairul M A, Zanganeh J, Moghtaderi B. The composition, recycling and utilisation of Bayer red mud[J]. Resources, Conservation and Recycling, 2019, 141: 483-498.

[238] Liu Y, Lin C X, Wu Y G. Characterization of red mud derived from a combined Bayer process and bauxite calcination method[J]. Journal of Hazardous Materials, 2007, 146(1): 255-261.

[239] 叶楠. 拜耳法赤泥活化预处理制备地聚物及形成强度机理研究[D]. 武汉：华中科技大学, 2016.

[240] 杨丽芳. 赤泥综合利用技术及产业发展情况[DB/OL].〈http: //www.360doc.com/content/21/1126/15/71804609_1005999184.shtml〉2019, 12, 19.

[241] Kumar R., Srivastava J, Premchand P. Utilization of iron values of red mud for metallurgical applications[J]. Environmental and Waste Management, 1998: 108-119.

[242] Samal S, Ray A K, Bandopadhyay A. Proposal for resources, utilization and processes of red mud in India-A review[J]. International Journal of Mineral Processing, 2013, 118(C): 43-55.

[243] Liu Y J, Naidu R. Hidden values in bauxite residue (red mud): recovery of metals[J]. Waste Management, 2014, 34(12): 2662-2673.

[244] Coppola B, Tulliani J M, Antonaci P, et al. Role of natural stone wastes and minerals in the alkali activation process: a review[J]. Materials, 2020, 13(10): 2284.

[245] Rakhimova N R, Rakhimov R Z, Naumkina N I, et al. Influence of limestone content, fineness, and composition on the properties and microstructure of alkali-activated slag cement[J]. Cement and Concrete Composites, 2016, 72: 268-274.

[246] Clausi M, Tarantino S C, Magnani L L, et al. Metakaolin as a precursor of materials for applications in cultural heritage: geopolymer-based mortars with ornamental stone aggregates[J]. Applied Clay Science, 2016, 132: 589-599.

[247] Aboulayt A, Riahi M, Touhami M O, et al. Properties of metakaolin based geopolymer incorporating calcium carbonate[J]. Advanced Powder Technology, 2017, 28(9): 2393-2401.

[248] Cohen E, Peled A, Bar-Nes G. Dolomite-based quarry-dust as a substitute for fly-ash geopolymers and cement pastes[J]. Journal of Cleaner Production, 2019, 235: 910-919.

[249] Cwirzen A, Provis J L, Penttala V, et al. The effect of limestone on sodium hydroxide-activated metakaolin-based geopolymers[J]. Construction and Building Materials, 2014, 66: 53-62.

[250] Bassani M, Tefa L, Coppola B, et al. Alkali-activation of aggregate fines from construction and demolition waste: valorisation in view of road pavement subbase applications[J]. Journal of Cleaner Production, 2019, 234: 71-84.

[251] Yang T, Zhang Z H, Zhu H J, et al. Effects of calcined dolomite addition on reaction kinetics of one-part sodium carbonate-activated slag cements[J]. Construction and Building Materials, 2019, 211: 329-336.

[252] Clausi M, Fernández-Jiménez A M, Palomo A, et al. Reuse of waste sandstone sludge via alkali activation in matrices of fly ash and metakaolin[J]. Construction and Building Materials, 2018, 172: 212-223.

[253] Li C M, Wang L J, Zhang T T, et al. Development of building material utilizing a low pozzolanic activity mineral[J]. Construction and Building Materials, 2016, 121: 300-309.

[254] Yip C K, Provis J L, Lukey G C, et al. Carbonate mineral addition to metakaolin-based geopolymers[J]. Cement and Concrete Composites, 2008, 30(10): 979-985.

[255] Valentini L, Contessi S, Dalconi M C, et al. Alkali-activated calcined smectite clay blended with waste calcium carbonate as a low-carbon binder[J]. Journal of Cleaner Production, 2018, 184: 41-49.

[256] Edraki M, Baumgartl T, Manlapig E, et al. Designing mine tailings for better environmental, social and economic outcomes: a review of alternative approaches[J]. Journal of Cleaner Production, 2014, 84: 411-420.

[257] Palmer M A, Bernhardt E S, Schlesinger W H, et al. Mountaintop mining consequences[J]. Science, 2010, 327(5962): 148-149.

[258] Lazorenko G, Kasprzhitskii A, Shaikh F, et al. Utilization potential of mine tailings in geopolymers: Part 1. physicochemical and environmental aspects[J]. Process Safety and Environmental Protection, 2021, 147: 559-577.

[259] Ouffa N, Benzaazoua M, Belem T, et al. Alkaline dissolution potential of aluminosilicate minerals for the geosynthesis of mine paste backfill[J]. Materials Today Communications, 2020, 24: 101221.

[260] Rao F, Liu Q. Geopolymerization and its potential application in mine tailings consolidation: a review[J]. Mineral Processing and Extractive Metallurgy Review, 2015, 36(6): 399-409.

[261] Krishna R S, Shaikh F, Mishra J, et al. Mine tailings-based geopolymers: properties, applications and industrial prospects[J]. Ceramics International, 2021, 47: 17826-17843.

[262] Kouamo H T, Mbey J A, Elimbi A, et al. Synthesis of volcanic ash-based geopolymer mortars by fusion method: effects of adding metakaolin to fused volcanic ash[J]. Ceramics International, 2013, 39(2): 1613-1621.

[263] Luo Y P, Bao S X, Zhang Y M. Preparation of one-part geopolymeric precursors using vanadium tailing by thermal activation[J]. Journal of the American Ceramic Society, 2020, 103(2): 779-783.

[264] Perumal P, Piekkari K, Sreenivasan H, et al. One-part geopolymers from mining residues–effect of thermal treatment on three different tailings[J]. Minerals Engineering, 2019, 144: 106026.

[265] Habert G, De Lacaillerie J B D E, Roussel N. An environmental evaluation of geopolymer based concrete production: reviewing current research trends[J]. Journal of Cleaner Production, 2011, 19(11): 1229-1238.

[266] Mellado A, Catalán C, Bouzón N, et al. Carbon footprint of geopolymeric mortar: study of the contribution of the alkaline activating solution and assessment of an alternative route[J]. RSC advances, 2014, 4(45): 23846-23852.

[267] 梁永宸，石宵爽，张聪，等. 粉煤灰地聚物混凝土性能与环境影响的综合评价[J/OL]. 材料导报，2023(02): 1-12. http: //kns. cnki. net/kcms/detail/50. 1078. TB. 20220221. 0855. 002. html.

[268] Luukkonen T, Abdollahnejad Z, Yliniemi J, et al. Alkali-activated soapstone waste-Mechanical properties, durability, and economic prospects[J]. Sustainable Materials and Technologies, 2019, 22: e00118.

[269] Meshram R B, Kumar S. Comparative life cycle assessment (LCA) of geopolymer cement manufacturing with portland cement in Indian context[J]. International Journal of Environmental Science and Technology, 2021: 1-12.

[270] Kutti T, Malinowski R. Influence of the curing conditions on the flexural strength of alkali activated blastfurnace slag mortar[J]. Nordic Concrete Research, 1982(1): 9-18.

[271] Isozaki K, Iwamoto S, Nakagawa K. Some properties of alkali-activated slag cements[J]. CAJ Rev, 1986, 506: 120-123.

[272] 郑文忠，邹梦娜，王英. 碱激发胶凝材料研究进展[J]. 建筑结构学报, 2019, 40(1): 28-39.

[273] Fu Y W, Cai L C, Wu Y G. Freeze–thaw cycle test and damage mechanics models of alkali-activated slag concrete[J]. Construction and Building Materials, 2011, 25(7): 3144-3148.

[274] Shi C J. Activation of reactivity of natural pozzolan, fly ashes, and slag[D]. Calgary: University of Calgary, 1992.

[275] Cincotto M A, Melo A A, Repette W L. Effect of different activators type and dosages and relation to autogenous shrinkage of activated blast furnace slag cement[C]. Durban, South Africa: Proceedings of the 11th International Congress on the Chemistry of Cement, 2003: 1878-1888.

[276] Li X. Mechanical performance and durability of MgO cement concrete[D]. Cambridge: University of Cambridge, 2012.

[277] Jin F, Gu K, Al-Tabbaa A. Strength and hydration properties of reactive MgO-activated ground granulated blastfurnace slag paste[J]. Cement and Concrete Composites, 2015, 57: 8-16.

[278] Yi Y L, Liska M, Al-Tabbaa A. Properties and microstructure of GGBS–magnesia pastes[J]. Advances in Cement Research, 2014, 26(2): 114-122.

[279] Yi Y L, Liska M, Al-Tabbaa A. Properties of two model soils stabilized with different blends and contents of GGBS, MgO, lime, and PC[J]. Journal of Materials in Civil Engineering, 2014, 26(2): 267-274.

[280] Zheng J R, Sun X, Guo L J, et al. Strength and hydration products of cemented paste backfill from sulphide-rich tailings using reactive MgO-activated slag as a binder[J]. Construction and Building Materials, 2019, 203: 111-119.

[281] Yu H, Yi Y L, Unluer C. Heat of hydration, bleeding, viscosity, setting of $Ca(OH)_2$-GGBS and MgO-GGBS grouts[J]. Construction and Building Materials, 2021, 270: 121839.

[282] Bass J L, Turner G L. Anion distributions in sodium silicate solutions. Characterization by ^{29}SI NMR and infrared spectroscopies, and vapor phase osmometry[J]. Journal of Physical Chemistry B, 1997, 101(50): 10638-10644.

[283] Tognonvi M T, Massiot D, Lecomte A, et al. Identification of solvated species present in concentrated and dilute sodium silicate solutions by combined ^{29}Si NMR and SAXS studies[J]. Journal of Colloid and Interface Science, 2010, 352(2): 309-315.

[284] Böschel D, Janich M, Roggendorf H. Size distribution of colloidal silica in sodium silicate solutions investigated by dynamic light scattering and viscosity measurements[J]. Journal of Colloid and Interface Science, 2003, 267(2): 360-368.

[285] Vidal L, Joussein E, Colas M, et al. Controlling the reactivity of silicate solutions: a FTIR, Raman and NMR study[J]. Colloids and Surfaces A: Physicochemical and Engineering Aspects, 2016, 503: 101-109.

[286] Gharzouni A, Joussein E, Samet B, et al. The effect of an activation solution with siliceous species on the chemical reactivity and mechanical properties of geopolymers[J]. Journal of Sol-Gel Science and Technology, 2015, 73(1): 250-259.

[287] Weber C F, Hunt R D. Modeling alkaline silicate solutions at 25℃[J]. Industrial & Engineering Chemistry Research, 2003, 42(26): 6970-6976.

[288] Provis J L, Duxson P, Lukey G C, et al. Modeling speciation in highly concentrated alkaline silicate solutions[J]. Industrial & Engineering Chemistry Research, 2005, 44(23): 8899-8908.

[289] Brykov A S, Danilov V V, Aleshunina E Y. State of silicon in silicate and silica-containing solutions and their binding properties[J]. Russian Journal of Applied Chemistry, 2008, 81(10): 1717-1721.

[290] Xu H, van Deventer J S J. The geopolymerisation of alumino-silicate minerals[J]. International Journal of Mineral Processing, 2000, 59(3): 247-266.

[291] Weng L Q, Sagoe-Crentsil K. Dissolution processes, hydrolysis and condensation reactions during geopolymer synthesis: Part I-low Si/Al ratio systems[J]. Journal of materials science, 2007, 42(9): 2997-3006.

[292] Ye H L, Huang L, Chen Z J. Influence of activator composition on the chloride binding capacity of alkali-activated slag[J]. Cement and Concrete Composites, 2019, 104: 103368.

[293] Askarian M, Tao Z, Samali B, et al. Mix composition and characterisation of one-part geopolymers with different activators[J]. Construction and Building Materials, 2019, 225: 526-537.

[294] Bernal S A, Provis J L, Myers R J, et al. Role of carbonates in the chemical evolution of sodium carbonate-activated slag binders[J]. Materials and Structures, 2015, 48(3): 517-529.

[295] Rashad A M, Bai Y, Basheer P A M, et al. Chemical and mechanical stability of sodium sulfate activated slag after exposure to elevated temperature[J]. Cement and Concrete Research, 2012, 42(2): 333-343.

[296] Yuksel I. Blast-furnace slag[M]//Waste and Supplementary Cementitious Materials in Concrete. Woodhead Publishing, 2018: 361-415.

[297] Deng G, He Y J, Lu L N, et al. The effect of activators on the dissolution characteristics and occurrence state of aluminum of alkali-activated metakaolin[J]. Construction and Building Materials, 2020, 235: 117451.

[298] Roy D M. Mechanism of cement paste degradation due to chemical and physical process[C]. Brazil: Proceedings of 8th International Congress on the Chemistry of Cement, 1986(Vol. Ⅰ): 359-380.

[299] Shi C J, Day R L. Pozzolanic reactions in the presence of chemical activators- Part Ⅰ: reaction kinetics[J]. Cement and Concrete Research, 2000, 30(1): 51-58.

[300] Fernández-Jiménez A, Palomo A, Sobrados I, et al. The role played by the reactive alumina content in the alkaline activation of fly ashes[J]. Microporous and Mesoporous Materials, 2006, 91(1-3): 111-119.

[301] Hajimohammadi A, Provis J L, van Deventer J S J. One-part geopolymer mixes from geothermal silica and sodium aluminate[J]. Industrial & Engineering Chemistry Research, 2008, 47(23): 9396-9405.

[302] Hajimohammadi A, Provis J L, Van Deventer J S J. Effect of alumina release rate on the mechanism of geopolymer gel formation[J]. Chemistry of Materials, 2010, 22(18): 5199-5208.

[303] Davidovits J. Geopolymer chemistry and properties[C]// Proceedings of the First European Conference on Soft Mineralogy. Compiègne: The Geopolymer Institute, 1988: 132-136.

[304] Wang Y S, Alrefaei Y, Dai J G. Silico-aluminophosphate and alkali-aluminosilicate geopolymers: a comparative review[J]. Frontiers in Materials, 2019, 6: 106.

[305] Wagh A S. Chemically bonded phosphate ceramics: twenty-first century materials with diverse applications[M]. Amsterdam: Elsevier, 2016.

[306] Cui X M, Liu L P, He Y, et al. A novel aluminosilicate geopolymer material with low dielectric loss[J]. Materials Chemistry and Physics, 2011, 130(1-2): 1-4.

[307] He Y, Cui X M, Liu X D, et al. Preparation of self-supporting NaA zeolite membranes using geopolymers[J]. Journal of Membrane Science, 2013, 447: 66-72.

[308] Wang Y S. Influence of metal ions on formation of silico-aluminophosphate geopolymer [D]. Hong Kong: The Hong Kong Polytechnic University, 2018.

[309] Wang Y S, Dai J G, Wang L, et al. Influence of lead on stabilization/solidification by ordinary Portland cement and magnesium phosphate cement[J]. Chemosphere, 2018(190): 90-96.

[310] Kaduk J A, Pei S Y. The crystal structure of hydrated sodium aluminate, $NaAlO_2 \cdot 5/4H_2O$, and its dehydration product[J]. Journal of Solid State Chemistry, 1995, 115(1): 126-139.

[311] Mangat P, Lambert P. Sustainability of alkali-activated cementitious materials and geopolymers[M]//Sustainability of Construction Materials. Woodhead Publishing, 2016: 459-476.

[312] Bagheri A, Nazari A, Sanjayan J G, et al. Fly ash-based boroaluminosilicate geopolymers: experimental and molecular simulations[J]. Ceramics International, 2017, 43(5): 4119-4126.

[313] Bagheri A, Ali N, Sanjayan J G et al. Alkali activated materials vs geopolymers: role of boron as an eco-friendly replacement[J]. Construction and Building Materials, 2017(146): 297-302.

[314] Ruiz-Santaquiteria C, Fernández-Jiménez A, Palomo A. Quantitative determination of reactive SiO_2 and Al_2O_3 in aluminosilicate materials[C]. Madrid: Proceedings of XIII International Congress on the Chemistry of Cement, 2011.

[315] Duxson P, Lukey G C, Separovic F, et al. Effect of alkali cations on aluminum incorporation in geopolymeric gels[J]. Industrial and Engineering Chemistry Research, 2005, 44(4): 832-839.

[316] Fletcher R A, MacKenzie K J D, Nicholson C L, et al. The composition range of aluminosilicate geopolymers[J]. Journal of the European Ceramic Society, 2005, 25(9): 1471-1477.

[317] Garcia-Lodeiro I, Fernández-Jimenez A, Pena P, et al. Alkaline activation of synthetic aluminosilicate glass[J]. Ceramics International, 2014, 40(4): 5547-5558.

[318] Pimraksa K, Chindaprasirt P, Rungchet A, et al. Lightweight geopolymer made of highly porous siliceous materials with various Na_2O/Al_2O_3 and SiO_2/Al_2O_3 ratios[J]. Materials Science and Engineering: A, 2011, 528(21): 6616-6623.

[319] De Silva P, Sagoe-Crenstil K, Sirivivatnanon V. Kinetics of geopolymerization: role of Al_2O_3 and SiO_2[J].

Cement and Concrete Research, 2007, 37(4): 512-518.
[320] Taylor H F W. Cement chemistry[M]. Second Edition. London: Thomas Telford Press, 1997.
[321] Kucharczyk S, Sitarz M, Zajac M, et al. The effect of CaO/SiO_2 molar ratio of CaO-Al_2O_3-SiO_2 glasses on their structure and reactivity in alkali activated system[J]. Spectrochimica Acta Part A: Molecular and Biomolecular Spectroscopy, 2018, 194: 163-171.
[322] Puertas F, Palacios M, Manzano H, et al. A model for the C-A-S-H gel formed in alkali-activated slag cements[J]. Journal of the European Ceramic Society, 2011, 31(12): 2043-2056.
[323] Ismail I, Bernal S A, Provis J L, et al. Modification of phase evolution in alkali-activated blast furnace slag by the incorporation of fly ash[J]. Cement and Concrete Composites, 2014, 45: 125-135.
[324] Walkley B, San Nicolas R, Sani M A, et al. Phase evolution of C-(N)-ASH/NASH gel blends investigated via alkali-activation of synthetic calcium aluminosilicate precursors[J]. Cement and Concrete Research, 2016, 89: 120-135.
[325] Haha M B, Le Saout G, Winnefeld F, et al. Influence of activator type on hydration kinetics, hydrate assemblage and microstructural development of alkali activated blast-furnace slags[J]. Cement and Concrete Research, 2011, 41(3): 301-310.
[326] Myers R J, Bernal S A, San Nicolas R, et al. Generalized structural description of calcium–sodium aluminosilicate hydrate gels: the cross-linked substituted tobermorite model[J]. Langmuir, 2013, 29(17): 5294-5306.
[327] Lloyd R R, Provis J L, van Deventer J S J. Microscopy and microanalysis of inorganic polymer cements. 1: remnant fly ash particles[J]. Journal of Materials Science, 2009, 44(2): 608-619.
[328] Lothenbach B, Pelletier-Chaignat L, Winnefeld F. Stability in the system CaO-Al_2O_3-H_2O[J]. Cement and Concrete Research, 2012, 42(12): 1621-1634.
[329] Davidovits J, Lavau J. Solid phase synthesis of a mineral block-polymer by low temperature polycondensation of alumino-silicate polymers IUPAC international symposium on macromolecules[C]//Symp. on Macromolecules. Stockholm, 1976.
[330] Provis J L, van Deventer J S J. Geopolymerisation kinetics. 2. Reaction kinetic modelling[J]. Chemical Engineering Science, 2007, 62(9): 2318-2329.
[331] Duxson P, Provis J L. Designing precursors for geopolymer cements[J]. Journal of the American Ceramic Society, 2008, 91(12): 3864-3869.
[332] Šmilauer V, Hlaváček P, Škvára F, et al. Micromechanical multiscale model for alkali activation of fly ash and metakaolin[J]. Journal of Materials Science, 2011, 46(20): 6545-6555.
[333] Živica V, Palou M T, Križma M. Geopolymer cements and their properties: a review[J]. Building Research Journal, 2015, 61(2): 85-100.
[334] Nath S K, Mukherjee S, Maitra S, et al. Kinetics study of geopolymerization of fly ash using isothermal conduction calorimetry[J]. Journal of Thermal Analysis and Calorimetry, 2017, 127(3): 1953-1961.
[335] 郑文忠，朱晶．碱矿渣胶凝材料结构工程应用基础[M]．哈尔滨：哈尔滨工业大学出版社, 2015.
[336] Fernández-Jiménez A, Puertas F. Alkali-activated slag cements: kinetic studies[J]. Cement and Concrete Research, 1997, 27(3): 359-368.
[337] Fernández-Jiménez A, Puertas F, Arteaga A. Determination of kinetic equations of alkaline activation of blast furnace slag by means of calorimetric data[J]. Journal of Thermal Analysis and Calorimetry, 1998, 52(3): 945-955.
[338] Bernal S A, Provis J L, Rose V, et al. Evolution of binder structure in sodium silicate-activated slag-metakaolin blends[J]. Cement and Concrete Composites, 2011, 33(1): 46-54.
[339] Zieliński M. Influence of constant magnetic field on the properties of waste phosphogypsum and fly ash composites[J]. Construction and Building Materials, 2015, 89: 13-24.
[340] Li W T, Yi Y L. Use of carbide slag from acetylene industry for activation of ground granulated blast-furnace slag[J]. Construction and Building Materials, 2020, 238: 117713.
[341] Schöler A, Lothenbach B, Winnefeld F, et al. Hydration of quaternary Portland cement blends containing

blast-furnace slag, siliceous fly ash and limestone powder[J]. Cement and Concrete Composites, 2015, 55: 374-382.

[342] Puertas F, Palacios M, Manzano H, et al. A model for the CASH gel formed in alkali-activated slag cements[J]. Journal of the European Ceramic Society, 2011, 31(12): 2043-2056.

[343] 黄新，宁建国，许晟，等. 软土固化剂优化设计方法探讨[J]. 工业建筑, 2006(7): 7-12+18.

[344] 李战国，赵永生，黄新. 工业废渣制备软土地基固化剂设计方法探讨[J]. 北京航空航天大学学报，2009, 35(4): 497-500.

[345] 邓永锋.《岩土工程学报》青年论坛第五专题：软土地基排水固结理论与工程实践之报告二——固废在软土固化利用中的理论探讨[EB/OL]. [2022-02-11]. http: //mp. weixin. qq. com/s/gi_T9nPZDy9aLkpNqJiqHg.

[346] Wu J, Deng Y F, Zhang G P, et al. A generic framework of unifying industrial by-products for soil stabilization[J]. Journal of Cleaner Production, 2021, 321: 128920.

[347] Wu J, Liu L, Deng Y F, et al. Distinguishing the effects of cementation versus density on the mechanical behavior of cement-based stabilized clays[J]. Construction and Building Materials, 2021, 271: 121571.

[348] Liu Z Y, Ni W, Li Y, et al. The mechanism of hydration reaction of granulated blast furnace slag-steel slag-refining slag-desulfurization gypsum-based clinker-free cementitious materials[J]. Journal of Building Engineering, 2021, 44: 103289.

[349] Li J J, Yilmaz E, Cao S. Influence of industrial solid waste as filling material on mechanical and microstructural characteristics of cementitious backfills[J]. Construction and Building Materials, 2021, 299: 124288.

[350] 宫经伟，林浩然，王亮，等. 基于正交试验的全固废复合胶凝材料固化盐渍土的力学性能[J]. 科学技术与工程, 2021, 21(7): 2865-2872.

[351] Wu M Y, Hu X M, Zhang Q, et al. Orthogonal experimental studies on preparation of mine-filling materials from carbide slag, granulated blast-furnace slag, fly ash, and flue-gas desulphurisation gypsum[J]. Advances in Materials Science and Engineering, 2018, 2018.

[352] 冯亚松. 镍锌复合重金属污染黏土固化稳定化研究[D]. 南京：东南大学, 2021.

[353] Chen K Y, Wu D Z, Zhang Z L, et al. Modeling and optimization of fly ash–slag-based geopolymer using response surface method and its application in soft soil stabilization[J]. Construction and Building Materials, 2022, 315: 125723.

[354] 刘树龙，李公成，刘国磊，等. 基于响应面法的矿渣基全固废胶凝材料配比优化[J]. 硅酸盐通报，2021, 40(1): 187-193.

[355] Rivera J F, Cristelo N, Fernández-Jiménez A, et al. Synthesis of alkaline cements based on fly ash and metallurgic slag: optimisation of the SiO_2/Al_2O_3 and Na_2O/SiO_2 molar ratios using the response surface methodology[J]. Construction and Building Materials, 2019, 213: 424-433.

[356] Sun Q, Tian S, Sun Q W, et al. Preparation and microstructure of fly ash geopolymer paste backfill material[J]. Journal of Cleaner Production, 2019, 225: 376-390.

[357] 李立涛，杨晓炳，高谦，等. 基于均匀试验与智能算法的全固废充填胶凝材料制备[J]. 矿冶工程，2019, 39(6): 15-19.

[358] 王亮，慈军，宫经伟，等. 基于 PPR 建模的全固废材料固化盐渍土抗压强度计算模型[J]. 环境工程，2020, 38(10): 177-182+52.

[359] Bernal S A, Provis J L, Walkley B, et al. Gel nanostructure in alkali-activated binders based on slag and fly ash, and effects of accelerated carbonation[J]. Cement and Concrete Research, 2013, 53: 127-144.

[360] Bernal S A, San Nicolas R, Provis J L, et al. Natural carbonation of aged alkali-activated slag concretes[J]. Materials and structures, 2014, 47(4): 693-707.

[361] Palacios M, Puertas F. Effect of carbonation on alkali-activated slag paste[J]. Journal of the American Ceramic Society, 2006, 89(10): 3211-3221.

[362] Gu L Y, Lyu Q F, Wang S H, et al. Effect of sodium silicate on the properties of loess stabilized with alkali-activated fly ash-based[J]. Construction and Building Materials, 2021, 280: 122515.

[363] Zibara H. Binding of external chloride by cement pastes[D]. Toronto: Department of Building Materials,

University of Toronto, 2001.
[364] Yuan Q, Shi C J, De Schutter G, et al. Chloride binding of cement-based materials subjected to external chloride environment: a review[J]. Construction & Building Materials, 2009, 23(1): 1-13.
[365] Brough A R, Holloway M, Sykes J, et al. Sodium silicate-based alkali-activated slag mortars Part Ⅱ. The retarding effect of additions of sodium chloride or malic acid[J]. Cement and Concrete Research, 2000, 30: 1375-1379.
[366] Miranda J M, Fernández-Jiménez A, González J A, et al. Corrosion resistance in activated fly ash mortars[J]. Cement and Concrete Research, 2005, 35(6): 1210-1217.
[367] Ismail I, Bernal S A, Provis J L, et al. Influence of fly ash on the water and chloride permeability of alkali-activated slag mortars and concretes[J]. Construction and Building Materials, 2013, 48: 1187-1201.
[368] Babaee M, Castel A. Chloride diffusivity, chloride threshold, and corrosion initiation in reinforced alkali-activated mortars: role of calcium, alkali, and silicate content[J]. Cement and Concrete Research, 2018, 111: 56-71.
[369] Ke X Y, Bernal S A, Hussein O H, et al. Chloride binding and mobility in sodium carbonate-activated slag pastes and mortars[J]. Materials and Structures, 2017, 50(6): 1-13.
[370] Bernal S A, Provis J L. Durability of alkali-activated materials: progress and perspectives[J]. Journal of the American Ceramic Society, 2014, 97(4): 997-1008.
[371] Wang A G, Zheng Y, Zhang Z H, et al. The durability of alkali-activated materials in comparison with ordinary portland cements and concretes: a review[J]. Engineering, 2020.
[372] Duan P, Yan C J, Zhou W. Influence of partial replacement of fly ash by metakaolin on mechanical properties and microstructure of fly ash geopolymer paste exposed to sulfate attack[J]. Ceramics International, 2016, 42(2): 3504-3517.
[373] Zhang J, Shi C J, Zhang Z H, et al. Durability of alkali-activated materials in aggressive environments: a review on recent studies[J]. Construction and Building Materials, 2017, 152: 598-613.
[374] Rüscher C H, Mielcarek E, Lutz W, et al. Weakening of alkali-activated metakaolin during aging investigated by the molybdate method and infrared absorption spectroscopy[J]. Journal of the American Ceramic Society, 2010, 93(9): 2585-2590.
[375] Bernal S A, Rodríguez E D, Mejía de Gutiérrez R, et al. Performance of alkali-activated slag mortars exposed to acids[J]. Journal of Sustainable Cement-Based Materials, 2012, 1(3): 138-151.
[376] Jirasit F, Rüscher C H, Lohaus L, et al. Durability performance of alkali-activated metakaolin, slag, fly ash, and hybrids[C]//Developments in Strategic Ceramic Materials Ⅱ: A Collection of Papers Presented at the 40th International Conference on Advanced Ceramics and Composites. Daytona Beach: John Wiley & Sons, 2017: 1-12.
[377] El-Eswed B I, Yousef R I, Alshaaer M, et al. Stabilization/solidification of heavy metals in kaolin/zeolite based geopolymers[J]. International Journal of Mineral Processing, 2015, 137: 34-42.
[378] El-Eswed B I, Aldagag O M, Khalili F I. Efficiency and mechanism of stabilization/solidification of Pb (Ⅱ), Cd (Ⅱ), Cu (Ⅱ), Th (Ⅳ) and U (Ⅵ) in metakaolin based geopolymers[J]. Applied Clay Science, 2017, 140: 148-156.
[379] Yousef R I, El-Eswed B, Alshaaer M, et al. The influence of using Jordanian natural zeolite on the adsorption, physical, and mechanical properties of geopolymers products[J]. Journal of Hazardous Materials, 2009, 165(1-3): 379-387.
[380] El-Eswed B, Yousef R I, Alshaaer M, et al. Adsorption of Cu (Ⅱ), Ni (Ⅱ), Zn (Ⅱ), Cd (Ⅱ) and Pb (Ⅱ) onto kaolin/zeolite based-geopolymers[J]. Advances in Materials Physics and Chemistry, 2013, 2(4): 119.
[381] El-Eswed B I. Solidification versus adsorption for immobilization of pollutants in geopolymeric materials: a review[M]//Solidification. Rijeka, Croatia: IntechOpen, 2018.
[382] Luukkonen T, Heponiemi A, Runtti H, et al. Application of alkali-activated materials for water and wastewater treatment: a review[J]. Reviews in Environmental Science and Bio/Technology, 2019, 18(2): 271-297.

[383] 周显，胡波，童军，等. 赤泥基土壤聚合物固化重金属的机理研究[J]. 岩土工程学报，2020, 42(S1): 239-243.

[384] van Jaarsveld J G S, van Deventer J S J, Schwartzman A. The potential use of geopolymeric materials to immobilise toxic metals: Part Ⅱ. Material and leaching characteristics[J]. Minerals Engineering, 1999, 12(1): 75-91.

[385] Zhang X L, Yao A L, Chen L. A review on the immobilization of heavy metals with geopolymers[C]//Advanced Materials Research. Trans Tech Publications Ltd, 2013, 634: 173-177.

[386] El-eswed B I. Chemical evaluation of immobilization of wastes containing Pb, Cd, Cu and Zn in alkali-activated materials: a critical review[J]. Journal of Environmental Chemical Engineering, 2020: 104194.

[387] van Jaarsveld J G S, van Deventer J S J. The effect of metal contaminants on the formation and properties of waste-based geopolymers[J]. Cement and Concrete Research, 1999, 29(8): 1189-1200.

[388] Wang Y G, Han F L, Mu J Q. Solidification/stabilization mechanism of Pb (Ⅱ), Cd (Ⅱ), Mn (Ⅱ) and Cr (Ⅲ) in fly ash based geopolymers[J]. Construction and Building Materials, 2018, 160: 818-827.

[389] Davidovits J. Geopolymers: inorganic polymeric new materials[J]. Journal of Thermal Analysis and Calorimetry, 1991, 37(8): 1633-1656.

[390] 金漫彤，金赞芳，黄彩菊. 地聚合物固化重金属 Pb^{2+} 的研究[J]. 环境科学, 2011, 32(5): 1447-1453.

[391] Wattez T, Patapy C, Frouin L, et al. Interactions between alkali-activated ground granulated blastfurnace slag and organic matter in soil stabilization/solidification[J]. Transportation Geotechnics, 2021, 26: 100412.

[392] 中华人民共和国住房和城乡建设部. 土的工程分类标准: GB/T 50145—2007[S]. 北京: 中国计划出版社, 2007.

[393] 中华人民共和国住房和城乡建设部. 建筑地基基础设计规范: GB 50007—2011[S]. 北京: 中国建筑工业出版社, 2011.

[394] European Council Decision 2003/33/EC of 19th December 2002. Establishing criteria and procedures for acceptance of waste at landfills, pursuant to article 16 of and Annex Ⅱ to directive 1999/31/EC[J]. Official Journal of the European Communities, 2003, 11: 27-49.

[395] Bergaya F, Lagaly G. Handbook of clay science[M]. Amsterdam: Elsevier, 2013: 717-741.

[396] 黄占斌，王平，李昉泽. 环境材料在矿区土壤修复中的应用[M]. 北京: 科学出版社, 2020.

6 镁质类固化剂

目前，镁质水泥（MgO-based cements 或 magnesia cements）是除石灰、硅酸盐水泥等钙质水泥外，应用最为广泛的无机类土体固化剂。作为新型低碳固化剂，镁质类固化剂主要用于土体加固、污染土修复等方面。

6.1 概述

6.1.1 镁质水泥分类

基于 MgO 在固化剂中的作用机理，本书将镁质水泥分为以下三类：

第一类镁质水泥：利用重烧 MgO 延迟水化的特性和微膨胀作用，调控硬化体的体积变化，解决其收缩导致的裂缝问题。该类镁质水泥只作为外掺剂用于钙质水泥，主要用于制备混凝土，本书不作介绍。

第二类镁质水泥：活性 MgO 为主要原材料，添加促进水化反应的调和促凝剂，生成具有胶结性能的复合镁盐。

第三类镁质水泥：低温（650℃）煅烧制得的活性 MgO 和二氧化碳为主要原材料，制得具有碳负性（carbon-negative）的镁质水泥，其碳负性机理见式（6-1）。

$$\left.\begin{aligned} MgO+H_2O &\longrightarrow Mg(OH)_2 \\ Mg(OH)_2+CO_2+H_2O &\longrightarrow MgCO_3\cdot 2H_2O \end{aligned}\right\} \tag{6-1}$$

本书所述的镁质类固化剂是第二类镁质水泥和第三类镁质水泥。

第二类镁质水泥是以菱镁矿或白云石低温煅烧得到的活性 MgO 为主要原材料，辅以磷酸盐溶液、氯化镁溶液、硫酸镁溶液及活性氧化硅等调和剂，以及改善固化剂性质的改性添加剂，分别制成磷酸镁水泥（magnesium phosphate cement，MPCs）、氯氧镁水泥（magnesium oxychloride cement，MOC）、硫氧镁水泥（magnesium oxysulfate cement，MOSC）、硅酸镁水泥（magnesium silicate hydrate cement，MSHC）等。其中，磷酸镁水泥已在第 4 章详述，在此不再赘述。

第三类镁质水泥是活性 MgO 与二氧化碳直接发生反应，生成 $MgO-CO_2-H_2O$ 水化胶凝产物体系的活性氧化镁碳化水泥（carbonated reactive MgO cement，CRMC）。

6.1.2 原材料

6.1.2.1 活性氧化镁

活性 MgO 也称轻烧氧化镁，是镁质类固化剂最主要的原材料之一。活性 MgO 的性质直接决定了镁质类固化剂的性能。原材料、煅烧温度、MgO 密度和比表面积等是影响活性 MgO 性质的主要因素。

生产活性 MgO 的原材料有固体矿物资源和液体矿物资源。固体矿物资源主要是菱镁矿（$MgCO_3$）、白云石矿（$MgCO_3 \cdot CaCO_3$）、滑石（$3MgO \cdot 4SiO_2 \cdot H_2O$）、光卤石（$KCl \cdot MgCl_2 \cdot 6H_2O$）、水镁石［$Mg(OH)_2$］、蛇纹石（$3MgO \cdot 2SiO_2$）等沉积岩矿物，其中，菱镁矿（煅烧温度 750～850℃）、白云石矿（煅烧温度 600～750℃）最为常见。液体矿物资源则以海水、盐湖卤水、地下卤水等为主。

MgO 的结构、水化活性受煅烧温度影响，致密的天然方镁石几乎没有水化活性。较低温度（600～850℃）煅烧得到的 MgO 晶格缺陷多、晶粒粗大，水化速度快；煅烧温度 1000℃以上得到的 MgO 晶格完整、晶粒细小、无缺陷且密实，难以与水发生反应。MgO 的比表面积与煅烧制度之间的关系密切，煅烧温度越高、时间越长，比表面积越小[1]。活性 MgO 的生产方法和基本性质详见 5.1.1.2。

6.1.2.2 氯氧镁水泥

MOC 最早由法国学者 Sorel 提出[2]，因此也称 Sorel 水泥。原材料主要是活性 MgO、氯化镁（$MgCl_2$）和水（H_2O），有时也会添加一定量的改性添加剂。对其中的活性 MgO 有性能要求，即活性大于 60%，颗粒粒径过 200 目筛，游离氧化钙低于 2%，游离氧化铁低于 1.5%，SO_4^{2-} 应低于 3%[3]。

（1）氯化镁

用作 MOC 原材料的 $MgCl_2$ 为 $MgCl_2 \cdot 6H_2O$，常用的生产方法有海水苦卤法、盐湖卤水法、苦土法和副产法，原材料有海水苦卤、盐湖卤水及其副产物，生产过程均包括蒸发、分离、结晶等工序。

$MgCl_2$ 有一水、二水、四水、六水、八水和十二水等水合物。$MgCl_2 \cdot 6H_2O$ 在常温下稳定存在，各水合物之间的转变温度见式（6-2）。

$$MgCl_2 \cdot 12H_2O \xrightleftharpoons{-16.8℃} MgCl_2 \cdot 8H_2O \xrightleftharpoons{-3.4℃} MgCl_2 \cdot 6H_2O \xrightleftharpoons{-116.7℃}$$
$$MgCl_2 \cdot 4H_2O \xrightleftharpoons{118.5℃} MgCl_2 \cdot 2H_2O \xrightleftharpoons{230℃} MgCl_2 \cdot H_2O \xrightleftharpoons{230℃以上} MgOHCl \quad (6\text{-}2)$$

（2）改性添加剂

MOC 改性添加剂原材料的类别及成分详见表 6-1。

表 6-1 MOC 改性添加剂原材料的类别、类型及成分（基于文献[4]修改）

类别	类型	组成成分
无机物	工业废渣	高炉矿渣、粉煤灰、硅灰、钢渣、炉渣、磷石膏等
	硅酸盐	高铝水泥、铁铝酸盐水泥、水玻璃类等
	酸类	磷酸、硼酸、硫酸、偏硅酸等

续表

类别	类型	组成成分
无机物	磷酸盐	三聚磷酸钠、六聚偏磷酸钠、磷酸三钠、磷酸二氢盐等
	盐酸盐	氯化铁、氯化锌、氯化钙等
	硫酸盐	硫酸锌、硫酸钠、硫酸铜、硫酸锰、硫酸镁等
	铝酸盐	铝酸钠、铝酸钾等
	复盐	氟硅酸钠、铁铝酸盐等
	金属氧化物	氧化锌、氧化钙等
有机物	酸类	葡萄糖酸、柠檬酸、酒石酸、蔗糖化钙、乙二酸等
	乳液类	苯丙乳液、氯偏乳液、EVA 乳液、丙烯酸酯乳液等
	树脂类	酚醛树脂、脲醛树脂、三聚氰胺甲醛树脂等
	表面活性剂	木质素磺酸盐、萘磺酸盐、三乙醇胺、十二烷基酚聚氧乙烯醚等

改性添加剂主要用于稳定 MOC 水化产物矿物相，防止 MOC 中相 5 或相 3[见式(6-4)]发生水解，改善 MOC 的凝结、流动等和易性，提高抗返卤、抗返霜、抗变形等耐久性能，通过在 MOC 内部形成不溶性化合物、堵塞孔隙等阻止水分入侵，或在 MOC 水化产物晶体颗粒表面形成保护层，避免与水分的接触，其掺量约占 MOC 总量的 1%～10%。

6.1.2.3 硫氧镁水泥

MOSC 由 Enricht 于 1891 年提出[5]，也称为人工石或水泥（artificial stone or cement），其原材料除了活性 MgO 外，还含有硫酸镁（$MgSO_4$）溶液。与 MOC 的作用相似，MOSC 采用 $MgSO_4$ 溶液替代氯化镁溶液，用作 MOSC 的调和促凝剂。需要说明的是，在 MOC 和 MOSC 基础上发展来的碱式硫酸镁水泥（basic magnesium sulfate cement，BMSC）也属于 $MgO\text{-}MgSO_4\text{-}H_2O$ 三元胶凝体系，不同之处在于 BMSC 添加改性外加剂[6]，即 BMSC 可看成外加剂改性的 MOSC[7]，本书将 MOSC 和 BMSC 统称为 MOSC。

用作 MOSC 原材料的 $MgSO_4$ 为 $MgSO_4 \cdot 7H_2O$，其生产方法有硫酸法、盐湖苦卤法、苦卤复晒法、振荡转化法、碳酸化法及副产法等。硫酸法使用的原材料有硫酸、氧化镁、氢氧化镁、碳酸镁等，盐湖苦卤法使用的原材料主要是芒硝，苦卤复晒法的原材料为盐田苦卤，碳酸化法的原材料为氧化镁、石膏和二氧化碳，副产法的原材料是其他产品的副产品[8]。

$MgSO_4$ 有一水、二水、三水、四水、五水、六水、七水和十二水等水合物，常温稳定存在的硫酸镁水合物为 $MgSO_4 \cdot 7H_2O$，各水合物之间转变温度见式（6-3）。

$$
\begin{gathered}
MgSO_4 \cdot 12H_2O \xrightleftharpoons{1.8℃} MgSO_4 \cdot 7H_2O \xrightleftharpoons{48.1℃} MgSO_4 \cdot 6H_2O \xrightleftharpoons{67.5℃} \\
MgSO_4 \cdot 6H_2O\text{晶体} \xrightleftharpoons{87\sim92℃} MgSO_4 \cdot 5H_2O\text{或}MgSO_4 \cdot 4H_2O \xrightleftharpoons{106℃} \\
MgSO_4 \cdot 3H_2O \xrightleftharpoons{122\sim124℃} MgSO_4 \cdot 2H_2O \xrightleftharpoons{161℃} MgSO_4 \cdot H_2O
\end{gathered} \tag{6-3}
$$

理论上，用于 MOC 改性添加剂的原材料均可用作 MOSC 改性添加剂（表 6-1）。除此之外，还有固硫灰、轻钙粉、石英粉、明矾、聚丙烯纤维、柠檬酸三钠、聚乙二醇、乙二胺四乙酸（EDTA）、聚羧酸减水剂、石灰石粉等改性添加剂。MOSC 改性添加剂的作用与 MOC 改性添加剂相似，用于提高强度和耐水性，解决易开裂和易吸潮返卤等问题[9-12]。改性添加剂的掺加量占 MOSC 总量的 1%～10%。

6.1.2.4 硅酸镁水泥

MSHC 的原材料除了活性 MgO 外，还有活性氧化硅组分。活性氧化硅组分的原材料主要有火山灰质材料和水玻璃类等，主要提供具有反应活性的非晶态氧化硅（即$[SiO_4]^{4-}$四面体）。其中，已用作 MSHC 活性氧化硅的火山灰质材料有天然火山灰中的硅藻土[13]，工业副产品中的高炉矿渣[14]、粉煤灰[15]和硅灰[16,17]，农林副产品中的稻壳灰[18]，市政固体废物中的废玻璃粉[19]和废陶瓷粉[19]，详见第 5 章碱激发类固化剂。水玻璃类仅有钠水玻璃，详见第 3 章水玻璃类固化剂。

6.1.2.5 活性氧化镁碳化水泥

CRMC 的原材料除活性 MgO 外，还有起碳化固化作用的二氧化碳（CO_2）。CO_2 的原材料来源主要依靠捕集。

全世界每年向大气中排放 CO_2 340 亿吨以上，其中海洋生态系统吸收约 20 亿吨，陆地生态系统吸收约 7 亿吨，但人工利用量不足 10 亿吨[20]。我国作为全球 CO_2 排放第一大国，每年排放总量达 100 多亿吨，占到全球碳排放近 1/3。2020 年 9 月 22 日，习近平主席在联合国大会承诺：中国将采取更加有力的政策和措施，CO_2 排放力争于 2030 年前达到峰值，努力争取 2060 年前实现碳中和。

图 6-1 为 CO_2 来源、捕集、储存、利用和转换的路径。目前，CO_2 的捕集方法分为化学法、物理法和生物法。化学法通过化学试剂与 CO_2 发生化学反应，生成碳酸盐类，有氨吸收法、热钾碱法、有机胺法及离子液体吸收法等；物理法采用水、甲醇、碳酸丙烯酯、沸石等作为吸收剂或吸附材料，基于亨利定律，利用 CO_2 在吸收剂中的溶解度随压力改变等特点来吸收或解吸，有膜分离法、催化燃烧法、变压吸附法、低温吸收法等；生物法主要是通过微生物的新陈代谢或植物的光合作用吸收固定 CO_2。用作 CRMC 的 CO_2 主要是物理法得到的。

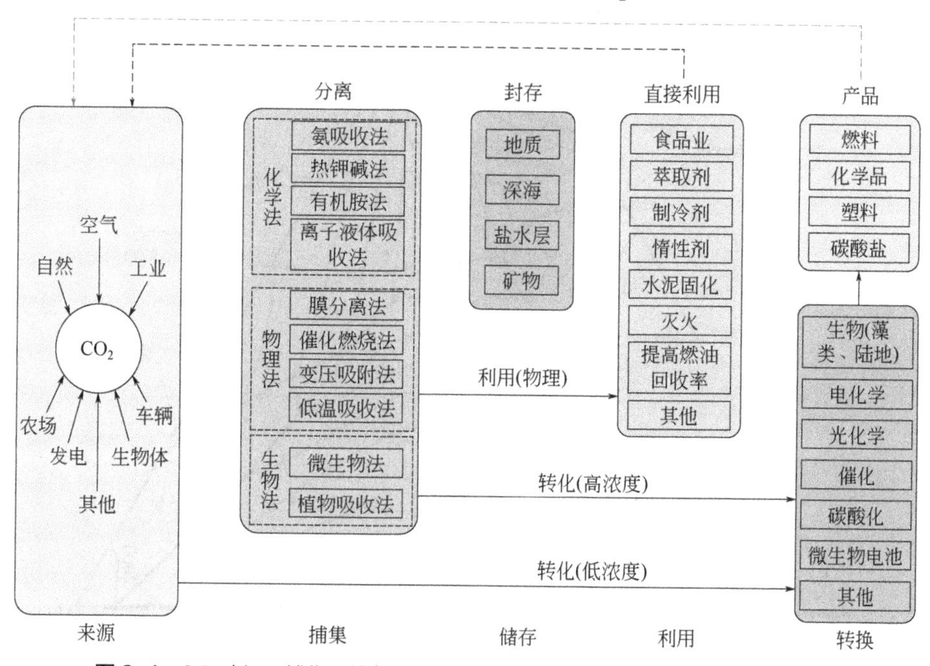

图 6-1 CO_2 来源、捕集、储存、利用和转换的路径（基于文献[20]和[21]修改）

我国是镁资源最丰富的国家。菱镁矿资源储量超 31.45 亿吨，居世界第一，主要分布在山东、辽宁等地；白云石矿储量约 40 亿吨，遍布河北、山西、湖南、四川等地；其他镁矿、海水、盐湖卤水、地下卤水等储量丰富，为镁质类固化剂的生产提供了原材料基础。

近些年，随着国家严格环保政策的实施、碳达峰和碳中和目标的推进，固化剂的制备向绿色、利废、低碳方向发展，原材料来源广泛的镁质类固化剂得到越来越多的关注，也为镁质类固化剂提供了广阔的应用前景。

6.1.3 制备过程与生命周期评价

镁质类固化剂（除 CRMC 外）的制备过程较为简单，主要是原材料之间混合、搅拌。

6.1.3.1 制备过程

镁元素与钙元素均属第ⅡA 族碱土金属，价电子层结构为 ns^2，最外层有 2 个 s 电子，次外层有 8 电子稳定结构，属于活泼性强的金属元素，在自然界无单质元素。理论上，镁质水泥可采用与钙质水泥相似的生产方法制得，形成类似于 $CaO-SiO_2-Al_2O_3$ 的胶凝体系（煅烧制得 $3CaO \cdot SiO_2$、$2CaO \cdot SiO_2$ 和 $3CaO \cdot Al_2O_3$），即 $MgO-SiO_2-Al_2O_3$ 体系。

图 6-2 给出了 $MgO-SiO_2-Al_2O_3$ 三元相图，镁硅相在煅烧过程中形成的 $MgSiO_3$、Mg_2SiO_4 等均不具有水硬性。因此，镁质水泥无法直接通过煅烧制得具有胶凝性的矿物相[12]。基于此，参照传统胶凝材料石灰（CaO）的制备方法（第 2 章），煅烧制得的 MgO 也可作为固化剂，但是 MgO 水化得到的 $Mg(OH)_2$ 溶解度低，18℃时 100g 水中仅可溶解 0.0009g $Mg(OH)_2$，而

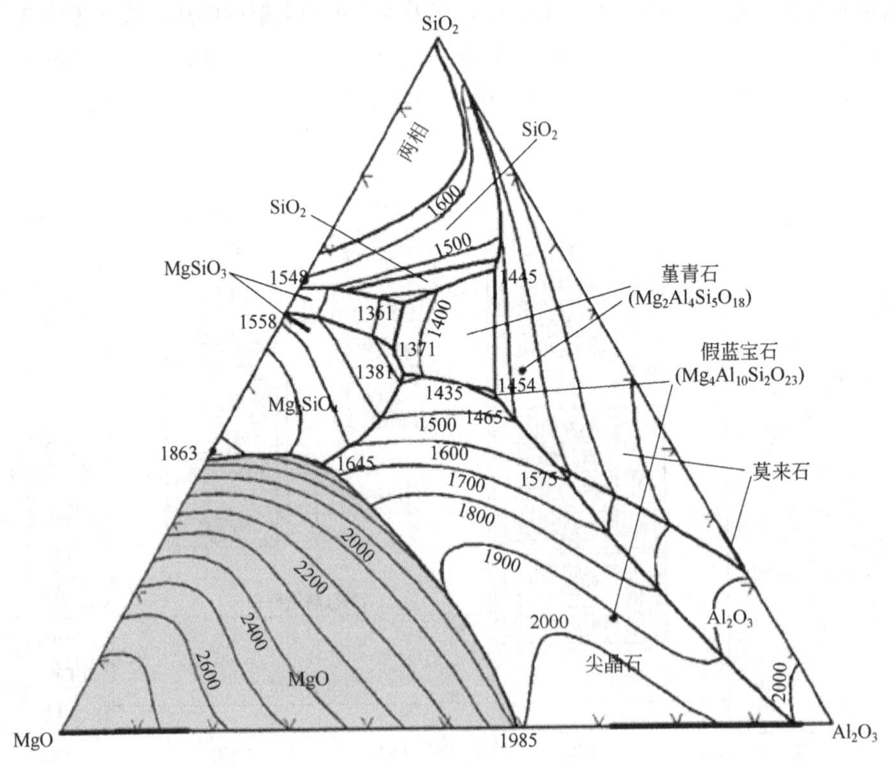

图 6-2 $MgO-SiO_2-Al_2O_3$ 系三元相图（质量比）[12,23,24]

20℃时 $Ca(OH)_2$ 溶解度达到 0.165g[22]，反应十分缓慢，强度较低，无法直接作为固化剂。因此，镁质类水泥面临两大问题：其一，加速 MgO 溶解速率，调控水化反应过程；其二，降低镁质水泥的过饱和度，防止结晶过程形成的内应力破坏产物结构。

为解决上述 MgO 溶解速率和过饱和度问题，可通过添加调和剂促进水化反应，加速 MgO 的溶解，生成具有胶凝性的复合镁盐的同时降低过饱和度。最常见的调和剂有磷酸盐溶液、氯化镁溶液、硫酸镁溶液、活性氧化硅、二氧化碳等。其中，针对 CO_2 作为调和剂时的碳负性镁质水泥，澳大利亚的 TecEco[25-27]、英国剑桥大学 Al-Tabbaa 团队[28-32]、伦敦帝国理工学院[33-35]等均作了深入研究。

图 6-3 表示不同镁质类固化剂的制备工艺流程。MOC 与 MOSC 的制备工艺较为相似，均是活性 MgO 与其他调和剂按照一定的配比混合搅拌均匀即可；MSHC 的制备工艺类似于碱激发类固化剂，主要是活性 MgO 与活性硅质原材料之间混合搅拌；CRMC 与上述镁质类固化剂制备方法不同，需要先将活性 MgO 与水混合搅拌，待活性 MgO 水解至设定龄期后通入一定浓度的 CO_2，碳化一段时间后方可得到 CRMC 硬化体。

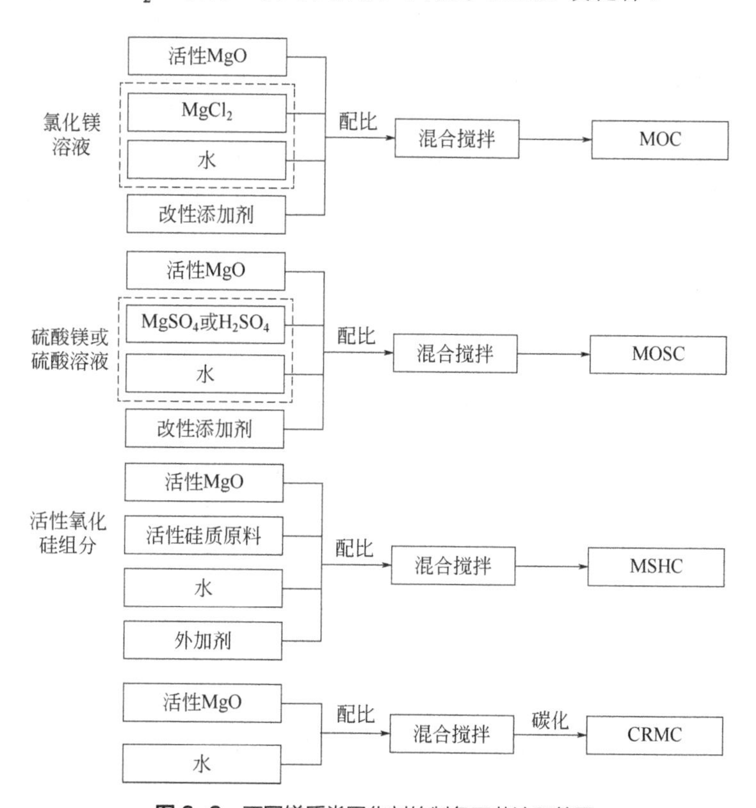

图 6-3 不同镁质类固化剂的制备工艺流程简图

MOC 的制备方法有两种。方法一，利用一定浓度的 $MgCl_2$ 溶液调和活性 MgO，并掺入改性添加剂，该方法为常用方法；方法二，将 $MgCl_2 \cdot 6H_2O$ 粉末与活性 MgO 均匀混合后，添加一定量的水后混合搅拌均匀，在此过程中掺入改性添加剂。改性添加剂分为粉体改性添加剂和液体改性添加剂，粉体改性添加剂直接与活性 MgO 混合均匀即可；液体改性添加剂则与 $MgCl_2$ 溶液或水直接混合。

MOSC 的制备方法通常有三种。其一，采用一定浓度的硫酸镁溶液调和活性 MgO，该方法最为常用；其二，将 $MgSO_4 \cdot 7H_2O$ 粉末与活性 MgO 均匀混合后，直接掺加一定量的水；其三，利用一定浓度的硫酸溶液直接调和活性 MgO。改性添加剂分为粉体改性添加剂和液体改性添加剂，粉体改性添加剂直接与活性 MgO 混合均匀即可；液体改性添加剂则与硫酸镁溶液或水或硫酸溶液直接混合。

MSHC 是由活性 MgO、活性氧化硅组分、水及其他外加剂等原材料之间简单混合搅拌制备而成的。

CRMC 与上述其他镁质类固化剂的制备工艺不同，CRMC 的制备工艺可分为两个阶段：第一阶段为活性 MgO 与水混合，将活性 MgO 与水按照一定的配比混合搅拌均匀，该阶段主要为活性 MgO 的水化；第二阶段为活性 MgO 水化后的碳化，向水化一定时间的活性 MgO 中通入一定浓度的 CO_2，碳化一段时间后形成 CRMC 硬化体。即 CRMC 作为固化剂固化土体时，需要先与土体混合，然后通入 CO_2 进行碳化。

图 6-4 为 CRMC 碳化加固装置示意图。装置由 CO_2 加压通气系统、碳化加固承台和围压控制系统组成。CO_2 加压通气系统通过 CO_2 储存设备、调压阀门控制 CO_2 浓度；碳化加固承台用于放置待加固体试样；围压控制系统通过调压阀门控制试样围压加载水平。采用 CRMC 加固时，先将活性 MgO 与土体、粗细集料等待加固体混合均匀，制备成圆柱状或其他形状试样，在标准养护条件下至设定龄期，脱模后置于碳化加固承台，通过外接 CO_2 加压通气系统向待加固体试样通入一定浓度的 CO_2。碳化过程借助围压控制系统调节试样围压。

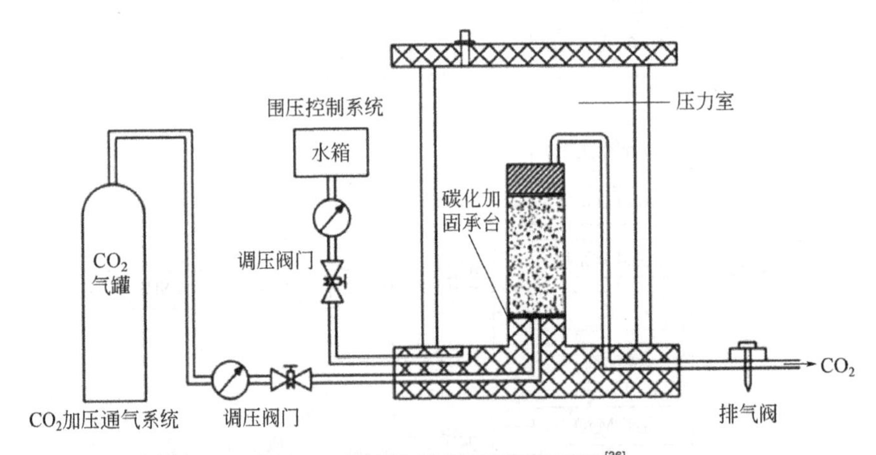

图 6-4 CRMC 碳化加固装置示意图[36]

6.1.3.2 生命周期评价

镁质类固化剂是以活性 MgO 为主剂，$MgCl_2$ 溶液、$MgSO_4$ 溶液、活性 SiO_2 及 CO_2 等作为调和剂的固化剂。因此，镁质类固化剂的生命周期评价重点关注活性 MgO 和调和剂生产过程带来的环境、资源、能源等问题。

据统计[37]，利用菱镁矿制备活性 MgO 消耗的能量约为 5900MJ/t，而利用海水制备活性 MgO 消耗的能量约为 17000MJ/t。以菱镁矿生产活性 MgO 为例，每生产 1t 活性 MgO

消耗 2.17t 菱镁矿、0.01t 水，同时需要 0.27t 煤、8.67kW・h 电力和 0.54t 柴油，并排放出 1096.54kg CO_2、4.21kg SO_2、0.02kg CO、0.01kg NO_x、0.99kg 粉尘[38,39]。

目前，尚未有 $MgCl_2$ 溶液、$MgSO_4$ 溶液、活性 SiO_2 及 CO_2 等调和剂的生命周期评价相关的研究。

6.1.4 反应机理与微观特性

MOC、MOSC、MSHC、CRMC 均为活性 MgO 水解得到 $Mg(OH)_2$ 后进一步反应形成的胶凝体系，即 $Mg(OH)_2$-$MgCl_2$-H_2O、$Mg(OH)_2$-$MgSO_4$-H_2O、$Mg(OH)_2$-CO_2-H_2O、$Mg(OH)_2$-SiO_2-H_2O。上述胶凝体系的反应机理存在一定的差异，MOC 和 MOSC 是 $Mg(OH)_2$ 与 $MgCl_2$ 溶液和 $MgSO_4$ 溶液之间水化络合生成相 3、相 5 等水化产物；MSHC 是基于 $Mg(OH)_2$ 激发活性氧化硅组分，反应机理为碱激发活性硅质玻璃体或硅酸，生成 M-S-H 系胶凝产物；CRMC 是利用镁质水泥的“碳负性”，即 $Mg(OH)_2$ 与 CO_2 发生碳化反应，生成水化硅酸镁相产物（HMCs）等。

6.1.4.1 反应过程

（1）氯氧镁水泥

① 水化反应。MOC 是 MgO-$MgCl_2$-H_2O 三元体系，其水化反应的机制尚不清晰，水化反应可归纳为式（6-4）。MOC 水化后矿物相主要是 $Mg(OH)_2$、相 3、相 5 等[40]，以及未完全反应的 MgO，矿物相中相 5 强度最高[41,42]，是 MOC 强度的主要来源。

$$\left.\begin{array}{r}3MgO+MgCl_2+11H_2O\longrightarrow 3Mg(OH)_2\cdot MgCl_2\cdot 8H_2O\text{（相3）}\\5MgO+MgCl_2+13H_2O\longrightarrow 5Mg(OH)_2\cdot MgCl_2\cdot 8H_2O\text{（相5）}\\MgO+H_2O\longrightarrow Mg(OH)_2\text{（水镁石）}\end{array}\right\}\quad(6\text{-}4)$$

② 反应阶段。MOC 水化反应机制可归结为三个方面，即单核络合离子缩聚反应（mononuclear complex ion polymerization）[43]、离子反应（ion reaction theory）[44,45]及结合离子反应和单核络合离子聚合反应的单核水羟合镁离子之间的离子反应[46,47]。

单核络合离子缩聚反应是将 MOC 反应看成体系中活性中间体$[Cl\text{-}Mg(H_2O)_{6-x}]^+$、$[HO\text{-}Mg(H_2O)_{6-x}]^+$、$[HO\text{-}Mg\text{-}O]^-$与 Cl^-、H^+和 OH^-等离子之间的缩聚反应。

离子反应则通过对比 MgO-$MgCl_2$-H_2O 和 NaOH-$MgCl_2$-H_2O 两个体系，认为 MgO-$MgCl_2$-H_2O 的水化反应是电离得到的 Mg^{2+}、Cl^-和 OH^-等离子之间的简单化学反应。

结合离子反应和单核络合离子聚合反应的单核水羟合镁离子之间的离子反应，可推测相 3、相 5 是由$[Mg_x(OH)_y(H_2O)_z]^{2x-y}$、$Cl^-$、$OH^-$和 H_2O 等反应得到的水化产物。笔者将 MOC 水化反应分成三个阶段，即中和阶段［式（6-5)］、水解架桥阶段［式（6-6)］和结晶阶段［式（6-7)］。

$$\left.\begin{array}{r}MgCl_2\cdot 6H_2O\xrightarrow{H_2O}[Mg(H_2O)_6]^{2+}+2Cl^-\\ [Mg(H_2O)_6]^{2+}\xrightarrow{H^+,\ OH^-}[Mg(OH)(H_2O)_5]^++H^+\\ MgO+H^++5H_2O\longrightarrow[Mg(OH)(H_2O)_5]^+\end{array}\right\}\quad(6\text{-}5)$$

$$xMg^{2+}+(y+z)H_2O \xrightarrow{H^+,\ OH^-} [Mg_x(OH)_y(H_2O)_z]^{2x-y}+yH^+ \tag{6-6}$$

$$\left.\begin{aligned}&[Mg_x(OH)_y(H_2O)_z]^{2x-y}+mOH^-+(2p-q)Cl^-+kH_2O \longrightarrow \\ &[Mg_p(OH)_q(H_2O)_r]^{2p-q}(2p-q)Cl\cdot(k+z-r)H_2O+(y+m-q)OH^-+(x-p)Mg^{2+}\end{aligned}\right\} \tag{6-7}$$

综上所述，MOC 水化反应可总结为：MgO 颗粒溶解电离得到 Mg^{2+}，Mg^{2+}通过水解、架桥作用生成$[Mg_x(OH)_y(H_2O)_z]^{2x-y}$，$[Mg_x(OH)_y(H_2O)_z]^{2x-y}$、$Cl^-$、$OH^-$和 H_2O 之间相互反应生成相互交联的无定形凝胶，凝胶逐渐结晶[47]；水化反应过程中，网状无定形凝胶结构孔隙被晶体产物填充[40]，最终形成致密的硬化体。

（2）硫氧镁水泥

① 水化反应。MOSC 是 $MgO\text{-}MgSO_4\text{-}H_2O$ 三元体系，水化反应可归纳为式（6-8）。MOSC 水化后矿物相主要是 $Mg(OH)_2$、相 3、相 5，以及未完全参与反应的 MgO 等。

$$\left.\begin{aligned}3MgO+MgSO_4+11H_2O &\longrightarrow 3Mg(OH)_2\cdot MgSO_4\cdot 8H_2O\ (\text{相}3)\\ 5MgO+MgSO_4+7H_2O &\longrightarrow 5Mg(OH)_2\cdot MgSO_4\cdot 2H_2O\ (\text{相}5)\\ MgO+H_2O &\longrightarrow Mg(OH)_2 \rightleftharpoons Mg^{2+}+2OH^-\end{aligned}\right\} \tag{6-8}$$

② 反应阶段。采用水泥水化热测定仪，测定 MOSC 在不同水化时间下的水化热，发现 MOSC 水化放热规律与硅酸盐水泥一致，均分为五个阶段：诱导前期、诱导期、加速期、减速期和稳定期[7,48,49]。

Ⅰ. 诱导前期（水化时间约 0～0.8h）。诱导前期从 MOSC 遇水搅拌开始，水化速率呈现出先快速增加再急剧下降的规律。该阶段水分子在活性 MgO 颗粒表面形成水化膜［式（6-9）］，并逐渐释放出 OH^-，MOSC 浆体 pH 值持续增加，但由于水化膜$[Mg(OH)(H_2O)_5]^+$的生成，水化速率急剧下降。

$$MgO(s)+(x+1)H_2O(l) \longrightarrow [Mg(OH)(H_2O)_5]^+(\text{表面})+OH^-(aq) \tag{6-9}$$

Ⅱ. 诱导期（水化时间约 0.8～12h）。诱导期 MOSC 浆体水化放热量低，水化膜$[Mg(OH)(H_2O)_5]^+$与 OH^-发生反应［式（6-10）］，pH 值开始降低，水化膜逐渐被消耗殆尽，更多的活性 MgO 参与水化反应。

$$[Mg(OH)(H_2O)_5]^+(\text{表面})+OH^-(aq) \longrightarrow Mg(OH)_2(l)+5H_2O(l) \tag{6-10}$$

Ⅲ. 加速期（水化时间约 12～24h）。加速期 MOSC 浆体水化放热量快速升高，水化速率不断增加，部分 MOSC 浆体开始凝结硬化。在加速期，诱导期生成的$[Mg(OH)(H_2O)_5]^+$和 OH^-逐渐吸附 MOSC 浆体中的 Mg^{2+}、SO_4^{2-}，生成 3·1·8 相和 5·1·7 相等晶核［式（6-11）］，晶核逐渐开始结晶，不断生长形成晶体。

$$\left.\begin{aligned}[Mg(OH)(H_2O)_5]^+ +OH^- +Mg^+ +SO_4^{2-} &\longrightarrow 3Mg(OH)_2\cdot MgSO_4\cdot 8H_2O\\ [Mg(OH)(H_2O)_5]^+ +OH^- +Mg^+ +SO_4^{2-} &\longrightarrow 5Mg(OH)_2\cdot MgSO_4\cdot 7H_2O\end{aligned}\right\} \tag{6-11}$$

Ⅳ. 减速期（水化时间约 24～30h）。减速期 MOSC 浆体水化放热量快速降低，水化速率逐渐下降，MOSC 浆体不断凝结硬化。

Ⅴ. 稳定期（水化时间约 30h 以上）。稳定期 MOSC 浆体水化放热量较低，水化矿物相生成缓慢，水化速率降低后趋于平稳。

（3）硅酸镁水泥

① 水化反应。MSHC的水化反应由两部分组成，一部分是活性MgO组分的溶解［式（6-9）］，该反应更类似于离子反应或离子络合反应；另一部分则是活性氧化硅组分在碱性环境下的水解［式（6-12）］[50]、解离［式（6-13）］和M-S-H凝胶的生成［式（6-14）］，该反应则类似于碱激发反应。

$$SiO_2(活性氧化硅组分)+2H_2O \xrightarrow{OH^-} Si(OH)_4(或H_4SiO_4) \tag{6-12}$$

$$\left.\begin{array}{l} H_4SiO_4+OH^- \longrightarrow H_3SiO_4^-+H_2O \\ H_4SiO_4+2OH^- \longrightarrow H_2SiO_4^{2-}+2H_2O \\ H_4SiO_4+3OH^- \longrightarrow HSiO_4^{3-}+3H_2O \end{array}\right\} \tag{6-13}$$

$$\left.\begin{array}{l} Mg^{2+}+H_3SiO_4^- \longrightarrow M\text{-}S\text{-}H(gel) \\ Mg^{2+}+H_2SiO_4^{2-} \longrightarrow M\text{-}S\text{-}H(gel) \\ Mg^{2+}+HSiO_4^{3-} \longrightarrow M\text{-}S\text{-}H(gel) \end{array}\right\} \tag{6-14}$$

② 反应阶段。MSHC的水化反应过程大致可分为四个阶段：活性MgO的溶解、$Mg(OH)_2$的生成、活性氧化硅组分的解离以及M-S-H凝胶的生成，水化反应阶段及对应的反应机理如式（6-14）所示，可利用图6-5解释。活性MgO的主要作用是提供生成M-S-H凝胶的反应物Mg^{2+}和碱性环境（OH^-）；碱性环境下，OH^-能够破坏活性氧化硅组分的活性玻璃体相结构，使活性氧化硅组分逐渐解离出$H_3SiO_4^-$、$H_2SiO_4^{2-}$、$HSiO_4^{3-}$及聚硅酸根离子等，最终Mg^{2+}、$H_3SiO_4^-$、$H_2SiO_4^{2-}$、$HSiO_4^{3-}$及聚硅酸根离子发生反应生成M-S-H凝胶。值得注意的是，M-S-H凝胶在pH值7.5～11.5之间能够稳定存在[51,52]。

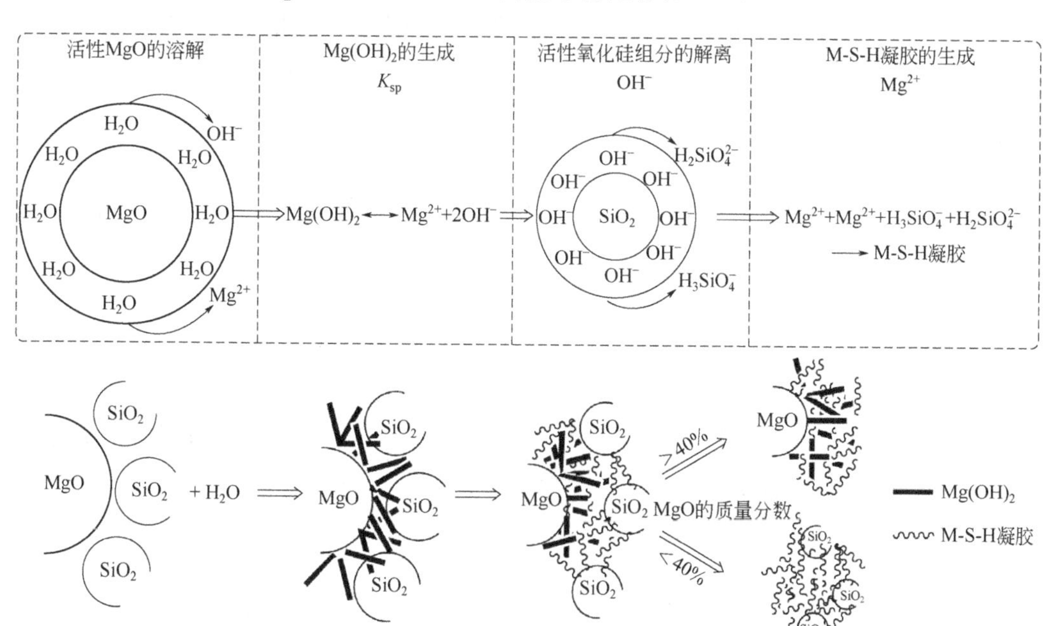

图6-5 MSHC水化反应阶段及对应的反应机理[53]

（4）活性氧化镁碳化水泥

① 水化反应。CRMC 的水化反应主要是活性 MgO 的水化和 $Mg(OH)_2$ 的碳化，主要水化产物有 $Mg(OH)_2$、$MgCO_3$、水碳镁石（$MgCO_3 \cdot 3H_2O$，nesquehonite）、水菱镁石［$Mg_5(CO_3)_4(OH)_2 \cdot 4H_2O$，hydromagnesite］、球碳镁石［$Mg_5(CO_3)_4(OH)_2 \cdot 5H_2O$，dypingite］等水化碳酸镁产物（hydrated magnesium carbonates，HMCs），化学反应见式（6-8）、式（6-15）[12,28,54-56]。

$$\left.\begin{aligned} Mg(OH)_2+CO_2+2H_2O &\longrightarrow MgCO_3\cdot 3H_2O \\ 2Mg(OH)_2+CO_2+2H_2O &\longrightarrow Mg_2CO_3(OH)_2\cdot 3H_2O \\ 5Mg(OH)_2+4CO_2 &\longrightarrow Mg_5(CO_3)_4(OH)_2\cdot 4H_2O \\ 5Mg(OH)_2+4CO_2+H_2O &\longrightarrow Mg_5(CO_3)_4(OH)_2\cdot 5H_2O \end{aligned}\right\} \qquad (6\text{-}15)$$

② 反应阶段。CRMC 的水化碳化反应过程可分为三个阶段，即活性 MgO 的水解、CO_2 的溶解和水镁石的碳化。

a．活性 MgO 的水解。活性 MgO 的水解反应式如式（6-8）所示。活性 MgO 在该反应阶段主要充当电子供体，MgO 水解过程释放的 OH^-吸附在 MgO 颗粒表面，使 MgO 颗粒呈现出电负性，并进一步释放出 Mg^{2+}和 OH^-，如式（6-16）所示。当 Mg^{2+}、OH^-浓度饱和时，在 MgO 颗粒表面生成 $Mg(OH)_2$ 沉淀，如式（6-17）所示[57]。活性 MgO 水解过程示意图如图 6-6 所示。

$$\left.\begin{aligned} MgO(s)+H_2O(l) &\longrightarrow Mg(OH)^+(\text{表面})+OH^-(aq) \\ Mg(OH)^+(\text{表面})+OH^-(aq) &\longrightarrow Mg(OH)^+\cdot OH^-(\text{表面}) \longrightarrow Mg^{2+}(aq)+2OH^-(aq) \end{aligned}\right\} \qquad (6\text{-}16)$$

$$\left.\begin{aligned} Mg^{2+}(aq)+6OH^-(aq) &\longrightarrow Mg(OH)_6^{4-}(aq) \\ Mg(OH)_6^{4-}(aq)+Mg^{2+}(aq) &\longrightarrow [Mg(OH)_2]_2(OH)_2^{2-}(aq) \\ [Mg(OH)_2]_2(OH)_2^{2-}(aq)+Mg^{2+}(aq) &\longrightarrow [Mg(OH)_2]_3(s) \\ [Mg(OH)_2]_{3n-1}(OH)_2^{2-}(aq)+Mg^{2+}(aq) &\longrightarrow [Mg(OH)_2]_{3n}(s) \end{aligned}\right\} \qquad (6\text{-}17)$$

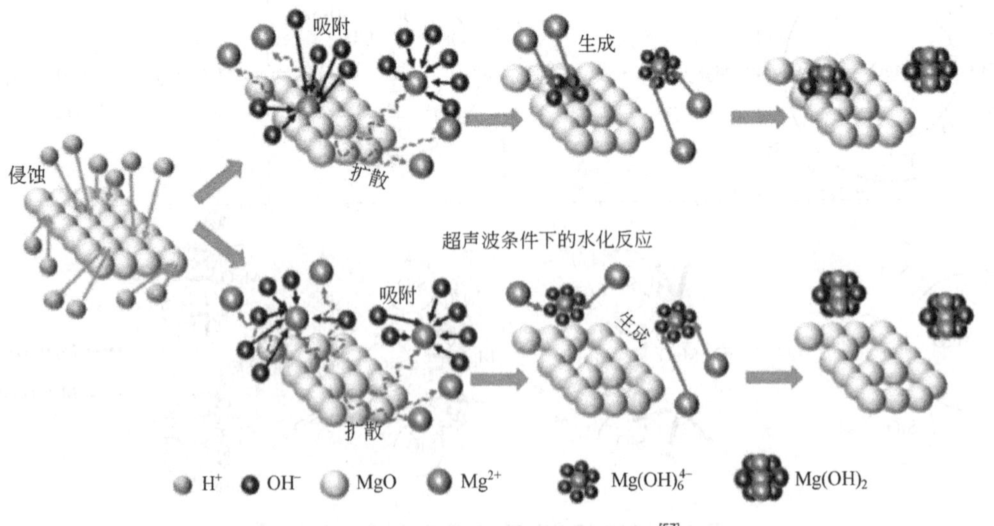

图 6-6　活性 MgO 水解过程示意简图[57]

b. CO_2的溶解。CO_2的溶解阶段主要是CO_2与水接触后的溶解、CO_2的水解及CO_2与溶液中OH^-的化学反应，如式（6-18）所示。由于上述反应均为可逆反应，该阶段CO_2参与反应的情况取决于周围环境。

$$\left.\begin{array}{c} CO_2(g)+H_2O(l) \rightleftharpoons CO_2(aq)+H_2O(l) \\ CO_2(aq)+H_2O(l) \rightleftharpoons HCO_3^-(aq)+H^+ \rightleftharpoons CO_3^{2-}+2H^+ \\ CO_2(aq)+OH^- \rightleftharpoons HCO_3^- \end{array}\right\} \tag{6-18}$$

c. 水镁石的碳化。水镁石的碳化是在活性MgO水解和CO_2溶解的基础上进行的，活性MgO水解过程得到的$Mg(OH)_2$可与CO_2的溶解生成的$CO_2(aq)$、HCO_3^-、H^+等发生如式（6-15）和式（6-19）所示的化学反应。

$$\left.\begin{array}{c} Mg(OH)_2(s)+2CO_2(aq) \longrightarrow Mg^{2+}+2HCO_3^- \\ Mg(OH)_2(s)+HCO_3^-+2H_2O \longrightarrow MgCO_3 \cdot 3H_2O\downarrow +OH^- \\ Mg(OH)_2(s)+2H^+ \longrightarrow Mg^{2+}+2H_2O \end{array}\right\} \tag{6-19}$$

图6-7为活性MgO、$Mg(OH)_2$和HMCs之间的转化关系示意图。活性MgO与H_2O反应后生成$Mg(OH)_2$，与CO_2、H_2O反应后生成HMCs；$Mg(OH)_2$失水后得到MgO，与CO_2反应后生成HMCs；HMCs失去CO_2后得到$Mg(OH)_2$，失去CO_2、H_2O后得到MgO。

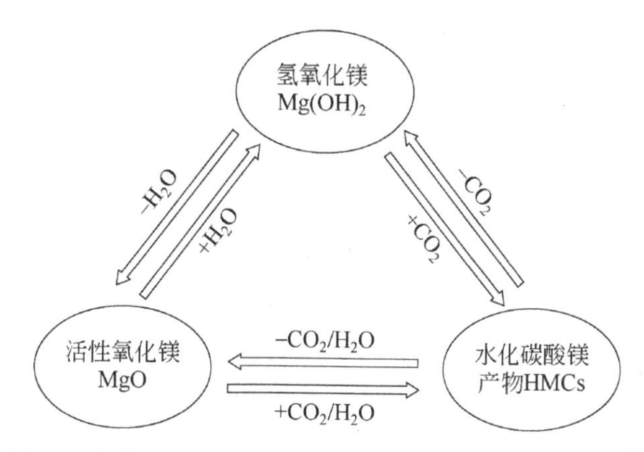

图6-7 活性MgO、$Mg(OH)_2$和HMCs之间的转化关系示意图[58]

图6-8给出了CRMC水化碳化各个阶段活性MgO变化情况。活性MgO颗粒与水接触后水解，在其表面形成$Mg(OH)_2$薄膜；随着水化反应的进行，$Mg(OH)_2$薄膜逐渐膨胀破裂，活性MgO颗粒新鲜表面暴露在水中继续水解；活性MgO水解到一定程度，部分活性MgO颗粒完全水解、部分MgO颗粒并未完全水解，上述过程均对应活性MgO的水解阶段；通入一定浓度的CO_2，进入CO_2的溶解、水镁石的碳化阶段，$Mg(OH)_2$表面开始生成水化碳酸镁产物（HMCs），随着碳化反应的进行，部分$Mg(OH)_2$完全碳化生成HMCs；部分$Mg(OH)_2$并未完全碳化，生成的HMCs包裹着未完全碳化的$Mg(OH)_2$和未完全水解的MgO颗粒。

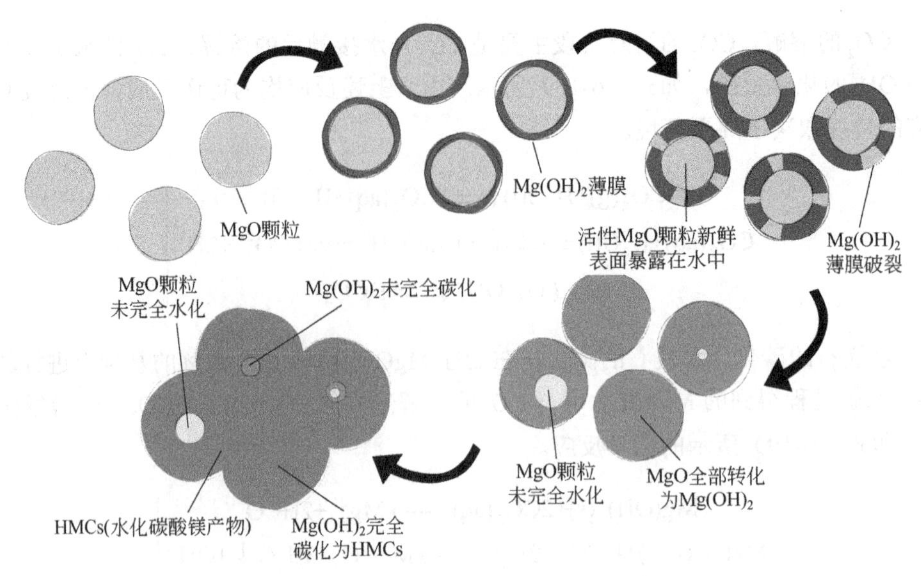

图6-8 CRMC水化碳化过程示意图[56]

6.1.4.2 微观特性

（1）氯氧镁水泥

① 矿物相组成。1871年，Bender[59]开展了一系列MOC试验，认为MOC具有胶凝性的矿物相为$5Mg(OH)_2 \cdot MgCl_2 \cdot 8H_2O$；1873年，Krause[60]提出胶凝相的化学式应为$10Mg(OH)_2 \cdot MgCl_2 \cdot 14H_2O$。MOC中的胶凝矿物相一直存在争议，直到有学者研究发现，当MgO过量时室温条件下能够在$Mg(OH)_2$-$MgCl_2$-H_2O体系稳定存在的矿物相为$3Mg(OH)_2 \cdot MgCl_2 \cdot 10H_2O$，此后$3Mg(OH)_2 \cdot MgCl_2 \cdot 10H_2O$一直被认为是MOC的主要矿物相[61,62]，而实际上MOC矿物相相3的分子式为$3Mg(OH)_2 \cdot MgCl_2 \cdot 8H_2O$[63-65]。随后，Feitknecht[66-68]发现$MgCl_2$含量会影响MOC水化产物，即MOC水化产物还有其他矿物相，如相5。Walter-Lévy等[65]发现，当$Mg(OH)_2$-$MgCl_2$-H_2O体系中$MgCl_2$含量超过1.5mol时生成相5，但过量的$MgCl_2$会导致相5向相3的转变；当$Mg(OH)_2$-$MgCl_2$-H_2O体系中$MgCl_2$含量低于1.5mol，则会产生$Mg(OH)_2$。此后，学者们[69-71]发现MOC在受热条件下会生成相2（2·1·2相、2·1·4相）、相9（9·1·4相）等，本书不考虑耐热性问题，此处不再阐述。

图6-9给出了不同水化时间（30min、1h、2h、3h、24h）MOC净浆的XRD谱图。MOC净浆主要矿物相为相5，及未完全参与水化反应的MgO和$MgCl_2 \cdot 6H_2O$。随着水化时间的增加，水化反应产物相5的2θ特征衍射峰强度逐渐增强，在水化时间24h时MOC净浆增强幅度最为显著；此外，在水化时间30min时水泥净浆中检测出衍射峰强度较弱的相2，1h后其特征衍射峰消失不见。与此同时，反应物MgO和$MgCl_2 \cdot 6H_2O$的2θ特征衍射峰强度随水化时间的增加逐渐减弱，在水化时间24h时$MgCl_2 \cdot 6H_2O$的特征衍射峰几乎消失。结果表明，随水化时间增加，水化产物相5的含量逐渐增加，参与水化反应的反应物MgO和$MgCl_2 \cdot 6H_2O$的含量逐渐减少；水化反应产物相2是相5的早期（30min以内）产物，随水化时间增加逐渐发生相转变，直至消失；水化产物中未检测到相3矿物相特征峰，可能与相3为无定形胶凝相有关。

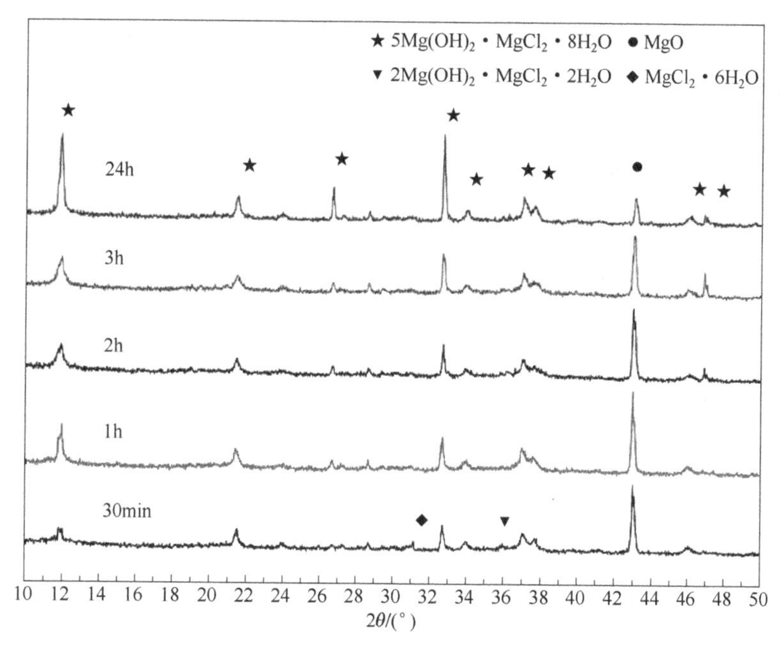

图 6-9 MOC 净浆在不同水化时间的 XRD 图谱[72]

② 微观形貌。MOC 净浆微观形貌图如图 6-10 所示。MOC 净浆含有孔洞和扩张裂纹，孔的直径为 20～50μm［图 6-10（a）］；MOC 浆体孔内外的部分放大情况，见图 6-10（b）中的（b_1）、（b_2），孔内外的矿物相微观形貌明显不同，孔外的矿物相主要为无定形胶凝相［图 6-10（b）中的（b_1）］，孔内则为针状晶体结构。

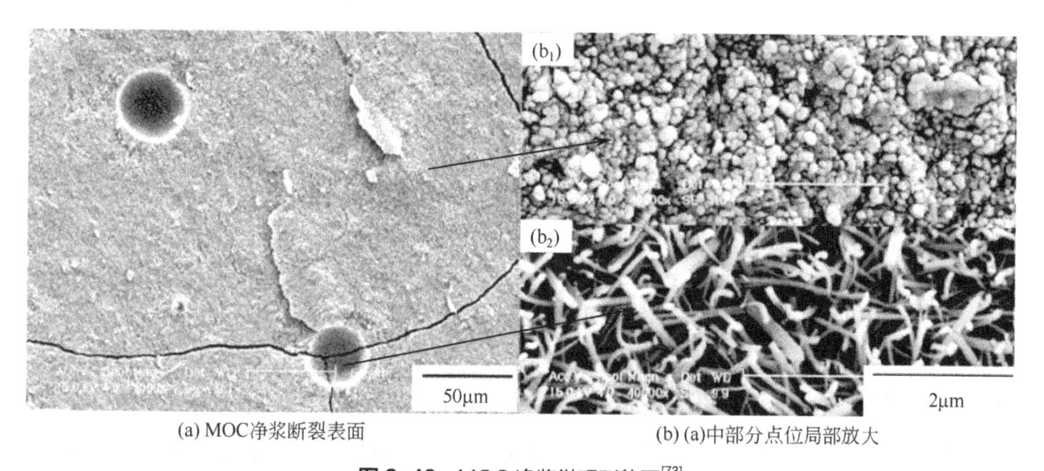

(a) MOC净浆断裂表面　　(b) (a)中部分点位局部放大

图 6-10 MOC 净浆微观形貌图[73]

③ 矿物相结构。MOC 水化产物矿物相结构示意如图 6-11 所示。其中，图（a）为相 3；图（b）为相 5；图（c）为氯碳酸镁盐，即$[Mg_2(CO_3)(H_2O)(OH)]Cl \cdot H_2O$。相 3 是由 2 个$[Mg(OH)_4(H_2O)_2]$八面体连接形成链状结构，Cl 和 H_2O 填充在相 3 结构孔隙，形成 $Mg_2(OH)_3Cl \cdot 4H_2O$ 晶体；相 5 则由 2 个$[Mg(OH)_4(H_2O)_2]$八面体和 1 个$[Mg(OH)_6]$八面体连接形成三层链状结构，Cl 和 H_2O 嵌入链状结构形成 $Mg_3(OH)_5Cl \cdot 4H_2O$ 晶体；氯碳酸镁盐是由纤维碳镁石（$[Mg_2(CO_3)(OH)_2] \cdot 3H_2O$）、$[Mg(OH)_6]$八面体嵌入锯齿双链和 15 个

$[Mg(OH)_6]$八面体分子环组成的结构，形成$[Mg_2(CO_3)(H_2O)(OH)]Cl \cdot H_2O$晶体，即$Mg(OH)_2 \cdot MgCl_2 \cdot 2MgCO_3 \cdot 6H_2O$。氯碳酸镁盐是相3长期暴露在外界环境得到的矿物相[70,74]，相转变过程会影响MOC服役期间的强度和耐久性，能够在MOC硬化体表面形成半保护性膜，但在硬化体内部生成氯碳酸镁盐则会产生体积膨胀诱发裂纹，引起硬化体结构的破坏[75]。

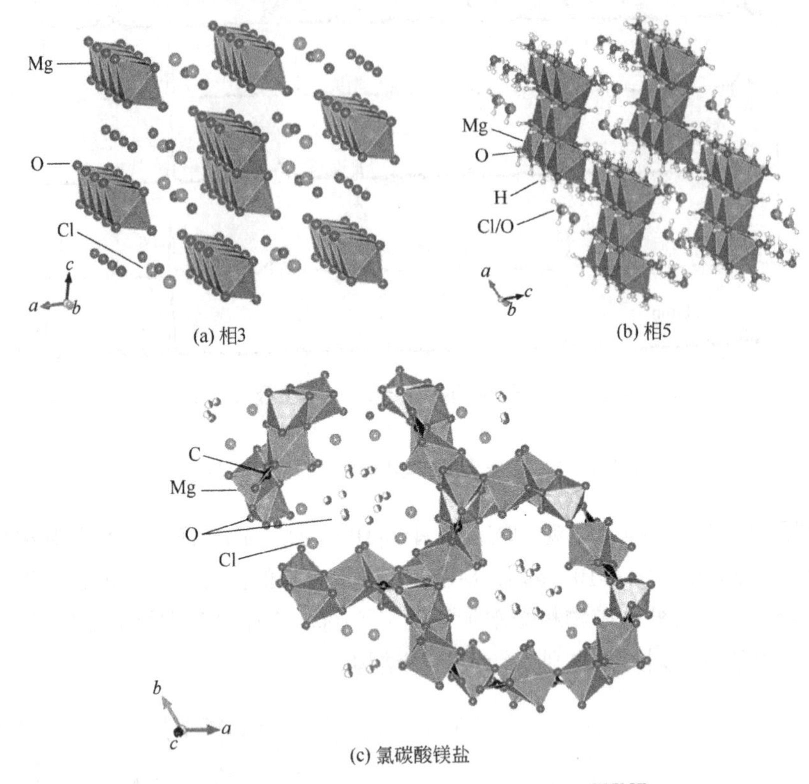

图6-11 MOC水化产物矿物相结构示意图[12,76,77]

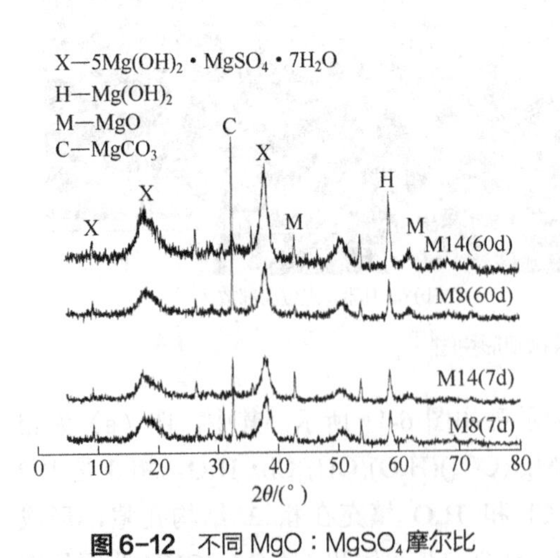

图6-12 不同$MgO：MgSO_4$摩尔比MOSC净浆XRD图谱[78]

M8为$MgO：MgSO_4$摩尔比8：1；

M14为$MgO：MgSO_4$摩尔比14：1

（2）硫氧镁水泥

① 矿物相组成。不同$MgO：MgSO_4$摩尔比MOSC净浆XRD图谱如图6-12所示。MOSC净浆主要矿物相有水化产物相5、$Mg(OH)_2$，水化产物碳化得到的$MgCO_3$，以及未完全参与反应的MgO；60d龄期M14净浆水化产物相5和$Mg(OH)_2$的2θ特征衍射峰强度最高；养护龄期越长，MgO的2θ特征衍射峰强度越低，水化反应程度越高；$MgO：MgSO_4$摩尔比对水化反应影响显著，MgO越多水化反应越快。

② 微观形貌。不同镁质类固化剂净浆微观形貌如图6-13所示。图（a）为传统MOSC净浆，水化产物中含有大量片状$Mg(OH)_2$晶体、块状相3，内部含有大量孔隙；图（b）为MOC

净浆，大量针状晶体水化产物相互交错在一起；图（c）和图（d）为改性 MOSC 净浆，大量针棒状相 5 晶体相互交错生长，分布均匀且致密。

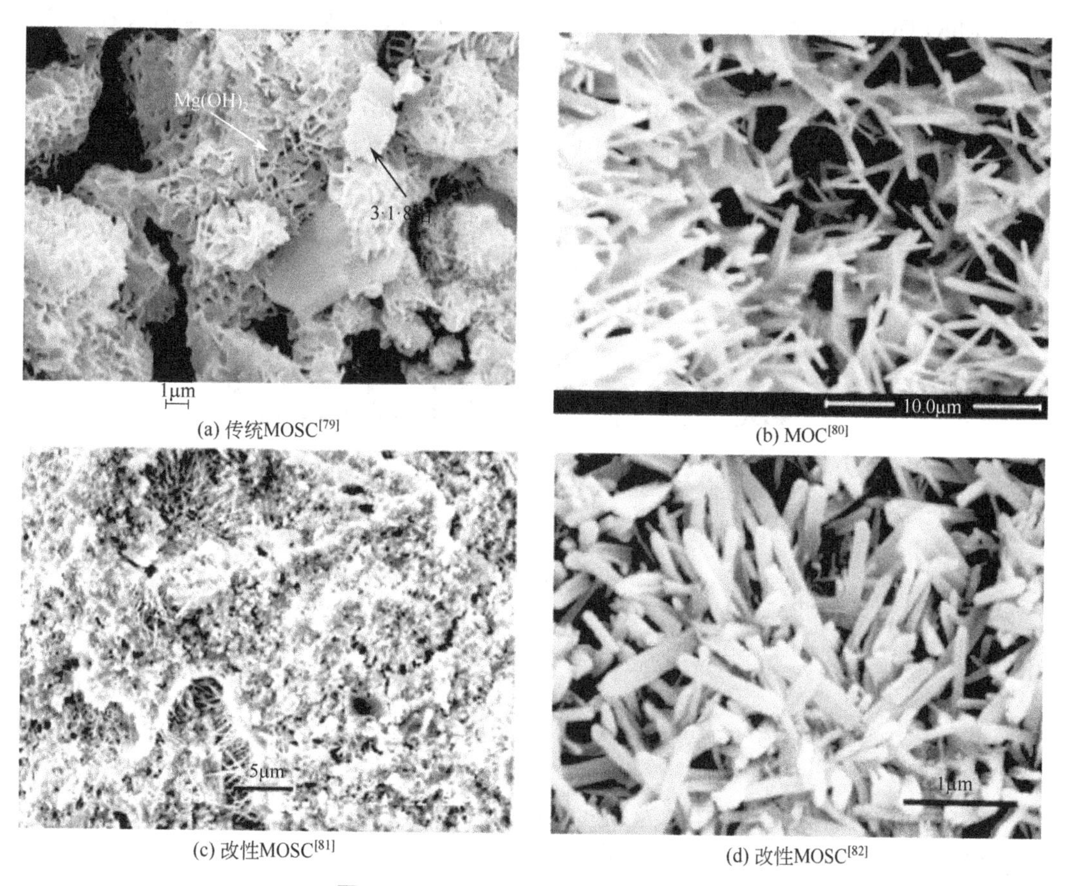

(a) 传统MOSC[79]　(b) MOC[80]　(c) 改性MOSC[81]　(d) 改性MOSC[82]

图 6-13　不同镁质类固化剂净浆微观形貌

③ 矿物相结构。MOSC 水化产物 5·1·7 相和 3·1·8 相晶体中八面体链排列如图 6-14 所示。5·1·7 相结构中［MgO_6］八面体沿 *b* 轴无限排布，且每个［MgO_6］八面体中 6 条棱和 6 个顶点与周围 4 个八面体共享[83]；3·1·8 相晶体中每个［MgO_6］八面体中 4 条棱和 5 个顶点与周围 4 个八面体共享[84]，因此 5·1·7 相晶体较 3·1·8 相晶体分子排列更为紧密[85]。

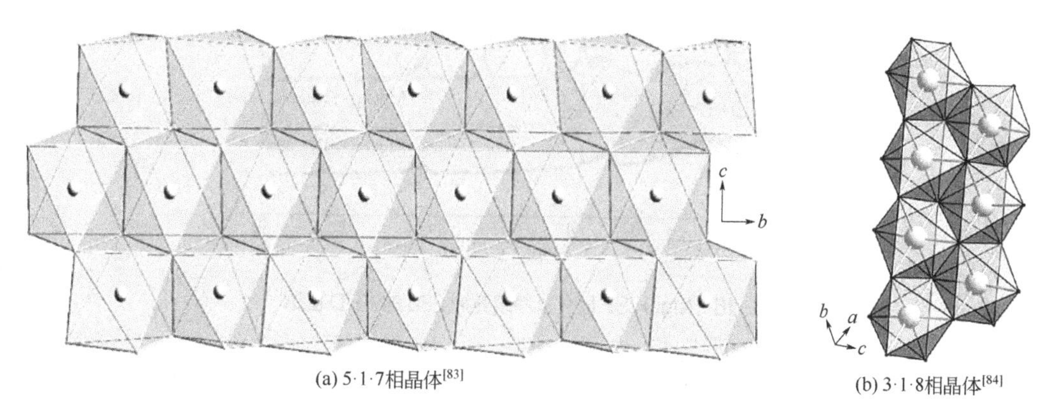

(a) 5·1·7相晶体[83]　(b) 3·1·8相晶体[84]

图 6-14　MOSC 水化产物 5·1·7 相和 3·1·8 相晶体中八面体链排列[84,83,81]

（3）硅酸镁水泥

① 矿物相组成

a. MgO-GGBS 固化剂。图 6-15 为不同养护龄期 MgO-GGBS 固化剂净浆的 XRD 图谱。MgO-GGBS 固化剂净浆矿物相有水化产物 C-S-H、类水滑石相（HT）、$Mg(OH)_2$ 和 M-S-H 凝胶，及未参与反应的 MgO。其中 $Mg(OH)_2$ 为活性 MgO 水化产物，C-S-H 凝胶相是 $Mg(OH)_2$ 激发 GGBS 中的活性钙硅质组分得到的水化产物，HT 和 M-S-H 无定形凝胶是 $Mg(OH)_2$ 激发 GGBS 中的活性氧化硅组分得到的水化产物。

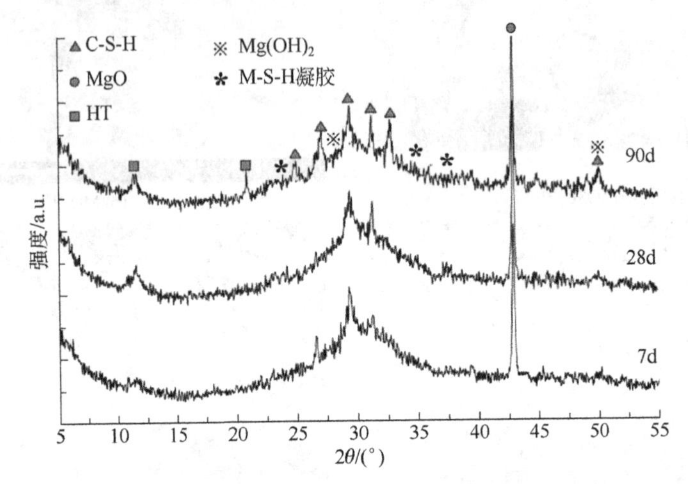

图 6-15 不同养护龄期 MgO-GGBS 固化剂净浆的 XRD 图谱[86]

b. MgO-SF 固化剂。图 6-16 为 MgO-SF 固化剂净浆养护 28d 的 XRD 图谱。MgO-SF 固化剂净浆主要矿物相有水化产物 $Mg(OH)_2$、M-S-H 无定形凝胶，及未参与反应的 MgO。

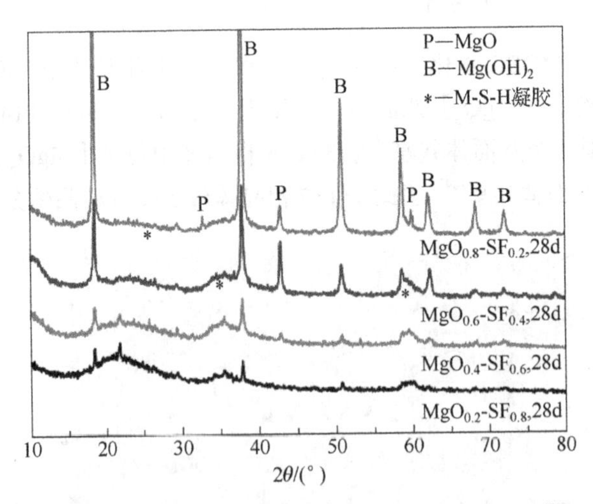

图 6-16 MgO-SF 固化剂净浆养护 28d 的 XRD 图谱[53]

图 6-17 给出了不同 Mg/Si 摩尔比 MgO-SF 固化剂净浆完全水化反应后的 XRD 图谱。所有 MgO-SF 固化剂净浆中均不含 MgO 的 2θ 特征衍射峰，表明 MgO 均水化生成 $Mg(OH)_2$；

低 Mg/Si 摩尔比（Mg/Si 摩尔比 1.0 和 0.67）MgO-SF 固化剂净浆 XRD 图谱中均不含 $Mg(OH)_2$，说明低 $Mg(OH)_2$ 含量也能完全发生水化反应，Mg^{2+}最终会同活性氧化硅组分生成 M-S-H 凝胶；高 Mg/Si 摩尔比（Mg/Si 摩尔比 4.0 和 1.5）MgO-SF 固化剂净浆 XRD 图谱中均含有 $Mg(OH)_2$ 的 2θ 特征衍射峰，且 Mg/Si 摩尔比越大 $Mg(OH)_2$ 衍射峰强度越高。

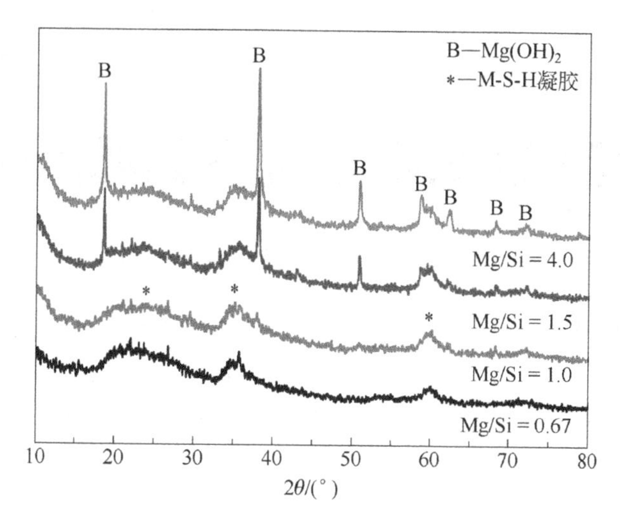

图 6-17 不同 Mg/Si 摩尔比 MgO-SF 固化剂净浆完全水化反应后的 XRD 图谱[53]

需要说明的是，不同原材料的 MSHC 净浆的水化产物存在一定的差异，MgO-GGBS 固化剂净浆中 GGBS 除含有活性氧化硅组分外，还有活性钙质组分，因此其水化产物包括 M-S-H 凝胶、C-S-H 凝胶等；而 MgO-SF 固化剂净浆中 SF 只含有活性氧化硅组分，其水化产物以 M-S-H 凝胶为主。

② 微观形貌

a．MgO-GGBS 固化剂。图 6-18 为不同养护龄期 MgO-GGBS 固化剂净浆的 SEM 图。MgO-GGBS 固化剂 28d 净浆含有大量未参与反应的 GGBS 颗粒和絮凝状的胶凝产物；90d 净浆中未参与反应的 GGBS 颗粒显著减少，但含有大量微裂纹，这些微裂纹是养护 28d 后水化反应产物膨胀导致的。上述结果与 MgO-GGBS 固化剂净浆 XRD 结果一致。

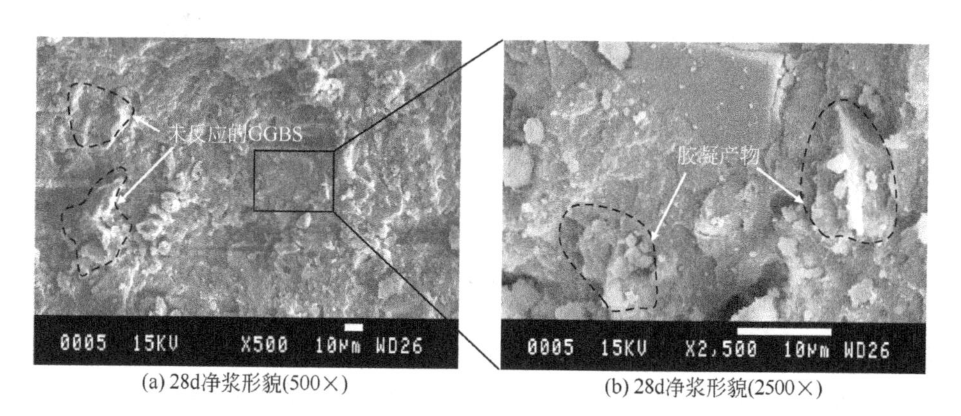

(a) 28d净浆形貌(500×)　(b) 28d净浆形貌(2500×)

图 6-18

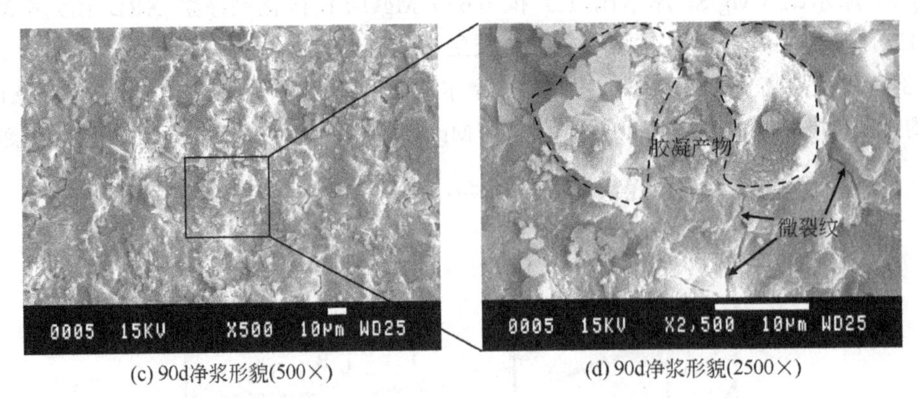

(c) 90d净浆形貌(500×)　　(d) 90d净浆形貌(2500×)

图 6-18　不同养护龄期 MgO-GGBS 固化剂净浆的 SEM 图[86]

b．MgO-SF 固化剂。图 6-19 为 MgO-SF 固化剂净浆养护 180d 的 SEM 图片。MgO-SF 固化剂净浆硬化体内絮凝状的 M-S-H 凝胶将硅灰颗粒黏结在一起形成致密结构；不同配比的 MgO-SF 固化剂净浆中均含有大量硅灰的球状颗粒，表明硅灰未完全参与水化反应；$MgO_{0.2}$-$SF_{0.8}$ 中球状颗粒明显较多，$MgO_{0.6}$-$SF_{0.4}$ 中硅灰颗粒明显减少且有片状 $Mg(OH)_2$ 存在。

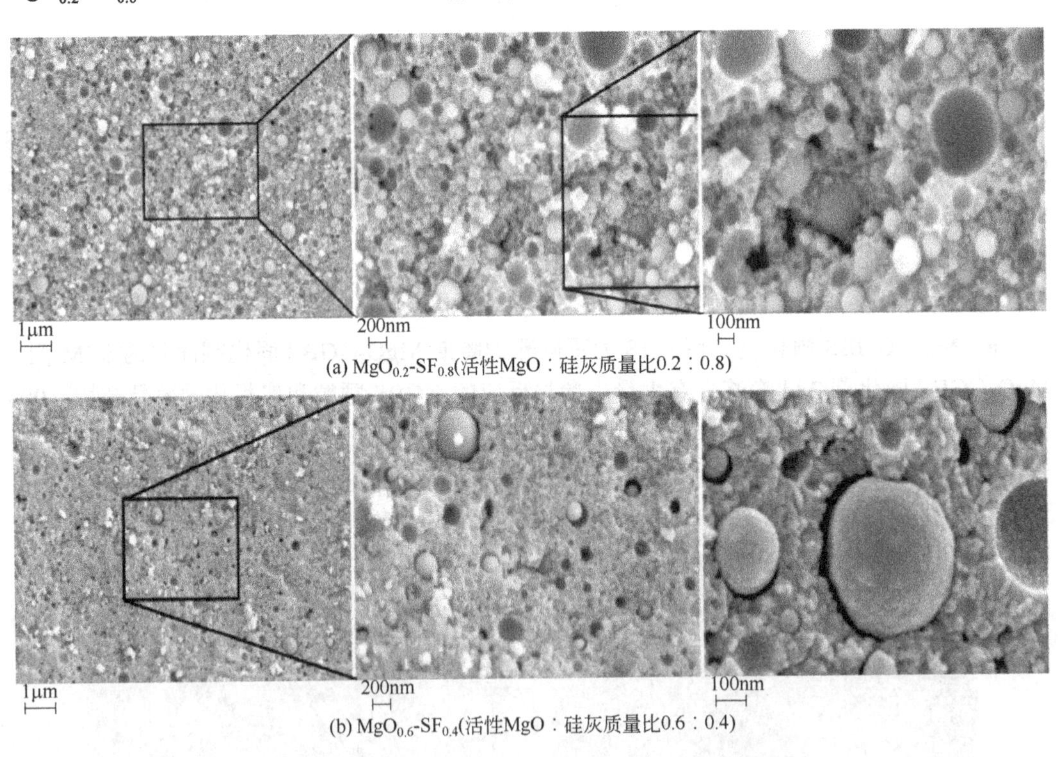

(a) $MgO_{0.2}$-$SF_{0.8}$(活性MgO：硅灰质量比0.2：0.8)

(b) $MgO_{0.6}$-$SF_{0.4}$(活性MgO：硅灰质量比0.6：0.4)

图 6-19　MgO-SF 固化剂净浆养护 180d 的 SEM 图[53]

③ 矿物相结构。MSHC 生成的水化产物为 C-S-H 相、类蛇纹石（chrysotile）相 M-S-H 和类滑石（talc）相 M-S-H，尚未有无定形 M-S-H 凝胶矿物结构见诸报道。Tonelli 等[87]对 M-S-H 凝胶实施 ^{29}Si NMR 和 ^{1}H NMR 试验，发现 M-S-H 凝胶可描述为 1：1（T-O 结构）

或2∶1（T-O-T 结构）的层状硅酸镁结构。

蛇纹石相和滑石相矿物结构示意如图 6-20 所示，图中四面体表示活性氧化硅组分的［SiO_4］四面体结构。蛇纹石相和滑石相均为层状硅酸镁结构，不同的是，蛇纹石相晶体结构排列方式为一层［SiO_4］四面体结构（T-layer）和一层［MgO_6］八面体配位羟基（O-layer），它们交替出现形成 T-O 结构；而滑石相晶体结构排列方式为两层［SiO_4］四面体结构（T-layer）中间夹一层［MgO_6］八面体配位羟基（O-layer），类似于“三明治”堆积方式，两者交替出现形成 T-O-T 结构，T-O 结构和 T-O-T 结构层间均是以一定的间距重复出现，其层间距不同。

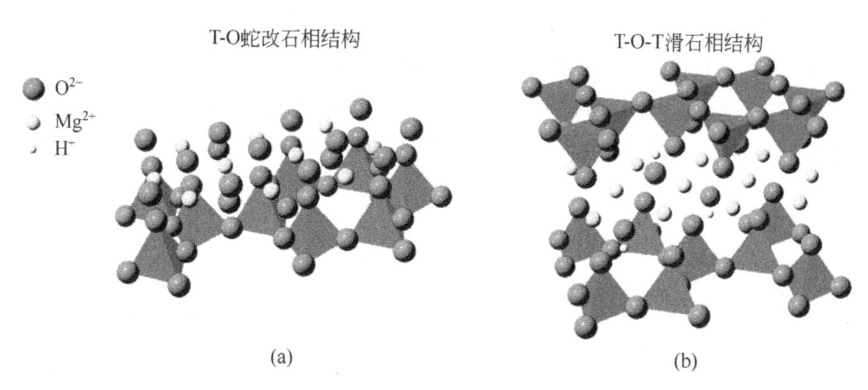

图 6-20 蛇纹石相和滑石相矿物结构示意图[87]

（4）活性氧化镁碳化水泥

① 矿物相组成。CRMC 净浆在不同 CO_2 浓度、湿度条件下养护 1d 的 XRD 图谱和 Q-XRD 分析结果如图 6-21 所示，其中内掺 20% 的 Al_2O_3 用于定量分析无定形矿物相。CRMC 净浆中主要矿物相有 $Mg(OH)_2$、$MgCO_3$、$MgCO_3 \cdot 3H_2O$ 等水化产物，未完全参与反应的 MgO，还含有结晶度较差的 $Mg_5(CO_3)_4(OH)_2 \cdot 5H_2O$ 和 $Mg_5(CO_3)_4(OH)_2 \cdot 4H_2O$ 等无定形矿物

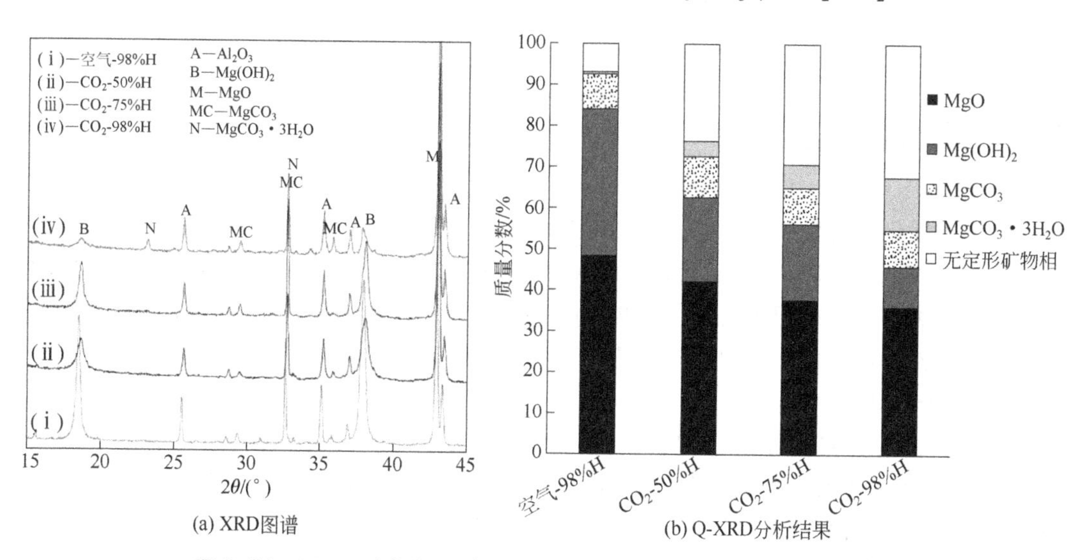

图 6-21 CRMC 净浆在不同养护条件下 XRD 图谱和 Q-XRD 分析结果[88]

相。结合 Q-XRD 分析结果，相同湿度时，CRMC 净浆养护期间 CO_2 浓度越高，MgO 和 $Mg(OH)_2$ 含量越低，水碳镁石和无定形矿物相含量越高，表明高 CO_2 浓度能够促进水化反应；相同 CO_2 浓度时，随着 CRMC 净浆养护期间湿度的增加，MgO 和 $MgCO_3$ 含量基本不变，但 $Mg(OH)_2$ 含量逐渐越低，水碳镁石和无定形矿物相含量逐渐升高，表明养护湿度不会加速 MgO 的水化反应和 $MgCO_3$ 的产生，但能够促进 $Mg(OH)_2$ 碳化生成水化碳酸镁等水化产物（HMCs），也就是说湿度不改变活性 MgO 的水解和 CO_2 的溶解反应阶段，但能够促进水镁石的碳化反应阶段。

② 微观形貌。不同养护条件下活性 MgO 养护 28d 的 SEM 照片如图 6-22 所示。封闭养护条件下，即无 CO_2 时，活性 MgO 水化产物主要为水镁石［$Mg(OH)_2$，brucite］；当处于碳化条件下，即有 CO_2 存在时，活性 MgO 水化产物主要为海绵状或呈片状分散分布的 $Mg(OH)_2$、玫瑰状的 $Mg_5(CO_3)_4(OH)_2 \cdot 5H_2O$、$Mg_5(CO_3)_4(OH)_2 \cdot 4H_2O$ 和针状的 $MgCO_3 \cdot 3H_2O$，表明在 CO_2 存在条件下，活性 MgO 水化过程发生如式（6-15）所示的化学反应。

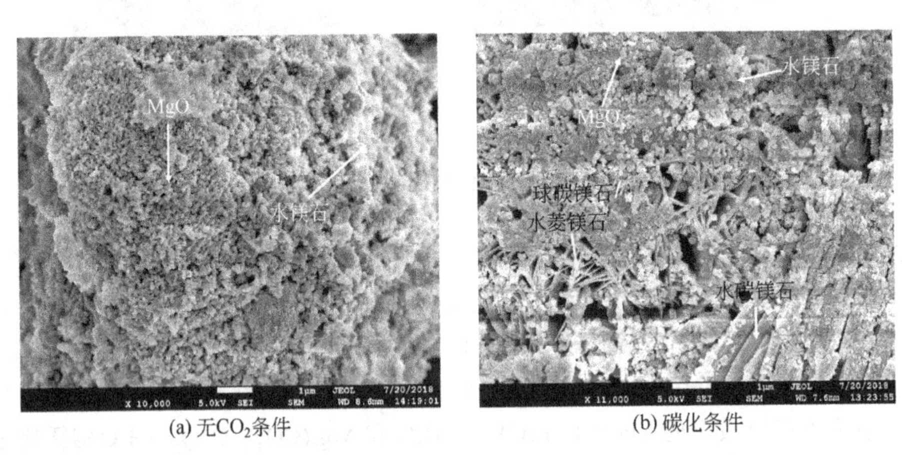

(a) 无CO_2条件　　(b) 碳化条件

图 6-22　不同养护条件下活性 MgO 养护 28d 的 SEM 照片[89]

6.2　配比设计方法

镁质类固化剂的配比设计方法因固化剂种类不同而异。MOC、MOSC 水化反应机理相似，可利用 $MgO-MgCl_2-H_2O$ 三元相图或 $MgO-H_2SO_4-H_2O$ 三元相图进行配比设计；MSHC 参考碱激发类固化剂的配比设计，借助 $MgO-SiO_2-H_2O$ 三元相图进行配比设计；CRMC 结合原材料条件、待固化体条件和养护条件等多方面因素进行配比设计。

（1）氯氧镁水泥

室温（23℃±3℃）条件下 MOC 的 $MgO-MgCl_2-H_2O$ 三元相图如图 6-23 所示。$MgO-MgCl_2-H_2O$ 体系中主要矿物相为 $3Mg(OH)_2 \cdot MgCl_2 \cdot 8H_2O$（3·1·8 相，简称相 3）和 $5Mg(OH)_2 \cdot MgCl_2 \cdot 8H_2O$（5·1·8 相，简称相 5），及未参与反应的 $Mg(OH)_2$、MgO、$MgCl_2 \cdot 6H_2O$、$MgCl_2$ 等。不同配比条件下得到的水化产物组成如图 6-23 右列所示。

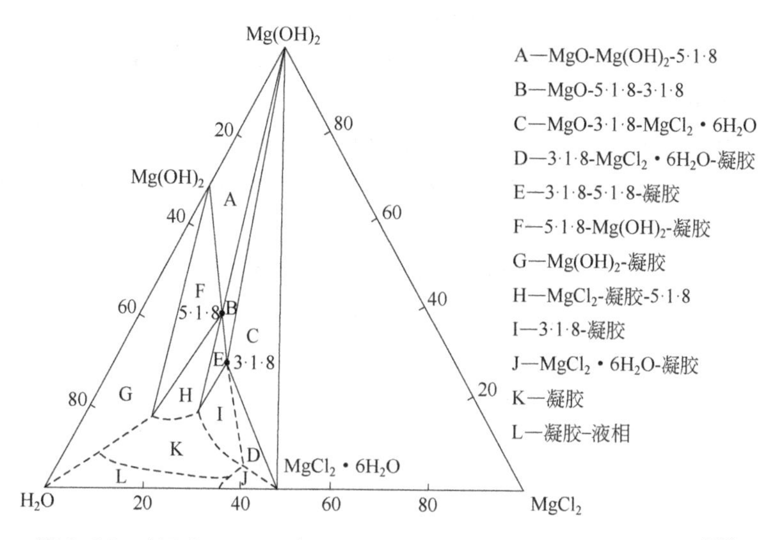

图 6-23 室温（23℃±3℃）条件下 $MgO-MgCl_2-H_2O$ 体系的三元相图[1,74]

$MgO-MgCl_2-H_2O$ 体系在 25℃、0.1MPa 大气压条件下矿物相平衡如图 6-24 所示，横坐标 m_{MgCl_2} 为质量摩尔浓度，纵坐标 n_{MgO} 为每千克水中 MgO 的物质的量，Mx/Hy 表示活性 MgO 与 H_2O 的摩尔比为 $x:y$。当 m_{MgCl_2} 为 0～1.4 时，$MgO-MgCl_2-H_2O$ 体系水化产物主要为 $Mg(OH)_2$；当 m_{MgCl_2} 为 1.4～5 时，$MgO-MgCl_2-H_2O$ 体系水化产物由 $Mg(OH)_2$、相 5、相 3 组成；当 m_{MgCl_2} 大于 5 时，$MgO-MgCl_2-H_2O$ 体系水化产物主要为相 3。同样地，结合 n_{MgO} 不同范围 m_{MgCl_2} 的取值，也可得到 $MgO-MgCl_2-H_2O$ 体系水化产物组成。

MOC 水化产物的强度大小顺序为相 5＞相 3＞$Mg(OH)_2$，结合现有研究成果，$Mg(OH)_2/MgCl_2$ 物质的量比应取 6～9，$H_2O/MgCl_2$ 物质的量比应取 14～18[3]。

（2）硫氧镁水泥

MOSC 与 MOC 水化机理相似，不同之处在于采用 $MgSO_4$ 替代 $MgCl_2$ 形成 $MgO-MgSO_4-H_2O$ 三元胶凝体系，MOC 水化产物的矿物相组成和命名方式同样适用于 MOSC[12]，即 MOSC 主要矿物相组成为 $x Mg(OH)_2 \cdot y MgSO_4 \cdot z H_2O$，对应的矿物相名称为相 3、相 5。

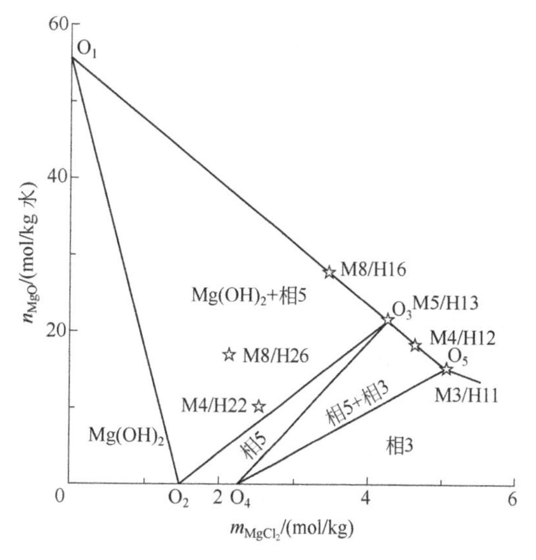

图 6-24 $MgO-MgCl_2-H_2O$ 体系在 25℃、0.1MPa 大气压条件下矿物相平衡图[90]

不同温度（30～120℃）、$MgSO_4$ 浓度（10%～70%）条件下 $MgO-MgSO_4-H_2O$ 体系矿物相组成如图 6-25 所示。$MgSO_4$ 溶解度随着温度的升高而升高；$MgSO_4$ 浓度低于饱和溶解度，$MgSO_4$ 与 MgO 发生水化反应，超过饱和溶解度则析出硫酸镁晶体，无法发生水化反应；30℃条件下，$MgSO_4$ 浓度低于 18%时，水化产物仅有 $Mg(OH)_2$，$MgSO_4$ 浓度为 18%～

35%时，水化产物为 $3Mg(OH)_2 \cdot MgSO_4 \cdot 8H_2O$（3·1·8 相，简称相 3）和 $Mg(OH)_2$，$MgSO_4$ 浓度为 35%～36%时，水化产物仅有相 3，$MgSO_4$ 浓度超过 36%则硫酸镁晶体（$MgSO_4 \cdot 7H_2O$、$MgSO_4 \cdot 6H_2O$、$MgSO_4 \cdot H_2O$）饱和析出；超过 36℃后，MgO-$MgSO_4$-H_2O 体系开始生成相 5；当温度介于 30～120℃之间，MgO-$MgSO_4$-H_2O 体系主要水化产物有 $3Mg(OH)_2 \cdot MgSO_4 \cdot 8H_2O$（3·1·8 相）、$5Mg(OH)_2 \cdot MgSO_4 \cdot 3H_2O$（5·1·3 相）、$Mg(OH)_2 \cdot MgSO_4 \cdot 5H_2O$（1·1·5 相）、$Mg(OH)_2 \cdot 2MgSO_4 \cdot 3H_2O$（1·2·3 相）和 $Mg(OH)_2$。需要说明的是，MOSC 水化产物中 3·1·8 相在常温下呈介稳态；5·1·3 相是最稳定的矿物相[84]，也是 MOSC 强度最高的矿物相，但只能在较高温度下才能生成大量 5·1·3 相[12]。

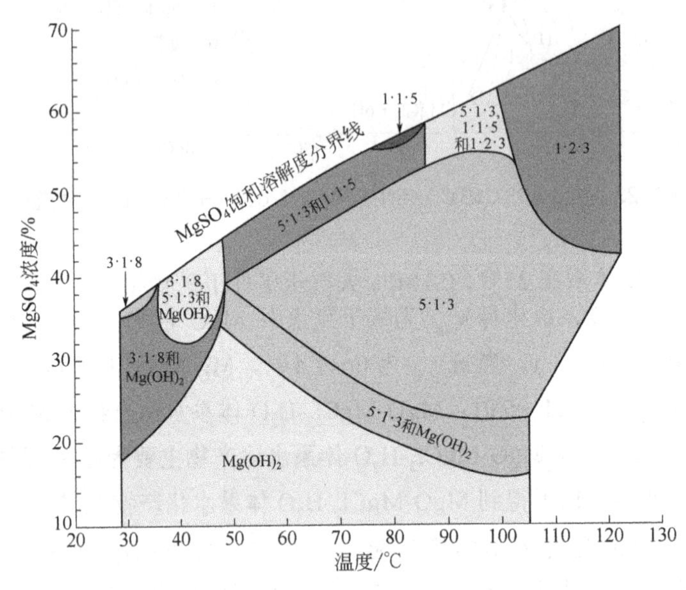

图 6-25 不同温度、$MgSO_4$ 浓度条件下 MgO-$MgSO_4$-H_2O 体系矿物相组成[10,12]

因此，为得到强度更高的水化产物相 5，应降低 MOSC 中 $MgSO_4$ 溶解度，目前常用的方法有提高养护温度（如蒸压养护、高温养护等）、掺入改性添加剂（如柠檬酸、水玻璃、磷酸等）。

MOSC 中 MgO-$MgSO_4$-H_2O 三元体系达到平衡状态很难，这与上述 MOSC 水化产物多处于介稳态，矿物相组成不确定有关。Urwongse 和 Sorrell 利用 H_2SO_4 替代 $MgSO_4$ 制备 MgO-H_2SO_4-H_2O 反应体系，通过密度瓶测量体系平衡后的密度确定液相组成，并结合 XRD 分析矿物相，在室温（23℃±3℃）条件下建立 MgO-H_2SO_4-H_2O 体系的三元相图，如图 6-26 所示。将 MgO-H_2SO_4-H_2O 体系三元相图应用到 MgO-$MgSO_4$-H_2O 三元胶凝体系，得到 MOSC 中矿物相组成关系，发现相平衡时晶体矿物相有 3·1·8 相、$MgSO_4 \cdot 7H_2O$、$MgSO_4 \cdot 6H_2O$、$MgSO_4 \cdot H_2O$，非平衡稳定相有 1·1·5 相、1·2·3 相、5·1·2 相、5·1·3 相、3·2·5 相等[91]。此后，我国学者利用水热合成法在 140～200℃条件下得到了 1·2·2 相、5·1·2 相和 5·1·3 相等矿物相晶体[92-95]，但水热合成法得到的水化产物与常温得到的水化产物晶体结构不同，水热合成法矿物相 Mg^{2+} 与 SO_4^{2-} 共享氧离子（即存在桥氧结构），常温水化产物 Mg^{2+} 与 SO_4^{2-} 之间不直接相连。

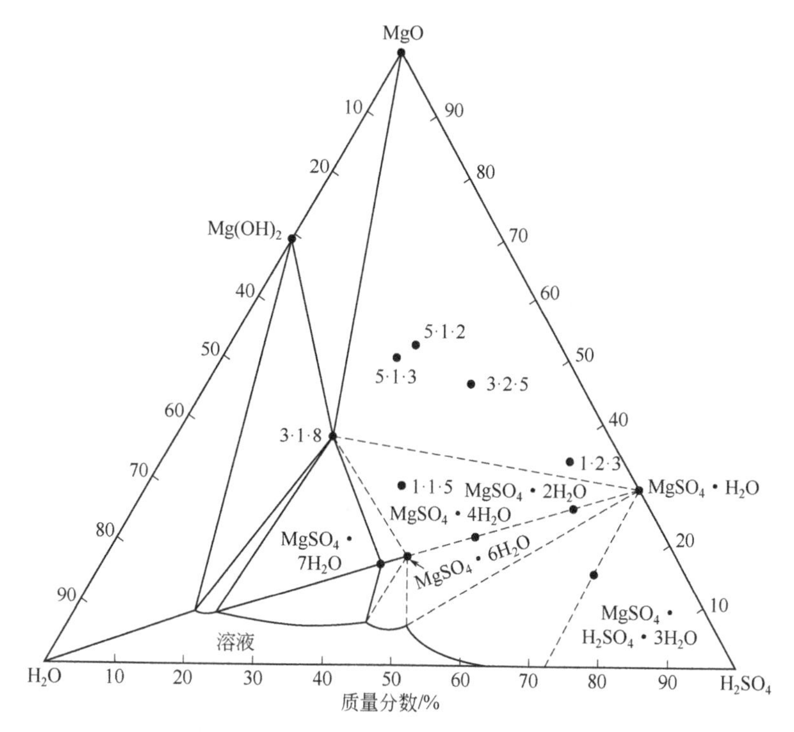

图 6-26 室温（23℃±3℃）条件下 $MgO-H_2SO_4-H_2O$ 体系的三元相图[91]

综上，无论采用何种制备方法，仅采用活性 MgO、$MgSO_4·7H_2O$ 和水得到的 $MgO-MgSO_4-H_2O$ 三元胶凝体系均是组成不稳定的非平衡体系，导致 MOSC 存在性能缺陷，如耐水性差等，在复杂环境下不能稳定存在。这与水化产物相 5、相 3 在水中的稳定性差有关，要改善 MOSC 需改变水化产物矿物相组成、结构[96]，最有效方法就是掺加改性添加剂。因此，MOSC 的配比设计，结合氧硫摩尔比（MgO 与 $MgSO_4·7H_2O$ 摩尔比）、水硫摩尔比（H_2O 与 $MgSO_4·7H_2O$ 摩尔比）和改性外加剂，参照 $MgO-H_2SO_4-H_2O$ 体系三元相图，并根据其使用性能要求掺加合适的改性添加剂，进行配比设计。需要注意的是，掺入改性添加剂的 MOSC 的主要水化产物为新型针棒状矿物相 $5Mg(OH)_2·MgSO_4·7H_2O$（5·1·7 相）[83]。

（3）硅酸镁水泥

由图 6-2 可知，无法通过煅烧过程制备具有水硬性的镁质胶凝材料。但是，自 1949 年 Bowen 等在地壳中发现海泡石（$8MgO·12SiO_2·6H_2O·nH_2O$）、滑石（$3MgO·4SiO_2·H_2O$）、蛇纹石（$3MgO·2SiO_2·2H_2O$）和直闪石（$7MgO·8SiO_2·H_2O$）等含水硅酸镁相[97]以来，越来越多的学者尝试探索类似于硅酸钙凝胶 $CaO-SiO_2-H_2O$ 体系的 $MgO-SiO_2-H_2O$ 体系，即 MSHC。上述天然水化硅酸镁相得益于独特的气候条件和地质、矿物特性，反应时间可能持续几十年[98]。直到 1953 年，Cole[99]在研究海水对混凝土的侵蚀机理过程时，才发现新矿物相晶体水化硅酸镁（$4MgO·SiO_2·8.5H_2O$），此后 M-S-H 长期被认为是水泥水化产物受硫酸盐侵蚀形成的二次水化产物[100-102]，未能得到广泛关注。

Wunder[103]在总结前人研究的基础上，结合不同条件下合成的水化硅酸镁相，建立了 $MgO-SiO_2-H_2O$ 体系三元相图（图 6-27），三元相图中对应的水化硅酸镁矿物相成分见表 6-2。

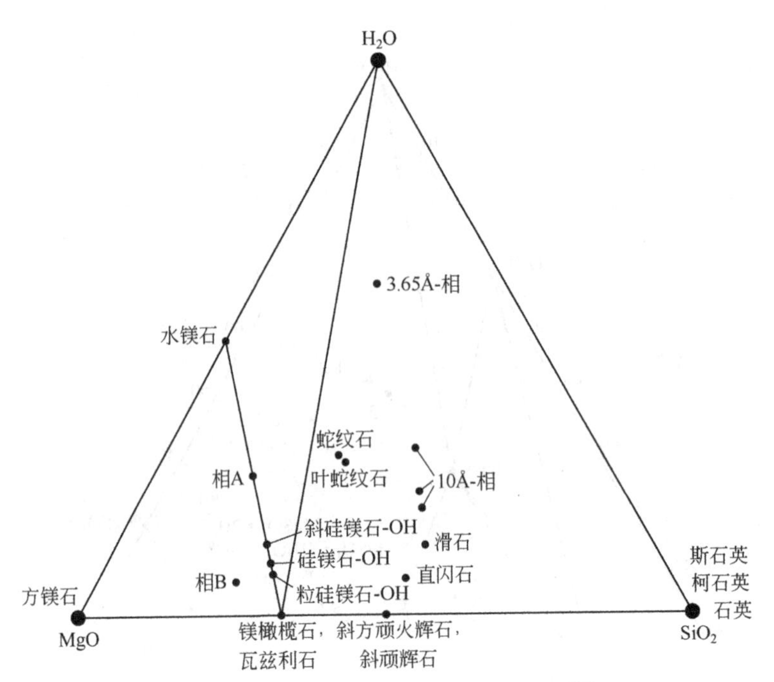

图 6-27 MgO-SiO_2-H_2O 体系三元相图[103]

表 6-2 MgO-SiO_2-H_2O 体系三元相图中水化硅酸镁矿物相成分[103]

矿物相名称	分子式	参考文献
相 A	$Mg_7Si_2O_8(OH)_6$	Horiuchi 等[104]
相 B	$Mg_{12}Si_4O_{19}(OH)_2$	Finger 等[105]
超级含水相 B	$Mg_{10}Si_3O_{14}(OH)_4$	Pacalo 等[106]
斜硅镁石-OH	$Mg_9Si_4O_{16}(OH)_2$	Yamamoto 等[107]
粒硅镁石-OH	$Mg_5Si_2O_8(OH)_2$	Yamamoto 等[107]
硅镁石-OH	$Mg_7Si_3O_{12}(OH)_2$	Wunder 等[108]
相 C	—	Ringwood 等[109]
相 D	$MgSiO_2(OH)_2$	Liu 等[110]
相 E	$Mg_{2.08}Si_{1.16}O_{2.8}(OH)_{3.2}$	Kudoh 等[111]
	$Mg_{2.17}Si_{1.01}O_{2.38}(OH)_{3.62}$	Kudoh 等[111]
10Å-相	$Mg_3Si_4O_{10}(OH)_2\cdot 0.65H_2O$	Wunder 等[112]
	$Mg_3Si_4O_{10}(OH)_2\cdot 1.00H_2O$	Bauer 等[113]
	$Mg_3Si_4O_{10}(OH)_2\cdot 2.00H_2O$	Yamamoto 等[107]
3.65Å-相	$Mg_{1.4}Si_{1.3}O_{1.3}(OH)_8$	Rice 等[114]
含水瓦兹利石	$Mg_{1.75}SiO_{3.5}(OH)_{0.5}$	Kudoh 等[115]

Qian 等[116]根据 MSHC 的水化反应式［式（6-20）］，结合热力学计算生成蛇纹石（3MgO·$2SiO_2$·$2H_2O$）、滑石（3MgO·$4SiO_2$·H_2O）的吉布斯自由能ΔG 分别为−156.02kJ/mol、−88.47kJ/mol，认为 MSHC 加水搅拌后可在常温常压条件下发生水化反应。

$$\left.\begin{aligned}3Mg^{2+}+6OH^-+2SiO_2 &\longrightarrow 3MgO\cdot 2SiO_2\cdot 2H_2O(\text{蛇纹石})+H_2O\\3Mg^{2+}+6OH^-+4SiO_2 &\longrightarrow 3MgO\cdot 4SiO_2\cdot H_2O(\text{滑石})+2H_2O\end{aligned}\right\}\quad(6\text{-}20)$$

韦江雄等[117]研究了常温条件下 $MgO-SiO_2-H_2O$ 体系的胶凝性，发现在分散剂作用下的活性 MgO、硅灰制备得到的 MSHC 强度接近普通硅酸盐水泥强度。此后，室温条件下 MSHC 的制备和研究逐渐得到了学者们的关注[51-119]。目前，MSHC 的配比设计主要通过原材料中的 MgO/SiO_2 摩尔比确定，MgO/SiO_2 摩尔比范围一般为 0.6～1.4[51,120-122]。

（4）活性氧化镁碳化水泥

CRMC 可看作是 $MgO-CO_2-H_2O$ 三元胶凝体系，但是，影响 CRMC 配比设计的因素众多，难以通过 $MgO-CO_2-H_2O$ 三相图确定配比设计。一般通过影响 CRMC 强度的因素予以确定，如 CRMC 原材料条件（活性 MgO 掺量、煅烧条件、含水量）、待固化体条件（待固化体的 pH 值、孔隙率）、养护条件（CO_2 浓度、养护温度、养护龄期、养护湿度）等。

对于 CRMC 原材料条件，在一定活性 MgO 掺量范围内，活性 MgO 掺量越大最终硬化体的强度越高；活性 MgO 的活性与煅烧条件等有关，在一定的煅烧温度（600～800℃）范围内 MgO 活性最高，超过或低于该温度范围则 MgO 反应活性降低，相应的硬化体强度随之降低；含水量过低则阻碍活性 MgO 的水解，即活性 MgO 水解不完全，含水量过高则降低 CO_2 的扩散速率，即碳化反应受阻。

待固化体条件方面，pH 值过高则延缓活性 MgO 的水解，pH 值过低则降低 CO_2 的扩散速率；待固化体的孔隙率会影响 CO_2 的扩散速率，孔隙率过低则限制 CO_2 的扩散，过高则影响硬化体整体强度。

养护条件方面，通入高浓度、高气压的 CO_2 时，较短时间即可达到 CRMC 强度极限值且强度值较高，通入低浓度、低气压的 CO_2 时，则需较长龄期才能达到水泥强度极限值且强度值较低；养护温度会影响水化硅酸镁相（HMCs）类别，温度升高能够加快活性 MgO 的水解，但也会减缓 CO_2 溶解速率，延缓 HMCs 的生成；随着养护龄期的增加，CRMC 强度增长速率呈现出先增加后减小的规律，养护龄期过短不利于强度增长，过长则对强度增长的贡献作用有限；养护湿度也会影响碳化水化产物 HMCs 的类别，湿度较低时妨碍活性 MgO 的水解和 $Mg(OH)_2$ 的碳化，湿度较高时 HMCs 含量增加、$Mg(OH)_2$ 含量减少。

总之，在 CRMC 配比设计时应考虑的影响因素众多，应结合 CRMC 的原材料条件、待固化体条件和养护条件等多方面因素方能设计出满足强度和耐久性等要求的 CRMC。

6.3 固化土

6.3.1 氯氧镁水泥固化土

（1）强度特性

Wang 等[123]采用 MOC 固化疏浚淤泥（简称 MOC 固化土），制备了不同 $MgO/MgCl_2$ 摩尔比、不同 MOC 掺入比的 MOC 固化土，研究了标准养护条件和浸水养护条件下不同龄期的强度特性。研究发现，MOC 固化土 3d 可达到 60d 强度的 50%以上；随着 $MgO/MgCl_2$

摩尔比的增大，固化土强度增长呈现出先增加后稳定的规律，$MgO/MgCl_2$摩尔比达到 8 以后强度增长趋于稳定；随着 MOC 掺入比的增加，固化土强度呈现出先增加后稳定的趋势，MOC 掺入比达到 10%后强度趋于稳定；随养护龄期的增加，固化土强度呈现出先增加后减小再稳定的趋势，养护龄期 60d 时强度最大，随后略有降低但强度趋于稳定；另外，随着浸水养护时间的增加，固化土强度逐渐降低；MOC 掺入比越低，固化土强度降低幅度越大。

王东星等[124]同样采用 MOC 固化疏浚淤泥，分别制备了不同 $H_2O/MgCl_2$ 摩尔比（$MgO/MgCl_2$摩尔比为 3.875、MgO 活性指数为 77.5%）、$MgO/MgCl_2$摩尔比（$H_2O/MgCl_2$摩尔比不变、MgO 活性指数为 77.5%）、MgO 活性指数（$H_2O/MgCl_2$摩尔比不变、MgO 活性指数分别为 77.5%和 55.4%）MOC 固化土试样，研究了标准养护条件（20℃±1℃、≥95%湿度）下不同龄期的 MOC 固化土的强度特性。试验结果表明，$H_2O/MgCl_2$ 摩尔比越高，固化土强度越低；在该试验条件下 $MgO/MgCl_2$摩尔比越高，即活性 MgO 掺量越大，固化土强度越高，这一现象与 MOC 稳定砾石土的强度规律一致[125]；MgO 活性指数越高，参与水化反应的 MgO 量越多，固化土强度越高。

Wang 等[126]借鉴活性 MgO 激发高炉矿渣、粉煤灰等的优势[127-131]，基于文献[123]的研究成果提出了一种改性 MOC，并研究了高炉矿渣掺入比对 MOC 的改性效果。结果表明，随着养护时间的增加，MOC 固化土、高炉矿渣改性 MOC 固化土强度总体呈现出增加的趋势，但改性 MOC 固化土强度整体略低于 MOC 固化土强度，高炉矿渣对改性 MOC 固化土强度影响不大；$MgO/MgCl_2$摩尔比较高（活性 MgO 掺量高）时，随高炉矿渣掺量的增加，改性 MOC 固化土强度逐渐增大，但仍略低于 MOC 固化土强度；$MgO/MgCl_2$摩尔比较低（活性 MgO 掺量低）时，随高炉矿渣掺量的增加，改性 MOC 固化土强度逐渐降低，高活性 MgO 含量的 MOC 可有效激发高炉矿渣，提高改性 MOC 固化土强度。另外，在浸水条件下，MOC 固化土强度损失量明显高于高炉矿渣改性 MOC 固化土，浸水 6d 后 MOC 固化土强度低于改性 MOC 固化土强度，浸水 8d 后改性 MOC 固化土强度开始增长，而 MOC 固化土强度则继续降低。

（2）微观特性

通过 MOC 固化土的微观特性研究，揭示 MOC 原材料配比及掺入比、活性 MgO 的活性指数、养护时间、外加剂种类及掺量等对固化土强度变化规律、浸水特性等方面影响的微观机制，为强度特性演化规律提供了理论依据。王东星在疏浚淤泥固化性能方面已有大量研究成果，并在专著《疏浚淤泥固化性能与微观结构表征》[132]中对 MOC 固化淤泥的微观机理作了详尽梳理。

本节基于部分学者的试验结果，阐述 MOC 固化土和高炉矿渣改性 MOC 固化土的微观机制。

① 矿物相组成

a．MOC 固化土。不同掺入比 MOC 固化土的 XRD 图谱如图 6-28 所示，αPβMδd 分别表示 MOC 掺入比为 α%、$MgO/MgCl_2$摩尔比为 β、养护时间为 δd。MOC 固化土中主要的矿物相有石英、水镁石、伊利石、高岭石和相 5，其中石英、伊利石和高岭石为待固化土矿物相，水镁石和相 5 为 MOC 水化产物；当 MOC 掺入比为 5%时，MOC 固化土中几乎没有水化产物矿物相，表明 MgO 颗粒被完全消耗，相 5 为无定形相；随着 MOC 掺入比的增加，XRD图谱中出现水镁石、相5晶体 2θ 特征衍射峰，水镁石和相5晶体能够填充在MOC固化土孔隙提高固化土强度，且MOC10%、15%、20%衍射峰强度几乎不变，这与本节（1）强度特性中MOC掺入比达到10%固化土强度显著增加、掺入比超过10%后强度趋于稳定的结论一致。

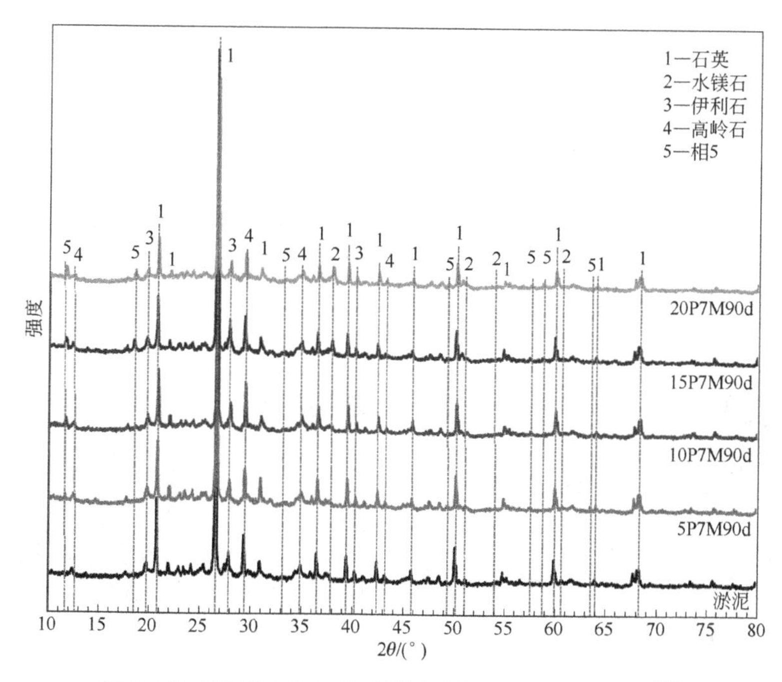

图6-28 不同掺入比MOC固化土（养护90d）XRD图谱[123]

b．高炉矿渣改性MOC固化土。高炉矿渣改性MOC固化土的XRD图谱如图6-29所示，αPβMγSδd分别表示MOC掺入比为α%、$MgO/MgCl_2$摩尔比为β、高炉矿渣掺量为γ%、养护时间为δd。与未改性MOC固化土矿物相（图6-28）的不同之处在于，高炉矿渣改性MOC固化土生成了新的无定形相C-S-H凝胶（2θ 位于29.8°、50.6°隆起的驼峰），这与活性MgO能够水解生成OH^-并通过碱激发高炉矿渣活性钙硅铝相有关（作用机理详见第5章碱激发类固化剂）；掺加高炉矿渣生成的C-S-H凝胶不仅起胶凝、填充作用，还能阻止相5晶体在浸水条件下的分解，因此能够显著改善高炉矿渣改性MOC固化土水稳性，这也解释了本节（2）强度特性中高炉矿渣改性MOC固化土浸水8d后出现强度增长的现象。

② 微观形貌

a．MOC固化土。MOC固化土微观形貌SEM图片如图6-30所示。图（a）为待固化土的微观形貌，大量片状颗粒交错在一起形成大量的孔隙；图（b）～图（e）分别为MOC掺入比5%、10%、15%、20%的MOC固化土，大量颗粒聚集、孔隙被填充并形成致密结构，从而提高MOC固化土强度；图（b）中含有针状的相5晶体填充在固化土孔隙内；图（c）、图（d）中含有大量的水镁石、相5晶体，形成的固化土结构更为致密；图（e）不仅含有大量的水镁石、相5晶体，还含有大量裂纹，表明MOC掺入比20%时生成过量的水化产物结晶引发固化土结构膨胀，解释了MOC掺入比达到10%后强度增长趋于稳定的微观机制。

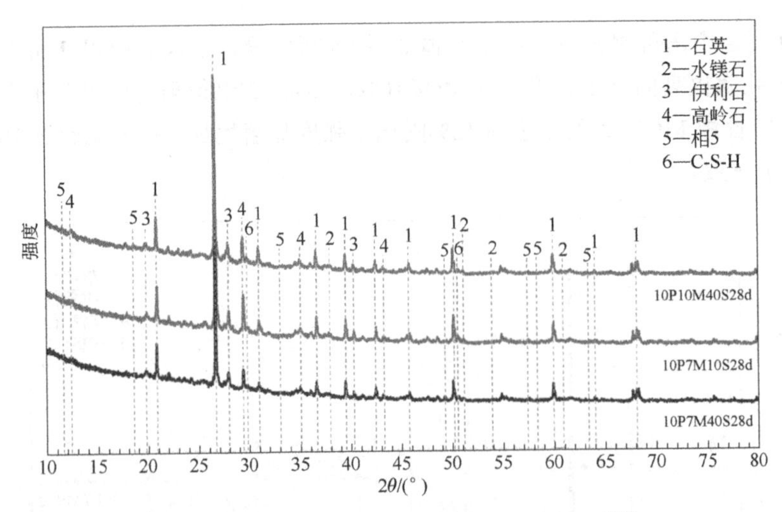

图 6-29 高炉矿渣改性 MOC 固化土 XRD 图谱[126]

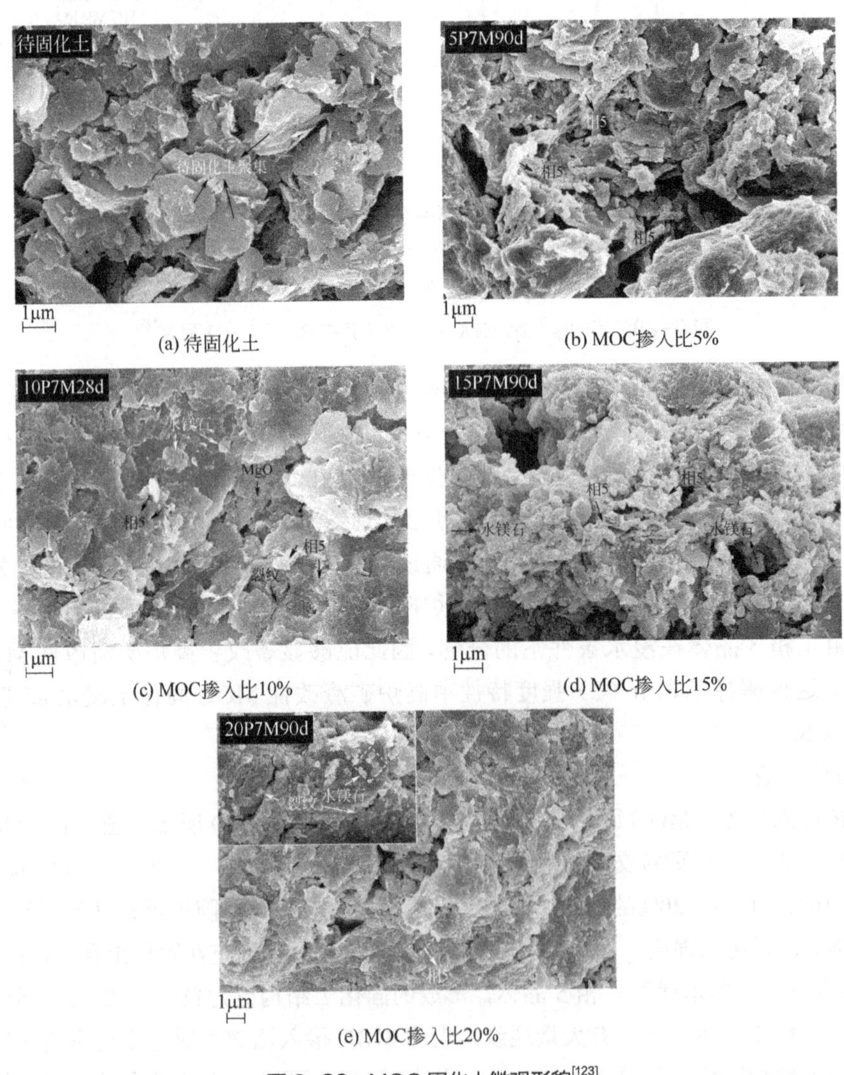

图 6-30 MOC 固化土微观形貌[123]

b. 高炉矿渣改性 MOC 固化土。高炉矿渣改性 MOC 固化土微观形貌 SEM 图如图 6-31 所示。高炉矿渣改性 MOC 固化土中水镁石、相 5、C-S-H 凝胶等水化产物胶结土体颗粒并填充孔隙，未被活性 MgO 激发的高炉矿渣填充在固化土孔隙；C-S-H 凝胶吸附在相 5 附近，进一步证实 XRD 试验结论中 C-S-H 胶凝可能阻止相 5 在浸水条件下分解，与本节（1）强度特性中高炉矿渣显著改善 MOC 固化土水稳性的结论一致。

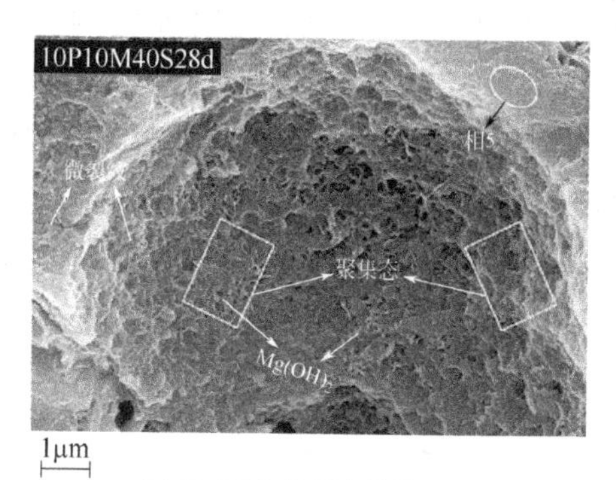

1μm

(a) $MgO/MgCl_2$摩尔比为10，40%高炉矿渣掺量，28d

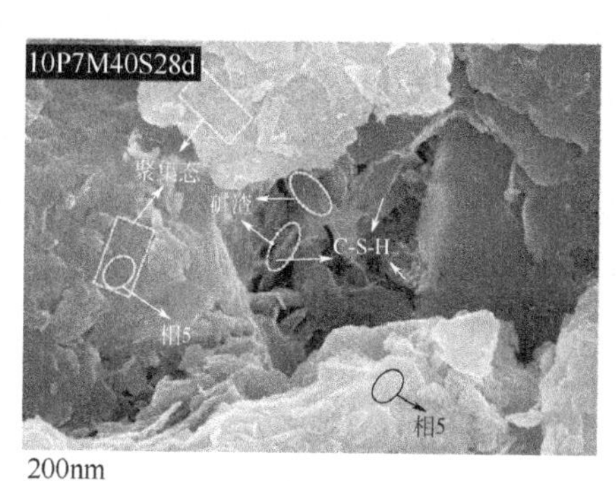

200nm

(b) $MgO/MgCl_2$摩尔比为7，40%高炉矿渣掺量，28d

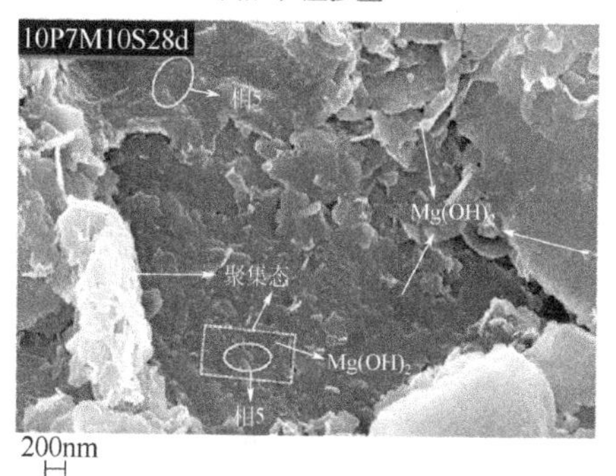

200nm

(c) $MgO/MgCl_2$摩尔比为7，10%高炉矿渣掺量，28d

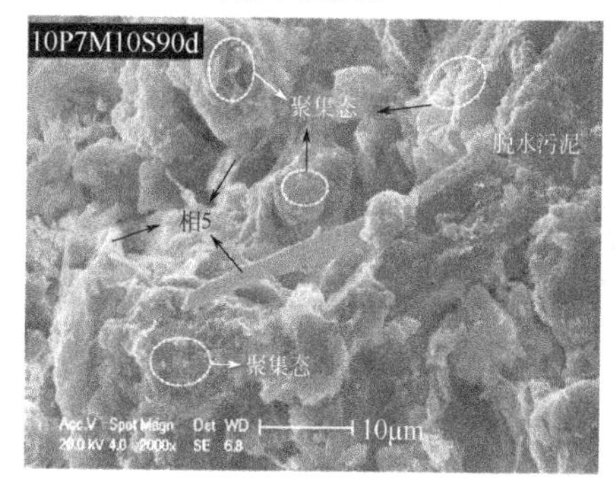

(d) $MgO/MgCl_2$摩尔比为7，10%高炉矿渣掺量，90d

图 6-31 高炉矿渣改性 MOC 固化土微观形貌[126]

（3）固化机理

结合 MOC 净浆反应机理、MOC 固化土强度特性和微观特性，MOC 固化土固化机理可归纳为：水化反应、碱激发反应和填充作用。

① 水化反应。MOC 的水化反应是 MOC 固化土的主要强度来源，通过水化反应生成的 $Mg(OH)_2$、相 3、相 5 及其无定形凝胶相［式（6-4）］能够胶结土颗粒，大多水化产物起胶凝作用，少数水化产物晶体还可起填充作用。

② 碱激发反应。按照 MOC 是否添加火山灰质材料改性添加剂，碱激发反应分为 $Mg(OH)_2$ 与土颗粒活性黏土矿物之间的碱激发反应和 $Mg(OH)_2$ 与土颗粒活性黏土矿物、改性添加剂活性钙硅铝相矿物之间的碱激发反应，反应产物均以无定形凝胶相为主。

③ 填充作用。水化反应、碱激发反应均为化学作用，填充作用则属于物理作用。MOC 固化土中起填充作用的部分主要有：水化反应产物中晶体矿物相、碱激发反应产物中部分无定形凝胶相和未参与上述水化反应和碱激发反应的矿物相。

6.3.2 硫氧镁水泥固化土

（1）强度特性

Zhu 等[133]采用活性 MgO、$MgSO_4 \cdot 7H_2O$ 与柠檬酸制备改性 MOSC，并掺入水玻璃、硅灰和熟料等添加剂得到了被称为 CMMOSC-S-C 的复合固化剂，利用该固化剂进行了固化海相软土的相关试验。无侧限抗压强度试验得到的应力-应变曲线如图 6-32 所示。随着 CMMOSC-S-C 掺入比的增加，破坏应变逐渐减小，破坏应力逐渐增大，固化土的破坏模式由塑性破坏逐步变为脆性破坏，且脆性特征越来越明显。养护龄期能够显著改变固化土的应力-应变曲线性状，破坏应变随龄期增加逐渐明显；随着 CMMOSC-S-C 固化土养护龄期的增加，破坏应变总体上逐渐减小，破坏应力逐渐增大，破坏模式由塑性破坏逐步转变为脆性破坏，脆性特征越来越明显。

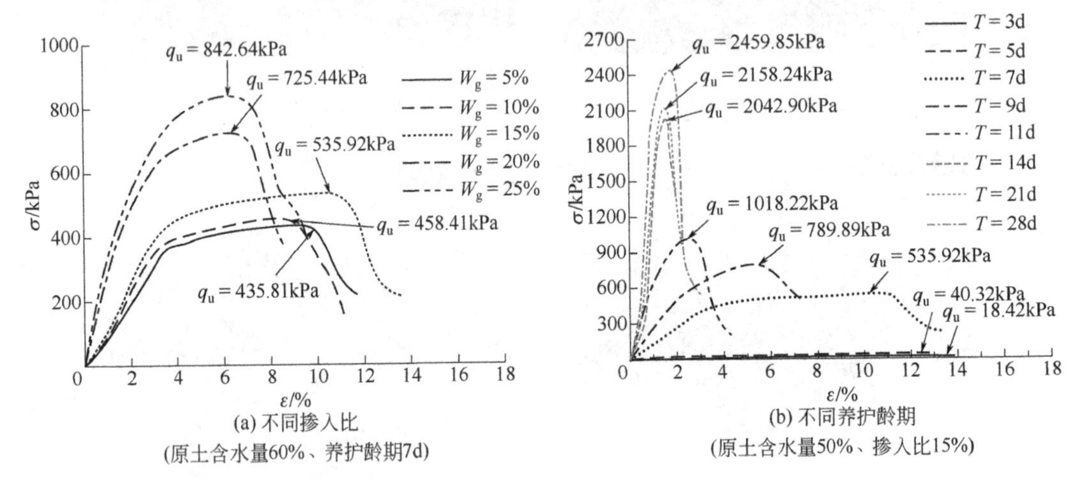

图 6-32 CMMOSC-S-C 固化土应力-应变曲线[133]

（2）微观特性

① 矿物相组成。CMMOSC-S-C 固化土的 XRD 图谱如图 6-33 所示。固化土中主要

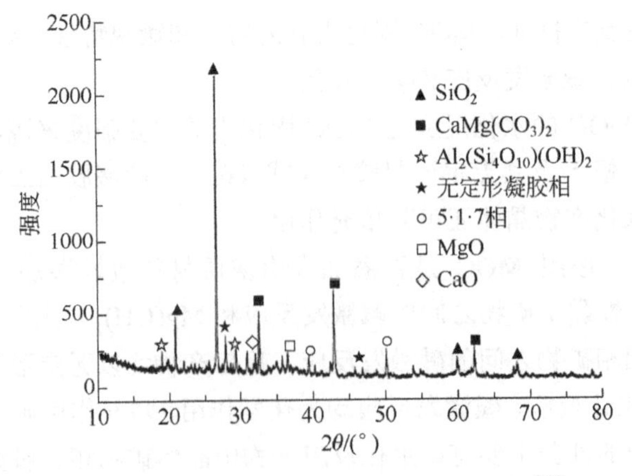

图 6-33 CMMOSC-S-C 固化土 XRD 图谱[133]

矿物相包括石英（SiO_2）、白云石［$CaMg(CO_3)_2$］、无定形凝胶相（gel phase）、叶蜡石［$Al_2(Si_4O_{10})(OH)_2$］、相 5（5·1·7 相）、CaO、MgO，其中石英属于海相软土中的矿物相，白云石为 CaO 和 MgO 的碳化产物，无定形凝胶相、叶蜡石、相 5 为 CMMOSC-S-C 水化产物，CaO 为熟料中未参与反应的矿物相，MgO 为活性 MgO 中未参与反应的矿物相。

② 微观形貌。改性 MOSC 固化土和 CMMOSC-S-C 固化土 7d 微观形貌如图 6-34 所示。改性 MOSC 固化土和 CMMOSC-S-C 固化土中水化产物呈絮凝状、针状，改性 MOSC 固化土中颗粒大小均匀［图 6-34（a)］，孔隙较大、颗粒分布较为规整［图 6-34（b)］；CMMOSC-S-C 固化土中颗粒更为密实、胶结形成更大的块状颗粒［图 6-34（c)］，单粒、片状黏粒堆积紧密且孔隙较小［图 6-34（d)］。

(a) 改性MOSC固化土(5×10^3倍)　(b) 改性MOSC固化土(10×10^3倍)

(c) CMMOSC-S-C固化土(5×10^3倍)　(d) CMMOSC-S-C固化土(10×10^3倍)

图 6-34 改性 MOSC 固化土和 CMMOSC-S-C 固化土 7d 微观形貌[134]

（3）固化机理

基于 MOSC 净浆反应机理、MOSC 固化土强度特性和微观特性，将 MOSC 固化土固化机理归纳为水化反应、碳化反应、离子交换反应和填充作用[133]。

① 水化反应。MOSC 的水化反应是 MOSC 固化土的主要强度来源，通过水化反应生成 $Mg(OH)_2$、相 3 和相 5 及其无定形凝胶相［式（6-8)、式（6-11)］能够胶结土颗粒起到胶凝作用，水化产物晶体还可起填充作用；此外，改性添加剂之间也可发生化学反应，生成胶凝性产物。

② 碳化反应。未参与反应的活性 MgO、改性添加剂引入的活性 CaO 与空气中的二氧

化碳发生碳化反应［式（6-21）］，生成白云石［$CaMg(CO_3)_2$］，这一现象可在图6-33得到验证。

$$MgO+CaO+2CO_2 \longrightarrow CaMg(CO_3)_2 \tag{6-21}$$

③ 离子交换反应。离子交换反应的发生与改性添加剂有关，如硅灰中的Si^{4+}与黏土矿物相伊利石中的Al^{3+}、K^+在碱性环境下能够发生交换反应生成新的矿物相，并提高固化土强度。

④ 填充作用。填充作用主要是指水化反应产物中晶体矿物相、碳化反应产物及未参与上述化学反应的矿物相填充MOSC固化土孔隙。

6.3.3 硅酸镁水泥固化土

（1）强度特性

王东星等[135-139]研究了活性MgO/粉煤灰配比、MSHC掺入比、养护龄期等对MSHC固化淤泥土的强度、水稳性、抗冻融循环性能和抗干湿循环性能等宏观力学性能的影响。研究结果表明，随活性MgO/粉煤灰配比、MSHC掺入比及养护龄期的增加，固化土也均呈现出相同的增长规律，抗压强度均逐渐升高，水稳性均逐渐增强，相同冻融循环次数和干湿循环次数的固化土强度均提高，即MSHC固化淤泥土耐久性能得到显著改善。

（2）微观特性

① 矿物相组成。不同活性MgO/粉煤灰配比的MSHC固化淤泥土（90d）的XRD图谱如图6-35所示，SD*a*M*b*F表示活性MgO（M）与粉煤灰（F）配比为$a:b$的固化土试样。MSHC固化淤泥土中主要矿物相有高岭石（K）、氢氧化镁（B）、石英（Q）、云母（M）和水化硅酸镁（M-S-H）无定形凝胶相，其中高岭石、石英和云母为待固化土的矿物相，氢氧化镁和水化硅酸镁为MSHC的水化反应产物。活性MgO/粉煤灰配比对固化土矿物相的影响不明显，各矿物相2θ衍射峰强度几乎没有发生改变，这与无定形矿物相水化硅酸镁没有明显的衍射峰有关。

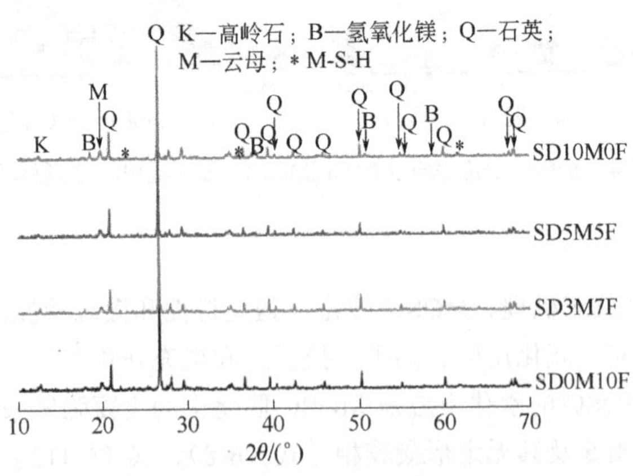

图6-35 不同活性MgO/粉煤灰配比MSHC固化淤泥土（90d）XRD图谱[137]

② 微观形貌。不同活性MgO/粉煤灰配比的MSHC固化淤泥土（90d）微观形貌放大

2000 倍的 SEM 照片如图 6-36 所示。活性 MgO/粉煤灰配比为 0∶10 时，固化土中含有大量粉煤灰球状颗粒和片状黏土颗粒，基本不发生水化反应，这一结果与其强度结果相一致；随着活性 MgO/粉煤灰配比的增加，固化土中球状粉煤灰颗粒被活性 MgO 水解产物侵蚀，生成絮状的水化硅酸镁凝胶，表明水化产物主要为氢氧化镁和水化硅酸镁，验证了 6.1.4 节所述的反应机理，并证实 XRD 的试验结果；此外，未参与反应的粉煤灰颗粒填充在固化土孔隙，固化土结构越来越致密，该结果与 MgO/粉煤灰配比越高，抗压强度越高，水稳性能越好，耐久性能更为优异的结论一致。

图 6-36 不同活性 MgO/粉煤灰配比 MSHC 固化淤泥土（90d）微观形貌[137]

（3）固化机理

结合 MSHC 净浆反应机理、MSHC 固化土强度特性和微观特性，MSHC 固化土的固化机理可归纳为：水化反应、碱激发反应和填充作用。

① 水化反应。MSHC 的水化反应是 MSHC 固化土的主要强度来源，通过水化反应生成的 $Mg(OH)_2$ 和无定形 M-S-H 凝胶相［式（6-12）～式（6-14）］能够胶结土颗粒。

② 碱激发反应。碱激发反应是水化产物 $Mg(OH)_2$ 与土颗粒活性黏土矿物之间的反应，反应产物以无定形凝胶相为主。

③ 填充作用。填充作用是未参与水化反应和碱激发反应的 MgO 颗粒、活性氧化硅组

分原材料（如粉煤灰、高炉矿渣、硅灰、稻壳灰等）颗粒、$Mg(OH)_2$ 等填充在固化土孔隙内，改善固化土结构、提高其强度。

6.3.4 活性氧化镁碳化水泥固化土

CRMC 固化土采用图 6-4 所示的设备进行制样。

（1）强度特性

粉质黏土 CRMC 固化土和粉土 CRMC 固化土在强度和强度增长率方面存在显著差异，由于粉质黏土的气体渗透性较差，其固化土的强度和强度增长率明显低于粉土 CRMC 固化土[140,141]；待固化土的初始含水量越高，CRMC 固化土强度越低[140,141]，且该变化趋势与待固化土质类别无关。

随着活性 MgO 掺量的增加，CRMC 固化土强度随之增加，而活性 MgO 活性对强度增长率的影响规律受碳化时间的控制，强度增长率随活性 MgO 活性高低的变化规律性差[140]；CO_2 浓度在一定范围时，不影响固化土的长期强度，但影响固化土碳化进程，延缓早期强度增长。因此，为改善固化土强度特性、降低成本，有时会添加一定量的火山灰质材料作为外加剂，其中高炉矿渣对固化土强度的改善效果优于粉煤灰[142,143]，表明火山灰质材料的火山灰反应活性对固化土强度影响显著，火山灰反应活性越高，固化土强度越高。

随着碳化时间的增加，气体渗透性更高的粉土 CRMC 固化土强度随之增加[141]，气体渗透性较低的粉质黏土 CRMC 固化土强度出现先增加后减小的现象[140]；CO_2 压力越大，固化土强度越高，其前期强度增长率与 CO_2 压力大致呈正比，但对固化土长期强度影响较小[144]；养护湿度对固化土强度影响不显著，但存在最佳湿度。

（2）微观特性

① 矿物相组成。不同土质类别制备得到的 CRMC 固化土试样的 XRD 图谱如图 6-37 所示，粉质黏土 CRMC 固化土和粉土 CRMC 固化土均含有石英（SiO_2，简写 Q）、氧化镁（MgO，简写 M）、水镁石［$Mg(OH)_2$，简写 B］、水碳镁石（$MgCO_3 \cdot 3H_2O$，也称三水菱镁石，简写 N）、球碳镁石［$Mg_5(CO_3)_4(OH)_2 \cdot 5H_2O$，简写 D］、水菱镁石［$Mg_5(CO_3)_4(OH)_2 \cdot 4H_2O$，简写 H］、纤维碳镁石［$Mg_2(CO_3)(OH)_2 \cdot 3H_2O$，简写 A］和水硅镁石［$Mg_3Si_2O_5(OH)_4$，简写 Ms］，不同的是，粉质黏土 CRMC 固化土还含有高岭石［$Al_2Si_2O_5(OH)_4$，简写 K］和水滑石［$Mg_6Al_2(CO_3)(OH)_{16} \cdot 4H_2O$，简写 HT］，表明粉质黏土 CRMC 固化土发生的反应不仅有活性 MgO 的水解反应和水镁石的碳化反应（反应机理详见 6.1.4 节），还发生了碱激发火山灰反应。

② 微观形貌。CRMC 固化土试样的 SEM 照片如图 6-38 所示。图（a）为粉质黏土 CRMC 固化土碳化 3h 放大 1000 倍，图（b）为粉土 CRMC 固化土碳化 6h 放大 2500 倍的 SEM 照片。CRMC 固化土均含有大量的棱柱状的水菱镁石、片状的水碳镁石和球碳镁石，这一结果与 XRD 试验结果相一致；图（c）为矿渣：活性 MgO 质量比 6：4 制备的 CRMC 固化土碳化 0.5h 放大 5000 倍，图（d）为粉煤灰：活性 MgO 质量比 6：4 制备的 CRMC 固化土碳化 0.5h 放大 2000 倍的 SEM 照片。添加了火山灰质材料外加剂的 CRMC 固化土中的矿物相也是水菱镁石、水碳镁石和球碳镁石，还含有未反应的 MgO 颗粒、矿渣和粉煤灰颗粒填充在固化土结构孔隙，从而提高 CRMC 固化土的强度。

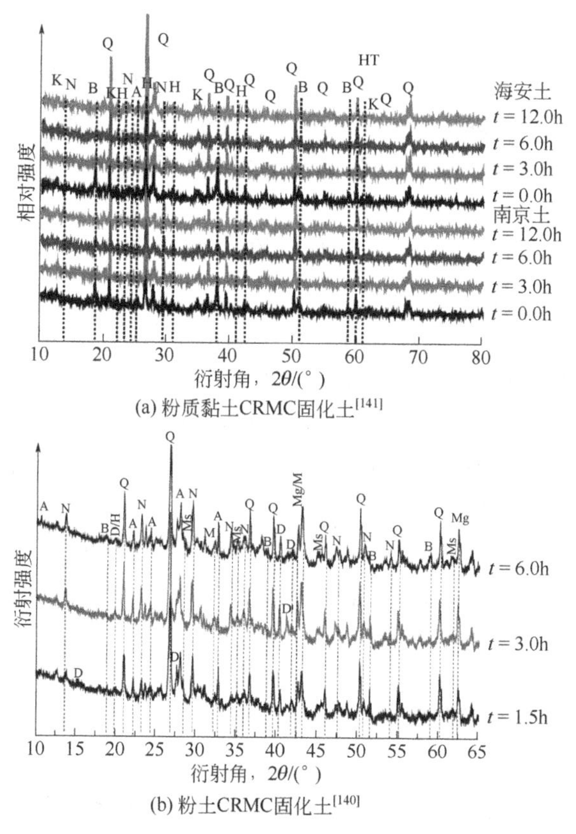

(a) 粉质黏土CRMC固化土[141]

(b) 粉土CRMC固化土[140]

图 6-37 CRMC 固化土 XRD 图谱[140,141]

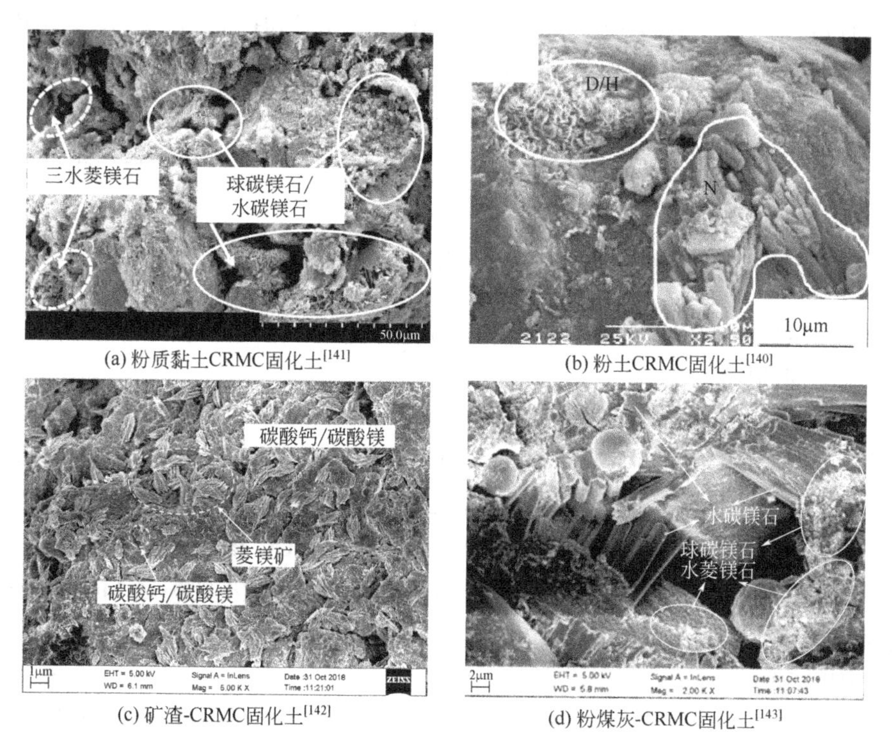

(a) 粉质黏土CRMC固化土[141]

(b) 粉土CRMC固化土[140]

(c) 矿渣-CRMC固化土[142]

(d) 粉煤灰-CRMC固化土[143]

图 6-38 CRMC 固化土微观形貌[140-143]

（3）固化机理

基于 CRMC 净浆反应机理、CRMC 固化土强度特性和微观特性，将 CRMC 固化土的固化机理归纳为水化反应、碳化反应、碱激发火山灰反应、填充作用和微膨胀作用。

① 水化反应。活性 MgO 发生水化反应生成 $Mg(OH)_2$，为后续碳化反应和碱激发火山灰反应提供了大量的反应物。

② 碳化反应。碳化反应是 CRMC 固化土的主要强度来源，水化反应得到的 $Mg(OH)_2$ 与 CO_2 反应生成 HMCs［式（6-15）］。

③ 碱激发火山灰反应。碱激发火山灰反应是水化反应产物 $Mg(OH)_2$ 与火山灰质材料外加剂、土颗粒活性黏土矿物之间的反应，反应产物以无定形凝胶相为主。

④ 填充作用。未参与水化反应、碳化反应和碱激发火山灰反应的 MgO 颗粒、火山灰质材料（如高炉矿渣、粉煤灰等）颗粒、$Mg(OH)_2$ 等填充在固化土孔隙内，改善固化土结构、提高 CRMC 固化土的强度。

⑤ 微膨胀作用。$Mg(OH)_2$ 碳化反应生成的碳酸镁（$MgCO_3$）、水化碳酸镁（HCMs）等产物具有膨胀性，会引起 CRMC 固化土的体积膨胀，增加固化土的致密性和强度。

6.4 固化/稳定化污染土

镁质类固化剂对重金属污染物、有机污染物均有很强的结合能力[145-148]，通过对污染物的物理包裹、化学沉淀作用实现污染物的固化/稳定化。此外，绝大多数有毒有害污染物溶解性最低的 pH 值范围约为 9～12[149,150]，活性 MgO 水化后 pH 值约为 10.5，为污染物的固化/稳定化提供了有利条件；同时，水镁石能够通过氢氧根或发生离子交换反应进一步结合污染物[147]。但是，由于 MOC 和 MOSC 水稳性较差，水化产物在潮湿或浸水环境下易分解，导致强度降低[151]，从一定程度上限制了 MOC、MOSC 的应用[152]，当前污染土的固化/稳定化研究主要以 MSHC 和 CRMC 为主。

6.4.1 氯氧镁水泥固化/稳定化市政污泥

目前，MOC 在固化/稳定化污染土方面的研究较少，现有文献中仅有部分关于 MOC 在市政污泥方面的应用。

（1）强度特性

马建立等[153-155]采用不同的活性 $MgO/MgCl_2$ 质量比制备 MOC，研究了 MOC 固化/稳定化市政污泥的强度特性，发现活性 $MgO/MgCl_2$ 质量比、MOC 掺入比对强度影响显著，最佳活性 $MgO/MgCl_2$ 质量比为（3∶1）～（5∶1）；随着 MOC 掺入比的增加，固化/稳定化市政污泥的强度先升高后降低，掺入比过高时污泥中的含水量不能满足 MOC 水化反应的需水量要求，导致其强度降低。

（2）浸出特性

MOC 固化/稳定化市政污泥的浸出试验结果表明，随着活性 $MgO/MgCl_2$ 质量比的增加，有毒有害元素的浸出浓度总体趋势为逐渐降低；同样地，随着 MOC 掺入比的增加，有毒有害元素的浸出浓度也呈现出相似的变化规律[153,155]。值得注意的是，该结果与强度变化趋势略有不同，表明有毒有害元素的固化/稳定化效果不仅与水化产物的生成量有关，还与MOC中活性MgO的作用机制有关，活性MgO水化反应提供的OH^-对有毒有害元素起到稳定化作用。

（3）微观特性

MOC固化/稳定化市政污泥的XRD图谱如图6-39所示，主要矿物相有镁质白云母［$KMgAlSi_4O_{10}(OH)_2$］、大隅石［$KMg_2Al_3(Si_{10}Al_2)\cdot 4H_2O$］、水化硅铝酸镁［$Mg_6Si_8O_{20}(OH)_2(OH_2)_4\cdot 4H_2O$］、相3、相5及$Mg(OH)_2$等，其中相3、相5和水镁石为MOC水化产物，镁质白云母、大隅石和水化硅铝酸镁为MOC水化产物$Mg(OH)_2$与市政污泥中Al_2O_3、SiO_2等碱激发火山灰反应的产物[155,156]。

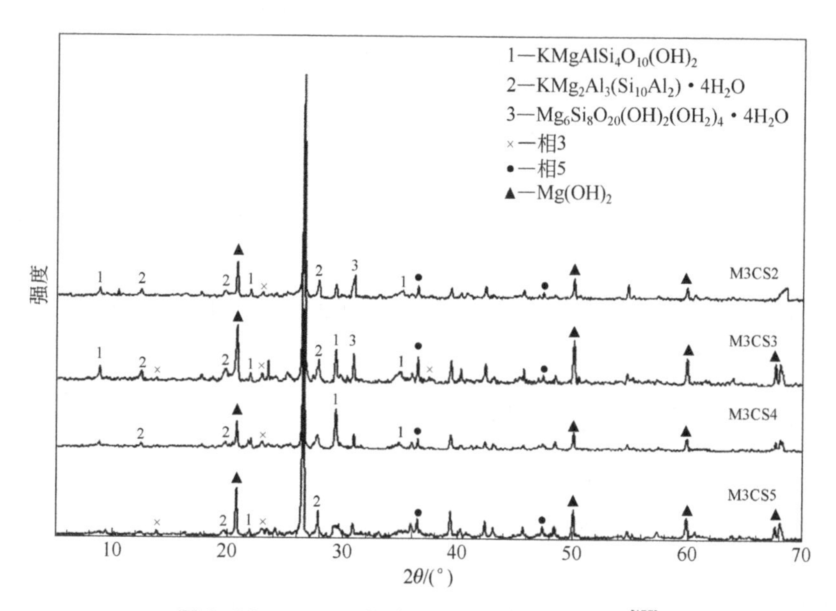

图6-39 MOC固化/稳定化市政污泥XRD图谱[155]

图中，M3表明MOC中$MgO/MgCl_2$为3∶1，CS2、CS3、CS4、CS5表示MOC与市政污泥的质量比分别为3∶100、5∶100、10∶100、50∶100

MOC固化/稳定化市政污泥的微观形貌如图6-40所示。掺入MOC后，市政污泥中含有典型的MOC针状相5晶体水化产物和片状的Mg-Si-Al凝胶，这些针状产物相互交叉呈蜂巢状填充在孔隙，与Mg-Si-Al凝胶共同提高固化/稳定化市政污泥的强度。这一结果与XRD图谱矿物相分析结果相一致，也解释了MOC固化/稳定化市政污泥强度的来源。

（4）固化/稳定化机理

结合MOC固化土固化机理、有毒有害元素的化学特性和MOC固化/稳定化市政污泥的强度特性和微观特性，MOC固化/稳定化机理可归纳为：吸附作用、包裹作用、离子交换作用和化学沉淀。

① 吸附作用。吸附作用主要是MOC水化产物凝胶高比表面积对无毒有害污染物的物理吸附。具有吸附作用的物质除了水化产物凝胶外，还有MOC水化产物$Mg(OH)_2$与待固化土中活性硅铝相碱激发反应产物生成的Mg-Si-Al凝胶。

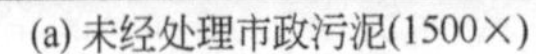
(a) 未经处理市政污泥(1500×)

(b) 固化/稳定化市政污泥(4000×)

图 6-40 MOC 固化/稳定化市政污泥微观形貌[155]

② 包裹作用。包裹作用是水化产物凝胶、晶体矿物相对污染物的物理包裹，能够降低污染物的迁移能力，达到稳定化效果。

③ 离子交换作用。离子交换作用发生在污染物离子与 Mg^{2+}之间。离子交换作用使污染物离子固定在水化产物内，降低污染物浸出风险。

④ 化学沉淀。化学沉淀发生在污染物离子与 $Mg(OH)_2$ 之间。污染物离子的氢氧化物在 pH 值 9～12 范围内溶解度最低，能够使污染物生成氢氧化物沉淀，得以稳定化。

6.4.2 硫氧镁水泥固化/稳定化电镀污泥

如前文所述，MOSC 在固化/稳定化污染土方面的研究也较少，现有文献仅有关于 MOSC 在电镀污泥方面的应用研究。

（1）强度特性

Guo 等[157]采用活性 MgO、$MgSO_4 \cdot 7H_2O$ 和柠檬酸（$C_6H_8O_7$）制备不同 $MgO/MgSO_4$ 摩尔比的 MOSC，研究了不同电镀污泥（sludge）/MOSC(M)质量比（即 S/M）时 MOSC 固化/稳定化电镀污泥的强度特性，发现 S/M 为 1、2、4 时，固化/稳定化电镀污泥的 7d 强度分别为 8.14MPa、1.29MPa、0.37MPa，MOSC 掺量对固化/稳定化电镀污泥强度影响显著。

（2）浸出特性

电镀污泥中有毒有害元素包括 Cd、Co、Cr、Cu、Mn、Ni、Pb、Zn、Mo 等重金属及 As 等非金属，MOSC 固化/稳定化电镀污泥的浸出试验结果表明[157]，随着 MOSC 含量的增加，污染物的浸出浓度总体趋势为逐渐降低，各污染物浸出浓度均远远低于 1.0mg/L，MOSC 表现出优异的固化/稳定化效果。

（3）固化/稳定化机理

目前，尚未有揭示 MOSC 固化/稳定化污染土的相关机理和微观特性的相关研究，污染物对固化/稳定化结构体微观形貌的影响、赋存形态、结合方式等尚不清晰，有待进一步深入研究。

6.4.3 硅酸镁水泥固化/稳定化污染土

活性 MgO 水化生成的 $Mg(OH)_2$ 具有极强的重金属污染物和有机污染物结合能力，但是力学性能、水稳性和耐久性较差的缺点限制了其工程应用[152]。近年来，基于碱激发作用机理的 MSHC 引起了学者们的广泛兴趣，采用活性 MgO 水化产物 $Mg(OH)_2$ 激发活性氧化硅组分生成 M-S-H 凝胶[122,158,159]，可大幅提高其力学性能，改善水稳性和耐久性，并已在固化/稳定化重金属污染土[146,160-166]、有机物污染土[167]、污染底泥或沉积物[150,168]等方面取得了良好的效果。

（1）强度特性

① 重金属污染土。Wang 等[164,166]的试验结果表明，随着 MSHC 掺入比的增加，MSHC 水化产物含量随之增加，MSHC 固化/稳定化重金属污染土强度逐渐升高；随着重金属污染物含量的增加，固化/稳定化土强度逐渐降低，这一现象可能与重金属污染物阻碍 MSHC 水化反应有关；随着养护温度的升高，固化/稳定化土强度逐渐升高，温度的升高能够明显加速 MSHC 水化反应，从而提高其强度。

② 有机污染土。Wang 等[167]的试验结果表明，随着 MSHC 掺入比的增加，MSHC 水化产物含量随之增加，MSHC 固化/稳定化有机污染土强度逐渐升高，这一结果与实验室内 MSHC 固化/稳定化重金属污染土[166]、现场 MSHC 固化/稳定化重金属和有机污染土[161]的结果相一致；随着有机物含量的增加，固化/稳定化土强度逐渐降低，这一现象与 PAEs 能够降低土体之间的摩擦力[169]，以及有机物污染物能够附着在 MSHC 颗粒表面，进而阻碍 MSHC 水化反应有关[170,171]。

（2）浸出特性

① 重金属污染土。随着 MSHC 掺入比的增加，能够有效结合重金属离子的 MSHC 水化产物含量随之增加，MSHC 固化/稳定化重金属污染土浸出液 pH 值逐渐升高，重金属浸出浓度逐渐降低，固化/稳定化效果显著提高；随着重金属污染物含量的增加，固化/稳定化土浸出液 pH 值逐渐降低，重金属浸出浓度逐渐升高，表明重金属可能与活性 MgO 水化产物 $Mg(OH)_2$ 发生反应，证实了重金属污染物能够阻碍 MSHC 水化反应；随着养护温度的升高，固化/稳定化土（MSHC 掺入比为 10%、15%）的浸出液 pH 值随之升高，重金属浸出浓度随之降低，温度的升高能够明显加速 MSHC 水化反应，从而提高固化/稳定化效果，但在 MSHC 掺入比为 5%时温度对固化/稳定化效果影响不明显[164,166]。

上述浸出液 pH 值、重金属浓度随固化/稳定化条件改变的演化规律与强度的变化规律相对应，即固化/稳定化土强度增加，则浸出液 pH 值升高，重金属浸出浓度降低，固化/稳定化效果较好；反之，强度降低，则浸出液 pH 值降低，重金属浸出浓度升高，固化/稳定化效果较差。

② 有机污染土。随着 MSHC 掺入比的增加，MSHC 固化/稳定化有机物污染土浸出液有机物浓度逐渐降低，这一变化规律与 MSHC 固化/稳定化重金属污染土结果相一致，可能与水化产物 $Mg(OH)_2$ 和 M-S-H 凝胶中的羟基化学键有关[172]；随着有机物掺量的增加，固化/稳定化土浸出液有机物浓度显著升高，固化/稳定化效果明显变差。

上述有机物浸出浓度随 MSHC 固化/稳定化条件改变的演化规律与强度的变化规律相

对应，即 MSHC 固化/稳定化有机污染土强度增加，则有机物浸出浓度降低，固化/稳定化效果较好；反之，强度降低，则有机物浸出浓度升高，固化/稳定化效果较差。

（3）劣化特性与耐久性

如第 1 章 1.5.4 节所述，暴露在环境中的固化/稳定化污染土会受到空气、温度、湿度、水位变化和腐蚀性物质的侵蚀诱发劣化问题，导致耐久性能变差。MSHC 固化/稳定化污染土的劣化特性与耐久性研究主要集中在东南大学杜延军课题组和剑桥大学 Al-Tabbaa 课题组[160-162,164,167,171,173-177]。采用的 MSHC 有基于高炉矿渣（GGBS）、活性 MgO 的 MgO-GGBS 固化剂和基于高炉矿渣（GGBS）、活性 MgO、CaO 的 GMCs 固化剂。

① 酸侵蚀作用。通过分析固化/稳定化铅污染土淋滤后试样表层、内部的 pH 值及浸出液的铅浓度，发现初始淋滤液 pH 值为 2 时不同固化剂掺入比的试样表层 pH 值最小，均低于 6，且试样表层 pH 值低于不掺铅的固化土试样；随着初始淋滤液 pH 值的增加，即初始淋滤液 pH 值为 3～7 时，初始淋滤液 pH 值对固化/稳定化铅污染土、不含铅固化土内部的 pH 值影响不大，表层 pH 值均大于 10，而固化/稳定化铅污染土试样表层 pH 值均高于不掺铅的固化土试样；但是，初始淋滤液 pH 值对固化/稳定化铅污染土、不含铅固化土内部的 pH 值影响不大，淋滤液 pH 值为 2～7 时，内部的 pH 值均大于 11。值得注意的是，对于固化/稳定化铅污染土，随着初始淋滤液 pH 值的升高，浸出液中铅浓度随之降低；初始淋滤液的 pH 值为 2 时，浸出液中铅浓度达到 19.5mg/L，pH 值为 3～7 时，浸出液中铅浓度均低于 0.8mg/L，这一现象与固化/稳定化铅污染土淋滤后试样表层 pH 值结果相对应，即淋滤液 pH 值越低，受侵蚀的水化产物分解量越高，原本被固化/稳定化的铅离子浸出浓度也越高，固化/稳定化铅污染土耐久性能越差，累计浸出浓度与初始淋滤液 pH 值之间呈负相关关系。随着固化剂掺入比的增加，固化/稳定化铅污染土和不掺铅固化土的表层、内部的 pH 值逐渐升高，浸出液中累计溶出的铅离子或钙镁离子质量逐渐降低，表明水化产物的增加能够提高抗酸侵蚀能力，且这一变化趋势与无侧限抗压强度结果相一致。

综上所述，初始淋滤液 pH 值越低，H^+含量越多，MSHC 水化产物 C-S-H、M-S-H、Ht 等逐渐溶解，被水化产物包裹、吸附和化学结合的铅离子被解吸、释放出来，浸出液中铅离子累计溶出量逐渐增多。这一变化规律从一定程度上反映了 MSHC 对铅离子的固化/稳定化机制，即水化产物对铅离子的包裹、吸附和化学结合。

② 干湿循环作用。研究发现，随着干湿循环次数的增加，MSHC 固化/稳定化污染土质量损失率逐渐增加；循环次数一定时，随着固化剂掺入比的增加，质量损失率逐渐降低；固化剂掺入比一定时，随着干湿循环试验前养护温度和养护龄期的增加（即干湿循环前强度逐渐增大），质量损失率逐渐降低。干湿循环 10 次后，随着 MSHC 掺入比的增加，固化/稳定化土的无侧限抗压强度逐渐升高，重金属浸出浓度逐渐降低；固化剂掺入比一定时，固化/稳定化土干湿循环前强度越高，重金属浸出浓度越低。

③ 冻融循环作用。研究发现[164]，冻融循环对 MSHC 固化/稳定化污染土的影响趋势与干湿循环试验结果一致，即冻融循环试验前固化剂掺入比越大、养护时间越长、养护温度越高，则 MSHC 固化/稳定化污染土强度越高，干湿循环试验后质量损失率越低、重金属浸出浓度越低、无侧限抗压强度越高，固化/稳定化污染土抵抗冻融循环的耐久性能越好。

（4）微观特性

MSHC 固化/稳定化污染土的应用还处于起步阶段。虽然在重金属污染土、有机污染土的室内研究[160,162-168]和现场固化/稳定化修复应用[161,171]方面取得了一定的成果，但是，有关微观特性的研究多关注固化/稳定化重金属污染土，而未见固化/稳定化有机污染土的微观研究报道，这与有机物为非晶体物质、形貌难以观察等有关。土体中最常见的重金属为 Pb 和 Zn[178-180]，本节仅阐述 MSHC 固化/稳定化 Pb 和 Zn 的矿物相组成、微观形貌和孔隙结构。

① 矿物相组成。图 6-41 为采用高炉矿渣（GGBS）∶活性 MgO 质量比为 9∶1 的 MSHC，分别与 Pb、Zn 污染物制备得到的净浆养护 28d 的 XRD 图谱，其中 MG、MgZn0.25、MGZn1、MGPb0.25、MGPb1 分别表示 MSHC 净浆，Zn 掺量 0.25%、1%，Pb 掺量 0.25%、1%。所有净浆中均含有类滑石相（HT）、水化硅酸钙（C-S-H）、碳酸钙（calcite）及未完全参与反应的 MgO；Zn 重金属净浆中均含有锌酸钙［calcite zincate，$Ca(OH)_2·2Zn(OH)_2·2H_2O$］；Pb 重金属净浆中均含有碱式碳酸铅［lead carbonate hydroxide hydrate，$Pb_3(CO_3)_2(OH)_2$］和氢氧化铅［lead hydroxide，$Pb(OH)_2$］[146]。上述结果表明，Zn^{2+}和 Pb^{2+}形成的晶体矿物主要以氢氧化物的形式存在，Zn^{2+}与 Ca^{2+}形成氢氧化物复盐得以稳定存在，Pb^{2+}形成氢氧化物或氢氧化物碳酸盐得以稳定存在。

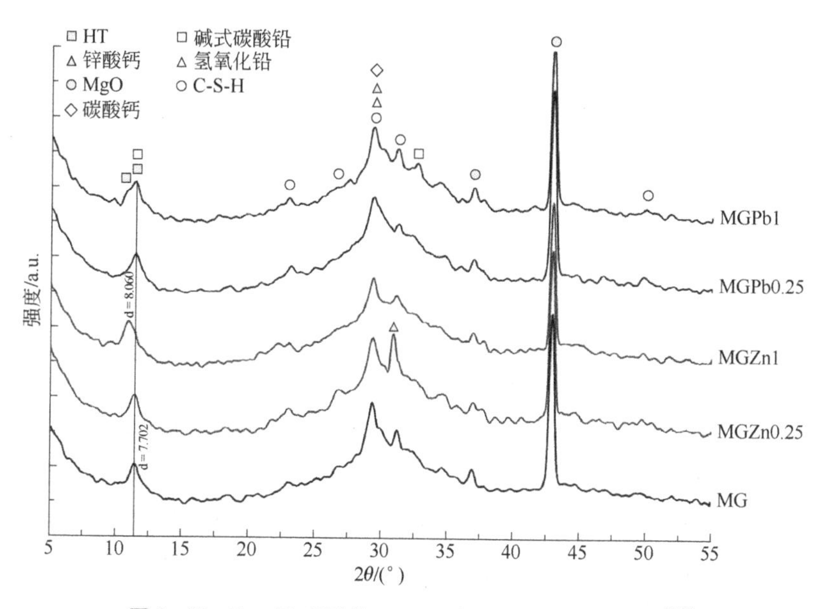

图 6-41 Zn、Pb 污染物 MSHC 净浆（28d）XRD 图谱[146]

② 微观形貌。图 6-42 为采用高炉矿渣（GGBS）∶活性 MgO 质量比为 9∶1 的 MSHC，分别与 Zn、Pb 污染物制备得到的净浆养护 28d 的微观形貌和 EDS 结果。Zn、Pb 重金属净浆中均含有 HT、C-S-H 等，这一结果与 XRD 结果一致；Zn 重金属净浆［图 6-42（a）］中含有大量呈玫瑰状聚集的 HT、絮凝状聚集的 C-S-H 凝胶及未完全参与水化反应的 GGBS 颗粒。对聚集态的 HT 进行 EDS 分析，发现该点位 Zn 含量达到了 1.36%，表明 Zn^{2+}可能被 HT 包裹、吸附或与 HT 发生离子交换反应得以稳定化。Pb 重金属净浆［图 6-42（b）］

中含有大量絮凝状聚集的C-S-H凝胶、针状的C-S-H晶体、呈玫瑰状聚集的HT及未完全参与水化反应的GGBS颗粒，通过絮凝状的C-S-H凝胶进行EDS分析，发现该点位主要化学元素有Ca、O、Mg、Al、Pb、Si等，表明Pb^{2+}被C-S-H凝胶包裹、吸附或与C-S-H凝胶发生离子交换反应得以稳定化[146]。

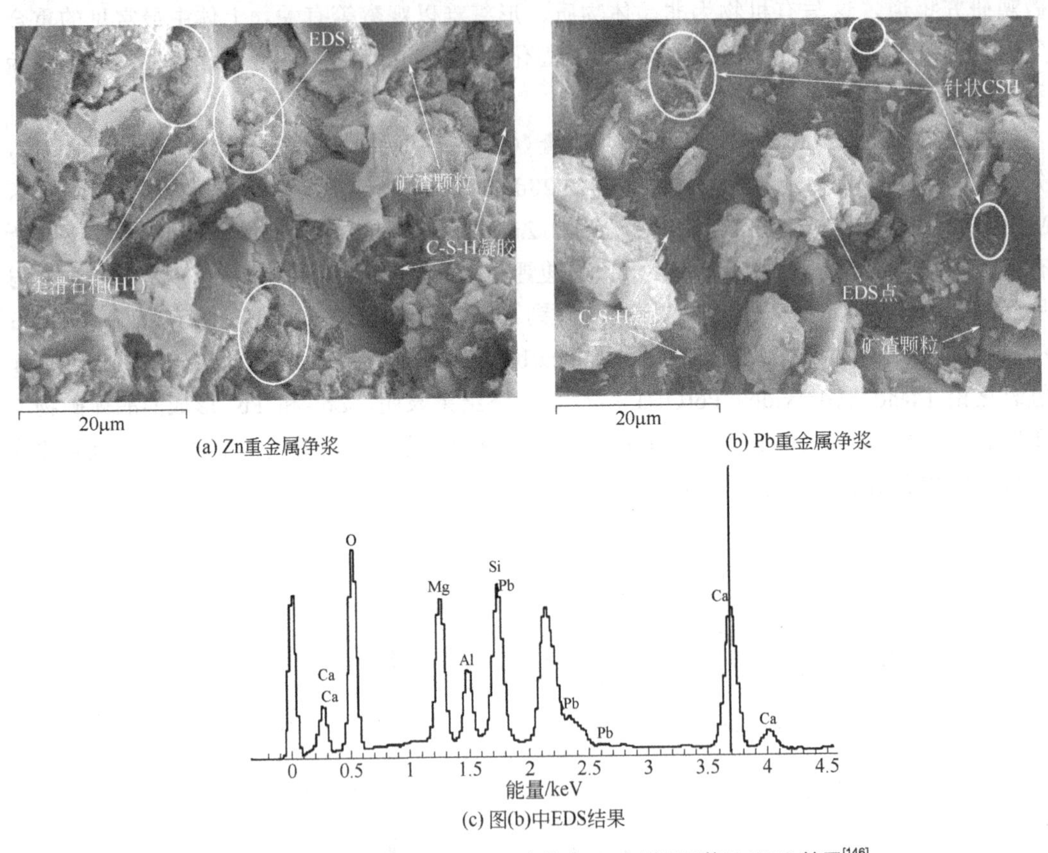

图6-42 Zn、Pb污染物MSHC净浆（28d）微观形貌及EDS结果[146]

上述现象进一步验证了XRD图谱（图6-41）中的矿物相结果，也证实了MSHC对重金属的固化/稳定化作用不仅有氢氧化物沉淀，还有离子交换反应、物理包裹或吸附等作用。

③ 孔隙结构。根据团簇理论[181,182]，孔隙可被分为集聚体间孔隙（intra-aggregate，孔径＜0.01μm）和集聚体内孔隙（inter-aggregate，孔径＞0.01μm）。Horpibulsuk等[183]在此基础上，结合固化土的孔径范围，将固化土孔隙分为集聚体间孔隙（intra-aggregate，孔径＜0.01μm）、集聚体内孔隙（inter-aggregate，0.01μm＜孔径＜10μm）和气孔孔隙（air pores，孔径＞10μm）。

图6-43为采用高炉矿渣（GGBS）∶活性MgO质量比为9∶1的MSHC固化/稳定化Pb污染土的孔径孔隙分布情况。固化/稳定化Pb污染土中MSHC掺入比分别为干土质量的12%（GM12Pb2）、18%（GM18Pb2），Pb掺量为干土质量的2%。经标准养护（20℃±2℃，湿度≥95%）28d后，在不同pH值（2.0、4.0、7.0）淋滤液淋滤11d后分别实施了压汞试验。相同淋滤液pH值时，MSHC掺入比越大，MSHC固化/稳定化Pb污染土累计孔隙体

积越小，气孔孔隙体积含量越小，但集聚体间孔隙体积含量和集聚体内孔隙体积含量几乎不变，表明重金属污染物影响水化进程，从而改变胶结、填充在土颗粒之间的水化产物含量；相同 MSHC 掺入比时，淋滤液 pH 值越高，固化/稳定化土累计孔隙体积越小，集聚体间孔隙和气孔孔隙体积含量越小，集聚体内孔隙体积含量却有所增加，这是由于淋滤液引入的 H^+导致原本填充在土颗粒之间的水化产物发生了分解。

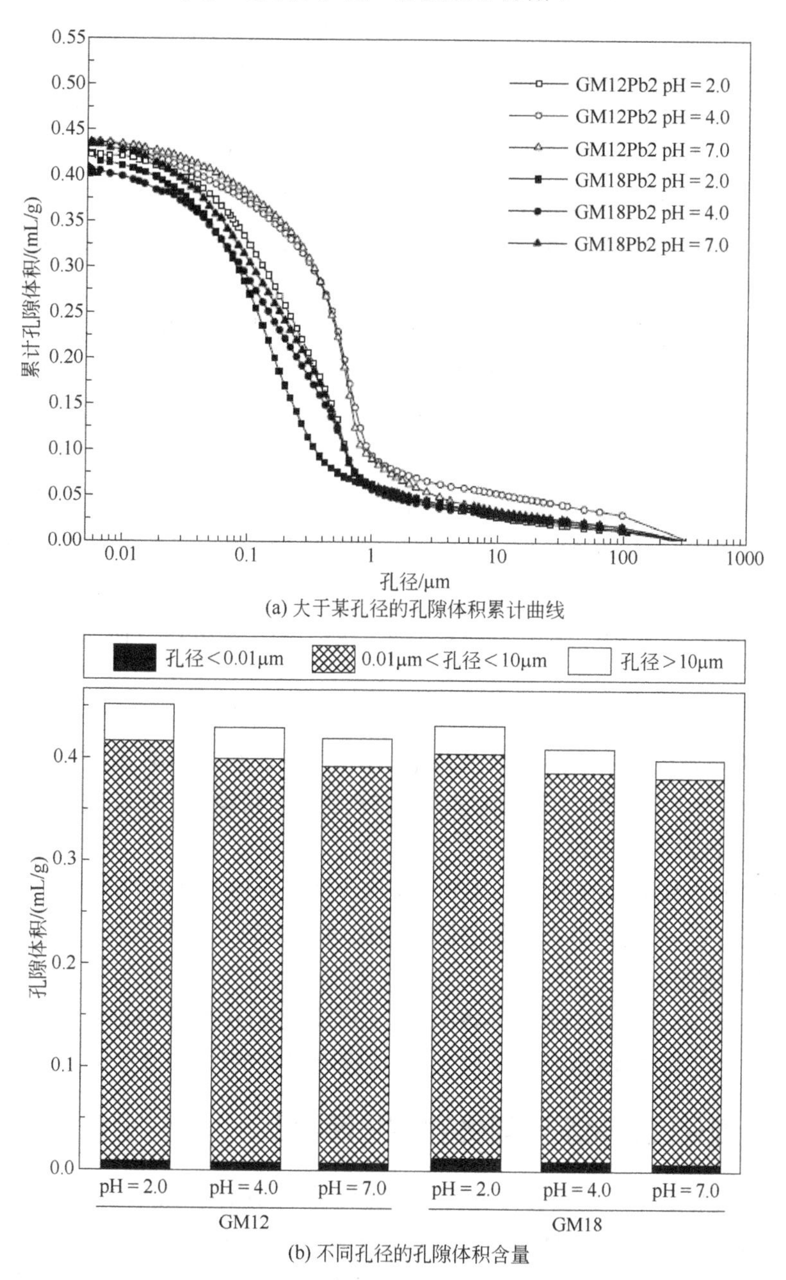

图 6-43 MSHC 固化/稳定化 Pb 污染土孔径孔隙分布情况[184]

（5）固化/稳定化机理

结合 MSHC 净浆水化机理、重金属及有机物的化学特性和 MSHC 固化/稳定化重金属污染土及有机污染土的强度特性和微观特性，可将 MSHC 固化/稳定化重金属污染土、有机污染土的作用机理归纳如下：

① 重金属污染土。MSHC 固化/稳定化重金属污染土的作用机理有物理吸附、物理包裹、沉淀作用、离子交换反应、氧化/还原反应。

a．物理吸附。具有高比表面积的水化产物 M-S-H 凝胶、C-S-H 凝胶，及活性 MgO、活性氧化硅组分等颗粒表面能够提供大量吸附点位，为重金属污染物的物理吸附提供了场所。

b．物理包裹。物理包裹分为两部分，一部分是水化产物成核、结晶生长过程，将重金属污染物包裹在絮凝结构内部；另一部分是水化产物之间交错生长，将污染物包裹在絮凝结构之间。

c．沉淀作用。污染物离子氢氧化物在 pH 值 9～12 范围内溶解度最低，使污染物生成氢氧化物沉淀，得以稳定化。也可引入其他添加剂，使污染物离子生成碳酸盐、硅酸盐、硫酸盐、磷酸盐等化合物沉淀。

d．离子交换反应。离子交换反应发生在阳离子或阴离子之间，通过离子交换使有毒有害离子稳定在水化产物晶格结构内。阳离子之间的交换反应，如 Zn^{2+}、Sr^{2+}、Ba^{2+}、Co^{2+}、Pb^{2+}、Cd^{2+}、Ni^{2+}等与 Mg^{2+}或 Ca^{2+}等的离子交换，Cr^{3+}、Fe^{3+}、Mn^{3+}、Ni^{3+}、Co^{3+}、Ti^{3+}等与 Al^{3+}等的离子交换；阴离子之间的交换反应，如 AsO_4^{3-} 、CrO_4^{2-} 等与 SO_4^{2-} 的离子交换。

e．氧化/还原反应。氧化/还原反应是利用污染物元素多价态的特性，将其有毒有害价态转化为无毒无害价态，如 As、Cr、Se、Ni、Hg 及 Mn 等，通过氧化/还原反应实现有毒有害离子的稳定化。

② 有机污染土。MSHC 固化/稳定化有机污染土的作用机理有物理吸附、物理包裹和化学结合。

a．物理吸附。起物理吸附作用的物质主要有 MSHC 原材料中活性 MgO、活性氧化硅组分（如粉煤灰、稻壳灰等）和 M-S-H 凝胶。活性 MgO 和 M-S-H 凝胶具有很高的比表面积[167]，且表面含有大量孔隙，因此能够吸附有机物，而粉煤灰、稻壳灰则是利用颗粒内部未燃尽炭的多孔性对有机物进行吸附[185-187]。

b．物理包裹。有机物的物理包裹作用与重金属较为相似，但并非 MSHC 固化/稳定化有机物的主要方式。包裹作用主要是借助 MSHC 水化产物之间的交错生长，将有机污染物包裹在絮凝结构之间。

c．化学结合。化学结合作用是 MSHC 水化产物 $Mg(OH)_2$ 和 M-S-H 凝胶中的羟基化学键[172]能够同有机污染物通过羟基结合，从而实现有机物的固化/稳定化。

6.4.4 活性氧化镁碳化水泥固化/稳定化污染土

CRMC 固化/稳定化污染土的渗透特性、劣化特性与耐久性等方面的研究尚未有报道。需要特别强调的是，由于 CRMC 固化/稳定化污染土需要向污染土内通入一定浓度的 CO_2，因此不适用于渗透系数过低的黏土的固化/稳定化。CRMC 固化稳定化污染土同样采用图 6-4 所示的设备进行制样。

（1）强度特性

CRMC 在土体加固中的应用已有大量研究成果（6.3.4）。但是，在污染土的固化/稳定化方面的研究仍处于起步阶段。因为有机物几乎不与 CRMC 水化碳化产物发生反应，所以，CRMC 固化/稳定化污染土多为重金属污染土。

① Pb 污染土与 Zn 污染土。Li 等[188]在细砂∶高岭土质量比 9∶1 的混合土中掺入干土质量 1%～1.6%的 Pb［$Pb(NO_3)_2$ 形式］和 0.2%～3.2%的 Zn（$ZnCl_2$ 形式）制备污染土。含水量为混合土干土质量的 7.5%，采用掺入比为 5%的活性 MgO 与污染土混合搅拌均匀制成固化/稳定化污染土试样，并于室温（25℃）养护 2h 后，将试样放置在如图 6-4 所示的碳化装置并通入 CO_2 至设定碳化时间，最后实施无侧限抗压强度试验。CRMC 固化/稳定化污染土的强度结果如图 6-44 所示。

a．Pb 污染土。研究发现，随着碳化时间的增加，所有固化/稳定化 Pb 污染土的碳吸收量均呈现相似的增长规律：先逐渐增加后趋于平稳，平稳的碳化时间均为 12h；此外，初始 Pb 含量影响固化/稳定化土的碳吸收量，初始 Pb 含量越大，对应固化/稳定化土的碳吸收量越高。

如图 6-44 所示，随着 Pb 掺量的增加，固化/稳定化土的强度呈现出先增加后减小并趋于稳定的规律，即 0.1%Pb 含量强度最高，其余 Pb 含量强度均低于不含 Pb 的强度。上述结果表明，在一定的 Pb 含量范围内，Pb 能够促进 CRMC 水化碳化固化污染土，超过该含量则影响固化/稳定化强度。

b．Zn 污染土。CRMC 固化/稳定化 Zn 污染土的碳吸收量试验和无侧限抗压强度试验则表现出与 Pb 污染土不同的变化规律[188]。

随着碳化时间的增加，固化/稳定化 Zn 污染土的碳吸收量随之增加，但 Zn 含量（≤0.4%）越低碳吸收量趋于平稳的碳化时间越短（约为 24h），Zn 含量越高则碳吸收量趋于平稳的碳化时间越长，如 1.6%Zn、3.2%Zn 含量的试样在文献[188]试验周期内没有稳定的趋势；随着 Zn 含量的增加，初始 Zn 含量不同的固化/稳定化土的碳吸收量呈现出先升高后降低的趋势。

如图 6-44 所示，随着 Zn 含量的增加，固化/稳定化 Zn 污染土的强度呈现出先减小后增加并稳定的规律，即 0%Zn 含量的强度最高，0.8%Zn 含量的强度最低。上述结果表明，Zn 会延缓 CRMC 水化碳化固化污染土，但超过一定含量后延缓作用会稍有减缓。

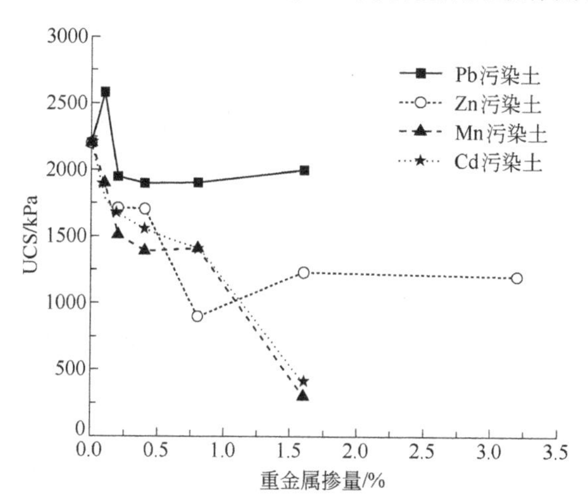

图 6-44 CRMC 固化/稳定化不同掺量 Pb、Zn、Mn、Cd 污染土的强度[188,189]

综上所述，CRMC 固化/稳定化 Pb 和 Zn 的作用机理存在一定的差异，Pb 在一定含量范围内能够加速碳化作用，这也解释了固化/稳定化 Pb 污染土的碳吸收量趋于平稳的碳化时间几乎相同，但 0.1%Pb 含量强度最高的现象；而 Zn 只能减缓 CRMC 的碳化作用，因此 Zn 含量越高，固化/稳定化 Zn 污染土碳吸收量趋于平稳的碳化时间越长。

② Mn 污染土与 Cd 污染土。Li 等[189]利用细砂：高岭土质量比 9∶1 的混合土[188]，含水量为混合土干土质量的 7.5%，分别以混合土干土质量 0.1%～1.6%的 Mn（$MnSO_4$形式）、Cd（$CdCl_2$形式）作为污染土，采用掺入比为 5%的活性 MgO 与污染土混合搅拌均匀制成固化/稳定化污染土试样，并于室温（25℃）养护 2h 后，将试样放置在如图 6-4 所示的碳化装置，并通入 CO_2 至设定碳化时间，最后实施无侧限抗压强度试验。CRMC 固化/稳定化 Mn 污染土强度结果如图 6-44 所示。

a．Mn 污染土。随着碳化时间的增加，固化/稳定化 Mn 污染土的碳吸收量变化趋势与 CRMC 固化/稳定化 Pb 污染土的碳吸收量变化趋势相似，即碳吸收量总体为先增加后趋于平稳，平稳的碳化时间均为 24h；此外，初始 Mn 含量影响固化/稳定化土的碳吸收量，初始 Mn 含量越大，对应固化/稳定化土的碳吸收量越高。

如图 6-44 所示，随着 Mn 含量的增加，固化/稳定化 Mn 污染土的强度呈现出先缓慢降低后快速降低的规律，即 0% Mn 含量的强度最高，1.6% Mn 含量的强度最低。上述结果表明，Mn 会延缓 CRMC 水化碳化固化污染土强度，且含量越大延缓程度越高。

b．Cd 污染土。随着碳化时间的增加，固化/稳定化 Cd 污染土的碳吸收量变化趋势与 CRMC 固化/稳定化 Zn 污染土的碳吸收量变化趋势相似，固化/稳定化 Cd 污染土的 Cd 含量（≤0.4%）越低则碳吸收量趋于平稳的碳化时间越短（约为 24h），Cd 含量越高则碳吸收量趋于平稳的碳化时间越长，如 1.6%Cd 含量的试样在文献[189]试验周期内没有稳定的趋势；随着 Cd 含量的增加，固化/稳定化土的碳吸收量呈现出先升高后降低的趋势。

如图 6-44 所示，随着 Cd 含量的增加，固化/稳定化 Cd 污染土的强度变化规律与固化/稳定化 Mn 污染土的强度变化规律相似，均为先缓慢降低后快速降低，即 0%Cd 含量的强度最高，1.6%Cd 含量的强度最低。上述结果表明，Cd 会延缓 CRMC 水化碳化固化污染土强度，且含量越大延缓程度越高。

综上所述，CRMC 固化/稳定化 Mn 和 Cd 污染土的作用机理与固化/稳定化 Zn 污染土的作用机理相似，均会减缓 CRMC 的碳化作用，Mn、Cd、Zn 含量越高，固化/稳定化 Zn 污染土碳吸收量趋于平稳的碳化时间越长；不同的是，Mn 和 Cd 含量越高，相应的固化/稳定化污染土强度越低。

（2）浸出特性

浸出特性与强度特性相对应，均是污染物固化/稳定化效果的重要评价指标。以下分别叙述 CRMC 固化/稳定化 Pb 污染土、Zn 污染土、Mn 污染土和 Cd 污染土的浸出液 pH 值、浸出浓度等浸出特性及其与强度特性之间的关联性。图 6-45 表示 CRMC 固化/稳定化污染土的浸出浓度。

① Pb 污染土与 Zn 污染土。随着 Pb 和 Zn 含量的增加，CRMC 固化/稳定化 Pb 和 Zn 污染土浸出液的 pH 值逐渐减低，为 8.7～9.6[188]，而 Pb 和 Zn 最低浸出浓度 pH 值约为 9.5[190,191]，因此，固化/稳定化效果较为理想。

a．Pb 污染土。如图 6-45 所示，随着 Pb 含量的增加，CRMC 固化/稳定化 Pb 污染土中 Pb 浓度先增加后趋于平稳，其中 0.1%Pb 含量浸出浓度最低，1.6%含量浸出浓度最高，所有浸出浓度均低于 10mg/kg。浸出浓度的变化规律与强度变化呈现负相关，即 Pb 含量越低，对应的固化/稳定化土的强度越高，Pb 离子浸出浓度越低；反之，Pb 含量越高，对应的固化/稳定化土的强度越低，Pb 离子浸出浓度越高。

b．Zn 污染土。如图 6-45 所示，随着 Zn 含量的增加，CRMC 固化/稳定化 Zn 污染土中 Zn 浓度先增加后减少，其中 3.2%Pb 含量浸出浓度最低，1.6%含量浸出浓度最高。浸出浓度的变化规律与强度变化总体上呈现负相关。当 Zn 含量低于 0.8%时，Zn 含量越高，对应的固化/稳定化土的强度越低，Zn 离子浸出浓度越高；但是，当 Zn 含量达到 3.2%时，Zn 离子浸出浓度突然降低，比 0.2%Zn 含量还低，表明 Zn 超过一定含量后稳定化效果显著，这一结果与 Zn 含量超过 1.6%后强度开始增加、碳吸收量也持续增加等规律相一致。

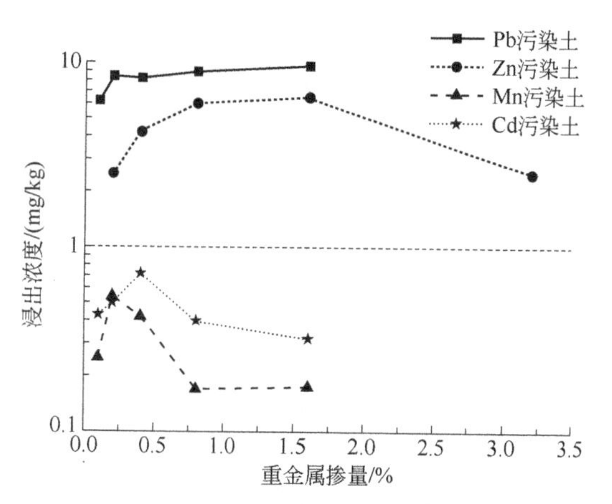

图 6-45 CRMC 固化/稳定化 Pb、Zn、Mn、Cd 污染土的浸出浓度[188,189]

CRMC 固化/稳定化 Pb 和 Zn 污染土浸出浓度变化规律存在一定的差异，但重金属浸出浓度均低于 10mg/kg；此外，浸出浓度与无侧限抗压强度之间有很好的负相关性，无侧限抗压强度越高，固化效果越好，相应的浸出浓度也越低，稳定化效果越好。

② Mn 污染土与 Cd 污染土。如图 6-45 所示，CRMC 固化/稳定化重金属污染土中 Mn 和 Cd 浸出浓度远远低于 Pb 和 Zn 浸出浓度，Mn 和 Cd 浸出浓度均小于 1mg/kg，表明 CRMC 对 Mn 和 Cd 具有优异的稳定化效果；随着 Mn 和 Cd 含量的增加，CRMC 固化/稳定化 Mn 和 Cd 污染土的浸出浓度变化规律相似，均为先升高后降低，这一规律与强度变化规律没有明显相关性。

上述结果表明，Mn 和 Cd 会延缓 CRMC 水化碳化固化污染土强度，且含量越大延缓程度越高，但并不影响 Mn 和 Cd 的稳定化效果，这与 Mn 和 Cd 能够生成不可溶的 $CdCO_3$、$Cd_2(OH)_3Cl$、$MnCO_3$、$7Mn(OH)_2 \cdot 2MnSO_4 \cdot H_2O$ 和 $Mn(OH)_2$ 等有关；此外，这些不可溶沉淀物质能够延缓水化碳化反应进程，导致 CRMC 固化/稳定化 Mn 和 Cd 污染土强度骤降。

（3）微观特性

CRMC 固化/稳定化重金属污染土的微观特性研究主要通过 XRD、TGA 等开展，目前缺乏微观形貌、水化碳化矿物相结构等方面的研究。特别指出的是，XRD 结果难以反映出无定形或未完全结晶的矿物相情况，TGA 则由于水化产物分解温度接近甚至有重叠难以确定矿物相组成，因此需要 XRD 与 TGA 相结合，互为补充[192]。

① XRD 分析

a．Pb 污染土与 Zn 污染土。图 6-46 为 CRMC 分别固化/稳定化 Pb 和 Zn 污染土的 XRD 图谱，其中 Pb 含量为 1.6%，Zn 含量为 3.2%。由图可知，CRMC 固化/稳定化重金属污染土中主要矿物相成分有污染土自身的高岭石（K，kaolinite）、石英（Q，quartz），水化碳化产物球碳镁石［D，dypingite，$4MgCO_3 \cdot Mg(OH)_2 \cdot 5H_2O$］、水菱镁石［HM，hydromagnesite，$4MgCO_3 \cdot Mg(OH)_2 \cdot 4H_2O$］、水碳镁石（N，nesquehonite，$MgCO_3 \cdot 3H_2O$），重金属氢氧化物［ZH，$Zn(OH)_2$］、重金属碳酸盐（LC，$PbCO_3$；ZC，$ZnCO_3$）和重金属碱式碳酸盐［H，$Pb_3(CO_3)_2(OH)_2$；ZCH，$Zn_5(CO_3)_2(OH)_6$］，以及结晶析出的硝酸镁［MN，$Mg(NO_3)_2$］。

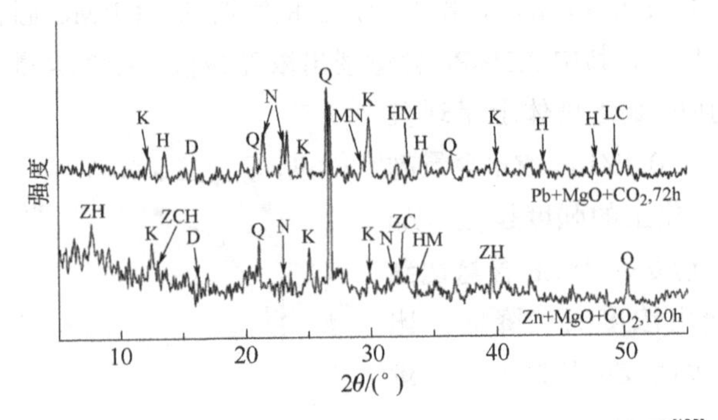

图6-46 CRMC固化/稳定化Pb和Zn污染土XRD图谱[188]

需要说明的是，CRMC固化/稳定化Pb和Zn污染土中均检测出重金属碳酸盐和重金属碱式碳酸盐，固化/稳定化Zn污染土中还检测出$Zn(OH)_2$；固化/稳定化Pb污染土中未检出$Pb(OH)_2$，这是由于$PbCO_3$、$Pb_3(CO_3)_2(OH)_2$溶解度远低于$Pb(OH)_2$[193-195]。上述结果表明，CRMC固化/稳定化Pb和Zn污染土的主要作用机理是碳酸盐沉淀、氢氧化物沉淀和复盐沉淀等。

b. Mn污染土与Cd污染土。CRMC分别固化/稳定化Mn和Cd污染土的XRD图谱如图6-47所示，其中Mn和Cd含量均为1.6%。非污染土中主要矿物相成分有高岭石（K，kaolinite）、石英（Q，quartz）；CRMC固化非污染土中主要矿物相成分有非污染土自身的高岭石（K）、石英（Q），还有水化碳化产物球碳镁石［D，dypingite，$4MgCO_3 \cdot Mg(OH)_2 \cdot 5H_2O$］、水菱镁石［HM，hydromagnesite，$4MgCO_3 \cdot Mg(OH)_2 \cdot 4H_2O$］、水碳镁石（N，nesquehonite，$MgCO_3 \cdot 3H_2O$）；CRMC固化/稳定化重金属污染土中主要矿物相成分除了土中自身的高岭石（K）、石英（Q），水化碳化产物球碳镁石（D）、水菱镁石（HM）、水碳镁石（N），还有重金属氢氧化物［MnH，$Mn(OH)_2$］、重金属碳酸盐（MnC，$MnCO_3$；CdC，$CdCO_3$）、重金属碳酸复盐［CdMC，$CdMg(CO_3)_2$］和重金属碱式复盐［MnHS，$7Mn(OH)_2 \cdot 2MnSO_4 \cdot H_2O$；CdHCl，$Cd_2(OH)_3Cl$］，以及结晶析出的$MgCl_2 \cdot 12H_2O$(MCl)和$MgSO_4$(MS)。

上述结果表明，CRMC固化/稳定化Mn和Cd污染土中均检测出重金属碳酸盐和重金属碱式复盐；固化/稳定化Mn污染土中还检测出$Mn(OH)_2$，固化/稳定化Cd污染土中未检出$Cd(OH)_2$，可能与Cd氢氧化物反应过程较为缓慢有关[189]；CRMC固化/稳定化Mn和Cd污染土的主要作用机理是碳酸盐沉淀、氢氧化物沉淀和复盐沉淀等。

② TGA分析

a. Pb污染土与Zn污染土。图6-48为CRMC分别固化/稳定化Pb和Zn污染土的TGA曲线图，其中Pb含量为1.6%，Zn含量为3.2%。

随着温度的升高，固化/稳定化土出现不同程度的质量降低，因此可得到质量变化与温度的关系曲线（即TG曲线，位于坐标轴左侧），及质量变化速率与温度或时间的关系曲线

（即 DTG 曲线，位于坐标轴右侧）；30～100℃出现的失重为水碳镁石（N）、球碳镁石（D）的分解；约 150℃出现的失重特征峰为水菱镁石（HM）、氢氧化铅（ZH）的分解；230℃的失重特征峰为碱式碳酸铅（H）、碳酸铅（LC）等碳酸盐的分解[196]，200～300℃为碳酸锌（ZC）、碱式碳酸锌（ZCH）等碳酸盐的分解[197]；350～400℃出现的失重特征峰为含有不同结晶水的碳酸镁的分解[188,198]；400℃出现的失重特征峰为硝酸镁（MN），500℃为高岭石（K）。

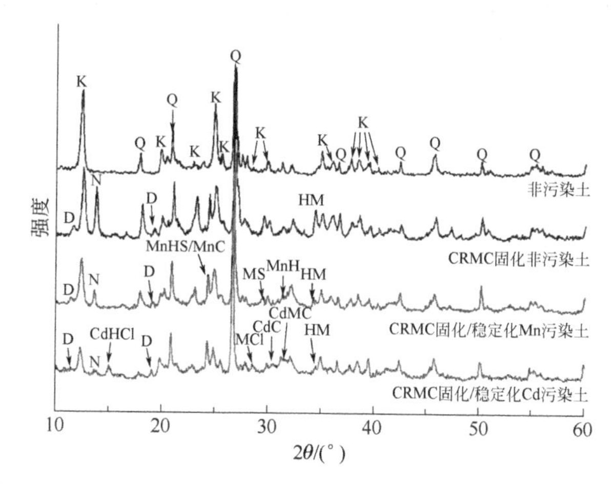

图 6-47 CRMC 固化/稳定化 Mn 和 Cd 污染土前后的 XRD 图谱[189]

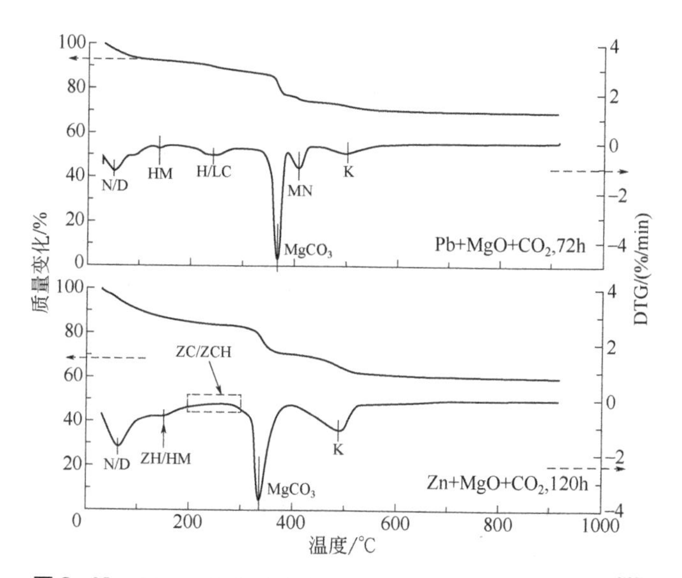

图 6-48 CRMC 固化/稳定化 Pb 和 Zn 污染土的 TGA 曲线图[188]

上述结果与 XRD 得到的矿物相组成一致，进一步证实了 CRMC 固化/稳定化 Pb 和 Zn 污染土的主要作用机理是碳酸盐沉淀、氢氧化物沉淀和复盐沉淀等。

b．Mn 污染土与 Cd 污染土。图 6-49 为 CRMC 分别固化/稳定化 Mn 和 Cd 污染土的 TGA 曲线图，其中 Mn 和 Cd 含量均为 1.6%。随着温度的升高，固化/稳定化土出现不同程度的质量降低，并得到质量变化与温度的关系曲线（即 TG 曲线，位于坐标轴左侧）和质量变化速率与温度或时间的关系曲线（即 DTG 曲线，位于坐标轴右侧）。

CRMC 固化/稳定化重金属污染土中，50℃、80℃出现的失重特征峰分别为十二水氯化镁（MCl）、重金属 Mn 的碱式硫酸锰（MnHS）的脱水；约 100℃出现的失重特征峰为水碳镁石（N）、球碳镁石（D）、碳酸锰（MnC）的分解；160℃出现的失重特征峰为氢氧化锰（MnH）的分解；380℃的失重特征峰为碱式氯化铬（CdHCl）、碳酸镉（CdC）等碳酸盐的分解；425℃出现的失重特征峰为碳酸镁的分解；600℃的失重特征峰为重金属 Cd 的碳酸复盐（CdMC）的分解，这一结果证实了 XRD 图谱中 CdMC 矿物相；800～900℃的失重为硫酸镁（MS）的分解[199]。

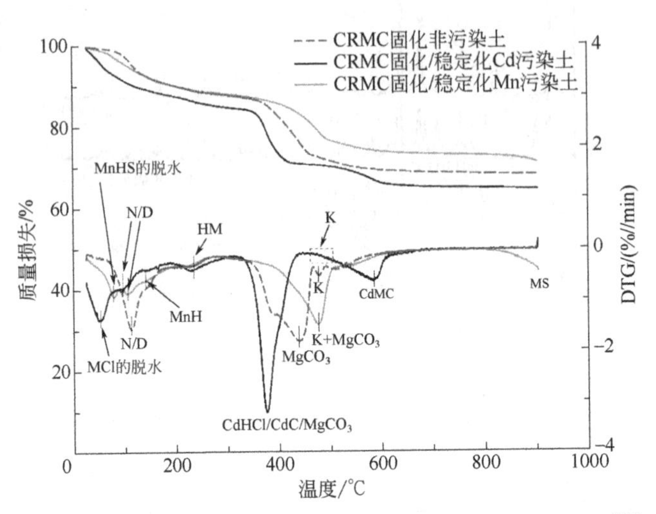

图 6-49 CRMC 固化/稳定化 Mn 和 Cd 污染土的 TGA 曲线图[189]

上述 TGA 结果与 XRD 结果略有不同，首先 TGA 结果证实了 XRD 分析结果，即 CRMC 固化/稳定化 Mn 和 Cd 污染土中矿物相成分有水碳镁石（N）、球碳镁石（D）、重金属碳酸盐（MnS、CdC）、碱式复盐（CdHCl）、碳酸复盐（CdMC）等；其次，TGA 结果进一步确认在 XRD 结果中衍射峰不明显的 MnHS 的存在，这是由于 MnHS 结晶不完整导致的。因此，结合 XRD 和 TGA 分析结果，表明 CRMC 固化/稳定化 Mn 和 Cd 污染土的主要作用机理是碳酸盐沉淀、氢氧化物沉淀和复盐沉淀等。

（4）固化/稳定化机理

结合 CRMC 净浆水化碳化反应机理（6.1.4 节）、重金属的化学特性和 CRMC 固化/稳定化重金属污染土的强度特性和微观特性，可将 CRMC 固化/稳定化重金属污染土的作用机理归纳为氢氧化物沉淀、碳酸盐沉淀和复盐沉淀。

a．氢氧化物沉淀。氢氧化物沉淀的作用是 CRMC 中活性 MgO 水解释放的 OH^- 与重金属离子发生反应，生成溶解度较低的氢氧化物沉淀，从而失去迁移性，达到稳定化效果。以 CRMC 固化/稳定化二价重金属为例，氢氧化物沉淀的化学反应式见式（6-22）。

$$M^{2+}(aq)+2OH^-(aq)\longrightarrow M(OH)_2(s) \tag{6-22}$$

b．碳酸盐沉淀。碳酸盐沉淀的作用是 CRMC 中 CO_2 溶解生成的 CO_3^{2-} 与重金属离子发生反应，生成溶解度较低的碳酸盐沉淀，从而失去迁移性，达到稳定化效果。以 CRMC 固化/稳定化二价重金属为例，碳酸盐沉淀的化学反应式如式（6-23）所示。

$$M^{2+}(aq)+CO_3^{2-}(aq) \longrightarrow MCO_3(s) \qquad (6\text{-}23)$$

c．复盐沉淀。复盐沉淀包括碱式碳酸盐复盐沉淀、碱式硫酸盐复盐沉淀、碱式氯盐复盐沉淀。碱式碳酸盐复盐沉淀是重金属氢氧化物与重金属碳酸盐、氢氧化镁与重金属碳酸盐之间发生的复合反应，如 $Pb_3(CO_3)_2(OH)_2$、$Zn_5(CO_3)_2(OH)_6$、$CdMg(CO_3)_2$ 等；碱式硫酸盐复盐沉淀是重金属氢氧化物与重金属硫酸盐之间的复合反应，如 $7Mn(OH)_2 \cdot 2MnSO_4 \cdot H_2O$；碱式氯盐复盐沉淀是重金属氢氧化物与重金属氯盐之间的复合反应，如 $Cd_2(OH)_3Cl$。

需要说明的是，由于缺乏微观形貌、面扫描、水化碳化产物微观结构等相关的技术数据支撑，CRMC 水化碳化产物对重金属离子的物理吸附、物理包裹、化学结合等作用未能深入研究，上述研究成果有待进一步验证。

6.5 结语

镁质类固化剂在土体加固、污染土固化/稳定化方面已积累大量研究成果。土体加固方面，镁质类固化剂与土体各组分（不同土质、颗粒粒组组成、不同化学成分等）之间的反应机理尚不清楚，缺乏固化土长期力学性能、强度-龄期之间关系等的研究；固化/稳定化污染土方面，镁质类固化剂的固化/稳定化机理及其耐久性方面的研究尚未成体系，干湿循环、冻融循环、腐蚀性介质等胁迫环境下固化/稳定化污染土的劣化机理有待进一步深入研究，长期耐久性能也缺乏相应数据支撑。

限制镁质类固化剂应用的主要因素有成本问题和低碱性问题。镁质类固化剂成本比普通硅酸盐水泥更高，且地域资源不均衡；镁质类固化剂水化产物碱性较低，无法为钢筋提供有效的惰性保护，尤其是 MOC 中的氯离子对钢筋有腐蚀作用。

参考文献

[1] 袁润章. 胶凝材料学[M]. 2 版. 武汉：武汉工业大学出版社, 1996.

[2] Sorel S. Improved composition to be used as a cement and as a plastic material for molding various articles[P]. United States Patent Office Patent, 1866, 53(092): 6.

[3] 张翠苗，杨红健，马学景. 氯氧镁水泥的研究进展[J]. 硅酸盐通报, 2014, 33(1): 117-121.

[4] 涂平涛. 氯氧镁材料技术与应用[M]. 北京：化学工业出版社, 2009.

[5] Enricht L. Artificial stone or cement[P]: US, 1891 448513.

[6] 吴成友. 碱式硫酸镁水泥的基本理论及其在土木工程中的应用技术研究[D]. 青海：中国科学院研究生院(青海盐湖研究所), 2014.

[7] 吴成友，邢赛南，张吾渝，等. 碱式硫酸镁水泥水化规律研究[J]. 功能材料, 2016, 47(11): 11120-11124+11130.

[8] 胡庆福. 镁化合物生产与应用[M]. 北京：化学工业出版社, 2004.

[9] Demediuk T. A method for overcoming unsoundness in magnesian limes[J]. Nature, 1952, 170(4332): 799.

[10] Demediuk T, Cole W F. A study on magnesium oxy sulfates [J]. Australian Journal of Chemistry, 1957, 10(3): 287-294.

[11] Beaudoin J J, Ramachandran V S. Strength de velopment in magnesium oxysulfate cement [J]. Cement and Concrete Research, 1977, 8(1): 103-112.

[12] Walling S A, Provis J L. Magnesia-based cements: a journey of 150 years, and cements for the future?[J].

Chemical Reviews, 2016, 116(7): 4170-4204.

[13] Du Y, Wang X, Wu J, et al. $Mg_3Si_4O_{10}(OH)_2$ and $MgFe_2O_4$ in situ grown on diatomite: highly efficient adsorbents for the removal of Cr (Ⅵ)[J]. Microporous and Mesoporous Materials, 2018, 271: 83-91.

[14] 佟钰，赵竹玉，陶冶，等. 水热条件下氧化镁的矿渣活性激发作用研究[J]. 硅酸盐通报，2016, 35(10): 3139-3143.

[15] 杜延男. 利用粉煤灰替代硅灰制备水化硅酸镁水泥[D]. 大连：大连理工大学, 2016.

[16] Bernard E, Lothenbach B, Le Goff F, et al. Effect of magnesium on calcium silicate hydrate (CSH)[J]. Cement and Concrete Research, 2017, 97: 61-72.

[17] 贾援. $MgO-SiO_2-H_2O$ 胶凝体系在 Na-HMP 和 CaO 作用下的反应机理研究[D]. 大连：大连理工大学, 2017.

[18] 焦文秀，刘状壮，卢永伟，等. 水化硅酸镁(M-S-H)凝胶的制备与影响因素研究[J]. 混凝土, 2017(11): 81-86.

[19] Abdel-Gawwad H A, Abd El-Aleem S, Amer A A, et al. Combined impact of silicate-amorphicity and MgO-reactivity on the performance of Mg-silicate cement[J]. Construction and Building Materials, 2018, 189: 78-85.

[20] 王建行，赵颖颖，李佳慧，等. 二氧化碳的捕集、固定与利用的研究进展[J]. 无机盐工业, 2020, 52(4): 12-17.

[21] Li P, Pan S Y, Pei S L, et al. Challenges and perspectives on carbon fixation and utilization technologies: an overview[J]. Aerosol and Air Quality Research, 2016, 16(6): 1327-1344.

[22] 杨南如. 非传统胶凝材料化学[M]. 武汉：武汉理工大学出版社, 2018.

[23] Jung I H, Decterov S A, Pelton A D. Critical thermodynamic evaluation and optimization of the $MgO-Al_2O_3$, $CaO-MgO-Al_2O_3$, and $MgO-Al_2O_3-SiO_2$ systems[J]. Journal of Phase Equilibria and Diffusion, 2004, 25(4): 329-345.

[24] Gentile A L, Foster W R. Calcium hexaluminate and its stability relations in the system $CaO-Al_2O_3-SiO_2$[J]. Journal of the American Ceramic Society, 1963, 46(2): 74-76.

[25] Harrison A J W, Fcpa B S B E. New cements based on the addition of reactive magnesia to Portland cement with or without added pozzolan[C]. Brisbane: Proc. CIA Conference: Concrete in the Third Millenium, 2003: 24-35.

[26] Harrison A J W. (TecEco). Reactive magnesium oxide cements[P]: US, 7347896. 2008.

[27] Harrison A J W. TecEco cement [EB/OL] Home. www.tececo.com (2014. 7. 17) http: //www.tececo.com/technical. tececo_cements. php

[28] Liska M, Al-Tabbaa A. Ultra-green construction: reactive magnesia masonry products[C]// Proceedings of the Institution of Civil Engineers-Waste and Resource Management. Thomas Telford Ltd, 2009, 162(4): 185-196.

[29] Liska M, Al-Tabbaa A, Carter K, et al. Scaled-up commercial production of reactive magnesium cement pressed masonry units. Part Ⅰ: production[J]. Proceedings of the Institution of Civil Engineers-Construction Materials, 2012, 165(4): 211-223.

[30] Liska M, Al-Tabbaa A, Carter K, et al. Scaled-up commercial production of reactive magnesia cement pressed masonry units. Part Ⅱ: performance[J]. Proceedings of the Institution of Civil Engineers-Construction Materials, 2012, 165(4): 225-243.

[31] Mo L W, Liu M, Al-Tabbaa A, et al. Deformation and mechanical properties of the expansive cements produced by inter-grinding cement clinker and MgOs with various reactivities[J]. Construction and Building Materials, 2015, 80: 1-8.

[32] Jin F, Al-Tabbaa A. Strength and drying shrinkage of slag paste activated by sodium carbonate and reactive MgO[J]. Construction and Building Materials, 2015, 81: 58-65.

[33] Jha A. Revealed: the cement that eats carbon dioxide[J]. The Guardian, 2008.

[34] Velandia D M, Devaraj A, Barranco R, et al. Novacem: a novel cement for the construction industry[C]. Cement and Concrete Science Conference, 2011: 12-13.

[35] Achternbosch M, Kupsch C, Nieke E, et al. Are new magnesia-based cements the future? Part 2: novacem-an assessment of new developments[J]. ZKG international (Deutsch-englische Ausgabe. 1995), 2012 (3): 64-72.

[36] Wang D X, Zhu J Y, He F J. CO_2 carbonation-induced improvement in strength and microstructure of reactive MgO-CaO-fly ash-solidified soils[J]. Construction and Building Materials, 2019, 229: 116914.

[37] Kastiukas G, Ruan S Q, Unluer C, et al. Environmental assessment of magnesium oxychloride cement samples: a

case study in Europe[J]. Sustainability, 2019, 11(24): 6957.
[38] Li J H, Zhang Y, Shao S, et al. Comparative life cycle assessment of conventional and new fused magnesia production[J]. Journal of Cleaner Production, 2015, 91: 170-179.
[39] Ruan S Q, Unluer C. Comparative life cycle assessment of reactive MgO and Portland cement production[J]. Journal of Cleaner Production, 2016, 137: 258-273.
[40] Li K, Wang Y S, Yao N N, et al. Recent progress of magnesium oxychloride cement: manufacture, curing, structure and performance[J]. Construction and Building Materials, 2020, 255: 119381.
[41] Sglavo V M, De Genua F, Conci A, et al. Influence of curing temperature on the evolution of magnesium oxychloride cement[J]. Journal of Materials Science, 2011, 46(20): 6726-6733.
[42] Xiong Y, Deng H, Nemer M, et al. Experimental determination of the solubility constant for magnesium chloride hydroxide hydrate ($Mg_3Cl(OH)_5 \cdot 4H_2O$, phase 5) at room temperature, and its importance to nuclear waste isolation in geological repositories in salt formations[J]. Geochimica et Cosmochimica Acta, 2010, 74(16): 4605-4611.
[43] Ved E I, Zharov E F, Phong H V. Mechanism of magnesium oxychloride formation during the hardening of magnesium oxychloride cement[J]. Zh Prikl Khim, 1976, 49(10): 2154-2158.
[44] Bilinski H, Matković B, Mažuranić C, et al. The formation of magnesium oxychloride phases in the systems $MgO-MgCl_2-H_2O$ and $NaOH-MgCl_2-H_2O$[J]. Journal of the American Ceramic Society, 1984, 67(4): 266-269.
[45] 余红发. 氯氧镁水泥及其应用[M]. 北京: 中国建材工业出版社, 1993.
[46] Deng D H, Zhang C M. The formation mechanism of the hydrate phases in magnesium oxychloride cement[J]. Cement and Concrete Research, 1999, 29(9): 1365-1371.
[47] He Z H, Yang H J, Song H, et al. Effect of mixing on properties and microstructure of magnesium oxychloride cement[J]. Journal of the Chinese Ceramic Society, 2016, 3(1): 38-45.
[48] Langan B W, Weng K, Ward M A. Effect of silica fume and fly ash on heat of hydration of Portland cement[J]. Cement and Concrete Research, 2002, 32(7): 1045-1051.
[49] Mostafa N Y, Brown P W. Heat of hydration of high reactive pozzolans in blended cements: isothermal conduction calorimetry[J]. Thermochimica Acta, 2005, 435(2): 162-167.
[50] Jin F, Al-Tabbaa A. Strength and hydration products of reactive MgO-silica pastes[J]. Cement and Concrete Composites, 2014, 52: 27-33.
[51] Zhang T T, Cheeseman C R, Vandeperre L J. Development of low pH cement systems forming magnesium silicate hydrate (MSH)[J]. Cement and Concrete Research, 2011, 41(4): 439-442.
[52] Bernard E, Lothenbach B, Rentsch D, et al. Formation of magnesium silicate hydrates (MSH)[J]. Physics and Chemistry of the Earth, Parts A/B/C, 2017, 99: 142-157.
[53] Li Z H, Zhang T S, Hu J, et al. Characterization of reaction products and reaction process of $MgO-SiO_2-H_2O$ system at room temperature[J]. Construction and Building Materials, 2014, 61: 252-259.
[54] Unluer C, Al-Tabbaa A. Enhancing the carbonation of MgO cement porous blocks through improved curing conditions[J]. Cement and Concrete Research, 2014, 59: 55-65.
[55] Dung N T, Lesimple A, Hay R, et al. Formation of carbonate phases and their effect on the performance of reactive MgO cement formulations[J]. Cement and Concrete Research, 2019, 125: 105894.
[56] Soares E G, Castro-Gomes J. Carbonation curing influencing factors of carbonated reactive magnesia cements (CRMC): a review[J]. Journal of Cleaner Production, 2021: 127210.
[57] Xing Z B, Bai L M, Ma Y X, et al. Mechanism of magnesium oxide hydration based on the multi-rate model[J]. Materials, 2018, 11(10): 1835.
[58] 蔡光华. 活性氧化镁碳化加固软弱土的试验与应用研究[D]. 南京: 东南大学, 2017.
[59] Bender C. Ueber die hydrate des magnesiumoxychlorids[J]. Justus Liebigs Annalen der Chemie, 1871, 159(3): 341-349.
[60] Krause O. Ueber Magnesiumoxychlorid[J]. Justus Liebigs Annalen der Chemie, 1873, 165(1): 38-44.
[61] Paterson J H. Magnesium oxychloride cement[J]. Journal of the Society of Chemical Industry, 1924, 43(9):

215-218.

[62] Harper F C. Effect of calcination temperature on the properties of magnesium oxides for use in magnesium oxychloride cements[J]. Journal of Applied Chemistry, 1967, 17(1): 5-10.

[63] Lukens H S. The composition of magnesium oxychloride[J]. Journal of the American Chemical Society, 1932, 54(6): 2372-2380.

[64] Walter-Lévy L. Chlorocarbonate basique de magnésium[J]. CR Hebd Séances Acad Sci, 1937, 204: 1943-1946.

[65] Walter-Lévy L, de Wolff P M. Contribution à l'étude duciment Sorel[J]. CR Hebd Seánces Acad Sci, 1949, 229, 1077-1079.

[66] Feitknecht W. Über das verhalten von schwerlöslichen metalloxyden in den Lösungen ihrer Salze. Zur Kenntnis der magnesiumoxyd - zemente Ⅰ[J]. Helvetica Chimica Acta, 1926, 9(1): 1018-1049.

[67] Feitknecht W. Über das verhalten von schwerlöslichen metalloxyden in den Lösungen ihrer Salze. Zur Kenntnis der magnesiumoxyd - zemente Ⅱ[J]. Helvetica Chimica Acta, 1927, 10(1): 140-167.

[68] Feitknecht W. Röntgenographische untersuchungen der basischen chloride des magnesiums. Zur Kenntnis der magnesiumoxyd - zemente Ⅲ[J]. Helvetica Chimica Acta, 1930, 13(6): 1380-1390.

[69] Dinnebier R E, Oestreich M, Bette S, et al. $2Mg(OH)_2 \cdot MgCl_2 \cdot 2H_2O$ and $2Mg(OH)_2 \cdot MgCl_2 \cdot 4H_2O$, two high temperature phases of the magnesia cement system[J]. Zeitschrift für anorganische und allgemeine Chemie, 2012, 638(3-4): 628-633.

[70] Cole W F, Demediuk T. X-ray, thermal, and dehydration studies on magnesium oxychlorides[J]. Australian Journal of Chemistry, 1955, 8(2): 234-251.

[71] Dinnebier R E, Freyer D, Bette S, et al. $9Mg(OH)_2 \cdot MgCl_2 \cdot 4H_2O$, a high temperature phase of the magnesia binder system[J]. Inorganic Chemistry, 2010, 49(21): 9770-9776.

[72] Guan B W, Tian H T, Ding D H, et al. Effect of citric acid on the time-dependent rheological properties of magnesium oxychloride cement[J]. Journal of Materials in Civil Engineering, 2018, 30(11): 04018275.

[73] Tan Y N, Liu Y, Grover L. Effect of phosphoric acid on the properties of magnesium oxychloride cement as a biomaterial[J]. Cement and Concrete Research, 2014, 56: 69-74.

[74] Urwongse L, Sorrell C A. The System $MgO-MgCl_2-H_2O$ at 23℃[J]. Journal of the American Ceramic Society, 1980, 63(9-10): 501-504.

[75] Maravelaki-Kalaitzaki P, Moraitou G. Sorel's cement mortars: decay susceptibility and effect on Pentelic marble[J]. Cement and Concrete Research, 1999, 29(12): 1929-1935.

[76] Sugimoto K, Dinnebier R E, Schlecht T. Structure determination of $Mg_3(OH)_5Cl \cdot 4H_2O$ (F5 phase) from laboratory powder diffraction data and its impact on the analysis of problematic magnesia floors[J]. Acta Crystallographica Section B: Structural Science, 2007, 63(6): 805-811.

[77] Sugimoto K, Dinnebier R E, Schlecht T. Chlorartinite, a volcanic exhalation product also found in industrial magnesia screed[J]. Journal of applied crystallography, 2006, 39(5): 739-744.

[78] 巴明芳，朱杰兆，薛涛，等. 原料摩尔比对硫氧镁胶凝材料性能的影响[J]. 建筑材料学报, 2018, 21(1): 124-130.

[79] Gomes C M, de Oliveira A D S. Chemical phases and microstructural analysis of pastes based on magnesia cement[J]. Construction and Building Materials, 2018, 188: 615-620.

[80] 冯扣宝，王路明，陈雪霏. 氯氧镁水泥耐水性能改善研究[J]. 功能材料, 2015, 46(17): 17038-17041.

[81] 余红发，吴成友，王常清. 碱式硫酸镁水泥的理论创新及其发泡混凝土的应用前景[A]. 2013/2014CCPA 中国泡沫混凝土年会暨第四届全国泡沫混凝土技术交流会, 2014.

[82] 刘江武. 碱式硫酸镁水泥耐水性研究[D]. 哈尔滨: 哈尔滨理工大学, 2017.

[83] Runčevski T, Wu C Y, Yu H F, et al. Structural characterization of a new magnesium oxysulfate hydrate cement phase and its surface reactions with atmospheric carbon dioxide[J]. Journal of the American Ceramic Society, 2013, 96(11): 3609-3616.

[84] Dinnebier R E, Pannach M, Freyer D. $3Mg(OH)_2 \cdot MgSO_4 \cdot 8H_2O$: a metastable phase in the system $Mg(OH)_2$-$MgSO_4$-H_2O[J]. Zeitschrift für anorganische und allgemeine Chemie, 2013, 639(10): 1827-1833.

[85] 王爱国，楚英杰，徐海燕，等. 碱式硫酸镁水泥的研究进展及性能提升技术[J]. 材料导报, 2020, 34(13):

13091-13099.
[86] Jin F, Gu K, Abdollahzadeh A, et al. Effects of different reactive MgOs on the hydration of MgO-activated GGBS paste[J]. Journal of Materials in Civil Engineering, 2015, 27(7): B4014001.
[87] Tonelli M, Martini F, Calucci L, et al. Structural characterization of magnesium silicate hydrate: towards the design of eco-sustainable cements[J]. Dalton Transactions, 2016, 45(8): 3294-3304.
[88] Wang L, Chen L, Provis J L, et al. Accelerated carbonation of reactive MgO and Portland cement blends under flowing CO_2 gas[J]. Cement and Concrete Composites, 2020, 106: 103489.
[89] Singh G V P B, Sonat C, Yang E H, et al. Performance of MgO and MgO-SiO_2 systems containing seeds under different curing conditions[J]. Cement and Concrete Composites, 2020, 108: 103543.
[90] Zhou Z, Chen H S, Li Z J, et al. Simulation of the properties of MgO-MgfCl_2-H_2O system by thermodynamic method[J]. Cement and Concrete Research, 2015, 68: 105-111.
[91] Urwongse L, Sorrell C A. Phase relations in magnesium oxysulfate cements[J]. Journal of the American Ceramic Society, 1980, 63(9-10): 523-526.
[92] Ding Y, Zhao H Z, Sun Y G, et al. Superstructured magnesium hydroxide sulfate hydrate fibres-photoluminescence study[J]. The International Journal of Inorganic Materials, 2001, 2(3): 151-156.
[93] Yue T, Gao S Y, Zhu L X, et al. Crystal growth and crystal structure of magnesium oxysulfate $2MgSO_4 \cdot Mg(OH)_2 \cdot 2H_2O$[J]. Journal of Molecular Structure, 2002, 616(1-3): 247-252.
[94] Liu Z P, Zhang W M, Yang Y H, et al. Hydrothermal synthesis of sector-like hydrous magnesium nickel oxysulfate whisker[J]. Journal of Materials Science Letters, 2002, 21(1): 65-66.
[95] Xiang L, Liu F, Li J, et al. Hydrothermal formation and characterization of magnesium oxysulfate whiskers[J]. Materials Chemistry and Physics, 2004, 87(2-3): 424-429.
[96] 邓德华. 提高镁质碱式盐水泥性能的理论与应用研究[D]. 长沙: 中南大学, 2005.
[97] Bowen N L, Tuttle O F. The system MgO-SiO_2-H_2O[J]. Geological Society of America Bulletin, 1949, 60(3): 439-460.
[98] 宋强, 胡亚茹, 王倩, 等. 水化硅酸镁胶凝材料研究进展[J]. 硅酸盐学报, 2019, 47(11): 1642-1651.
[99] Cole W F. A crystalline hydrated magnesium silicate formed in the breakdown of a concrete sea-wall[J]. Nature, 1953, 171(4347): 354-355.
[100] De Weerdt K, Justnes H. The effect of sea water on the phase assemblage of hydrated cement paste[J]. Cement and Concrete Composites, 2015, 55: 215-222.
[101] Whittaker M, Zajac M, Haha M B, et al. The impact of alumina availability on sulfate resistance of slag composite cements[J]. Construction and Building Materials, 2016, 119: 356-369.
[102] Jakobsen U H, De Weerdt K, Geiker M R. Elemental zonation in marine concrete[J]. Cement and Concrete Research, 2016, 85: 12-27.
[103] Wunder B. Equilibrium experiments in the system MgO-SiO_2-H_2O (MSH): stability fields of clinohumite-OH [$Mg_9Si_4O_{16}(OH)_2$], chondrodite-OH [$Mg_5Si_2O_8(OH)_2$] and phase A ($Mg_7Si_2O_8(OH)_6$)[J]. Contributions to Mineralogy and Petrology, 1998, 132(2): 111-120.
[104] Horiuchi H, Morimoto N, Yamamoto K, et al. Crystal structure of $2Mg_2SiO_4 \cdot 3Mg(OH)_2$, a new high-pressure structure type[J]. American Mineralogist, 1979, 64(5-6): 593-598.
[105] Finger L W, Ko J, Hazen R M, et al. Crystal chemistry of phase B and an anhydrous analogue: implications for water storage in the upper mantle [J]. Nature, 1989, 341(6238): 140-142.
[106] Pacalo R E G, Parise J B. Crystal structure of superhydrous B, a hydrous magnesium silicate synthetic at 1400°C and 20 GPa [J]. The American Mineralogist, 1992, 77(5-6): 681-684.
[107] Yamamoto K, Akimoto S. The system MgO-SiO_2-H_2O at high pressures and temperatures. Stability field of hydroxyl-chondrodite, hydroxyl-clinohumite and 10Å-phase[J]. American Journal of Science, 1977, 277: 288-312.
[108] Wunder B, Medenbach O, Daniels P, et al. First synthesis of the hydroxyl end-member of humite, $Mg_7Si_3O_{12}(OH)_2$ [J]. American Mineralogist, 1995, 80(5): 638-640.

[109] Ringwood A E, Major A. High-pressure reconnaissance investigations in the system Mg_2SiO_4-MgO-H_2O [J]. Earth and Planetary Science Letters, 1967, 2(2): 130-133.

[110] Liu L. Effects of H_2O on the phase behaviour of the forsterite-enstatite system at high pressures and temperatures and implications for the earth [J]. Physics of the Earth and Planetary Interiors, 1987, 49(1): 142-167.

[111] Kudoh Y, Finger L W, Hazen R M, et al. Phase E: a high pressure hydrous silicate with unique crystal chemistry [J]. Physics and Chemistry of Minerals, 1993, 19(6): 357-360.

[112] Wunder B, Schreyer W. Metastability of the 10-Å phase in the system MgO-SiO_2-H_2O (MSH). What about hydrous MSH phases in subduction zones? [J]. Journal of Petrology, 1992, 33(4): 877-889.

[113] Bauer J N F, Sclar C B. The 10 Åphase in the system MgO-SiO_2-H_2O [J]. American Mineralogist, 1981, 66: 576-585.

[114] Rice S B, Benimoff A I, Sclar C B. 3. 65Å Phase in system MgO-SiO_2-H_2O at pressures greater than 90 kbars: crystallochemical implications fro mantle phase[C]. International Geological Congress 28, 1989: 694-695.

[115] Kudoh Y, Inoue T, Arashi H. Structure and crystal chemistry of hydrous wadsleyite, Mg1. 75SiH0. 5O4: possible hydrous magnesium silicate in the mantle transition zone[J]. Physics and Chemistry of Minerals, 1996, 23(7): 461-469.

[116] Qian G, Xu G, Li H, et al. The effect of autoclave temperature on the expansion and hydrothermal products of high-MgO blended cements[J]. Cement and Concrete Research, 1998, 28(1): 1-6.

[117] 韦江雄，陈益民．常温下 MgO-SiO_2-H_2O 体系胶凝性的研究[J]．武汉理工大学学报, 2006(2): 14-16+33.

[118] Wei J X. Reaction products of MgO and microsilica cementitious materials at different temperatures[J]. Journal of Wuhan University of Technology(Materials Science Edition), 2011, 26(4): 745-748.

[119] Szczerba J, Prorok R, Śnieżek E, et al. Influence of time and temperature on ageing and phases synthesis in the MgO-SiO_2-H_2O system[J]. Thermochimica Acta, 2013, 567: 57-64.

[120] d'Espinose de la Caillerie J B, Kermarec M, Clause O. ^{29}Si NMR observation of an amorphous magnesium silicate formed during impregnation of silica with Mg (Ⅱ) in aqueous solution[J]. The Journal of Physical Chemistry, 1995, 99(47): 17273-17281.

[121] Brew D R M, Glasser F P. Synthesis and characterisation of magnesium silicate hydrate gels[J]. Cement and Concrete Research, 2005, 35(1): 85-98.

[122] Lothenbach B, Nied D, L'Hôpital E, et al. Magnesium and calcium silicate hydrates[J]. Cement and Concrete Research, 2015, 77: 60-68.

[123] Wang D X, Di S J, Gao X Y, et al. Strength properties and associated mechanisms of magnesium oxychloride cement-solidified urban river sludge[J]. Construction and Building Materials, 2020, 250: 118933.

[124] 王东星，陈政光．氯氧镁水泥固化淤泥力学特性及微观机制[J]．岩土力学, 2021, 42(1): 77-85+92.

[125] 李颖，肖学英，文静，等．原料配比对氯氧镁水泥稳定砾石土强度的影响研究[J]．岩石力学与工程学报, 2017, 36(S2): 4158-4166.

[126] Wang D X, Gao X Y, Liu X Q, et al. Strength, durability and microstructure of granulated blast furnace slag-modified magnesium oxychloride cement solidified waste sludge[J]. Journal of Cleaner Production, 2021, 292: 126072.

[127] Yi Y L, Liska M, Al-Tabbaa A. Properties of two model soils stabilized with different blends and contents of GGBS, MgO, lime, and PC[J]. Journal of Materials in Civil Engineering, 2014, 26(2): 267-274.

[128] Yi Y L, Li C, Liu S Y, et al. Magnesium sulfate attack on clays stabilised by carbide slag-and magnesia-ground granulated blast furnace slag[J]. Geotechnique Letters, 2015, 5(4): 306-312.

[129] Du Y J, Bo Y L, Jin F, et al. Durability of reactive magnesia-activated slag-stabilized low plasticity clay subjected to drying–wetting cycle[J]. European Journal of Environmental and Civil Engineering, 2016, 20(2): 215-230.

[130] Wang D X, Benzerzour M, Hu X, et al. Strength, permeability, and micromechanisms of industrial residue magnesium oxychloride cement solidified slurry[J]. International Journal of Geomechanics, 2020, 20(7): 04020088.

[131] Wang D X, Gao X Y, Wang R H, et al. Elevated curing temperature-associated strength and mechanisms of reactive MgO-activated industrial by-products solidified soils[J]. Marine Georesources & Geotechnology, 2020, 38(6): 659-671.
[132] 王东星. 疏浚淤泥固化性能与微观结构表征[M]. 北京: 科学出版社, 2021.
[133] Zhu J F, Xu R Q, Zhao H Y, et al. Fundamental mechanical behavior of CMMOSC-SC composite stabilized marine soft clay[J]. Applied Clay Science, 2020, 192: 105635.
[134] 朱剑锋, 饶春义, 庹秋水, 等. 硫氧镁水泥复合固化剂加固淤泥质土的试验研究[J]. 岩石力学与工程学报, 2019, 38(S1): 3206-3214.
[135] 王东星, 王宏伟, 肖杰, 等. 活性 MgO-粉煤灰软土固化材料强度与机理研究[J]. 中国矿业大学学报, 2018, 47(4): 879-884.
[136] 王东星, 王宏伟, 肖杰. 活性 MgO 固化淤泥水稳特性试验研究[J]. 浙江大学学报(工学版), 2018, 52(4): 719-726.
[137] 王东星, 王宏伟, 王瑞红. 活性 MgO-粉煤灰固化淤泥微观机制研究[J]. 岩石力学与工程学报, 2019, 38(S2): 3717-3725.
[138] 王东星, 王宏伟, 邹维列, 等. 活性 MgO-粉煤灰固化淤泥耐久性研究[J]. 岩土力学, 2019, 40(12): 4675-4684.
[139] 王东星, 王宏伟. 活性 MgO-粉煤灰软土固化材料的孔隙结构与耐久性[J]. 武汉大学学报(工学版), 2021, 54(5): 401-406.
[140] 蔡光华, 刘松玉, 曹菁菁. 活性氧化镁碳化加固粉土微观机理研究[J]. 土木工程学报, 2017, 50(5): 105-113+128.
[141] 刘松玉, 曹菁菁, 蔡光华. 活性氧化镁碳化固化粉质黏土微观机制[J]. 岩土力学, 2018, 39(5): 1543-1552+1563.
[142] 王东星, 何福金, 朱加业. CO_2 碳化矿渣-CaO-MgO 加固土效能与机理探索[J]. 岩土工程学报, 2019, 41(12): 2197-2206.
[143] Wang D X, Zhu J Y, He F J. CO_2 carbonation-induced improvement in strength and microstructure of reactive MgO-CaO-fly ash-solidified soils[J]. Construction and Building Materials, 2019, 229: 116914.
[144] 易耀林. 基于可持续发展的搅拌桩系列新技术与理论[D]. 南京: 东南大学, 2013.
[145] Al-Tabbaa A. Reactive magnesia cement[M]//Eco-efficient concrete. Sawston: Woodhead Publishing, 2013: 523-543.
[146] Jin F, Al-Tabbaa A. Evaluation of novel reactive MgO activated slag binder for the immobilisation of lead and zinc[J]. Chemosphere, 2014, 117: 285-294.
[147] Wang L, Chen S S, Tsang D C W, et al. Recycling contaminated wood into eco-friendly particleboard using green cement and carbon dioxide curing[J]. Journal of Cleaner Production, 2016, 137: 861-870.
[148] Wang L, Iris K M, Tsang D C W, et al. Transforming wood waste into water-resistant magnesia-phosphate cement particleboard modified by alumina and red mud[J]. Journal of Cleaner Production, 2017, 168: 452-462.
[149] Mo L W, Deng M, Tang M S, et al. MgO expansive cement and concrete in China: past, present and future[J]. Cement and Concrete Research, 2014, 57: 1-12.
[150] Wang L, Chen L, Cho D W, et al. Novel synergy of Si-rich minerals and reactive MgO for stabilisation/solidification of contaminated sediment[J]. Journal of Hazardous Materials, 2019, 365: 695-706.
[151] He P, Poon C S, Tsang D C W. Effect of pulverized fuel ash and CO_2 curing on the water resistance of magnesium oxychloride cement (MOC)[J]. Cement and Concrete Research, 2017, 97: 115-122.
[152] Wang L, Chen M L, Tsang D C W. Green remediation by using low-carbon cement-based stabilization/solidification approaches[M]//Sustainable Remediation of Contaminated Soil and Groundwater. Butterworth-Heinemann, 2020: 93-118.
[153] 马建立, 赵由才, 牛冬杰, 等. 污水厂污泥碱式胶凝稳定化研究[J]. 环境科学, 2009, 30(3): 845-850.
[154] 马建立, 赵由才, 王莉, 等. 镁质碱式盐对污泥力学性能的影响[J]. 同济大学学报(自然科学版), 2010, 38(2): 268-272.

[155] Ma J L, Zhao Y C, Wang J M, et al. Effect of magnesium oxychloride cement on stabilization/solidification of sewage sludge[J]. Construction and Building Materials, 2010, 24(1): 79-83.
[156] 刘志宏，胡满成，高世扬. $2MgO_2 \cdot B_2O_3 \cdot MgCl_2 \cdot 14H_2O$-$MgCl_2$-$H_2O$ 体系 30℃相平衡[J]. 物理化学学报, 2002, 18(12): 1116-1119.
[157] Guo B L, Tan Y S, Wang L, et al. High-efficiency and low-carbon remediation of zinc contaminated sludge by magnesium oxysulfate cement[J]. Journal of Hazardous Materials, 2021, 408: 124486.
[158] Roosz C, Grangeon S, Blanc P, et al. Crystal structure of magnesium silicate hydrates (MSH): the relation with 2∶1 Mg–Si phyllosilicates[J]. Cement and Concrete Research, 2015, 73: 228-237.
[159] Bernard E, Lothenbach B, Le Goff F, et al. Effect of magnesium on calcium silicate hydrate (CSH)[J]. Cement and Concrete Research, 2017, 97: 61-72.
[160] Jin F, Wang F, Al-Tabbaa A. Three-year performance of in-situ solidified/stabilised soil using novel MgO-bearing binders[J]. Chemosphere, 2016, 144: 681-688.
[161] Wang F, Jin F, Shen Z T, et al. Three-year performance of in-situ mass stabilised contaminated site soils using MgO-bearing binders[J]. Journal of Hazardous Materials, 2016, 318: 302-307.
[162] Wu H L, Jin F, Bo Y L, et al. Leaching and microstructural properties of lead contaminated kaolin stabilized by GGBS-MgO in semi-dynamic leaching tests[J]. Construction and Building Materials, 2018, 172: 626-634.
[163] 刘丹阳，王东星，薛云瑞，等. MgO 和 MFA 固稳铅污染土强度与浸出毒性研究[J]. 武汉大学学报(工学版), 2019, 52(7): 587-593.
[164] Wang F, Zhang Y H, Shen Z T, et al. GMCs stabilized/solidified Pb/Zn contaminated soil under different curing temperature: leachability and durability[J]. Environmental Science and Pollution Research, 2019, 26(26): 26963-26971.
[165] 王菲，徐汪祺. 固化/稳定化和软土加固污染土的强度和浸出特性研究[J]. 岩土工程学报，2020, 42(10): 1955-1961.
[166] Wang F, Shen Z T, Liu R, et al. GMCs stabilized/solidified Pb/Zn contaminated soil under different curing temperature: physical and microstructural properties[J]. Chemosphere, 2020, 239: 124738.
[167] Wang F, Xu J, Zhang Y H, et al. MgO-GGBS binder–stabilized/solidified PAE-contaminated soil: strength and leachability in early stage[J]. Journal of Geotechnical and Geoenvironmental Engineering, 2021, 147(8): 04021059.
[168] Mastoi A K, Pu H, Chen X, et al. Physico-mechanical and microstructural behaviour of high-water content zinc-contaminated dredged sediment treated with integrated approach PHDVPSS[J]. Environmental Science and Pollution Research, 2021: 1-11.
[169] Ekwue E I, Birch R A, Chadee N R. A comparison of four instruments for measuring the effects of organic matter on the strength of compacted agricultural soils[J]. Biosystems Engineering, 2014, 127: 176-188.
[170] Pollard S J T, Montgomery D M, Sollars C J, et al. Organic compounds in the cement-based stabilisation/solidification of hazardous mixed wastes-Mechanistic and process considerations[J]. Journal of Hazardous Materials, 1991, 28(3): 313-327.
[171] Wang F, Wang H L, Jin F, et al. The performance of blended conventional and novel binders in the in-situ stabilisation/solidification of a contaminated site soil[J]. Journal of Hazardous Materials, 2015, 285: 46-52.
[172] Gillman G P. Hydrotalcite: leaching-retarded fertilizers for sandy soils[J]. Management of Tropical Sandy Soils for Sustainable Agriculture, Khon Kaen, Thailand, 2005: 107-111.
[173] 薄煜琳，于博伟，杜延军，等. 淋滤条件下 GGBS-MgO 固化铅污染黏土强度与溶出特性研究[J]. 岩土力学, 2015, 36(10): 2877-2891+2906.
[174] Feng Y S, Du Y J, Reddy K R, et al. Performance of two novel binders to stabilize field soil with zinc and chloride: mechanical properties, leachability and mechanisms assessment[J]. Construction and Building Materials, 2018, 189: 1191-1199.
[175] 伍浩良，薄煜琳，杜延军，等. 碱激发高炉矿渣固化铅污染土酸缓能力、强度及微观特性研究[J]. 岩土工程学报, 2019, 41(S1): 137-140.

[176] Du Y J, Wu J, Bo Y L, et al. Effects of acid rain on physical, mechanical and chemical properties of GGBS-MgO-solidified/stabilized Pb-contaminated clayey soil[J]. Acta Geotechnica, 2019, 15(4): 923-932.
[177] Wu H L, Jin F, Du Y J. Influence of wet-dry cycles on vertical cutoff walls made of reactive magnesia-slag-bentonite-soil mixtures[J]. Journal of Zhejiang University: Science A, 2019, 20(12): 948-960.
[178] Ma C, Kingscott J, Evans M. Recent developments for in situ treatment of metal contaminated soils[EB/OL]. 1997. https: //ocw. snu. ac. kr/sites/default/files/MATERIAL/9059. pdf
[179] Jamali A, Tehrani A A, Shemirani F, et al. Lanthanide metal–organic frameworks as selective microporous materials for adsorption of heavy metal ions[J]. Dalton Transactions, 2016, 45(22): 9193-9200.
[180] Soudi A A, Marandi F, Ramazani A, et al. Lead (Ⅱ): misleading or merely hermaphroditic?[J]. Comptes Rendus Chimie, 2005, 8(2): 157-168.
[181] Mitchell James K, Soga Kenichi. Fundamentals of soil behavior [M]. 3rd Edition New Jersey: John Wiley & Sons, 2005.
[182] Horpibulsuk S, Rachan R, Raksachon Y. Role of fly ash on strength and microstructure development in blended cement stabilized silty clay[J]. Soils and Foundations, 2009, 49(1): 85-98.
[183] Horpibulsuk S, Rachan R, Chinkulkijniwat A, et al. Analysis of strength development in cement-stabilized silty clay from microstructural considerations[J]. Construction and Building Materials, 2010, 24(10): 2011-2021.
[184] Wu H L, Jin F, Bo Y L, et al. Leaching and microstructural properties of lead contaminated kaolin stabilized by GGBS-MgO in semi-dynamic leaching tests[J]. Construction and Building Materials, 2018, 172: 626-634.
[185] Perera A S R. The role of accelerated carbonation in the ageing of cement-based stabilised/solidified contaminated materials[D]. Cambridge: University of Cambridge, 2005.
[186] Leonard S A, Stegemann J A. Stabilization/solidification of petroleum drill cuttings: leaching studies[J]. Journal of Hazardous Materials, 2010, 174(1-3): 484-491.
[187] Al Tabbaa A, Stegemann J A. Stabilisation/solidification treatment and remediation: proceedings of the international conference on stabilisation/solidification treatment and remediation[M]. Cambridge: CRC Press, 2011.
[188] Li W T, Yi Y L. Stabilization/solidification of lead- and zinc-contaminated soils using MgO and CO_2 [J]. Journal of CO_2 Utilization. 2019, 33: 215-221.
[189] Li W T, Qin J D, Yi Y L. Carbonating MgO for treatment of manganese- and cadmium-contaminated soils[J]. Chemosphere, 2021, 263: 128311.
[190] Wilk C M. Stabilization of heavy metals with Portland cement: research synopsis[M]. Skokie, IL: Portland Cement Association, 1997.
[191] Boardman D I. Lime stabilisation: clay-metal-lime interactions[D]. Loughborough University, 1999.
[192] 史才军，元强. 水泥基材料测试分析方法[M]. 北京：中国建筑工业出版社, 2018.
[193] Wells R C. The fractional precipitation of some ore-forming compounds at moderate temperatures[M]. US Government Printing Office, 1915.
[194] Cao X, Ma L Q, Chen M, et al. Lead transformation and distribution in the soils of shooting ranges in Florida, USA[J]. Science of the Total Environment, 2003, 307(1-3): 179-189.
[195] Haynes W M. CRC handbook of chemistry and physics[M]. Boca Raton, FL: CRC press, 2010.
[196] Robin J H. Studies on the thermal decomposition of basic lead (Ⅱ) carbonate by Fourier-transform Raman spectroscopy, X-ray diffraction and thermal analysis[J]. Journal of the Chemical Society, Dalton Transactions, 1996 (18): 3639-3645.
[197] Mu J, Perlmutter D D. Thermal decomposition of carbonates, carboxylates, oxalates, acetates, formates, and hydroxides[J]. Thermochimica Acta, 1981, 49(2-3): 207-218.
[198] Jauffret G, Morrison J, Glasser F P. On the thermal decomposition of nesquehonite[J]. Journal of Thermal Analysis and Calorimetry, 2015, 122(2): 601-609.
[199] Scheidema M N, Taskinen P. Decomposition thermodynamics of magnesium sulfate[J]. Industrial & Engineering Chemistry Research, 2011, 50(16): 9550-9556.

7 离子土类固化剂

离子土类固化剂（ionic soil stabilizer，ISS）属于强水溶性离子化学剂，主要成分为磺化油类表面活性剂和无机盐离子。

离子土类固化剂最先由美国化学教授 Reynolds 于 1959 年研制，随后同类固化剂产品不断出现。目前，离子土类固化剂产品有澳大利亚的 RoadPacker ISS、美国的 LPC-600 及路邦 EN-1、日本的 Aught-set、加拿大的 Roadband 及 RoadPacker、南非的 CBR PLUS 及 ISS2500 等，我国有自主研发的 ISS_1、ISS_2 及 F1 离子固化剂等。这些离子土类固化剂的原材料或生产方法略有不同，但其主要作用成分及其与土体的反应机理相同。

离子土类固化剂作为新型的固化剂，主要用于土体加固、废土材料化等方面，具有施工周期短、费用低、施工简便、环境友好等优点，近年来得到越来越多学者们的关注。

7.1 概述

7.1.1 原材料

离子土类固化剂没有公开的原材料和生产方法等信息，但是，固化剂的主要成分均为有机活性成分和离子成分。

（1）有机活性成分

有机活性成分主要为磺化油，可采用植物油或鱼油与硫酸作用，再经中和反应而制得，也可利用石油裂变产物加以硫化后得到。

磺化油（sulfonated oil）属于一种阴离子型表面活性剂（surface activereagent），是由亲水基团（hydrophilic group）的磺基（$—SO_3H$，亲水头）与疏水基团（hydrophobic group）的烃基（R—H，疏水尾）的碳原子连接而成的有机化合物 RSO_3H，其分子结构示意图如图 7-1 所示。亲水头可完全溶解于水，或与水相混溶，但是不溶于大部分的非极性有机溶剂；当磺化油在水中扩散时，亲水头分子发生离解作用生成离子 $—SO_3^-$，可与疏水尾 R—连接形成 RSO_3^-，疏水尾 R—不溶于水的特性使得结构 RSO_3^- 同时具有亲水头和疏水尾的二重作用特性[1]。

（2）离子成分

离子成分为电解质，溶于水后能够解离出大量的离子，这些离子有带正电荷的阳离子

$[X]^{n+}$和带负电荷的阴离子$[Y]^{n-}$。其中，阳离子按含量从大到小依次有 Na^+、Ca^{2+}、Mg^{2+}、K^+等，阴离子按含量从大到小依次有SO_4^{2-}、Cl^-、NO_3^-等。

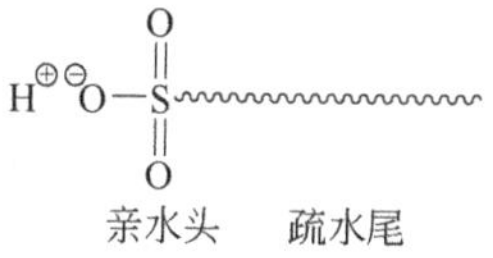

亲水头　疏水尾

图 7-1　磺化油分子示意图

7.1.2　应用方法与生命周期评价

7.1.2.1　应用方法

离子土类固化剂主要是与土体中的黏土颗粒发生反应，因此对待固化土的黏土颗粒成分、塑性指数有一定的要求。如 EN-1 固化剂，一般要求黏土颗粒含量在 25%以上，F1 离子固化剂则要求黏土颗粒含量大于 15%、塑性指数大于 10。

离子土类固化剂呈液体状，在应用前需要稀释，添加量依据土的种类确定，一般掺入比为 0.15～3.0L/m^3。利用室内试验确定配比，评价指标有力学强度[2-7]、干密度[8,9]和塑性指数[10-12]等。力学强度表示固化土的强度性能；最大干密度对应最小孔隙比，反映固化土的密实状态；离子土类固化剂固化土的实质是降低溶液的表面张力，加强黏土的离子交换，去除土中的结合水，因此，塑性指数反映土颗粒与水相互作用情况，也可用作判断离子土类固化剂的最佳配比。

7.1.2.2　生命周期评价

目前，尚未有离子土类固化剂生命周期评价相关的研究，这与离子土类固化剂没有公开的原材料和生产方法等有关。通过离子土类固化剂在土体应用的生命周期评价中的目标与范围、产排清单分析、环境影响指标评价和结果解释等方面的研究，可为离子土类固化剂生产、应用过程的节能减排提供一定的理论参考。

7.1.3　反应机理

离子土类固化剂与土体（主要是黏土颗粒）接触前不会发生任何化学反应。不同于其他固化剂通过化学反应或生物代谢等过程生成具有胶凝性的物质，离子土类固化剂不会发生水解、水化反应，离子成分遇水后迅速离子化，快速溶解并得到 K^+、Na^+、Ca^{2+}、Mg^{2+}、Cl^-、NO_3^-、SO_4^{2-}等离子；由于离子类固化剂呈酸性，水溶液中的 H^+发生如式（7-1）所示的电离反应，并离解出强阳离子 H_3O^+。

$$H^+ + H_2O \longrightarrow H_3O^+ \quad (7\text{-}1)$$

7.2　离子土类固化剂与土中成分的反应机理

目前，离子土类固化剂与土的反应机理方面的研究主要集中在固化剂与土中的黏土矿物的反应机理，尚未有与土中水溶盐、酸碱成分、污染成分和有机质之间反应机理的研究，这与离子土类固化剂中的主要成分为有机活性成分和离子成分有关。离子土类固化剂与水溶盐、酸碱成分、污染成分和有机质之间的反应机理有待研究。

离子土类固化剂与黏土矿物反应可以归纳为三个方面，即离子土类固化剂遇水后的离子化和离解过程；离子化和离解得到的离子与黏土矿物表面阴离子、阳离子之间的离子交换；有机活性成分对黏土矿物吸附水膜的减薄作用和对颗粒间距的减小作用。

（1）离子成分的强阳离子离解

黏土颗粒表面常常带有不平衡的电荷，通常为负电荷，这是由于黏土颗粒的离解作用、吸附作用和同晶型替换导致的[13]。其中，离解作用是黏土矿物表面在水介质中产生离解，离解后阳离子扩散于自由水中，阴离子则留在黏土颗粒表面；吸附作用是指黏土矿物吸附带电荷的阳离子；同晶型替换是黏土矿物中发生的电价高的阳离子被电价低的阳离子替换，替换后使得晶体表面有不平衡的负电荷。这些负电荷在静电引力作用下与周围黏土颗粒表面的水分子形成双电层结构，见图 7-2 左侧。

离子土类固化剂遇水后发生如式（7-1）所示的电离反应，并离解出强阳离子 H_3O^+。强阳离子 H_3O^+借助正负电荷之间的引力，相较于极性水分子，更易吸附在黏土颗粒表面。通过强阳离子 H_3O^+与极性水分子之间的交换，中和黏土颗粒表面空位阴离子，减薄由土壤孔隙吸力、表面张力和毛细管力等引起的结合水层厚度，但不改变黏土颗粒的双电层结构，并不能完全去除黏土中的结合水[14]。

离子土类固化剂破坏黏土颗粒双电层示意图如图 7-2 所示。

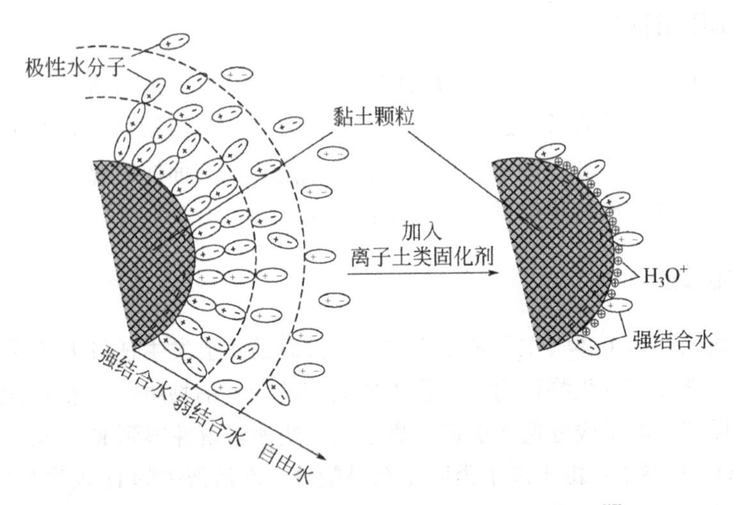

图 7-2　离子土类固化剂破坏黏土颗粒双电层示意图[15]

（2）离子交换作用

黏土颗粒周围电解质溶液的阳离子价数和水化度影响黏土的 ζ 电势，高价阳离子能够替换低价阳离子，较小水化半径（或较大非水化半径）阳离子具有更大的交换势能，因此黏土颗粒表面的离子交换反应与离子价位、水化半径等关系密切[15,16]。

土体中常见阳离子水化半径及非水化半径如表 7-1 所示。

表 7-1　土体中常见阳离子水化半径及非水化半径[15]

离子类型	水化半径/nm	非水化半径/nm
H_3O^+	0.096	/
Li^+	0.38	0.068
Na^+	0.36	0.095
K^+	0.33	0.133
Mg^{2+}	0.43	0.065
Ca^{2+}	0.41	0.099
Ba^{2+}	/	0.135
Al^{3+}	0.48	0.05
Fe^{3+}	/	0.06

由表 7-1 可知，H_3O^+的水化半径远小于其他阳离子，因此其可通过强离子交换作用，与土颗粒表面非水化半径较大的阳离子和联结较弱的极性水分子发生离子交换反应，改变黏土颗粒表面的离子类型和浓度，进而减薄双电层厚度，降低 ζ 电势，增大粒间吸引力，促进土颗粒聚集和凝结，使土体表现出相对惰性和稳定性[15]。

此外，离子土类固化剂中的离子成分溶于水后，Na^+、K^+等阳离子浓度高，渗透压高、分子小、水化势强，极易从自由溶液进入反离子层，进而与黏土颗粒表面的Ca^{2+}、Mg^{2+}等阳离子发生离子交换，使置换后的Ca^{2+}、Mg^{2+}等阳离子进入自由溶液。离子土类固化剂离解出带正电荷的阳离子$[X]^{n+}$和带负电荷的阴离子$[Y]^{n-}$，带正电荷的阳离子$[X]^{n+}$与黏土颗粒表面的阳离子$[M]^{n+}$发生如式（7-2）所示的离子交换反应。

$$[\text{黏土颗粒}]^{n-}[M]^{n+}+[X]^{n+}\longrightarrow[\text{黏土颗粒}]^{n-}[X]^{n+}+[M]^{n+} \tag{7-2}$$

离子土类固化剂离子交换示意图见图 7-3。黏土颗粒表面含有 Ca^{2+}、Mg^{2+}等阳离子，并同周围的极性水分子形成结合水层，加入离子土类固化剂后，离子成分中的 Na^+、K^+等与黏土表面的Ca^{2+}、Mg^{2+}发生离子交换反应，进一步减小结合水层厚度，降低黏土颗粒的 ζ 电势，使粒间的距离减小，排列更为致密。离子交换反应是不可逆反应，即当土被离子土类固化剂固化后，土体不会恢复到原来的离子不平衡状态[17]。

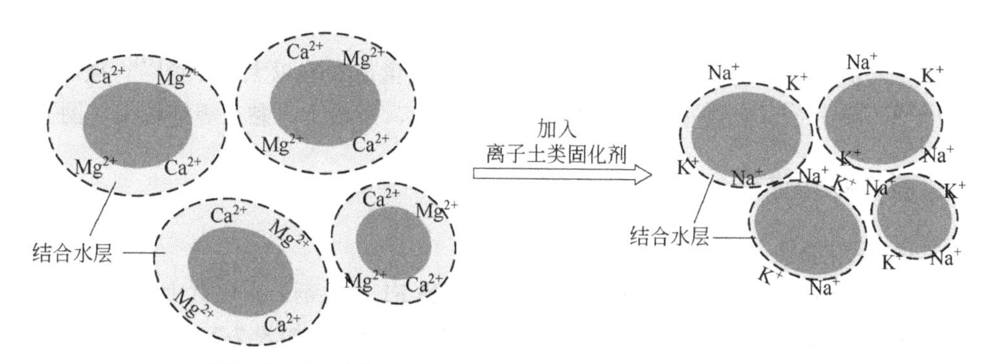

图 7-3　离子土类固化剂离子交换示意图（基于文献[18]修改）

（3）有机活性成分的疏水作用

离子土类固化剂中的有机活性成分主要为磺化油，磺化油分子具有独特的二重性（见图 7-1），由亲水头磺基和疏水尾烃基构成，其中亲水头磺基与黏土颗粒表面吸附的阳离子之间形成化学链作用，而疏水尾烃基则在黏土颗粒周围形成一个油性层，使黏土颗粒具有疏水性，离子土类固化剂有机活性成分的疏水作用示意图见图 7-4。其主要作用机理可归纳为：离子土类固化剂中磺化油在水中扩散时，亲水头—SO_3H 发生离解作用生成—SO_3^-；—SO_3^- 的一端与疏水尾 R—相连形成 RSO_3^-，RSO_3^- 背向黏土矿物并在黏土矿物表面形成吸附层，另一端则与黏土颗粒表面吸附的阳离子 M^+形成化学键 RSO_3M，从而侵占黏土颗粒表面由于离子交换空出的位置。因此，磺化油亲水头吸附在黏土颗粒表面的强结合水层，疏水尾则围绕黏土颗粒表面形成包裹层，阻碍水分的进入，从而减小黏土颗粒表面的结合水层厚度。

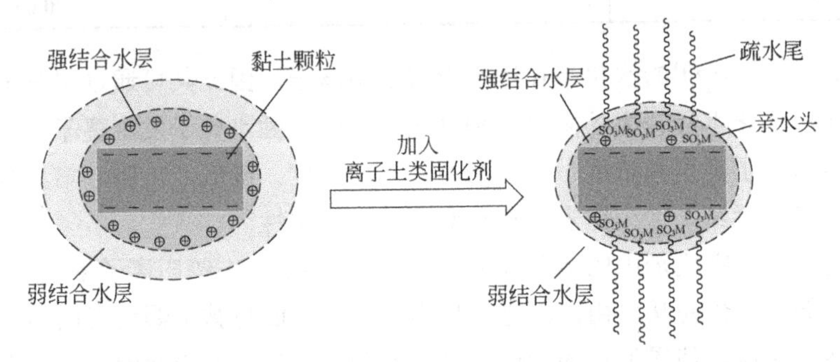

图 7-4　离子土类固化剂有机活性成分的疏水作用示意图（基于文献[19]和[20]修改）

综上所述，离子土类固化剂固化土的微结构为粒状、架空、面接触结构；离子土类固化剂与土体之间的离子交换作用、疏水作用和减薄双电层，削弱黏土矿物双电层之间的静电作用，减薄双电层厚度，将絮凝、碎小且以点-面接触的黏土颗粒转变为团聚且面-面接触的大颗粒，并通过电荷静力将相邻的土颗粒形成分子链搭接，最终形成致密、稳定的空间网络结构。

7.3　固化土

离子土类固化剂具有多种强离子，适用于黏粒含量在 25%以上的土类[21]，被广泛用于红黏土[22,23]、黄土[5,7]、膨胀土[24,25]、淤泥[18]等特殊土，及粉土、黏土等细粒土（图 0-2）。

7.3.1　基本物理性质

（1）ISS 固化黄土

李建东等[15]采用 F1 离子土类固化剂（以下简称 F1 固化剂）固化黄土，分别研究了不同掺量的 F1 固化黄土的基本物理性质参数，得到的试验结果如表 7-2 所示。加入 F1 固化剂后，F1 固化黄土的塑限减小，液限和塑性指数增大；最优含水率随固化剂掺量的增加先减小后增大，最大干密度随掺量的增加先增大后减小，表明固化土的持水特性和击实特性发生显著变化；固化土的湿陷系数随固化剂掺量的增加逐渐减小，湿陷性得到显著改善。以固化剂掺量 0.3L/m^3 为例，固化土塑限和最优含水率分别减小了 2.65%和 7.22%，液限和最大干密度分别增大了 7.92%和 9.83%，离子土类固化剂减小了土颗粒结合水层厚度和颗粒间距，促进土颗粒絮凝团聚，减小了固化土的孔隙率和比表面积，从而减小土的塑限和最优含水率，增大液限和密实度[15]。

表 7-2 素黄土与 F1 固化黄土的基本物理性质参数[15]

F1 掺量 / (L/m^3)	塑限/%	液限/%	塑性指数	最优含水率 /%	最大干密度 / (g/m^3)	湿陷系数 /10^{-3}
素黄土	18.90	26.5	7.6	14.26	1.73	32
0.2	18.60	27.4	8.8	13.50	1.87	12
0.3	18.40	28.6	10.2	13.23	1.90	11
0.5	18.41	28.6	10.2	14.28	1.866	10
0.7	18.41	28.6	10.2	14.69	1.84	7

(2) ISS 固化红黏土

Lu 等[20,26]采用 ISS 固化剂固化红黏土，研究了不同 ISS 配比的 ISS 固化红黏土的基本物理性质参数，试验结果见表 7-3。相较于素红黏土，ISS 固化红黏土的液限、塑限和塑性指数均有不同程度的减小，最优含水率减小，而最大干密度则增加，表明固化土的持水特性和击实特性发生显著变化。固化土的塑性指数均降低，但是降低的幅度随固化剂掺量的不同而不同，表明 ISS 固化剂能够减小红黏土结合水层的厚度，减小黏土颗粒粒间距离，从而增强颗粒之间的黏结强度。

表 7-3 素红黏土与 ISS 固化红黏土的基本物理性质参数[20,26]

ISS 固化剂：水（体积比）	塑限/%	液限/%	塑性指数	最优含水率/%	最大干密度/ (g/m^3)
素红黏土	33.59	57.86	24.27	24.5	1.52
1∶50	29.10	52.42	23.32	24.3	1.603
1∶100	29.13	52.02	22.89	24.3	1.59
1∶150	30.72	52.88	22.16	24.4	1.582
1∶200	28.84	50.98	22.14	24.2	1.625
1∶250	30.96	54.32	23.36	24.4	1.58
1∶300	31.33	53.84	22.51	24.5	1.56
1∶350	29.74	53.42	23.68	24.4	1.596
1∶400	30.51	53.31	22.80	24.3	1.57

(3) ISS 固化膨胀土

Gautam 等[27]采用 ISS 固化剂固化膨胀土，研究了不同 ISS 配比的 ISS 固化膨胀土的基本物理性质参数，试验结果见表 7-4。素膨胀土与 ISS 固化膨胀土的物理性质参数没有发现变化规律。

表 7-4 素膨胀土与 ISS 固化膨胀土的基本物理性质参数[27]

ISS 固化剂：水（体积比）	塑限/%	液限/%	塑性指数
素膨胀土	21.5	62.9	41.4
1∶150	20.9	59.9	39.0
1∶300	21.9	65.5	43.6

Arefin 等[28]采用 ISS 固化剂固化 Oklahoma 膨胀土，分别研究了不同 ISS 固化剂配比的 ISS 固化 Oklahoma 膨胀土的基本物理性质参数，试验结果见表 7-5。相较于素膨胀土，ISS 固化 Oklahom 膨胀土的塑限均有不同程度的增加，液限的变化规律不明显，但塑性指数均有不同程度的减小，表明固化土的持水特性发生显著变化。固化土的塑性指数均降低，表明 ISS 固化剂能够减小膨胀土结合水层的厚度，减小黏土颗粒粒间距离。

表 7-5 素 Oklahoma 膨胀土及 ISS 固化膨胀土的基本物理性质参数[28]

ISS 固化剂：水（体积比）	塑限/%	液限/%	塑性指数
素 Oklahoma 膨胀土	23	62	39
1∶50	26	61	35
1∶100	27	61	34
1∶200	28	66	38
1∶300	27	64	37

综上所述，离子土类固化剂能够改变土的基本物理性质，土质、离子土类固化剂掺量不同则固化土的塑限、液限、最优含水率和最大干密度变化规律也不同。

7.3.2 强度特性

（1）F1 固化黄土

F1 固化黄土的无侧限抗压强度试验结果如图 7-5 所示。随着固化剂掺量的增加，固化土的强度先快速增加再缓慢减小；随着养护龄期的增加，固化土的强度变化规律不明显，即龄期对强度影响不大。离子土类固化剂存在最佳掺量且养护龄期对固化土影响不显著，这一结论与王景龙等[7]的结果相一致。

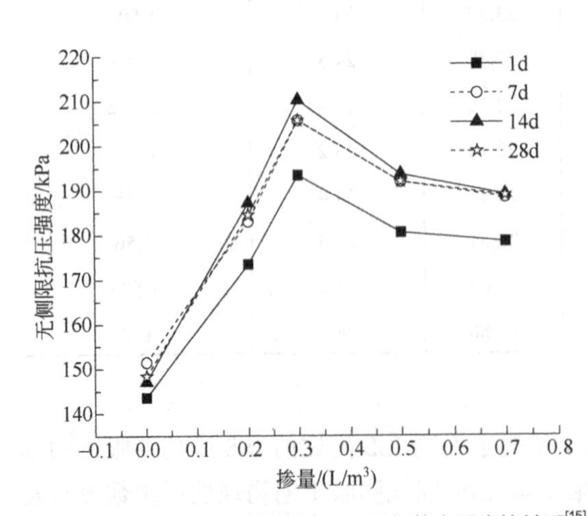

图 7-5 离子土类固化剂掺量与 F1 固化黄土强度的关系[15]

（2）ISS 固化红黏土

ISS 固化红黏土的无侧限抗压强度结果如图 7-6 所示。ISS 固化剂与水的比值不同，固化土的强度不同。存在 ISS 固化剂与水的最佳比值，即在固化剂最佳配比时固化土的强度最高，但是，塑性指数最低

（见表 7-3），因此，可取两者中的任一个指标确定 ISS 固化剂最佳配比。实际工程中，无侧限抗压强度作为评价指标时，存在养护时间长、试验成本较高等问题，考虑经济、快速、适用等方面因素，可采用最低塑性指数确定红黏土中 ISS 固化剂最佳配比[26]。

（3）ISS 固化膨胀土

ISS 固化膨胀土的无侧限抗压强度结果如图 7-7 所示。加入 ISS 固化剂后，固化土的强度呈现出降低的现象；但是一维膨胀试验结果表明（图 7-8），ISS 固化膨胀土的膨胀率仅有 4%左右，而素膨胀土的膨胀率则超过了 9%，表明 ISS 固化剂处理后的膨胀土水化膨胀势得到了显著改善。

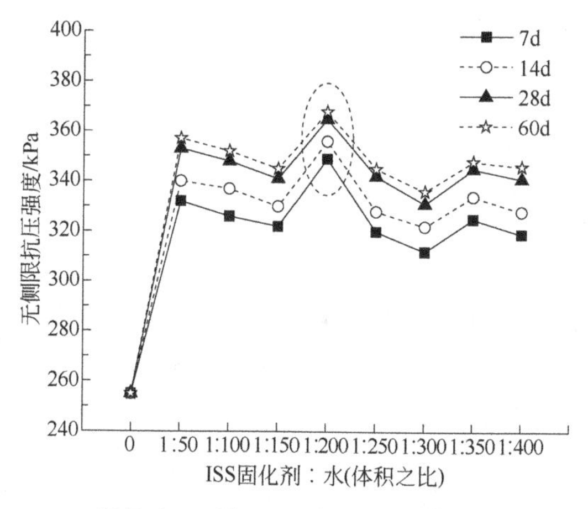

图 7-6 不同 ISS 固化剂：水条件下 ISS 固化红黏土的强度[20]

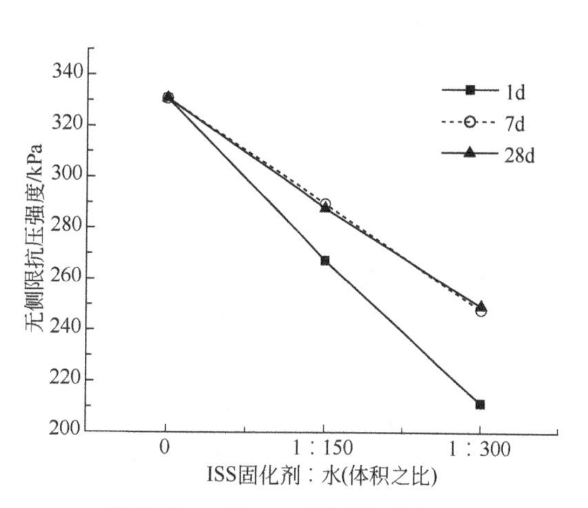

图 7-7 不同 ISS 固化剂：水条件下 ISS 固化膨胀土的强度[27]

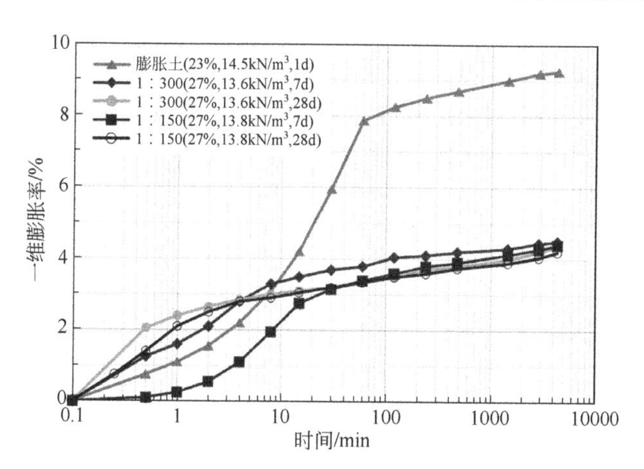

图 7-8 不同 ISS 固化剂：水条件下 ISS 固化膨胀土的一维膨胀试验结果[27]

7.3.3 劣化特性与耐久性

（1）水稳性

刘清秉等[29]利用室内试验得到了 ISS 固化土的无侧限抗压强度与饱水时间的关系，如图 7-9 所示。素土的初始强度较高，但在饱水后迅速失去强度，水稳性极差；随着吸水时间的增加，ISS 固化土的强度逐渐降低，其中配比为 1∶100 的固化土快速失去强度，水稳性较差，其他配比的固化土强度虽有不同程度的降低，但有趋于稳定的趋势，表明 ISS 固化剂改善了土体的水稳性。

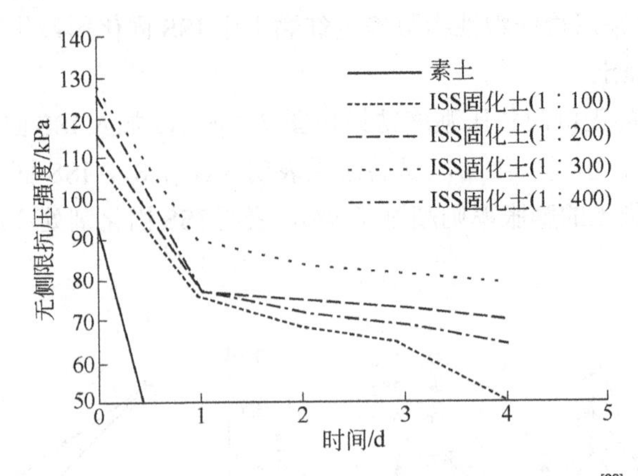

图 7-9 ISS 固化土的无侧限抗压强度与饱水时间的关系[29]

（2）抗冻融性能

王凤华等[30]利用室内冻融试验，得到了素膨胀土和 ISS 固化膨胀土不同位置处温度随时间的变化规律，如图 7-10 所示。素膨胀土和 ISS 固化膨胀土在冻融过程中各测点温度变化趋势基本相同，可分为 4 个阶段：温度迅速下降阶段，此阶段温度从室温在短时间内降低到一个比较低的正温度值；温度缓慢降低阶段，此阶段温度从正温缓慢地降低为负温，这个阶段持续的时间较长；温度稳定阶段，当温度缓慢降低到某一负温值时，温度趋于稳定，并且持续一段时间，该稳定温度就是土中水的冻结温度；温度上升阶段，此阶段温度上升很快，在短时间内达到正温。素膨胀土达到的最低温度为−6.8℃，固化土达到的最低温度为−5.2℃。此外，素膨胀土和固化土在试样 9cm 高度处达到冰点大概用时分别为 200min 和 800min，说明在相同冻结温度条件下，ISS 固化剂有效提高了膨胀土的抗冻性，延缓了土体发生冻胀的时间，降低了土体的冻胀率。

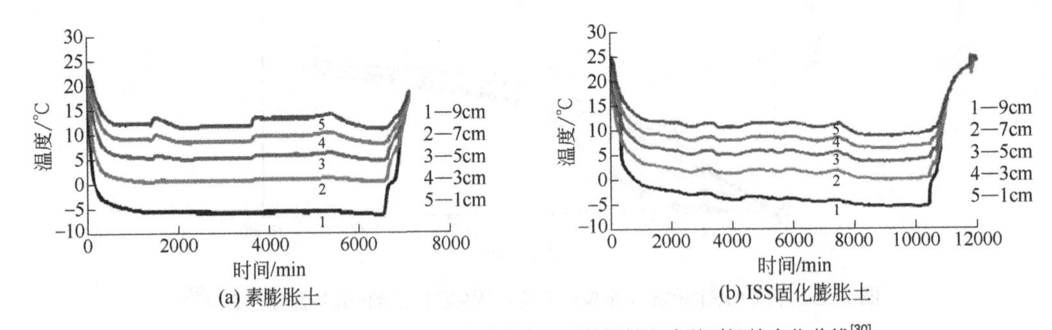

图 7-10 素膨胀土、ISS 固化膨胀土不同位置处温度随时间的变化曲线[30]

7.3.4 微观特性

（1）矿物相组成

图 7-11 为素黄土、素红黏土、素膨胀土及 F1 固化黄土、ISS 固化红黏土、ISS 固化膨胀土的 XRD 谱图。

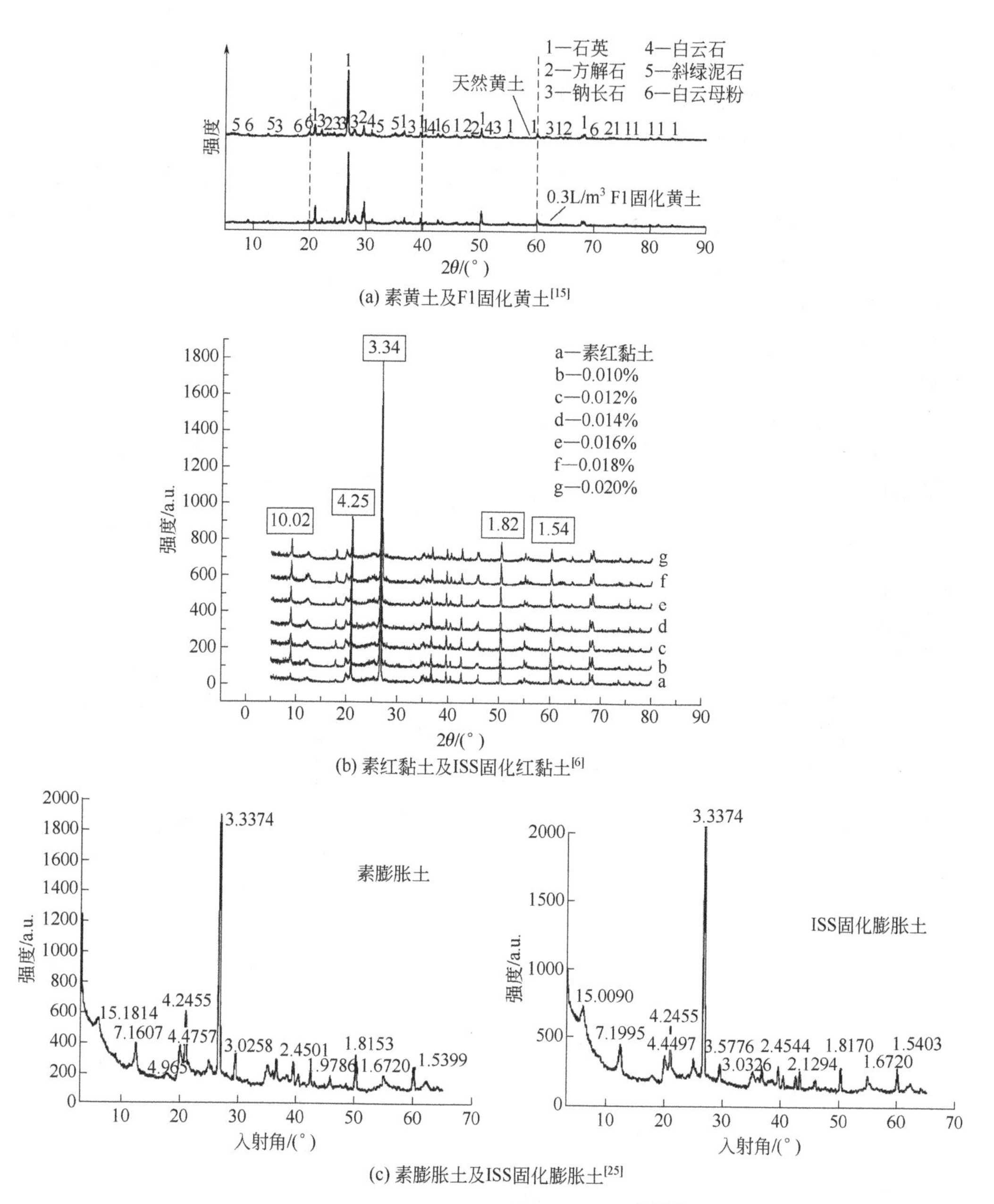

(a) 素黄土及F1固化黄土[15]

(b) 素红黏土及ISS固化红黏土[6]

(c) 素膨胀土及ISS固化膨胀土[25]

图 7-11 素土及其固化土的 XRD 谱图[6,15,25]

由图 7-11（a）可知，素黄土和 F1 固化黄土的主要矿物相均为石英、方解石、钠长石、白云石、斜绿泥石、白云母粉，F1 固化剂不改变土体矿物相组成，表明 F1 固化黄土的固化机理不是依靠生成新的胶凝矿物相；结合 MDI Jade 软件分析矿物相晶面间距，发现 2θ 衍射角 20°、40°、60°的矿物晶面间距分别由 4.4731nm、2.2791nm、1.5405nm 缩小到 4.4703nm、2.2709nm、1.5389nm[15]。

由图 7-11（b）可知，素红黏土和 ISS 固化红黏土的主要矿物相均为石英、长石、赤铁矿、高岭土、伊利石，其中赤铁矿正是红黏土呈现红色的主要原因，加入 ISS 固化剂后并没有新的矿物相生成，表明 ISS 固化黏土不生成胶凝矿物相。

从图 7-11（c）可以看出，素膨胀土和 ISS 固化膨胀土的主要矿物相均为石英、长石、方解石、蒙脱石、高岭土、伊利石，加入 ISS 固化剂前后两者 2θ 衍射峰基本一致，没有衍射峰的消失或新衍射峰的产生，表明 ISS 固化膨胀土不生成胶凝矿物相。

对比图 7-11（a）、（b）、（c），素黄土、素红黏土、素膨胀土的 XRD 谱图与加入离子土类固化剂后得到的固化土的 XRD 谱图中 2θ 衍射峰基本一致，表明离子土类固化剂固化土与土质无关，不会生成新的矿物相。

（2）微观形貌

图 7-12 给出了素黄土、素红黏土、素膨胀土及 F1 固化黄土、ISS 固化红黏土、ISS 固化膨胀土的微观形貌。

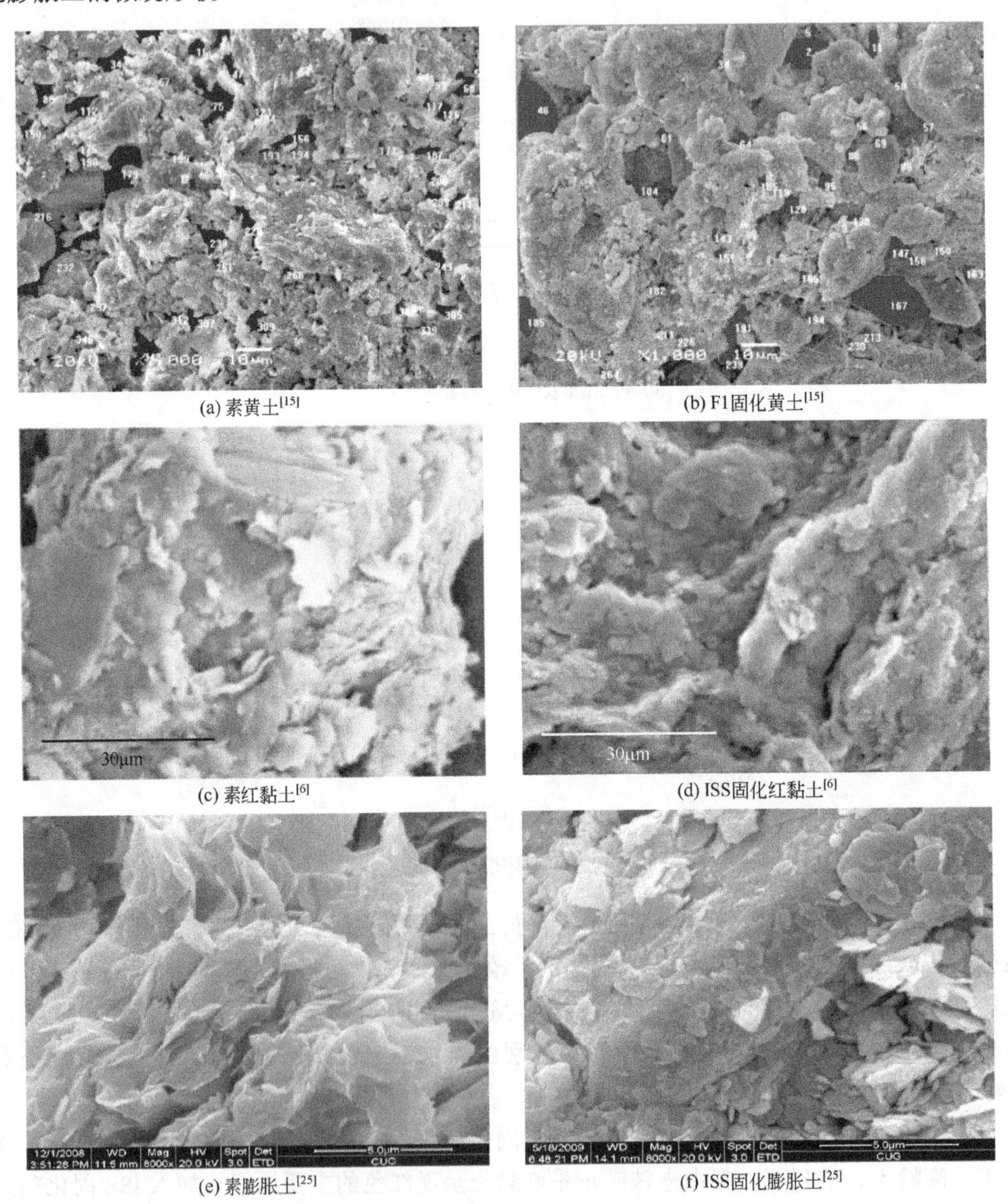

(a) 素黄土[15]　(b) F1固化黄土[15]

(c) 素红黏土[6]　(d) ISS固化红黏土[6]

(e) 素膨胀土[25]　(f) ISS固化膨胀土[25]

图 7-12 不同土质素土及固化土的微观形貌[6,15,25]

由图 7-12（a）、（b）可知，素黄土中中小孔隙发育，颗粒之间团粒堆叠结构任意排列，颗粒间多以点-面接触形式组成复杂的架空孔隙结构；F1 固化黄土中胶结结构特征明显，由素黄土颗粒的细碎状絮凝转变为片聚、团聚的大颗粒，结构单元以面-面接触形式为主，形成排列密集、絮凝团聚的层状堆叠结构，表明 F1 固化黄土的作用机理以改变土体颗粒的连接方式、提高土体结构密实度为主[15]。

图 7-12（c）、（d）中素红黏土含有大量的片状黏土矿物相，颗粒主要以点-面接触、边-面接触为主；ISS 固化红黏土结构更为密实，孔隙较少，颗粒间以面-面接触为主。

图 7-12（e）、（f）中素膨胀土含有大量的片状黏土矿物相，颗粒主要呈絮凝状，颗粒边缘卷曲，颗粒间以边-面接触为主，边-边接触、面-面接触为辅，含有大量的孔隙；ISS 固化膨胀土结构更为密实，扁平状颗粒堆积、堆叠团聚，孔隙较少，颗粒间以面-面接触为主。此外，根据 EDS 分析结果，素膨胀土中不含 C 元素，EDS 分析点位的 ISS 固化膨胀土中 C 元素含量达到了 17.32%，C 元素主要为离子土类固化剂中的有机活性成分磺化油。

上述结果表明，离子土类固化剂促进了土体中黏土矿物颗粒之间的团聚，使固化土结构更为致密。此外，有机活性成分中的碳氢主链在土体颗粒表面结合，进一步加强了固化土的整体强度。

离子土类固化剂固化土体的机理即为与土体中的黏土矿物的反应机理（7.2 节），此处不再赘述。

7.4 半固化土

关于离子土类固化剂半固化土的研究较少，在此仅叙述现有研究中闷料时间、固化剂配比对半固化土击实特性的影响。

（1）闷料时间对 ISS 半固化土击实特性的影响

不同闷料时间的 ISS 半固化土的击实曲线如图 7-13 所示。随着闷料时间的增加，ISS 半固化土击实曲线向左上方移动，即最优含水量逐渐降低，最大干密度逐渐增加；闷料时

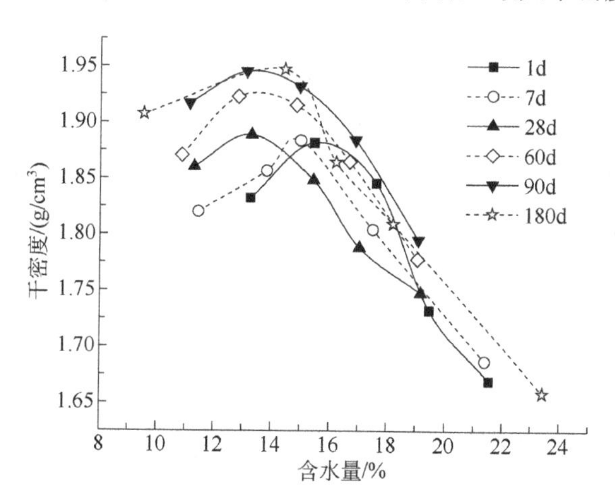

图 7-13 不同闷料时间的 ISS 半固化土的击实曲线[9]

间 28～60d，半固化土最大干密度增加幅度最大；闷料时间达到 90d 时，半固化土最优含水量最低、最大干密度最高；闷料时间 90～180d，半固化土的最优含水量和最大干密度基本不变。ISS 半固化土应保证足够的闷料时间，以增加半固化土的密度和强度。

（2）固化剂配比对 ISS 半固化土的击实特性的影响

图 7-14 为不同离子土类固化剂配比的 ISS 半固化土击实曲线。可以看出，随着固化剂配比的减小（1∶100→1∶400），半固化土的最大干密度逐渐降低，最优含水量逐渐增加。

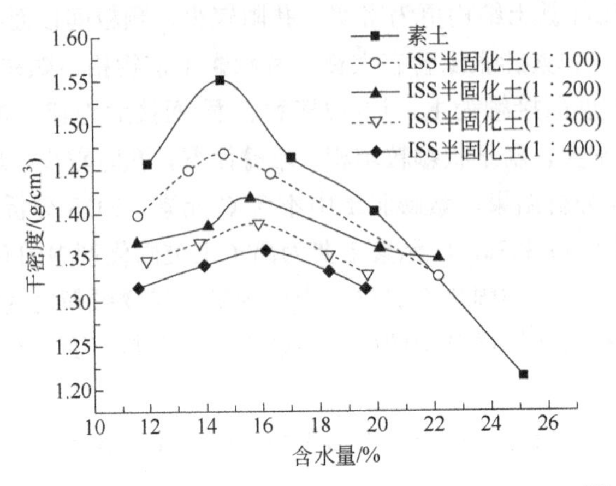

图 7-14 不同 ISS 固化剂配比的 ISS 半固化土击实曲线[29]

7.5 结语

离子土类固化剂在土体加固、废土材料化方面已取得研究成果。在土体加固方面，离子土类固化剂与土体各组分（不同土质、颗粒粒组组成、不同化学成分等）之间的固化机理尚不清楚，缺乏 ISS 固化土的长期力学性能、强度-龄期关系、渗透特性等相关研究；在废土材料化方面，缺少关于 ISS 半固化土与固化土的固化剂界限掺入比范围界定方法的研究，半固化机理以及击实对 ISS 半固化土结构的作用机理尚不清晰，缺乏 ISS 半固化击实处理土的动、静力学特性的研究，未有半固化土的长期力学性能、强度-龄期关系、渗透特性、劣化特性与耐久性等相关研究；受限于离子土类固化剂中的有效作用成分，离子土类固化剂一般不适用于固化/稳定化污染土修复治理、止水防渗、防水堵漏等方面。

离子土类固化剂固化土体主要依靠有机活性成分和离子成分，这些成分只对黏土矿物有固化作用，对于不含黏粒或黏粒含量较少的土体往往需要协同其他固化剂。

参考文献

[1] 陈彦生，董建军．电离子土壤强化剂（ISS）施工指南[M]．武汉：武汉工业大学出版社，1999.

[2] 彭波，原健安，戴经梁．固化剂加固土的研究[J]．西安公路交通大学学报，1998(S1): 89-94.

[3] 汪益敏，贾娟，张丽娟，等．ISS 加固土的微观结构及强度特征[J]．华南理工大学学报(自然科学版)，2002(9): 96-99.

[4] 王尚，张玉斌，卓建平．ISS 离子稳固剂稳定土反应机理及其应用探讨[J]．公路，2005(7): 192-195.

[5] 李建东，王旭，张延杰，等. F1 离子固化剂加固试验黄土机理及强度特性研究[J]. 材料导报，2021，35(6): 6100-6106.
[6] Luo X H, Xu W Y, Qiu X, et al. Exploring the microstructure characteristics and mechanical behavior of the ionic soil stabilizer-treated clay[J]. Arabian Journal of Geosciences, 2020, 13(15): 1-11.
[7] 王景龙，王旭，李建东，等. F1 离子固化剂加固试验黄土的物理力学特性变化机理[J]. 材料导报, 2021, 35(8): 8070-8075.
[8] 张丽娟，汪益敏，苏卫国，等. 加固土的 CBR 试验研究[J]. 华南理工大学学报(自然科学版), 2002(7): 78-82.
[9] 张丽娟，汪益敏，陈页开，等. 电离子土壤固化剂加固土的压实性能[J]. 华南理工大学学报(自然科学版), 2004(3): 83-87.
[10] 项伟，崔德山，刘莉. 离子土固化剂加固滑坡滑带土的试验研究[J]. 地球科学(中国地质大学学报), 2007(3): 397-402.
[11] 崔德山. 离子土壤固化剂对武汉红色黏土结合水作用机理研究[D]. 武汉：中国地质大学, 2009.
[12] Xiang W, Cui D S, Liu Q B, et al. Theory and practice of ionic soil stabilizer reinforcing special clay[J]. Journal of Earth Science, 2010, 21(6): 882-887.
[13] 李广信，张丙印，于宝贞. 土力学[M]. 北京：清华大学出版社, 2013.
[14] 崔德山，项伟，曹李靖，等. ISS 减小红色黏土结合水膜的试验研究[J]. 岩土工程学报, 2010, 32(6): 944-949.
[15] 李建东，王旭，张延杰，等. F1 离子固化剂加固黄土强度及微观结构试验研究[J]. 东南大学学报(自然科学版), 2021, 51(4): 618-624.
[16] 李洪良，樊恒辉，党进谦，等. 介质环境中阳离子和酸碱度变化对粘土分散性的影响[J]. 水资源与水工程学报, 2009, 20(6): 26-29.
[17] 项伟，崔德山，刘莉. 离子土固化剂加固滑坡滑带土的试验研究[J]. 地球科学(中国地质大学学报), 2007(3): 397-402.
[18] 吴雪婷，项伟，王臻华，等. 离子土固化剂固化淤泥的微观机理研究[J]. 工程地质学报，2018，26(5): 1285-1291.
[19] 徐菲，蔡跃波，钱文勋，等. 脂肪族离子固化剂改性水泥土的机理研究[J]. 岩土工程学报，2019，41(9): 1679-1687.
[20] Lu X S, Luo J, Wan M N. Optimization of ionic soil stabilizer dilution and understanding the mechanism in red clay treatment[J]. Advances in Civil Engineering, 2021(12): 1-12.
[21] Dong J J, Wei T, Li G. A new way of sanitary landfill with ionic soil stabilizer (ISS) for domestic refuse[C]// Proceedings of 1st Symposium of CGFGE. Karlsruhe: ICP Eigenverlag Bauen und Umwelt, 2004: 71-76.
[22] 崔德山，项伟, Joachim Rohn. 离子土固化剂加固红黏土的 X 射线衍射试验[J]. 长江科学院院报, 2009, 26(9): 39-43.
[23] 游庆龙，邱欣，杨青，等. 离子土壤固化剂固化红黏土强度特性[J]. 中国公路学报, 2019, 32(5): 64-71.
[24] 刘清秉，项伟，张伟锋，等. 离子土壤固化剂改性膨胀土的试验研究[J]. 岩土力学, 2009, 30(8): 2286-2290.
[25] 刘清秉，项伟，崔德山，等. 离子土固化剂改良膨胀土的机理研究[J]. 岩土工程学报, 2011, 33(4): 648-654.
[26] 卢雪松，项伟. 离子土壤固化剂加固武汉红色黏土的试验效果及其机理研究[M]. 武汉：武汉理工大学出版社, 2019.
[27] Gautam S, Hoyos L R, He S, et al. Chemical treatment of a highly expansive clay using a liquid ionic soil stabilizer[J]. Geotechnical and Geological Engineering, 2020, 38(5): 4981-4993.
[28] Arefin S, Al-Dakheeli H, Bulut R. Stabilization of expansive soils using ionic stabilizer[J]. Bulletin of Engineering Geology and the Environment, 2021, 80(5): 4025-4033.
[29] 刘清秉，项伟，张伟锋，等. 离子土壤固化剂改性膨胀土水稳性研究[J]. 人民黄河, 2009, 31(2): 87-88+90.
[30] 王凤华，项伟，袁悦锋. 离子土壤固化剂改性膨胀土冻融过程中水分迁移试验研究[J]. 长江科学院院报, 2018, 35(7): 111-116.

8 环氧树脂类固化剂

环氧树脂类固化剂（epoxy resin stabilizer，ERS）是以环氧树脂为主剂，硬化剂（hardener；国内用作有机黏合剂时常称为固化剂）、稀释剂及其他助剂等添加剂组成的有机固化剂，主要用于土体加固、止水防渗、防水堵漏等方面（图 0-1）。目前，有关 ERS 固化剂半固化土方面研究很少。有 ERS 固化剂固化盾构泥浆的研究[1]，但其半固化机理及半固化击实特性等尚未有相关研究报道。有关 ERS 固化剂固化/稳定化污染土的应用研究也较少，仅有研究 ERS 固化剂-水泥联合固化/稳定化汽油、煤油等有机污染土的强度特性相关的研究[2]，其固化/稳定化机理类似于固化机理，属于固化的稳定化处理方式，以 ERS 固化剂自身缩聚反应、胶结作用、填充作用等为主。

8.1 概述

8.1.1 原材料

8.1.1.1 环氧树脂

环氧树脂是分子结构中含有两个或两个以上环氧基（$-\overset{O}{\overbrace{CH-CH}}-$），并且在适当的化学试剂存在下形成三维交联网络状固化物的化合物的总称[3]。按化学结构分类，环氧树脂分为缩水甘油醚型环氧树脂、缩水甘油酯型环氧树脂、缩水甘油胺型环氧树脂、脂环族环氧化合物和线型脂环族环氧化合物[4]。

常用的环氧树脂难溶于水，只溶于芳烃类、酮类及醇类等有机溶剂，因此传统的环氧树脂的应用大多伴随着有机溶剂的使用。而有机溶剂不但价格较贵，且具有挥发性，易对环境造成污染，因此常需对其进行化学改性[5]。

（1）缩水甘油醚型环氧树脂

缩水甘油醚型环氧树脂是由多元酚或多元醇与环氧氯丙烷（简写 ECH）经缩聚反应制得的，常见的有双酚 A 二缩水甘油醚（常称双酚 A 型环氧树脂，以下均称为双酚 A 型环氧树脂）、双酚 F 二缩水甘油醚（以下称为双酚 F 型环氧树脂）、双酚 S 二缩水甘油醚（以下称为双酚 S 型环氧树脂）、聚氧亚烷基二醇二缩水甘油醚（以下称为脂肪族醇多缩水甘油醚）、线型酚醛多缩水甘油醚，其中双酚 A 型环氧树脂最具代表性，其应用范围遍布各个工程应用领域，使用量最大，被称为通用型环氧树脂。

① 双酚 A 型环氧树脂。

a．双酚 A 型环氧树脂的生产。双酚 A 型环氧树脂是由双酚 A（二酚基丙烷）、ECH 和 NaOH 经催化反应得到的。其中双酚 A 易溶于丙酮和甲醇，微溶于水和苯；ECH 易溶于乙醚、甲醇等溶剂，微溶于水。双酚 A、ECH 的化学结构示意图见图 8-1。

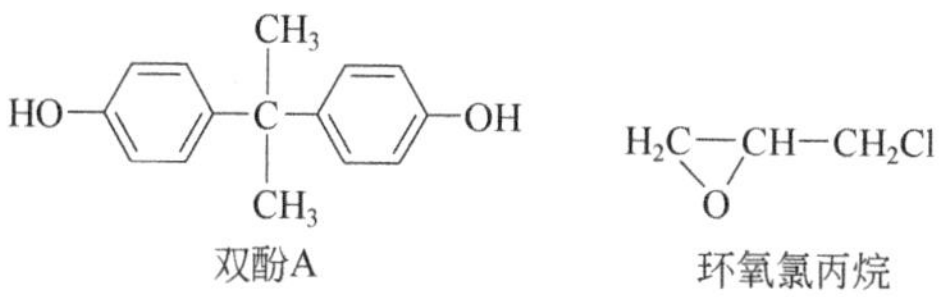

$$HO-C_6H_4-C(CH_3)_2-C_6H_4-OH \qquad H_2C\underset{O}{—}CH-CH_2Cl$$

双酚A　　环氧氯丙烷

图 8-1 双酚 A、ECH 化学结构示意图

双酚 A 型环氧树脂的反应式如式（8-1）所示。

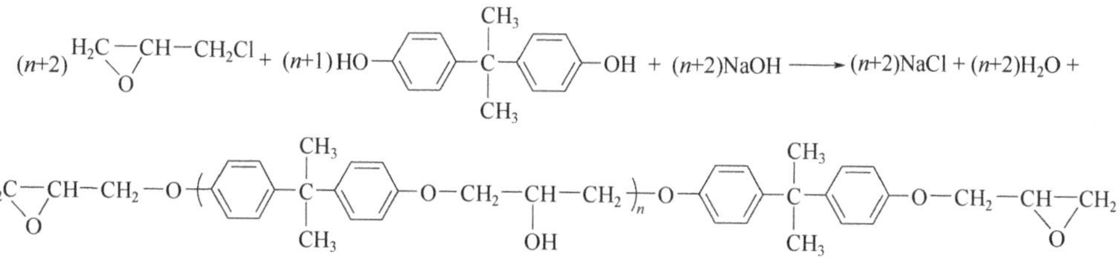

$$(n+2)\,H_2C\underset{O}{—}CH-CH_2Cl+(n+1)\,HO-C_6H_4-C(CH_3)_2-C_6H_4-OH+(n+2)NaOH\longrightarrow(n+2)NaCl+(n+2)H_2O+$$
$$H_2C\underset{O}{—}CH-CH_2-O\!\left(C_6H_4-C(CH_3)_2-C_6H_4-O-CH_2-\underset{OH}{CH}-CH_2\right)_{n}\!O-C_6H_4-C(CH_3)_2-C_6H_4-O-CH_2-CH\underset{O}{—}CH_2 \qquad (8\text{-}1)$$

从式（8-1）可看出，双酚 A 型环氧树脂的反应式具有典型的缩聚反应特征，其化学反应过程看似可简化为式（8-2），但是，通过各种方法均无法得到分子量为 340、环氧基为 0.588 环氧当量/100g 树脂的 $H_2C\underset{O}{—}CH-CH_2-O-C_6H_4-C(CH_3)_2-C_6H_4-O-CH_2-CH\underset{O}{—}CH_2$，表明双酚 A 与 ECH 的反应非常复杂，并非简单的缩聚反应，目前较为认可的化学反应过程如式（8-3）所示。

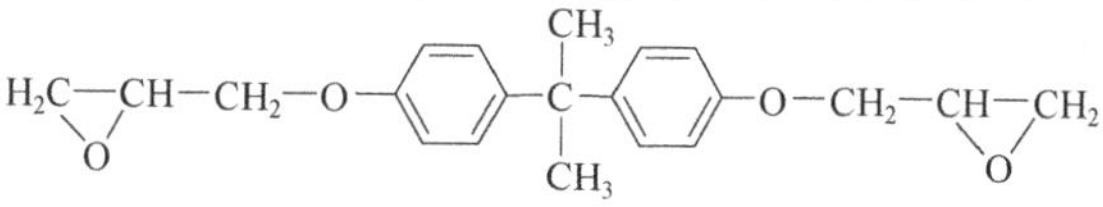

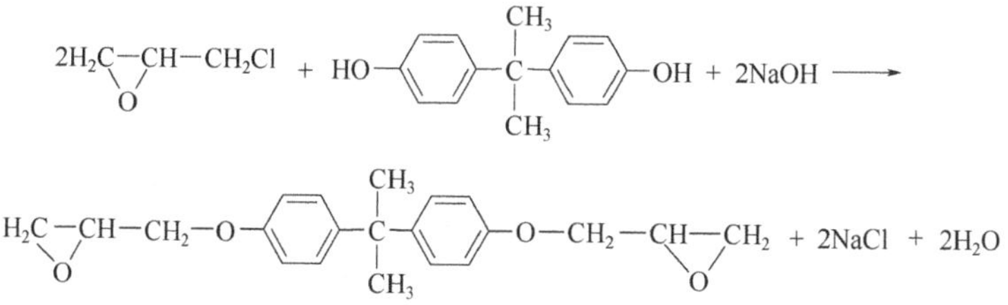

$$2H_2C\underset{O}{—}CH-CH_2Cl+HO-C_6H_4-C(CH_3)_2-C_6H_4-OH+2NaOH\longrightarrow$$
$$H_2C\underset{O}{—}CH-CH_2-O-C_6H_4-C(CH_3)_2-C_6H_4-O-CH_2-CH\underset{O}{—}CH_2+2NaCl+2H_2O \qquad (8\text{-}2)$$

$$\underset{\text{O}}{H_2C—CH}—CH_2Cl + HO—C_6H_4—C(CH_3)_2—C_6H_4—OH \xrightarrow{NaOH} HO—C_6H_4—C(CH_3)_2—C_6H_4—O—CH_2—\underset{OH}{CH}—CH_2Cl$$

$$\xrightarrow[\text{形成闭环}]{NaOH} HO—C_6H_4—C(CH_3)_2—C_6H_4—O—CH_2—\underset{\text{O}}{CH—CH_2}$$

$$\xrightarrow{DPP+NaOH} HO—C_6H_4—C(CH_3)_2—C_6H_4—OCH_2\underset{OH}{CH}CH_2O—C_6H_4—C(CH_3)_2—C_6H_4—OH$$

$$\xrightarrow{ECH+NaOH} \underset{\text{O}}{H_2C—CH}—CH_2—O—C_6H_4—C(CH_3)_2—C_6H_4—O—CH_2—\underset{\text{O}}{CH—CH_2}$$

$$\xrightarrow{ECH+NaOH}\ \xrightarrow{DPP+NaOH}\ \xrightarrow{ECH+NaOH} \underset{\text{O}}{H_2C—CH}—CH_2—O\left(C_6H_4—C(CH_3)_2—C_6H_4—O—CH_2—\underset{OH}{CH}—CH_2\right)_nO—C_6H_4—C(CH_3)_2—C_6H_4—O—CH_2—\underset{\text{O}}{CH—CH_2} \quad (8\text{-}3)$$

从式（8-3）可以看出，氢氧化钠起双重作用，一个是作为双酚 A 与 ECH 的反应的催化剂，另一个是使得到的产物脱去 HCl 而形成闭环。

双酚 A 型环氧树脂的主要生产原料包括氢氧化钠、双酚 A、ECH 和溶剂，常用的溶剂有甲醇、仲醇、异丙醇等。

双酚 A 型环氧树脂的生产工艺流程图如图 8-2 所示。

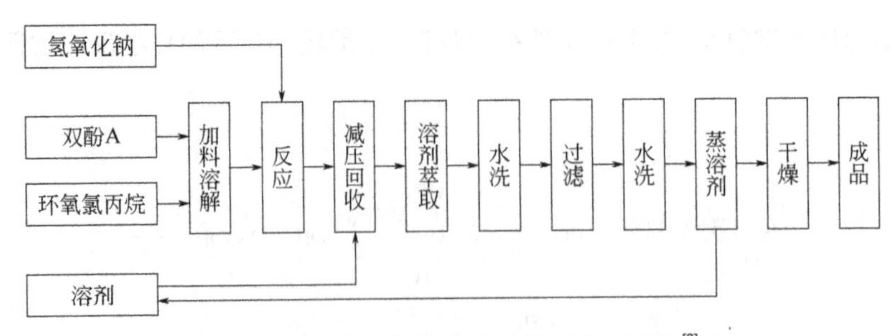

图 8-2　双酚 A 型环氧树脂的生产工艺流程图[3]

b. 双酚 A 型环氧树脂的性质。双酚 A 型环氧树脂的化学组成并非单一纯粹的化合物，而是由多分子量构成的混合物，其化学结构通式示意图如图 8-3 所示。

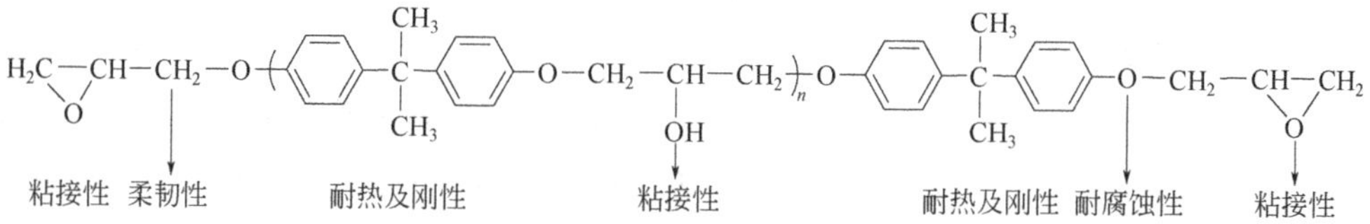

$$\underset{\text{(环氧)}}{H_2C{-}CH}{-}CH_2{-}O{+}C_6H_4{-}C(CH_3)_2{-}C_6H_4{-}O{-}CH_2{-}\underset{OH}{CH}{-}CH_2{+}_n O{-}C_6H_4{-}C(CH_3)_2{-}C_6H_4{-}O{-}CH_2{-}\underset{\text{(环氧)}}{CH{-}CH_2}$$

粘接性 柔韧性 耐热及刚性 粘接性 耐热及刚性 耐腐蚀性 粘接性

图 8-3 双酚 A 型环氧树脂化学结构通式示意图[4]

如图 8-3 所示，双酚 A 型环氧树脂结构中有环氧基、双酚 A 骨架、亚甲基链、醚键和羟基，两端的环氧基（$-\overset{O}{CH-CH}-$）使环氧树脂具有极强的反应活性，双酚 A 骨架结构（$O{-}C_6H_4{-}C(CH_3)_2{-}C_6H_4{-}O$）为其提供强韧性和耐热性，亚甲基链（$-CH_2-$）使其具有较强的柔韧性，醚键（$R-CH_2-R^1$）赋予其抗腐蚀性，羟基（$-OH$）赋予其反应性和粘接性。

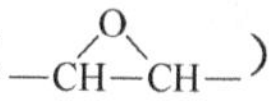

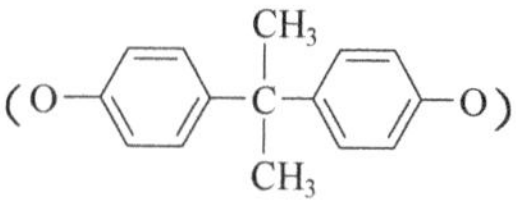

② 双酚 F 型环氧树脂。双酚 F 型环氧树脂由双酚 F 和 ECH 反应制得，其化学结构式如图 8-4 所示。

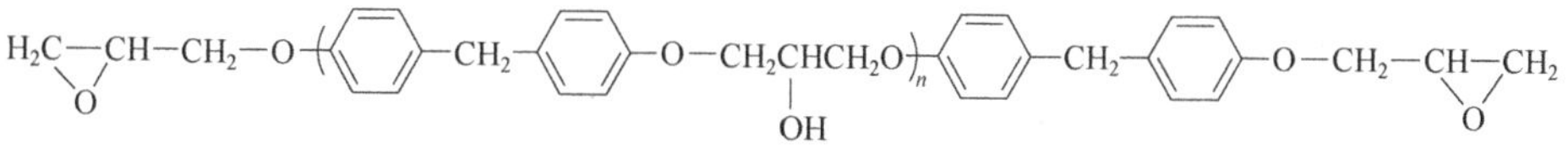

$$\underset{\text{(环氧)}}{H_2C{-}CH}{-}CH_2{-}O{+}C_6H_4{-}CH_2{-}C_6H_4{-}O{-}CH_2\underset{OH}{CH}CH_2O{+}_n C_6H_4{-}CH_2{-}C_6H_4{-}O{-}CH_2{-}\underset{\text{(环氧)}}{CH{-}CH_2}$$

图 8-4 双酚 F 型环氧树脂化学结构示意图

双酚 F 型环氧树脂具有黏度低、流动性好等特点，其黏度仅有相同分子量双酚 A 型环氧树脂黏度的一半，适用于低温环境。

③ 双酚 S 型环氧树脂。双酚 S 型环氧树脂由双酚 S 和 ECH 反应制得，其化学结构式如图 8-5 所示。

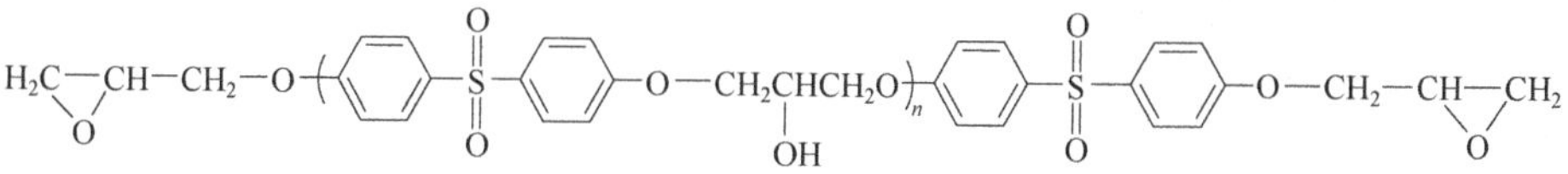

$$\underset{\text{(环氧)}}{H_2C{-}CH}{-}CH_2{-}O{+}C_6H_4{-}SO_2{-}C_6H_4{-}O{-}CH_2\underset{OH}{CH}CH_2O{+}_n C_6H_4{-}SO_2{-}C_6H_4{-}O{-}CH_2{-}\underset{\text{(环氧)}}{CH{-}CH_2}$$

图 8-5 双酚 S 型环氧树脂化学结构示意图

双酚 S 型环氧树脂反应活性高、黏度低、流动性好、耐热性能优异，具有较高的热变形温度。

④ 脂肪族醇多缩水甘油醚。脂肪族醇多缩水甘油醚的化学结构式如图 8-6 所示。

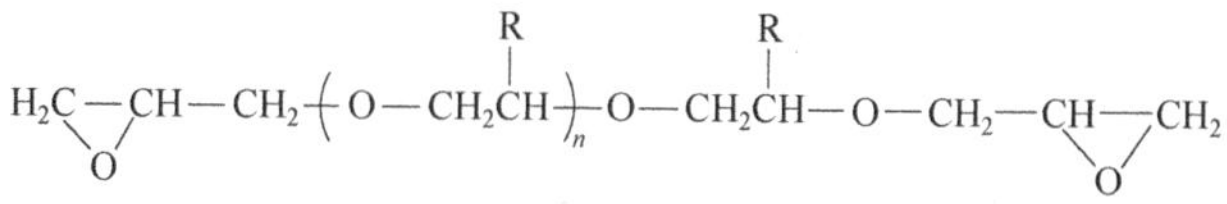

$$\underset{\text{(环氧)}}{H_2C{-}CH}{-}CH_2{+}O{-}CH_2\overset{R}{CH}{+}_n O{-}CH_2\overset{R}{CH}{-}O{-}CH_2{-}\underset{\text{(环氧)}}{CH{-}CH_2}$$

图 8-6 脂肪族醇多缩水甘油醚化学结构示意图

脂肪族醇多缩水甘油醚以长链的脂肪族链为长链，链段能够自由旋转，主要作用是改善双酚 A 型环氧树脂和线型酚醛树脂的脆性。

⑤ 线型酚醛多缩水甘油醚。线型酚醛多缩水甘油醚由线型酚醛树脂和环氧丙烷反应制得，其化学结构式如图 8-7 所示。

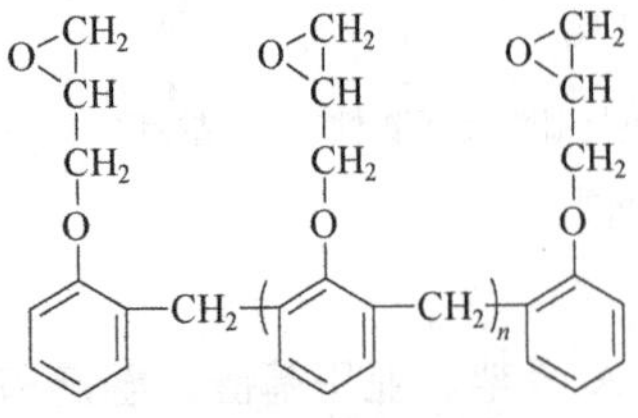

图 8-7 线型酚醛多缩水甘油醚化学结构示意图

线型酚醛多缩水甘油醚主链上有多个苯环，环氧基在 3 个以上，其固化后具有交联密度大、刚性好、强度高和耐碱性好等优点。

(2) 缩水甘油酯型环氧树脂

最常见的缩水甘油酯型环氧树脂有苯二甲酸二缩水甘油酯和二聚酸二缩水甘油酯，其化学结构分别如图 8-8 和图 8-9 所示。

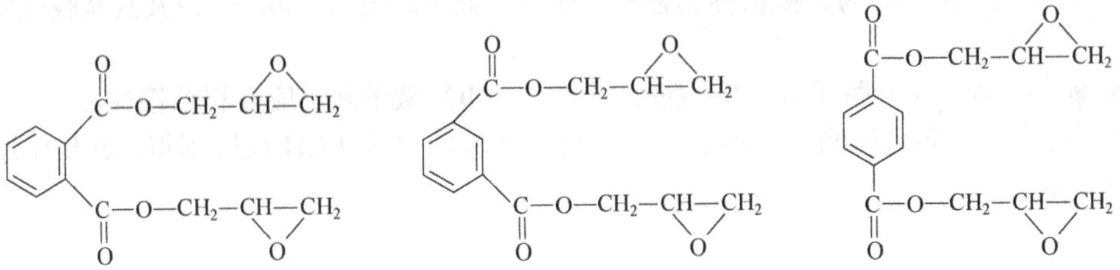

邻苯二甲酸二缩水甘油酯　间苯二甲酸二缩水甘油酯　对苯二甲酸二缩水甘油酯

图 8-8 苯二甲酸二缩水甘油酯化学结构示意图

苯二甲酸二缩水甘油酯黏度低，与硬化剂反应速度快，在一定温度下具有高反应活性，其固化物的力学性能与双酚 A 环氧树脂相当，耐热、耐水、耐酸、耐碱不如双酚 A 环氧树脂，但耐候性较好。

二聚酸二缩水甘油酯以不饱和脂肪酸二聚体为原材料，固化后的力学性能优异，且耐水、防潮性能好。

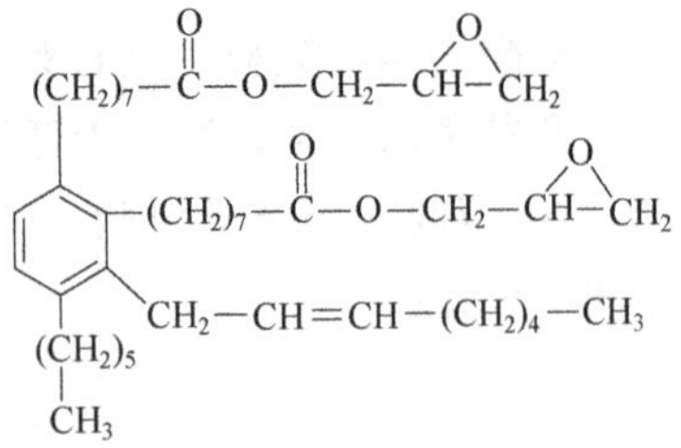

图 8-9 二聚酸二缩水甘油酯化学结构示意图

(3) 缩水甘油胺型环氧树脂

缩水甘油胺型环氧树脂中最常见的二氨基二苯甲烷四缩水甘油胺是由多元胺与 ECH 反应脱去 HCl 而制得的，其化学结构如图 8-10 所示。

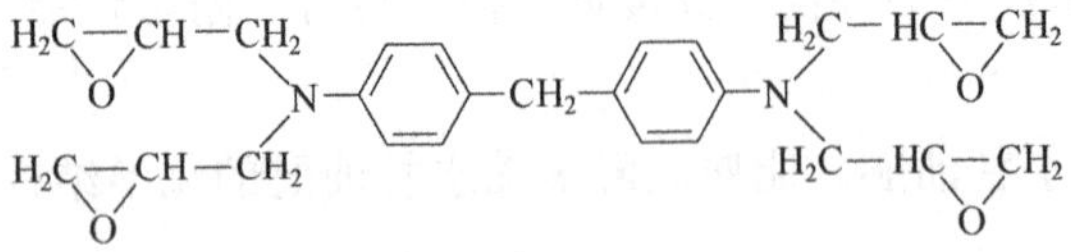

图 8-10 二氨基二苯甲烷四缩水甘油胺的化学结构示意图

缩水甘油胺型环氧树脂耐热性好，力学性能远超过双酚 A 型环氧树脂。

(4) 脂环族环氧化合物

脂环族环氧化合物中最常见的二氧化双环戊二烯乙二醇醚是由丁二烯、丁烯醛和环戊二烯制得脂环族二烯烃，再通过过氧化醋酸等氧化而制得，其化学结构如图 8-11 所示。环氧基连接在脂环上，与酸酐、芳香族等硬化剂反应后得到的固化物具有较好的耐热性和耐候性，但固化物较脆、抗冲击性能差。

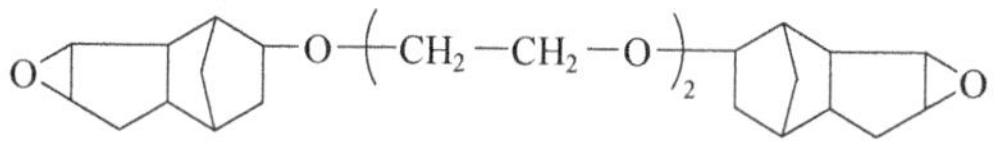

图 8-11 二氧化双环戊二烯乙二醇醚的化学结构示意图

脂环族环氧化合物易溶于醋酸、甲醇、乙醇、丙酮、苯等有机溶剂，其固化物具有硬度高、耐候性好等优点。

（5）线型脂环族环氧化合物

最常见的线型脂环族环氧化合物是聚丁二烯环氧化合物，其化学结构如图 8-12 所示。

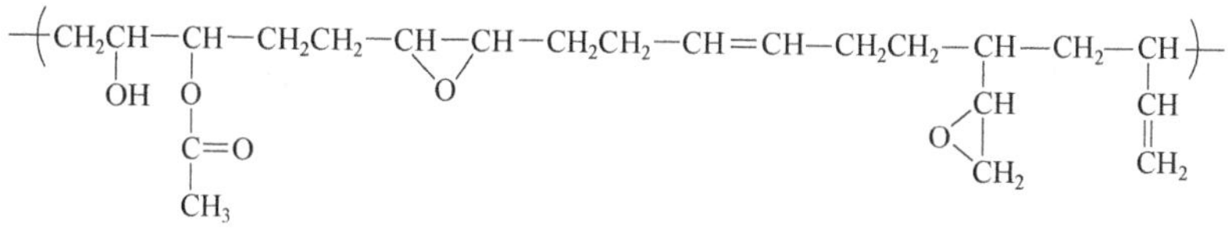

图 8-12 聚丁二烯环氧化合物的化学结构示意图

聚丁二烯环氧化合物易溶于乙醇、丙酮、苯、甲苯、汽油等有机溶剂，易与酸酐类硬化剂发生反应，其固化物具有较好的热稳定性和抗冲击性，但存在硬化后收缩问题。

8.1.1.2 硬化剂

环氧树脂本身是热塑性线型结构，无法直接使用，需要向环氧树脂中加入硬化剂，硬化剂能够与环氧树脂中的环氧基反应生成三维网络结构固化物。硬化剂化合物可以以原来的状态单独使用，也可改性或共融状态使用。硬化剂体系的分类如图 8-13 所示。

- 硬化剂
  - 显在型
    - 加成聚合型
      - 多元胺型
        - 单一多元胺
          - 直链脂肪胺
          - 聚酰胺
          - 脂肪胺
          - 芳香胺
        - 改性胺
      - 酸酐型
        - 单官能酸酐
        - 双官能酸酐
        - 游离酸酸酐
      - 酚醛型
      - 聚硫醇型
    - 催化型
      - 阴离子聚合型
      - 阳离子聚合型
  - 潜伏型

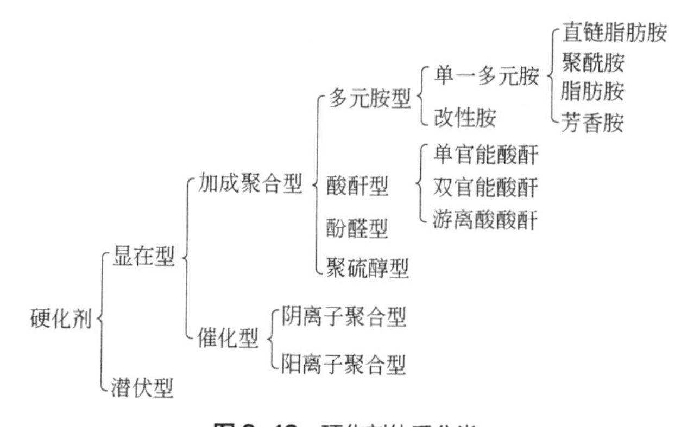

图 8-13 硬化剂体系分类

需要说的是，环氧树脂多是无毒的，而硬化剂一般对皮肤有一定的刺激性[6,7]，在接触硬化剂时需要注意个人安全防护。但是，环氧树脂和硬化剂完全反应硬化后，不再有有毒有害成分。

8.1.1.3 稀释剂

由于环氧树脂本身黏度较大，环氧树脂和硬化剂组成的材料不能满足和易性等施工要求，需要添加稀释剂对环氧树脂和硬化剂混合物进行改性，从而降低环氧树脂的黏度，使其易于搅拌均匀。按照稀释剂机能（即是否参与环氧树脂的交联固化反应）的不同，稀释剂分为活性稀释剂和非活性稀释剂。

（1）活性稀释剂

活性稀释剂主要是指含有环氧基团的低分子环氧化合物，在环氧树脂、硬化剂交联反应固化硬化过程能够参与反应，成为环氧树脂固化物交联网络结构的一部分。活性稀释剂分为单环氧基、双环氧基和三环氧基，常见的几种活性稀释剂的化学结构见图 8-14。

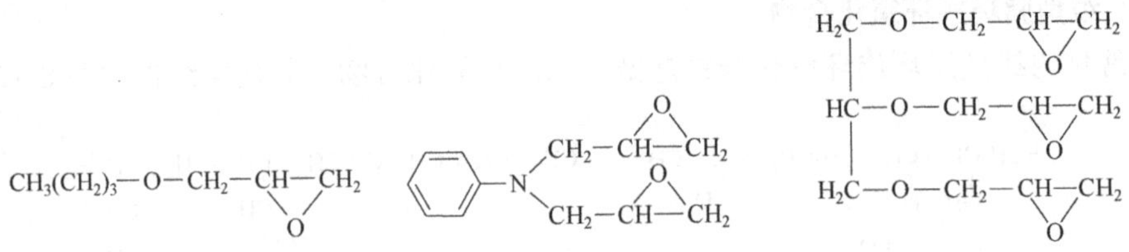

正丁基缩水甘油醚(单环氧基)　　缩水甘油苯胺(双环氧基)　　甘油三缩水甘油醚(三环氧基)

图 8-14　常见活性稀释剂化学结构示意图

一般来说，活性稀释剂应满足稀释效果好、不损害环氧树脂固化物性能、安全、无毒性、无刺激性等条件。

（2）非活性稀释剂

非活性稀释剂不参与环氧树脂类硬化剂的固化反应，属于物理混入过程，可与环氧树脂相容，显著降低环氧树脂的黏度和固化物的伸长率。最常用的非活性稀释剂为邻苯二甲酸二丁酯，其化学结构示意图见图 8-15。

除了邻苯二甲酸二丁酯、邻苯二甲酸二辛酯外，丙酮、松节油、二甲苯等也可用作非活性稀释剂。

目前，灌浆工程常用糠醛（也称呋喃甲醛）、丙酮作为稀释剂，这些稀释剂存在挥发性大、对皮肤有刺激作用等缺点，其化学结构见图 8-16。

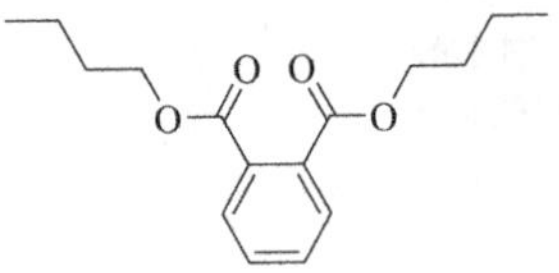

图 8-15　邻苯二甲酸二丁酯化学结构示意图

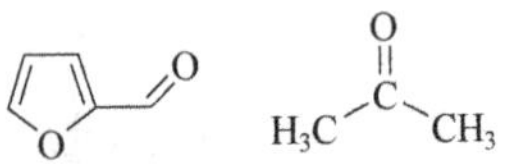

图 8-16　糠醛、丙酮化学结构示意图

8.1.1.4　其他助剂

其他助剂有触变剂、增塑剂、增韧剂等，一般使用较少。

触变剂是一种具有很大比表面积的不溶性添加剂，主要用于改善固化剂的流动性，同时还能固化并保持该形态。

增塑剂是与高聚物具有很好相容性的化合物，其作用机理是通过物理作用使高聚物玻璃化温度降低，并改善环氧树脂的加工性和柔韧性，使其固化物具有优异的力学性能、柔韧性、伸长率和耐热性等。

增韧剂是一种能够与环氧树脂或硬化剂反应，从而提高固化产物力学强度的化合物。

环氧树脂类固化剂作为新型的有机固化剂（organic stabilizer），因具有抗压及抗拉强度高、胶结效果好、耐久性能优异、抗酸碱有机物侵蚀性能好、低收缩等优点，近年来尤其在地基加固处理、灌浆防渗堵漏、裂缝修补、边坡防护等方面得到越来越多学者们的关注。

8.1.2 制备过程与生命周期评价

8.1.2.1 制备过程

环氧树脂类固化剂是将环氧树脂、硬化剂、稀释剂和其他助剂等进行物理搅拌制备而得。一般保持净浆中其他组分不变的情况下，通过不同硬化剂用量的净浆抗压强度试验来确定最佳配比[8]。

8.1.2.2 生命周期评价

目前关于环氧树脂类固化剂的生命周期评价研究较少，大多集中在环氧树脂对环境的影响方面，有关硬化剂、稀释剂和其他助剂的生命周期评价有待进一步研究。

分别以基于丙烯和甘油生产的双酚 A 二缩水甘油醚型环氧树脂为例，说明生产环氧树脂对环境的影响。采用不同的生产技术消耗的能源量不同。采用丙烯法生产环氧树脂时，生产 1t 环氧树脂需要消耗 1.113t 原油（或 0.577t 无烟煤、或 0.64t 褐煤、或 0.757t 天然气、或 0.014t 铀）；采用甘油法生产环氧树脂时，则消耗 1.467t 原油（或 1.04t 无烟煤、或 1.495t 褐煤、或 0.912t 天然气、或 0.031t 铀）。

生产环氧树脂对环境影响汇总见表 8-1。

表 8-1 生产环氧树脂对环境影响汇总（每生产 1t 液态环氧树脂）[9]

环境影响类型	基于丙烯生产环氧树脂	甘油法生产环氧树脂
非生物元素资源消耗	1.41×10^{-9}	3.53×10^{-9}
非生物化石能源消耗	2.93×10^{-9}	4.17×10^{-9}
温室效应	8.89×10^{-10}	1.66×10^{-9}
臭氧层破坏	2.25×10^{-11}	4.93×10^{-11}
人体健康损害	5.60×10^{-11}	2.74×10^{-11}
光化学臭氧生成潜势	7.84×10^{-10}	1.11×10^{-9}
淡水水生生态毒性潜值	1.33×10^{-10}	3.25×10^{-11}
陆地生态毒性潜值	2.00×10^{-9}	9.36×10^{-11}
酸化效应	1.64×10^{-9}	3.53×10^{-9}
富营养化	4.10×10^{-10}	2.98×10^{-10}

8.1.3 反应机理与凝胶生成

8.1.3.1 反应过程

环氧树脂类固化剂的固化反应机理主要是环氧树脂与硬化剂之间的反应，以环氧树脂和胺类硬化剂之间的反应为例，环氧树脂类固化剂的固化反应机理见图 8-17。环氧树脂具有 2 个环氧基，胺类硬化剂具有 2 个氨基。环氧基与氨基结合后，胺类硬化剂中的伯氨基成为仲氨基，环氧基开环形成羟基，同时分子链得以生长［图 8-17（a）］；生长的分子链上仲氨基与环氧树脂的环氧基结合，形成叔胺侧链结构，分子链进一步生长［图 8-17（b）］；叔胺侧链结构末端的环氧基与邻近分子链氨基相互交联结合形成胺网络［图 8-17（c）］。

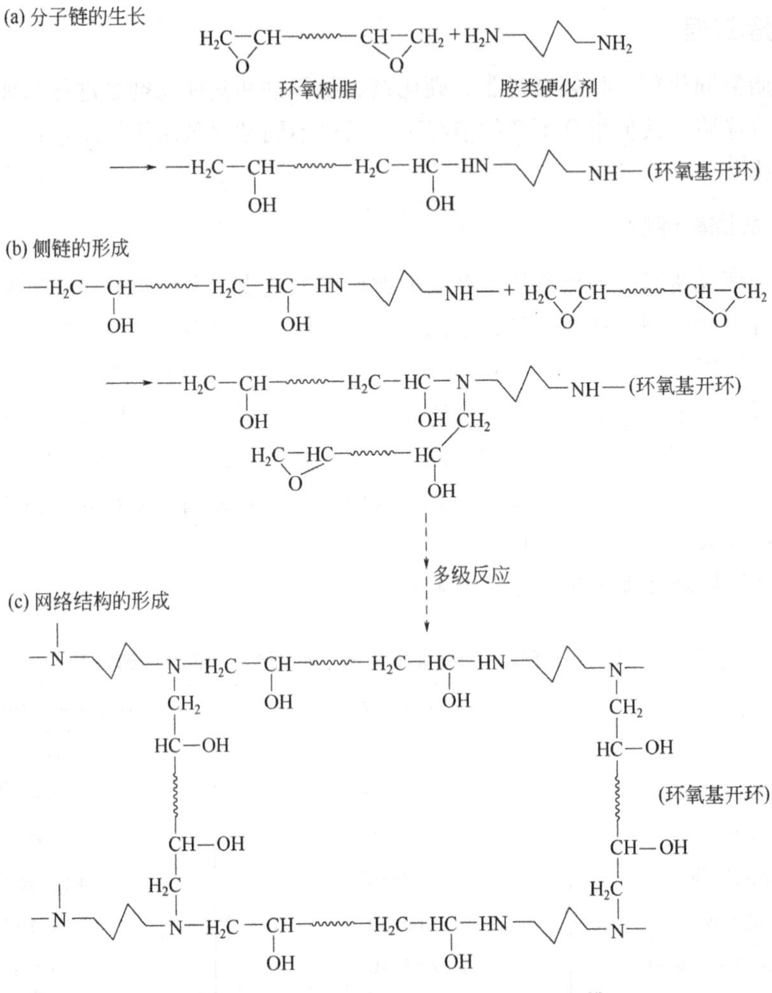

图 8-17 环氧树脂类固化剂的固化反应过程[4]

8.1.3.2 环氧树脂类固化剂净浆的凝胶生成

环氧树脂类固化剂净浆是环氧树脂与硬化剂之间反应生成的固化物，以不均一形态存在，固化反应过程以环氧树脂为核心，先在体系内生成微凝胶体，此后微凝胶体不断与硬化剂反应逐渐长大，最后生成尺寸较大的凝胶体。净浆固化物凝胶的生成过程示意图如图 8-18 所示。

环氧树脂与硬化剂生成的第一次凝胶体尺寸很小，直径范围为 10～50nm，第二次凝胶体尺寸直径范围为 200～500nm。

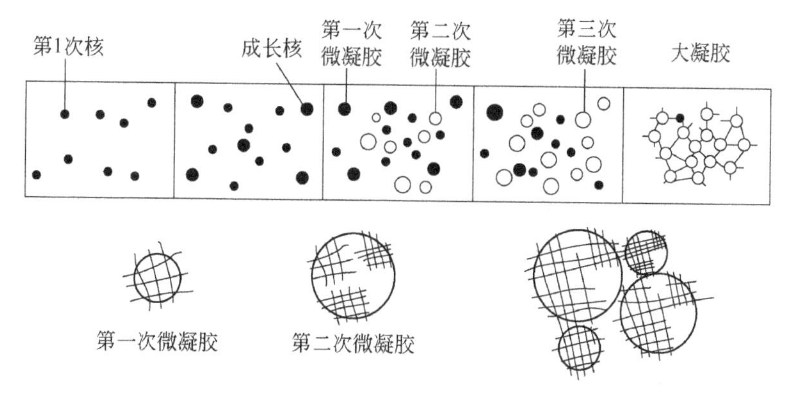

图 8-18 环氧树脂类固化剂凝胶体的形成[3]

8.2 固化土

环氧树脂类固化剂与土中矿物、水溶盐、酸碱成分、污染成分和有机质等不发生化学反应。

在岩土工程中环氧树脂类固化剂多以净浆方式作为止水防渗、防水堵漏、灌浆材料，或采用环氧树脂类固化剂-水泥联合作为灌浆材料使用。本节对环氧树脂类固化剂固化土的强度特性、微观特性及其固化机理作了归纳。

8.2.1 强度特性

（1）ERS 固化砂土

Anagnostopoulos 等[10]采用水性环氧树脂（epoxy resin，ER）与硬化剂按质量比 2.5∶1 制备 ERS 固化剂，分别制得水性环氧树脂与水的质量比（ER∶W）为 1∶2、1∶1、1.5∶1 和 2∶1 的 ERS 固化砂土，得到不同配比条件下 ERS 固化砂土的无侧限抗压强度，结果如图 8-19 所示。

随着养护龄期的增加，ERS 固化砂土的无侧限抗压强度逐渐增加，养护初期强度增长率最大；水分对固化土强度影响显著，随着固化土中水分含量的增加，强度逐渐降低，水分延缓固化土强度的发展，这一现象表明水分的存在阻碍水性环氧树脂与硬化剂之间的反应。

（2）ERS 固化黏土

Hamidi 等[7,11]采用双酚 A 型环氧树脂与胺类硬化剂按质量比 2∶1 制备 ERS 固化剂，分别固化高岭土和膨润土。其中高岭土的液限、塑限和塑性指数分别为 36%、20%、16，膨润土的液限、塑限和塑性指数分别为 160%、40%、120。图 8-20 为黏土在 ERS 固化前后的无侧限抗压强度的变化情况。相较于 ERS 固化前的素土，固化土的强度得到大幅度提高；ERS 固化膨润土强度是 ERS 固化高岭土强度的约十倍，其固化作用机理有待从微观层面解释。

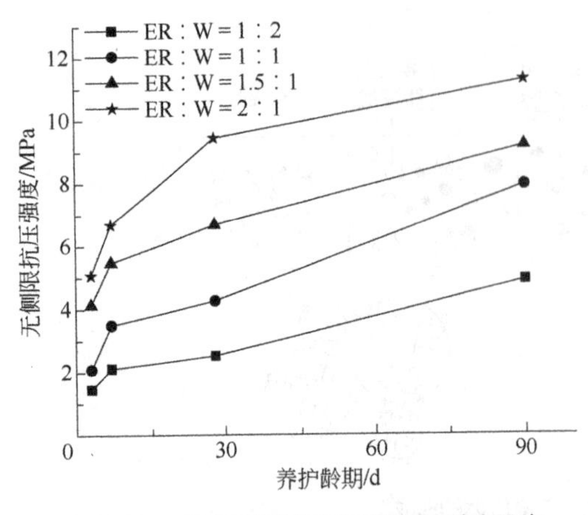

图 8-19 不同配比条件下 ERS 固化砂土强度随养护龄期的变化规律[10]

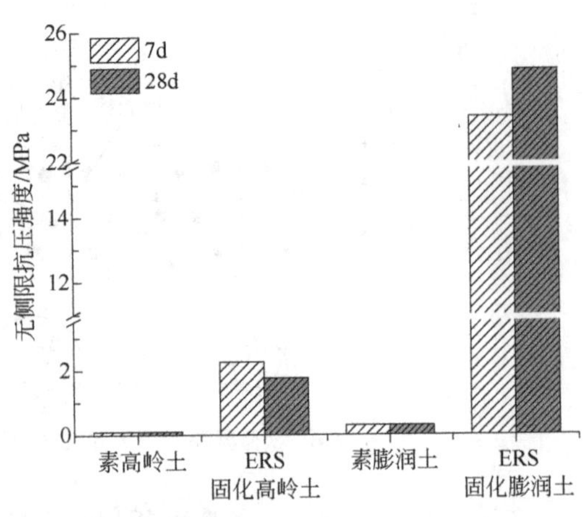

图 8-20 黏土在 ERS 固化前后强度变化情况（基于文献[7]和[11]修改）

（3）ERS 固化粉质黏土

Anagnostopoulos[6]采用水性环氧树脂（ER）与硬化剂按质量比 2.5∶1 制备 ERS 固化剂，按水性环氧树脂与水的质量比（ER∶W）为 1∶2、1∶1、1.5∶1 和 2∶1 向 ERS 固化剂中添加水分，并分别以水性环氧树脂+水与干土质量比为 1∶1、1∶1.5 制得 ERS 固化粉质黏土，得到不同配比条件下 ERS 固化粉质黏土的无侧限抗压强度，结果见图 8-21。不同 ERS 固化粉质黏土的强度增长规律相似，均随着养护龄期的增加而增加，养护龄期达到 90d 后固化土强度几乎不再增加；在水性环氧树脂+水与干土质量比相同的条件下，随着水分的减少，固化土的强度逐渐增加，这一增长规律与 ERS 固化砂土强度增长规律相似，表明水分能够延缓固化土强度的发展；ER∶W 相同的条件下，水性环氧树脂+水与干土质量比 1∶1.5 的固化土强度均高于 1∶1 的固化土，表明 ERS 固化粉质黏土存在最佳的 ERS 固化剂掺入比。

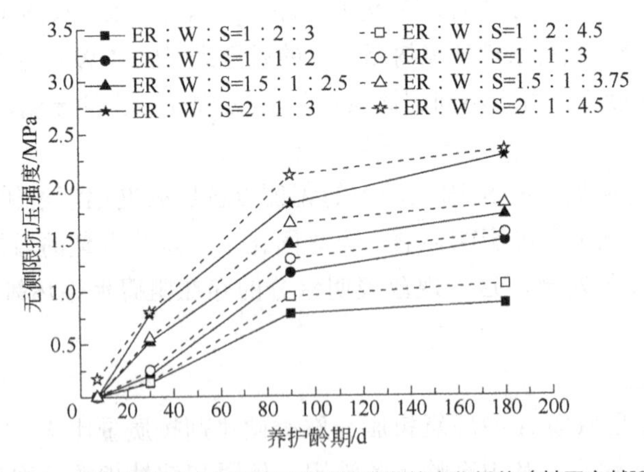

图 8-21 ERS 固化粉质黏土的强度随养护龄期的变化规律（基于文献[6]数据）

8.2.2 微观特性

（1）矿物相组成

图 8-22 为素高岭土与 ERS 固化高岭土、素膨润土与 ERS 固化膨润土的 XRD 谱图。素

高岭土和 ERS 固化高岭土的主要矿物相均为高岭石、石英、碳酸盐，ERS 固化剂并不改变高岭土矿物相组成，表明在 ERS 固化高岭土过程中，ERS 固化剂没有与高岭土生成新的胶凝矿物相晶体；同样，素膨润土和 ERS 固化膨润土的主要矿物相均为蒙脱石、石英、碳酸盐，ERS 固化剂并不改变 ERS 固化膨润土的矿物相组成，ERS 固化剂与土体没有发生反应。这一现象与 ERS 固化剂生成的凝胶体为有机胶凝物有关，XRD 无法检测出有机胶凝物。

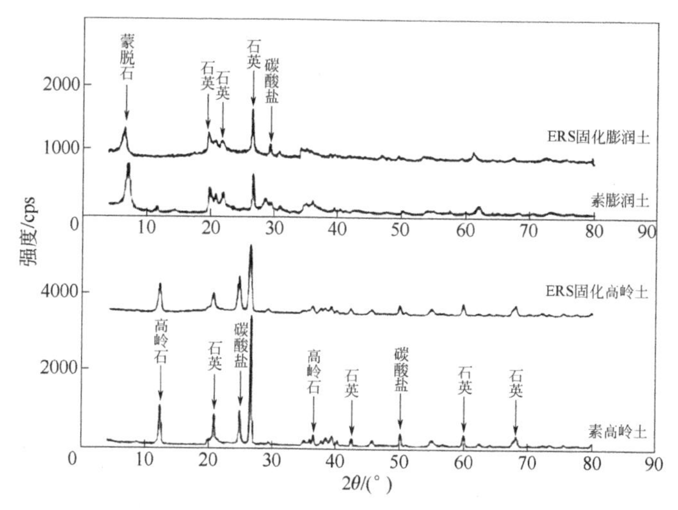

图 8-22 ERS 固化前后黏土的 XRD 谱图（基于文献[7]数据）

（2）微观形貌

图 8-23 给出了素砂土与 ERS 固化砂土、素高岭土与 ERS 固化高岭土、素膨润土与 ERS 固化膨润土、素膨胀土与 ERS 固化膨胀土的微观形貌。

由图 8-23（a）可知，素砂土颗粒尺寸大小分布不一，相互之间无胶凝性，以点接触为主，砂土颗粒之间含有大量的孔隙；对于 ERS 固化砂土［图 8-23（b）］，砂土颗粒的形貌没有发生改变，但砂土颗粒表面被大量无定形的胶凝物质覆盖、包裹，颗粒之间的孔隙被胶凝物填充，这一现象在微观层面解释了 ERS 固化砂土强度的来源。

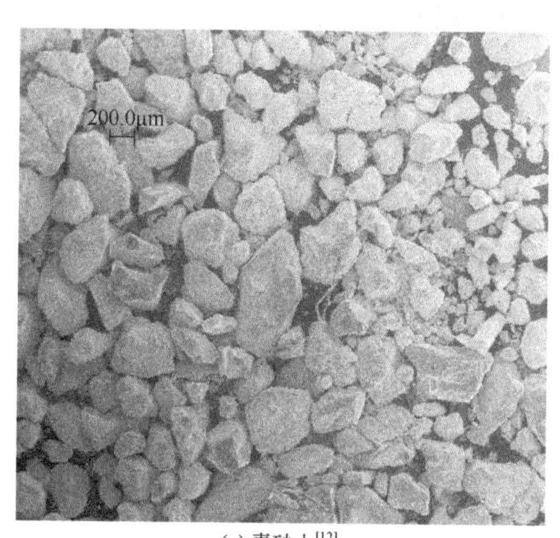

(a) 素砂土[12]

(b) ERS固化砂土[12]

图 8-23

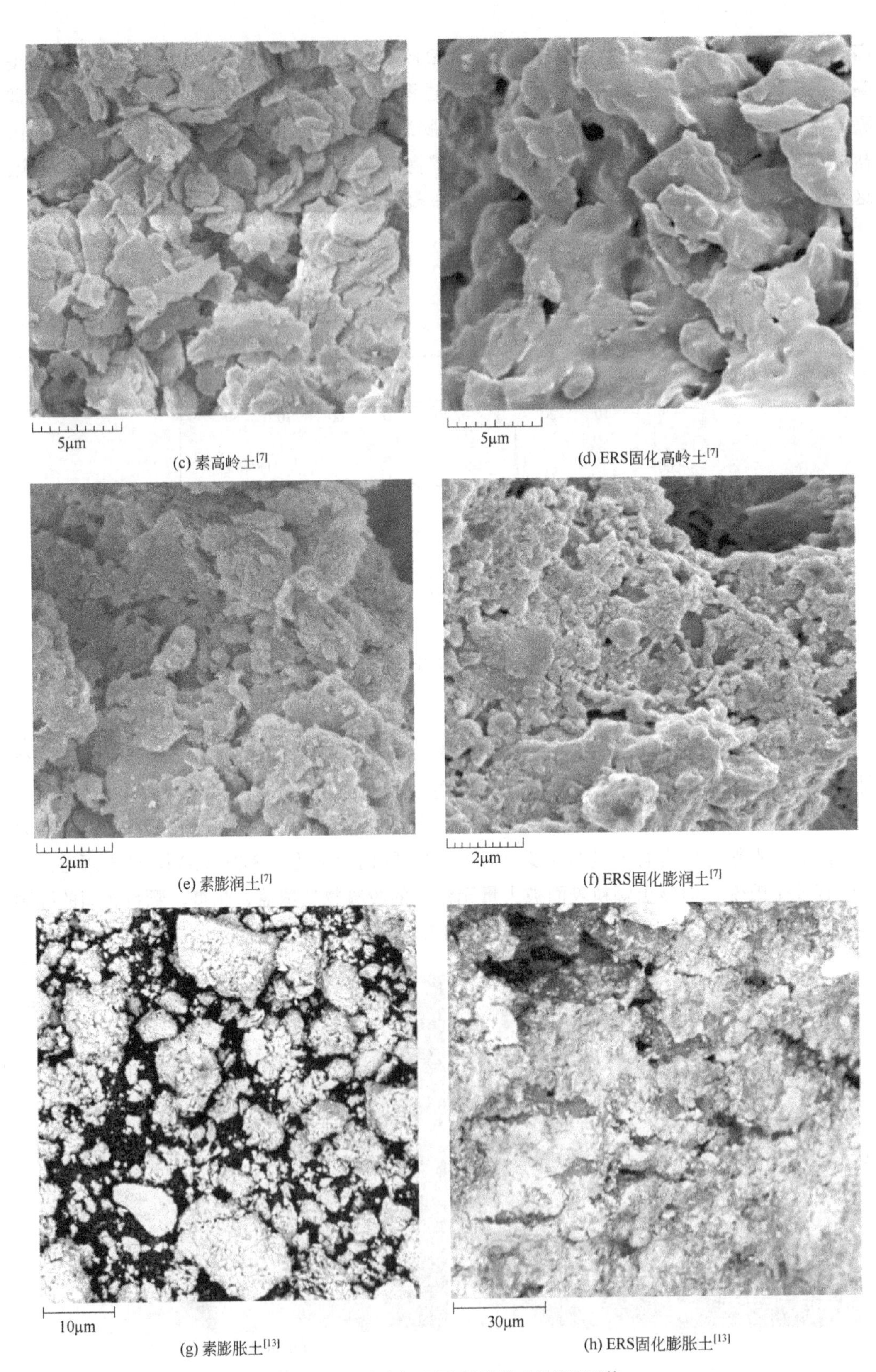

(c) 素高岭土[7]

(d) ERS固化高岭土[7]

(e) 素膨润土[7]

(f) ERS固化膨润土[7]

(g) 素膨胀土[13]

(h) ERS固化膨胀土[13]

图 8-23　素土与环氧树脂固化土的微观形貌

如图 8-23（c）、（e）所示，素高岭土和素膨润土中均含有大量的片状黏土矿物颗粒，这些黏土颗粒均以点接触和点-面接触为主，颗粒之间含有大量孔隙；如图 8-23（d）、（f）所示，经 ERS 固化剂固化后黏土颗粒形貌基本不变，大量的胶凝物覆盖在土颗粒表面，没有新的矿物相晶体产生，ERS 固化高岭土中片状黏土被有机胶凝物包裹，颗粒之间的接触方式仍以点接触和点-面接触为主；而 ERS 固化膨润土中黏土颗粒有明显的聚集，片状黏土颗粒减少，大量胶凝物形成聚集[7]。

如图 8-23（g）所示，素膨胀土主要呈颗粒状结构，结构松散，颗粒间含有大量的孔隙；ERS 固化膨胀土后松散的颗粒状结构消失，结构整体更为密实，颗粒表面被絮凝状物质覆盖［图 8-23（h）］，这一现象与 ERS 固化剂固化物为无定形的无机胶凝物有关。

8.2.3 固化机理

ERS 固化剂与土中的成分不发生化学反应，其与土体之间的固化机理可归纳为：ERS 固化剂缩聚反应、胶结作用、填充作用等。

（1）ERS 固化剂缩聚反应

ERS 固化剂缩聚反应是图 8-17 所示的环氧树脂与硬化剂之间的缩聚反应，缩聚反应能够生成大量的具有胶凝性的无定形胶凝物。

（2）胶结作用

ERS 固化剂缩聚反应得到的无定形胶凝物能够包裹土颗粒，覆盖在土颗粒表面，硬化后胶凝物对土体具有很强的胶结作用，这也是 ERS 固化土的强度来源。

（3）填充作用

无定形胶凝物在包裹土颗粒的同时，还能够填充在土体的孔隙中，进一步提高土体密实度、增强 ERS 固化土的强度。

基于上述机理，可将环氧树脂类固化剂固化土的作用机理用图 8-24 表示。

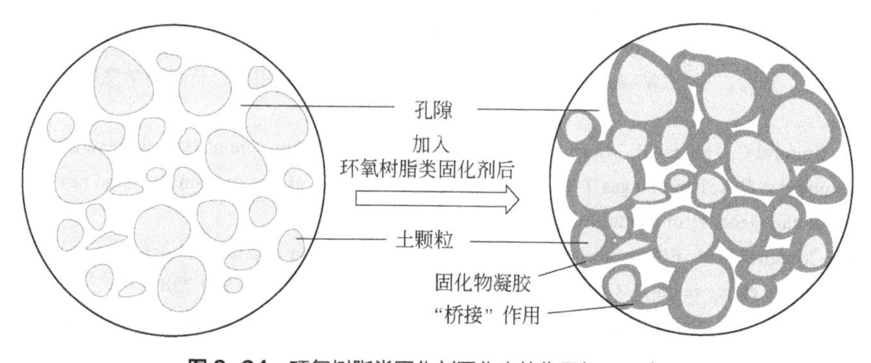

图 8-24 环氧树脂类固化剂固化土的作用机理示意图

8.3 结语

环氧树脂类固化剂在土体加固、固化/稳定化、止水防渗、防水堵漏方面已有研究成果。在土体加固方面，环氧树脂类固化剂与土体各组分（不同土质、颗粒粒组组成、不同化学成分等）之间的作用机理尚不清楚，缺乏环氧树脂类固化剂固化土长期力学性能、强度-龄期之间关系、渗透特性、劣化特性与耐久性等相关研究；尚未有废土材料化方面的研究报道，有关环氧树脂类固化剂半固化土、固化土界限掺入比范围界定方法，半固化机理以及击实对半固化土结构的作用机理，半固化击实处理土动、静力学特性，半固化土长期力学性能、强度-龄期之间关系，渗透特性、劣化特性与耐久性等研究有待开展；在固化/稳定化污染土方面，仅有有机物污染土强度特性相关的研究，缺少浸出特性、渗透特性、劣化特性与耐久性等方面的研究，尚未有重金属污染土固化/稳定化相关的研究；止水防渗、防水堵漏方面，环氧树脂类固化剂多单独或与水泥联合用作灌浆材料，其劣化特性与耐久性等有待进一步研究。

目前，影响环氧树脂类固化剂应用的主要限制因素有：①成本问题。环氧树脂类固化剂材料生产、运输及施工成本较高。②环境问题。环氧树脂类固化剂主要成分为有机化学试剂，生产过程消耗大量资源、能源，其中硬化剂在硬化过程中会释放挥发性有机物，且使用过程中对皮肤有一定的刺激性。③缺乏土体应用相关的标准和规范。

参考文献

[1] Cui Y, Tan Z S. Experimental study of high performance synchronous grouting materials prepared with clay[J]. Materials, 2021, 14(6): 1362.

[2] Ghiyas S M R, Bagheripour M H. Stabilization of oily contaminated clay soils using new materials: micro and macro structural investigation[J]. Geomechanics and Engineering, 2020, 20(3): 207-220.

[3] 陈平，刘胜平，王德中. 环氧树脂及其应用[M]. 北京：化学工业出版社, 2011.

[4] 王德中. 环氧树脂生产与应用[M]. 北京：化学工业出版社, 2001.

[5] 汪娟丽，李玉虎，张晓娜. 环氧树脂水性化化学改性的研究进展及其应用[J]. 涂料工业, 2007(11): 49-52.

[6] Anagnostopoulos C A. Strength properties of an epoxy resin and cement-stabilized silty clay soil[J]. Applied Clay Science, 2015, 114: 517-529.

[7] Hamidi S, Marandi S M. Clay concrete and effect of clay minerals types on stabilized soft clay soils by epoxy resin[J]. Applied Clay Science, 2018, 151: 92-101.

[8] 汪在芹，魏涛，李珍，等. CW 系环氧树脂化学灌浆材料的研究及应用[J]. 长江科学院院报，2011，28(10): 167-170.

[9] Thomas S, Sinturel C, Thomas R. Micro and nanostructured epoxy / rubber blends[M]. Wiley-VCH, 2014.

[10] Anagnostopoulos C A, Papaliangas T T. Experimental investigation of epoxy resin and sand mixes[J]. Journal of Geotechnical and Geoenvironmental Engineering, 2012, 138(7): 841-849.

[11] Hamidi S, Marandi S M. Effect of clay mineral types on the strength and microstructure properties of soft clay soils stabilized by epoxy resin[J]. Geomechanics & Engineering, 2018, 15(2): 729-738.

[12] Anagnostopoulos C A, Papaliangas T, Manolopoulou S, et al. Physical and mechanical properties of chemically grouted sand[J]. Tunnelling and Underground Space Technology, 2011, 26(6): 718-724.

[13] 王建立，张家铭，米敏，等. 环氧树脂-水泥复合改良加固膨胀土试验研究[J]. 人民长江，2019，50(10): 209-215.

9 丙烯酰胺类固化剂

丙烯酰胺类固化剂（acrylamide stabilizer，AMS）是以丙烯酰胺为均聚物及其共聚物的高分子类固化剂，在岩土工程中主要用于土体加固、止水防渗、防水堵漏等方面。

9.1 概述

9.1.1 原材料

AMS 的主要成分有丙烯酰胺（acrylamide）、引发剂（initiator）和交联剂（crosslinking agent）等，其原材料分类见图 9-1。

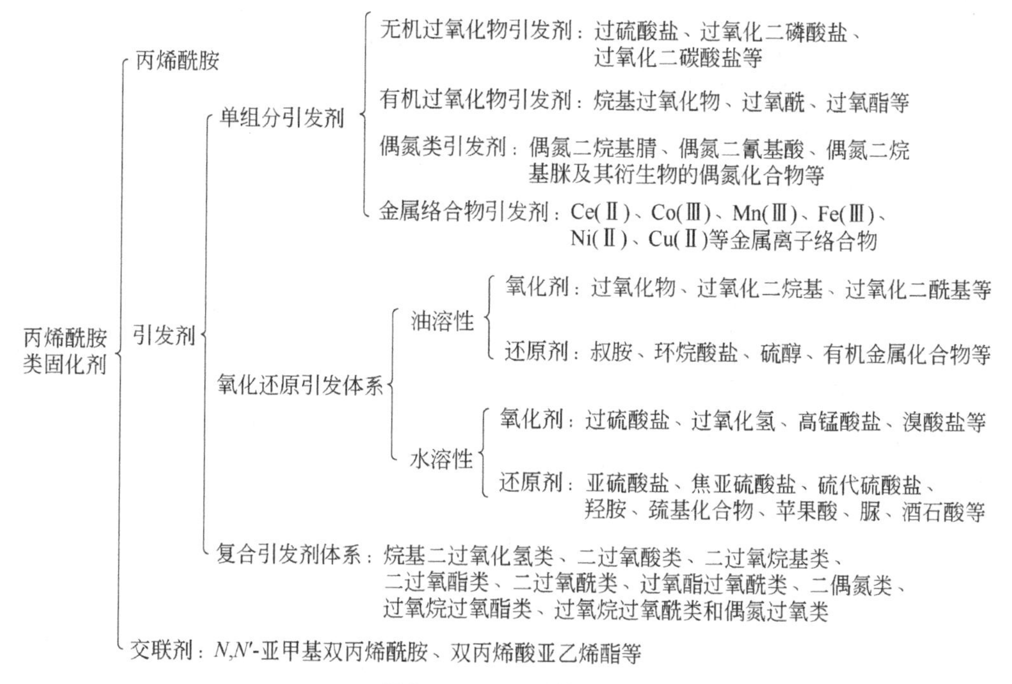

图 9-1 AMS 原材料分类

（1）丙烯酰胺

丙烯酰胺是 AMS 最主要的原材料，其化学结构示意图见图 9-2。丙烯酰胺属于剧毒，工作场所允许最高浓度 0.3mg/m^3[1]。

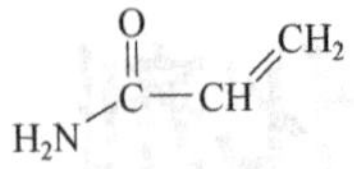

$$H_2N-\overset{O}{\overset{\|}{C}}-CH=CH_2$$

图 9-2 丙烯酰胺化学结构示意图

生产丙烯酰胺的方法有丙烯腈硫酸水合法［式(9-1)］、丙烯腈铜催化水合法［式(9-2)］和丙烯腈生物酶催化水合法［式（9-3)］。丙烯腈硫酸水合法的原材料有硫酸、丙烯腈、液氨、铜粉和铜盐[2]，丙烯腈铜催化水合法的原材料有丙烯腈、脱盐水和 Cu 催化剂，丙烯腈生物酶催化水合法的原材料有腈水合酶和丙烯腈。

$$\left.\begin{array}{l} N\equiv C-CH=CH_2+H_2O+H_2SO_4\longrightarrow H_2N-\overset{O}{\overset{\|}{C}}-CH=CH_2\cdot H_2SO_4 \\ H_2N-\overset{O}{\overset{\|}{C}}-CH=CH_2\cdot H_2SO_4+2NH_3\longrightarrow H_2N-\overset{O}{\overset{\|}{C}}-CH=CH_2+(NH_4)_2SO_4 \end{array}\right\} \tag{9-1}$$

$$N\equiv C-CH=CH_2+H_2O\xrightarrow{\text{Cu催化剂}}H_2N-\overset{O}{\overset{\|}{C}}-CH=CH_2 \tag{9-2}$$

$$N\equiv C-CH=CH_2+H_2O\xrightarrow{\text{腈水合酶}}H_2N-\overset{O}{\overset{\|}{C}}-CH=CH_2 \tag{9-3}$$

（2）引发剂

引发剂又称自由基引发剂，指能够产生初级自由基（即经多种方法产生带自由基的活性种）的化合物。该化合物可与单体加成，形成单体自由基。因此，常用于引发丙烯酰胺单体的自由基聚合和共聚合反应，也可与不饱和聚酯发生交联固化或高分子交联反应。

如图 9-1 所示，丙烯酰胺引发剂分为单组分引发剂、氧化还原引发体系和复合引发剂体系，所用原材料均为化工产品。

（3）交联剂

如图 9-1 所示，常见的交联剂有 *N,N'*-亚甲基双丙烯酰胺、双丙烯酸亚乙烯酯等。

N,N'-亚甲基双丙烯酰胺的生产方法[3]有丙烯酰胺法［式（9-4)］、丙烯腈法［式（9-5)］和 *N*-羟甲基丙烯酰胺法［式（9-6)］。丙烯酰胺法采用甲醛、丙烯酰胺和酸性催化剂为原材料，丙烯腈法采用丙烯腈、甲醛、硫酸和液氨为原材料，*N*-羟甲基丙烯酰胺法采用 *N*-羟甲基丙烯酰胺、丙烯腈和酸催化剂为原材料。

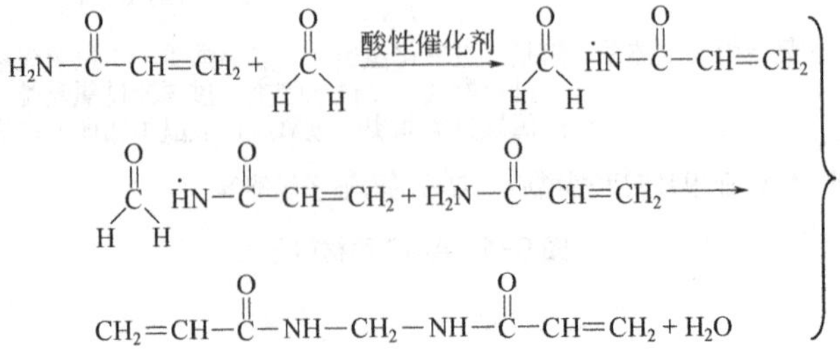

$$\left.\begin{array}{l} H_2N-\overset{O}{\overset{\|}{C}}-CH=CH_2+\underset{H\quad H}{\overset{O}{\overset{\|}{C}}}\xrightarrow{\text{酸性催化剂}}\underset{H\quad H}{\overset{O}{\overset{\|}{C}}}\ \dot{H}N-\overset{O}{\overset{\|}{C}}-CH=CH_2 \\ \underset{H\quad H}{\overset{O}{\overset{\|}{C}}}\ \dot{H}N-\overset{O}{\overset{\|}{C}}-CH=CH_2+H_2N-\overset{O}{\overset{\|}{C}}-CH=CH_2\longrightarrow \\ CH_2=CH-\overset{O}{\overset{\|}{C}}-NH-CH_2-NH-\overset{O}{\overset{\|}{C}}-CH=CH_2+H_2O \end{array}\right\} \tag{9-4}$$

$$
\left.\begin{aligned}
&2H_2C{=}CH{-}C{\equiv}N + \underset{H\quad H}{\overset{O}{\overset{\|}{C}}} + H_2O + H_2SO_4 \longrightarrow \\
&CH_2{=}CH{-}\overset{O}{\overset{\|}{C}}{-}NH{-}CH_2{-}NH{-}\overset{O}{\overset{\|}{C}}{-}CH{=}CH_2\,H_2SO_4 \\
&CH_2{=}CH{-}\overset{O}{\overset{\|}{C}}{-}NH{-}CH_2{-}NH{-}\overset{O}{\overset{\|}{C}}{-}CH{=}CH_2\,H_2SO_4 + 2NH_3 \\
&\longrightarrow CH_2{=}CH{-}\overset{O}{\overset{\|}{C}}{-}NH{-}CH_2{-}NH{-}\overset{O}{\overset{\|}{C}}{-}CH{=}CH_2 + (NH_4)_2SO_4
\end{aligned}\right\} \tag{9-5}
$$

$$
\left.\begin{aligned}
&CH_2{=}CH{-}\underset{O}{\underset{\|}{C}}{-}NH{-}CH_2OH + H^+ \longrightarrow CH_2{=}CH{-}\underset{O}{\underset{\|}{C}}{-}NH{-}CH_2{-} + H_2O \\
&CH_2{=}CH{-}\underset{O}{\underset{\|}{C}}{-}NH{-}CH_2{-} + H_2C{=}CH{-}C{\equiv}N \longrightarrow \\
&CH_2{=}CH{-}\overset{O}{\overset{\|}{C}}{-}NH{-}CH_2{-}N{=}CH{-}CH{=}CH_2 \\
&\xrightarrow{+H_2O} CH_2{=}CH{-}\overset{O}{\overset{\|}{C}}{-}NH{-}CH_2{-}NH{-}\overset{O}{\overset{\|}{C}}{-}CH{=}CH_2
\end{aligned}\right\} \tag{9-6}
$$

交联剂是含有多个不饱和双键的化合物，待丙烯酰胺单体缩聚至一定程度后，原本呈线型结构的聚丙烯酰胺分子链发生交联反应，使其形成三维交联结构。丙烯酰胺聚合物的支化与交联示意图见图 9-3。图 9-3（a）是丙烯酰胺聚合物的形状，通常为线型结构；丙烯酰胺聚合物分子链支化的形式有星型支化［图 9-3（b）］、梳型支化［图 9-3（c）］和无规支化［图 9-3（d）］；在聚合反应过程，酰胺基发生酰亚胺化交联反应也会产生支链，不同于链支化的是，酰亚胺化交联反应得到的支链之间能够进一步发生酰亚胺化反应，最终形成三维交联网络［图 9-3（e）］。

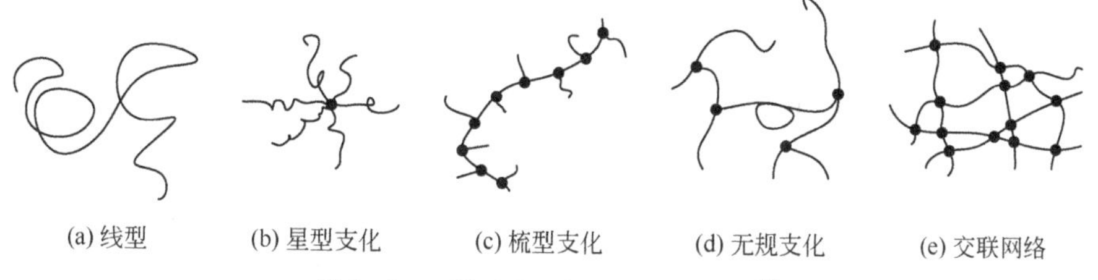

图 9-3 丙烯酰胺聚合物的支化与交联[2]

（4）小结

AMS 作为新型的有机固化剂，凭借黏度低、密度小、凝结时间短、质量轻、防渗性能好、耐腐蚀性能优异等优点得到了越来越多的关注，尤其在灌浆防渗堵漏、土体加固、边坡防护等方面应用广泛。

9.1.2 制备过程与生命周期评价

AMS 的制备过程与环氧树脂类固化剂等其他有机固化剂相同，主要是各成分之间的物理搅拌。在使用时要考虑其流动性、力学强度、渗透性等指标。

目前，尚未有 AMS 生命周期评价相关的研究，缺少 AMS 从摇篮到坟墓所需的环境影响分析，尤其是功能单位定义、边界选取、社会与经济影响等目的与范围的定义。具有鲜明地域技术特异性的清单分析，包含影响类别、评价方法和时空特异性等的生命周期评价，以及基于权重和估值、决策重点等结果解释可为 AMS 的研究、应用提供技术支撑。

9.1.3 反应机理

AMS 的固化反应机理主要是含有高反应活性的丙烯酰胺基（$CH_2{=}CHCONH_2$）与其他自由基官能团基团之间的反应，具体反应过程详见图 9-4。

丙烯酰胺基酸性水解（H_3O^+，图 9-4a）如式（9-7）所示，碱性水解（OH^-，图 9-4b）如式（9-8）所示，与羟甲基(CH_2O)的反应过程（图 9-4c、d）如式（9-9）所示，与四甲基二氨基甲烷［$(CH_3)_2NCH_2N(CH_3)_2$］的反应过程（图 9-4e）如式（9-10）所示，与二甲胺（CH_3NHCH_3）的反应过程（图 9-4f）如式（9-11）所示，与亚硫酸氢钠（$NaHSO_3$）的反应过程（图 9-4g）如式（9-12）所示。

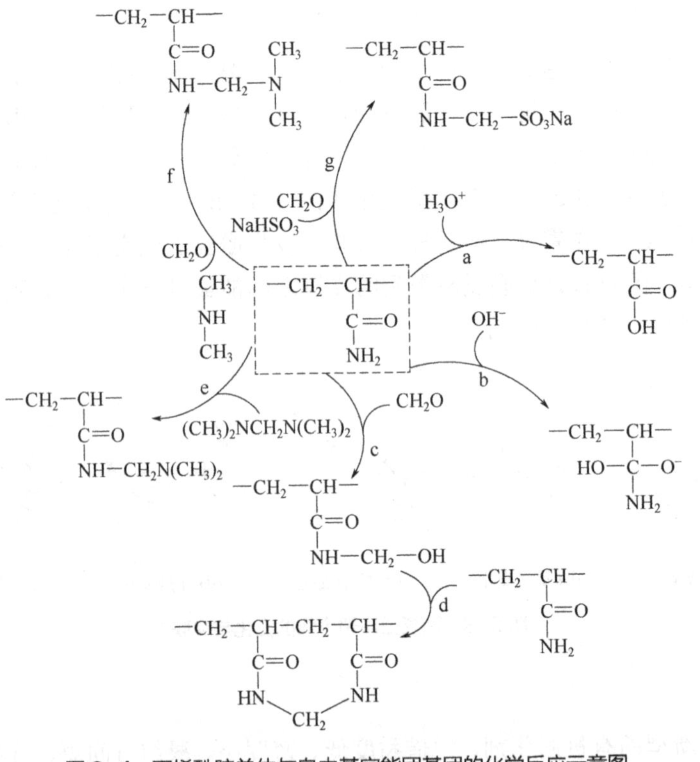

图 9-4 丙烯酰胺单体与自由基官能团基团的化学反应示意图

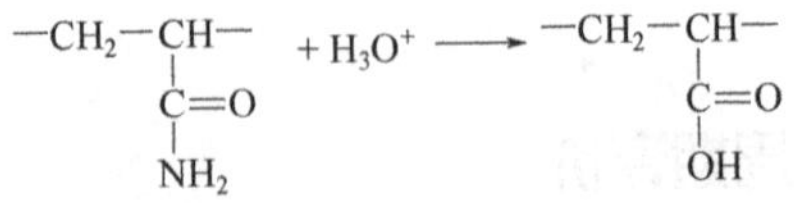

$$-CH_2-CH(C{=}O)(NH_2)- + H_3O^+ \longrightarrow -CH_2-CH(C{=}O)(OH)- \tag{9-7}$$

$$-CH_2-CH(C{=}O)(NH_2)- + OH^- \longrightarrow -CH_2-CH[C(HO)(O^-)(NH_2)]- \tag{9-8}$$

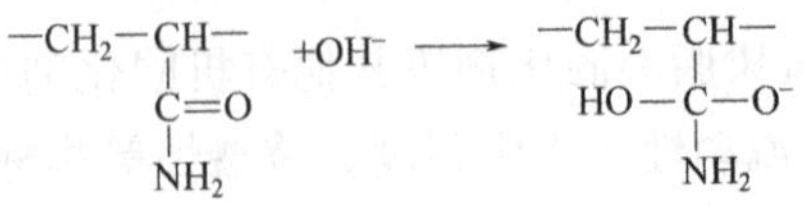

$$\left.\begin{array}{l}
-CH_2-CH(C{=}O)NH_2- + HCHO \longrightarrow -CH_2-CH(C{=}O)NH-CH_2OH- \\
-CH_2-CH(C{=}O)NH_2- + -CH_2-CH(C{=}O)NH-CH_2OH- \longrightarrow -CH_2-CH(C{=}O)-CH_2-CH(C{=}O)- \;(HN-CH_2-NH) + H_2O
\end{array}\right\} \quad (9\text{-}9)$$

$$\begin{array}{l}
-CH_2-CH(C{=}O)NH_2- + H_3C-N(CH_3)-CH_2-N(CH_3)-CH_3 \longrightarrow \\
-CH_2-CH(C{=}O)NH-CH_2-N(CH_3)-CH_3- + CH_3-NH-CH_3
\end{array} \quad (9\text{-}10)$$

$$\left.\begin{array}{l}
-CH_2-CH(C{=}O)NH_2- + HCHO \longrightarrow -CH_2-CH(C{=}O)NH-CH_2OH- \\
-CH_2-CH(C{=}O)NH-CH_2OH- + CH_3-NH-CH_3 \longrightarrow -CH_2-CH(C{=}O)NH-CH_2-N(CH_3)-CH_3- + H_2O
\end{array}\right\} \quad (9\text{-}11)$$

$$\left.\begin{array}{l}
-CH_2-CH(C{=}O)NH_2- + HCHO \longrightarrow -CH_2-CH(C{=}O)NH-CH_2OH- \\
-CH_2-CH(C{=}O)NH-CH_2OH- + NaHSO_3 \longrightarrow -CH_2-CH(C{=}O)NH-CH_2-SO_3Na- + H_2O \\
\qquad\qquad\text{或} \\
HCHO + NaHSO_3 \longrightarrow HO-CH_2-SO_3Na
\end{array}\right\} \quad (9\text{-}12)$$

$$\left.-CH_2-CH(C{=}O)NH_2- + HO-CH_2-SO_3Na \longrightarrow -CH_2-CH(C{=}O)NH-CH_2-SO_3Na- + H_2O\right\} \quad (9\text{-}12)$$

目前尚无 AMS 净浆方面的研究，净浆的作用机理和硬化特性等亟须研究。

当然，AMS 与土中的矿物、水溶盐、酸碱成分、污染成分和有机质等均不发生反应。

9.2 固化土

9.2.1 强度特性

有关 AMS 固化土的研究较少。廖晓兰等[4]采用丙烯酰胺（AM）单体、硫酸铵为引发剂、N,N′-亚甲基双丙烯酰胺为交联剂，用水溶解混合均匀后作为丙烯酰胺固化剂，制得不同 AM 掺量、引发剂掺量和交联剂掺量的丙烯酰胺固化剂固化盐渍土（以下简称 AMS 固化盐渍土）试样，分别实施抗压强度和抗折强度试验。

（1）AM 掺量对 AMS 固化盐渍土强度特性的影响

如图 9-5 所示，随着 AM 掺量的增加，AMS 固化盐渍土的抗压强度和抗折强度呈现出相似的增长规律。当 AM 掺量为 2%～3%时，随着 AM 掺量的增加，固化土强度显著增高；当 AM 掺量超过 3%后，固化土强度趋于平缓。

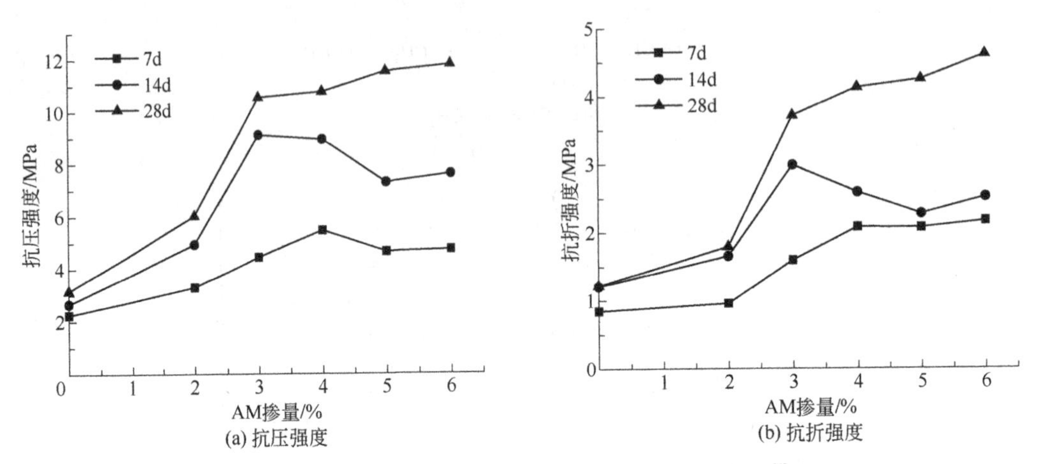

图 9-5 AMS 固化盐渍土的强度随 AM 掺量的变化规律[4]

（2）引发剂掺量对 AMS 固化盐渍土强度特性的影响

对 AM 掺量 3%和交联剂掺量为 AM 掺量的 2%的 AMS 固化盐渍土试样，以温度 70℃加热 6h 后实施强度试验，试验结果见图 9-6。随着引发剂掺量的增加，AMS 固化盐渍土的抗压强度和抗折强度呈现出相似的增长规律；引发剂掺量 3%以内，随着引发剂掺量的增加，固化土强度显著增高；当引发剂掺量超过 3%后，固化土强度趋于稳定，可能是引发剂掺量饱和，在一定程度上影响丙烯酰胺固化剂胶凝产物的生成的缘故。

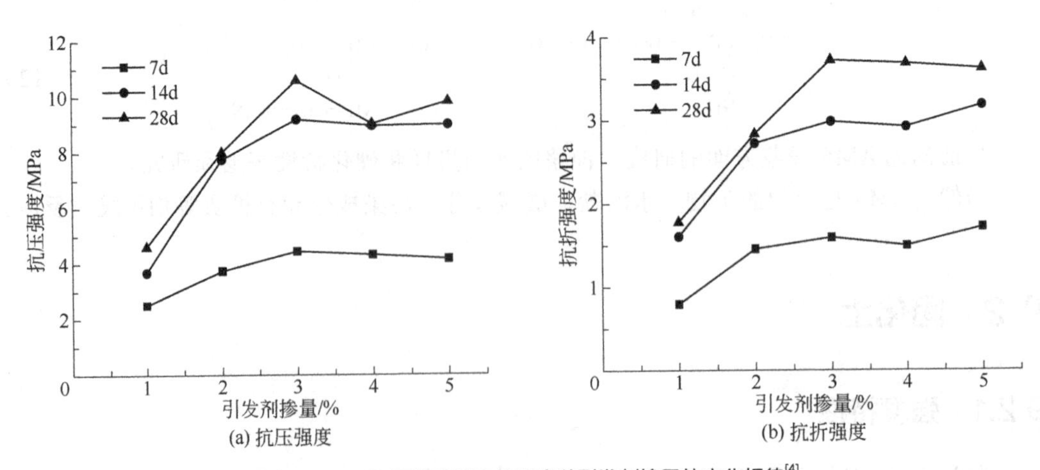

图 9-6 AMS 固化盐渍土的强度随引发剂掺量的变化规律[4]

（3）交联剂掺量对 AMS 固化盐渍土强度特性的影响

如图 9-7 所示，随着交联剂用量的增加，AMS 固化盐渍土的抗压强度和抗折强度呈现出相似的变化规律，均逐渐降低，并在交联剂用量达到 3%时趋于稳定；不添加交联剂时，固化土的强度最高，添加后其强度出现降低的现象，可能是丙烯酰胺聚合物交联结构不利于聚酰胺分子链上的活性基团与盐渍土中的活性基团进行键合，从而导致 AMS 固化盐渍土强度降低。

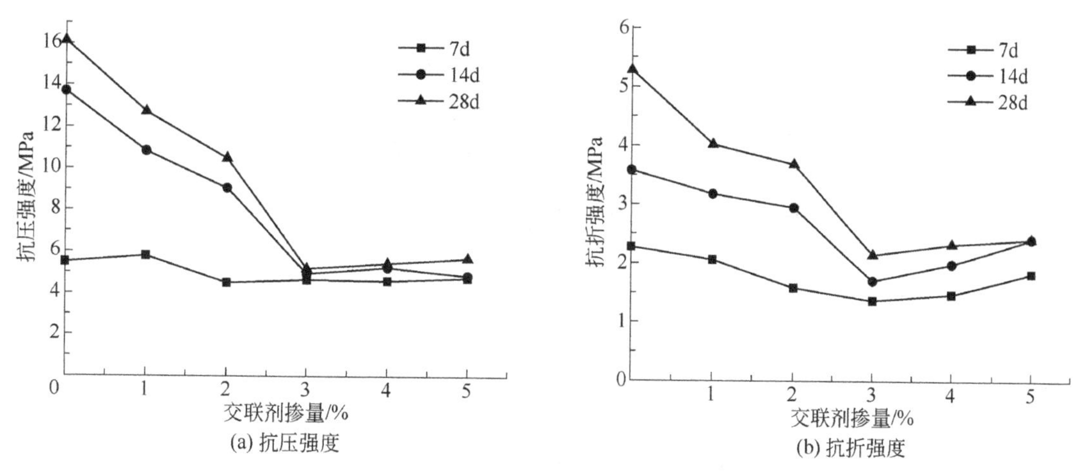

图 9-7 AMS 固化盐渍土的强度随交联剂掺量的变化规律[4]

9.2.2 微观特性

（1）矿物相组成

① XRD 分析

图 9-8 为素盐渍土与 AMS 固化盐渍土的 XRD 谱图。素盐渍土、AMS 固化盐渍土的主要晶体矿物均为 SiO_2（石英）、$NaSi_3AlO_8$（钠长石）、$KAlSi_3O_3$（钾长石）和 $CaCO_3$（方解石），加入 AMS 固化剂后无新的矿物相 2θ 衍射峰产生，表明 AMS 固化盐渍土没有生成新的矿物相，AMS 不会与盐渍土生成新的晶体。

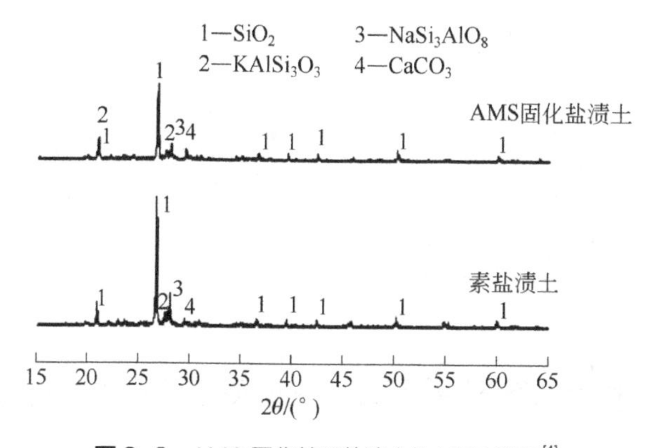

图 9-8 AMS 固化前后盐渍土的 XRD 谱图[4]

② FTIR分析

图9-9是素盐渍土与AMS固化盐渍土的红外光谱图。相较于素盐渍土，AMS固化盐渍土的红外光谱图中出现C=O伸展振动特征吸收峰（1663cm^{-1}），没有出现C=C的特征吸收峰，表明小分子单体AM合成大分子聚酰胺；盐渍土中Si—O—Si的特征吸收峰从1032cm^{-1}移向了1026cm^{-1}，这是因为AMS大分子侧链上酰氨基与盐渍土中氧化物和矿物表面羟基（—OH）形成氢键，产生很强的吸附作用，将土颗粒吸附到聚酰胺分子链，在土颗粒之间形成由大分子链桥连的稳定网络结构，从而提高其力学性能[4]。

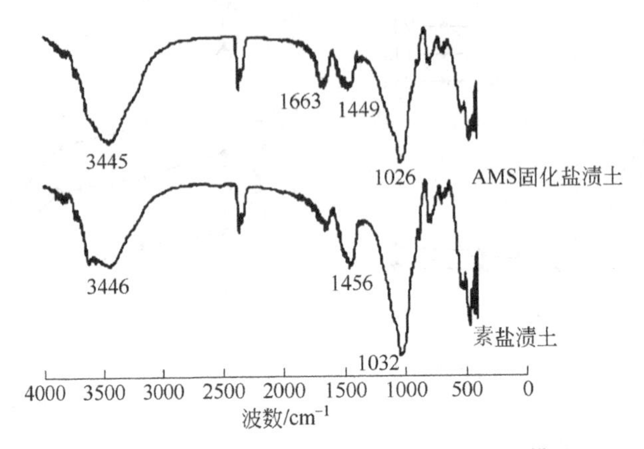

图9-9 AMS固化前后盐渍土的红外光谱图[4]

（2）微观形貌

图9-10是AMS固化前后盐渍土的SEM图。素盐渍土颗粒松散，颗粒间含有大量的孔隙，颗粒大小较为均匀，含有片状的黏土矿物；添加AMS固化剂后，土颗粒聚集在一起，有明显的颗粒团聚现象，颗粒间的孔隙减小，颗粒表面被AMS固化物凝胶包裹，部分固化物凝胶填充在土颗粒孔隙，这也从微观层面上解释了AMS固化盐渍土强度的来源。

(a) 素盐渍土

(b) AMS固化盐渍土

图9-10 AMS固化前后盐渍土的SEM图[4]

9.2.3 固化机理

AMS 不与土体发生化学反应，其固化土体的机理可归纳为：AMS 固化剂聚合反应、胶结作用、填充作用和吸附作用等。

（1）AMS 固化剂聚合反应

AMS 固化剂聚合反应主要发生在丙烯酰胺、引发剂与交联剂之间，具体反应过程见图 9-4，聚合反应生成大量的具有胶凝性的无定形胶凝物。

（2）胶结作用

AMS 固化剂聚合反应得到的胶凝物能够包裹土颗粒，覆盖在土颗粒表面，硬化后的无定形胶凝物对土体具有很强的胶结作用，这也是 AMS 固化土强度的主要来源。

（3）填充作用

AMS 固化剂聚合反应得到的无定形胶凝物除了土颗粒外，还能够填充在土体孔隙中，进一步提高土体密实度、增强固化土强度。

（4）吸附作用

AMS 固化剂聚合物分子链侧基带有的酰氨基具有高极性和高反应性，易与含有羟基基团的黏土矿物形成氢键，产生很强的吸附作用，可吸附多个黏土颗粒，使原先的小颗粒演变成较大的颗粒，在土颗粒之间形成由大分子链桥连的稳定网络结构，加强颗粒之间胶结作用，抑制黏土颗粒的分散运移，从而使强度提高[2,5]。

9.3 结语

丙烯酰胺类固化剂在土体加固、止水防渗方面已有研究成果，尚未有废土材料化、固化/稳定化相关的研究。在土体加固方面，丙烯酰胺类固化剂与土体各组分（不同土质、颗粒粒组组成、不同化学成分等）之间的作用机理尚不清楚，缺乏丙烯酰胺类固化剂固化土的长期力学性能、强度-龄期之间关系、渗透特性、劣化特性与耐久性等相关研究，丙烯酰胺固化土的作用机理也有待进一步深入研究；在废土材料化方面，尚未有相关研究报道，有关丙烯酰胺类固化剂半固化土与固化土的界限掺入比范围的界定方法，半固化机理以及击实对半固化土结构的作用机理，半固化击实处理土的动、静力学特性，半固化土的长期力学性能、强度-龄期之间关系，渗透特性、劣化特性与耐久性等研究有待开展；在固化/稳定化污染土方面，尚未有污染土固化/稳定化相关的研究；止水防渗、防水堵漏方面，丙烯酰胺类固化剂多用作灌浆材料，其渗透特性、劣化特性与耐久性等有待进一步研究。

目前，影响丙烯酰胺类固化剂应用的主要限制因素有：①成本问题。丙烯酰胺类固化剂材料生产成本较高。②环境问题。丙烯酰胺类固化剂主要成分为有机化学试剂，其本身具有一定的毒性，且生产过程消耗大量资源和能源。③作用机理问题。丙烯酰胺固化剂固化土的固化机理尚不清晰，其与土体的作用机制有待进一步研究。④缺乏应用于土体的相关标准和规范。

参考文献

[1] 安家驹. 实用精细化工辞典[M]. 北京: 中国轻工业出版社, 2000.

[2] 方道斌, 郭睿威, 哈润华, 等. 丙烯酰胺聚合物[M]. 北京: 化学工业出版社, 2006.

[3] 李学耕, 王钒, 宋国强, 等. *N,N'*-亚甲基双丙烯酰胺的合成研究[J]. 精细石油化工, 1996(6): 47-49.

[4] 廖晓兰, 杨久俊, 张磊, 等. 丙烯酰胺聚合固化盐渍土试验研究[J]. 岩土力学, 2015, 36(8): 2216-2222.

[5] 廖晓兰, 杨久俊, 张磊, 等. 丙烯酰胺常温原位聚合改性盐渍土生态胶凝材料的试验研究[J]. 新型建筑材料, 2015, 42(5): 29-32.

10

聚氨酯类固化剂

聚氨酯类固化剂（polyurethane stabilizer，PUS）是指作用产物为聚氨基甲酸酯（简称聚氨酯）的高分子固化剂，在岩土工程中主要用于土体加固、止水防渗、防水堵漏等方面。

聚氨酯主要是通过二元或多元有机异氰酸酯［R—$(N=C=O)_n \geqslant 2$］与多元醇化合物［R_1—$(OH)_n \geqslant 2$，多指聚醚多元醇或聚酯多元醇］反应而得[1,2]，其主链上含有强极性、化学活泼性的氨酯基（$-NH-\overset{O}{\overset{\|}{C}}-O-$）和异氰酸酯基（—N═C═O，简称 NCO 基）。PUS 的化学结构如图 10-1 所示。

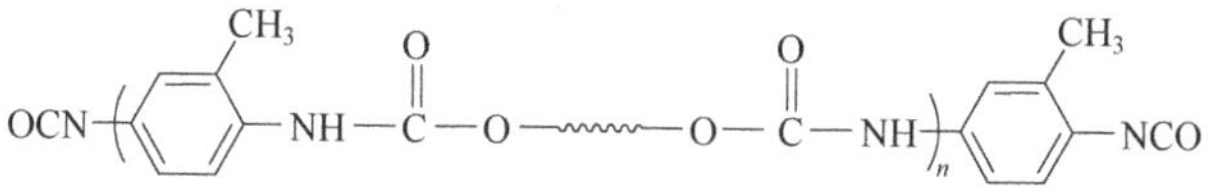

图 10-1　聚氨酯类固化剂化学结构示意图

10.1 概述

10.1.1 原材料

PUS 的主要成分为有机异氰酸酯（isocyanates）、多元醇化合物（polyols）和助剂（additives）等，具体的原材料分类见图 10-2。

10.1.1.1 有机异氰酸酯

如图 10-2 所示，有机异氰酸酯有二异氰酸酯和多异氰酸酯。有机异氰酸酯化合物均含有高度不饱和的异氰酸酯基（—N═C═O），其化学性质非常活泼，异氰酸酯基的电荷分布见式（10-1）[3]。

$$R-\overset{\ominus}{\ddot{N}}-\overset{\oplus}{C}=\ddot{O} \rightleftharpoons R-\ddot{N}=C=\ddot{O} \rightleftharpoons R-\ddot{N}=\overset{\oplus}{C}-\overset{\ominus}{\ddot{O}} \quad (10\text{-}1)$$

如式（10-1）所示，氧原子和氮原子电子云密度较大，其电负性较大。其中异氰酸酯基的氧原子电负性最大，极易吸引含活性氢化合物分子上的氢原子而生成羟基，不饱和碳原子上的羟基不稳定，能够快速重排成为氨基甲酸酯（反应物为醇）或脲（反应物为胺）。

碳原子电子云密度最低，呈较强的正电性，易受到亲核试剂（或亲核中心）攻击，异氰酸酯基（NCO 基）与活泼氢化合物的反应是活泼氢化合物分子中亲核中心攻击 NCO 基中的碳原子[3]，反应过程如式（10-2）所示。

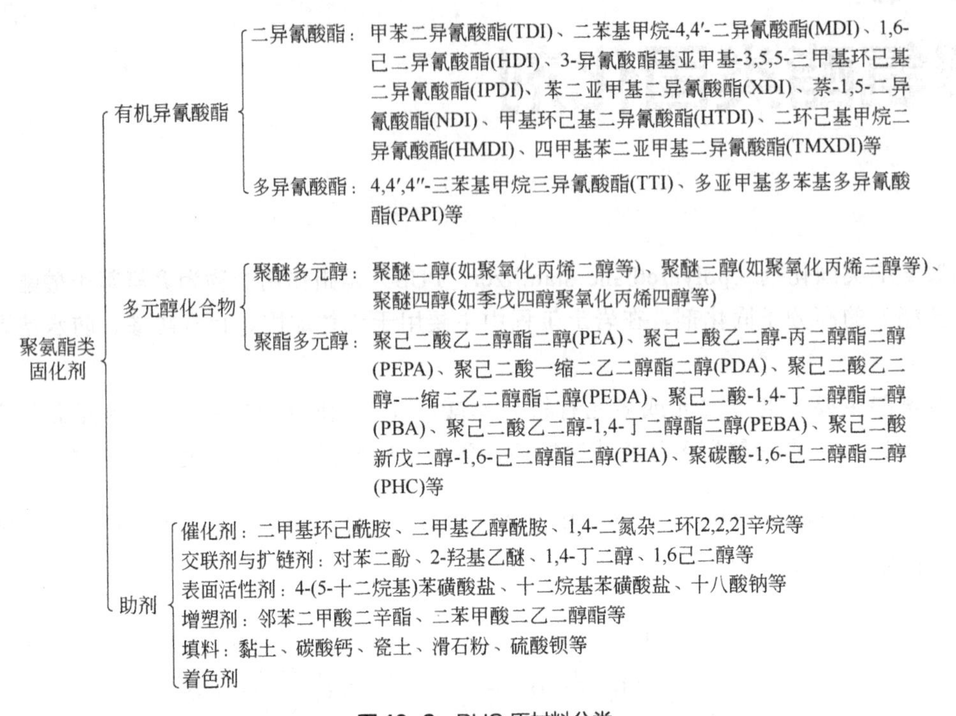

图 10-2 PUS 原材料分类

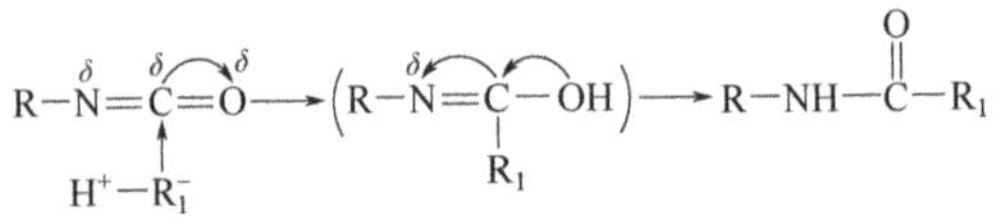

$$R-\overset{\delta}{N}=\overset{\delta}{C}=\overset{\delta}{O}\ \big(\uparrow H^{+}-R_1^{-}\big)\longrightarrow\left(R-\overset{\delta}{N}=\underset{R_1}{C}-OH\right)\longrightarrow R-NH-\overset{O}{\overset{\|}{C}}-R_1 \qquad (10\text{-}2)$$

（1）二异氰酸酯

如图 10-2 所示，最常见的二异氰酸酯有甲苯二异氰酸酯（TDI）、二苯基甲烷-4,4′-二异氰酸酯（MDI）、1,6-己二异氰酸酯（HDI）、3-异氰酸酯基亚甲基-3,5,5-三甲基环己基二异氰酸酯（IPDI）、苯二亚甲基二异氰酸酯（XDI）、萘-1,5-二异氰酸酯（NDI）、甲基环己基二异氰酸酯（HTDI）、二环己基甲烷二异氰酸酯（HMDI）和四甲基苯二亚甲基二异氰酸酯（TMXDI）等。

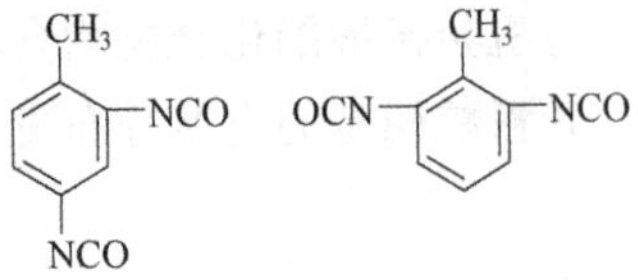

CH_3 NCO NCO **2,4-TDI** CH_3 OCN NCO **2,6-TDI**

图 10-3 TDI 的化学结构示意图

① 甲苯二异氰酸酯。TDI 有两种异构体，如图 10-3 所示。根据 TDI 两种异构体含量的不同，TDI 商品有 TDI-65、TDI-80 和 TDI-100 三种，其中 TDI-65 是 65%的 2,4-TDI 与 35%的 2,6-TDI 的混合物，TDI-80 是 80%的 2,4-TDI 与 20%的 2,6-TDI 的混合物，TDI-100 是 100%的 2,4-TDI。

三种 TDI 产品的典型生产工艺路线图见图 10-4。三种产品的制备工艺路线的主要差别在于硝基产物的分离工序；甲苯硝化后不经分离提纯工序，直接二次硝化、加氢（H_2）还原、光气（碳酰氯，$COCl_2$）化反应制得的是 TDI-80；甲苯硝化产物经分离得到对硝基甲苯后再硝化，制得纯 2,4-二硝基甲苯，再经光气化反应制得 TDI-100；若分离出邻硝基甲苯后硝化，制得 65%的 2,4-二硝基甲苯与 35%的 2,6-二硝基甲苯的混合物，经光气化反应制得 TDI-65。

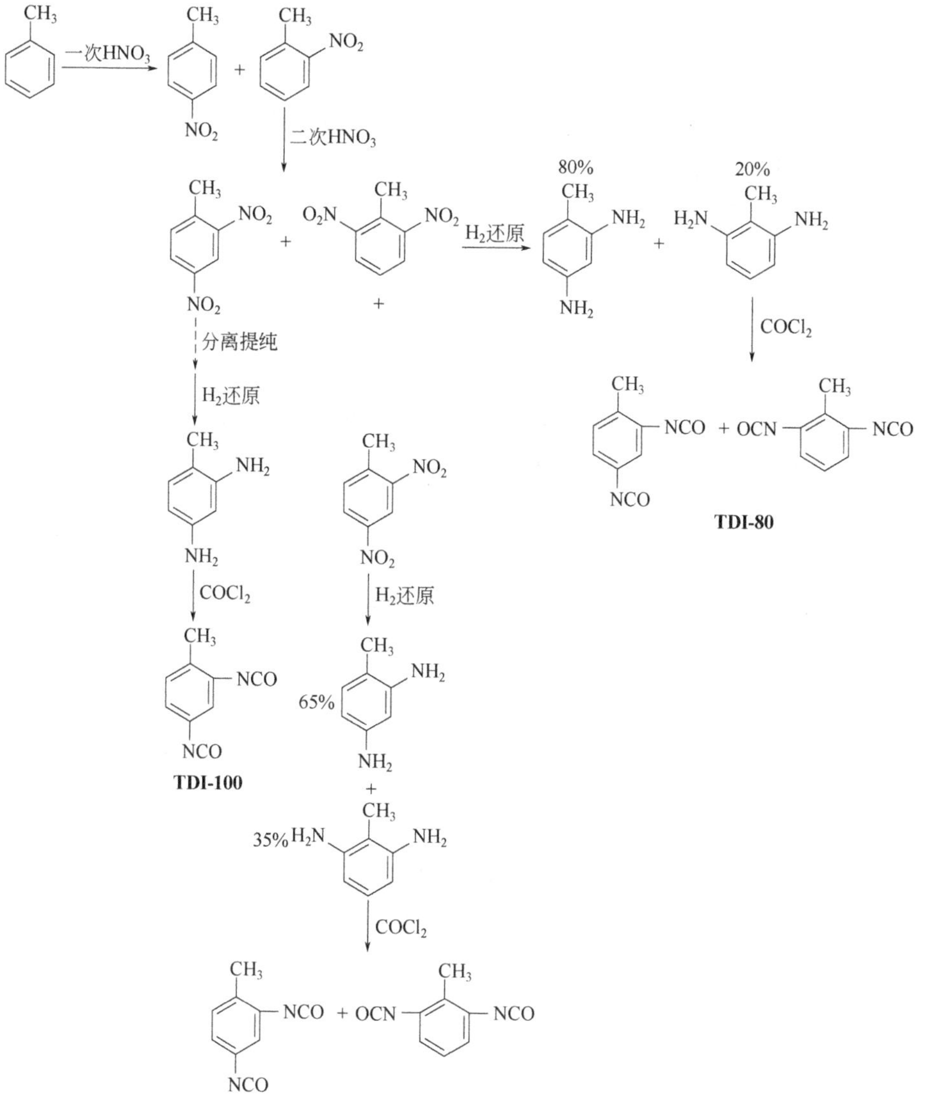

图 10-4 三种 TDI 产品的典型生产工艺路线图

② 二苯基甲烷-4,4′-二异氰酸酯。MDI 的化学结构如图 10-5 所示。MDI 是由苯胺与甲醛通过缩合反应得到二苯基甲烷二胺（MDA），再经光气化反应而得，其反应过程如式（10-3）所示。

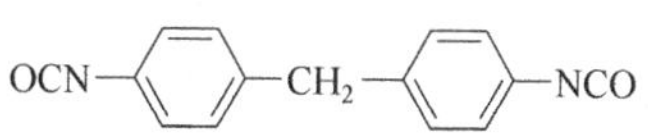

图 10-5 MDI 化学结构示意图

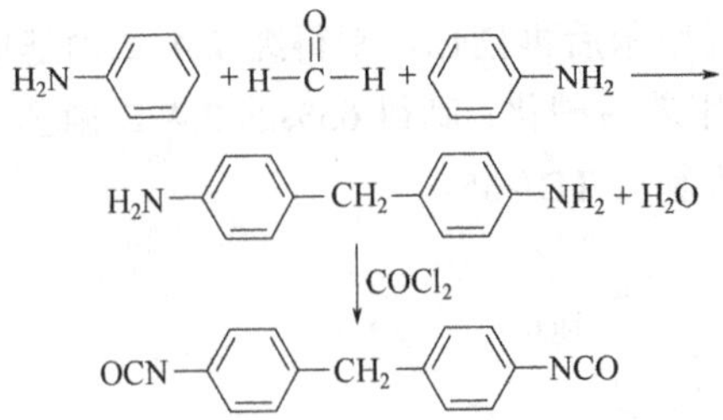

$$H_2N-C_6H_5 + HCHO + C_6H_5-NH_2 \longrightarrow H_2N-C_6H_4-CH_2-C_6H_4-NH_2 + H_2O \xrightarrow{COCl_2} OCN-C_6H_4-CH_2-C_6H_4-NCO \tag{10-3}$$

③ 1,6-己二异氰酸酯。图 10-6 为 HDI 的化学结构示意图。HDI 是由 1,6-己二胺经光气化反应而得，其反应过程如式（10-4）所示。

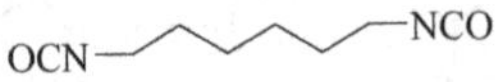

$$OCN-(CH_2)_6-NCO$$

图 10-6 HDI 化学结构示意图

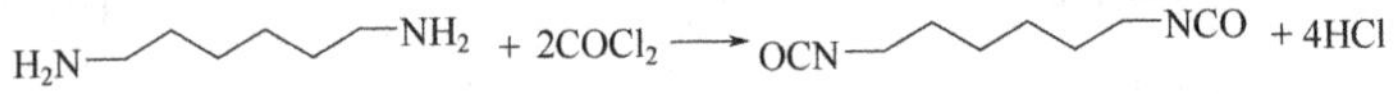

$$H_2N-(CH_2)_6-NH_2 + 2COCl_2 \longrightarrow OCN-(CH_2)_6-NCO + 4HCl \tag{10-4}$$

④ 3-异氰酸酯基亚甲基-3,5,5-三甲基环己基二异氰酸酯。IPDI（也称异佛尔酮二异氰酸酯）是由丙酮三聚制成异佛尔酮，再经氢氰酸氰化成氰化异佛尔酮，最后光气化反应制得，其反应过程见式（10-5）。

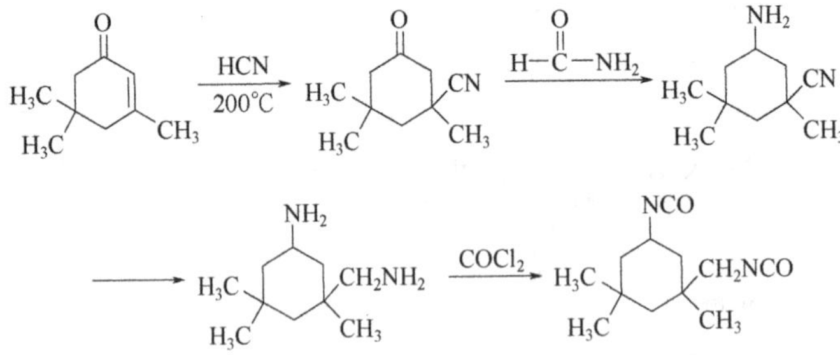

$$\text{异佛尔酮} \xrightarrow[200^\circ C]{HCN} \text{氰化异佛尔酮} \xrightarrow{H-\overset{O}{\overset{\|}{C}}-NH_2} \text{(3-氰基-3,5,5-三甲基环己胺)} \longrightarrow \text{(3-氨甲基-3,5,5-三甲基环己胺)} \xrightarrow{COCl_2} \text{IPDI} \tag{10-5}$$

⑤ 苯二亚甲基二异氰酸酯。XDI 是由二甲苯与氨气、氧气反应制成苯二甲腈，加氢还原成苯二甲胺，再经光气化反应后制得，其反应过程见式（10-6）。

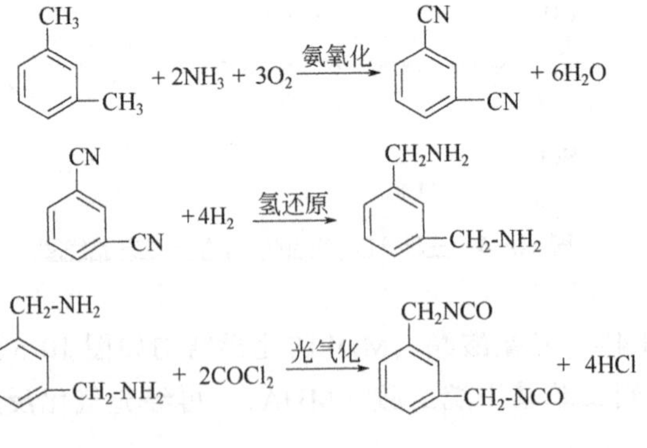

$$C_6H_4(CH_3)_2 + 2NH_3 + 3O_2 \xrightarrow{\text{氨氧化}} C_6H_4(CN)_2 + 6H_2O$$

$$C_6H_4(CN)_2 + 4H_2 \xrightarrow{\text{氢还原}} C_6H_4(CH_2NH_2)_2 \tag{10-6}$$

$$C_6H_4(CH_2-NH_2)_2 + 2COCl_2 \xrightarrow{\text{光气化}} C_6H_4(CH_2NCO)_2 + 4HCl$$

XDI 在苯环（⌬）与异氰酸基（—N═C═O）之间引入了烷基（—CH_2—），以防止苯环与异氰酸基之间产生共振现象。

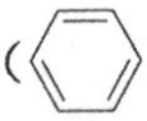

⑥ 萘-1,5-二异氰酸酯。NDI 是由萘经两次硝化反应制成二硝基萘，二硝基萘经异构

制得 1,5-二硝基萘，经加氢还原成萘-1,5-二胺，再经光气化反应后制得，其反应过程见式（10-7）。

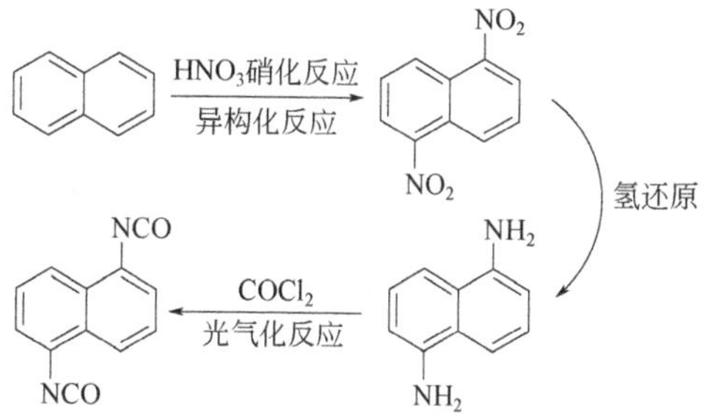

HNO_3硝化反应 异构化反应 NO_2 NO_2 氢还原 NH_2 NH_2 $COCl_2$ 光气化反应 NCO NCO （10-7）

⑦ 甲基环己基二异氰酸酯。HTDI 是由 2,4-甲苯二胺和 2,6-甲苯二胺的混合物经光气化反应后制得，其反应过程见式（10-8）。

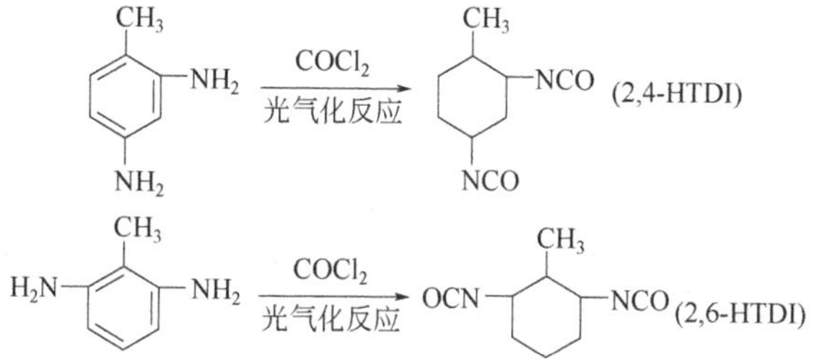

CH_3 NH_2 NH_2 $COCl_2$ 光气化反应 CH_3 NCO NCO (2,4-HTDI)

CH_3 H_2N NH_2 $COCl_2$ 光气化反应 CH_3 OCN NCO (2,6-HTDI) （10-8）

⑧ 二环己基甲烷二异氰酸酯。HMDI 的化学结构如图 10-7 所示。

⑨ 四甲基苯二亚甲基二异氰酸酯。

TMXDI 的化学结构如图 10-8 所示。TMXDI 是 XDI 两个亚甲基上的氢原子被甲基取代的产物，从而减弱了氢键作用，提高了 TMXDI 的抗紫外线老化性能和水解稳定性，但在一定程度上减弱了反应活性。

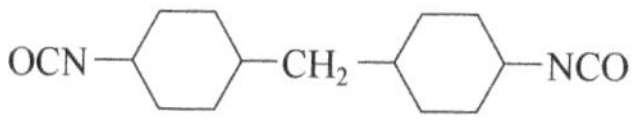

OCN— CH_2 —NCO

图 10-7 HMDI 化学结构示意图

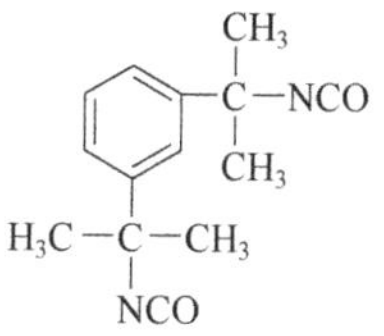

CH_3 C —NCO CH_3 H_3C—C—CH_3 NCO

图 10-8 TMXDI 化学结构示意图

（2）多异氰酸酯

如图 10-2 所示，常见的多异氰酸酯有 4,4′,4″-三苯基甲烷三异氰酸酯（TTI）和多亚甲基多苯基多异氰酸酯（PAPI）。

① 4,4′,4″-三苯基甲烷三异氰酸酯。TTI 的化学结构式如图 10-9 所示。

② 多亚甲基多苯基多异氰酸酯。图 10-10 为 PAPI 的化学结构示意图。PAPI 为不同官能度的多异氰酸酯混合物，其中 n=0 的二异氰酸酯（MDI，见图 10-5）约占混合物总量的 50%，其余则为 3 官能度平均分子量为 350～380 的低聚合度异氰酸酯深褐色液体。

PAPI 是由苯胺与甲醛通过缩合反应得到多胺混合物，再经光气化反应而得，其反应过程如式（10-9）所示。

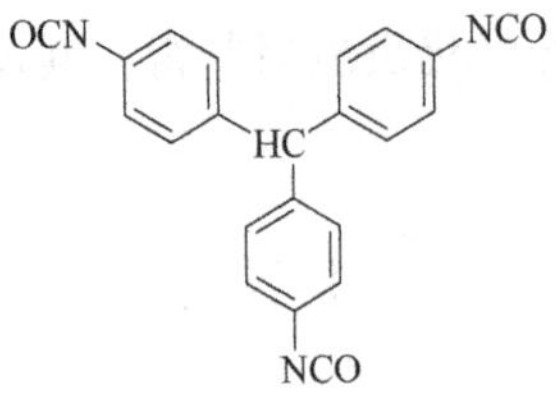

$$OCN-C_6H_4-CH(C_6H_4-NCO)-C_6H_4-NCO$$

图 10-9　TTI 化学结构示意图

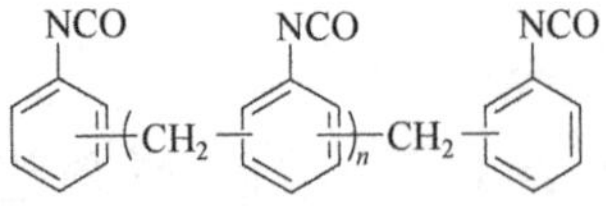

$$C_6H_4(NCO)-[CH_2-C_6H_3(NCO)]_n-CH_2-C_6H_4(NCO)$$

式中，$n=0,1,2,3,\ldots$

图 10-10　PAPI 化学结构示意图

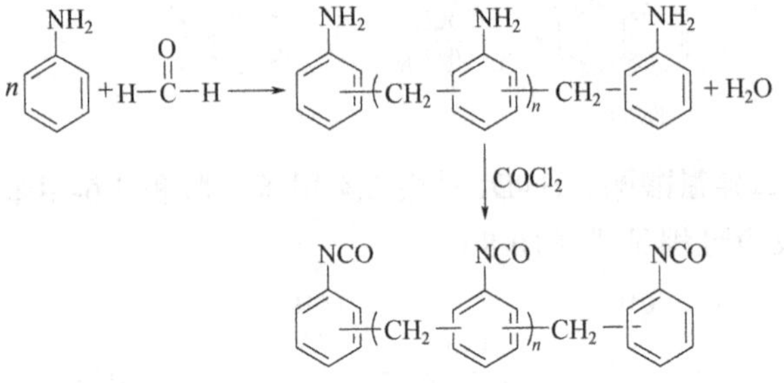

$$n\,C_6H_5NH_2+H-\overset{O}{\overset{\|}{C}}-H\longrightarrow C_6H_4(NH_2)-[CH_2-C_6H_3(NH_2)]_n-CH_2-C_6H_4(NH_2)+H_2O$$

$$\xrightarrow{COCl_2} C_6H_4(NCO)-[CH_2-C_6H_3(NCO)]_n-CH_2-C_6H_4(NCO) \tag{10-9}$$

式中，$n=0,1,2,3,\ldots$

10.1.1.2　多元醇化合物

如图 10-2 所示，常用的多元醇化合物有聚醚多元醇和聚酯多元醇。

(1) 聚醚多元醇

如图 10-2 所示，常见的聚醚多元醇有聚醚二醇、聚醚三醇、聚醚四醇等。聚醚多元醇是端羟基的低聚物，主链上的羟基由醚键连接。聚醚多元醇通式的化学结构如图 10-11 所示。

① 聚醚二醇。最常用的聚醚二醇为聚氧化丙烯二醇（也称聚丙二醇，PPG），其化学结构如图 10-12 所示。聚醚二醇与二异氰酸酯发生反应可生成线型聚氨酯。

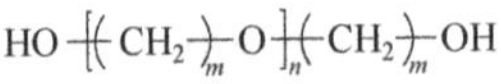

$$HO-[(CH_2)_m-O]_n-(CH_2)_m-OH$$

m、$n=0,1,2,3,\ldots$

图 10-11　聚醚多元醇通式化学结构示意图[4]

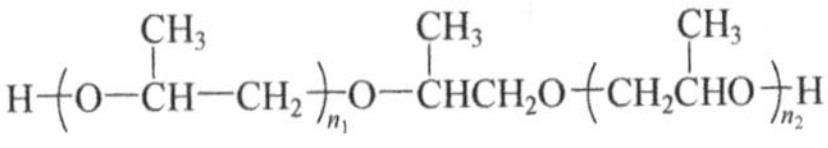

$$H-(O-\overset{CH_3}{CH}-CH_2)_{n_1}-O-\overset{CH_3}{CH}CH_2O-(CH_2\overset{CH_3}{CH}O)_{n_2}-H$$

n_1、$n_2=0,1,2,3,\ldots$

图 10-12　PPG 化学结构示意图

② 聚醚三醇。最常用的聚醚三醇为聚氧化丙烯三醇，其化学结构式见图 10-13。聚氧化丙烯三醇一般以甘油（丙三醇）、三羟甲基丙烷等为起始剂，以氢氧化钾为催化剂，通过环氧丙烷开环聚合而制得。其中，分子量为 3000 的聚氧化丙烯三醇是由甘油与环氧丙烷在碱性环境条件下聚合精制而成的三羟基聚醚[5]。

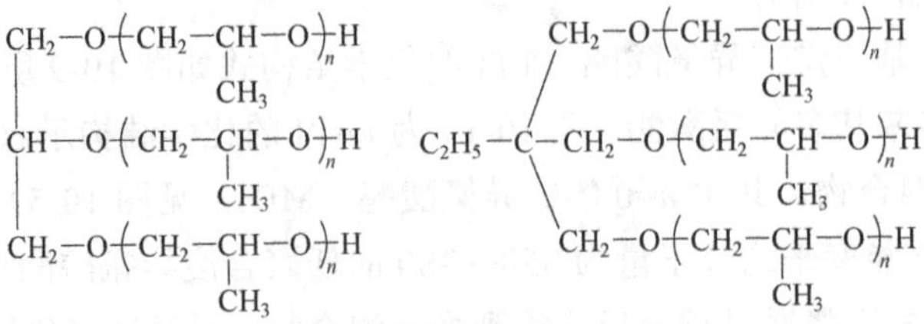

$$CH_2-O-(CH_2-\overset{CH_3}{CH}-O)_n-H$$
$$CH-O-(CH_2-\overset{CH_3}{CH}-O)_n-H$$
$$CH_2-O-(CH_2-\overset{CH_3}{CH}-O)_n-H$$

$$C_2H_5-C[CH_2-O-(CH_2-\overset{CH_3}{CH}-O)_n-H]_3$$

$n=0,1,2,3,\ldots$

图 10-13　聚氧化丙烯三醇化学结构示意图

③ 聚醚四醇。最常用的聚醚四醇为季戊四醇聚氧化丙烯四醇，其结构式如图 10-14 所示。

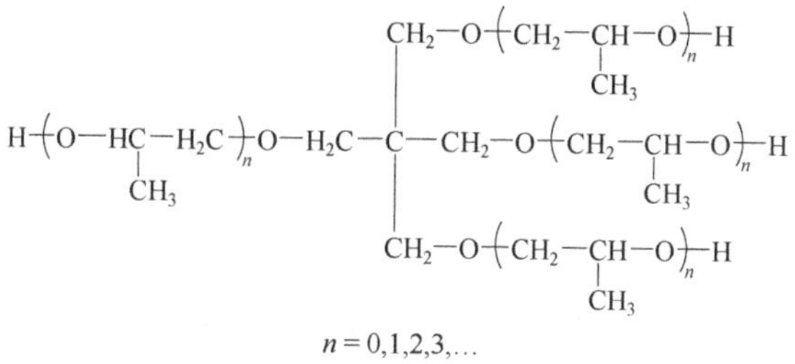

$$
\begin{array}{c}
CH_2-O\!\left(CH_2-\underset{CH_3}{\underset{|}{CH}}-O\right)_{\!n}\!H \\
| \\
H\!\left(O-\underset{CH_3}{\underset{|}{HC}}-H_2C\right)_{\!n}\!O-H_2C-C-CH_2-O\!\left(CH_2-\underset{CH_3}{\underset{|}{CH}}-O\right)_{\!n}\!H \\
| \\
CH_2-O\!\left(CH_2-\underset{CH_3}{\underset{|}{CH}}-O\right)_{\!n}\!H
\end{array}
$$

$n=0,1,2,3,\ldots$

图 10-14　季戊四醇聚氧化丙烯四醇化学结构示意图

（2）聚酯多元醇

如图 10-2 所示，常见的聚酯多元醇多为聚酯二醇，常见的聚酯二醇有聚己二酸乙二醇酯二醇（PEA）、聚己二酸乙二醇-丙二醇酯二醇（PEPA）、聚己二酸一缩二乙二醇酯二醇（PDA）、聚己二酸乙二醇-一缩二乙二醇酯二醇（PEDA）、聚己二酸-1,4-丁二醇酯二醇（PBA）、聚己二酸乙二醇-1,4-丁二醇酯二醇（PEBA）、聚己二酸新戊二醇-1,6-己二醇酯二醇（PHA）、聚碳酸-1,6-己二醇酯二醇（PHC）等。

① 聚己二酸乙二醇酯二醇。PEA 由己二酸与乙二醇缩聚而成，其结构式如图 10-15 所示。

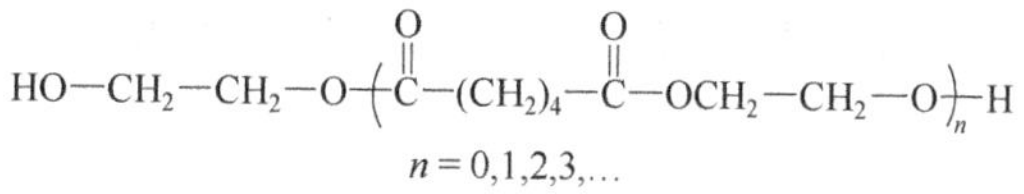

$$
HO-CH_2-CH_2-O\!\left(\overset{O}{\overset{\|}{C}}-(CH_2)_4-\overset{O}{\overset{\|}{C}}-OCH_2-CH_2-O\right)_{\!n}\!H
$$

$n=0,1,2,3,\ldots$

图 10-15　PEA 化学结构示意图

② 聚己二酸乙二醇-丙二醇酯二醇。PEPA 由己二酸、乙二醇、丙二醇缩聚而成，其结构式如图 10-16 所示。

③ 聚己二酸一缩二乙二醇酯二醇。PDA 由己二酸、一缩二乙二醇（二甘醇）缩聚而成，其结构式见图 10-17。

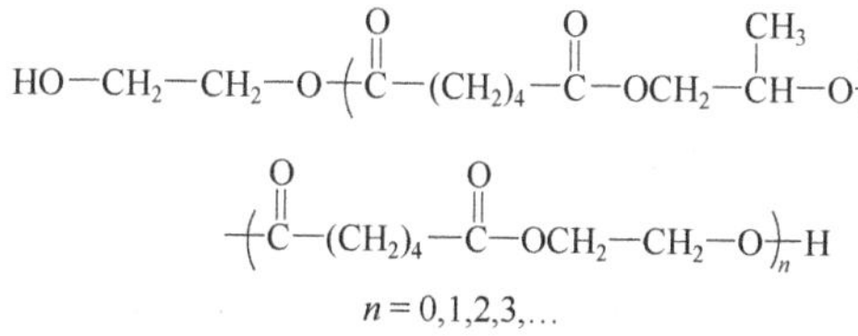

$$
HO-CH_2-CH_2-O\!\left(\overset{O}{\overset{\|}{C}}-(CH_2)_4-\overset{O}{\overset{\|}{C}}-OCH_2-\overset{CH_3}{\overset{|}{CH}}-O\right)_{\!n}
$$

$$
\left(\overset{O}{\overset{\|}{C}}-(CH_2)_4-\overset{O}{\overset{\|}{C}}-OCH_2-CH_2-O\right)_{\!n}\!H
$$

$n=0,1,2,3,\ldots$

图 10-16　PEPA 化学结构示意图

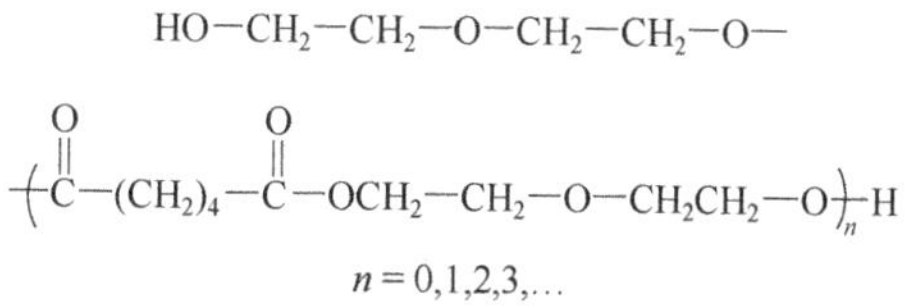

$$
HO-CH_2-CH_2-O-CH_2-CH_2-O-
$$

$$
\left(\overset{O}{\overset{\|}{C}}-(CH_2)_4-\overset{O}{\overset{\|}{C}}-OCH_2-CH_2-O-CH_2CH_2-O\right)_{\!n}\!H
$$

$n=0,1,2,3,\ldots$

图 10-17　PDA 化学结构示意图

④ 聚己二酸乙二醇-一缩二乙二醇酯二醇。PEDA 由己二酸、乙二醇、一缩二乙二醇（二甘醇）缩聚而成，其结构式如图 10-18 所示。PEDA 可用于制备双组分聚氨酯胶黏剂、聚氨酯弹性体、聚氨酯泡沫塑料等。

⑤ 聚己二酸-1,4-丁二醇酯二醇。PBA 由己二酸、1,4-丁二醇缩聚而成，其结构式如图 10-19 所示。PBA 可用于制备双组分聚氨酯胶黏剂、聚氨酯弹性体等。

⑥ 聚己二酸乙二醇-1,4-丁二醇酯二醇。PEBA 由己二酸、乙二醇、1,4-丁二醇缩聚而成，其结构式如图 10-20 所示。可用于制备双组分聚氨酯胶黏剂等。

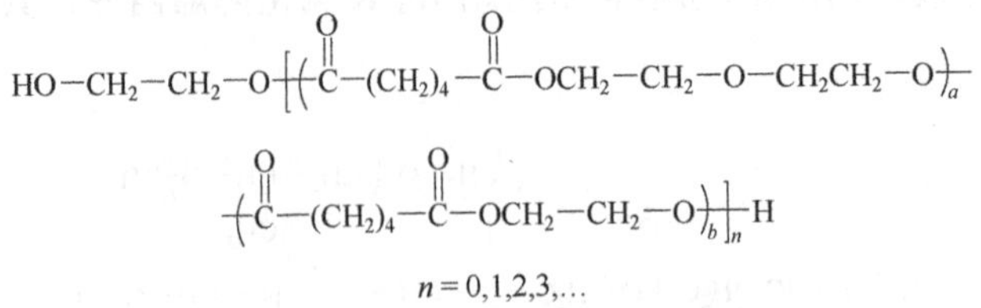

$$HO-CH_2-CH_2-O\left[\left(\overset{\overset{O}{\|}}{C}-(CH_2)_4-\overset{\overset{O}{\|}}{C}-OCH_2-CH_2-O-CH_2CH_2-O\right)_a\left(\overset{\overset{O}{\|}}{C}-(CH_2)_4-\overset{\overset{O}{\|}}{C}-OCH_2-CH_2-O\right)_b\right]_n H$$

$n=0,1,2,3,\ldots$

图 10-18 PEDA 化学结构示意图

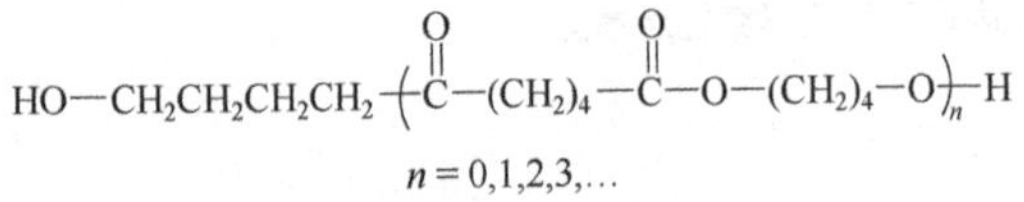

$$HO-CH_2CH_2CH_2CH_2\left(\overset{\overset{O}{\|}}{C}-(CH_2)_4-\overset{\overset{O}{\|}}{C}-O-(CH_2)_4-O\right)_n H$$

$n=0,1,2,3,\ldots$

图 10-19 PBA 化学结构示意图

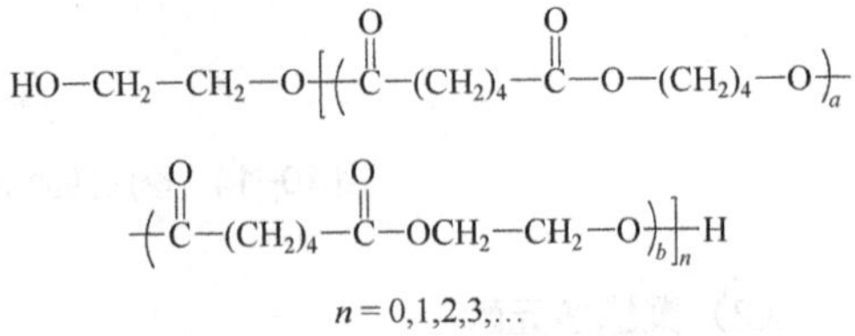

$$HO-CH_2-CH_2-O\left[\left(\overset{\overset{O}{\|}}{C}-(CH_2)_4-\overset{\overset{O}{\|}}{C}-O-(CH_2)_4-O\right)_a\left(\overset{\overset{O}{\|}}{C}-(CH_2)_4-\overset{\overset{O}{\|}}{C}-OCH_2-CH_2-O\right)_b\right]_n H$$

$n=0,1,2,3,\ldots$

图 10-20 PEBA 化学结构示意图

⑦ 聚己二酸新戊二醇-1,6-己二醇酯二醇。PHA 由己二酸、新戊二醇、1,6-己二醇缩聚而成，其结构式如图 10-21 所示。可用于制备耐水解的聚氨酯胶黏剂等。

⑧ 聚碳酸-1,6-己二醇酯二醇。PHC 由 1,6-己二醇、二苯基碳酸酯加热酯交换而得，其结构式如图 10-22 所示。可用于制备耐水解的聚氨酯胶黏剂和弹性体等。

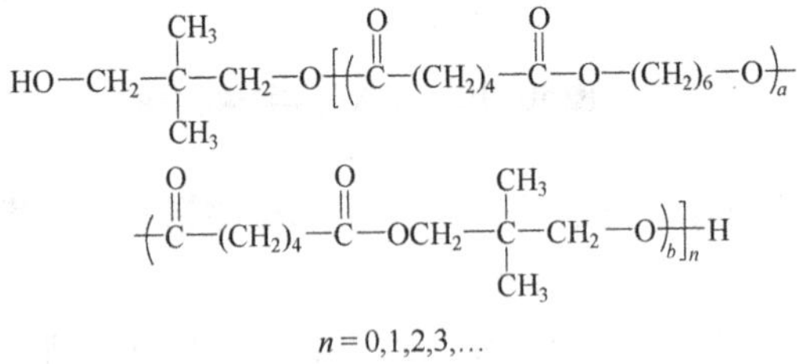

$$HO-CH_2-\underset{CH_3}{\overset{CH_3}{C}}-CH_2-O\left[\left(\overset{\overset{O}{\|}}{C}-(CH_2)_4-\overset{\overset{O}{\|}}{C}-O-(CH_2)_6-O\right)_a\left(\overset{\overset{O}{\|}}{C}-(CH_2)_4-\overset{\overset{O}{\|}}{C}-OCH_2-\underset{CH_3}{\overset{CH_3}{C}}-CH_2-O\right)_b\right]_n H$$

$n=0,1,2,3,\ldots$

图 10-21 PHA 化学结构示意图

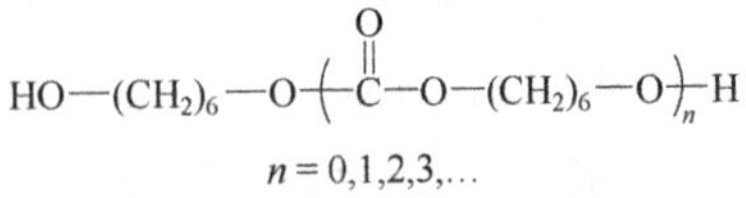

$$HO-(CH_2)_6-O\left(\overset{\overset{O}{\|}}{C}-O-(CH_2)_6-O\right)_n H$$

$n=0,1,2,3,\ldots$

图 10-22 PHC 化学结构示意图

10.1.1.3 助剂

PUS 中的助剂有催化剂、交联剂与扩链剂、表面活性剂、增塑剂、填料、着色剂等，一般应用较少。

催化剂能够加速合成聚氨酯的反应速率，并且能够降低“启动”缩聚反应的温度[6]，主要在以下三种反应中充当催化剂：NCO/NCO（异氰酸酯二聚或三聚）、NCO/OH（异氰酸酯与多元醇反应）和 NCO/H_2O（异氰酸酯与水反应）。常见的胺催化剂化学结构如图 10-23 所示。

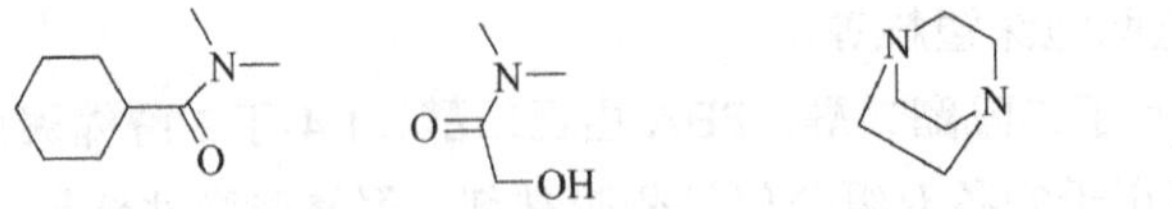

二甲基环己酰胺　二甲基乙醇酰胺　1,4-二氮杂二环[2,2,2]辛烷

图 10-23 胺催化剂化学结构示意图

交联剂与扩链剂主要为含羟基或氨基的低分子量多官能团化合物，通过这些低分子多官能团与异氰酸酯之间的反应增加聚氨酯的分子链结构，增强聚氨酯力学强度[7,8]。常见的交联剂与扩链剂化学结构如图 10-24 所示。

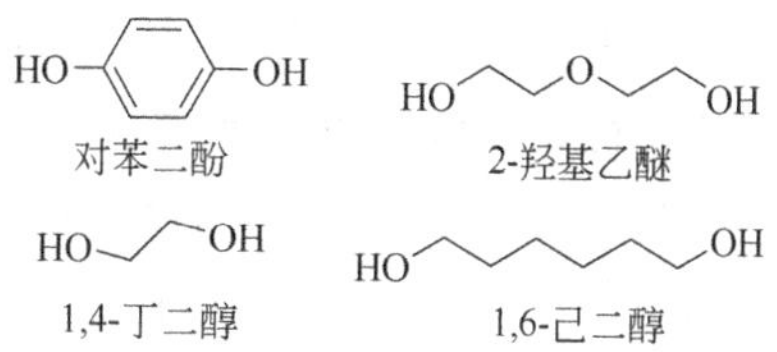

对苯二酚
2-羟基乙醚
1,4-丁二醇
1,6-己二醇

图 10-24 常见的交联剂与扩链剂的化学结构示意图

表面活性剂主要作为 PUS 的发泡剂，通过控制聚氨酯中的气泡和泡孔结构来形成泡沫，也可通过降低液体、液体和气体或液体和固体之间的界面张力改善聚氨酯性能[9]，也可作为 PUS 分散剂、润湿剂、渗透促进剂、乳化剂或洗涤剂等[10]。常见的表面活性剂化学结构如图 10-25 所示。

增塑剂是与高聚物具有很好相容性的化合物，在生成聚氨酯过程中使用的非反应性和低挥发性物质主要用于降低其硬度并改善机械和热性能[7]，其作用机理是在不损失强度的条件下，通过物理作用改善聚氨酯的加工性和柔韧性，使其具有优异的力学性能、柔韧性、伸长率和耐热性等。常见的增塑剂化学结构如图 10-26 所示。

4-(5-十二烷基)苯磺酸盐
十二烷基苯磺酸盐
十八酸钠

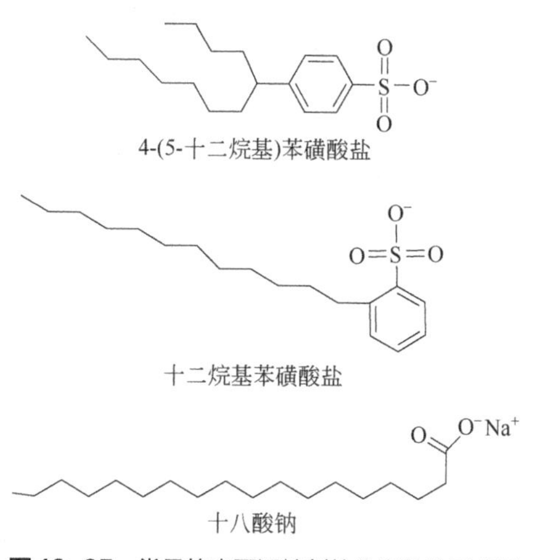

图 10-25 常见的表面活性剂的化学结构示意图

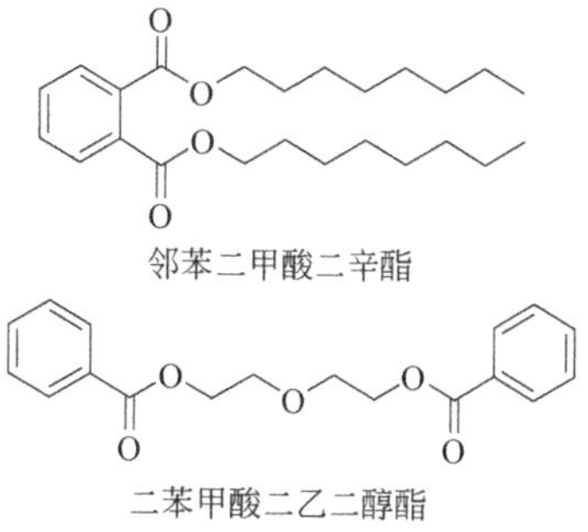

邻苯二甲酸二辛酯
二苯甲酸二乙二醇酯

图 10-26 常见的增塑剂的化学结构示意图

填料主要用于改进 PUS 的物理性能、提高力学强度、降低收缩应力和热应力等[8]，也可改善聚氨酯耐久性、尺寸稳定性、降低成本等[11]。常用的填料有黏土、碳酸钙、瓷土、滑石粉、硫酸钡等。

着色剂主要是改变 PUS 的颜色，一般不参与反应。

10.1.1.4 小结

如上所述，聚氨酯类固化剂的性质由有机异氰酸酯、多元醇化合物、助剂的原材料组分所决定[12]，且 PUS 在应用过程中无气味、无腐蚀性、无氰化物、无硫化物等，属于环保型有机固化剂。

PUS 作为新型的有机固化剂，凭借黏度低、密度小、凝结时间短、质量轻、力学强度高、膨胀力大、防渗性能好、硬化后耐腐蚀性能优异等优点，在土体加固、灌浆防渗堵漏、裂缝修补、应急抢险、边坡防护等方面受到越来越多的关注。

10.1.2 制备过程与生命周期评价

PUS 是将有机异氰酸酯、多元醇化合物和助剂等进行物理搅拌制得。使用时需要考虑其流动性、力学强度、渗透性等指标。

PUS 加固土体时的生命周期评价尚未有报道。以用于路基加固的 PUS 为例，每生产 1t 路基加固用 PUS 需要消耗能源 5160MJ，同时排放废气污染物分别为 2250t CO_2、6.8kg CH_4、0.196kg N_2O、4.38kg CO、5.18kg SO_2 和 3.99kg NO_x 等[13]。

10.1.3 反应机理与凝胶生成

10.1.3.1 反应过程

PUS 的固化反应机理主要是含有高度不饱和异氰酸酯基（—N═C═O）的有机异氰酸酯与自身及其他活性氢基团之间的反应，具体反应过程见图 10-27。异氰酸酯与羟基（R′–OH）反应能够生成氨基甲酸酯（图 10-27a），如式（10-10）所示；与氨基（R′–NH_2）反应生成取代脲（图 10-27b），如式（10-11）所示；与水（H_2O）反应生成氨基甲酸，再由氨基甲酸分解成胺（图 10-27c），胺与过量的异氰酸酯生成取代脲（图 10-27d），取代脲与过量的异氰酸酯进一步反应生成缩二脲（图 10-27e），如式（10-12）所示；与氨基甲酸酯（R—NHCOO—R′）反应生成脲基甲酸酯（图 10-27f），如式（10-13）所示；与自身的

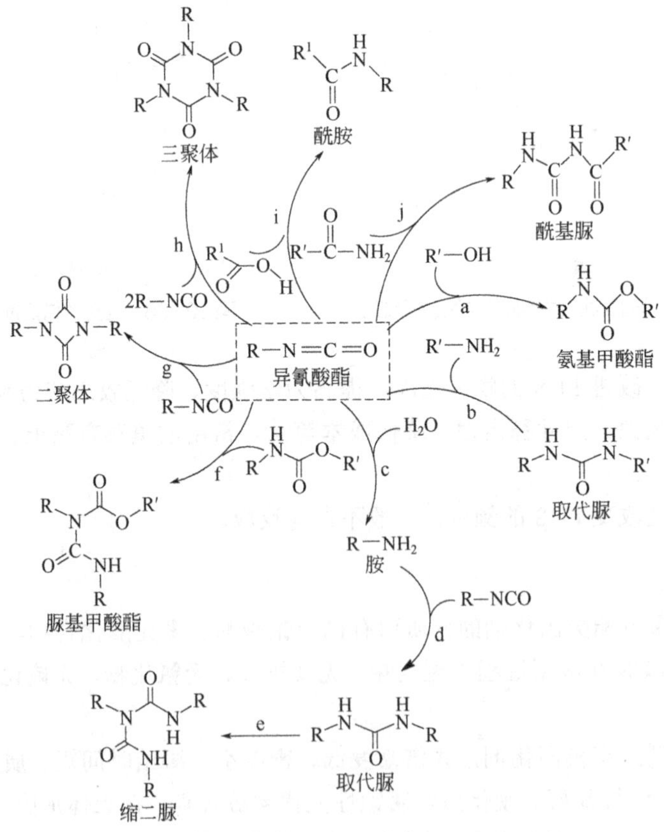

图 10-27　异氰酸酯与不同反应物的化学反应示意图[6,14,15]

异氰酸酯（—N═C═O）发生自加聚反应生成二聚体（图 10-27g），如式（10-14）所示；与自身的异氰酸酯发生三聚反应生成三聚体（也称异氰脲酸酯，图 10-27h），如式（10-15）所示；与羧酸（R^1–COOH）反应生成酰胺（图 10-27i），如式（10-16）所示；与酰胺（R′–$CONH_2$）发生反应生成酰基脲（图 10-27j），如式（10-17）所示。

不同物质与异氰酸酯的反应活性从高到低的顺序依次为：脂肪族—NH_2、芳香族—NH_2、伯醇—OH、水、仲—OH、酚—OH、羧基—COOH、取代脲、酰胺和氨基甲酸酯。

$$\mathrm{R{-}N{=}C{=}O + R'{-}OH \longrightarrow R{-}NH{-}C({=}O){-}O{-}R'} \tag{10-10}$$

$$\mathrm{R{-}N{=}C{=}O + R'{-}NH_2 \longrightarrow R{-}NH{-}C({=}O){-}NH{-}R'} \tag{10-11}$$

$$\left.\begin{aligned}
&\mathrm{R{-}N{=}C{=}O + H_2O \longrightarrow R{-}NH{-}C({=}O){-}O{-}H \longrightarrow R{-}NH_2 + CO_2\uparrow}\\
&\mathrm{R{-}NH_2 + R{-}N{=}C{=}O \longrightarrow R{-}NH{-}C({=}O){-}NH{-}R}\\
&\mathrm{R{-}NH{-}C({=}O){-}NH{-}R + R{-}N{=}C{=}O \longrightarrow R{-}N[C({=}O){-}NH{-}R]{-}C({=}O){-}NH{-}R}
\end{aligned}\right\} \tag{10-12}$$

$$\mathrm{R{-}N{=}C{=}O + R{-}NH{-}C({=}O){-}O{-}R' \longrightarrow R{-}N[C({=}O){-}NH{-}R]{-}C({=}O){-}O{-}R'} \tag{10-13}$$

$$\mathrm{R{-}N{=}C{=}O + R{-}N{=}C{=}O \longrightarrow R{-}N\langle C({=}O)\rangle_2 N{-}R} \tag{10-14}$$

$$\mathrm{R{-}N{=}C{=}O + 2R{-}N{=}C{=}O \longrightarrow (R{-}N{-}C{=}O)_3\ (\text{ring})} \tag{10-15}$$

$$\mathrm{R{-}N{=}C{=}O + R^1{-}C({=}O){-}OH \longrightarrow R^1{-}C({=}O){-}NH{-}R} \tag{10-16}$$

$$\mathrm{R{-}N{=}C{=}O + R'{-}C({=}O){-}NH_2 \longrightarrow R{-}NH{-}C({=}O){-}NH{-}C({=}O){-}R'} \tag{10-17}$$

10.1.3.2 聚氨酯类固化剂净浆固化物的凝胶生成

Wei 等[16]研究了不同成型密度制得的 PUS 净浆的微观形貌（图 10-28）。当 PUS 净浆成型密度为 $100kg/m^3$ 时，净浆胶凝泡沫的尺寸约为 150μm，且几乎均呈现为多边形，胶凝泡沫之间接触面积较大［图 10-28（a）］；而当 PUS 净浆成型密度为 500kg/m^{3}时，净浆胶凝泡沫的尺寸约小于 100μm，大小不一且几乎均呈圆形结构，胶凝泡沫之间几乎不接触，占用空间较少［图 10-28（b）］。这些胶凝泡沫遵循最低能量原则，即颗粒间界面面积越大，相应的表面能越高，同样也越不稳定。因此，相较于高成型密度 PUS 净浆，低成型密度净浆的接触面积大，在抵抗荷载过程中凝胶泡沫颗粒更易发生变形，相应的强度较低。

(a) 净浆成型密度100kg/m^3

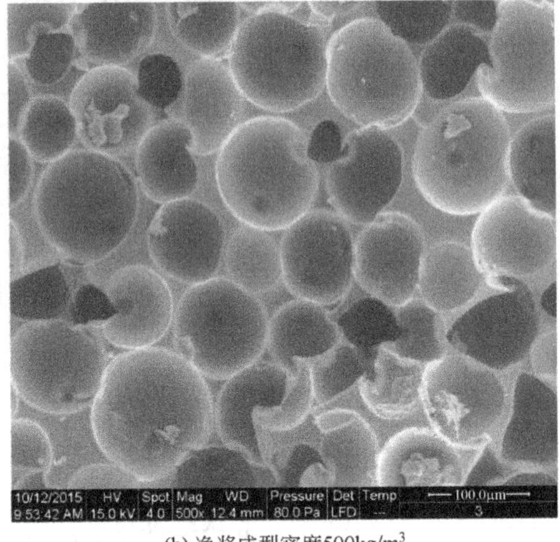

(b) 净浆成型密度500kg/m^3

图 10-28 PUS 净浆硬化后的微观形貌[16]

PUS 净浆在不同成型密度下的应力-应变曲线及破坏形态如图 10-29 所示。应力-应变曲线性状均可分为三个阶段：应力随应变线性增加的弹性阶段、应力几乎不变的密实阶段和应力陡升的破坏阶段［图 10-29（a）］。随着净浆成型密度的增加，相同应变对应的应力快速增加，但均在应变 ε=5%处达到屈服应力。不同成型密度得到的 PUS 净浆的破坏形态存在显著的差异，成型密度 100kg/m^3 的净浆在应变 ε=80%时，仍没有明显的裂纹［图 10-29（b）］，这与低成型密度得到的聚氨酯泡沫凝胶颗粒易于变形有关［图 10-28（a）］；成型密度 300kg/m^3 的净浆在应变 ε=80%时，底部出现多条短纵裂纹［图 10-29（c）］，表明其脆性增加显著；成型密度 500kg/m^3 的净浆在应变 ε 约 70%时，中部出剪切破坏形式的裂纹［图 10-29（d）］，其脆性进一步增大，脆性特征更为显著。

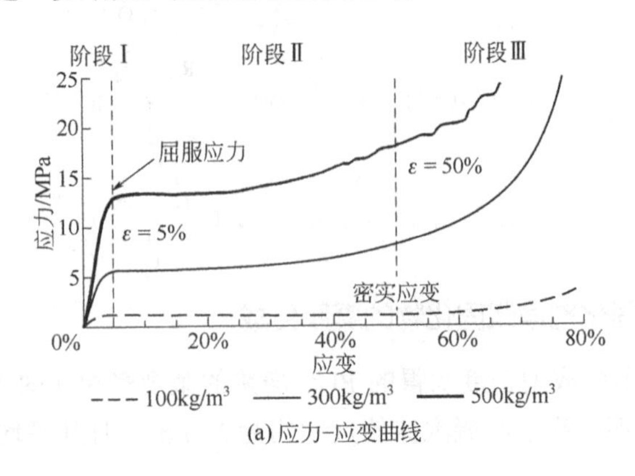

(a) 应力-应变曲线

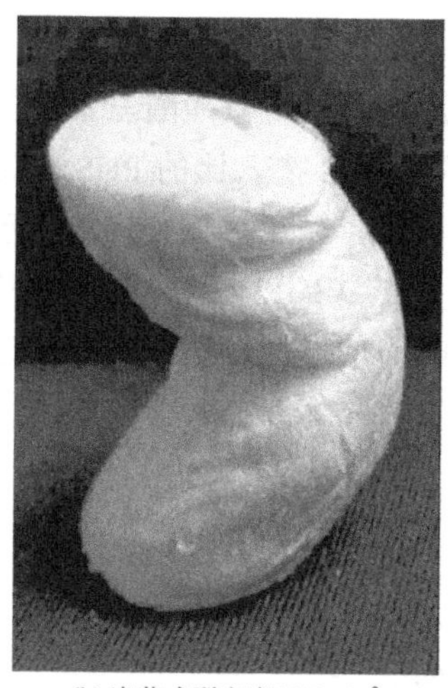

(b) 净浆成型密度100kg/m³

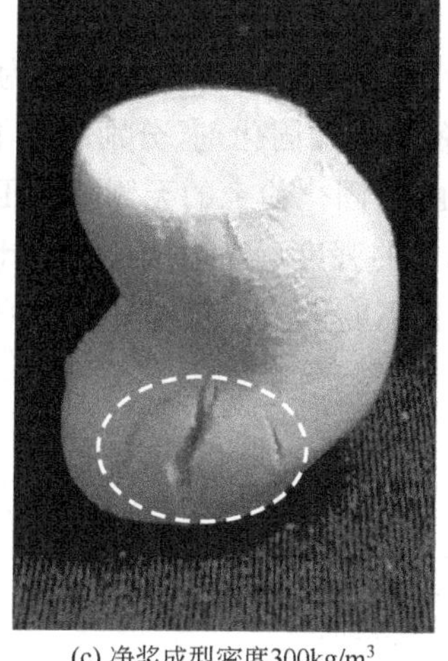

(c) 净浆成型密度300kg/m³

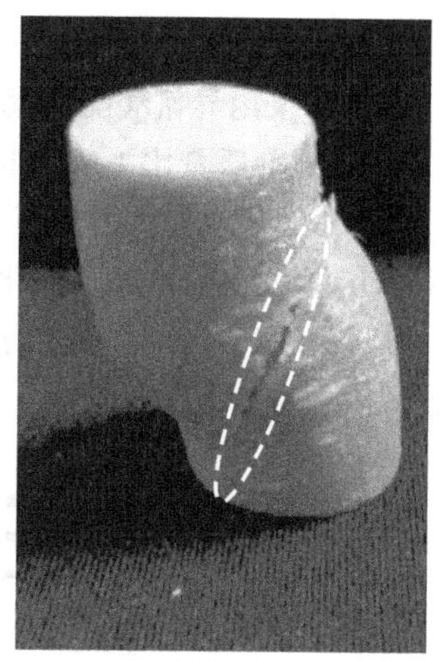

(d) 净浆成型密度500kg/m³

图 10-29 PUS 净浆在不同成型密度下的应力-应变曲线及破坏形态[16]

10.2 固化土

PUS 与土中的矿物、水溶盐、酸碱成分、污染成分和有机质等均不发生反应。

10.2.1 强度特性

（1）PUS 固化砂土

高运昌等[17]采用单组分聚氨酯泡沫胶黏剂（即 PUS）固化青岛海沙，得到了不同胶凝时间 PUS 固化砂土的无侧限抗压强度（图 10-30）。胶凝时间为零时的无侧限抗压强度仅为 35.7kPa。随着胶凝时间的增加，固化土强度均呈现出先快速增加后趋于平稳的趋势，其中 0～1h 强度增长率最大；随着 PUS 掺入比的增加，固化土的强度相应增加。

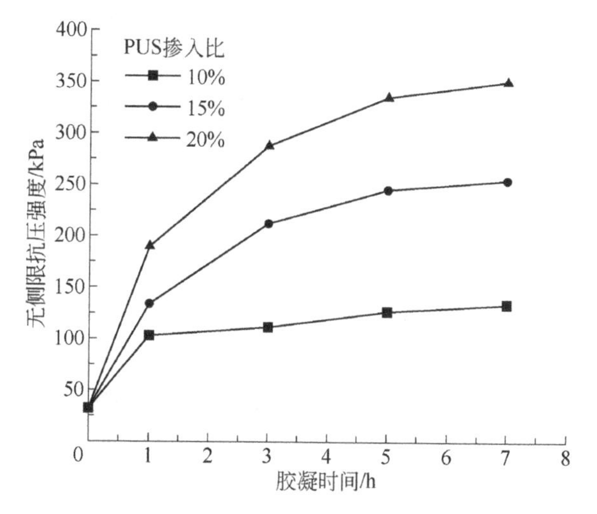

图 10-30 PUS 固化砂土的强度随胶凝时间变化规律[17]

（2）PUS 固化粉土

Li 等[18]采用异氰酸酯、聚醚多元醇、表面活性剂作为原料，按异氰酸酯与聚醚多元醇+表面活性剂质量比 1∶1 制备聚氨酯固化剂，分别制得不同 PUS 掺入比的 PUS 固化粉土，得到不同浸水养护时间下 PUS 固化粉土的无侧限抗压强度，结果如图 10-31 所示。随着 PUS 掺入比的增加，固化土的强度逐渐增加，掺入比较低（<13%）时强度增长较慢，掺入比达到 15%时强度增长幅度增大；随着浸水养护时间的增加，固化土强度逐渐增加。

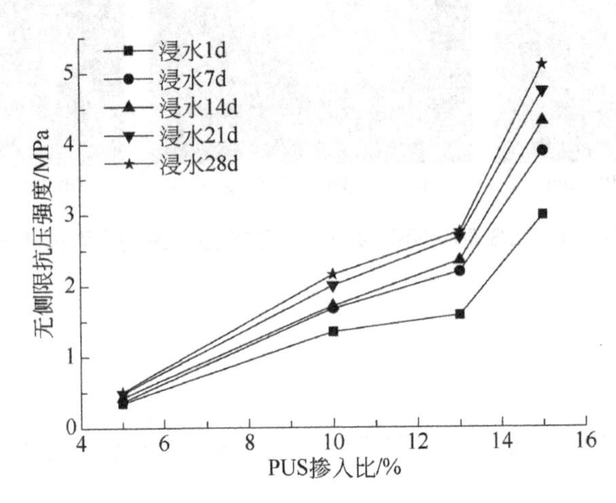

图 10-31 不同配比条件下 PUS 固化粉土的强度随浸水养护时间的变化规律[18]

10.2.2 微观特性

（1）矿物相组成

图 10-32 为素粉土与 PUS 固化粉土的 XRD 谱图。素粉土、PUS 固化粉土的主要晶体矿物均为 SiO_2、$CaCO_3$ 和 $CaAl_2Si_6O_{16}\cdot5H_2O$，加入 PUS 固化剂后无新的矿物相 2θ 衍射峰，表明在 PUS 固化过程中不改变粉土矿物相组成，不与粉土生成新的胶凝矿物相晶体。进一步证实了 PUS 固化土的作用机理是 PUS 与土体之间的物理作用[18,19]。

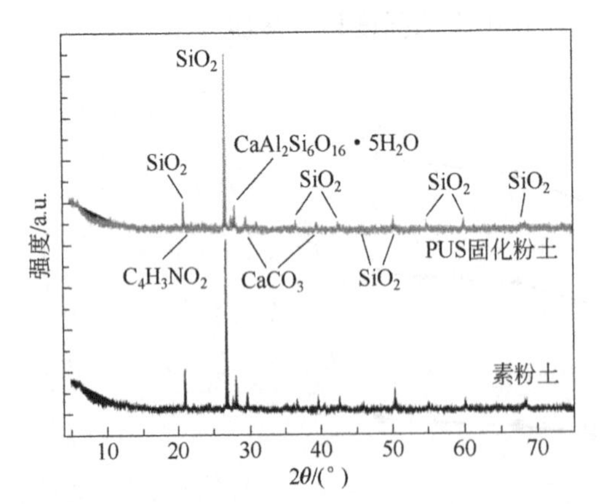

图 10-32 PUS 固化前后粉土的 XRD 谱图[18]

（2）微观形貌

① PUS 固化砂土。图 10-33 是不同 PUS 掺入比条件下 PUS 固化砂土的 SEM 图。砂土颗粒被 PUS 固化物凝胶包裹，部分固化物凝胶覆盖在砂土颗粒表面，当 PUS 掺入比较低[图 10-33（a）]时，部分固化物凝胶胶结土颗粒，起到“桥接”作用，砂土颗粒之间含有大量的孔隙，这一现象从微观层面解释了 PUS 固化砂土强度的来源；随着 PUS 掺入比的增加，PUS 固化物凝胶含量逐渐增多，起填充和

胶结作用的固化物凝胶增多［图 10-33（b）、（c）］，PUS 固化砂土强度也随之升高。

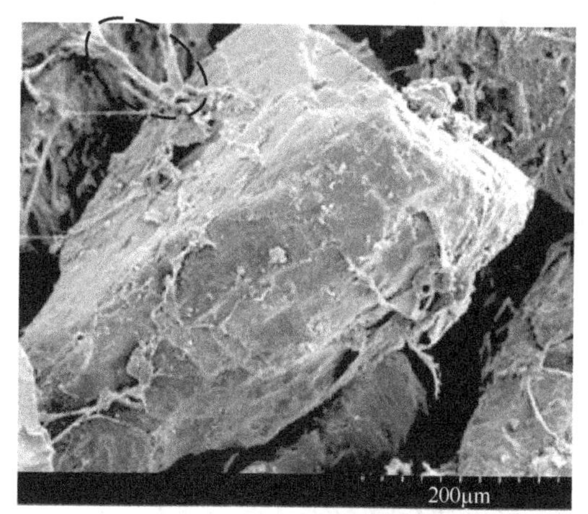

(a) PUS掺入比1%[20]

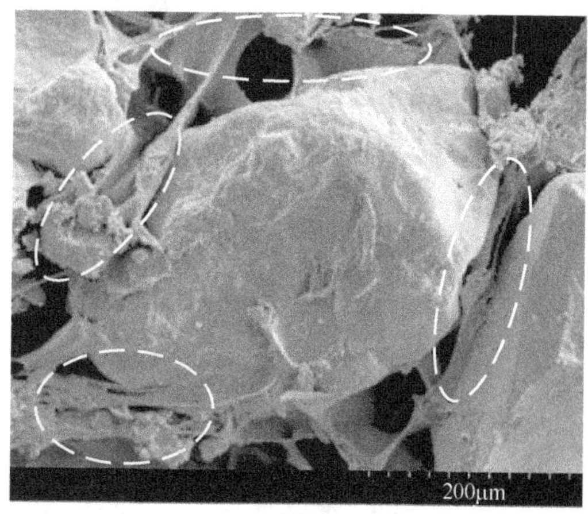

(b) PUS掺入比4%[20]

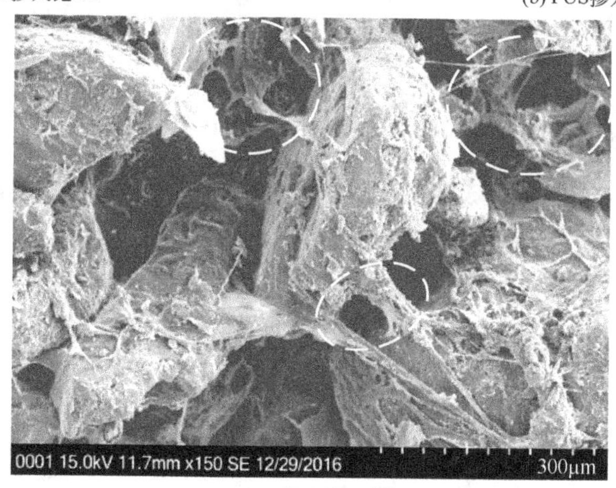

(c) PUS掺入比5%[21]

图 10-33 不同 PUS 掺入比条件下 PUS 固化砂土的微观形貌[20,21]

② PUS 固化粉土。图 10-34 是素粉土与 PUS 固化粉土的 SEM 图。素粉土主要呈颗粒状结构，结构松散，颗粒间含有大量的孔隙，相互之间无胶凝矿物相物质；PUS 固化粉土中松散的颗粒状结构消失，粉土颗粒之间的孔隙被固化物凝胶填充，孔隙结构整体更为密实，颗粒表面被絮凝状物质覆盖。该结果与 XRD 衍射结果（图 10-32）相互验证，即 PUS 不与土颗粒发生化学反应。

③ PUS 固化黏土。图 10-35 为素黏土与 PUS 固化黏土的微观形貌。素黏土中含有大量的片状黏土矿物颗粒，黏土颗粒均以点接触和点-面接触为主，颗粒之间含有大量孔隙。PUS 固化长江黏土中片状黏土被固化物凝胶包裹，片状黏土矿物减少，大量胶凝物形成聚集；而 PUS 固化粉质黏土仍能看到大量的片状黏土矿物，但相较于素粉质黏土，PUS 固化粉质黏土结构更为致密，颗粒之间的接触方式仍以点-面接触、面-面接触为主。PUS 固化不同黏土微观形貌相差较大的原因与 PUS 掺入比、黏土矿物的含量、尺寸大小等有关。

(a) 素粉土　(b) PUS粉土形成的高分子聚合物膜

(c) PUS固化物的填充作用　(d) PUS固化物的胶结作用

图 10-34　素粉土与 PUS 固化粉土的微观形貌[18]

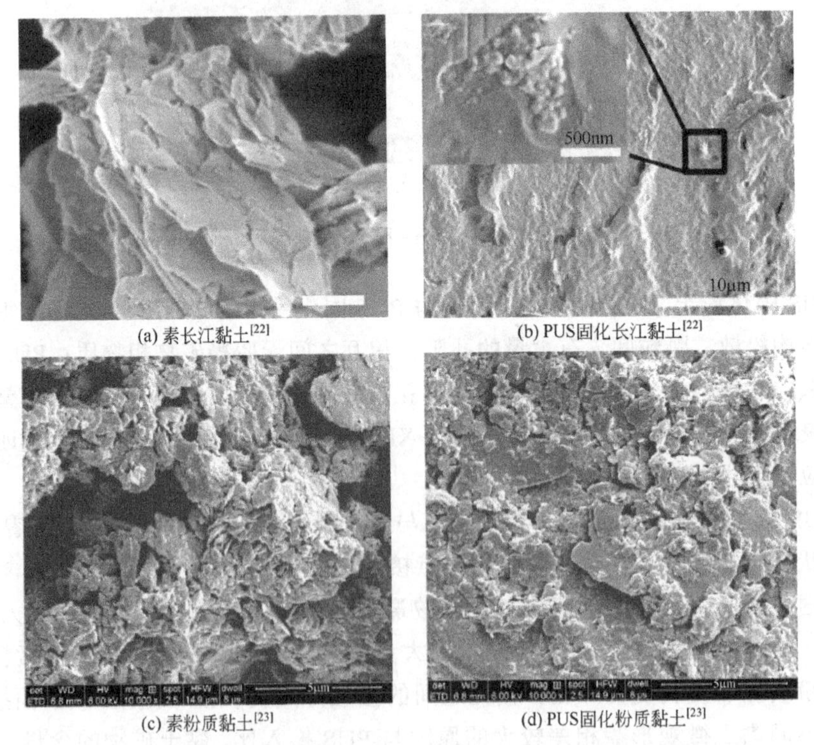

(a) 素长江黏土[22]　(b) PUS固化长江黏土[22]

(c) 素粉质黏土[23]　(d) PUS固化粉质黏土[23]

图 10-35　素黏土与 PUS 固化黏土的微观形貌[22,23]

10.2.3 固化机理

PUS 与土体之间的固化机理可归纳为：PUS 聚合反应、胶结作用、填充作用等。

（1）PUS 聚合反应

PUS 聚合反应主要发生在有机异氰酸酯、多元醇化合物与助剂之间（图 10-27），聚合反应生成大量的具有胶凝性的无定形胶凝物，无定形凝胶的生成过程如式（10-18）[24]所示。

$$
\left.
\begin{aligned}
&O{=}C{=}N{-}R{-}N{=}C{=}O + 2H_2O \longrightarrow HO{-}\overset{\overset{\displaystyle O}{\|}}{C}{-}NH{-}R{-}NH{-}\overset{\overset{\displaystyle O}{\|}}{C}{-}OH \\
&HO{-}\overset{\overset{\displaystyle O}{\|}}{C}{-}NH{-}R{-}NH{-}\overset{\overset{\displaystyle O}{\|}}{C}{-}OH \longrightarrow H_2N{-}R{-}NH_2 + 2CO_2\uparrow \\
&(n{+}1)H_2N{-}R{-}NH_2 + nO{=}C{=}N{-}R{-}N{=}C{=}O \longrightarrow NH_2{-}\!\!\left[R{-}NH{-}\overset{\overset{\displaystyle O}{\|}}{C}{-}NH\right]_n\!\!{-}R{-}NH_2
\end{aligned}
\right\}
\tag{10-18}
$$

（2）胶结作用

PUS 聚合反应得到的胶凝物能够包裹土颗粒，覆盖在土颗粒表面，硬化后的无定形胶凝物对土体具有很强的胶结作用，是 PUS 固化土强度的主要来源。

（3）填充作用

除了具有胶结作用外，无定形胶凝物还能够填充在土体孔隙中，进一步提高土体密实度、增强 PUS 固化土强度。

基于上述机理，可将 PUS 固化土的作用机理用图 10-36 表示。

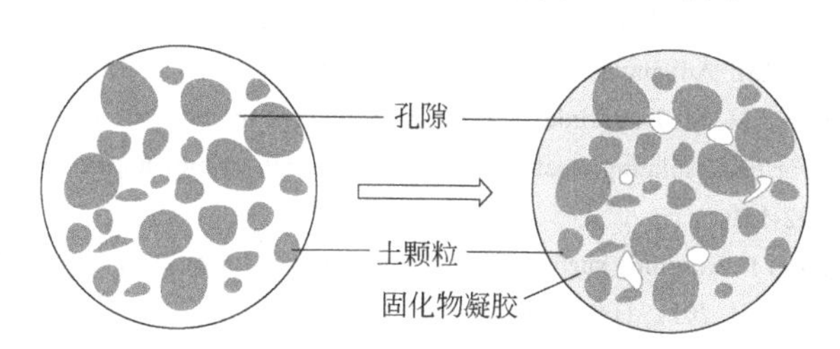

图 10-36 PUS 固化土的作用机理示意图

10.3 结语

聚氨酯类固化剂在土体加固、止水防渗、防水堵漏方面已有研究成果，尚未有废土材料化、固化/稳定化相关的研究。

在土体加固方面，聚氨酯类固化剂与土体各组分（不同土质、颗粒粒组组成、不同化学成分等）之间的作用机理尚不清楚，缺乏聚氨酯类固化剂固化土的长期力学性能、强度-龄期之间关系、渗透特性、劣化特性与耐久性等相关研究；在废土材料化方面，尚未有相关研究报道，有关聚氨酯类固化剂半固化土与固化土的界限掺入比范围的界定方法，半固化机理以及击实对半固化土结构的作用机理，半固化击实处理土的动、静力学特性，半固化土的长期力学性能、强度-龄期之间关系，渗透特性、劣化特性与耐久性等研究有待开展；

在固化/稳定化污染土方面，尚未有污染土固化/稳定化相关的研究；止水防渗、防水堵漏方面，聚氨酯类固化剂多用作灌浆材料、裂缝修补材料，其劣化特性与耐久性等有待进一步研究。

目前，影响聚氨酯类固化剂在土体中应用的主要限制因素有：①成本问题。聚氨酯类固化剂材料生产成本较高。②环境问题。聚氨酯类固化剂主要成分为有机化学试剂，其生产过程消耗大量资源和能源。③缺乏应用于土体的相关标准和规范。

参考文献

[1] Akindoyo J O, Beg M D H, Ghazali S, et al. Polyurethane types, synthesis and applications: a review[J]. Rsc Advances, 2016, 6(115): 114453-114482.

[2] Howard G T. Polyurethane biodegradation[M]//Microbial degradation of xenobiotics. Berlin: Springer, 2012: 371-394.

[3] 刘益军. 聚氨酯树脂及其应用[M]. 北京：化学工业出版社, 2012.

[4] Saleh S, Yunus N Z M, Ahmad K, et al. Improving the strength of weak soil using polyurethane grouts: a review[J]. Construction and Building Materials, 2019, 202: 738-752.

[5] 丁彤，等. 中国化工产品大全(上)[M]. 北京：化学工业出版社, 1994.

[6] Chattopadhyay D K, Raju K. Structural engineering of polyurethane coatings for high performance applications[J]. Progress in Polymer Science, 2007, 32(3): 352-418.

[7] Patterson C W, Hanson D, Redondo A, et al. Conformational analysis of the crystal structure for MDI/BDO hard segments of polyurethane elastomers[J]. Journal of Polymer Science Part B: Polymer Physics, 1999, 37(17): 2303-2313.

[8] Guo J H, Liu Y C, Chai T, et al. Synthesis and properties of a nano-silica modified environmentally friendly polyurethane adhesive[J]. RSC Advances, 2015, 5(56): 44990-44997.

[9] Roohpour N, Wasikiewicz J M, Moshaverinia A, et al. Polyurethane membranes modified with isopropyl myristate as a potential candidate for encapsulating electronic implants: a study of biocompatibility and water permeability[J]. Polymers, 2010, 2(3): 102-119.

[10] Kumar G P, Rajeshwarrao P. Nonionic surfactant vesicular systems for effective drug delivery——an overview[J]. Acta Pharmaceutica Sinica B, 2011, 1(4): 208-219.

[11] Mittal V, Kim J K, Pal K. Recent advances in elastomeric nanocomposites[M]. Berlin: Springer, 2011.

[12] Ramesh S, Punithamurthy K. The effect of organoclay on thermal and mechanical behaviours of thermoplastic polyurethane nanocomposites[J]. Dig J Nanomater Biostructures, 2017, 12(2): 331-338.

[13] Cong L, Guo G H, Yu M, et al. The energy consumption and emission of polyurethane pavement construction based on life cycle assessment[J]. Journal of Cleaner Production, 2020, 256: 120395.

[14] Narayan R, Chattopadhyay D K, Sreedhar B, et al. Synthesis and characterization of crosslinked polyurethane dispersions based on hydroxylated polyesters[J]. Journal of Applied Polymer Science, 2006, 99(1): 368-380.

[15] 李绍雄，刘益军. 聚氨酯树脂及其应用[M]. 北京：化学工业出版社, 2012.

[16] Wei Y, Wang F M, Gao X, et al. Microstructure and fatigue performance of polyurethane grout materials under compression[J]. Journal of Materials in Civil Engineering, 2017, 29(9): 04017101.

[17] 高运昌，高盟，尹诗. 聚氨酯固化海砂的静力特性试验研究[J]. 岩土力学, 2019, 40(S1): 231-236+244.

[18] Li F Y, Wang C J, Xia Y Y, et al. Strength and solidification mechanism of silt solidified by polyurethane[J]. Advances in Civil Engineering, 2020(5): 1-9.

[19] Pu S Y, Zhu Z D, Wang H R, et al. Mechanical characteristics and water stability of silt solidified by incorporating lime, lime and cement mixture, and SEU-2 binder[J]. Construction and Building Materials, 2019, 214: 111-120.

[20] Liu J, Wang Y, Kanungo D P, et al. Study on the brittleness characteristics of sand reinforced with polypropylene fiber and polyurethane organic polymer[J]. Fibers and Polymers, 2019, 20(3): 620-632.

[21] Liu J, Qi X H, Zhang D, et al. Study on the permeability characteristics of polyurethane soil stabilizer reinforced sand[J]. Advances in Materials Science and Engineering, 2017(3): 1-14.

[22] Zhou X, Fang C Q, He X Y, et al. The morphology and structure of natural clays from Yangtze River and their interactions with polyurethane elastomer[J]. Composites Part A: Applied Science and Manufacturing, 2017, 96: 46-56.

[23] Wang C J, Liu Q, Guo C C, et al. An experimental study on the reinforcement of silt with permeable polyurethane by penetration grouting[J]. Advances in Civil Engineering, 2020(6): 1-14.

[24] Liu J, Bai Y X, Song Z Z, et al. Evaluation of strength properties of sand modified with organic polymers[J]. Polymers, 2018, 10(3): 287.

11 其他有机类固化剂

离子土类固化剂（第 7 章）、环氧树脂类固化剂（第 8 章）、丙烯酰胺类固化剂（第 9 章）和聚氨酯类固化剂（第 10 章）是常用的有机类固化剂，除此之外，还有脲醛树脂类、木质素类、丙烯酸盐类等固化剂。

11.1 脲醛树脂类固化剂

脲醛树脂类固化剂以脲醛树脂（也称尿素甲醛树脂、脲甲醛树脂）为主剂，加入适量的酸或酸性盐作为添加剂，用于改善脲醛树脂硬化体的脆性和抗渗性。

脲醛树脂是尿素与甲醛在添加剂（酸或酸性盐）的催化作用下，通过缩聚反应形成不溶、不熔的热固性树脂。硬化后的脲醛树脂颜色较浅，呈半透明状，耐弱酸、弱碱，绝缘性能好，耐磨性极佳，价格便宜；但是，遇强酸、强碱易分解，耐候性较差，且初黏差、收缩大、脆性大、不耐水、易老化。

脲醛树脂类固化剂反应过程非常复杂，中间产物的结构和反应过程难以确定，其反应机理尚未形成统一认识。经典缩聚理论认为，甲醛与尿素的摩尔比大于 1.0 时，脲醛树脂的合成与固化反应属于体型缩聚，可通过控制反应程度先合成脲醛树脂初期树脂再进一步缩聚交联成体型结构。即将脲醛树脂的合成分为两个阶段：加成反应阶段和缩聚反应阶段。加成反应阶段是指尿素和甲醛之间的亲核加成反应，在酸性条件下，尿素与甲醛通过加成反应生成一羟甲基脲或二羟甲基脲等缩聚中间体，其反应过程如式（11-1）、式（11-2）所示；缩聚反应阶段也可称为树脂化阶段，在酸性环境下，一羟甲基脲、二羟甲基脲等缩聚中间体脱水缩聚形成初期树脂，随后进一步脱水缩聚形成以亚甲基链节和二亚甲基醚链节相互交联的高分子聚合物[1,2]。

$$\underset{\overset{\|}{O}}{CH}-NH_2 + \underset{\overset{\|}{O}}{HC}-H \xrightarrow{H^+} H_2N-\underset{\overset{\|}{O}}{C}-NH-CH_2OH \tag{11-1}$$

一羟甲基脲

$$\underset{\overset{\|}{O}}{CH}-NH_2 + 2\underset{\overset{\|}{O}}{HC}-H \xrightarrow{H^+} HOH_2C-HN-\underset{\overset{\|}{O}}{C}-NH-CH_2OH \tag{11-2}$$

二羟甲基脲

脲醛树脂胶体理论[3]则认为脲醛树脂是线型聚合物，先在水中形成胶体分散体系；当胶体稳定性遭到破坏后，胶体粒子凝结、沉降，脲醛树脂发生固化或凝胶化，胶体粒子聚结并形成离子聚结结构[4]。

脲醛树脂净浆浆液在聚合反应过程中会释放出水，浆液硬化后强度虽高，但质脆易碎、抗渗性差且伴随体积收缩[5]，此外，未完全参与反应的甲醛有毒且释放臭气[6]。通过添加剂使脲醛树脂固化剂净浆硬化体具有黏度低、可注性强、强度高等特性。常见的添加剂有纳米 SiO_2 溶胶、水玻璃、纤维[7]、聚乙烯醇（PVA）[1]等，这些添加剂具有无环境污染、成本低、易于控制施工等优点。

脲醛树脂类固化剂主要用于止水防渗、防水堵漏等工程（图 0-1），对应的室内研究对象为净浆。目前，尚未有脲醛树脂类固化剂在废土材料化、土体加固、污染土修复等方面研究的报道。

11.2　木质素类固化剂

木质素又称作木素，是自然界唯一能提供可再生芳基化合物的非石油资源。

木质素有天然木质素和工业木质素。天然木质素每年通过光合作用生产约 1500 亿吨，在陆生植物中含量仅次于纤维素，与纤维素、半纤维素共同构成植物骨架。工业木质素主要来源于造纸废液，全世界年产约 5000 万吨，在工业上的利用率不足 10%，目前主要的处置方式是堆置或焚烧[8]。

木质素来源广泛、价格低廉且环境友好，所含官能团丰富，含酚羟基、醇羟基、羰基、羧基、甲氧基、共轭双键等多种功能基团或化学键。天然木质素结构中含有较多的羟基等极性基团，呈现白色或接近白色固体。在工业生产中，由于分离和制备过程不同，木质素会呈现不同颜色，多为棕黄或灰褐色。木质素的密度为 1.35～1.50g/cm^3，折射率高达 1.61，热值达 26.0J/g，一般没有固定的熔点，均为热塑性高分子[9]。此外，木质素具有高聚合度和无毒性等特性[10]。

按照分离方法和原理，可将工业木质素进行分类并命名，如表 11-1 所示。

表 11-1　工业木质素的分类及名称[9,11]

分类	分离方法	木质素名称
木质素作为不溶物	酸水解法	硫酸木质素 盐酸木质素
	—	氧化铜铵木质素
木质素作为溶解物质	亚硫酸盐法	木质素磺酸盐
	碱液法	碱木质素
	有机溶剂法	乙醇木质素 乙酸木质素 丙酮木质素
	生物降解、机械法、蒸汽法	酶解木质素
		磨木木质素（贝克曼木质素）

木质素由碳（C）、氢（H）和氧（O）三种元素组成，主要是苯丙烷类单元通过酶解以及偶联反应生成的醚键（C—O—C）和碳-碳键（C=C）连接而成的网状非晶类高分子化合物，具有芳香族化合物特性[9]。构成木质素网状结构的三种苯丙烷单元从多到少依次为紫丁香基丙烷单元（S 型）、愈创木基丙烷单元（G 型）和对羟基苯丙基单元（H 型），三种苯丙烷单元结构如图 11-1 所示。

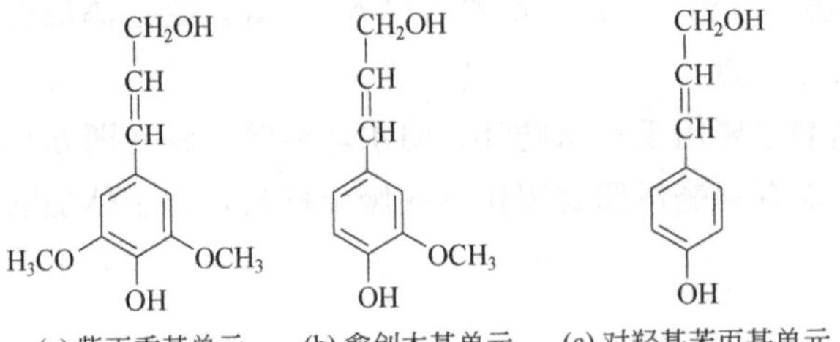

(a) 紫丁香基单元　(b) 愈创木基单元　(c) 对羟基苯丙基单元

图 11-1　三种基本木质素结构单元[10]

如上所述，木质素具有亲水的磺酸基、与苯环相连的羟基和醇羟基，也具有疏水的碳链等，其与土体矿物能够发生多种固化作用。木质素固化土的主要作用可归纳为：磺化反应、氧化反应、缩合反应、曼尼希反应（Mannich 反应）、接枝共聚反应、水解反应、还原反应、醇解反应和酸解反应等[11]。

Tingle 等[12]结合木质素磺酸盐固化粉砂、黏土的宏微观特性，提出木质素固化土作用机理（图 11-2）。添加木质素前，高岭石、伊利石、蒙脱石等黏土矿物颗粒吸附大量的水分；添加木质素后，木质素磺酸盐水解出的高价阳离子通过离子交换作用减薄黏土颗粒双电层厚度，并吸附周边带负电的土颗粒，形成胶结物质并填充孔隙，最后通过土颗粒之间的摩擦联结作用和物理联结作用使固化土形成致密结构。

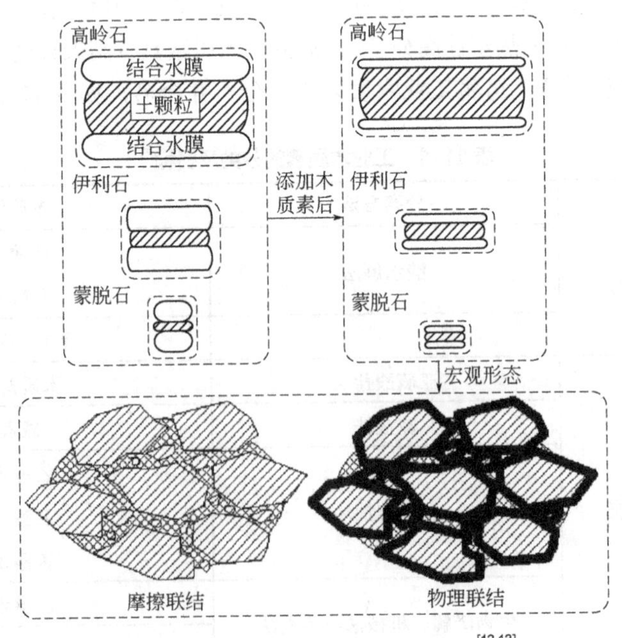

图 11-2　木质素固化土作用机理示意图[12,13]

木质素类固化剂主要用于土体加固方面，对应的室内研究对象为固化土。木质素固化剂在粉砂[14,15]、黏土[12,16]、粉土[11,17-19]等土质中已有大量研究成果，尤其是在提高土体强度、耐久性和抗腐蚀性等方面效果显著，部分性能甚至优于水泥类固化剂、石灰类固化剂等传统固化剂，其在不同土质的作用机理、耐久性机理等方面有待进一步研究[13]。

目前，关于木质素类固化剂在废土材料化、污染土修复、止水防渗、防水堵漏等方面研究的报道较少。值得注意的是，木质素中的含氧功能基团使其表面带负电荷，可用于阳离子吸附点位与重金属离子结合，作为水溶液低成本重金属离子吸附材料已有大量研究[20-23]，但尚未有在重金属污染土中应用的相关研究，木质素类固化剂固化/稳定化重金属污染土具有可行性。

11.3 丙烯酸盐类固化剂

丙烯酸盐类固化剂由过量的金属氧化物、氢氧化物和丙烯酸反应生成的丙烯酸盐混合物及添加组分组成。添加组分（主要为引发剂、交联剂、促进剂和缓凝剂等）是为了降低丙烯酸盐的黏度。丙烯酸盐类固化剂具有黏度低、力学强度高、可灌注性能好等特点，主要用于堵漏防渗和混凝土裂缝补强灌浆。

丙烯酸盐类固化剂的应用研究始于 20 世纪 40 年代[24]，我国于 20 世纪 70 年代开始丙烯酸盐类固化剂灌浆材料的研究[25]。

丙烯酸既有烯烃的性质，能够参与加成反应、氧化反应和聚合反应，又有羧酸的性质，能够参与酯化反应，同时具有酸的通性。该性质与丙烯酸的结构有关，如图 11-3 所示，丙烯酸中含有碳碳（C=C）双键和羧基（—COOH）。

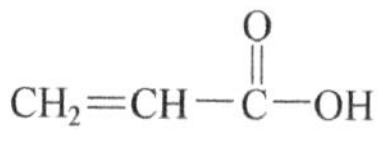

$$CH_2{=}CH-\overset{\overset{\displaystyle O}{\|}}{C}-OH$$

图 11-3 丙烯酸结构式

以 NaOH 为例，一价金属氢氧化物与丙烯酸的反应方程式见式（11-3），以 $Ca(OH)_2$ 为例，二价金属氢氧化物与丙烯酸的反应方程式如式（11-4）所示。

$$CH_2{=}CH-\overset{\overset{\displaystyle O}{\|}}{C}-OH+NaOH\longrightarrow CH_2{=}CH-\overset{\overset{\displaystyle O}{\|}}{C}-ONa+H_2O \tag{11-3}$$

$$2CH_2{=}CH-\overset{\overset{\displaystyle O}{\|}}{C}-OH+Ca(OH)_2\longrightarrow \left(CH_2{=}CH-\overset{\overset{\displaystyle O}{\|}}{C}-O\right)_2 Ca+2H_2O \tag{11-4}$$

丙烯酸盐主要是指丙烯酸的一价、二价、三价金属盐，其性质见表 11-2。丙烯酸盐溶解度存在差异，一价金属丙烯酸盐溶解度最高，三价金属丙烯酸盐溶解度最低。岩土工程常用的丙烯酸盐主要为一价金属丙烯酸盐和二价金属丙烯酸盐。

表 11-2 丙烯酸盐浆液的种类和性质[26]

丙烯酸盐种类		单体水溶液性质				聚合体性质					
		浓度/%	pH 值	密度/(g/m³)	黏度/mPa·s	外观	可溶性：水	可溶性：有机溶剂	稳定性：酸		稳定性：碱
一价	丙烯酸钠	30	7.0～7.5	1.15	3.9	透明凝胶	微溶	不溶	溶解		
	丙烯酸钾	30	5.5～6.0	1.14	2.0	透明凝胶					
二价	丙烯酸钙	30	6.0～6.5	1.11	4.0	白色凝胶	不溶		强酸中溶解	弱酸中稳定	稳定
	丙烯酸镁	30	5.5～6.0	1.19	6.2	半透明凝胶					
	丙烯酸锌	30	4.5～5.0	1.20	3.7	白色凝胶					
	丙烯酸钡	30	5.0～5.5	1.27	2.6	白色凝胶					
	丙烯酸铅	30	3.5～4.0	1.07	1.2	白色凝胶					
	丙烯酸镍	30	4.0～4.5	1.18	2.6	绿色凝胶					
三价	丙烯酸铝	10	4.0～4.5	1.06	1.5	白色凝胶					
	丙烯酸铬	10	2.5～3.0	1.07	2.0	绿黑色凝胶					

丙烯酸盐类固化剂的反应主要是丙烯酸盐（主剂）在添加组分中的引发剂和促进剂的作用下，碳碳双键（C=C）发生自由基反应聚合生成线型高分子链（见图 11-4），在交联剂作用下进一步使线型高分子链交联形成空间网络状的高分子结构。

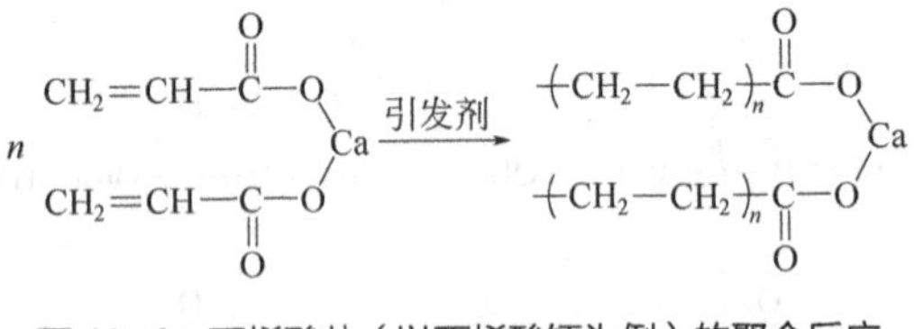

$$n\,(CH_2{=}CH{-}COO)_2Ca \xrightarrow{\text{引发剂}} [{-}(CH_2{-}CH_2)_n{-}COO]_2Ca$$

图 11-4 丙烯酸盐（以丙烯酸钙为例）的聚合反应

丙烯酸盐类固化剂主要用于止水防渗、防水堵漏等方面，对应的室内研究对象为净浆。目前，尚未有丙烯酸盐类固化剂在废土材料化、土体加固、污染土修复等方面研究的报道。

丙烯酸盐固化剂净浆浆液中最常见的交联剂亚甲基双丙烯酰胺具有一定的毒性，因此，越来越多的学者尝试利用环保交联剂改善丙烯酰胺固化剂净浆，如多羟基化合物与丙烯酸进行酯化反应制得的新型环保交联剂 CH_2=CH—COOROOC—CH=CH_2[24]和 AC-Ⅱ[27]等。上述环保交联剂解决了亚甲基双丙烯酰胺不易溶解、环境污染等问题，且制得的丙烯酰胺固化剂净浆具有黏度低、流动性好、可灌入细微裂缝、凝结时间可控、渗透性低、强度高等优点[24]。

11.4 结语

除了上述脲醛树脂类固化剂、木质素类固化剂、丙烯酸盐类固化剂外，还有单宁类固化剂、聚乙烯醇类固化剂（如 SH 固土剂）、聚甲基丙烯酸甲酯类固化剂、乙烯基酯类固化剂及沥青类固化剂等，这些固化剂大多用作灌浆材料，一般要求其净浆：浆液黏度低、可灌性好，易于灌满微裂缝；黏结强度高，固化后收缩小，渗透系数低；凝结时间可控，不会对周边的环境产生污染等。本章所述的固化剂其净浆硬化反应机理尚未明确，各成分之间化学反应控制理论不统一，尚缺净浆的长期力学性能、强度-全龄期之间关系、劣化特性与耐久性、微观特性等相关研究。

参考文献

[1] 曹晨明，冯志强．低黏度脲醛注浆加固材料的研制及应用[J]．煤炭学报, 2009, 34(4): 482-486.
[2] 冯志强．破碎煤岩体化学注浆加固材料研制及渗透扩散特性研究[D]．北京：煤炭科学研究总院, 2007.
[3] Pratt T J, Johns W E, Rammon R M, et al. A novel concept on the structure of cured urea-formaldehyde resin[J]. The Journal of Adhesion, 1985, 17(4): 275-295.
[4] 李建章，李文军，周文瑞，等．脲醛树脂固化机理及其应用[J]．北京林业大学学报, 2007(4): 90-94.
[5] 宋雪飞．改性脲醛树脂浆液用于地面预注浆的性能研究[J]．煤炭科学技术, 2011, 39(12): 6-8+12.
[6] 韩羽，朱云江，於如山．改性化学灌浆材料的室内试验研究[J]．人民珠江, 2011, 32(S1): 27-31.
[7] 洪晓东，杨东旭，周莹．改性脲醛树脂注浆材料的制备及性能研究[J]．材料导报, 2013, 27(8): 117-119+137.
[8] 鲁秀国，陈晶．化学改性木质素吸附水中重金属的研究进展[J]．化工新型材料, 2021, 49(11): 279-282+278.
[9] 刘尧伍．无磺木质素加固碳酸型盐渍土工程效果与机理研究[D]．长春：吉林大学, 2020.
[10] 郑大锋，邱学青，楼宏铭．木质素的结构及其化学改性进展[J]．精细化工, 2005(4): 249-252.
[11] 张涛．基于工业副产品木质素的粉土固化改良技术与工程应用研究[D]．南京：东南大学, 2015.
[12] Tingle J S, Newman J K, Larson S L, et al. Stabilization mechanisms of nontraditional additives[J]. Transportation Research Record, 2007, 1989(1): 59-67.
[13] 刘松玉，张涛，蔡国军，等．生物能源副产品木质素加固土体研究进展[J]．中国公路学报, 2014, 27(8): 1-10.
[14] Santoni R L, Tingle J S, Webster S L. Stabilization of silty sand with nontraditional additives[J]. Transportation Research Record, 2002, 1787(1): 61-70.
[15] Blanck G, Cuisinier O, Masrouri F. Soil treatment with organic non-traditional additives for the improvement of earthworks[J]. Acta Geotechnica, 2014, 9(6): 1111-1122.
[16] Kim S, Gopalakrishnan K, Ceylan H. Moisture susceptibility of subgrade soils stabilized by lignin-based renewable energy coproduct[J]. Journal of Transportation Engineering, 2012, 138(11): 1283-1290.
[17] Indraratna B, Athukorala R, Vinod J. Estimating the rate of erosion of a silty sand treated with lignosulfonate[J]. Journal of Geotechnical and Geoenvironmental Engineering, 2013, 139(5): 701-714.
[18] 张涛，刘松玉，蔡国军，等．木质素改良粉土热学与力学特性相关性试验研究[J]．岩土工程学报, 2015, 37(10): 1876-1885.

[19] 张涛，刘松玉，蔡国军. 木质素改良粉土临界状态剪切特性试验[J]. 中国公路学报, 2016, 29(10): 20-28.
[20] 陈海珊，蔡爱华，赵志国，等. 蔗渣木质素对溶液中重金属离子的吸附性能[J]. 桂林理工大学学报，2014, 34(2): 301-305.
[21] Wang B, Sun Y C, Sun R C. Fractionational and structural characterization of lignin and its modification as biosorbents for efficient removal of chromium from wastewater: a review[J]. Journal of Leather Science and Engineering, 2019, 1(1): 1-25.
[22] Liu M Y, Liu Y, Shen J J, et al. Simultaneous removal of Pb^{2+}, Cu^{2+} and Cd^{2+} ions from wastewater using hierarchical porous polyacrylic acid grafted with lignin[J]. Journal of Hazardous Materials, 2020, 392: 122208.
[23] Gómez-Ceballos V, García-Córdoba A, Zapata-Benabithe Z, et al. Preparation of hyperbranched polymers from oxidized lignin modified with triazine for removal of heavy metals[J]. Polymer Degradation and Stability, 2020, 179: 109271.
[24] 张健，魏涛，韩炜，等. CW520 丙烯酸盐灌浆材料交联剂合成及其浆液性能研究[J]. 长江科学院院报，2012, 29(2): 55-59.
[25] 汪在芹，廖灵敏，李珍，等. CW 系化学灌浆材料与技术及其在水库大坝除险加固中的应用[J]. 长江科学院院报, 2021, 38(10): 133-139+147.
[26] 周兴旺. 注浆施工手册[M]. 北京：煤炭工业出版社, 2014.
[27] 何月巍，谭日升，何跃峰. 无毒性(AC-Ⅱ)丙烯酸盐灌浆液的研究与应用[J]. 施工技术, 2010, 39(4): 79-82.

12 无机-无机复合类固化剂

12.1 概述

单一固化剂在特殊应用场景下具有一定局限性，如水泥类固化剂固化含有黏土矿物、有机质的土体时硬化过程较为缓慢；石灰类固化剂固化土体时反应时间较长；水玻璃类固化剂具有较强的碱腐蚀性；磷酸盐类固化剂和镁质类固化剂成本高且地域资源分布不均；碱激发类固化剂成分不稳定等。此外，水泥类、石灰类、水玻璃类、磷酸盐类和镁质类等固化剂多为工业产品，消耗大量的资源和能源，且造成一定的环境污染。另外，大宗固体废物的堆存、弃置不仅占用土地资源、增加企业运行成本，造成周边土壤、水体和空气污染，并且存在决堤、危害人体健康等安全隐患。因此，众多学者尝试利用多种固化剂复合的方式，解决上述单一固化剂存在的问题或改善单一固化剂的工程性能。

复合类固化剂是由两种或两种以上固化剂复合而成。按照复合方式，可分为无机-无机复合类固化剂和无机-有机复合类固化剂，如图 12-1 所示。

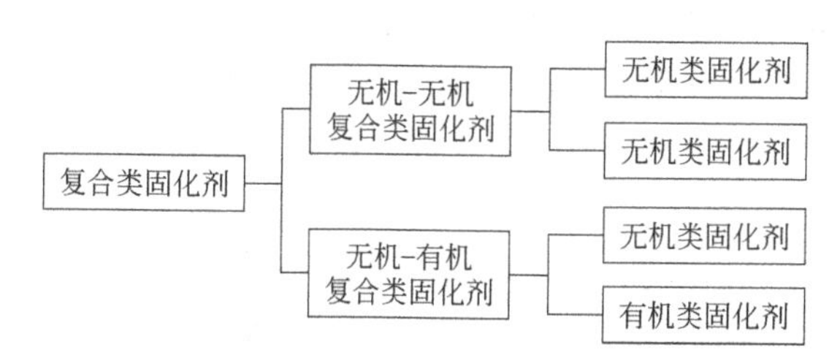

图 12-1　复合类固化剂的分类

笔者结合复合类固化剂的研究现状及应用要求，归纳出复合类固化剂的提出及研究思路，如图 12-2 所示。复合类固化剂的由来、用途、制备、作用效果和作用机理所对应的研究内容分别为定义及要求、目的、设计方法、试验研究、复合原理。在一定程度上，复合类固化剂的定义及要求指明了复合固化剂使用的目的，基于目的建立设计方法，根据设计方法开展相关室内试验研究，基于试验研究结果揭示复合类固化剂的复合原理；复合原理反映出复合类固化剂作用的本质特性，并为试验研究提供理论基础，同时完善复合类固化剂的设计方法，达到设定的复合类固化剂的目的，并为复合类固化剂的应用和研究提出相应的要求。

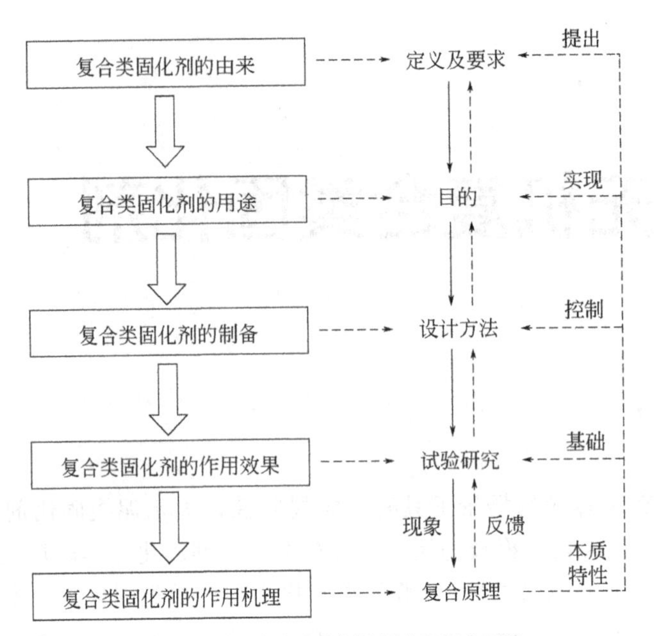

图 12-2　复合类固化剂的提出及研究思路

12.1.1　定义及要求

无机-无机复合类固化剂是由两种或两种以上无机固化剂复合而成（以下简称无机复合固化剂），一般是将单一固化剂作为主固化剂，其他固化剂则作为添加固化剂。复合固化剂既能保留主固化剂的主要作用特性，还能通过添加固化剂的“复合效应”“协同作用”补充或加强某一性能，使其具有优异的作用效果。当然，复合固化剂以主固化剂的性质特征为主。不同于传统复合材料由基体材料和增强材料组成，本书所述的无机复合固化剂中各组分之间的界限和功能区分不显著，这与土体固化剂的作用机制有关。主固化剂、添加固化剂均可与土体中的活性矿物成分、污染成分或有机质成分发生反应，主固化剂与添加固化剂之间也可发生化学反应。

选择主固化剂和添加固化剂时应注意以下两点：

① 明确复合目标，根据目标，优先选择合适的主固化剂，再选择添加固化剂。

② 添加固化剂与主固化剂应易于搅拌和分散。

12.1.2　类型

表 12-1 是已有的无机复合固化剂。最常见的无机复合固化剂是以水泥类固化剂为主固化剂，石灰类固化剂、水玻璃类固化剂、磷酸盐类固化剂、碱激发类固化剂和镁质类固化剂中的一种或多种固化剂为添加固化剂；以水玻璃类固化剂为主固化剂，水泥类固化剂、石灰类固化剂、碱激发类固化剂中的一种或多种固化剂为添加固化剂；以碱激发类固化剂为主固化剂，水泥类固化剂、石灰类固化剂、水玻璃类固化剂中的一种或多种固化剂为添加固化剂。

表 12-1　无机复合固化剂的类型

主固化剂	添加固化剂					
	水泥	石灰	水玻璃	磷酸盐	碱激发	镁质
水泥	/	√	√	√	√	√
石灰	√	/	√	—	√	—
水玻璃	√	√	/	√	√	—
磷酸盐	—	—	—	/	—	—
碱激发	√	√	√	√	/	√
镁质	√	√	—	—	√	/

注：水泥、石灰、水玻璃、磷酸盐、碱激发和镁质分别代表水泥类固化剂、石灰类固化剂、水玻璃类固化剂、磷酸盐类固化剂、碱激发类固化剂和镁质类固化剂；“√”表示可进行复合，“—”表示一般不进行复合。

无机复合固化剂可用于土体加固、废土材料化、污染土修复、止水防渗、防水堵漏等方面（图 0-1），对应的室内研究对象为净浆、固化土、半固化土和固化/稳定化污染土。

12.2　净浆

无机复合固化剂净浆主要用作灌浆材料、止水防渗、防水堵漏材料，室内主要研究的内容为施工和易性、固化机理、强度、微观特性和渗透特性（图 0-1）。

水泥粉煤灰-改性水玻璃复合固化剂，其初凝时间由主固化剂（水泥粉煤灰）的约 172min 缩短到 8～70s，终凝时间由约 234min 缩短到 2～90min，流动性也得到显著改善；同时，7d 抗压强度也得到大幅提高[1]。水泥-磷酸氢二钠复合固化剂有效改善了主固化剂（水泥）的凝结时间[2]。水泥-水玻璃磷酸盐复合固化剂的水灰比、水玻璃含量和磷酸盐含量能够控制高温条件下复合固化剂的黏度[3]。

12.3　固化土

12.3.1　水泥基复合固化剂

水泥基复合固化剂是最常用的无机复合固化剂。

（1）水泥-石灰复合固化剂

贾尚华等[4]以 3%水泥掺入比的水泥固化粉质黏土为基准，分别添加不同掺量的碳酸钙和石灰，研究水泥-石灰复合固化剂固化土的作用机理和固化模型，如图 12-3 所示。水泥-石灰复合固化土的作用机理按时间先后排序，可分为一级强化、二级强化和三级强化。物理填充作用属于一级强化作用，加入水泥-石灰复合固化剂即可起到物理填充作用；水泥的水化作用、石灰的水化作用及水化作用生成的 $Ca(OH)_2$ 与黏土颗粒表面的单价阳离子之间的离子交换作用同时发生，属于二级强化作用，在此过程发生水泥-石灰的复合作用；水泥和石灰的水化作用产生大量的 $Ca(OH)_2$，这些 $Ca(OH)_2$ 一部分生成氢氧化钙结晶（即氢氧化钙结晶作用），一部分与空气中的 CO_2、水中的碳酸盐生成碳酸钙（即碳酸化作用），其余部分 $Ca(OH)_2$ 则与黏土中的活性硅铝质矿物发生火山灰反应，含水泥水化产物 $Ca(OH)_2$ 的火山灰反应（水泥的火山灰作用）和石灰水化产物 $Ca(OH)_2$ 的火山灰反应（石灰的火山灰作用），生成 C-S-H、C-A-H 等火山灰作用产物，该过程属于三级强化作用。

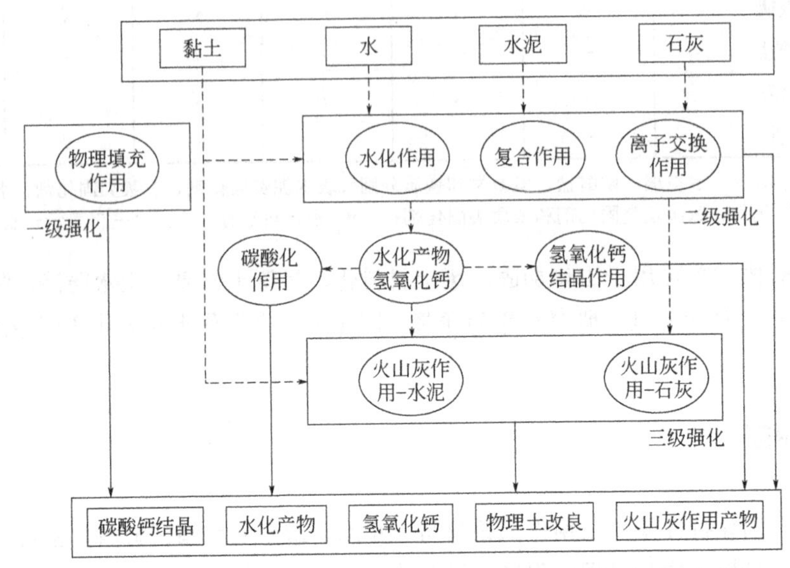

图 12-3 水泥-石灰复合固化土的固化作用模型示意图（基于文献[4]修改）

总体而言，水泥-石灰复合固化土中各种物质混合到一起，各种反应互相穿插、互相影响，使得复合固化土各种反应真实的开始结束顺序不能简单确定，但是可以确定各个反应大规模发生的先后顺序，因此，可以将固化机理按反应发生的时间段简化为一级强化、二级强化、三级强化等三级强化作用[4]。

（2）水泥-水玻璃复合固化剂

水玻璃与水泥水化产物中的 $Ca(OH)_2$ 发生如式（12-1）所示的反应。$Ca(OH)_2$ 溶解度较低，很快达到饱和并阻碍水泥的进一步水化，限制水泥中 C_2S、C_3S 的水化。加入水玻璃后，水泥水化产物与水玻璃的反应消耗了 $Ca(OH)_2$，从而加速水泥 C_2S、C_3S 的水化[5]。

$$Na_2O \cdot nSiO_2 \cdot mH_2O + Ca(OH)_2 \longrightarrow CaO \cdot nSiO_2 \cdot mH_2O + 2NaOH \qquad (12\text{-}1)$$

李晓丽等[6]研究了水泥-水玻璃复合固化土的宏微观特性。随着水玻璃模数的减小，水泥-水玻璃复合固化土强度总体呈增长趋势，且随养护龄期的增加，水玻璃的增强作用更加明显。

（3）水泥-碱激发复合固化剂

李晓丽等[6]采用 P.O42.5 水泥作为主固化剂，硅酸钠+偏高岭土组成的碱激发固化剂作为添加固化剂，研究了水泥-碱激发复合固化土的微观特性。碱激发固化剂对水泥-水玻璃复合固化土强度的增强作用与其微观机制有关，添加碱激发固化剂后，待加固土中蒙脱石和石英在碱的作用下发生溶蚀[7]，溶出的 SiO_3^{2-} 和 AlO_2^- 能够形成硅铝酸盐凝胶[6]；此外，偏高岭土中大量具有活性的硅铝相无定形玻璃体在碱性环境下被 OH^-侵蚀，Si—O—Si 和 Al—O—Al 共价键发生断裂，这些断裂后的结构在碱环境下发生重组聚合反应，生成具有胶凝性的硅酸盐、铝酸盐或硅铝酸盐等聚合物三维网状结构体；砒砂岩中蒙脱石溶解出的 K^+进入聚合物三维网状结构体，最终聚合形成钾 A 型沸石，其结构晶格重组过程如图 12-4 所示。

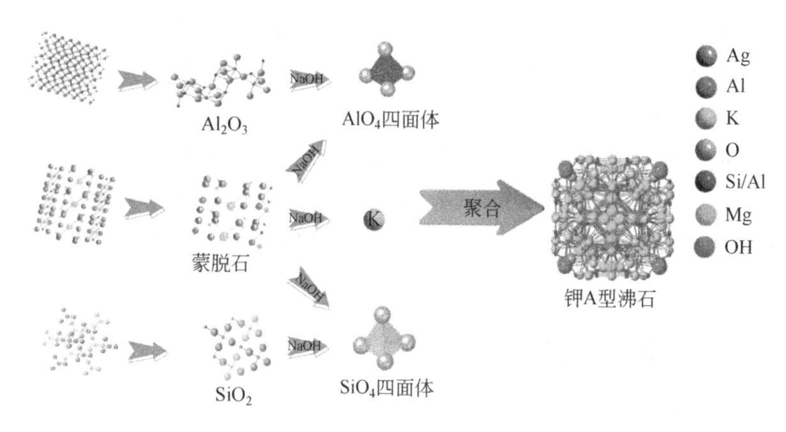

图 12-4　水泥-碱激发复合固化土生成沸石产物示意图[6]

水泥-碱激发复合固化土 28d 的扫描电镜图如图 12-5 所示。在 20℃碱激发温度下，水泥水化反应缓慢，能够明显观察到未参与水化反应的水泥颗粒［图 12-5（a)］；在 60℃碱激发温度下，水泥水化反应迅速，大量的 C-S-H 凝胶和 $Ca(OH)_2$ 晶体胶结土颗粒，部分填充在土颗粒孔隙，大量细长枝状的钾 A 型沸石互相分散交叉、结晶度差但填充在土颗粒孔隙，进一步提高复合固化土的致密性［图 12-5（b)］。

(a) 20℃碱激发温度　　(b) 60℃碱激发温度

图 12-5　不同碱激发温度下水泥-碱激发复合固化土 28d 扫描电镜图[6]

叶华洋等[8]采用 P.O42.5 R 水泥作为主固化剂，硅酸钠+NaOH+偏高岭土组成的碱激发固化剂作为添加固化剂，研究了水泥-碱激发复合固化剂固化淤泥质土的宏微观特性。研究结果表明，碱激发固化剂能够显著降低复合固化土的渗透系数，提高复合固化土强度，这与偏高岭土中含有活性硅铝质无定形玻璃相有关，这些活性硅铝相在水玻璃的碱性激发作用下生成 C-S-H。此外，水泥水化产物 $Ca(OH)_2$ 也能促进偏高岭土的二次水化生成 C-S-H 等胶凝水化物，这一结果与李晓丽等[6]提出的钾型 A 沸石产物有所不同，其具体作用机理和胶凝产物有待进一步确认。

12.3.2 石灰基复合固化剂

吕擎峰等[9]采用石灰作为主固化剂，粉煤灰+水玻璃作为添加固化剂，研究了不同配比条件下的复合固化土的宏微观特性。研究发现，石灰-粉煤灰复合固化土的固化机理在于少量的石灰水化产物 $Ca(OH)_2$ 对粉煤灰的激发作用和 Ca^{2+} 的离子交换作用，但是该固化反应较为缓慢，短时间沉积的固体颗粒会削弱颗粒间胶结力；添加水玻璃（碱激发剂）后，石灰和水玻璃复合作用促进碱激发反应生成大量的 C-S-H、C-A-H 等胶凝物质，通过胶结作用、团聚作用和填充作用等降低石灰-粉煤灰-水玻璃复合固化土的孔隙率并提高复合固化土强度。

12.3.3 碱激发基复合固化剂

王伟齐等[10]采用电石渣+粉煤灰为碱激发固化剂，水玻璃+硫酸钠+三乙醇胺为添加固化剂，聚羧酸为减水剂，研究了碱激发-水玻璃-硫酸钠-三乙醇胺-聚羧酸复合固化剂固化海相软土的宏微观特性。研究结果表明，早期反应聚羧酸减水剂起主导作用，随着反应的进行添加固化剂能够显著增强复合固化土强度。主要作用机理为碱激发固化剂的碱激发反应，聚羧酸减水剂的分散作用，添加固化剂的火山灰反应和碳酸化作用。这些反应生成的胶结产物能够胶结土颗粒，晶体产物则能够填充在复合固化土孔隙，胶结的颗粒形成团粒化结构提高复合固化土的致密性。

12.4 半固化土

（1）水泥基复合固化剂

吴建涛等[11]采用水泥作为主固化剂，石灰为添加固化剂，研究了水泥-石灰复合固化剂对膨胀土的改性效果。结果表明，水泥-石灰复合固化剂有效解决了水泥半固化土均匀性问题和石灰半固化土完整性问题。

（2）石灰基复合固化剂

于新等[12]采用石灰为主固化剂，水泥为添加固化剂，研究了石灰-水泥复合固化剂对盐渍土强度、水稳性等的处理效果。试验结果表明，随着水泥添加量的增加，石灰-水泥复合半固化土的最大干密度逐渐增大；当石灰掺入比保持不变时，最大干密度和最佳含水量均随水泥掺入比的增加而增大，石灰-水泥复合半固化土的无侧限抗压强度、水稳性均随水泥掺入比的增加而增加。

朱文旺等[13]采用石灰作为主固化剂，水玻璃作为添加固化剂，研究石灰-水玻璃复合固化剂处理粉土后的强度、水稳性。研究发现，使用石灰单独处理粉土时，仅依靠离子交换作用和火山灰作用，土颗粒与石灰之间反应缓慢，很难较快地产生硅酸盐、铝酸盐等胶结物质，石灰半固化土强度主要依赖 $Ca(OH)_2$ 的碳酸化和自行结晶作用[14]，强度随着龄期的增长缓慢增加；添加水玻璃后，水玻璃中的硅酸根离子与石灰中的 Ca^{2+}发生剧烈反应生成硅酸钙胶体，这些胶结物有效地提高了粉粒之间的联结力，对粉土前期强度的提高起到了很大的作用，随着龄期的增长，胶结物逐渐转化为晶体状态[13]，石灰-水玻璃复合半固化土强度进一步增强。

12.5 固化/稳定化污染土

研究结果表明，并不是水泥类固化剂掺量越大，固化稳定化效果越好[15-18]。

He 等[19]采用水泥作为主固化剂，石灰作为添加固化剂，$FeSO_4 \cdot 7H_2O$ 作为还原剂，研究水泥-石灰复合固化剂固化/稳定化铬（Cr^{6+}）污染土的冻融循环特性。其中，$FeSO_4 \cdot 7H_2O$ 通过还原反应［见式（12-2）］[19]，能够将 Cr^{6+}还原为毒性较低的三价氧化铬（Cr_2O_3）。研究发现，Cr^{6+}含量较低的水泥-石灰复合固化/稳定化污染土的强度衰减过程与冻融循环次数呈对数相关，经 12 次冻融循环后固化体破坏、Cr^{6+}浸出浓度增大，固化/稳定化效果无法达到标准要求；固化体内部的孔隙分布与 Cr^{6+}浸出浓度之间呈线性关系，其中小于 0.014μm 和 0.014～0.1μm 的孔隙率与 Cr^{6+}浸出浓度之间有很好的线性相关关系，小于 0.014μm 和 0.014～0.1μm 的孔隙率越高则 Cr^{6+}浸出浓度越小，反之亦然。上述结果表明，Cr^{6+}主要是通过小孔径浸出，固化剂的主要固化作用是填充小孔径以降低 Cr^{6+}的浸出浓度[19]；水泥-石灰复合固化剂水化产物通过吸附、包裹、络合、还原等稳定化作用降低 Cr^{6+}的迁移性。

$$2CrO_4^{2-}+6Fe^{2+}+10H^+ \longrightarrow Cr_2O_3+6Fe^{3+}+5H_2O \tag{12-2}$$

无机复合固化剂在固化/稳定化方面的应用，以水泥基复合固化剂最为常见。而水泥基复合固化剂则以水泥-石灰复合固化剂为主，也有水泥-石灰-飞灰-膨润土[20]、水泥-改性黏土[21]、水泥-碱渣[22]、水泥-粉煤灰[23]、水泥-污泥焚烧灰[24]等复合固化剂。以石灰类、水玻璃类、磷酸盐类、碱激发类和镁质类等固化剂为主固化剂的复合固化剂的研究较少，亟须结合单一固化剂的固化/稳定化污染土的作用机理，加入具有改善固化/稳定化效果的添加固化剂，揭示无机复合固化剂的复合作用机理（图 12-2），为污染土的固化/稳定化修复提供科学依据和理论支撑。

12.6 结语

无机复合固化剂在土体加固、废土材料化、污染土修复、止水防渗、防水堵漏等方面均取得了大量的研究成果。

在土体加固方面，无机复合固化剂与土体各组分（不同土质、颗粒粒组组成、不同化学成分等）之间的复合作用机理尚不清楚，缺乏无机复合固化剂固化土的长期力学性能、强度-全龄期之间关系等相关研究，无机复合固化剂固化土的渗透特性、劣化特性与耐久性、微观特性、复合作用机理等也有待进一步深入研究；在废土材料化方面，仅有水泥-石灰复合固化剂和石灰-水泥复合固化剂半固化土的研究报道，尚未有半固化土与固化土的界限掺入比范围的界定方法，半固化机理以及击实对半固化土结构的作用机理，半固化击实处理土的动、静力学特性，半固化土的长期力学性能、强度-龄期之间关系，渗透特性、劣化特性与耐久性等研究；在固化/稳定化污染土方面，缺少无机复合固化剂固化/稳定化污染土的长期力学性能、强度-全龄期之间关系等相关研究，固化/稳定化污染土的渗透特性、浸出特性、劣化特性与耐久性、微观特性、复合固化/稳定化机理也有待进一步深入研究；止水防渗、防水堵漏方面，无机复合固化剂主要为以水泥类固化剂、水玻璃类固化剂为主固化剂，其劣化特性与耐久性等有待进一步研究。

参考文献

[1] 夏冲，李传贵，冯啸，等. 水泥粉煤灰-改性水玻璃注浆材料试验研究与应用[J]. 山东大学学报(工学版), 2021, 51(5): 1-9.

[2] 谭洪波，林超亮，马保国，等. 磷酸盐对普通硅酸盐水泥早期水化的影响[J]. 武汉理工大学学报, 2015, 37(2): 1-4.

[3] Zhu Z J, Wang M, Liu R T, et al. Study of the viscosity-temperature characteristics of cement-sodium silicate grout considering the time-varying behaviour of viscosity[J]. Construction and Building Materials, 2021, 306: 124818.

[4] 贾尚华，申向东，解国梁. 石灰-水泥复合土增强机制研究[J]. 岩土力学, 2011, 32(S1): 382-387.

[5] 杨晓华，俞永华. 水泥-水玻璃双液注浆在黄土隧道施工中的应用[J]. 中国公路学报, 2004(2): 69-73.

[6] 李晓丽，赵晓泽，申向东. 碱激发对砒砂岩地聚物水泥复合土强度及微观结构的影响机理[J]. 农业工程学报, 2021, 37(12): 73-81.

[7] Marsh A, Heath A, Patureau P, et al. Alkali activation behaviour of un-calcined montmorillonite and illite clay minerals[J]. Applied Clay Science, 2018, 166: 250-261.

[8] 叶华洋，张伟锋，韦未，等. 激发剂-地聚合物对软土固化试验研究[J]. 应用基础与工程科学学报, 2019, 27(4): 906-917.

[9] 吕擎峰，王子帅，何俊峰，等. 碱激发地聚物固化盐渍土微观结构研究[J]. 长江科学院院报, 2020, 37(1): 79-83.

[10] 王伟齐，孙红，葛修润. 碱激发作用下海相软土固化研究[J]. 硅酸盐通报, 2021, 40(7): 2248-2255+2269.

[11] 吴建涛，伍洋，金科羽，等. 水泥+石灰复合改性膨胀土对水质的影响[J]. 水利水电科技进展, 2019, 39(6): 82-87.

[12] 于新，杜银飞，胡伟，等. 滨海地区盐渍土固化特性及改良剂的灰色关联选择研究[J]. 中外公路, 2012, 32(1): 41-44.

[13] 朱文旺，张文慧，姜冲，等. 石灰和水玻璃共同改良粉土试验研究[J]. 长江科学院院报, 2017, 34(10): 91-94.

[14] 王海俊，殷宗泽，余湘娟. 粉土路堤填料的 CBR 试验研究[J]. 路基工程, 2006(1): 56-58.

[15] Wang L, Cho D W, Tsang D C W, et al. Green remediation of As and Pb contaminated soil using cement-free clay-based stabilization/solidification[J]. Environment International, 2019, 126: 336-345.

[16] Contessi S, Calgaro L, Dalconi M C, et al. Stabilization of lead contaminated soil with traditional and alternative binders[J]. Journal of Hazardous Materials, 2020, 382: 120990.

[17] Ge S Q, Pan Y Z, Zheng L W, et al. Effects of organic matter components and incubation on the cement-based stabilization/solidification characteristics of lead-contaminated soil[J]. Chemosphere, 2020, 260: 127646.

[18] Kogbara R B. A review of the mechanical and leaching performance of stabilized/solidified contaminated soils[J]. Environmental Reviews, 2014, 22(1): 66-86.

[19] He L, Wang Z, Gu W B. Evolution of freeze–thaw properties of cement–lime solidified contaminated soil[J].

Environmental Technology & Innovation, 2021, 21: 101189.

[20] Xi Y H, Wu X F, Xiong H. Solidification/stabilization of Pb-contaminated soils with cement and other additives[J]. Soil and Sediment Contamination: An International Journal, 2014, 23(8): 887-898.

[21] Vipulanandan C. Effect of clays and cement on the solidification/stabilization of phenol-contaminated soils[J]. Waste Management, 1995, 15(5-6): 399-406.

[22] Zha F S, Zhu F H, Kang B, et al. Experimental investigation of cement/soda residue for solidification/stabilization of Cr-contaminated soils[J]. Advances in Civil Engineering, 2020.

[23] Malviya R, Chaudhary R. Factors affecting hazardous waste solidification/stabilization: a review[J]. Journal of Hazardous Materials, 2006, 137(1): 267-276.

[24] Li J S, Poon C S. Innovative solidification/stabilization of lead contaminated soil using incineration sewage sludge ash[J]. Chemosphere, 2017, 173: 143-152.

13 无机-有机复合类固化剂

13.1 概述

无机-有机复合类固化剂由两种或两种以上固化剂复合组成，其中，至少含有一种无机固化剂和一种有机固化剂（图12-1）。

表13-1是现用的无机-有机复合类固化剂。无机-有机复合类固化剂有以水泥类无机固化剂与有机固化剂形成的水泥-离子土、水泥-环氧树脂、水泥-丙烯酰胺和水泥-聚氨酯等水泥基有机复合固化剂；有以石灰类无机固化剂与有机固化剂形成的石灰-离子土等石灰基有机复合固化剂；有以水玻璃类无机固化剂与有机固化剂形成的水玻璃-丙烯酰胺和水玻璃-聚氨酯等水玻璃基有机复合固化剂。

表13-1 无机-有机复合类固化剂的类型

无机固化剂	有机固化剂			
	离子土	环氧树脂	丙烯酰胺	聚氨酯
水泥	√	√	√	√
石灰	√	—	—	—
水玻璃	—	—	√	√
磷酸盐	—	—	—	—
碱激发	—	—	—	—
镁质	—	—	—	—

注：水泥、石灰、水玻璃、磷酸盐、碱激发和镁质分别代表水泥类固化剂、石灰类固化剂、水玻璃类固化剂、磷酸盐类固化剂、碱激发类固化剂和镁质类固化剂等无机固化剂，离子土、环氧树脂、丙烯酰胺、聚氨酯分别代表离子土类固化剂、环氧树脂类固化剂、丙烯酰胺类固化剂、聚氨酯类固化剂等有机固化剂；“√”表示可进行复合，“—”表示一般不进行复合或尚未有相关研究。

无机-有机复合类固化剂可用于土体加固、污染土修复、止水防渗、防水堵漏等方面，对应的室内研究对象为净浆、固化土和固化/稳定化污染土。尚未有无机-有机复合类固化剂在废土材料化方面的研究。

13.2 净浆

无机-有机复合类固化剂净浆的室内主要研究内容为施工和易性、固化机理、强度、微观特性和渗透特性（图 0-1）。

13.2.1 水泥基有机复合固化剂净浆

与普通硅酸盐水泥相比，硫铝酸钙水泥与硫酸盐、石灰快速反应生成大量针状的钙矾石晶体，从而形成致密的微观结构，并具有凝结时间短、早期强度高等优点[1-3]，其净浆具有易沉降和泌水等缺点，硬化后韧性和渗透性能差[4-6]。通过加入有机固化剂能够显著改善其性能[7]，常见的方式有两种：其一，通过聚合物乳液在水泥颗粒表面形成聚合物膜，这些聚合物能够填充水泥硬化体孔隙，从而改善水泥基材料的柔韧性，但会降低其抗压强度[8]；其二，向水泥中添加聚合物单体，这些聚合物单体在水泥水化过程中能够嵌入其水化产物结构内部，其作用机理如图 13-1、图 13-2 所示。

图 13-1 是水泥-丙烯酸盐复合固化剂作用机理示意图，其中丙烯酸钠作为聚合物单体，过硫酸铵、亚硫酸钠作为引发剂。将丙烯酸盐固化剂的组成成分在冰点（0℃）放置 24h，保证丙烯酸盐固化剂分散均匀的同时防止丙烯酸盐的原位聚合反应［图 13-1（a）］；将水泥与丙烯酸盐固化剂混合搅拌后，在水泥进行水化反应的同时使其发生丙烯酸盐单体的聚合反应，即水泥-丙烯酸盐固化剂同时发生水化反应和聚合反应［图 13-1（b）］。

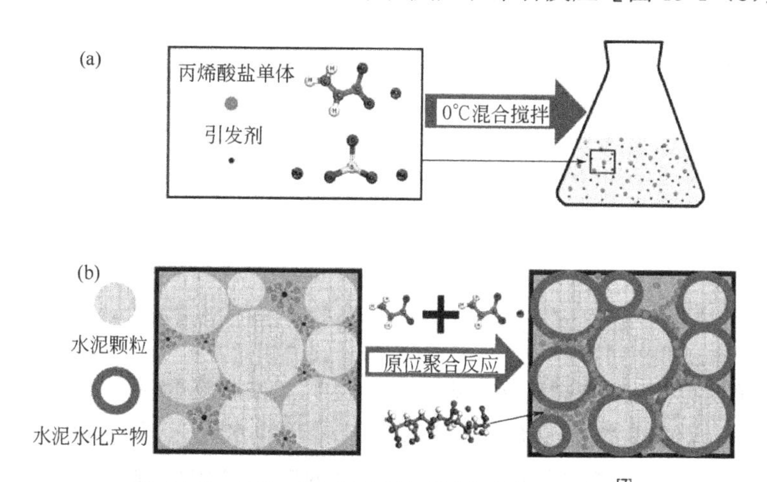

图 13-1 水泥-丙烯酸盐复合固化剂作用机理示意图[7]

图 13-2 是水泥-丙烯酰胺复合固化剂作用机理示意图，其中，水泥固化剂由硫铝酸钙水泥、硫酸盐和石灰组成，丙烯酰胺固化剂由丙烯酰胺（聚合物单体）、过硫酸铵（引发剂）和 *N,N'*-亚甲基双丙烯酰胺（交联剂）组成。水泥-丙烯酰胺固化剂净浆的扫描电镜图见图 13-2（a）、（b），水泥固化剂水化产物钙矾石被丙烯酰胺聚合物凝胶包裹形成更为致密的三维空间结构；结合水泥-丙烯酰胺复合固化剂的扫描电镜图，可将其净浆概化为水泥水化产物钙矾石与丙烯酰胺固化剂生成的丙烯酰胺聚合物凝胶之间相互交叉、互相贯

穿的三维结构［图 13-2（c）］，其中钙矾石是由硫-氧四面体、氢氧化铝、钙-氧多面体结构及结合水分子等组成的针棒状结构，丙烯酰胺聚合物凝胶则是由丙烯酰胺、*N*,*N*′-亚甲基双丙烯酰胺聚合得到的无定形凝胶结构［图 13-2（d）］。丙烯酰胺固化剂的聚合反应和水泥固化剂的水化反应均为放热反应，聚合反应释放的热量能够促进水泥水化产物钙矾石的生成。

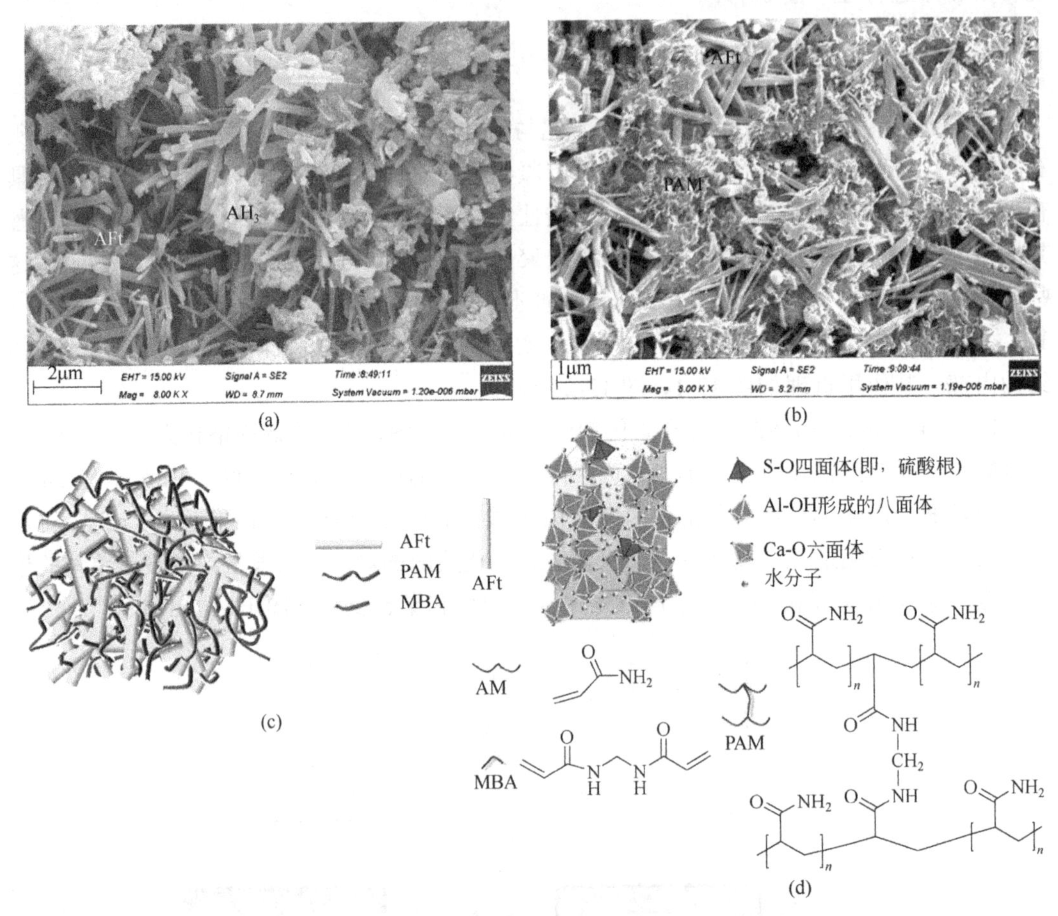

图 13-2 水泥-丙烯酰胺复合固化剂作用机理示意图[9]

除了上述的水泥-丙烯酸盐复合固化剂和水泥-丙烯酰胺复合固化剂外，还有水泥-聚氨酯复合固化剂。水泥-聚氨酯复合固化剂采用硫铝酸盐水泥为无机固化剂，聚醚二元醇（GE-210）、甲苯二异氰酸酯（TDI-80）、二羟甲基丙酸（DMPA）和环氧树脂（E-51）组成聚氨酯固化剂，水泥固化剂水化反应产物形成骨架支撑体系，聚氨酯固化剂反应产物形成三维联系网络聚合物凝胶膜，这些聚合物凝胶膜黏附在水泥水化产物骨架支撑体系表面，两者互穿形成三维连续致密的网络结构，从而提高复合固化剂净浆的强度和韧性[4]。

13.2.2 水玻璃基有机复合固化剂净浆

以水玻璃-聚氨酯复合固化剂为例，在水玻璃中的硅氧链引入聚氨酯，能够显著提高净浆的耐水性和力学性能。其作用机理是水玻璃水解后转化为有机活性硅醇［见式（13-1）］，有机活性硅醇与异氰酸酯发生化学反应［见式（13-2）］，从而在聚氨酯结构中引入性能优异的硅氧结构，提高水玻璃-聚氨酯复合固化剂净浆的性能[10]。同时，水玻璃固化形成的凝胶颗粒能够均匀分散在有机相中，进一步提高复合固化剂净浆的力学性能[11]。

$$Na_2O \cdot nSiO_2 + mH_2O \longrightarrow HO\!\left(\begin{matrix} OH \\ | \\ Si \\ | \\ OH \end{matrix}\!-\!O\right)_n\!H + HO\!\left(\begin{matrix} OH \\ | \\ Si \\ | \\ O \\ | \end{matrix}\!-\!O\right)_n\!H \tag{13-1}$$

$$OCN-R-NCO + HO\!\left(\begin{matrix} | \\ Si \\ | \end{matrix}\!-\!O\right)_n\!H \longrightarrow OCNR-\overset{H}{\overset{|}{N}}-\overset{O}{\overset{\|}{C}}-O-\begin{matrix} | \\ Si \\ | \end{matrix}-O-\overset{O}{\overset{\|}{C}}-\overset{H}{\overset{|}{N}}-RNCO \tag{13-2}$$

冯志强等[12,13]认为水玻璃-聚氨酯复合固化剂净浆硬化形成有机相（聚氨酯网络）与无机相（无机硅酸网络）三维结构互穿网络，提高了净浆强度和抗渗性，其化学反应过程如式（13-3）～式（13-10）所示，经过上述化学反应得到的有机聚氨酯网络与无机硅酸网络相互交叉、互相贯穿形成更为致密的硬化体结构。

$$Na_2O \cdot nSiO_2 + mH_2O \longrightarrow NaOH + nSi(OH)_4 \tag{13-3}$$

$$CH_3-\overset{O}{\overset{\|}{C}}-O\!\left(CH_2-CH_2-O\right)_2\!O-\overset{O}{\overset{\|}{C}}-CH_3 \longrightarrow CH_3COOH + HO\!\left(CH_2-CH_2-O\right)_2\!OH \tag{13-4}$$

$$Na_2O \cdot nSiO_2 + 2CH_3COOH \longrightarrow 2CH_3COONa + nSi(OH)_4 \tag{13-5}$$

$$HO\!\left(CH_2-CH_2-O\right)_2\!OH + OCN\overset{NCO}{\sim\!\sim\!\sim}NCO \longrightarrow O{=}\begin{matrix}\wr \\ C \\ | \\ O \\ | \\ NH \\ \wr \end{matrix} \quad \sim\!\sim-\overset{O}{\overset{\|}{C}}-O-\underset{H}{N}\sim\!\sim\!\sim\underset{H}{N}-O-\overset{O}{\overset{\|}{C}}-\sim\!\sim \tag{13-6}$$

$$OCN\sim\!\sim\!\sim NCO + H_2O \longrightarrow \sim\!\sim\overset{H}{\overset{|}{N}}-\overset{O}{\overset{\|}{C}}-\overset{H}{\overset{|}{N}}\sim\!\sim + CO_2 \tag{13-7}$$

$$H_2O + CO_2 + Na_2O \cdot nSiO_2 \longrightarrow Na_2CO_3 + nSi(OH)_4 \tag{13-8}$$

$$nSi(OH)_4 \longrightarrow \begin{matrix} & \wr & & \wr & & \wr & \\ \sim\!\sim- & Si & -O- & Si & -O- & Si & -O-\sim\!\sim \\ & | & & | & & | & \\ & O & & O & & O & \\ & | & & | & & | & \\ \sim\!\sim- & Si & -O- & Si & -O- & Si & -O-\sim\!\sim \\ & | & & | & & | & \\ & O & & O & & O & \\ & \wr & & \wr & & \wr & \end{matrix} \tag{13-9}$$

三维网络结构

$$n\,OCN\overset{NCO}{\sim\!\sim\!\sim}NCO \longrightarrow NCO\sim N\begin{matrix} NCO \quad\quad NCO \quad\quad NCO \\ N\sim N\sim N\sim NCO \\ \wr \quad\quad\quad\quad \wr \\ N \quad\quad\quad\quad N\sim NCO \\ N\sim N \\ NCO \quad\quad NCO \end{matrix} \tag{13-10}$$

13.3 固化土

13.3.1 水泥基有机复合固化剂固化土

（1）水泥-离子土复合固化剂

游庆龙等[14]采用水泥-离子土复合固化剂固化红黏土，发现复合固化剂能够显著提高土体强度和固化土的抗冻融性能；在相同离子土固化剂掺量下，水泥掺量越高固化土强度越大、耐久性能越好。

吴雪婷等[15]为探究酸性离子土固化剂与碱性水泥固化剂之间的相互作用，采用 NaOH 作为离子土固化剂的碱化剂，研究不同 pH 值条件下水泥-离子土复合固化剂固化淤泥的固化效果。研究结果表明，在相同水泥掺量下，固化效果从大到小依次为 NaOH 碱化后水泥-离子土复合固化土、单掺水泥固化土、水泥-离子土复合固化土。这是由于离子土固化剂和水泥复合时，呈酸性的离子土固化剂与碱性水泥固化剂之间相互抑制，离子土固化剂影响水泥凝胶产物 C-A-H 和 C-S-H 的生成，消耗水泥水化产物 $Ca(OH)_2$，进而阻碍后续火山灰反应的进行，降低水泥-离子土复合固化土的强度；但离子土固化剂中 SO_4^{2-} 能够促进水化产物 AFt 的生成，NaOH 碱化水泥-离子土复合固化土能够促进火山灰反应的进行，提高固化土强度。

徐菲等[16]基于水泥-离子土复合固化剂固化黏性土的宏微观特性，提出了离子土固化剂改性水泥固化土的机理模型，如图 13-3 所示。离子土固化剂对黏土矿物中的铝硅酸盐具有

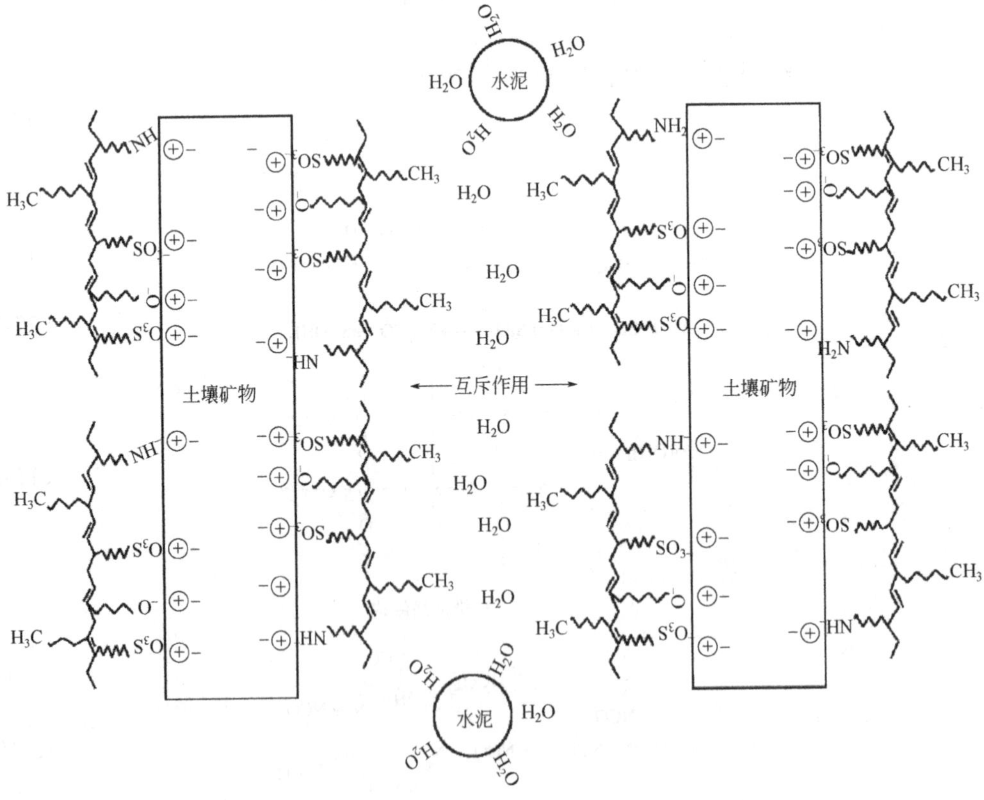

图 13-3 离子土固化剂改性水泥固化土的机理模型图[16]

优先吸附的特性，通过在其表面形成的吸附膜阻碍铝硅酸盐类矿物遇水团聚；然后，借助黏土矿物表面阳离子的静电吸引，在土颗粒表面形成吸附层，并与黏土矿物表面的阳离子发生络合反应产生化学吸附；在上述一系列物理化学过程的综合作用下，土体的结合水能力减弱，遇水团聚行为受限，使得更多的水分能够参与到水泥的水化反应。综上所述，离子土固化剂的掺入显著提升了水泥土内水化产物的生成，优化了土体的孔结构，进而提高土体强度，增加土体体积的化学减缩。

（2）水泥-环氧树脂复合固化剂

Hamidi 等[17]采用水泥-环氧树脂复合固化剂分别固化高岭土和膨润土，研究了其强度和微观特性。在同一环氧树脂固化剂掺量条件下，养护龄期 7d 时，随着水泥掺量的增加水泥-环氧树脂复合固化高岭土强度先增加后减小，存在最佳水泥掺量，而固化膨润土强度逐渐增加并趋于平稳；养护龄期 28d 时，随着水泥掺量的增加，固化高岭土强度逐渐减小，而固化膨润土强度先增加后减小，存在最佳掺量。上述结果表明，水泥-环氧树脂复合固化土的强度特性与待加固土土质有关，黏土矿物相种类影响固化效果。

水泥-环氧树脂复合固化高岭土和膨润土的 SEM 图如图 13-4 所示。水泥固化高岭土和

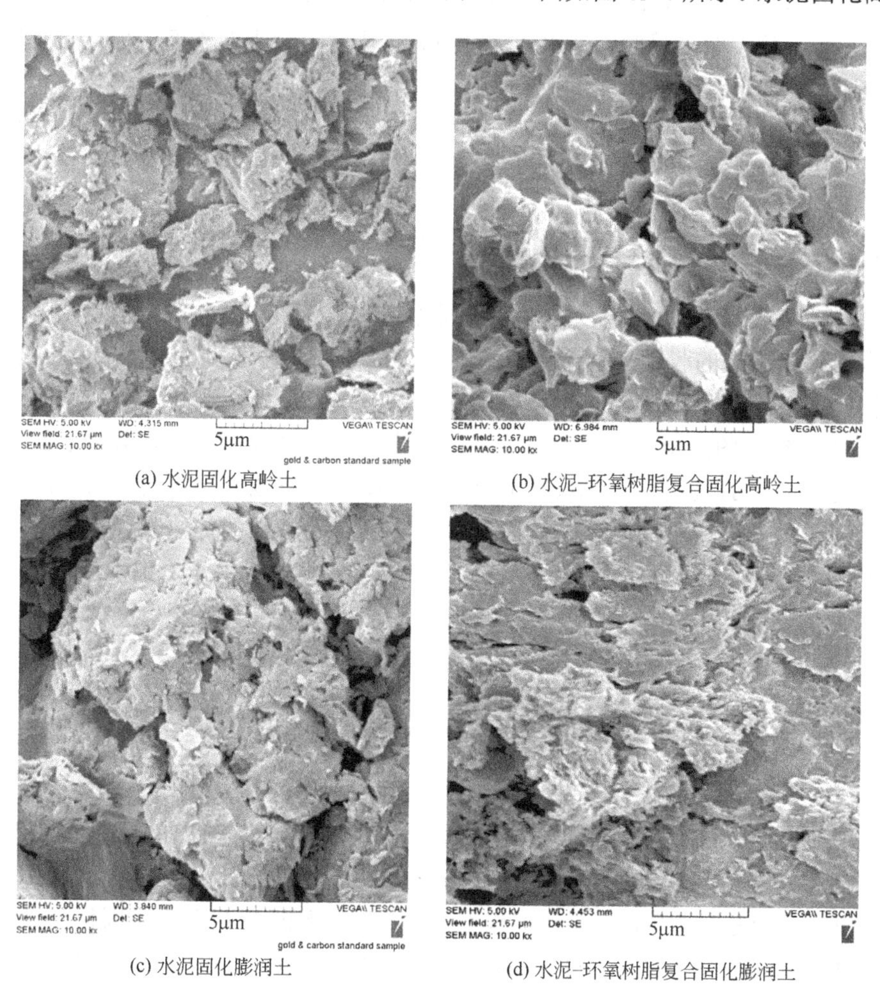

(a) 水泥固化高岭土　(b) 水泥-环氧树脂复合固化高岭土

(c) 水泥固化膨润土　(d) 水泥-环氧树脂复合固化膨润土

图 13-4　水泥-环氧树脂复合固化高岭土和固化膨润土的 SEM 图[17]

固化膨润土表面粗糙，大量的片状颗粒被无定形水化产物包裹或填充，形成较为致密的固化土结构；添加环氧树脂固化剂后，水泥-环氧树脂复合固化高岭土和固化膨润土表面光滑，大量的聚合物凝胶附着在土颗粒和水泥水化产物表面，形成相互交错的网络空间结构，其余聚合物凝胶则填充在水泥固化土孔隙，进一步提高水泥-环氧树脂复合固化土的致密性。

水泥-环氧树脂复合固化土的固化机理可归纳为水泥水化产物的胶结作用、填充作用、火山灰作用、骨架作用、离子交换作用，环氧树脂的胶结作用、填充作用，以及水泥水化产物-环氧树脂聚合物凝胶之间交叉互穿的复合作用。当然，在复合固化过程中，环氧树脂聚合物凝胶在一定程度上阻碍水泥水化反应和火山灰反应等，但其不利影响远小于环氧树脂聚合物凝胶与水泥水化产物之间的复合作用效果。

13.3.2 石灰基有机复合固化剂固化土

以石灰-离子土复合固化剂为例。在石灰中添加离子土固化剂后，其初始作用类似于分散剂，增加土体的可塑性，改善土的压实性[18]；随后，通过离子土固化剂中和黏土颗粒表面的离子，将土粒表面吸附的部分水分子置换为自由水，使土粒表面失去对水的静电吸附力，永久地将土的亲水性变为疏水性[19]；在此过程中，离子土固化剂能够渗透黏土颗粒的双电层，加强黏土表面的离子交换作用；同时促进石灰与活性黏土矿物之间的火山灰反应，从而改善土的工程性质。

13.3.3 水玻璃基有机复合固化剂固化土

杨磊[20]研究了水玻璃-聚丙烯酰胺复合固化剂固化膨胀土的特性。发现水玻璃-聚丙烯酰胺复合固化膨胀土的收缩率、无荷膨胀率均大幅降低，黏聚力、内摩擦角均显著增加。究其原因，水玻璃和聚丙烯酰胺均有凝聚土颗粒的作用，聚丙烯酰胺长链结构连接的多个 N 原子带有较强的正电荷，可与黏土矿物发生离子交换吸附反应，其分子链上带有的氨基和矿物晶面上的氧层、氢氧层形成氢键，并在表面形成一层覆盖膜将膨胀土的大小微粒联结和包裹，形成空间网架结构。这种吸附反应和较强的静电作用削弱了层间负电斥力，阻止了由于外来水侵入导致晶层间距增大造成膨胀，减弱了土的水敏性，改良效果具有永久性。

13.4 半固化土

无机-有机复合类固化剂在废土材料化技术方面的应用较少，仅有少量采用水泥-离子土复合固化剂[21]、石灰-离子土复合固化剂[18,22]等的研究，其反应机理与固化土反应机理相同，此处不再赘述。但是，半固化与固化的作用机理不同，无机-有机复合类固化剂半固化作用机理以及击实对半固化土结构的作用机理，半固化击实处理土的动、静力学特性等均有待深入研究。

13.5 固化/稳定化污染土

无机有机复合类固化剂在固化/稳定化污染土方面的研究较少，当前研究多采用无机固化剂作为主固化剂，添加有机改性添加剂用于络合、截留、固定重金属污染物，最常见的有机改性添加剂有胡敏素[23]、富里酸[24]、生物炭[25]等。利用有机改性添加剂与无机固化剂复合固化/稳定化重金属污染土和有机污染土取得了一定的成果，这些有机改性添加剂能够通过吸附作用和络合作用减弱污染物的迁移性、降低污染物的生态毒性，最终提高污染土的固化/稳定化效果。国内外学者的研究成果明确了有机改性添加剂稳定化污染土的强度、浸出和微观特性，但作用机制和稳定化机理有待深入探讨。无机类固化剂与离子土类、环氧树脂类、丙烯酸胺类、聚氨酯类等有机类固化剂之间的复合作用少有研究，亟须相关研究的开展和应用。

13.6 结语

无机-有机复合类固化剂在土体加固、废土材料化、污染土修复、止水防渗、防水堵漏等方面均取得了大量的研究成果。

在土体加固方面，无机-有机复合类固化剂与土体各组分（不同土质、颗粒粒组组成、不同化学成分等）之间的复合作用机理尚不清楚，缺乏无机-有机复合类固化剂固化土的长期力学性能、强度-全龄期之间关系等相关研究，无机-有机复合类固化剂固化土的渗透特性、劣化特性与耐久性、微观特性、复合作用机理也有待进一步深入研究；在废土材料化方面，仅有水泥基有机复合固化剂和石灰基有机复合固化剂半固化土研究报道，尚未有无机-有机复合类固化剂半固化土与固化土的界限掺入比范围的界定方法，半固化机理以及击实对半固化土结构的作用机理，半固化击实处理土的动、静力学特性，半固化土的长期力学性能、强度-龄期之间关系，渗透特性、劣化特性与耐久性等研究也有待开展；在固化/稳定化污染土方面，有机-无机复合类固化剂固化/稳定化污染土的相关研究较少，无机-有机复合类固化剂固化/稳定化污染土的长期力学性能、强度-全龄期之间关系、渗透特性、浸出特性、劣化特性与耐久性、微观特性、复合固化/稳定化机理均有待进一步深入研究；止水防渗、防水堵漏方面，作为灌浆材料的无机-有机复合类固化剂主要为水泥基有机复合固化剂、水玻璃基有机复合固化剂，其渗透特性、劣化特性与耐久性等有待进一步研究。

参考文献

[1] Gong C C, Zhou X M, Dai W Y, et al. Effects of carbamide on fluidity and setting time of sulphoaluminate cement and properties of planting concrete from sulphoaluminate cement[J]. Construction and Building Materials, 2018, 182: 290-297.

[2] Ge Z, Yuan H Q, Sun R J, et al. Use of green calcium sulphoaluminate cement to prepare foamed concrete for road embankment: a feasibility study[J]. Construction and Building Materials, 2020, 237: 117791.

[3] Sanfelix S G, Zea-García J D, Londono-Zuluaga D, et al. Hydration development and thermal performance of

calcium sulphoaluminate cements containing microencapsulated phase change materials[J]. Cement and Concrete Research, 2020, 132: 106039.
[4] 杨元龙, 陈绪港, 曾娟娟, 等. 水性聚氨酯-环氧互穿网络超细水泥复合灌浆材料的制备及性能研究[J]. 新型建筑材料, 2018, 45(9): 148-150.
[5] Zhang X, Li G X, Song Z P. Influence of styrene-acrylic copolymer latex on the mechanical properties and microstructure of Portland cement/Calcium aluminate cement/Gypsum cementitious mortar[J]. Construction and Building Materials, 2019, 227: 116666.
[6] Chu Y Y, Song X F, Zhao H X. Water-swellable, tough, and stretchable inorganic-organic sulfoaluminate cement/polyacrylamide double-network hydrogel composites[J]. Journal of Applied Polymer Science, 2019, 136(35): 47905.
[7] Chen B M, Qiao G, Hou D S, et al. Cement-based material modified by in-situ polymerization: from experiments to molecular dynamics investigation[J]. Composites Part B: Engineering, 2020, 194: 108036.
[8] Tang J H, Liu J P, Yu C, et al. Influence of cationic polyurethane on mechanical properties of cement based materials and its hydration mechanism[J]. Construction and Building Materials, 2017, 137: 494-504.
[9] Zhang H B, Zhou R, Liu S H, et al. Enhanced toughness of ultra-fine sulphoaluminate cement-based hybrid grouting materials by incorporating in-situ polymerization of acrylamide[J]. Construction and Building Materials, 2021, 292: 123421.
[10] 单长兵, 刘元雪. 水玻璃改性聚氨酯注浆料的性能研究[J]. 建筑科学, 2011, 27(9): 48-51.
[11] 方超, 夏茹, 荣传新, 等. 原位法制备 PU/水玻璃有机-无机杂化注浆材料及其性能研究[J]. 塑料工业, 2016, 44(7): 7-10.
[12] 冯志强, 康红普, 韩国强. 煤矿用无机盐改性聚氨酯注浆材料的研究[J]. 岩土工程学报, 2013, 35(8): 1559-1564.
[13] 冯志强. 硅酸盐改性聚氨酯注浆材料在煤矿井下巷道加固中的应用[J]. 长江科学院院报, 2013, 30(10): 99-103.
[14] 游庆龙, 邱欣, 杨青, 等. 离子土壤固化剂固化红黏土强度特性[J]. 中国公路学报, 2019, 32(5): 64-71.
[15] 吴雪婷, 程明峰, 唐杉, 等. ISS-水泥联合固化淤泥的微观机理研究[J]. 工程勘察, 2020, 48(1): 14-19.
[16] 徐菲, 蔡跃波, 钱文勋, 等. 脂肪族离子固化剂改性水泥土的机理研究[J]. 岩土工程学报, 2019, 41(9): 1679-1687.
[17] Hamidi S, Marandi S M. Clay concrete and effect of clay minerals types on stabilized soft clay soils by epoxy resin[J]. Applied Clay Science, 2018, 151: 92-101.
[18] 刘树堂, 毛洪录, 高雪池, 等. 固化剂与低剂量石灰综合稳定土的应用研究[J]. 建筑材料学报, 2009, 12(4): 487-492.
[19] 汪益敏, 张丽娟, 陈页开, 等. 离子土固化剂加固堤坝道路路面的路用性能[J]. 华南理工大学学报(自然科学版), 2006(9): 56-61.
[20] 杨磊. 水玻璃复配改良膨胀土的试验研究[J]. 水力发电, 2015, 41(4): 91-94.
[21] 杨林, 刘雨彤. 聚丙烯纤维与 TG 固化剂对水泥石灰土强度及稳定性的影响[J]. 科学技术与工程, 2017, 17(14): 302-308.
[22] 杨林, 朱金莲, 焦厚滨. 冻融条件 TG 固化剂石灰土基层性能研究[J]. 冰川冻土, 2015, 37(4): 1016-1022.
[23] Ge S Q, Jiang W H, Zheng L W, et al. Green remediation of high-lead contaminated soil by stabilization/solidification with insoluble humin: long-term leaching and mechanical characteristics[J]. Journal of Cleaner Production, 2021: 129184.
[24] Pan Y Z, Rossabi J, Pan C G, et al. Stabilization/solidification characteristics of organic clay contaminated by lead when using cement[J]. Journal of Hazardous Materials, 2019, 362: 132-139.
[25] Barth E, McKernan J, Bless D, et al. Investigation of an immobilization process for PFAS contaminated soils[J]. Journal of Environmental Management, 2021, 296: 113069.

14 生物酶类固化剂

生物酶类固化剂（bio-enzyme stabilizer）是有机质发酵而成的多酶基产品[1]，由蛋白质（少数为 RNA）和多种有机化合物组成[2]。生物酶类固化剂为液体固化剂，无毒、无腐蚀性，易溶于水，主要用于道路工程[3-7]。

14.1 概述

生物酶类固化剂的组分有生物固化酶和有机化合物（表 0-1）。常见的生物酶类固化剂产品有派酶（Permazyme）、泰然酶（TerraZyme）、筑路酶（Roadmaxx）、生物酶（Bio-Enzyme）、利路力（Renolith）和 Fujibeton 等，但是，目前没有公开的原材料和生产方法等信息。

生物酶类固化剂主要依靠与黏土颗粒发生作用固化土体，一般对待加固土的黏土颗粒含量等有一定的要求，但是，不同的固化剂产品具体要求不同。例如，派酶固化剂一般用于黏土、亚黏土，不适用于粉砂土、淤泥质土等，且塑性指数为 5～18 为宜；泰然酶固化剂则要求黏土颗粒大于 6%、塑性指数为 5～30。

生物酶类固化剂一般掺入比为 0.02～0.06L/m^3。在使用前需要加水稀释到不同浓度，通过室内试验确定最优浓度，常用的最优浓度评价指标有力学参数（含无侧限抗压强度、加州承载比、抗剪强度参数、回弹模量等）、干密度、压实度、塑性指数、渗透系数等。

目前，尚未有生物酶类固化剂生命周期评价相关的研究，亟须开展其生产及应用于土体的生命周期评价。

生物酶类固化剂与水不发生水解、水化反应，水只是起到稀释和分散作用，因此，生物酶类固化剂浆液自身无胶凝作用，无法作为净浆使用。

另外，生物酶类固化剂与土的反应机理方面的研究主要为生物酶类固化剂与土中黏土矿物的反应机理，尚未有与土中水溶盐、酸碱成分、污染成分和有机质之间反应机理的研究，这与生物酶类固化剂中的主要成分为蛋白质酶和多种有机化合物有关，生物酶类固化剂与土中水溶盐、酸碱成分、污染成分和有机质之间的反应机理有待研究。

生物酶类固化剂与土中黏土矿物的反应机理是离子交换反应，即生物酶中和黏土矿物的电负性，减薄其双电层结构。

14.2 固化土

14.2.1 强度特性

（1）生物酶固化砂质黏土

Ganapathy 等[8]研究了不同龄期条件下，生物酶掺量对生物酶固化砂质黏土强度的影响规律（图 14-1），其中砂质黏土的液限、塑限和塑性指数分别为 32.0%、22.2%和 9.8。随着生物酶掺量的增加，固化土的强度逐渐增加，这一结果与固化海相黏土强度随生物酶掺量先增加后降低的规律[9]不同。随着养护龄期的增加，固化砂质黏土的强度也逐渐增加。

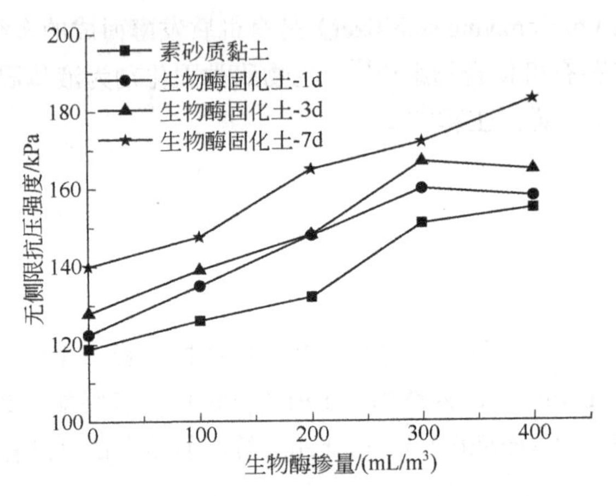

图 14-1 生物酶固化砂质黏土的无侧限抗压强度与生物酶掺量的关系[8]

（2）生物酶固化膨胀土

Pooni 等[10]采用不同生物酶稀释倍数（稀释比分别为 1∶100、1∶500）、生物酶掺入比制得了生物酶固化膨胀土，得到了不同条件下生物酶固化膨胀土的无侧限抗压强度与密度（图 14-2）。其中，膨胀土的液限、塑限和塑性指数分别为 48%、18%和 30。随着生物酶掺入比的增加，固化土的强度和密度呈现出先增加后降低的趋势。

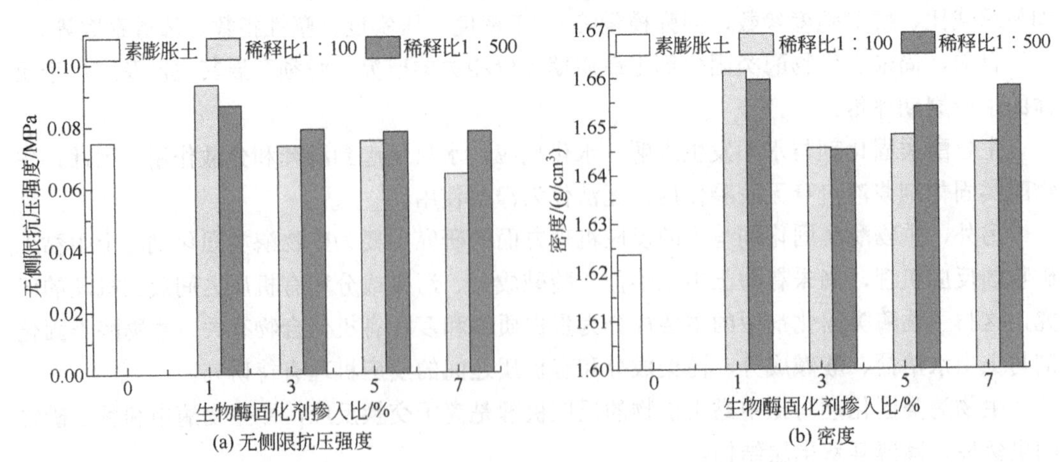

图 14-2 不同条件下生物酶固化膨胀土的强度、密度试验结果[10]

（3）生物酶固化海洋黏土

戴北冰等[11]采用不同生物酶稀释比制得生物酶固化海洋黏土，得到了固化土的强度，如图 14-3 所示。其中，海洋黏土的液限、塑限和塑性指数分别为 69.5%、36.7%和 32.8。添加生物酶固化剂后，固化土强度呈现不同程度的增加；在相同稀释比条件下，随着养护龄期的增加，固化土强度无显著增加，表明养护时间对生物酶固化海洋黏土影响有限；在相同养护龄期条件下，相较于素海洋黏土，稀释比为 1∶200 的固化土强度增加幅度均高于稀释比 1∶500，固化土的强度与生物酶浓度呈正相关，且其强度增加幅度与养护龄期之间无显著的相关性[11]。

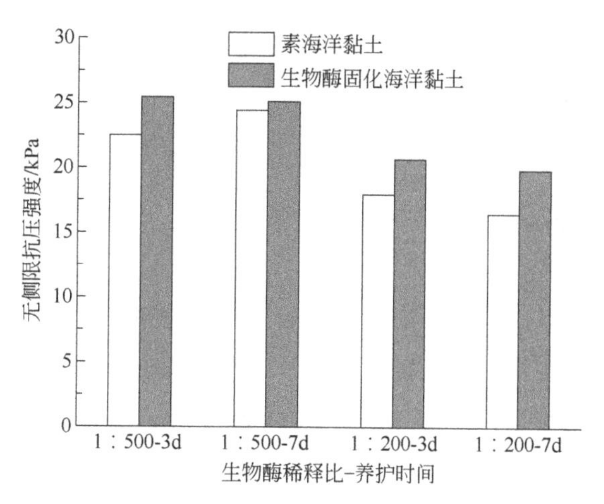

图 14-3 生物酶固化海洋黏土前后的强度结果对比[11]

14.2.2 渗透特性

生物酶固化土渗透特性的研究较少。图 14-4 是生物酶掺量对生物酶固化砂质黏土的渗透系数的影响规律。随着生物酶掺量的增加，固化土的渗透系数逐渐降低；与素土相比，固化土的渗透系数仍在同一数量级，没有发生显著变化。

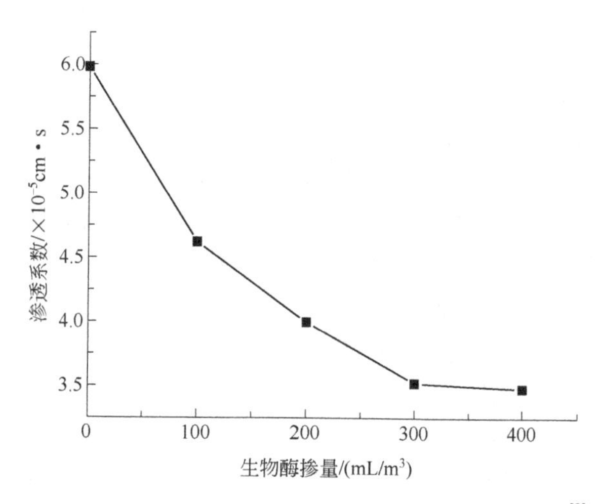

图 14-4 生物酶掺量对生物酶固化砂质黏土渗透系数的影响[8]

14.2.3 劣化特性与耐久性

目前，有关生物酶固化土的劣化特性与耐久性研究较少，仅有关于干湿循环特性的研究。

Pooni 等[12]采用生物酶稀释比为 1∶500，并在最佳含水量条件下制得掺入比分别为 0 和 1%的生物酶固化膨胀土，研究了固化膨胀土前后的抗干湿循环性能，得到的不同干湿循环前后素膨胀土、生物酶固化膨胀土的无侧限抗压强度和质量损失率见图 14-5。室温浸水 24h、100℃干燥 24h 为 1 次循环过程。每次干湿循环前先将试样在真空室（52cmHg）抽真空 1h。随着干湿循环次数的增加，生物酶固化膨胀土强度逐渐降低，质量损失率逐渐增加，生物酶固化土强度的降低与质量损失率有很好的相关性，膨胀土遇水后水分填充在土体孔隙并引起土体的膨胀和体积增加，经干湿作用后加剧膨胀作用导致质量损失，土体结构受损从而引起强度的降低。

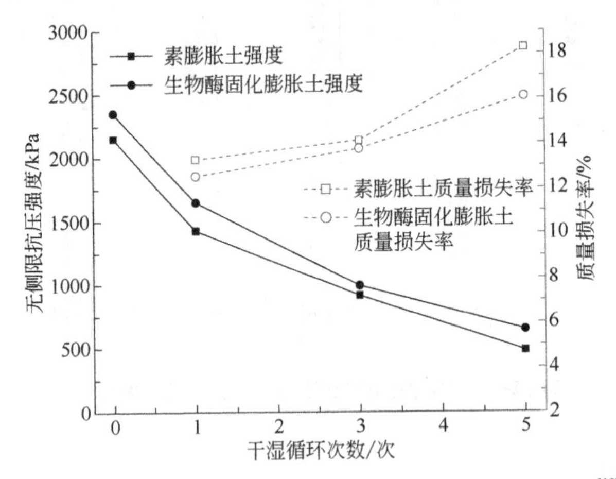

图 14-5 干湿循环对素砂质黏土、生物酶固化砂质黏土的影响[12]

14.2.4 微观特性

（1）矿物相组成

① XRD 分析。

a. 生物酶固化膨胀土。图 14-6 为膨胀土及生物酶固化膨胀土的 XRD 谱图。与膨胀土相比，生物酶固化后无新的矿物相生成，主要矿物相仍然为伊利石（illite，I）、石英（quartz，Q）、蒙脱石（montmorillonite，M）和高岭石（kaolinite，K），但结晶度增加；添加生物酶后，膨胀土中蒙脱石的 2θ 衍射峰强度发生变化，而膨胀土中其他矿物相 2θ 衍射峰强度则未发生显著变化，表明生物酶与膨胀土中黏土矿物发生了反应，这一结果与 Reshmi 等[13]、Sanjay 等[14]、Secundo 等[15]、Sedaghat 等[16]研究结果相一致；固化后膨胀土中高岭石的含量增加，伊利石和蒙脱石的含量却有所降低。生物酶固化剂固化膨胀土的作用机制尚不清楚，微观方面的研究有所欠缺。

b. 生物酶固化黏土。图 14-7 为黏土及生物酶固化黏土（稀释比 1∶500，掺入比 7%）的 XRD 谱图。黏土、生物酶固化黏土的主要矿物相均为石英（quartz，Q）、白云母（muscovite，M）、高岭石（kaolinite，K），无新的矿物相生成，固化前后黏土中 Al∶Si 比没有变化[17]，进一步验证了生物酶固化黏土过程无化学反应发生且无新的胶凝物质生成。

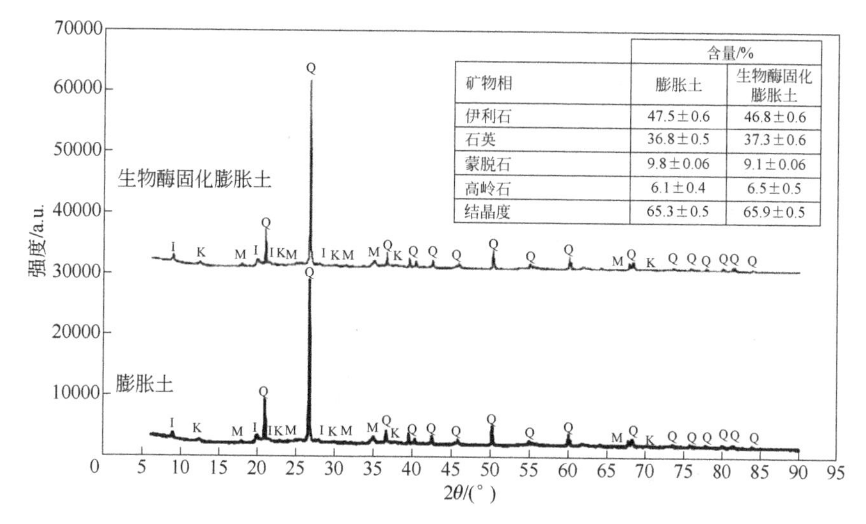

矿物相	含量/%	
	膨胀土	生物酶固化膨胀土
伊利石	47.5±0.6	46.8±0.6
石英	36.8±0.5	37.3±0.6
蒙脱石	9.8±0.06	9.1±0.06
高岭石	6.1±0.4	6.5±0.5
结晶度	65.3±0.5	65.9±0.5

图 14-6 膨胀土及生物酶固化膨胀土的 XRD 谱图[12]

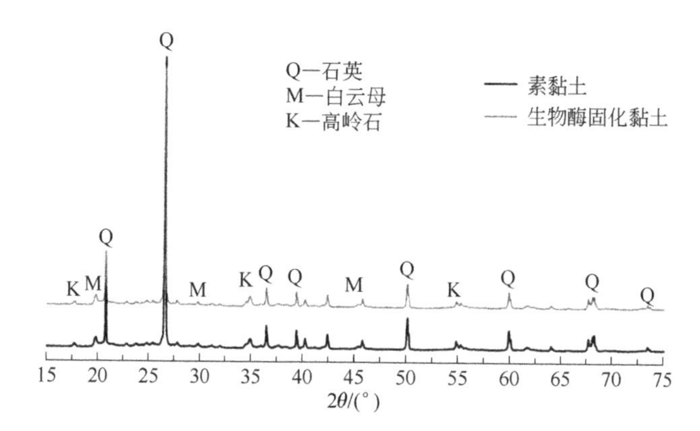

图 14-7 黏土及生物酶固化黏土的 XRD 谱图[17]

② FTIR 分析。图 14-8 是膨胀土及生物酶固化膨胀土的红外光谱图[10]。相较于膨胀土，固化膨胀土的红外光谱图发生了一定程度的变化；3696cm^{-1} 和 3620cm^{-1} 处为高岭石的双峰带特征吸收峰，属于外部或内层—OH 键引起的振动[18]，其中 3696cm^{-1} 处 Si—O—Si 键的弱—OH 键引起了 3667cm^{-1} 和 3652cm^{-1} 处对称伸缩振动的弱吸收振动[19]；3417cm^{-1} 和 1622cm^{-1} 处为水或 H—O—H 的伸缩振动，其中 1622cm^{-1} 处莫来石中为水的伸缩振动；1871～1419cm^{-1} 处与 C—H、Na^+、Si—O 四面体的振动有关；1108cm^{-1} 和 1017cm^{-1} 处为 Si—O 的伸缩振动；800cm^{-1} 和 756cm^{-1} 处为八面体结构中—OH 的伸缩振动，其中 756cm^{-1} 处为伊利石结构中—OH 的伸缩振动；542cm^{-1}、434cm^{-1} 和 420cm^{-1} 处为 Si—O—Al 的伸缩振动。上述现象表明，在生物酶固化膨胀土过程中，黏土矿物层间水发生了转变，对应于图 14-8（c）中生物酶固化膨胀土 1108cm^{-1}、1017cm^{-1}、915cm^{-1} 处吸收峰强度的增强，生物酶改变了膨胀土的结晶度（图 14-6）；上述吸收峰强度的变化，与生物酶对水分的作用和对黏土矿物的层面结构改变有关。

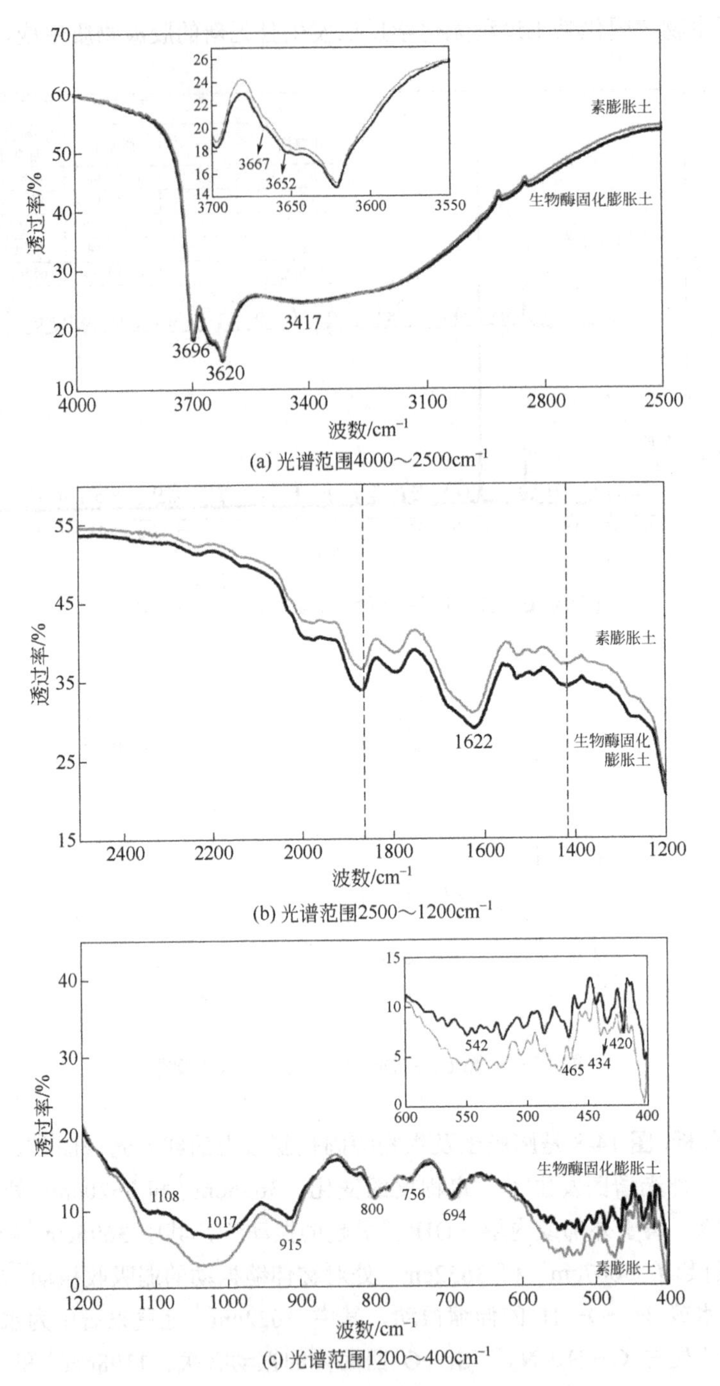

(a) 光谱范围4000～2500cm^{-1}

(b) 光谱范围2500～1200cm^{-1}

(c) 光谱范围1200～400cm^{-1}

图 14-8　生物酶固化前后膨胀土的红外光谱图[10]

（2）微观形貌

① 生物酶固化膨胀土。膨胀土与生物酶固化膨胀土的微观形貌如图 14-9 所示[10]。膨胀土中含有片状的黏土颗粒和聚集态的颗粒，颗粒之间存在大量的孔隙［图 14-9（a）］；加入生物酶固化剂后，固化土中的黏土颗粒聚集在一起，孔隙显著降低［图 14-9（b）］。

这一现象从微观层面上解释了生物酶固化膨胀土强度升高、渗透系数降低的原因，该结果与其他学者的结论[20,21]相一致。

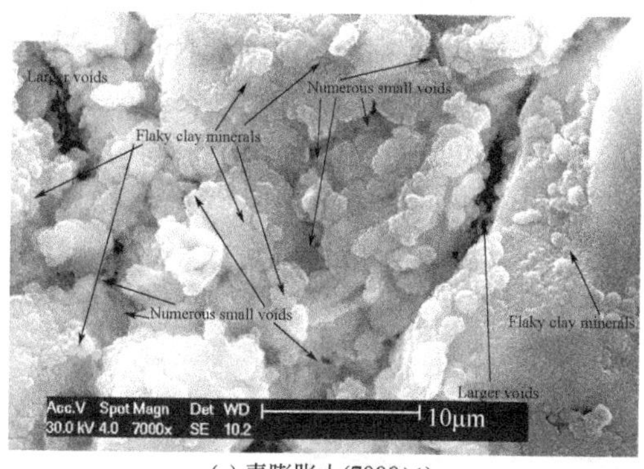

(a) 素膨胀土(7000×)

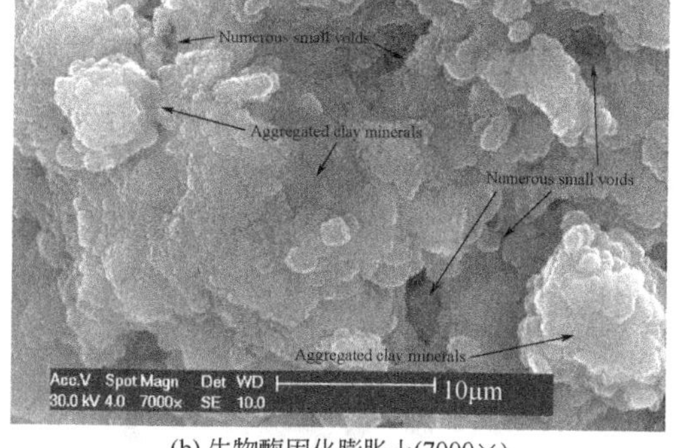

(b) 生物酶固化膨胀土(7000×)

图 14-9 膨胀土、生物酶固化膨胀土的微观形貌[10]

② 生物酶固化黏土。黏土与生物酶固化黏土的微观形貌如图 14-10 所示。黏土颗粒松散，片状黏土颗粒之间以点-点接触和点-面接触为主，颗粒之间含有大量孔隙[图 14-10(a)]；添加生物酶固化剂后，黏土颗粒表面更为粗糙且出现聚集现象，孔隙率减小，颗粒之间以面-面接触为主［图 14-10（b)］。

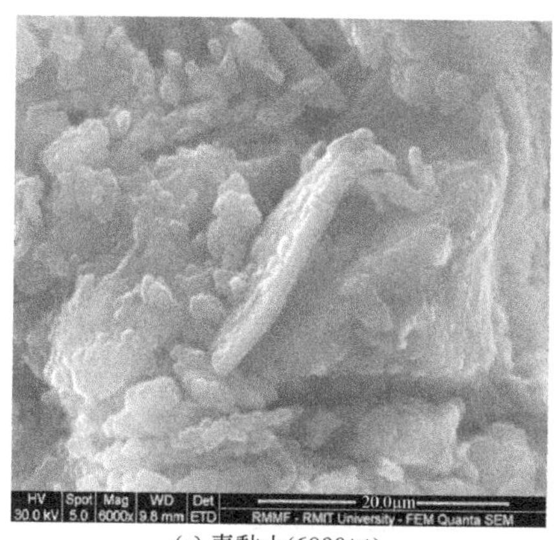

(a) 素黏土(6000×)

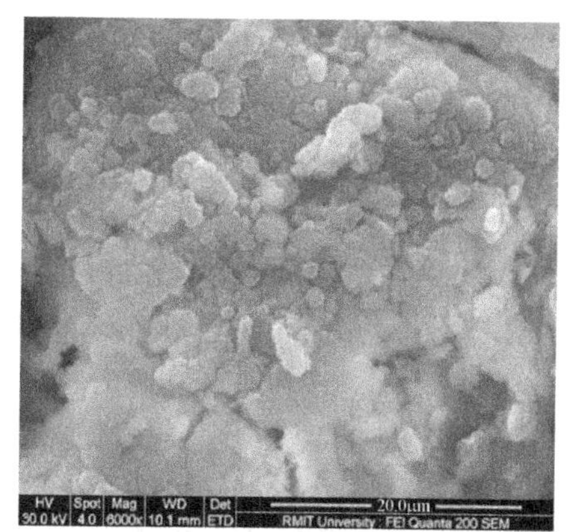

(b) 生物酶固化黏土(6000×)

图 14-10 黏土、生物酶固化黏土的微观形貌[17]

综上所述，生物酶类固化剂固化土体无新的矿物相生成，生物酶固化剂通过减少水分含量、降低孔隙率、促进黏土颗粒团聚等作用，使生物酶固化土形成结构致密的固化体，从而提高固化土强度、降低其渗透性。

14.2.5 固化机理

生物酶类固化剂的固化机理仍存在争议，其作用过程可归纳为：通过生物酶分子选择性地将活性强的黏土矿物分子吸引到土颗粒之间，并发生离子交换，消除或降低土体的吸附水能力、降低其亲水性，同时将小的颗粒填充在土体孔隙或团聚并形成大颗粒，最终使土体形成可压实的、具有一定强度和稳定性的固化土[10,11,17,22-24]。

图 14-11 是 Pooni 等[10]提出的生物酶类固化剂与黏土颗粒的作用机理。参考已有研究[7,10,11,13,15,16]，并结合固化土的矿物相组成、矿物相结构、微观形貌等微观特性，生物酶类固化剂固化土体的作用机理并非依靠胶凝物质的胶结作用[10]，而是通过生物酶对黏土颗粒的吸附作用、生物酶侵入黏土颗粒内部引起黏土颗粒之间的团聚作用，同时削弱黏土颗粒的吸水性、减薄黏土结构，使生物酶类固化剂固化土结构更为致密[14-16]。此外，生物酶中的蛋白质酶和有机物等组分能够促进土-水混合物发生相互作用，从而改变土体的内部结构[15]。

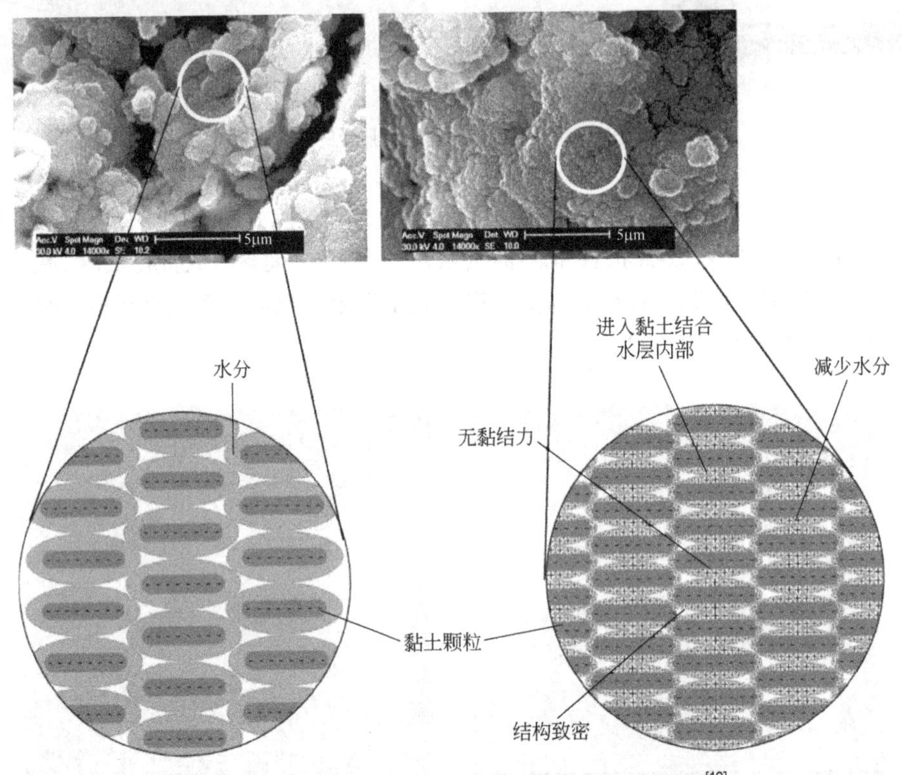

图 14-11 生物酶类固化剂与黏土颗粒的作用机理示意图[10]

图 14-12 是 Renjith 等[7]在 Rauch 等[25]研究的基础上提出的生物酶固化剂削弱黏土颗粒亲水性及提高土体密实度的作用机理。黏土颗粒含有双电层结构（图 7-2），在黏土颗粒表面吸附大量水分子［图 14-12（a）］；加入生物酶固化剂后，生物酶中和带负电荷的黏土矿物，疏水的有机物包裹黏土颗粒［图 14-12（b）］；经过压实或击实处理后，黏土颗粒周围的水分被排出，黏土颗粒的亲水性减弱，固化土结构更为密实［图 14-12（c）］。

需要说明的是，由于生物酶固化剂的特殊浸润作用、吸附作用和离子交换作用等，待固化土的压实变形多为塑性变形，可认为土体压实性的提高是永久性的，而生物化学作用基本上也是一个不可逆的过程，不会发生大规模逆向反应而生成生物酶分子和自由的黏土矿物分子[11]。因此，生物酶对土的固化作用具有持久性作用[11,26]，并非短期作用效果。

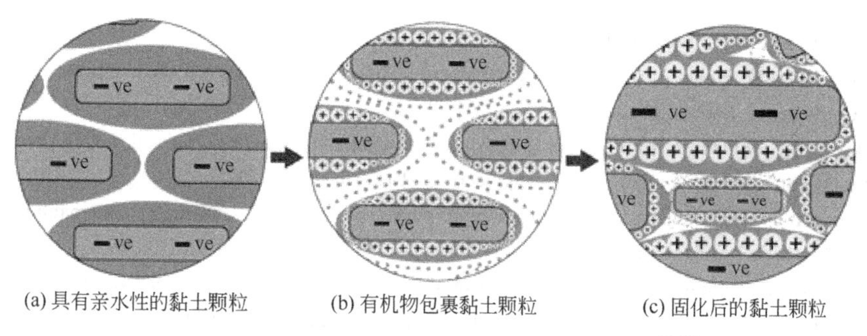

图 14-12　生物酶类固化剂固化土的作用机理示意图[7,25]

14.3　结语

生物酶类固化剂在土体加固方面已有研究成果，缺少废土材料化、污染土固化/稳定化、止水防渗、防水堵漏相关的研究，这与生物酶自身的组成和作用机理有关。在加固土体方面，生物酶类固化剂与土体组分之间的反应机理尚不清楚，虽有大量关于生物酶固化黏土的作用机理，但未形成一致的作用机制，此外还缺乏不同土质生物酶固化土长期力学性能、强度-龄期之间关系、渗透特性、耐久性等相关研究；在废土材料化方面，缺乏击实处理土动、静力学特性的研究，未有半固化土长期力学性能、强度-龄期之间关系、渗透特性、劣化特性与耐久性等相关研究，缺少生物酶与其他固化剂复合作用的研究；因受限于成分和作用机理，生物酶固化剂不适用于污染土固化/稳定化、止水防渗、防水堵漏等，但是，结合生物酶固化剂固化土的固化机理，可将生物酶类固化剂与其他固化剂组成复合固化剂使用。

目前生物酶类固化剂应用的主要限制因素有：①适用性问题。生物酶类固化剂主要与黏土矿物发生反应，对不含黏土或黏土含量较低的土质适用性较差。②耐久性问题。生物酶类固化剂固化土抗干湿循环性能较差，水稳性、抗冻融循环性能等耐久性尚不清楚，有待进一步研究。

参考文献

[1] 丁毅. 土壤固化及其应用 筑路材料与技术的变革[M]. 北京：中国大地出版社, 2009.

[2] Lim S M, Wijeyesekera D C, Lim A, et al. Critical review of innovative soil road stabilization techniques[J]. International Journal of Engineering and Advanced Technology, 2014, 3(5): 204-211.

[3] Bajpai P. Non-conventional soil stabilization techniques the way forward to an aggregate free pavement and a cost effective method of road construction[J]. International Journal of Scientific & Engineering Research, 2014, 5(6): 1063-1066.

[4] Guthrie W S, Simmons D O, Eggett D L. Enzyme stabilization of low-volume gravel roads[J]. Transportation Research Record, 2015, 2511(1): 112-120.

[5] Isaac K P, Biju P B, Veeraragavan A. Soil stabilization using bio-enzyme for rural roads[R]. Delhi: Integrated Development of Rural an Arterial Road Networks for Socio-economic Development, 2003.

[6] Li Y J, Li L, Dan H C. Study on application of TerraZyme in road base course of road[C]//Applied Mechanics and

Materials. Trans Tech Publications Ltd, 2011, 97: 1098-1108.

[7] Renjith R, Robert D, Fuller A, et al. Enzyme based soil stabilization for unpaved road construction[C]//MATEC Web of Conferences. EDP Sciences, 2017, 138: 01002.

[8] Ganapathy G P, Gobinath R, Akinwumi I I, et al. Bio-enzymatic stabilization of a soil having poor engineering properties[J]. International Journal of Civil Engineering, 2017, 15(3): 401-409.

[9] Muraleedharan S M, Niranjana K. Stabilization of weak soil using bio-enzyme[J]. International Journal of Advanced Research Trends in Engineering and Technology, 2015, 2(10): 25-29.

[10] Pooni J, Robert D, Gunasekara C, et al. Mechanism of enzyme stabilization for expansive soils using mechanical and microstructural investigation[J]. International Journal of Geomechanics, 2021, 21(10): 04021191.

[11] 戴北冰，徐锴，杨峻，等. 基于生物酶的固土技术在香港的应用研究[J]. 岩土力学, 2014, 35(6): 1735-1742.

[12] Pooni J, Giustozzi F, Robert D, et al. Durability of enzyme stabilized expansive soil in road pavements subjected to moisture degradation[J]. Transportation Geotechnics, 2019, 21: 100255.

[13] Reshmi R, Sugunan S. Superior activities of lipase immobilized on pure and hydrophobic clay supports: characterization and catalytic activity studies[J]. Journal of Molecular Catalysis B: Enzymatic, 2013, 97: 36-44.

[14] Sanjay G, Sugunan S. Glucoamylase immobilized on montmorillonite: synthesis, characterization and starch hydrolysis activity in a fixed bed reactor[J]. Catalysis Communications, 2005, 6(8): 525-530.

[15] Secundo F, Miehé-BrendléJ, Chelaru C, et al. Adsorption and activities of lipases on synthetic beidellite clays with variable composition[J]. Microporous and Mesoporous Materials, 2008, 109(1-3): 350-361.

[16] Sedaghat M E, Ghiaci M, Aghaei H, et al. Enzyme immobilization. Part 3: immobilization ofα-amylase on Na-bentonite and modified bentonite[J]. Applied Clay Science, 2009, 46(2): 125-130.

[17] Renjith R, Robert D J, Gunasekara C, et al. Optimization of enzyme-based soil stabilization[J]. Journal of Materials in Civil Engineering, 2020, 32(5): 04020091.

[18] Alazigha D P, Indraratna B, Vinod J S, et al. Mechanisms of stabilization of expansive soil with lignosulfonate admixture[J]. Transportation Geotechnics, 2018, 14: 81-92.

[19] MadejováJ. FTIR techniques in clay mineral studies[J]. Vibrational Spectroscopy, 2003, 31(1): 1-10.

[20] Khan T A, Taha M R. Effect of three bioenzymes on compaction, consistency limits, and strength characteristics of a sedimentary residual soil[J]. Advances in Materials Science and Engineering, 2015, 1: 798965.

[21] Naagesh S, Gangadhara S. Swelling properties of bio-enzyme treated expansive soil[J]. International Journal of Engineering Studies, 2010, 2(2): 155-159.

[22] Tolleson R, Shatnswi M, Harman E, et al. An evaluation of strength change on subgrade soils stabilized with an enzyme catalyst solution using CBR and SSG comparisons[J]. Final Report to University Transportation Center Grant R-02-UTC-ULTERPAVB–GEO-01, 2003.

[23] 吴冠雄. 生物酶土壤固化剂加固土现场试验研究[J]. 公路工程, 2013, 38(1): 70-74+81.

[24] Ramdas V M, Mandree P, Mgangira M B, et al. Review of current and future bio-based stabilisation products (enzymatic and polymeric) for road construction materials[J]. Transportation Geotechnics, 2021, 27: 100458.

[25] Rauch A F, Katz L E, Liljestrand H M. An analysis of the mechanisms and efficacy of three liquid chemical soil stabilizers[M]. Center for Transportation Research, the University of Texas at Austin, 2003.

[26] Velasquez R, Marasteanu M O, Hozalski R, et al. Preliminary laboratory investigation of enzyme solutions as a soil stabilizer[J]. Work Order, 2005, 79.

15 生物菌类固化剂

生物菌类固化剂属于生物胶凝材料，该类固化剂利用微生物的矿化作用，在微生物细胞壁表面生成具有胶凝性的沉淀矿物，沉淀物质通过胶结和填充作用，起到提高待固化体工程性能的作用。

微生物矿化作用分为微生物控制矿化、微生物诱导矿化和微生物影响矿化[1-4]。微生物控制矿化不受周围环境影响，由微生物的生理活动（呼吸和新陈代谢作用等）控制，微生物严格控制沉淀矿物的成核生长、形貌结构、化学组成及成核位置等矿化过程[5,6]，微生物控制矿化生成的沉淀矿物往往具有精美的形貌结构，并在微生物体内具有一定的生物学功能。微生物诱导矿化是指微生物的生理活动影响周围溶液环境，使物理化学条件改变而诱发的生物矿化过程[7-11]。微生物诱导矿化的矿物成核、生成等过程发生在细胞壁表面，微生物所处的环境控制沉淀矿物的类型、结晶方式[12,13]，诱导沉淀的矿物不具备生物学功能，只是微生物生理活动形成的副产物[4]。微生物影响矿化是指有机物质的被动矿化。微生物影响矿化的主要控制因素为外环境，外环境为沉淀矿物的形成创造条件，沉淀的矿物与微生物生理活动关联性不大，生理活动的产物主要用于提供成核点位、调控沉淀矿物的微观形貌[3,4]。微生物矿化以微生物诱导矿化为主，微生物控制矿化次之，微生物影响矿化最少。

微生物控制矿化形成的生物矿物有碳酸盐矿物、硅石矿物、磷酸盐矿物、含铁矿物、硫酸盐矿物等。微生物诱导矿化形成的生物矿物有碳酸盐类、磷酸盐类、含铁矿物、硫酸盐类等，其中，沉淀物为碳酸盐类和磷酸盐类的固化剂最为常见，分别称为微生物诱导碳酸盐沉淀（MICP，microbial induced calcite precipitation）和微生物诱导磷酸盐沉淀（MIPP，microbial induced phosphate precipitation）。本书阐述 MICP 和 MIPP。图 15-1 是 MICP 技术的发展历程。目前，生物菌类固化剂在岩土工程中主要用于土体加固、污染土修复、止水防渗和防水堵漏等方面（图 0-1）。

15.1 概述

15.1.1 原材料

MICP 和 MIPP 的组分有矿化菌液、细菌胶结液（表 0-1）。

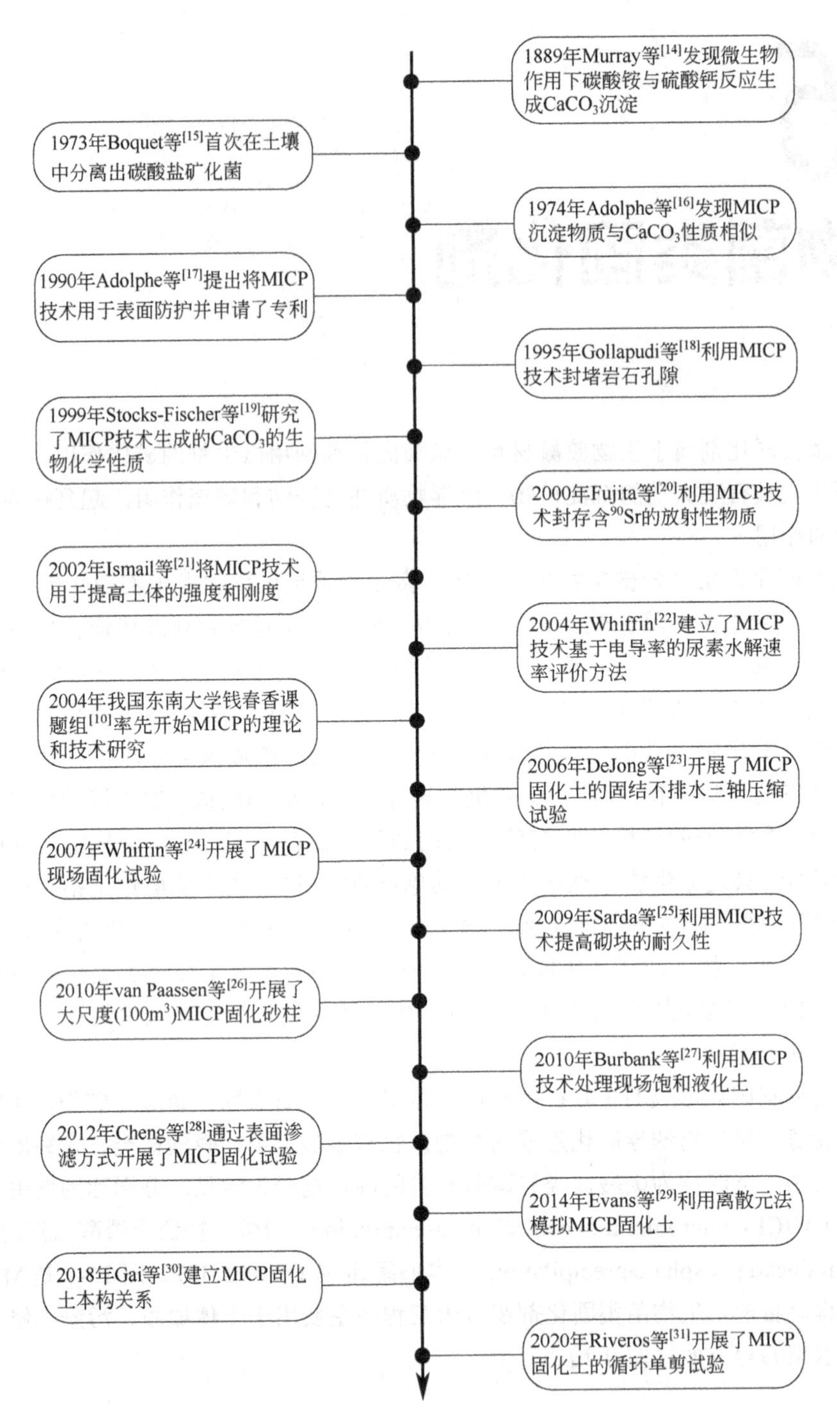

图 15-1 MICP 技术发展历程（基于文献[32]修改）

15.1.1.1 矿化菌液

（1）碳酸盐矿化菌

碳酸盐矿化菌在其生长过程中产生某种特定的酶，通过适当的酶化作用产生碳酸根（CO_3^{2-}），CO_3^{2-}在适宜的外环境下生成具有胶凝性的结晶碳酸盐（如 $CaCO_3$、$MgCO_3$、

$BaCO_3$、$SrCO_3$）沉淀[33]。其中，最常见的诱导沉淀作用有五种，分别是光合作用、脲酶水解作用、反硝化作用、反硫化作用和碳氧化作用，适宜的外环境需要具有合适的 pH 值、温度、沉淀盐阳离子 M^{2+}（即 Ca^{2+}、Mg^{2+}、Ba^{2+}、Sr^{2+}等）浓度和细菌胶结液等。

以脲酶水解作用诱导碳酸盐沉淀的碳酸盐矿化菌为例，脲酶（也可称为尿素酶，或酰胺水解酶）能够水解尿素使其分解为 NH_4^+ 和 CO_3^{2-}，CO_3^{2-} 再与沉淀盐阳离子 M^{2+}反应生成 MCO_3 沉淀，见式（15-1）。

$$\left.\begin{array}{r}CO(NH_2)_2+2H_2O\xrightarrow{\text{脲酶}}2NH_4^++CO_3^{2-}\\ M^{2+}+Cell\longrightarrow Cell\text{-}M^{2+}\\ M^{2+}+CO_3^{2-}\xrightarrow{\text{沉积作用}}MCO_3\downarrow\end{array}\right\}\qquad(15\text{-}1)$$

碳酸盐矿化菌应具备的性能如下[34]：不应含其他微生物、噬菌体等；菌株遗传稳定性好，具有快速繁殖、生长等特性，且能够长期保存；能够快速产生高活性脲酶，这些脲酶在短时间内可产生大量碳酸盐物质并不含或少含毒性物质及其他副产物；具有抵御其他杂菌感染、忍耐不良环境的能力，且对生态环境没有毒害作用；菌株提取、培养工艺简单，且成本低廉。

表 15-1 列出了六种碳酸盐矿化菌的生长繁殖、适宜的 pH 值以及对人体的毒害作用。

表 15-1　几种已知碳酸盐矿化菌特性比较[10,34]

细菌	活性	最适 pH	好氧情况	毒性
菌株 B	高	嗜碱	微需氧	无毒
巴氏生孢八叠球菌	高	嗜碱	好氧	无毒
变形杆菌	中	中性	好氧	低毒
奇异变形杆菌	中	中性	好氧	中毒
幽门螺杆菌	高	嗜酸	好氧	高毒
脲解支原体	高	中性	好氧	中毒

图 15-2 为不同碳酸盐矿化菌的群体生长曲线，其中细菌数量通过吸光度测试法（比浊法）测量，OD（optical density）为光密度，菌液中的细胞数量与菌液浓度呈正比[35]，菌液浓度又与光密度 OD 呈线性关系[10]。随时间的增加，不同的碳酸盐矿化菌的生长阶段存在一定的差异，但均有对数生长期、稳定期和衰亡期。在对数生长期，碳酸盐矿化菌数量以几何级数增长，细胞代谢活性最强，酶活性高且稳定生长速率最快，该阶段最适宜用于接种菌液；稳定期的碳酸盐矿化菌细菌生长速率逐渐降低，新增殖细菌与死亡细菌数量趋于相等；衰亡期的细菌死亡率开始增加，总细菌数量逐渐减少，出现负增长。

① 碳酸盐矿化菌的培育和驯服。为得到高浓度、高酶活性的碳酸盐矿化菌，需要选择适宜的营养源和培育条件。

a．营养源。不同营养源（即培养基）对碳酸盐矿化菌最大细胞浓度的影响如图 15-3 所示。培养基中蛋白胨的浓度（在此简称为培养基浓度）对碳酸盐矿化菌最大细胞浓度的影响趋势基本一致。在较低培养基浓度时，碳酸盐矿化菌生长所需的营养物快速消耗，导致细菌对数生长期提前结束，最大细胞浓度较低，所得的最大细胞浓度与培养基的初始浓度近似呈线性增长关系；随着培养基初始浓度的继续增加，最大细胞浓度开始减小，这是由于培养基浓度不再是限制微生物生长繁殖的主要因素，微生物能够进入稳定期，其生长繁殖限制因素转变为新陈代谢有害产物的积累。对比两种培养基的培育效果，天然培养基Ⅱ明显优于合成培养基Ⅰ，这跟牛肉浸膏中富含肌酸、肌酸酐、多肽类、氨基酸类、核苷酸类、有机酸类、矿物质类及微生物类等营养物质有关[34]，表明营养源对碳酸盐矿化菌的影响显著。

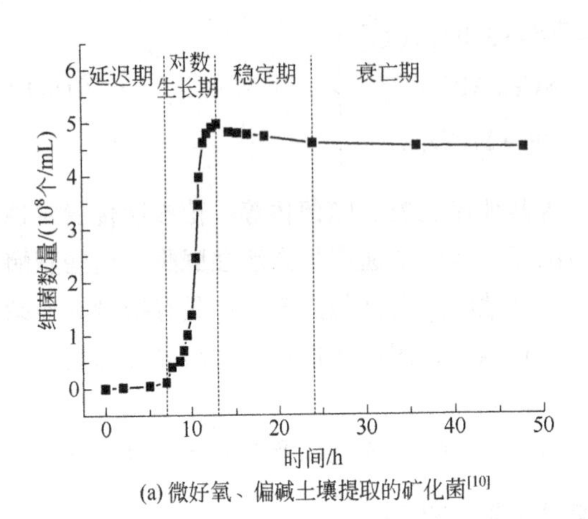

(a) 微好氧、偏碱土壤提取的矿化菌[10]

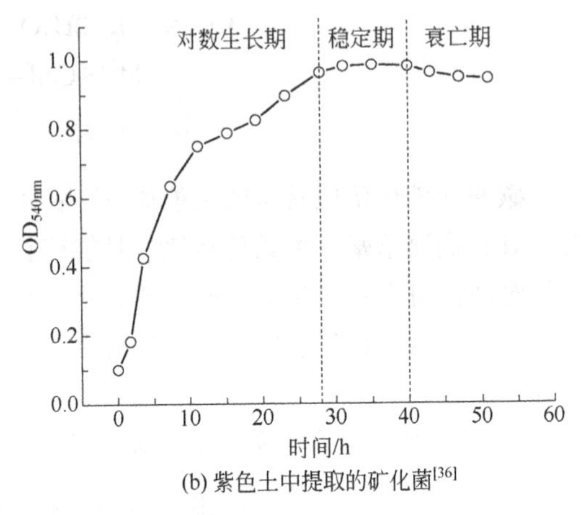

(b) 紫色土中提取的矿化菌[36]

图 15-2 不同碳酸盐矿化菌的群体生长曲线

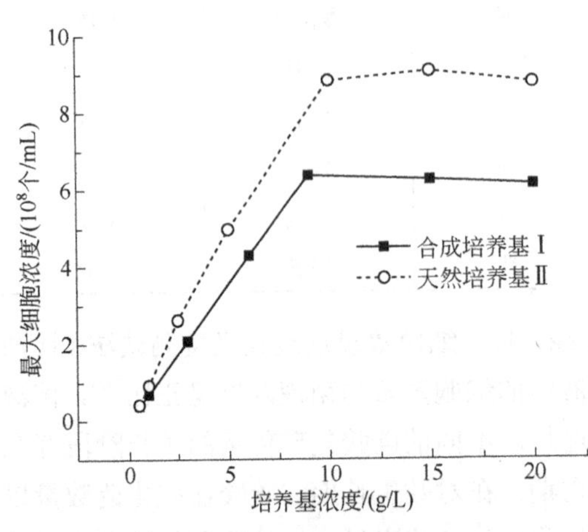

图 15-3 不同营养源与碳酸盐矿化菌最大细胞浓度的关系[10,34]

b. 培育条件。不同培育条件下碳酸盐矿化菌最大细胞浓度的变化规律如图 15-4 所示。随着培育温度的升高，矿化菌最大细胞浓度先缓慢增加后骤然减小，超过 37℃后明显不利于碳酸盐矿化菌的生长繁殖；随着培育 pH 值的增加，最大细胞浓度快速减小，pH 值为 13.0 时菌株几乎不生长繁殖，适宜培育的 pH 值范围为 7.0～9.0；随着培养振荡频率（溶氧量）的增加，碳酸盐矿化菌 24h 细胞浓度、72h 内的最大细胞浓度先增加后减小，存在最佳溶氧量，过低或过高的溶氧量不利于细菌的生长繁殖；不同接种量条件下，碳酸盐矿化菌均经历生长阶段延迟期、对数生长期、稳定期和衰亡期；随着接种量的增加，延迟期缩短、最大细胞浓度增加，但接种量过多（12%）最大细胞浓度增长不明显，达到 16%时出现陡降的现象。

综上所述，碳酸盐矿化菌属于微好氧微生物，适宜生长的 pH 值范围为 7.0～9.0，生长温度为 30～37℃。为满足不同应用场景的需要，通过驯化目标碳酸盐矿化菌在不同环境下的生长繁殖能力，逐步提高其在不同环境下的适应能力。如常见的嗜碱性驯化[34,37]、紫外线驯化[38]和好氧降解驯化[39]等，此处不再展开叙述。

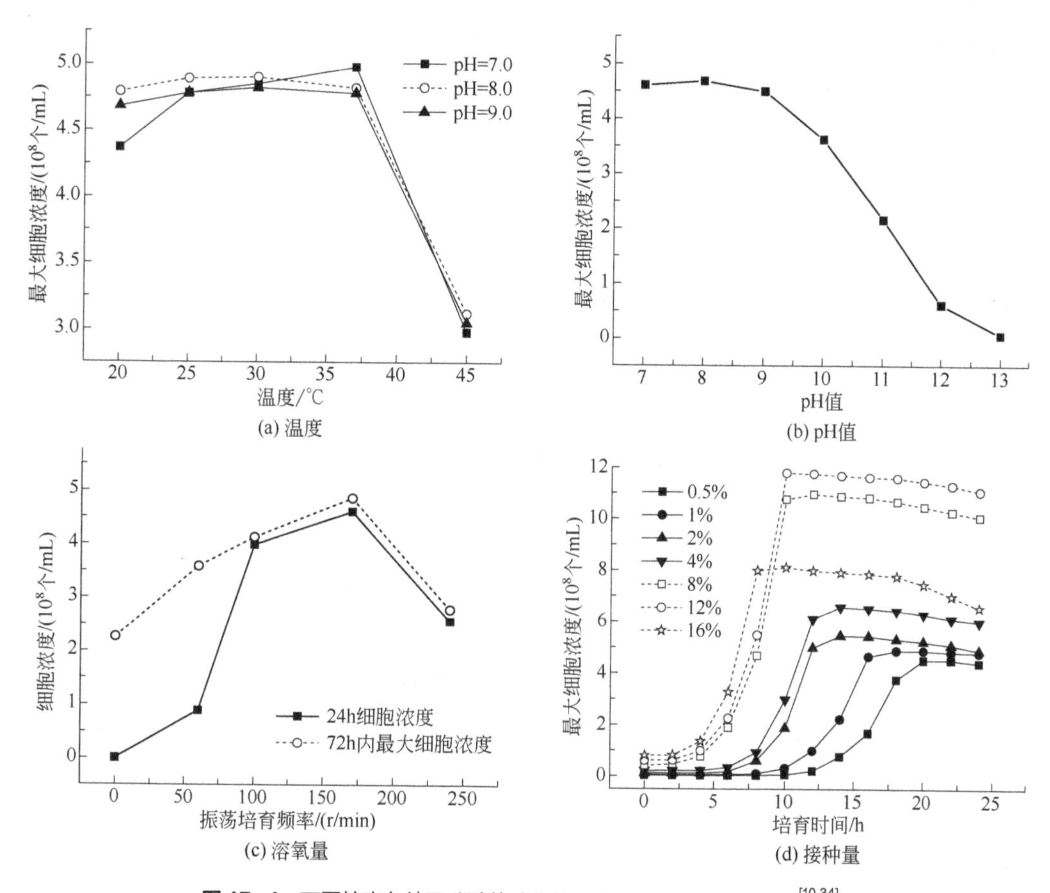

图 15-4　不同培育条件下碳酸盐矿化菌最大细胞浓度的变化规律[10,34]

② 酶活性与调控。如式（15-1）所示，MICP 最终的目的是利用碳酸盐矿化菌新陈代谢过程产生的脲酶分解尿素等底物，从而生成大量的 $CaCO_3$ 沉淀。因此，碳酸盐矿化菌酶活性与调控，即产酶方式和产酶活性等是影响 MICP 技术效果的核心因素之一[34]。

根据碳酸盐矿化菌产生脲酶的位置，脲酶分为胞内脲酶、胞外脲酶和细胞间质脲酶。胞内脲酶在细菌细胞内合成，并完成酶解活动，酶解活动结束后再将代谢产物排于细胞壁外。胞内脲酶的提取较为复杂，需要将细胞壁破碎后才能进一步提取，但由于细胞壁的保护，胞内脲酶在恶劣环境下也能保持较好的酶活性和稳定性。胞外脲酶也产生于细菌细胞内，但在细胞壁外起作用，包含位于细胞外表面或细胞外质空间的酶，这些脲酶以游离状态存在，脲酶水解尿素的整个过程都在细胞外进行，有利于提纯，酶活性较高，但由于缺少细胞壁的保护，胞外脲酶易受环境影响，容易丧失活性[10]。

产酶活性以脲酶在单位时间内分解尿素的能力来表征，即 mmol/（L·min）。可采用对二甲氨基苯甲醛比色法和电导率法测试其脲酶活性[10]。

（2）磷酸盐矿化菌

磷酸盐矿化菌能够分泌碱性磷酸酶（alkaline phosphatase，ALP）或酸性磷酸酶（acid phosphatase，APP），这些磷酸酶通过水解细菌胶结液中的底物得到 PO_4^{3-}，通过添加不同类型的金属离子 M（M 价态可为+1、+2、+3 等）到磷酸盐矿化菌和细菌胶结液中，最终获

得 $MHPO_4$、MPO_4、$M_3(PO_4)_2$ 等磷酸盐沉淀[40]。最常见的磷酸盐矿化产物有生物磷酸钡、生物磷酸钙、生物磷酸镁、生物磷酸铁、生物磷酸铈等，对应的诱导沉淀盐分别为钡盐、钙盐、镁盐、铁盐、铈盐。

以磷酸钡盐矿化产物的磷酸盐矿化菌为例，磷酸盐矿化菌分泌的 ALP 能够水解细菌胶结液中的含磷物质生成 PO_4^{3-} 或 HPO_4^{2-}［式（15-2）］；在不同的 pH 值条件下，PO_4^{3-} 或 HPO_4^{2-} 有着不同的存在形态［式（15-3）］，这些磷酸离子与钡盐中的 Ba^{2+} 反应生成 $BaHPO_4$、$Ba_5(PO_4)_3OH$ 及 $BaNaPO_4$ 等沉淀，见式（15-4）[41]。

$$\text{细菌胶结液}+H_2O \xrightarrow{\text{磷酸盐矿化菌}} PO_4^{3-}/HPO_4^{2-} \tag{15-2}$$

$$\left.\begin{aligned} PO_4^{3-}/HPO_4^{2-} &\xrightarrow{pH=7.0,8.0,9.0} HPO_4^{2-} \\ PO_4^{3-}/HPO_4^{2-} &\xrightarrow{pH=10.0} HPO_4^{2-}+PO_4^{3-}+OH^- \\ PO_4^{3-}/HPO_4^{2-} &\xrightarrow{pH=11.0} PO_4^{3-}+OH^- \end{aligned}\right\} \tag{15-3}$$

$$\left.\begin{aligned} HPO_4^{2-}+Ba^{2+} &\xrightarrow{pH=7.0,8.0,9.0} BaHPO_4 \\ HPO_4^{2-}+3PO_4^{3-}+OH^-+6Ba^{2+} &\xrightarrow{pH=10.0} Ba_5(PO_4)_3OH+BaHPO_4 \\ 4PO_4^{3-}+OH^-+6Ba^{2+}+Na^+ &\xrightarrow{pH=11.0} Ba_5(PO_4)_3OH+BaNaPO_4 \end{aligned}\right\} \tag{15-4}$$

磷酸盐矿化菌的培育和驯服与碳酸盐矿化菌相似，此处不再赘述。

15.1.1.2 细菌胶结液

不同的矿化菌液需搭配不同的细菌胶结液，这与矿化菌产生的酶的种类有关。酶是由活细胞产生的具有高效催化作用的生物催化剂，其本质是蛋白质，对其特异性底物具有高度催化效率，在酶的催化作用下，酶与特异性底物能够高效、特异地进行反应[42]。

对于碳酸盐矿化菌而言，试验研究中细菌胶结液的基本组成是底物和钙盐的混合溶液。基于脲酶水解作用的碳酸盐矿化菌底物是尿素；基于反硝化作用的碳酸盐矿化菌底物是乙酸（也称醋酸）或乙醇等；基于反硫化作用的碳酸盐矿化菌底物是光合作用产物 CH_2O（碳水化合物）；基于碳氧化作用的碳酸盐矿化菌底物是甲烷。

对于磷酸盐矿化菌而言，试验研究中细菌胶结液的基本组成是底物和磷酸盐沉淀盐的金属盐，底物主要为含磷物质，金属盐有钡盐、镁盐和铁盐等。

15.1.1.3 小结

生物菌类固化剂作为新型环保固化剂，已广泛应用到地基加固、稳固斜坡、修复水泥基材料裂缝、重金属污染土修复、古建筑修复、扬尘治理、防风固沙[43]、砂土抗液化等方面。

15.1.2 制备过程与生命周期评价

15.1.2.1 制备过程

生物菌类固化剂的制备过程主要是矿化菌液的培育、菌液与细菌胶结液之间的混合，其制备工艺流程图如图 15-5 所示。在制备生物菌类固化剂时，根据待加固体所处的环境，选择或驯化适宜的矿化菌菌株，并在相同环境下进行培育得到具有一定细胞浓度和高酶活性的矿化菌液；结合该活性酶需求配制一定浓度的底物，同时配制形成碳酸盐沉淀或磷酸盐沉淀所需的诱导沉淀盐（如钙盐、钡盐、镁盐、铁盐等），两者共同形成细菌胶结液；将矿化菌液与细菌胶结液按一定的比例混合搅拌，即可得到生物菌类固化剂。

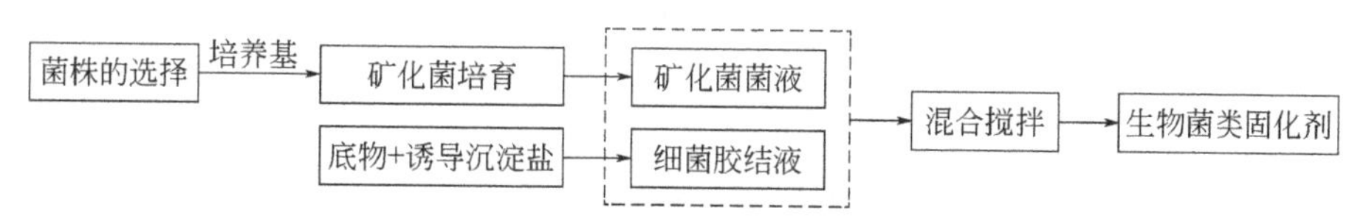

图 15-5　生物菌类固化剂制备工艺流程图

15.1.2.2　生命周期评价

生物菌类固化剂的生命周期评价无法简单地依据原材料的能源、资源消耗计算，一般结合诱导沉淀物晶体的产生量进行评价。目前，仅有少量有关 MICP 生命周期评价的研究，尚未有 MIPP 的相关研究。

以基于脲酶水解反应的 MICP 为例，如式（15-1）所示，完全反应条件下每产生 1mol $CaCO_3$ 晶体，需要 1mol $CO(NH_2)_2$ 和 1mol Ca^{2+}，也就是每产生 1t $CaCO_3$ 晶体需要 0.64t $CO(NH_2)_2$ 和 0.4t Ca^{2+}，生产 1t $CO(NH_2)_2$ 消耗 0.58t NH_3、0.785t CO_2、1.555t 标煤和 1032.57kW·h，生产 1t Ca^{2+}（以 $CaCl_2$ 计）消耗 2.33t HCl（33%浓度）、0.785t $CaCO_3$、1.0t 标煤和 1593.61kW·h。折合成原材料消耗，分别为 0.4t NH_3、0.44t CO_2、1t $CaCO_3$、0.72t HCl、0.4t H_2O、0.01t NH_4Cl、0.0000124t $NiCl_2$ 和 0.02t 酵母抽提物[44]。

总体而言，通过 MICP 技术每产生 1t $CaCO_3$ 晶体，需要消耗 1.8t 标准煤，同时排放 3.4t CO_2，其中原材料生产过程消耗的能源占到 96%、CO_2 排放占到 80.4%[44]。

15.1.3　沉淀机理与微观特性

15.1.3.1　微生物诱导碳酸盐沉淀机理

MICP 机理有光合作用反应、脲酶水解反应（也称尿素水解反应）、反硝化反应、反硫化反应及碳氧化反应。

理论上，只要微生物代谢过程能够使环境 pH 值提高，并导致溶液中的碳酸盐浓度达到过饱和状态，就可以诱导生成碳酸盐[45]。MICP 的可能代谢过程及其在标准条件下的体系自由能变化量如图 15-6 所示。脲酶水解过程、反硝化过程、硫酸盐还原过程均能使溶液 pH 值增大，使得溶液中碳酸盐浓度过饱和；脲酶水解属于有氧反应，反硝化过程、硫酸盐还原过程属于厌氧反应；脲酶水解反应的体系自由能变化量最低，表明该反应最容易发生[45]，且脲酶水解反应是 MICP 技术中最直接、最容易控制的反应方式[46,47]。

（1）光合作用反应

以蓝藻碳酸盐矿化菌为例，空气中的二氧化碳经光合作用生成 CH_2O（碳水化合物）[式（15-5）]；细菌在异养过程消耗 CH_2O 并生成 $CO_2(aq)$，$CO_2(aq)$在水中生成 CO_3^{2-} [式（15-6）]；CO_3^{2-} 与 Ca^{2+}结合生成 $CaCO_3$ [式（15-7）] [49]。

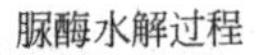

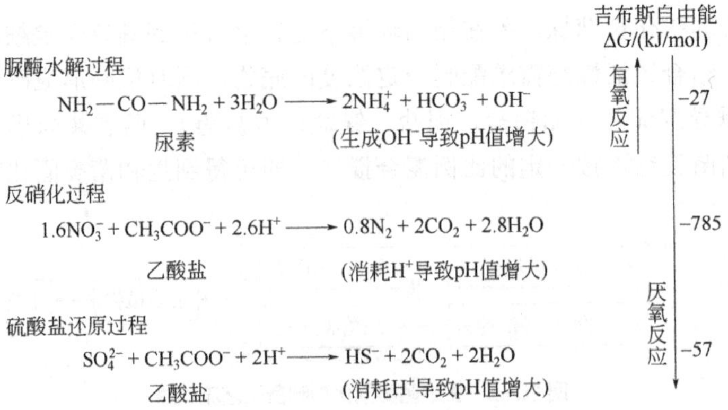

吉布斯自由能
ΔG/(kJ/mol)
脲酶水解过程
NH₂—CO—NH₂ + 3H₂O ⟶ 2NH₄⁺ + HCO₃⁻ + OH⁻
尿素
(生成OH⁻导致pH值增大)
有氧反应
−27
反硝化过程
1.6NO₃⁻ + CH₃COO⁻ + 2.6H⁺ ⟶ 0.8N₂ + 2CO₂ + 2.8H₂O
乙酸盐
(消耗H⁺导致pH值增大)
−785
厌氧反应
硫酸盐还原过程
SO₄²⁻ + CH₃COO⁻ + 2H⁺ ⟶ HS⁻ + 2CO₂ + 2H₂O
乙酸盐
(消耗H⁺导致pH值增大)
−57

图 15-6 MICP 的可能代谢过程[45,48]

吉布斯自由能是在标准条件下测得的

$$CO_2+H_2O \xrightarrow{\text{光合作用}} O_2+CH_2O \tag{15-5}$$

$$\left.\begin{aligned} O_2+CH_2O &\xrightarrow{\text{异养}} CO_2(aq)+H_2O \\ CO_2(aq)+H_2O &\longrightarrow CO_3^{2-}+2H^+ \end{aligned}\right\} \tag{15-6}$$

$$Ca^{2+}+CO_3^{2-} \xrightarrow{\text{沉淀}} CaCO_3 \tag{15-7}$$

碳酸盐矿化菌
CO₂
Na⁺HCO₃⁻
同向运输
光合作用
CO₂ + H₂O 光合作用 O₂ + CH₂O
HCO₃⁻ ⇌ CO₂ + OH⁻
细胞壁
2H⁺
反向运输
Ca²⁺
OH⁻
OH⁻ + H⁺ ⟶ H₂O
Ca²⁺ + HCO₃⁻ ⟶ CaCO₃ + H⁺

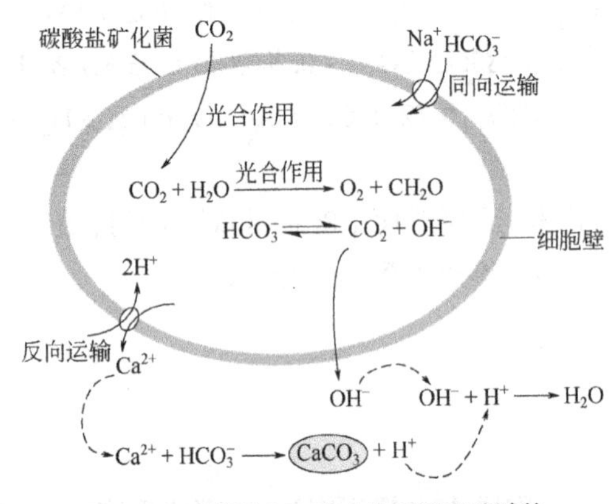

图 15-7 利用 CO_2 光合作用诱导碳酸盐沉淀反应示意图[50]

利用 CO_2 光合作用诱导碳酸盐沉淀的化学反应过程见图 15-7。

也有学者认为，光合作用下吸收的并非 CO_2，而是 HCO_3^-[51]。空气中的 CO_2 先与 H_2O 生成 HCO_3^-［式（15-8）］，以 HCO_3^- 形式进入细菌细胞内，利用碳酸酐酶催化作用将 HCO_3^- 转化为 CO_2 和 CO_3^{2-}［式（15-9）］[52,53]；CO_2 再被 RuBisCO 酶固定并转化为可溶性无机碳［CO_3^{2-}，式（15-10）］；碳酸酐酶催化得到的 CO_3^{2-} 与外环境中的 Ca^{2+} 生成 $CaCO_3$ 沉积［式（15-7）］。

$$CO_2+H_2O \rightleftharpoons HCO_3^-+OH^- \tag{15-8}$$

$$2HCO_3^- \xrightarrow{\text{碳酸酐酶}} CO_3^{2-}+CO_2\uparrow+H_2O \tag{15-9}$$

$$CO_2 \xrightarrow{\text{RuBisCO酶}} \text{DIC(dissolved inorganic carbon,可溶性无机碳)} \tag{15-10}$$

图 15-8 表示 HCO_3^- 光合作用诱导碳酸盐沉淀的化学反应过程。

（2）脲酶水解反应

碳酸盐矿化菌通过自身的新陈代谢过程分泌脲酶。首先，在有尿素存在的环境下脲酶能够分解尿素产生 NH_4^+ 和 CO_3^{2-}［式（15-11）］并使整个反应体系呈碱性，细菌胶结液中的氯化钙（$CaCl_2$）分解得到 Ca^{2+}［式（15-12）］，与脲酶水解得到的 CO_3^{2-} 生成具有胶凝性的 $CaCO_3$ 沉淀物质［式（15-7）］。

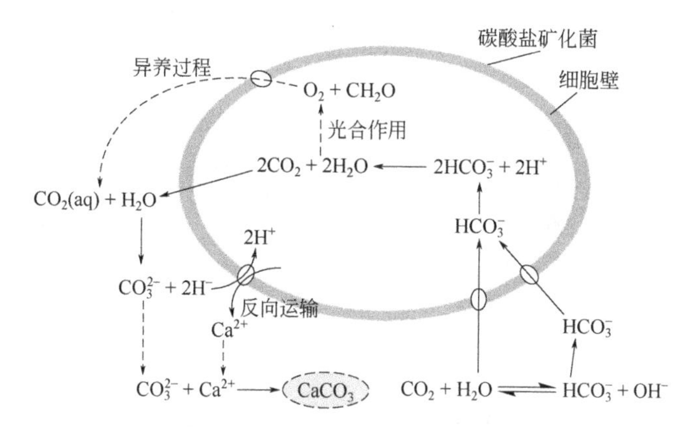

图 15-8 HCO_3^- 光合作用诱导碳酸盐沉淀反应示意图（基于[49,51,54]修改）

$$CO(NH_2)_2 + 2H_2O \xrightarrow{\text{脲酶}} 2NH_4^+ + CO_3^{2-} \tag{15-11}$$

$$CaCl_2 \xrightarrow{H_2O} Ca^{2+} + 2Cl^- \tag{15-12}$$

脲酶水解诱导碳酸盐沉淀的化学反应过程见图 15-9。

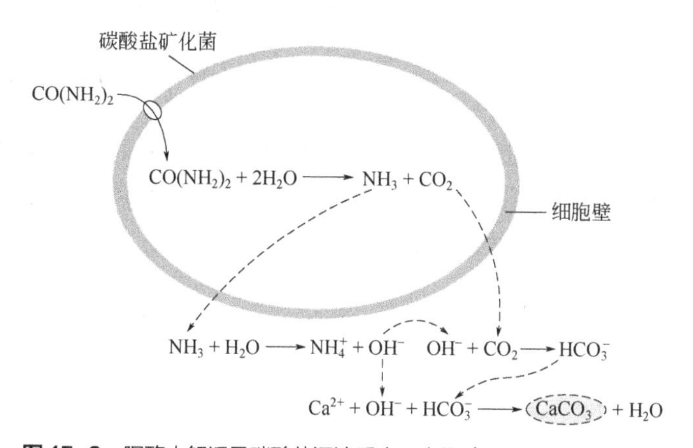

图 15-9 脲酶水解诱导碳酸盐沉淀反应示意图（基于文献[50]修改）

脲酶水解反应机理如图 15-10 所示。微生物细胞表面含有大量的羟基、氨基、酰氨基和羧基等阴离子基团使其自身呈电负性，Ca^{2+}被吸附在碳酸盐矿化菌细胞壁表面，尿素被脲酶水解生成可溶性无机碳 CO_3^{2-} 和铵根离子（ammonium，AMM.）[图 15-10（a）]；这些分解得到的 CO_3^{2-} 与 Ca^{2+}生成 $CaCO_3$ 沉积在细菌细胞壁 [图 15-10（b）]；随着大量 $CaCO_3$ 晶体的沉积，逐渐将细菌包裹，限制了营养物质的输送，导致细菌死亡 [图 15-10（c）]；死亡后的细菌在 $CaCO_3$ 晶体中间留下孔洞，详见图 15-10（d）。

（3）反硝化反应

反硝化反应是碳酸盐矿化菌在厌氧或缺氧条件下，硝酸盐氧化有机化合物获得能量并产生二氧化碳的作用过程。

① 乙酸用作电子供体。反硝化反应是碳酸盐矿化菌的多步代谢过程，需要多种反硝化酶（含亚硝酸盐还原酶、一氧化氮还原酶、一氧化二氮还原酶）参与反应将 NO_3^- 还原为

N_2，反应过程如式（15-13）[55]所示，其中乙酸用作电子供体。

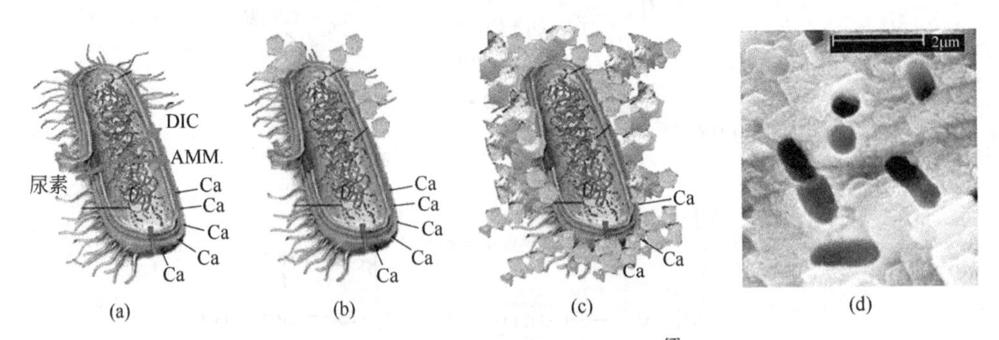

图 15-10 脲酶水解反应机理示意图[7]

$$\left.\begin{aligned}
&\frac{1}{2}NO_3^- + \frac{1}{8}CH_3COO^- + \frac{1}{8}H^+ \xrightarrow{\text{硝酸盐还原酶}} \frac{1}{2}NO_2^- + \frac{1}{4}CO_2(aq) + \frac{1}{4}H_2O(l)\\
&NO_2^- + \frac{1}{8}CH_3COO^- + \frac{9}{8}H^+ \xrightarrow{\text{硝酸盐还原酶}} NO(aq) + \frac{1}{4}CO_2(aq) + \frac{3}{4}H_2O(l)\\
&NO(aq) + \frac{1}{8}CH_3COO^- + \frac{1}{8}H^+ \xrightarrow{\text{一氧化氮还原酶}} \frac{1}{2}N_2O(aq) + \frac{1}{4}CO_2(aq) + \frac{1}{4}H_2O(l)\\
&\frac{1}{2}N_2O(aq) + \frac{1}{8}CH_3COO^- + \frac{1}{8}H^+ \xrightarrow{\text{一氧化二氮还原酶}} \frac{1}{2}N_2(g) + \frac{1}{4}CO_2(aq) + \frac{1}{4}H_2O(l)
\end{aligned}\right\} \quad (15\text{-}13)$$

反硝化作用诱导碳酸盐沉淀的化学反应过程如图 15-11 所示。NO_3^- 需要先转化为 NO_2^-，再转化为 NO 、N_2O，最终转化为 N_2，上述过程消耗大量的 H^+，从而提高环境中的 pH 值和 CO_3^{2-} 的含量，加速碳酸钙沉积速率。

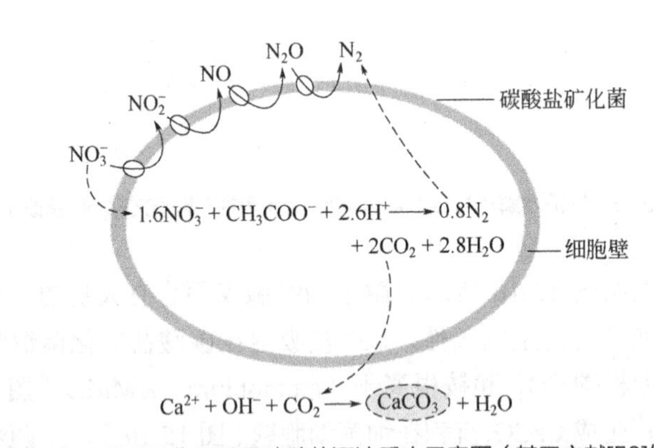

图 15-11 反硝化作用诱导碳酸盐沉淀反应示意图（基于文献[50]修改）

② 光合作用产物 CH_2O 用作电子供体。将光合作用产物 CH_2O 作为电子供体，通过硝酸盐的反硝化作用 NO_3^- 转化为 N_2，生成 CO_2 并提高 pH 值，反应过程见式（15-14）[56]。

$$\begin{aligned}
&NO_3^- + 1.25CH_2O \xrightarrow{\text{反硝化作用}} 0.5N_2(g) + 1.25CO_2(aq) + 0.75H_2O + OH^-\\
&Ca^{2+} + CO_2 + 2OH^- \xrightarrow{\text{沉淀}} CaCO_3 + H_2O
\end{aligned} \quad (15\text{-}14)$$

③ 乙醇用作电子供体。将乙醇作为电子供体，通过硝酸盐的反硝化作用 NO_3^- 转化为

N_2，反应过程见式（15-15）[57]。

$$12NO_3^- + 5C_2H_5OH \xrightarrow{\text{反硝化作用}} 6N_2(g) + 10CO_2(aq) + 9H_2O + 12OH^-$$
$$Ca^{2+} + CO_2 + 2OH^- \xrightarrow{\text{沉淀}} CaCO_3 + H_2O \quad (15\text{-}15)$$

（4）反硫化反应

反硫化反应是指碳酸盐矿化菌在厌氧或缺氧条件下，在消耗有机化合物的过程中硫酸盐转化为硫化物，并获得能量、产生无机碳的作用过程。

① 乙酸用作电子供体。采用乙酸为电子供体时，通过硫酸盐的反硫化作用（异化还原过程）将 SO_4^{2-} 转化为 HS^-，在此过程将乙酸转化为 CO_2 并消耗 H^+ 提高外环境的 pH 值，其反硫化反应过程如式（15-16）所示。

$$SO_4^{2-} + CH_3COO^- + 2H^+ \longrightarrow HS^- + 2CO_2 + 2H_2O \quad (15\text{-}16)$$

② 光合作用产物 CH_2O 用作电子供体。通过硫酸盐的反硫化作用将 SO_4^{2-} 转化为 HS^-，在此过程消耗 CH_2O 生成 HCO_3^-，反硫化反应过程见式（15-17）[53]。

$$SO_4^{2-} + 2CH_2O + OH^- \longrightarrow HS^- + 2HCO_3^- + H_2O$$
$$Ca^{2+} + 2HCO_3^- \xrightarrow{\text{沉淀}} CaCO_3 + H_2O + CO_2 \quad (15\text{-}17)$$

图 15-12 表示反硫化作用诱导碳酸盐沉淀反应过程。值得注意的是，反硫化反应过程中产生的 H_2S 有刺鼻性气味且对人体有害[32,58]。

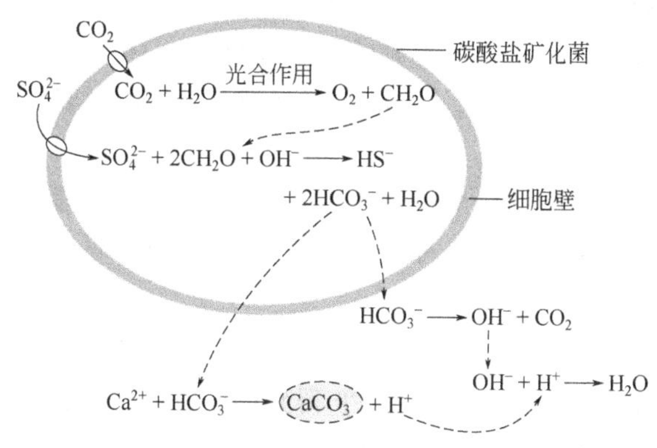

图 15-12 反硫化作用诱导碳酸盐沉淀反应示意图（基于文献[50]修改）

（5）碳氧化反应

在不同的含氧氛围内，碳氧化反应的方式不同。厌氧或缺氧条件下，甲烷能够发生厌氧氧化反应［式（15-18）］[59-61]；在 Ca^{2+} 存在的条件下，碳氧化诱导碳酸钙沉淀反应的化学式见式（15-19）[62]；氧气充足条件下则发生有氧氧化反应［式（15-20）］。但是，有氧氧化反应会降低外环境的 pH 值，导致碳酸盐的溶解[62]，因此不易于诱导碳酸盐沉淀。

$$CH_4 + SO_4^{2-} \xrightarrow{\text{厌氧氧化}} HCO_3^- + HS^- + H_2O \quad (15\text{-}18)$$

$$CH_4 + SO_4^{2-} + Ca^{2+} \xrightarrow{\text{厌氧氧化}} CaCO_3 + H_2S + H_2O \quad (15\text{-}19)$$

$$CH_4 + 2O_2 \xrightarrow{\text{有氧氧化}} CO_2 + 2H_2O \quad (15\text{-}20)$$

图15-13表示厌氧条件下碳氧化作用诱导碳酸盐沉淀反应过程。

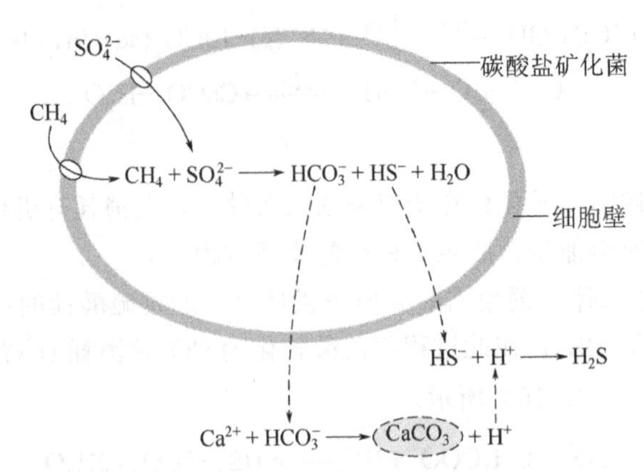

图15-13 厌氧条件下碳氧化作用诱导碳酸盐沉淀示意图（基于文献[50]修改）

15.1.3.2 微生物诱导磷酸盐沉淀机理

（1）生物磷酸钡沉淀

生物磷酸钡沉淀的诱导沉淀盐一般为氯化钡（$BaCl_2$），$BaCl_2$电离得到Ba^{2+}，Ba^{2+}与磷酸酶水解得到的磷酸盐在不同的pH值条件下生成不同的生物磷酸钡。

当pH＜10.0时，ALP水解得到的离子主要为HPO_4^{2-}，Ba^{2+}与HPO_4^{2-}反应生成$BaHPO_4$，因此，该条件下生物磷酸钡沉淀主要为$BaHPO_4$［式（15-4）］。

当pH值达到10.0时，ALP水解得到的离子有PO_4^{3-}、HPO_4^{2-}，Ba^{2+}与PO_4^{3-}、HPO_4^{2-}反应生成$BaHPO_4$、$Ba_5(PO_4)_3OH$，因此，该条件下生物磷酸钡沉淀主要为$BaHPO_4$、$Ba_5(PO_4)_3OH$［式（15-4）］。

当pH值达到11.0时，ALP水解得到的离子有PO_4^{3-}，阳离子除了Ba^{2+}外，还含有为提高外环境pH值添加NaOH而引入的Na^+，生物磷酸钡沉淀主要为$Ba_5(PO_4)_3OH$、$BaNaPO_4$［式（15-4）］。

（2）生物磷酸钙沉淀

采用$CaCl_2$溶液作为诱导沉淀盐，MIPP得到的生物磷酸钙沉淀产物主要为羟基磷灰石[63]［$Ca_5(PO_4)_3OH$，hydroxyapatite，HAP］。

（3）生物磷酸镁沉淀

生物磷酸镁沉淀的诱导沉淀盐一般为氯化镁（$MgCl_2$），采用的镁盐pH值不同时得到的生物磷酸镁沉淀不同。当加入酸性的$BaCl_2 \cdot 6H_2O$时，生物磷酸镁沉淀主要为$MgHPO_4 \cdot 1.2H_2O$和$Ba_3(PO_4)_2 \cdot 5H_2O$的混合物；当加入中性无水$BaCl_2$时，生物磷酸镁沉淀主要为$Ba_3(PO_4)_2 \cdot 5H_2O$。

（4）生物磷酸铁沉淀

采用硫酸亚铁（$FeSO_4$）溶液作为诱导沉淀盐，MIPP得到的生物磷酸铁沉淀产物主要为蓝铁矿［$Fe_3(PO_4)_2 \cdot 8H_2O$，vivianite］。

（5）生物磷酸铈沉淀

采用磷酸苯酯（phenyl phosphate）作为底物，硫酸铈［$Ce(SO_4)_2$］作为诱导沉淀盐，

MIPP 得到的生物磷酸铈沉淀产物主要为 $CePO_4@NaCe(SO_4)_2(H_2O)$和 $CePO_4$[64]。

15.1.3.3 沉淀产物微观特性

（1）微生物诱导碳酸盐沉淀产物

碳酸钙最常见的结晶形态有方解石、文石和球霰石[11]，其中方解石属于三方晶系，常温常压下结晶程度高、热力学稳定性好[65]，是当前碳酸盐矿化菌诱导沉淀最常见的研究对象[66,67]。

① 矿物相组成

a. 化学合成 $CaCO_3$ 和 MICP 得到的 $CaCO_3$ 对比。图 15-14 给出了化学合成 $CaCO_3$ 和 MICP 得到的 $CaCO_3$ 的 XRD 谱图。两者的特征衍射峰基本一致，但主要的特征衍射峰（2θ 衍射角约为 30.0°）强度不同，化学合成 $CaCO_3$ 的衍射峰强度达到 8348，而 MICP 得到的 $CaCO_3$ 的强度为 7077；MICP 得到的 $CaCO_3$ 的衍射峰强度总体低于化学合成 $CaCO_3$ 的衍射峰强度，表明 MICP 得到的方解石晶体在有机大分子的调控下产生多级生长和聚集[68]。

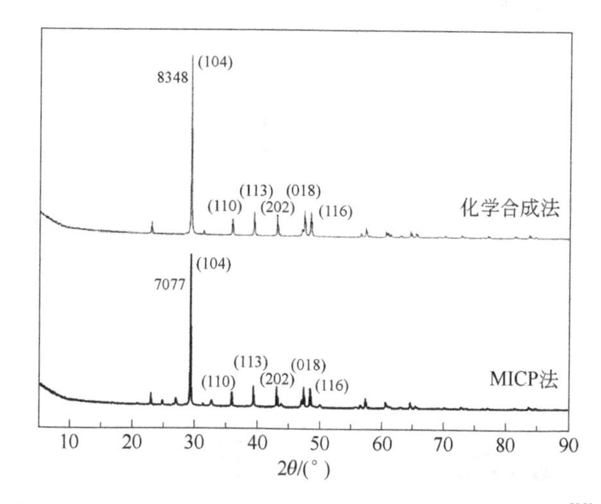

图 15-14 化学合成与 MICP 得到的 $CaCO_3$ 的 XRD 谱图[68]

b. 不同钙源 MICP 得到的 $CaCO_3$ 对比。不同钙源 MICP 得到的 $CaCO_3$ 的 XRD 谱图如图 15-15 所示[69]，采用的钙源分别为 $Ca(CH_3COO)_2$（Ca acetate）、$CaCl_2$（Ca chloride）、$Ca(NO_3)_2$（Ca nitrate）和 CaO（Ca oxide）。不同钙源 MICP 得到的产物中均含有方解石晶体，$CaCl_2$ 为钙源时方解石晶体的衍射峰强度最强；$Ca(CH_3COO)_2$ 为钙源时，沉淀产物中不含文石晶体和球霰石晶体，其他钙源 MICP 得到的产物中均含有文石晶体和球霰石晶体。上述结果表明，钙源会影响碳酸盐矿化菌诱导沉淀产物类型和晶体种类。

② 微观形貌

a. 化学合成 $CaCO_3$ 和 MICP 得到的 $CaCO_3$ 对比。化学合成 $CaCO_3$ 与不同碳酸盐矿化菌 MICP 得到的 $CaCO_3$ 晶体的 SEM 图如图 15-16 所示。不同方式制备得到的 $CaCO_3$ 晶体形貌完全不同。不同碳酸盐矿化菌菌株诱导沉淀 $CaCO_3$ 晶体形貌也不同。化学合成 $CaCO_3$ 晶体以斜六方晶格结构发育，晶体尺寸较为均匀，同时含有六面体单晶、孪晶及其聚集体［图 15-16（a）］；碳酸盐矿化菌 A 菌形成的 $CaCO_3$ 晶体以多面体为主，含有少量球体结构

[图 15-16（b）]；碳酸盐矿化菌 B 菌形成的 $CaCO_3$ 晶体以多面体、球体结构为主 [图 15-16（c）]；碳酸盐矿化菌 D 菌形成的 $CaCO_3$ 晶体以球体结构为主，晶体尺寸大小均一，球体结构相互聚集 [图 15-16（d）] [10,70]。

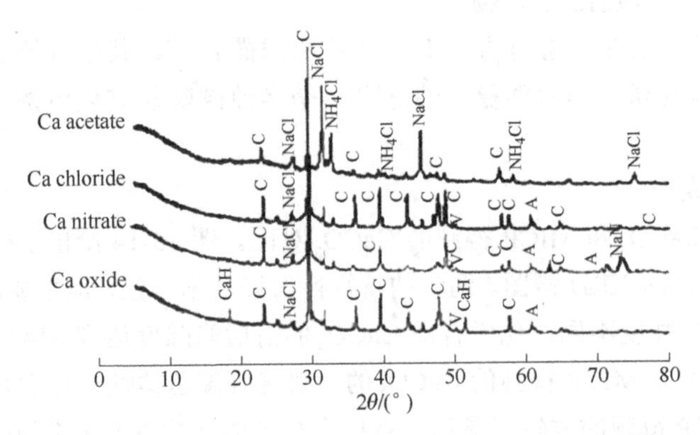

图 15-15 不同钙源 MICP 得到的 $CaCO_3$ 的 XRD 谱图[69]

C—方解石；A—文石；V—球霰石；NaN—硝酸钠；CaH—氢氧化钙

(a) 化学合成$CaCO_3$晶体　(b) 菌株A诱导沉淀$CaCO_3$晶体

(c) 菌株B诱导沉淀$CaCO_3$晶体　(d) 菌株D诱导沉淀$CaCO_3$晶体

图 15-16 化学合成与 MICP 得到的 $CaCO_3$ 晶体的 SEM 图[70]

b．不同钙源 MICP 得到的 $CaCO_3$ 对比。不同钙源 MICP 得到的 $CaCO_3$ 晶体的 SEM 图如图 15-17 所示。不同钙源 MICP 得到的 $CaCO_3$ 晶体的形态和尺寸存在显著差异，这一结果与矿物相组成分析结果相一致，即钙源不同 MICP 得到的 $CaCO_3$ 晶体不同。$CaCl_2$ 为钙源时，MICP 得到的 $CaCO_3$ 主要为六面体形态的方解石晶体，其表面光滑平整［图 15-17（a）］；乙酸钙［$Ca(CH_3COO)_2$］为钙源时，MICP 得到的 $CaCO_3$ 主要为球状的球霰石晶体［图 15-17（b）］，这一结果与 XRD 结果中乙酸钙只含有方解石晶体的结果不一致，说明钙源并不是唯一影响 MICP 得到的矿物组成和形态的因素[71,72]；用乳酸钙［$Ca(CH_3CHOHCOO)_2$］和葡萄糖酸钙［$Ca(C_6H_{11}O_7)_2$］为碳源时，MICP 得到的 $CaCO_3$ 晶型非常复杂，晶体之间镶嵌组合成一个密集的整体，$Ca(CH_3CHOHCOO)_2$ 诱导形成 $CaCO_3$ 晶体无规则形状［图 15-17（c）］，$Ca(C_6H_{11}O_7)_2$ 诱导形成 $CaCO_3$ 晶体镶嵌组合成一个类似球体的形状［图 15-17（d）］[73]。

(a) $CaCl_2$　(b) $Ca(CH_3COO)_2$　(c) $Ca(CH_3CHOHCOO)_2$　(d) $Ca(C_6H_{11}O_7)_2$

图 15-17　不同钙源 MICP 得到的 $CaCO_3$ 晶体的 SEM 图[73]

c．不同菌株类型 MICP 得到的 $CaCO_3$ 对比。不同脲酶碳酸盐矿化菌诱导沉淀 $CaCO_3$ 的微观形貌如图 15-18 所示。不同脲酶诱导沉淀 $CaCO_3$ 的形态和尺寸存在明显差异。Bm 细菌生成的 $CaCO_3$ 晶体呈球状，晶体直径为 30～50μm［图 15-18（a）］；Bc 细菌生成的 $CaCO_3$ 晶体呈针状、片状，晶体尺寸 15～40μm［图 15-18（b）］；Bt 细菌生成的 $CaCO_3$ 晶体呈球状、纺锤状，晶体尺寸 10～50μm，其中大量的孔洞为细菌占位残留［图 15-18（c）］；Bs 细菌生成的 $CaCO_3$ 晶体呈光滑球状、纺锤状，晶体直径为 10～50μm［图 15-18（d）］；

Lf 细菌生成的 $CaCO_3$ 晶体呈粗糙的针状空间网络结构，晶体直径为 2～10μm[图 15-18(e)]。

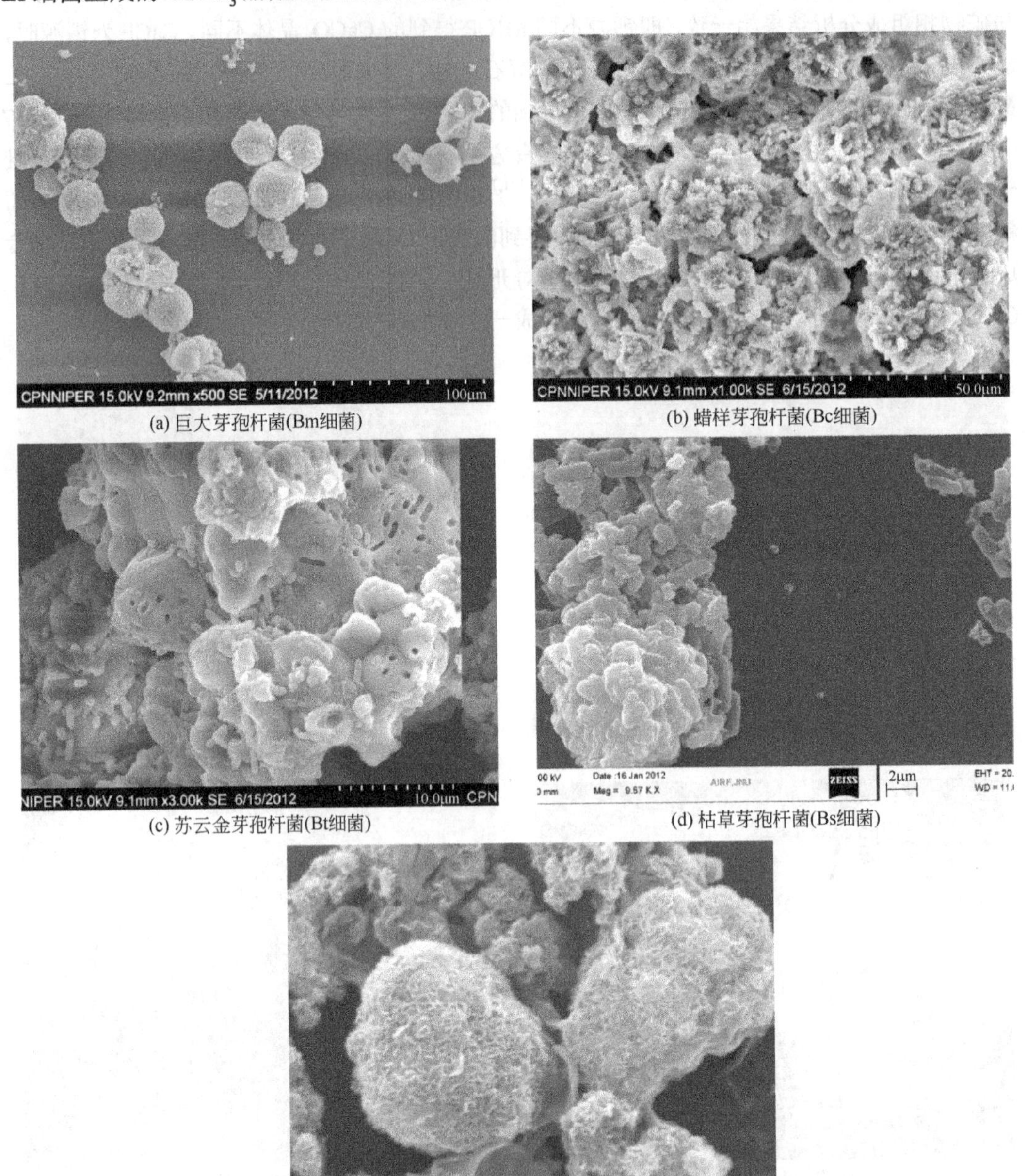

(a) 巨大芽孢杆菌(Bm细菌)

(b) 蜡样芽孢杆菌(Bc细菌)

(c) 苏云金芽孢杆菌(Bt细菌)

(d) 枯草芽孢杆菌(Bs细菌)

(e) 赖氨酸芽孢杆菌(Lf细菌)

图 15-18 不同脲酶 MICP 得到的 $CaCO_3$ 晶体的 SEM 图[74]

(2) 微生物诱导磷酸盐沉淀产物

① 矿物相组成。不同 pH 值条件下磷酸钡盐沉淀的 XRD 谱图如图 15-19 所示。pH 值为 7.0～9.0 时，MIPP 产物主要为 $BaHPO_4$；当 pH 值为 10.0 时，MIPP 产物主要为 $BaHPO_4$、$Ba_5(PO_4)_3OH$；当 pH 值为 11.0 时，MIPP 产物主要为 $Ba_5(PO_4)_3OH$、$BaNaPO_4$。这一结果证实了 15.1.3.2 节中 MIPP 作用机理，不同 pH 值条件下发生如式（15-4）所示的化学反应。

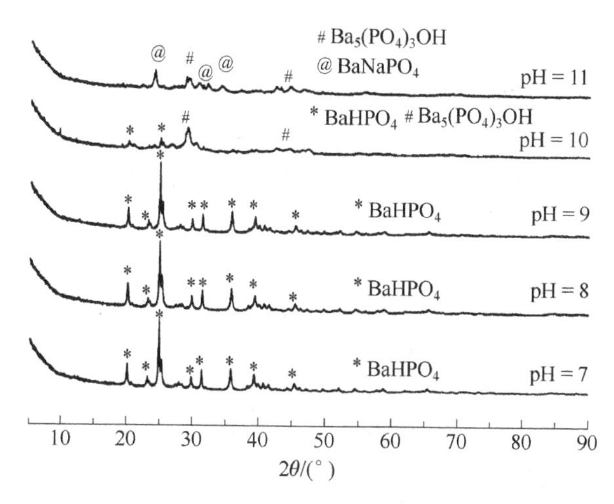

图 15-19 不同 pH 值条件下磷酸钡盐沉淀的 XRD 谱图[41,75]

② 微观形貌。

a．化学合成 $BaHPO_4$ 和微生物诱导沉淀 $BaHPO_4$ 对比。Yu 等[76]将化学制备得到的磷酸氢钡与 MIPP 得到的磷酸氢钡（$BaHPO_4$）进行了对比，其中化学合成磷酸氢钡采用 $K_2HPO_4 \cdot 3H_2O$ 与 $BaCl_2 \cdot 2H_2O$ 合成。化学合成得到的 $BaHPO_4$ 和 MIPP 得到的 $BaHPO_4$ 的 SEM 图如图 15-20 所示。化学合成 $BaHPO_4$ 和 MIPP 得到的 $BaHPO_4$ 的形貌存在显著差异，化学合成 $BaHPO_4$ 有着规则或不规则的棱柱状，其表面光滑，$BaHPO_4$ 晶体聚集在一起形成花瓣状［图 15-20（a）］；MIPP 得到的 $BaHPO_4$ 也呈棱柱状，但表面粗糙且含有大量碎屑，其晶体尺寸约为化学合成 $BaHPO_4$ 晶体的 2 倍［图 15-20（b）］。

(a) 化学合成$BaHPO_4$

(b) 微生物诱导沉淀$BaHPO_4$

图 15-20 化学合成与 MIPP 得到的 $BaHPO_4$ 的 SEM 图[76]

b．不同 pH 值下生物磷酸钡沉淀。不同外环境 pH 值条件下，MIPP 得到的生物磷酸钡沉淀如图 15-21 所示。随着 pH 值的增加，其尺寸和形貌没有明显的变化规律。当 pH 值为 7.0 时，$BaHPO_4$ 晶体呈无规则状，颗粒宽度和长度均小于 124.4μm［图 15-21（a）］；当 pH 值为 8.0 时，$BaHPO_4$ 晶体呈球状或不规则状，颗粒宽度和长度为 4.62～87.99μm［图 15-21（b）］；当 pH 值为 9.0 时，$BaHPO_4$ 晶体呈哑铃状，颗粒宽度和长度为 5.50～62.22μm

[图 15-21（c）]；当 pH 值为 10.0 时，$BaHPO_4$ 和 $Ba_5(PO_4)_3OH$ 晶体混合物呈不规则球状，颗粒尺寸范围为 3.89～176.0μm[图 15-21(d)]；当 pH 值为 11.0 时，$Ba_5(PO_4)_3OH$ 和 $BaNaPO_4$ 晶体混合物呈不规则块状，颗粒尺寸范围为 4.62～418.6μm [图 15-21（e）]。pH 值在 7.0、8.0、9.0、10.0 和 11.0 时，得到的生物磷酸钡沉淀平均粒径尺寸分别为 33.40μm、29.37μm、24.13μm、47.76μm 和 96.53μm[10]。

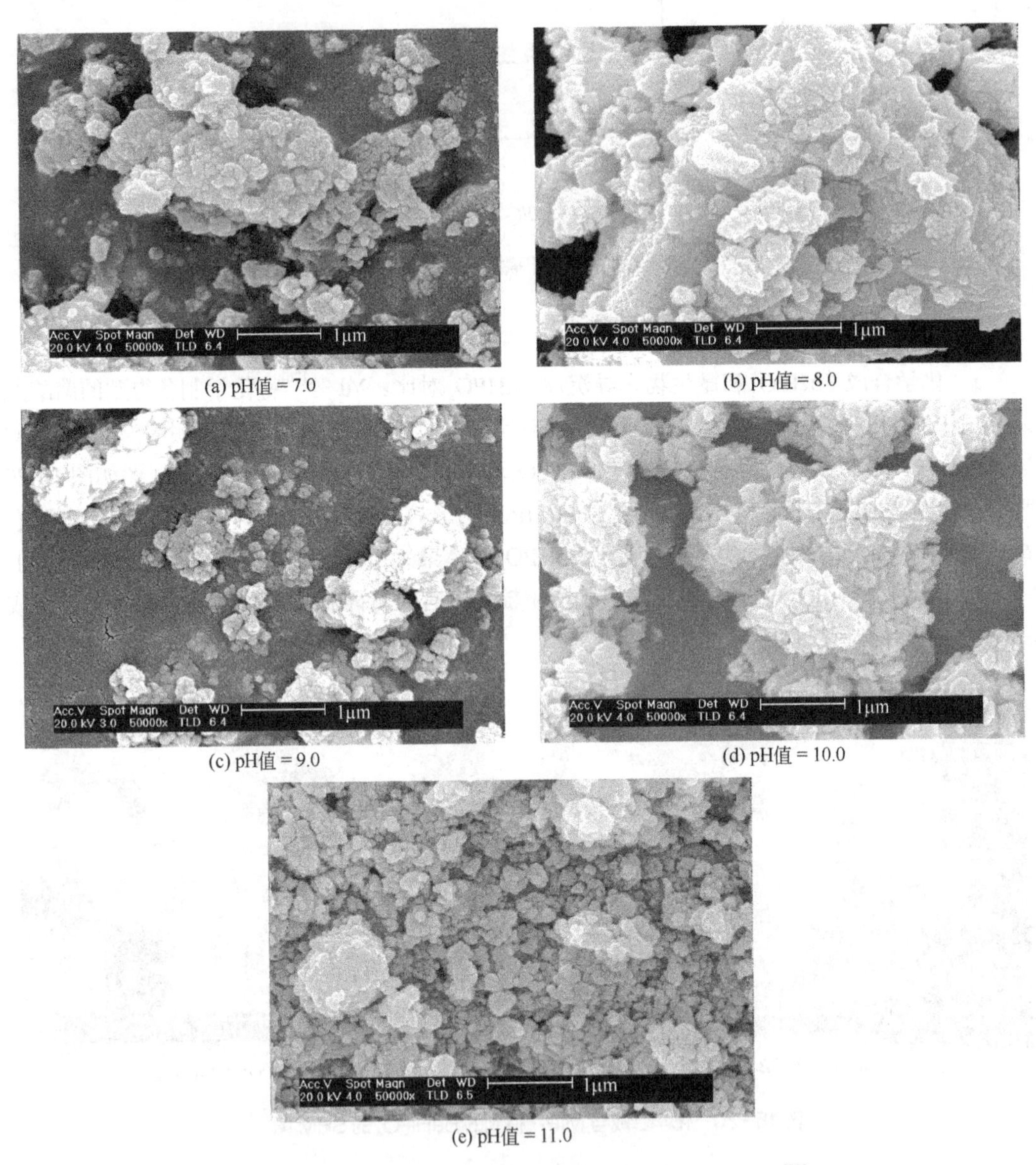

(a) pH值 = 7.0　(b) pH值 = 8.0　(c) pH值 = 9.0　(d) pH值 = 10.0　(e) pH值 = 11.0

图 15-21 不同 pH 值条件下生物磷酸钡沉淀的 SEM 图像[77]

15.2 生物菌类固化剂与土中成分的反应机理

目前，尚未有关于生物菌类固化剂与土中矿物、水溶盐、酸碱成分、有机污染成分和有机质之间反应机理的研究。本书叙述生物菌类固化剂固化土中矿物的机理及与重金属污染物的反应机理。

15.2.1 生物菌类固化剂固化土中矿物的机理

微生物与土颗粒的尺寸对比如图15-22所示，细菌的尺寸大约为0.5～3.0μm，而细菌的活动会受到土体孔隙的影响，因此，生物菌类固化剂处理的对象大多为砂土、砾土等粗粒土，微生物和细菌胶结液在粗粒土孔隙中迁移；而颗粒尺寸小于5μm的黏粒，其土体孔隙过小，微生物和细菌胶结液无法通过，需要采用机械搅拌等方法进行处理。

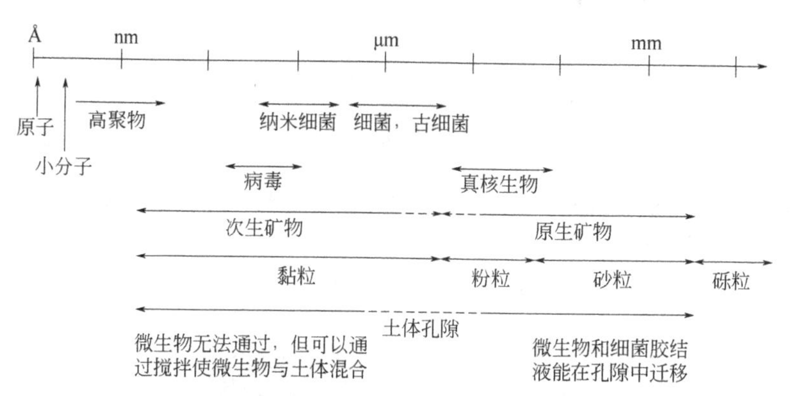

图15-22 微生物与土颗粒的尺寸对比（基于文献[78]修改）

（1）生物菌类固化剂固化原生矿物的机理

① 生物菌类固化剂固化砂粒的机理。Cui 等[79]采用培育好的碳酸盐矿化菌菌液与细菌胶结液混合均匀作为生物菌类固化剂固化中国ISO标准砂，其中碳酸盐矿化菌菌种为巴氏芽孢杆菌，细菌胶结液为$CaCl_2$溶液和尿素溶液的混合液。图15-23为MICP固化砂土作用机理示意图。MICP固化砂土过程中生成三种形式的$CaCO_3$晶体，分别为无效$CaCO_3$晶体、有效$CaCO_3$胶结和$CaCO_3$接触胶结。$CaCO_3$晶体在砂粒表面沉积，却无连接、胶结作用，不能胶结砂粒，即为无效$CaCO_3$晶体［图15-23（a）］；砂粒与砂粒之间接触处被$CaCO_3$晶体胶结，能够有效发挥胶结强度，即为有效$CaCO_3$胶结［图15-23（b）］；相邻砂粒之间形成$CaCO_3$晶体晶簇，仅有部分接触处被$CaCO_3$晶体胶结，即为$CaCO_3$接触胶结［图15-23（c）］。

② 生物菌类固化剂固化粉粒的机理。邵光辉等[80]选用人工吹填粉土作为待加固土，粉土颗粒分布区间主要为0.002～0.300mm，黏粒体积分数低于5%，0.005～0.075mm的粉粒含量占到84.98%；采用培育好的碳酸盐矿化菌菌液与细菌胶结液混合均匀作为生物菌类固化剂，其中碳酸盐矿化菌菌种为巴氏芽孢杆菌（*Sporosarcina pasteurii*），细菌胶结液为$CaCl_2$溶液和尿素溶液的混合液，MICP固化粉土和粉土的微观形貌见图15-24。粉土以不规则的颗粒状粉粒为主，含有少量的片状黏土矿物附着在粉粒表面，粉粒之间含有大量孔隙［图15-24（a）］；MICP固化粉土中可以看到大量的六面体状方解石形态的$CaCO_3$晶体，MICP生成的$CaCO_3$晶体与粉土的作用机理可分为胶结粉土颗粒［即胶结作用，图15-24（b）］和填充粉土孔隙［即填充作用，图15-24（c）］；将$CaCO_3$晶体微观形貌局部放大，晶体上存在部分孔洞，这些孔洞是碳酸盐矿化菌菌体的占位残留，碳酸盐矿化菌死亡后留

下的孔洞［图 15-24（d）］，这些现象进一步证实了 MICP 机理中微生物菌体不仅提供脲酶，同时为碳酸钙的沉积提供成核点位。

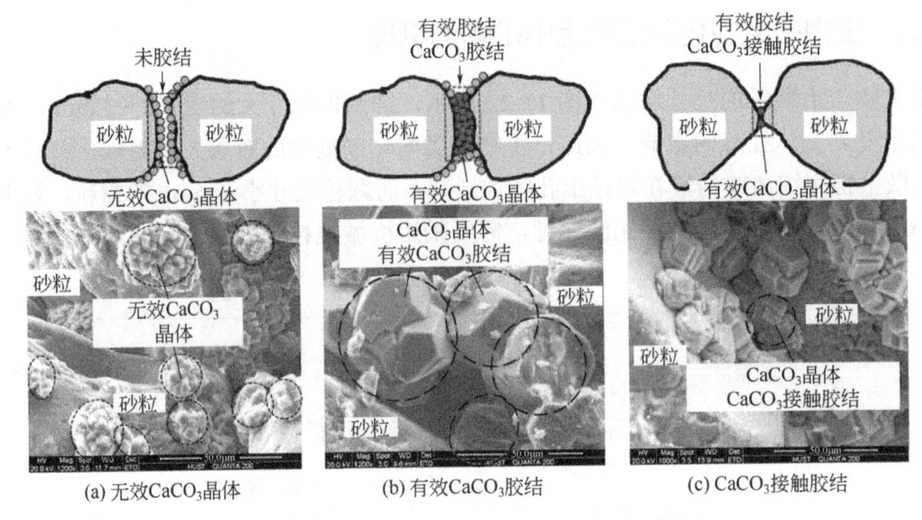

(a) 无效$CaCO_3$晶体　(b) 有效$CaCO_3$胶结　(c) $CaCO_3$接触胶结

图 15-23　MICP 固化砂土作用机理示意图[79]

(a) 素粉土　(b) $CaCO_3$晶体胶结粉土颗粒

(c) $CaCO_3$晶体填充粉土孔隙　(d) 碳酸盐矿化菌菌体占位残留

图 15-24　MICP 处理前后粉土的 SEM 图像[80]

图 15-25 给出了 MICP 固化原生矿物的作用机理示意图。待加固土由不具有胶结性的原生矿物颗粒组成，土颗粒之间含有大量的孔隙；经 MICP 矿化作用后的 MICP 固化土生成大量的 $CaCO_3$ 晶体，这些 $CaCO_3$ 晶体沉淀部分附着在土颗粒表面胶结土颗粒使其成为整体（即胶结作用），剩余部分填充在土颗粒孔隙（即填充作用），进一步提高 MICP 固化土强度，达到改善土体的物理化学及工程性质的目的。

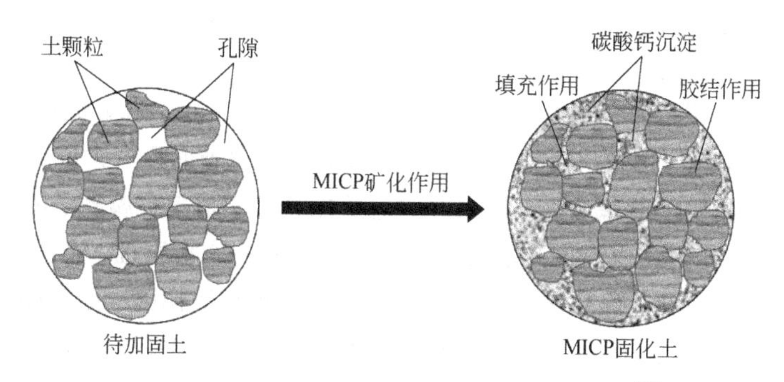

图 15-25 MICP 固化原生矿物的作用机理示意图[32]

（2）生物菌类固化剂固化黏粒的机理

由图 15-22 可知，黏土颗粒粒径小，生物菌类固化剂常用的矿化菌菌株细胞直径往往大于 0.5μm，长度常为 3～5μm，很难进入直径小于 0.3μm 的黏性土孔隙[81]。因此，生物菌类固化剂一般通过压力灌注加固黏土或机械搅拌等方法，也有通过在黏粒表层形成致密的 $CaCO_3$ 晶体硬化壳，改善黏土表层工程特性。

生物菌类固化剂固化黏粒时，MICP 生成 $CaCO_3$ 晶体，即碳酸盐矿化菌与细胞胶结液中的钙盐反应生成 $CaCO_3$ 沉淀［式（15-7）、式（15-11）、式（15-12）］；也可与黏粒表面吸附的 Ca^{2+}、Na^{+}、Mg^{2+}、Al^{3+}、Fe^{3+}等阳离子发生反应，生成白云石［$CaMg(CO_3)_2$］、角闪石［$NaCa_2Fe_3(AlSi)_8O_{22}(OH)_7$］等矿化产物[82]，见式（15-21）。

$$\left.\begin{array}{c} CO(NH_2)_2+2H_2O \xrightarrow{\text{脲酶}} 2NH_4^++CO_3^{2-} \\ Ca^{2+}\text{-Cell-}Mg^{2+}+2CO_3^{2-} \longrightarrow CaMg(CO_3)_2 \\ \text{Cell-}Ca^{2+}+\text{Cell-}Na^{2+}+\text{Cell-}Al^{3+}+\text{Cell-}Fe^{3+}+OH^-+O^{2-}+\text{黏土-Si-Al} \longrightarrow \\ \text{Cell-}NaCa_2Fe_3\left(AlSi\right)_8O_{22}(OH)_7\downarrow \end{array}\right\} \quad (15\text{-}21)$$

15.2.2 生物菌类固化剂与重金属污染物的反应机理

生物菌类固化剂中的特异性矿化菌在新陈代谢过程中能够影响金属及类金属物质的形态分布，从而降低或消除金属及类金属物质的生态毒害性。常见的特异性矿化菌有碳酸盐矿化菌（carbonate mineralization microorganisms，CMM）、磷酸盐矿化菌（phosphate mineralization microorganisms，PMM）、铁锰氧化菌（Fe/Mn oxidizing microorganisms，Fe/MnOM）、硫酸盐还原菌（sulfate reducing bacteria，SRB）等，在此仅阐述碳酸盐矿化菌和磷酸盐矿化菌治理重金属污染物的作用机理，即 MICP 和 MIPP 与重金属污染物的反应机理。

（1）MICP 与重金属污染物的反应机理

MICP 与重金属污染物的反应机理可归纳为四个方面：氧化还原作用、吸附作用、胶凝包裹作用和矿化固结沉淀作用。

① 氧化还原作用。矿化菌在代谢过程中通过氧化还原、甲基化、去甲基化作用，将具有生态毒害性的重金属氧化/还原为无毒或低毒的重金属。如碳酸盐矿化菌对 As^{3+}、Hg^{2+}、Se^{4+}等具有还原作用，使其还原为不具毒性且结构稳定的 As、Hg、Se 等；有些则对 Fe^{2+}、As^{3+}等元素具有氧化作用。

② 吸附作用。矿化菌自身或矿化菌胞外聚合物（extracellular polymeric substances，EPS）的细胞表面（图 15-26）带负电荷，这是因为碳酸盐矿化菌表面含有大量的羟基、氨基、酰氨基和羧基等阴离子基团的缘故。细胞表面的电负性具有吸附重金属离子的能力（也可称螯合作用），通过吸附作用使重金属无法迁移，进而消除其生态毒害性。矿化菌也可通过摄取必要的营养元素主动吸收重金属离子，将重金属离子富集在矿化菌细胞表面或内部。

③ 胶凝包裹作用。胶凝包裹作用是指 MICP 得到的 $CaCO_3$ 晶体能够将重金属离子包裹，起到固定重金属离子的作用（图 15-26）。

④ 矿化固结沉淀作用。矿化固结沉淀作用（含共沉淀作用）主要是依靠碳酸盐矿化菌代谢过程产生的特异性酶水解生成碳酸根离子（CO_3^{2-}），这些碳酸盐能够改变周围外环境的物化性质，诱使矿化菌周围的金属离子在细菌菌体上结晶成核并形成碳酸盐沉淀（图 15-26），通过化学结合作用改变重金属形态，从而消除其生态毒害性。其中，CO_3^{2-} 的浓度是改变重金属离子赋存形态的关键[83]。

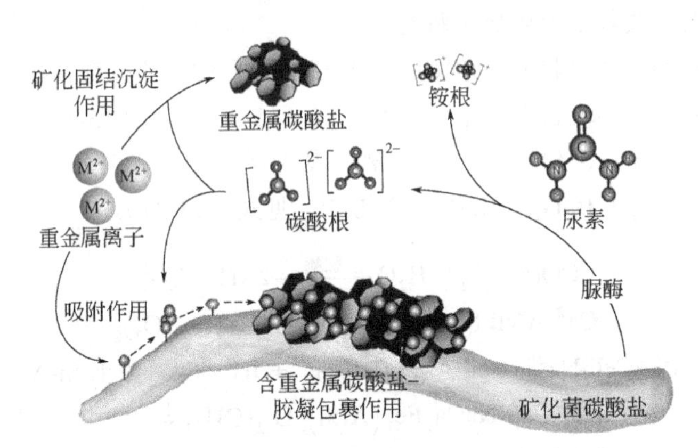

图 15-26 MICP 固化/稳定化重金属离子作用机理[84]

（2）MIPP 与重金属污染物的反应机理

MIPP 作为新型的生物菌类固化剂，近年来得到了学者们的关注。目前已有 MIPP 固化/稳定化 Pb、Cu、Zn、Cd、Ni、Mn、U 等重金属污染物相关的研究[85-89]。MIPP 固化/稳定化重金属离子作用机理如图 15-27 所示。MIPP 与重金属污染物的反应机理同 MICP 与重金属污染物的反应机理相似，不同的是 MIPP 矿化固结沉淀作用是依靠磷酸盐矿化菌代谢过程的磷酸酶水解有机磷生成磷酸根，诱使磷酸盐矿化菌周围的重金属离子生成磷酸盐沉淀、磷酸氢盐沉淀或羟基磷酸盐沉淀，从而改变重金属形态、消除其生态毒性。

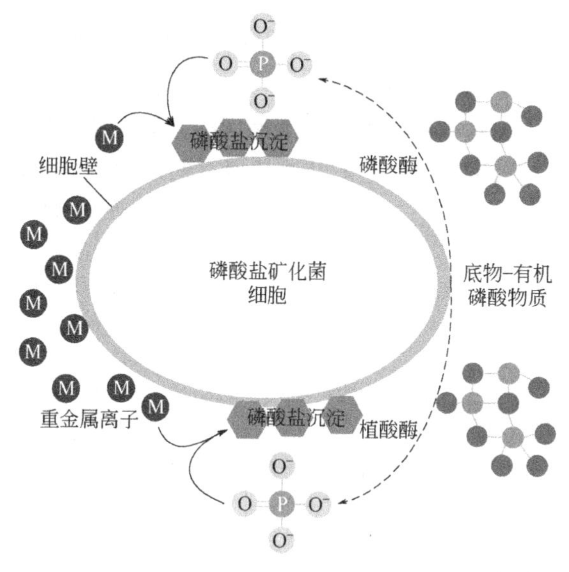

图 15-27 MIPP 固化/稳定化重金属离子作用机理[89,90]

15.3 固化土

15.3.1 微生物诱导碳酸盐沉淀固化土

(1) 强度特性

① MICP 固化砂土。徐宏殷等[91]整理了 MICP 固化砂土强度（q_u）与 $CaCO_3$ 产生量（c_{CaCO_3}）之间的关系，如图 15-28 所示。MICP 固化砂土时，$CaCO_3$ 产生量（c_{CaCO_3}）范围为 2.5%～25.0%，对应的 MICP 固化砂土强度（q_u）范围为 0～10MPa，且固化土强度随 c_{CaCO_3}

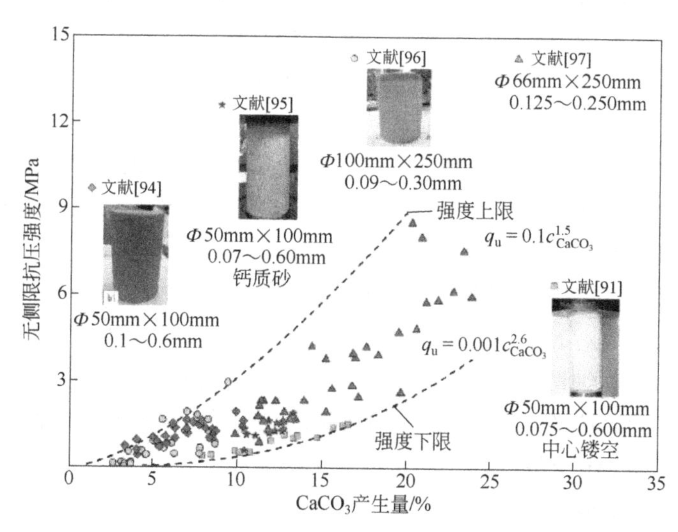

图 15-28 MICP 固化砂土的无侧限抗压强度与 $CaCO_3$ 产生量之间的关系[91]

的增加而增大，这与 MICP 固化砂土的机理，即 $CaCO_3$ 晶体具有的填充作用和胶结作用有关，已有学者通过试验证实了这一现象[92-93]；相同 c_{CaCO_3} 时，固化土强度离散性较大，但是，强度的上限和下限总体上可用幂函数表示[91]。

② MICP 固化粉土。付佳佳等[98]在相同脲酶碳酸盐矿化菌浓度条件下，采用不同脲酶碳酸盐矿化菌：细菌胶结液配比、细菌胶结液浓度、钙源制备 MICP 固化粉土，探究这些因素对 MICP 固化粉土强度（q_u）、碳酸钙产生量（c_{CaCO_3}）的影响（图 15-29）。

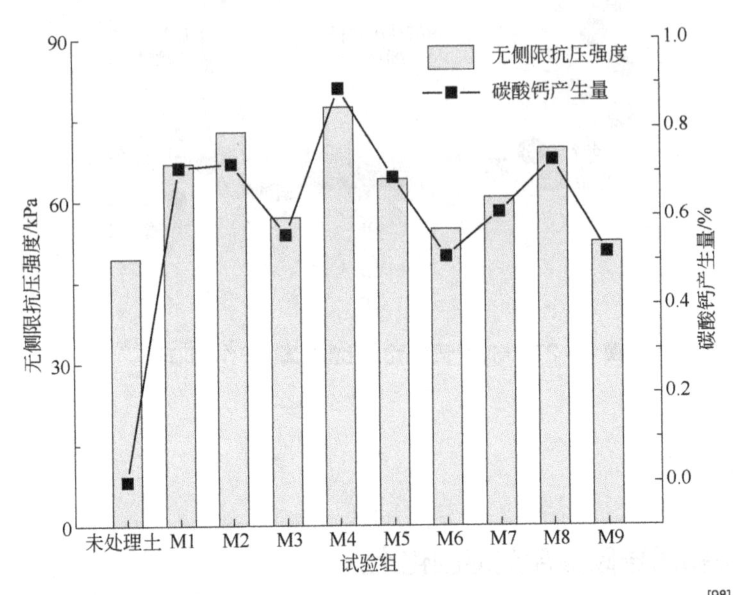

图 15-29 不同条件下 MICP 固化粉土的无侧限抗压强度与 $CaCO_3$ 产生量[98]

MICP 固化粉土的无侧限抗压强度与 c_{CaCO_3} 之间有很好的对应关系，c_{CaCO_3} 越高，对应的固化土强度越高；相同细菌胶结液浓度（M1～M3、M7～M9）时，与钙源无关，存在脲酶碳酸盐矿化菌与细菌胶结液的最佳配比，在该配比条件下强度最高、c_{CaCO_3} 最大；相同脲酶碳酸盐矿化菌：细菌胶结液配比（M2、M4～M6）时，存在最优的细菌胶结液浓度，低于最佳浓度时，强度和 c_{CaCO_3} 随着细菌胶结液浓度增加而增加，高于该浓度则随之降低，这与胶结液中的 Ca^{2+} 抑制脲酶的产生从而影响其固化效果有关[98]；相同的脲酶碳酸盐矿化菌与细菌胶结液配比、相同的细菌胶结液浓度时，钙源为 $CaCl_2$ 的 MICP 固化效果优于乙酸钙。上述结果表明，影响 MICP 固化强度的最大因素是碳酸钙产生量，而影响 c_{CaCO_3} 的因素主要为细菌胶结液浓度[81,99,100]。

朱效博等[101]在不同细菌胶结液浓度（0.5mol/L 即 0.5M、0.75mol/L 即 0.75M）条件下，研究了胶结液注入轮数对 MICP 固化粉土无侧限抗压强度和 $CaCO_3$ 产生量的影响，研究结果如图 15-30 所示。与细菌胶结液浓度无关，MICP 固化粉土的无侧限抗压强度与 $CaCO_3$ 产生量之间有很好的对应关系，$CaCO_3$ 产生量越高对应的无侧限抗压强度也越高，这一现象进一步证实了影响 MICP 固化粉土强度的最大因素是 $CaCO_3$ 的产生量；细菌胶结液浓度在一定程度上决定 MICP 固化粉土的强度，在该试验条件下，0.75M 的 MICP 固化效果明显优于 0.5M 的 MICP 固化效果。

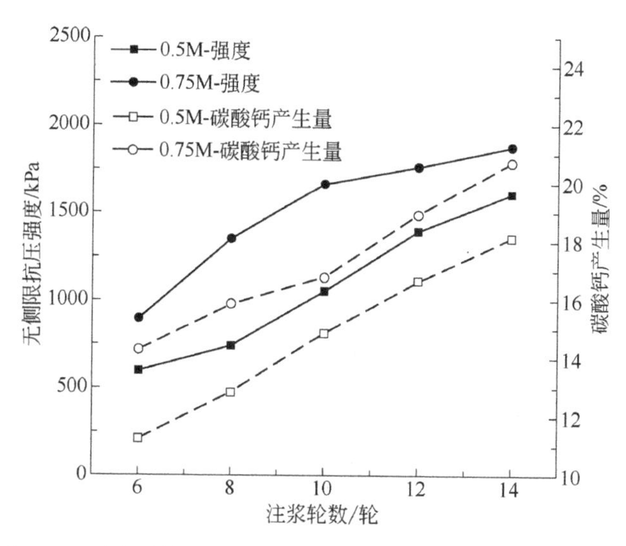

图 15-30 不同注浆轮数下 MICP 固化粉土无侧限抗压强度与 $CaCO_3$ 产生量[101]

③ MICP 固化黏土。张银峰等[102]采用不同时间、温度、细菌胶结液浓度、脲酶碳酸盐矿化菌与细菌胶结液的配比制备 MICP 固化黏土，讨论了这些因素对 MICP 固化黏土强度（q_u）和碳酸钙产生量（c_{CaCO_3}）的影响，其结果如图 15-31 所示。与影响因素（时间、温度、细菌胶结液浓度、矿化菌菌液与细菌胶结液的配比）无关，MICP 固化黏土的强度与 $CaCO_3$ 产生量呈现出相似的变化规律，两者之间有很好的对应关系，c_{CaCO_3} 越高对应的强度也越高。随着养护时间的增加，固化土的强度和 c_{CaCO_3} 先快速增加后趋于稳定，在 7d 时间内基本完成固化［图 15-31（a）］；随着养护温度的升高，固化土强度和 c_{CaCO_3} 先快速增加后快速降低，表明 MICP 适宜的温度范围为 25～30℃，在该温度范围内细菌繁殖能力强、脲酶活性高，固化效果最佳［图 15-31（b）］；随着细菌胶结液浓度的增加，c_{CaCO_3} 大致呈线性增加，固化土强度在细菌胶结液浓度 0.5～1.0mol/L 时增幅较小，但在细菌胶结液浓度 1.0～1.5mol/L 时快速增加［图 15-31（c）］，可能与 $CaCO_3$ 晶体胶结方式有关，存在无效 $CaCO_3$ 晶体，详见图 15-23；随着矿化菌菌液与细菌胶结液配比的增加，固化土强度和 c_{CaCO_3} 均降低［图 15-31（d）］。

④ MICP 固化有机质黏土。彭劼等[103]采用压力灌浆的方式用 MICP 固化有机质黏土，试验结果如图 15-32 所示。其中碳酸盐矿化菌菌种为巴氏芽孢杆菌（浓度为 10^8cell/mL），细菌胶结液为 $CaCl_2$ 溶液和尿素溶液的混合液，胶结液配比分别为 T1［0.25mol $CaCl_2$、0.25mol $CO(NH_2)_2$］、T2［0.25mol $CaCl_2$、0.50mol $CO(NH_2)_2$］、T3［1.0mol $CaCl_2$、1.0mol $CO(NH_2)_2$］、T4［1.0mol $CaCl_2$、2.0mol $CO(NH_2)_2$］。未处理饱和有机质黏土试样的无侧限抗压强度为 57.5kPa，MICP 固化有机质黏土强度明显高于未处理土强度；固化土强度受有机质含量影响，高有机质含量会降低强度。这与有机质黏土中的主要成分富里酸和胡敏酸（详见 1.2.5 节）有关，胡敏酸对钙有很强的化学亲和势，能够吸收 $CaCl_2$ 中的 Ca^{2+} 生成胡敏酸钙[104]，从而影响细菌胶结液中 $CaCl_2$ 的利用效率；此外，有机质、黏粒等含量也会减弱 $CaCO_3$ 晶体与土颗粒之间的有效胶结作用，从而影响其强度发展。

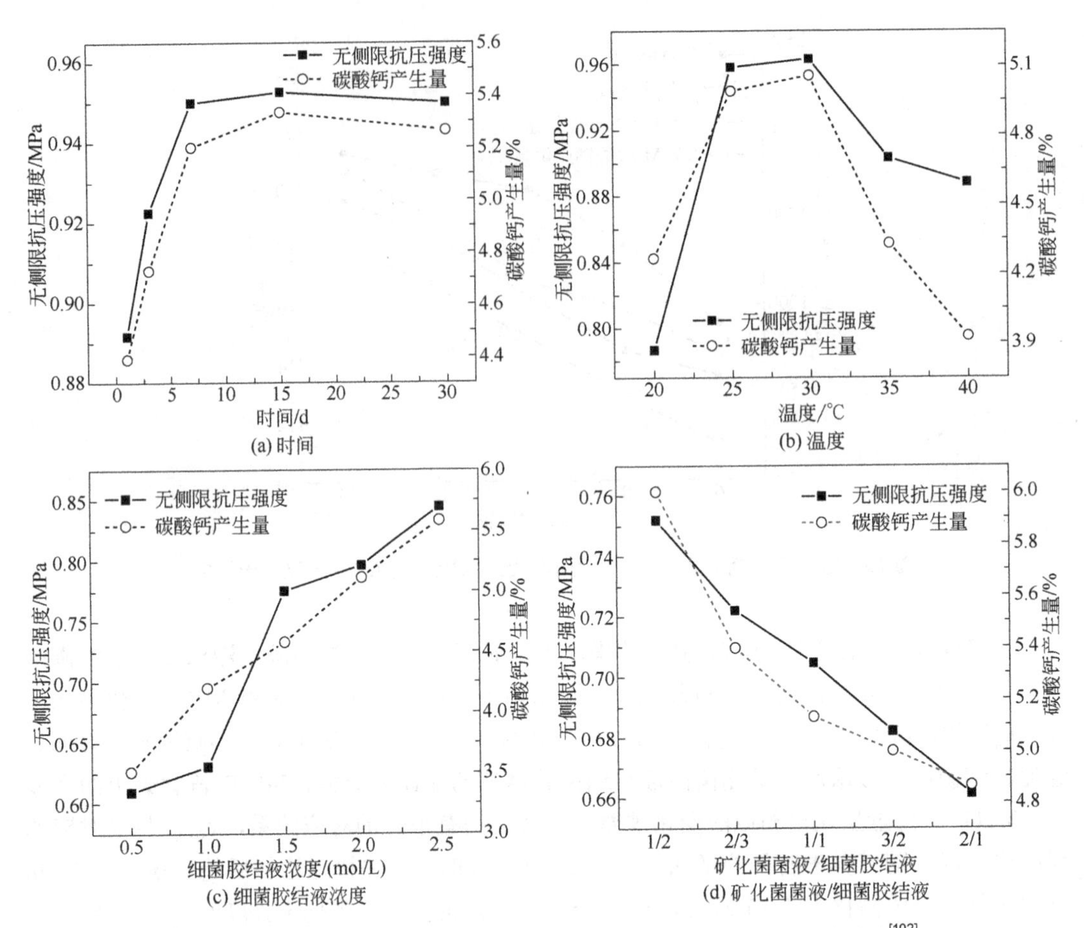

图 15-31 不同影响因素下 MICP 固化粉土无侧限抗压强度与 $CaCO_3$ 产生量[102]

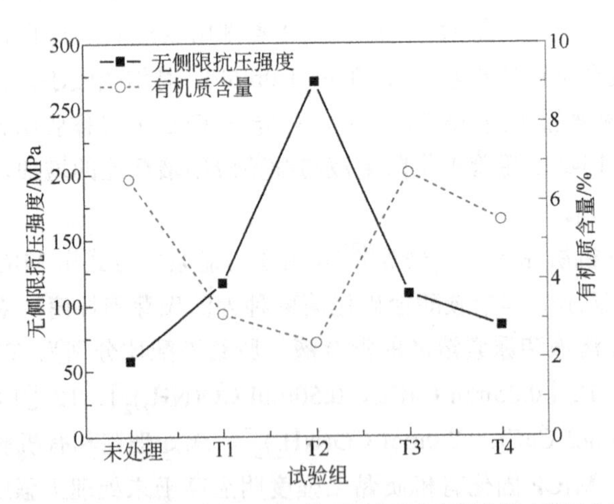

图 15-32 MICP 固化有机质黏土的无侧限抗压强度及有机质含量（基于文献[103]数据）

（2）渗透特性

MICP 固化土的渗透特性如表 15-2 所示，其中 $C_{Ca^{2+}}$ 为细菌胶结液中浓度，S 为碳酸钙产率，m_{CaCO_3} 为碳酸钙产生量，q_u 为 MICP 固化土强度，k 为 MICP 固化土渗透系数，n 为土体初始孔隙率。总体而言，待加固土的粒径越小，固化土的渗透系数越低，固化砂土的渗透系数数量级大致为 10^{-5}m/s，固化黏土、粉土的渗透系数数量级约为 10^{-7}m/s，相差 2 个数量级。

表 15-2 MICP 固化土的渗透特性[105]

土体类别	粒径/mm	固化次数或时间	$C_{Ca^{2+}}$ /（mol/L）	S/%	固化效果		k/（m/s）	n/%	来源
					m_{CaCO_3} /（mg/m^3）	q_u /MPa			
标准砂	d_{60}=0.893	6 次	1.0	28.0	170.24	16.89	4.39×10^{-4}	39.92	［105］
珊瑚砂	d_{60}=0.913	5 次	1.0	40.6	202.9	1.81	4.0×10^{-4}	45.9	［106］
商业砂	d_{60}=0.165	35.2h	1.1	/	107	/	1.92×10^{-5}	37.8	［107］
珊瑚砂	d_{60}=0.486	5 次	1.0	60.3	301.39	2.92	8.0×10^{-5}	49.5	［105］
珊瑚砂	d_{60}=0.275	5 次	1.0	45.0	225.2	2.14	6.0×10^{-5}	47.7	［106］
珊瑚砂	d_{60}＜0.075	1 次	1.0	/	/	/	6.9×10^{-6}	54.91	［108］
珊瑚砂	d_{60}≈6.0	5d	1.0	12.0	/	2.0	5.0×10^{-4}	45.35	［109］
砂质黏土	d_{60}=0.40	5 次	1.0	17.4	88.16	0.098	5.2×10^{-6}	46.13	［105］
粉土	d_{60}=0.049	12h	0.1	28.9	33.58	0.083	6.6×10^{-7}	31.51	［80］
膨胀土	d_{60}=0.066	1 次	1.0	0	/	/	4.39×10^{-8}	39.33	［105］

（3）劣化特性与耐久性

① 水稳性。谢约翰等[110]采用喷洒法用 MICP 固化黏性土，并开展崩解试验，导入崩解指数 SI 的概念［见式（15-22）］。

$$SI=S_t/S_0 \tag{15-22}$$

式中，SI 为崩解指数，无量纲；S_t 为崩解试验进行到某一时刻试样的面积，mm^2；S_0 为崩解试验前试样的面积，mm^2。SI 越大，则说明试样崩解程度越高，水稳性越差。

崩解试验得到的素土和 MICP 固化土崩解指数随时间的变化关系如图 15-33 所示。素土在前 5s 崩解指数急剧升高，从 1.0 上升到 4.6，而 MICP 固化土崩解指数仅有 0.2。MICP 固化土

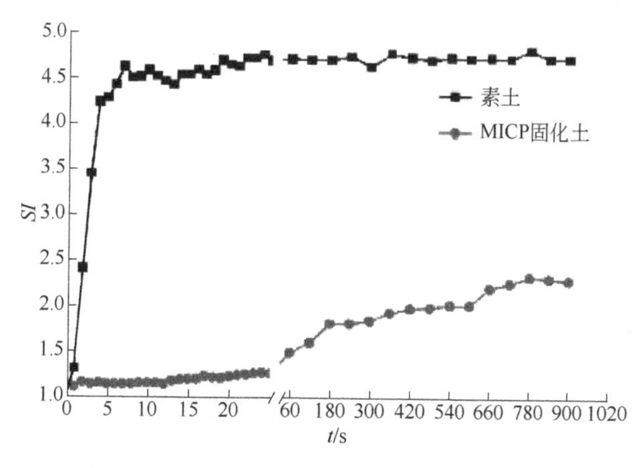

图 15-33 素土和 MICP 固化土崩解指数随时间的变化关系[110]

呈阶梯式上升趋势，表明在此过程中MICP固化土在抵抗水的入侵，经MICP处理后原本在水中剧烈崩解的土样水稳性有了大幅提升，采用MICP固化土提高土体水稳性是可行的[110]。

② 抗冻融循环特性。Cheng等[111]对比分析了MICP固化砂土与水泥固化砂土的抗冻融循环性能（图15-34）。经过10次冻融循环后，MICP固化砂土强度损失率较低，仅为10%，而水泥固化砂土强度损失率达到了40%。冻融循环过程强度损失与固化土内部结构孔隙、含水量等有关，MICP固化土中生成的$CaCO_3$晶体能够胶结土体颗粒但不会影响水分自由移动，而水泥固化土中水分无法自由移动，在反复冻胀溶缩的过程中破坏固化土结构。此外，MICP固化土渗透系数明显低于水泥固化土[111]，能够有效抵抗水分的入侵，因此，MICP固化砂土具有优异的抗冻融性能。

（4）微观特性

① 矿物相组成

a．MICP固化砂土。砂土及MICP固化砂土的XRD谱图见图15-35。砂土主要矿物相为石英（quartz，Q）、钠长石（albite，A）和白云母（muscovite，M），其中石英晶体的2θ特征衍射峰过高，导致钠长石晶体和白云母晶体衍射峰较低；MICP固化砂土生成了新的矿物相，即MICP生成的$CaCO_3$晶体（calcite，C），采用XRF分析发现$CaCO_3$晶体含量达到12.43%。

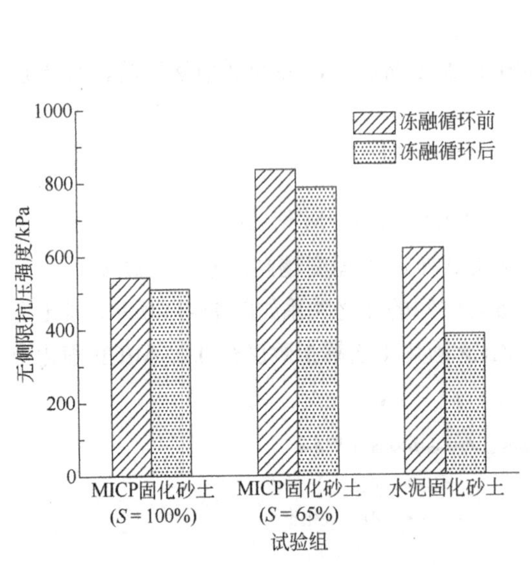

图15-34 冻融循环（10次）前后固化砂土的无侧限抗压强度[111]

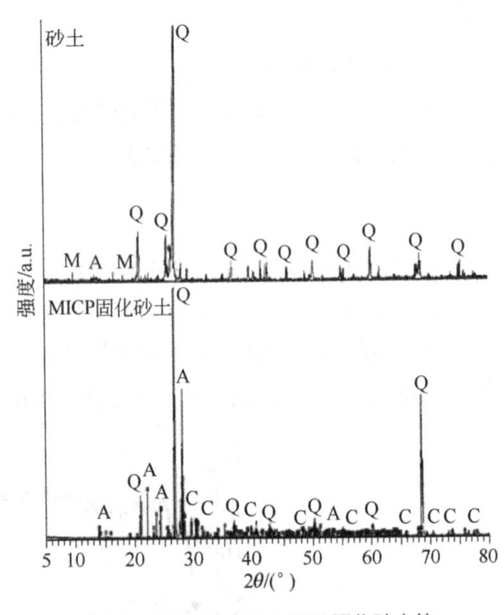

图15-35 砂土及MICP固化砂土的XRD谱图[112]

b．MICP固化黏土。图15-36为黏土及MICP固化黏土的XRD谱图。黏土的主要矿物相为石英（quartz，Q）、伊利石（illite，I）、高岭石（kaolinite，K），其中红黏土中还含有钠长石（albite，A）；MICP固化黏土的矿物相新生成了MICP生成的$CaCO_3$晶体（calcite，C）。采用XRF分析发现MICP固化高岭土、MICP固化红黏土和MICP固化曼谷黏土中$CaCO_3$晶体含量分别为16.67%、15.96%和7.49%。

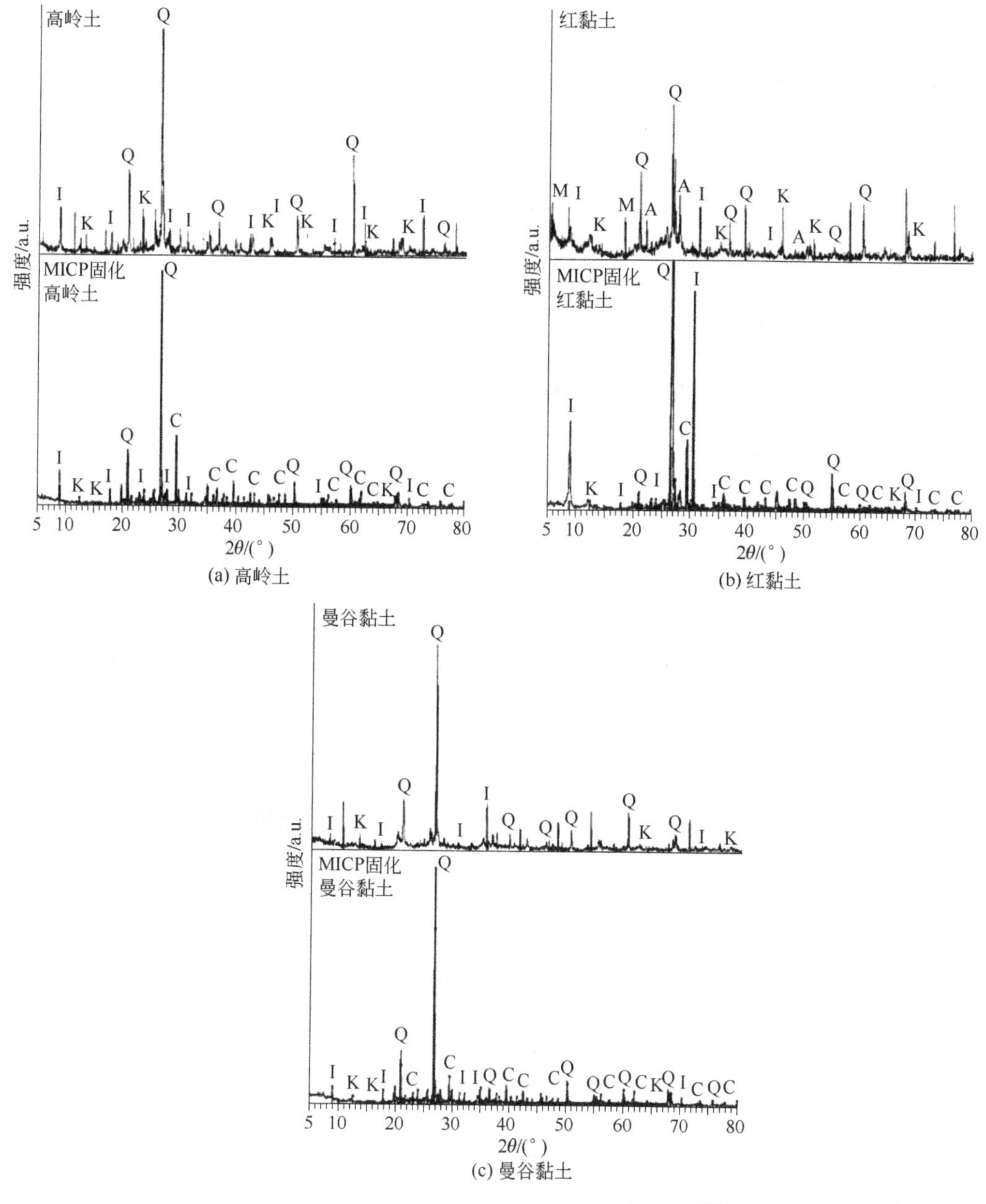

(a) 高岭土

(b) 红黏土

(c) 曼谷黏土

图15-36 黏土及其MICP固化黏土的XRD谱图[112]

② 微观形貌

a. MICP砂土。砂土和MICP固化砂土的微观形貌如图15-37所示。砂土粒径尺寸较小，均小于2mm，砂土颗粒表面较为光滑，颗粒之间存在大量的孔隙。结合EDS分析可知，砂土中的主要化学成分为SiO_2［图15-37（a）］。MICP固化砂土中砂土颗粒表面被大量的$CaCO_3$晶体覆盖，这些晶体大致可归为两类，一类$CaCO_3$晶体能够起“桥接”作用，将砂土颗粒有效胶结在一起并形成强度，即为有效$CaCO_3$胶结；另一类$CaCO_3$晶体只是附着在砂土颗粒表面，无胶结、填充作用，属于无效$CaCO_3$晶体［图15-37（b）］。将产生$CaCO_3$晶体的区域放大，可看出$CaCO_3$晶体大多呈现多面体形状，尺寸大小不一的晶体聚集形成晶簇，部分

$CaCO_3$ 晶体表面的孔洞为细菌残留占位［图 15-37（c）］。除了上述无效 $CaCO_3$ 晶体和有效 $CaCO_3$ 胶结外，$CaCO_3$ 接触胶结也得到了确认（图 15-38 区域 A）。

(a) 砂土

(b) MICP固化砂土(160×)　　(c) MICP固化砂土(1200×)

图 15-37　砂土和 MICP 固化砂土的微观形貌[79]

b．MICP 固化粉土。0.75M 细菌胶结液注浆后的 MICP 固化粉土微观形貌如图 15-39 所示。MICP 固化粉土中含有大量 $CaCO_3$ 晶体，部分晶体附着在土颗粒表面，部分沉积在土颗粒之间，起到了胶结作用，且晶体尺寸超过 30μm；同时，尺寸较大的 $CaCO_3$ 晶体有明显的生长台阶[101]，晶体聚集在一起形成晶簇。

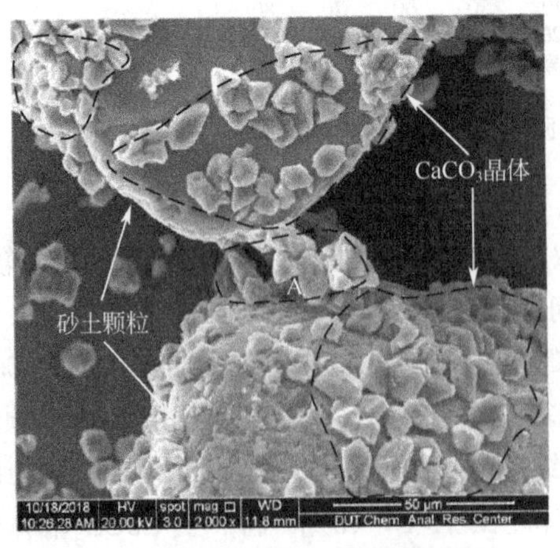

图 15-38　$CaCO_3$ 接触胶结[113]

图 15-39　MICP 固化粉土的微观形貌[101]

c．MICP 固化黏土。黏土及 MICP 固化黏土的微观形貌和 EDS 分析如图 15-40 所示。不同类型的黏土微观形貌和化学组成存在差异，对应的 MICP 固化土的形貌、固化效果、碳酸钙产生量也存在差异。高岭土、红黏土、曼谷黏土中均含有典型的片状黏土矿物相［图 15-40（a）、（c）、（e）］，由 EDS 分析可知，高岭土和曼谷黏土中黏土矿物相以 Si、Al、O 等元素为主，而红黏土中黏土矿物相以 Si、Al、Fe、O 等元素为主，Fe 元素的存在使红黏土呈现红色，这一结果与 XRD 谱图结果相一致，证实黏土矿物伊利石和高岭石的存在；MICP 固化高岭土、MICP 固化红黏土、MICP 固化曼谷黏土中含有大量典型的多面体形状 $CaCO_3$ 晶体［图 15-40（b）、（d）、（f）］，结合 EDS 分析证实了 $CaCO_3$ 晶体的生成，$CaCO_3$ 晶体与黏土颗粒交错生长形成致密的固化土结构，表明 MICP 固化黏土是可行的。

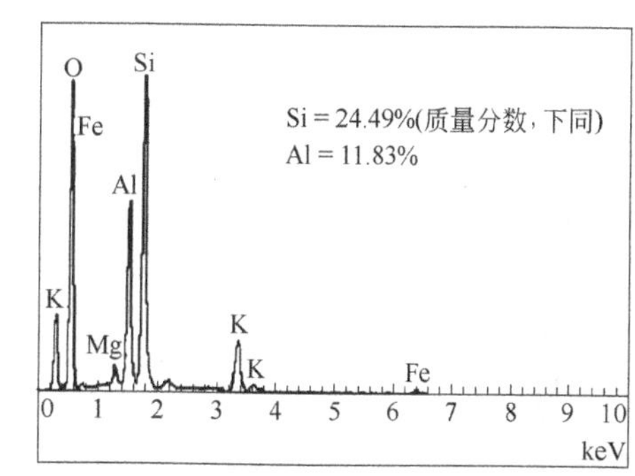

(a) 高岭土

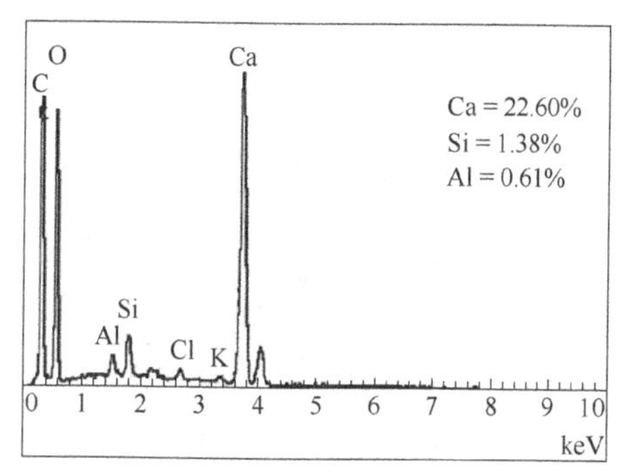

(b) MICP固化高岭土

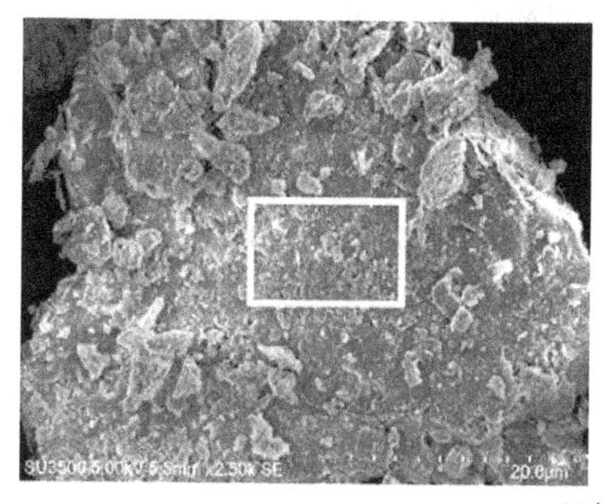

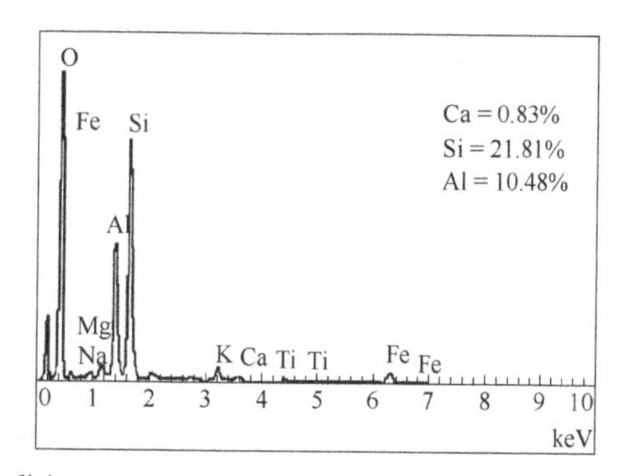

(c) 红黏土

图 15-40

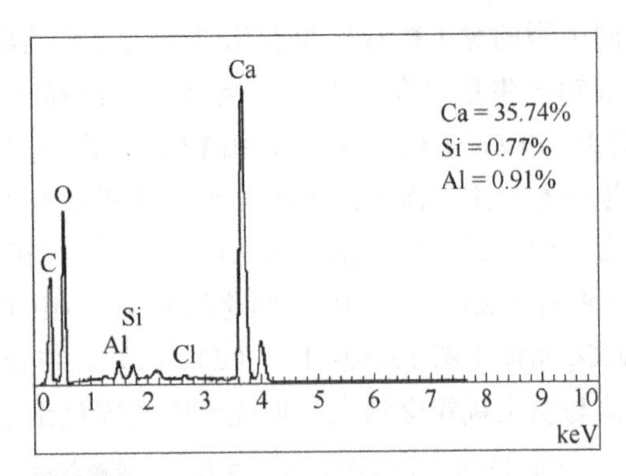

(d) MICP固化红黏土

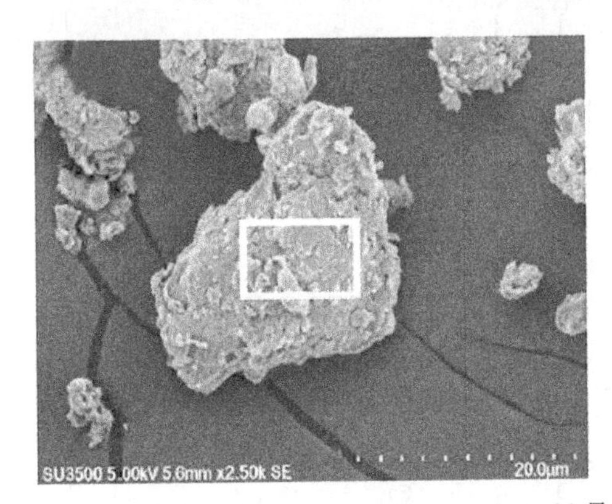

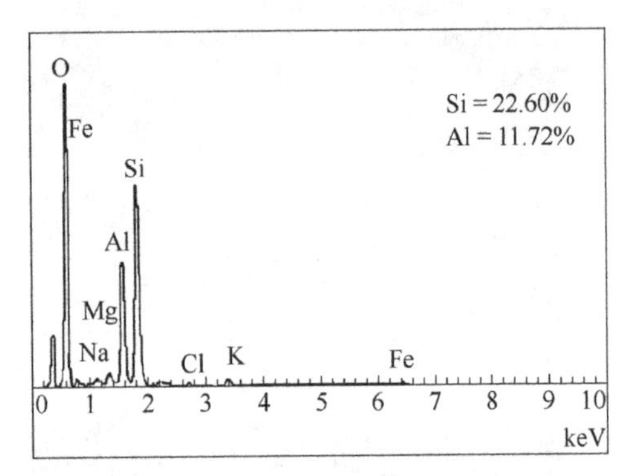

(e) 曼谷黏土

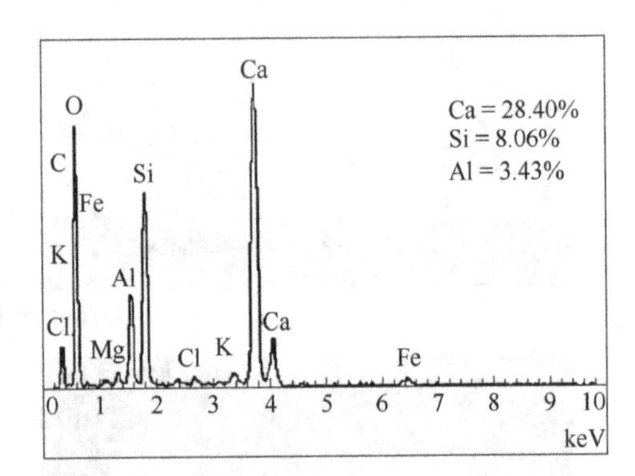

(f) MICP固化曼谷黏土

图 15-40 不同类型黏土及 MICP 固化黏土微观形貌及 EDS 分析[112]

需要说明的是，黏土的颗粒级配和结构性会影响 MICP 固化效果，低塑性的高岭土、红黏土的固化效果明显优于高塑性的曼谷黏土，其无侧限抗压强度和变形模量 E_{50} 均高于高塑性的曼谷黏土，这是由于高塑性的曼谷黏土不利于碳酸盐矿化菌菌液和细菌胶结液的注入[112]，最终影响碳酸钙晶体的诱导沉淀。

15.3.2 微生物诱导磷酸盐沉淀固化土

以最常见的脲酶为主导的 MICP 的应用过程会产生氨（NH_3/ NH_4^+）、二氧化碳等对环境有害的气体[10,41,114,115]，学者们开始尝试寻找能够替代脲酶水解的碳酸盐矿化菌或非脲酶体系的矿化菌，其中基于磷酸盐矿化菌微生物诱导磷酸盐沉淀近年来得到越来越多的关注。

（1）强度特性

Yu 等[114,115]分别研究了生物菌类固化剂 MIPP 静置时间、掺入比、注入次数对 MIPP 固化砂土强度的影响。

① MIPP 静置时间。如图 15-41 所示，随着 MIPP 静置时间的增加，不同 MIPP 掺入比条件下的 MIPP 固化砂土强度增长规律相似，即先升高后降低，静置时间为 24h 时强度最高；当静置时间达到 36h 时，固化土强度快速降低，强度降低率超过 50%，且 MIPP 掺入比越高强度降低幅度越大。

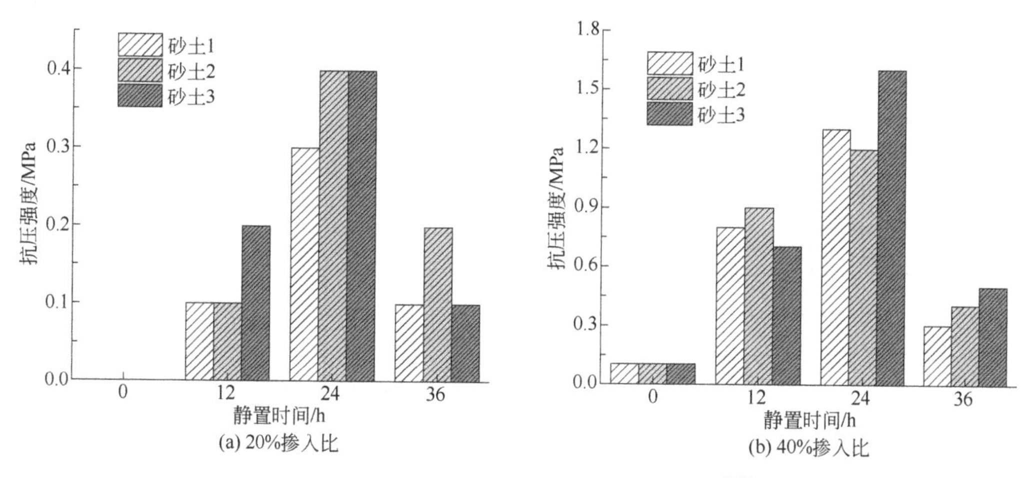

图 15-41 不同静置时间的 MIPP 固化砂土强度[114]

② MIPP 掺入比。MIPP 静置时间为 24h 时的 MIPP 固化砂土强度如图 15-42 所示。随着 MIPP 掺入比的增加（10%～50%），固化土的强度逐渐升高，可达到 2.1MPa；当掺入比达到 60%时，固化土的强度突然降低，固化剂掺量过高反而影响强度的发挥[10]。

③ MIPP 注入次数。如图 15-43 所示，最大注入次数为 6 次。随着 MIPP 注入次数的增加，MIPP 固化砂土强度逐渐增加[115]。

（2）微观特性

① 矿物相组成。不同静置时间得到的 MIPP 净浆和静置时间为 24h 的 MIPP 固化砂土 XRD 谱图见图 15-44。不同静置时间 MIPP 净浆的主要矿物相组成相同，均为 $BaHPO_4$ 晶体，不含其他矿物相组成［图 15-44（a）］，这与细菌胶结液中采用的诱导沉淀盐钡盐（$BaCl_2\cdot 2H_2O$）呈弱酸性有关［式（15-4）］；随着静置时间的增加，$BaHPO_4$ 晶体 2θ 特征衍射峰强度逐渐增强，24～36h 骤然升高，可能与 $BaHPO_4$ 晶体结晶长大有关；MIPP 固化砂土中的主要矿物相为石英（A，quartz）、磷酸氢钡（B，$BaHPO_4$），表明 MIPP 固化砂土只有 $BaHPO_4$ 晶体的胶结、填充作用，没有其他化学反应的发生［图 15-44（b）］。

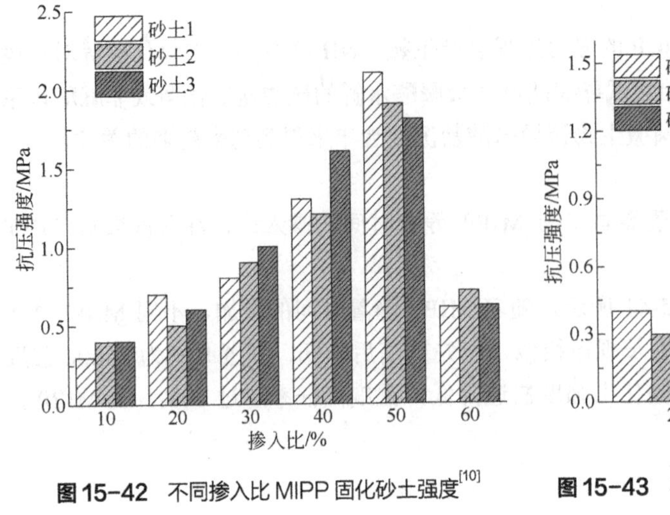

图 15-42 不同掺入比 MIPP 固化砂土强度[10]

图 15-43 不同注入次数下 MIPP 固化砂土强度[115]

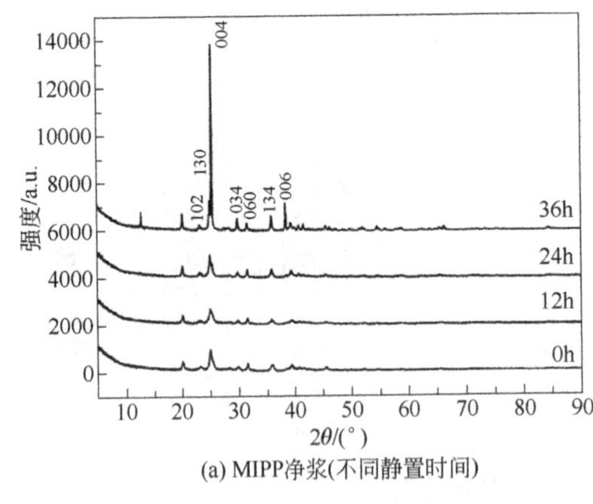

(a) MIPP净浆(不同静置时间)

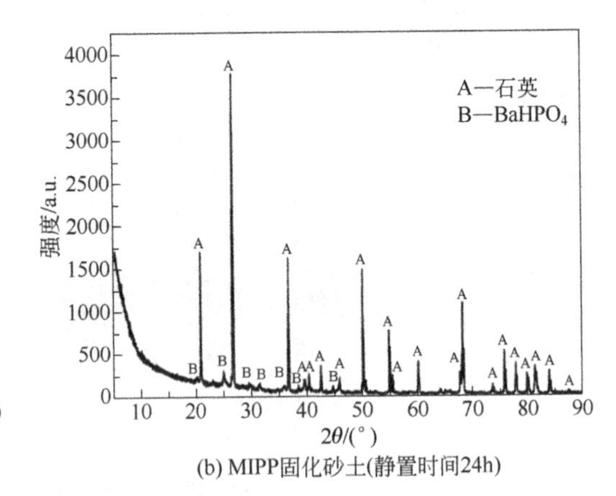

(b) MIPP固化砂土(静置时间24h)

图 15-44 MIPP 净浆和 MIPP 固化砂土的 XRD 谱图[114]

② 微观形貌。

a．MIPP 静置时间。在掺入比 20%条件下，不同静置时间 MIPP 固化砂土的微观形貌如图 15-45 所示。大量的 $BaHPO_4$ 晶体沉淀附着在砂土颗粒表面，其形状以球状颗粒为主；随着 MIPP 静置时间的增加，$BaHPO_4$ 晶体颗粒逐渐增大，静置时间为 36h 磷酸盐诱导 $BaHPO_4$ 晶体的尺寸是 12h 和 24h 的 2～4 倍，这也解释了静置时间 36h 强度快速降低以及 MIPP 掺入比越高强度降低率越高（图 15-41）的原因，这一结果与图 15-44（a）中 $BaHPO_4$ 晶体 2θ 特征衍射峰强度 24～36h 骤然升高相一致。

b．MIPP 掺入比。不同 MIPP 掺入比条件下的 MIPP 固化砂土微观形貌如图 15-46 所示。不同 MIPP 掺入比的 $BaHPO_4$ 晶体尺寸大小基本相同，表明掺入比不会改变 $BaHPO_4$ 晶体尺寸；随着 MIPP 掺入比的增加，MIPP 固化砂土中 $BaHPO_4$ 晶体产生量逐渐增加，由部分聚集、零散分布态［图 15-46（a)］转变为大量聚集、均匀分布态［图 15-46（b)］，直到完全覆盖、均匀包裹砂土颗粒态［图 15-46（c)］。

(a) 静置时间12h (放大倍数1000×)

(b) 静置时间24h (放大倍数1000×)

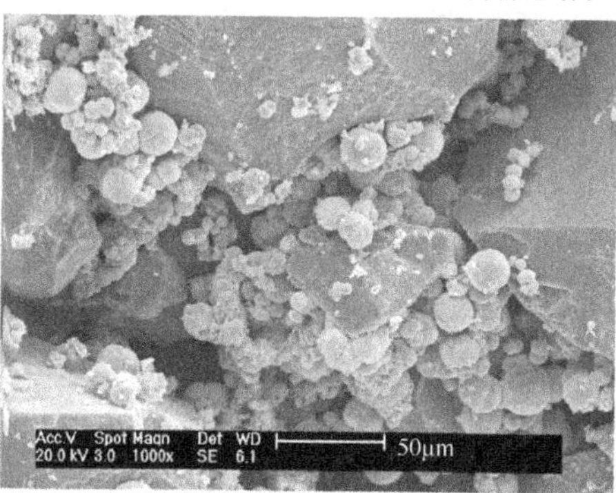

(c) 静置时间36h (放大倍数1000×)

图 15-45 MIPP 固化砂土（20%掺入比）在不同静置时间下的微观形貌[114]

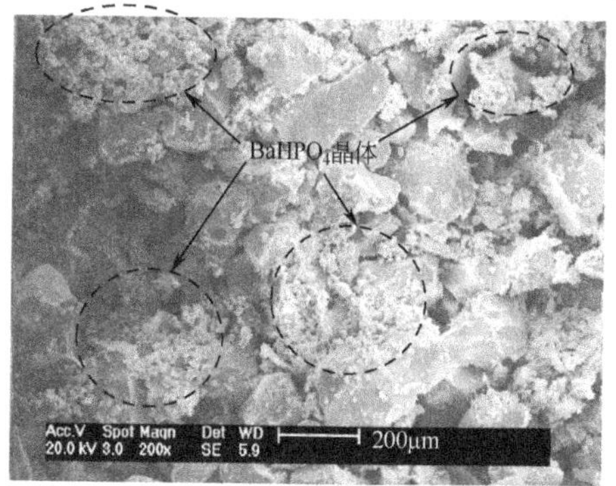

(a) 掺入比10% (放大倍数200×)

(b) 掺入比30% (放大倍数200×)

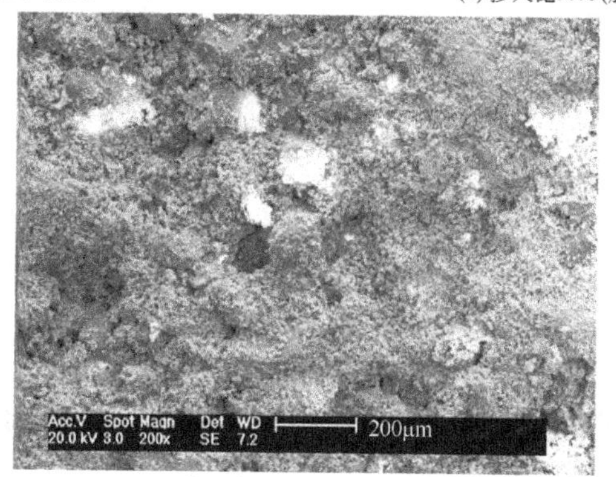

(c) 掺入比50% (放大倍数200×)

图 15-46 不同 MIPP 掺入比条件下 MIPP 固化砂土微观形貌[114]

c．MIPP 注入次数。不同 MIPP 注入次数的 MIPP 固化砂土的微观形貌如图 15-47 所示。MIPP 固化砂土中磷酸盐沉淀的形貌与图 15-45 和图 15-46 中的球状 $BaHPO_4$ 晶体存在显著差异，这是由于注入 MIPP 采用的细菌胶结液中诱导沉淀盐为镁盐（$MgCl_2$），通过诱导沉淀作用得到了不规则多面体状的 $MgNH_4PO_4 \cdot 6H_2O$ 晶体和 $Mg_5(CO_3)_4(OH)_2 \cdot 4H_2O$ 晶体等磷酸盐沉淀产物；随着 MIPP 注入次数的增加，砂土颗粒逐渐被磷酸盐沉淀产物覆盖，砂土颗粒之间的孔隙被填充，固化土中磷酸盐沉淀产物逐渐增多［图 15-47（a）→图 15-47（c）→图 15-47（e）］；图 15-47（e）、（f）中 MIPP 固化砂土结构致密，这一现象解释了注射次数达到 6 次后砂柱内无法继续注入 MIPP 的原因。

(a) 注入次数为2次(放大倍数100×)　(b) 注入次数为2次(放大倍数500×)

(c) 注入次数为4次(放大倍数100×)　(d) 注入次数为4次(放大倍数500×)

(e) 注入次数为6次(放大倍数100×)　(f) 注入次数为6次(放大倍数500×)

图 15-47 不同 MIPP 注入次数下 MIPP 固化砂土微观形貌[115]

15.3.3 固化机理

生物菌类固化剂固化土体的机理可归纳为：矿化菌诱导沉淀、胶结作用、填充作用、生物菌类固化剂与土体中可溶盐阳离子之间的化学结合作用。

（1）矿化菌诱导沉淀

生物菌类固化剂的矿化菌诱导沉淀是强度的主要来源。以细菌菌体为成核点位，在诱导沉淀盐作用下生成碳酸盐或磷酸盐等生物沉淀产物。

（2）胶结作用

碳酸盐或磷酸盐等生物沉淀产物在结晶生长过程中具有很强的胶凝性，尤其是形成初期能够对土颗粒产生胶结作用（15.1.3 节）。

（3）填充作用

碳酸盐或磷酸盐等生物沉淀产物除部分起胶结作用外，剩余部分沉淀填充在颗粒孔隙，起填充作用。值得注意的是，填充作用的生物沉淀产物存在有效填充和无效填充（图 15-23）。

（4）生物菌类固化剂与土体中可溶盐阳离子之间的化学结合作用

生物菌类固化剂中矿化菌特异性酶水解得到的碳酸根离子、磷酸根离子（CO_3^{2-}、HCO_3^-、PO_4^{3-}、HPO_4^{2-}等）等能够与土体中可溶性阳离子（Ca^{2+}、Na^+、Mg^{2+}、Al^{3+}、Fe^{3+}等阳离子）发生化学反应，生成新的沉淀产物，从而进一步提高固化土强度。

15.3.4 不同粒径土的固化效果对比

生物菌类固化剂对不同粒径土的固化效果可用图 15-48 和图 15-22 说明。黏土孔隙过小，固化剂难以有效渗入，固化效果不理想；而碎石土和砾石的孔隙过大，生物沉淀产物无法有效胶结颗粒、填充孔隙，固化效果较差。粉土和砂土等孔隙适中，适合生物沉淀产物发挥胶结作用，固化效果最好。

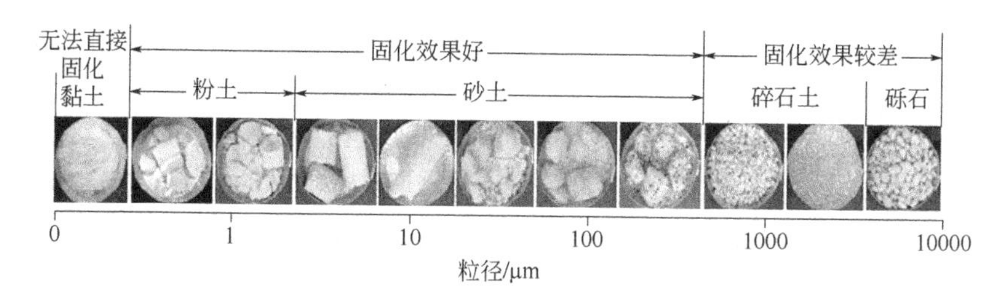

图 15-48 生物菌类固化剂对不同粒径土的固化效果[116-118]

15.4 固化/稳定化污染土

基于生物菌修复的污染土修复技术具有以下优势：其一，生物菌具有很强的环境适应性，在复杂环境下能够保持较强的代谢活动能力，通过对污染物降解、吸附/吸收、氧化/还原、甲基化、固定或解毒等作用方式降低或消除其生态毒害性[119]；其二，易于操作[120]，不需耗费过多人力，相比于传统修复材料更为经济[121,122]；其三，对环境友好、无二次污染[123]，修复过程不产生废水、废气、废渣及生物毒害性，也不需添加有毒有害物质[124,125]。

当前，学者们多关注生物菌类固化剂对污染物的去除效率、固化/稳定化产物（即固化/稳定化效果）和微观特性，少有学者深入研究生物菌类固化剂固化/稳定化污染土的强度特性、劣化特性与耐久性等方面。

15.4.1 固化/稳定化效果

Han 等[117]总结了当前的生物菌类固化剂固化/稳定化重金属类别、矿化菌菌株种类、试验初始条件、去除效率、固化/稳定化机理及其作用产物，如表 15-3 所示。不同重金属类别、矿化菌菌株种类、初始重金属浓度的固化/稳定化效果存在显著差异，有的重金属去除效率可达到 100%[131-133]，也有重金属去除效率仅有 18.05%[130]，影响重金属固化/稳定化效果的因素有待进一步研究。

表 15-3 生物菌类固化剂固化/稳定化污染土汇总表[117]

重金属类别	矿化菌菌株种类	初始条件	去除效率	固化/稳定化机理及其作用产物	文献来源
Cd、Pb、Cu	脲酶矿化菌：废弃矿山土壤中分离的四种细菌菌株的混合物	1molCd(Ⅱ)、Pb(Ⅱ)、Cu(Ⅱ)的混合	Cd(Ⅱ)：98.5% Pb(Ⅱ)：67.2% Cu(Ⅱ)：42.4%	生成 $CdCO_3$、$PbCO_3$、$CuCO_3$ 等碳酸盐沉淀	[126]
Cd	脲酶矿化菌：阴沟肠杆菌	Cd(Ⅱ)：5mg/L、10mg/L、15mg/L、20mg/L、25mg/L	96%、99%、99%、90%、80%	碳酸盐共沉淀：$CaCO_3$-Cd	[127]
Pb	从重金属污染场地中分离的磷酸盐矿化菌	$Pb(NO_3)_2$：71～12985mg/kg	/	矿化菌胞外聚合物的络合，$Ca_{10}(PO_4)_6(OH)_2$、$Ca_5(PO_4)_3Cl$	[128]
Cr、Cu、Zn	从工业污染场地中分离的脲酶矿化菌	Cr(Ⅱ)、Cu(Ⅱ)、Zn(Ⅱ)的混合	Cr(Ⅱ)：99.95% Cu(Ⅱ)：95.9% Zn(Ⅱ)：86.59%	碳酸盐沉淀或共沉淀：$NiCr_2O_4$、$FeCr_2O_3$、$ZnCO_3$、$Cu_2(OH)_2CO_3$、$Zn_5(CO_3)_2(OH)_6$	[129]
Cd	从 Cd 污染土中分离的硫酸盐还原菌	Cd(Ⅱ)：0.2mmol/L、1mmol/L	29.25% 18.05%	细胞外聚合物的吸附作用；生成 CdS、$Cd{\cdot}xH_3PO_4$	[130]
As	铁锰氧化菌	As(Ⅲ)：10μmol/L、65μmol/L、125μmol/L，修复6d、20d	100%、30%、15%（6d） 100%、100%、100%（20d）	氧化作用：As(Ⅲ)氧化为低毒性的As(Ⅴ)； 吸附作用：As(Ⅲ)被 Fe_2O_3 吸附	[131]
Cu	从 Cu 污染土中分离的磷酸盐矿化菌	Cu(Ⅱ)：10μmol/L、65μmol/L、125μmol/L，修复5d、10d、30d	58.2%（5d）、61.5%（10d）、75.8%（30d）	沉淀作用：$Cu_3(OH)_3PO_4$	[89]

续表

重金属类别	矿化菌菌株种类	初始条件	去除效率	固化/稳定化机理及其作用产物	文献来源
Cu、Zn、Pb	硫酸盐还原菌、铁锰氧化菌的混合物	Cu(Ⅱ)、Zn(Ⅱ)、Pb(Ⅱ)的混合	Cu(Ⅱ)：100% Zn(Ⅱ)：100% Pb(Ⅱ)：84.62%	沉淀作用	［132］
Ni、Cu、Pb、Co、Zn、Cd	巴氏芽孢杆菌、肿大地杆菌、芽胞八叠球菌、豆形杆菌、朝鲜芽孢八叠球菌、圆孢生孢八叠球菌	2g/L 的 $NiCl_2$、$CuCl_2$、$PbCl_2$、$CoCl_2$、$ZnCl_2$、$CdCl_2$	不同矿化菌的去除效率依次为 Ni：90%、90.5%、90%、89.5%、89.5%、89.5% Cu：90.5%、90%、90%、89.5%、93%、89.5% Pb：100%、100%、100%、100%、100%、100% Co：92%、91.5%、94%、90%、93%、90% Zn：95.5%、97%、99.5%、93%、99%、96.5% Cd：99.5%、100%、100%、97.5%、100%、98%	碳酸盐沉淀： Ni：$NiCO_3$ Cu：$CuCO_3$ Pb：$PbCO_3$ Co：$CoCO_3$ Zn：$ZnCO_3$ Cd：$CdCO_3$	［133］

Zhang 等[88]利用土壤中分离的磷酸盐矿化菌，分别开展去除 Pb 试验（lead removal experiment）（图 15-49）。磷酸盐矿化菌加入含 Pb^{2+}溶液后（即 $t\to 0$），Pb^{2+}初始浓度为 110mg/L 的去除率快速达到 90%；随着时间的增长，Pb^{2+}去除率逐渐增加并趋于稳定，初始 Pb^{2+}浓度越大则 Pb^{2+}最终去除率越低［图 15-49（a）］；将（$t\to 0$）时的去除率与初始浓度之间的关系绘于图 15-49（b），两者呈线性关系。

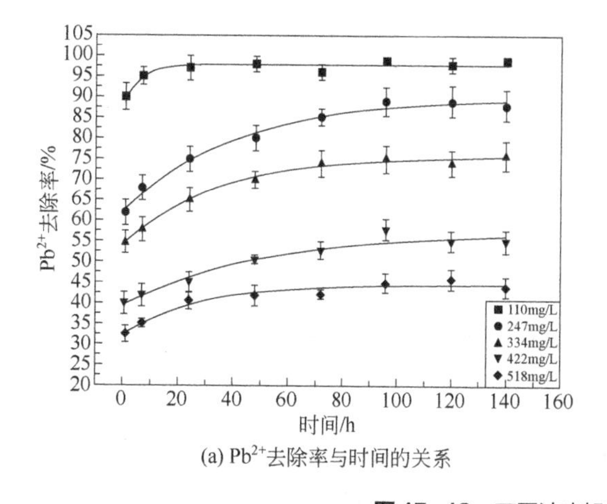

(a) Pb^{2+}去除率与时间的关系

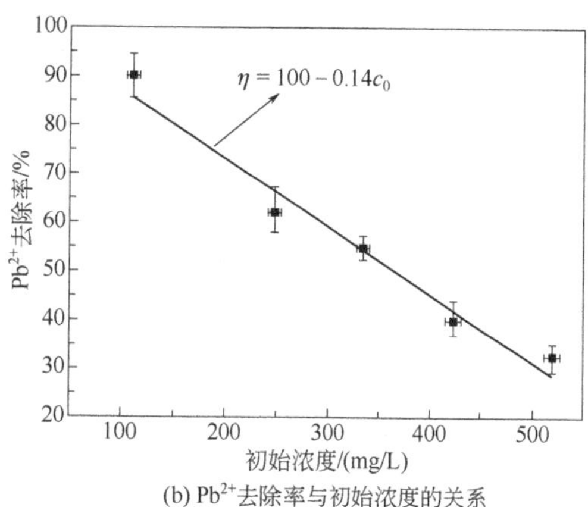

(b) Pb^{2+}去除率与初始浓度的关系

图 15-49 不同浓度铅离子的去除效率[88]

根据化学试验结果，磷酸盐矿化菌对 Pb^{2+}的固化/稳定化反应过程可归纳为：磷酸盐矿化菌代谢分泌的特异性酶水解有机磷酸底物，得到的 PO_4^{3-} 与 Pb^{2+}发生化学反应得到 $Pb_3(PO_4)_2$，见式（15-23）；位于细菌表面的胞外聚合物呈电负性，通过螯合作用吸附 Pb^{2+}

形成胞外聚合物-Pb^{2+}，胞外聚合物-Pb^{2+}也可与特异性酶的水解产物PO_4^{3-}以细菌菌体为成核点位生成胞外聚合物-$Pb_3(PO_4)_2$，见式（15-24）[88]。

$$\left.\begin{array}{l}\text{有机磷酸底物}+H_2O\xrightarrow{\text{磷酸盐矿化菌}}PO_4^{3-}\\2PO_4^{3-}+3Pb^{2+}\longrightarrow Pb_3(PO_4)_2\end{array}\right\}\tag{15-23}$$

$$\left.\begin{array}{l}\text{胞外聚合物(电负性)}+Pb^{2+}\longrightarrow\text{胞外聚合物-}Pb^{2+}\\\text{胞外聚合物-}Pb^{2+}+PO_4^{3-}\longrightarrow\text{胞外聚合物-}Pb_3(PO_4)_2\end{array}\right\}\tag{15-24}$$

15.4.2 微观特性

（1）MICP 固化/稳定化 Cu 污染土

Chen 等[134]利用脲酶水解碳酸盐矿化菌固化/稳定化 Cu 污染土（记为 BioS），分别研究了素土（记为 Control）和 MICP 固化/稳定化污染土的矿物相组成、微观形貌（图 15-50 和图 15-51）。如图 15-50 所示，固化/稳定化土中主要矿物相的 2θ 特征衍射峰为石英（Q）、$CaCO_3$ 和 $CuCO_3$，表明 Cu^{2+}主要以碳酸盐形式存在；此外，Cu^{2+}也可与 $CaCO_3$ 以 $CaCO_3$-$CuCO_3$共沉淀的形式存在。如图 15-51 所示，素土中土颗粒大小不一，呈分散的形式分布；固化/稳定化土中含有大量的杆状、球状的碳酸盐晶体，碳酸盐晶体表面的孔洞为细菌残留占位。

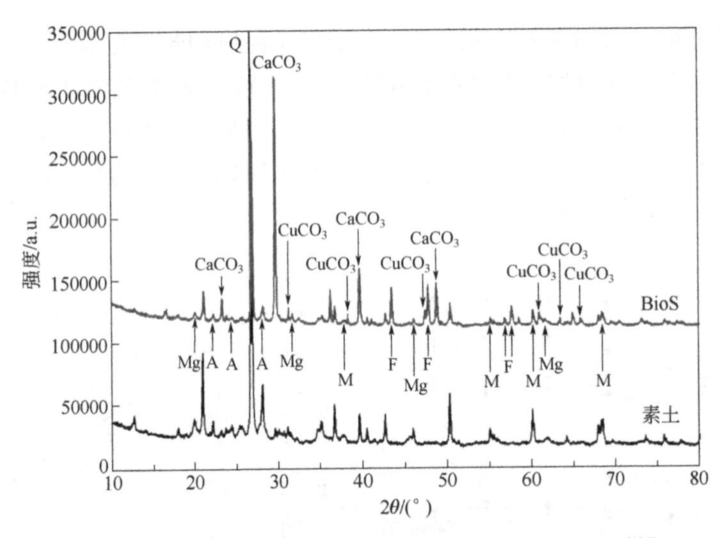

图 15-50 素土和 MICP 固化/稳定化 Cu 污染土 XRD 谱图[134]

（2）MIPP 固化/稳定化 Cu 污染土

Zhao 等[89]采用的磷酸盐矿化菌菌株为拉恩氏菌 LRP3（*Rahnella* sp. LRP3），将其用于 Cu 污染土的固化/稳定化（MIPP 固化/稳定化 Cu 污染土），通过高效螯合剂 DTPA 螯合固化/稳定化后 Cu 污染土中含 Cu 沉淀物（DTPA-Cu 沉淀物），分别研究了 DTPA-Cu 沉淀物的矿物相组成和微观形貌。DTPA-Cu 沉淀物的 XRD 谱图如图 15-52 所示，DTPA-Cu 沉淀物的主要矿物相为碱式磷酸铜［$Cu_3(OH)_3PO_4$］。DTPA-Cu 沉淀物的 SEM-EDS 结果见图 15-53，其主要形貌为球状，结合 EDS 分析验证了 $Cu_3(OH)_3PO_4$ 的存在。

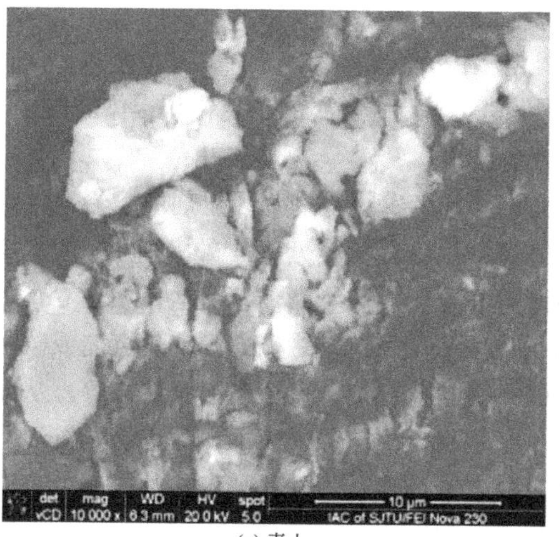

(a) 素土

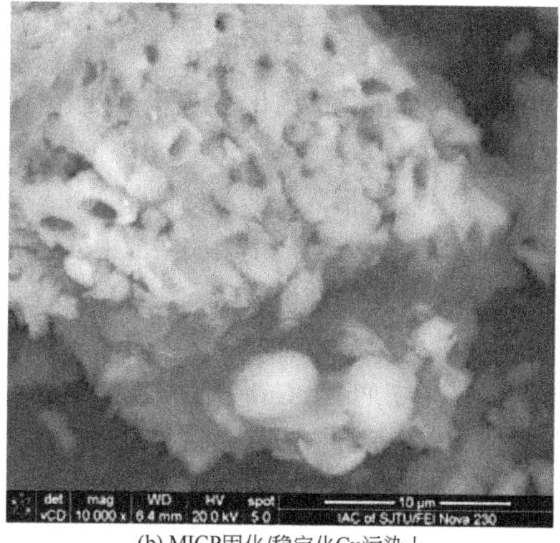

(b) MICP固化/稳定化Cu污染土

图 15-51 素土和 MICP 固化/稳定化 Cu 污染土微观形貌[134]

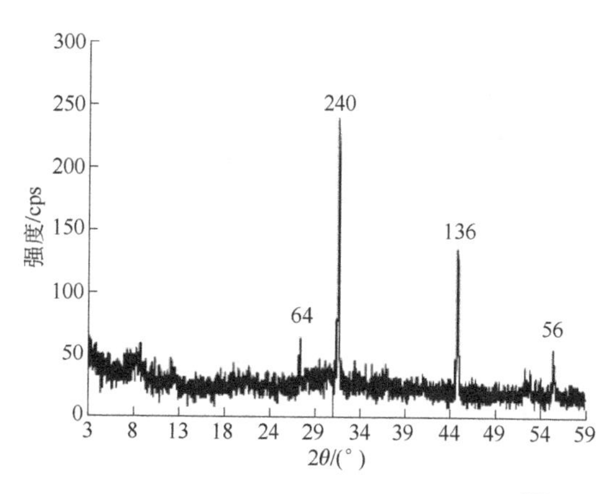

图 15-52 DTPA-Cu 沉淀物的 XRD 谱图[89]

(a) SEM

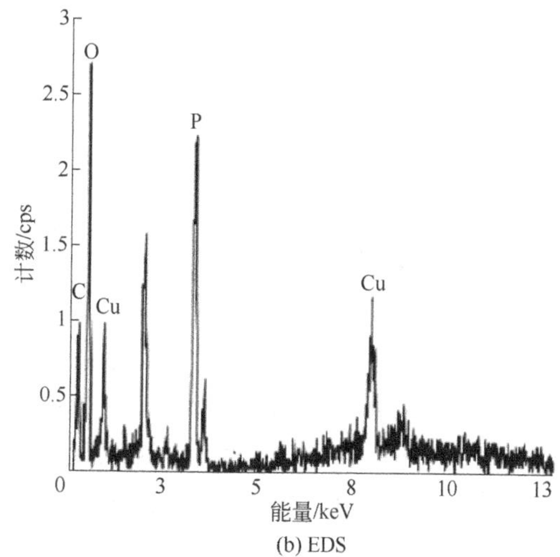

(b) EDS

图 15-53 DTPA-Cu 沉淀物的 SEM-EDS 图像[89]

15.4.3 固化/稳定化机理

生物菌类固化剂固化/稳定化污染土的作用机理可分为重金属的稳定化和土体的固化，如图 15-54 所示。

将矿化菌菌液、细菌胶结液（底物+诱导沉淀盐）组成的生物菌固化剂用于治理重金属污染土时，一方面，细菌胶结液中的底物为矿化菌提供有机养分使其在特异性酶的水解作用下产生碳酸盐或磷酸盐，这些碳酸盐或磷酸盐与重金属离子形成沉淀盐，如与 Cd^{2+}、Pb^{2+}、Cu^{2+}、Cr^{2+}、Zn^{2+}、Ni^{2+}、Co^{2+}等重金属离子生成碳酸盐沉淀、碱式碳酸盐沉淀或碳酸盐共沉淀，与 Pb^{2+}、Cu^{2+}等生成磷酸盐沉淀、碱式磷酸盐沉淀、磷酸盐络合沉淀等，从而使重金属离子沉淀失去迁移性和生态毒性，即重金属稳定化；另一方面，生物诱导沉淀晶体可胶结土颗粒或填充在土颗粒孔隙，使土体形成致密的硬化体结构，即土体固化。

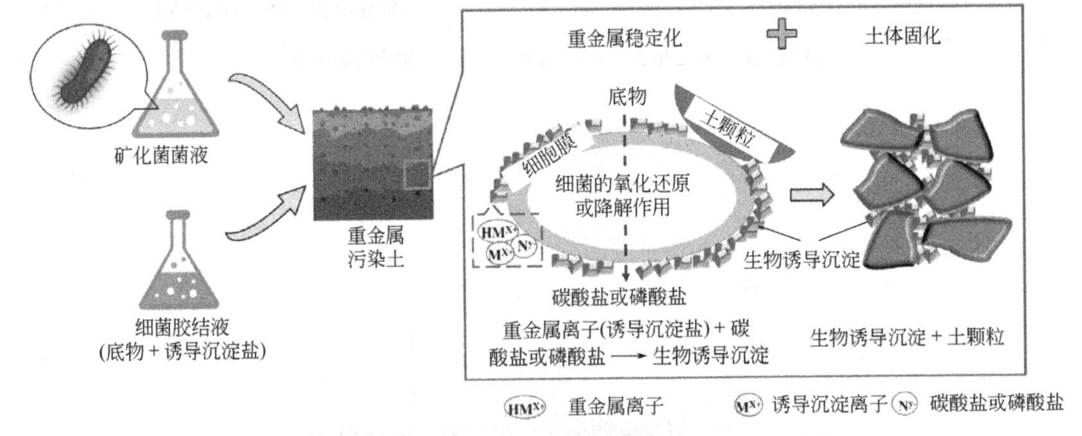

图 15-54 生物菌类固化剂固化/稳定化重金属污染土机理[117]

此外，矿化菌新陈代谢过程形成的氧化或还原环境，能够将污染物氧化或还原为无毒或低毒的物质，如利用铁锰氧化菌的氧化过程将高毒性的 As（Ⅲ）氧化为低毒性的 As（Ⅴ）；矿化菌自身或胞外聚合物呈电负性吸附重金属离子，如 As（Ⅲ）被铁锰氧化菌产物 Fe_2O_3 吸附、Cd^{2+}被碳酸盐矿化菌胞外聚合物吸附；生物诱导沉淀物质在成核结晶生长过程中也可将重金属离子包裹或固溶。

15.5 结语

生物菌类固化剂在土体加固、污染土固化/稳定化方面已有研究成果，缺少废土材料化、止水防渗、防水堵漏相关的研究。在加固土体方面，生物菌类固化剂与土体组分（颗粒粒组组成、可溶性盐等）之间的反应机理尚不清楚，缺乏固化土长期力学性能、强度-龄期之间关系、渗透特性、耐久性等相关研究；在废土材料化方面，缺乏半固化击实处理土动、静力学特性的研究，未有半固化土长期力学性能、强度-龄期之间关系、渗透特性、劣化特性与耐久性等相关研究；在固化/稳定化污染土方面，当前研究主要偏重于污染物的去除（即稳定化研究），缺乏强度特性，即固化研究，缺少固化/稳定化污染土的渗透特性、浸出特性、劣化特性与耐久性等相关研究；止水防渗、防水堵漏方面，多关注对混凝土基体裂缝的修补和表面防护，缺乏止水防渗、防水堵漏方面的研究。

目前生物菌类固化剂应用的主要限制因素有：①生物菌类固化剂生成的碳酸钙分布不均匀问题。由于生物菌细胞表面带负电荷，负电荷吸引钙源溶液中的 Ca^{2+} 导致聚集成团粒，从而封堵待加固土的孔隙、影响生物菌类溶液的运移和附着等过程，导致碳酸钙生成量不均匀分布。②适应性问题。室内研究驯化的生物菌菌液在不同温度、培养液 pH 值、钙源、碳源、氮源等环境下的酶活性不同，进而影响生物菌类固化剂的矿化过程。③生态影响问题。环境中存在大量其他菌群菌落，不同生物菌群之间的竞争会影响生物菌类固化剂的矿化过程，并且存在外来微生物破坏当地生态平衡的风险。④使用量的确定问题。生物菌类固化剂的矿化过程是极为复杂的生物化学反应过程，需要综合考虑待加固土土质条件（土体孔隙、孔喉尺寸、渗透性、颗粒级配、粒径尺寸及化学成分等）、菌液条件（菌种类别、数量或浓度等）、细菌胶结液条件（底物种类、浓度等，钙盐、钡盐、镁盐、铁盐等诱导沉淀盐种类和浓度等）、养护条件（温度、pH 值等）等因素确定固化剂的使用量。

参考文献

[1] Lowenstam H A. Minerals formed by organisms[J]. Science, 1981, 211(4487): 1126-1131.

[2] Mann S. Mineralization in biological systems[J]. Inorganic Elements in Biochemistry, 1983: 125-174.

[3] Dupraz C, Reid R P, Braissant O, et al. Processes of carbonate precipitation in modern microbial mats[J]. Earth-Science Reviews, 2009, 96(3): 141-162.

[4] 赵天磊. 生物成因鸟粪石：矿物学及资源环境意义[D]. 合肥：中国科学技术大学, 2020.

[5] Li J H, Benzerara K, Bernard S, et al. The link between biomineralization and fossilization of bacteria: insights from field and experimental studies[J]. Chemical Geology, 2013, 359: 49-69.

[6] Li Q W, Csetenyi L, Gadd G M. Biomineralization of metal carbonates by Neurospora crassa[J]. Environmental Science & Technology, 2014, 48(24): 14409-14416.

[7] De Muynck W, De Belie N, Verstraete W. Microbial carbonate precipitation in construction materials: a review[J]. Ecological Engineering, 2010, 36(2): 118-136.

[8] Phillips A J, Gerlach R, Lauchnor E, et al. Engineered applications of ureolytic biomineralization: a review[J]. Biofouling, 2013, 29(6): 715-733.

[9] Umar M, Kassim K A, Chiet K T P. Biological process of soil improvement in civil engineering: a review[J]. Journal of Rock Mechanics and Geotechnical Engineering, 2016, 8(5): 767-774.

[10] 钱春香, 张旋. 新型微生物水泥[M]. 北京：科学出版社, 2019.

[11] 孙道胜, 许婉钰, 刘开伟, 等. MICP 在建筑领域中的应用进展[J]. 材料导报, 2021, 35(11): 11083-11090.

[12] Sánchez-Román M, Rivadeneyra M A, Vasconcelos C, et al. Biomineralization of carbonate and phosphate by moderately halophilic bacteria[J]. FEMS Microbiology Ecology, 2007, 61(2): 273-284.

[13] Fortin D, Ferris F G, Beveridge T J. Surface-mediated mineral development by bacteria[J]. Geomicrobiology, 2018: 161-180.

[14] Murray J, Irvine R. On coral reefs and other carbonate of lime formations in modern seas[C]. Proceedings of the Royal Society of Edinburgh, 1889, 17: 79-109.

[15] Boquet E, Boronat A, Ramos-Cormenzana A. Production of calcite (calcium carbonate) crystals by soil bacteria is a general phenomenon[J]. Nature, 1973, 246(5434): 527-529.

[16] Adolphe J P, Billy C. Biosynthèse de calcite par une association bactérienne aérobie[J]. CR Acad Sci Paris, 1974,

278: 2873-2875.

[17] Adolphe J P, Loubière J F, Paradas J, et al. Procédé de traitement biologique d'une surface artificielle[P]: European patent 90400G97. 0, 1990. 1989.

[18] Gollapudi U K, Knutson C L, Bang S S, et al. A new method for controlling leaching through permeable channels[J]. Chemosphere, 1995, 30(4): 695-705.

[19] Stocks-Fischer S, Galinat J K, Bang S S. Microbiological precipitation of $CaCO_3$[J]. Soil Biology and Biochemistry, 1999, 31(11): 1563-1571.

[20] Fujita Y, Ferris F G, Lawson R D, et al. Subscribed content calcium carbonate precipitation by ureolytic subsurface bacteria[J]. Geomicrobiology Journal, 2000, 17(4): 305-318.

[21] Ismail M A, Joer H A, Randolph M F, et al. Cementation of porous materials using calcite[J]. Geotechnique, 2002, 52(5): 313-324.

[22] Whiffin V S. Microbial $CaCO_3$ precipitation for the production of biocement[D]. Murdoch: Murdoch University, 2004.

[23] DeJong J T, Fritzges M B, Nüsslein K. Microbially induced cementation to control sand response to undrained shear[J]. Journal of Geotechnical and Geoenvironmental Engineering, 2006, 132(11): 1381-1392.

[24] Whiffin V S, van Paassen L A, Harkes M P. Microbial carbonate precipitation as a soil improvement technique[J]. Geomicrobiology Journal, 2007, 24(5): 417-423.

[25] Sarda D, Choonia H S, Sarode D D, et al. Biocalcification by Bacillus pasteurii urease: a novel application[J]. Journal of Industrial Microbiology and Biotechnology, 2009, 36(8): 1111-1115.

[26] van Paassen L A. Bio-mediated ground improvement: from laboratory experiment to pilot applications[J]. Geo-Frontiers 2011: Advances in Geotechnical Engineering, 2011: 4099-4108.

[27] Burbank M B, Weaver T J, Green T L, et al. Precipitation of calcite by indigenous microorganisms to strengthen liquefiable soils[J]. Geomicrobiology Journal, 2011, 28(4): 301-312.

[28] Cheng L, Cord-Ruwisch R. In situ soil cementation with ureolytic bacteria by surface percolation[J]. Ecological Engineering, 2012, 42: 64-72.

[29] Evans T M, Khoubani A, Montoya B M. Simulating mechanical response in bio-cemented sands[C]//Computer Methods and Recent Advances in Geomechanics: Proceedings of the 14th International Conference of International Association for Computer Methods and Recent Advances in Geomechanics, 2014 (IACMAG 2014). Taylor & Francis Books Ltd, 2015: 1569-1574.

[30] Gai X R, Sánchez M. An elastoplastic mechanical constitutive model for microbially mediated cemented soils[J]. Acta Geotechnica, 2019, 14(3): 709-726.

[31] Riveros G A, Sadrekarimi A. Liquefaction resistance of Fraser River sand improved by a microbially-induced cementation[J]. Soil Dynamics and Earthquake Engineering, 2020, 131: 106034.

[32] Rahman M M, Hora R N, Ahenkorah I, et al. State-of-the-art review of microbial-induced calcite precipitation and its sustainability in engineering applications[J]. Sustainability, 2020, 12(15): 6281.

[33] 成亮，钱春香，王瑞兴，等. 碳酸岩矿化菌诱导碳酸钙晶体形成机理研究[J]. 化学学报，2007(19): 2133-2138.

[34] 王瑞兴. 微生物调控碳酸钙形成及其在水泥基材料缺陷修复中的应用[D]. 南京：东南大学, 2009.

[35] 张银峰, 万晓红，李娜，等. 微生物加固黏土的影响因素与机理分析[J]. 中国水利水电科学研究院学报, 2021, 19(2): 246-254+261.

[36] 许凤琴, 代群威，侯丽华，等. 碳酸盐矿化菌的分纯及其对 Sr^{2+}的矿化特性研究[J]. 高校地质学报，2015, 21(3): 376-381.

[37] Wang R X, Qian C X. In situ restoration of the surface defects on cement-based materials by bacteria mineralization with spraying method[J]. Journal of Wuhan University of Technology-Mater Sci Ed, 2014, 29(3): 518-526.

[38] 刘艳，刘亚洁，陈功新，等. 耐高矿化度浸矿菌的驯化及浸铀效果[J]. 有色金属(冶炼部分), 2005(5): 43-46.

[39] 吕聪，鞠鲁男，刘佳露，等. cDCE 好氧矿化菌群的多样性及群落结构特征[J]. 华南理工大学学报(自然科学版), 2019, 47(9): 107-112+138.

[40] 於孝牛. 生物磷酸盐水泥和复合水泥的研制及其胶结机理[D]. 南京: 东南大学, 2016.
[41] Yu X N, Jiang J G, Liu J W, et al. Review on potential uses, cementing process, mechanism and syntheses of phosphate cementitious materials by the microbial mineralization method[J]. Construction and Building Materials, 2020: 121113.
[42] 汤其群. 生物化学与分子生物学[M]. 上海: 复旦大学出版社, 2015.
[43] 吴敏, 高玉峰, 何稼, 等. 大豆脲酶诱导碳酸钙沉积与黄原胶联合防风固沙室内试验研究[J]. 岩土工程学报, 2020, 42(10): 1914-1921.
[44] Deng X J, Li Y, Liu H, et al. Examining energy consumption and carbon emissions of microbial induced carbonate precipitation using the life cycle assessment method[J]. Sustainability, 2021, 13(9): 4856.
[45] 程晓辉, 杨钻, 李萌, 等. 岩土材料微生物改性的基本方法综述[J]. 工业建筑, 2015, 45(7): 1-7.
[46] Ehrlich H L. Geomicrobiology: its significance for geology[J]. Earth-Science Reviews, 1998, 45(1-2): 45-60.
[47] Castanier S, Le Métayer-Levrel G, Perthuisot J P. Ca-carbonates precipitation and limestone genesis-the microbiogeologist point of view[J]. Sedimentary Geology, 1999, 126(1-4): 9-23.
[48] DeJong J T, Mortensen B M, Martinez B C, et al. Bio-mediated soil improvement[J]. Ecological Engineering, 2010, 36(2): 197-210.
[49] Kosamu I B M, Obst M. The influence of picocyanobacterial photosynthesis on calcite precipitation[J]. International Journal of Environmental Science & Technology, 2009, 6(4): 557-562.
[50] Zhu T T, Dittrich M. Carbonate precipitation through microbial activities in natural environment, and their potential in biotechnology: a review[J]. Frontiers in Bioengineering and Biotechnology, 2016, 4: 4.
[51] Thompson J B, Ferris F G. Cyanobacterial precipitation of gypsum, calcite, and magnesite from natural alkaline lake water[J]. Geology, 1990, 18(10): 995-998.
[52] Arp G, Reimer A, Reitner J. Photosynthesis-induced biofilm calcification and calcium concentrations in Phanerozoic oceans[J]. Science, 2001, 292(5522): 1701-1704.
[53] Baumgartner L K, Reid R P, Dupraz C, et al. Sulfate reducing bacteria in microbial mats: changing paradigms, new discoveries[J]. Sedimentary Geology, 2006, 185(3-4): 131-145.
[54] Yates K K, Robbins L L. Radioisotope tracer studies of inorganic carbon and Ca in microbially derived $CaCO_3$[J]. Geochimica et Cosmochimica Acta, 1999, 63(1): 129-136.
[55] O'Donnell S T, Hall C A, Kavazanjian Jr E, et al. Biogeochemical model for soil improvement by denitrification[J]. Journal of Geotechnical and Geoenvironmental Engineering, 2019, 145(11): 04019091.
[56] Karatas I. Microbiological improvement of the physical properties of soils[D]. Arizona: Arizona State University, 2008.
[57] He J, Chu J. Undrained responses of microbially desaturated sand under monotonic loading[J]. Journal of Geotechnical and Geoenvironmental Engineering, 2014, 140(5): 04014003.
[58] Mondal S, Ghosh A D. Review on microbial induced calcite precipitation mechanisms leading to bacterial selection for microbial concrete[J]. Construction and Building Materials, 2019, 225: 67-75.
[59] Seiler W, Schmidt U, Goldberg E D. The Sea, Vol. 5: Marine Chemistry[M]. New York: Wiley, 1974.
[60] Barnes R O, Goldberg E D. Methane production and consumption in anoxic marine sediments[J]. Geology, 1976, 4(5): 297-300.
[61] Martens C S, Berner R A. Interstitial water chemistry of anoxic Long Island Sound sediments. 1. Dissolved gases 1[J]. Limnology and Oceanography, 1977, 22(1): 10-25.
[62] Reeburgh W S. Oceanic methane biogeochemistry[J]. Chemical Reviews, 2007, 107(2): 486-513.
[63] Wang X, Qian C X, Yu X N. Synthesis of nano-hydroxyapatite via microbial method and its characterization[J]. Applied Biochemistry and Biotechnology, 2014, 173(4): 1003-1010.
[64] Yu X N, Qian C X. Biological reduction-deposition and luminescent properties of nanostructured $CePO_4@NaCe(SO_4)_2(H_2O)$ and $CePO_4$[J]. Materials Chemistry and Physics, 2016, 171: 346-351.
[65] Stepkowska E T, Pérez-Rodríguez J L, Sayagues M J, et al. Calcite, vaterite and aragonite forming on cement hydration from liquid and gaseous phase[J]. Journal of Thermal Analysis and Calorimetry, 2003, 73(1): 247-269.

[66] Wei S P, Cui H P, Jiang Z L, et al. Biomineralization processes of calcite induced by bacteria isolated from marine sediments[J]. Brazilian Journal of Microbiology, 2015, 46(2): 455-464.
[67] Rodriguez-Navarro C, Jroundi F, Schiro M, et al. Influence of substrate mineralogy on bacterial mineralization of calcium carbonate: implications for stone conservation[J]. Applied and Environmental Microbiology, 2012, 78(11): 4017-4029.
[68] Rong H, Qian C X. Binding functions of microbe cement[J]. Advanced Engineering Materials, 2015, 17(3): 334-340.
[69] 王绪民，崔芮，王铖. 微生物诱导 $CaCO_3$ 沉淀胶结砂室内试验研究进展[J]. 人民长江, 2019, 50(9): 153-160.
[70] 王凯. 理化环境参数对微生物诱导碳酸钙特性的影响[D]. 南京：东南大学, 2018.
[71] 王瑞兴，钱春香，王剑云. 微生物沉积碳酸钙研究[J]. 东南大学学报(自然科学版), 2005(S1): 191-195.
[72] Zhang Y, Guo H X, Cheng X H. Role of calcium sources in the strength and microstructure of microbial mortar[J]. Construction and Building Materials, 2015, 77: 160-167.
[73] 李成杰，魏桃员，季斌，等. 不同钙源及 Ca^{2+} 浓度对 MICP 的影响[J]. 环境科学与技术, 2018, 41(3): 30-34.
[74] Dhami N K, Reddy M S, Mukherjee A. Biomineralization of calcium carbonate polymorphs by the bacterial strains isolated from calcareous sites[J]. Journal of Microbiology and Biotechnology, 2013, 23(5): 707-714.
[75] 於孝牛，钱春香，王欣. 微生物诱导磷酸钡盐沉积及其不同 pH 值条件下的成分、形貌和尺寸（英文）[J]. Journal of Southeast University(English Edition), 2015, 31(4): 506-510.
[76] Yu X N, Qian C X, Wang X. Microbiological precipitation, morphology and thermal behavior of barium hydrogen phosphate[J]. Journal of the Chilean Chemical Society, 2015, 60(2): 2885-2887.
[77] Yu X N, Qian C X, Wang X. Bio-inspired synthesis of barium phosphates nanoparticles and its characterization[J]. Digest Journal of Nanomaterials and Biostructures, 2015, 10: 199-205.
[78] 何稼，楚剑，刘汉龙，等. 微生物岩土技术的研究进展[J]. 岩土工程学报, 2016, 38(4): 643-653.
[79] Cui M J, Zheng J J, Zhang R J, et al. Influence of cementation level on the strength behaviour of bio-cemented sand[J]. Acta Geotechnica, 2017, 12(5): 971-986.
[80] 邵光辉，尤婷，赵志峰，等. 微生物注浆固化粉土的微观结构与作用机理[J]. 南京林业大学学报(自然科学版), 2017, 41(2): 129-135.
[81] Feng K, Montoya B M. Influence of confinement and cementation level on the behavior of microbial-induced calcite precipitated sands under monotonic drained loading[J]. Journal of Geotechnical and Geoenvironmental Engineering, 2016, 142(1): 04015057.
[82] 蔡红，肖建章，王子文，等. 基于 MICP 技术的淤泥质土固化试验研究[J]. 岩土工程学报，2020, 42(S1): 249-253.
[83] Mugwar A J, Harbottle M J. Toxicity effects on metal sequestration by microbially-induced carbonate precipitation[J]. Journal of Hazardous Materials, 2016, 314: 237-248.
[84] Li Q W, Csetenyi L, Gadd G M. Biomineralization of metal carbonates by *Neurospora crassa*[J]. Environmental Science & Technology, 2014, 48(24): 14409-14416.
[85] Qian C X, Zhan Q W. Bioremediation of heavy metal ions by phosphate-mineralization bacteria and its mechanism[J]. Journal of the Chinese Chemical Society, 2016, 63(7): 635-639.
[86] Schütze E, Weist A, Klose M, et al. Taking nature into lab: biomineralization by heavy metal-resistant streptomycetes in soil[J]. Biogeosciences, 2013, 10(6): 3605-3614.
[87] Sánchez-Castro I, Amador-García A, Moreno-Romero C, et al. Screening of bacterial strains isolated from uranium mill tailings porewaters for bioremediation purposes[J]. Journal of Environmental Radioactivity, 2017, 166: 130-141.
[88] Zhang K J, Xue Y Q, Xu H H, et al. Lead removal by phosphate solubilizing bacteria isolated from soil through biomineralization[J]. Chemosphere, 2019, 224: 272-279.
[89] Zhao X M, Do H T, Zhou Y Z, et al. *Rahnella* sp. LRP3 induces phosphate precipitation of Cu (Ⅱ) and its role in copper-contaminated soil remediation[J]. Journal of Hazardous Materials, 2019, 368: 133-140.
[90] Jiang L H, Liu X D, Yin H Q, et al. The utilization of biomineralization technique based on microbial induced

phosphate precipitation in remediation of potentially toxic ions contaminated soil: a mini review[J]. Ecotoxicology and Environmental Safety, 2020, 191: 110009.
[91] 徐宏殷，练继建，闫玥. 多试验因素耦合下 MICP 固化砂土的试验研究[J]. 天津大学学报(自然科学与工程技术版), 2020, 53(5): 517-526.
[92] Whiffin V S, van Paassen L A, Harkes M P. Microbial carbonate precipitation as a soil improvement technique[J]. Geomicrobiology Journal, 2007, 24(5): 417-423.
[93] Meng H, Shu S, Gao Y F, et al. Multiple-phase enzyme-induced carbonate precipitation (EICP) method for soil improvement[J]. Engineering Geology, 2021, 294: 106374.
[94] Li B. Geotechnical properties of biocement treated sand and clay[D]. Singapore: Nanyang Technological University, 2015.
[95] Lian J J, Xu H Y, He X Q, et al. Biogrouting of hydraulic fill fine sands for reclamation projects[J]. Marine Georesources & Geotechnology, 2019, 37(2): 212-222.
[96] Al Qabany A, Soga K. Effect of chemical treatment used in MICP on engineering properties of cemented soils[J]. Geotechnique, 2013, 63(4): 331-339.
[97] van Paassen L B. Ground improvement by microbial induced carbonate precipitation[D]. Netherlands: Delft University of Technology, 2009.
[98] 付佳佳，姜朋明，纵岗，等. 微生物拌和固化海相粉土的抗压强度试验研究[J]. 人民长江，2021, 52(1): 167-172+189.
[99] Al Qabany A, Soga K, Santamarina C. Factors affecting efficiency of microbially induced calcite precipitation[J]. Journal of Geotechnical and Geoenvironmental Engineering, 2012, 138(8): 992-1001.
[100] Martinez B C, DeJong J T, Ginn T R, et al. Experimental optimization of microbial-induced carbonate precipitation for soil improvement[J]. Journal of Geotechnical and Geoenvironmental Engineering, 2013, 139(4): 587-598.
[101] 朱效博，赵志峰. 胶结液注入轮数和体积对微生物加固粉土的影响[J]. 防灾减灾工程学报，2021, 41(3): 485-490+548.
[102] 张银峰，万晓红，李娜，等. 微生物加固黏土的影响因素与机理分析[J]. 中国水利水电科学研究院学报, 2021, 19(2): 246-254+261.
[103] 彭劼，温智力，刘志明，等. 微生物诱导碳酸钙沉积加固有机质黏土的试验研究[J]. 岩土工程学报，2019, 41(4): 733-740.
[104] 陈慧娥，王清. 有机质对水泥加固软土效果的影响[J]. 岩石力学与工程学报, 2005(S2): 5816-5821.
[105] 李贤，汪时机，何丙辉，等. 土体适用 MICP 技术的渗透特性条件研究[J]. 岩土力学，2019, 40(8): 2956-2964+2974.
[106] 李捷，方祥位，申春妮，等. 颗粒级配对珊瑚砂微生物固化影响研究[J]. 水利与建筑工程学报, 2016, 14(6): 7-12+43.
[107] 陈婷婷，程晓辉. 微生物改性砂柱水力渗透性质的有限元模拟[J]. 工业建筑, 2015, 45(7): 31-35.
[108] 欧益希，方祥位，申春妮，等. 颗粒粒径对微生物固化珊瑚砂的影响[J]. 水利与建筑工程学报, 2016, 14(2): 35-39.
[109] 董博文，刘士雨，俞缙，等. 基于微生物诱导碳酸钙沉淀的天然海水加固钙质砂效果评价[J]. 岩土力学, 2021, 42(4): 1104-1114.
[110] 谢约翰，唐朝生，刘博，等. 基于微生物诱导碳酸钙沉积技术的黏性土水稳性改良[J]. 浙江大学学报(工学版), 2019, 53(8): 1438-1447.
[111] Cheng L, Cord-Ruwisch R, Shahin M A. Cementation of sand soil by microbially induced calcite precipitation at various degrees of saturation[J]. Canadian Geotechnical Journal, 2013, 50(1): 81-90.
[112] Arpajirakul S, Pungrasmi W, Likitlersuang S. Efficiency of microbially-induced calcite precipitation in natural clays for ground improvement[J]. Construction and Building Materials, 2021, 282: 122722.
[113] 田志锋，唐小微，修志龙，等. 不同形式生物液加固砂土试验及机理分析[J]. 哈尔滨工业大学学报，2020, 52(11): 120-126.
[114] Yu X N, Qian C X, Xue B, et al. The influence of standing time and content of the slurry on bio-sandstone

cemented by biological phosphates[J]. Construction and Building Materials, 2015, 82: 167-172.

[115] Yu X N, Qian C X, Sun L Z. The influence of the number of injections of bio-composite cement on the properties of bio-sandstone cemented by bio-composite cement[J]. Construction and Building Materials, 2018, 164: 682-687.

[116] 尹黎阳，唐朝生，谢约翰，等. 微生物矿化作用改善岩土材料性能的影响因素[J]. 岩土力学，2019，40(7): 2525-2546.

[117] Han L J, Li J S, Xue Q, et al. Bacterial-induced mineralization (BIM) for soil solidification and heavy metal stabilization: a critical review[J]. Science of the Total Environment, 2020: 140967.

[118] Rebata-Landa V. Microbial activity in sediments: effects on soil behavior[D]. Atlanta: Georgia Institute of Technology, 2007.

[119] Abatenh E, Gizaw B, Tsegaye Z, et al. The role of microorganisms in bioremediation: a review[J]. Open Journal of Environmental Biology, 2017, 2(1): 38-46.

[120] Kumar A, Bisht B S, Joshi V D, et al. Review on bioremediation of polluted environment: a management tool[J]. International Journal of Environmental Sciences, 2011, 1(6): 1079-1093.

[121] Abatenh E, Gizaw B, Tsegaye Z, et al. The role of microorganisms in bioremediation: a review[J]. Open Journal of Environmental Biology, 2017, 2(1): 038-046.

[122] Mitra S, Pramanik K, Sarkar A, et al. Bioaccumulation of cadmium by *Enterobacter* sp. and enhancement of rice seedling growth under cadmium stress[J]. Ecotoxicology and Environmental Safety, 2018, 156: 183-196.

[123] Dell'Anno A, Beolchini F, Rocchetti L, et al. High bacterial biodiversity increases degradation performance of hydrocarbons during bioremediation of contaminated harbor marine sediments[J]. Environmental Pollution, 2012, 167: 85-92.

[124] Kumar V, Shahi S K, Singh S. Bioremediation: an eco-sustainable approach for restoration of contaminated sites[M]//Microbial bioprospecting for sustainable development. Singapore: Springer, 2018: 115-136.

[125] Kundu D, Dutta D, Mondal S, et al. Application of potential biological agents in green bioremediation technology: case studies[M]//Waste management: concepts, methodologies, tools, and applications. IGI Global, 2020: 1192-1216.

[126] Kang C H, Kwon Y J, So J S. Bioremediation of heavy metals by using bacterial mixtures[J]. Ecological Engineering, 2016, 89: 64-69.

[127] Bhattacharya A, Naik S N, Khare S K. Harnessing the bio-mineralization ability of urease producing *Serratia marcescens* and *Enterobacter cloacae* EMB19 for remediation of heavy metal cadmium (Ⅱ)[J]. Journal of Environmental Management, 2018, 215: 143-152.

[128] Teng Z D, Shao W, Zhang K Y, et al. Pb biosorption by Leclercia adecarboxylata: protective and immobilized mechanisms of extracellular polymeric substances[J]. Chemical Engineering Journal, 2019, 375: 122113.

[129] Maity J P, Chen G S, Huang Y H, et al. Ecofriendly heavy metal stabilization: microbial induced mineral precipitation (MIMP) and biomineralization for heavy metals within the contaminated soil by indigenous bacteria[J]. Geomicrobiology Journal, 2019, 36(7): 612-623.

[130] Li F, Wang W, Li C C, et al. Self-mediated pH changes in culture medium affecting biosorption and biomineralization of Cd^{2+} by Bacillus cereus Cd01[J]. Journal of Hazardous Materials, 2018, 358: 178-186.

[131] Li B H, Deng C N, Zhang D Y, et al. Bioremediation of nitrate-and arsenic-contaminated groundwater using nitrate-dependent Fe (Ⅱ) oxidizing *Clostridium* sp. strain pxl2[J]. Geomicrobiology Journal, 2016, 33(3-4): 185-193.

[132] Liu X Y, Zhang M J, Li Y B, et al. In situ bioremediation of tailings by sulfate reducing bacteria and iron reducing bacteria: lab-and field-scale remediation of sulfidic mine tailings[C]//Solid State Phenomena. Trans Tech Publications Ltd, 2017, 262: 651-655.

[133] Li M, Cheng X H, Guo H X. Heavy metal removal by biomineralization of urease producing bacteria isolated from soil[J]. International Biodeterioration & Biodegradation, 2013, 76: 81-85.

[134] Chen X Y, Achal V. Biostimulation of carbonate precipitation process in soil for copper immobilization[J]. Journal of Hazardous Materials, 2019, 368: 705-713.